ITIL® V3 Basis-Zertifizierung

Ever tried? Ever failed?

No matter.

Try again. Fail again.

Fail better.

(Samuel Beckett)

Nadin Ebel

ITIL® V3 Basis-Zertifizierung

Grundlagenwissen und Zertifizierungsvorbereitung für die ITIL® Foundation-Prüfung

 ADDISON-WESLEY

An imprint of Pearson Education

München • Boston • San Francisco • Harlow, England
Don Mills, Ontario • Sydney • Mexico City
Madrid • Amsterdam

Bibliografische Information Der Deutschen Nationalbibliothek

Die Deutsche Nationalbibliothek verzeichnet diese Publikation in der Deutschen Nationalbibliografie; detaillierte bibliografische Daten sind im Internet über *http://dnb.d-nb.de* abrufbar.

10 9 8 7 6 5 4 3 2

10 09

ISBN 978-3-8273-2599-0

© 2008 by Addison-Wesley Verlag, ein Imprint der
Pearson Education Deutschland GmbH
Martin-Kollar-Straße 10–12, D-81829 München/Germany
Alle Rechte vorbehalten

Lektorat: Boris Karnikowski, bkarnikowski@pearson.de
Korrektorat: Annette Glaswinkler, München
Fachlektorat: Michael Meyer, Helmut Corsten, Birgit Enkel
Umschlaggestaltung: Marco Lindenbeck, mlindenbeck@webwo.de
Herstellung: Philipp Burkart, pburkart@pearson.de
Satz und Layout: mediaService, Siegen (www.media-service.tv)
Aufnahme u.
Produktion Audio-CD: B.O.A. Videofilmkunst, boavideo.de
Sprecherin: Petra Kirchmann
Druck und Verarbeitung: Bercker Graph. Betrieb, Kevelaer

Printed in Germany

Inhaltsübersicht

Inhaltsverzeichnis

Für Carsten

Wir übten mit aller Macht, aber immer, wenn wir begannen, zusammengeschweißt zu werden, wurden wir umorganisiert.

Ich habe später gelernt, dass wir oft versuchten, neuen Verhältnissen durch Umorganisation zu begegnen.

Es ist eine phantastische Methode. Sie erzeugt die Illusion des Fortschritts, wobei sie gleichzeitig Verwirrung schafft, die Effektivität vermindert und demoralisierend wirkt.

(Gajus Pethromius, römischer Offizier – ca. 100 n. Chr.)

Vorwort I

von Per Kall, Teamleiter Management Consulting, Materna GmbH

Per Kall arbeitet seit 2004 bei der Materna GmbH am Standort Berlin und ist Leiter des Teams für ITIL®- und ISO-20.000-Consulting. Er berät Unternehmen im IT-Service-Management-Umfeld aus unterschiedlichen Branchen und engagiert sich darüber hinaus in einem europaweit aufgestellten Expertenteam zur Optimierung von „Service Excellence" – der Materna-Beratungsmethodik für IT-Service-Management.

Als Käufer dieses Buches interessieren Sie sich für IT Service Management. Als Leser dieses Buches werden Sie nach dessen konsequenter Lektüre einen umfassenden und ganzheitlichen Blick über Struktur und Details des IT Service Managements nach ITIL® V3 erlangt haben. Sie fragen sich, warum wir „umfassend" und „ganzheitlich" an dieser Stelle besonders betonen? Sicherlich haben Sie auch schon dem einen oder anderen Gespräch oder einem Konferenzvortrag zum Thema IT Service Management beiwohnen dürfen. Und vielleicht ist Ihnen dabei auch aufgefallen, dass viele Diskutanten und Referenten oft eine isolierte Sicht der Dinge verfolgen.

Wer sich mit Software sehr gut auskennt, redet vielfach auch zu gerne nur über Software. Leider noch viel zu oft wird IT Service Management ausschließlich aus der Toolperspektive betrachtet. Anstatt sich der Zielorganisation zunächst über die Erhebung und Analyse ihrer speziellen Anforderungen zu nähern, vertraut man einer vorab – meist über den Preis – ausgewählten Software. Die wird es dann schon richten, verspricht der Hersteller doch eine weiträumige Abdeckung vieler ITIL®-Prozesse. Das klingt zwar zunächst gut und macht einen vollständigen Eindruck, beleuchtet allerdings nur eine Facette des IT Service Managements. Der Irrglaube, mit dem Kauf des Tools und seiner Funktionalität auch gleichzeitig die entsprechenden Prozesse in der Organisation im Handstreich zu etablieren, kann als einer der populärsten Mythen im IT Service Management gelten.

Das, worum es im IT Service Management schon dem Namen nach vorrangig gehen sollte, spielt oft nur eine Nebenrolle und wird erst dann ins Spiel gebracht, wenn die Tooldiskussion schon längst entschieden und zu den Akten gelegt worden ist. Es handelt sich dabei um die IT-Services: die Dienstleistungen, die eine IT-Organisation ihren Kunden und Anwendern zur Unterstützung von übergeordneten Geschäftsprozessen bereitstellt. IT-Services durchlaufen einen definierten Lebenszyklus, dem in der ITIL® V3 nun explizit Rechnung getragen wird und der sich auch als roter Faden durch dieses Buch zieht.

Kurz gesagt, besteht professionelles IT Service Management darin, alle relevanten Stakeholder zu identifizieren, eine klare Kommunikationsstrategie zu verfolgen, die geschäftlichen Anforderungen zu klären, ein maßgeschneidertes Dienstleistungsangebot zu entwickeln und bereitzustellen, unterstützende Prozesse mit entsprechenden Verantwortlichkeiten und maßgeschneiderten Tools zu etablieren – und zudem noch, all dies in einen institutionalisierten Prozess zu überführen. Und bitte vergessen Sie bei alldem nicht die kontinuierliche Verbesserung …

Wie Sie sehen, reden wir jetzt schon von deutlich mehr, als nur von einer Tooleinführung.

Die Professionalisierung einer IT-Organisation auf der Basis von ITIL® V3 ist ein hochkomplexes Unterfangen, das einheitliche Begriffsräume bedingt und ausgebildete Spezialisten erfordert - Prozesse, Menschen und Technologie müssen gleichrangig fokussiert werden. Diesem breit angelegten Anforderungsprofil trägt die MATERNA GmbH zum Beispiel mit dem spezialisierten Beratungsansatz „Service Excellence" Rechnung, der auf den Erfahrungen aus über 500 erfolgreich durchgeführten IT-Service-Management-Projekten basiert.

Vielleicht haben Sie den ITIL®-Ausbildungspfad bereits vor Augen und das ITIL®-Expert-Zertifikat im Visier. In diesem Fall – aber auch, wenn Sie sich „nur" einen umfassenden Eindruck von der Bedeutung ganzheitlichen IT Service Managements und den Inhalten der ITIL® V3 verschaffen wollen – wird Ihnen das vorliegende Buch hervorragende Dienste leisten. Bitte bedenken Sie bei aller fachlichen Vertiefung und der herausfordernden Jagd auf die jeweiligen Zertifikate immer, dass es sich bei jedem ITIL®-Projekt letztendlich um ein Projekt zur dauerhaften Einführung bzw. Änderung von Arbeitsabläufen handelt. Sie berühren und verändern damit das Tagesgeschäft von Menschen – und deren Akzeptanz ist der kritische Erfolgsfaktor. Nur zu leicht laufen ITIL®-Projekte in der Weise aus dem Ruder, dass in den Kernpublikationen beschriebene Standard-Prozesse einfach direkt und ohne sich näher mit den betroffenen Mitarbeitern auszutauschen über die Organisation gestülpt werden. Dass die Akzeptanz dann nicht nur in Gefahr, sondern nachhaltig verhindert wird, bedarf an dieser Stelle sicher keiner weiteren Erläuterung. Ein Teil einer angemessenen und ganzheitlichen Kommunikationsstrategie innerhalb des ITIL®-Fokus besteht daher auch in der Akzeptanzförderung. Hierzu gehören die kontinuierliche Kommunikation mit allen Betroffenen und auch das Angebot personengebundener Schulungen und Zertifizierungen, z.B. die ITIL® V3 Foundation-Prüfung.

Ein weiterer, sehr attraktiver Weg zur Förderung der Akzeptanz besteht in der Teilnahme an Simulationsveranstaltungen. Materna bietet diesbezüglich in Kooperation mit der Hochschule Bochum die Simulation „Fort Fantastic" an. Hierbei konkurrieren zwei Spielergruppe um die Führung eines virtuellen Freizeitparks. Die Teams sollen den Gewinn maximieren, die Kundenzufriedenheit erhalten und den Park attraktiv gestalten. Die Verbindung eines IT-fremden Szenarios mit IT-typischen Rollen erlaubt es, die wesentlichen Kernelemente von ITIL® V3 spielerisch zu erfahren und zu verinnerlichen.

Sofern Sie mit der Planung und Durchführung eines ITIL®-Projektes befasst sind, bedenken Sie: Die konsequente Berücksichtigung der überaus vielfältigen Aspekte des IT Service Managements, die in ihrer Gesamtheit weit über eine einfache Tooleinführung hinausgehen, ist der Schlüssel für Ihren persönlichen Erfolg. Mit diesem Verständnis haben Sie beste Voraussetzungen, künftig als kompetenter Gesprächspartner auf Augenhöhe mit Kollegen, Vorgesetzten und Beratern über umfassendes und ganzheitliches IT Service Management zu diskutieren.

Vorwort II

von Heinz-Peter (Pit) Kaiser, Inhaber Unternehmensberatung Kaiser

Heinz-Peter Kaiser ist seit 1979 in der IT in unterschiedlichen Rollen und Funktionen in der IT tätig. Seit 1996 arbeitet er als selbstständiger Consultant. Schwerpunkte seiner Tätigkeit sind Projektmanagement und Beratung in komplexen IT-Infrastruktur-, Out- und Insourcing- sowie Organisationsprojekten im IT-Betriebskontext.

Jetzt also Version 3 von ITIL®! Warum eigentlich? Brauchen wir das tatsächlich? Wollen sich da ein paar Schulungsveranstalter, Zertifizierer und Buchautoren eine goldene Nase verdienen? Braucht der ITIL®-Beratungsmarkt eine neue Cashcow?

Bei der Beantwortung diverser Fragen kann ein Blick in den „Rückspiegel" auf die mit IT Service Management (orientiert an ITIL®) und dem, was davor war (JA, es gab eine IT Leben vor ITIL®!), gemachten Erfahrungen nicht schaden! Persönlich kann ich zurückblicken auf ein IT-Leben seit 1979 – und seit damals ist eine Menge (eigentlich das Wesentliche in bezug auf IT Service Management!) passiert. Erlebt habe ich die IT aus unterschiedlichen Perspektiven – vom „einfachen" Anwender zum 370/Assembler- und Cobol-Entwickler über die Mainframe-Systemprogrammierung im Rechenzentrum, die Verantwortung für verteilte Client-/Serverwelt und -Netze, IT-Planungsverantwortung und Tätigkeiten im mittleren Management. Seit 1996 habe ich als Consultant unterschiedlichste Erfahrungen im Umfeld des IT-Betriebs und IT-Service Managements gemacht. Soviel zu meiner Vorgeschichte und „Legitimation"!

Am Anfang war EDV „einfach"! Ein zentraler Computer mit einigen zentralen Peripherie-Geräten, wenige „dumme" Anzeige-Terminals in einem sehr überschaubaren Netzwerk. Das war's! Entsprechend einfach war die zur Steuerung dieses Maschinenparks benötigte Organisation. Anwendungsprogrammierung, Systemprogrammierung, Arbeitsvorbereitung und Operating. Anwender schauten zu den in weißen Kitteln arbeitenden EDV-Halbgöttern auf; die Welt war in Ordnung! Seit dem hat sich nicht nur die Bezeichnung für unsere Disziplin von EDV („Elektronische Datenverarbeitung") zu IT („Informations-Technologie") verändert.

Durch die rapide Entwicklung der digitalen Technik und der damit verbundenen Einsatzmöglichkeiten sind heute fast alle geschäftlichen und privaten Bereiche irgendwie mit IT verbunden. Die Anwender sind dabei, sich von den Halbgöttern der Technik zu emanzipieren und erwarten heute von der IT, dass sie als Dienstleister für eine professionelle technische und organisatorische Unterstützung bei der Abwicklung ihrer Geschäftsprozesse sorgt. IT wird als Arbeitsmittel gesehen.

Das hatte natürlich Konsequenzen für die Organisation, die für die Erbringung der Dienstleistungen („Services"!) verantwortlich ist.

Um die gestiegene Komplexität der IT-Landschaft zu beherrschen, war eine zunehmende Spezialisierung der „Maschinensteuerer" erforderlich. Es wurden auch immer mehr dieser Spezialisten benötigt. Hierdurch entstand massiver Bedarf, die Zusammenarbeit der Spezialisten zu steuern - und zwar quer durch die Bank, über die Grenzen der technischen Ausrichtung hinweg. Darüber hinaus mussten die „Außenkontakte", also Kunden und Lieferanten, mit berücksichtigt werden. Und genau daraus entstand der Bedarf für das, was wir heute als „IT-Service Management" kennen.

Und nun zu ITIL®: Meine erste Wahrnehmung von ITIL® hatte ich in den 90ern, in meiner Zeit als Berater für eine Wiesbadener Unternehmensberatung. Einer meiner Kollegen (Danke, PGH!), der sich sehr intensiv mit ITIL® auseinandersetzte, half mir beim Einstieg in das Thema. Schnell war klar, dass die in ITIL® dokumentierten Praxiserfahrungen ziemlich gut zu meinen eigenen Erfahrungen aus dem IT-Betrieb, insbesondere mit dem so genannten „Systems Management", passten. Absoluter Mehrwert von ITIL® in meinen Augen war, dass diese Erfahrungen strukturiert und in Beziehung zueinander gesetzt wurden. Durch eine gemeinsame zentrale Datenbasis wurde die Verbindung zwischen den einzelnen Disziplinen hergestellt. Es wurde ein einheitliches „IT-Esperanto" definiert (extrem hilfreich!) und ein prozessorientierter Organisationsansatz beschrieben. Das war ein (Erfahrungs-)Schatz der gehoben werden wollte. Wir organisierten eine gemeinsame ITIL®-Ausbildung und -Zertifizierung. Und anschließend war ITIL® ein zentrales Werkzeug in unserer Beratungspraxis. Hierbei stießen wir dann natürlich auch immer wieder an die Grenzen von ITIL® (V2). Interessant war beispielsweise, dass es in den vielen Büchern von ITIL®, die sich mit „IT Services" beschäftigen, nirgendwo eine angemessene Definition des Begriffs „IT Service" gab. Na, ja wir wollen nicht kleinlich sein. Immerhin boten die „Lücken" die Gelegenheit, mit eigenen Lösungen zu glänzen.

So – und jetzt also Version 3 von ITIL®! Es scheint noch kein Hype-Thema zu sein, da viele Unternehmen noch mit der Adaption und Umsetzung von V2 beschäftigt sind. Ich gehe allerdings davon aus, dass V3 viele der „alten" Lücken schließt und ITIL® sinnvoll weiter entwickelt. Sogar eine Definition von „IT Service" liegt nun vor ;-). Außerdem ist es jetzt die Basis für die aktuelle Ausbildung und Zertifizierung. Also – must have!!

Ich kenne und schätze Nadin Ebel aus der gemeinsamen Projektpraxis. Nadin, ich wünsche dir viel Erfolg mit der Neuauflage deines ITIL® V3-Buchs.

Heinz-Peter (Pit) Kaiser

Einleitung

ITIL® steht als Abkürzung für IT Infrastructure Library®. Wie der Name vermuten lässt, handelt es sich hierbei um eine Sammlung von Büchern, eine Bibliothek. Diese Bibliothek ist eine über Jahrzehnte gewachsene Sammlung von Best Practices zum Thema IT Service Management. Sie enthält Empfehlungen und schafft so einen Rahmen für die strategische, taktische und operative Umsetzung von IT Services. Dieses Framework ist randvoll mit Ratschlägen, Fingerzeigen, Wissen, der Essenz aus Fehlern und Versäumnissen, Lehren, Warnungen, Do's und Dont's, so dass das Rad nicht ständig neu erfunden werden muss und man von den Erfahrungen Anderer profitieren kann.

Alles dreht sich darum, die Qualität der IT Services zu verbessern, und dies im Sinne des Unternehmens und der damit verbundenen Geschäftsziele. Es geht um den messbaren Beitrag zum Geschäftserfolg. Unter dem Gesichtspunkt von zielgerichteten, geschäftsprozessorientierten, benutzerfreundlichen und kostenoptimierten IT-Dienstleistungen müssen Prozesse, Menschen und Technologien Hand in Hand arbeiten und aufeinander abgestimmt werden. IT ist kein Selbstzweck, sondern muss einen Nutzen für das Unternehmen transportieren und die Geschäftsprozesse unterstützen. Das Business steht im Mittelpunkt.

Die Vorgaben von ITIL® in allen denkbaren Bereichen der IT-Dienste wollen nicht als eine Religion verstanden sein. Vielmehr sollte die IT-Praxis immer wieder anhand der vorher niedergelegten Umsetzungsplanung und der in den Service Level Agreements (SLAs) abgestimmten Anforderungen von Kundenseite überprüft werden. Reviews und Praxiserkenntnisse wiederum sollten den Plan modifizieren dürfen.

Klingt Ihnen zu abstrakt? Aber eigentlich sind Sie dem Thema ITIL® schon mehr oder weniger oft begegnet. Oder Ihnen ist die Abwesenheit eines Leitfadens während Ihrer täglichen Arbeit schmerzhaft aufgefallen, vielleicht ohne dass Sie sich dessen wirklich bewusst geworden sind.

◆ Vielleicht dann, wenn Anwender Ihnen als Administrator die Türen einrennen? Sie einen Anruf nach dem anderen entgegennehmen mit Anfragen, Problemschilderungen oder Anforderungen? Das Telefon nicht stillsteht und Sie aufgrund dessen nicht in Ruhe und konzentriert arbeiten können? Kurz: Sie werden mit direkten Anfragen und vermeintlichen Problemschilderungen überhäuft? Wünschen Sie sich in solchen Momenten eine Anlaufstelle, die Anrufe von Anwendern oder Kunden entgegennimmt und diese bearbeitet? ITIL® nennt eine solche Funktion Service Desk. Sie sollte im Gegensatz zur Fachabteilung als Anlaufstelle fungieren.

◆ Fehlersuche. Ein leidiges Thema. Fehler sind Ursachen von mehr oder weniger offensichtlichen Problemen. Da Fehler die Angewohnheit haben, immer wieder aufzutauchen, wenn die Fehlerursache nicht beseitigt wird, schadet es nicht, Fehlerursachen und Workarounds zu dokumentieren. Sie müssen die Ursachen beseitigen, proaktiv und präventiv darauf hinarbeiten, dass Fehler und Probleme in Zukunft weniger oft oder bestenfalls gar nicht mehr auftreten. Diese Themen sind als Prozess unter ITIL® dem Problem Management zugeordnet.

◆ Sie haben Fragen zur bestehenden Infrastruktur, weil Sie Synergien mit Ihren Anwendungen schaffen möchten? Sie planen Erweiterungen oder müssen konsolidieren? Sie möchten Ihre Daten im SAN ablegen, haben aber keine Ahnung, wie viel Platz dort noch vorhanden ist? Dann wäre es doch toll, wenn irgendjemand verbindliche Aussagen über die vorhandene IT-Infrastruktur in Ihrem Unternehmen oder beim Kunden machen könnte. Mit Hilfe des Configuration Managements als ITIL®-Prozess sollte das kein Problem sein.

◆ Ganz konkret: Sie möchten wissen, welche Server wo stehen, mit welchen anderen Servern diese zusammenarbeiten, wo sich Abhängigkeiten und Wechselwirkungen ergeben?

◆ Oder: Sie benötigen Informationen darüber, welche Services mit welchen Servern verbunden sind und was für eine Kapazität, Netzwerkanbindung und Storage-Funktionalität diese Server besitzen?

◆ Sie möchten Notfälle überstehen und Vorkehrungen für Stromausfälle und andere Katastrophen treffen? Unter ITIL® kümmert sich das IT Service Continuity Management darum.

Egal, ob es darum geht, Finanzen zu planen und zu kontrollieren (Financial Management), Ressourcen bereitzustellen (Capacity Management), Verfügbarkeit von IT-Dienstleistungen zu kontrollieren und anzupassen (Availability Management) oder Kundenverträge und Lieferantenverträge zu vereinbaren und zu kontrollieren (Service Level Management, Supplier Management) – ITIL® bietet den Rahmen für individuelles IT Service Management.

Motivation und Intention

Bei der Auseinandersetzung mit dem Thema ITIL® und IT Service Management bin ich als IT Consultant und Projektleiterin mit unterschiedlichen Themen und Prozessen in Berührung gekommen.

ITIL® ist nicht nur reine Technik ...

Jede Person besitzt einen anderen Zugang zum Thema ITIL®. In meinen Augen ist es zum einen entscheidend zu verstehen, dass ITIL® ein Rahmenwerk, eine Empfehlung, ein Werkzeug für das Unternehmen ist und keinen Selbstzweck darstellt.

Und zum anderen geht es nicht um die reine IT in Form von Ressourcen wie Hard-
und Software. Es geht um die Menschen, die die IT-Organisation (mit)gestalten und
Teil der Prozesse sind. Menschen, Prozesse und Technologien müssen Hand in Hand
arbeiten, um zum Erfolg und zur Anerkennung der IT-Organisation beizutragen – und
damit auch zum Geschäftserfolg des Unternehmens. Das hat wenig mit Loyalität zum
Arbeitgeber zu tun, sondern es ist Aufgabe jedes Einzelnen, daran mitzuwirken. Es ist
schließlich eine Chance, die Arbeitsprozesse mitzugestalten und mitzuwirken. Jeder
einzelne Mitarbeiter ist dabei von Bedeutung. Jede Person im Unternehmen trägt zum
Erfolg oder Misserfolg bei. Auch ITIL® betont an unterschiedlichen Stellen der Bibliothek, dass Mitarbeiter ein wichtiger Bestandteil der ITIL®-Philosophie und diejenigen
sind, die die Prozesse und Services mit Leben füllen.

Das große Ziel der Bildung ist nicht Wissen, sondern Handeln.
(Herbert Spencer, engl. Philosoph u. Sozialwissenschaftler)

ITIL® ist mehr ...

Unternehmen leben in großer Abhängigkeit von ihrer IT, und viele Mitarbeiter
sind sich leider noch immer nicht im Klaren darüber, was Dienstleistung bedeutet
und dass Service-Orientierung keine Schande, sondern ein Erfolgsfaktor ist.

Viele Organisationen und Abteilungen spiegeln leider genau diesen Missstand wider.
Das hat zur Folge, dass Probleme mehrfach und lange bearbeitet werden, da keine
Dokumentation über frühere Probleme und deren Lösung existieren, was alle Beteiligten viel Arbeitszeit kostet. Ausfälle der IT Services, die immer wieder auftreten, v.a.
da Systeme überlastet sind oder Änderungen fehlschlugen, bedeuten nicht nur einen
Imageschaden der IT bzw. der entsprechenden Abteilung oder des Dienstleisters im
Unternehmen. Diese Ausfälle können gegebenenfalls sogar Schadensersatzansprü-
che nach sich ziehen. Zudem verursachen sie Kosten und schmälern unter Umständen den Umsatz und die Außenwirkung.

Gerade das Durchführen von Änderungen (Changes) an und in der IT-Infrastruktur
ist eine der häufigsten Fehlerquellen. Das kann unterschiedliche Ursachen haben. Es
fehlt an einer zentralen Planung und Überwachung. Nachgelagerte Fehler, die an
anderer Stelle sichtbar werden, können nicht zugeordnet werden. Die Informations-
suche dauert sehr lange, weil keine zentralen Informationen vorliegen und keine
definierten oder bekannten Anlaufstellen oder Kommunikationssysteme existieren.

ITIL® ist auch ein Thema für die Organisation

Die Erweiterung der Systeme und der Infrastruktur erinnert oft an nächtliche Panikkäufe von Kneipenwirten. Da wird an der Tankstelle zu überhöhten Preisen – weil
niemand vorab die Trinkvorräte kontrolliert und zu gegebener Zeit nachgefüllt hat –
schnell eine Flasche einer Spirituosen-Marke gekauft, weil der Stammtisch die letzte
verbleibende Flasche gerade geleert hat. Genauso sind Organisationen auf neue oder
veränderte Anforderungen oder gar Katastrophen vielfach nicht vorbereitet, da zu
wenig Planung und Dokumentation im Vorfeld stattgefunden hat.

Doch notwendige Analysen der Ausgangssituation, angestoßene Dokumentations-
und Pflegeaktionen oder die dazugehörige Projektplanung einer Prozessumsetzung
bringen wenig, wenn die Akzeptanz für die Thematik im Unternehmen nicht vorhanden ist. Jedes Sollkonzept und jede neue Vision sind zum Scheitern verurteilt,
wenn die notwendige Sensibilisierung unter den Mitarbeitern im Unternehmen
scheitert. Hier sind allerdings die Führungskräfte und ihre (leider nicht immer vorhandenen) Leadership-Qualitäten gefragt. Ohne Unterstützung durch das Management (und zwar angefangen von ganz oben!) funktioniert es nicht. Prozessthemen
sind auch immer Organisationsthemen! Die Mitarbeiter wollen nicht mit stichhal-
tigen und sicherlich korrekten Argumenten überhäuft oder überredet werden. Jeder einzelne möchte mit seinen Bedenken und Widerständen beachtet werden. Die
Führungskraft muss die Mitarbeiter „abholen" und auf den neuen Weg schicken.
Widerstände und Bedenken sind wichtige Faktoren im Veränderungsprozess, die
nicht einfach ignoriert werden dürfen.

Veränderung macht in den meisten Fällen erst einmal Angst. Für viele Mitarbeiter, die
sich gegen neue Methoden wehren („Brauchen wir nicht. Bisher haben wir das auf gewohnte Weise gemacht, und das lief auch so!"), ist ITIL® aufgrund der mangelnden
Management-Unterstützung eher ein Unwort denn ein Hilfsmittel zur Verbesserung
der Service-Leistung. Aber dem ist nicht so, und alle, die sich mit dem Thema an dieser Stelle auseinandersetzen, sind (bereits) anderer Meinung oder wenigstens bereit,
sich mit dem Thema IT Infrastructure Library® oder IT Service Management auseinanderzusetzen.

Zurück zum Thema „Motivation"

Bei meiner Zertifizierungsvorbereitung im Jahre 2004 für die ITIL® Foundation-Prüfung (damals noch in der Version 2) habe ich während der Recherche nur wenige
aussagekräftige Seiten im Internet gefunden, die sich mit einem möglichen Fragen-
spektrum, ihrer Form und der geforderten Detailtiefe beschäftigten. Selftests gab es
damals nur von einem englischsprachigen Anbieter. Fachliteratur war rar. Inzwischen hat sich das Bild stark gewandelt.

Auf der Basis meiner eigenen Prüfungsvorbereitung habe ich im Jahr 2005 ein kos-
tenloses eBook zur Vorbereitung auf die ITIL® Foundation-Prüfung erst auf meiner
eigenen Webseite (*http://www.nell-it.de*) und dann auf der Homepage meines Arbeit-
gebers (*http://www.act-online.de*), der ACT IT Consulting & Services AG, knapp ein
Jahr lang bereitgestellt. An dieser Stelle nochmals ein dickes Danke an Birgit Enkel
für das damalige Korrekturlesen.

Nach viel positivem Feedback, einer großen Anzahl von Mails und zahlreichen Verbesserungsvorschlägen ist es 2006 zu einer Veröffentlichung in Buchform gekommen (ITIL®-Basis-Zertifizierung. Grundlagenwissen und Zertifizierungsvorbereitung für die ITIL® Foundation-Prüfung, ISBN 3827323525).

Mittlerweile gibt es eine neue ITIL®-Version. Seit Ende 2004 wurde unter der Leitung
von Sharon Tyler die ITIL®-Bibliothek, bestehend aus neun Bänden der Version 2,
komplett überarbeitet. Nach dieser umfassenden Revisionsphase des bisherigen
ITIL®-Frameworks ist die neue ITIL®-Version 3 seit Juni 2007 auf der Basis von fünf
Hauptbüchern verfügbar. Neben der neuen Bibliothek im Zentrum der Überarbei-

tung gibt es einen neuen Haupt-Lizenznehmer, die APM Group (APMG), und ein neues Zertifizierungsmodell.

Dieses Buch soll Sie mit der neuen ITIL®-Version vertraut machen und Sie auch auf die neue Version der Foundation-Prüfung vorbereiten. Für ITIL® V3 werden die so genannten „Open Exams" für die Foundation-Prüfung, die als Zertifizierungsexamen ohne Durchlauf einer vorhergehenden Schulung absolviert werden können, angeboten. So kann der Wissensaufbau auf alternative Weise neben den kommerziell angebotenen Schulungen erfolgen. Diese Möglichkeit bietet Ihnen dieses Buch. Es führt Sie Schritt für Schritt an das Thema ITIL® der Version 3 heran und erläutert die Details dieser Best Practice-Methode.

Sie sollten allerdings davon absehen, auf Kurzzeitgedächtnis für die Prüfung zu lernen! Gerade bei ITIL® geht es um das intensive Verständnis der Motivation und der Konzepte dieses Best Practice-Frameworks. Denken Sie daran: ITIL® ist „mehr"!

Aufbau dieses Buches

Das vorliegende Buch erklärt ausführlich die Inhalte der IT Infrastructure Library® der Version 3 (V3). Die Themen in den ersten Kapiteln beschäftigen sich mit dem Aufbau einer Wissensbasis in Bezug auf ITIL® und IT Service Management (*Kapitel 1, ITIL® und IT Service Management*). Es geht um die Erläuterung von grundlegenden Begriffen rund um die IT Infrastructure Library® und um das grundlegende Verständnis des Prozessgedankens. Hier stelle ich Ihnen ebenfalls die ITIL®-Motivation, Aufgaben und Ziele vor. Die neue ITIL®-Version besitzt einen anderen Schwerpunkt als die bisherigen Bände der Version 2. Die darin enthaltenen Neuerungen setzen an verschiedenen Punkten an. Dies wird bereits an den Titeln der fünf Bücher der Bibliothek ersichtlich. Diese orientieren sich an den Phasen des Lebenszyklus eines IT Service. Der Lebenszyklus (Service Lifecycle) umfasst verschiedene Abschnitte und reicht von der Planung und dem Aufbau einer IT-Organisation und ihrer Services für das Business über den Betrieb bis hin zur beständigen Prozessverbesserung.

Das zweite Kapitel (*Kapitel 2, ITIL® im Überblick*) verschafft Ihnen einen Überblick über die ITIL®-Historie und die Entwicklung der Bibliothek. In diesem Kapitel geht es um die alte ITIL®-Version 2, aber auch um die neue Version mit ihren fünf neuen Büchern. Dabei stelle ich Ihnen die Bände der neuen ITIL®-Bibliothek vor und gehe auch auf die konkreten Änderungen zur Version 2 ein. Es gibt einige neue Funktionen und Prozesse. Die inhaltliche Gliederung der Bibliothek orientiert sich an den unterschiedlichen Prozessen und Funktionen, die für die Service Strategy, das Service Design (Entwurf, Planung und Beschreibung), die Service Transition (Überführung), die Service Operations (Betrieb und Pflege) und das Continual Service Improvement (Verbesserung der IT-Dienstleistungen und der IT Service Management-Prozesse) notwendig sind.

Danach folgt der konkrete Einstieg in die Welt der neuen ITIL®-Bibliothek. Ich werde den jeweiligen Band kurz vorstellen und dann auf die Inhalte detailliert eingehen. Den Prozessen und Funktionen mit den entsprechenden Rollen, Aktivitäten bzw. Aufgaben und Schnittstellen sind somit jeweils einzelne Kapitel gewidmet.

Damit Sie wissen, wie die ITIL® Foundation-Zertifizierungsprüfung aufgebaut ist und welche weiteren Zertifizierungsmöglichkeiten es im ITIL®-Bereich gibt, finden Sie in *Kapitel 19, Die ITIL®-Zertifizierungen* ein Buchkapitel, das sich mit diesen Fragen auseinandersetzt. So wissen Sie bereits vorab, was Sie während der Prüfung erwartet. Seit Mitte Januar 2008 gibt es die offizielle Prüfung für das ITIL® V3-Zertifikat in deutscher Sprache.

Sie erhalten über das *Kapitel 20, Kontroll- und Prüffragen zur ITIL® Foundation-Zertifizierungsprüfung*, und die Fragen in Audio-Form (auf der beiliegenden CD als Hörbuch) eine explizite Vorbereitungsmöglichkeit auf das Foundation-Examen. Kontroll- und Beispielfragen der Zertifizierungsprüfung bestimmen das Bild des Kapitels. Den Abschluss bildet ein umfangreiches Glossar (*Kapitel 21, ITIL®-Glossar*).

Die Fragen und Antworten der Foundation-Prüfung sind Multiple Choice-Fragen, wie Sie sie auch im Originaltest vorfinden werden. Neben der Frage und den Antwortoptionen ist die Lösung mit einem Kommentar enthalten. So kennen Sie auch die Begründung für die richtige Antwort und sind damit gegebenenfalls in der Lage, noch einmal das behandelte Thema nachzuschlagen, oder Sie werden nachvollziehen können, wie die Frage nach dem Ausschlussprinzip beantwortet werden kann.

Nach der Frage und den Antwortoptionen finden Sie pro Multiple Choice-Frage einen deutlichen Abstand zwischen Antwortoptionen und kommentierter Lösung, der Ihnen beim Durcharbeiten der Fragen im Selbststudium helfen soll. So sehen Sie, wo der Antwortteil beginnt. Einige Leser haben angemerkt, dass sie beim „Zuhalten" oder Abdecken der Frage oft bereits im Vorfeld in den Antwortteil gerutscht sind, weil nicht zu erkennen war, wo der Fragenteil aufhört und die Antwort beginnt. Dieses Feedback haben wir aufgenommen und in dieses Buch einfließen lassen. Auch den Wunsch, das Buch als Hörbuch herauszubringen, haben wir aufgegriffen. Daher finden Sie jetzt 40 Fragen mit Antworten auf der dem Buch beiliegenden CD.

Sie werden in diesem Buch viele Erklärungen eines Themas aus unterschiedlichen Perspektiven vorfinden. Themen und Leitsätze werden wiederholt. Dadurch sollen sich die Inhalte besser einprägen, und es soll Ihnen helfen, die Zusammenhänge im IT Service Management besser zu verstehen. Wiederholungen dienen neben der Einprägsamkeit auch der Tatsache, dass diese Dinge wichtig sind für die Zertifizierungsprüfung. Wiederholungen sind beabsichtigt. Wiederholungen kommen aber auch dadurch zu Stande, dass sich Ansätze und Grundgedanken in den einzelnen Prozessen wiederholen. Bestimmte Anforderungen sind Teil jedes Prozesses, wie z.B. die Leistungsindikatoren, das Reporting, die Unterstützung der Geschäftsprozesse und der Verbesserungsansatz in Anlehnung an den so genannten Deming-Zyklus (Plan-Do-Check-Act).

Bei Schulungen und im Gespräch habe ich immer wieder festgestellt, dass eben diese Dinge nicht klar waren oder im Zusammenhang fehlten. Diese und ähnliche Erfahrungen aus der Praxis sind in dieses Buch eingeflossen, so dass Themen und Fragestellungen aus unterschiedlichen Blickwinkeln und Ansichten dargestellt werden.

Vielen Dank an Helmut Corsten und Birgit Enkel für das Fachkorrektorat und ihre Rückmeldungen.

Ich möchte mich darüber hinaus bei Vera de Wendt bedanken, die in *Kapitel 11.3.6, Exkurs zum Thema Veränderungen* ein Unterkapitel zum Thema Veränderungsprozesse beigetragen hat. Vera de Wendt ist Diplom-Kauffrau und arbeitet als Coach und Mediatorin. Sie berät als externer Projektcoach Führungskräfte und Organisationen im Management von Veränderungsprozessen, wie sie beispielsweise durch die Einführung von ITIL® ausgelöst werden.

Des Weiteren viele Grüße an Carsten, Tim & Sandra, Kah mit Paulina und Basti, Speedy (Starbucks) und Wiebke mit Kids, Markus und Roman, Pia mit Nikita, Yara, Vivi und Pit, Herbes, die wunderbare Ela (die an einem Samstagnachmittag eine ganze Woche toppen konnte), meine Eltern, Holger & Beate mit Tom, Lisa & Olli, Tom Felix, Verena und Thomas, Tutti, Billy und Sven.

Viele Grüße an meine aktuellen Projektkollegen von DN1 (und Lasse!) sowie an meine Kollegen von der Materna (v.a. Marion, Per, Dieter und Ludger) und an meinen wunderbaren und geduldigen Lektor Boris Karnikowski von Addison-Wesley.

> *Zahlen sind Freunde. Die muss man lieb haben und an sein Herz drücken.*
> *(K. Störtz)*

Feedback, Rückfragen oder Kritik sind herzlich willkommen und können per E-Mail (info@nell-it.de) an mich herangetragen werden.

Teil I

Überblick

1 ITIL® und IT Service Management

Eine der Hauptforderungen unserer Zeit ist die konsequente Ausrichtung der IT-Dienstleister auf die Bedürfnisse ihrer internen und externen Kunden. Damit stehen IT-Unternehmen und -Abteilungen vor der Aufgabe, ihren Betrieb, aber auch die von ihnen betreute Infrastruktur so performant und kostengünstig wie möglich zu managen sowie die bereitgestellten Services verursachungsgerecht zu verrechnen. Gleichzeitig sind die IT-Bereiche, deren Infrastrukturen und Prozesse historisch gewachsen, meist stark technikgetrieben und häufig ineffizient.

Um den Schritt in Richtung Systematisierung und Professionalisierung zu gehen, nutzen IT-Organisationen die IT Infrastructure Library® (ITIL®). Mit Hilfe der ITIL® Best Practices, die in fünf Büchern beschrieben sind, ist die Wandlung zum umfassenden IT Service Provider möglich, der sich an den Geschäftsprozessen des gesamten Unternehmens orientiert. Ein Geschäftsprozess ist dabei als eine Aktivitätenabfolge oder ein Verfahren zur Erzielung eines Geschäftsresultates zu verstehen.

Best Practices und Good Practices – effective practice, next practice

Was ist „das Beste"? Was ist gut? Was ist besser?

IT Service Management (ITSM) nutzt Methoden, die nötig sind, um die bestmögliche Unterstützung von Geschäftsprozessen durch die IT-Organisation zu erreichen. ITIL® ist der diesbezüglich genannte De-facto-Standard.

Um wirklich sagen zu können, was Best Practice ist, müsste ein Benchmarking herangezogen werden. Dies bezeichnet eine Methode, in welcher die Effektivität und Effizienz der IT-Dienstleistungen eines Unternehmens mit denen anderer Unternehmen verglichen werden. Ziel ist es ja schließlich herauszufinden, was das beste Ergebnis liefert. Der Vergleich kann dabei innerhalb einer Branche oder branchenübergreifend stattfinden. Mittlerweile hat sich hierbei der Begriff der Good Practice etabliert. Die Nutzer von Good Practice sparen sich den Blick auf Vergleiche und schauen nicht auf Benchmarking-Ergebnisse, sondern sind mit den Ergebnissen aus der Praxis bereits zufrieden. Was heute als Best Practice gilt, bedeutet morgen vielleicht nur noch Good Practice und degeneriert übermorgen bereits zu einer Selbstverständlichkeit und Basis, mit der sich keine Wettbewerbsvorteile mehr erzielen lassen.

Best Practices stellen Wissen, Methoden und Standards um Praktiken dar, die sich bei einer Vielzahl von Organisationen und Unternehmen in der Vergangenheit als wertvoll erwiesen haben. Daneben steht der Begriff der Good Practices, die sich an Standards orientieren, aber nicht ohne Weiteres in der Organisation implementiert werden können und erst einmal angepasst werden müssen. Die Realisierungen von Good Practices beziehen sich auf punktuelle Maßnahmen, die den Unternehmenserfolg wenigstens in Teilgebieten deutlich verbessern. Auf die angestrebte, mögliche Spitzenleistung wird dabei verzichtet.

1.1   IT Services

ITIL® stellt als gewachsene und überarbeitete Bibliothek einen umfassenden und allgemein verfügbaren Leitfaden in Bezug auf IT Services in Form einer Büchersammlung dar. Durch die dort niedergeschriebenen verwertbaren Erfahrungen haben sich die ITIL® Best Practices zum mittlerweile De-facto-Standard gemausert. Sie schaffen als unternehmensbezogenes Framework für die jeweilige Unternehmung ausreichend Flexibilität, um die Empfehlungen aus den ITIL®-Büchern an die eigenen Anforderungen und Bedürfnisse anpassen zu können. ITIL® bildet ein nicht proprietäres, öffentlich verfügbares Framework, das prozessbasiert mit der Unterstützung von Funktionen aufgestellt ist und den gesamten Lebenszyklus eines IT Service abbildet. Ein Prozess stellt dabei eine inhaltlich abgeschlossene, zeitliche und sachlogische Folge von Aktivitäten dar, die zur Bearbeitung eines betriebswirtschaftlich relevanten Objekts notwendig sind.

War die ITIL® V2 noch deutlich in eigene Prozessdomänen (Service Support, Service Delivery etc.) definiert und stark auf das Thema Prozess ausgerichtet, geht die Version 3 unter Beibehaltung der Best Practices in Richtung Lifecycle (Lebenszyklus) von IT Services. Dabei wird aufgezeigt, wie das gesamte Geschäftsmodell eines IT Service abläuft, implementiert und auf Basis von Best Practices gelebt werden kann.

Effizient und effektiv

◆ Effektiv: Effekt (Wirkung, Erfolg): tatsächlich, wirklich bzw. wirkungsvoll (im Verhältnis zu den eingesetzten Mitteln), lohnend

◆ Effizient:„besonders wirtschaftlich", „leistungsfähig"

Beispiel: Eine Hausfrau kann effizient mit ihrem Geld umgehen. Dagegen putzt sie besonders effektiv, wenn sie Essigreiniger verwendet. Oder anders: Effektiv ist derjenige, der etwas richtig tut. Effizient ist derjenige, der das Richtige tut. (frei nach Porter)

ITIL® geht einher mit dem Erbringen und Verwalten von IT-Dienstleistungen für das Unternehmen mit dem klaren Ziel vor Augen, den Geschäftserfolg des Unternehmens auf Kundenseite zu unterstützen. ITIL® bietet als Bibliothek mit ihren Kapiteln zu den unterschiedlichen Management-Bereichen die Basis dafür und hängt eng mit dem Begriff des IT Service Managements zusammen. Hinter diesem Begriff verbirgt sich das Bündel aller Maßnahmen und Aktivitäten, um Qualität und Quantität von IT Services optimal und zielgerichtet zu planen, zu überwachen und zu steuern. Es verbindet IT, Kunde und Dienstleistung miteinander. Mittlerweile gilt IT Service Management als

Bündel von spezialisierten und organisatorischen Kernkompetenzen, die in Form von Services einen Wertbeitrag für den Kunden erbringen. Durch die eingesetzten Funktionen und Prozesse werden Ressourcen in hochwertige Services umgewandelt. So wird Nutzen in Richtung des Unternehmens, also der Kundenseite, transferiert.

Der Begriff „IT Service Management"

- ◆ Bündel von spezialisierten und organisatorischen Kernkompetenzen, die in Form von Services einen Wertbeitrag für den Kunden erbringen
  - ● Funktionen und Prozesse: Umwandlung von Ressourcen in hochwertige Services
- ◆ Ziel: Qualität der IT Services verbessern – als Unterstützung der Geschäftsziele
  - ● „Item" zwischen IT, Kunde und Dienstleistung

Der Nutzenaspekt für das Unternehmen muss im Vordergrund stehen. IT ist kein Selbstzweck. Alles dreht sich darum, die Qualität der vereinbarten IT Services zu verbessern und das im Sinne des Business und der damit verbundenen Geschäftsziele. Services kommen in Interaktion mit Service-Erbringer und Service-Abnehmer zustande. Der IT Service stellt eine Möglichkeit für den Service Provider dar, die Lieferung von Kundennutzen umsetzen zu können.

Ein IT Service steht für die Ergebnisse, die der Kunde erzielen möchte, ohne die Verantwortung und die dazugehörigen, unmittelbaren operativen Kosten und Risiken zu tragen. Der Kunde gibt die Verantwortung für die Aufgabe in Bezug auf den IT Service an den Servicegeber, den Service Provider, ab. Das Unternehmen zahlt zwar für die Nutzung des IT Service und lässt sich ggf. auch aufschlüsseln, wie die Kosten entstanden sind. Es muss sich aber nicht mehr selber um alle Einzelheiten kümmern (Sizing, Auswahl und Bestellung der Komponenten, Bereitstellung Personal, Risikomanagement, Projektierung, Abnahmeverfahren, Betrieb etc.). Es gilt als Konsument für das fertige Produkt, den IT Service. Das Unternehmen interessiert im Grunde nur das fertige Endprodukt: der IT Service als Ganzes.

Abbildung 1.1: IT Services als Auswahl für den Servicenehmer

Im Grunde genommen lässt sich das Thema ähnlich darstellen, wenn man sich den Kunden als Gast in einem Restaurant vorstellt. Den Gast interessiert in der Regel (außer bei Allergien oder Unverträglichkeiten) nicht die (exakte) Zusammensetzung der Gerichte aus den einzelnen Zutaten. Für ihn ist die Menüauswahl aus der Speisekarte relevant und der so angekündigte kulinarische Genuss. Eine Bewertung des Service ist erst nach der Erbringung möglich. Unter der Qualität eines Service ist der Umfang bzw. das Ausmaß zu verstehen, in dem ein Service den Anforderungen und Erwartungen eines Kunden entspricht. Es geht um den messbaren Beitrag zum Geschäftserfolg. Unter diesem Gesichtspunkt von zielgerichteten, geschäftsprozessorientierten, benutzerfreundlichen und kostenoptimierten IT-Dienstleistungen müssen Prozesse, Menschen und Technologien Hand in Hand arbeiten und aufeinander abgestimmt werden. Generell verbindet V3 die Best Practices von ITIL® deutlich mit dem Geschäftsnutzen.

Der Begriff „IT Service"

Ein IT Service steht für die Ergebnisse und den Nutzen, die der Kunde erzielen möchte, ohne die Verantwortung und die dazugehörigen, unmittelbaren operativen Kosten und Risiken zu tragen.

Demnach beherzigt die Kernbibliothek stärker als je zuvor den Lifecycle-Gedanken und richtet das Augenmerk auf die Verbindung von Unternehmenszielen und IT, indem stets betont wird, dass die IT zur Wertschöpfung beitragen muss. Auch Governance-Anforderungen wie Sarbanes-Oxley und Basel II spielen ebenso eine Rolle wie formale Regel-Modelle. Das „Refresh" der Bibliothek ist demnach auch notwendig geworden, weil es neue Governance-Anforderungen gibt. Darüber hinaus berücksichtigt das Werk Management-Strategien wie Outsourcing, Co-Sourcing und Shared Services. Dabei nimmt das Management von Services eine noch bedeutsamere Rolle ein als bisher.

Die ITIL®-Bücher stellen dabei einen Best Practice-Leitfaden für Service Management dar, in dem das „WAS" beschrieben wird. Aber auch der „WIE"-Aspekt hat seinen Platz gefunden. Diese Fragestellung ist allerdings mit der Größe, der Unternehmenskultur und vor allem mit den Anforderungen des Unternehmens als Kunde abzustimmen und umzusetzen, beispielsweise durch den Themenbereich der Service-Überführung in die Produktivumgebung (Service Transition).

1.2   IT Service Lifecycle

Die Architektur der ITIL®-Kernbücher basiert auf einem Service-Lebenszyklus. Service Strategy repräsentiert die Richtlinien und Ziele. Service Design, Service Transition und Service Operation sind progressive Phasen, welche die Änderung, den Change, und deren Umsetzung repräsentieren. Continual Service Improvement entspricht dem beständigen und regelmäßigen Lernen und Verbessern:

◆ Service Strategy (SS) kann als Anleitung wie Service Management entworfen, entwickelt und implementiert werden, um nicht nur ein organisatorisches Capability (Fähigkeit) darzustellen, sondern ein strategisches Asset. Ein Asset kann eine Ressource oder Fähigkeit darstellen. Die Assets eines Service Providers umfassen alle Elemente, die zur Erbringung eines Service beitragen können. Die Inhalte beziehen sich in diesem Band z.B. auf die Entwicklung von internen und externen Märkten, Service Assets und die Implementierung der Strategie über den Service Lifecycle.

◆ Service Design (SD) bietet Anleitungen für den Entwurf und die Entwicklung von Services und Prozessen. Design-Prinzipien und Methoden werden vorgestellt, über die sich strategische Ziele in ein Portfolio von Services und Service Assets überführen lassen.

◆ Service Transition (ST) kümmert sich um die Entwicklung und Verbesserung von Fähigkeiten in Bezug auf die Einführung neuer oder geänderter Services in die Produktivumgebung.

◆ Service Operation (SO) betrachtet den Betrieb in Bezug auf Effizienz und Effektivität der Lieferung und Unterstützung der IT Services.

◆ Continual Service Improvement (CSI) stellt Instrumentarien und Anleitung zur immer wieder kehrenden Verbesserung von Design, Einführung und Betrieb der IT Services. Dieser Band dreht sich um die ständige Verbesserung der Service-Prozesse.

Im Grunde genommen steht der Service Lifecycle für die gesamte Lebensdauer eines IT Service: von seiner Entstehung an bis hin zu seiner Stilllegung („Retiring"), d.h. bis zu dem Zeitpunkt, an dem er wieder aus dem Betrieb verschwindet, weil er aus beliebigen Gründen nicht mehr benötigt wird. Ein neuer Service müsste sich wieder an der Service-Strategie von Unternehmen und Service Provider ausrichten. Damit startet der Zyklus von Neuem. Dieser aufeinanderfolgende Verlauf ist typisch für zahlreiche Lebenszyklen und ist z.B. auch aus dem Bereich des Produktmanagements bekannt.

Service Strategy ist der Mittelpunkt, um welchen sich der Lebenszyklus dreht. Service Design, Service Transition und Service Operation setzen die Strategie um. Continual Service Improvement hilft Verbesserungsprogramme und -projekte auf Basis der strategischen Ziele zu platzieren und zu priorisieren. Das Modell beinhaltet alle Prozesse und Funktionen, die erforderlich sind, um Services innerhalb des Lebenszykluskonzeptes zu managen. Dabei spielen Spezialisierung und Koordination über den gesamten Lifecycle hinweg eine wichtige Rolle. Feedback- und Steuerungsmöglichkeiten sind an zahlreichen Stellen im Lifecycle verankert und unterstützen diese Optionen über Funktions- und Prozessgrenzen hinweg. Jedes Element des Lifecycles bietet Messpunkte, so genannte Leistungsindikatoren für Feedback und Steuerung.

Leistungsindikatoren (KPIs)

Um die Prozessqualität beurteilen zu können, sind klar definierte Parameter und messbare Ziele nötig, so genannte Leistungsindikatoren (auch: Key Performance Indicators, KPI).

Die fünf Kernpublikationen der Service Management-Lebensphasen (ITIL® Core) werden durch weitere Inhalte für unterschiedliche Branchen, Interessenvertreter und Praxisthemen vervollständigt. Neben den fünf Kernpublikationen existieren beispielsweise eine umfassende Einführung (The Official Introduction to the ITIL® Service Lifecycle) und zusätzliche Komponenten. Geplant sind Pocket Guides, Fallstudien (Case Studies), Vorlagen (ähnlich wie bei PRINCE2™) und Ausbildungshilfen. Die Templates richten sich sowohl an ausgewählten Unternehmensbereichen als auch an spezifischen Branchen aus. Dadurch ist die Library praktischer, leichter anzuwenden und liefert Anleitungen, die auf die Standpunkte der verschiedenen Interessenvertreter ausgerichtet sind, um ITSM noch effektiver zu gestalten.

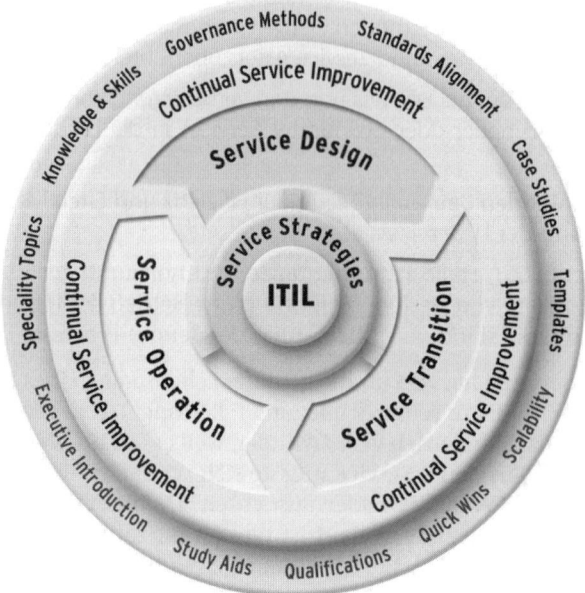

Abbildung 1.2: Der Service Lifecycle und die damit verbundenen Publikationen

Die Prozesse und Funktionen bilden das Rückgrat des IT Service Managements unter ITIL® V3. Sie stellen die Grundlagen der Aktivitäten und Aufgaben dar, die in den ITIL®-Büchern beschrieben werden, um die vereinbarte Qualität der IT Services zu leisten. Im Sinne des IT Service Managements erfolgt eine Koordination und Steuerung der zugehörigen Funktionen, Prozesse und Systeme während des gesamten Service Lifecycle.

⌐ **Prozesse und Funktionen in der ITIL®-Literatur**

- ◆ Service Strategy
  - ● Financial Management (Prozess)
  - ● Service Portfolio Management (Prozess)
  - ● Demand Management (Prozess)
- ◆ Service Design
  - ● Service Catalogue Management (Prozess)
  - ● Service Level Management (Prozess)
  - ● Capacity Management (Prozess)
  - ● Availability Management (Prozess)
  - ● IT Service Continuity Management (Prozess)
  - ● Security Management (Prozess)
  - ● Supplier Management (Prozess)
  - ● Application Management (Funktion)
  - ● Requirement Engineering (Funktion)
  - ● Data and Information Management (Funktion)

- Service Transition
  - Transition Planning und Support (Prozess)
  - Service Asset and Configuration Management (Prozess)
  - Change Management (Prozess)
  - Release and Deployment Management (Prozess)
  - Service Validation und Testing (Prozess)
  - Evaluation (Prozess)
  - Knowledge Management (Prozess)
- Service Operation
  - Incident Management (Prozess)
  - Request Fulfillment (Prozess)
  - Event Management (Prozess)
  - Problem Management (Prozess)
  - Access Management (Prozess)
  - Service Desk (Funktion)
  - Technical Management (Funktion)
  - IT Operations Management (Funktion)
  - Application Management (Funktion)
- Continual Service Improvement (Funktion)
  - 7-Step Improvement-Prozess (Prozess)
  - Service Reporting (Prozess)
  - Service Measurement (Prozess)

Prozesse werden generell als definierte Abläufe bzw. Aktionsfolgen in einem System mit einem bestimmten Ziel verstanden. Es geht um die Beantwortung der Frage: „Was ist zu tun?" Über einen Prozess geht aus einem definierten Input ein zu erwartender Output hervor (siehe *Abbildung 1.3*). Es existieren unterschiedliche Prozessarten in einem Unternehmen. Dazu gehören Management-Prozesse, z.B. im Bereich Personalentwicklung, unterstützende Prozesse wie etwa die ITIL®-Prozesse oder Geschäftsprozesse wie z.B. im Bereich der Produktion. Es geht stets darum, einen Mehrwert zu schaffen. Prozesse bleiben konsistent und sind von Verfahren und Funktionen unabhängig.

Eine Funktion dagegen wird durch eine spezialisierte Organisationseinheit gebildet, die für bestimmte Ergebnisse verantwortlich ist. Sie beinhaltet eigenes Know-how und Erfahrungen. Sie hat meist ein bestimmtes Ziel vor Augen oder dient einem bestimmten Zweck.

Der Begriff „Prozess"

Ein Prozess ist nach ISO 8402 durch folgende Eigenschaften charakterisiert:

◆ Er besteht aus einer Menge von Mitteln und Tätigkeiten. Zu den Mitteln können nen Personal, Geldmittel, Anlagen, Einrichtungen, Techniken und Methoden gehören. Diese Mittel und Tätigkeiten stehen in Wechselbeziehung.

◆ Ein Prozess erfordert Eingaben.

◆ Ein Prozess gibt Ergebnisse aus.

Ein Prozess stellt ein Vorgehensmodell für immer wiederkehrende Abläufe dar.

Abbildung 1.3: Prozessdarstellung

ITIL® beschreibt einen Prozess als eine Menge von koordinierten Aktivitäten, die Ressourcen und Fähigkeiten kombinieren und implementieren, um ein Ergebnis zu erzielen, das direkten oder indirekten Nutzen für einen Kunden oder Stakeholder erzeugt. Es ist die Möglichkeit, einen Mehrwert für Kunden zu erbringen, indem das Erreichen der von den Kunden angestrebten Ergebnisse erleichtert oder gefördert wird. Dabei müssen die Kunden selbst keine Verantwortung für bestimmte Kosten und Risiken tragen.

ITIL® steht also nicht für sich und als Selbstzweck der Begrifflichkeiten im Raum, sondern berücksichtigt vor allem die Geschäftsziele des Unternehmens. Ganz wichtig ist dabei die kundenorientierte Sichtweise. Der Leitgedanke von ITIL® besteht in der Unterstützung der Geschäftsprozesse und der Mitarbeiter der Servicenehmer, um diese bei ihren tagtäglichen Aufgaben zu unterstützen. Die Vorteile sind:

◆ Die Verbindung von Geschäftsstrategie und der IT-Service-Strategie

◆ Möglichkeiten einer agilen Service-Gestaltung (Service Design) in Verbindung mit einem RoI-Plan

◆ Modelle zur Überführung von Services in den Betrieb (Service Transition), die für eine Vielzahl an Innovationen geeignet sind

◆ Entmystifizierung des Managements von Service Providern und Sourcing-Modellen

◆ Verbesserungen für die Umsetzung und das Management von Services für dynamische, schwer berechenbare und sich rasch verändernde Geschäftsbedürfnisse mit hohem Risiko

◆ Optimierung der Messbarkeit in Bezug auf Qualität und Nutzen

◆ Aufzeigen der Auslöser für Verbesserungen und Veränderungen im gesamten Service-Lebenszyklus

In Bezug auf den Lebenszyklus eines IT Service geht es vor allem darum, dass einmal definierte IT Services keine starre, unveränderliche Sache sind. Ziel ist die ständige Verbesserung. Wer einen IT Service kontinuierlich verbessern will, kommt also um die Messung und Analyse der Leistungen einer IT-Abteilung und der Services nicht herum.

Was man nicht messen kann, kann man nicht kontrollieren ....
(Tom DeMarco, Der Termin)

⌐ **Der Begriff Qualität"**

Qualität wird laut ISO 402 als Gesamtheit der Eigenschaften und Kennzeichen eines Produkts bzw. eines Service verstanden, die zur Erfüllung der festgelegten oder selbstverständlichen Bedürfnisse wichtig ist ⌐

ITIL® wird als wichtig erachtet und es gilt in den deutschsprachigen Ländern, den Niederlanden und natürlich Großbritannien als De-facto-Standard. Dies gilt vor allem aufgrund der einheitlichen Nomenklatur, die bislang abstrakte Fragen der IT-Dienste konkret fassbar macht.

1.3 ITIL®? Kenn' ich nicht!

ITIL® ist kein fester Standard, keine Norm wie ISO 9000/9001, sondern lediglich eine Bibliothek von niedergeschriebenen Best Practice-Empfehlungen mit definierten Begriffen und Beschreibungen. Es ist ein generisches Modell. Viele Experten vergleichen ITIL® mit einem Skelett. Dieser Leitfaden ist ein Rahmen, der dem Körper Halt und Rückgrat bietet. Das Fleisch, die Organe und die Funktionalität muss jede IT-Abteilung, jeder IT-Dienstleister und jeder Mitarbeiter beisteuern. Im Laufe der Zeit müssen die Muskeln trainiert, die Gesundheit, die Seele und der Geist geschützt und gefördert werden. Und ganz wichtig: Alle müssen mit dem Herzen dabei sein. Das mag sich zwar kitschig lesen, entspricht aber den Tatsachen.

Das Regelwerk ITIL® hat sich inzwischen als Sammlung von Empfehlungen und Best Practice-Ansatz für die Unternehmens-IT vielfach bewährt und ist mehr als eine Orientierungshilfe für die Abbildung von IT-Prozessen und -Funktionen. ITIL® hat sich etabliert. Zahlreiche Studien und Untersuchen bestätigen dies.

1.3.1 Verbreitung von ITIL®

Bereits im Jahre 2003 führte der Lehrstuhl für Marketing der Universität Dortmund in Kooperation mit dem IT-Dienstleister MATERNA GmbH eine Kurzstudie mit dem Titel „Status und Trends des Regelwerks IT Infrastructure Library® (ITIL®)" durch. Untersucht wurde, wie weit die ITIL®-Methodik verbreitet ist, in welchen Bereichen sie zum Einsatz kommt und welche Erwartungen Unternehmen an das Regelwerk ITIL® knüpfen. Die Ergebnisse (siehe *http://www.it-surveys.de*) zeigen, dass sich ITIL® zunehmender Beliebtheit erfreut.

Ähnliche Ergebnisse erbringt eine Studie der FH Aalen in Zusammenarbeit mit der itSMF „Verbreitung und Nutzen des prozessorientierten IT-Managements". Hier ging es vor allem um die Frage, welche IT-Prozesse bereits implementiert wurden und welche Prozesse in nächster Instanz zum Einsatz kommen (siehe *http://www.conect.at/files/papers/Ergebnisse_ITIL®-Studie.pdf*).

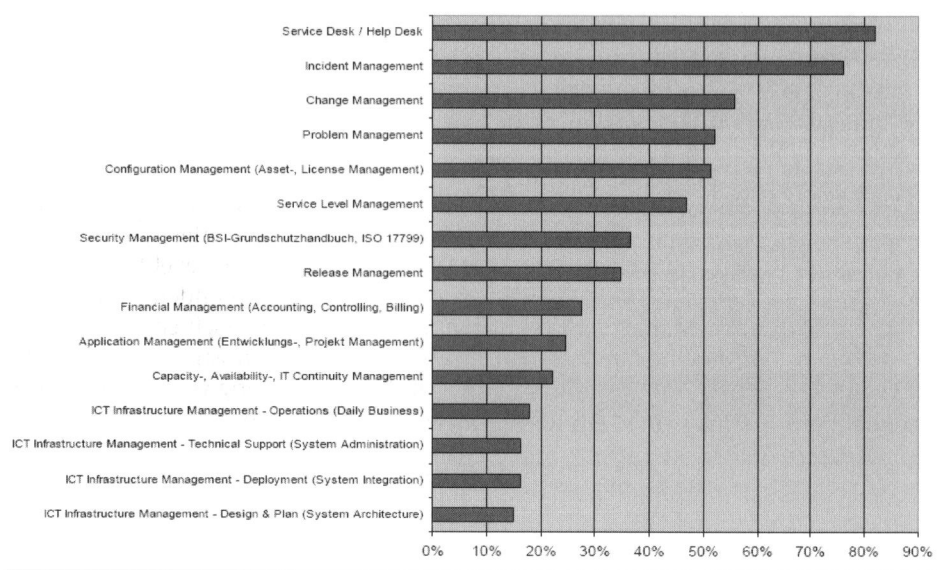

Mehrfachnennungen möglich

Abbildung 1.4: Ergebnisse zu der Frage „Welche Management-Bereiche wurden bereits implementiert?" (Quelle: FH Aalen)

Zum Bekanntheits- und Verbreitungsgrad von ITIL® erschienene Studien zeigten bis vor Kurzem noch ein geteiltes Bild. Sie machten deutlich, dass sich ITIL® zunehmender Beliebtheit erfreut, in manchen Unternehmen aber zum Teil noch gänzlich unbekannt ist. Laut einer Umfrage von Exagon Consulting, die im e-commerce-Magazin am 07.06.2006 erwähnt wurde, wollen zwei Drittel der größeren Unternehmen ihre IT-Prozesse bis 2008 nach dem ITIL®-Framework gestalten. Derzeit wurde ITIL® laut der Erhebung durch Exagon bereits von 37 Prozent dieser Firmen zur Optimierung der IT-Prozesse genutzt, 31 Prozent planten die Umsetzung bis 2008.

Einer aktuelleren Materna-Studie (*http://www.materna.com*) vom September 2007 zufolge nimmt die Verbreitung der IT Infrastructure Library® (ITIL®) weiter zu. Die ITSM Executive-Studie ermittelt in regelmäßigen Abständen die aktuelle Situation im IT Service Management. Hinterfragt wurden der Einsatz der Prozesse und die Nutzung des De-facto-Standards ITIL®. Des Weiteren liefert die Studie Erkenntnisse über die Planung und Beurteilung der Prozesse. Mehr als 160 IT-Entscheider aus Deutschland (79 Prozent) und Österreich (21 Prozent) haben sich im Juni und Juli 2007 an der Online-Befragung beteiligt. Die Verbreitung von ITIL® ist in deutschen und österreichischen Unternehmen von knapp 50 Prozent im Jahr 2005 auf aktuell 76 Prozent angestiegen. Einem sofortigen Umstieg auf Version 3 stehen die meisten Unternehmen hingegen abwartend gegenüber. Die Umfrage unter den IT-Verantwortlichen hat ergeben, dass die überwiegende Mehrheit der Unternehmen keinen sofortigen Umstieg auf Version 3 plant. Vielmehr wollen sich die Unternehmensverantwortlichen eingehend mit der neuen Version auseinandersetzen, bevor sie eine Entscheidung fällen.

Der Nutzungsgrad von ITIL® erweist sich als unterschiedlich stark ausgeprägt. Während einige Unternehmen ITIL® nur in einzelnen Disziplinen einsetzen, nutzen es andere bereits in mehreren oder gar allen. Mit 71 Prozent führt das Incident Management die Liste der am häufigsten umgesetzten ITIL®-Disziplinen an. Dicht dahinter folgt der Service Desk mit 70 Prozent; Change Management weist eine Verbreitung von 52 Prozent auf, das Problem Management erreicht einen Wert von 46 Prozent. Ihr Portfolio an IT Service Management-Prozessen wollen mehr als sieben von zehn der untersuchten Firmen erweitern. Am häufigsten wurden hier Configuration Management, Configuration Management Database und Service Level Management genannt. Diese Zahlen bestätigen den Trend zu einer zunehmenden Automatisierung von IT Service Management-Prozessen. Auf Basis der erschienenen Studien kann ITIL® weiterhin eine überaus positive Entwicklung prognostiziert werden. Forrester Research geht in einer Studie über die Marktdurchdringung von ITIL® beispielsweise davon aus, dass im Jahr 2008 bis zu 80% der IT-Unternehmen ITIL® anwenden.

Es hat sich bewährt, ITIL® aus der Kundenperspektive einzuführen und außerdem zuerst dort, wo großer Handlungsbedarf besteht, um Quick Wins (schnelle Erfolge) aufzuzeigen. Daher werden auch in einer Vielzahl der Unternehmen zuerst die operativen Prozesse (Service Desk, Incident Management, Problem Management etc.) eingeführt und die Funktionen eingesetzt. Hier, nahe am Tagesgeschäft und am Anwender, sind die ersten schnellen, aber durchaus nachhaltigen Erfolge zuerst spürbar.

Die zahlreich angebotenen Kurse der ITIL® V3 zeugen davon, dass der Best Practice-Ansatz sich auch in der neuen Version zunehmender Bedeutung erfreuen wird. Auch die deutlich angewachsene Zahl an Publikationen, sei es Print oder Online, von ITIL® in der Version 2 und 3 unterstreichen den angestiegenen Verbreitungsgrad.

Gab es bis vor einigen Jahren noch keine deutschsprachige aussagekräftige und lesenswerte Literatur bis auf das Standardwerk des itSMF, sieht es heute schon anders aus.

Was ist das itSMF?

Das Information Technology Service Management Forum stellt die weltweit einzige unabhängige und international anerkannte Organisation für IT Service Management dar. Das itSMF hat es sich zum Ziel gesetzt, als unabhängiger und nicht kommerzieller Verein die aktuellen Erkenntnisse und Methoden im Bereich des IT Managements zu fördern und bekannt zu machen. Es bietet, von Unternehmen für Unternehmen, eine Plattform zum Austausch von Informationen und Erfahrungen. 1991 wurde das IT Service Management Forum in England gegründet. itSMF Deutschland widmet sich der Förderung und Weiterbildung im Bereich des IT Service Managements in Deutschland.

1.3.2 Vorteile durch ITIL®

Die Vorteile der Nutzung erscheinen durchaus eindeutig: Im Mittelpunkt steht die Erhöhung der Effizienz, gefolgt von der damit einhergehenden Kostensenkung und der Erhöhung der Kundenzufriedenheit. Doch dahinter steckt noch mehr:

- ◆ Ausrichtung der Leistungserbringung an den Anforderungen der Geschäftsprozesse
- ◆ Effizienter Einsatz und Nutzung von IT-Betriebsmitteln
- ◆ Verbesserung der Kommunikationswege
- ◆ Gewährleistung bestmöglicher und messbarer Service-Qualität
- ◆ Kostenreduzierung bei den IT Services
- ◆ Produktivitätssteigerung durch effizientere Prozesse
- ◆ Reduzierung operativer Risiken
- ◆ Verbesserung der kundennahen Services
- ◆ Spezifikation der nutzbaren Dienstleistungen
- ◆ Verbindliche Vereinbarungen bzgl. Verfügbarkeiten etc.
- ◆ Konsistenz in Qualität und Quantität
- ◆ Kostentransparenz
- ◆ Verfügbarkeit eines definierten Ansprechpartners
- ◆ Überprüfbare Ergebnisse durch definierte und kommunizierte Messkriterien
- ◆ Identifikation der Mitarbeiter mit ihren Aufgaben im Prozess

ITIL® kann die Basis für höhere Kundenzufriedenheit sein und ermöglicht die Kostensenkung durch standardisierte Prozesse, etablierte Funktionen und langfristige Optimierung. ITIL® ermöglicht ein einheitliches Vokabular im IT Service. Dies dient u.a. der optimierten Kommunikation. So trägt ITIL® wesentlich dazu bei, dass sich eine gemeinsame Terminologie zwischen denen herausbildet, die IT-Leistungen zur Verfügung stellen, und denen, die sie nutzen. Auch zwischen einzelnen IT-Abteilungen soll die Kommunikation besser funktionieren, wenn sie sich nach ITIL® richten.

ITIL® verbessert den Ruf der IT. Dieser Meinung sind laut einer Studie von Exagon aus dem Jahre 2006 64% der Firmen. Denn die Prozesse und Funktionen werden transparent, und auch die Zufriedenheit in der IT erhöht sich oft.

Abbildung 1.5: Vorteile durch die Einführung von ITIL®

Nachteile zeigen sich vor allem durch den als zu hoch empfundenen Verwaltungs-aufwand. Der Faktor Mensch wird bei einer ITIL®-Implementierung und beim „Leben der Prozesse" allerdings immer noch zu wenig berücksichtigt.

1.3.3 ITIL®-Einführung

ITIL® unterstützt die Ziele des Unternehmens, dabei gilt es nicht, ITIL® als starre Schablone dem Unternehmen aufzudrücken. Es ist und bleibt eine Sammlung von Best Practices, von erprobten Methoden für die Verbesserung der IT Services.

Die Einführung dieser Prozesse zum IT Service Management mit Hilfe von ITIL® stellt hohe Anforderungen an alle Beteiligten und das Unternehmen und erstreckt sich stets über einen längeren Zeitraum. Die Gestaltung neuer Prozesse setzt eine Analyse der bestehenden Abläufe voraus. Dies gestaltet sich in vielen Fällen schwie-rig, wenn die Verfahrensweisen bisher unzureichend dokumentiert und unter-schiedliche Begriffswelten verwendet wurden. Im nächsten Schritt sind die Anfor-derungen der Nutzer zu erheben. Dazu müssen die Vorstellungen der Nutzer in präzisen Service Level Agreements fixiert werden. Wenn die Prozesse definiert wur-den, die zur Erfüllung der Anforderungen notwendig sind, müssen die Prozessver-antwortlichen mit den nötigen Schwerpunkten geschult werden, um die Prozesse anschließend einzusetzen.

Die Umsetzung dieses Vorgehens ist im Unternehmen in jedem Fall als Projekt auf-zusetzen. Zur Steuerung ist eine geeignete Projektmanagement-Methode zu nut-zen. Eine Untersuchung des CIO Magazins vom 13.7.2004 zeigte, dass bei 70 % der ITIL®-Einführungen der Zeitplan überschritten wurde. Bei 45 % der Projekte wurde er um 10 bis 50 % überschritten, bei 5 % der Projekte sogar um 100 bis 300 %. ITIL® empfiehlt, zur Umsetzung dieser Projekte auf die skalierbare, flexible Projektman-agement-Methode PRINCE2™ zurückzugreifen.

Ein Mehrwert für den einzelnen Mitarbeiter liegt in der anschließenden interna-tional anerkannten Mitarbeiter-Zertifizierung. Hier gibt es verschiedene Stufen der Zertifizierung.

Einer der häufigsten Faktoren, die zum Scheitern oder zu enttäuschenden Ergebnis-sen bei der ITIL®-Umsetzung führen, ist ein gewisser „Perfektionismus", ein allzu starres Festhalten an den ITIL®-Regeln. Wer hier zu viel auf einmal haben möchte, läuft Gefahr, sich zu verrennen oder bürokratische Strukturen aufzubauen, die im Alltagsgeschäft eher hinderlich als fördernd sind. ITIL® beruht nicht umsonst auf einer geschäftsorientierten Sicht der IT, es soll vor allem andere Prozesse unterstüt-zen und die IT transparent machen, um sie in eine vernünftige Relation zu den Geschäftsprozessen zu bringen.

ITIL®-Einführung heißt, dass Funktionen und Prozesse zur Unterstützung des Service Lifecycle nach Vorgaben umgesetzt werden. Diese Vorgaben stehen als Best Practices im Raum. Als solches sind diese Best Practices aber nicht fest gemauert, sondern kön-nen ersetzt werden, was den Charakter der ITIL®-Prozesse sehr offen und flexibel macht. Gemeint sind Funktionen und Prozesse wie Change Management, Incident Management, Service Desk, Application Management, Supplier Management oder auch Financial Management for IT Services.

PRINCE2™

PRINCE2™ (PRojects IN Controlled Environments) ist eine strukturierte Methode für effektives Projektmanagement und der tatsächliche Standard innerhalb der britischen Behörden. International ist die Methode weit verbreitet und anerkannt, sowohl innerhalb der privaten als auch der behördlichen Sektoren. Sie wurde im Jahre 1996 eingeführt. Laut PRINCE2™ wird der Projektmanagementprozess in acht Hauptprozesse unterteilt. Diese Unterteilung basiert auf den Phasen innerhalb eines Projekts und auf den verschiedenen Verantwortlichkeiten. Jeder Hauptprozess wird weiter unterteilt in Subprozesse.

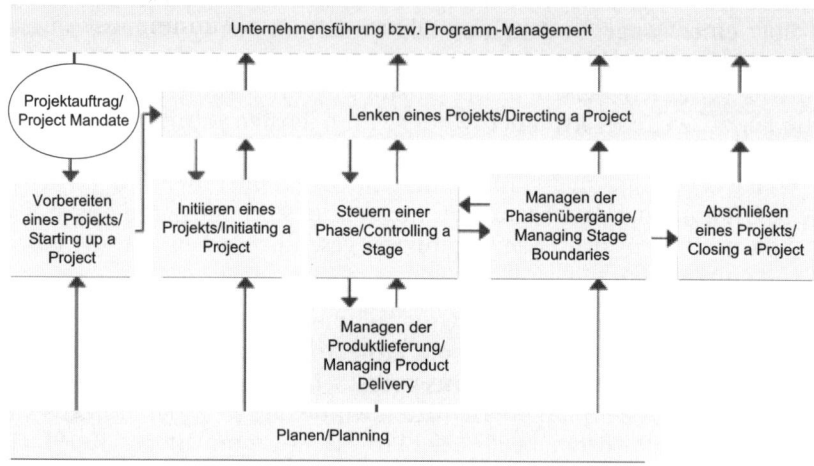

Abbildung 1.6: PRINCE2™-Prozessdarstellung

Bei der Einführung von ITIL® ist es wichtig, den gesamten Kontext zu definieren, auch wenn nur die Einführung von Teilbereichen geplant ist. So kann eine phasenweise Einführung von ITIL®-Komponenten erhebliche Nacharbeiten erfordern, wenn nicht schon bei der Entwicklung der ersten Teilkomponenten der Gesamtumfang bekannt ist. Es hat sich daher bewährt, die gesamte Prozess- und Technologiearchitektur zu definieren, um dann die gewünschten Teilbereiche in ihrem Kontext zu entwickeln. Für die zeitlich zurückgestellten Bereiche bieten sich Workarounds an, die beschreiben, wie bis zu der Einführung mit dem Bereich verfahren werden soll.

Abbildung 1.7: Es gilt ITIL® auf die individuellen Bedürfnisse des Unternehmens anzupassen

Doch jeder neue IT-gestützte Prozess greift grundsätzlich in das ganze Unternehmen und seine Abläufe ein. Deshalb sollte die Implementierung vom Management initiiert werden. ITIL® überschreitet öfter Abteilungsgrenzen und führt manchmal zum Aufbrechen von Fürstentümern im Unternehmen. Dies erfordert optimalerweise ein Schnittstellen-Management. Der Service-Gedanke führt oft zu einem Wandel in der Unternehmenskultur.

Die Herausforderung des Kulturwandels ist manchmal größer als die der Technologieimplementierung, wenn es darum geht, gleichzeitig Automatismen oder Tools einzuführen. Der Erfolg einer ITIL®-Einführung und die Etablierung von IT Services hat meist mehr mit Menschen zu tun als mit dem Thema Technologie, Ressourcen oder Komponenten! Schließlich arbeiten in einem Unternehmen Menschen mit unterschiedlichsten Persönlichkeiten und Einstellungen, die der Führung bedürfen und nicht auf Knopfdruck reagieren.

Laut einer Pink Elephant ITIL®-Umfrage aus dem Jahre 2005 liegt der größte Stolperstein einer ITIL®-Implementierung in der Akzeptanz der Veränderungen, wie 72% der Befragten angaben. Das Thema Führung, Menschen im Unternehmen und der menschliche Faktor sind natürlich nicht nur beim Thema ITIL® und IT Services das Zünglein an der Waage.

In einer KPMG-Studie aus 2002 ist die Rede davon, dass 56% der Firmen mindestens ein IT-Projekt im Jahr 2002 abschreiben mussten und zwar mit einem Durchschnittsverlust von 12,5 Millionen Dollar. Gründe dafür waren eine unzureichende Planung, schlechtes Scope-Management und die mangelnde Kommunikation zwischen IT und Business. Weitere Studien- und Umfrageergebnisse zeigen ähnliche Ergebnisse auf.

Laut dem Project Management Institute (PMI) nimmt das Kommunikations-Management häufig bis zu 50% der Projektarbeit ein und schließt alle Beteiligten und Betroffenen mit ein. Nach einer Studie der American Management Association (AMA) haben Manager 20% ihrer Zeit für die Bewältigung von Konflikten aufgewendet.

Ein ITIL®-Projekt muss die Unterstützung vom Top-Management bekommen, auch um sicherzugehen, dass die Projektziele in Einklang mit den Unternehmenszielen und -visionen stehen. Gelegenheiten und Herausforderungen sind gründlich auszuarbeiten. Konkrete Meilensteine und deren Wert für das Unternehmen sind zu beschreiben. Dazu gehört auch, dass der Nutzen evaluiert werden muss. Gerade in Bezug auf diesen Punkt leistet ITIL® V3 von sich aus gute Unterstützung, da per definitionem der Nutzen für das Unternehmen für ITIL® im Vordergrund stehen muss. Die Kooperation der Fachabteilungen ist sicherzustellen, und alle potenziell Beteiligten sind möglichst früh einzubeziehen.

Auch von Interesse ist die Frage, wie schnell ein Unternehmen Veränderung verkraften kann. Vergangene Projekte können Aufschluss darüber geben.

Fest steht: Menschen, die bereits viel Zeit und Energie in die bestehenden Prozesse investiert haben, werden nicht sofort verstehen, warum Prozessverbesserungen notwendig sind. Eine Bereitschaft zum Wandel kann durch verantwortungsbewusste und sensible Führung, Schulungen und moderierte Workshops geweckt werden. Das Verantwortungsbewusstsein des einzelnen Mitarbeiters kann durch „Ownership" und Team-Bildung erhöht werden.

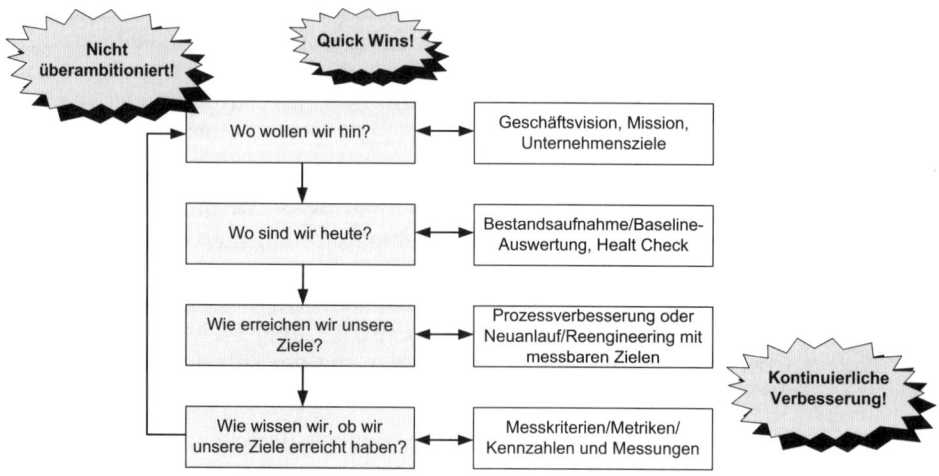

Abbildung 1.8: Die Einführung von ITIL®

Einer der größten Vorteile wird in der Standardisierung gesehen: ITIL® führt zu einer einheitlichen Sprach-, Vorgehens- und Denkweise und bietet Lösungsmodelle, die sich bereits in der Praxis bewährt haben. Dies bringt den Unternehmen eine gewisse Planungs- und Prozess-Sicherheit. Auch ausreichend Flexibilität ist gegeben. Da das ITIL®-Framework kein Dogma darstellt, können alle Vorgaben flexibel und individuell angepasst werden. Gleichzeitig erhöht sich die Transparenz der IT-Prozesse und -Funktionen, da diese mit Hilfe von ITIL® zur Unterstützung der IT Services als Dienstleistung für den Kunden genau definiert sind. Bei den meisten Unternehmen ist ITIL® daher in Form von Vorschriften oder Verfahrensanweisungen verankert. Es ist als Top-down-Ansatz vorgesehen und benötigt die notwendige Management-Unterstützung, damit das Regelwerk auch tatsächlich im Unternehmen „gelebt" werden kann. Ohne diese Unterstützung ist es wie jede Unternehmensphilosophie zum Scheitern verurteilt.

Jedes Unternehmen sollte sich aber bewusst sein, dass ITIL® kein Zaubermittel darstellt. Es ist weder in der Lage, die Organisation einfach so zu verändern, noch die Services zu definieren, die Mitarbeiter zu motivieren oder fertige Lösungen anzubieten. Es bietet lediglich Unterstützung an. Was das jeweilige Unternehmen daraus macht, ist seine Sache.

ITIL® ist viel mehr als nur eine Buchreihe, es steht für eine IT Service-Philosophie, deren Rahmenwerk in weltweiter Zusammenarbeit von verschiedenen Organisationen, Spezialisten und der Industrie permanent weiterentwickelt wird.

1.4   ITIL® ist mehr als eine Bibliothek

Die ITIL® beschreibt als Buchreihe (Library) das IT Service Management in Form von Best Practices. Organisationen und Unternehmen sollen durch diese umfassende Dokumentation zur Planung, Erbringung und Unterstützung von IT-Service-leistungen ein zukunfts- und kundenorientierter Weg aufgezeigt werden, ihre IT-Organisation zu gestalten.

Abbildung 1.9: ITIL®-Kernprozesse

Aufgrund der Heterogenität der verschiedenen Unternehmen beschreibt ITIL® nicht detailliert das „Wie", also die Umsetzung der Best Practices-Vorschläge, sondern konzentriert sich auf das „Was", die Inhalte, Funktionen, Prozesse, Rollen und Ziele innerhalb der IT-Organisation. Die Anpassung der Inhalte kann dadurch leicht auf die individuellen Bedürfnisse eines Unternehmens zugeschnitten werden. ITIL® bietet eine Vielzahl an Vorteilen und garantiert durch langjährige Praxiserfahrungen eine hohe Zuverlässigkeit.

1.4.1 Qualität und Qualitätsverbesserung

Jede neue Technologie oder Methode findet wenig Anklang, wenn sie nicht durch das Management, die Führungsebene im Unternehmen, die richtigen Prozesse und Mitarbeiter unterstützt wird. Es gilt also, dass sich das Unternehmen zuerst über die anzuwendende Alignment (Ausrichtung am Business)- und Service Management-Strategie im Klaren sein muss, um dann die benötigten Tools zusammenzustellen und die Prozesse zu automatisieren. Genauso wichtig ist es zu verstehen, dass wir hier nicht über einen einzigen isolierten Prozess sprechen, sondern über eine ganze Kette von integrierten und miteinander verbundenen Prozessschritten. Genau aus diesem Grund wurde das Buch Service Strategy (SS) als einleitende und übergreifende Veröffentlichung der ITIL®-Bibliothek entwickelt. Es beschreibt das grundlegende Verständnis von der IT als „Strategic Asset". Basierend auf einer allgemeinen Servicedefinition wird die Bedeutung von IT als Nutzenbeitrag und die damit verbundenen Anforderungen an ein modernes IT Service Management herausgestellt. Die Ausrichtung des IT Service Managements (ITSM) an den Geschäftsanforderungen des Unternehmens steht im Mittelpunkt.

IT-Dienstleistungen sind für das Kerngeschäft der Unternehmung zu erbringen – für interne ebenso wie für externe Kunden. Damit einher geht ein wettbewerbsorientiertes Verständnis von der Informationstechnik. So rückt die aktuelle ITIL®-Version den strategischen Stellenwert des IT Service Managements weiter in den Vordergrund. Dabei spielen auch die gleich bleibende Qualität zu vertretbaren Kosten und die Qualitätssicherung des IT Service eine wichtige Rolle. Die Gesamtqualität stellt sich dabei als Ergebnis aus den jeweiligen Qualitäten der einzelnen Services dar, aus denen der gesamte IT Service besteht.

Im Gegensatz zur ursprünglichen semantischen Bedeutung des Begriffs „Qualität" als absolute Ausprägung der Einheit (lateinisch: qualis = wie beschaffen), ist im Sinne des Qualitätsmanagements „Qualität" stets als Ergebnis eines Vergleichs zwischen Qualitätsanforderungen und tatsächlicher Beschaffenheit einer Einheit unter dem Aspekt einer Anspruchsklasse anzusehen. Qualität bezieht sich somit nicht auf die alltägliche Bedeutung des Wortes, sondern auf jede quantifizierbare Eigenschaft des IT Service bzw. Endprodukts für den Kunden, die es für seinen Zweck geeignet macht.

Für die Qualitätssicherung im Sinne einer ständigen Prüfung der Qualität und der daraus abgeleiteten Intention, die Qualität mindestens konstant zu erbringen, bietet der Qualitätskreis von Deming ein hilfreiches und simples Modell. Dieses betont die Qualität und beschreibt eine kontinuierliche Qualitätsverbesserung durch einen Zyklus, der als „Plan-Do-Check-Act" (PDCA-Modell) bezeichnet wird (siehe *Abbildung 1.10*).

William **Edwards Deming** (1900-1993)

Der von Deming entwickelte PDCA-Zyklus ist ein Werkzeug, das auf allen Hierarchieebenen anzuwenden ist und auf Qualitäts- und Prozessverbesserung zielt. Er hat das Ziel, in vier Phasen Verbesserungsbedarf zu erkennen, Verbesserungen zu entwickeln und einzuführen. Der PDCA-Zyklus soll so eine ständige Weiterentwicklung im Qualitätsmanagement bewirken und einen kontinuierlichen Verbesserungsprozess in Gang halten.

Die Japaner bezeichnen Deming als „Vater der Qualitätsbewegung" in ihrem Lande. Diese Bewegung hat wesentlich zur wirtschaftlichen Erholung beigetragen, während Deming dort nach dem zweiten Weltkrieg ermuntert wurde, seine Ansichten in der Wirtschaft zu beweisen. Er hatte Erfolg.

Herzstück der Philosophie Demings sind die so genannten 14 Punkte. Er sieht seine 14 Punkte, bei denen es u.a. um die ständige Suche nach Fehlerursachen oder die Beseitigung von Barrieren wie Angst oder Vollkontrollen geht, in Grundhaltungen gebettet, ohne deren Erfüllung er ihre Umsetzung in die Praxis nicht für möglich hält. Laut Deming kann jede Aktivität als Prozess gesehen und immer weiter verbessert werden. Problemlösungen allein genügen nicht, fundamentale Änderungen sind erforderlich. Die Geschäftsleitung muss handeln; es reicht nicht aus, dass sie Verantwortung übernimmt. (Lesetipp: The Deming Management Method von W. Edwards Deming (Vorwort) und Mary Walton)

Dabei beginnt Deming mit dem Schritt „Plan", der den gegenwärtigen Sachstand auf Verbesserungspotenziale überprüft und einen Plan zur Qualitätsverbesserung entwickelt. Bei der Analyse von Schwachstellen und Verbesserungspotenzialen ergeben sich meist konkrete Änderungsmaßnahmen zur Verbesserung der betrachteten Prozesse. Diese Änderungsmaßnahmen werden dann im Umsetzungsabschnitt „Do" durchgeführt.

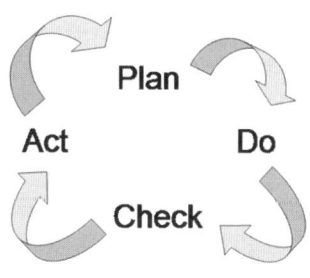

Abbildung 1.10:
Qualitätskreis von Deming

Nachdem eine Veränderung eingetreten ist, muss überprüft werden, ob die Veränderungen positiv verlaufen sind ("Check"). In Bezug auf die vorher definierten Ziele wird kontrolliert, ob Seiteneffekte aufgetreten und wie diese zu bewerten sind. Im letzten Teil ("Act") werden Maßnahmen zur Korrektur der festgestellten Abweichungen, Plan-Änderungen oder Verbesserungen im Qualitätsmanagementsystem durchgeführt, um das vorher definierte Ziel zu erreichen. Wird das "Qualitätsrad" stetig weitergedreht, so ergibt sich mit der Zeit automatisch eine Verbesserung der vorgefundenen Produktions- oder Geschäftsprozesse. Dabei sollten die Ergebnisse stets kritisch und offen betrachtet werden. Im Bedarfsfall sollte nicht gezögert werden, durchgeführte Änderungen schnell wieder zurückzunehmen, falls diese nicht die erwünschten Ergebnisse zeigen.

1.4.2 Prozesse

Es gibt kein Unternehmen ohne Prozesse. Prozesse sollen dabei so gestaltet sein, dass sie helfen, die Ziele des Unternehmens oder der Organisation zu erreichen, die sich das Unternehmen selbst gesetzt hat. Außerdem müssen sie auf die Anforderungen so genannter externer Anspruchsgruppen ausgerichtet werden.

Prozesse stellen eine Zusammenstellung von Aktivitäten dar. Diese wurden definiert, um ein bestimmtes Ziel umzusetzen. Voraussetzung ist dabei ein definierter Input, der über die Aktivitäten des Prozesses reproduzierbar in einen definierten Output umgewandelt wird. Genaue Ergebnisse sind das Resultat. Sie müssen einzeln identifizierbar und messbar bzw. zählbar sein (Metrik). Prozesse sind also messbar und ergebnisgetrieben. Sie sollen ein erwartetes Ergebnis liefern. Die Qualität muss stimmen; sie sollen in der geplanten Zeit ablaufen und den vorgesehenen Kostenrahmen einhalten. Qualität, Zeit und Kosten sind also drei wesentliche Leistungsmerkmale, die bei der Gestaltung und Optimierung von Prozessen eine zentrale Rolle spielen.

Die einzelnen Aktivitäten in einem Prozess lassen sich in einem Flussdiagramm beschreiben. Findet in einem solchen Diagramm eine Fallunterscheidung statt ("Ist es A oder B?"), können Prozesse über die Aktivitäten auf definierte Ereignisse reagieren. Prozesse schaffen dadurch Zuverlässigkeit. Bei gleichem Input wird das gleiche Ergebnis erzielt und das immer wieder. Es ist das Bild von einem geschlossenen Kreislauf, das hier als Metapher dienen kann (Closed Loop, eine nicht endende Sequenz, permanente Optimierung des Serviceangebots im Sinne des Mehrwerts für den Kunden). Dies ist die Basis für die Forderung, dass Prozesse Richtlinien, Standards, Guidelines,

Aktivitäten und Arbeitsanweisungen definieren, falls sie benötigt werden. Spezifische Ereignisse während des fortlaufenden oder sich wiederholenden Prozesses müssen dabei rückverfolgbar und nachvollziehbar sein. Dokumentationen, Standards und Templates stellen sicher, dass Prozesse nachvollzogen und leicht übernommen werden können. Kontinuierliche Feedback-Schleifen sind nicht nur innerhalb der einzelnen ITIL®-Prozesse, sondern auch zwischen allen Prozessen zu implementieren.

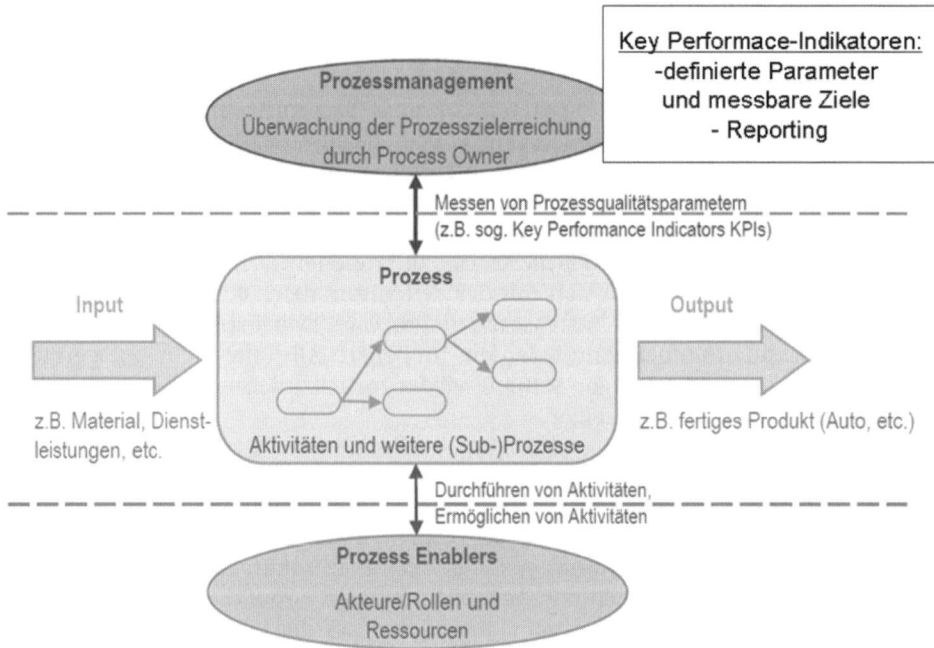

Abbildung 1.11: Prozessdarstellung

Ein Prozess kann mehrere Rollen, Verantwortlichkeiten, Werkzeuge und Management-Steuerungen beinhalten, die für die zuverlässige Lieferung der Ergebnisse benötigt werden. Jeder Prozess liefert Ergebnisse für einen Kunden. Prozesse besitzen Kunden und Stakeholder (intern oder extern des Unternehmens). Stakeholder sind alle Personen, die ein bestimmtes Interesse mit einer Organisation, einem Projekt, einem IT Service etc. verbindet. Sie können an Aktivitäten, Zielen, Ressourcen oder Lieferergebnissen interessiert sein. Zu den Stakeholdern können Kunden, Partner, Mitarbeiter, Anteilseigner, Inhaber etc. zählen.

Ein Beispiel für die Steuerungsmöglichkeiten sind die Leistungsindikatoren, die für jeden ITIL®-Prozess definiert und implementiert werden. Ohne sie ist weder Steuerung noch Kontrolle, Überwachung oder Reporting möglich. Durch Leistungsindikatoren (Key Performance Indicators, KPI, Kennzahlen) kann jedes Unternehmen die passenden Qualitätskriterien für seine IT Services definieren und später überprüfen.

System

Prozesse stehen in der Regel nicht losgelöst und autonom im Raum, sondern sind Teil eines Systems. Ein System stellt eine Gruppe von Komponenten dar, die miteinander interagieren, miteinander verknüpft oder unabhängig voneinander sein können. Egal, wie sie miteinander gekoppelt sind, sie formen gemeinsam ein vereinheitlichtes Ganzes, funktionieren für einen bestimmten Zweck zusammen.

Leistungsindikatoren (Key Performance-Indikatoren, KPIs) spielen in Bezug auf Prozesse und Prozessmanagement die Hauptrolle, weil sie die Qualität eines IT Service auf einen Blick charakterisieren. Zwar sind sie immer unternehmensspezifisch, doch meistens unternehmensübergreifend vergleichbar. Deshalb sollte beispielsweise eine Service Desk-Lösung in Form einer Applikation oder eines Tools (wie z.B. Remedy oder MAXIMO) für jede ITIL®-Disziplin bezogen auf den spezfischen IT Service einen umfangreichen vordefinierten Satz von KPIs anbieten, aus dem jedes Unternehmen die für seine Zwecke relevanten Kennzahlen auswählen kann. Zweierlei ist dabei wichtig: Erstens sorgt ein Satz aussagekräftiger KPIs dafür, dass diese Optimierung vom ersten Tag an nachweisbar ist und etwaige Schwachstellen schnell deutlich werden. Zweitens sollten die eingesetzten Werkzeuge so anpassbar und offen sein, dass sie der kosteneffektiven Optimierung des Managements der IT Services dienen und ihr nicht im Wege stehen. Firmenspezifische Parameter erweitern dabei die Wirkung der Leistungsindikatoren im Unternehmen. Die Metriken für die Prozesse sollten stets von den Business-Zielen ausgehen (beispielsweise angelehnt an die Balanced Score Card).

Leistungsindikatoren (KPIs)

Key Performance-Indikatoren sind grundsätzlich eingebunden in ein unternehmerisches Steuerungssystem als Element eines Regelkreises, der sich mit den fundamentalen Elementen Messen (Erfassen, Berichten), Steuern (Zielvorgabe) und Regeln (Umsetzung, Realisierung) darstellen lässt. Welches Steuerungssystem das Management einsetzt, ist abhängig davon, welche Ziele es verfolgt.

Die Umsetzung der Reporting-Funktionalität wird – ebenso wie die Adaption des Deming-Zyklus – in allen ITIL®-Prozessen gefordert. Dies resultiert v.a. aus der Prämisse, dass IT-Serviceleistungen messbar gemacht werden müssen, um sie verbessern zu können. Im Bereich Incident Management (schnelle Behebung von Störungen und Wiederherstellung von IT Services) sollten zu den vordefinierten KPIs beispielsweise die Gesamtzahl der Incidents (Störungen) zählen. Aber auch die mittlere Dauer bis zu ihrer Behebung oder Umgehung, der prozentuale Anteil von Incidents, der innerhalb der SLA-Vereinbarung beseitigt werden konnte, und die Anzahl von Incidents pro Support-Mitarbeiter können Kennzahlen darstellen. Die Gesamtzahl der Vorfälle kann direkt als ein Maßstab für die Stabilität der IT-Infrastruktur gelten, während die Zeit zu ihrer Behebung Aussagen über die Qualität des Incident und Problem Managements (Ursachenforschung für ein Problem) erlaubt. Der Prozentsatz innerhalb der SLA-Vereinbarung beseitigter Incidents gibt nicht nur Aufschluss über die Qualität des IT Service, sondern lässt sich auch für die Abrechnung nutzen. Dabei ist allerdings zu betonen, dass diese Qualität erst durch SLAs definiert wird und ggf. korrigiert werden muss, wenn der gewünschte SLA nur mit hohem Aufwand realisierbar wird.

Im Change Management (gesteuerte Umsetzung von Veränderungen) wiederum zählen zu den Kriterien zum Beispiel die Anzahl von Änderungen pro Zeiteinheit insgesamt sowie pro Kategorie (Servicetyp, Konfiguration oder Region) oder pro Änderungsgrund (Anwender-Request, Systemerweiterung, Störungsbehebung oder Verbesserungsmaßnahme). Die Auswertung solcher KPIs macht beispielsweise auf einen Blick deutlich, wo sich instabile Hardware und Software befindet, welche Fachabteilungen mit ihrer Anwendung unzufrieden sind oder in welchem Maße die Zahl der Systemänderungen zu- oder abgenommen hat.

Für manchen IT-Manager dürfte allein schon die Information über die Zahl der Änderungen an der IT-Infrastruktur aufschlussreich sein. Denn Changes kosten Geld, v.a. da komplexe Änderungen an der Infrastruktur oft von Mitarbeitern außerhalb der regulären Arbeitszeiten in extra dafür geschaffenen „Wartungsfenstern" umgesetzt werden. Auch eventuell nach Veränderungen an der Umgebung auftretende großflächige Störungen mit weitläufigen Auswirkungen durch Ausfälle (Impact) kosten neben Geld auch die Zufriedenheit der Anwender. Weitere KPIs im Change Management sind daher auch die Zahl gescheiterter Änderungen (inklusive der dazugehörigen Gründe) bzw. die Anzahl von Incidents, die eine Änderung ausgelöst haben, oder die Anzahl der Incidents nach einem Change. Aus solchen Informationen lässt sich schnell ableiten, ob die IT-Abteilung Probleme an der Wurzel gepackt und beseitigt hat oder die Symptome nur an der Oberfläche kuriert bzw. ob Changes korrekt ohne negative Auswirkungen umgesetzt wurden.

Mit Hilfe solcher Key Performance-Indikatoren wird nicht nur das Fundament für die laufende Optimierung der ITIL®-Prozesse gelegt, sondern auch eine tragfähige Basis für den weiteren Ausbau des Service Managements geschaffen. So können Unternehmen die IT-Prozesse formen, die ihren geschäftlichen Anforderungen Rechnung tragen (Prozess gibt sich selbst Feedback).

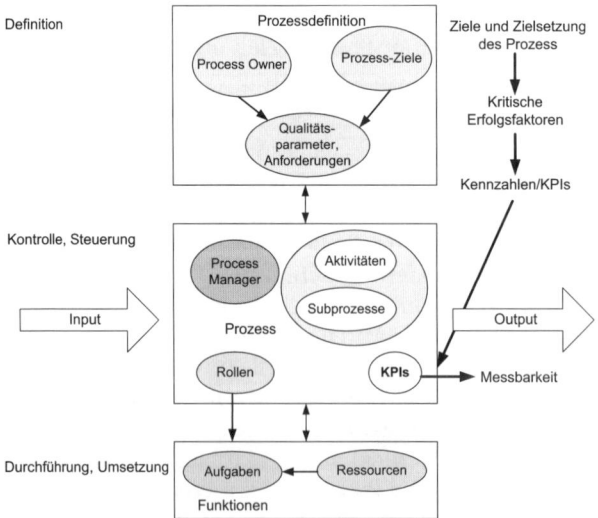

Abbildung 1.12: Erweiterte Prozesssicht

Ob Prozessaktivitäten effektiv sind und somit richtig die Geschäftsanforderungen unterstützen, sollte auf einer geregelten Basis gemessen werden. Kennzahlen innerhalb von ITIL® dienen keinem Selbstzweck und sind nicht restriktiv formuliert, sondern als Vorschläge und Denkansätze zu verstehen. Für jeden der beschriebenen ITIL®-Prozesse finden sich entsprechend mehrere Kennzahlen wieder. Diese zeichnen sich durch ihre Verständlichkeit und Einfachheit aus.

Rollen in der Organisation

Rollenbeschreibungen bieten nützliche Hinweise darauf, welche Aspekte bei einer konkreten organisatorischen Aufgaben- oder Funktionsbeschreibung umzusetzen sind. Rollen und Verantwortung in einer IT-Service-Organisation unterliegen mit ihren Aufgaben und Verantwortlichkeiten in der Praxis einer gewissen Dynamik, und immer mehr Titel werden nicht nur in der Praxis verteilt. Tendenziell werden immer noch aus definierten oder zu definierenden Aufgaben sehr schnell „Management-Rollen" gezaubert. Bei der Beschreibung der Service Design-Aufgaben findet sich beispielsweise als Rolle der Service Design-Manager. Seine Gesamtbeschreibung ähnelt der Rolle eines CIO. Eine nähere Betrachtung der Rolle des IT Planners macht ebenso den Anspruch auf den Titel CIO möglich.

ITIL® beschreibt keine Organisationsmodelle auf der Basis von Aufbau- und Ablauforganisation, sondern legt den Schwerpunkt bei der organisatorischen Beschreibung auf die Rollendefinitionen, die sich allerdings zum Teil überschneiden. Die Rollenbeschreibungen in den unterschiedlichen Prozessen und Funktionen sind zudem so zahlreich, dass unter ITIL® V3 mehr als 50 Beschreibungen oder Definitionen von Rollen zu finden sind.

Hier wird offensichtlich, dass Unternehmen sich nicht darauf konzentrieren sollten, ITIL® so, wie es als Best Practice in der Theorie beschrieben wird, vorbehaltlos zu übernehmen. Die Problematik, wenn ein Unternehmen sich tatsächlich ganz auf ITIL® einstellt und alle Rollen abbilden will, erscheint wahnwitzig. Dies ist nahezu unmöglich und nicht im Sinne eines Frameworks.

Positionen (Funktionen) werden im Gegensatz zu einer Rolle als Aufgaben und Verantwortlichkeiten verstanden. Eine Person in einer gewissen Position hat ein gewisses Aufgabenbündel zu erledigen und muss Verantwortlichkeiten übernehmen, die denen unterschiedlicher Rollen entsprechen können.

Übergeordnete Rollen im IT Service Management

Die Betrachtung des einzelnen Prozesses an sich ermöglicht die gezielte Optimierung. Der Prozessinhaber (Process Owner) ist für die Prozessumsetzung und das Ergebnis des Prozesses verantwortlich. Er hat Sorge dafür zu tragen, dass der Service vereinbarungsgemäß implementiert wird und das gesteckte Ziel erreicht wird. Er kümmert sich allerdings vorab um das Prozessdesign, wozu auch die Implementierung der Leistungsindikatoren zählt. Er stellt sicher, dass der Prozess dokumentiert wird. Die Effektivität und die Effizienz des Prozesses werden laufend verbessert, wobei dem Continual Service Improvement (CSI) entsprechender Input zur Verfügung gestellt wird. Dazu gehört auch, dass der Prozess selber, die enthaltenen Rollen und Verantwortlichkeiten wiederholt überprüft werden.

Der Prozessverantwortliche (Process Manager) trägt die operative Verantwortung. In seinem Fokus stehen die Umsetzung der Tätigkeiten im Tagesgeschäft und die Verfolgung der Teilaktivitäten und -prozesse. Er verfolgt die Koordination und Eskalation sowie die Kommunikation innerhalb der Organisation für den Prozess.

Prozess-Manager und Prozess-Besitzer (Process Owner) sind zwei Rollen innerhalb von ITIL®. Eine Rolle lässt sich als eine Zusammenstellung von Verantwortlichkeiten, Aktivitäten und Berechtigungen beschreiben. Eine solche Rolle funktioniert wie ein Hut, der einer bestimmten Person oder einem Team in Bezug auf einen Prozess aufgesetzt wird. Eine Person oder ein Team kann dabei mehrere Rollen ausfüllen, d.h. im Besitz mehrere Hüte sein.

Der Service Owner ist die Rolle, die letztendlich verantwortlich ist für einen Service. Sie ist die zentrale Anlaufstelle, wenn es um einen spezifischen Service geht. Der Service Owner ist der Besitzer eines Service und repräsentiert ihn nach außen, wobei er dabei auch wissen muss, welche Komponenten zu seinem Service gehören. Er misst Verfügbarkeit und Performance seines Prozesses, nimmt am Change Advisory Board (CAB, Gremuim in Bezug auf die Bewertung von Changes) teil, wenn es dabei um seinen Service geht, pflegt die Service-Beschreibung im Service-Kalaog (Datenbank mit Informationen zu allen produktiven IT Services, einschließlich der Services, die kurz vor der Produktionseinführung stehen) und nimmt an den Verhandlungen bezüglich Service Level Agreements (SLAs) und internen Vereinbarungen (Operation Level Agreements, OLA) teil.

Der Service Manager kümmert sich um die Entwicklung, Implementierung, Evaluierung und das Management neuer und modifzierter Services und Leistungen. Diese Rolle stellt die übergeordnete Stufe für Prozess-Owner und Prozess-Manager dar, die zumeist dem oberen Management angehört (Senior Management). Der Service Manager ist verantwortlich für das Erreichen der Unternehmensziele und der Strategie, Benchmarking etc.

1.4.3 Prozessmanagement und Leistungsindikatoren

Prozessmanagement ist mittlerweile fester Bestandteil der IT. Best Practices wie ITIL® haben längst Einzug in moderne IT Management-Büros gehalten. Service Management organisiert (nicht nur) die Kommunikation zwischen Anwender und IT Service-Mitarbeiter, sondern stellt die wesentliche Herausforderung für die sichere und wirtschaftliche Planung, Überführung und Erbringung von IT Services dar. Es schließt die Lücke zwischen Kunden, IT-Abteilung und Dienstleistern.

Unternehmen und Organisationen werden durch den intensiven Wettbewerb und die Notwendigkeit von Veränderungen dazu gezwungen, das Niveau und die Qualität des Service, den sie ihren Kunden bieten, stetig zu erhöhen. Alle Produkte und Dienstleistungen eines Unternehmens entstehen durch seine Prozesse, unterstützt durch die jeweiligen Funktionen. Die Optimierung und konsequente Ausrichtung der Prozesse auf den Kunden ist eine ständige Aufgabe der Unternehmen.

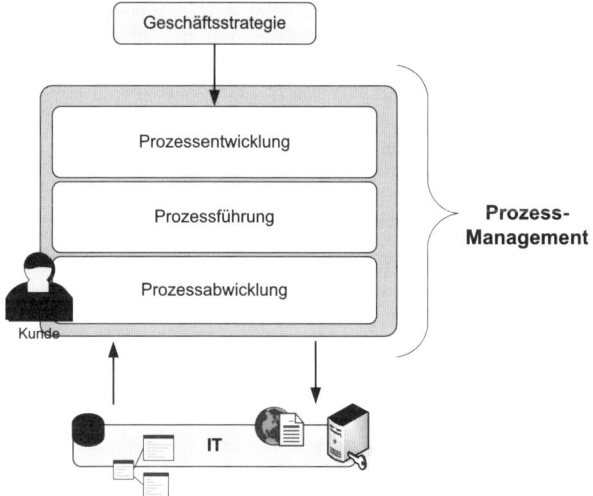

Abbildung 1.13: Prozessmanagement

Anforderungen, Akzeptanzkriterien und Qualitätserwartungen

Es gibt einen Unterschied zwischen Erwartungen und Kriterien, die von der Benutzerseite stammen. Die Qualitätserwartungen spiegeln das wider, womit die Kunden als Ergebnis rechnen. Die Erwartungen sind nicht objektiv, eher schwammig und undifferenziert: sicher, benutzerfreundlich, wartbar, schnell oder stabil. Akzeptanzkriterien sind konkrete und objektiv messbare Eigenschaften: muss bestimmten Normen entsprechen, Schrift Arial 10 Punkt, mit den Maßen 10 cm x 15 cm oder in englischer Sprache. Hier kann definitiv die Aussage getroffen werden, ob die Kriterien zutreffen. Abstufungen, was die Priorität angeht (notwendig, hilfreich etc.), sind möglich.

Viele Kunden und Dienstleister sind sich dieses Unterschieds nicht bewusst und brauchen etwas Erfahrung, bis sie in der Lage sind, das, was sie benötigen oder das, was sie liefern möchten, korrekt zu beschreiben.

Anforderungen, Akzeptanzkriterien und Qualitätserwartungen müssen immer im Dialog erarbeitet werden, da die Kundenseite oft mehr Qualität und Leistungen wünscht als sie zu zahlen bereit ist.

Prozessmanagement versteht sich nicht als „Steuerung" von Prozessen, wie der Begriff „Management" nahe legen würde, sondern es geht um die Gestaltung von Prozessen mit dem Ziel der Vereinfachung und Verbesserung. Ein Prozess sollte effizient und effektiv sein. Basis der einzelnen Prozesse bilden Aktivitäten. So entstehen Prozessketten, die messbare Ergebnisse liefern (siehe *Abbildung 1.12*). Hier helfen Leistungsindikatoren (Kennzahlen). Sie machen Output und Qualität messbar und nachvollziehbar (nicht nur in Prozessen). Schließlich gilt: Nur das, was man messen kann, kann man verbessern. Basis für die Leistungsindikatoren sind transparente Anforderungen, die bestimmten Anforderungen genügen. Ein typisches Schlagwort für die Definition von Anforderungen bezieht sich auf den Begriff „SMART".

SMART ist ein Akronym und steht für die Art und Weise, wie Anforderungen definiert sein sollten:

- Specific (präzise, spezifisch)
- Measurable (messbar)
- Achievable (erreichbar) bzw. accepted (abgestimmt, akzeptiert)
- Realistic (realistisch)
- Traceable (nachvollziehbar) bzw. timely (zeitgemäß, rechtzeitig)

Für Leistungsindikatoren als Metriken bedeutet dies:

- Specific: Wird durch die Metrik ein bestimmter Prozess oder nur ein Teil eines Prozesses gemessen?
- Measurable: Ist die Metrik überhaupt messbar?
- Achievable: Ist der vorgegebene Wert der Metrik überhaupt erreichbar?
- Realistic: Wird durch die Metrik etwas aus der Realität gemessen?
- Timely: Erfolgt die Messung der Metrik zeitgerecht?

Herstellerspezifische Frameworks und Referenzprozessmodelle

ITIL® dient auch als Basis proprietärer Ansätze unterschiedlicher Hersteller, die auf ITIL® beruhen. In den letzten zwei bis drei Jahren zeigt sich ein zunehmendes Interesse an Referenzmodellen zur Umsetzung und Erreichung eines serviceorientierten IT Managements. Dementsprechend wurde von den unterschiedlichsten Organisationen eine Fülle von Modellen entwickelt, die dabei helfen sollen, ein serviceorientiertes IT Management zu gewährleisten. Diese herstellerspezifischen Frameworks und Referenzprozessmodelle wurden von Firmen wie HP, IBM oder Microsoft initialisiert und ausgebaut. Sie dienen als Initiatoren der jeweiligen Richtung, die durch die entsprechenden Berater bei der Zielgruppe verwirklicht werden. MOF als Microsoft Operations Framework (Microsoft) wird vorwiegend bei Kleinunternehmern und kleinen Mittelständlern umgesetzt, wogegen ITSM als IT Service Management von Hewlett Packard (HP) vorwiegend große Mittelständler bedient und ITPM als IT Prozess Model von IBM sich primär in Konzernen findet. Vielfach liegt allerdings auch der Verdacht nahe, dass neben der Kundenunterstützung hinsichtlich Serviceorientierung und Mapping der ITIL®-Prozesse für die eigenen Produkte einfach ein Aufhänger gefunden wurde, aus dem Kapital geschlagen wird.

IBM hat sich auch in Bezug auf die proprietäre IT Service Management-Abbildung seiner großen Leidenschaft der Umbenennung und Umstrukturierung hingegeben, wie Sie es wahrscheinlich bereits in Bezug auf das Portfolio der IBM kennen. Mittlerweile heißt dieser Ansatz nicht mehr ITPM, sondern PRM-IT, wobei die Bezeichnung für IBM Process Reference Model for IT steht.

Im Gegensatz zu herstellerspezifischen Best Practice-Modellen wie das IBM PRM-IT), das IT Service Management Model (ITSM) von HP oder das Microsoft Operations Framework Process Model (MOF) sind die ITIL®-Bücher immer noch als die einzige nicht-proprietäre und öffentlich zugängliche Verfahrensbibliothek in diesem Bereich anzusehen.

2 ITIL® im Überblick

Welch großen Stellenwert die Informationstechnologie (IT) in den letzten Jahren für den Erfolg eines Unternehmens hatte, sollte nicht unbekannt sein. Die IT unterstützt die Unternehmen nicht nur in der Umsetzung der Strategie, sondern ist zunehmend gefordert, neue Geschäftsfelder zu ermöglichen und den sich ändernden Anforderungen mit angemessener Reaktionszeit zu begegnen. Als Konsequenz und auch für die eigene positive Positionierung innerhalb der Unternehmen muss sich die IT zu einem Service-Lieferanten wandeln. Die IT steht nur so lange gut da, wie sie permanent die Wettbewerbsposition des Unternehmens unterstützt und ihr Betrieb unter wettbewerbsfähigen Bedingungen möglich ist. Dabei wird die Denkweise in Unternehmens- oder IT-Prozessen durch eine Denkweise in Dienstleistungen ergänzt und sogar abgelöst. Sie ist eine perfekte, lautlose Service-Einheit, die sofort im Fokus und unter Beschuss steht, wenn die Unterstützungsarbeit nicht optimal funktioniert.

Genau dieser Anforderung kommt die Entwicklung rund um den Begriff IT Service Management (ITSM) entgegen. IT Service Management stellt Prozess-, Kunden-, Kosten- und Leistungsorientierung in den Vordergrund.

Damit werden langfristig sowohl die Kosten gesenkt als auch die Produktivität erhöht, nachhaltig und ohne negative Seiteneffekte auf das Kerngeschäft. Voraussetzung dafür ist die Bereitschaft des Managements und der Mitarbeiter zum Wandel in Richtung Kunden- und Service-Orientierung innerhalb des Unternehmens. Hat sich eine Organisation für die Einführung von ITSM entschieden, gilt es, bestehende Leitgedanken, Strukturen und Abläufe zu hinterfragen und ggf. anzupassen, um interne Barrieren aus dem Weg zu räumen. Aus diesem Grund ist es überaus wichtig, dass das Management die Entscheidung trägt, aber auch gleichzeitig dafür sorgt, dass alle Beteiligten am gleichen Strang ziehen.

Die Standardisierung hat auch vor der IT nicht Halt gemacht. Nachdem der Standardisierungsgrad im Bereich der Hard- und Software meist bereits ein konkretes Niveau erreicht hat, konzentriert sich die Standardisierung mittlerweile auf die IT-Prozesse. Der End-to-End Service-Gedanke hält Einzug in die Unternehmen. IT-Prozesse werden qualitativ und quantitativ messbar.

Es gibt einige Vorschläge für prozessorientierte Vorgehensmodelle, mit denen ITSM konzipiert und strukturiert werden kann. Ein wichtiges und weit verbreitetes Rahmenwerk für die Konzeption, Steuerung und Optimierung der Geschäftsprozesse im ITSM ist die IT Infrastructure Library® (ITIL®). Es bietet die Grundlage zur Verbesserung von Einsatz und Wirkung der eingesetzten IT-Infrastruktur und aller weiterer Mittel, die an der Wertschöpfung für den Kunden beteiligt sind. Diese bieten die Basis für die IT Services, um deren Lebenszyklus (Lifecycle) sich die ITIL®-Literatur dreht.

Für den Kunden sind die IT Services als Ergebnis seiner Anforderungen für die Unterstützung seines eigenen Kerngeschäftes relevant. Organisationen sind darauf angewiesen, sich kontinuierlich den wechselnden Rahmenbedingungen optimal anzupassen.

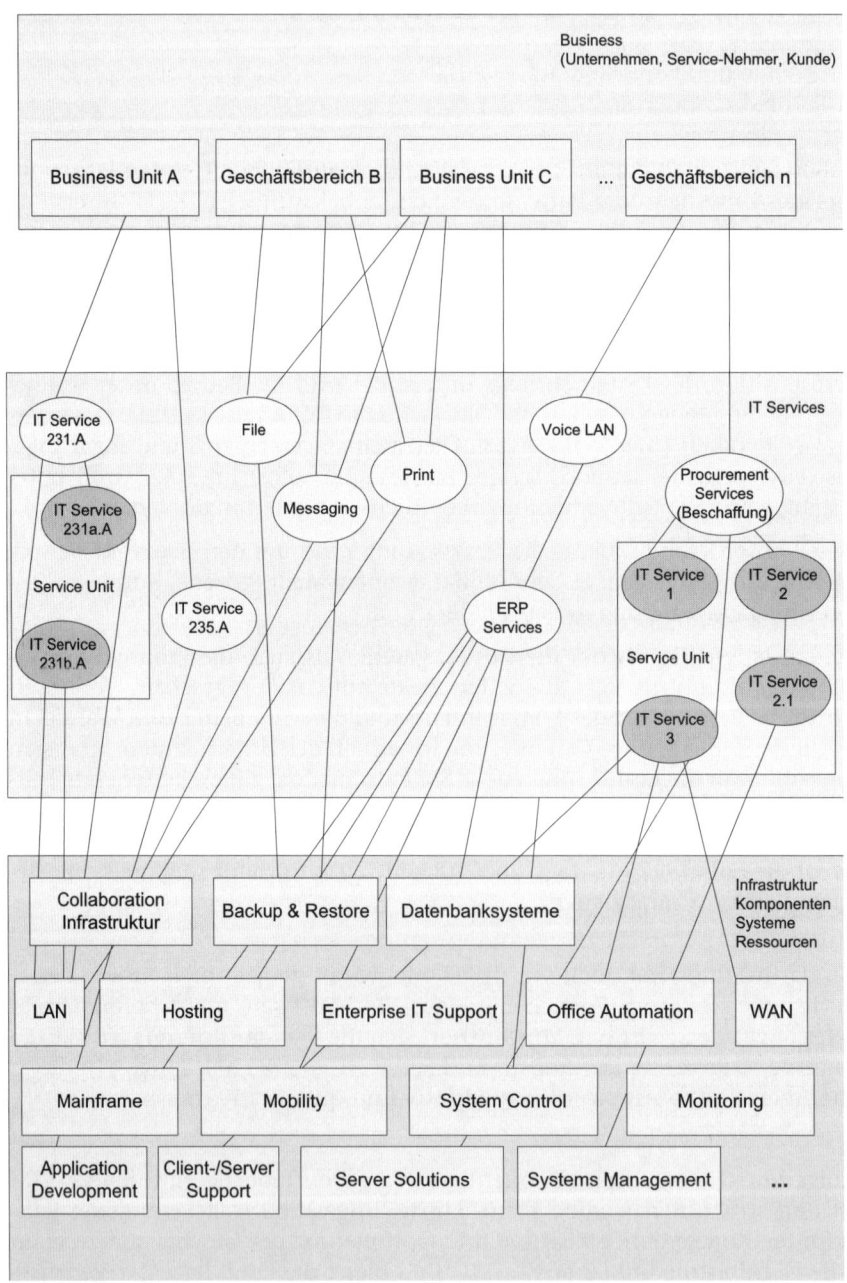

Abbildung 2.1: Grad der Abstraktheit nimmt von unten nach oben zu: Der Kunde gibt die operativen Risiken und Kosten ab und konsumiert das Ergebnis der abgestimmten Anforderungen in Form von IT Services.

Diese Bücher enthalten Zielsetzungen und Beschreibungen der ITIL®-Bereiche in Form von Prozess- und Funktionsbeschreibungen sowie die Darstellung der Beziehungen zwischen ihnen. Dazu gehören Aufgaben, Implementierungshinweise, Schwierigkeiten, die bei der Umsetzung entstehen können, und der Nutzen aus der Einführung der ITIL®-Aktivitäten. Die Stationen im Lebenszyklus eines Service (Strategie, Design, Transition, Betrieb und kontinuierliche Verbesserung) werden durch die Kernkompetenzen in Form von Funktionen und Prozessen abgebildet. Sie sind maßgebend für die IT-Organisation bzw. den Service Provider in Bezug auf Qualität, Kapazität, Kompetenzen und Vertrauenswürdigkeit. Die fünf ITIL®-Bände bilden also im Wesentlichen die Phasen des Service-Lifecyle nach.

◆ Service Strategy bietet einen Überblick über den gesamten Lebenszyklus und definiert das große Bild der IT-Organisation und der Richtung, in die es sich entwickeln will und kann.

◆ Service Design widmet sich der frühesten Phase eines Service: dem Entwurf und der Definition eines IT Service.

◆ Service Transition behandelt die geregelte und abgestimmte Übergabe des Service-Entwurfs in den Betrieb, um diesen dem Anwender zur Verfügung zu stellen.

◆ Das findet sich aber auch in der Service Operations-Phase wieder, in der unter anderem die Prozesse für Incident, Problem und Konfigurations-Management beschrieben werden, um einen IT Service im Sinne des größtmöglichen Kundennutzen betreiben zu können.

◆ „Continual Service Improvement" schließlich dreht sich um die ständige Verbesserung der Service-Prozesse. „Es reicht nicht aus, einen Service in Betrieb zu nehmen", erläutert Martini, der im itSMF-Vorstand als Schatzmeister fungiert: „Unsere Welt bleibt ja nicht stehen. Deshalb muss man sich ständig verbessern – und ein Rahmenwerk dafür aufbauen."

Diese Funktions- und Prozessbeschreibungen bieten damit einen geeigneten Rahmen für individuelles IT Service Management und schaffen die Möglichkeit, aus den Ressourcen der IT-Organisation hochwertige Services in Richtung Kunde zu liefern, die so einen Mehrwert und Nutzen für das Unternehmen darstellen, indem sie Geschäftsprozesse und damit den Geschäftserfolg sichern. Die Fähigkeit, aus den Objekten und Inhalten der IT-Organisation Werte zu erschaffen („Service Assets") ist ein wichtiger Gesichtspunkt für die Best Practice-Empfehlungen der ITIL®-Literatur.

Die Funktionen und Prozesse als konkrete Inhalte sind aber keine Anleitung im engeren Sinne und können bei der Implementierung unternehmensspezifisch konkretisiert werden. Der damit geschaffene Freiraum und die Flexibilität für das jeweilige Unternehmen erscheint dem einen als Fluch und fehlende Konkretisierung, anderen ist dies eher willkommen als die starre Vorgabe von Normen und harten Vorschriften.

ITIL® und die Prozesswelt

Definierte Prozesse bilden die Grundlage für ITIL®. Durch diese Prozesse werden Aktivitäten als Basis definiert. Dazu gehören die erforderlichen Inputs und die Outputs entsprechend den definierten Ergebnissen. Die Abbildung in einem Prozessmodell soll eine effektive und effiziente Arbeitsweise ermöglichen. Messung und Steuerung von Aktivitäten aufgrund der Leistungsindikatoren gehören dazu. Qualität im Ergebnis steigt durch Normen, Standards und durch die Adaption von Good Practices.

Service Design wird genutzt, um eine einheitliche Prozesslandschaft zu schaffen. Dabei werden Standardbegriffe etabliert. Ziel ist es dabei, konsistente und offene Prozesse zu schaffen, die durchgehend über alle Unternehmensbereiche hinweg zusammenarbeiten können. Beim Entwurf eines Prozesses muss ein Prozess-Eigentümer (Process Owner) festgelegt werden. Ein umfassendes Set an Prozessen entsteht, um einen Service über seinen Lifecycle hinweg zu begleiten und seinen Erfolg für das Unternehmen sicherzustellen. Durch die Anlehnung an den Plan-Do-Check-Act-Zyklus von Deming wird der kontinuierliche Verbesserungsgedanke verfolgt.

Process Control ermöglicht die Steuerung und Planung von Prozessen. Dabei sollte vorab bereits die Tiefe der Prozesskontrolle festgelegt werden. Diese Vorgaben sollten zur Process Policy passen, die das Unternehmen ebenfalls aufstellen muss. Eine Maßgabe dabei ist, dass die Prozesse an die Erreichung von Zielen geknüpft werden und somit einen spezifischen Nutzen verfolgen.

2.1 Die Geschichte von ITIL®

Bereits Anfang der 80er Jahre suchten Mitarbeiter des britischen Staates im Auftrag der damaligen (Thatcher-)Regierung nach Möglichkeiten, um die Kosten der IT im staatlichen Bereich zu reduzieren. Ziel waren höhere Effizienz und geringere Kosten, ohne dabei die Entwicklungs- und Innovationskraft der neuen Technologien zu gefährden.

Dieser Aufgabe kam Ende der 80er Jahre die CCTA (Central Computer and Telecommunications Agency) durch die Veröffentlichung der ITIL®-Dokumentationen nach. Dabei wurden die dokumentierten Prozesse nach dem Best Practice-Ansatz optimiert. Das Potenzial von ITIL® vergrößerte sich, als die aus den behördlich geprägten Strukturen stammende Beschreibung den Bedürfnissen der Industrie angepasst wurde. Durch diese Öffnung wurde ITIL® zu dem international anerkannten De-facto-Standard. Im Gegensatz zum De-jure-Standard, der über ein Normungsinstitut offiziell abgesegnet wird, stützt sich ein De-facto-Standard auf seine Verbreitung.

Das Projekt wurde als Government Information Technology Infrastructure Management Method (GITIMM) vorgestellt und 1986 offiziell gestartet. 1988 wurde von der GITIMM-Gruppe ein Benutzerforum installiert, aus dem sich später das itSMF (IT Service Management Forum) entwickelte. Im Rahmen der eigentlichen GITIMM-Entwicklung, die durch reichhaltigen Erfahrungsaustausch mit dem privaten Sektor begleitet wurde, ist die für ITIL® V2 relevante Unterscheidung zwischen Maßnahmen für Service Support und Service Delivery entstanden. Etwa zeitgleich wurde das GITIMM-Projekt umbenannt. Die alte GITIMM lebte als IT Infrastructure Library® (ITIL®) weiter.

Federführend ist dabei immer noch das britische Office of Government Commerce (OGC), welches 2001 aus der ehemaligen Regierungsstelle Central Computer and Telecommunications Agency (CCTA) hervorgegangen ist. Zusammen mit verschiedensten IT Service Management Instituten und Foren wird an der Weiterentwicklung der Bibliothek gearbeitet. Seit den 90er Jahren hat sich ITIL® zu einem international anerkannten Best Practice-Framework entwickelt und wurde Ende 2005 durch die ISO 20000 Basis einer offiziellen Norm.

ITIL® war anfangs eine Serie von mehr als 40 Büchern über IT Service Management, bestand aus 26 Modulen und stellte so als erste große Library die ITIL®-Version 1.0. Die OGC als Nachfolgerin der CCTA bot mit ihrer ITIL®-Bibliothek die umfangreichste bisher veröffentlichte Prozessdefinition für den Aufbau einer IT Service-Organisation.

Im Zuge der ständigen Verbesserung und der Anpassung an die aktuellen Situationen im IT-Umfeld wurden zwischen den Jahren 1999 und 2004 die Inhalte von ITIL® 1.0 in einem großen Release modernisiert und in neun wesentlichen Büchern zusammengefasst. ITIL® 2.0 war geboren.

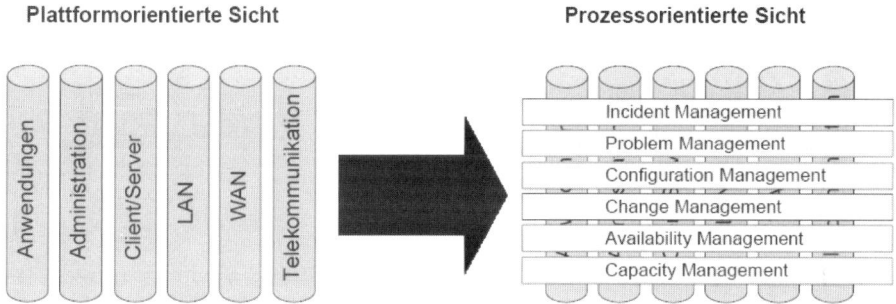

Abbildung 2.2: ... hin zur prozessorientierten Sicht

Der Grundgedanke der beiden ersten ITIL®-Versionen bestand darin, die IT mehr als zuvor in den Dienst des Unternehmens zu stellen. Und so brachte die ITIL®-Version 1 eine gewisse Konsolidierung der Informationstechnik. Aus den monolithischen Rechenzentren entstanden flexiblere Strukturen mit Funktionsblöcken wie „Rechenleistung", „Datenbanken" oder „Applikationssysteme". Diese wurden von den Fachabteilungen wie Buchhaltung, Warenwirtschaft oder Personalwesen gebucht und genutzt.

Die ITIL®-Version 2 hatte dann zum Ziel, diese Funktionsblöcke noch mehr zu öffnen. Es entstanden Strukturen für die einzelnen Prozesse im Unternehmen und in der IT selbst. Die ITIL®-Bibliothek wurde in Bezug auf Service Support (Betrieb von IT-Diensten) und Service Delivery (Bereitstellung von IT-Diensten) als Kern zusammengefasst (siehe *Abbildung 2.3*). Sie beschreiben die Anforderungen, die notwendig sind, um IT-Dienstleistungen auf effektive Weise bereitzustellen. Während andere IT-Standards sich in erster Linie mit der Kompatibilität von Produkten und

Services auseinandersetzen, handelt es sich bei ITIL® um eine Empfehlungssammlung zur Prozesseinführung und -verbesserung in einer sehr umfassenden Form.

In den Folgejahren entwickelte sich ITIL® als Maßstab der Leistungserbringung in privaten und öffentlichen Unternehmungen und Organisationen und ITSM (IT Service Management) etablierte sich zu einem Begriff, der als Sammelbecken für alle Maßnahmen der Beteiligten rund um ITIL® Verwendung fand. Mitte der 90er Jahre kristallisierte sich itSMF als herstellerunabhängiges und neutrales Gremium mit der Aufgabe heraus, Prinzipien und Leitlinien im ITSM zu verbreiten und eine Plattform für den Informationsaustausch zu bilden.

IT Service Management bedeutet, die Qualität und Quantität des IT Service zielgerichtet, geschäftsprozessorientiert, benutzerfreundlich und kostenoptimiert zu überwachen und zu steuern. Dies heißt, dass die Gesamtheit aller zur Abwicklung des Geschäftsprozesses eingesetzten Ressourcen der unternehmensinternen IT zur Optimierung der Betriebsabläufe herangezogen werden. Der Zweck der IT begründet sich somit in der optimalen Unterstützung der Geschäftsprozesse bei der Erreichung der Unternehmensziele.

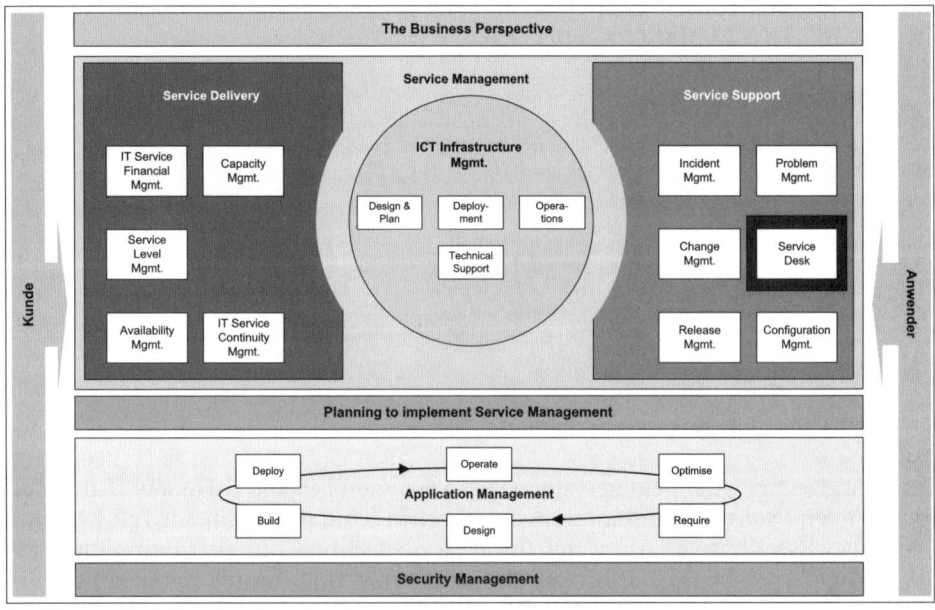

Abbildung 2.3: ITIL® V2-Übersicht: Prozesse und Funktion

Der große Nutzen von ITIL® besteht in der Qualitätsverbesserung auf allen Organisationsebenen. ITIL® beschreibt ein systematisches und professionelles Vorgehen für das Management von IT-Dienstleistungen. Die Library stellt nachdrücklich die Bedeutung der wirtschaftlichen Erfüllung der Unternehmensanforderungen in den Mittelpunkt. Sie sollten in der Lage sein, sich in den Dienst der Kunden und Anwender zu stellen und den Blick auf das eigentliche Geschäftsziel zu richten. ITIL® ist niemals Selbstzweck. Die Arbeit nach den in ITIL® beschriebenen Best Practice-Prozessen bringt der Organisation folgende Vorteile:

◆ Unterstützung der Geschäftsprozesse und der Aufgaben der daran beteiligten Mitarbeiter

◆ Definition von Funktionen, Rollen und Verantwortlichkeiten im IT Service-Bereich

◆ Weniger Aufwand bei der Entwicklung von Prozessen, Prozeduren und Arbeitsanweisungen

◆ Flexible IT-Dienstleistungen, die den Anforderungen des Business entsprechen

◆ Höhere Kundenzufriedenheit durch bessere und messbare Verfügbarkeit und Performance der IT-Servicequalität

◆ Höhere Produktivität und Effizienz durch den gezielten Einsatz von Wissen und Erfahrung

◆ Basis für eine Quality Management-Systematik im IT Service Management

◆ Höhere Mitarbeiterzufriedenheit und niedrigere Personalfluktuation

◆ Bessere Kommunikation und Information zwischen den IT-Mitarbeitern und ihren Kunden (Business IT Alignment) durch die Benutzung der gleichen Sprache sowie durch aktuellen Informationsaustausch

◆ Training und Zertifizierung der IT Service Professionals

Abbildung 2.4: Ziele der ITIL®-Nutzung

Auch die Frage der externen Vermarktung von IT Services bzw. die Betrachtung der Wettbewerbstauglichkeit der IT-Abteilungen sind von Interesse und stehen vermehrt im Brennpunkt (z.B. IT Outsourcing). Gerade die unterschiedlichen Möglichkeiten zur Auslagerung der IT (Outsourcing, Offshoring, Nearshoring etc.) sind in den letzten Jahren aktuelle Themen bei vielen Unternehmen. Das Auslagern bestimmter Bereiche ist aus den IT-Strategien heutiger Anwender nicht mehr wegzudenken. Dabei geht es aber immer seltener um Komplett-Outsourcing-Deals mit langen Laufzeiten, sondern vielmehr um kleine Verträge mit verschiedenen Anbietern. Zudem haben neue Sourcing-Geschäftsmodelle den IT Service-Markt revolutioniert, was wiederum eine zum Teil verwirrende Begriffsvielfalt gebracht hat. Auch diesem Thema trägt die neue Version des ITIL®-Frameworks Rechnung.

ITIL®-Version 3 soll nun die immer noch vorhandenen Brüche zwischen den Zielen des Unternehmens und den Zielen der IT-Betreiber beseitigen, weil ja letztlich das Unternehmen selbst der IT-Betreiber und der IT-Nutznießer ist.

Im Laufe der vergangenen Jahre gab es eine regelrechte Ausgründungswelle von IT-Konzerntöchtern und/oder die Zuwendung zum Thema IT Outsourcing. IT Services wurden zu Service-Einheiten gebündelt; oft entstanden sie durch Zusammenlegung mehrerer IT-Bereiche, meist sogar über Standorte hinweg. Auch die Aufsplittung der Aufgaben auf Spezialisten für die IT-Infrastruktur und für IT-Anwendungsservices ist anzutreffen. Geführt werden sie entweder als Profit- oder Cost-Center oder als rechtlich selbstständige Unternehmen mit unternehmerischem Freiraum. Trotzdem muten diese Aktivitäten kaum mehr als der Auftakt zur Restrukturierung der IT-Aufgaben an. IT-Unternehmen, sofern sie Drittmarktkunden bedienen, wetteifern mit unterschiedlichen Konkurrenten, die jeweils spezifische Stärken aufweisen. Global agierende Anbieter, die standardisierte Dienstleistungen zu attraktiven Preisen offerieren, teilen sich den Markt mit Spezialisten, die sich auf Nischen nach Branchen oder Fachgebieten konzentrieren und nicht dem Ehrgeiz verfallen, jeden Service optimal anbieten zu können. Es besteht demnach eine Marktstruktur, wie sie für reife Märkte typisch ist. In diesem Umfeld muss ein IT Service-Anbieter seinen Weg finden und erfolgreich beschreiten. ITIL® ist ein mögliches Werkzeug in diesem Dschungel, das oftmals Ordnung in einen Wald bringt, den viele IT-Leute vor lauter Bäumen nicht mehr zu sehen scheinen. Denn letztendlich geht es darum, den Service-Gedanken in (möglichst) optimaler Art und Weise im Kundenumfeld umzusetzen.

Im Juli 2007 wurde die Version ITIL® 3.0 veröffentlicht (Erweiterung und Verbesserung der Inhalte, Einbindung von Frameworks wie z.B. COBIT usw.). Die neue ITIL®-Version 3 wurde von der OGC vorangetrieben, nachdem die Veröffentlichungen von ITIL® V2 bereits breite Akzeptanz erfahren hatten. Ziel der neuen Version war die Veröffentlichung einer überarbeiteten Bibliothek bis zum Jahre 2007. Im Sommer 2007 erschienen dann die fünf Kernbücher. Die OGC als Dachorganisation von ITIL® hatte dafür ein eigenes Großprojekt initiiert: das ITIL® Refresh-Projekt. Der entsprechende Public Scoping-Report stellte den bisherigen Projekt-Verlauf, die Planung und die bisherigen Ergebnisse dar. Die neue IT Infrastructure Library® richtet sich stärker am Begriff des Service Lifecycle aus. Zudem verbindet V3 die Best Practices von ITIL® deutlicher und stärker mit dem Geschäftsnutzen. Mehr zu den Neuerungen erfahren Sie in *Kapitel 2.2.3, Von ITIL®-Version 2 zu ITIL®-Version 3.*

2.2   Ein Blick zurück: ITIL® V2

ITIL® schafft die Möglichkeit, die Prozesse im IT Service Management übersichtlich und transparent darzustellen, so dass sich der Überblick vor allem bei komplexen Prozessen verbessert, die über die Grenzen von Zuständigkeitsbereichen wie z.B. Fach- und IT-Abteilungen hinausgehen. Zudem wird ITIL® als Prozesslandschaft gesehen, die als Grundlage und Voraussetzung für eine nachhaltige Prozessverbesserung dient. Sie sollten sich jedoch der Tatsache bewusst sein, dass ITIL® kein Selbstzweck ist. Halten Sie nicht zu starr an den ITIL®-Empfehlungen fest, sondern nehmen Sie diese als Modell an. Das ITIL®-Regelwerk soll vor allem Prozesse unterstützen und sie transparent machen, um sie in eine adäquate und sinnvolle Relation zu den Geschäftsprozessen zu setzen.

Dabei hat sich der Fokus von ITIL® verschoben: Lag in der Vergangenheit der Schwerpunkt auf Prozesseinführung und Normierung, rückt jetzt zunehmend die Wirtschaftlichkeit und die Kundennähe bzw. die erfolgreiche Unterstützung der Geschäftsprozesse in den Vordergrund. Dabei darf nicht vergessen werden, dass sich diese Ziele über ITIL® nur langfristig realisieren lassen.

ITIL® erspart Unternehmen die Mühe, neue Konzepte zu suchen und eigene Lösungen zu erarbeiten, da sich die Modelle bereits in der Praxis bewährt haben und so eine gewisse Planungs- und Prozesssicherheit bieten – auch wenn entsprechende individuelle Anpassungen und Anforderungsumsetzungen notwendig sind.

Abbildung 2.5: Publikationen der ITIL® V2

Das ITIL®-Kompendium der Version 2 in englischer Sprache (siehe *Abbildung 2.5*) besteht insgesamt aus den folgenden Veröffentlichungen:

◆ The Business Perspective: Diese Veröffentlichung stellt das Bindeglied zwischen dem IT Service Management und den Geschäftsanforderungen dar. Die Anforderungen des Geschäfts an die IT werden ermittelt und daraus die strategischen Anforderungen an die IT-Dienstleistungen abgeleitet (u.a. Business Continuity Management, Outsourcing und Aspekte des IT Alignments, Erhöhung des Verständnisses der Business-Anforderungen und -Prinzipien).

◆ Planning to Implement Service Management: Diese Veröffentlichung hilft dem Service Provider, ein praxisorientiertes IT Service Management einzuführen, und ermöglicht gleichzeitig dem Dienstleistungsempfänger, seine Anforderungen IT-gerecht zu formulieren (Wie wird ITIL® ordnungsgemäß und möglichst ohne große Schwierigkeiten in eine Organisation eingeführt? „The Do's and Dont's").

◆ Information and Communications Technology (ICT) Infrastructure Management: Dieser Band beschreibt die Planung, Einführung, die Auslieferung und den Betrieb der IT Infrastruktur-Komponenten (Rz-Betrieb, ITIL®-Vorgaben zum Facility Management und der Kostenbetrachtung von indirekten oder direkten Kosten im Rahmen der Service-Erbringung).

◆ Security Management: Der Prozess „Security Management" ermöglicht die Implementierung eines IT-weiten Prozesses zur integrierten Steuerung aller sicherheitsrelevanten Aspekte in der IT. Vielfach wird dieser Band mit zum Service Delivery gerechnet (Nach welchen Standards ist das Security Management aufzubauen, welche Stellung nimmt es innerhalb der Servicelandschaft ein und wie ist es mit anderen Prozessen zu verzahnen?).

◆ Application Management: Der Prozess „Application Management" ist für das Management von Applikationen über ihren gesamten Lebenszyklus hinweg verantwortlich. Außerdem definiert er die Interaktion mit den Prozessen der Veröffentlichungen „ICT Infrastructure Management", „Service Support" und „Service Delivery" (Fragen wie z.B.: Wie sollten Applikationen entwickelt und in die Produktivumgebung übergeben werden? Welche Besonderheiten bringt die Organisation von Applikationen nach ITIL® mit sich?).

◆ Service Support und Service Delivery: Diese beiden Veröffentlichungen bilden das Kernstück des IT Service Managements. Sie beschreiben jeweils fünf Prozesse, die entsprechend als Service Support- und Service Delivery-Prozesse bezeichnet werden sowie die Funktion des Service Desk.

  ● Service Support: Nach welchen Kriterien sind Störungen der Services zu behandeln, wie können diese korreliert und im Wiederholungsfall vermieden werden? Organisation des Service Desk und anderer Support-Prozesse sind Bestandteil des Buchs.

  ● Service Delivery: Alle Aspekte der Dienstleistungserbringung. Wie sollte der Service aufgesetzt sein, nach welchen Kriterien sind die Kosten zu berechnen und welche Vereinbarungen (SLA/OLA/UC) sind wie zu treffen?

◆ ITIL® Small Scale Implementation, oder auch: ITIL® für den Mittelstand. Obwohl ITIL® als ein skalierbares Framework gilt, das in Organisationen aller Größenklassen eingesetzt werden kann, wird beim Studium der Original-Literatur relativ schnell deutlich, dass für kleine Unternehmen Anpassungsbedarf besteht. ITIL® wäre ansonsten ein paar Nummern zu groß und zu schwerfällig. Bereits in der ITIL®-Version 1 wurde der Band „ITIL® practices in small IT units" aufgelegt. Zum Ende der Version 2 erschien der Titel „ITIL® Small-Scale Implementation", in dem kleinere Organisationen auf die Betriebsgröße abgestimmte Best Practices finden. Dies ist vor allem bei Organisationen mit geringen IT- Personal-Ressourcen in Bezug auf den Vergleich mit den Rollen der ITIL®-Beschreibung wichtig. Das Buch kann aber auch als Ausgangslage für größere Organisationen verwendet werden, die nach und nach in das Thema ITIL® hineinwachsen möchten.

2.2.1 Service Support und Service Delivery

In den beiden historischen Hauptkategorien (Service Support und Service Delivery) sowie mehreren Unterkategorien wird für die ITIL®-Version 2 beschrieben, welche Aktivitäten, Rollen und Verantwortlichkeiten eine IT-Organisation erfüllen sollte (siehe *Abbildung 2.6*).

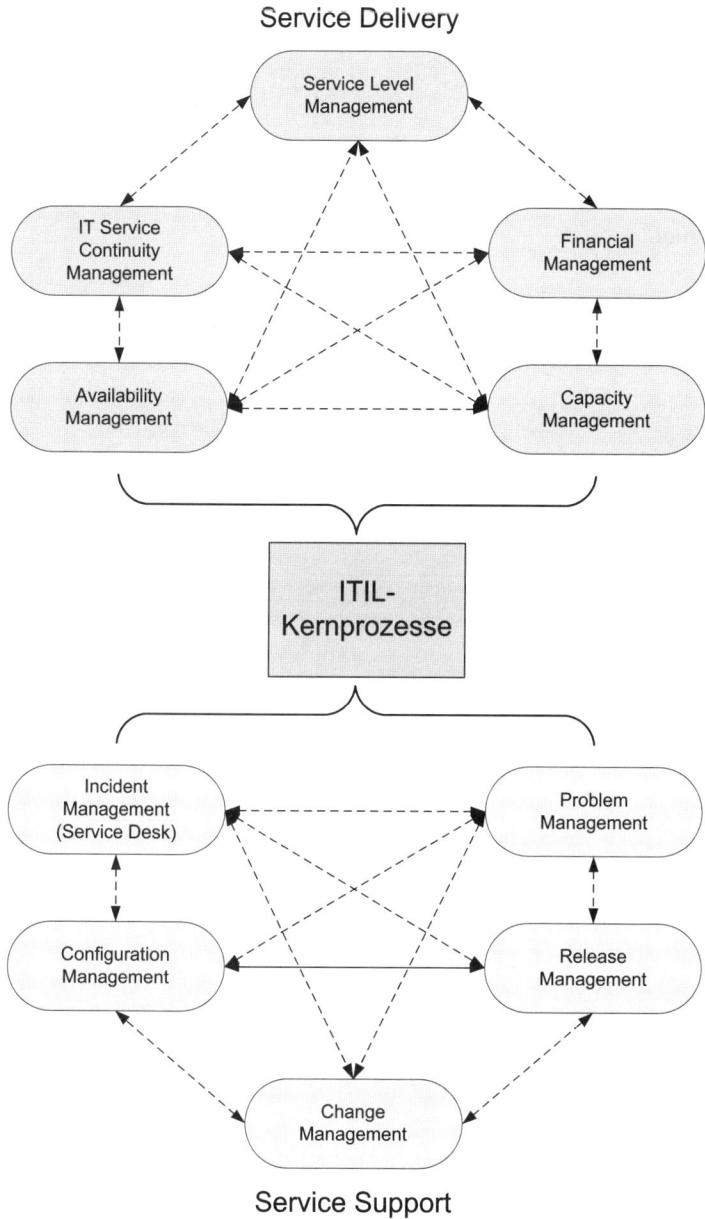

Abbildung 2.6: Service Support und Service Delivery

Im Bereich Service Support geschieht dies in Bezug auf die folgenden Kapitel und Prozesse:

◆ Configuration Management

◆ Problem Management

◆ Change Management

◆ Incident Management

◆ Release Management

Im Bereich Service Delivery wird unterschieden zwischen den Prozessen:

◆ Service Level Management

◆ Capacity Management

◆ Continuity Management

◆ Availability Management

◆ Financial Management

Dem Thema Service Desk kommt dabei eine Sonderrolle zu, da es sich hierbei um eine Funktion und nicht um einen Prozess handelt.

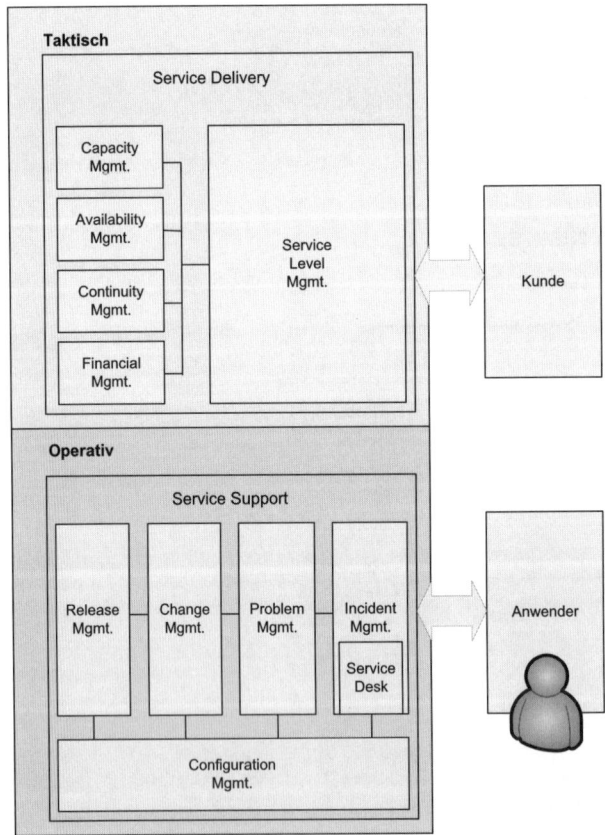

Abbildung 2.7: Prozesse und das Service Desk für Service Support und Service Delivery

Auch das Security Management nimmt eine Sonderstellung ein, da es nicht inner-halb des Kernprozesses Service Delivery zu finden ist. Diesem Prozess wurde ein eigenes Buch gewidmet. Grob kann es jedoch dem Bereich Service Delivery zuge-ordnet werden. Für die ITIL®-Basis-Zertifizierungsprüfung der Version 2 wurde das Security Management den Kernprozessen zugeordnet.

2.2.2 Der Kern von ITIL®-Version 2

Im Folgenden werden die IT Service Management-Prozesse und eine Funktion von ITIL® in der Version 2 kurz erläutert:

◆ Service Desk (Funktion): Das Service Desk stellt die Erreichbarkeit der IT-Organisation si-cher. Es ist die einzige Schnittstelle (Single Point of Contact, SPoC) zum Anwender, hält ihn auf dem Laufenden und steht für Rückfragen zur Verfügung. Es koordiniert die be-nachbarten Supporteinheiten und kann Aufgaben aus anderen Prozessen übernehmen, z.B. Incident Management, Change Management, Configuration Management. Das Service Desk selber ist kein Prozess, sondern eine Funktion der IT Service-Organisation.

   Es werden neben Störungen auch alle Anfragen (Service Requests) der Anwender über ein Service Desk erfasst, erste Hilfestellung geleistet und gegebenenfalls die weitere Bearbeitung in den nachfolgenden Support-Einheiten koordiniert. Des Wei-teren stellt das Störungsmanagement der Geschäftsführung Management-Informa-tionen zur Verfügung.

◆ Incident Management: Das Incident Management hat die Aufgabe, einen ausgefal-lenen oder beeinträchtigten, sprich qualitativ verschlechterten Service dem Anwen-der so schnell wie möglich wieder in vereinbarter Qualität zur Verfügung zu stellen (siehe *Abbildung 2.8*).

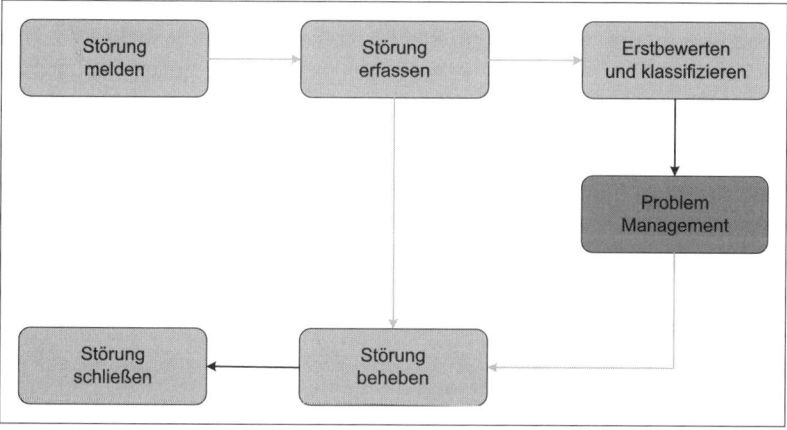

Abbildung 2.8: Incident Management

Hier ist die Beseitigung der Ursache zweitrangig; auch eine Störungsumgehung (Wor-karound) zählt (aus der Sicht des Anwenders) als Beseitigung der Störung. Es geht da-rum, den IT Service so schnell wie möglich wiederherzustellen und die Störungen zu erfassen.

◆ Problem Management: Das Problem Management unterstützt das Incident Management, indem bei auftretenden Störungen die eigentlichen Ursachen analysiert und anschließend nachhaltig beseitigt werden können. So werden Lösungen entwickelt und zur Umsetzung an das Change Management weitergeleitet.

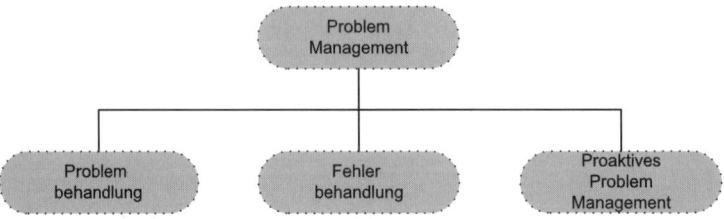

Abbildung 2.9: Problem Management

Auch die Dokumentation der bekannten Fehler und deren Beseitigung gehört zu den Aufgaben dieses Prozesses, der damit wiederum die Effizienz des Service Desk steigern kann. Zudem befasst sich das Problem Management mit der Störungsvermeidung (proaktives Problem Management) durch Trendanalyse, Monitoring oder weitere vorbeugende Maßnahmen. So wird das Problem Management in die drei Bereiche Problem Control, Error Control und proaktives Problem Management unterteilt (siehe *Abbildung 2.9*). Es geht bei diesem Prozess um die Ursachenforschung. Ist die Ursache bekannt, ist zu entscheiden, ob die Beseitigung der Problemursache über einen Change beseitigt werden muss.

◆ Change Management: Hier werden Änderungen an der IT-Infrastruktur und ihren Komponenten (Configuration Items) autorisiert und dokumentiert, die der Problemlösung dienen oder aufgrund von Reaktionen auf neue Kundenanforderungen und Geschäftsabläufe angestoßen werden. Die Reihenfolge der einzelnen Schritte wird geplant und kommuniziert, um eventuelle Überschneidungen rechtzeitig zu erkennen. Dabei spielt neben dem Change Manager das Change Advisory Board (CAB) eine wichtige Rolle. Nach erfolgter Autorisierung der Änderung ist es Aufgabe des Change Management-Prozesses, die Koordination der Durchführung und die Abnahme der Änderungen durch den Kunden sicherzustellen. So ist es möglich, den Änderungsprozess zu kontrollieren und Auswirkungen auf den produktiven Betrieb zu minimieren.

◆ Configuration Management: Die für das IT Service Management notwendigen Informationen werden als servicerelevante IT-Komponenten vom Configuration Management registriert, verwaltet und anderen Service Management-Prozessen bereitgestellt. Dabei geht es auch um ihre Beziehungen zueinander, die vom Configuration Management in einer Datenbank (Configuration Management Data Base, CMDB) erfasst und beschrieben werden (siehe *Abbildung 2.10*). Sie beinhaltet Informationen zu eingesetzter Hardware, Software, Dokumentationen, Prozessen und Prozeduren und stellt diese mit logischen Verknüpfungen zur Verfügung, die weit über eine reine Inventarisierung hinausgehen. Dem Configuration Management fällt damit eine zentrale Rolle zu. Ziel des Konfigurations-Managements ist die Unterstützung anderer ITIL®-Bereiche durch die Bereitstellung eines möglichst detaillierten Modells zur Abbildung der IT-Infrastruktur.

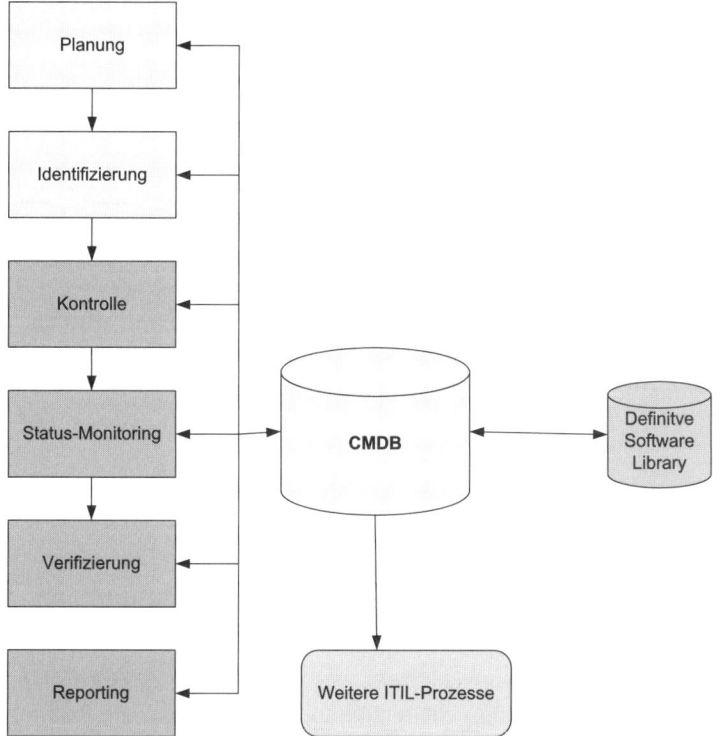

Abbildung 2.10: Configuration Management und die zentrale Rolle der CMDB

Bei seiner Aufgabe muss das Configuration Management daher deutlich über das Asset Management hinausgehen, da nicht nur die Vermögenswerte bilanztechnisch (im Sinne einer Inventarisierung) erfasst werden, sondern auch Daten wie Standort, Verknüpfung mit anderen Komponenten, Spezifikationen etc. erforderlich sind.

◆ Release Management (auch Control & Distribution genannt): Durch die kontrollierte Verteilung, Installation und Wartung von Soft- und Hardware soll sichergestellt werden, dass nur autorisierte, kompatible und einheitliche Versionen im Einsatz sind. Zudem steuert das Release Management die Einführung dieser Items, so dass beispielsweise Anwender und Servicemitarbeiter sich rechtzeitig auf die Änderung einstellen können (z.B. Rollout-Verfahren) und die Anzahl der Änderungen gering gehalten wird (z.B. durch Release-Pakete). Durch die Zusammenarbeit mit dem Configuration Management können Dokumentationen zeitnah aktualisiert werden. Außerdem ist die IT-Organisation in einer homogenen Softwarelandschaft in der Lage, falsche Versionen, nicht genehmigte Kopien, illegale Software, Viren und unerlaubte Eingriffe leichter zu erkennen.

◆ Service Level Management: An der Schnittstelle zum Kunden werden hier die Service-Anforderungen aufgenommen und deren Umsetzung mit der IT Service-Organisation (Operational Level Agreements, OLA) sowie externen Dienstleistern (Underpinning Contracts, UC) abgesichert.

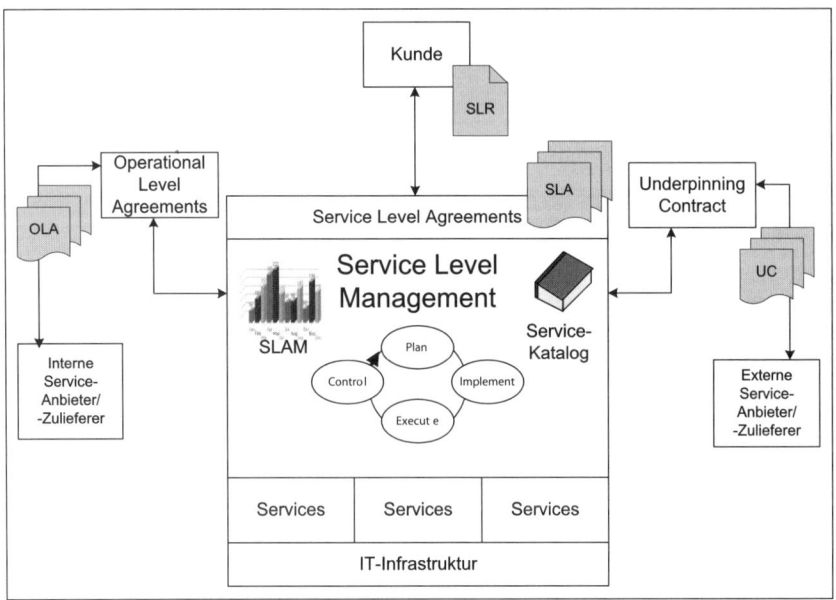

Abbildung 2.11: Service Level Management

Auf dieser Basis werden die Service Level Agreements (SLAs) mit dem Kunden vereinbart. Ein SLA regelt in wenigen, nicht technischen Worten u.a. die Rechte und
Pflichten sowohl für den Service-Geber als auch für den Service-Nehmer. Es dokumentiert die Service-Parameter, Kennzahlen und Zielwerte, beschreibt die Messverfahren und definiert den Gültigkeitszeitraum etc. Grundlagen für die Erstellung der
SLAs ist der Service-Katalog. Zum Service Level Management gehören zudem die
Überwachung der Dienstleistungsqualität und eine entsprechende Berichterstat-
tung (Reporting).

◆ Availability Management: Hier werden die Anforderungen aus den SLAs in einen Plan
   zur Erhaltung der Service-Verfügbarkeit umgesetzt. Dies wird erreicht, indem mögliche Ausfälle auf Basis von Analysen vorausberechnet werden, deren Risiko bewertet
   und dann entsprechende Maßnahmen zur Sicherung der geforderten Verfügbarkeit
   entworfen und umgesetzt werden. Dazu gehören auch das Absichern durch Support-
   verträge mit Lieferanten, rechtzeitige Initiierung von Changes sowie die Optimierung
   der IT-Infrastruktur und der dazugehörigen Arbeitsabläufe.

◆ Das Capacity Management erstellt aus den Geschäftsanforderungen (z.B. Antwortzeiten) den notwendigen Service-Bedarf und leitet darauf basierend einen Ressourcenplan
   ab. Business Capacity Management, Service Capacity Management und Resource
   Capacity Management bilden die drei Subprozesse des Capacity Managements.

   Unter Einbeziehung der Ergebnisse aus Lasttests (Performance Management) wird
   eine optimale Lastverteilung auf die bestehenden Systeme ermittelt und mit Hilfe
   von Tuning und Workload Balancing sichergestellt. Weitere Aufgaben sind Application Sizing, Service-Modellierung und Bedarfsmanagement (Demand Management).

◆ IT Service Continuity Management (ITSCM): Die Aufgabe des IT Service Continuity Managements besteht darin, basierend auf einer Risikoanalyse schützenswerte IT-Bestandteile zu identifizieren, risikosenkende Maßnahmen zu ergreifen und einen Notfall-Plan zu erstellen, so dass bei Eintritt eines solchen Notfalls der Service kontrolliert wieder in Betrieb genommen und aufrecht erhalten werden kann. Dabei ist ITSCM in dem übergeordneten Prozess Business Continuity Management eingebettet. Die Notfallmaßnahmen sind dem Change Management unterstellt und müssen regelmäßig überprüft werden.

◆ Financial Management for IT Services (Cost Management): Der Prozess Financial Management for IT Services umfasst Budgetierung, Kostenrechnung (Accounting) und Leistungsverrechnung (siehe *Abbildung 2.12*).

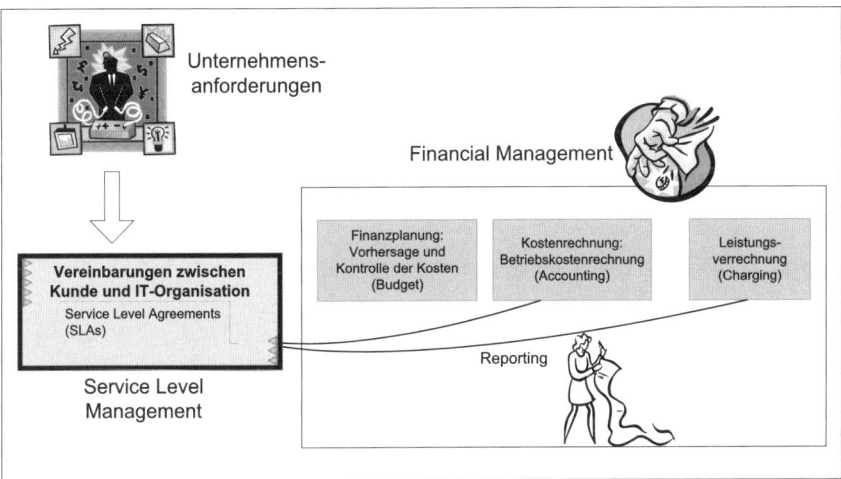

Abbildung 2.12: Financial Management

Ziel der Kosten- und Leistungsverrechnung ist es, die zur wirtschaftlichen Steuerung der IT Services tatsächlich entstandenen Kosten transparent aufzuzeigen und dem Kunden die erbrachte Leistung in Rechnung zu stellen. So kann die Effizienz des Einsatzes der IT-Infrastruktur direkt gemessen werden. Besondere Bedeutung hat dieser Aspekt durch die Betrachtung der TCO (Total Cost of Ownership) bekommen.

◆ Security Management: Dieser Bereich entstammt ursprünglich dem Service Deliver-Set und ist daher eng damit verknüpft. IT Security Management beschäftigt sich mit der Einführung und Umsetzung eines definierten Sicherheitsniveaus für die IT Services. Um die internen und kundenspezifischen Wünsche des benötigten Sicherheitslevels zu ermitteln, ist eine Risikoanalyse notwendig. Der interne, minimale Sicherheitsanspruch wird dabei als IT-Grundschutz bezeichnet. Darüber hinausgehende Sicherheitsbedürfnisse des Kunden müssen individuell herausgearbeitet werden (Basel II, SOX etc.).

Das Security Management befasst sich also mit dem weiten Gebiet des Datenschutzes und der Datensicherheit. Während sich der Datenschutz mit der Absicherung der Daten vor unberechtigtem Zugriff oder unberechtigter Verwendung befasst, ist es Aufgabe der Datensicherheit, die technische Unversehrtheit der Daten zu sichern.

Das Sicherheitsmanagement umfasst sowohl organisatorische als auch technische Elemente.

Risikomanagement (Risk Management)

Das Risikomanagement gehört nicht zu den Kernfunktionen von ITIL®, ist aber wegen seiner zentralen Bedeutung für die IT mit dessen Funktionen eng verknüpft. Es handelt sich hierbei um ein Überwachungssystem, das als Frühwarnsystem vor Entwicklungen warnen soll, die den Fortbestand der Organisation gefährden oder sich zumindest wesentlich auf die Vermögenslage der Organisation auswirken. Ein Risikomanagement muss, um seinen Zweck voll erfüllen zu können, die Organisation ganzheitlich betrachten und geht daher über die IT hinaus. Das Risikomanagement stellt zum Beispiel der Notfallplanung wichtige Informationen zur Risikoanalyse zur Verfügung.

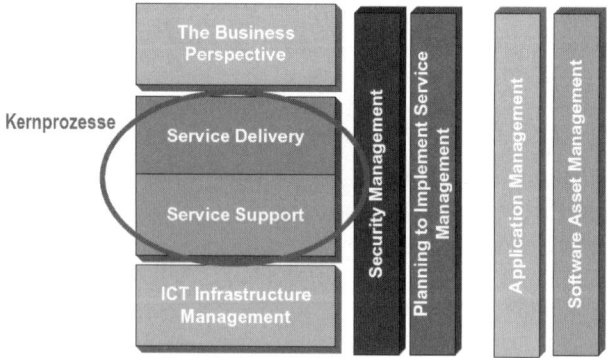

Abbildung 2.13: Service Support und Service Delivery standen fast immer im Zentrum der Version 2

2.2.3 Von ITIL®-Version 2 zu ITIL®-Version 3

Dadurch, dass die beiden Bände Service Support und Service Delivery stets im Mittelpunkt standen, geriet die Existenz der übrigen Bände fast in Vergessenheit. Mit dazu beigetragen hat die Tatsache, dass die ITIL® Foundation-Prüfung der Version 2 sich nur mit den Themen Service Support, Service Delivery und Security Management auseinandersetzt. In vielen Schulungsvorbereitungen oder in der Literatur wird noch nicht einmal auf die Existenz und die behandelten Themen der übrigen ITIL®-Bücher hingewiesen.

Aus dieser Unwissenheit heraus sind v.a. zahlreiche Unternehmensberater der Meinung, dass sich ITIL® V2 vorwiegend mit den Bereichen Service Delivery und Service Support beschäftigt habe. Die neue Version ITIL® V3 wurde laut deren Meinung wie das Kaninchen aus dem Hut gezaubert und die Themen um Service Design, Service Strategies sowie Service Improvement als absolute Neuerung behandelt. Doch dem ist nicht so. Wer sich die Liste der Veröffentlichungen der ITIL®-Version 2 anschaut, wird dort neben dem Buch zur Implementierung der Prozesse auch einen Band finden, der sich mit der strategischen Themenfindung in Bezug auf IT Service Management auseinandersetzt.

Allerdings wird sich hier nicht jedes Unternehmen wiederfinden. Das kann auch gar nicht sein. ITIL® versteht sich als allgemein gültiger Leitfaden und nicht als Step-by-Step-Anleitung für die Unternehmung XYZ GmbH. Aufgrund der Skalierungsfähigkeit und des Framework-Gedankens wird die sonst vielfach gelobte Flexibilität zum KO-Kriterium. Jedes Unternehmen muss für sich selber, ggf. mit externer Unterstützung, herausfinden, welche Umsetzung in Sachen IT Service Management und ITIL® die beste ist. Interkulturelle, unternehmenskulturelle, branchenspezifische, größenabhängige, strategische, taktische und operative Unterschiede zwischen den Unternehmen können so groß sein, dass allgemeine Empfehlungen in der Form verfasst wurden, dass sie als kleinster gemeinsamer Nenner auf all die unterschiedlichen Adressaten zutreffen. Denn: ITIL® ist keine Applikation, die einfach aus dem Handgelenk zu installieren ist.

ITIL® wird oft als die Lösung für jedes nur denkbare Problem betrachtet, das sich einem IT Service Provider stellt. Tatsächlich ist ITIL® jedoch ein Modell, welches für jedes Unternehmen entsprechend den Bedürfnissen und Rahmenbedingungen instrumentiert und implementiert werden muss. Auch die Lösungen, die auf ITIL® basieren, seien es Tools, IT-Systeme oder Prozessmodelle, spiegeln immer nur eine spezielle Implementierung oder eine mögliche Unterstützungsleistung wider. Eine Ursache liegt in dem grundsätzlichen Aufbau der Library und in der noch nicht vollständig vollzogenen Integration und Standardisierung der einzelnen Prozess-Gruppen. Es gibt daher nicht eine ITIL®-Lösung, sondern beliebig viele, und jeder Versuch, ITIL® „eins zu eins" aus der Theorie in die Praxis zu übertragen, wird scheitern.

Ähnliche Beispiele gibt es zuhauf. Manche Personen bemängeln Defizite von ITIL® selbst. So können beispielsweise auch detaillierte Regeln für die Prozesse nach ihrer Ansicht nicht beheben, dass weder in der Version 2 noch in der Version 3 der Bibliothek vollständig, konsistent und umfassend beschrieben ist, was einen Service ausmacht. Könnte es sein, dass dieser angebliche Mangel wieder ein Zeichen von Flexibilität des Frameworks darstellt? Eine Definition für den IT Service-Begriff existiert schon auf den Seiten der ITIL®-Bücher, Beispiele für unterschiedliche Services sind zahlreich in den Büchern zu finden. Sollte es nicht möglich sein, anhand dieser Beispiele, Beschreibungen, Informationen und der Erfahrungen aus der Praxis heraus IT Service für den Kunden der IT-Organisation zu beschreiben? Könnte es sein, dass die Kritik vielleicht eher an die Dienstleister zu richten ist, die die Bedürfnisse und Anforderungen ihrer Kunden nicht erkennen und diese nicht in nutzbringende IT Services umwandeln können?

Zwischen den Zeilen der Version 2 waren bereits viele der Ansätze und Themen zu finden, die in der Version 3 ausformuliert und beschrieben wurden. Vor allem das Management wird nun stärker in die Pflicht genommen. ITIL® betont, dass es ohne Existenz einer Strategie, sowohl vom Business als auch von der Seite der IT-Organisation, keine funktionierenden, nutzbringenden, geschäftsorientierten, zielführenden IT Services geben kann. Da nun darüber hinaus alle fünf Bücher der Kernbibliothek gleichberechtigt nebeneinanderstehen und alle Teil der Foundation-Prüfung sind, zu der ein breites Publikum Zugang finden wird, kann sich die Zielgruppe nicht mehr aus der Pflicht nehmen.

IT Service als Teil der Wertschöpfungskette

ITIL® (egal, ob Version 2 oder 3) beschreibt Prozesse, die für das Service Management als Unterstützung für die Geschäftsanforderungen der Kundenseite die Basis bieten. Diese Prozesse regeln, was alles zu tun ist und wer es zu tun hat, und werden meist in Anlehnung an die Value Chain von Porter als eine Abfolge von Aktivitäten beschrieben.

Das Value Chain-Rahmenwerk von Michael Porter ist ein Modell, das hilft, spezifische Aktivitäten zu analysieren, durch die Unternehmen Wert und Wettbewerbsvorteil schaffen können (Buchtipp: „Competitive Advantage: Creating and Sustaining Superior Performance" von Michael E. Porter, 1985). Das Konzept basiert auf der Feststellung, dass ein Unternehmen mehr ist als eine bloße Ansammlung von Maschinen, Geld und Menschen. Erst wenn diese Dinge zu Prozessen, Systemen und Aktivitäten angeordnet werden, kann die Unternehmung etwas hervorbringen, für das die Kunden einen Preis zu zahlen bereit sind. Porter sieht diese Fähigkeiten, bestimmte Aktivitäten durchzuführen und die Verbindungen zwischen den einzelnen Aktivitäten zu managen, als die Quelle von Wettbewerbsvorteilen. Das gesamte Wertesystem wird als Supply Chain Management bezeichnet. Diese Gedanken im Sinne der Wertschöpfung für das Unternehmen durch den Einsatz von IT Services hat auch in der ITIL® V3 seinen Platz.

Ein zentraler Bestandteil des Service Managements ist der zu erbringende Service. Dieser stellt den Nutzen für den Kunden dar und stützt sich auf die Prozesse, die die Bedarfsermittlung, Definition, Planung, Erstellung, Auslieferung und den Support des Services überhaupt ermöglichen und während seines Lebenszyklus unterstützen.

Die ITIL® V2 definiert den Begriff „Service" wie folgt:

> *„One or more IT systems which enable a business process."*
> *(Ein oder mehrere IT Systeme, welche einen Geschäftsprozess unterstützen.)*

Die ITIL® V3 ist spezifischer in der Definition, und der Begriff ist nicht mehr so allgemein gefasst wie in der Version 2:

> *„A service is a means of delivering value to customers by facilitating outcomes customers want to achieve without the ownership of specific costs and risks."*

IT wird heute benötigt, um komplexe Geschäftsanforderungen zu bedienen. Die Abhängigkeit der Geschäftsprozesse von verfügbaren und funktionierenden IT Services hat eine immense Bedeutung, wobei „funktionierend" so zu verstehen ist, dass die Geschäftsprozesse fehlerfrei und funktional unterstützt werden. ITIL® V3 stellt verstärkt die permanente Ausrichtung an den Geschäfts- und Organisationsanforderungen (IT Business Alignment) und deren Auswirkungen auf die IT Services und stellt das IT Service Management in den Vordergrund.

Qualität und Wirtschaftlichkeit waren auch in der V2 von ITIL® bereits viel verwendete Schlagwörter und Nutzenargumente. Die bewusste Steuerung von Qualität und Kosten, das Messen und Reporten, die kontinuierliche Verbesserung soll jetzt in ITIL® V3 noch aktiver betrachtet werden. Die feste Verankerung des immer wieder kehrenden Verbesserungsprozesses in das IT Service Management ist als wesentliches Element in der V3 zu finden.

2.3 ITIL®-Version 3

ITIL®-Version 3 (V3) erweitert, was mit Version 1 und Version 2 bereits angefangen und umgesetzt wurde. Jedoch rücken bei V3 der Service-Gedanke und die ganzheitliche Sicht auf die Unternehmung sehr viel stärker in den Vordergrund. Bisher standen die Planung und der Aufbau, der IT-Betrieb und das Infrastruktur-Umfeld im Mittelpunkt von ITIL®. Aber auch hier wird niemand verleugnen können, dass sich v.a. die taktischen Prozesse (aus dem ehemaligen Service Delivery-Set) sehr stark an den Anforderungen und Bedürfnissen der Services bzw. den SLAs zwischen Kunde und IT-Organisation ausgerichtet haben. Schließlich wurden die Planungsprozesse initiiert, um die Services verhandeln, planen, sizen, anbieten, absichern und messen zu können.

Lag der Schwerpunkt der ersten beiden ITIL®-Editionen noch auf der Umstrukturierung von Prozessen in der IT, sollen mit ITIL® V3 nun die IT-Abteilungen und die Fachabteilungen des Unternehmens im Sinne des Unternehmensnutzens zusammenarbeiten. Denn das strikte Prozessdenken birgt auch eine gewisse Gefahr in sich: Wo früher Techniksilos das integrierte Zusammenwirken aller IT-Spezialabteilungen bremsten, entstehen heute oft Prozesssilos.

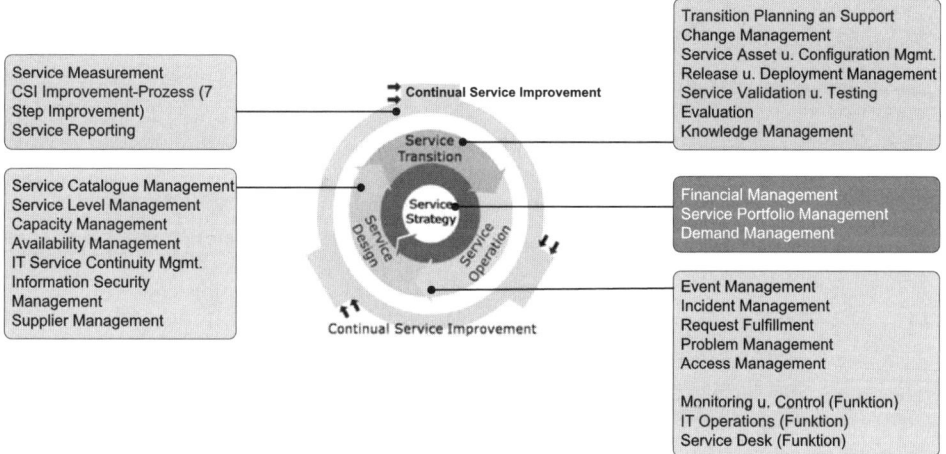

Abbildung 2.14: Funktionen und Prozesse unter ITIL® V3

Im Extremfall werden die einzelnen ITIL®-Prozesse mit großem Aufwand eingeführt und in mehreren Schritten optimiert, während gleichzeitig das Zusammenwirken aller ITIL®-Prozesse durch die entstehenden Prozesssilos gehemmt wird. Und nicht zuletzt verhindern unzulänglich konzipierte, ausschließlich auf Kosteneinsparung fixierte Outsourcing-Versuche eine sinnvolle Auslieferung von Services. Als Reaktion auf die Klagen der Service-Abnehmer und Kunden wird oftmals die Prozessdefinition nochmals verschärft. Damit steigt die Tendenz zur Überregulierung.

2.3.1 Der Wandel hin zum IT Service

Das Wesentliche an der neuen ITIL®-Version ist deshalb der explizite Wechsel von einer auf Prozesse ausgerichteten Sichtweise zu einem vollständigen Service-Lebenszyklus – angefangen von der Strategie über Design, Umsetzung und den Betrieb der IT-Services bis hin zu einem kontinuierlichen Verbesserungsprozess, der entsprechend über die fünf Kernpublikationen abgebildet wird. Hinzu kommen sinnvolle Ergänzungen wie das Service-Portfolio-Management oder ein umfassendes Service-Wissens-Management-System, ohne das ein kontinuierlicher Service-Verbesserungsprozess nicht möglich wäre. Auch eine Reihe von neuen Funktionen, die man bisher vermisst hat („Wer führt denn eigentlich das im Release Management beschriebene Rollout durch?"), sind nun definiert. ITIL® 3.0 prägt die Informationen zu Rollen und Funktionen (engl. function) weiter aus. In der Version 2 war nur der Service Desk als Funktion benannt. Nun gibt es zusätzlich beispielsweise aus dem Bereich Service Operation die Funktionen Application Management (Anwendungsmanagement), IT Operations Management (IT-Betriebsmanagement, in V2: ICTIM Operations), IT Operations Control (IT-Betriebssteuerung), Facilities Management und Technical Management (technisches Management, in V2: ICTIM Technical Support).

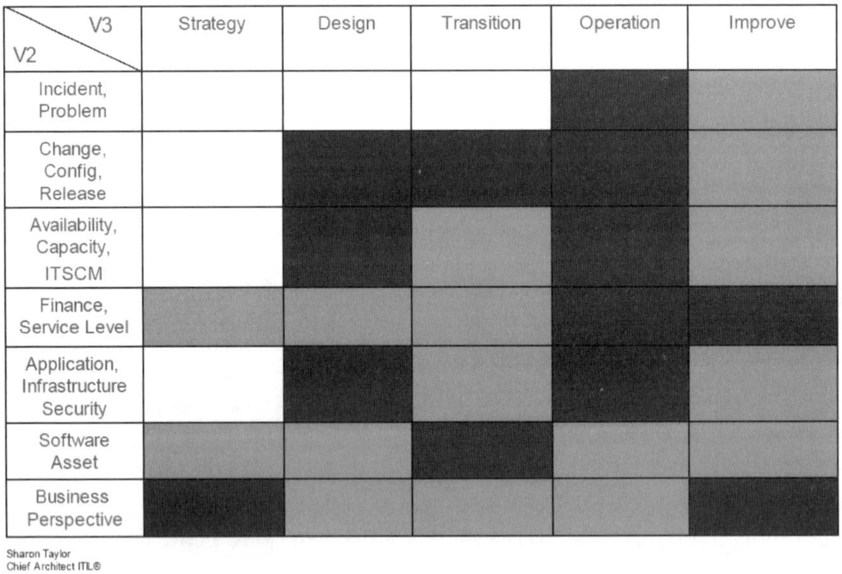

V3 / V2	Strategy	Design	Transition	Operation	Improve
Incident, Problem					
Change, Config, Release					
Availability, Capacity, ITSCM					
Finance, Service Level					
Application, Infrastructure Security					
Software Asset					
Business Perspective					

Sharon Taylor
Chief Architect ITIL®

Abbildung 2.15: Mapping der alten auf die neuen Inhalte (Quelle: OGC)

Das ITIL® Refresh-Projekt hat aus der bestehenden Handlungsanleitung, die bereits breite Anerkennung und Etablierung erfahren hat, der aktuellen Weiterentwicklung der IT- und Geschäftswelt Rechnung getragen. Die neue Variante liefert einen umfassenden Blick auf das Business des Kunden und die Ausrichtung auf die IT Services. V3 ermöglicht der Organisation, auf dem Erfolg von V2 aufzubauen und das IT Service Management weiter zu entwickeln. IT-Organisationen müssen das Rad jedoch nicht vollkommen neu erfinden, wenn sie auf V3 umstellen. Die meisten Inhalte aus der alten Version finden sich auch bei ITIL® V3 wieder. Weitere Neuerungen spiegeln die Entwicklung des ITSM in den letzten Jahren wider:

- Ging es in V2 um Business und IT Alignment, betont V3 die Business- und IT-Integration.
- Ging es in V2 um Value Chain Management, stellt V3 die Value Network-Integration heraus.
- Basierte V2 auf linearen Service-Katalogen (Linear Service Catalogues), geht V3 von dynamischen Service-Portfolios (Dynamic Service Portfolios) aus.
- War V2 eine Sammlung integrierter Service-Prozesse, liegt V3 ein ganzheitlich ausgerichteter Service-Lebenszyklus zugrunde.
- V3 enthält Richtlinien zur Compliance mit Gesetzen und Regulatorien wie Sarbanes-Oxley und Basel II sowie mit Standards wie ISO/IEC 20000, COBIT und Six Sigma.
- V3 erörtert neue Themen wie zum Beispiel Service Management-Strategien für Outsourcing, Co-Sourcing und Shared Services-Modelle.

Shared Service

Der Begriff Shared Service steht für ein Organisationsmodell, das zum Ziel hat, unternehmensweite Unterstützung zu bieten, indem Dienstleistungen (Services) der Unternehmenszentrale und der einzelnen Geschäftsbereiche, Geschäftseinheiten oder Abteilungen verknüpft und in einer spezifischen, marktorientierten Organisationseinheit (Center) zusammengefasst werden. Auf diese können die einzelnen Geschäftsbereiche, Geschäftseinheiten oder Abteilungen dann nach Bedarf (shared) zugreifen, um die entsprechende Service-Leistung zu erhalten. Wichtige Prinzipien sind: Preis-/Kosten-Transparenz, unternehmerisches Denken (Management), Kundenorientierung (höhere Service-Qualität), Marktorientierung, Benchmarking (Vergleichsmöglichkeiten, kontinuierliche Verbesserung), Prozessorientierung (Standardisierung) und Wert-Schaffung.

Dabei wird unterschieden zwischen:

- Wer ist Leistungserbringer? = Shared Service Center des Unternehmens
- Wer ist Leistungsempfänger? = Geschäftseinheit oder Abteilung des Unternehmens = Kunde

Shared Service lässt sich insofern auch mit dem Outsourcing von Unternehmensfunktionen vergleichen. Allerdings werden diese nicht an ein externes Unternehmen vergeben; das Shared Service Center verbleibt rechtlich als eine Einheit innerhalb seines „Mutter-Unternehmens".

Bereits die Prozesse in Version 2 verlangten betriebswirtschaftliches Basiswissen. Vor allem im Bereich des Financial Managements tauchten Beschreibungen in Bezug auf Budgetplanung, Kostenrechnung (Kostenstellen, -arten, -träger), Preisgestaltung, Leistungsverrechnung auf Basis der Kostenträger auf. Ansatzweise gehörte auch Controlling als Know-how auf der Grundlage eines betriebswirtschaftlichen Grundstudiums ohne besonderen Bezug auf IT Service Management dazu. Allerdings war dies auch schon mehr, als viele Firmen im Bereich IT-Controlling und vor allem in der Leistungsverrechnung (Pricing, Charging/Billing) bis vor wenigen Jahren zu leisten imstande waren.

Was sind die großen Änderungen in der neuen ITIL®-Version?

◆ Fokussierung auf Service Lifecycle

◆ Neue Prozesse und Funktionen (z.B. Evaluation, Event Management, Access Management oder Demand Management)

◆ Anlehnung an das Compliance-Thema und Integration anderer Standards

◆ Einfachere Navigation und damit Unterstützung zur Umsetzung

◆ Komplementäre Hilfsmittel und Umsetzungsstrategien sind mit im Scope von ITIL® V3

◆ Einheitlicher Aufbau der Original-Bücher

◆ Integration der früheren Veröffentlichungen

ITIL® V3 geht noch einen Schritt weiter und hat das Glossar deutlich im Hinblick auf betriebswirtschaftliche Fachausdrücke erweitert. Darüber hinaus beschäftigt sich das Buch „Service Strategy" intensiv mit unternehmensorientierten Fragen sowie Themen der Organisationsentwicklung. Die Organisationsmodelle sind zum Teil allerdings sehr abstrakt und geben wenig Hinweise für die Praxis.

Organisatorische Realisierung und Skalierbarkeit sind auch Themen unter ITIL® V3, z.B. in Bezug auf diverse Sourcing-Strategien. Heute sind die vielfältigsten Mischformen der IT-Service-Erbringung an der Tagesordnung. Was in den Outsourcing-Strategien im Buch „Service Strategy" einzeln und getrennt dargestellt wird, findet in der Praxis in unterschiedlichen Erscheinungsformen und Vielfalt statt.

Ein wichtiges Kriterium für die Zusammenarbeit zwischen IT-Organisation und Business ist auch die Frage, ob das Unternehmen bestimmten gesetzlichen Auflagen unterliegt und die Einhaltung derselben (auch über die IT) umgesetzt und unterstützt wird. In so genannten Audits wird dies dann überprüft. ITIL® V3 hat sich auch diesem Thema angenommen.

Besonders hart sind beispielsweise Unternehmen aus der Pharma-Branche von solchen Regulativen betroffen. Neben den hiesigen Lebensmittel- und Arzneimittelgesetzen unterliegen diese zusätzlich den Prüfungen der US-amerikanischen FDA (Food and Drug Association) und oft auch Kontrollen durch Börsen und Banken. Dieses „Compliance"-Thema berührt auch den Themenbereich SOX für Unternehmen, die an der US-Börse notiert sind.

ITIL® V3 wurde durch die Überarbeitung getrimmt. Es wirkt ein bisschen so, als ob die Autoren in Bezug auf gefragte Themen und Schlagworte das Ohr auf die Schiene gelegt und für jede Interessensgruppe ein „Schmankerl" mit dazu gepackt hätten. Shared Services, Service Oriented Architecture (SOA), Web Services, Virtualisierung und anderen aktuellen Entwicklungen wird Rechnung getragen.

Organisationen und ITIL®

Die ITIL®-Ausbildungsstandards werden vom ITIL® Certification Management Board (ICMB) gesteuert. Die OGC und das itSMF International sind Bestandteil dieser Gruppe. Seit Januar 2007 ist die APM Group (APMG) kommerzieller offizieller Akkreditierungspartner der OGC für die ITIL®-Zertifizierung und die Ausbildungsinhalte der ITIL® V3. Unternehmen, die offiziell Schulungen und Prüfungen für ITIL® V3 anbieten wollen, müssen sich bei der APMG unter hohem finanziellem und organisatorischem Aufwand akkreditieren lassen (siehe *http://www.apmgroup.co.uk/QualificationsAssessments/ITServiceManagement.asp*).

Wichtig ist allerdings, zwischen der APM Group und APMG bzw. APMG-UK zu unterscheiden. Während die APM Group als Akkreditor die Examination Institutes (EIs) akkreditiert, ist APMG bzw. APMG-UK selbst ein solches EI, akkreditiert ihre eigenen Trainingsprovider und stellt diesen Examen zur Verfügung, die diese ihrerseits ihren Kunden anbieten.

Die beiden bisherigen Prüfungsinstitute EXIN (mit Sitz in den Niederlanden, dem sich unter V2 die TÜV-Akademie angeschlossen hat) und ISEB (mit Sitz in Großbritannien) sind von der APMG akkreditiert.

2.3.2 Darstellung der Kernpublikationen

Die ITIL®-Spezifikationen organisieren sich in verschiedenen „Büchern", welche nach den Stationen eines Service-Lebenszyklus gegliedert sind. Betrachtet man den Lebenszyklus einer IT-Organisation und die angebotenen IT Services aus der ITIL®-Perspektive, so wird deutlich, dass der Ansatz umfassend ist und einmal definierte IT Services keine starren, unveränderlichen Beschreibungen darstellen. Doch gerade aus diesem Ansatz heraus sind die Wechselwirkungen und Abhängigkeiten zwischen den einzelnen Stationen des Service Lifecycle relevant. Gibt es keine definierten und abgestimmten Leistungsindikatoren, können auch keine Messungen der Servicequalität oder gar ein Reporting umgesetzt werden. Wer einen IT Service-Lebenszyklus kontinuierlich verbessern will, kommt um die Messung und Analyse der Leistungen der IT-Organisation und der Services nicht herum.

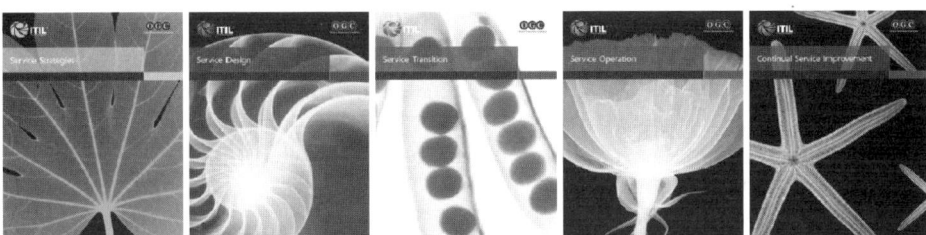

Abbildung 2.16: Die fünf Kernpublikationen der ITIL® V3

Dazu gehört auch, dass eine IT-Organisation die eigene Leistung nicht nur messen, sondern die Ergebnisse auch einordnen kann und zwar auf Basis einer abgestimmten Bewertungsgrundlage (Leistungsindikatoren, KPIs). Gemessen werden können beispielsweise Antwortzeiten im Netz, Latenzzeiten in Komponenten oder die Einhaltung von Service Level Agreements (SLAs). Die ITIL®-Bücher geben dem Anwenderunternehmen hier durch Best-Practice-Erfahrungen eine Handreichung zum Erarbeiten der Mess-Methode. Ausgangspunkt und Basis ist dabei aber stets das Thema Service-Strategie.

Die Entwicklung der IT-Strategie steht am Anfang des IT Service Lifecycle und wird im Band **Service Strategy** beschrieben. Durch die hier maßgeblichen Richtlinien, Vorgaben, Leitsätze und Visionen wird es zum Herz des Service Lifecycle und beinhaltet nicht nur die organisatorischen Vorhaben, sondern auch den Strategieaspekt. Eine passende, annehmbare und authentische Strategie ist ein wichtiges Gut für das Unternehmen und ein wertvoller Aktivposten. Unternehmen müssen sich ein Bild von ihrer Zukunft und ihren Zielen machen, wenn sie wissen wollen, wie sie langfristig erfolgreich sein können.

Strategie

Eine Strategie ist ein längerfristig ausgerichtetes, planvolles Anstreben einer vorteilhaften Lage oder eines Ziels. Strategie ist der „große Plan über allem" oder das „grundsätzliche Muster der Handlungen". Dieser Plan kann dabei eine Vision oder Mission (Wirtschaft), eine Mehrheit oder Macht (Politik) oder auch ein militärisches Ziel definieren. Strategie ist mittel- bis langfristig angelegt. Wer Strategien plant, muss sich auf eine „übergeordnete Ebene" begeben, um Zusammenhänge zu erkennen, Wichtiges von Dringlichem zu unterscheiden und klare Ziele zu formulieren.

Strategie und Taktik hängen eng zusammen: Beide zielen auf den richtigen Einsatz bestimmter Mittel in Zeit und Raum, wobei sich Strategie im Allgemeinen auf ein übergeordnetes Ziel bezieht, während Taktik den Weg und die Maßnahmen bestimmt, kurzfristigere Zwischenziele zu erreichen.

Mit Service Strategy werden sämtliche strategischen Ausrichtungen und Rahmenbedingungen strukturiert betrachtet und definiert, so dass ein zielgerichtetes Aufsetzen des Service Designs ermöglicht wird. Die Service-Strategie steuert und beeinflusst auch die anderen Phasen des IT Service Managements. Die Positionierung der Strategie-Entwicklung im Kern des Lifecycle-Modells definiert das Zusammenspiel mit den Geschäftsanforderungen und die Wirkung auf alle Lifecylce-Phasen. Kundenorientierung, Prozessorientierung, Serviceorientierung und die Positionierung der IT als strategisches Asset (Vermögensgegenstand, Anlage) sind maßgeblich für die Strategie-Entwicklung, die permanent weiterverfolgt werden sollte.

Themen in diesem Buch beziehen sich auf Service Catalogue (Leistungsportfolio des IT Service Providers), Demand Management, Financial Management, IT Business Integration, Profit-Aspekte der IT und die Differenzierung der Service Level. Das Buch umfasst Definition, Spezifikation, Logistik und finanzielle Aspekte aus der Geschäftsperspektive. Außerdem beschreibt es die Zielsetzung des Service Lifecycle (neben den Fragestellungen „Was" und „Wie" nun das „Warum"). In diesem Teil werden auch unterschiedliche Werkzeuge zur Strategieentwicklung und -umsetzung vorgestellt wie z.B. Balanced Scorecard.

Balanced Scorecard

Die Balanced Scorecard (BSC) ist ein strategisches Leistungsmessungs- und Managementsystem. Sie dient zur Übersetzung der Unternehmensstrategie in konkrete Leistungsziele und Maßnahmen. Als strategisches Managementinstrument unterstützt die BSC dabei die konsequente Ausrichtung an der Unternehmensstrategie und definiert unter verschiedenen Perspektiven (nicht nur unter finanzieller Perspektive) Ziele, Maßnahmen und Kennzahlen, um die Unternehmensstrategie zu unterstützen. Die BSC definiert dabei im Gegensatz zu älteren Kennzahlenmodellen neben Spätindikatoren zur Leistungsmessung auch Frühindikatoren, die ein rechtzeitiges Eingreifen und Gegensteuern ermöglichen sollen.

Der Band **Service Design** fokussiert dagegen die Entwicklung von Service-Lösungen, die sich an funktionalen Anforderungen und benötigten Ressourcen orientieren. Es geht um eine Art „Prozess-Werkstatt" zum Design aller Prozesse, die einen Nutzen für den Kunden transportieren müssen. Zusätzlich geht dieses Buch auf das Design des Management Systems und der Tools ein, die im Service Portfolio enthalten sein sollten und berücksichtigt auch die notwendigen Mess- und Steuerungssysteme. Daneben wird ein optimales Prozess-Design von IT-Service-Management definiert.

Der Band Service Design ist die konsequente Fortführung des Strategiebuchs. Kernthemen sind Prozesse wie z.B. Service Level Management, Service Catalogue Management, Capacity Management, Availability Management, IT Service Continuity Management, Information Security Management und Supplier Management.

In diesem Rahmen werden die Aspekte des IT Service-Designs in Bezug auf Anwendungen, Infrastruktur, Personal und Informationen berücksichtigt. Oder anders: Bei der Entstehung der Services dreht es sich auch um die vier **P**s: People, Processes, Products und Partner.

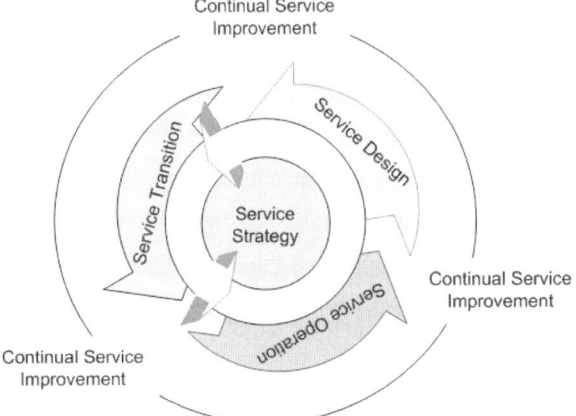

Abbildung 2.17:
Service Lifecycle

Die strategischen IT-Planungen und das praktische IT-Design werden mit den im Buch **Service Transition** dargestellten Best Practices in die Organisation übertragen.

Die Prozesse dieser Phase im Service Lifecycle steuern aktiv die Übergänge von Veränderungen. Neue Services als Nutzenbringer für den Kunden, versehen mit den entsprechenden Anforderungen zur Unterstützung der Geschäftsprozesse, werden über Projekte realisiert. Wie die Projektergebnisse in die bestehende Umgebung überführt, unterstützt und dem Kunden zur Verfügung gestellt werden können, ist der Leitgedanke der Transition-Phase. Durch bewusstes Steuern von Veränderungen und deren Risiken, die Betrachtung der ersten Betriebsphasen und die Berücksichtigung möglicher Auswirkungen auf die Organisation und deren Kultur wird die Transition-Phase definiert und optimiert. Auch Aspekte wie die Organisation des Rechenzentrums, die Architektur der Systeme und die Einordnung in das Gesamtkonzept spielen eine Rolle. Im Mittelpunkt stehen Planung und Implementierung von neuen oder modifizierten Services. Dabei geht es auch um die Themen Test sowie Aspekte zum Stilllegen und Beenden von Services.

Konkret geht es um das Risikomanagement und die Qualitätssicherung in Bezug auf das Service Design, Unterstützung der Einführungsphase („early Production Support"), Management während der Übernahme und Übergabe und die Integration (Verknüpfung des Projektgeschäfts mit dem Betrieb). Weitere Themen sind Change Management, Configuration Management, Release Management, Retirement und Software Asset Management. Auch den Themen Service Knowledge Management und Change Management im Hinblick auf personelle und kulturelle Aspekte (Managen der organisatorischen und kulturellen Changes) wird Platz eingeräumt, der Faktor Mensch wird berücksichtigt.

Der Band **Service Operation** kümmert sich um den operativen Bereich des IT Service Managements (ITSM) mit reaktivem und proaktiven Charakter. Dabei geht es neben Incident und Problem Prozessen auch um die Themen Self Help, Release Management, Application Management, Infrastructure Management und Request Fulfillment sowie Monitoring und Event Management. Das Tagesgeschäft in der IT und die Sicherstellung des Betriebes wird darüber hinaus über Service Desk, Technical Management, IT Operations Management, Operations Control und Facilities Management dargestellt. Dabei soll die richtige Balance zwischen den unterschiedlichen Aspekten gefunden werden, wie z.B. hinsichtlich Infrastruktur und Service, zwischen Qualität und Kosten, zwischen Reaktionsfähigkeit und Stabilität sowie zwischen reaktivem und proaktivem Verhalten.

Aktivitäten im Service Operation sind unter anderem:
◆ Monitoring Control
◆ IT Operation
◆ Mainframe Management
◆ Server Management
◆ Netzwerk-Management
◆ Storage und Archivierung
◆ Datenbank-Administration
◆ Directory Service Management
◆ Desktop Management
◆ Internet/Web Management

Das letzte Buch der ITIL® V3 befasst sich mit dem Thema **Continual Service Improvement** (CSI). Zentrale Fragen sind dabei die Weiterentwicklung des Geschäftsmodells und die permanente Verbesserung der Prozesseffizienz. An sich ist das Thema der kontinuierlichen Verbesserung der Prozesse und der Servicequalität keine Neuerung. Der Deming-Zyklus wurde in Bezug auf das Thema Qualitätssicherung bereits in der Vergangenheit fester Bestandteil des Service-Gedankens. Mit einem eigenen Buch kommt ihm endlich der entsprechende Platz und Stellenwert zu, den er verdient. Dabei ist es enorm wichtig, Verbesserungen an den ITSM-Prozessen zu identifizieren und zu implementieren. Prozesse und Service sind nicht statisch. Prozesseffektivität, Effizienz und die Wirtschaftlichkeit wird durch proaktive Betrachtung und Optimierung sowie durch das Knowledge Management gesteuert.

Die fünf Kernbücher besitzen eine ähnliche Struktur, wobei der Band „Continual Service Improvement" davon abweicht:

- Einführung
- Service Management as a Best Practice
- Prinzipien
- Prozesse mit dem jeweiligen Ziel, Prozessaktivitäten, In- und Output, Leistungsindikatoren (KPI), kritische Erfolgsfaktoren (CSF)
- Aktivitäten
- Organisation (Funktion, Rollen, Aufbauorganisation)
- Technische Aspekte
- Prozess-Implementierung
- Herausforderungen/Risiken
- Abschluss
- Ergänzende Literatur
- Anhänge

2.3.3 Adaption anderer Frameworks und Best Practices

Die Zielsetzung einer immer wiederkehrenden, proaktiven Verbesserung des IT Service Managements über alle Lifecycle-Aktivitäten „Strategy – Design – Transition – Operation" hinweg ist ebenfalls in der ISO/IEC 20000 verankert.

ISO/IEC 20000

Bereits im November 2000 gab das British Standards Institute (BSI) einen Standard für Service Management in der Informationstechnologie heraus, den BS 15000. Im Dezember 2005 wurde dieser Standard durch einen internationalen Standard ersetzt, die ISO/IEC 20000. Diese Veröffentlichung schließt die Lücke der fehlenden offiziellen Nachweise für die ITIL® Compliance sowie des existierenden IT Management Systems für eine IT-Organisation.

Sie ist ein gemeinsamer Referenzstandard für alle Unternehmen (unabhängig von Branche, Größe und Organisationsform), die IT Services für interne und/oder externe Kunden erbringen. Auf Basis einer gemeinsamen Terminologie für Service Provider (die IT Service Management-Organisation), Kunden und Lieferanten wird konsequent der integrierte Prozessansatz als Erfolgsfaktor angesehen. ISO/IEC 20000 unterstützt und hinterfragt das Management-System, indem die IT-Organisation nachweisen muss, dass sie jederzeit die Kontrolle über alle IT Service Management-Prozesse besitzt. Wesentliche Elemente der ISO 20000 sind hierbei:

◆ Kenntnisse und Kontrolle der Aktivitätsauslöser

◆ Kenntnisse und korrekte Nutzung der Aktivitäts- und Prozessergebnisse

◆ Definition und Messung von Kennzahlen

◆ Nachweis der Verantwortung für die Prozessfunktionalität

◆ Definition und Betrieb der kontinuierlichen Service-Verbesserungen

Die ISO/IEC 20000 besteht aus zwei Teilen, Part 1 „Specification" beschreibt die Vorgaben (Shall) an das IT Service Management, Part 2 „Code of Practice" die Umsetzungsempfehlungen (Should). Die hinterfragten Prozesse, Begrifflichkeiten und Rollen basieren auf ITIL® und werden durch die Management- und Kontrollelemente der ISO-Norm ergänzt.

Unter diesem Gesichtspunkt stellt auch die effektive und effiziente Gestaltung bzw. Erfüllung der Compliance-Vorgaben für die IT und somit für das Management in der IT-Organisation eine Kernaufgabe dar. Die Gesetze und Regularien (SOX, Basel II, GxP, FDA etc.) sind nur ein Ausschnitt aus einer Reihe von Vorgaben. IT Service Provider und IT-Organisationen müssen sich heutzutage mit einer Vielzahl von externen Vorgaben auseinandersetzen. ITIL® V3 nimmt auf eine Reihe von Regelwerken, Best Practices und Frameworks Bezug:

◆ KonTraG: Aktiengesellschaften in Deutschland sind zur Risikofrüherkennung verpflichtet. Mit dem Gesetz zur Kontrolle und Transparenz im Unternehmensbereich (KonTraG) hat der Staat entsprechende Verschärfungen in die relevanten Gesetze eingebaut. So steht seit 1998 im Aktiengesetz und im GmbH-Gesetz, dass es zu den Sorgfaltspflichten eines Vorstands gehört, ein angemessenes Risikomanagement sowie ein internes Überwachungssystem zu etablieren.

◆ Unternehmen, die in Amerika aktiv sind, müssen ebenfalls Risikomanagement betreiben. Der Sarbanes-Oxley Act (SOX), der nach den Bilanzskandalen von Unternehmen wie Enron oder Worldcom auf den Weg gebracht wurde, fordert ein Risikomanagement im Rahmen des internen Kontrollsystems (IKS). Ziel des Gesetzes ist es, das Vertrauen der Anleger in die Richtigkeit und Verlässlichkeit der veröffentlichten Finanzdaten von Unternehmen wiederherzustellen. Das Gesetz gilt für inländische und ausländische Unternehmen, deren Wertpapiere an US-Börsen (national securities exchanges) gehandelt werden, deren Wertpapiere mit Eigenkapitalcharakter (equity securities) in den USA außerbörslich gehandelt werden oder deren Wertpapiere in den USA öffentlich angeboten werden (public offering) sowie für deren Tochterunternehmen.

Der Sarbanes-Oxley Act regelt die Verantwortlichkeiten der Unternehmensführung und der Wirtschaftsprüfer. Unter anderem legt das Gesetz fest, dass sowohl der CEO als auch der CFO die Finanzberichte bestätigen muss und interne Kontrollstrukturen im Jahresturnus zu hinterfragen sind. Für die interne Überprüfung muss ein gesonderter Bericht vorgelegt werden. Der Bezug zur IT findet sich auch hier in der sicheren elektronischen Dokumentation und Aufbewahrung.

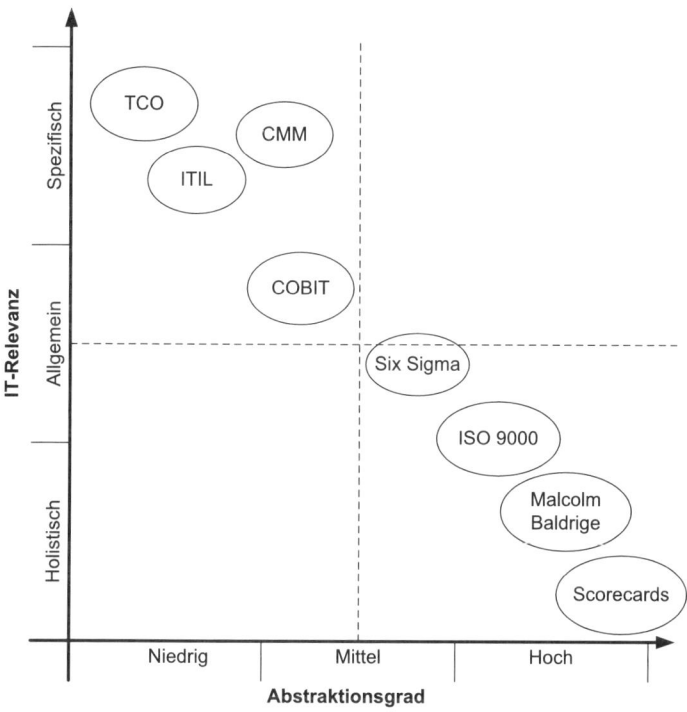

Abbildung 2.18: Process Model Selection Framework (nach Gartner)

◆ Basel II: Gesamtheit der Eigenkapitalvorschriften, die vom Basler Ausschuss für Bankenaufsicht in den letzten Jahren vorgeschlagen wurden. Die Regeln müssen gemäß den EU-Richtlinien 2006/48/EG und 2006/49/EG seit dem 1. Januar 2007 in den Mitgliedsstaaten der Europäischen Union für alle Kreditinstitute und Finanzdienstleistungsinstitute (= Institute) angewendet werden. Ziel von „Basel II" ist es, die Stabilität des internationalen Finanzsystems zu erhöhen. Die Richtlinie soll helfen, die Risiken einer Kreditvergabe zuverlässiger aufzuzeigen und die verliehenen Gelder besser abzusichern. Finanzdienstleister müssen daher umso mehr Eigenkapital vorhalten, je höher das Risiko des Kreditnehmers ist. Der Kreditnehmer ist gehalten, alle Geschäftsdokumente und Informationen, die für die Kreditvergabe relevant sein können, gesichert abzulegen. Dafür wird ein IT-Konzept verlangt, das die sichere Archivierung und Wiedervorlage der Daten gewährleistet.

◆ Das V-Modell, ursprünglich im militärischem Umfeld entstanden, hat mit der aktuellen Weiterentwicklung V-Modell XT als Entwicklungsstandard für IT-Systeme des Bundes mittlerweile Einzug in den gesamten öffentlichen Bereich gehalten. Der Einsatz des V-Modell XT ist seit dem 4. November 2004 für Bundesbehörden zur Durchführung eines Softwareentwicklungsprojektes verpflichtend. Das V-Modell XT definiert den Projektverlauf vom Projektantrag bis zum Betrieb der entstandenen Systeme durch die so genannten Projektdurchführungsstrategien.

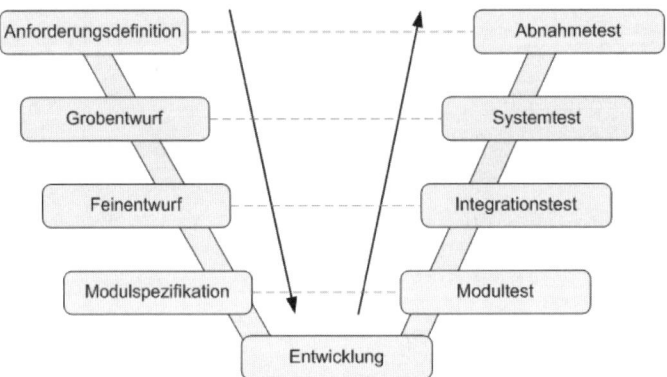

Abbildung 2.19: Grafische Darstellung des allgemeinen V-Modells

Das V-Modell geht davon aus, dass ein Projekt bestimmte Phasen durchläuft. Diese sind graphisch v-förmig angeordnet, was dem Modell seinen Namen gab. Diese Phasen werden als Vorgehensbausteine bezeichnet, welche verschiedenen Projekttypen zugeordnet sind. Es handelt sich um eine prozessorientierte Ablaufsteuerung die alle notwendigen Aktivitäten (über 100 sind hier definiert) die zur Durchführung von Projekten notwendig sind, beschreibt.

◆ CMM: CMM steht für „Capability Maturity Modell" und ist ein Prozessmodell zur Beurteilung und Verbesserung der Qualität („Reife") von Produktentwicklungsprozessen in Organisationen. Durch das Erreichen einer höheren Stufe verbessert ein Unternehmen seine Prozesse und damit letztlich die Qualität seiner Produkte. Für jede Stufe, mit Ausnahme der ersten, sieht CMM eine Reihe von Schlüsselbereichen (standardisierte Abläufe, Ausbildungsprogramm, Produktmanagement) vor, in denen der Prozess die Qualitätsanforderungen erfüllen muss, die in den so genannten Key Practices näher beschrieben sind. Dabei werden die Stärken und Schwächen einer Produktentwicklung objektiv analysiert. Dieser Standard ist am Carnegie-Mellon Institut der University of Pittsburgh in den USA als Antwort auf die ausfernden Probleme der Software-Entwicklung bei den staatlichen Weltraumprogrammen in den 90er Jahren entstanden. Es gibt 5 verschiedene Reifegrade, CMM 1 als niedrigster, CMM 5 als Spitzenwert.

CMMI ist die neue Version des Software Capability Maturity Model. Es ersetzt nicht nur verschiedene Qualitätsmodelle für unterschiedliche Entwicklungsdisziplinen (z.B. für Software- oder Systementwicklung), sondern integriert diese in einem neuen, modularen Modell.

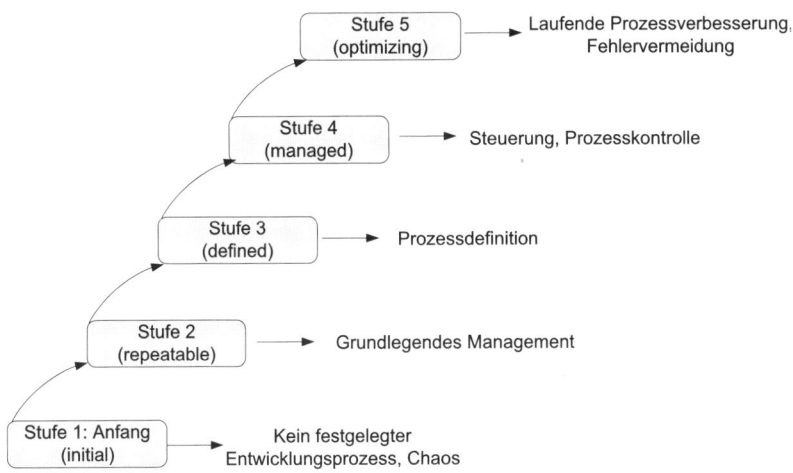

Abbildung 2.20: Stufen des CMM-Modells

◆ Das Software Engineering Institute (SEI) entwickelte parallel zum Referenzmodell CMMI das passende Begutachtungsmodell – SCAMPI, die, Standard CMMI Appraisal Method for Process Improvement. SCAMPI ist ein Vorgehensmodell für Assessments und beschreibt die Prozesse eines Assessments, mit dem CMMI-Prozesse beurteilt werden können.

◆ Six Sigma: In puncto Qualität sind viele japanische Unternehmen führend. Es gibt kaum ein Land, das seit Jahrzehnten so viel unternommen hat, um Fehler in der Produktion vollständig zu vermeiden. So hat auch das so genannte Six Sigma-Konzept seine Ursprünge in Japan. Six Sigma ist eine Methode des Qualitätsmanagements, die versucht, Produkte und Dienstleistungen möglichst fehlerfrei zu produzieren bzw. anzubieten. Schon eine Verbesserung der Qualität von Produkten und Dienstleistungen um wenige Prozentpunkte birgt erhebliche Potenziale für Kosteneinsparungen und höhere Kundenzufriedenheit. Die „Null-Fehler-Philosophie" im Unternehmen soll auf der Grundlage dieses Konzepts beharrlich und konsequent verfolgt werden.

◆ Control Objectives for Information and related Technologies (COBIT): Das COBIT Framework ist ein von der ISACA (Information Systems Audit and Control Association), dem internationalen Berufsverband der IT-Prüfer und -Prüferinnen, entwickeltes Modell zur Prüfung und Steuerung der IT.

Das COBIT-Prozessmodell wurde auf die Kernbereiche der IT Governance umgelegt, um eine Verbindung zwischen dem operativen Management der ausführenden Ebene und der Steuerungsebene herzustellen. Um effektive Governance erreichen zu können, verlangt die Geschäftsführung, dass vom operativen Management für alle IT-Prozesse Kontrollen auf Basis eines Frameworks festgelegt werden. Die IT Control Objectives von COBIT sind nach IT-Prozessen strukturiert; folglich bietet dieses Framework eine klare Verbindung zwischen den Anforderungen der IT Governance, den IT-Prozessen und den IT-Kontrollen. Inzwischen hat sich COBIT international als Kontroll- und Steuerungsrahmenwerk für die IT durchgesetzt. Sicherlich waren die Anforderungen an den Nachweis eines effektiven internen Kontrollsystems aus dem Sarbanes-Oxley Act und der 8. EU-Richtlinie hierfür auch maßgeblich. Die aktuelle

COBIT-Version kann kostenlos über die Internet-Seite der ISACA (*http://www.isaca .org/cobit*) bezogen werden.

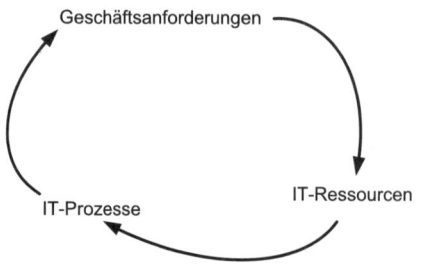

Geschäftsanforderungen

IT-Prozesse

IT-Ressourcen

**Abbildung 2.21:
Prinzip des COBIT-Frameworks
(nach ISACA)**

IT Governance

IT Governance (IT-Steuerung und -Kontrolle) ist abgeleitet vom Begriff der Corporate Governance. Corporate Governance besteht, nach der von der Bundesministerin für Justiz im September 2001 eingesetzten Regierungskommission Deutscher Corporate Governance Kodex, aus gesetzlichen Vorschriften und national sowie international anerkannten Standards für die Unternehmensführung (Regierungskommission Deutscher Corporate Governance Kodex, 2005, S. 1). Danach lässt sich folgende Definition aufstellen: Unter Corporate Governance versteht man national und international anerkannte und vorgeschriebene Standards zur guten und verantwortungsvollen Unternehmenssteuerung und -kontrolle (In Anlehnung an: Regierungskommission Deutscher Corporate Governance Kodex, 2005, S. 1).

Definition IT Governance nach ITGI

> *„IT Governance liegt in der Verantwortung des Vorstands und des Managements und ist ein wesentlicher Bestandteil der Unternehmensführung. IT Governance besteht aus Führung, Organisationsstrukturen und Prozessen, die sicherstellen, dass die IT die Unternehmensstrategie und -ziele unterstützt." (ITGI, 2003, S. 11)*

IT Governance ist also in erster Linie eine Management-Aufgabe. Auch wird betont, dass IT kein Selbstzweck sein darf, sondern die Strategie und Ziele des Unternehmens unterstützen bzw. ermöglichen muss.

◆ Das TeleManagement Forum (TMF) entwickelte die „enhanced Telecom Operations Map" (eTOM), welche aus dem Bereich der Telekommunikation entstammt. eTOM beschreibt alle notwendigen Geschäftsprozesse eines Dienstanbieters im Telekommunikationsgewerbe. Sie gliedert die Geschäftsprozesse eines Unternehmens in die drei Kategorien Strategy Infrastructure & Product, Operations und Enterprise Management. Während sich die ersten beiden Kategorien mit der strategischen und der operativen Planung beschäftigen, liegt der Fokus von ‚Enterprise Management' auf den geschäftsinternen Prozessen.

Teil II

Service-Strategie

Service-
Strategie

3 Lifecycle-Abschnitt: Service-Strategie

ITIL® V3 stellt den strategischen Stellenwert des IT Service Managements und die Tatsache, dass kaum mehr ein Unternehmen ohne IT auskommen kann, in den Vordergrund. Die IT wird als „Critical Commodity" betrachtet, als eine Selbstverständlichkeit, ohne die allerdings kein Unternehmen sein Kerngeschäft betreiben könnte. Im Mittelpunkt von ITIL® steht nicht mehr die Planung und der ordnungsgemäße Betrieb der IT. IT-Organisationen und Service Provider haben erkannt, dass die IT Dienstleistungen für das Kerngeschäft interner wie externer Kunden zu erbringen hat. Aus diesem Grund liefert die IT-Organisation durch ihre IT Sevices einen maßgeblichen Nutzen zur Unterstützung des Geschäftserfolges. Dieser Wert, Wertbeitrag oder Nutzenzuwachs ist der Kern jedes Servicekonzepts. Dieser Rolle wird der neue Begriff des „Strategic Asset" gerecht und trägt zu einer Steigerung der Bedeutung von IT als Service und der damit verbundenen Anforderungen an ein modernes IT Service Management bei.

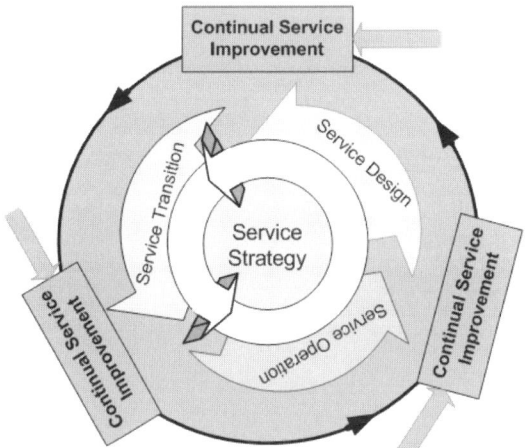

**Abbildung 3.1:
Service Lifecycle**

Die Service Strategy als Phase im Service Lifecycle entwirft, entwickelt und implementiert das IT Service Management als strategische Ressource. Es ist die Achse im Service Lifecycle, die alle anderen Phasen bewegt. Hier werden Richtlinien und Ziele entsprechend der Strategie definiert. Service Transition und Service Operation (Betrieb) implementieren diese Strategie, passen diese weiter an und führen sie fort. Das Service Improvement umfasst alle anderen Prozesse und steht für die Weiterentwicklung, Verbesserung und das Lernen im Sinne einer ständigen Qualitätsverbesserung angelehnt an die Strategie.

Die Struktur des Lifecycle bezeichnet die Abfolge von der Service Strategy zum Service Design zur Service Transition zur Service Operation und dann über die Phase Continual Service Improvement zurück zur Service Strategy und so weiter.

Die Service-Strategie bietet eine Reihe von Möglichkeiten und Grundsätzen für die Kunden- und Marktorientierung des Service Providers. Sie leistet ebenso Unterstützung bei der Identifizierung, Auswahl und Priorisierung von Gelegenheiten und Chancen zur eigenen Entwicklung.

4 Grundsätze der Service-Strategie

Die klassische Definition der Strategie lautet nach Brockhaus: „... der Entwurf und die Durchführung eines Gesamtkonzeptes, nach dem der Handelnde in der Auseinandersetzung mit anderen ein bestimmtes Ziel zu erreichen sucht, im Gegensatz zur Taktik, die sich mit den Einzelschritten des Gesamtkonzeptes befasst." Als erster Vertreter moderner Strategie – allerdings auf der politisch-militärischen Bühne – gilt König Friedrich von Preußen. Die Konversion der Kriegssprache in die Sprache der heutigen Geschäftswelt verwandelt diese Grundsätze in schon oft gehörte Prinzipien wie z.B. das ständige Bestreben, die Initiative zu behalten, immer nur ein Ziel anzugehen, die Aufgaben sequenziell abzuarbeiten und sich auf die eigenen Kernkompetenzen zu konzentrieren.

Strategie als Ansatz zur nachhaltigen Zielverfolgung muss in einem sich verändernden Umfeld Anpassungen und Nachregeln einschließen, wobei die Zielbestimmung noch vor der Strategieerstellung sichergestellt werden muss.

*Wer den Hafen nicht kennt, in den er segeln will, für den ist kein Wind ein günstiger.
(Seneca)*

4.1 Stellenwert der IT-Strategie

Die Service Strategy kommt einer Handlungsanleitung für die Unternehmensführung gleich, die für Entwicklung und Umsetzung von Service-Strategien verantwortlich zeichnet. Mit dem Konzept der Service-Strategie ordnet die ITIL®-Version 3 das Service-Management eindeutig dem Verantwortungsbereich der Unternehmensführung zu. Der „Scope" erstreckt sich deutlich über das Management von Systemen und Infrastrukturen hinaus. Er zielt auf die Unterstützung des Kerngeschäfts.

Bei der Verwaltung des Lebenszyklus der IT Services treten jedoch zahlreiche Probleme auf. Bei in Silos organisierten Mitarbeitern, Prozessen, Informationen und Technologien besteht die Gefahr, dass kommunikative Barrieren aufgebaut werden, die in ein Zuviel an Bürokratie ausarten, nur um ihrer selbst Willen existieren, zur Unwirtschaftlichkeit führen und den Aufbau eines gemeinsamen Verständnisses über die Service-Prioritäten erschweren. Fehlende Transparenz und ineffiziente Arbeitsabläufe erschweren das Verständnis der eigentlichen Aufgaben – nämlich den Kunden, seine Geschäftsaktivitäten und damit seinen Geschäftserfolg zu unterstützen. Das Ergebnis ist, dass die IT häufig selbst nicht in der Lage ist, ihre Geschäftsziele zu erreichen oder zu unterstützen. Die immer genauer ausgearbeiteten und abgestimmten Richtlinien (Policies) und Prozesse verstärken das Problem und lenken von der Kernaufgabe eines Service Providers ab: einen Service bei jedem einzelnen Abruf durch einen Verbraucher verzugs-, naht- und reibungslos in der vereinbarten Qualität zu erbringen, so oft der Konsument ihn braucht. Doch in den meisten Fällen wird der Kunde beim Messen und Erfassen der Service-Verfügbarkeit gar nicht berücksichtigt, obwohl er in jedem einzelnen Service Dreh- und Angelpunkt sowie der entscheidende erfolgskritische Produktionsfaktor ist. Aus Sicht des Service Providers ist er jedoch ein externer und deswegen kaum zu beeinflussender und zu steuernder Produktionsfaktor. Dagegen lassen sich interne Mitarbeiter und Prozesse sowie wie die eigenen IT-Systeme und die erforderlichen Service-Kapazitäten besser beeinflussen.

Umgekehrt kann die IT durch die Bereitstellung der vereinbarten oder gar hervorragender Services diesen Herausforderungen begegnen und sich von der einfachen Unterstützung des Unternehmens weg- und auf die Förderung von Innovation und Optimierung des gesamten Unternehmens zubewegen. Dies erreicht sie durch die Bereitstellung von Services, die effektiv Nutzen kreieren, so Innovationen ermöglichen und ein effizientes Service Management darstellen. Ein Weg zur Schaffung und Verwaltung eines Mehrwerts besteht darin, sich mit dem gesamten Lebenszyklus der IT-Services zu befassen und dessen ständige Verbesserung im Auge zu behalten.

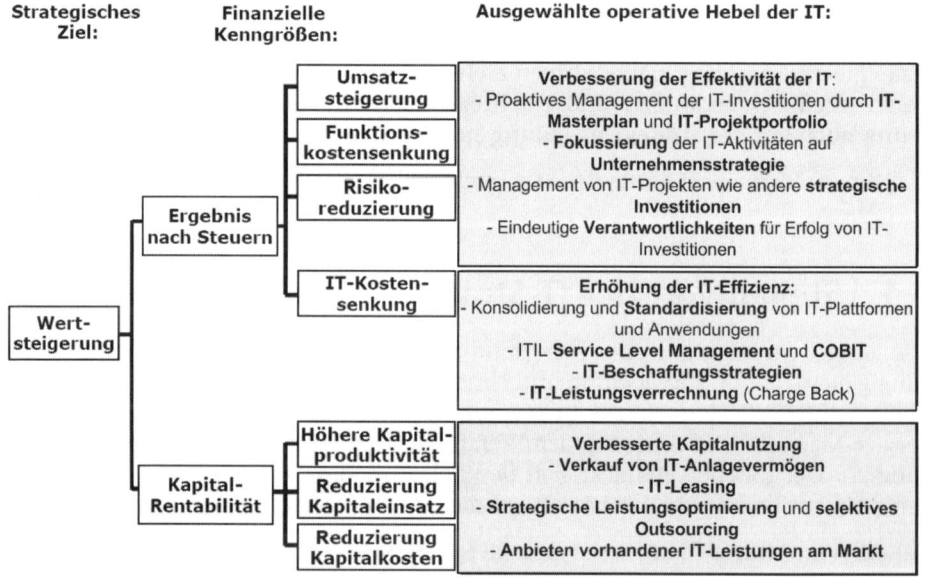

Abbildung 4.1: Wertsteigerung durch die IT

Generell ist es unerlässlich, dass Zusammenhänge zwischen verschiedenen Services, Systemen oder Prozessen und den Geschäftsmodellen, Strategien oder Zielen, die durch die Service- Organisation unterstützt werden, erkannt werden. Der Service Provider muss sich selber und den Markt mit seinen potenziellen Kunden analysieren. Was kann der Provider liefern? Wo liegen seine Alleinstellungsmerkmale und Vorteile gegenüber der Konkurrenz? Welche Märkte kann er bedienen? Welche Branchenerfahrung ist vorhanden? Welche Kunden passen zu den Antworten der strategischen Fragen? Was kann er den Kunden anbieten? Welche Expansions- und Wachstumsmöglichkeiten existieren? Was für ein Differenzierungspotenzial in welchen Marktbereichen kann angenommen werden?

Daher sind die Ausrichtung auf den Markt, das Bestimmen der spezifischen Capabilities (Fähigkeiten) als profitable Assets und die Betrachtung und Messbarkeit des Leistungsvermögens in der Organisation wichtige Stellschrauben für den Erfolg des Service Providers.

4.2 Strategie-Entwicklung des Service Providers

Kennt ein Service Provider bereits seine Service-Ziele und seine Alleinstellungsmerkmale seines Unternehmens und seiner Produkte, kann er in den Service Lifecycle eintreten, wobei die Service-Strategie die Achse und damit eine Voraussetzung des Service Lifecycle darstellt. Die Strategie wird dabei als Bestandteile der vier Ps (nach Henry Mintzberg, bei dem aber 5 Ps die Aspekte einer Strategie darstellen) betrachtet:

◆ **P**erspective/Perspektive

◆ **P**osition

◆ **P**lan

◆ **P**attern/Muster

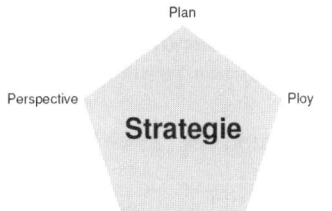

- a Plan (ein Plan – geplante Strategie)
- a Pattern (ein Muster – realisierte Strategie)
- a Position (eine Position – die Positionierung im Markt)
- a Perspective (eine Perspektive – die Art, wie die Ziele erreicht werden)
- a Ploy (ein Manöver, um im Wettbewerb zu überleben)

Abbildung 4.2: Die fünf Ps der Strategieentwicklung (nach Mintzberg)

Ziel einer Service-Strategie-Einführung ist es, die Organisation in die Lage zu versetzen, in einer strategischen Art und Weise zu denken. Die Strategie kann zum einen die Perspektive eines Unternehmens darstellen. Sie beinhaltet die Überzeugung, Werte und Ziele der Organisation, die das Verhalten der gesamten Organisation beeinflussen. Die Strategie legt dabei die Richtung fest, über die der Service Provider seine Ziele erreichen möchte. Die Strategie als Position definiert die Eigenschaften des Service Providers aus Sicht des Kunden. Darüber hinaus steht die Strategie für den Plan, der beschreibt, wie die Organisation ihre Entwicklung angehen und umsetzen möchte, z.B. in Bezug auf die Mitbewerber und den Markt. Strategie als Muster (Pattern) repräsentiert die Verfahren der Organisation. Als logische Konsequenz der Perspektive, Position und dem Strategie-Plan werden die charakteritischen Muster und Abfolgen der Organisation angelegt, die zum Erfolg des Unternehmens führen sollen.

4.2.1 Strategische Prinzipien im IT Service Management

Der strategische Ansatz des Service Managements lässt sich auf unterschiedliche Arten und Weisen beleuchten. Dabei geht es auch um die Frage, mit welchen Maßnahmen sich die IT vom eher technischen System-Management zum strategischen Partner des Unternehmenskerngeschäfts entwickeln kann. Es ist aber gefordert, Service Management direkt in die Geschäftsstrategie zu integrieren. Das ist dann sinnvoll, wenn aufgrund von Komplexität und Wichtigkeit ein Steuerungsinstrument benötigt wird. Ohne Service Management wäre der Service gar nicht erst möglich.

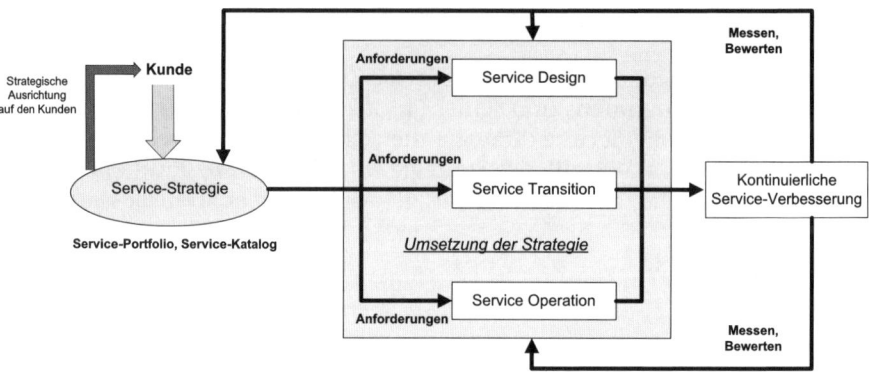

Abbildung 4.3: Die Service-Strategie setzt das strategische Fundament

Die zentrale Herausforderung des Service Managements ist deshalb das Management der Capabilities und weiterer „nicht greifbarer" Faktoren. Vor diesem Hintergrund stellt die ITIL®-Version 3 eine Auswahl von Management-Prinzipien vor, die dabei Anwendung finden:

◆ Specialization and Coordination: Arbeitsteilung bei der Erbringung des Service Managements

◆ Agency Principle: Vermittlung des Service Managements durch beauftragte Service Provider oder Anwender auf Kundenseite

◆ Encapsulation: Modularisierung des Service-Angebots (für den Kunden sind nur Service-Komponenten sichtbar, die für ihn direkt nützlich sind)

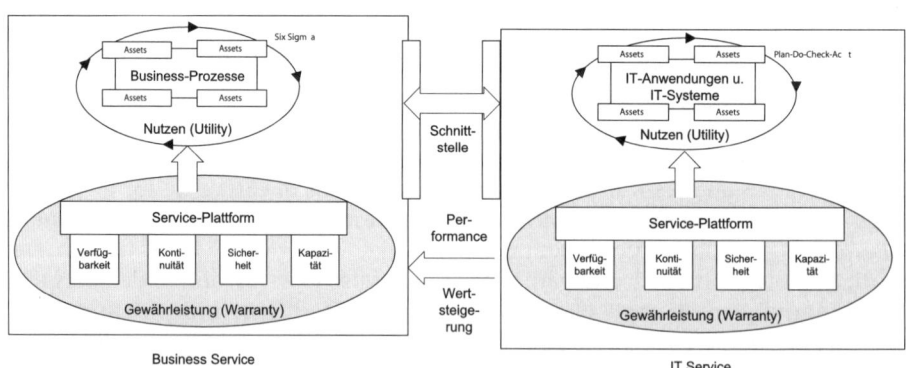

Abbildung 4.4: Abkapselung der IT vom Business

4.2.2 Service Provider-Typen

Der Service Provider kann entsprechend seiner eigenen Service-Strategie auf unterschiedliche Arten seinem Kunden gegenüberstehen. Im Allgemeinen kann ein IT Service Provider sowohl über interne Kunden als auch über externe Kunden verfügen. Dabei gilt es zu differenzieren:

◆ Interner Service Provider (Internal Service Provider, Typ I genannt): Ein IT Service Provider, der Teil derselben Organisation wie der Kunde ist. Das Wachstum des Service Providers ist auf das Wachstum des jeweiligen Geschäftsbereiches (Business Unit) beschränkt, für den der interne Service Provider tätig ist.

◆ Verteilt arbeitender Service Provider (Shared Service Provider, Typ II genannt): Ein interner Service Provider, der gemeinsam genutzte IT Services für mehr als einen Geschäftsbereich bereitstellt („internes Outsourcing", SSU: Shared Services Unit).

Auf diese werden die Aufgaben der IT-Organisation, die bislang wiederholt an mehreren Stellen im Unternehmen durchgeführt wurden, in einem zentralen Shared Service Center gebündelt, um effizienter und kostengünstiger zu arbeiten. Aufgaben, Funktionen oder Tätigkeiten, die bislang in gleicher oder ähnlicher Form an mehreren Stellen im Unternehmen durchgeführt wurden, werden damit an einer (manchmal auch mehreren) zentralen Stelle zusammengefasst. Meistens sind es indirekte, dienstleistende Funktionen für die eigentlichen Kernbereiche des Unternehmens (siehe *Abbildung 4.5*). Diese teilen sich dann die Inanspruchnahme und die Kosten für ein solches so genanntes Shared Service Center oder Shared Service Unit. Auf diese können die einzelnen Geschäftsbereiche, Geschäftseinheiten oder Abteilungen dann nach Bedarf (shared) zugreifen, um die entsprechende Service-Leistung zu erhalten.

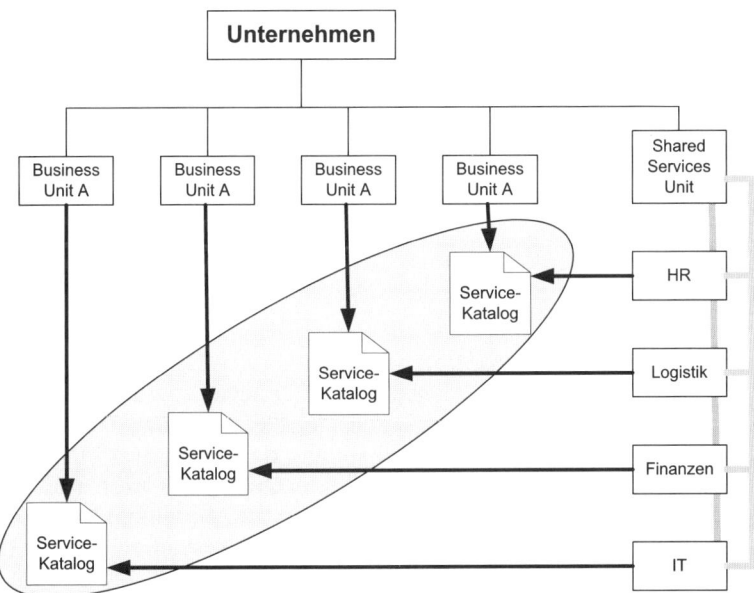

Abbildung 4.5: Allgemeiner Typ II-Provider

◆ Externer Service Provider (External Service Provider, Typ III genannt): Ein IT Service Provider, der Teil einer anderen Organisation als der Kunde ist. Die Kunden können von unterschiedlichen Orten und Firmen stammen. Externe Service Provider stehen im Wettbewerb zueinander, sind flexibel und setzen auch Preisstrategien ein. Für den Kunden bedeutet dieser Service Provider-Typ meist ein erhöhtes Risiko und zusätzliche Kosten.

Aus der Sicht des Kunden können ganz unterschiedliche Aspekte die Wahl eines Service Providers beeinflussen. Dazu gehören Transaktionskosten, strategische Faktoren, Kernkompetenzen und das Thema Risikomanagement.

4.3 Nutzen und Wertbeitrag erzeugen

Geschäftsservices sind ein essenzieller Bestandteil eines Unternehmens. Denn sie sind die Mittel, mit denen Unternehmen ihren Kunden, Lieferanten und Geschäftspartnern ihren Output bereitstellen und am Markt agieren. Um die Unternehmung zu unterstützen, sollten IT-Organisationen und Service Provider über den Lebenszyklus des IT-Services hinweg für den Kunden effektiv Nutzen schaffen und verwalten. Wichtig ist, dass die Geschäftsprozesse, die Entwicklung und die Arbeitsabläufe in die Betrachtung miteinbezogen werden.

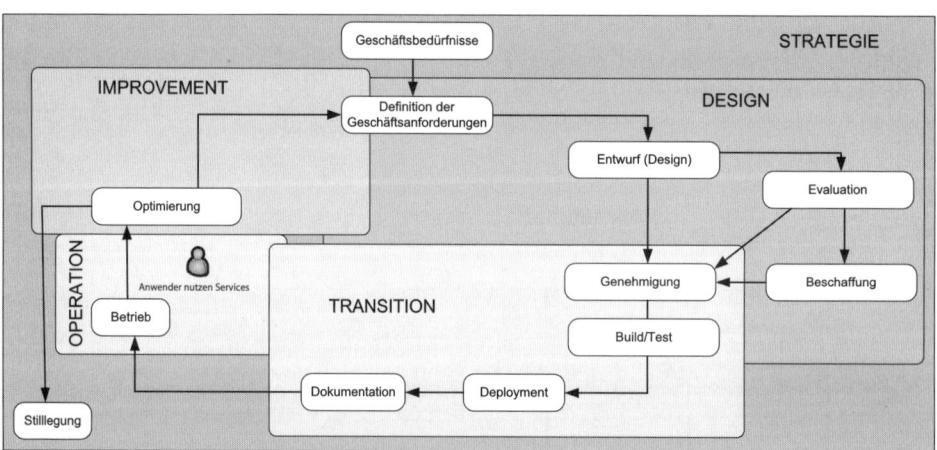

Abbildung 4.6: Service Lifecycle

Im Vordergrund steht bei der Service-Strategie, das IT Service Management in einen strategischen Vermögenswert (Asset) umzuwandeln. Service Provider unterstützen ihre Kunden. Dabei geht es auch darum, vorhandene Fähigkeiten, Potenzial und Ressourcen dem Kunden so zur Verfügung zu stellen, dass diese ihm in Form von Services mit einer entsprechenden Ausprägung von Qualität, Kosten und Risiko von Nutzen sind. Sie nehmen dem Kunden die Sorgen und Bedenken in Bezug auf die Verantwortlichkeiten und die Steuerung spezifischer Ressourcen. Der Kunde kann sich somit auf sein eigentliches Kerngeschäft konzentrieren und betraut den Service Provider mit der Erbringung der vereinbarten Services.

4.3.1 IT Services

Ein Service ist ein Mittel, mit dem sich Mehrwert generieren lässt, ohne dass der Kunde die Kosten und operativen Risiken der Service-Erbringung direkt selbst zu tragen hat. Der Mehrwert für den Kunden entsteht dadurch, dass ihm eine Leistung angeboten wird, die für ihn einen brauchbaren Nutzen darstellt. Hier gilt es allerdings eine Unterscheidung zwischen dem ökonomischen Nutzen für den Kunden und seiner Wahrnehmung bzw. Erwartungshaltung vorzunehmen. Letzteres beruht auf dem Selbstbild des Kunden, seinen Werten und den persönlichen Erfahrungen. Dies ist eine subjektive Empfindung, die sich im Kunden abspielt. Der ökonomische Nutzen muss nicht mit der Wahrnehmung des Kunden korrespondieren. Der Wert eines Service wird meist festgelegt durch das, was der Kunde vorzieht (Vorlieben), was der Kunde wahrnimmt bzw. spürt (Wahrnehmung) und was der Kunde tatsächlich erhält (Geschäftsergebnis).

ITIL® V3 nutzt zwei wichtige Ansätze, um den Wert eines Service zu bestimmen. Für den Kunden wird der positive Effekt eines Service über die „Utility" (fitness for purpose) transportiert. Es geht diesbezüglich also um die Frage, was als Service erbracht wird. Die Utility steigert entweder die Leistungsfähigkeit des Kunden, beispielsweise die Produktivität seiner Mitarbeiter durch neue Anwendungen und Werkzeuge, oder sie verringert die Beschränkungen, z.B. bei der Datenkommunikation, denen er unterliegt („fit for purpose").

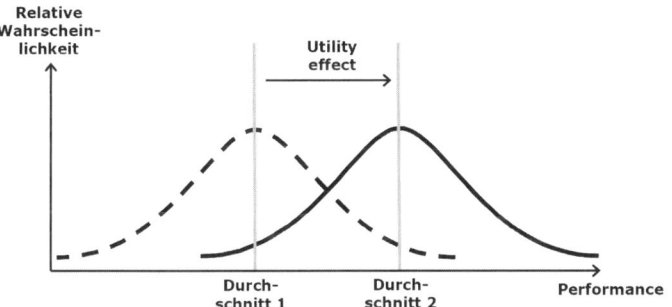

Abbildung 4.7: Utility eines Service (nach ITIL®-Material, Wiedergabe lizenziert von OGC)

Die Absicherung dieses positiven Effekts wird über die Warranty vorgenommen. Denn es existieren konkrete Anforderungen in Bezug auf die erforderliche Qualität und notwendige Zuverlässigkeit („Warranty", Garantie, Gewährleistung) des Service („fitness for use"). Hier geht es um die entsprechende Ausprägung, die Frage nach dem „Wie" in Bezug auf Qualitätsaspekte eines Service, beispielsweise:

◆ Verfügbarkeit als einer der Hauptaspekte in Bezug auf die Lieferung eines Service für den Kunden. Es ist die Fähigkeit des IT Service (oder einer Komponete, CI), bei Bedarf die dafür vereinbarte Funktion auszuführen. Die Verfügbarkeit wird durch Aspekte hinsichtlich Zuverlässigkeit, Wartbarkeit, Service-Fähigkeit, Performance und Sicherheit bestimmt (siehe *Kapitel 8.4, Availability Management*).

◆ Kapazität als der maximale Durchsatz, den ein IT Service unter Einhaltung der vereinbarten Service Level-Ziele liefern kann. Überwachungsmechanismen unterstützen und gewährleisten die notwendige Ausprägung der Services und Komponenten.

◆ Skalierbarkeit

◆ Kontinuität stellt sicher, dass der definierte Service die Geschäftsprozesse auch im Desasterfall (Katastrophen, unvorhersehbare große Zwischenfälle etc.) unterstützt.

◆ Zuverlässigkeit als ein Richtwert, der wiedergibt, wie lange ein Configuration Item oder IT Service seine vereinbarte Funktion ohne Unterbrechung ausführen kann. Der Begriff „Zuverlässigkeit" bezeichnet auch die Wahrscheinlichkeit, dass Prozesse, Funktionen etc. den gewünschten Output erzielen.

◆ Sicherheit etc.

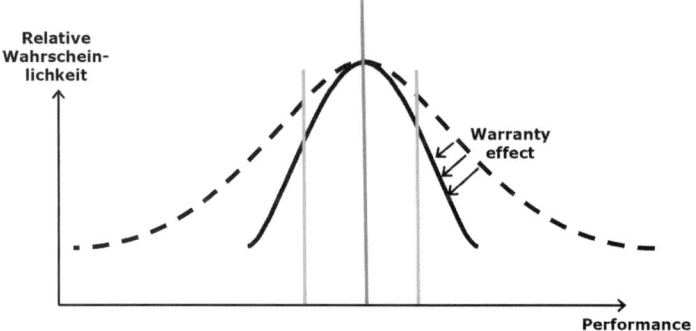

Abbildung 4.8: Warranty-Effekt (nach ITIL®-Material, Wiedergabe lizenziert von OGC)

Der Wert eines Service und der damit verbundene Nutzen ergeben sich aus der Kombination von Warranty und Utility. Beide sind für den Wertbeitrag in Richtung Kunde essenziell. So entsteht aus einem Service der eigentliche Mehrwert für den Kunden. Die Herausforderung für einen internen oder externen Service Provider besteht nun darin, eine marktrelevante Kombination der beiden Service-Aspekte anzubieten. Dazu ist eine Reihe organisatorischer Fähigkeiten notwendig.

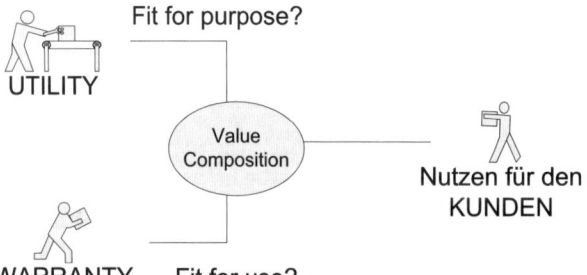

Abbildung 4.9: Nutzen durch Utility und Warranty für den Kunden

Besondere Anforderungen an das Service Management resultieren daraus, dass Services oft nicht direkt greifbar (intangible) und damit nur schwer zu messen, zu kontrollieren und zu steuern sind. Außerdem hängt ihre Erbringung von den Assets der Kunden ab. Sie entstehen im direkten Kontakt zwischen Service-Angebot und -Nachfrage, und sie können keineswegs auf Vorrat produziert werden.

Zuverlässigkeit, Redundanz und Wartbarkeit

Services sind im Fehlerfall meist dann nicht mehr für den Anwender oder Kunden verfügbar, wenn die darunter liegenden Komponenten wie Infrastruktur, Applikationen oder Prozesse nicht mehr funktionieren. Diese Systeme sind relevant für die Erbringung der erwarteten Wertsteigerung. Systeme mit einer hohen Zuverlässigkeit, die robust sind, sind kritische Aspekte im System. Manche Systeme sind als weniger kritisch anzusehen als andere Systeme, wobei die Einordnung durch die zu unterstützenden Geschäftsaktivitäten vorgegeben und die Abhängigkeit des erwarteten Ergebnisses zu untersuchen ist. Diese Klassifizierung ist ein wichtiger Input für das Service Design und Service Operation. Geplante und präventive Wartungsaktivitäten tragen dazu bei, die Zuverlässigkeit der Systeme, ihr Design, die Entwicklungsarbeit, Installation und all die anderen Tätigkeiten zu unterstützen. Zuverlässige Systeme, Service Assets und ihre Konfiguration besitzen eine hohe Mean Time Between Failures (MTBF), die Uptime, also die Zeit, in der der Service fehlerfrei und wie vereinbart zur Verfügung steht.

Geschultes, ausreichendes und motiviertes Personal mit dem richtigen Knowhow und ausreichend viel Erfahrung trägt zu einer hohen Zuverlässigkeit der Systeme ganz entscheidend bei. Eine gute Mitarbeiterführung, eine angenehme Unternehmenskultur, Routinearbeiten, die automatisiert ablaufen können, und ausreichende Security-Maßnahmen unterstützen dies. Die Wartbarkeit (Maintainability) bezeichnet den Aufwand, der erforderlich ist, um den Betrieb eines Service aufrechtzuerhalten oder diesen Service bei einem Ausfall wiederherzustellen. Die entsprechende Zeitspanne für die letztgenannte Aufgabe wird als Mean Time to Restore Service (MTRS) bezeichnet und misst die mittlere Service-„Ausfallzeit" (bis zur vollständigen Wiederherstellung des normalen Service).

Die Redundanz ist an den Begriff der Verfügbarkeit gekoppelt und bezieht sich im Komponenten- und Systembereich auf die Redundanz im Hinblick auf den Einsatz von mehreren Geräten mit identischer Funktion oder auf einen Verfügbarkeitsverbund. Man kann dabei u.a. aktive und passive Redundanz unterscheiden. Diese Begriffe sowie weitere Aspekte der Warranty werden in *Kapitel 8.4 Availability Management* detailliert erläutert.

4.3.2 Service Assets

Um das Service-Angebot operativ umsetzen zu können, sind „Service Assets" erforderlich. Service Assets bilden die wertschöpfenden Inhalte der Services wie etwa Ressourcen, finanzielle Mittel, Infrastruktur, Anwendungen und Informationen sowie Personal und Fähigkeiten (Capabilities). Die Organisation nutzt Ressourcen und Capabilities, um Güter und Services anbieten zu können.

◆ Ressourcen gehen meist direkt in die Wertschöpfung mit ein

◆ Capabilities sind die Fähigkeiten zu Koordination, Management und Verwendung der Ressourcen

Capabilities manifestieren sich über die Jahre unter anderem in Management-Fähigkeiten, in Organisations-Know-how sowie in Prozess- und Fachwissen, und mit ihnen lassen sich direkt Wettbewerbsvorteile erzielen. Durch jahrelange Erfahrung wird das Wissen ausgeweitet und vertieft. Die im Laufe der Zeit umgesetzten Problemlösungen, Risikomanagement, Analysen und das Lernen aus Fehlern tragen zu den Erfahrungen bei. Dagegen sind die Ressourcen als „Wirtschaftsgüter" in der Regel frei am Markt verfügbar und ermöglichen so nur zeitlich begrenzte Wettbewerbsvorteile. Sie werden im Laufe der Zeit durch Erfahrung und Lerneffekte aufgebaut. Sie sind wissensbasiert und bauen auf Informationen auf. Capabilities können ohne Ressourcen keinen Wertbeitrag für die Organisation liefern. Capabilities und Ressourcen erzeugen ihn im Zusammenspiel.

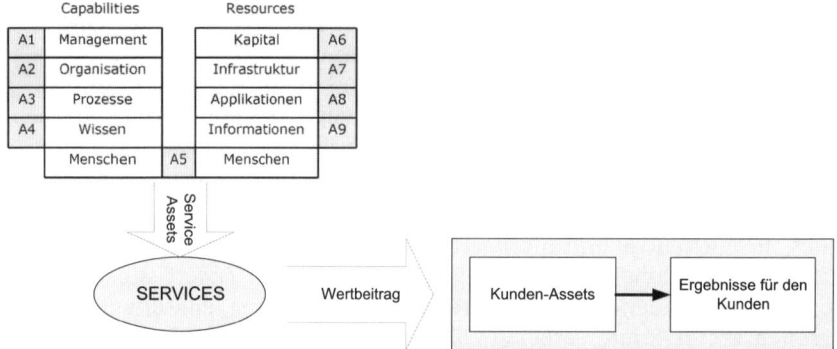

Abbildung 4.10: Ressourcen und Capabilities bilden eine Basis für den Wertbeitrag

4.4   Inhalte der Service-Strategie

Die Entwicklung einer Service-Strategie steht nicht nur am Anfang des Service Managements, sondern wirkt kontinuierlich auf alle Phasen ein.

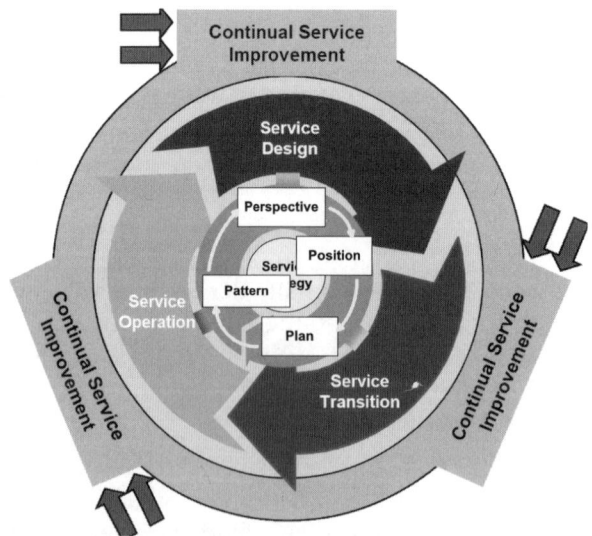

Abbildung 4.11: Strategie wird über den gesamten Lifecycle hinweg ausgeführt

Das erste ITIL® V3-Buch bietet Best-Practice-Empfehlungen für die konkrete Entwicklung einer Service-Strategie von der Definition des Zielmarkts über die Entwicklung von Service-Angeboten und strategischen Assets bis zur Vorbereitung der Strategieumsetzung. Einen Schwerpunkt bilden die Ausführungen zu den „Service Economics". Neben den Ansätzen des Financial Managements und etablierten RoI-Verfahren (Return on Investment) wird das Service Portfolio Management als Best Practice-Ansatz präsentiert.

Somit finden sich die folgenden Prozesse im Service Lifecycle-Abschnitt „Service Strategy" wieder:

◆ Entwickeln der Strategie (Strategy Generation): Über vier Hauptaktivitäten wird die Strategie der IT-Organisation bzw. des Service Providers erstellt.

- ● Definition des Marktes: Festlegen der Geschäftsausrichtung, den Kunden verstehen, Erkennen von Möglichkeiten, Klassifizieren und Visualisieren

- ● Entwickeln des eigenen Angebots: Marktbereich finden, ergebnisbezogene Definition der Services, Aufstellen des Service-Portfolios

- ● Entwickeln von strategischen Assets: Service Management als Regelkreislauf, Erhöhung des Service- und des Leistungspotenztials

- ● Vorbereitung zur Umsetzung: Strategische Bewertung der eigenen Position, Alleinstellungsmerkmale und das Festlegen von Zielen, Ausrichtung der Service-Assets an den Kunden-Assets, Definition von kritischen Erfolgsfaktoren und Untersuchung des Geschäftspotenzials

Abbildung 4.12: Hauptaktivitäten im Prozess „Strategy Generation"

◆ Das Service Portfolio Management bewertet die Services und kümmert sich darum, dass der Wert des Service für den Kunden maximiert wird und gleichzeitig die Kosten und Risiken gesenkt werden. Das Service-Portfolio als Repository stellt die Sammlung aller Services dar, die durch den Service Provider gesteuert werden. Gleichzeitig ist es eine Beschreibung der Services im Hinblick auf den Business-Nutzen.

Portfolio-Analyse

In den 60er Jahren hat die Boston-Consulting-Group die Produkt-Portfolio-Analyse entwickelt, mit der Unternehmen strategische Geschäftseinheiten (SGE) klassifizieren können, so dass klar wird, welche Ressourcenzuteilung jeweils notwendig ist. Dieses Portfolio wird auch Wachstumsmatrix genannt. Diese Matrix stellt als zweidimensionales Raster die Attraktivität der Produkte dar. Dabei wird auf der Ordinate (y-Achse) die Marktattraktivität (Marktvolumen, Marktwachstum o.ä.) und auf der Abszisse (x-Achse) die relative Wettbewerbsposition (relativer Marktanteil, relative Qualität, relative Kosten) aufgetragen.

Relativer Marktanteil

	Nachwuchs Hohe Marktattraktivität schwache Wettbewerbsposition **Basis Strategie** Wachstum/ Rückzug Cash -Verzehrer	*Star* Hohe Marktattraktivität starke Wettbeweerbsposition **Basistrategie** Wachstum/Konsolidierung zukünftiger Cash-Erzeuger
	Poor dog geringe Marktattraktivität schwache Wettbewerbsposition **Basisstrategie** Konsolidierung/ Rückzug Cash????	*Cash-Cow* geringe Marktattraktivität starke Wettbewerbsposition **Basisstrategie** Konsolidierung Cash-Erzeuger

(y-Achse: Marktattraktivität ↑)

Wettbewerbsposition →

Abbildung 4.13: Portfolio-Analyse

Entsprechend der Zuordnung lässt sich die Position der Geschäftseinheit oder des Produktes in der Matrix festlegen.

In der Matrix lassen sich so vier Bereiche unterscheiden:

◆ In der Einführungsphase ist die Marktattraktivität des Produktes hoch, die entsprechende Wettbewerbsposition aber (noch) niedrig. Zu diesem Zeitpunkt werden hohe Ausgaben für das Produkt veranschlagt, denen geringe Einnahmen gegenüberstehen.

◆ Der Star befindet sich in der Wachstumsphase. Ausgaben und Einnahmen sind noch relativ hoch, aber ausgeglichen.

◆ Als Cash Cow befindet sich der Markt am Rande der Sättigung, die Summenkurve beginnt abzuflachen. Die Einnahmen sind hoch, die Ausgaben gering. Dies ist die Phase, in der der größte Gewinn erwirtschaftet wird.

◆ In der Degenerationsphase wird das Produkt als Dog bezeichnet, das sich am Ende seines Lebenszyklus befindet. Ausgaben und Einnahmen halten sich auf geringem Niveau in etwa die Waage.

Ein weiter verfeinerndes Verfahren stellt das von General Electrics (GE) entwickelte Portfolio-Klassifikationssystem dar. In dem neunzelligen Raster werden auch die Attraktivität des Marktes und die Wettbewerbsstärke der SGE abgebildet. Viele Unternehmen beginnen mit dem Ansatz von BCG, um dann in einem späteren Stadium zur detaillierteren Methode von GE überzugehen.

Service Portfolio Management möchte unter einem IT Service Provider eine Antwort auf die Frage finden, wie ein Service vom „Becoming a Star" hin zur „Cash Cow" entwickelt werden kann. Dabei geht es zwar vorwiegend um den monetären Aspekt, aber auch (in Hinblick auf den Kunden) um die Möglichkeit, dem Kunden einen Service zur Verfügung zu stellen, der einen größtmöglichen Nutzen schafft.

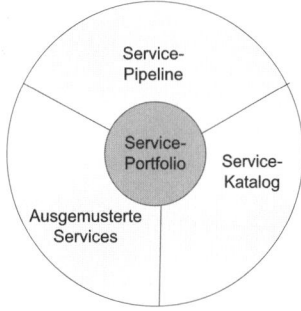

Abbildung 4.14:
Das Service-Portfolio und seine Bestandteile

◆ Das Financial Management liefert dem Business und der IT-Organisation eine monetäre Nutzenbewertung der IT Services. Ein effizientes Financial Management-System ermöglicht der Organisation, vollständig über die Ausgaben der IT Services Rechenschaft abzulegen und diese Kosten den Services zuzuordnen, die für die Kunden der Organisation erbracht wurden. Dem Financial Management liegen zwei vitale Konzepte für die Service-Bewertung (Service Valuation) zugrunde:

● Bereitstellung von Werten: Informationen über die tatsächlichen zugrunde liegenden Kosten der IT (tangible und intangible) zu liefern. Dies bezieht sich beispielsweise auf eine Aufschlüsselung der Kosten nach Hardware und Software-Lizenzen, jährliche Maintenance-Kosten, Personalkosten etc.

● Potenzial der Service-Werte: Die wertschöpfende Komponente basiert auf der Sichtweise des Kunden bzw. seiner Erwartungshaltung in Bezug auf seine eigenen Assets. Zuerst einmal muss die individuelle Komponente betrachtet werden, um den objektiven Wert eines Service zu erhalten (Wert). Auf dieser Basis kann dann der letztendliche Wert des gesamten Service in Hinblick auf alle seine Komponenten aus Sicht des Business festgelegt werden (Wertschöpfung).

◆ Das Demand Management bestimmt die Anforderungen an die Services, beeinflusst die Nachfrage und stellt die notwendigen Kapazitäten für die Umsetzung der Service-Anforderungen bereit. Demand Management ist eine wesentliche Voraussetzung für die Ausrichtung der IT an den Geschäftsbedürfnissen, auch als Business IT Alignment bezeichnet.

Service Strategies (SS)

◆ Definition der Services

◆ Service Management-Strategie und Value Planning

◆ IT Service Governance und Zielbestimmung

◆ Verbindung von Business-Plänen und IT Service-Strategien

◆ Service-Modelle und Typisierung der Service Provider

◆ Abstimmung zwischen Geschäftsstrategie und Service-Strategie

◆ Formulierung und Review von Service-Strategien

◆ Planung und Implementierung von Service-Strategien

◆ Rollen und Verantwortlichkeiten

◆ Messpunkte und Steuerungsmechanismen planen

5 Prozesse im Bereich Service-Strategie

IT-Services haben nur einen Sinn und Zweck: die Wertschöpfungsprozesse des Unternehmens effizient zu unterstützen. Demzufolge müssen IT-Leistungen nach betriebswirtschaftlichen Vorgaben gestaltet und bereitgestellt werden. Von diesem Konzept ist das Gros der Unternehmen noch weit entfernt. Die Folge: zu hohe und nicht transparente IT-Kosten sowie eine zu geringe Verfügbarkeit und Performance der Geschäftsprozesse.

5.1 Strategie-Entwicklung

Die IT hat sich von einer „einfachen" Ressource zu einem strategischen Erfolgsfaktor für die Unternehmen entwickelt. Es ist möglich, den Geschäftserfolg direkt zu beeinflussen, indem der Wertbeitrag der IT zum Unternehmenserfolg gesteigert wird und gleichzeitig die mit der IT verbundenen Risiken und Kosten minimiert werden. Mehr noch: IT ist heutzutage in vielen Branchen eine unverzichtbare Voraussetzung für die unternehmerische Existenz.

Abbildung 5.1: Der Strategie-Entwicklungsprozess

Strategisch sind für eine Organisation dementsprechend Entscheidungen, die eine langfristige und für das Überleben der Organisation kritische Wirkung haben. Bei Unternehmen gelten auch Maßnahmen zur Erzielung nachhaltiger Wettbewerbsvorteile als „strategisch". Die IT-Strategie muss Teil der Geschäftsstrategie sein. Sie ist ein Potenzial wie z.B. Produkte, Vertriebswege, Kunden, Organisation, Führungs- und operatives Personal, Führungs- und Informationssysteme oder Finanzen. Ein besonderer Schwerpunkt bei der Entwicklung einer IT-Strategie ist auf die Abstimmung mit der Unternehmensstrategie zu legen. Ob die Unternehmensziele (Unternehmensstrategie) als allein führend angesehen werden oder ob das Unternehmen und die IT ihre jeweiligen Ziele und Strategien im gegenseitigen Dialog entwickeln, ist davon unabhängig.

„Strategy making means to make decisions about what not to do in the future!"
(Peter F. Drucker)

Da die IT meist bei der strategischen Planung des Unternehmens in der Praxis lediglich grob in Form von Anforderungen und Erwartungen berücksichtigt wird, während das IT-Management separat plant, hat ITIL® V3 sich dieser Misere angenommen und der Strategie-Entwicklung der IT-Organisation bzw. des Service Providers einen expliziten Platz gewidmet.

Die vier wichtigen Aktivitäten im Service Lifecycle für die Entwicklung der Strategie (siehe *Abbildung 5.1*) lassen sich unterteilen in

◆ Marktdefinition

◆ Entwicklung des eigenen Angebots

◆ Entwicklung der strategischen Assets

◆ Vorbereitung der Strategie-Implementierung

Strategisch relevant ist die IT,

◆ wenn es um die Verfügbarkeit/Zuverlässigkeit geschäftskritischer Anwendungen geht,

◆ wenn es um Security geht,

◆ wenn es um gesetzlich vorgeschriebene und bei Missbrauch strafbewehrte IT-Aufgaben geht (Datenschutz, Sabanes Oxley, ...),

◆ wenn es (im öffentlichen Bereich) um „hoheitliche Aufgaben" geht,

◆ wenn es um Großinvestitionen/-projekte und IT-Architekturen geht,

◆ wenn sich nachhaltige Wettbewerbsvorteile erzielen lassen.

5.1.1 Die Definition des Marktes

Informationstechnologie bedeutet längst nicht mehr nur Server-Administration. Von der IT wird heute viel mehr erwartet: Sie muss einem Unternehmen helfen, seine Geschäftsziele zu erreichen. Sie muss funktional, finanzierbar und transparent strukturiert sein. Dadurch werden die speziellen Anforderungen an die IT immer umfangreicher. Für Unternehmen, die ein effektives IT-Management anstreben, sind die Hürden höher denn je, denn es wird immer schwieriger, nach innen Kosteneinsparungen zu erzielen und gleichzeitig nach außen Service-Qualität anzubieten. Beides ist heute aber unverzichtbar, wenn man im hart umkämpften Markt eine klar definierte und dauerhaft gesicherte Wettbewerbsposition einnehmen möchte. Immer stärker setzt sich die Erkenntnis durch, dass eine IT-Infrastruktur, die zu echter Effizienz im Unternehmen beitragen will, mehr leisten muss, als „die Dinge einfach nur am Laufen zu halten": Sie muss optimiert und genau auf die Bedürfnisse des Unternehmens abgestimmt sein. Strategien und Ziele wie etwa Qualität, Geschwindigkeit, Kosteneffizienz oder Kundenzufriedenheit können nur mit der richtigen IT erreicht werden. Genau hierfür braucht man eine IT-Strategie. Langfristige Wettbewerbsvorteile lassen sich nur durch die „richtige" Verbindung von IT-Einsatz und Prozess-, Produkt- oder Geschäftsmodell-Innovationen erreichen.

Services und Strategien

In Bezug auf das Thema Service Management sind Organisationen am Thema Strategie aus zwei unterschiedlichen, aber verbundenen Gründen interessiert (siehe *Abbildung 5.2*). Zum einen muss eine Strategie für die zu entwickelnden Services für den Kunden vorliegen. Hier müssen entsprechende Strategien erstellt werden, die die Basis für die Services in Bezug auf Design, Transition, Operation und Service Improvement darstellen. Zum anderen muss es aber auch Services geben, die die Strategie unterstützen. Service Management fungiert hier als treibende Kraft für die spezifische Strategie.

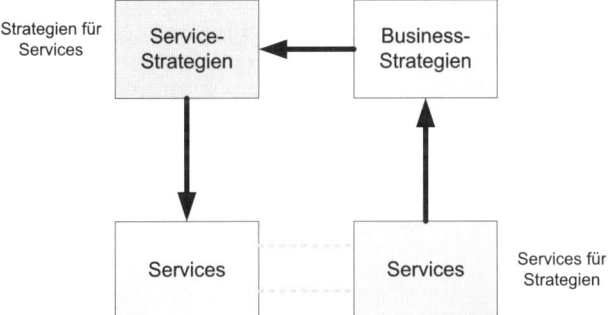

Abbildung 5.2: Services für Strategien und Strategien für Services

Den Kunden verstehen

Ein Service Provider stellt eine Organisation dar, die einem oder mehreren internen Kunden oder externen Kunden Services zur Verfügung stellt. Durch die Bereitstellung der Services werden Werte in Form von benötigten Ergebnissen geliefert und die Bedürfnisse der Service-Nachfrage befriedigt. Daher ist es zu Beginn erst einmal notwendig, die Bedürfnisse der Kunden zu erkennen und zu verstehen. Es ist notwendig zu wissen, wann und warum diese Bedürfnisse entstehen, sowie zu erkennen, wer ein bestehender oder potenzieller Kunde ist.

Primäres Ziel ist dabei, die Performance der Kunden-Assets zu kennen. Ohne einen Einblick in die Assets besteht keine Möglichkeit, den Wert eines Service definieren zu können (siehe auch *Kapitel 5.3.1, Konzepte und Aufgaben im Financial Management*).

Gelegenheiten und Bedürfnisse erkennen

Die unbefriedigten Bedürfnisse und Anforderungen des Kunden stellen eine Gelegenheit dar, in dessen Richtung Services entwickelt werden können. Diese können dann die für den Kunden entsprechende Lösung darstellen. Anfragen, Bedarf und Assets auf der einen Seite und die Services als Chance und Lösungen auf der anderen Seite. Über das Configuration Management System (CMS) ist eine Abbildung der gewünschten Kundenergebnisse auf die Services und Service Assets als realisierbare Option möglich. Das CMS enthält Hilfsmittel und Datenbanken, die für die Verwaltung der Configuration-Daten eines IT Service Providers verwendet werden. Das CMS enthält darüber hinaus Informationen zu Incidents, Problemen, Known Errors, Changes und Releases und kann auch Daten zu Mitarbeitern, Suppliern, Standorten, Geschäftsbereichen, Kunden und Anwendern beinhalten. Das CMS umfasst Hilfsmittel zum Sammeln, Speichern, Verwalten, Aktualisieren und Präsentieren von Daten zu allen Configuration Items, IT Services und deren Beziehungen.

Die Kenntnisse und die Durchdringung des Kerngeschäftes des Kunden und seiner Ziele sind unentbehrliche Faktoren zur Entwicklung einer guten Geschäftsverbindung mit dem Kunden. Der Business Relationship Manager (BRM) ist verantwortlich für den Aufbau und die Pflege dieser Beziehung und steht in enger Verbindung zu dem Kunden. Über das Kunden-Portfolio werden alle Kunden des IT Service Providers erfasst und aus dem Blickwinkel des Business Relationship Managers dargestellt. Der Business Relationship Manager (auch Account Manager, Sales Manager oder Business-Vertreter genannt) arbeitet eng mit den Produkt-Managern zusammen, die für die Entwicklung und das Management der Services über ihren gesamten Lifecycle hinweg verantwortlich sind. Ihr Fokus ist auf die Produkte gerichtet und hält über das Service-Portfolio Kontakt mit dem Kunden. Das Service-Portfolio enthält die Gesamtheit aller Services, die von einem Service Provider verwaltet werden. Das Service-Portfolio wird für das Management des gesamten Lebenszyklus aller Services genutzt. Es umfasst drei Kategorien: Service-Pipeline (beantragt oder in der Entwicklung), Service-Katalog (Live oder bereit zum Deployment) und außer Kraft gesetzte Services.

Klassifizieren und Visualisieren von Services

IT Services unterscheiden sich primär durch die Frage, wie und in welchem Kontext sie einen Wertbeitrag erzeugen. Service-Archetypen (Vorbilder, Modelle) dienen als Business-Modell für Services. Sie zeigen, wie Service Provider sich in Bezug auf ihre Kunden verhalten, wobei Kunden-Assets den Kontext darstellen, indem der Wertbeitrag erzeugt wird. Kurz: Sie definieren wie der Service Provider einen Nutzen (Wert) generiert. Sie sind die Verbindung zum Ergebnis, das der Kunde wünscht. Der Service-Katalog fungiert dabei als Bindeglied und stellt die möglichen Kombinationen der Nutzung und ihrer Ausprägung dar (siehe *Abbildung 5.3*).

Mehrere Services aus dem Service-Katalog können zum gleichen Archetyp gehören und viele Service-Archetypen können mit dem gleichen Typ von Kunden-Asset kombiniert werden (M:N-Verbindungen). Dementsprechend kann der gleiche Archetyp unterschiedliche Typen von Kunden-Assets im Rahmen einer Utility-basierten Service Strategy bedienen.

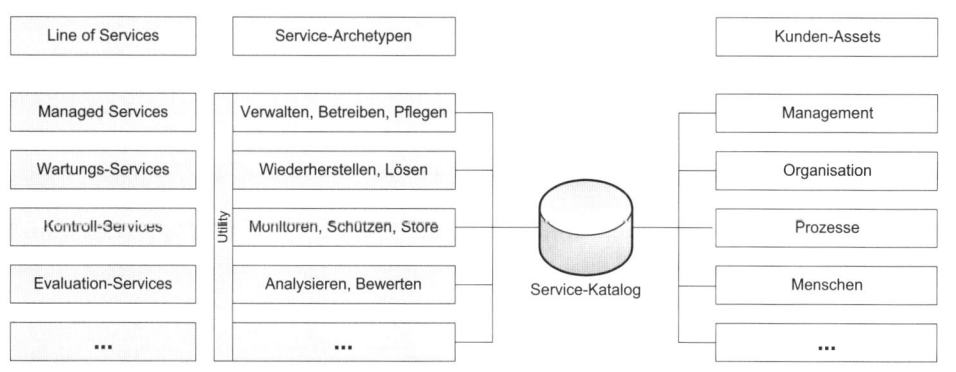

Abbildung 5.3: Geschäftsmodelle des Providers und Kunden-Assets

Die Kombination der Service-Archetypen und Kunden-Assets kann als Utility-basiert oder als Asset-basiert ausgelegt werden (siehe *Abbildung 5.4*). Die Strategie des Service Providers bestimmt die Inhalte des Service-Katalogs. Die Service-Strategie führt zu einer speziellen Kombination von Mustern (vorgesehene Strategie) oder einer Sammlung von Mustern, die eine spezifische Service-Strategie attraktiv macht (gewachsene Strategie). Dieses Muster (Pattern) steht für die Konsistenz im Verhalten über die Zeit.

◆ Asset-basierte Darstellung: Viele Service-Modelle lassen sich mit dem gleichen Vermögenswert des Kunden kombinieren. Investitionen in die Fähigkeiten und Ressourcen, die die Services unterstützen, die zu dem Vermögenswert gehören.

◆ Nutzenbasierte Service-Strategie: Das gleiche Service-Modell kann viele verschiedene Vermögenswerte des Kunden unterstützen. Investitionen in Ressourcen und Fähigkeiten des Service-Modells, da es sich um eine Grundfähigkeit handelt.

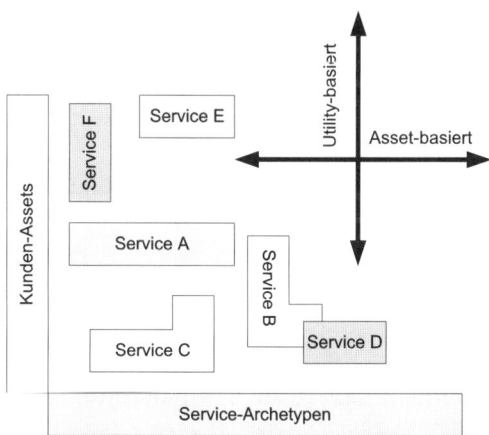

Abbildung 5.4: Visualisierung der Service-Muster

Die Visualisierung über Muster hilft bei der Kommunikation und Koordination im Service Management. Die richtige Abstimmung zwischen dem wertschöpfenden Kontext (Kunden-Assets) und den werterzeugenden Konzepten (Service-Archetypen) soll Unzulänglichkeiten hinsichtlich der Performance verhindern.

5.1.2 Entwickeln des Angebots

Die Service Provider müssen Management-Fähigkeiten entwickeln, mit denen sie permanent ihre Wertschöpfungsposition gegenüber den Wettbewerbern ausbauen und aufrechterhalten können und gleichzeitig diese Vorteile ihren Kunden zur Verfügung stellen können. Capabilities (als Intangibles) manifestieren sich unter anderem in Management-Fähigkeiten, in Organisations-Know-how sowie in Prozess- und Fachwissen. Sie sind direkt mit den Menschen, den Systemen, Prozessen und Technologien verbunden und ermöglichen der Organisation, Ressourcen zu koordinieren, zu steuern und einzusetzen, um einen Nutzen zu schaffen.

Markt und Marktpositionierung

All die Themen in Bezug auf die eigene Service-Strategie und die Ausrichtung auf den (potenziellen) Kunden münden in die Definition des Marktes für den Service Provider. Hier kommen Angebot und Nachfrage zusammen, und hier finden im Grunde genommen viele der betriebswirtschaftlichen Aspekte ihren Ursprung wie beispielsweise Festlegen der Geschäftsausrichtung, Geschäftsstrategie, Strategie-Entwicklung für angebotene Services, Wissen um das Geschäft des Kunden. Der Marktbereich oder Marktplatz, an dem sich der Service Provider aufstellen kann, wird durch eine Reihe von Geschäftsergebnissen, die durch die Erbringung von IT Services ermöglicht werden, definiert. Die entsprechenden Gelegenheiten bilden den Markt. Hierüber kann der Service Provider seine Kunden mit einem oder mehreren Services bedienen.

Für die Kunden sind niedrige Kosten und Risiken von Bedeutung. Der Service Provider setzt diese Forderungen über die Utility und Warranty eines Service um und hat die ergebnisbezogene Sicht in Bezug auf den Service im Fokus. Es geht dabei nicht nur darum, Ressourcen für den Kunden bereitzustellen, sondern einen wirklichen Nutzen für den Kunden durch die Erbringung von IT Services zu leisten. Der Service Provider muss die für ihn relevanten Möglichkeiten erkennen und Ergebnisse aus der Betrachtung des Kunden nutzen. Dazu gehören Fragen wie beispielsweise

◆ Welche Art von Service liefern wir?

◆ Wer sind unsere Kunden?

◆ Welche Art von Ergebnis unterstützen wird und wie erzeugen diese Ergebnisse einen Wertbeitrag als Nutzen für unsere Kunden?

◆ Welche Beschränkungen sind unseren Kunden auferlegt?

Fehlende oder bestehende schwache Unterstützungsleistungen im Hause des Kunden sind ein Ansatz, um Lösungen in Form von Services anzubieten. Zeigt der Kunde Interesse, müssen Daten analysiert, aufbereitet und visualisiert werden. Der Service Provider muss überzeugend darlegen können, dass er die Geschäftsanforderungen des Kunden versteht und veranschaulichen kann. Das verlangt vom Service Provider das Verständnis eines relativ weiten Kontexts in Bezug auf den aktuellen und potenziellen Markt(raum), in dem sich der Provider bewegt oder bewegen möchte.

Die Kombination von Kunden-Assets und Service-Möglichkeiten in einer Matrix hilft dabei. Dort, wo beide Seiten deckungsgleich sind, handelt es sich um einen Service, der bereits aktiv ist oder sich bereits in der Entwicklung befindet und im Service-Katalog verzeichnet ist, den der Kunde nutzen könnte (siehe auch *Abbildung 5.3*).

Zur Untersuchung des Geschäftspotenzials gehört auch die Frage nach Marktbereichen, die durch bereits bestehende Services besetzt werden können, und nach Marktbereichen, die nicht besetzt werden sollten. Es sollte auch geklärt werden, welche Marktbereiche noch nicht betrachtet werden. ITIL® V3 unterscheidet zwischen einer „variety-based" (meist ein bestimmter Service für ein breites Kundensegment), einer „needs-based" (meist branchenspezialisiert) und einer „access-based" (ausgerichtet an die Lokation, Firmengröße, Struktur des Kunden) Positionierung.

Ergebnisorientierung der Services

Ein Service stellt die Möglichkeit dar, einen Mehrwert für Kunden zu erbringen, indem das Erreichen der von den Kunden angestrebten Ergebnisse erleichtert oder gefördert wird. Dabei müssen die Kunden selbst keine Verantwortung für bestimmte Kosten und Risiken tragen.

Eine ergebnisbetonte Definition der Services stellt sicher, dass die Manager alle Aspekte ders Service Management-Planung und -Ausführung auf der Frage aufbauen, welcher Wert für den Kunden über den Service transportiert werden kann. Dabei wird allerdings gleichzeitig sichergestellt, dass der Service nicht nur einen Wertbeitrag für den Kunden liefert, sondern auch für den Service Provider.

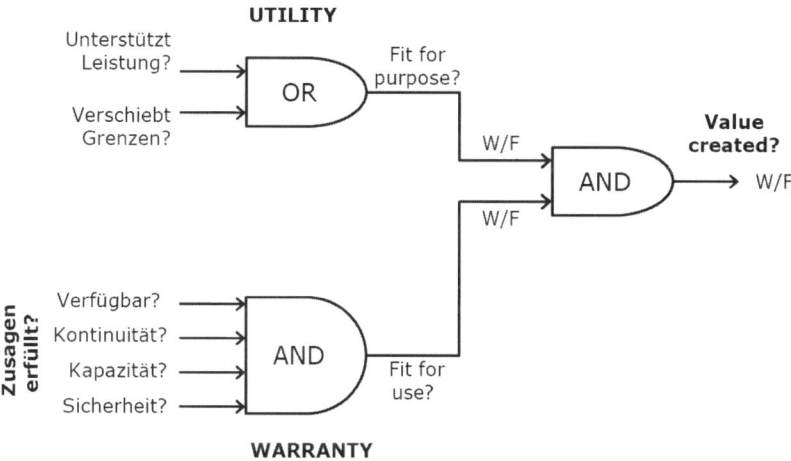

Abbildung 5.5: Utility und Warranty eines Service (nach ITIL®-Material, Wiedergabe lizenziert von OGC)

Lösungen, die die Leistungen der Kunden-Assets aktivieren oder erweitern, unterstützen indirekt die Ergebnisse dieser Assets. Solche Lösungen und Angebote stehen für die Funktionalität, die von einem Produkt oder Service angeboten wird, um einem bestimmten Bedürfnis gerecht zu werden. Diese „Utility" wird häufig auch als das bezeichnet, was ein Produkt oder Service tut. Wird dies dann zusätzlich noch durch eine passende Gewährleistung (Warranty) gestützt (siehe *Abbildung 5.5*), wird der Kunde wohl bereit sein, den Service zu beziehen oder zu kaufen.

Wohlüberlegte Service-Definitionen führen zu effektiven und effizienten Service Management-Prozessen. Über die Definition des Service lassen sich einzelne Elemente unterteilen, die unterschiedlichen Gruppen zugewiesen werden können, die sie koordinieren und steuern werden, um den vorgesehenen Effekt für den Kunden zu liefern (siehe auch *Abbildung 5.5*).

Service-Portfolio, Service-Pipeline und Service-Katalog

Das Service-Portfolio stellt die Vereinbarungen und Investitionen dar, die der Service Provider mit all seinen Kunden (und Märkten) eingegangen ist, die Entwicklung von Services und vertragliche Verpflichtungen (siehe *Kapitel 5.2, Service Portfolio Management*). Dazu gehören auch alle Ressourcen, die in den unterschiedlichen Lifecycle-Phasen zum Einsatz kommen, sowie die Gesamtheit aller Services, die von einem Service Provider verwaltet werden. Hinzu kommen Services, die von Drittanbietern stammen, egal, ob sie sichtbar oder unsichtbar für den Kunden sind. Das Service-Portfolio bezieht sich auf den gesamten Lifecycle eines Service, und das Portfolio bildet so die unterschiedlichen Zyklen jedes IT Service und seines aktuellen Status ab (siehe *Abbildung 5.6*).

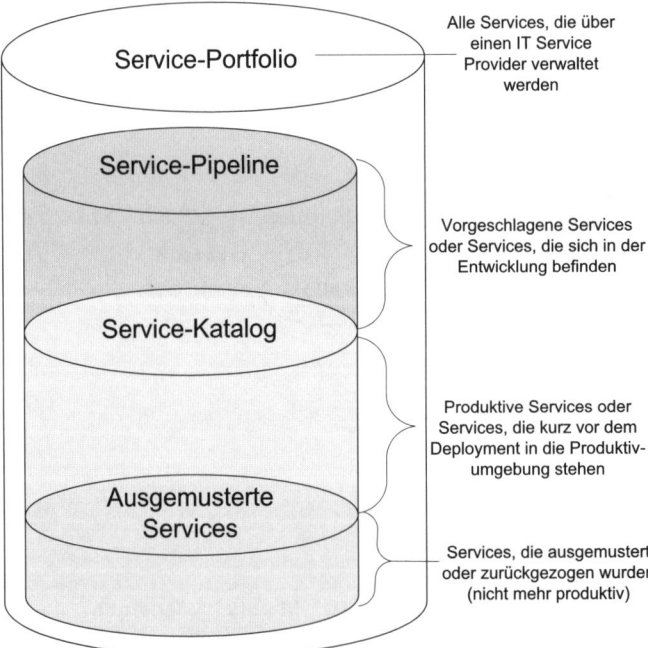

Abbildung 5.6: Bestandteile des Service-Portfolios

Das Service-Portfolio wird für das Management des gesamten Lebenszyklus aller Services genutzt. Es umfasst drei Kategorien:

◆ Service-Pipeline: mögliche oder in der Entwicklung befindliche Services

◆ Service-Katalog: produktive Services oder Services, die bereit zum Deployment sind

◆ Retired Services: außer Kraft gesetzte oder ausgemusterte Services

Die in der Service-Pipeline befindlichen Services verdeutlichen die Strategie, den sich abzeichnenden Weg, erlauben einen Blick auf die Chancen und die Prosperität des Service Providers. Der Inhalt der Service-Pipeline zeigt den Weg entsprechend der Service-Strategie des Service Providers an. Er muss bereit sein für neue Entwicklungen und Angebote an den Services für seine Kunden. Ein gutes Financial Management unterstützt ihn dabei. Die Service-Strategie, Service Design und die Service-Optimierung (CSI) unterstützen die Möglichkeiten für die Weiterentwicklung der Service-Pipeline.

Der Service-Katalog enthält Informationen zu allen produktiven IT Services, einschließlich der Services, die für das Deployment verfügbar sind. Er ist der Ausdruck der betrieblichen Kapazität des Service Providers in Bezug auf den Markt oder den Kunden. Aus dem bereits verfügbaren Pool an Services aus dem Katalog heraus kann der Service Provider für neue Anforderungen (von neuen oder bestehenden Kunden) auf bestehende Lösungen und Services zurückgreifen und diese ggf. nur noch anpassen und so Synergien schaffen. Der Service-Katalog unterteilt die Services in Komponenten und enthält Richtlinien, Verantwortlichkeiten und Preise. Auch Verpflichtungen, Lieferbedingungen und Service Level Agreements (SLAs) zu den entsprechenden Services sind im Service-Katalog hinterlegt.

Ausdrücklich berücksichtigt durch das Service-Portfolio ist die Tatsache, dass Services am Ende ihres Lebenszyklus aus dem Portfolio und damit vom Markt genommen werden müssen. So werden Ressourcen und Capabilities für die Neuentwicklung von Services freigesetzt. Auch hier ist die Analogie zum Produktbegriff offensichtlich: Jedes Produkt unterliegt einem so genannten Lebenszyklus. Er umfasst die Zeitdauer zwischen der Einführung des Produktes und seiner Herausnahme aus dem Markt. Ein Produkt lebt, solange es einen wirtschaftlichen Umsatz auf dem Markt erzielt.

5.1.3 Entwickeln von strategischen Assets

Die Ausrichtung des IT Service Providers muss sich am Kunden, an seinen Anforderungen und Bedürfnissen orientieren. Die Management-Verantwortung ergibt sich auch aus der Notwendigkeit, eine geeignete Unternehmenskultur und die erforderlichen Rahmenbedingungen zu schaffen. Künftig reicht es nicht mehr aus, sich auf einzelne ITSM-Prozesse zu konzentrieren. Das IT Service Management muss ganzheitlich betrachtet und behandelt werden. Die eigene Service-Strategie schafft dabei zusätzlich die Möglichkeit, menschliche Haltungen und Kulturen in Organisationen in Richtung Dienstleistungsmentalität zu bewegen. Darunter laufen auch Forderungen nach einer effizienten Kommunikation und koordinierten Handlungen, ausgerichtet an dem globalen Strategiegedanken. Strategische Entscheidungen werden in konkrete Pläne gefasst, Maßnahmen und Verantwortlichkeiten werden festgelegt.

Dadurch werden Konsequenzen bei der Wahl einer bestimmten Strategie festgelegt und können überprüft werden. So sind Organisationen in der Lage, mit Beschränkungen zu leben. Diese Beschränkungen können vertraglicher oder gesetzlicher Natur sein. Da konkrete Dokumente und Papiere zur Strategie der IT-Organisation existieren und die Inhalte kommuniziert werden, kennt jeder Mitarbeiter die Strategie des Unternehmens und kann ein Motiv hinter den strategischen Entscheidungen sehen.

Service Provider müssen Service Management als strategisches Asset begreifen. Für das Service Management sind die Capabilities die Größen, die die Ressourcen koordinieren und verwalten, um die (aktiven) Services zu unterstützen. Capabilities und Ressourcen (Service Assets) stehen für das Service-Potenzial bzw. die produktiven Kapazitäten, die dem Kunden über die IT Services zur Verfügung stehen (siehe *Abbildung 5.7*). Investitionen in die Capabilities und Ressourcen erhöhen das Service-Potenzial.

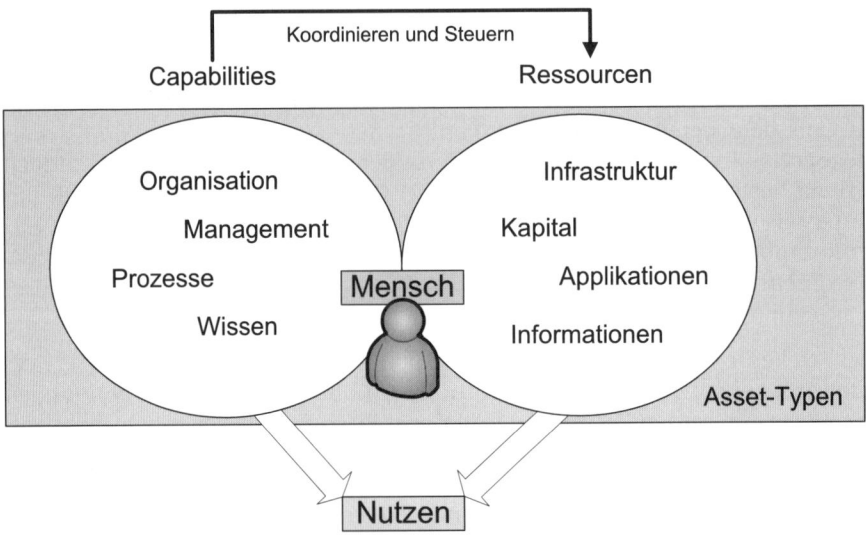

Abbildung 5.7: Ressourcen + Fähigkeiten → Nutzen

Die Etablierung des Service Managements als strategisches Asset führt zu besserer Kundenbeziehung und damit zu mehr Investitionen. Dadurch wird der Reifegrad erhöht. Das wiederum erhöht die Leistungsfähigkeit. Die Erhöhung des Performance-Potenzials geht Hand in Hand mit der Visualisierung und Definition des Performance-Potenzials eines Service im Hinblick auf die Wertschöpfung. Das führt zu Transparenz und zu Steuerungsmöglichkeiten. Eine Erhöhung der Performance führt zu höherer Nachfrage und besserem Ansehen. Umsatz steigt, Prozesskosten sinken.

Das Configuration Management (siehe *Kapitel 11.2, Service Asset und Configuration Management*) ist der Prozess aus der Service-Transitionsphase, der für die Pflege von Informationen zu IT Services und Configuration Items (CIs, Komponenten) einschließlich der zugehörigen Beziehungen verantwortlich ist, die für die Erbringung eines IT Service erforderlich sind. Über das Configuration Management werden alle Service Assets mit dem Namen des dazugehörigen Service verbunden. Dies erleichtert die Analyse und Entscheidungsfindung in Bezug auf Service-Verbesserungen und das Asset Management. Klar dokumentierte Beziehungen und Abhängigkeiten machen es leichter, die Auswirkungen von Changes zu beurteilen, Business Cases für Investitionen in Service Assets zu erstellen und Möglichkeiten für wirtschaftliche Ansatzpunkte hinsichtlich Skalierung und Umfang zu identifizieren.

Business Case

Ein Business Case gilt als ein Szenario zur betriebswirtschaftlichen Beurteilung einer Investition. In einem Business Case werden Annahmen über die Kosten der Investition, die verbundenen Risiken, die mit seinen Ergebnissen erzielten Erträge und Einsparungen getroffen. Daraus können dann mit einer Cashflow-Analyse Aussagen über den Return on Invest (RoI) oder die Amortisationszeit der Investition getroffen werden. Die Amortisationszeit /Pay out, Pay back) ist die Zeit, nach der eingesetztes Kapital zurückverdient wurde, und entspricht so dem Zeitraum, nach dem die Ausgaben für eine Investition gleich den dadurch verdienten Einnahmen sind.

Der Business Case ist das primäre Werkzeug, um den monetären Nutzen und wahrgenommene Einsparpotenziale zu messen. Im Falle eines neuen IT Service und dem damit verbundenen Business Case werden die zu unterstützenden Geschäftsziele aufgenommen, die durch Services unterstützt werden. Hinzu kommen die genauen Angaben, worauf sich der Business Case bezieht, d.h. auch die Periode der Betrachtung, der Kosten und der Nutzenauswertung müssen angegeben werden. Die Vorteile für das Unternehmen müssen messbar und in Zahlen zu fassen sein. Der Fokus des Business Case sollte sich auf die mit einer Investition verbundene Veränderung im Unternehmen beziehen und nicht nur auf einen möglichen Teilaspekt.

Der Aufbau eines Business Case könnte beispielsweise so aussehen:

- A. Einleitung: Aufzeigen der Geschäftsziele, die durch Services adressiert werden
- B. Methoden und Annahmen: Definition des Rahmens des Business Case sowie der Periode der Betrachtung, der Kosten und des Nutzens
- C. Auswirkungen auf das Geschäft: Die finanziellen und nicht-finanziellen Ergebnisse des Business Case
- D. Risiken und Möglichkeiten: Die Wahrscheinlichkeit, dass sich andere Ergebnisse abzeichnen
- E. Empfehlungen: Empfohlene Handlungen

Lösungen, die die Leistung von Kunden-Assets ermöglichen oder erweitern, unterstützen indirekt die Erreichung von Resultaten, die durch diese Assets generiert werden. Sie transportieren einen Nutzen, einen Mehrwert für den Kunden. Wenn dieser Nutzen durch eine angemessene Garantie abgesichert wird, werden die Kunden eher bereit sein, den Service zu beziehen und mit dem Anbieter, dem Service Provider, ins Geschäft zu kommen.

Es ist das Ergebnis, das für den Kunden zählt. Erst die Kombination aus Warranty und Utility schafft maximalen Wert. Für den Kunden besteht der Wert bzw. der Nutzen durch einen Service, den er nutzt, aus zwei Elementen, die nur zusammen wirken können. Das eine ohne das andere (entweder Warranty oder Utility) funktioniert nicht. Um diese Anforderungen zu verstehen, ist es aber überaus wichtig zu wissen, was das Kerngeschäft des Kunden ausmacht und die Gründe für seine Anforderungen nachvollziehen zu können. Umgekehrt muss sich der Kunde darauf verlassen können, dass Services in der gewünschten Ausprägung garantiert zur Verfügung stehen (Utility & Warranty). Der Provider übernimmt i.d.R. die Garantie in Form von zugesicherten Eigenschaften für diese Parameter. Sie sind Bestandteil des Service. Der Collaboration- und Mail-Service sichert beispielsweise nicht nur den internen Mail-Versand zu, sondern definiert auch noch weitere Parameter wie eine bestimmte Mail-Ddatenbank pro Anwender, die in regelmäßigen Abständen gesichert wird und bei Datenverlust innerhalb von vier Stunden wiederhergestellt werden kann, wobei auf den Backup-Stand der letzten Nacht plus dem letzten verfügbaren inkrementellen Sicherungsstand vor dem Datenverlust zurückgegriffen wird.

Service Management als Regelkreis (Closed Loop Control System)

Service Management lässt sich als eine Reihe von organisatorischen Capabilities verstehen, die darauf spezialisiert sind, einen Wertbeitrag für den Kunden in Form von Services über die zur Verfügung gestellten IT Services zu liefern. Die Capabilities stehen miteinander in Verbindung und interagieren, um so ein System zur Erschaffung eines Wertbeitrags darstellen zu können. Der Wertbeitrag entsteht also auch dadurch, dass das Ganze mehr ist als die Summe seiner Teile.

Die IT Services ziehen ihr Potenzial aus den Service Assets. Dabei wird das Potenzial der Services umgewandelt in Leistungspotenzial der Kunden-Assets. Service Assets sind die Quelle des Service-Potenzials und die Kunden-Assets die entsprechenden Empfänger. Services haben das Potenzial, die Leistung eines Kunden-Assets zu erhöhen und so den Wertbeitrag für den Kunden zu liefern (siehe *Abbildung 5.8*).

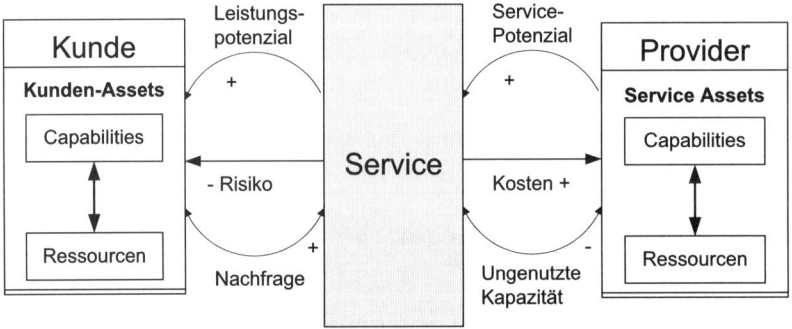

Abbildung 5.8: Service Management als Regelkreislauf

Eine Erhöhung des Leistungspotenzials stimuliert regelmäßig zusätzliche Dienstenachfrage in Menge und Ausrichtung. Diese Nachfrage führt zu vermehrtem Gebrauch der Service Assets, Rechtfertigung der permanenten Wartung und Weiterentwicklung und Abbau der ungenutzten Kapazitäten. Die während der Nachfrageerfüllung entstehenden Kosten werden dem Kunden vereinbarungsgemäß über Financial Management in Rechnung gestellt.

Die Verbindung der Service Assets mit den Kunden-Assets wird durch Services Entwurf, Entwicklung und Betriebe der passenden Services realisiert. Das Verständnis des Leistungspotenzials von Kunden-Assets ist dabei Voraussetzung. Die Erarbeitung des Service-Potenzials erfolgt aus den Service Assets. Die Transformation des Service-Potenzials wird dabei in ein Leistungspotenzial überführt. Die Umsetzung der Nachfrage aus Kunden-Assets wird in die Arbeitslast für Service Assets übersetzt, wobei definitionsgemäß die Reduktion der Risiken für den Kunden und die Überwachung der Kosten des Diensteangebots vollzogen werden müssen. Die Entwicklung und Pflege der Service Assets wird über den Betrieb gewährleistet. Auf diese Art und Weise wird ein Regelkreis etabliert (siehe *Abbildung 5.8*). Zu den Aufgaben in diesem Regelkreis gehören:

◆ Entwicklung und Pflege der Service Assets

◆ Verständnis des Leistungspotenzial von Kunden-Assets

◆ Verbindung der Service Assets mit den Kunden-Assets durch Services Entwurf, Entwicklung und Betriebe der passenden Services

◆ Erarbeitung des Service-Potenzials aus den Service Assets

◆ Transformation des Service-Potenzials in ein Leistungspotenzial

◆ Umsetzung der Nachfrage aus Kunden-Assets in Arbeitslast für Service Assets

◆ Reduktion der Risiken für den Kunden und Überwachung der Kosten des Diensteangebots

Service Management als strategisches Asset

IT-Services, wie Dienstleistungen allgemein, unterscheiden sich wesentlich von Produktionsgütern. IT Services können nicht auf Vorrat produziert werden, sondern werden in Echtzeit erbracht. Die Erbringer von Teilleistungen arbeiten nicht in einem definierten Prozess mit diskreten Fertigungsschritten nacheinander an dem Produkt, sondern müssen zeitgleich zusammenarbeiten. Diese Zusammenarbeit findet in einem Value Network statt.

Service Assets (Capabilities, Ressourcen) als Bestandteil der IT Services und auch die IT Services selber besitzen eine Gemeinsamkeit: Der Austausch, die Interaktion zwischen Service-Anbieter und Service-Nutzer und die entsprechende Qualität lassen sich sowohl auf greifbare Aspekte (Tangibles) als auch auf immaterielle Aspekte (Intangibles) zurückführen. Hier kann Value Network weiter helfen. Es erfasst sowohl die Tangibles als auch die Intangibles im Service-Umfeld. So wie die Qualität der Services regelmäßig mit Hilfe der Leistungsindikatoren (KPIs) gemessen wird, sollte das Service-Umfeld mittels Value Network analysiert und gemessen werden.

Value Network

Ein Value Network (Wertschöpfungsnetzwerk) beschreibt ein Netz von Beziehungen, die materielle/fassbare und immaterielle Werte durch einen komplexen dynamischen Austausch über zwei oder mehrere Organisationen liefern.

Es erfasst sowohl die Tangibles als auch die Intangibles im Service-Umfeld. Ein Value Network mit seiner erweiterten Sicht auf die Intangibles ermöglicht es dem Service Provider, die Wertschöpfung für den Kunden und sich zu fördern.

Service-Strategie

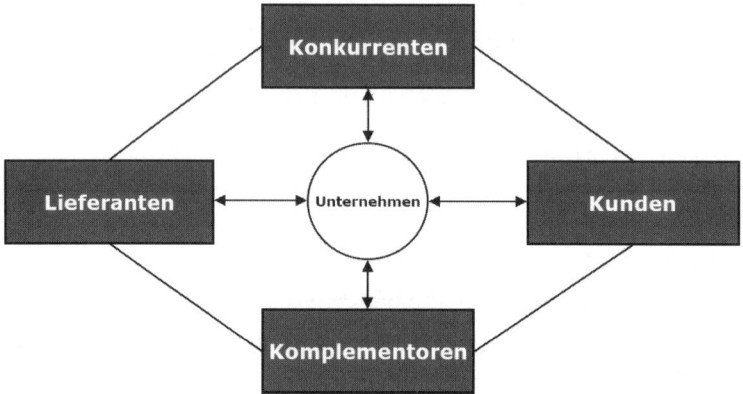

Abbildung 5.9: Value Network

So wie auch ein Service regelmäßig über Leistungsindikatoren gemessen wird, sollte auch das Umfeld und die Schnittstellen der IT-Organisation mittels Value Network gemessen werden. Die Sichtweise des Value Network nimmt die Tangibles (materielle Werte) und die Intangibles mit auf. Intangibles sind meist im Bereich Wissen oder Soziales zu finden und nicht oder nur schwer finanziell bewertbar. Aber gerade diese Intangibles sind es, die die Beziehung zwischen IT-Organisation und Kunden ausmacht.

Der Service-Kunde möchte das Beziehungsnetzwerk, durch das die konsumierte Dienstleistung erbracht wird, allerdings nicht kennen müssen.

In den ITIL® V3-Büchern werden die Qualität der IT Services und die Akzeptanz auf Kundenseite deutlich von den Intangibles der Services beeinflusst. Value Network mit seiner erweiterten Sicht auf diese „immateriellen Bestandteile" (Intangibles) ermöglicht die Einbeziehung dieser wichtigen Faktoren. Schließlich werden nicht nur die definierten Sach- und Dienstleitungen ausgetauscht, sondern viele nicht materiellen Leistungen oder Werte, die sogar die eigentliche Beziehung ausmachen. Der Nutzwert eines Service für den Kunden lässt sich nicht nur am Ergebnis festmachen, sondern ist stark von subjektiven Aspekten geprägt. Dadurch lässt sich ein gewünschter Wert nur vage definieren. Nicht nur die messbaren Aspekte sollten daher in die Bewertung einfließen, sondern auch subjektive Rahmenbedingungen. Dabei spielt die genaue Definition des Geschäftes eine Rolle, inkl. der Definition der Kunden, den möglichen späteren Service-Nutzern, Nutzungsformen und Prioritäten. Unstrittig ist, dass diese Beziehungsnetze existieren und das Management dieser Beziehungen die Qualität der erbrachten Dienstleistung wesentlich beeinflusst. Die Thematik gewinnt mit steigendem Kostenbewusstsein an Brisanz. IT-Dienstleister tun gut daran, den Lieferanten und Partnern einen angemessenen Platz in ihrer Strategie einzuräumen und deren Integration schon heute konsequent voranzutreiben.

Strategie und Strategie-Verbesserungen

Die Service-Qualität gestaltet sich für den Kunden aus den positiven Auswirkungen (Utility) und der entsprechenden Gewährleistung (Warranty) eines Service. Mögliche Aspekte für den Kunden können sich dabei beziehen auf

◆ Level of Excellence

◆ Preis-Leistungsverhältnis

◆ Erfüllung der Spezifikation

◆ Erfüllen oder Übererfüllen von Anforderungen

Feedback, Kritik, Kritikfähigkeit und Lernwillen verhelfen Organisationen zu Wachstum und Erfolg.

Jeder kennt es aus eigener Erfahrung, dass die Wahl eines Dienstleisters oder Handwerkers nicht immer nur von den Preisen oder anderen Fakten abhängt. Das Image und das Vertrauen in den IT Service Provider, seine Kenntnis um die Geschäftsprozesse des Kunden oder um die Branche können das Zünglein an der Waage für oder gegen die Wahl des Service Providers als Dienstleister der Wahl spielen. Vertrauen, das sich bewährt, schafft neue Aufträge, einen größeren Vertrauensvorschuss, einen guten Ruf, der von sich Reden macht, und Möglichkeiten zu zeigen, dass das in einen Service Provider gesetzte Vertrauen berechtigt ist.

Verbesserung des Service-Potenzials

Capabilities werden im Laufe der Zeit durch Erfahrung und Lerneffekte immer weiter aufgebaut, und mit ihnen lassen sich direkt Wettbewerbsvorteile erzielen, während materielle Ressourcen (Hardware-Austattung, Personal etc.) frei am Markt verfügbar sind und auch von anderen Service Providern abgegriffen werden könnten, also nur zeitlich begrenzte Wettbewerbsvorteile ermöglichen. Ressourcen werden im Allgemeinen genutzt, um Nutzen aus Gütern und Services zu ziehen. Dabei werden Management, Organisation, Menschen und Wissen verwendet, um Ressourcen umzuwandeln, und gehen so direkt in die Produktion ein. Ressourcen und Fähigkeiten sind Asset-Typen. Capabilities und Ressourcen verstärken einander und werden so lange angepasst, bis das Ziel in Bezug auf einen höheren Service Level für den Kunden erreicht wird.

Verbesserung des Leistungspotenzials

Die Services eines Service Providers stellen für ihn die Möglichkeiten dar, die Performance der Kunden-Assets zu steigern (siehe *Abbildung 5.8*). Die Definition und die Visualisierung des Leistungspotenzials eines Services unterstützen den Ansatz, einen Wertbeitrag für den Kunden zu liefern. Ohne diesen Wertbeitrag gibt es für den Kunden keinen Grund, den Service zu beziehen.

Das Leistungspotenzial der Services wird vorwiegend durch die richtige Mischung an Services beeinflusst, die dem Kunden angeboten werden. Der Service Provider muss sich fragen, welchen Kundennutzen er generieren kann.

◆ Was ist relevant für den Kunden?

◆ Welche Probleme plagen ihn, und welche Lösungen, Anwendungen oder Verbesserungen kann die IT anbieten?

◆ Welchen Beitrag kann die IT nachweisbar beisteuern?

Aus diesem Grund ist die Schaffung von Transparenz und Steuerungsmöglichkeit der Wertschöpfungskette über das Financial Management sehr wichtig. Hierbei geht es um Kostenrechnung und die Verrechnung der Leistungen in Form von Services in Richtung Kunde. Herausforderungen sind daneben die effiziente Bereitstellung von Ressourcen für eine Vielzahl von Services und das Lösen von widersprüchlichen Anforderungen gemeinsam genutzter Ressourcen. Es ist auch möglich, für verschiedene Services unterschiedliche Optionen und Strategien zu etablieren. Betreibt ein Provider einen Service mit Hilfe von Service Management, so kann er sich vom Markt abheben und ein Alleinstellungsmerkmal (USP) etablieren.

◆ Wie sieht unser Markt aus? Was will der Markt?

◆ Ist der Markt bereits gesättigt?

◆ Haben wir das richtige Service-Portfolio, um den Markt bedienen zu können?

◆ Haben wir unserem Kunden den passenden Service-Katalog angeboten?

◆ Unterstützt jeder unserer Services die benötigten Ergebnisse für den Kunden?

5.1.4 Vorbereitung der Umsetzung

Ziel dieser Aktivität ist es, die Service-Strategie zu formen und zu formulieren. Bei der Erstellung einer Service-Strategie sollte der Anbieter zunächst einen sorgfältigen Blick auf das werfen, was er bereits tut (Bereits vorhandene Services? Bereits vorhandene Kunden?). Wenn Service Provider die Stärken und Schwächen ihres Unternehmens kennen, können sie diese gezielt im Wettbewerb einsetzen. Das Service-Modell und die Service-Vermögenswerte, Service-Pipeline und Service-Katalog spiegeln den aktuellen Stand wider. Dabei geht es um Fragen wie beispielsweise:

◆ Welche Dienste oder Dienstegruppen sind am eindeutigsten/ am klarsten beschreibbar? Komplexe Dienstleistungen sind nicht immer schnell und leicht verständlich zu beschreiben.

◆ Welche Dienste oder Dienstegruppen sind die profitabelsten?

◆ Welche Kunden und Anteilseigner sind am zufriedensten?

◆ Welche Kunden, Vertriebskanäle oder Kaufgelegenheiten sind die profitabelsten?

◆ Welche Aktivitäten in unserer Wertschöpfungskette oder -netz sind die profitabelsten?

Über diesen Ansatz können Stärken und Schwächen gefunden und geprüft werden. Es ist wahrscheinlich, dass ein Kern der Abgrenzung bereits besteht. Einem etablierten Service-Anbieter mangelt es regelmäßig am Verständnis seiner Alleinstellungsmerkmale. Eine der zentralen Fragestellungen ist dabei die Frage nach dem Ziel.

Ziele setzen

Ziel der Analyse ist es, die Leistungselemente zu identifizieren, die Service Provider im Wettbewerb gezielt zu ihrem Vorteil einsetzen können. Sie zeigt auf, wie IT-Organisationen ihre Stärken nutzen, um sich gegenüber ihren Kunden besser zu platzieren als die Konkurrenz. Verschiedene Fragestellungen machen ebenfalls deutlich, in welchen Bereichen sie einen schweren Stand haben und wie sie diese eventuell vermeiden können. Welche Leistungen sollten wir gegenüber unseren Kunden herausstellen? Welche Leistungen sollten wir pflegen, indem wir dort unser Augenmerk und unsere Ressourcen konzentrieren? In welche neuen Bereiche können wir uns mit den Stärken erfolgreich hinein entwickeln? Und wann sollen wir welche Invesitionen für die Strategie-Umsetzung vornehmen?

Klare Ziele erleichtern die Entscheidungsfindung. Um Ziele und die Zielsetzung zu bestimmen, muss die Organisation wissen, was der Kunde erreichen möchte. IT Service Management ist nicht statistisch. Messungen, Kontrolle, Steuerung und der Verbesserungsansatz sind wichtig. Um überhaupt diese Aktionen umsetzen und dem Kunden präsentieren zu können, müssen vorab Inhalte und Ausprägung der Service-Qualität definiert werden. Diese sind als Ergebnisse zur Identifikation der Effektivität des Service Managements zu verstehen. Doch bereits bei der Festlegung der Service-Qualität muss ein Weg für die Verbesserung der Service-Qualität gewählt und festgeschrieben werden.

ITIL® definiert drei Informationstypen, die die Ziele eines Services festlegen: Aufgaben (Welche Aufgabe soll der Service erfüllen?), Ergebnisse (Welche Ergebnisse möchte der Kunde über den Service erzielen?) und Beschränkungen (Welche einschränkenden Faktoren und Randbedingungen existieren in Bezug auf die Ziele?).

Ziele stehen für die Ergebnisse, die durch die Strategie-Umsetzung erreicht werden sollen. Strategien stehen für die Aktionen, die umgesetzt werden sollen, um diese Ziele zu erreichen. Um die Ziele der Organisation zu formulieren, muss ein Verständnis für die Anforderungen auf Kundenseite vorhanden sein. Es gibt vier allgemeine Informationskategorien, die als Ziele in Bezug auf die Kundenseite gesammelt und präsentiert werden können:

◆ Lösungen: Kunden präsentieren ihre Anforderungen, die dann in Form einer Lösung für ein Problem dargestellt werden können.

◆ Spezifikationen: Kunden legen ihre Anforderungen in Form von Spezifikationen vor.

◆ Bedürfnisse: Kunden umschreiben ihre Anforderungen auf einer relativ abstrakten Ebene, die eher auf die Qualität eines Services zielt.

◆ Nutzen: Der Kunde legt seine Anforderungen als Aussagen zu seinem erwarteten Nutzen dar, z.B. Hochverfügbarkeit oder bessere Sicherheit.

Die allgemeinen Ziele des Business in Bezug auf den gewünschten Service und der Blick von außen auf den Service erleichtern das Verständnis für die Bedürfnisse des Kunden und die zu erzielenden Ergebnisse. Zudem hilft diese Perspektive. die gewünschte Service Utility und Service Warranty zu erfassen. Kunden kaufen eigentlich keinen Service. Sie kaufen Ergebnisse, die ihre Bedürfnisse erfüllen.

Definition der kritischen Erfolgsfaktoren

Für jeden Markt existieren kritische Erfolgsfaktoren, die über Erfolg oder Misserfolg der Service-Strategie entscheiden. Diese Faktoren werden durch die Kundenbedürfnisse und -anforderungen, Trends, den Wettbewerb, Gesetze, Standards, Technologien und Best Practices beeinflusst. ITIL® nennt die kritischen Erfolgsfaktoren in Bezug auf das

Thema Service-Strategie auch „strategische Branchenfaktoren" („strategic industry factors", SIF). Strategische Branchenfaktoren bezeichnen jene Art von Ressourcen und Fähigkeiten, die in einer bestimmten Branche wettbewerbsrelevant sind. Strategische Ressourcen beziehen sich im Unterschied dazu auf die Ausstattung eines einzelnen Unternehmens mit solchen strategischen Branchenfaktoren.

Kritische Erfolgsfaktoren können durch Kunden, Wettbewerber, Lieferanten und Regularien beeinflusst werden (siehe *Abbildung 5.10*). Kritische Erfolgsfaktoren legen die Service Assets fest, die notwendig sind, um eine Service-Strategie erfolgreich zu implementieren. Dies bedeutet auch, dass die kritischen Erfolgsfaktoren in Bezug auf den Wertbeitrag für den Kunden weiter spezifiziert und definiert werden müssen. Aufgrund der Marktdynamik müssen diese regelmäßig überprüft werden.

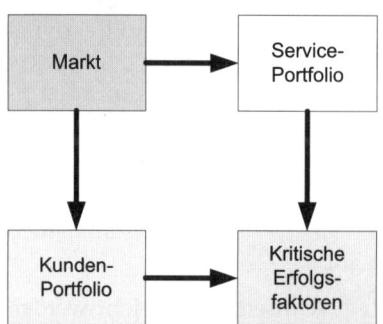

Abbildung 5.10:
Kritische Erfolgsfaktoren am Markt: An jedem Markt benötigt der Service Provider eine Reihe von Kern-Assets, um das Kunden-Portfolio mit dem Service-Portfolio zu unterstützen

Neben ihrer Macht in Bezug auf den Erfolg eines Unternehmens am Markt leisten sie auch bei der Evaluation der strategischen Positionierung eines Service Providers wichtige Dienste.

Untersuchung des Geschäftspotenzials

Ein Service Provider kann auf mehr als einem Markt aktiv sein. Die Verteilung der Geschäftsansätze kann von Vorteil sein, um das Risiko zu streuen und die Chancen auf den unterschiedlichen Märkten wahrzunehmen. Oft wird die Stärken- und Schwächen-Analyse in Kombination mit einer Analyse der Chancen und Risiken im Markt eingesetzt. Diese beziehen sich auf das Umfeld der Branche, den Markt etc. Es kommt dann darauf an, dass die Service Provider ihre Stärken nutzen, um Chancen wahrzunehmen oder Risiken einzudämmen. Oder es ist entscheidend, dass sie ihre Schwächen abbauen, wenn sich gerade dort Chancen bieten, wo die IT-Organisation schwach ist oder wenn sie auf Risiken treffen.

Zur Unterstützung kann der IT Service Provider auf eine Vielzahl von klassischen Instrumenten der Strategieplanung zurückgreifen. Das sind unter anderem:

◆ SWOT-Analyse

◆ Portfolio-Diagramme

◆ Wertketten-Analyse

◆ Vision-Mission-Formulierung

◆ Balanced Scorecard

◆ Prinzipal/ Agenten-Modell

◆ CASIS Analyse

◆ Porters Diamant

SWOT-Analyse

Die SWOT-Analyse ist ein Werkzeug des strategischen Managements. Diese Analyse wird im englischen Sprachraum auch als WOTS- oder TOWS-Analyse bezeichnet, denn es sind: Stärken = Strengths, Schwächen = Weaknesses, Chancen = Opportunities, Risiken = Threats, die hier betrachtet werden. Die SWOT-Analyse dient auch der Situationsanalyse und der Produktpolitik, insbesondere für die Festlegung des Produktlebenszyklus.

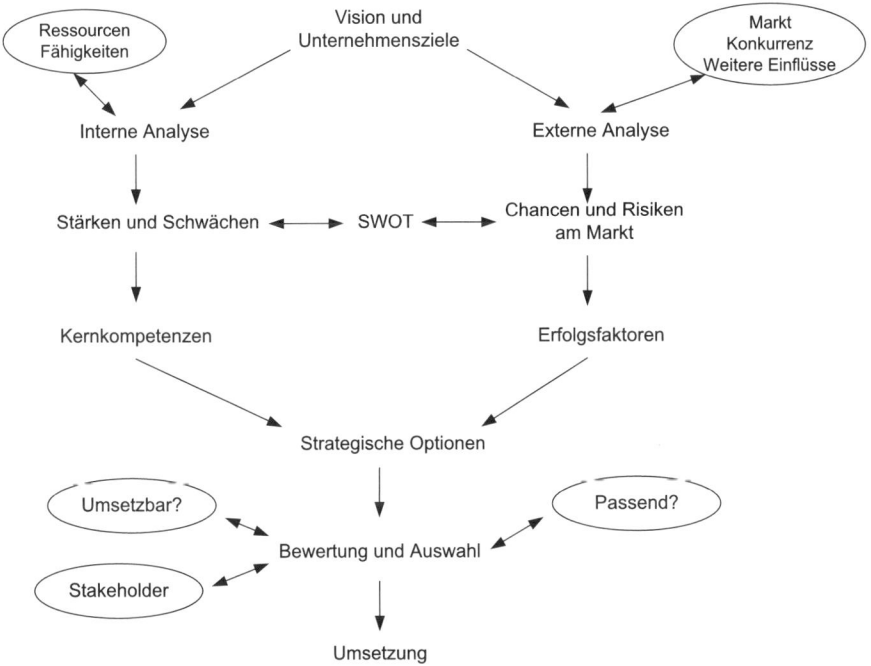

Abbildung 5.11: Finden der eigenen Strategie

Hierbei werden sowohl innerbetriebliche Stärken und Schwächen (Strengths-Weaknesses), als auch externe Chancen und Gefahren (Opportunities-Threats) betrachtet, welche die Handlungsfelder und die Entwicklungsmöglichkeiten des Unternehmens betreffen. Als Ergebnis bildet sich eine ganzheitliche Strategie für die weitere Ausrichtung der Unternehmensstrukturen und der Entwicklung der Geschäftsprozesse heraus. Die Stärken und Schwächen sind dabei als relative Größen zu verstehen und können erst im Vergleich mit der Konkurrenz betrachtet werden.

Das Expansionspotenzial des Marktes wird in Bezug auf die Frage betrachtet und analysiert, welche Kundenbedürfnisse effizient und effektiv durch die eigenen Services erfüllt werden können. Hier muss allerdings gleichzeitig die Frage beantwortet werden, welche Märkte mit den bestehenden Assets bedient werden können und welche Märkte nicht und daher zu meiden sind. Für den ausgewählten Markt muss anschließend festgelegt werden, welche Services welchen Kunden angeboten werden sollen (Service-Portfolio). Dazu gehört auch die Aufstellung der kritischen Erfolgsfaktoren, der Service-Modelle und Service Assets. Service-Pipeline und Service-Katalog werden ebenfalls hinzugezogen.

Die Betrachtung der Kundenbedürfnisse ist ein essenzieller Faktor. Kunden können einen oder mehrere Märkte abdecken. Märkte können einen oder mehrere Kunden beinhalten.

◆ Der Markt des internen Service Providers (Internal Service Provider, Typ I genannt) ist Teil derselben Organisationseinheit wie der Kunde.

◆ Der Markt des verteilt arbeitenden Service Providers (Shared Service Provider, Typ II genannt) ist intern im Unternehmen, aber verteilt über die Geschäftsbereiche hinweg. es werden IT Services für mehr als einen Geschäftsbereich bereitgestellt („internes Outsourcing", SSU: Shared Services Unit).

◆ Der Markt des externen Service Providers (External Service Provider, Typ III genannt) bezieht sich auf mehr als ein Unternehmen.

Im Rahmen der Analyse im Bezug zwischen Service und möglichen Kundenanforderungen wird sich auch herausstellen, wo der Service Provider investieren muss und wo er bestehende Strukturen, Ressourcen und Capabilities aufsetzen kann. Über diese Asset-basierte Service-Strategie lassen sich viele Service-Modelle mit dem gleichen Asset (Vermögenswert) des Kunden kombinieren. Bei der nutzenbasierten Service-Strategie dagegen kann das gleiche Service-Modell viele verschiedene Assets des Kunden unterstützen. Investitionen erfolgen in Ressourcen und Fähigkeiten des Service-Modells. Durch die Festlegung der Service-Modelle werden alle zu erbringenden Services einer Organisation bestimmt.

Wann soll investiert werden?

Seit mehreren Jahrzehnten wird auf die besondere Bedeutung des Faktors Zeit für das Erreichen und Erhalten einer vorteilhaften Wettbewerbsposition hingewiesen. Die Finanztheorie und insbesondere der „Realoptionen-Ansatz" bieten eine Reihe von Überlegungen zur Bestimmung des optimalen Investitionszeitpunktes. So zeigte beispielsweise T.A. Luehrman 1998 auf, wie der Realoptionen-Ansatz Unternehmen dabei unterstützen kann, den Startzeitpunkt von Investitionen zu bestimmen. Bei diesem Ansatz (von Stewart C. Myers aufgegriffen und weiterentwickelt) werden die finanzmathematischen Grundlagen der Optionspreistheorie auf die Bewertung von Investitionen und Projekten übertragen. Von besonderer Relevanz ist dabei zum einen das mit dem Investitionsprojekt verbundene Maß an exogener Unsicherheit bzw. die daraus resultierenden, erwarteten Schwankungen der Rendite. Zum anderen jedoch auch die dem Management zur Verfügung stehende Zeit, um die Investitionsentscheidung zu treffen.

Expansion und Marktdifferenzierung

Die Identifizierung von wichtigen Services, den dazugehörigen Kunden und die Identifizierung von Alleinstellungsmerkmalen sind wichtige Schritte zur eigenen Strategie-Entwicklung. Die aktuellen strategischen Vorteile sind weiterzuentwickeln und aufrechtzuhalten. Strategische Ziele sind zu definieren und das Wachstum entsprechend auszurichten. Dazu gehören die Priorisierung von Investitionen, deren Rechtfertigung über einen Business Case und die entsprechenden Umlegungsmöglichkeiten der Kosten an den Kunden über das Financial Management. Aber auch Themen wie etwa die Definition von kritischen Erfolgsfaktoren und Risikomanagement dürfen nicht vernachlässigt werden. Dabei geht es um Fragen wie: In welchen Bereichen müssen wir besser werden, um mögliche Entwicklungen nicht zu einer Gefahr werden zu lassen?

Risiko

Risiko wird als „Unsicherheit eines Ergebnisses" (positiv wie negativ) verstanden. Risikomanagement zielt darauf ab, die Risiken auf effektive und wirtschaftliche Art innerhalb akzeptabler Grenzen zu halten. Risikomanagement als Werkzeug im Umgang mit Risiken besteht aus der Risikoanalyse und dem eigentlichen Risikomanagement. Die Risikoanalyse bewertet zu verschiedenen Zeitpunkten die aktuelle Risikosituation, identifiziert nicht tragbare Risiken und ermittelt Gegenmaßnahmen. Die Risikobewertung beschäftigt sich somit mit der Wahrscheinlichkeit und der Auswirkung individueller Risiken. Erst wenn Bedingungen mit den Aspekten Bedrohung (Threat), Gefährdung (Vulnerability) und Auswirkung (Impact) vorliegen, kann von einer Risikoidentifizierung gesprochen werden. Dann kann eine Bewertung vorgenommen werden, die die Auswahl der ausführbaren Gegenmaßnahmen ermöglicht.

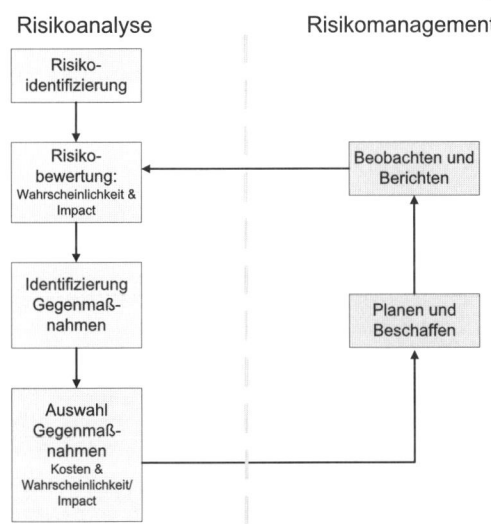

**Abbildung 5.12:
Risikomanagement:
Umgang mit dem Risiko**

Diese Umsetzung verläuft unter Berücksichtigung der Risikobereitschaft des Unternehmens. Hier geht es um die Planung, Beschaffung (Mensch und Material), Beobachten und Berichten.

Der Zusammenhang und die Mehrwertentwicklung aus der Kombination von Service-Assets und Kunden-Assets wird als Service-Modell bezeichnet (siehe *Abbildung 5.13*). Dieses zeigt in grafischer Form die verschiedenen Abhängigkeiten der Technologien, Komponenten und Geschäftsabläufe voneinander auf und ermöglicht einen Überblick. Beispiele für Service-Modelle sind Paket-, Flatrate oder Premium-Angebote eines Internet Service Providers, Managed Service und verschiedene Outsourcing-Modelle.

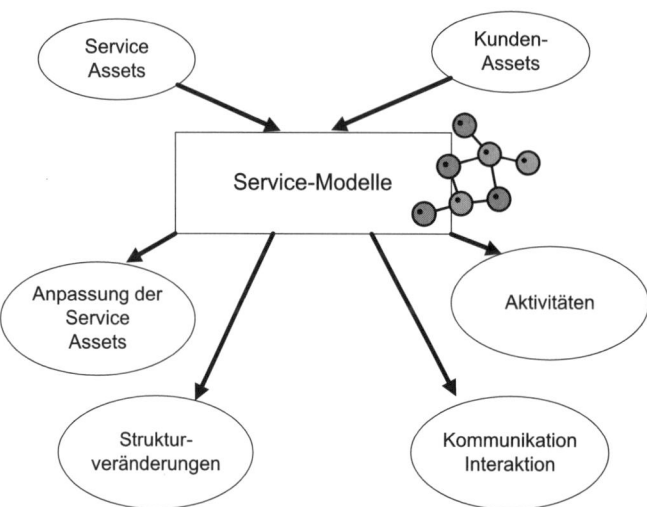

Abbildung 5.13: Service-Modelle geben Struktur und Dynamik

Dort, wo der Kunde eine Nachfrage an IT-Dienste hat, besteht eine Notwendigkeit, Kapazitäten bereitzustellen. Das ist der Markt für den Service Provider. Doch auch die entsprechenden Funktionen und Prozesse in Bezug auf die Zusammenarbeit und die Kommunikation mit dem Kunden sind zu berücksichtigen. Verträge bilden dann letztendlich das Ergebnis der Verhandlungen und sind die Grundlagen für die verbindliche Spezifikation und die Anforderungen des Kunden.

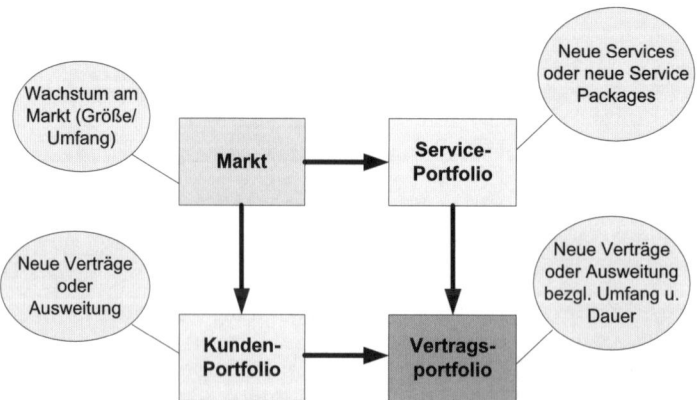

Abbildung 5.14: Über den Markt treffen sich Angebot und Nachfrage

Wenn sich Services Marktbereiche teilen, dann neigen sie auch dazu, gleiche oder ähnliche Fähigkeiten, Ressourcen, Möglichkeiten etc. zu nutzen, und weisen ähnliche Risiken, Herausforderungen und Lösungsansätze auf. Services mit einem hohen Maß an Übereinstimmung oder Überlagerung besitzen möglicherweise das Potenzial, konsolidiert zu werden. Der Service Provider könnte über ähnliche oder gleiche Abläufe Synergien bündeln, da ähnliche Services darüber hinaus meist auch die gleichen Kern-Services in Anspruch nehmen.

Vertragsportfolio

Ein Vertragsportfolio stellt eine Datenbank oder ein strukturiertes Dokument dar, die bzw. das verwendet wird, um Service-Verträge oder Vereinbarungen zwischen einem IT Service Provider und dessen Kunden zu verwalten. Für jeden für einen Kunden bereitgestellten IT Service sollte ein Vertrag oder eine sonstige Vereinbarung bestehen, der bzw. die im Vertragsportfolio aufgeführt ist.

5.2 Service Portfolio Management

Das Service Portfolio Management bindet Service Design, Service Transition und Service Operation in den Service Management-Lebenszyklus auf einer umsetzungsorientierten Ebene ein. Dabei geht es natürlich auch um die Frage, wie die anzubietenden und angebotenen Services ein Erfolg werden und für alle Seiten gewinnbringend eingesetzt werden können. In diesem Sinne kann der Service-Begriff dem Produkt-Begriff gleichgesetzt werden, der für das Ergebnis eines Unternehmens steht, das konsumiert und bezahlt wird.

Das Service Portfolio Management bildet einen zentralen Bestandteil von ITIL® V3, um die strategischen Service-Management-Anforderungen erfüllen zu können. Das Service-Portfolio Management bewertet die Services und kümmert sich darum, dass der Wert des Service für den Kunden maximiert wird und gleichzeitig die Kosten und Risiken gesenkt werden (siehe *Abbildung 5.15*).

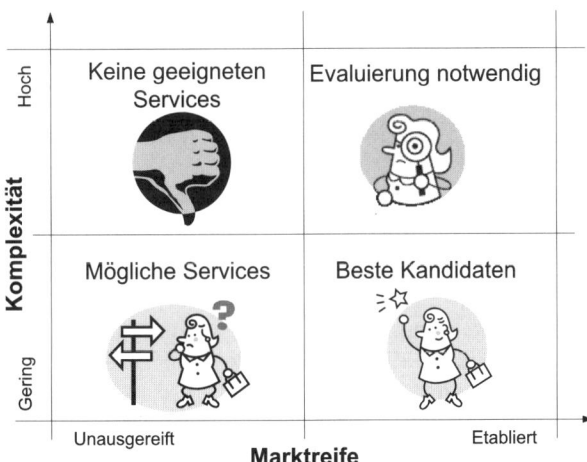

Abbildung 5.15: Möglichkeiten zur Beurteilung vorhandener Service-Optionen

Mit Hilfe des Service Portfolio Managements (SPM) ist auch das Management eher in der Lage, Qualitätskriterien, die Wertschöpfungsanforderungen und -möglichkeiten im Zusammenhang mit den Kosten für die Lieferung der dafür notwendigen Services für den Kunden wahrzunehmen. Dabei ist auch ein Blick auf die Ist-Situation des Kunden in Zusammenarbeit mit dem Service Level Management von Bedeutung.

5.2.1 Inhalte des Service-Portfolios

Das Service-Portfolio ist die Sammlung aller Services, die durch den Service Provider gesteuert werden. Gleichzeitig ist es eine Beschreibung der Services im Hinblick auf den Business-Nutzen.

Das Service-Portfolio repräsentiert Richtlinien, Entscheidungen und Investitionen, die der Provider umgesetzt hat und umsetzen kann, um die aktuellen Services überhaupt bereitstellen zu können. Darüber hinaus dient es als strukturelle Voraussetzung für Entscheidungen in Bezug auf die IT Services und die zugrunde liegenden Strukturen, Komponenten, Ressourcen und Capabilities.

Die aus ITIL® V2 bekannten Service-Kataloge wurden dazu um eine „Service-Pipeline" (Design und Transition von Services) sowie um „Retired Services" ergänzt. Damit werden nicht nur die ausgeschiedenen und aktuellen Services des IT Service Providers berücksichtigt, sondern auch weitere mögliche Services für den oder die Kunden. Für den Service Provider ist es wichtig, dass er in seinem eigenen betriebswirtschaftlichen und im Interesse seiner Kunden den Strom neuer, Erfolg versprechender und nützlicher Services nicht abreißen lässt.

Das Service-Portfolio wird entworfen vom Service Design, aber gemanagt von der Service Strategy (siehe *Kapitel 7.3, Motivation und Aspekte des Service Designs*), die auch als Besitzer des Repositorys gilt. Das Service-Portfolio wird genau wie ein IT Service sorgfältig geplant und entwickelt, um den Anforderungen bezüglich seines Zwecks gerecht zu werden. Dies gilt nicht nur für das Service-Portfolio als Hauptquelle für alle Anforderungen und Services, sondern auch für die weiteren Repositories wie z.B. das Configuration Management-System (CMS) oder die Lieferanten- und Vertragsdatenbank (Supplier and Contract Database, CSD).

Das Service-Portfolio enthält drei Bereiche, die auch den Status eines Service widerspiegeln (siehe *Abbildung 5.16*):

- Die Service-Pipeline enthält die Services, die in den Service-Katalog mit den aktiven Services aufgenommen werden könnten, konkret finanziert und für den Kunden oder ein Marktsegment entwickelt werden. Neue Services können über die Service Transition nach dem Abschluss von Design, Development und Test (über die Service-Strategie und das Service Design) in die Produktivumgebung für die Nutzung durch den Kunden überführt werden.

  Das Service Catalogue Management muss sicherstellen, dass alle Informationen und Details im Service-Portfolio korrekt sind und dem aktuellen Stand entsprechen, v.a. dann, wenn der Service in die Produktion überführt wird.

- Der Service-Katalog enthält die Details der aktuellen und kurz vor der Einführung stehenden Services, die bereits verhandelt wurden. Er repräsentiert den Bereich des Portfolios, der kostendeckend bzw. profitabel arbeitet. Die Service Transition befördert neue aktive Services in den Katalog und auch aus dem Katalog in das Retirement. Ersteres gewährleistet eine saubere Produktivsetzung inklusive vertraglicher Erfüllung und andere Abhängigkeiten für den Kunden, Inanspruchnahme von Ressourcen, die dann für neue oder andere Kunden oder Services nicht mehr zur Verfügung stehen.

Der Katalog enthält Informationen zu Kunden und externen Dienstleistern. Der Service-Katalog beinhaltet dementsprechend auch Kataloge von externen Dienstleistern, die für die Service-Erbringung erforderlich sind. Dies ist z.B. dann notwendig, wenn Unterstützung nicht alleine, sondern entweder zusammen mit Drittanbietern oder nur durch externe Lieferanten erbracht wird. Bei der Zusammenarbeit mit Drittanbietern kann sich der Einsatz von Evaluierungsmodellen wie z.B. das eSourcing Capability Model for Service Providers (eSCM-SP) als nützlich erweisen. Dieses Framework hilft dem Service Provider, ihre IT Service Management-Fähigkeiten im Hinblick auf das Thema Service Sourcing zu beurteilen. Er kann dieses Wissen auch auf Partner und Dienstleistungslieferanten verwenden. Es ist ein Best Practice-Framework für Service Providers, entstanden aus der Zusammenarbeit der Carnegie Mellon Universität, welche auch schon das Capability Maturity Model (CMM) entwickelte, mit einigen Outsourcing Providern.

Im Service-Katalog ist auch die Zusammensetzung eines Service aus den unterschiedlichen Komponenten zu finden: Assets, Prozesse und Systeme mit ihren Ansatzpunkten, Bereitstellung und Verwendung durch den Kunden. Erst durch die modulare Ausgestaltung von Services lassen diese sich in unterschiedlichen Formen und Facetten zu individuellen Service-Lösungen zusammenstellen.

Je nachdem, wie viele Branchen oder Kunden ein Service Provider bedient, kann es auch unterschiedliche Service-Kataloge geben.

Service Design, Service Strategy und Change Management haben beispielsweise Zugriff auf alle Services, während Kunden nur auf Services aus dem entsprechenden Service-Katalog zugreifen sollen, die den Status „gechartert" und „in Betrieb" aufweisen. Je nach technischer Basis können für den Kunden nur bestimmte Felder und Informationen sichtbar gemacht werden.

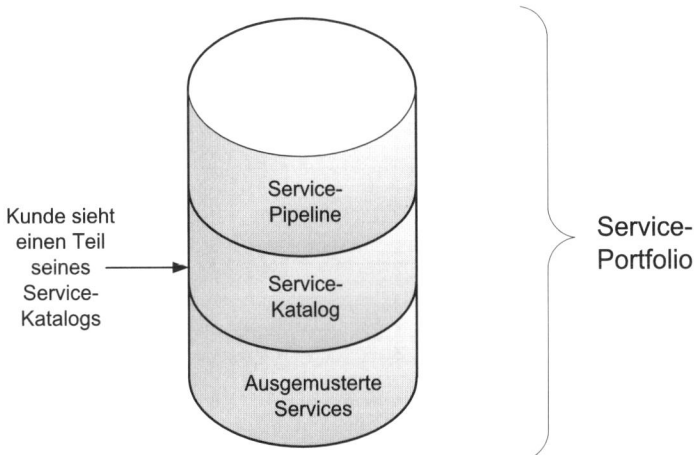

Abbildung 5.16: Inhalte des Service-Portfolios

Bestehende Services und Lösungen bzw. ihre Bestandteile werden zumeist auch direkt mit dem jeweiligen Vertrag oder Abkommen verknüpft, wobei die Elemente des Service als „Line of Service" (LOS) gebündelt werden. Diese Zusammenstellung basiert auf den so genannten „Pattern of Business Activity" (PBA, Business-Aktivitätsmuster), die sie unterstützen. Über ein solches Auslastungsprofil (einer oder mehrerer Business-Aktivitäten) werden für den IT Service Provider unterschiedliche Ausprägungen von Business-Aktivitäten veranschaulicht und so leichter fassbar, um den aktuellen und zukünftigen diesbezüglichen Bedarf von Kundenseite besser kategorisieren und planen zu können. Vor allem außerordentlich performanten LOS und Services wird besondere Beachtung geschenkt. Je nach Strategie werden sie um weitere Ressourcen und Attribute erweitert, zu neuen Service Level-Paketen (SLP) geschnürt, mit anderen Preismodellen verknüpft und so an neue Anforderungen angepasst und neu angeboten.

Aber auch den Services, die nicht besonders profitabel sind, wird besondere Aufmerksamkeit gezollt. Eigentlich dürften sie sich nur mit einer speziellen Rechtfertigung im Katalog und damit in der aktiven Nutzung durch den Anwender befinden. In der Regel muss das Senior Management dies gutheißen und ggf. auch einer Subventionierung des Service zustimmen. Diese Maßnahme unterscheidet sich von der Herangehensweise eines Service Providers vom Typ I (interne IT-Organisation), der vielfach Services erbringt, die sich nicht selber finanzieren könnten.

◆ Ausgemusterte Services (Retired Services), die aus unterschiedlichen Gründen nicht mehr produktiv sind. Mögliche Begründungen wären, dass der Service für den Kunden nicht mehr notwendig ist und abgelöst wurde, unrentabel oder einfach zu teuer ist.

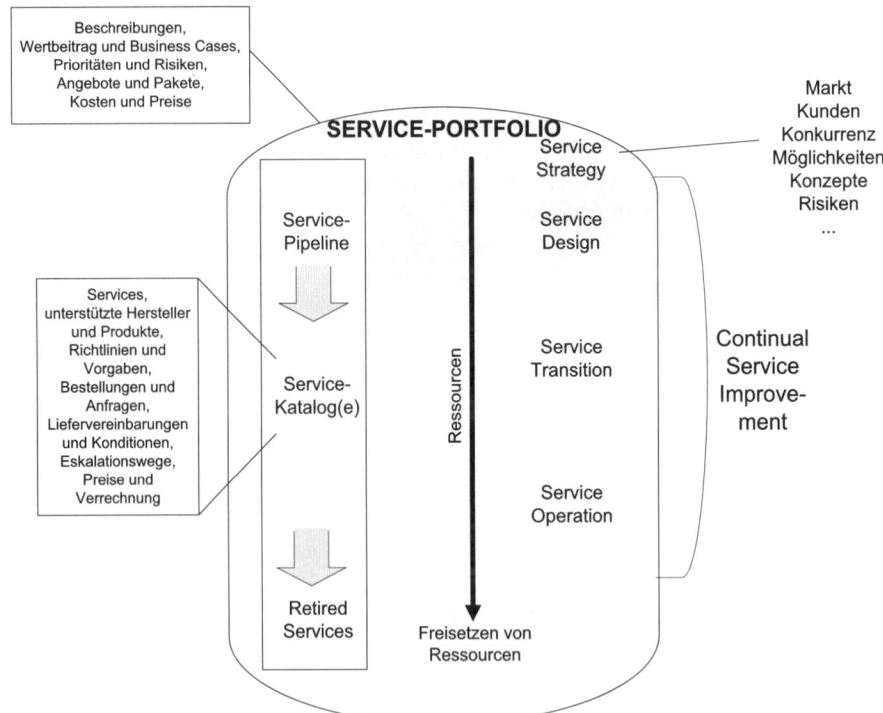

Abbildung 5.17: Verlauf der Service-Status

Genau wie ein sauberer Projektabschluss wichtig ist, kommt auch dem sauberen und dokumentierten Ausscheiden eines Service Beachtung zu. Bisher genutzte Ressourcen müssen freigesetzt und auch gegenüber dem Kunden ein definierter Abschluss kommuniziert werden (inklusive der Erfüllung der formalen, unternehmensspezifischen Aktivitäten). Diese Services stehen auch neuen Kunden nicht zur Verfügung und werden nicht mehr aufleben. Ausnahmen gibt es jedoch immer. Eine Wiederbelebung eines solchen Service müsste allerdings (meist durch das Senior Management) gut begründet und auch mit entsprechenden SLAs verknüpft sein, haben doch vorab vorwiegend Finanzierungsgründe dafür gesorgt, dass der Service ausgesondert wurde.

Ausgemusterte Services sollten für viele Unternehmen ein Compliance-Thema darstellen, da mitunter Informationen aus diesen Services vorgehalten werden müssen (z.B. beim Identity Management).

Besonders Service-Portfolio und Service-Katalog stehen in enger Beziehung zueinander und sollten Bereiche innerhalb des Configuration Management Systems (CMS) darstellen, das ein logisches Abbild der IT-Organisation ist. Dabei ist jeder Service als CI abgelegt, wobei sich der Aufbau nach der entsprechenden Service-Hierarchie richtet. Da Services zum Teil aus einer Vielzahl von Ressourcen und Capabilities gebildet werden, ist es möglich, dass die einzelnen Elemente eines Service unterschiedliche Status zum gleichen Zeitpunkt besitzen. Services lassen sich über das CMS mit Incidents und RfCs (inkl. Reporting) verbinden. Dabei werden Veränderungen der Services als CI über das Change Management gesteuert.

Produkt-Manager

Der Produkt-Manager ist eine Schlüsselrolle des Service Portfolio Managements. Die Rolle ist verantwortlich für die Steuerung der Services als ein Produkt über den gesamten Lifecycle von Design, Transition und Betrieb. Die Produkt-Manager unterstützen die Entwicklung der Service-Strategie und deren Ausführung durch den Service Lifecycle innerhalb des Dienstleistungsportfolios. Produkt-Manager sind Eigentümer des Service-Kataloges und sorgen für die Koordination im Unternehmen. Sie arbeiten eng mit dem Business Relationship Manager (BRM) zusammen und koordinieren und fokussieren das Kunden-Portfolio.

Durch die Abbildung des gesamten Service-Lebenszyklus über das Service-Portfolio wird die ständige Anpassung des Service-Angebots an die dynamischen Anforderungen aus den Geschäftsprozessen der Kunden möglich.

5.2.2 Methoden und Aktivitäten des Service Portfolio Managements

Der Prozess des Service Portfolio Managements ist dynamischer Natur. Es geht nicht nur darum, eine Initialisierung der Services umzusetzen. Die Validierung der aufgenommenen Daten und Informationen spielt ebenfalls eine wichtige Rolle, wobei unterschiedliche Service-Portfolios unterschiedlichen Validierungszyklen unterliegen werden. Jedes kundenspezifische Portfolio wird gesondert gehandhabt. Es enthält folgende Aktivitäten (siehe *Abbildung 5.18*):

◆ Definieren: Informationen von allen Services einsammeln, was sich sowohl auf die aktiven als auch die kurz vor Produktivsetzung befindlichen Services bezieht. Vorab sollte aber klar sein, welche Daten die nachfolgende Analyse benötigt. Ohne diese Vorgaben wird eine Definition der Anforderungen und Möglichkeiten in Bezug auf die IT Services schwierig. Ein Ziel dieser Aktivität besteht in der Sicherstellung, dass für jeden Service ein Business Case vorhanden ist und auch dass das Service-Portfolio valide Daten enthält.

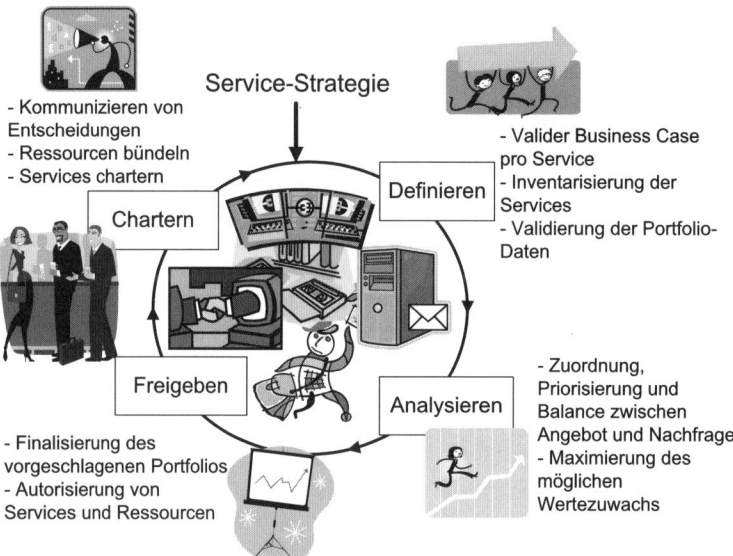

Abbildung 5.18: Service Portfolio Management

Bei der Erarbeitung der passenden Service-Strategie und bei der entsprechenden Entscheidung bezüglich der Umsetzung der Investitionen in die IT Services, können eine Vielzahl von Modellen und Verfahren Unterstützung leisten, die zumeist aus dem Finanz- oder dem allgemeinen betriebswirtschaftlichen Umfeld stammen. Wichtige Faktoren, die dabei eine Rolle spielen können, sind Compliance, Visionen, Trends, Benefits, soziale Verantwortlichkeiten oder technische Neuerungen.

◆ Analysieren: Über diese Aktivität werden die strategischen Inhalte gebündelt und zusammengestellt. Es geht um die Perspektive der Service-Strategie, Positionen, Pläne, Muster (Patterns). Vorrangig muss definiert werden, welche Ziele die Service-Organisation besitzt. Dazu müssen die Services identifiziert werden, die zur Zielerreichung notwendig sind. Dementsprechend werden die Fähigkeiten und Ressourcen definiert, die für die Erbringung dieser Services notwendig sind. Falls diese notwendigen Assets nicht vorhanden sind, müssen Möglichkeiten gefunden werden, um diese Fähigkeiten und Ressourcen zu erhalten. Auch existieren unterschiedliche Methoden und Schaubilder, die bei der Bewertung und Definition des IT-Investitionsportfolios für die IT Services unterstützen können.

Die META Group verwendet ebenfalls solche Verfahren (siehe *Abbildung 5.19*). Dabei werden Service-Investitionen in drei Kategorien eingeteilt, je nachdem, ob sie das Business vorantreiben können (Run the Business, RTB), die Entwicklung des Business fördern

(Grow The Business, GTB) oder die Umwandlung des Business (Transform the Business, TTB) unterstützen können. Diese Kategorien lassen sich dann weiter unterteilen in fünf Budget-Vergaben (Venture, Grow/Investment, Discretionary, Non-Discretionary, Core).

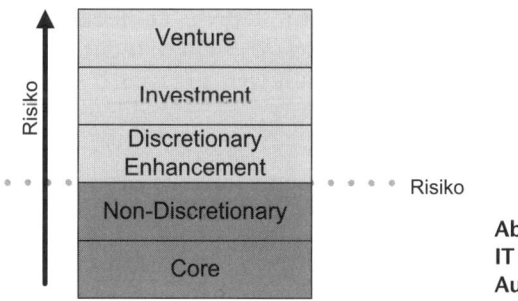

**Abbildung 5.19:
IT Investment Portfolio-
Aufbereitung**

◆ Freigabe: In diesem Schritt wird die Entscheidung für die Ausrichtung und Inhalte des Service-Portfolios mit seinen Services und Ressourcen getroffen. Dabei wird man ggf. einer notwendig gewordenen Portfolio-Bereinigung nicht ausweichen können, je nachdem welche Entscheidungen gefallen sind. Sechs Entscheidungskategorien sind möglich:

- Service beibehalten (Retain): Gut strukturierte Assets, Prozesse und Systeme verknüpft zu einem sich selbst tragenden Service, entspricht der Strategie und besitzt eine große Relevanz für diese Strategie.

- Service austauschen (Replace): Services mit z.T. unklaren oder sich überschneidenden Funktionalitäten für das Business.

- Service rationalisieren (Rationalize): Doppelbelegungen, keine klare Funktionstrennung, Umsetzung der gleichen Aufgabe durch unterschiedliche Services oder Ressourcen, Wildwuchs, zu viele freie Kapazitäten, die konsolidierungsfähig sind (z.B. durch Virtualisierung), unterschiedliche Versionsstände der gleichen Software etc.

- Service-Überarbeitung (Refactor): technische Umsetzung der Anforderungen (Kernfunktionalität), wobei aber gewisse Rahmenbedingungen nicht sauber umgesetzt wurden, z.B. was die Prozessumsetzung, Schnittstellen oder Kontinuitätsoptionen angeht.

- Service-Erneuerung (Renew): funktionale Umsetzung der Anforderungen mit technischen Problemfeldern, z.B. veraltete Technologien ohne Support-Verträge (z.B. Token Ring-Netzanbindung, Systeme auf MS-DOS oder Windows 95).

- Service-Stilllegung (Retire): Services erfüllen weder die technischen noch die funktionalen Mindestanforderungen.

◆ Buchen/Chartern: Im letzten Schritt werden die Entscheidungen mit den dazu gehörenden Aktionspunkten zusammengefasst und als Entscheidung kommuniziert. Damit den Worten Taten folgen, gehören dazu die entsprechenden Entscheidungsumsetzungen und Pläne. Das dazugehörige Budget muss geplant und freigegeben werden, um die nötige Bereitstellung von Ressourcen und Services umsetzen zu können. Die notwendigen Investitionen werden mit dem erwarteten Nutzen pro Service und einem entsprechenden Ressourcenplan verknüpft.

Neue Services werden an das Service Design zur Überprüfung, bestehende Services an den Service-Katalog übergeben.

Wie bereits erwähnt, ist das Service Portfolio Management keine statische Angelegenheit. Genau wie äußere Umstände sich ändern, Unternehmen ihr Gesicht und ihre Struktur verändern oder andere exogene Einflüsse auf den Service Provider und seine Kunden einwirken, so muss auch das Service-Portfolio seine Wandelfähigkeit unter Beweis stellen. Daher müssen das Management und der CIO die Effizienz des Portfolios im Auge behalten und von Zeit zu Zeit einen kritischen Blick darauf werfen, um diesem dann bei Bedarf entsprechende Taten folgen zu lassen.

Rollen im Service Portfolio Management

Neben dem **Produkt-Manager**/Service Owner und dem **Business Relationship Manager** kommt in diesem Prozess die Rolle des **Chief Information Officer** (CIO) zum Einsatz.

Der Business Relationship Manager (BRM) stellt eine Rolle dar, die für die Pflege von Beziehungen zu einem oder mehreren Kunden verantwortlich ist. Dies umfasst in der Regel die Pflege von persönlichen Beziehungen zu Business Managern, die Bereitstellung von Input zum Service Portfolio Management und die Sicherstellung, dass der IT Service Provider den Business-Anforderungen der Kunden gerecht wird.

Der CIO gehört dem Senior Management an, besitzt ein tiefes Verständnis für das Business und definiert, plant, erwirbt und verwaltet alle Aspekte der Service-Lieferung im Auftrag der Geschäftsbereiche. In vielen Unternehmen ist er der Besitzer des Service-Portfolios.

5.3   Financial Management

Kaum ein Unternehmen kann ohne die Nutzung von IT bzw. IT Services leben. Die tatsächlichen Kosten für das unentbehrliche Hilfsmittel IT werden in vielen Fällen jedoch nicht ausreichend berücksichtigt. Das kann auch daran liegen, dass sich die Verrechnung von IT-Leistungen recht komplex gestaltet. So werden beispielsweise nur selten die tatsächlichen Kosten pro Kunde adäquat aufgedeckt. Genau diesem Umstand arbeitet das Financial Management entgegen. Denn die Kosten in der IT müssen genauestens ermittelt, verwaltet und transparent aufgezeigt werden. Ohne diese Aufschlüsselung existiert keine fundierte Entscheidungsgrundlage, weder für die IT-Organisation noch für das Unternehmen. Aus diesem Grund ist das Financial Management verantwortlich für die Rechenschaft über Ausgaben der IT Services und die dementsprechende Zuordnung der Kosten zu den einzelnen Services (und Assets).

Auf dieser Basis können Entscheidungen für oder gegen Investitionen im IT-Bereich bzw. in Bezug auf IT Services erfolgen. Dazu gehören auch die Kontrolle und Verwaltung des IT-Budgets sowie die Aufschlüsselung der Kosten, Umlegung oder gar Weiterverrechnung an den Kunden (je nach Provider-Typ). Geld kommt immer noch vom Kunden und dessen Business, zumindest in der Refinanzierung der Service Provider. Die strategische Bedeutung ist damit offensichtlich.

Ein Service kann ohne Prüfung der finanziellen Machbarkeit der Service-Level-Requirements nicht gestaltet werden (Service Design) und ohne Betrachtung der Kosteneinhaltung sowie -vorgaben nicht in den Betrieb übernommen beziehungsweise dort nicht zielführend betrieben werden (Transition und Operation). Im Service Lifecycle sind in verschiedenen Stadien Antworten auf Fragen rund um Service-Kosten und Budgets erforderlich. Das Financial Management liefert die Basis hierfür.

5.3.1 Konzepte und Aufgaben im Financial Management

Das Financial Management qualifiziert den Wert der IT Services für das Business in Geldeinheiten. Services sind für den Kunden Mehrwert-schaffende Investitionen, durch die die Assets eine Leistungssteigerung erzielen, die ohne diese Services nicht möglich wären. Dazu leistet das Financial Management durch die finanzielle Bewertung der IT Services einen wichtigen Beitrag für das Business und den IT Service Provider. Es ist in der Lage, eine Aussage über den Wert der Assets zu liefern. Eine weitere Aufgabe des Financial Managements besteht (für alle drei Service Provider-Typen) in der monetären Bewertung der IT Services, um sie später auf die Organisation verteilen zu können.

Ein effizientes Financial Management-System ermöglicht der Organisation, vollständig über die Ausgaben der IT Services Rechenschaft abzulegen und diese Kosten den Services zuzuordnen, die für die Kunden der Organisation erbracht wurden. Nur so ist es möglich, eine realistische Methode der Kostenrechnung für diese Services anzuwenden. Diese Vorgehensweise macht den Kostenaufwand für die Kunden transparenter. Um kosteneffiziente IT Services anzubieten, müssen die drei Aspekte Qualität, Kosten und Kundenwünsche berücksichtigt werden. Wichtig ist dabei, zuallererst die Anforderungen und Bedürfnisse des Kunden zu ermitteln. Auf der anderen Seite des Tisches sitzt dem Kunden die IT-Organisation gegenüber. Diese kann gegenüber dem Kunden unterschiedlich positioniert sein (Service Provider-Typ I, Service Provider-Typ II, Service Provider-Typ III). Wichtig ist auch das Thema Vertrauen zwischen Kunde und Service Provider. Dabei geht es nicht nur um das Vertrauen, das der Kunde der IT-Organisation entgegenbringen muss. Der Service Provider muss beispielsweise sicherstellen, dass eine ausreichende Finanzierung für die Lieferung und den Verbrauch der IT Services vorhanden ist. Hier ist das Finanzierungsmodell gefragt. Aber auch historische Daten mit wichtigen Informationen aus der Geschäftsstrategie, genutzten Kapazitäten und Kapazitätsvorhersagen können zu diesem Thema herangezogen werden.

Ganz wichtig sind neben den unterschiedlichen Sichtweisen für die unterschiedlichen Aufgaben die Themen und Schnittstellen in Bezug auf Service-Bewertung, Nachfragesteuerung, Service Portfolio Management, Optimierung der Service-Bereitstellung, Planungssicherheit, Service Investment-Analyse, Accounting, Compliance und die variable Kostendynamik. All diese Aspekte bilden die Basis für das Financial Management und werden nachfolgend erläutert.

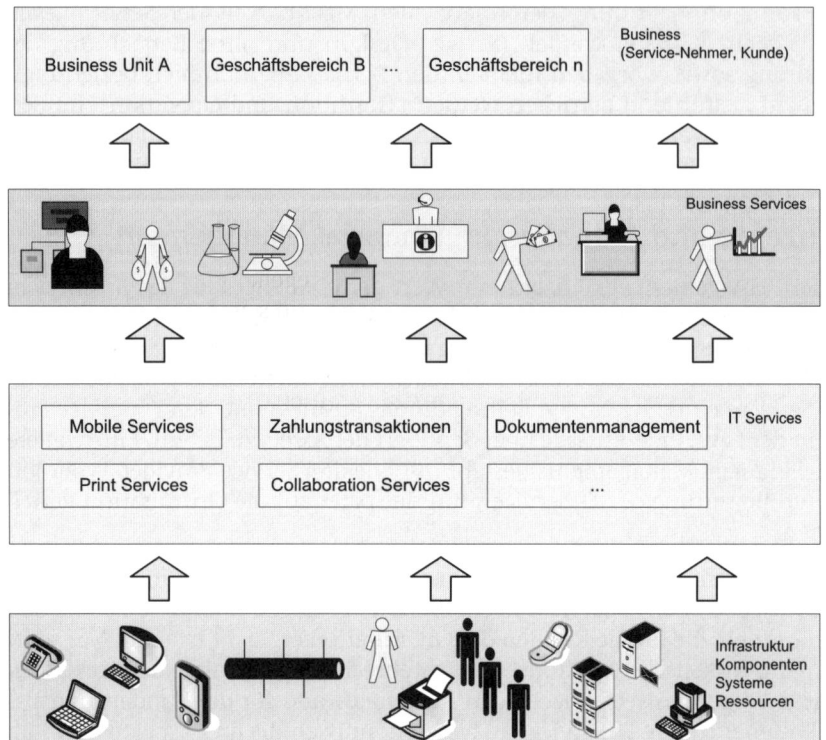

Abbildung 5.20: Unterschiedliche Abstraktionsebenen zwischen Kunde und Service Provider

Service-Bewertung

Das Financial Management beschäftigt sich mit den durch die Erbringung der Dienstleistungen entstehenden Kosten und mit der Weiterverrechnung dieser Kosten mit dem Kunden. Zunächst ist es daher notwendig, eine Kostentransparenz im IT-Bereich zu erreichen, um auf dieser Basis ein Weiterverrechnungsmodell aufzubauen und umzusetzen. Diese Transparenz hilft Fragen nach der eigenen Effizienz, Effektivität und der bereits geleisteten strategischen Arbeit zu beantworten.

Die Preistransparenz ist für den Kunden entscheidend und hilft ihm, seine IT-Kosten zu steuern. Financial Management liefert durch die Verfahren und Methoden die Möglichkeit, die Kosten und Zahlen in Bezug auf die Services für das Unternehmen transparent zu machen. Gerade diese Zahlentransparenz ist im Hinblick auf Compliance wichtig. Möglich ist dies nur über die Schaffung der Prozess- und Leistungstransparenz aus Sicht der IT Services. Folgende Maßnahmen fördern die Kostentransparenz gegenüber dem Unternehmen:

◆ gut strukturierte Berichte, die mit dem Empfänger der Berichte erarbeitet und auf seine Bedürfnisse abgestimmt worden sind

◆ realitätsnahe, einheitliche und gleichzeitig einfache Verrechnungsmodelle

◆ standardisierte Erstellungs- und Verteilungsprozesse für das Berichtswesen

◆ die Verwendung von kundenorientierten Kostenträgern

Die Transparenz für die Kundenseite kann noch weiter durch die Einbindung der Kosten in den Service-Katalog erhöht werden, aus dem dann klar hervorgeht, welche IT-Leistungen zu welchen Konditionen verrechnet werden (auch zur Kosten-Nutzen-Analyse).

Compliance

In erster Linie hat „Compliance" etwas mit der Erfüllung rechtlicher und regulativer Vorgaben und deren Nachweisbarkeit zu tun. Es geht um die Gesamtheit aller zumutbaren Maßnahmen, die die Basis für das regelkonforme Verhalten eines Unternehmens, seiner Organisationsmitglieder und seiner Mitarbeiter im Hinblick auf alle gesetzlichen Ge- und Verbote bilden. Erweitert wird dieses Thema explizit, wenn betont wird, dass eine Übereinstimmung des unternehmerischen Geschäftsgebarens auch mit allen gesellschaftlichen Richtlinien und Wertvorstellungen, mit Moral und Ethik besteht (siehe auch *Kapitel 2.3.2 Adaption anderer Frameworks und Best Practices*).

Aber eigentlich geht es bei dem Thema Compliance kurz und knapp um die Übereinstimmung mit und Erfüllung von rechtlichen und regulativen Vorgaben.

Die Service-Bewertung quantifiziert die Finanzausstattung für das Business und für die IT-Organisation in Bezug auf die Leistungen der IT Services, die erbracht werden, und den vereinbarten Wert eines solchen Service (siehe *Abbildung 5.21*). Das Financial Management ist dafür verantwortlich, dass die Kosten pro Service aufgeschlüsselt werden und am Ende ein Preisschild an jedem IT Service oder jeder Komponente eines solchen Service klebt.

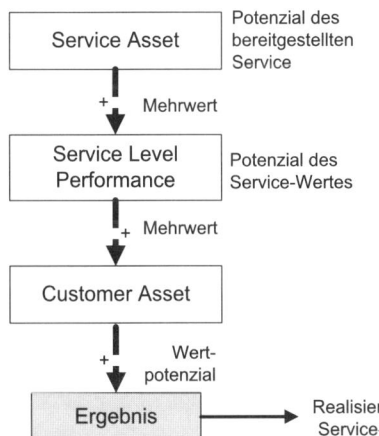

Abbildung 5.21:
Kunden-Assets bilden die Basis
für eine Wertfestlegung

Das Financial Management bemüht sich um eine optimale Kosten-Wert-Überführung, um zum einen Klarheit, Eindeutigkeit und Transparenz zu schaffen, aber auch um ggf. das Nachfrageverhalten und die Inanspruchnahme des Service durch den Kunden zu beeinflussen.

Zuerst geht es bei der Kostenermittlung um die Entwicklung einer Basis, die dann weiter durch den Einsatz der jeweiligen Assets im Service quantifiziert werden kann. Dies führt schließlich zum endgültigen Wert des Service. Empfindet der Kunde den Preis als gerechtfertigt bzw. fair (im Zweifelsfall ist man ja in der Lage, dies zu begründen), ist so die Voraussetzung für eine permanente Zusammenarbeit geschaffen. Die Service-Bewertung (Service Valuation) muss aber gleichzeitig in der Lage sein, die Aspekte Warranty und Utility in die Berechnung einzubeziehen, um die entsprechenden Anforderungen, z.B. in Bezug auf Verfügbarkeit und Kontinuität, zu übersetzen und in monetären Werten darzustellen. Insgesamt bedient sich das Financial Management zweier Konzepte, wobei das Financial Management beispielsweise zwischen dem Beschaffungswert als tatsächlichen Kosten, die zur Erbringung eines Service nötig sind (alle materiellen und immateriellen Assets), und dem Wertpotenzial eines Service (aus Business-Sicht) unterscheiden muss, wenn die Performance gestaltet und geliefert wird (siehe *Abbildung 5.22*).

◆ Wertebereitstellung und Beschaffungswerte: Aufschlüsselung aller Ressourcen, die zur Erbringung eines Service notwendig sind (tangible und intangible). Die Angaben stammen aus den Zahlungen für die Kostenelemente, die das Financial Management selber bereitstellt und die die IT für die Bereitstellung von Services verbraucht. Diese Kostenelemente bestehen beispielsweise aus Hardware- und Software-Lizenzen, Wartungsverträge, Personal, Facilities, Steuern und Zinsen, Compliance-Kosten (Ausnahmen bilden hier zumeist Service Provider vom Typ I).

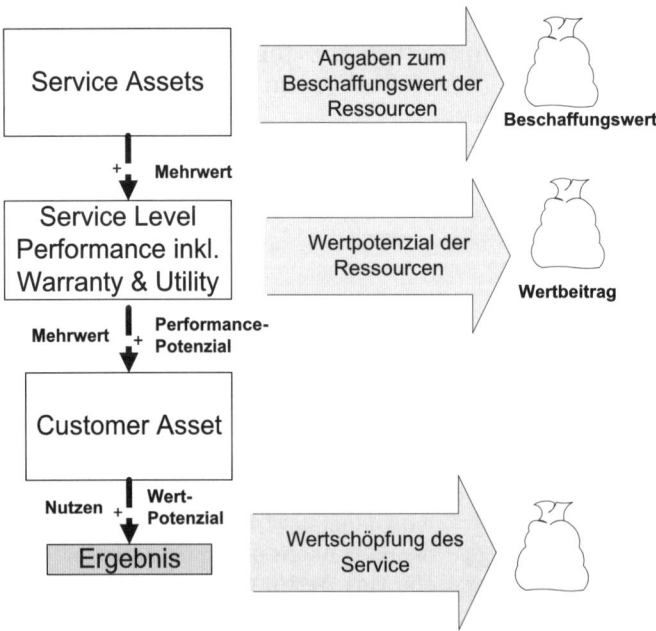

Abbildung 5.22: Service-Wertschöpfung und Wertpotenzialanalyse

◆ Wertpotenzialbetrachtung: Erweiterung des Potenzials für den Kunden durch Nutzung des gelieferten IT Service. Das Ganze ist deutlich mehr wert als die Summe der einzelnen Teile. Zusätzlich werden die Vermögenswerte des Kunden betrachtet, die in die Wertschöpfungskette eingehen. Wird dann das gewünschte Ergebnis geliefert, liegt der tatsächliche Nutzwert des Service vor.

Nachfragesteuerung (Demand Modelling)

Das Demand Modelling (Bedarfsmodellierung) unterstützt als Werkzeug die Nachfragesteuerung des Kunden. Es dient bei Bedarf auch der Beeinflussung des Anwenderverhaltens im Hinblick auf dessen Ressourcennachfrage, die entsprechende Ressourcennutzung und die damit verbundenen Kosten. Ein in diesem Zusammenhang häufig verwendeter Begriff ist die TCU. Total Cost of Utilization (TCU) beurteilt die gesamten Lebenszykluskosten, die für den Kunden durch die Verwendung eines IT Service entstehen.

Das Bedarfsmanagement liefert einen wichtigen Beitrag für die Erstellung, die Überwachung und die eventuelle Anpassung sowohl des Kapazitätsplans als auch der SLAs. Die enge Verzahnung der Themen macht deutlich, dass das Financial Management zu dieser Stelle eine enge Zusammenarbeit mit den Bereichen des Service Level Managements, des Service-Katalogs und auch des Capacity Managements umsetzen muss.

Demand Modelling verlangt sowohl nach einem Verständnis für die IT Services als auch nach der Kenntnis des Nutzerverhaltens auf Kundenseite. Dies bezieht sich auf die Frage, ob und welche Peak-Zeiten auftreten oder ob bestimmte zeitabhängige Aktivitäten bei den Benutzern existieren. Eine Beeinflussung des Service kann in physikalischer (z.B. Stoppen bestimmter Services, Zugriffslimitierung auf eine bestimmte Anzahl) oder finanzieller Hinsicht (z.B. Reduzierung von Kosten für den Service zu bestimmten Zeiten, Bepreisung für Speicherplatz ab einem bestimmten Schwellenwert) erfolgen. Das Capacity Management kann die Argumentation in Richtung des Kunden mit entsprechenden Daten aus der Überwachung, Nutzungs- und Verbrauchszahlen oder Berichten zu den betroffenen Komponenten und IT-Bereichen (Netzwerkbandbereite, Ressourcen, Kapazitäten etc.) belegen.

Service Portfolio Management

Das Financial Management liefert wichtige Entscheidungsgrößen, Werte und Zahlen für das Service Portfolio Management. Erst durch die realen Zahlen und die Aufschlüsselung der Kostenstruktur für die unterschiedlichen Komponenten und Ressourcen eines IT Service wird deutlich, welche Kosten und Werte hinter einem Service stehen. Darüber hinaus sind durch die objektiven Zahlen, z.B. aus dem Beschaffungswert und dem Wertpotenzial, Analysen und Vergleiche möglich, beispielsweise auch hinsichtlich Benchmarking im Vergleich zu anderen Providern. Auch Aussagen zur Effektivität, Effizienz und zur Rentabilität sind so für das Service Portfolio Management in Bezug auf die eingesetzten Services möglich. So können Sie auch prüfen, ob Ihre Selbstkosten unter oder über den am Markt erzielbaren Preisen liegen.

Optimierung der Service-Beschaffung (Service Provisioning Optimization, SPO)

Wer im Wettbewerb scharf kalkulieren muss, kommt nicht umhin, genau zu wissen, was es kostet, eine Dienstleistung zu erbringen. Hier steht die Analyse und Bewertung der finanziellen Größen zur Service-Erbringung auf dem Prüfstand, wie z.B. Service-Komponenten, deren Beschränkungen, Liefermodelle, um festzustellen, ob es möglicherweise kostengünstigere oder qualitativ hochwertigere Alternativen gibt. Dieser Fragestellung ist nachzugehen.

Dieser Untersuchung werden auch Services unterzogen, die bereits für das Retirement ausgewählt wurden und als aktive Services ausscheiden sollen. Dies ist dann der Fall, wenn es sich um sinkende Nutzungszahlen bei Überalterung von Ressourcen handelt, wenn sich günstigere Möglichkeiten hinsichtlich anderer Service Provider oder Services anbieten. All diesen Fragen, Optionen und Ansätzen muss das Financial Management nachgehen. Möglicherweise eröffnen sich dabei auch Möglichkeiten, Kostenstrukturen zu vereinfachen oder das Wertpotenzial eines Service zu erweitern.

Planungssicherheit

Ein Ziel im Financial Management besteht darin, die Finanzierung für die Lieferung und den Verbrauch von Services sicherzustellen. Dabei beschäftigt man sich mit der Kostenvorhersage (Prognose) und dem Ausgabenmanagement (Budgetplanung). Dies stützt sich auf die Prognose des Nachfrageverhaltens des Unternehmens zur Vorhersage der Service-Kosten. Historische Daten (z.B. Varianzen aus Business-Strategie, Inputs aus dem Kapazitätsbereich) helfen bei der Vorhersage, die anhand der Beurteilung und Sachkenntnis der verantwortlichen Personen(en) ausgearbeitet werden. Planung lässt sich dabei in die drei Bereiche Operating and Capital, Demand und Compliance einteilen.

Service Investment-Analyse

Hier geht es um Service- und Investment-Analysen. Dies ist die Bewertung der Investitionen im Hinblick auf den erwarteten Nutzen oder die zu erwartende Rendite. Das Ziel dieser Analyse ist es, in Bezug auf den gesamten Lebenszyklus des IT Service zum einen eine Aussage zu den Kosten und zum anderen bezüglich des Nutzens bzw. des Wertpotenzials treffen zu können. Die Granularität des Service und die Tiefe der Erfassung hat signifikante Auswirkungen auf das Ergebnis einer solchen Analyse. Dabei spielen unterschiedliche Analysewerkzeuge und die jeweilige Parameterauswahl (Größe, Umfang, Ressourcen, Kosten etc.) eine wichtige Rolle.

Accounting

Bei der Kostenrechnung (Accounting) geht es um die Ermittlung der Kosten, die zur Erbringung der Dienstleistungen anfallen. Dabei kommt der Kostenrechnung im Financial Management eine Art Übersetzerrolle zwischen Service Management und dem Finanzsystem des Unternehmens zu.

Im Rahmen der Kostenrechnung müssen im ersten Schritt die Kosten erfasst werden (Cost Recording) und dem richtigen Service zugeordnet werden. Anschließend werden die **Kostenartenrechnung**, die **Kostenstellenrechnung** und die **Kosten-**

trägerrechnung durchgeführt (siehe *Abbildung 5.23*). Die Kosten (siehe nächstes Unterkapitel) werden mit Hilfe einer exakten Kostenermittlung pro Kunde, pro Service, pro Aktivität usw. aufgeschlüsselt. Sind die exakten Kosten, z.B. aus der Vergangenheit, nicht vorhanden, müssen die einzelnen Kosten geschätzt werden. So kann dann aus den einzelnen Bestandteilen die Gesamtsumme ermittelt werden.

Da aber der IT Service für den Kunden im Mittelpunkt steht und dieser auch nur von der Kundenseite gesehen und angefordert wird, müssen die einzelnen Kosten, die mit den Services verbunden sind, genau ermittelt werden. Dies ist auch die Basis für eine Kosten-Nutzen-Analyse. Es geht stets um die Gegenüberstellung der beiden Größen Kosten und Leistungen.

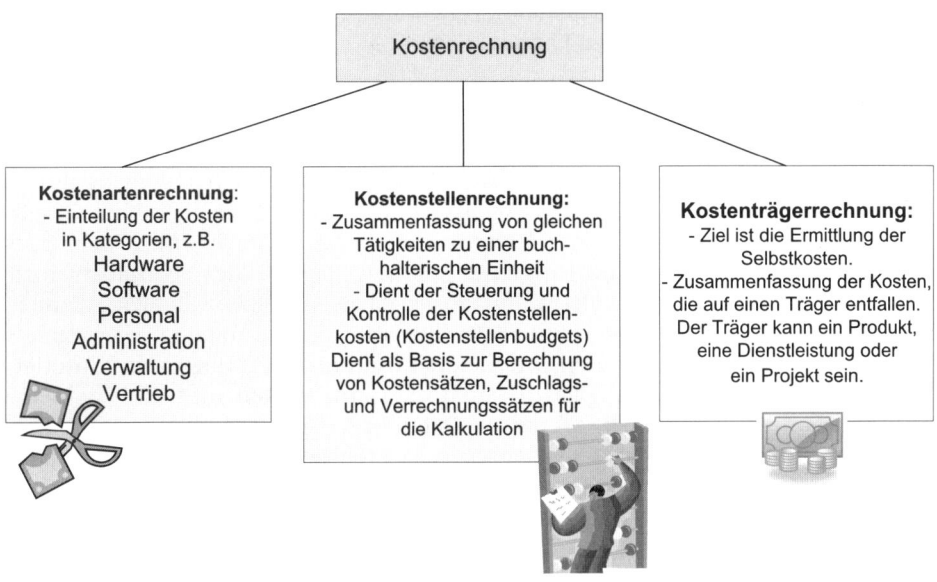

Abbildung 5.23: Bestandteile der Kostenrechnung

┌ Cost Unit

Eine Cost Unit (Leistungseinheit) ist die kleinste verrechenbare Einheit pro Ressource. In Bezug auf den Aspekt Personal ist eine Cost Unit identisch mit einer Arbeitsstunde. ┘

Der Nutzungsgrad der Services und ihrer Komponenten muss verbrauchsspezifisch ermittelt und kostenspezifisch auf die Nutzer verteilt werden, damit die IT-Organisation kostendeckend arbeiten kann. Neben den eigentlichen Bedürfnissen und dem Nutzungsverhalten des Kunden spielen, wie auch beim Capacity Management, die zukünftigen technologischen Entwicklungen eine Rolle. Diese müssen, ebenso wie Aussagen über die Nutzungs- bzw. Verbrauchsentwicklung des Kunden, in die finanziellen Überlegungen für die Organisation eingebunden werden. Kundenverhalten, das sich nicht immer an seine eigenen strategischen Vorgaben hält, sofern diese überhaupt vorhanden sind, und kurze Produktzyklen insbesondere im Software-Bereich machen Aussagen über die Zukunft und dementsprechende Planungen schwierig.

Eine nicht zu unterschätzende Aufgabe der Kostenrechnung liegt in der Bereitstellung von Informationen für die Preispolitik. Dazu gehören nicht nur die Daten für die Kalkulation.

Compliance

Unter dem Begriff „Compliance" wird die Gesamtheit der Maßnahmen umschrieben, die das rechtmäßige Verhalten eines Unternehmens und seiner Mitarbeiter sicherstellen sollen. Aus Sicht des Unternehmens dienen Compliance-Maßnahmen vor allem der Vorbeugung gegenüber Nachteilen und Einbußen, die dem Unternehmen infolge einer Rechtsverletzung entstehen können.

Es existieren sowohl internationale als auch nationale Regulatorien, die zum Teil branchenspezifisch sind, wie zum Beispiel „Basel II" im Bankenumfeld oder Sarbanes-Oxley, wo unter anderem das Thema einer detaillierten Dokumentation signifikanter Geschäftsprozesse gefordert wird. Ausschließlich deutsche Regulatorien wären HGB/AO (Handelsgesetzbuch/Abgabenordnung), BGB (Bürgerliches Gesetzbuch), SigG (Signaturgesetz) oder Verordnungen wie GDPdU (Grundsätze zum Datenzugriff und zur Prüfbarkeit digitaler Unterlagen) bzw. SigV (Signaturverordnung). „Compliance" ist vor allem ein Prozess-Thema, welches einer kontinuierlichen Pflege und Anpassungen an neue Gesetze und Verordnungen bedarf. Zudem muss es durch klare unternehmensinterne organisatorische Festlegungen hinterlegt sein. Technik ermöglicht lediglich, Regulatorien einzuhalten und der Nachweispflicht zu genügen. Der Zugriffsschutz auf Daten und die entsprechende Dokumentation sind ein Beispiel. Betrachtet man die einzelnen Komponenten der deutschen Definition „Übereinstimmung mit und Erfüllung von rechtlichen und regulativen Vorgaben", dann werden unterschiedliche Aspekte von Compliance deutlich:

- ◆ Authentizität
- ◆ Vollständigkeit
- ◆ Reproduzierbarkeit
- ◆ Unveränderlichkeit
- ◆ Prüfbarkeit
- ◆ Nachvollziehbarkeit

Variable Kostendynamik (Variable Cost Dynamics, VCD)

Betrachtet werden muss auch die variable Kostendynamik, um die Variablen zu untersuchen, die die Service-Kosten beeinflussen. Wie verändern sich Kosten, wenn das Service-Portfolio geändert wird, Fusionen stattfinden oder Unternehmen übernommen werden? Welche Auswirkungen verstecken sich hinter einer weiteren Abteilung, die den Service nutzen wird? In den meisten Fällen sind die Szenarien allein aus der Granularität des Service heraus bereits sehr komplex, was sich in der systemischen Analyse dann noch steigert.

Einige der typischen Aspekte und Fragestellungen spielen auch beim Thema Sizing und Performance eine wichtige Rolle, z.B. die Anzahl und Typen der Anwender (normale Anwender, Power-User, Administratoren etc.), Anzahl der Software-Lizenzen, Auslieferungsmechanismen, Anzahl und Arten der Ressourcen, Kosten beim Hinzufügen einer weiteren Speichereinheit, Kosten einer weiteren Endanwender-Lizenz und so weiter. Auch das Design und die Rollout-Optionen des Service sind bedeutende Faktoren bei der Kostenbetrachtung.

5.3.2 Kosten, Kosten, Kosten ...

Jede Preiskalkulation sollte zunächst berücksichtigen: Welche Kosten verursacht es im Unternehmen, ein Produkt herzustellen und zu verkaufen bzw. eine Dienstleistung zu erbringen? Dabei sind Kosten nicht gleich Kosten, sondern sie lassen sich in unterschiedliche Kostenarten und -kategorien gliedern (siehe *Abbildung 5.24*). Eine generelle Einteilung der Kosten wird als essenziell angesehen, um die angefallenen Kosten adäquat aufschlüsseln und dann umlegen zu können. Dies ist neben der Kostenrechnung auch für die Berechnung der Wertpotenzialbetrachtung relevant. Sind die konkreten Kosten für die einzelnen Kosten nicht bekannt, können sie nicht in die Wertberechnung einfließen.

Die Einteilung in Bezug auf die Kostentypen durch die Kostenartenrechnung ist nicht sehr tiefgehend und ordnet den Kosten lediglich Kategorien wie Hardware, Software, Personal, Administration, Verwaltung, Vertrieb oder Labor zu. Dies unterstützt zwar das Berichtswesen, Analyseansätze oder die Verwendung des Service und seiner Komponenten, kann aber noch weiter ausgeführt werden. Das Ziel ist eine entsprechend hohe Kostentransparenz, die durch eine Kosteneinteilung ermöglicht wird. Die Klassifikation der Kosten ist nach unterschiedlichen Gesichtspunkten möglich und kann dementsprechend komplex ausfallen. Für die Zurechenbarkeit existieren:

◆ Einzelkosten und Gemeinkosten: Je nachdem, wie Kosten bestimmten Kostenträgern zugeordnet werden können, ist die Rede von Einzel- oder Gemeinkosten. Einzelkosten lassen sich einem Kostenträger direkt zurechnen. Dies bezieht sich zum Beispiel auf das Material, das für ein Produkt verwendet wird oder mit einem Service einhergeht. Gemeinkosten lassen sich dem einzelnen Kostenträger nicht mehr direkt zuordnen. Sie können nur über Zuschlagssätze auf die verschiedenen Kostenträger aufgeteilt werden. Die Verwaltungskosten können z.B. nicht mehr einzelnen IT Services direkt zugeordnet werden.

Im allgemeinen ITIL®-Sprachgebrauch wird dabei von direkten (= Einzelkosten) und indirekten Kosten (= Gemeinkosten) gesprochen, was aber in der deutschen betriebswirtschaftlichen Terminologie nicht korrekt ist. Die Bedeutung ist aber gleich: Indirekte Kosten sind Kosten, die nicht spezifisch und exklusiv einem IT Service zugeordnet werden können, z.B. Gebäude (Büro), unterstützende Services (wie die Nutzung des Netzwerks) und Verwaltungskosten (Stunden). Diese müssen dann anteilig berechnet werden. Das Kriterium für die Kategorisierung lautet Zurechenbarkeit.

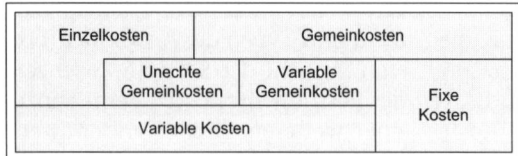

Abbildung 5.24: Kosteneinteilung nach Zurechen- und Veränderbarkeit

Für einen klaren Kostenüberblick sollte nach Kosten unterschieden werden, die regelmäßig in derselben Höhe anfallen, und nach Kosten, die nutzungsabhängig sind oder aus anderen Gründen Schwankungen unterliegen. Das Kriterium für die Kategorisierung lautet Veränderbarkeit.

◆ Variable Kosten sind Kosten, die sich der veränderten Marktlage und dem Nachfrageverhalten der Kunden und Anwender anpassen (Angebot und Nachfrage). Diese werden auch proportionale Kosten genannt. Die Materialkosten nehmen beispielsweise mit steigender Produktionsmenge insgesamt proportional zu. Sie verringern sich z.B. im gleichen Verhältnis, wie die Produktion zurückgeht. Die auf ein Stück umgerechneten Materialkosten bleiben bei schwankender Beschäftigung konstant. Variable Kosten erscheinen deshalb als verhältnismäßig unproblematisch. Zu dieser Kostenart gehören beispielsweise die Kosten für externe Mitarbeiter sowie für Druckertoner, Papier, Heizung und Strom. Diese Kosten entstehen in Abhängigkeit von den erbrachten Services.

Leider sind diese Kosten aufgrund ihrer Verbrauchsabhängigkeit nicht immer einfach vorherzusagen. Daher sollte man sich auf die Durchschnittskosten der Vergangenheit bei Beachtung der aufgetretenen Peak-Zeiten und -Ansprüche beziehen, um die Maximalkosten abschätzen zu können, die wenigstens einen Anhaltspunkt bieten können. Wichtig ist bei der Betrachtung der variablen Kosten auch die mögliche Entwicklung hinsichtlich einer Preisstaffelung, die dann relevant ist, wenn bestimmte Verbrauchsgruppierungen und -muster zusammengefasst und verrechnet werden (z.B. Transaktionsvolumen, Datenpakete bei UMTS-Verbindungen, Volumen bei File-Servern oder Mail-Datenbanken o.ä.)

◆ Fixe Kosten stellen Kosten dar, die von der Beschäftigung und Marktlage nur sehr unwesentlich abhängen. Sie können auch als Kosten der Betriebsbereitschaft bezeichnet werden. Die fixen Kosten verändern sich mit steigender oder sinkender Produktion nicht. Sie treten in jeder Abrechnungsperiode unverändert auf. Sie laufen auch dann weiter, wenn sich die Produktion (d.h. der Service) verringert oder gänzlich eingestellt wird. Allgemeine Beispiele sind Mieten und Pachten, Gehälter, Kfz- und Grundsteuer, Zeitabschreibung.

Eine dritte Unterscheidung der Kosten erfolgt auf der Grundlage von Kapital- und Betriebskosten (siehe *Abbildung 5.25*):

◆ Kapitalkosten: Diese Kosten stehen im Zusammenhang mit der Anschaffung von Vermögenswerten, die in der Regel langfristig verwendet werden. Der Aufwand für die Anschaffungskosten wird über mehrere Jahre hinweg abgeschrieben, wobei jedoch lediglich der Abschreibungsbetrag den Kosten zugerechnet wird. Die Finanzierung erfolgt über Fremd- und/oder Eigenkapital.

◆ Betriebskosten: Hierbei handelt es sich um regelmäßig auftretende Kosten, denen keine materiellen Betriebsmittel gegenüberstehen, z.B. Wartungsverträge für Hard- oder Software, Lizenzkosten, Versicherungsprämien usw.

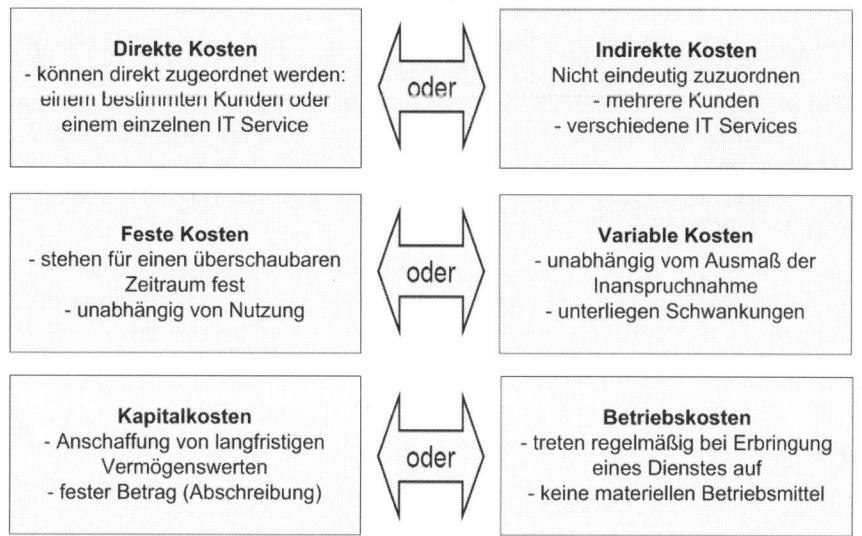

Abbildung 5.25: Kategorisierung der Kostenarten

Prozesskostenrechnung

ITIL® bedient sich in Bezug auf das Financial Management zahlreicher Aspekte, die vielfach in Unternehmen bereits durch den Einsatz der Prozesskostenrechnung erreicht werden können. Hier geht es darum:

◆ die Kosten, die ein Prozess, eine Dienstleistung oder ein Produkt verursachen, möglichst genau zu ermitteln;

◆ die gesamten Kosten eines Unternehmens oder eines Bereichs auf die Prozesse, Dienstleistungen oder Produkte, die sie verursachen, richtig zuzuordnen und zu verrechnen;

◆ Kostenstrukturen und Kostentreiber transparenter zu machen;

◆ Potenziale zu erkennen, wo sich Leistungen verbessern oder Kosten einsparen lassen;

◆ eine strategische Preispolitik am Markt zu verfolgen;

◆ Kostenbewusstsein bei den Mitarbeitern zu schärfen.

Die Prozesskostenrechnung ist eine vergleichsweise neue Methode des Controlling, um mehr Transparenz über die Kosten zu erhalten.

Daneben existieren weitere Einteilungsmöglichkeiten (siehe *Abbildung 5.26*):

◆ Funktionen in der IT-Organisation: Bei einer Einteilung nach betrieblichen Funktionen lassen sich die Kostenstellen abbilden, indem beispielsweise Betriebs-, Support-,
Vertriebs- und Verwaltungskosten erfasst werden.

◆ Herkunft der Kostenfaktoren: Primäre und sekundäre Kosten unterscheiden die Herkunft der Kosten. Die primären Kosten setzen sich aus Kosten zusammen, die direkt
entstehen. Dazu gehören Personal- und Hardware-Kosten. Sekundäre Kosten entstehen bei der innerbetrieblichen Leistungserbringung und setzen sich aus Primärkosten
sowie den zusätzlich investierten Mehrkosten zusammen, die zur Leistungserbringung
geführt haben. Sie werden deshalb auch gemischte, zusammengesetzte oder abgeleitete Kosten genannt.

Es existieren dabei unterschiedliche Kostenmodelle mit unterschiedlichen Kostenträgern. Bei einem Modell werden alle Kosten auf die Kunden bzw. die entsprechenden Abteilungen im Unternehmen, beim zweiten auf die IT-Dienstleistungen umgelegt.

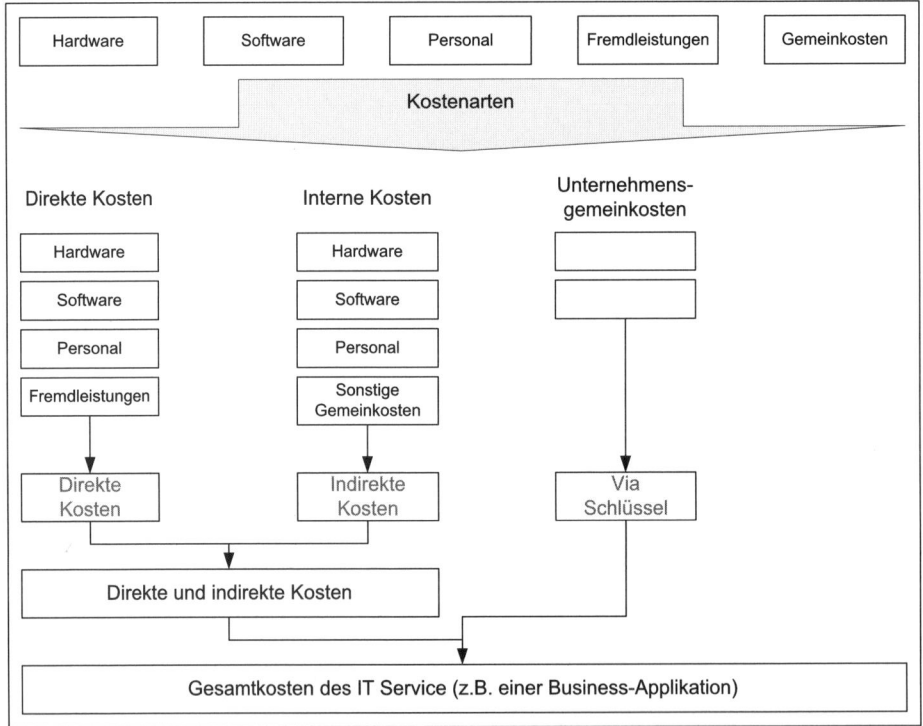

Abbildung 5.26: Kosteneinteilung pro Kunde bzw. Abteilung

Nachdem die Grundlage für die Überwachung der Kosten feststeht (zum Beispiel pro
Abteilung, pro Service oder pro Kunde), werden die Kostenarten erstellt, unter denen
die Kosten verbucht werden können. Beide Kostenmodelle nutzen die gleichen Kostenarten als Basis.

Beispielüberlegung: Kunden als Kostenträger

Bei der Verwendung des IT-Kunden als Kostenträger wird ausgehend von den Kostenarten eine Aufspaltung der Kosten vorgenommen. Die direkten Kosten wie dedizierte Server und Software werden direkt den Abteilungen zugeordnet. Die indirekten Kosten werden weiter in zurechenbare und nicht zurechenbare Kosten unterteilt. Die zurechenbaren indirekten Kosten, welche sich den Abteilungen verursachergerecht zuteilen lassen, werden zu den direkten Kosten der jeweiligen Abteilung addiert. Dazu werden Mengenschlüssel wie PCs und Lizenzen als Grundlage für die Aufteilung der Kosten herangezogen. Die PC- und Betriebssystem-Kosten werden dann entsprechend ihrer Anzahl pro Abteilung verteilt. Weitere Software wie Office-Pakete oder Lotus Notes-Installationen werden nach Lizenzanzahl aufgeteilt. Für nicht dedizierte Server und die Mainframe-Leistung kann beispielsweise die durchschnittliche CPU-Leistung als Bezugsgröße herangezogen werden. Komponenten wie Kabel, Router und Software werden zu einem indirekten Kostenblock (z.B. Kostenstelle Infrastruktur) zusammengefasst. Anstatt den genauen Verbrauch eines jeden Benutzers zu berechnen, werden diese gesammelten Kosten nach der PC-Anzahl verteilt. Die verbleibenden nicht zurechenbaren indirekten Kosten („Overhead-Kosten"), müssen mehr oder weniger willkürlich auf die Abteilungen verteilt werden. Vorgeschlagen werden zum einen die gleichmäßige Aufteilung der Overhead-Kosten zu je einem Drittel auf die drei Abteilungen und zum anderen eine Aufteilung im Verhältnis der bereits direkt und indirekt zugewiesenen Kosten. Werden diese Kosten auf die bereits zugeteilten addiert, steht als Ergebnis der Gesamtkostenblock pro IT-Kunde respektive pro Abteilung fest.

5.3.3 Modelle, Techniken und Methoden im Financial Management

Die Standardisierung und Industrialisierung der IT ist ein Trend, der das Ziel verfolgt, die Effizienz und Effektivität der IT in Unternehmen deutlich zu verbessern. Die Methoden und Konzepte, die zur Anwendung kommen, sind den Erfahrungen in der industriellen Fertigung entnommen. Dies bedeutet:

◆ Standardisierung von Prozessen und Services (Angebot an „IT-Produkten" von Seiten des Service Providers)

◆ Produktorientierung, das heißt Identifikation und Management der Nachfrage

◆ Optimierung der Wertschöpfungstiefe in der IT-Leistungserstellung

Die IT-Organisation muss die Kostenoptimierung als sich ständig wiederholende Aufgabe verstehen. Ihr aus internen und externen Services zusammengestellter Service-Katalog für die Fachabteilungen der Unternehmung müsste theoretisch mindestens genauso preiswert sein wie das Angebot eines Outsourcers plus der in Auslagerungsprojekten anfallenden internen Transaktionskosten.

Modelle zur Service-Bereitstellung und Sourcing-Strategien

Der Kernauftrag des Service Providers ist die Bereitstellung passgenauer und kosteneffizienter IT Services. Er muss einerseits die aktuelle Nachfrage optimal bedienen, andererseits aber auch schnell und flexibel auf sich verändernde Rahmenbedingungen auf Seiten der Anwender reagieren.

Mit dieser Fokussierung stellen sich für Unternehmen die unterschiedlichsten Fragen nach Kostenplanung, der Sourcing-Strategie oder der Prozesstiefe, d.h., in welchem Umfang die Bereitschaft besteht, Kompetenzen nach außen abzugeben. Sourcing steht dabei als allgemeiner Begriff für die Suche nach optimalen internen oder externen Geschäftslösungen. Darunter wird auch die Vorbereitung und Durchführung komplexer, optimaler Beschaffungsentscheidungen verstanden.

In der Vergangenheit spielte das Thema der Service-Bereitstellungsmodelle bzw. die unterschiedlichen Sourcing-Ansätze nur eine untergeordnete Rolle. Das lag unter anderem daran, dass in vielen Unternehmen für die Erbringung und den Bezug von IT-Leistungen eine interne Abteilung in Personalunion zuständig war. Heute hat in vielen Unternehmen eine Entkopplung dieser Themen stattgefunden. Im heutigen Spannungsfeld der IT zwischen Komplexität und Flexibilität, Kosteneffektivität und Nachhaltigkeit ist das partielle Outsourcing von IT Services eine mögliche Gestaltungsoption, egal, ob sich die Veränderung des Bereitstellungsmodells partiell oder ganzheitlich verändert. Outsourcing – in welcher Form auch immer – ist mit erheblichen Kosten und Risiken verbunden und bei den Mitarbeitern der IT-Organisation ein rotes Tuch, zumeist aufgrund von schlechten Erfahrungen mit diesem Thema und der eigenen persönlichen Betroffenheit.

Der zentrale Treiber für Outsourcing-Projekte ist meist das Bedürfnis, direkte und indirekte Kosten zu senken. Dies belegen zahlreiche Studien. Hintergrund ist, dass IT von vielen Managern auf Geschäftsleitungsebene überwiegend als Kostenfaktor gesehen wird.

„Outsourcing" ist ein Kunstwort aus „Outside", „Ressource" und „Using", das ganz allgemein die langfristige bzw. endgültige Vergabe von Leistungen an externe Anbieter beschreibt, die bisher selbst erstellt wurden." [Quelle: Deutsche Bank Research Nr. 43, vom 6. April 2004: Digitale Ökonomie und struktureller Wandel IT-Outsourcing]

Die Auflistung zahlreicher Sourcing-Strategien finden Sie in *Kapitel 5.5.2, Sourcing-Strategien*.

Outsourcing ist ein Ansatz zur Gestaltung von (unternehmensinternen) Erfolgspotenzialen und stellt damit eine Aufgabe der strategischen Unternehmensführung dar. Bevor endgültig eine Entscheidung für eine Verlagerung von Aktivitäten oder für eine spezielle Form des Sourcing gefällt werden kann, bedarf es einer entsprechenden Vorarbeit und einer tiefer gehenden Analyse (siehe *Abbildung 5.27*).

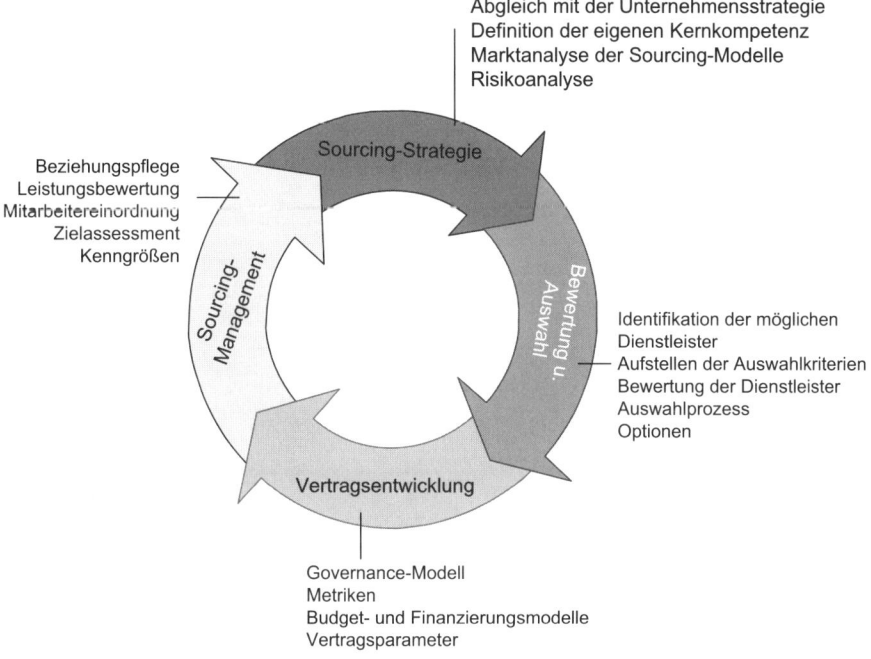

Abgleich mit der Unternehmensstrategie
Definition der eigenen Kernkompetenz
Marktanalyse der Sourcing-Modelle
Risikoanalyse

Beziehungspflege
Leistungsbewertung
Mitarbeitereinordnung
Zielassessment
Kenngrößen

Sourcing-Strategie

Sourcing-Management

Bewertung u. Auswahl

Identifikation der möglichen
Dienstleister
Aufstellen der Auswahlkriterien
Bewertung der Dienstleister
Auswahlprozess
Optionen

Vertragsentwicklung

Governance-Modell
Metriken
Budget- und Finanzierungsmodelle
Vertragsparameter

Service-Strategie

Abbildung 5.27: Sourcing-Lebenszyklus

Outsourcing kann einen wesentlichen Beitrag zur Erhaltung und Stärkung der Wettbewerbsfähigkeit von Unternehmen leisten. Es unterstützt Konzepte zur Restrukturierung und Konzentration auf das Kerngeschäft von Unternehmen. Es wird versucht, über ein stetes Vergleichen der eigenen Leistungen mit am Markt angebotenen Leistungen kontinuierlich nach Wegen zur Stärkung der Leistungskraft zu suchen. Outsourcing kann für Unternehmen ein Erfolgsweg sein, um Leistungsprogramme zu optimieren und besser auf die jeweiligen Markt- und Wettbewerbserfordernisse auszurichten sowie damit ihre Ertragsentwicklung nachhaltig zu verbessern. Aber Outsourcing ist kein Allheilmittel. Unternehmen sind deshalb gut beraten, wenn sie sich mit den Chancen und Risiken des Outsourcing systematisch auseinandersetzen (siehe *Abbildung 5.28*).

Neben den strategischen Gesichtspunkten, die bei einer Outsourcing-Entscheidung in jedem Fall berücksichtigt werden sollten, spielen auch operative Aspekte, etwa die Reduzierung von Kosten, die Beseitigung von Kapazitätsengpässen, die Verbesserung der Flexibilität etc., eine wichtige Rolle. Allerdings wäre es problematisch, sich bei einer Outsourcing-Entscheidung primär von kurzfristig orientierten, operativen Zielen leiten zu lassen.

Möglichkeiten zu kurzfristigen Kosteneinsparungen sind das vorherrschende operative Motiv für ein Outsourcing. Zudem kann Outsourcing auch die Voraussetzungen für mehr Kostentransparenz schaffen.

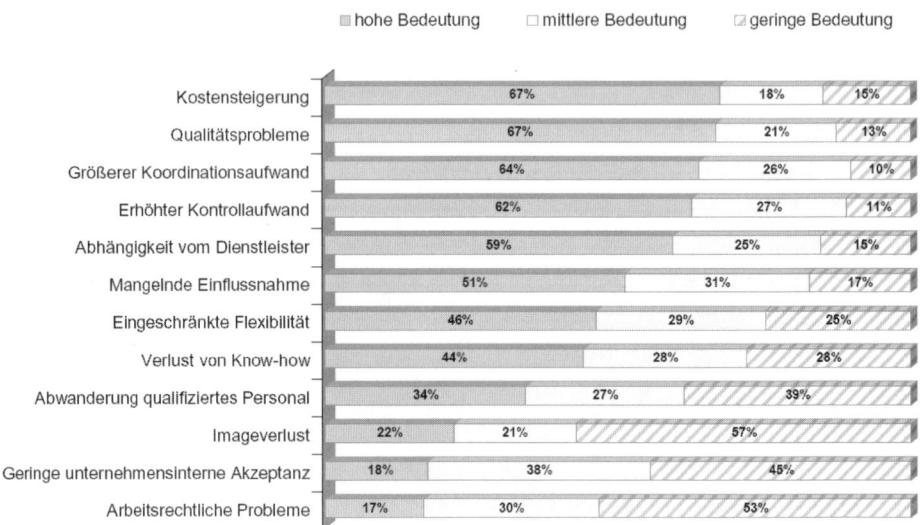

Abbildung 5.28: Risiken beim Outsourcing (Quelle: Zahm)

Der externe Dienstleister stellt die von ihm erbrachten Leistungen in Rechnung, und für das auslagernde Unternehmen entstehen mit dem externen Leistungsbezug überwiegend direkt zurechenbare Beschaffungskosten. Kostensenkungen werden durch eine Verminderung des im Unternehmen gebundenen Kapitals erreicht. Indirekte Kostensenkungseffekte ergeben sich durch Outsourcing-bedingte Risikominderungen. Mit der Fremdvergabe von Leistungserstellungen gehen Haftungsrisiken und Mangelhaftungsspflichten zum großen Teil auf den Leistungserbringer oder Dienstleister über. Ein ebenfalls klassisches operatives Auslagerungsmotiv ist die Beseitigung von Kapazitätsengpässen. Unternehmen können durch Outsourcing u.U. beweglicher werden. Als weiteres Outsourcing-Motiv wird die Personalreduzierung angeführt. In den meisten Fällen wird diesem Nutzenfaktor einer Auslagerung allerdings eine eher untergeordnete Rolle eingeräumt. Als Gründe dafür werden v.a. gesetzliche Restriktionen, aber ebenso die Gefahr des Know-how-Verlustes angeführt. Ein Outsourcing bewirkt in der Tat nicht zwangsläufig Personalabbau und Personaltransfer; oftmals wird der Weg einer internen Umsetzung gewählt, womit sich die Vorteile der Personalfreisetzung u.U. wieder relativieren.

ITIL® V3 erwähnt die Möglichkeit einer Art Ranking-System für unterschiedliche auszulagernde Aufgaben und Funktionen wie z.B. ein Service Desk. Dabei wird auf das jeweilige Sourcing-Modell für unterschiedliche Gesichtspunkte und Aufgaben ein Punktesystem verwandt, das stark an eine Nutzwertanalyse erinnert. Wichtig ist dabei der Vergleich zwischen unterschiedlichen Sourcing-Strategien oder Providern, um sich mit den unterschiedlichen vorgesehenen Aufgaben und Anforderungen auseinanderzusetzen und mögliche Auswirkungen auf die Kosten zu vergleichen. Weitere Möglichkeiten zur Analyse sind z.B. Stärken-/Schwächen-Profile oder Portfolio-Analysen.

Outsourcing ist nur auf den ersten Blick ein leichter Weg für schnelle Kostensenkungen. Der Schein trügt allerdings mitunter. Kosteneinsparungen ergeben sich nicht zwangsläufig. Nicht wenige Unternehmen sehen sich nach Auslagerungen sogar mit höheren Gesamtkosten konfrontiert, z.B. durch Überschätzung der eigenen Herstellkosten, mangelnde Fixkostenreduktion, Unterschätzung der Outsourcing-Kosten durch Koordinations-, Kommunikations- und Kontrollkosten, Widerstand im outsourcenden Unternehmen oder eine unpräzise Definition der Outsourcing-Leistungen.

Business Impact-Analyse (BIA)

Das Ziel einer BIA liegt in der Identifikation der spezifischen finanziellen (quantitativen), der nicht-finanziellen (qualitativen) und der operativen Auswirkungen, die der Ausfall oder die Unterbrechung eines Geschäftsprozesses über einen definierten Zeitrahmen auf die Gesamt-Performance der geschäftlichen Aktivitäten des Kunden nach sich zieht. Dies erlaubt die Identifikation derjenigen Geschäftsprozesse, die für den Weiterbestand des Unternehmens nach einem unerwarteten Zwischenfall kritisch sind.

Eine BIA gibt die Entscheidungsgrundlage für betriebswirtschaftlich sinnvolle Investitionen und hebt Risiken und wunde Punkte hervor, über die sich der Kunde bis dahin nicht oder nicht vollständig bewusst war. Es ist zu berücksichtigen, dass jeder Fachbereich glaubt, das, was er tut, sei kritisch.

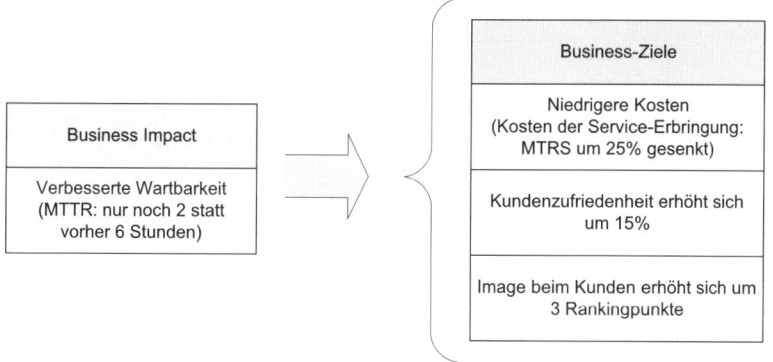

Abbildung 5.29: Mögliche beispielhafte Auswirkungen einer Verbesserung

Es ist sehr wichtig sicherzustellen, dass die Definition von „kritisch" eindeutig festgelegt und vorher mit dem Kunden abgestimmt wurde. Die Daten, die im Laufe einer BIA gesammelt wurden, müssen Informationen beinhalten, die die Beurteilung des relativen Risikofaktors der verschiedenen Geschäftsprozesse und der sie stützenden Ressourcen im Hinblick auf ihre Bedeutung für die Aufrechterhaltung der als kritisch eingestuften Geschäftsfunktionen möglich machen. Weitergehende Analysemöglichkeiten können sich auf die Verwendung von Six Sigma oder anderen Methoden aus dem Risikomanagement wie etwa Failure Modes and Effects Analysis (FMEA) stützen.

Neben der Identifizierung der kritischen Prozesse und Schwachstellen (Single Point of Failure) des Unternehmens geht es für das IT Service Management um die Analyse der angebotenen Services und der zugrunde liegenden IT Services mit den entsprechenden Assets. Auch die Abschätzungen von Service-Unterbrechungen und ihre Auswirkungen auf die Geschäftsprozesse sind wichtige Themen, die in den Bereich Continuity Management führen.

Die Rolle des Financial Managers

Diese Rolle ist für die Budgetierung, Kosten- und Leistungsverrechnung eines IT Service Providers zuständig. Er schneidert das Investitionsportfolio auf das Risikoprofil des Kunden zu.

5.3.4 Ansätze zur Leistungsverrechnung

Die Kostenfrage spielt mittlerweile auch in der Informationstechnologie (IT) eine übergeordnete Rolle. Zeiten, in denen Leistungen der IT ohne Rücksicht auf die Kosten verteilt werden konnten, sind vorbei. Heutzutage muss ein IT Management dafür sorgen, dass IT-Leistungen kostengünstig und effizient bereitgestellt und erbracht werden. Trotzdem fällt es vielen IT-Organisationen schwer, ein gesammeltes Leistungsverzeichnis bzw. einen Service-Katalog aller Dienstleistungen zu erstellen. Noch schwieriger gestaltet sich dies, wenn die Leistungen Produkte werden sollen, die auf dem Markt zu konkurrenzfähigen Preisen angeboten werden müssen. Spätestens an diesem Punkt müssen Qualität und Quantität der Leistungen einer IT vergleichbar sein, unabhängig davon, ob man in der IT als interne Leistungsverrechnung (ILV, Cost Center) oder als Anbieter (Profit Center) auftritt.

Cost Center oder Profit Center?

Ein IT Service Provider kann als Cost Center oder als Profit Center geführt werden.

Unter einem Profit Center versteht man eine ergebnisverantwortliche Teileinheit innerhalb eines Unternehmens, die rechtlich unselbstständig, aber organisatorisch abgegrenzt ist, eine Ergebnisrechnung führt, durch die bereichsspezifische Kennziffern wie der RoI (Return on Investment) ermittelt werden können und eine weitgehende Entscheidungsautonomie besitzt (Unternehmen im Unternehmen). Mit der Ausgestaltung als Profit Center ist das Ziel verbunden, dass sich der IT-Bereich künftig (im Unterschied zum Cost Center: Budgetierung) selbst tragen soll. Damit sollen idealerweise bessere Kostentransparenz, Kostenreduktionen und Qualitätsverbesserungen einhergehen. Allgemein ausgedrückt soll durch den Wandel zum Profit Center ein leistungs- bzw. erfolgsorientiertes Verhalten der Teilbereiche eines Unternehmens erreicht werden.

Cost Center erbringen in der Regel interne, nicht marktfähige Leistungen und unterhalten daher keine direkten Beziehungen zum externen Markt. Sie stellen eine organisatorische Einheit einer Unternehmung dar, die ihre Kosten nicht verrechnet/nicht verrechnen muss und deshalb unter betriebswirtschaftlichen Gesichtspunkten nicht kostendeckend oder mit Gewinnerzielungsabsicht arbeitet/arbeiten muss.

Die Profit-Center-Rechnung ermöglicht die Steuerung der IT Service-Einheiten und fördert unternehmerisches Handeln. Die Cost Center-Rechnung ermöglicht die Planung und Steuerung der Kosten in den verantwortlichen produzierenden Einheiten.

Die Verrechnung von intern verursachten Kosten bzw. die Leistungsverrechnung (Charging) basiert auf dem ökonomischen, rationalen Wunsch der IT-Organisation, mindestens kostendeckend zu arbeiten. Dies gilt als Refinanzierung der entstandenen IT-Kosten.

Finanzierungsmodelle

Der Planungsaspekt des Financial Managements und die Finanzierung des IT Service Managements schaffen klare und definierte, konsistente Strukturen bezüglich der strategischen Unternehmensziele, der Geschäftsprozesse und der anfallenden Kosten. Werden im Rahmen der Unternehmens- und Strategieplanung die langfristigen Zielsetzungen eines Unternehmens ausgearbeitet, so werden für die jeweiligen Ziele eines Zeitraums Finanzpläne definiert, um die Bereitstellung und Rückzahlung der finanziellen Mittel zu planen (siehe *Abbildung 5.30*). Die Finanzplanungsmethode ist abhängig von der Finanzpolitik, die in einem Unternehmen verfolgt wird:

- ◆ Incremental Budgeting/Rolling Plan Funding: Planung auf Basis der Vorjahreszahlen und der historischen Entwicklung. Diese Art der Planung für die Finanzierung eines Service fokussiert auf einen konstanten Zyklus mit wenigen Veränderungen.

- ◆ Trigger-Based Plan: Diese Art der Planung erfolgt nicht kontinuierlich, sondern aufgrund von äußeren Einflüssen und Anstößen, die als Auslöser für dieses Modell dienen, z.B. durch das Capacity Management.

- ◆ Zero-Based Budgeting/Funding: Durch diese Methode sollen keine fixen Gemeinkostenblöcke gebildet werden, sondern die Zahlungsströme dahin gelenkt werden, wo sie am dringendsten gebraucht und am besten eingebracht werden (Verteilung nach Notwendigkeit und Bedürfnissen).

Abbildung 5.30: Finanzierung und Refinanzierung

Möglich sind für die hier vorgestellten Ansätze konstante unabhängige Zyklen der Wiederbefüllung der finanziellen Reserven oder zyklische Aktivitäten, die sich am jährlichen Kreislauf des Geschäftsjahres orientieren.

Service-Strategie

Eine kosteneffektive Service-Bereitstellung erfordert genaue Vereinbarungen über die zu erbringenden Services sowie über die Kosten, die in diesem Zusammenhang verursacht werden. Ohne Kenntnisse über anfallende Kosten und die verwendeten Ressourcen zu den genutzten IT Services ist zukunftsgerechte Planung nicht nur für das Unternehmen schwierig.

Eine Verrechnung der Kosten für die erbrachten Services funktioniert allerdings nur, wenn die tatsächlich verursachten Nutzungskosten für die IT Services bekannt sind. Es muss jedoch festgelegt werden, wie das Pricing erfolgen soll (z.B. Kosten, Kosten plus Aufschlag, Marktpreis oder Festpreis). Dies wird über die Preisgestaltung gelöst. Bevor ein Preis festgesetzt wird, werden die Verrechnungsgrundsätze (Charging Policies) definiert. Es sind unterschiedliche Methoden für die Einführung der Leistungsverrechnung, z.B. von einer Stufenform bis hin zur realen Verrechnung, denkbar:

◆ Kommunikation der Informationen (Communication of Information, No Charging), um die Kunden für die Kosten zu sensibilisieren, die durch die Nutzung der IT-Leistungen durch ihre Abteilungen entstehen.

◆ Stufen-Modelle/abgestufte Bestellung (Tiered Subscription): Es werden unterschiedliche Abstufungen von Utility und Warranty in Bezug auf eine Service-Leistung angeboten und von Kundenseite in Anspruch genommen (beispielsweise Gold – Silber – Bronze).

◆ Gemessener Verbrauch (Metered Usage): Messung und Aufarbeitung der tatsächelich On-Time genutzten Services. Dieses Verrechnungsmodell stützt sich auf eine ausgereifte Finanzumgebung, entsprechende Fähigkeiten und Möglichkeiten, um Aufzeichnungen und Weiterverrechnungsleistungen überhaupt anbieten zu können.

◆ Notational Charging: Die Leistungen werden zwar fiktiv in Rechnung gestellt, müssen jedoch noch nicht bezahlt werden. Diese Methode gibt der IT-Organisation die Möglichkeit, Erfahrungen zu sammeln und eventuelle Fehler zu korrigieren.

Die Ermittlung des Preises für einen bestimmten Service (Preisbildung) gestaltet sich häufig als sehr komplexes Unterfangen, das sich aus den folgenden Schritten zusammensetzt:

◆ Ermittlung der direkten und der indirekten Kosten

◆ Feststellung des Preisniveaus auf dem Markt

◆ Bedarfsanalyse des Services auf dem Markt

◆ genaue Analyse der Kundenzahl und der Konkurrenz

Neben der Refinanzierung der Kosten beeinflusst der Preis auch die Nachfrage nach dem Produkt bzw. Service. Dies dient als Instrument zur Nachfragesteuerung beim Kunden. So können auch neue Services mit relativ niedrigen Preisen eingeführt werden, die über andere etablierte Services mitfinanziert werden.

Es gibt unterschiedliche Preisstrategien, zum Beispiel:

◆ Cost Plus (Kosten plus Aufschlag): Enthält mehrere Berechnungsmodelle, die alle auf die Verrechnung verursachter Kosten plus Gewinnprozentsatz (Cost + % Aufschlag) hinauslaufen. Die Kosten und die Gewinnspanne können auf unterschiedliche Weise definiert werden:

- Gesamtkosten einschließlich Gewinnmarge.
- Nebenkosten plus Gewinnspanne (zur Deckung der durchschnittlichen Festkosten, Kosten pro Posten und Kapitalerträge ausreichend)
- Eine der beiden oben genannten Möglichkeiten, jedoch mit einer Gewinnspanne von 0 %

◆ Target Return (Festpreis): Bezieht sich auf Services, für die bereits im Vorfeld die erforderlichen Erträge festgelegt wurden

◆ What the Market will bear (Marktpreis) im Sinne marktüblicher Preise

5.3.5 Exkurs: Rentabilitätsberechnung

Immer noch fließt viel Geld in die IT. Es ist daher verständlich, dass das Top-Management in Zukunft sehr viel genauer auf den Return on Investment bzw. die betriebswirtschaftlichen Gründe und den Nutzen von Investitionen und Projekten schauen wird.

Eine wesentliche Steuerungsdimension für IT-Investitionen ist in den meisten Branchen weiterhin der Business Case als betriebswirtschaftliche Grundlage. Er besitzt als quantitatives Element hohes Gewicht. Denn sich ausschließlich auf NPV (Net Present Value), RoI (Return on Investment) oder Amortisationszeiträume zu verlassen, greift zu kurz. Die strategische Ausrichtung einer Investition in einen IT Service und damit auch das Maß, in dem der Service die Gesamtstrategie unterstützt, stellt dabei die am schwierigsten messbare und am meisten vernachlässigte Dimension dar. Unternehmensstrategien liegen selten in einer Form vor, gegen die sich Projekte direkt messen lassen. Da jedoch der Wertbeitrag der IT nicht nur in Euro, sondern zunehmend am Grad der Unterstützung des Geschäftsmodells gemessen wird, ist eine Beurteilung nötig und sinnvoll.

Die Return on Investment-Berechnungen gehen zurück auf Donaldson Brown, einen Ingenieur bei der Chemiefirma Dupont in Wilmington, Delaware. Er hat bereits im Jahr 1919 Formeln für das Unternehmens-Controlling entwickelt. 2002 definierte David Pearce im „MIT Dictionary of Modern Economics" den RoI als einen „allgemeinen Ansatz, um die Erträge von Kapitalinvestitionen anzugeben, wobei der Gewinn als prozentualer Anteil an der Investitionssumme ausgedrückt wird."

Aus dem Return on Investment (RoI) lässt sich der Gewinn pro investierter Kapitaleinheit ermitteln. RoI ist eine Größe für die Wirtschaftlichkeit einer Investition. RoI sagt etwas aus über die erwirtschaftete Kapitalverzinsung, über den Rückfluss des investierten Kapitals in einem bestimmten Zeitraum. Der Nutzen kann dabei direkt monetär erkennbar sein, oder er wird durch Schätzungen und Näherungen monetär dargestellt. Im exakten Quantifizieren des „nicht-monetären" Nutzens liegt oft das Problem: die Aussagekraft von RoI-Betrachtungen.

Mehr als 70% aller größeren IT-Investitionen müssen mit einer RoI-Analyse oder einer anderen Form der Kosten-Nutzen-Analyse begründet werden. Einer Umfrage von CFO-IT zu Folge, einer führenden Fachzeitschrift für IT und Finanzen, nutzen weniger als 9% der Unternehmen bei der Mehrzahl ihrer IT-Investitionsentscheidungen eine formale RoI-Analyse.

Die RoI-Berechnung ist sehr einfach, und sie liefert leicht zu interpretierende Prozentwerte. Deshalb wird sie so gern benutzt. Doch sobald verschiedene Optionen betrachtet werden, ist der Blick über den Tellerrand und eine kritische Betrachtung der Berechnungsmethode notwendig. Ist das Projekt mit dem höheren RoI tatsächlich die bessere Investition? Für eine korrekte Interpretation des RoI muss der betrachtete Zeithorizont angegeben werden. Darüber hinaus berücksichtigt die RoI-Berechnung nur die direkten Kosten, die aber in der IT deutlich unter dem tatsächlichen Kostenapparat liegen. Zudem sagt der RoI nichts über das Investitionsrisiko aus.

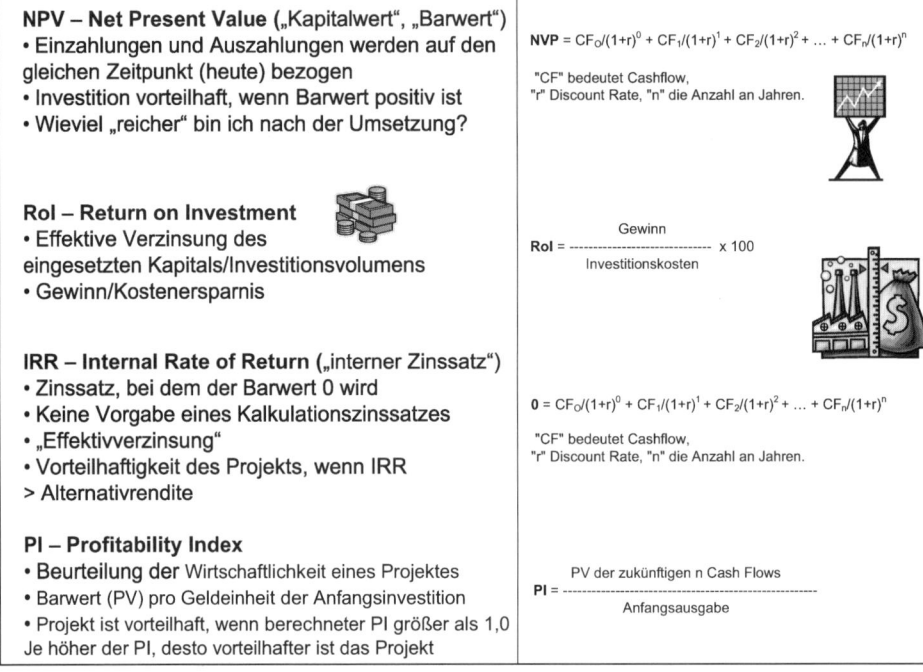

NPV – Net Present Value („Kapitalwert", „Barwert")
- Einzahlungen und Auszahlungen werden auf den gleichen Zeitpunkt (heute) bezogen
- Investition vorteilhaft, wenn Barwert positiv ist
- Wieviel „reicher" bin ich nach der Umsetzung?

$$\text{NVP} = CF_0/(1+r)^0 + CF_1/(1+r)^1 + CF_2/(1+r)^2 + \ldots + CF_n/(1+r)^n$$

"CF" bedeutet Cashflow,
"r" Discount Rate, "n" die Anzahl an Jahren.

RoI – Return on Investment
- Effektive Verzinsung des eingesetzten Kapitals/Investitionsvolumens
- Gewinn/Kostenersparnis

$$\text{RoI} = \frac{\text{Gewinn}}{\text{Investitionskosten}} \times 100$$

IRR – Internal Rate of Return („interner Zinssatz")
- Zinssatz, bei dem der Barwert 0 wird
- Keine Vorgabe eines Kalkulationszinssatzes
- „Effektivverzinsung"
- Vorteilhaftigkeit des Projekts, wenn IRR > Alternativrendite

$$0 = CF_0/(1+r)^0 + CF_1/(1+r)^1 + CF_2/(1+r)^2 + \ldots + CF_n/(1+r)^n$$

"CF" bedeutet Cashflow,
"r" Discount Rate, "n" die Anzahl an Jahren.

PI – Profitability Index
- Beurteilung der Wirtschaftlichkeit eines Projektes
- Barwert (PV) pro Geldeinheit der Anfangsinvestition
- Projekt ist vorteilhaft, wenn berechneter PI größer als 1,0
Je höher der PI, desto vorteilhafter ist das Projekt

$$\text{PI} = \frac{\text{PV der zukünftigen n Cash Flows}}{\text{Anfangsausgabe}}$$

Abbildung 5.31: Kapitalbudgetierungsverfahren

Aus diesen Gründen ist zu empfehlen, die RoI-Ermittlung durch weitere Möglichkeiten zur Rentabilitätsberechnung zu ergänzen. Dies kann in unterschiedlichen Ausprägungen durchgeführt werden. Beispiele hierfür sind die Kalkulation der Amortisationsdauer, Betrachtung des Wertes eines Vorhabens in Form der Zahlungsströme (NPV) und die interne Ertragsrate eines Vorhabens (IRR):

◆ Das Modell der Total Cost of Ownership (TCO) impliziert zwar eine gesamtheitliche Betrachtung, meist berücksichtigt die TCO aber lediglich die direkten Kosten wie den Anschaffungspreis und die indirekten Kosten wie Wartungsverträge, Betriebskosten etc. Es sind aber zwei weitere Kostenarten relevant: die Switching Costs und die Opportunity Costs. Switching Costs entstehen dadurch, dass entweder heute eine existierende technische Plattform ersetzt wird oder morgen Folgekosten aus einer vorhandenen Technologie erwachsen. Opportunitätskosten (auch Alternativkosten, Verzichtskosten oder Schattenpreis) sind entgangene Erlöse, die dadurch entstehen, dass vorhandene Möglichkeiten (Opportunitäten) zur Nutzung von Ressourcen nicht wahrgenommen werden. Die gemeinsame Betrachtung der drei liefert also ein stimmigeres Bild der Kostensituation als das reine TCO-Modell.

◆ Eng verknüpft mit dem RoI ist auch die Berechnung der Payback Period (PBP). Sie bezeichnet die Zeitspanne (in Monaten), die vergeht, bis der kumulierte Geldstrom, den die Investition oder das Projekt generiert, also der Cashflow, ein positives Vorzeichen bekommt. Anders formuliert, misst die PBP die Dauer des Projekts bis zu dem Zeitpunkt, an dem die Einnahmen den Ausgaben entsprechen, also der „Break-even" erreicht ist.

Mit der Payback Period lässt sich zwar die Frage beantworten, ab wann ein Investment einen Ertrag liefert. Wie hoch dieser wirklich ist, verrät die PBP-Berechnung allerdings nicht. Hier hilft die Berechnung des Net Present Value (NPV), wobei künftige Kapitalerträge auf einen bestimmten Zeitpunkt umgerechnet werden. Dabei werden auch Zinsen und Inflation berücksichtigt. Ergebnis ist eine monetäre Kennzahl in Euro. NPV zeigt also den Wert eines Stroms zukünftiger Cashflows, die durch irgendeinen Prozentsatz zur Gegenwart diskontiert werden, der die minimale gewünschte Rendite darstellt. Unbedingt berücksichtigt werden muss dabei aber die Tatsache, dass im Berechnungszeitraum Inflations- und Zinseffekte wirksam werden. Deswegen ist es hilfreich zu wissen, welchen heutigen Wert die künftigen Erträge repräsentieren. Und genau diese Frage beantwortet der NPV.

◆ Bei der Frage, wie sich mit einem limitierten Budget das bestmögliche Ergebnis erzielen lässt, hilft der NPV – allerdings ohne eine Aussage zur Höhe des Erst-Investments. Hier hilft zum einen der Profitability Index (PI). Stehen mehrere voneinander unabhängige Investitionsprojekte zur Auswahl, ist aber das zur Verfügung stehende Kapital beschränkt, wird nicht der Kapitalwert als Entscheidgrundlage gewählt. Dann ist die möglichst rentable Investition auszuwählen, und die unterschiedlichen Möglichkeiten werden in Bezug auf ihren Rendite-Index aufgelistet. Letztendlich kommen nur Projekte mit einem Rendite-Index über 1 in Frage, was einem positivem Kapitalwert entspricht.

◆ Eine andere Methode ist die Internal Rate of Return (IRR). Mit steigendem Zinssatz geht der NPV zurück, bis er irgendwann den Wert 0 annehmen könnte. Der Zinssatz r, bei dem genau das passiert, wird mit der IRR-Methode ermittelt. IRR berechnet so eine Break-even-Rendite. Es zeigt den Diskontsatz, unterhalb dessen eine Investition einen positiven NPV verursacht (und getätigt werden sollte) und über dem eine Investition einen negativen NPV verursacht (und vermieden werden sollte). Es ist der Break-even-Diskontsatz, der Zinssatz, bei dem der Wert der Cash-Abflüsse dem Wert der Cash-Zuflüsse entspricht.

Der große Unterschied zwischen PI und IRR besteht darin, dass der Net Present Value in Währungseinheiten ausgedrückt wird (z.B. Euro oder Dollarl). Der IRR ist dagegen der tatsächliche Zinsertrag, der von einer Investition erwartet wird, ausgedrückt als Prozentsatz.

Als **dynamische Verfahren** sind die *Kapitalwertmethode* (Net Present Value), *interne Zinssatzmethode* (IRR) [NPV = 0 IRR] und der *Rendite-Index* (Profitability-Index) [PI = (NPV + I0)/I0 = PV/I0] anzusehen.

Den **statischen Verfahren** werden *Kostenvergleich* (beachte: Zins auf die durchschnittlichen Anschaffungskosten berechnen [(Anfangswert + Endwert)/2] = durchschnittlich investiertes Kapital), *Gewinnvergleich* (Ertrag – Kosten), *Rentabilitätsrechnung* (Gewinn/durchschnittl. investiertes Kapital) und die *Payback-Regel* (wie lang dauert es, bis Investition amortisiert ist?) zugerechnet.

Statische Methoden sind relativ einfach und werden daher bei kleinen Investitionsbeträgen oft bevorzugt. Dynamische Bewertungsverfahren sind aufgrund umfassender finanztheoretisch fundierter Analyse in der Regel zu bevorzugen. Bei Bewertungsverfahren unter Unsicherheit bieten Szenariobildung, Sensitivitätsanalysen oder Break-even-Berechnung zusätzliche Entscheidungshilfen.

Es gibt eine ganze Reihe weiterer Methoden, die insbesondere von IT-Beratungshäusern beworben werden. Beispiele hierfür sind Real Cost of Ownership von META Group, Total Economical Impact von Giga Group oder Total Value of Opportunity von Gartner Group.

Von der Verwendung einer einzigen Methode als alleinige Argumentationsbasis ist abzuraten. Erst durch das Zusammenspiel der Bewertungsverfahren erreicht die Beurteilung von IT-Investitionen einen relativ hohen Grad an Transparenz und Sicherheit. Die Qualität der Aussagen hängt jedoch direkt von den zugrunde gelegten Modellannahmen ab. Gerade deshalb ist es wichtig, saubere Modelle für die Business Case-Verwendung zu erstellen. Eine alleinige Verwendung des RoI ist aber in jedem Fall unzureichend.

Eine ganz andere Sicht

Robert S. Kaplan, einer der maßgeblichen Entwickler der betriebswirtschaftlichen Ansätze des Activity Based Costing und Balanced Scorecards, ist der Meinung, dass man für strategische IT-Investititionen keinen RoI berechnen könne. Robert S. Kaplan verweist diesbezüglich auf sein Buch „Strategy Maps", das er gemeinsam mit David Norton geschrieben hat.

> *„None of these intangible assets has value that can be measured separately or independently. The value of these intangible assets derives from their ability to help the organization implement its strategy... Intangible assets such as knowledge and technology seldom have a direct impact on financial outcomes such as increased revenues, lowered costs, and higher profits. Improvements in intangible assets affect financial outcomes through chains of cause-and-effect relationships."*

Im Falle einer Maschine oder einer Produktionsanlage (tangible assets = materielle Vermögensgegenstände) ist die Berechnung eines RoI zwar aufwändig, aber möglich. Die Faktoren einer solchen Kapazitätserweiterung sind klar, wenn sie auch zum Teil geschätzt werden müssen. Bei strategischen IT-Investitionen (intangible assets = immaterielle Vermögensgegenstände) hingegen folgt fast immer eine lange Kette von Ursache-Wirkungs-Beziehungen („chains of cause-and-effect-relationships"), die die Berechnung verhindern. Human Capital und Organizational Capital spielen so stark hinein, dass der Erfolg der IT meist zu wenig abschätzbar ist.

5.3.6 Schnittstellen des Financial Managements

Financial Management ist als ein integraler Bestandteil des Service Managements anzusehen. Es stellt die essenziellen Management-Informationen zur Verfügung, die für die Gewährleistung einer effizienten, wirtschaftlichen und kostenwirksamen Erbringung des Services benötigt werden. Kurz: Es geht um die Finanzmittelplanung, Identifizierung, Überwachung und Weiterberechnung der Kosten im IT-Bereich. Dabei nimmt das Financial Management für andere Prozesse und Themen der IT eine wichtige Rolle ein.

Zahlreiche Schnittstellen fragen nach Informationen aus dem Financial Management, bereiten diese auf, nutzen, verwerten sie oder liefern selber Daten an diesen Prozess. Dies können Projekt-Management-Organisationseinheiten, Support-Bereiche, Anwendungsentwicklung, Infrastrukturbereiche oder Change Mangement, Geschäftsbereiche oder Service Level Management sein. Service-Kosten waren schon immer ein heikler Punkt in jeder IT-Organisation. Wer kann Ist-Zahlen und Budget der einzelnen Service-Bestandteile liefern? Wo wird eine Grenze gezogen? Was dürfen Changes kosten, und wer bezahlt sie?

Wichtig ist aber auch, dass die Kosten über den Bereich der Service-Strategie im Auge behalten werden. Dies müsste eigentlich sowohl über die „Transition" als auch im „Operation" anhand einer konsequenten Verantwortlichkeit für den Vergleich von Budget- und Service-Kosten mit den Strategy- und Designvorgaben geregelt werden. Das gilt sowohl für die Kosten der Einführung von Services als auch für die des laufenden Betriebs. ITIL® V3 sieht vor zu warten, bis der Service dem Zyklus der nächsten Continual Service Improvement-Maßnahme unterliegt, da hier erst der Gesamtwert des Prozesses oder des IT-Services gemessen und bewertet wird. Dabei wird die Feedback-Schleife zurück von den Erfahrungen des Betriebs in die Strategie, aber auch in die anderen drei ITIL®-Bestandteile geliefert. Dann startet der Lifecycle von Neuem, um die gewonnenen Erkenntnisse zur Verbesserung umzusetzen.

5.4   Demand Management

Ein effizientes IT-Demand-Management ist eine Basis, um den Wertbeitrag der IT nachhaltig zu steigern. Demand Management bestimmt die Anforderungen an die Services, beeinflusst die Nachfrage und stellt die notwendigen Kapazitäten für die Umsetzung der Service-Anforderungen bereit. Es ist ein wichtiger Aspekt in Sachen Service Management. Dabei muss stets sichergestellt werden, dass die IT Services der Service-Strategie und der geplanten Entwicklung des IT Service-Modells entsprechen. Demand Management unterstützt interne und externe Unternehmenskunden dabei, die geplanten oder angebotenen IT Services besser zu verstehen und zu bewerten. Es hilft, Lösungen für Anforderungen zu entwickeln.

Demand-Management ist eine wesentliche Voraussetzung für die Ausrichtung der IT an den Geschäftsbedürfnissen, auch als Business IT Alignment bezeichnet. Die vorhandene Kapazität an IT-Ressourcen ist fast immer allein auf Grund organisationsbedingter Anfragen mehr als ausgelastet. Zwar entfallen nur 25 Prozent des IT-Budgets und der IT-Ressourcen auf Projekte. Doch 75 Prozent der Service-Anfragen an eine typische IT-Organisation sind für den fortlaufenden Betrieb von entscheidender Bedeutung und machen es erforderlich, bei Bedarf sofort zu reagieren und einzugreifen.

Abbildung 5.32: Demand Management als einer der drei Prozesse der Service-Strategie

Sowohl Überkapazitäten als auch nicht abgefederte Nachfragespitzen der Kundenseiten erzeugen für beide Seiten – Kunde und Service Provider – eine negativ geprägte Situation. Ausreichende Planung, Trendanalyse, Service Level Agreements und die Steuerung zusammen mit dem Kunden sollten Unwägbarkeiten und Schwankungen des Nachfrageverhaltens mindestens reduzieren, da eine vollkommene Vermeidung unter realistischen Gesichtspunkten wohl nicht möglich ist.

Das Demand Management hilft bei der Steigerung der Effizienz der Service-Organisation durch einfühlsame Anleitung des Kunden bei der Erfüllung seiner Service-Anforderungen. Durch kontinuierliche Beratung kann das Demand Management den Kunden zur Aufgabe von kostenintensiven Services bewegen und hilft, Alternativen zu finden. Dadurch trägt das Demand Management zur allgemeinen Kostenreduktion bei.

Die Preisgestaltung ist dabei also ein sehr effektives Werkzeug („Pricing Incentives"). IT-Kosten werden direkt durch die Wünsche der Business-Seite und indirekt durch Komplexitätssteigerungen im IT-Betrieb in die Höhe getrieben. Das Verständnis für diesen Zusammenhang muss in den meisten Unternehmen erst geweckt werden. Transparenz hinsichtlich zu erwartender Kosten trägt dazu bei, interne Kunden entsprechend zu sensibilisieren.

Im besten Fall sollten Verbrauch und Angebot der Services synchron erfolgen, wobei die Nachfrage den Zyklus in Gang hält (siehe *Abbildung 5.33*). Verbrauch produziert Nachfrage, was wechselseitig zu mehr Nachfrage führt. Diese Nachfrage muss sich aber bereits manifestiert haben.

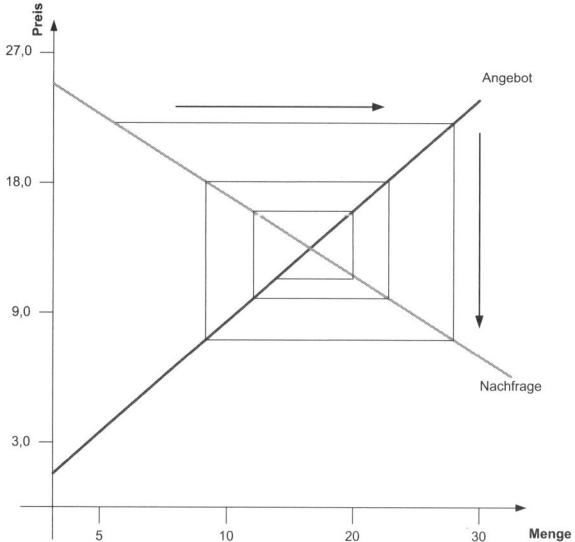

Abbildung 5.33: Das Angebot folgt der Nachfrage (Spinnweb-Modell)

Das Demand Management umfasst alle Aktivitäten, die dazu dienen, einerseits die Ziel- und Anforderungserreichung der Kunden zu gewährleisten und andererseits die Kosten in der IT-Organisation zu kontrollieren und eine kontinuierliche Senkung der Kosten zu ermöglichen. Dazu werden die Service- bzw. Geschäftsanforderungen der Kunden ermittelt, bewertet und in Relation zu den Kosten gestellt. Auf diese Weise kann die Service Organisation ein Gefühl für die Qualität der IT Services beim Kunden erreichen und dennoch die Ausgaben in manchen Bereichen reduzieren.

Techniken im Demand Management wie volumenbasierte Tarife, Handling von Peak-Zeiten oder Zeiten, in denen üblicherweise wenig Nachfrage und Belastungen stattfinden, oder spezielle Abstufungen der Service Level können die Nachfrage der Anwender und Kunden in Bezug auf ihre Muster (Patterns) und ihr typisches Verhalten (je nach Rolle) beeinflussen.

Die Nachfrage ist nicht vorhanden, weil irgendeine Art von Kapazität existiert. Nachfrage existiert aufgrund von spezifischen Bedürfnissen. Geschäftsaktivitäten sind die Ursache für eine Nachfrage nach einem Service. Und dies ruft die Nachfrage nach Kapazitäten hervor.

Dabei wird unter ITIL® V3 wieder ein Vergleich aus dem Produktionsbereich gewählt. Services sind keine Güter, die gelagert oder auf Vorrat gehalten oder als Halbfabrikate auf Halde gelegt werden. In Sachen Services ist Just-In-Time (JIT) gefragt, was ja auch schon einige Global Player zu entsprechenden Strategien und entsprechenden Slogans aus der Marketingecke verführt hat wie etwa „Service on Demand".

⌐ **Just-In-Time (JIT)/Just-In-Sequence (JIS)**

Gegenstand des Just-In-Time-Konzepts, das auf den Japaner Ohno zurückgeht, ist die verschwendungsfreie und bedarfsgerechte Realisierung unternehmensinterner und -übergreifender Austauschprozesse. Indem Güter zur richtigen Zeit und in der benötigten Menge beschafft werden und zur Verfügung stehen, stellt dieses Konzept die Möglichkeit dar, Verschwendung, Ungleichmäßigkeiten und Unzweckmäßigkeiten zu beseitigen und die Effizienz zu verbessern. Durch die Flexibilisierung der Belieferungskonzepte reagieren Unternehmen des produzierenden Gewerbes auf die steigende Kundensensibilität hinsichtlich kurzer Lieferzeiten, einer hohen Liefertermintreue und hoher Änderungsflexibilität. Dabei ist nicht allein die Bereitstellung der richtigen Teile zur richtigen Zeit in der richtigen Menge und Qualität am richtigen Ort relevant, sondern vielmehr die effiziente Steuerung der gesamten Lieferkette (Supply Chain). Jeder Kunde erhält sein Produkt zum vereinbarten Liefertermin in der gewünschten Qualität am gewünschten Ort.

JIT hat (je nach Blickwinkel des Auftraggebers oder Auftragnehmers) z.B. den Vorteil, dass keine oder keine hohen Lagerkosten anfallen. JIT besitzt aber auch Risiken und Nachteile, denn es besteht ein hohes Stillstandsrisiko, und die Lagerkosten werden umgewälzt. ⌟

IT Demand Management ist eigentlich als ein zyklischer Ablauf anzusehen, der zuerst die Identifikation und Erfassung von IT-Anforderungen übernimmt, um dann in die Diskussion um den identifizierten Bedarf überzugehen, um so Vorschläge auszuarbeiten, die später konkretisiert werden müssen. Später müssen die in Anspruch genommenen IT-Leistungen auf Basis adäquater Verrechnungsstrukturen umgelegt werden.

5.4.1 Aktivitätsbasiertes Demand Management

Die Hauptaufgabengebiete des Demand Managements beschäftigen sich mit der Minimierung von Ausgaben für die Einführung von neuen Services durch die Zusammenarbeit mit dem Kunden bereits während den frühen Phasen der Service-Anforderung. Dabei geht es auch um die Unterstützung bei der Findung optimierter Lösungen, wobei die Minimierung der Kosten und des Ressourcenverbrauchs nicht aus dem Fokus fallen dürfen. Häufig kann eine spezielle Service-Anforderung durch Anpassung eines schon bestehenden Service erfüllt werden.

Um diese Schritte im Portfolio Management umsetzen zu können, müssen die Anforderungen der Kundenseite und die Geschäftsprozesse, die durch die Services unterstützt werden sollen, bekannt und verstanden worden sein. Geschäftsprozesse sind die primäre Nachfragequelle in Sachen Service-Nachfrage. Die Aktivitäten innerhalb der Geschäftsprozesse lassen sich in vielen Fällen als Muster der Geschäftsaktivitäten (Pattern of Business Activity, BPA) beschreiben. Ähnliche Geschäftsaktivitäten besitzen ähnliche PBAs. Sie beeinflussen die entsprechenden Muster des Nachfrageverhaltens in Richtung Service Provider. Das aktivitätsbasierte Demand Management muss das Business des Kunden eingehend in Bezug auf diese Muster untersuchen. Dabei geht es um die Identifikation, Analyse und Darstellung der Struktur, um eine ausreichende Basis für das Capacity Management bereitzustellen. Jedes Muster sollte dabei eine eindeutige ID bekommen.

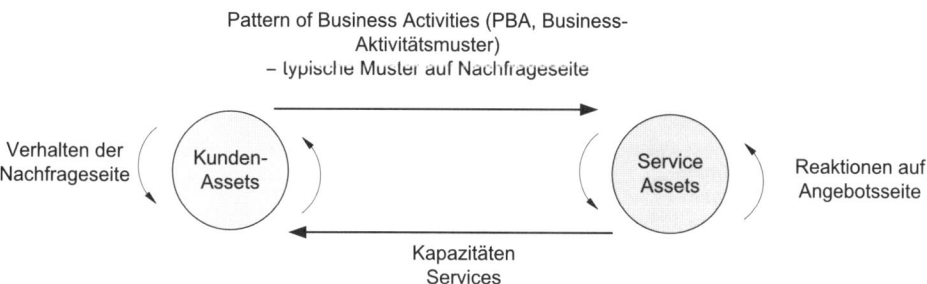

Abbildung 5.34: Nachfrageverhalten beeinflusst das Angebot (nach ITIL®-Material, Wiedergabe lizenziert von OGC)

Die Muster (Pattern) sind außerordentlich wichtig und vereinfachen die Analyse des Kundenverhaltens, ohne den komplexen Hintergrund dieses Themas zu vernachlässigen (siehe *Abbildung 5.34*). Sie beschreiben die Dynamik des Business des Kunden und beinhalten Interaktionen mit Kunden, Dienstleistern, Partnern und anderen Interessenten. Kundenvermögenswerte wie Personen, Prozesse und Applikationen generieren Muster der Business-Aktivitäten. Innerhalb der Muster finden sich die Nutzerprofile (User Profile, UP) wieder. Diese beschreiben die Aktivitäten der unterschiedlichen Rollen und Verantwortlichkeiten. Jedes Profil kann mit einem Muster in Verbindung gebracht werden. Services erzeugen oft direkt ein solches Muster, z.B. Mitarbeiter aus dem gleichen Geschäftsbereich, die mit ähnlichen Anwendungen arbeiten und eine vergleichbare Kompetenz besitzen. Die Geschäftsaktivitäten des Kunden sollten visualisiert werden, um das Business des Kunden plastisch darzustellen. Daraus lässt sich dann eine konkrete Nachfrage ableiten, z.B. die Nachfrage für die Support Services wie das Service Desk.

5.4.2 Pattern-Analyse und Anwenderprofile

Der Abgleich der Muster der Geschäftsaktivitäten (Pattern of Business Activity, PBA) und der Nutzerprofile in der Unternehmung ermöglicht ein Verständnis für die Anforderungen der Business-Seite und das Management der Kundennachfrage (siehe *Abbildung 5.35*). Die Ergebnisse aus der Analyse unterliegen der Change-Steuerung, da sie für das Verständnis der Kundenseite überaus wichtig sind. Änderungen an den Mustern der Geschäftsaktivitäten (PBA) verlangen nach flexiblen Änderungsmöglichkeiten der unterstützenden IT Services. Die Nachfrageseite gibt die Anforderung vor. Die Angebotsseite muss reagieren und die Nachfrageseite im Auge behalten, um rechtzeitig reagieren zu können.

Service-Strategie

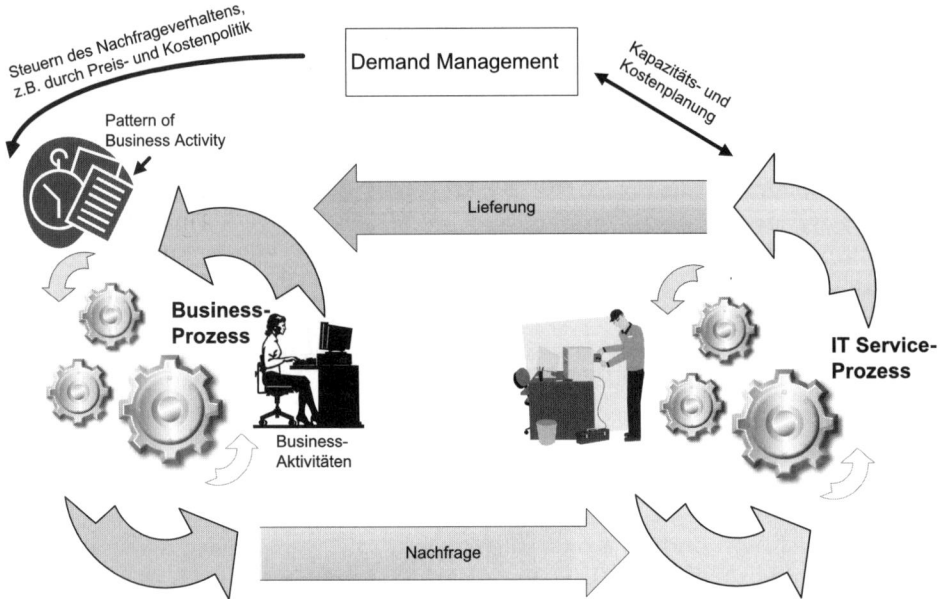

Abbildung 5.35: Business-Aktivitäten und deren Muster beeinflussen das Nachfrageverhalten

Beispiele für Anwenderprofile einer Unternehmung sind:

◆ Senior Manager: seltene Geschäftsreisen, arbeitet mit geschäftsrelevanten und kritischen Geschäftsinformationen, VIP-Status, benötigt relativ viel technische Unterstützung, wenig Technikverständnis, beharrt auf hoher Verfügbarkeit

◆ Manager: häufige Reisetätigkeiten mit Zeitzonenwechseln, z.T. in Asien, zahlreiche mobile Endgeräte, muss stets erreichbar sein, arbeitet mit geschäftsrelevanten Geschäftsinformationen, VIP-Status, benötigt relativ wenig technische Unterstützung, hohes Technikverständnis, benötigt hohe Verfügbarkeit, viel Kundenkontakt

◆ Power User: Hohes technisches Verständnis, probiert viel aus, macht dadurch viel kaputt, weiß aber auch viel und fungiert in der Abteilung als freiwilliger Ansprechpartner für technische Fragen, nutzt immer mehr Anwendungen und mehr Kapazität als die Kollegen, keine Reisetätigkeiten, hohe Produktivität im Tagesbetrieb

◆ Office User: Administrative Aufgaben, keine Reisetätigkeiten, akzeptiert Latenzzeiten des Systems, braucht intensive Unterstützung bei technischen Problemen, wenig Kundenkontakt

◆ Anwendung für die Verwaltung von Lehrgängen: Business-System, moderates Volumen, transaktionsbasiert, hochverfügbar, sensible Informationen, wird weltweit eingesetzt, automatische Benachrichtigungsfunktionen, Audit-relevant

◆ Kundenverfahren: Businessprozess, mäßiges Volumen, geringe Sicherheitsanforderungen, benötigt schnelle Antwortzeiten für die Kunden

Die Ergebnisse der Analyse aus dem aktivitätsbasierten Demand Management dienen anderen Prozessen und Funktionen als wichtiger Input wie z.B. dem Service Design, der das Entwerfen und Zusammenstellen von Services den Nachfragemustern angleichen kann (siehe *Abbildung 5.35*). Der Service-Katalog kann die Nachfrage-muster auf die passenden Services münzen. Das Service Portfolio Management im Allgemeinen findet in diesen Mustern und den Untersuchungsergebnissen Bestäti-gung und Antrieb für Investitionen in zusätzliche Kapazitäten, neue Services oder Änderungen an IT Services. Der Bereich Service Operation ist in der Lage, die Zuord-nung der Ressourcen und die Planung effizienter zu gestalten, z.B. die Konsolidie-rung der Nachfrage umzusetzen, weil die betrachteten Fachbereiche oder Kunden möglicherweise über das gleiche Nachfragemuster verfügen. Das Financial Manage-ment kann sich die passenden monetären Steuerungsmittel für die Kunden mit dem entsprechenden Nachfragemuster überlegen.

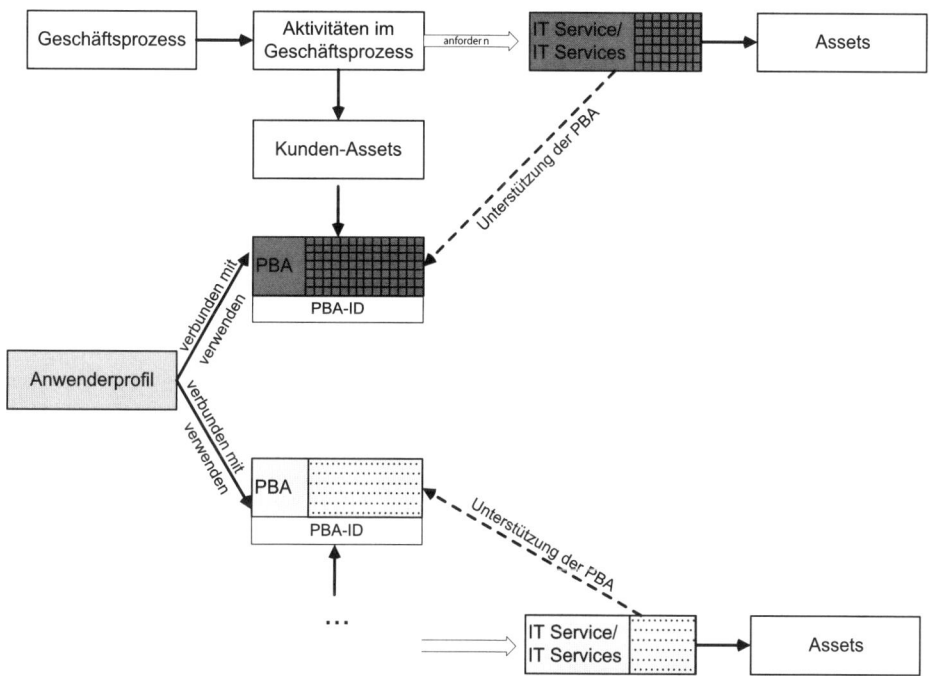

Abbildung 5.36: PBAs, Anwenderprofile und ihre Unterstützung durch die Services

Demand Management-Studie 2007

Im Mai 2007 veröffentlichte die Prüfungs- und Beratungsgesellschaft Deloitte die Ergebnisse einer Demand Management-Studie, die sich mit der Frage beschäftigt hat, wie weit sich Demand Management in den Unternehmen eta-bliert hat. Für die Studie befragte Deloitte im ersten Quartal des Jahres 2007 224 Personen aus IT- und Fachabteilungen unterschiedlichster Branchen. Mehr dazu finden Sie unter *http://www.deloitte.com/dtt/press_release/0,1014, sid%253D6272%2526cid%253D155714,00.html.*

5.4.3 Service Package

Demand Management stellt eine Aufgabe im Unternehmen dar, die dazu beiträgt, IT-Unterstützungsbedarf auf der Fachseite zu identifizieren, zu verstehen und sinnvoll in IT-Services zu übersetzen. Dabei ist die Frage, welche bestehenden Services neue oder geänderte Anforderungen mittragen können. Ein IT-Service, der dem Kunden angeboten wird, nutzt im Hintergrund in fast allen Fällen unterstützende technische Services wie Backup, aktives oder passives Monitoring. Für neue IT Services brauchen diese Services ja nicht völlig neu aufgesetzt werden, sondern sie können die bestehenden technischen Services ebenfalls nutzen (ggf. ist eine Kapazitätserweiterung oder eine Modifizierung notwendig).

Durch die unterschiedlichen Anforderungen an den IT Service, der dem Kunden zur Verfügung gestellt wird, ist es notwendig, ein Bündel an Services zu schnüren, das dann den IT Service erst zur Gänze ermöglicht. Dieses Bündel trägt den Namen Service Package (Service-Pakete) und stellt die detaillierte Beschreibung eines IT Service dar, der Kunden zur Verfügung gestellt werden kann. Ein Service Package umfasst ein Service Level Package (SLP) sowie einen oder mehrere Core Services und unterstützende Services (siehe *Abbildung 5.37*). Ein SLP definiert den festgelegten Grad an Utility und Warranty für ein bestimmtes Service Package in Bezug auf Ergebnis, Assets und Geschäftsprozessaktivitäten (BPA). Jedes SLP ist darauf ausgerichtet, den Anforderungen eines bestimmten Business-Aktivitätsmusters gerecht zu werden. SLPs sind stets mit den Kernprozessen verknüpft, deren Ausprägung sie festlegen.

Ein Core Service liefert das relevante Ergebnis für den Kunden in der gewünschten Wertsteigerung. Dabei leisten andere (meist) technische IT Services im Hintergrund Unterstützungsarbeit (Supporting Services). Die Unterstützungsarbeit wird durch Services umgesetzt, die den Kern-Service erweitern (enhance) oder erst ermöglichen (enable), also eine Basisfunktionalität bereitstellen. Für diese Basisfunktionalität zahlen die Kunden nicht direkt, da diese Option so oder so bereits vorhanden ist (z.B. Directory Service). Anteilig können die Kosten umgelegt werden.

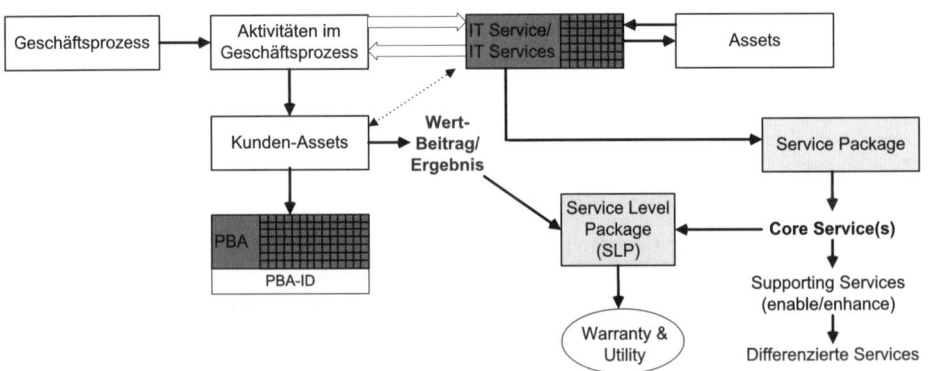

Abbildung 5.37: Service Package

Das Zusammenstellen des Service Package hat strategische Auswirkungen und großen Einfluss auf das Design und den Betrieb des Service, wobei die Frage nach Standardisierungen eine wichtige Rolle spielt (siehe *Abbildung 5.38*). Bei der Konfiguration des Service Package geht es um die Aufteilung von Services, um die Nachfrage ableiten zu können, da jedes Paket spezifische Service Levels aufweist. Man unterscheidet insgesamt in Bezug auf die im Service Package enthaltenen Service-Typen:

◆ Kern-Service (Core Service, dafür bezahlt der Kunde). Ein IT Service, der die grundlegenden, von einem oder mehreren Kunden gewünschten Ergebnisse liefert.

◆ Unterstützender Service (ein Support Service, der absolut notwendig ist als „enabling" Service): Ein Service, der einen Core Service ermöglicht oder erweitert. Zum Beispiel ein Directory Service oder ein Backup Service bzw. ein verbessernder Service (enhanced Service ist „nice to have").

◆ Differenzierte Services (Möglichkeit eines Alleinstellungsmerkmals): Manche Supporting Services wie z.B. das Service Desk oder der technische Support können auch als IT Services gegenüber dem Kunden angeboten werden. Auch diese Entscheidung ist eine strategische Entscheidung.

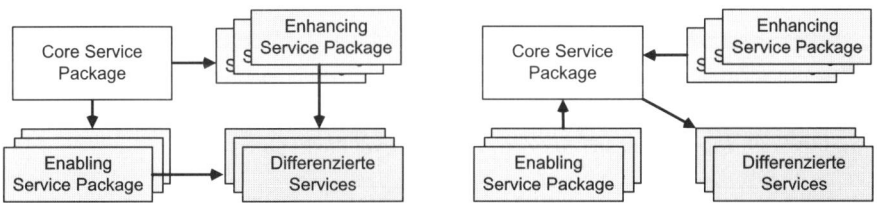

Abbildung 5.38: Unterschiedliche Möglichkeiten, differenzierte Services zu gestalten

Daneben existiert noch der Begriff des Core Service Package (CSP). Dieses Paket beinhaltet eine detaillierte Beschreibung eines Core Service, der von zwei oder mehreren Service Level Packages verwendet werden kann.

Core Service Packages (CSP) und Service Level Packages (SLP) werden miteinander kombiniert, um einen Service-Katalog für das jeweilige Segment in der zu bedienenden Unternehmung oder am Markt erstellen und die Nachfrage bedienen zu können (siehe *Abbildung 5.39*). Ein Kundensegment lässt sich im Allgemeinen als eine Gruppe von Käufern mit denselben Bedürfnissen und übereinstimmenden Käufermerkmalen beschreiben. In Bezug auf ITIL® V3 wird ein Kundensegment durch das spezifische gewünschte Ergebnis beschrieben, unabhängig von dem typischen Marktsegmentbegriff, Ort, Unternehmensgröße o.ä.

CSPs und CLPs verwenden wieder- und von anderen Services weiterverwendbare Elemente. Einige dieser Bestandteile sind selber Services oder liegen in Form von Applikationen, Hardware, Lizenzen vor. Manche Service-Komponenten sind Assets aus dem Kundenumfeld, z.B., wenn die Telefonanlage dem Unternehmen selber gehört oder wenn die Notebooks dem Unternehmen gehören und nicht durch den Service Provider bereitgestellt werden. Ein eingekaufter Service (z.B. ein Vor-Ort-Support) hilft dabei, den eigentlich eingekauften Service wie etwa den Mail-Service oder einen Verschlüsselungsservice nutzen zu können.

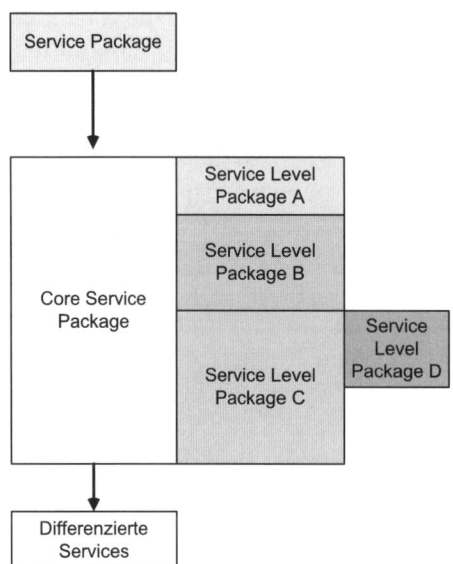

Abbildung 5.39: Bündeln des IT Service: Service Level Package

Der Service-Katalog stellt so auch eine Sammlung von Service-Linien (Line of Service, LOS) dar (siehe *Abbildung 5.40*). Eine LOS ist ein Core Service oder unterstützender Service, der über mehrere Service Level Packages verfügt. Eine Service-Linie wird von einem Produkt-Manager verwaltet, und jedes Service Level Package ist für die Unterstützung eines bestimmten Marktsegments vorgesehen. Jede LOS stellt eine Kombination aus Warranty und Utility bereit für das jeweilige Kundensegment, dabei können pro LOS mehrere Services bereitgestellt werden, wobei sich jeder angebotene Service aus CSPs und SLPs zusammensetzt.

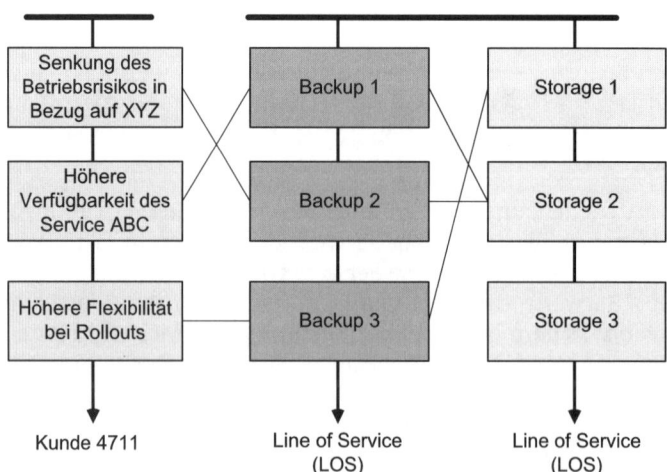

Abbildung 5.40: Zuordnung von LOS auf das gewünschte Kundenergebnis

Der Business Relationship Manager (BRM) ist dafür verantwortlich, die passende Kombination aus LOS und SLP herauszufinden. Er ordnet dem gewünschten Ergebnis unter Zuhilfenahme des passenden Anwenderprofiles das geeignete Service Level Package (SLP) zu und wählt somit die jeweils passende LOS aus.

Service-Strategie

Rollen im Demand Management: Business Relationship Manager (BRM) und Produkt-Manager/Service Owner

Der Business Relationship Manager (BRM) als Rolle wird häufig mit der Rolle des Service Level Managers kombiniert. Dabei kümmert sich der Business Relationship Manager um die Identifizierung der passenden Kombination von Services und Service Level Package für jeden Kunden.

Eine weitere dominante Rolle im Demand Management wird vom Produkt-Manager/Service Owner eingenommen, der mit dem Business Relationship Manager ebenfalls eng zusammenarbeitet. Der Produkt-Manager stellt sicher, dass der Service-Katalog die richtige Mischung an Services aufweist und auf die Bedürfnisse aus dem Kunden-Portfoilio ausgerichtet ist.

Business Relationship Management ist für die Pflege von Beziehungen zum Business verantwortlich. Das BRM umfasst in der Regel die Pflege von persönlichen Beziehungen zu Business Managern, die Bereitstellung von Input zum Service Portfolio Management und die Sicherstellung, dass der IT Service Provider den Business-Anforderungen der Kunden gerecht wird. Dieser Prozess ist eng mit dem Service Level Management verknüpft.

Ein wichtiges Hilfsmittel, um die Priorität für das passende Service-Angebot von Kundenseite aus herauszufiltern ist das so genannte Kano-Modell.

Kano-Modell

Kundenanforderungen können unterschiedlicher Art sein. Das nach Dr. Noriaki Kano, Professor an der Universität Tokio, benannte Modell erlaubt es, die Wünsche von Kunden präziser zu erfassen und bei der Entwicklung der Anforderungsumsetzung zu berücksichtigen. Die Ergebnisse einer solchen Analyse helfen, Kundenanforderungen zu strukturieren und ihren Einfluss auf die Zufriedenheit der Kunden zu bestimmen. So können Investitionen in die für Kunden entscheidenden Bereiche gelenkt werden.

Das Kano-Modell unterscheidet vereinfacht drei Ebenen der Qualität:

♦ Basisanforderungen (expected requirements): Sie sind so selbstverständlich, dass sie vom Kunden nicht extra benannt werden. Würde ein Unternehmen diese bewerben, würde es albern wirken. Große Anstrengungen, diese Basisanforderungen zu verbessern, lohnen sich nicht. Erst wenn diese Anforderungen nicht erfüllt werden, fallen sie dem Kunden auf, und er ist unzufrieden.

◆ Leistungsanforderungen (normal requirements): Dies sind grundlegende Anforderungen, deren Nichterfüllung zu massivem Unmut beim Kunden führt.
Erfüllung führt zu Zufriedenheit. Gibt sich ein Unternehmen bei der Erfüllung
besondere Mühe, kann es hier Kunden binden.

◆ Begeisterungsanforderungen (delightful requirements): Dies sind latent vorhandene Anforderungen, die die Kunden häufig nicht einmal beschreiben können.
Kann ein Unternehmen einen unerwarteten Zusatznutzen bieten, sind die Kunden begeistert.

Zur Einteilung der Eigenschaften wird der Kano-Fragebogen verwendet. Dabei
wird dem Befragten eine Frage zweimal gestellt: Einmal wird seine Beurteilung
abgefragt, wenn die Eigenschaft gegeben oder hoch ist (funktionale Frage) und
einmal, wenn sie nicht gegeben oder niedrig ist (dysfunktionale Frage). Es werden jeweils fünf Antwortmöglichkeiten vorgegeben (z.B. „Das würde mich sehr
freuen", „Das setze ich voraus", „Das ist mir egal", „Das könnte ich in Kauf
nehmen", „Das würde mich sehr stören"). Durch die Kombination der Antworten kann anhand einer Tabelle die Einstufung in Basis-, Leistungs- und Begeisterungsanforderungen vorgenommen werden.

5.5 Exkurs: Strategie und Organisation

Im Hinblick auf die Service-Strategie nimmt das Unternehmen in ihrer Form als Aufbauorganisation (Struktur) und Ablauforganisation (Aufgaben, Prozesse, Funktionen) einen wichtigen Stellenwert ein. Eine Vielzahl von Faktoren beeinflussen darüber hinaus die IT-Organisation:

◆ dezentrale vs. zentrale Verantwortlichkeiten

◆ Outsourcing vs. Shared Service Center-Konzepte

◆ Abgrenzung des Zielmarktes

◆ Flexibilitäts- und Leistungsforderungen der Kunden

◆ Kostenverrechnung vs. Preismodelle

5.5.1 Organisationsstrukturen und Organisationsdesign

Das Thema Vision, Mission und die Strategie-Entwicklung sind die große Zielvorgabe, in deren Richtung sich das Unternehmen bewegt. Dabei macht eine Organisation im Laufe der Jahre eine Reihe von Veränderungen durch. ITIL® V3 nennt
eine Reihe von Charakteristiken, die dabei in der Organisation eingesetzt werden
(siehe *Abbildung 5.41*):

1. Services durch Netzwerk: Schnelle, informelle Bereitstellung von Services. Ler-
nerfolge sind von Try & Error geprägt. Steigt der Service-Bedarf, sind die belieb-
ten informellen Strukturen überlastet oder funktionieren nicht mehr. Es gibt
Steuerungs- und Koordinationsprobleme, und der Vertrauensvorschuss ist sehr
hoch. Die Vorteile dieser Struktur liegen in der geringen Bürokratie, in einer fla-
chen Hierarchie und einer sehr großen Flexibilität.

2. Services durch Vereinbarungen: Aus den Fehlern der ersten Phase wurde gelernt und das Thema Management ausgebaut, wodurch ausgeprägtere hierarchische Strukturen und getrennte Funktionseinheiten entstehen. Die Kommunikation wird formaler, und eine Reihe von Basis-Services wurden bereits implementiert, wenn auch die Anforderungen an Effizienz und Effektivität nicht immer umgesetzt wurden. Dazu kommt, dass sich viele Mitarbeiter in ihrer Selbstständigkeit beschränkt fühlen.

3. Services durch Delegierung: Die Steuerung wird deutlicher an das untere Management übergeben, die Selbstständigkeit und die Autonomie der Mitarbeiter gestärkt. Die Delegierung von Aufgaben an die Mitarbeiter und die dezentrale Struktur wird weiter ausgebaut. Es entsteht Raum für Innovation und Neuerungen. Es geht mehr Verantwortung an die Prozess-Owner über, die sich um die Verbesserung der Prozesse kümmern.

4. Services durch Koordination: Formalismen halten Einzug, um die Koordinierung weiter voranzutreiben. Dies führt zu einer besseren Planung der Services, zu Reviews, Audits und zu mehr Verbesserungen. Jeder Service wird mittlerweile als eine Investition betrachtet. Technische Funktionen verbleiben meist zentral, während die Service Management-Prozesse ihre dezentralisierte Stellung ausbauen.

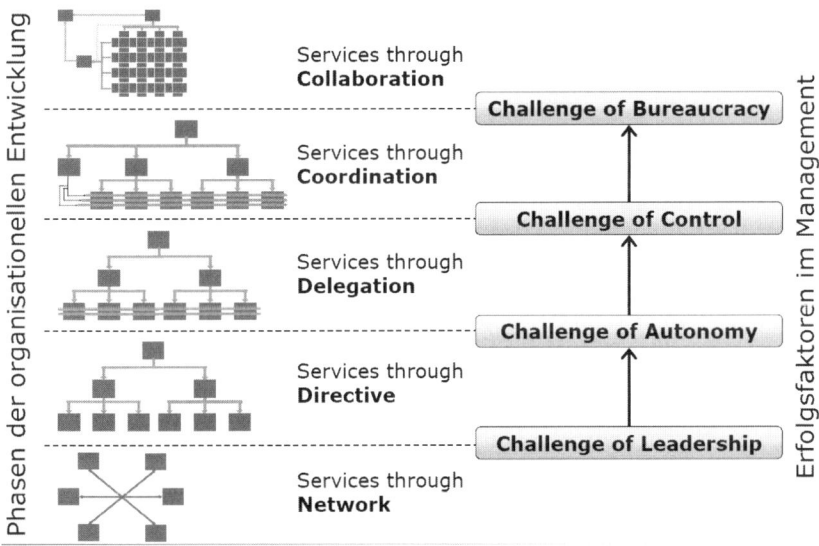

Abbildung 5.41: Organisationsgestaltung

5. Services durch Zusammenarbeit (Collaboration): Der Schwerpunkt liegt im Versuch, die Zusammenarbeit zwischen Business und IT zu intensivieren. Das Relationship Management ist flexibler und agiler, Manager legen mehr Wert auf Konfliktlösungen und Teamwork. Die Matrix-Organisation hält Einzug (siehe *Abbildung 5.42*). Die Vorteile liegen in den niedrigen Grenzen zwischen den unterschiedlichen Funktionsbereichen, der offeneren Kommunikation zwischen den Spezialisten und mehr Flexibilität für den Einsatz der Mitarbeiter. Eine Matrix-Organisation bringt aber auch eine Reihe von möglichen Schwierigkeiten

mit sich. Dazu gehören u.a. Rollen- und Verantwortungskonflikte für die Mitarbeiter. Sind Mitarbeiter in Projekten und im Betrieb eingesetzt, wird spätestens
bei Produktionsschwierigkeiten das Projekt den Kürzeren ziehen!

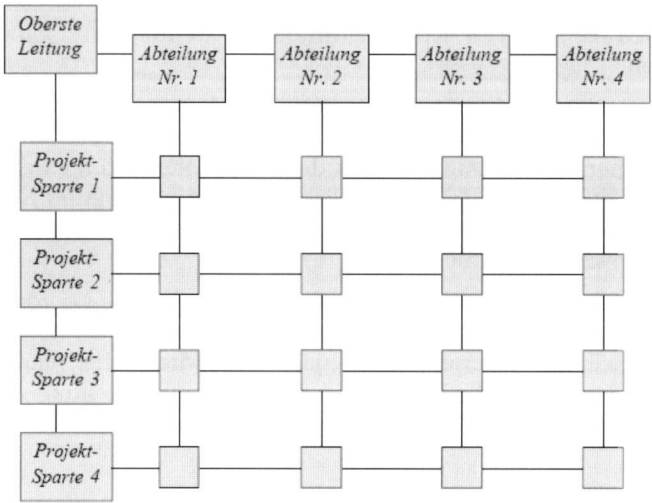

Abbildung 5.42: Beispiel für eine Matrix-Organisation

Der aktuelle Status und die Abgrenzung zwischen den unterschiedlichen Phasen ist
nicht immer deutlich zu ziehen. Dabei gibt es in den wenigsten Fällen ein allgemeines Richtig oder Falsch, das auf jedes Unternehmen anzuwenden wäre. Für das
Management ist von Bedeutung, in welche Richtung sich die Organisation gerade
bewegt, welche Optionen sich dem Unternehmen gerade öffnen und welche Herausforderungen man angehen möchte.

Egal, welchen Weg das Unternehmen für sich wählt – zuallererst besteht die Schwie-
rigkeit darin, die Organisation, wenn es gewünscht ist, zu einem Wandel zu bewegen. Diese Veränderung der Organisation lässt sich (einfach gesprochen) auf drei
Schritte reduzieren: Loseisen der Organisation aus dem aktuellen Zustand, Umsetzen
der gewünschten Veränderungen und das Halten der Organisation im gewünschten
Zustand. So einfach funktioniert das in der Praxis natürlich nicht. Das Thema
Change Management in und von Organisationen ist ein sehr komplexes und viel-
schichtiges Thema, das den Rahmen dieses Kapitels bei Weitem sprengen würde.

Je nach Größe spricht man in Bezug auf Organisationen von Funktionseinheiten,
Niederlassungen oder Fachabteilungen. Letztendlich lässt sich jede Gruppe innerhalb der Organisation als eine Mischung aus den folgenden Aspekten beschreiben:
Funktion, Produkt, Markt oder Kunde, Lage oder Prozess. Das Design einer Organisation ist als iterativer, zyklischer Prozess zu sehen, das sich aus den unterschiedlichsten Aspekten, Strukturen und Einflüssen zusammensetzt.

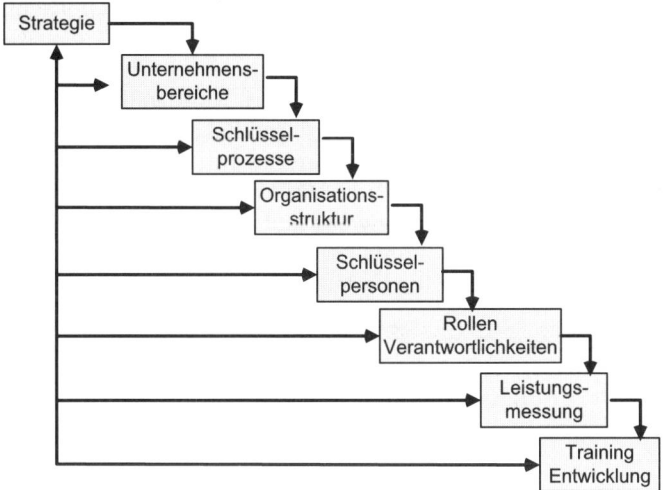

Abbildung 5.43: Organisatorische Designschritte

Einen großen Einfluss auf die Organisation, ihr Bild und Selbstbild, hat auch die so genannte Unternehmenskultur.

5.5.2 Sourcing-Strategien

Die Sourcing-Strategie setzt sich mit der IT-Wertschöpfungskette in einem Unternehmen auseinander. Ziel der Sourcing-Strategie ist es festzulegen, welche IT-Leistungen durch das Unternehmen selbst erstellt und welche eingekauft werden. Die optimale Wertschöpfungstiefe, also die Balance zwischen Eigenerstellung und Fremdbezug, sollte sich aus einer individuellen Sourcing-Strategie ergeben.

Sourcing-Strukturen und -Entscheidungen

Die Beantwortung der zentralen Frage „Was und wie soll ausgelagert werden?" folgt unter anderem aus der Beurteilung der eigenen Leistungsfähigkeit (interne Erbringung), der Komplexität der IT Services und der Individualität der IT Services, die das Unternehmen für die eigene Geschäftätigkeit als notwendig erachtet.

Mögliche Pole der Entscheidungsfindung beziehen sich hier auf die Frage, ob überhaupt Services ausgelagert werden sollen, und wenn ja, ob es ein komplettes oder ein partielles Outsourcing geben soll. Selektives Sourcing bezieht sich auf den Grad des externen Leistungsbezugs und steht im Gegensatz zum so genannten totalen Outsourcing bzw. totalen Insourcing. Um den Begriff für empirische Untersuchungen anwendbar zu machen, spricht man bei einem Anteil von 20-80% Fremdbezug von selektivem Sourcing. Die Variante ist auch unter den Begriffen Smart Sourcing oder Right Sourcing sowie Outtasking geläufig.

Mittlerweile ist das partielle Outsourcing ein aktuelles Thema. Der Markt für Komplett-Outsourcing in Deutschland ist und bleibt klein und wird sich auch in Zukunft im Wesentlichen auf den Verkauf von IT-Töchtern beschränken. Dies führt gleichzeitig zu einer Konsolidierung der Anbieterlandschaft, da viele dieser IT GmbHs selbst als Outsourcing-Anbieter im Drittmarkt tätig sind. Bei der Übernahme von IT GmbHs lassen sich die Provider vor allem von der Aussicht auf Geschäfte mit der Konzern-mutter locken. Das alte Outsourcing-Motto vom „Kauf eines Kunden" wird beim Blick in die Fachmagazine und im Gespräch mit Kollegen und Bekannten aus der IT-Branche zu diesem Thema immer wieder bestätigt. Darüber hinaus gibt es einen Trend hin zu eher kurzen Sourcing-Vereinbarungen. Die Mehrheit der im dritten Quartal 2007 geschlossenen Outsourcing-Verträge weist laut Computerwoche (Meldung vom 24.10.2007) eine Laufzeit von fünf Jahren oder weniger auf. 13 Prozent der Abkommen beinhalten allerdings zusätzlich eine Verlängerungsoption.

Generell muss die Frage nach der Sourcing-Strategie auf die folgenden Aspekte Bezug nehmen:

◆ Sourcing-Dimension 1 – „Make or Buy" - Outsourcing vs. Insourcing, Backsourcing

◆ Sourcing-Dimension 2 – Leistungsgrad: Outtasking, selektives Outsourcing, Transitional Outsourcing, Geschäftsprozess-Outsourcing (BPO – Business Process Outsourcing)

◆ Sourcing-Dimension 3 – Anzahl IT-Dienstleister: Singlesourcing, Multisourcing

◆ Sourcing-Dimension 4 – Lokation: Shared Service Center, Offshoring, Nearshoring

Insgesamt bieten sich die folgenden Sourcing-Strategien an:

◆ Outsourcing: Verlagerung von Geschäftsprozessen, die bisher intern durchgeführt wurden, zu einem externen Anbieter. Dieser Ansatz nutzt die Ressourcen einer externen Organisation, um klar definierte Teilbereiche/Services zu übernehmen, wie z.B. Design, Entwicklung (Develop), Pflege (Maintain), Betrieb (Operation) und/oder Wartung (Support). In der Verwendung implizierte der Begriff ursprünglich immer den Bezug einer Leistung, die einmal innerhalb des Unternehmens erstellt wurde. In der heutigen Verwendung, insbesondere in Bezug auf modernere Varianten, trifft dies nicht mehr zwangsläufig zu (z.B. Application Service Provider), so dass eine Leistung auch von vornherein im Rahmen eines Outsourcings bezogen werden kann.

◆ Insourcing (Service Provider Typ I): bezeichnet den Bezug einer Leistung von innerhalb einer Unternehmung. In Bezug auf ITIL® V3 betrifft diese inbesondere die Bereiche Design, Entwicklung (Develop, Betriebsübergang (Transition), Pflege (Maintain), Betrieb (Operation) und Wartung (Support). Der Business Case stellt die zukünftige Kostenentwicklung dar, falls der Service-Bereich im Hause verbleibt.

Voraussetzung ist jedoch ein formalisierter Bietungsprozess unter Einbeziehung auch externer potenzieller Anbieter, d.h. die bewusste Entscheidung, die Leistung selbst zu erbringen. Der Begriff sagt lediglich etwas zur finanziellen, nicht jedoch zur rechtlichen Stellung des Leistungserbringers aus, d.h., dieser kann auch rechtlich selbstständig sein.

◆ Co-Sourcing: Umgangssprachlich oft als eine Kombination aus „Insourcing" und „Outsourcing" verstanden, wobei mehrere Outsourcing-Partner genutzt werden, die rund um die Hauptelemente innerhalb des Service Lifecycles zusammenarbeiten. Ursprünglich ist es ein von EDS (Electronic Data Systems Corporation) kreierter Begriff. Er zeichnet sich dadurch aus, dass die Abrechnung der Leistung nicht mehr auf Basis technischer Einheiten erfolgt (wie z.B. noch bei ASPs), sondern geschäftsprozessorientiert oder sogar erfolgsorientiert in Bezug auf die unterstützte Geschäftseinheit ist (z.B. umsatzorientiert bei einem elektronischen Buchungssystem).

Multi- versus Singlesourcing

Beim Multi- oder Multi-Vendor-Sourcing handelt es sich um eine Variante des meist totalen Outsourcings, bei der die Leistungen an verschiedene Leistungs-ersteller vergeben werden, wobei einer davon als Generalunternehmer auftreten kann (aber nicht muss). Es wird auch als Best-(of-breed) oder Prime-Sourcing bezeichnet. Im Gegensatz dazu steht das Singlesourcing, also der Leistungsbezug von nur einem Leistungsersteller. Beim Bezug der Leistung von zwei Leistungs-erstellern wird von Doublesourcing gesprochen. Daneben gibt es das Konsor-tium, wobei hier die Leistungsersteller explizit nach einem Auswahlverfahren, über das sich die möglichen Service-Erbringer beworben haben, ausgewählt (Beispiel: HERKULES-Projekt der Bundeswehr).

Internal Sourcing, Shared Services, Full-Service-Outsourcing, Consortium-, Prime- und Selective-Outsourcing sind in einem mittelgroßen bis großen Unternehmen zum Teil parallel betriebene Strategien. Sie werden auch kaska-dierend eingesetzt, das heißt, während ein Unternehmen zum Beispiel ein Full-Service-Outsourcing betreibt, hat der Auftragnehmer seinerseits selektiv einige Funktionen ausgelagert.

◆ Business Process Outsourcing: Bei der Spielart geht ein ganzer Unternehmensprozess an ein Drittunternehmen. Das heißt, das Drittunternehmen verhandelt und besorgt für den auslagernden Betrieb beispielsweise günstigere Konditionen bei der Beschaffung. So nutzen viele Organisationen formale Vereinbarungen mit einem weiteren Unternehmen. Die ursprüngliche Organisation bietet Geschäftsprozesse an und managt diese, wobei das andere Unternehmen die eigentlichen Geschäftsprozesse und -funktionen ausführt. Weitere Beispiele sind neben den IT Services das HR-Management, Logistik, Payroll-Processing oder Transaktions-Banking, die an entsprechend spezialisierte Dienstleister abgegeben werden.

◆ Knowledge Process Outsourcing: Dies ist die neueste Form des Outsourcings als eine Weiterführung des BPO. Im Vergleich zum Business Process Outsourcing werden im Knowledge Process Outsoucing (KPO) komplexere und arbeitsintensivere Aufgaben ausgelagert. KPO-Dienstleister beschäftigen Mitarbeiter mit speziellen Kenntnissen und genauem Wissen einer bestimmten Domäne, Technologie oder Branche. Das Expertenwissen und die hochwertige Ausbildung der Mitarbeiter stellen den wesentlichen Unterschied zum Business Process Outsourcing dar.

◆ Partnership oder Value-added Outsourcing: Beim Value-added Outsourcing handelt es sich um eine Form des Outsourcings, bei dem beide Parteien Kompetenzen einbringen, um zusätzlich den externen Markt zu bedienen. Damit liegt das bestimmende Element in einer partnerschaftlichen Verbindung mit geteilten Einnahmen und Risiken.

In Bezug auf ITIL® V3 wird hierunter eine formale Vereinbarung zwischen zwei Organisationen über die Zusammenarbeit beim Design, Entwicklung (Devolp), Pflege (Maintain), Betrieb (Operation) und/oder Wartung (Support) von IT Services verstanden.

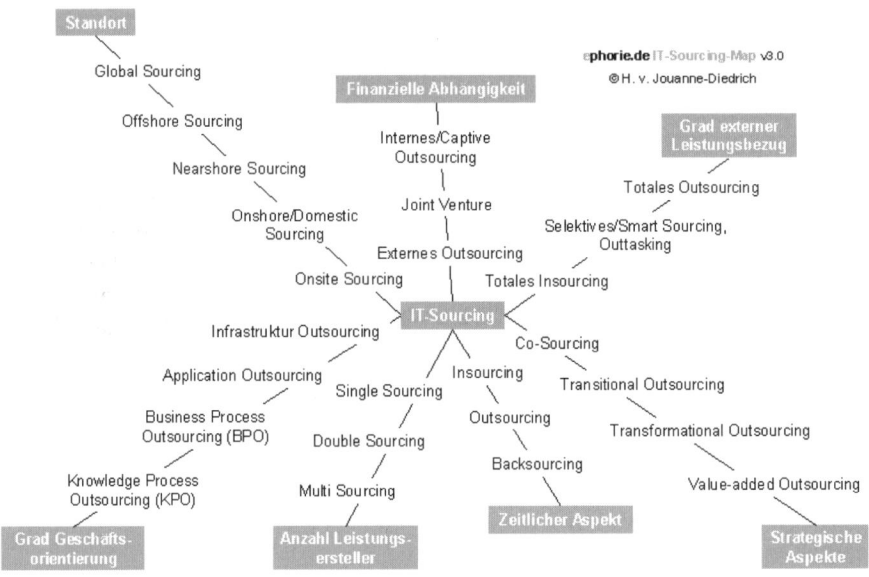

**Abbildung 5.44: Unterschiedliche Sourcing-Ansätze
(Quelle: ephorie.de IT-Sourcing-Map V3.0, Holger von Jouanne-Diedrich)**

◆ Application Outsourcing (auch Applikations-Outsourcing, Application Service Provision oder Business Application Outsourcing genannt): Dies beinhaltet den Fremdbezug von (geschäftsrelevanten) IT-Applikationen, meist Standard-Software wie z.B. Customer-Relationship-Management- (CRM-) oder Enterprise-Resource-Planning- (ERP-) Systeme. Diese sind bis zu einem gewissen Grad an die jeweils eigenen Geschäftsanforderungen anpassbar (engl. customizing). Wenn die Applikationen über das Internet einer größeren Zahl von potenziellen Kunden angeboten werden, bezeichnet man die Anbieter als Application Service Provider (ASP), auch Net-Sourcing oder E-Sourcing genannt.

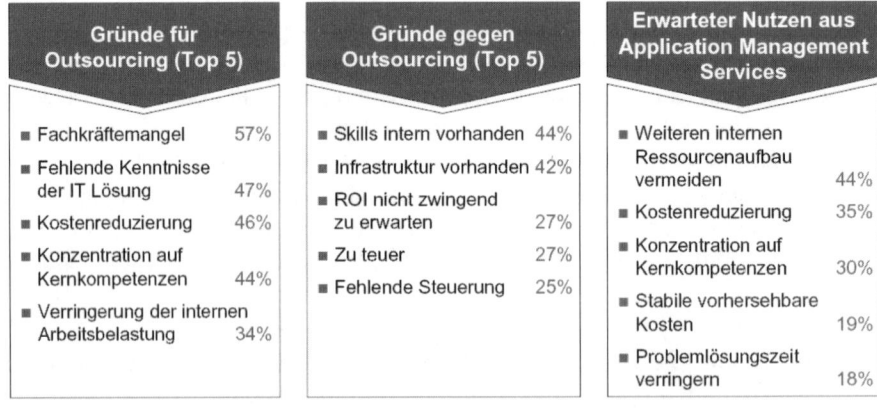

Abbildung 5.45: Entscheidungen für oder gegen Outsourcing erfolgen nicht in erster Linie aus Kostengründen (Quelle: META-Group 2004)

◆ Managed Services: Leistungen die dem Informations-/Kommunikationsbereich zugeordnet werden, werden für einen fest definierten Zeitraum von einem spezialisierten
Anbieter bereitgestellt. Die im Vorfeld definierten Leistungen können dann vom Kunden zu jeder Zeit, nach Bedarf, abgerufen oder abbestellt werden.

Der IT-Dienstleister eröffnet mit Managed Services einen Mittelweg zwischen den
Kostenvorteilen von Outsourcing-Modellen und dem Beibehalten der Kontroll-
hoheit. Offenbar hat sich inzwischen die Erkenntnis durchgesetzt, dass eine langfristige und ausschließliche Bindung an einen Outsourcing-Partner zwei erfolgskritische
Aspekte vernachlässigt: Zum einen die Innovation, da Outsourcing-Dienstleister unter permanentem Kostendruck stehen und daher wenig Interesse haben, die Technologie der Infrastruktur zu optimieren oder zu erneuern. Zum anderen ist die
mangelnde Qualität ein häufig angesprochenes Problem.

Beispiele sind Beispiele: (IP) VPN, Telefonie einschließlich VoIP, Sicherheitsdienste, Hosting und gemanagte Server, Rechenzentrum, Storage und Backup, LAN- und WAN-
Infrastrukturen, drahtlose und mobile Anwendungen sowie Inhalte cachen und verteilen, Web-basiertes Kontaktzentrum und Portale.

◆ Shared Services (Service Provider-Typ II): Aufgaben, die bislang wiederholt an mehreren Stellen im Unternehmen durchgeführt wurden, werden in einem zentralen Shared
Service Center gebündelt, um effizienter und kostengünstiger zu arbeiten. Firmen bündeln in einem Shared Service Center (SSC) Aufgaben wie etwa die des Personalwesens
und stellen diese Funktionen unternehmensweit zur Verfügung. Damit sind SSCs eine
Alternative zum Outsourcing; der Dienstleister ist Teil des Unternehmens. Die meisten
Anwenderunternehmen möchten das so entstandene Dienstleistungszentrum selbst
betreiben, um weder das Fachwissen noch die operationale Kontrolle aus der Hand zu
geben. Shared Service Center werden daher auch als „internes Outsourcing" bezeichnet.

Offshore versus Nearshore versus Onshore Sourcing

Als Offshore Sourcing wird die Leistungserstellung im (fernen) Ausland, bezeich-
net, also z.B. in Indien oder China. Gründe hierfür sind in erster Linie in der
Lohnkostenarbitrage zu suchen. Beim Onshore Sourcing oder Domestic Sourcing
verbleibt die Leistungserstellung im Inland, beim Onsite Sourcing sogar weiterhin auf dem eigenen Firmengelände, also an seinem bisherigen Platz. Nur der
Betreiber wechselt in diesem Falle. Eine Zwischenstellung nimmt das Nearshore
Sourcing ein, welches eine Leistungserstellung im näheren Ausland, also für
Deutschland z.B. in Prag oder Budapest, bezeichnet. Bei der flexiblen Nutzung all
dieser unterschiedlichen Varianten spricht man auch von Global Sourcing.

Um die Beziehung zu und zwischen den unterschiedlichen Sourcing-Partnern aufrechtzuerhalten, die Beziehungen zu pflegen und die Kommunikation zu vereinfachen, helfen Referenzpunkte, die als Service Provider-Schnittstellen (SPI, Service
Provider Interfaces) auftreten, die technischer, prozeduraler oder organisatorischer
Natur sein können. SPIs helfen bei der Koordination der Services und werden
durch den Prozess-Owner definiert und gepflegt. Bei der Definition geht es um die
technischen Voraussetzungen, formale Angaben zum Datenaustausch und zu den

technischen Schnittstellen, Rollen, Verantwortlichkeiten, Antwortzeiten und Eskalationswege. Neben dem Process Owner sind auch die Business-Vertreter, die die SPIs aushandeln und für das Managen der strategischen Beziehungen mit und zwischen den Service Providern zuständig sind, und die Service Provider-Prozesskoordinatoren, die die operative Verantwortung für die Abstimmung tragen, involviert.

In Sachen Service Sourcing-Strategie wird das Thema Governance oft sträflich vernachlässigt, oder der Begriff wird fälschlicherweise mit dem Management der Service Provider gleichgesetzt. IT Outsourcing Governance ist die zielgerichtete Gestaltung und Steuerung der Geschäftsbeziehung zum Zwecke der Realisierung gemeinsamer Geschäftsziele von Kunde und Dienstleister (Behrens, Schmitz, HMD245). IT Service Governance ermöglicht, eine IT-Organisation im Sinne eines Dienstleisters zu gestalten, um interne und/oder externe Kunden bedarfsgerecht zu bedienen. Das Ergebnis ist eine am Kunden, also den wertschöpfenden Geschäftseinheiten, ausgerichtete IT-Einheit, die mittels Service Level Agreements dauerhaft IT Services mit einer definierten und messbaren Qualität erbringt. Damit wird die IT-Organisation konsequent in den Dienst des geschäftlichen Mehrwerts gestellt.

Governance-Mechanismen dienen der Ausübung von Kontrolle und Koordination in der Beziehung zwischen Kunde und Dienstleister durch die positive Beeinflussung des Verhaltens der Teilnehmer der Geschäftsbeziehung. Dabei lassen sich beispielsweise als formelle Governance-Mechanismen Verträge als ergebnisorientierte sowie Prozesse und Strukturen als verhaltensorientierte Mechanismen identifizieren. Bei informellen Mechanismen verlässt man sich meist auf gemeinsame Werte, Erwartungen und Verhaltensnormen zwischen den Beteiligten der Geschäftsbeziehung. Darunter fallen ebenfalls so genannte Beziehungsprotokolle, die im Laufe der Zeit durch kontinuierliche Zusammenarbeit zwischen Kunde und Dienstleister über die SPIs entstehen.

Verwendung von Best Practice-Ansätzen anderer Bereiche helfen bei der erfolgreichen Umsetzung und unterstützen das Risikomanagement, wie z.B. das Thema COBIT, ISO/IEC 20000 oder eSCM SP.

5.6 Exkurs: Services als Teil der Organisation

Jedes Unternehmen wird durch Management-Aktivitäten gestaltet, gesteuert und kontrolliert. Im Zentrum der Management-Aktivitäten stehen Entscheidungsprozesse. Es geht hierbei nicht nur um die Bewertung der Entscheidungs-, Gestaltungs- oder Steuerungsalternativen im Hinblick auf Unternehmensziele, Entscheidungsrisiko und Operationalität, sondern um die Auswahl der besten Alternative für das Unternehmen. Dabei existieren drei Ebenen, die betrachtet werden müssen: die strategische, taktische und operative Ebene.

Aber Unternehmen sind nicht ständig in der Lage, in alle Richtungen zu optimieren und alle möglichen Optionen zu prüfen, weil dies einen viel zu großen Aufwand zur Beschaffung und Verarbeitung von Informationen erfordern würde. Es herrscht eingeschränkte Rationalität vor. Herbert Simon versucht mit seinem Konzept der „bounded rationality", der eingeschränkten Informations- und Verarbeitungskapazität des Menschen gerecht zu werden. Das gilt natürlich auch für den Entwurf, die

Erstellung und die Pflege der eingesetzten Services. Manchmal sind nicht alle Abhängigkeiten zwischen den unterschiedlichen Services sichtbar, manchmal fallen nicht die richtigen Entscheidungen zugunsten des Kunden, wie der Entscheidungsträger möglicherweise über ausreichende oder die richtigen Informationen verfügt.

5.6.1 Technologie und Strategie

Services sind durch die unterschiedlichen Abhängigkeiten im Unternehmen, durch die Menschen, die mit ihnen arbeiten und die bei der Bereitstellung Unterstützungsarbeit leisten, aus einem besonderen Blickwinkel zu sehen. Durch die Beteiligung des „Faktors Mensch" gelten Services als sozio-technische Systeme mit den Service Assets als Hauptbestandteile. Menschen und Prozesse agieren als Konzentratoren, sie verstärken die Wirkung und Leistung dieser Assets. Sie können die Qualität des Service und die Kundenzufriedenheit beeinflussen.

Da die Services oft mit anderen Services in Verbindung und Abhängigkeit stehen, beeinflussen sich die Services gegenseitig in positiver wie negativer Hinsicht. Generell können die Interaktionen im sozio-technischen Gesamtverbund des Unternehmens von der aktiven Seite durch Einflüsse und von der passiven Seite in Form von Abhängigkeiten beschrieben werden (siehe *Abbildung 5.46*). Dabei bilden die Mitarbeiter auf der einen und die Prozesse auf der anderen Seite die Dreh- und Angelpunkte.

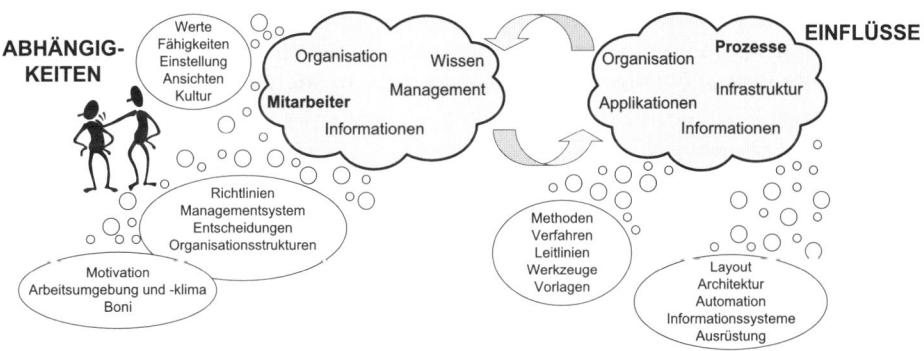

Abbildung 5.46: Services als sozio-technische Systeme

Verbesserungen in Bezug auf Design und Zusammenstellung von Aktivitäten, Aufgaben und Schnittstellen können Einschränkungen und begrenzte Möglichkeiten der Mitarbeiter kompensieren. Die Automatisierung von Routineaufgaben kann Abweichungen vermeiden, erlaubt Anpassungen und entlastet die Mitarbeiter von anstrengenden oder langweiligen Tätigkeiten. Kommunikations- und Collaboration-Tools unterstützen die Zusammenarbeit und die Interaktion zwischen Mitarbeitern oder zwischen Mitarbeitern und Kunden inner- und außerhalb der Organisation. Analytische Modellierungs-, Simulations- und Virtualisierungstools sind nützlich, um mögliche Auswirkungen in Bezug auf strategische, taktische oder operative Entscheidungen, Pläne und Szenarien zu untersuchen, Hypothesen aufzustellen und zu verifizieren. Mögliche Ziele und Entscheidungskriterien sind auf strategischer, taktischer und operativer Ebene:

◆ Strategische Ebene: langfristiger Gewinn, umfassende Wettbewerbsfähigkeit, Wachstum und Überleben der Unternehmung

◆ Taktische Ebene: Deckungsbeitrag, Kosten, Wirtschaftlichkeitsmaße

◆ Operative Ebene: Termintreue, geringe Ausfallzeiten, keine Überkapazitäten

Die Effektivität der Service-Strategie ruht auf diesem Verbund der unterschiedlichen Bestandteile. Es ist überaus wichtig, die einzelnen Elemente mit ihren Abhängigkeiten und Einflussfaktoren zu kennen. In allen Stadien des Service-Lebenszyklus und insbesondere im Bereich CSI ist besonderes Augenmerk auf die Frage zu richten, wie es um die Elemente im sozio-technischen System bestellt ist. Je komplexer sich die Systeme und Services daraus gestalten, desto wichtiger ist die Beachtung der Abhängigkeiten und Einflüsse im System.

Service-Automation

Service-Automatisierung als Einflussgröße ist in der Lage, die Leistung von Service Assets wie beispielsweise Management, Organisation, Mitarbeiter und Prozesse zu verbessern. Applikationen sind zum Teil selber Teil einer Automatisierung, zum Teil lassen sich bestehende Applikationen durch Automatisierungserweiterungen noch weiterentwickeln.

Automation verringert die Aufwände beim Ablauf der Prozesse und ermöglicht einheitliche Verfahren, einheitliche Dokumentationen, ein einheitliches Monitoring und Reporting. Aus diesem Grunde ist es wichtig, bereits bei der strategischen Ausrichtung über eine mögliche Automatisierung nachzudenken. Folgende Bereiche profitieren von einer Prozess-Automation:

◆ Design und Modelling

◆ Service-Katalog

◆ Erkennung und Analyse von Mustern

◆ Klassifikation, Priorisierung und Weiterleitung

◆ Entdeckung und Monitoring

◆ Optimierung

Die Nachfrage nach Services kann beispielsweise über Tools automatisiert ablaufen und automatisiert an den Service-Katalog weitergeleitet werden. Dabei werden dem Kunden nur die für ihn notwendigen Informationen angezeigt, um ein zu hohes Maß an Komplexität zu vermeiden.

Um einen hohen Grad an Automatisierung zu erreichen, ist es erst einmal notwendig, die Service-Prozesse zu vereinfachen, den Aktivitätsfluss, die Aufgaben, den Informationsbedarf und die Interaktionen zu klären. Schnittstellen in Richtung Anwender und Kunde müssen von allzu komplexen oder komplizierten Oberflächen, Darstellungen oder Kommunikationsoptionen bereinigt werden. Gleichzeitig ist ein umfassendes Verständnis in Bezug auf den Informationsfluss notwendig. Informationen dürfen im Automatisierungsprozess nicht einfach wegfallen, sondern müssen erhalten bleiben (siehe *Abbildung 5.47*). Das Vorhandensein von Informationen ist in Bezug auf Services zwar notwendig, aber nicht hinreichend, vor allem wenn es darum geht, zukünftige Änderungen oder Verbesserungen aufzuzeigen oder zu etablieren.

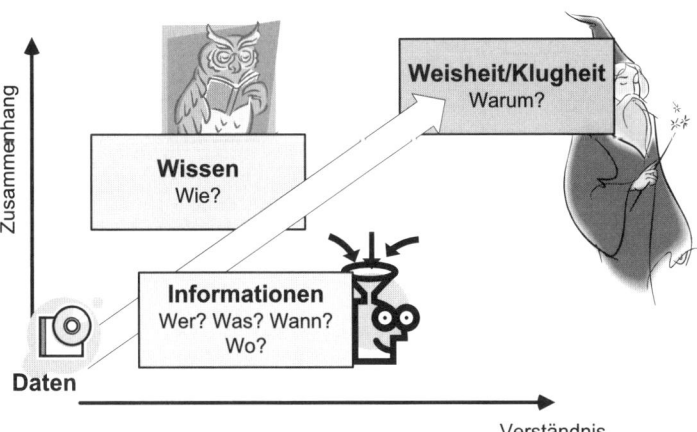

Abbildung 5.47: Ein tiefes Verständnis der Zusammenhänge hilft bei der Service-Analyse

Informationen werden in Erkenntnissen und Wissen umgewandelt, wenn sie in einen Zusammenhang gesetzt werden und Muster erkennbar werden. Daher ist die Service-Analyse und Synthese (Service Analystics) überaus wichtig, um Inhalte in einen gemeinsamen Kontext bringen zu können.

Service-Schnittstellen

Schnittstellen verbinden das Business und den IT Service miteinander. Sie sind ein kritischer Faktor für das Service Management. Daher sollte das Service-Interface ebenso wie der Service selber den Anforderungen bezüglich Utility und Warranty entsprechen. Dazu gehören beispielsweise die folgenden Anforderungen an Service Management-Technologien:

- Integration mit Business Management Tools (Prozesssteuerung etc.) ermöglichen
- Effiziente und/oder automatisierte Behandlung von Elementen während des Incident Lifecycle, Request Fulfillment Lifecycle, Problem Lifecycle, Change Model etc. ermöglichen
- Ein integriertes CMS für alle Stakeholders (Support-Stellen, Finanz-Management, Service Level Management, Change Management) bereitstellen
- Automatisierte „Discovery"/Lizenz-Verwaltung, insbesonders für die Unterstützung des Release Managements und des SACM, leisten
- Dokumenten-Management mit Schnittstellen zu anderen Knowledge-Datenbanken
- Diagnose-Tools zur Unterstützung des Problem Managements bereitstellen
- Reporting (ggf. Dashboards) mit standardisierten Schnittstellen für verschiedene Stakeholder ermöglichen
- Self-Help ermöglichen

Dabei kommen unterschiedliche Arten von Service-Technologien zum Einsatz (siehe *Abbildung 5.48*).

◆ Technologiefreie Begegnung (technology-free): Der Service wird ohne direkte Technologiebeteiligung erbracht, z.b. Beratungs- oder Schulungsleistungen-

◆ Technologieunterstützte Begegnungen (technology-assisted): Nur der Service Provider im Hintergrund verfügt über den Technologiezugriff, z.B. auf die Know-how-Datenbank, die der Service-Erbringer nutzt.

◆ Technologiegestützte Begegnung (technology-facilitated): Hier haben beide Seiten Zugriff auf dieselbe Technologie und verfügen zudem über direkte Interaktionsmöglichkeiten miteinander, z.B. in Bezug auf Planungsdaten oder digitale Modelle, die von beiden Seiten während einer Planungssitzung verwendet werden, der Vor-Ort-Support.

◆ Technologievermittelte Begegnung (technology-mediated): Service Provider und Kunde befinden sich nicht in der gleichen Umgebung. Die Kommunikation erfolgt indirekt über Mailsysteme, Chats oder das Telefon, z.B. beim Service Desk.

◆ Technologieerzeugte Begegnung (technology-generated): Der Service Provider ist überhaupt nicht in die Interaktion involviert. Die Technologie nimmt hier über Automatismen seinen Platz ein, z.B. beim so genannten Self-Service. Beispiele hierfür sind eLearning-Modelle, Downloads freigegebener Software aus dem Intranet.

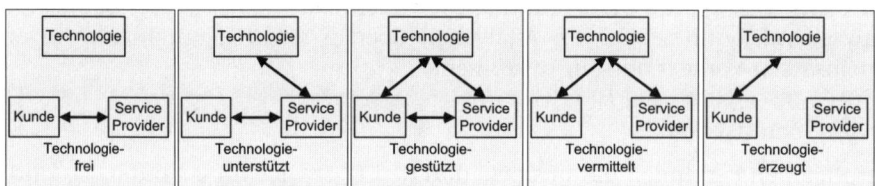

Abbildung 5.48: Unterschiedliche Arten der Begegnung

Die Art der Begegnung bzw. der Schnittstelle ist von diversen Aspekten abhängig, z.B., ob die betroffenen Mitarbeiter im Unternehmen eher Technologie-affin sind oder nicht, das bedeutet, ob sie mit den angebotenen Möglichkeiten zurechtkommen und ob diese Art der Interaktionen überhaupt zu ihren Anforderungen und Erwartungen passt.

Zunehmender Beliebtheit erfreuen sich bezüglich solcher Fragen Self-Services, die konventionelle Services ersetzen oder ergänzen. In den meisten Fällen wird die Service-Interaktion über einen Browser umgesetzt. Viele Anwender sind mittlerweile in der Lage (auch durch den privaten Gebrauch von Einkaufsmöglichkeiten im Internet, Routenplanern, Reisebuchungen), die Self-Service-Optionen anzuwenden. Ob dies für einen speziellen geplanten Service angebracht ist, muss vorab analysiert, über Use Cases instrumentalisiert und verifiziert werden. Zudem bietet sich nicht jeder Service als Self-Service an.

Ein Beispiel für technologievermittelte (technology-mediated) Interaktion ist die Service-Wiederherstellung im Fall eines Incidents. Dabei wird in erster Instanz der Service für den Anwender (z.B. durch das Zurücksetzen einer Anwendung oder durch eine automatische Neuinstallation) wiederhergestellt. Sollte dies nicht den gewünschten Erfolg bringen, erfolgt erst dann die konventionelle Ursachenforschung.

Teil III

Service Design

Service Design

6 Service Design

Ohne gutes Service Design lassen sich die nach ITIL® V3 neu geschaffenen oder grundlegend geänderten IT Services und Service-Prozesse nicht effektiv planen, umsetzen und in Betrieb nehmen. Laut der internationalen Norm ISO/IEC 20000:2005 wird ein Management-System nicht nur zur Gestaltung, Einführung und Überwachung von Services und Prozessen gefordert. Es muss eine ganzheitliche Betrachtung in Bezug auf seinen kompletten Lebenszyklus umgesetzt werden. Demzufolge benötigen IT-Organisationen ein übergreifendes Management-System, Prozesse zur Planung und Einführung des Service-Managements sowie Prozesse zur Planung und Einführung von neuen oder geänderten Services.

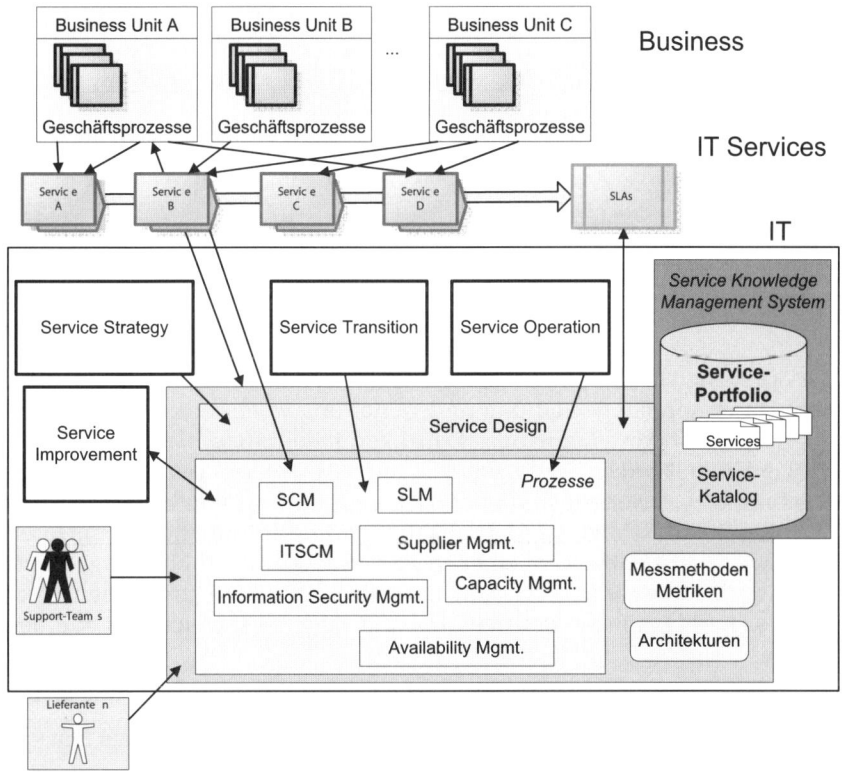

Abbildung 6.1: Service Design im Gesamtzusammenhang

Der ITIL®-Band „Service Design" ist der nächste Schritt im Service Lifecyle nach der Service-Strategie. Im zweiten Band der ITIL® V3 sind große Teile der früheren Bücher der Version 2 „Service Delivery" eingegangen. Darüber hinaus finden sich hier auch die Inhalte aus den Bänden „Business Perspective", „Application Management", „ICTIM" (ICT Infrastructure Management) sowie „Planning to Implement SM" wieder. Der Inhalt dieser Werke wurde oft unterschätzt oder war weitgehend unbekannt, da für viele Nutzer die zweite ITIL®-Version nur aus den beiden ITSM-Kernbüchern Service Support und Service Delivery plus Service Desk und Security Management bestand.

Die allgemeine Aufgabe des Service Designs besteht im Entwurf nutzbringender, kundenbezogener und innovativer IT Services zur Einführung in die Produktivumgebung für den Kunden. Sie sollen helfen, die Geschäftsziele zu erfüllen (Qualität, Risiko, Sicherheit). In eine zentrale Position rücken dabei auch die Begriffe Business und Requirements (Anforderungen).

Service Designs sollen Architektur, Prozesse, Richtlinien und Dokumentation enthalten, mit denen sich bestehende und künftige Business-Anforderungen abdecken lassen. Außerdem sollen die Services unter Beachtung des Service-Lebenszyklus implementier- und betreibbar sein. Die ganzheitliche Betrachtung aller Service Design-Aspekte wird so nicht aus den Augen verloren. Schließlich haben Neuentwicklungen oder Änderungen Auswirkungen auf Service-Portfolio und Service-Katalog, Technologie, Service Management-Prozess, Messkriterien und KPIs. Und: Ein neuer Service wird integriert und nicht am Ende angefügt. Ändert sich ein Element im Service Design, hat dies Auswirkungen auf alle anderen Aspekte.

Service Design

> Das Design geeigneter und innovativer IT Services ebenso wie ihre Architektur, Prozesse, Richtlinien und Dokumentationen zielen darauf ab, aktuelle und zukünftige abgestimmte Geschäftsanforderungen zu erfüllen.

Effektives Service Design bedeutet, die Qualität der IT Services nicht mehr dem Zufall zu überlassen. Durch sorgfältige Planung und Gestaltung werden die Services nicht nur besser, sondern auch kostengünstiger. Dabei kommen unterschiedliche Aspekte zum Tragen, wie z.B. die Forderungen nach dem Entwurf von Services, die leicht weiterzuentwickeln und zu erweitern sind oder nach dem Entwurf von belastbarer und verlässlicher Infrastruktur, Umgebung, Applikationen und Informationen umzusetzen sind. Ganz wichtig ist dabei, dass zu allen Prozessen Messmethoden und -werte implementiert werden, die zur Verbesserung der Effizienz und Effektivität beitragen. Dabei müssen weitere Einflüsse aus dem IT- und Geschäftsbereich des Kunden beachtet werden:

◆ Geschäftsanforderungen definieren die funktionalen Anforderungen an den Service.

◆ Der Service an sich muss dem Kunden bzw. dem Business über den Service Provider zur Verfügung gestellt werden.

◆ Service Level Agreements (SLAs) als Vereinbarung zwischen IT Service Provider und Kunde und Service Level Requirements (SLRs) als Anforderungen von Kundenseite beschreiben den Level, den Umfang und die Qualität der Services, die erbracht werden müssen

- Die IT-Infrastruktur stellt die Möglichkeiten bereit, um einen IT Service erbringen zu können wie z.B. Server, Netzwerkkomponenten, PCs und Telekommunikation.

- Technische Umgebung wie Rechenzentren mit Strom und Klimaanlagen

- Daten, die notwendig sind, um den Service zu unterstützen und die Bereitstellung der notwendigen Informationen umzusetzen

- Applikationen als Oberfläche für den Anwender oder andere Formen der Arbeit mit Daten und als funktionale Basis

- Support Services als Betrieb zur Bereitstellung der Services, z.B. als Managed Services

- Operational Level Agreements (OLAs) als interne Vereinbarung zu anderen Bereichen im gleichen Unternehmen oder andere Formen von Verträgen zur Absicherung, um die im SLA vereinbarte Qualität liefern zu können

- Support Teams zur Unterstützung, z.B. Second Line/Level-Support

- Lieferanten als externe Drittanbieter, die den Third- oder Fourth-Level-Support anbieten können

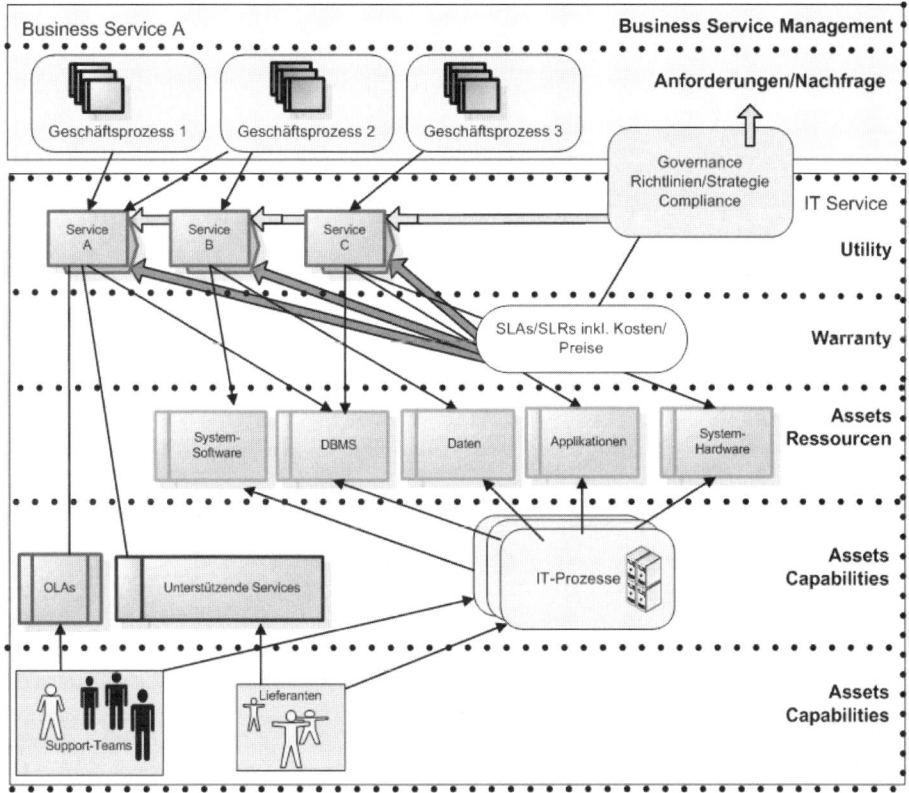

Abbildung 6.2: Service-Komposition

Jeder Service muss kunden- beziehungsweise nutzenorientiert sein, die Regeln, Richtlinien und Empfehlungen für die Verwendung der Servicebestandteile einhalten und den aus der Service Strategy vorgegebenen Kriterien genügen.

Das Service Design setzt die Strategieanforderungen aus der IT-Organisation und die Anforderungen des Kunden um. Aus der Service-Strategie übernommen werden auch die Entscheidungen des Providers darüber, welche Services mit welcher Architektur und welchem Sourcing-Modell angeboten werden. Die Outsourcing-Modelle schließen die bisher in externen SLAs (Service Level Agreements) verankerten Pönale ein – im Sinne einer Gewährleistung für Dienstleistungsverträge. Sie werden jetzt als Service „Warranty" für interne SLAs vorgeschlagen.

Die Kunden, die den Service für ihre Geschäftsprozesse benötigen, stellen dafür das IT-Budget bereit. Deshalb muss von ihren Service-Anforderungen und Service Level Requirements (SLRs) ausgegangen werden. Auf der Basis dieser Anforderungen werden im Service Design die Umsetzung geprüft, die Services gestaltet und die Bestandteile beschafft und getestet sowie als Gesamtpaket (Service Design Package) an den Betrieb übergeben.

Die nachfolgenden Phasen des Service Lifecycle Service Transition (Buch 3) und Service Operation (Buch 4) basieren auf den Standards und Outputs, die sich aus der Definition von neuen oder grundlegend veränderten Services ergeben. Das Feedback aus dem Continual Service Improvement (Buch 5) ist erforderlich, um den Service ständig zu verbessern.

7 Grundsätze des Service Designs

Durch ein effektives Service Design und die explizite Berücksichtigung der Kunden-anforderungen und der strategischen Vorgaben ist die Gefahr, dass der Service am Kunden vorbei gestaltet, eingeführt und betrieben wird, erheblich geringer. Darüber hinaus führt die neue ITIL®-Version zwei Welten zusammen – die der Entwicklung (nicht nur von Anwendungen, sondern von ganzheitlichen Services) und die des Betriebs. Dabei geht es bei der Entwicklung nicht primär um Software-Entwicklung, sondern um die Umsetzung neuer oder geänderter Vorhaben in Bezug auf die IT Ser-vices. Im Grunde genommen ähnlich wie bei einem Projekt. Auch die deutliche Betonung der Anforderungen von Kundenseite ähnelt Projektmanagement-Maßga-ben, z.B. wie bei PRINCE2™. Damit einher geht die Forderung zur Erstellung von IT-Plänen, Prozessen, Architekturen, Rahmenbedingungen und Dokumenten zur Sicherstellung qualitativ hochwertiger Services. Innerhalb der Design-Entwicklung sollte mit Standards und Policies gearbeitet werden – alle am Design beteiligten Bereiche sollten Feedback geben, um einen kontinuierlichen Verbesserungsprozess zu etablieren. Auch die Darstellung von klar definierten Aufgabenbereichen und Zuständigkeiten – denn die vorhandenen IT Fähigkeiten und -Fertigkeiten sollten optimal genutzt werden – kennt man aus dem Projektmanagement. Das Thema Änderungssteuerung wurde ebenso aus dem Projektmanagement aufgegriffen. Die-ses Anliegen sollte das Design innerhalb seiner Zuständigkeit und Möglichkeiten unterstützen und die notwendigen Mechanismen etablieren.

7.1 Inhalte des Service Designs

Service Design umfasst alles, was zu einem Service gehört. Der Umfang beginnt bei der Integration der Business-Anforderungen, verläuft über die Entwicklung, die Schnitt-stellen zu etwaigen Outsourcing-Partnern sowie die Dokumentation bis zu SLAs und den OLAs (Operational Level Agreements). Auch die ITIL®-Prozesse gehören zum Ser-vice Design. Sie sind (als Basis für die IT Services) mitsamt ihren Ressourcen hier zu gestalten – auch wenn sie zum Teil in den anderen V3-Bänden Verwendung finden.

Die Prozesse des Service Designs sind überwiegend aus den V2-Bänden Service Deli-very und Business Perspective sowie aus ISO 20000 bekannt. Im Einzelnen sind das:

◆ Service Catalogue Management: Dieser neue Prozess war vorher teilweise im Service Level Management enthalten. Der Service-Katalog ist der Teil des Service-Portfolios, der dem Kunden konkret angeboten werden kann und der dem Support als Infor-mationsquelle dient.

◆ Service Level Management: Hier werden Service Level und Ziele (Service Level Targets) der aktiven und zukünftigen Services und die entsprechenden Verträge zwischen Kunden und Betreibern von IT-Dienstleistungen verhandelt, vereinbart, überwacht und ausgewertet. Auf diese Weise ist gewährleistet, dass Anspruch und Wirklichkeit, Kosten und Qualität in ein ausgewogenes Miteinander überführt werden. Das SLM bietet dazu einen Kontaktpunkt in Richtung Kunden. Die messenden Anteile sind in der ITIL®-Version 3 vorwiegend in der Continual Service Improvement-Phase (CSI, Buch 5) enthalten.

◆ Availability Management: Dieser Prozess hat zum Ziel, die in den SLAs definierte Verfügbarkeit der Services sicherzustellen. Alle aktiven Services sollen die aktuellen und zukünftigen Anforderungen kosteneffektiv erfüllen oder übertreffen. Um die gewünschte Verfügbarkeit zu erreichen, werden mögliche Service-Ausfälle oder -Beeinträchtigungen auf Basis von Analysen vorausberechnet, das entsprechende Risiko bewertet und dann nach Bedarf Maßnahmen zur Sicherung der geforderten Verfügbarkeit ergriffen. Das Thema Risikomanagement spielt hier eine wichtige Rolle.

◆ Capacity Management kümmert sich darum, dass in benötigtem Maße Kapazitäten bezüglich der IT Services auf Basis der Geschäftsanforderungen zum richtigen Zeitpunkt kostenoptimal zur Verfügung stehen. Dieser Prozess zielt darauf ab, die benötigten IT-Ressourcen optimal zu nutzen und innerhalb des gegebenen und optimalen Finanzrahmens die Anforderungen aus dem Business zu erreichen.

◆ IT Service Continuity Management unterstützt das Business Continuity Management. Business Continuity Management stellt einen Ansatz und einen Prozess dar, um ein Unternehmen gegen Risiken abzusichern und zu gewährleisten, dass die kritischen Geschäftsprozesse auch bei massiven Störungen oder Katastrophen funktionieren. Das Continuity Management stellt sicher, dass die Notfallrisiken für die Services und Komponenten identifiziert und bewertet sind, dass entsprechende Vorsorge- und Notfallmaßnahmen organisiert sind und dass der Wiederanlauf der Prozesse in Notfallsituationen gezielt gesteuert wird. Der Prozess hat eine hohe Bedeutung für das Überleben des Unternehmens im Verlauf von Katastrophen und umfassenden Ressourcenausfällen. Gründe sind die zunehmende Abhängigkeit der Geschäftsprozesse von den IT-Services, die zunehmende Komplexität in Prozessen und Infrastruktur, die zunehmende Vernetzung der Partner in Wertschöpfungsketten und nicht zuletzt auch die stark wachsenden Risiken durch Sabotage, Vandalismus und Terrorismus.

◆ Information Security Management: In ITIL®-Version 2 war dieser Prozess in einem eigenen Band „Security Management" beschrieben. Informationssicherheit ist für jedes IT-Projekt, jedes IT-System und alle Benutzer innerhalb einer Organisation von besonderer Bedeutung. Dieser übergreifende Charakter macht es notwendig, entsprechende Frameworks, Richtlinien, Systeme und Rollen festzulegen. Ziel des Informationssicherheitsmanagements ist es, die für das jeweilige Unternehmen definierte Informationssicherheit zu etablieren und aufrecht zu erhalten. Das Thema ist in der Version 3 auch stark in der Service Operation-Phase (Buch 4) verankert.

◆ Supplier Management: Dieser Prozess war bisher im v2-Buch Business Perspective und in ISO 20000 enthalten. Unter ITIL® V3 hat er ein eigenes Kapitel erhalten. Das Management der Lieferanten und ihrer Services steht im Mittelpunkt. Das Ziel des Prozesses ist es, seinem Kunden, dem Business, die vereinbarten Service Level und -Ziele bieten zu können und dass die eigenen Lieferanten ihren vereinbarten Teil dazu beitragen. Daher liegt es im Interesse des Supplier Managements, dass die Lieferanten ihre Ziele, Bedingungen und Konditionen, die in den Verträgen vereinbart wurden, erfüllen und die eingekauften Leistungen mindestens kostendeckend weitergereicht werden.

Allerdings endet das Thema Service Design nicht bei den eigenen Prozessen. Vielmehr sind hier für alle ITIL®-Prozesse die Bestandteile einer generischen Beschreibung festgelegt. V3 hat hierfür das V2-Buch „Planning to implement" komplett eingearbeitet.

Die Darstellung des Service Designs zeigt, wie die Prozesse definiert, geplant, eingeführt, gemessen und verbessert werden können. Das ist konsequent – und eine Folge von ISO 20000. Darüber hinaus finden sich im zweiten Band der ITIL® V3 Vorlagen für die praktische Arbeit, beispielsweise

◆ ein Muster für ein Service Design Package,

◆ eine Checkliste für Service Acceptance-Kriterien,

◆ ein Template für eine generische Prozessbeschreibung,

◆ eine Checkliste für Design- und Planning-Dokumente,

◆ ein Muster für Architekturstandards,

◆ einfache SLA- und OLA-Vorlagen,

◆ ein beispielhafter Service-Katalog,

◆ eine Musteraufforderung zur Abgabe eines (Outsourcing-)Service-Angebots sowie

◆ ein Capacity- und ein Recovery-Plan.

Die ITIL®-Herausgeber planen, diese Vorlagen später durch Praxisbeispiele, Tool-Anforderungen und Sekundärliteratur zu ITIL® V3 zu ergänzen.

Alle V3-Prozessgruppen müssen sich auf das ITIL®-konforme Service Design verlassen können. Der Return on Investment (RoI) wird sich im Rahmen eines kontinuierlichen Verbesserungsprozesses (KVP) schon nach kurzer Zeit einstellen. Eine ISO-20000-Zertifizierung ohne Service Design kann der CIO ohnehin vergessen.

7.2 Ziele des Service Designs

Service Design will sicherstellen, dass die Konsistenz und Integrität aller Aktivitäten und Prozesse innerhalb der IT-Technologie und den Geschäftsprozessen in ihrer Funktionalität und Qualität gewahrt wird. Services sollen im Optimum der optimalen Qualität und erforderlichen Kosteneffektivität entwickelt werden. Bessere Informationen zur Effektivität und Effizienz werden aufgrund der Etablierung von Messwerten und Messmethoden sowie des kontinuierlichen Verbesserungsprozesses innerhalb des Service Designs zur Verfügung gestellt.

Die Wertschöpfung für den Kunden durch neue oder geänderte qualitativ hochwertige, kosteneffektive und auf das Geschäft ausgerichtete Services besteht in der Reduzierung der TCO (Total Cost of Ownership) als Größe durch Kostensenkungen im Bereich der Betriebskosten und der Verbesserung der Service-Kontinuität. Effektive Service-Leistungen stehen stets in Verbindung mit Capacity, Finance, Availability und Continuity-Plänen. Dazu gehört bereits in der Designphase die Etablierung und Anwendung des Risikomanagements, um Risiken zu minimieren oder zu eliminieren, bevor der neue oder geänderte Service in die Produktivumgebung ausgebracht wird. Steuerungs- und Kontrollelemente für eine effektive IT-Steuerung (innerhalb des Service Designs) wie Messmethoden und Metriken zur Bewertung der Effektivität und Effizienz des Designs und der Produkte bzw. Ergebnisse gehören auch zu den Zielen des Designs und stehen in Beziehung zum Verbesserungsanspruch im Service Lifecycle (Improvement).

Durch die Etablierung der Lifecyle-Phase „Service Design" gestaltet sich die Einführung neuer oder geänderter Services einfacher, problemloser und in geordneten Bahnen. Weitere positive Merkmale sind effektivere Service-Leistungen, die Verbesserung der IT Governance, bessere Informationen und Entscheidungsfindung.

Viele Entwürfe, Pläne und Projekte scheitern, da es an der nötigen Vorbereitung und dem notwendigen Management mangelt. Die Umsetzung des Service Managements nach ITIL® beschreibt Vorbereitung und Planung zum effektiven und effizienten Einsatz der 4 Ps (siehe *Abbildung 7.1*) in der Praxis:

◆ People (Mitarbeiter)

◆ Processes (Prozesse)

◆ Products (Services, Technologien und Tools)

◆ Partners (Lieferanten, Hersteller, Händler)

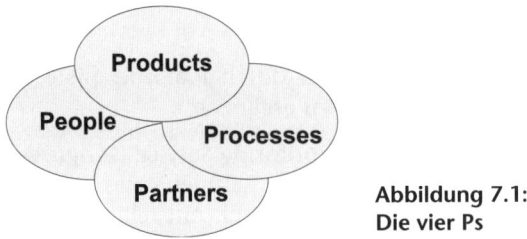

Abbildung 7.1:
Die vier Ps

Entwürfe, Pläne und Architekturen allein bringen keinen Nutzen für das Unternehmen, sie müssen veröffentlicht und aktiv genutzt werden.

Die Planung und der Einsatz effektiver und effizienter Services, die die Geschäftsprozesse des Kunden unterstützen, zeigen eine Reduzierung der TCO, wenn alle Aspekte der Services, Prozesse und Technologie in Abstimmung betrachtet und designt wurden. Auch die Service-Qualität verbessert sich durch eine saubere Planung und ein konsistentes Testmanagement. Services werden konsistent. Die Einführungsaktivitäten für die Services gleichen sich, vor allem dann, wenn die Services innerhalb der Unternehmensstrategie und -architektur entwickelt werden. Die Einführung neuer oder geänderter Service-Leistungen wird dadurch ebenfalls einfacher.

Dabei muss gleichzeitig eine Balance gewahrt werden, um sicherzustellen, dass nicht nur den funktionalen Anforderungen Genüge getan wird, sondern dass auch die Leistungsziele (Performance) des Service nicht zu kurz kommen. Der Blick richtet sich dabei auf die vorhandenen Ressourcen, die veranschlagte Zeit für die Umsetzung und die Kosten für den neuen (oder geänderten) Service. Es entsteht ein Spannungsdreieck zwischen Funktionalität, Ressourcen und Zeitplanung, wie man es ähnlich bereits aus dem magischen Dreieck des Projektmanagements (Qualität, Kosten, Zeit) kennt. Einflussgrößen werden dabei von der Governance und der Strategie dargestellt.

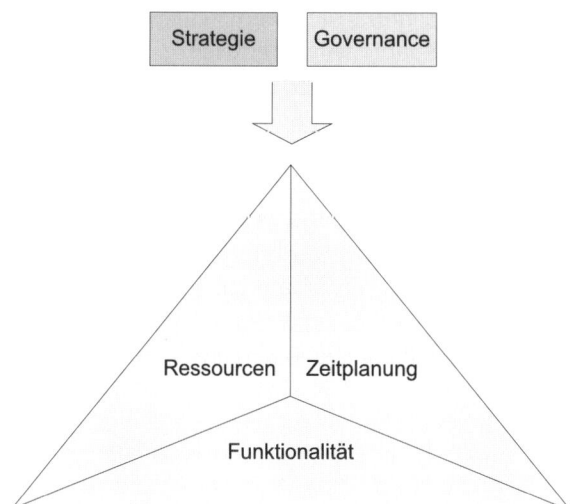

Abbildung 7.2:
Ein magisches Dreieck: Verän-
dert sich eine Größe, hat dies
Auswirkungen auf alle anderen
Elemente innerhalb des Dreiecks.
(nach ITIL®-Material, Wieder-
gabe lizenziert von OGC)

Die Anforderungen aus dem Business-Bereich stehen dabei im Vordergrund. Dabei gilt es, die entsprechenden Beweggründe („Driver") hinter den Anforderungen und die Anforderungen selber zu verstehen, um die Umsetzung in IT Services nachfolgend so zu planen, dass die Ziele für die Umsetzung aus dem Business durch die Services erreicht werden.

Diese Informationen in Form von Anforderungen sind der erste und wichtigste Schritt für das Service Design. Ist nicht klar, was warum an das Business geliefert werden soll, ist der Service Provider mehr oder weniger ziellos. Auch falsche, fehlende, unpräzise Anforderungen mit breitem Interpretationsspielraum oder Anforderungen von falscher Stelle tragen wenig zur passenden Lösung bei. So zeitraubend der Abstimmungs- und Analyseprozess von manchen der Beteiligten auch empfunden wird – er ist von entscheidender Bedeutung, um im Nachhinein Zeit und Ressourcen zu sparen. Dabei muss zwischen den Informationen und Anforderungen eines bestehenden und eines neuen Service unterschieden werden. In der Regel wird ein solches Vorhaben über ein Projekt abgewickelt. Im Laufe der Abstimmung auf Kundenseite zur Bildung des Projektauftrags, um den IT Service zu entwickeln, wird auch der Preis eine Rolle spielen. Hier kommt das Spannungsdreieck (siehe *Abbildung 7.2*) wieder ins Spiel. Gegebenfalls findet eine Zielkorrektur statt, falls die Kosten den Nutzen übersteigen oder das Budget zu gering ist. Letzten Endes müssen die Anforderungen abgestimmt und dokumentiert werden.

7.3   Motivation und Aspekte des Service Designs

Design-Aktivitäten für die Entwicklung eines neuen Service oder die Anpassung eines bestehenden IT Service werden durch Veränderungen im Unternehmen oder durch den Wunsch nach Service-Verbesserungen getrieben. Bei der Umsetzung der Anforderung muss stets die ganzheitliche Sicht gewahrt bleiben. Dabei gliedern sich im Service Design die einzelnen Aktivitäten nach

◆ Sammlung der Anforderungen, Analyse und Sicherstellung, dass alle relevanten Anforderungen dokumentiert und abgestimmt sind

◆ Design der geeigneten Services, Technologien, Prozesse, Informationen und Prozess-
  messmethoden, um die Anforderungen von Kundenseite zu erfüllen

◆ Nachbesprechung, Überprüfung, Bewertung und ggf. Überarbeitung der Prozesse und
  Dokumente aus dem Service Design

◆ Zusammenarbeit und Anbindung an andere relevante Design- und Planungsaktivitäten und Rollen, z.B. von Kunden- oder Lieferantenseite

◆ Erstellung und Pflege der IT-Richtlinien und Entwicklungsdokumente

◆ Durchsicht aller Design-Dokumente und -Pläne für die Ausbringung und Implementierung der IT-Strategien mit Hilfe von Roadmaps, Programmen und Projektplänen

◆ Risikobewertung

◆ Sicherstellung, dass die Planungsergebnisse mit der Unternehmens- und IT-Strategie
  sowie den Richtlinien übereinstimmen

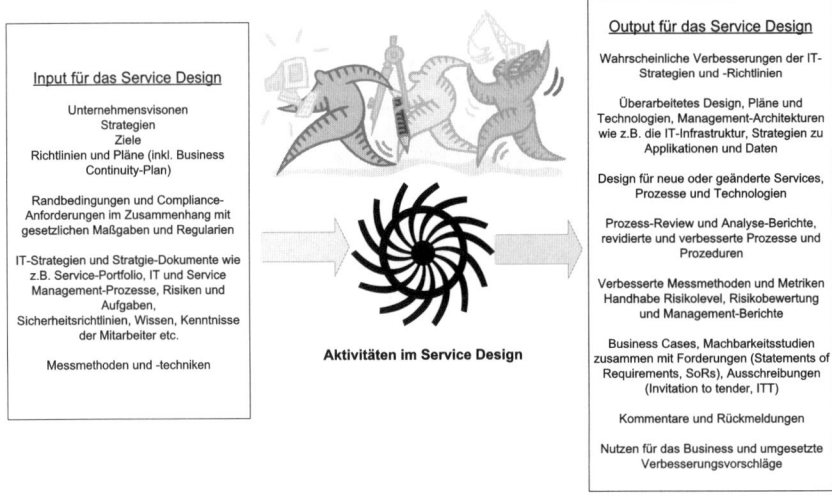

Abbildung 7.3: Input und Output der Design-Aktivitäten

Der umfassende und integrierende Ansatz des Service Designs zeigt sich in den Design-
Aktivitäten. Diese bilden die Richtlinien und Prozesse zur umfassenden Service-Gestaltung ab.

Die fünf Service Design-Aspekte

◆ Design von Lösungen in Form von IT-Services (Service-Lösungen)

◆ Design von Service Management-Systemen und -Tools für das Management
  und die Steuerung der Services in ihrem Lifecycle

◆ Design der technologischen Architektur, Management-Architektur und Tools
  zur Service-Bereitstellung

◆ Design der benötigten Prozesse, um den Service zu entwerfen, überführen,
  betreiben und verbessern

◆ Design von Messsystemen, Messmethoden und Messgrößen der Services,
  Architekturen und deren Komponenten

Demnach muss Servicedesign fünf Aspekte für Service-Qualität und Management berücksichtigen.

1. **Design von Lösungen in Form von IT Services** entsprechend der Anforderungen, die in Bezug auf die Funktion, Ressourcen und Fähigkeiten notwendig sind und abgestimmt wurden. Da dies meist über ein Projekt realisiert wird, korrespondieren die Anforderungen an diesen Punkt zu den Ansprüchen an ein nachhaltiges, effektives und effizientes Projektmanagement.

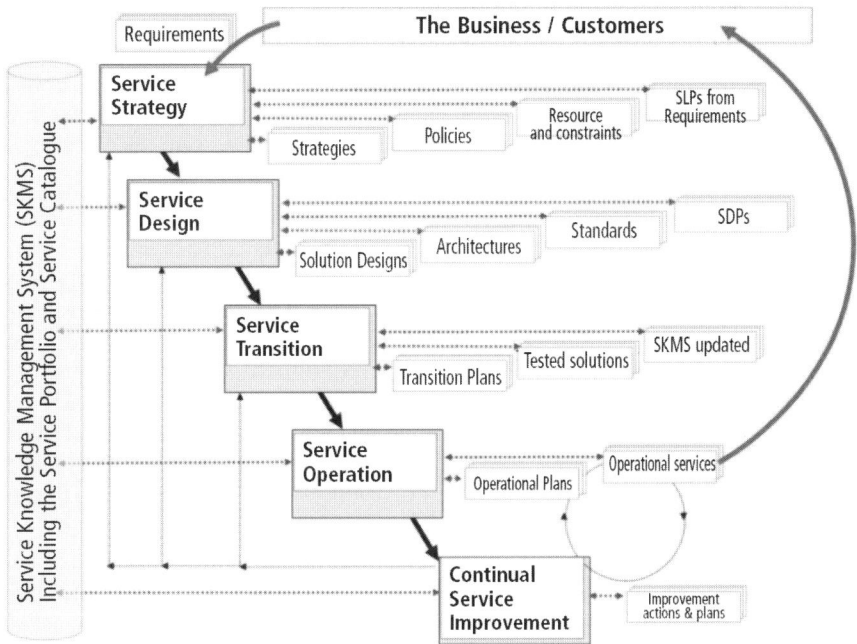

Abbildung 7.4: Input und Output für die Phasen im Service Lifecycle (nach OGC)

Im Hinblick auf den Entwurf eines IT Service betrifft dies beispielsweise Anforderungsanalyse, Betrachtung der bestehenden Services und Infrastruktur inklusive der Entwicklung unterschiedlicher Lösungsszenarien und deren Analyse, Kostenbetrachtung und Investitionsberechnung. Dies betrifft auch den Design-Vorgang entsprechend der Anforderungen, Prüfung der Lösung gegen die Akzeptanzkriterien und gegen bestehende Regularien und Richtlinien z.B. in Bezug auf Compliance und Governance. Dazu gehören Test und Evaluierung ebenso wie die Bewertung und Entwicklung von Möglichkeiten für die Implementierung z.B. auch hinsichtlich des vorhandenen technischen und organisatorischen Wissens für den Betrieb. Rollen und Verantwortlichkeiten, Strukturen oder Prozesse und das Verhandeln und Definieren der notwendigen Vereinbarungen zur Unterstützung des IT Services sind ebenfalls Aspekte, die betrachtet werden müssen.

2. **Design von Service Management-Systemen und -Tools**, wobei besonderer Wert auf das Service-Portfolio gelegt wird. Über dieses Repository erfolgt die Steuerung und Kontrolle der Services über deren gesamten Lifecycle. Hier finden sich auch die Kennzahlen, die Zuordnung und die Beschreibung des Nutzens, der sich über die entsprechende IT-Dienstleistung für den Kunden ergibt. So wird die Zuordnung und Interaktion zwischen den Geschäftsanforderungen als Nachfrage und das Angebot als Antwort des Service Providers in Form von IT Services deutlich.

Weitere Details zu den IT Services im Service-Portfolio beziehen sich auf den Service-Namen, Beschreibung, Status (s.u.), Klassifizierung, verwendete Applikationen, Daten oder verwendete Datenschemata, unterstützte Geschäftsprozesse, fachlich Verantwortliche (Business Owners), Anwender (Business User), Service-Gewährleistungsstufen, SLA und SLR, entsprechende OLAs sowie weitere Verträge und Absprachen, Support-Personal und -Ressourcen, abhängige Services, Metriken und Kennzahlen, Service-Kosten und ggf. Service-Einnahmen und -Verrechnungen.

Sobald die strategische Entscheidung getroffen wird, einen Service zu „chartern" (siehe *Kapitel 5.1, Service Portfolio Management*), wird der Übergang in die Design-Phase des Service Lifecycle vollzogen, und der Entwurf des Service beginnt, der später Teil des Service-Katalogs werden könnte. Das Service-Portfolio sollte alle Informationen zum jeweiligen Service und seinen Status enthalten. Dazu gehören beispielsweise Anforderungen (Requirements), definiert (defined), untersucht (analysed), gechartert (charted), entworfen (designed), entwickelt (developed), zusammengesetzt (built), getestet (tested), ausgerollt (released), in Betrieb (operational), zurückgezogen (retired). Unterschiedliche Elemente eines Service können zur gleichen Zeit verschiedene Status aufweisen, was von einer iterativen und inkrementellen Entwicklung des Service Portfolios zeugt. Entsprechend ist allerdings der Gesamtstatus des Service einzustufen.

Das Service Portfolio Management pflegt die Informationen im Service-Portfolio und hält sie auf dem aktuellen Stand (siehe *Abbildung 7.5*). Dies ist vor allem dann relevant, wenn der Service in die Produktion überführt wird (siehe *Kapitel 8.1, Service Catalogue Management*). Dieses wird zwar vom Service Design entworfen, aber vom Bereich Service Strategy als Besitzer des Portfolios verwaltet.

Zum Service Design gehört auch die Gestaltung weiterer Informationsquellen und Datenbestände neben dem Service-Portfolio, z.B. als Bestandteil des Configuration Management Systems (CMS), die Configuarion Management Database (CMDB) oder aus der Supplier Contract Database für die Zusammenarbeit mit den Lieferanten und ihrer Steuerung.

Tools und Techniken im Service Design dienen dem Entwurf der Services und der damit zusammenhängenden Komponenten. Sie ermöglichen und unterstützen Prozess-, Daten-, Hardware-und Software-Design sowie das Design der Umgebung. Sie können proprietär oder nicht-proprietär sein und leisten nützliche Dienste bei der Beschleunigung des Design-Prozesses, stellen sicher, dass Standards und Konventionen eingehalten werden, bieten Prototyping-, Modellierungs- und Simulationsmöglichkeiten, lassen Schnittstellen- und Abhängigkeitstests und -korrelationen zu. Sie erlauben Was-Wäre-Wenn-Szenarios und eine Validierung des Designs, bevor es an die Entwicklung und Implementierung geht, wobei sichergestellt wird, dass die Anforderungen erfüllt werden können. Das Service Design kann über den

Einsatz von Tools vereinfacht werden, die beispielsweise eine grafische Darstellung der Services und ihrer Komponenten ermöglichen, z.B. aus Sicht der Business-Prozesse, Infrastruktur, Umgebung, Daten und Applikationen, Prozesse, OLAs, Teams, Verträge oder Lieferanten. Einige System Management- oder Configuration Management Tools können dabei als Business Service Management Tools fungieren. Business Service Management (BSM) stellt die Verbindung zwischen dem Prozessmanagement (auch Geschäftsprozessmanagement, GPM) und dem IT Service Management (ITSM) dar. Sie können z.B. Auto Discovery Tools und -Mechanismen enthalten.

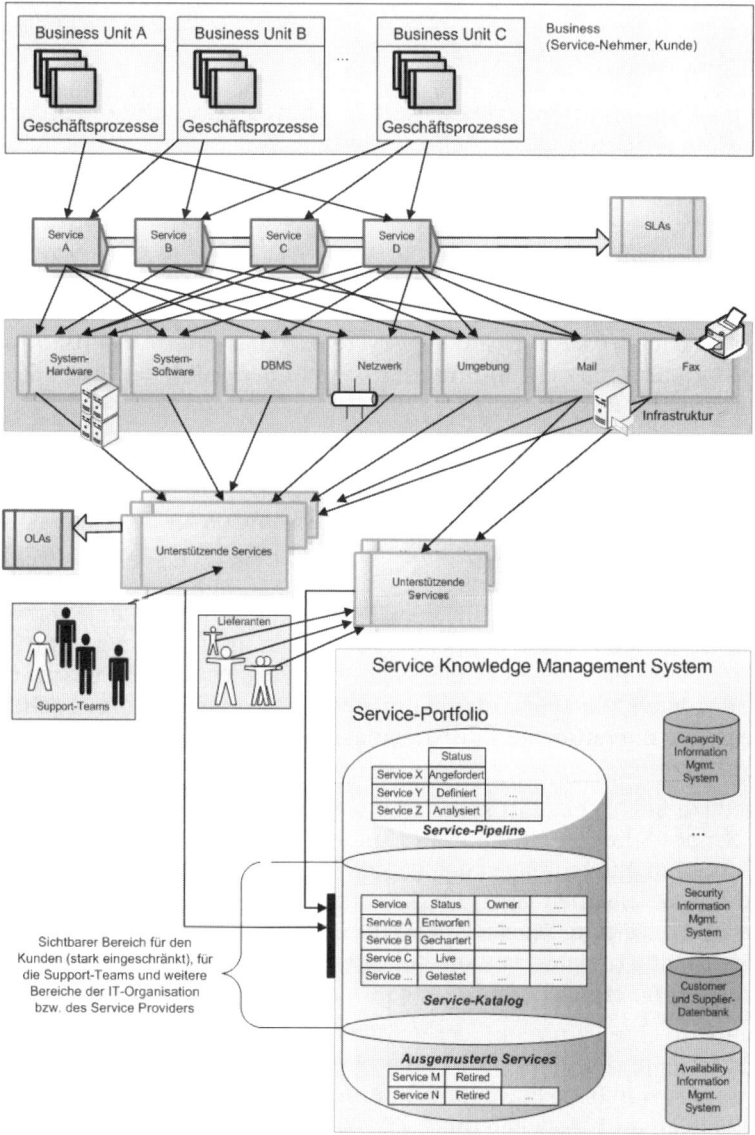

Abbildung 7.5: Das Service-Portfolio als das zentrale Repository

3. **Design einer technologischen Architektur** und der Managementsysteme, die zur Service-Bereitstellung benötigt werden. Hier wird die strategische Blaupause als umfassender Plan für Entwicklung (Development) und die Entwicklung der IT-Infrastruktur bereitgestellt. Dies bezieht sich auf die entsprechenden Applikationen und Daten für die aktuellen und zukünftigen Anforderungen eines (internen oder externen) Auftraggebers. Daten und Anwendungen alleine werden nicht in der Lage sein, qualitativ hochwertige IT Services anzubieten. Sie dienen lediglich als technologische Basis. Darauf aufbauend kommen die Mitarbeiter (People), Prozesse und Partner (Lieferanten) ins Spiel, um mit Hilfe der technologischen Komponenten (Products) Dienstleistungen zu erbringen.

Architektur und System

Architektur wird hier als grundlegender Aufbau eines Systems verstanden, das durch seine Komponenten, die Beziehungen dieser Komponenten untereinander und zu ihrer Umgebung verkörpert wird. Dazu gehören auch die Prinzipien, die das Design und die Entwicklung lenken.

Ein System wird hier nicht in einer IT-spezifischen Bedeutung verwendet. Hierunter wird eine Sammlung von Komponenten verstanden. Diese Zusammenstellung soll eine bestimmte Funktion oder eine Reihe von Funktionen umsetzen. Es ist dabei egal, ob ein solches System sich auf eine Organisation, eine Businessfunktion oder ein Informationssystem bezieht. Jedes dieser Systeme besitzt eine Architektur.

Der architektonische Aufbau lässt sich somit beschreiben als die Entwicklung und Pflege der IT-Richtlinien, Strategien, Designs, Dokumente, Prozesse, Architekturen und Pläne zur Entwicklung, zum anschließenden Betrieb und zur Verbesserung geeigneter IT Services und Lösungen überall in einer Organisation. Die entsprechenden Arbeiten bewerten unterschiedliche Bedürfnisse und stimmen diese ab, wobei sichergestellt werden muss, dass diese nicht in Konflikt miteinander geraten. Dies bezieht sich z.B. auf Innovation und Risiken, Compliance und die technischen Komponenten, deren Management und deren Verwendung. Sie umfasst dabei die Gesamtmenge des operationellen Risikomanagements, wie es in § 91 AktG und Basel II definiert ist.

Die Reichweite dieses Aspektes ist komplex und sehr groß und bezieht sich ebenso wie auf die Service-Strategie auch auf die Kundenseite. Eine Unternehmensarchitektur (Enterprise Architecture) legt dar, wie alle Komponenten miteinander interagieren und wie sie integriert sind, um die aktuellen und zukünftigen Geschäftsziele zu erreichen. Sie unterscheidet sich von Begriffen wie Software-Architektur durch den ganzheitlichen Blick auf die Rolle der IT im Unternehmen und verfügt über einen hohen Abstraktionsgrad.

Laut Gartner wird eine Unternehmensarchitektur als Prozess zur Umsetzung der Geschäftsvisionen und -strategien in eine effektive Geschäftsveränderung verstanden. Dies wird durch die Erzeugung, Kommunizierung und Verbesserung von Schlüsselprinzipien und Modellen umgesetzt, die den zukünftigen Status des Unternehmens beschreiben und die Weiterentwicklung ermöglichen. Zur Entwicklung einer solchen „Entperprise Architecture" existieren zahlreiche Frameworks, die sich mit dem Thema beschäftigen wie z.B. das Zachman Framework, AGATE (Frankreichs DGA Architecture Framework), DODAF (US Department of Defense Architecture Framework),TOGAF (von The Open Group; inklusive einer Methode zur Anwendung des Frameworks) oder das aus Deutschland stammende ARIS-Konzept (Architecture of Integrated Information Systems) von Prof. Scheer. Dieses soll beispielsweise die Forderung unterstützen, dass ein betriebliches Informationssystem vollständig seinen Anforderungen gerecht werden kann. Daneben haben diverse Beratungsunternehmen und andere Firmen eigene Frameworks entwickelt.

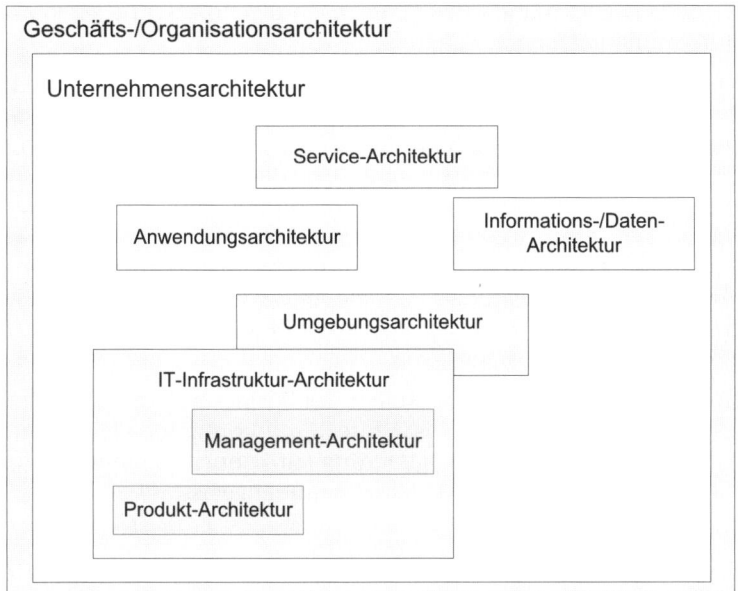

Abbildung 7.6: Die Bestandteile der Unternehmensarchitektur

Eine Unternehmensarchitektur (Entperprise Architecture) sollte einen integrierter Teil der Geschäftsarchitektur (Business Architecture) darstellen und folgende Bereiche enthalten:

- Servicearchitektur zur Übersetzung der Anwendung, der Infrastruktur und anderer Elemente in eine Reihe von Services und deren Management

- Anwendungsarchitektur als Vorlage für die Entwicklung (Development) und das Rollout (Deployment) individueller Anwendungen, das Mapping des Business auf die funktionalen Anforderungen einer Applikation sowie der Zusammenhänge zwischen den Anwendungen

- Daten- und Informationsarchitektur zur Beschreibung der logischen und physischen Daten-Assets des Unternehmens und der Ressourcen zur Verwaltung der Daten

- IT-Infrastruktur-Architektur (inkl. einer Produkt-Architektur) zur Schilderung der Struktur, Funktionalität und geographischen Verteilung der Hardware, Software und der Kommunikationseinrichtungen zusammen mit den technologischen Standards
- Umgebungsarchitektur zur Beschreibung aller Aspekte, Arten und Level der Umgebungssteuerung und deren Management

Der Nutzen und das lohnende Ergebnis der Unternehmensarchitektur zeigt sich nicht durch die Architektur selber sondern durch die Fähigkeit der Organisation, Projekte und Lösungen konsistent und kurzfristig zu entwickeln und zu implementieren. Steht die notwendige Architektur, muss das Service Design innerhalb des Frameworks und der Standards agieren, so viele Assets wie möglich aus Synergiegründen wiederverwenden und mit den drei nachfolgend beschriebenen Architektur-Rollen zusammenarbeiten.

Innerhalb des Frameworks existieren mindestens drei Rollen für die Architektur. Diese berichten an den „Enterprise Architect" in der Organisation. Zum einen ist dies der Business-/Organisationsarchitekt (Business/Organizational Architect), der sich mit Geschäftsmodellen, Geschäftsprozessen und dem Organisationsdesign beschäftigt, also den strukturellen und funktionalen Komponenten der Organisation und ihren Beziehungen. Der Service-Architekt (manchmal auch Anwendungsarchitekt oder Informations-/Daten-Architekt) beschäftigt sich mit dem Service, den Daten und der Anwendungsarchitektur als logische Architektur. Der IT-Infrastruktur-Architekt kümmert sich um die physikalischen Technologiemodelle, die Infrastruktur-Komponenten und ihre Abhängigkeiten.

In machen Unternehmen umfassen die Rollen des Business-/Organisationsarchitekten, Service-Architekten, Anwendungsarchitekten, Informations-/Daten-Architekten und IT-Infrastruktur-Architekten getrennte Funktionen. In anderen Unternehmen werden einige oder alle diese Rollen zusammengefasst.

Technologie-Management (Technology Management)

Bei der Planung der IT und des entsprechenden Managements sollte ein strategischer Ansatz zugrunde liegen. Dies ist gleichzusetzen mit einer Architektur (Plan), die auf eine langfristige Sicht ausgerichtet ist. IT-Planer, Architekten und Designer benötigen dazu ein Verständnis für das Business, die Anforderungen und die aktuelle Technologie, um die passende IT-Architektur zu entwickeln. Technologie-Design bezieht auch die IT Services mit ein und berücksichtigt ihre Nutzung durch den Kunden. Zu diesem Themenkomplex zählen ebenfalls die Technologie-Architekturen und die Management-Architekturen.

Technologie-Architekturen werden in allen IT-Bereichen verwendet und lassen sich beispielsweise in die folgenden Bereiche einteilen:

- Applikationen und System-Software
- Informationen, Daten und Datenbanken (inklusive Sicherheit)
- Infrastruktur-Design und -Architektur (zentrale, dezentrale Systeme, File- und Print-Server, Netzwerke wie LAN- oder WAN-Anbindung, Netzwerktechnologien, Clientsysteme und Storage)
- Systems Management

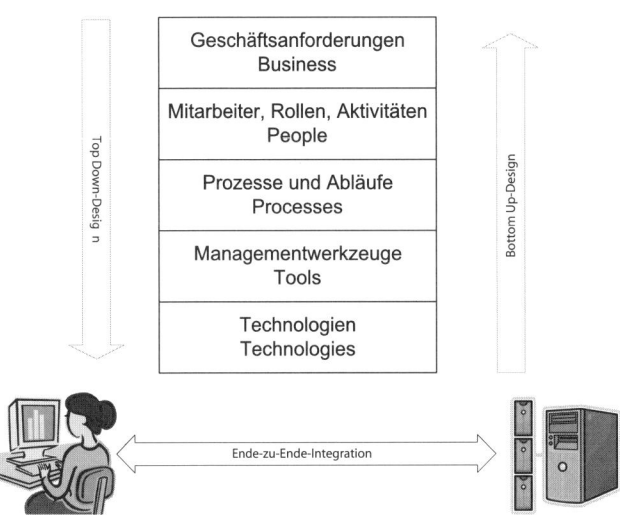

Abbildung 7.7: Geschäftsgetriebenes Technologie-Management

Management-Architekturen dienen der Steuerung und der Automatisierung in der IT. Dabei müssen die fünf Bereiche Unternehmen (Business), Menschen (People), Prozesse (Processes), Tools und Technologie Beachtung finden.

4. **Design der benötigten Prozesse**, die zum Design, der Transition, dem Betrieb (Operation) und Verbesserungen (Improvements) der Services, Architekturen und den Prozessen selber benötigt werden. Dies bezieht sich auf die zum Service Design gehörenden Prozesse wie das Service Level Management oder das Information Security Management. Sie spiegeln alle Aspekte des Service Designs wider.

   Durch die Nutzung der Prozesse und ihrer Eigenschaften (siehe *Kapitel 1.3.2, Prozesse*) ist es möglich, effektiv und effizient zu arbeiten. Messen und Steuern steigern die Effektivität noch. Durch die Verwendung des Deming-Zyklus (Plan-Do-Check-Act, siehe *Kapitel 1.3.1, Qualität und Qualitätsverbesserung*) wird das Prozessergebnis mit einer Qualitätsmessung verbunden. Durch Etablierung von Prozessen und deren mögliche Erweiterungen durch Formalismen rückt das Ziel geeigneter und praktikabler Prozesse in greifbare Nähe.

5. **Design von Messmethoden und Messgrößen der Services**, der Architekturen und der einzelnen Komponenten und Prozesse. Diese Messmethoden und Metriken (Kennzahlen) müssen definiert werden, um die Services überhaupt dem Verbesserungsgedanken und dem Deming-Zyklus unterwerfen zu können. Aus dem Buch „The Deadline" („Der Termin" von Tom DeMarco) lassen sich Sätze ableiten wie zum Beispiel:

   „Wenn Du etwas nicht messen kannst, kannst Du es nicht managen."

   „Wenn Du etwas nicht messen kannst, kannst Du es nicht verbessern."

   „Wenn Du etwas nicht messen kannst, kann es nicht sehr wichtig sein."

   „Wenn Du etwas nicht beeinflussen kannst, dann miss es nicht."

Die Themen Messmethoden und Metriken müssen mit Umsicht gehandhabt werden. Messergebnisse haben stets Auswirkungen auf das Handeln der beteiligten Personen, die mit den betroffenen Aktivitäten und Prozessen zu tun haben. Auch sollten nur relevante Messungen angewandt werden, z.B. bei Lösungen, die bereits mit der nötigen Gewährleistung ausgestattet sind („Fit for Purpose"), ein adäquates Qualitätslevel aufweisen, die zum ersten Mal ausgerollt wurden und die erwarteten Ziele erfüllen etc. Dies bezieht sich auf Lösungen, die zwar in vielen Bereichen, aber noch nicht umfassend effektiv und effizient aus der Sicht des Kunden ausgerichtet sind.

Die ausgewählten Messmethoden sollten zu den zu messenden Capabilities, dem Reifegrad und den Laufzeiten des Prozesses passen. Es existieren vier Aspekte von Metriken, die zum Messen des Leistungsvermögens und der Performance herangezogen werden können.

- Fortschritt (**Progress**): Meilensteine und Ergebnisse
- Einhaltung (**Compliance**) von Grundsätzen der Unternehmensführung, Vorschriften und Beachtung der Prozessanwendung durch die Mitarbeiter
- Effektivität (**Effectiveness**): Genauigkeit und Korrektheit des Prozesses und die Fähigkeit, das richtige Ergebnis zu liefern
- Effizienz (**Efficiency**): Produktivität des Prozesses, sein Tempo, Durchsatz und Ressourcenverbrauch

Messmethoden und Metriken sollten sich im gleichen Tempo und in Anlehnung mit dem Prozess entwickeln. Die Auswahl der Metriken, Messpunkte, Methoden, Berechnung und Berichtswesen müssen sorgfältig entworfen und geplant werden. Die primären Metriken sollten sich auf die Effektivität und die Qualität konzentrieren. Die sekundären Metriken können auf die Effizienz abzielen. Wichtig ist, dass der Prozess das korrekte Ergebnis für das Business liefert und so auch seinen primären Zweck erfüllt: die Unterstützung der Geschäftsaktivitäten.

ITIL® empfiehlt die Verwendung eines Metrik- oder KPI-Baums, um eine effektive und umfassende Methode bereitzustellen. So können Ergebnisse aggregiert betrachtet und nachfolgende Aktionen konsistent und umfassend entwickelt werden. Dabei kann auch die Balanced Scorecard Verwendung finden.

Das Service Design widmet sich der Gestaltung dieser Aspekte, dokumentiert sie und gewährleistet so über geeignete Prozesse die Übergabe der Services in den Betrieb („Transition"), den Service-konformen Betrieb („Operation") und die fortgesetzte Verbesserung („Continual Service Improvement").

Diese fünf Aspekte spiegeln den ganzheitlichen Ansatz wider. Sie stehen nicht isoliert, sondern müssen im Gesamtzusammenhang für die Unternehmung und die IT-Organisation betrachtet werden. Organisatorische, technische und wirtschaftliche Auswirkungen, eine ökonomische Ausrichtung, Kommunikationsplanung, Folgen für bestehende Verträge, Definition der erwarteten Ergebnisse müssen in Betracht gezogen werden. Die Erstellung von Service-Akzeptanzkriterien (Service Acceptance Criteria, SAC) und die Erstellung eines Service Design Packages (Dokumentation bezüglich aller Aspekte eines neuen oder veränderten IT Service und dessen Anforderungen für jede Phase des Service-Lifecycle) dürfen nicht vernachlässigt werden.

Abbildung 7.8: Beispielhafte Struktur eines Metrikbaums

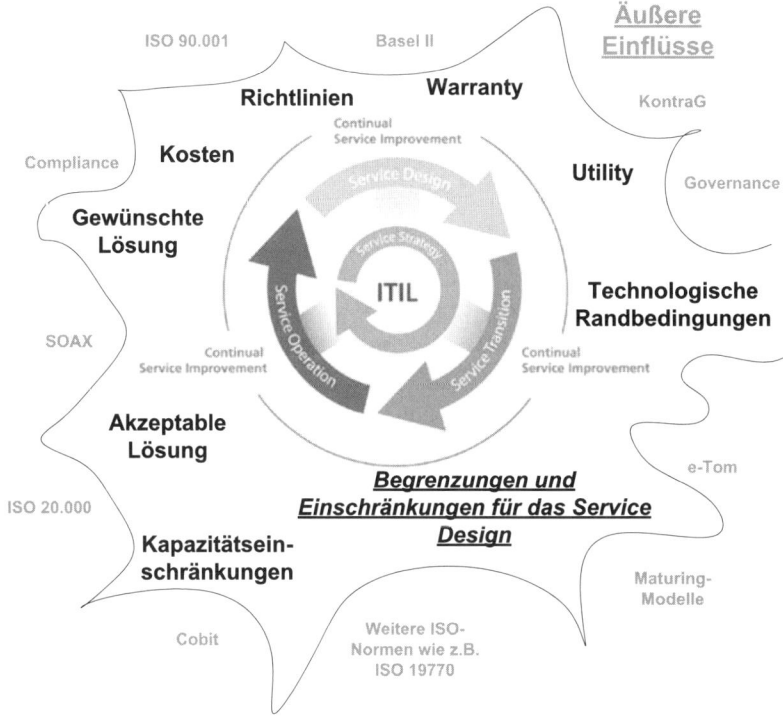

Abbildung 7.9: Äußere Einflüsse und innere Bedingungen

Service Design agiert also nicht „frei" und losgelöst, um die beste globale Lösung zu entwickeln, sondern es bewegt sich stets im Rahmen, den der Kunde und die IT-Organisation bilden. Der Schlüsselaspekt bezieht sich auf das Design neuer oder veränderter Service-Lösungen, um die Geschäftsprozesse zu unterstützen und die Anforderungen der Unternehmung zu erfüllen. Bei jeder neuen Service-Anforderung muss sichergestellt werden, dass der neue Service in das bestehende Service-Portfolio integriert wird und sich weder für den neuen Service noch für die bestehenden IT-Dienstleistungen negative Seiteneffekte ergeben. Auch das Risikomanagement, die Betrachtung der Ergebnisse für das Business, mögliche Konsequenzen für bestehende Service Level Agreements (SLAs) und finanzielle Aspekte werden berücksichtigt. Dies sind die Randbedingungen und Beschränkungen („Constraints"), denen sich das Service Design beugen muss.

Service Oriented Architecture (SOA)

SOA ist eine Idee, keine Technik. Eine serviceorientierte Architektur (SOA) beruht auf der losen Kopplung wiederverwendbarer Software-Bausteine (Services), die bestimmte Standards erfüllen. Applikationen sollen sich dadurch an geänderte Anforderungen leichter und schneller anpassen lassen. Eine SOA strukturiert Anwendungssoftware, doch auch Infrastrukturprogramme, Entwicklungs- und Verwaltungswerkzeuge müssen darauf abgestimmt sein.

Das große Ziel ist eine an Geschäftsprozessen ausgerichtete IT-Infrastruktur, die schnell auf veränderte Anforderungen reagiert. In diesem Rahmen lassen sich Software Services erstellen, verwalten und kombinieren. Weil Services mehrfach verwendet werden können, verspricht SOA zudem Kostenvorteile.

7.4   Business Service Management

Business Service Management (BSM) ist ein strategischer Ansatz zur Ausrichtung der IT-Services an den Geschäftsprozessen und an den Zielen eines Unternehmens. IT-Organisationen müssen daher gewährleisten, dass alle IT-gestützten Geschäftsprozesse reibungslos zur Verfügung stehen – also ohne Ausfall- und mit definierten Antwortzeiten. Vorrangige Aufgabe der IT ist es, die Funktionsfähigkeit aller IT-Systeme aktiv, vorausschauend und mit sinnvoller Priorisierung sicherzustellen.

Über das Business Service Management werden die Abhängigkeit des Business von der IT dargestellt sowie die Auswirkungen von IT-Störungen auf das Business aufgezeigt. Dies erfolgt durch das Verknüpfen von Geschäftsprozessen mit darunterliegenden IT Services.

Defining the links between IT infrastructure components and business services is a manual, time-intensive process. Maintaining the links in a dynamic and rapidly changing environment is an inhibitor to the success of BSM tools. Enterprises must have a mature, service-oriented IS organization, well-defined change management processes and good event management in place to be successful at BSM.
(Quelle: Gartner)

Die Anforderung richtet sich also in erster Linie an eine ausgereifte, serviceorientierte IT-Organisation, einen definierten Change Management-Prozess und ein gutes Event-Management. Im Jahr 2006 haben Untersuchungen von Gartner ergeben, dass nur 10 bis 30 Prozent der Unternehmen in der Lage wären, dieser Anforderung nachzukommen. Über das BSM ist dafür zu sorgen, dass die technologischen Abbildungen von unternehmensrelevanten Arbeitsabläufen in ihrer Gesamtheit betrachtet, überwacht, bewertet und optimiert werden. Damit geht diese Disziplin weit über das hinaus, was das IT-Service-Management zu erreichen versucht. Business Service Management als übergeordnete Schicht betrachtet nicht die einzelnen Dienste, sondern alle einem Geschäftsprozess zugeordneten technologischen Elemente (Business Process Model, BPM). Sie werden dabei wie ein einziger Service behandelt.

Hinter BSM steht ein strategischer Ansatz, der eine Verbindung zwischen der technischen Sicht und den Anforderungen des Unternehmens schafft. Neben der grundsätzlichen Kundenorientierung muss dazu eine organisatorische und technologische Basis vorhanden sein, auf der BSM aufsetzen kann. Eine zentrale Rolle spielt dabei das Service Level Management.

Um die Wichtigkeit von Geschäftsprozessen und den zugrunde liegenden IT Services zu ermitteln, muss auch der Ernstfall genau durchleuchtet werden: Was kostet es das Unternehmen, wenn ein bestimmter Prozess ausfällt? Nur wenige Organisationen sind in der Lage, diese Frage ohne Weiteres zu beantworten.

Nach den Vorarbeiten kann die BSM-Lösung eingeführt werden. Dieses System analysiert die Monitoring-Ergebnisse des IT Service Managements – und der bereits im Unternehmen bestehenden Monitoring-Tools – und führt die Ergebnisse der einzelnen IT Services zum Blick auf den End-to-End-Prozess zusammen.

7.5 Service Design-Modelle

Das gewählte Modell für das Design der IT Services wird maßgeblich von dem Modell abhängen, das für die Lieferung der IT Services gewählt wurde. Bevor man sich mit dem Design des gewünschten Service beschäftigt, sollten die Möglichkeiten und Fähigkeiten analysiert werden, um festzustellen, ob dieser Service überhaupt in allumfassender Form bereitgestellt werden kann. Diese Bewertung in Bezug auf die Lieferung eines IT Service ist sehr komplex und entscheidend für das Service Design und die Fragen hinsichtlich der folgenden Aspekte. Dazu gehören beispielsweise vorhandene Budgets, vorhandene Ressourcen und Know-how, Geschäftsanforderungen, Ziele für den neuen Service. Auch die Themen Unternehmenskultur, IT-Infrastruktur und deren Komponenten wie Anwendungen, Daten oder Services sind relevant.

Die verfügbaren Optionen zeigen eine breite Spanne, wobei manche Optionen direkt aus dem Fokus fallen können. Die unterschiedlichen Service Delivery-Strategien finden Sie in *Kapitel 5.5.2, Sourcing-Strategien*.

Es kann sogar sein, dass für unterschiedliche Phasen im IT Service Lifecycle verschiedene Delivery-Strategien verwendet werden. Egal, für welche Option oder welche Kombination von Möglichkeiten sich ein Unternehmen entscheidet, es gibt kein umfassendes Richtig oder Falsch bei der Wahl. Wichtig ist dabei aber stets die Überwachung der Ziele durch die Anwendung von Messmethoden und Metriken.

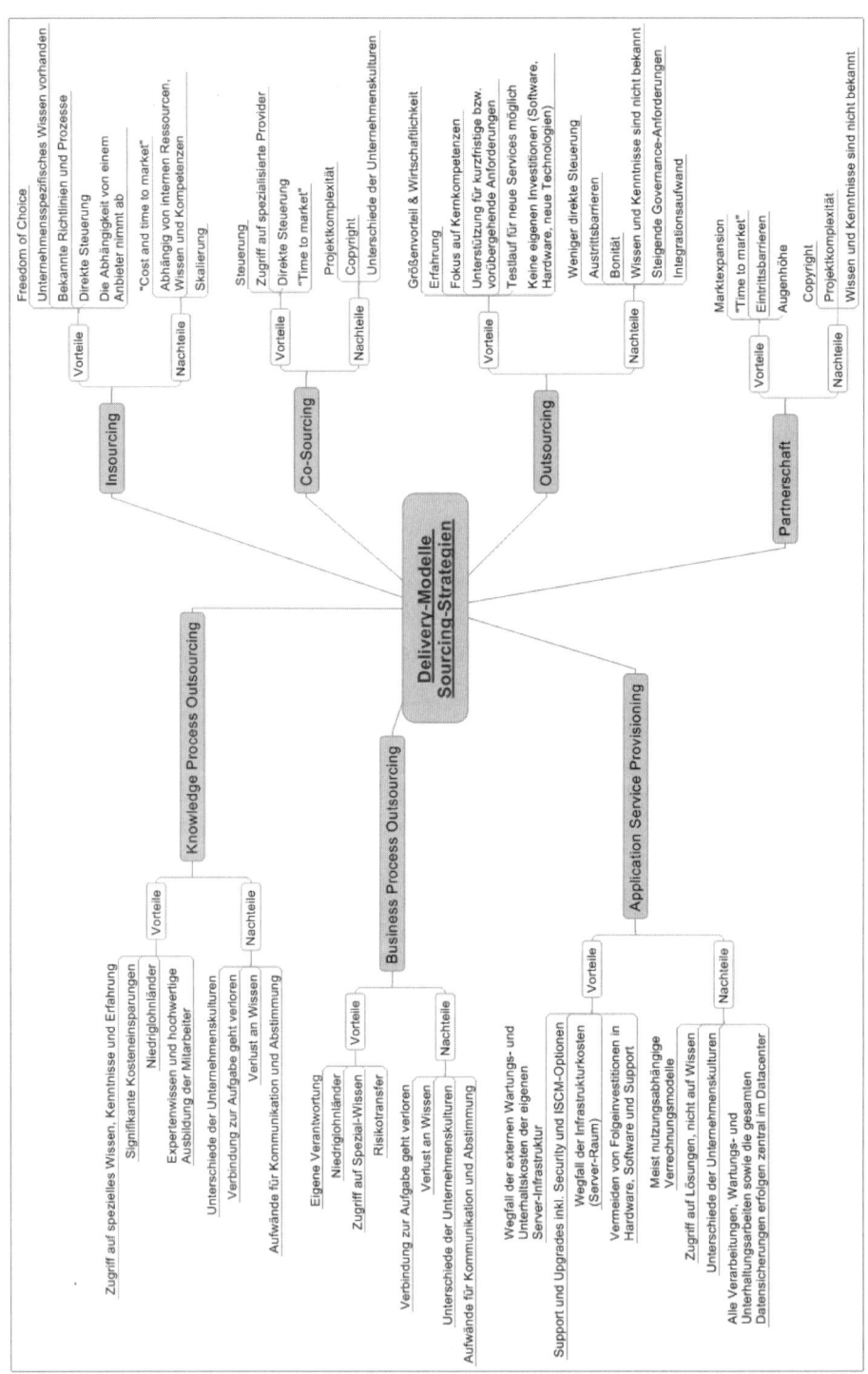

Abbildung 7.10: Vor- und Nachteile unterschiedlicher Sourcing-Ansätze

Auch die Entwicklung von Standards für das Service Design spielt eine wichtige Rolle, v.a. wenn dies in den Bereich der Anwendungsentwicklung hineinreicht und die unterschiedlichen Ansätze zum Thema Design und Development-Vorgehen berührt. Hier spielt das Thema Service Development Lifecycle (SDLC) eine wichtige Rolle. Dies bezieht sich beispielsweise auf die Struktur, Aktivitäten und Modelle, die dabei verwendet werden.

Unified Modelling Language (UML)

In den letzten Jahren entstand eine Vielzahl von Methoden zur objektorientierten Modellierung von Software-Systemen. Diese benutzen Diagramme zur graphischen Darstellung der entworfenen Modelle und zahlreiche Werkzeuge. In den 90er Jahren etablierten zunächst Grady Booch und James Rumbaugh, später Ivar Jacobson (die „drei Amigos") die Unified Modeling Language (UML) als visuelle Diagrammsprache zur Modellierung, Konstruktion und Dokumentation von Software-Systemen. Sie wurde durch die Object Management Group (OMG) standardisiert. UML stellt keine Methode dar, sondern definiert eine Notation und Semantik zur Visualisierung, Konstruktion und Dokumentation von Modellen für die Geschäftsprozessmodellierung und für die objektorientierte Software-Entwicklung.

Die Themen Rapid Application Development (RAD) und Off-the-Shelf-Lösungen sind ebenso beim Thema „Development" angesiedelt.

Off-the-Shelf-Lösungen bezeichnen seriengefertigte Software-Produkte, die in großer Stückzahl völlig gleichartig aufgebaut verkauft werden. „Off-the-Shelf" heißt, dass die Lösung so standardisiert wie möglich ist, um einen schnellen und nachhaltigen Erfolg zu ermöglichen. Sie können „von der Stange" erworben werden. Beispiele sind Office-Produkte oder Warenwirtschaftssysteme, die ohne Anpassungsbedarf eingesetzt werden („out of the box"). Dadurch, dass ab Werk keine Anpassungen an die Bedürfnisse des Individualkunden vorgenommen werden, erhofft sich der Nutzer weitgehende Kosteneinsparungen, da hier die Entwicklungskosten nicht vom Auftraggeber alleine, sondern vom Markt getragen werden.

Service Design

Rapid Application Development (RAD)

Das Entwickeln von Applikationen (Application Development) unterscheidet sich vom reinen Programmieren dadurch, dass die Programmiertätigkeit in die Entwicklungsarbeit im Projekt eingebettet ist. Der Kunde möchte in der Regel in die Arbeiten und v.a. die Ergebnisse der Entwicklungsarbeiten einbezogen werden. Eine frühe Feedback-Phase birgt zwar zum einen die Gefahr, dass spontan Änderungen nachgezogen werden sollen. Zum anderen sieht der Kunde aber im anderen Fall erst relativ spät, wie ein Ergebnis aussehen wird. Möglicherweise sieht er dann doch nicht das, was er unter seinen Anforderungen verstanden haben wollte. Klassische Software-Entwicklungsmodelle wie das Wasserfallmodell durchlaufen die Phasen der Entwicklungsarbeit sequenziell und ziehen den Kunden erst relativ spät hinzu. Damit wirkt der Entwicklungsprozess oft starr und unflexibel.

Rapid Application Development (RAD) verfolgt einen anderen Ansatz. Es setzt auf ein prototypisches Vorgehen, bei dem die Anforderungen möglichst schnell in ausführbaren Code umgesetzt werden. Hierbei soll dem Kunden schnellstmöglich eine funktionierende Prototypversion des gewünschten Programms präsentiert werden. Der aktuelle Status zeigt nur die unbedingt notwendigen Features, während nicht unbedingt notwendige Funktionen nach hinten verschoben werden. Am Anfang wird zumindest eine rudimentäre Benutzerschnittstelle zusammengestellt, und auch die üblichen Businessanforderungen finden sich in vorgefertigten Programmmodulen. In kurzen Entwicklungszyklen folgen verbesserte Versionen des Programms, die sich stetig dem gewünschten Endprodukt annähern. Diese Zyklen werden so oft durchlaufen, bis der Auftraggeber mit der Software zufrieden ist und diese abnimmt. Dieser Ansatz wurde in den 1980er Jahren u.a. von Barry Boehm entwickelt.

8 Prozesse im Service Design

Beim Design der Services werden unterschiedliche Prozesse benötigt. Sie stellen einen wichtigen Aspekt des Service Designs dar. Prozesse sind nicht isoliert zu sehen. Sie stehen in Abhängigkeit zueinander, und erst durch ihr Zusammenspiel eröffnet sich der wahre Nutzen für die IT-Organisation und durch die Unterstützung der IT Services auch für den Kunden. Daher spielen die Schnittstellen zwischen den Prozessen eine wichtige Rolle, ohne die eine Nutzenrealisierung nicht effektiv erfolgen kann. So ist dem Entwurf der Schnittstellen im Service Design und der Rollen entsprechend hohe Aufmerksamkeit zu schenken.

Neue Kunden- oder geänderte Geschäftsanforderungen sind die Grundlage für die Entwicklung eines neuen oder die Anpassung eines aktiven Service. Die Prozesse unterstützen die Verwaltung, den Entwurf, den Support und die Pflege der Services, der IT-Infrastruktur, der Umgebung, Applikationen und Daten. Die Geschäftsanforderungen stellen die Schlüsselinformationen für das Design neuer oder veränderter Services. Sie unterstützen so die Ergebnisse des Service Designs: der Entwurf neuer oder modifizierter IT Services, die die Anforderungen des Business erfüllen und ein Service Design Package (SDP), das an die Service Transition übergeben werden kann. Dabei ist es wichtig, dass alle beteiligten Einflussgrößen und Inputmöglichkeiten beachtet werden. Dies wird am effektivsten durch die Kernprozesse im Service Design abgefangen. Durch sie werden alle relevanten Aspekte, Informationen, Eingaben und Vorgaben automatisch adressiert, sobald ein neuer Service angefordert wird oder ein bestehender Service modifiziert werden soll.

Rolle des Service Design Managers

Der Service Design Manager ist verantwortlich für die übergreifende Koordinierung und den Input des Service Designs. Er sorgt dafür, dass sich die Service-Strategie in den Service Design-Prozessen wiederfindet und dass die Designs den Anforderungen entsprechen. Er kümmert sich um die funktionalen Aspekte der Services, erstellt und pflegt die Design-Dokumentationen und bewertet die Effektivität und die Effizienz der Design-Prozesse.

Ein Service Design Package (SDP) beinhaltet diese Aspekte, Attribute und Anforderungen, die während aller Phasen seines Lebenszyklus relevant sind. Sie werden dann an die nachfolgenden Aktivitäten im Service Lifecycle übergeben. Es wird zu jedem geänderten oder neuen Service parallel erstellt oder angepasst. Alle notwendigen Management- und Betriebsanforderungen für den jeweiligen Service gehören mit in das SDP, das als Bündelung der Service Assets zu verstehen ist. Ein Service Design Package wird für jeden neuen IT Service sowie bei jeder gravierenden Änderung erstellt.

Die Anforderungen aus einem solchen SDP an den Service folgen stets aus den Geschäftsanforderungen, wie z.B. bezüglich der Frage nach der Anwendbarkeit des Services und der Service-Verträge. Das Service Design kümmert sich um die funktionalen Service-Anforderungen, die Service Level Requirements (SLR), Service-Entwurf und -Struktur. Die Beschreibung der gewünschten Ergebnisse (Statement of Requirements, SoR), Service- und Betriebsmanagement-Anforderungen und das Anforderungsmanagement rund um den neuen bzw. geänderten Service und seine Komponenten sind weitere relevante Aspekte. Zum Service Lifecycle-Plan gehören das Service-Programm, Service Transition-Plan, Akzeptanzplan für die „Inbetriebnahme" der Services und die Akzeptanzkriterien für den Service.

Weitere Rollen im Service Design

Zu jedem Prozess gehört (nicht nur im Service Design, sondern auch in den weiteren Phasen des Service Lifecycle) eine Manager-Rolle (Availybility Manager, Security Manager, Service Level Manager etc.). Darüber hinaus existieren im Service Design noch die folgenden Rollen:

◆ IT-Planer: Diese Rolle ist verantwortlich für die Erstellung und Koordination der IT-Pläne, die den Business-Anforderungen entsprechen müssen. Der IT-Planer koordiniert, misst und prüft den Implementierungsfortschritt der IT-Strategien und -Pläne. In seiner weiteren Verantwortung liegen beispielsweise die Erstellung von übergreifenden IT-Standards, Richtlinien, Plänen und Strategien sowie die Teilnahme an SLA-Verhandlungen.

◆ IT-Designer/-Architekt: Diese Rolle ist verantwortlich für die übergreifende Koordination und das Design der notwendigen Technologie. Vielfach spezialisieren sich Designer und Architekten in großen Organisationen auf einen der fünf Designaspekte (siehe *Kapitel 7.3, Motivation und Aspekte des Service Designs*). Sie benötigen gute Kenntnisse und Erfahrungen in Bezug auf Designphilosophien und -planung zusammen mit Programm-, Projekt- und Service Management, Methoden und Prinzipien.

Der Prozess-Owner wurde bereits in *Kapitel 1.3.2, Prozesse* beschrieben.

8.1 Service Catalogue Management

Nicht immer ist die IT-Organisation im Bilde über die aktuellen und anstehenden IT Services, die dem Kunden angeboten und von ihm genutzt werden. Durch Wachstum der Organisationen und Infrastruktur ist der Service Provider nicht immer in der Lage, eine Aussage darüber zu treffen, welche Services notwendig sind und welcher Kunde welchen Service nutzt. Um ein solches Bild zu zeichnen, ist es notwendig, dass der Service-Katalog als Teil des Service-Portfolios erstellt und gepflegt wird, um an zentraler Stelle die korrekten Daten bereitzustellen (siehe *Abbildung 8.1*).

Das Ziel für das Service Catalogue Management besteht in der Verwaltung der Informationen, die im Service-Katalog enthalten sind, um sicherzustellen, dass die Informationen richtig und aktuell sind (bzgl. Status, Schnittstellen und Abhängigkeiten – für alle eingesetzten und in der Vorbereitung befindlichen Services). Diese aussagefähige Darstellung bezieht sich auf alle Anforderungen an den Service, alle Details der aktuellen und der kurz vor der Einführung stehenden Services und die Aufnahme der Services in Form einer Service-Hierarchie. Im Service-Katalog werden alle Services beschrieben, die bereits produktiv sind oder kurz vor der Produktionsüberführung stehen.

Für den Kunden wird eine angepasste Sicht auf den Service-Katalog zur Verfügung gestellt, um neben den reduzierten Informationen zu den IT Services auch eine Darstellung der Geschäftsprozesse anbieten zu können, die durch die verschiedenen Services unterstützt werden, und die Stufen und die Qualität der Services, die der Kunde erwarten kann.

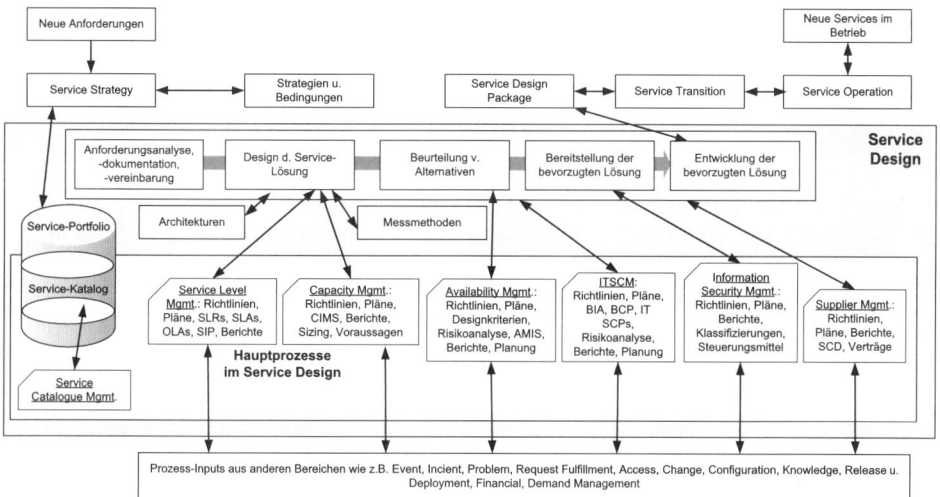

Abbildung 8.1: Service Design im Überblick

8.1.1 Aufgaben, Umfang und Prinzipien

Der Umfang des Service Catalogue Management-Prozesses in Bezug auf die Bereitstellung der Informationen aller produktiver und kurz vor der Überführung stehender Services beinhaltet die folgenden Aktivitäten:

◆ Definition des Service

◆ Betrieb und Pflege des Service-Katalogs

◆ Sorge tragen für die Zusammensetzung und Übereinstimmungen zwischen dem Service-Katalog und dem Service-Portfolio, d.h. für alle aktiven und in der Vorbereitung befindlichen Services

◆ Schnittstellen und Abhängigkeiten zwischen allen Services und den unterstützenden Services innerhalb des Service-Katalogs und dem Configuration Management System (CMS) aufbauen und bedienen

◆ Schnittstellen und Abhängigkeiten zwischen allen Services, den unterstützenden Komponenten und den Configuration Items (CI) als Komponenten innerhalb des Service-Katalogs und dem Configuration Management System (CMS) dokumentieren

Der Aufbau und die Pflege des Service-Katalogs gehört zu den Aufgaben des Service Catalogue Managements, so dass eine verlässliche Quelle für die konsistenten Informationen zu den vereinbarten Services zur Verfügung steht und eine „Service-fokussierte" Kultur gelebt wird.

Das Service-Portfolio sollte alle zukünftigen Anforderungen an die Services und den Service-Katalog enthalten. Es ist zwar Bestandteil der Service-Strategie, sollte aber in allen anderen Phasen, wie hier im Service Design, ebenfalls betrachtet werden. Der Service-Katalog enthält im Gegensatz dazu alle Services, die der Kunde bereits nutzt oder die in Kürze dem Kunden zur Verfügung gestellt werden, eine Darstellung der Eigenschaften und Details zum entsprechenden Kunden und der Pflege und Wartung. Falls ein solcher Service-Katalog noch nicht existiert, ist eine Menge Detektivarbeit notwendig, um durch Informationen aus unterschiedlichen Quellen (beispielsweise Gespräche mit IT-Mitarbeitern oder Kunden, alte Verträge etc.) ein solches Repository darstellen zu können. Falls ein Configuration Management System (CMS) oder ein anderer Informationsspeicher in Bezug auf das Asset Management existiert, könnten hier wichtige Details zu finden sein. Die Angaben sollten allerdings verifiziert werden, bevor sie in den Service-Katalog oder das Service-Portfolio wandern. Sobald ein Service vom Kunden gechartet wurde, erfolgt eine Spezifizierung des Service über das Service Design, und die Übernahme dieses Service aus dem Service-Portfolio in den Service-Katalog kann erfolgen. Zu den Aufgaben des Service-Katalog-Managements gehört es auch, dafür zu sorgen, dass die Informationen im Service-Katalog geschützt sind und gesichert werden (Backup).

Jede Organisation sollte eine Policy definieren, die die Inhalte im Service-Portfolio/ -Katalog bestimmt, z.B. in Bezug auf die Frage, welche Details oder welcher Status hinsichtlich der IT Services dokumentiert werden. Eine solche Richtlinie sollte ebenfalls eine Beschreibung zu den Verantwortlichkeiten bezüglich der Bestandteile des Service-Portfolios und des Scope, auf den sich die Teile des Portfolios beziehen, beinhalten.

Wird der Service-Katalog initial aufgebaut, kann zu Beginn ggf. eine Matrix oder eine Tabelle die Informationen darstellen. Zahlreiche Unternehmen handhaben Service-Portfolio und Service-Katalog als Bestandteil des Configuration Management System (CMS). Dadurch dass jeder Service als eine Komponente (Configuration Item, CI) gehandhabt wird, kann eine Art Service-Hierarchie mit den unterschiedlichen Bestandteilen und Abhängigkeiten aufgebaut werden. Die Beziehungen zwischen den unterschiedlichen CIs im CMS helfen, Zusammenhänge, Bedingungen und Seiteneffekte darzustellen. Bezüge und Beschränkungen werden transparent. Incidents (Störungen des IT Service) und Requests for Changes (RfCs) lassen sich so leichter zuordnen, mögliche Impacts aufzeigen und die Störungsdiagnose vereinfachen. Auch Monitoring und Reporting werden sich durch die Veranschaulichung leichter implementieren und zielgerichtet einsetzen lassen. Veränderungen am Service-Portfolio und Service-Katalog sind daher Bestandteil des Change Managements. Der Service-Katalog dient darüber hinaus dem IT Service Continuity Management bei Business-Impact-Analysen, unterstützt das Capacity Management bei der Kapazitätsplanung und hilft bei der Priorisierung und Einteilung der Services aufgrund einer Business Impact Analyse (BIA). Die BIA kann als Teil der Planung im IT Service Continuity Management oder im Capacity Management angesiedelt sein.

8.1.2 Service-Katalog

Ein Service-Katalog besitzt zwei Aspekte, die sich durch seine Bestandteile Business Service-Katalog und technischer Service-Katalog beschreiben lassen (siehe *Abbildung 8.2*).

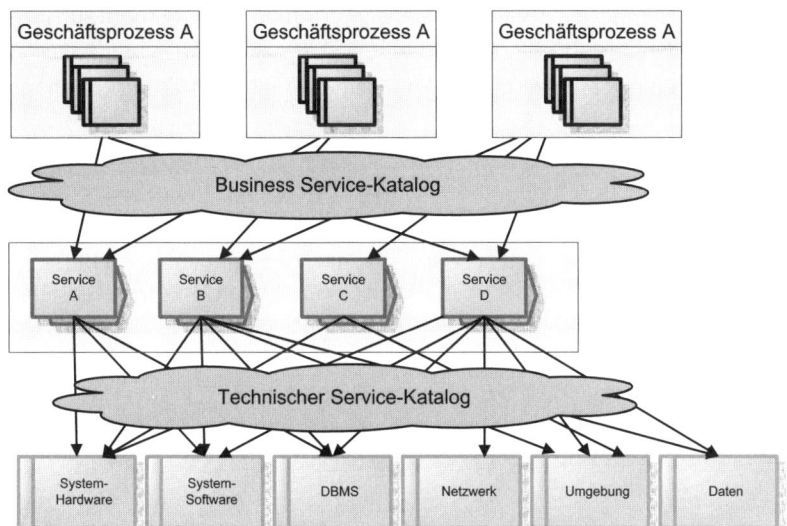

Abbildung 8.2: Business Service-Katalog und technischer Service-Katalog

Der Business Service-Katalog umfasst alle IT Services, die dem Kunden zur Verfügung gestellt werden. Er bildet die Beziehungen zwischen IT Service und Geschäftsprozess ab und gilt als Kundensicht auf den Service-Katalog. Zudem ermöglicht diese Sicht auf den Service-Katalog die Entwicklung eines eher proaktiven Service Level Managements (SLM), da die Entwicklung in das Business Service Management hineinreicht.

Der technische Service-Katalog enthält die Details zu allen IT Services, die dem Kunden zur Verfügung stehen. Er bildet Beziehungen zwischen den zu liefernden IT Services, Support Services, verteilten Services und notwendigen CIs ab. Er ist auch dann überaus nützlich, wenn es um die Gestaltung der Beziehungen zwischen den Services, OLAs, SLAs und anderer Absicherungsverträge geht. Hier geht es um die Identifizierung der Technologien, die notwendig sind, um einen Service zu unterstützen, und der Support-Gruppe(n), um die Bestandteile des Service zu betreiben und zu pflegen.

Einige Organisationen betreiben entweder einen Business Service-Katalog oder einen technischen Service-Katalog. Andere Organisationen legen beide Aspekte in einem Service-Katalog dar, der Teil des Service-Portfolios ist, was eher zu empfehlen wäre.

Die Kombination aus Business Service-Katalog und technischem Service-Katalog zeigt sich als überaus wertvoll, um relativ schnell die Auswirkungen von Incidents (Störungen des IT Service) und Änderungen auf das Business bewerten zu können.

8.1.3 Aktivitäten des Prozesses

Die Schlüsselaktivitäten im Service Catalog Management lassen sich beschreiben als

◆ Verhandeln und Dokumentieren der Service-Definition in Bezug auf alle relevanten Parteien

◆ Zusammenarbeit mit und Schnittstelle zum Service Portfolio Management, um die Inhalte des Service-Portfolios und des Service-Katalogs abzustimmen

◆ Erstellen und Pflegen eines Service-Katalogs und seines Inhalts (im Zusammenhang mit dem Service-Portfolio)

◆ Verbindung zum Business und zum IT Service Continuity Management in Abhängigkeit der Geschäftsbereiche und ihrer Geschäftsprozesse mit den unterstützenden IT Services, die Teil des Business Service-Katalogs sind

◆ Zusammenarbeit mit den Support-Teams, Lieferanten und dem Configuration Management in Bezug auf die Schnittstellen und Abhängigkeiten zwischen IT Services und den unterstützenden Services (Supporting Services), den Komponenten und CIs, die Teil des technischen Service-Katalogs sind

◆ Verbindung zum Business Relationship Management und Service Level Management, um sicherzustellen, dass die Informationen auf das Business und die Geschäftsprozesse ausgerichtet sind (IT Business Alignment)

Die Rolle des Service Catalogue Managers

Der Service Catalogue Manager ist verantwortlich für die Erstellung und Pflege des Service-Katalogs. Darüber hinaus muss er sicherstellen, dass alle Services im Service-Katalog aufgeführt werden und dass alle dort bereits abgelegten Informationen aktuell und korrekt vorliegen. Sie müssen konsistent mit den Informationen im Service-Portfolio sein. Er muss auch dafür Sorge tragen, dass der Katalog geschützt ist und dass für den Ernstfall Backups des Service-Katalogs vorhanden sind, auf die für ein Restore zurückgegriffen werden kann.

8.1.4 Leistungsindikatoren des Prozesses

Der Service-Katalog bildet einen wesentlichen Bestandteil des Service-Portfolios und den Schlüssel zu den angebotenen Services. Gleichzeitig ermöglicht es die kundenbasierte Sicht auf die Dienstleistungen, auch in Bezug auf das, was der IT Service dem Business bieten kann.

Da das Service Catalogue Management dafür verantwortlich zeichnet, den Service-Katalog zu entwickeln, zu füllen und zu warten, um sicherzustellen, dass dieser genaue Informationen zu und über alle aktiven (oder kurz vor der Einführung stehenden) Services enthält, beziehen sich auch die möglichen Leistungsindikatoren im Service Catalogue Management auf dieses Aufgabengebiet. Dies nimmt zum einen Bezug auf den Indikator „Services im Service-Katalog", d.h. auf die Vollständigkeit der aufgenommenen Services und den Anteil der operativen Services, die (bereits) im Service Catalogue beschrieben sind.

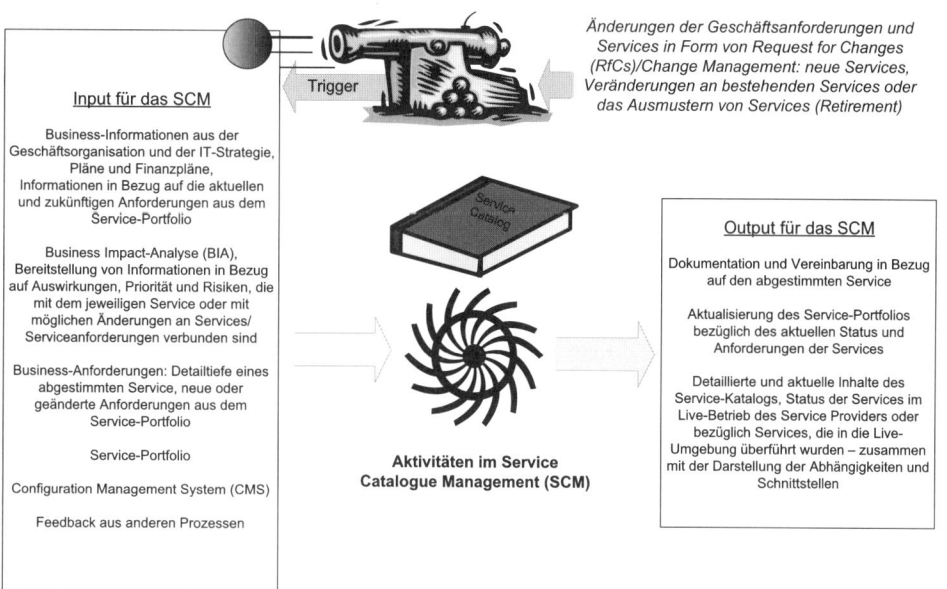

Abbildung 8.3: Trigger, Inputs und Outputs für den Prozess

Der Service-Katalog sollte ALLE operativen Services enthalten. Die Angabe des bereits aufgenommenen Services lässt eine Aussage darüber zu, ob und in welcher Qualität der Service Provider dieser Aufgabe bereits nachgekommen ist. Zum anderen ist eine weitere Kennzahl eine gegebenenfalls festgestellte „inhaltliche Abweichung zum Service-Katalog". Hierüber wird der Anteil der inhaltlichen Abweichungen der aktiven Services gegenüber den Spezifikationen im Service-Katalog festgestellt. Schließlich dient der Service-Katalog auch der Standardisierung der Services. Weichen die tatsächlichen Services von den Angaben im Service-Katalog ab, so ist dies ein Indiz dafür, dass die gewünschte Standardisierung nicht erreicht wurde und der Prozess nicht funktioniert. Andere Messungen können Sie auf die Abfrage der Anwender im Hinblick auf die Kenntnis der angebotenen Services beziehen oder auf die Frage, zu wie vielen der im Service Desk aufgenommenen Incidents (Störungen des IT Service) sich bereits Bezüge im Service-Katalog herstellen lassen.

8.2 Service Level Management

In der Vergangenheit wurden der Umfang und die Qualität der Dienstleistungen hauptsächlich durch die IT-Abteilungen bestimmt, die sich dabei redlich bemühten, den Anwendern die richtige Service-Qualität anzubieten. Mittlerweile unterliegt die Abhängigkeit des Geschäftserfolges eines Unternehmens immer stärker der eingesetzten IT und den entsprechenden IT Services, die von den Kunden genutzt werden. Dementsprechend sind Dynamik und Komplexität heutiger Geschäftsprozesse nicht von der IT zu vernachlässigen. Hier stellt sich die Frage, wie das Gleichgewicht zwischen den Anforderungen von der Kundenseite (Servicenehmer, -nachfrager) und den Möglichkeiten der IT-Abteilungen (Servicegeber, -anbieter) aussehen kann. Wichtig ist, sich auf einer gemeinsamen Ebene zu treffen und die Erwartungen beider Parteien unter einen Hut zu bringen. So wird eine beiderseitige Verantwortlichkeit für den Service gewährleistet, welcher in gegenseitigem Einvernehmen entschieden und fortlaufend überarbeitet wird (siehe *Abbildung 8.4*). Dabei spielt die Kommunikation mit dem Kunden und dem Business sowie der Ausbau einer positiv geprägten Beziehung eine wichtige Rolle. Service Level Management sieht sich als Schnittstelle, an der die unterschiedlichen Sichtweisen und Anforderungen vereint werden.

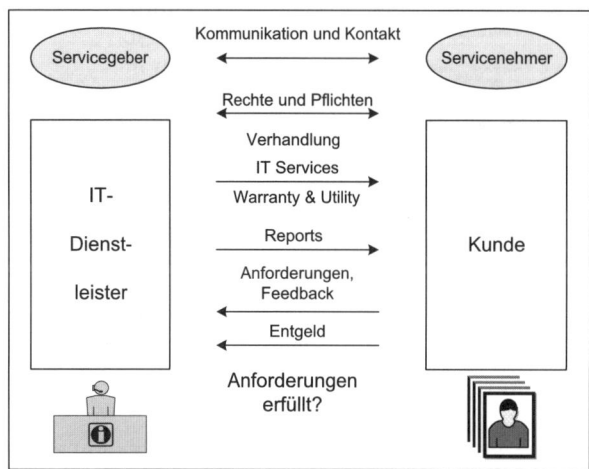

Abbildung 8.4:
Service Level Management
als Schnittstelle

Der Prozess managt die Erwartungen und Wahrnehmungen des Geschäfts, der Kunden und Anwender als Nachfrageseite und leitet daraus die entsprechenden Anforderungen ab. Über diese Anforderungen (so genannte Service Level Requirements, SLR) können spezifische und messbare Ziele für alle IT Services entwickelt werden. Der Fokus des Service Level Managements bleibt auf den Kunden und den Strategiegedanken gerichtet. Alle Services und Komponenten werden so designt und geliefert, dass sie die mit ihnen verbundenen Ziele gewährleisten können. Die für Kunden- und Providerseite definierten Vereinbarungen werden in Form von so genannten Service Level Agreements (SLAs) für alle Live Services verhandelt, definiert, vereinbart, etabliert und gepflegt. Diese dienen dann als Basis für das Monitoring und die Verbesserung der Kundenzufriedenheit, hinsichtlich der Qualität für die erbrachten Services. Die Anforderungskriterien stellen sicher, dass die IT und der Kunde die gleiche klare Erwartungshaltung an die zu liefernden Services haben und diese Anforderungen auch objektiv und nachvollziehbar gemessen werden können. Die Durchführung proaktiver Messungen ist die Basis, um eine ständige Verbesserung für die gelieferten IT Services zu erreichen, wobei hier auf den Kosten-Nutzen-Faktor geachtet werden muss. Allerdings kann das Ziel für den Service Provider auch darin bestehen, eine gleichbleibende Qualität kosteneffizient bereitzustellen.

Der Kern der Ziele im Service Design besteht darin, dass die Services unter Beachtung der Service-Acceptance-Kriterien aus dem Business gestaltet, in Auftrag gegeben und eingeführt werden. Anhand der Geschäftsanforderungen lassen sich die IT-Leistungen für das Business transparent übersetzen. ITIL® V3 verwendet dafür den Begriff „Service Level Target". Dies bedeutet, dass das Service Level Management die organisatorischen, betriebswirtschaftlichen und juristischen Anforderungen im Auge behalten muss. Hinzu kommen die vorhandenen organisatorischen und technischen Maßgaben.

Der wesentliche Erfolgsfaktor für Service Level Management ist die Standardisierung. Die unterschiedlichen Serviceanforderungen von Anwender- oder Kundenseite stoßen auf breit gestreute und manchmal unbekannte Leistungen der IT-Organisation. Um Licht in das Dunkel zu bringen, brauchen beide Seiten Transparenz. Dies kann mit Hilfe des Service Portfolios und des Service Katalogs realisiert werden, deren Leistungsinhalt, Qualitätseigenschaften und Deckungsbeiträge für das IT-Management und den Kunden transparent sind. So ist es auch möglich, die potenziellen zukünftigen Anforderungen und daraus resultierende neue bzw. geänderte Services zu verwalten.

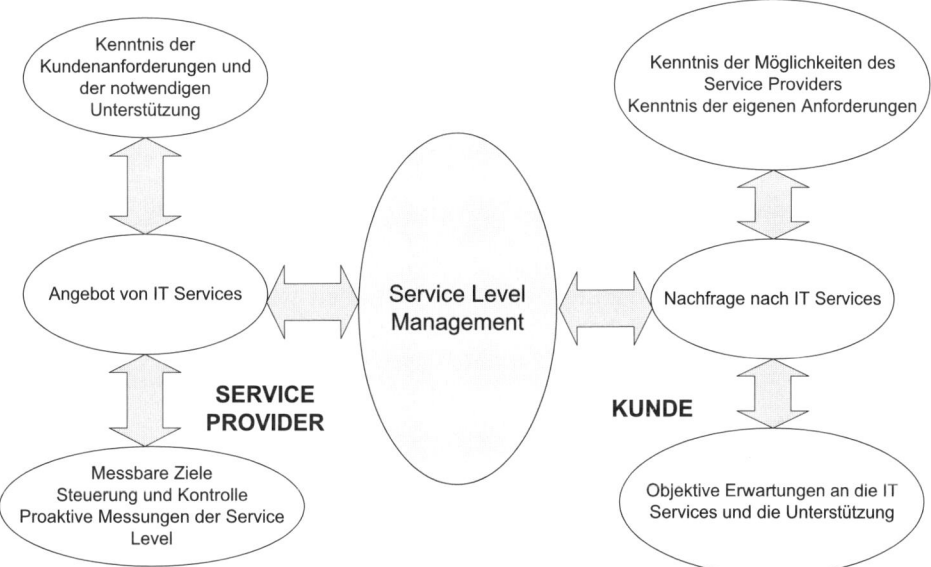

Abbildung 8.5: Kundenzufriedenheit und Business-Unterstützung sind oberstes Gebot

Dies wiederum führt ebenfalls zu einer Stärkung des Bewusstseins der IT-Mitarbeiter für Service Level-Ziele und Kundenwünsche und schafft größeres Vertrauen der Anwender in die IT-Systeme und das Service Management. Das Ergebnis eines solchen Abstimmungsprozesses muss vertraglich geregelt werden, Services müssen in Anlehnung an den IT Service Management-Gedanken plan- und steuerbar, zu kalkulieren, zu messen und zu verrechnen sein. Da sich das Service-Portfolio einer IT-Abteilung bzw. eines IT-Unternehmens direkt aus der ganzheitlichen Strategie ableiten sollte, erscheint Service Level Management nicht nur als Schnittstelle zwischen Kunden und den IT-Prozessen bzw. den damit zusammenhängenden Technologien, sondern auch als Bindeglied zwischen Management- und Leistungsprozessen in der IT.

8.2.1 Aufgaben des Service Level Managements

Im Service Level Management werden die Kundenanforderungen in Dienstleistungsprodukte der IT-Organisation umgesetzt, die Services geplant und vertraglich vereinbart. Der Prozess stellt auch die laufende Überwachung der zugesagten Service Levels und das Service-Reporting sicher. Auch die Absicherungsverträge mit Dienstleistern (Underpinning Contracts, UCs bzw. Underpinning Agreements, UAs) sowie Operational Level Agreements (OLAs) zur Sicherstellung interner Leistungen unterliegen dem Service Level Management. Ziel dieses Prozesses ist es, die Geschäftsprozesse des Kunden optimal zu unterstützen. So werden in diesem Prozess die Qualität und Quantität der IT Services zu vertretbaren Kosten verhandelt, definiert, gemessen und kontinuierlich verbessert.

Es ist häufig von „der Bereitstellung eines oder mehrerer technischer Systeme in einer Form, die zur Ermöglichung oder Unterstützung eines Geschäftsprozesses dient" die Rede. Allerdings muss sich ein IT-Unternehmen oder eine IT-Abteilung nach unterschiedlichen Kriterien zu einem Service Provider entwickeln. Wichtig ist dabei die Unterstützung durch das Management und eine entsprechende Service-Kultur im Unternehmen mit entsprechenden Service-Prozessen – nicht nur das reine Vertragswerk.

Jeder externe oder interne Abnehmer von IT Services wird als Kunde betrachtet. Der Dienstleister ist in der Regel die IT-Organisation bzw. der Service Provider. Da auch innerhalb der IT-Organisation oft IT Services in Anspruch genommen werden und die IT-Organisation dadurch selbst zum Kunden wird, entstehen bisweilen komplexe Beziehungen. Daher ist es in der Praxis wichtig, die Rollenverteilung innerhalb des Prozesses bezüglich der konkreten Maßnahmen zu beachten.

Kunde

Der Kunde ist der Vertreter einer Unternehmung, Organisation oder einer Organisationseinheit, der befugt ist, im Namen der Organisation(seinheit) Vereinbarungen über die Inanspruchnahme von Services zu treffen. Es handelt sich also in der Regel nicht um den Benutzer dieser IT Services.

Der Dienstleister oder IT Service Provider ist der Vertreter einer Unternehmung oder Organisation, der befugt ist, Vereinbarungen über die Erbringung von IT Services zu treffen.

Das Service Level Management beinhaltet das Bestimmen, Verhandeln, Vereinbaren der Anforderungen für neue oder zu ändernde IT Services in Service Level-Anforderungen (SLR) und deren Verwaltung und Review durch den Service Lifecycle bis hin zu SLAs als Definition für die Service Level der operativen Services. Monitoren, Messen, Berichten, Prüfen und Verbessern der Service-Erbringung gehören ebenso dazu wie die gleichgerichteten Aktivitäten in Richtung Kundenzufriedenheit. Die Abwicklung von Service Reviews und das Initiieren von Verbesserungen unter dem Dach eines umfassenden und nachhaltigen Service-Verbesserungsplans (Service Improvement Plan, SIP) zielen ebenso wie die Kontrolle, Überarbeitung der SLAs und anderer Unterstützungs- und Vertragswerke zum globalen Verbesserungsgedanken im IT Service Management.

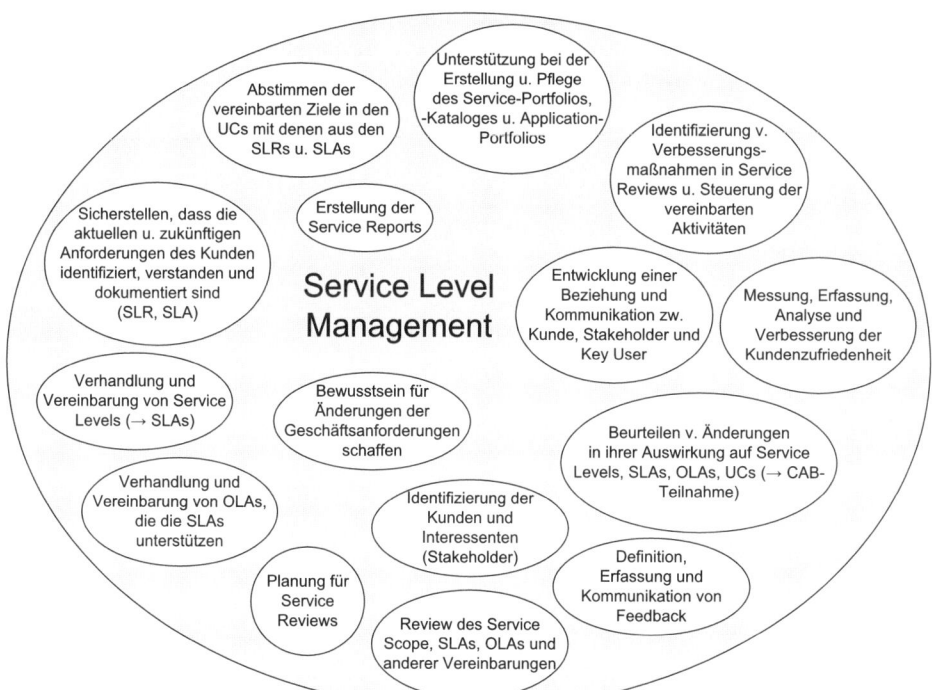

Abbildung 8.6: Aufgaben und Verantwortlichkeiten des Service Level Managements

Kontakte und Verbindungen zum Business, Kunden und Stakeholdern müssen gepflegt und dokumentiert werden. Auch die Prozeduren für den Umgang mit Beschwerden, Lob, Feedback und Anliegen dieser Parteien müssen entwickelt und umgesetzt werden. Das Management benötigt entsprechende Informationen darüber, welche Services in welcher Qualität tatsächlich erbracht werden und wurden. Zur allgemeinen Unterstützung können außerdem Dokumentvorlagen und Standards entwickelt werden.

8.2.2 Service Level Framework

In seiner verbindenden Funktion führt das Service Level Management (SLM) Gespräche mit dem Kunden über dessen geschäftliche Anforderungen, ohne sich dabei in technischen Details zu verlieren. Das Service Level Agreement (SLA) beschreibt die IT Services in nicht-technischen Begriffen. Für die Dauer der Vereinbarung gilt das SLA als Vertrag in Bezug auf die Leistungserbringung und Steuerung der IT Services. SLAs lassen sich nach unterschiedlichen Gesichtspunkten aufsetzen. Bei Bedarf ist der Service-Katalog als Hilfe zu nutzen, um das richtige Service Level Design zu finden.

Zum einen existiert eine Service-basierte Sicht, bei der ein SLA für einen relevanten Service definiert wird. Dieser gilt dann für alle Kunden des betreffenden Service. Schwanken die Anforderungen der Kunden sehr, so müssen diese durch unterschiedliche Service Levels abgedeckt werden, wobei eine Abstufung der Kategorisierung wie beispielsweise nach Platin, Gold, Silber und Bronze mittlerweile in vielen Unternehmen anzutreffen ist. Zum anderen besteht die Möglichkeit, SLAs kunden- basiert zu definieren. Hier wird ein SLA für alle Services eines Kunden aufgesetzt. Bei der Kombination von Service- und kundenbasierten SLAs sollten Überschnei- dungen vermieden werden.

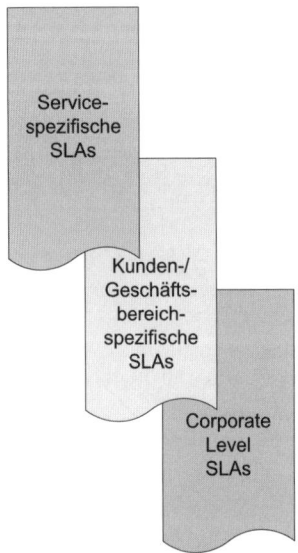

Abbildung 8.7:
Bestandteile eines Multi Level-SLA

Ein weiterer möglicher Ansatz ist eine Kombination aus Service- und kundenbasier- ten SLAs, die so genannte Multi Level-Struktur, in der z.B. alle generischen Aspekte in einem allgemeingültigen Bereich für alle Kunden gleichermaßen geltend zusam- mengefasst werden (Corporate Level) und in anderen Bereichen Service-basierte bzw. kundenbasierte Vereinbarungen Anwendung finden. Diese „3-Schichten- Architektur" umfasst für den kundenbasierten Level die Service Level-Aspekte von Kunden, Kundengruppe oder Geschäftsbereichen, wobei der Service keine Rolle spielt, sondern nur die Vereinbarungen bzgl. des Kunden. Die unterste Schicht beschreibt die Service Level und umfasst alle SLM-Aspekte, die für einen spezifi- schen Service relevant sind. Diese stehen in Beziehung zu speziellen Kunden oder Kundengruppen.

8.2.3 Begriffe des Service Level Managements

Das Ermitteln, Dokumentieren und Abstimmen der Anforderungen von der Kun- denseite bilden die ersten Aktivitäten in der Service Design-Phase des Service Life- cycle. Sobald der Service-Katalog erstellt und die SLA-Strukturen aus dem Framework aufgebaut wurden, kann der Entwurf der Service Level-Anforderungen (Service Level Requirements, SLRs) erfolgen. Diese stellen die Anforderungen des Kunden an den IT Service zur Unterstützung der Geschäftsprozesse dar. Dabei sind für den Service Provider die Skalierbarkeit des Service, die relevanten Geschäftsprozesse und die gesetzlichen Anforderungen und Sicherheitsanforderungen von Bedeutung.

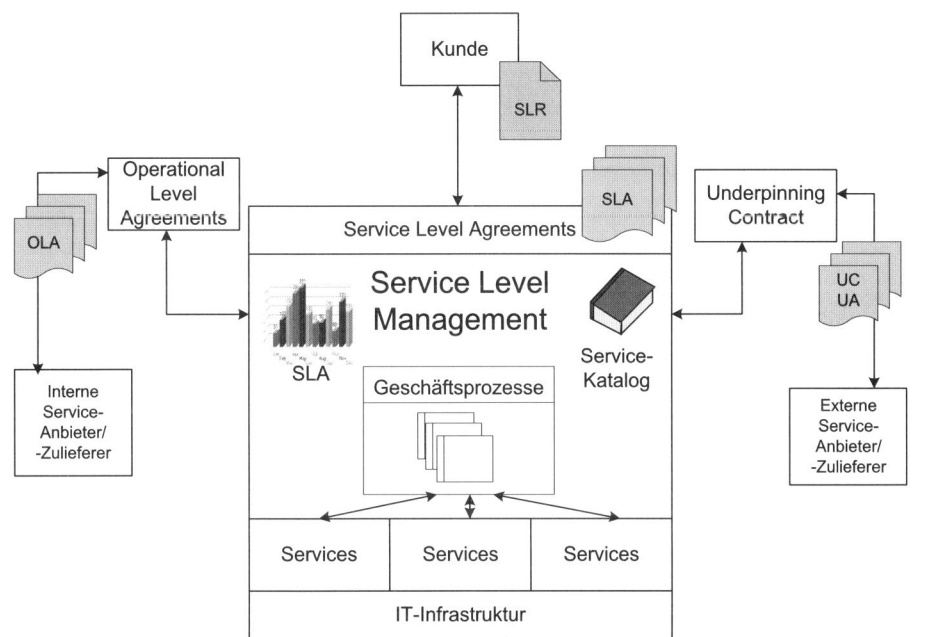

Abbildung 8.8: Bestandteile des Service Level Managements

Sie bilden die Grundlage für die Erstellung und die Anpassung der IT Services. Die manchmal abstrakten Wünsche der Kundenseite sollen in präzise Beschreibungen modelliert werden, um diese dann in die SLAs, die Vereinbarung als Ergebnis, einzubringen. Das Service Level Management leistet hier mit der Unterstützung weiterer Bereiche eine Art Übersetzungsleistung.

Somit besitzt das Service Level Management eine Art Vermittlerrolle zwischen Kunde und IT Service (siehe *Abbildung 8.8*), wobei interne und externe Vereinbarungen aufeinander abgestimmt sein müssen. Die Fixierung dieser Beschlüsse hinsichtlich der zu leistenden IT Services erfolgt in den Service Level Agreements (SLAs). Es ist das vorrangige Werkzeug, das eine Menge von zwischen einem Servicegeber und einem Servicenehmer fest definierten und messbaren Service- und Leistungsvereinbarungen darstellt. So werden Rechte und Pflichten zwischen dem Servicegeber und dem Servicenehmer verbindlich festgelegt. Service Level Agreements sind kennzahlenbasierte Vereinbarungen, d.h. die zu gewährleistende Service-Qualität eines Dienstleistungsanbieters mit seinem Kunden wird messbar.

Kennzahlen im Service Level Management

Die Vereinbarungen zur Gewährleistung des Vertrages zwischen IT und Business müssen so ausgestattet sein, dass sie die vereinbarten Service Level-Ziele (Service Level Targets) unterstützen und absichern. Monitoring, Reporting und Reviews mit und ohne den Kunden kontrollieren und steuern die unterschiedlichen Contracts. Die Kennzahlen liefern die Indikatoren für die Erfüllung all dieser Aufgaben für das Service Level Management.

Über Umfragen im Kundenumfeld lässt sich beispielsweise ermitteln, wie es um die allgemeine Zufriedenheit mit dem Service Level Management steht. Dazu gehört beispielsweise auch die Flexibilität des Service Providers. Über nachfolgende Service Reviews und Kundenzufriedenheitsumfragen lässt sich später im Vergleich die prozentuale Steigerung der Kundenzufriedenheit und Kundenwahrnehmung ermitteln.

Eine Kennzahl, die sich absolut und direkt metrisch ausdrücken lässt, stellt den Anteil der SLAs dar, die eingehalten werden. Diese ganz zentrale Fragestellung untermauert die Tatsache, dass die Einhaltung der SLAs durch die Erbringung der vereinbarten Services die Geschäftsprozesse unterstützt und sicherstellt. Sollten die Vereinbarungen nicht erfüllt werden, ist an diese Tatsache unter Umständen sogar eine Konventionalstrafe geknüpft. Werden die Key Performance-Indikatoren zur Einhaltung der SLAs nachfolgend ermittelt und Vergleichswerte geschaffen, so lässt sich dann die Frage nach der prozentualen Reduzierung der Störungen, die zum Verfehlen der SLA-Ziele führten, beantworten. Weitere Kennzahlen beziehen sich beispielsweise auf die Fragestellung in Bezug auf die prozentuale Reduzierung der Störungen, die die SLA-Ziele bedrohen. Eine andere Kennzahl prüft die prozentuale Reduzierung der Störungen, die in SLA-Verletzung mündeten, aber nachfolgend durch entsprechend interne Vereinbarungen (OLAs) oder externe Absicherungsverträge (UAs/UCs) abgesichert wurden („Lernen durch Schmerzen"). Interessant ist natürlich auch (v.a. im Zusammenhang mit dem Service Catalogue Management) die Frage, welche Anzahl oder welcher prozentuale Anteil der Services durch SLAs überhaupt abgedeckt ist. Dabei spielt auch eine Rolle, ob UCs und OLAs für SLAs eingerichtet wurden und wenn ja, zu welchem prozentualen Anteil.

Weitere Indikatoren können sich auf die Anzahl der SLA-Reviews, die Anzahl der Maßnahmen des Service Improvement Plan (SIP) beziehen. Eine zusätzliche Kennzahl kann prüfen, wie groß der Anteil der SLA-Verletzungen ist, die aufgrund von UC-Verletzungen entstanden sind, falls die Drittanbieter die geschlossenen Vereinbarungen nicht einhalten konnten. Möglicherweise liegt der Grund für eine OLA- oder UC-Verletzung nicht beim Drittanbieter, sondern in der IT-Organisation selber begründet, z.B. durch fehlende Analysedaten, die zur Fehlerbehebung notwendig gewesen wären. Kennzahlen hinsichtlich der Schnittstelle zum Business können sich auf die Erstellung eines neuen SLAs nach einer Anforderung von Kundenseite beziehen.

Egal, welcher Ansatz für das SLA-Framework gewählt wird: Fest steht, dass ein SLA in wenigen nicht-technischen Worten folgende Aspekte regelt:

◆ Service-Beschreibung: Überblick über vereinbarte Leistungen

◆ Service-Definition: Beschreibung des Ergebnisses einer Leistung oder Teilleistung (Scope), gegebenenfalls die zur Leistungserbringung erforderliche Mitwirkungs- und Beistellpflicht des Kunden

◆ Service Levels: Qualitätsausprägung der in der zugehörigen Service-Definition beschriebenen Leistung oder Teilleistung

◆ Service-Messgröße: Erfüllungsgrad des zugehörigen Service Level. Die Anzahl der ge-mäß dem Service Level erbrachten Leistungen wird in Relation zu den insgesamt zu erbringenden Leistungen gesetzt und durch spezifische Messvereinbarungen ergänzt, wie beispielsweise Betrachtungszeitraum, Messpunkte und Systeme, aus denen die Messpunkte generiert werden (Service-Parameter, Kennzahlen und Zielwerte).

◆ die Veränderungsverfahren (Change-Prozeduren), Zustimmung zu Änderungen und den damit verbundenen Aufwänden

◆ Konditionen und Bedingungen, zusätzliche Leistungskriterien, Service-Standards und Service-Volumen

◆ Management-Information, Verantwortlichkeiten (für beide Seiten) und Abhängig-keiten

◆ Juristische Vereinbarung und mögliche weitere Aspekte einer Vereinbarung

◆ Kommunikation und Reporting-Frequenzen (+ Inhalte), Prüfung der Verträge und Lösungsprozess bei unterschiedlichen Meinungen

◆ Rechnungslegung für einen Service (Belastungen und Gutschriften), Preisstruktur und Zahlungsmodalitäten

◆ Regelungen bzgl. Vertraulichkeit und Bekanntgabe, Copyrights, Haftpflichtbeschrän-kungen

◆ Rücktrittsrechte vom Vertrag (für beide Seiten), Kündigungsfristen und Verpflichtun-gen nach Vertragsbeendigung

Ein SLA regelt so Grenzwerte, Messverfahren, Rahmenbedingungen, Kommunikations- und Eskalationsparameter und die Anforderungen an das Reporting.

Da sich in der Verhandlung über die Erbringung von IT Services zwei Seiten mit unterschiedlichem technischem und geschäftlichem Verständnis, Meinungen und Wissen treffen, müssen die Inhalte klar, abgestimmt und unmissverständlich verfasst werden, ohne einen Spielraum für Interpretationen zu lassen. In manchen Fällen kann es daher hilfreich sein, ein Glossar als Bestandteil der Vereinbarung aufzunehmen. Wenn nötig, müssen die SLAs in mehrere Sprachen übersetzt werden. Darüber hinaus sollte keine Notwendigkeit bestehen, Vereinbarungen mittels gesetzlicher Terminologien zu fixieren, da eine einfache Sprache in der Regel das gemeinsame Verständnis erhöht. Juristische Anteile bleiben erhalten. Eine unabhängige Person sollte die endgültige Vertragsversion lesen, um Zweideutigkeiten zu vermeiden. Je nach Umfang und Kostenrahmen sollte bereits zu Anfang juristischer Beistand eingeholt werden. Wenn Services durch einen externen Provider erbracht werden, werden die Service-Ziele ggf. direkt im Vertrag festgehalten (ohne ein spezielles SLA).

Der Service Quality Plan (SQP) stellt einen dokumentierten Plan und die Spezifizierung interner Ziele zur Gewährleistung der vereinbarten Service Level dar und versteht sich eher als internes Dokument. Die Bezugsgrößen dieser Ziele sind die Leistungsindikatoren (Key Performance Indicators). Die Leistungsindikatoren werden aus den Service Level Requirements abgeleitet und in den so genannten Specsheets dokumentiert.

Service Design

Balanced Scorecard (BSC)

Nicht immer sind SLAs durchgängig und messbar, vor allem wenn diese mit „unpassenden" Kennzahlen überladen werden. Abhilfe ist möglich, wenn SLAs Teil einer Balanced Scorecard sind (siehe *Abbildung 8.9*). BSC ist eine Management-Methode, mit der ein Unternehmen mittels strategischer Kennzahlen gesteuert werden kann. Sie stellt ein Führungssystem dar, mit dessen Hilfe strategische Ziele in den betrieblichen Alltag übertragen werden.

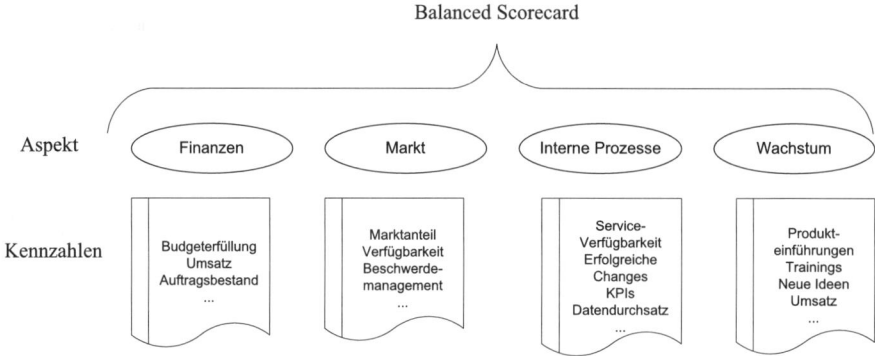

Abbildung 8.9: Beispiel zu BSC

Diese Methode basiert im Wesentlichen auf der Formulierung von Zielen, deren Erfüllung mittels einer geeigneten Kennzahl kontrolliert werden kann. Dabei werden Ziele in Teilziele heruntergebrochen und an Teilzielverantwortliche übergeben. Aufgrund möglicher Abweichungen von Soll-Werten der Kennzahlen kann auf jeder Ebene eine Nicht-Erfüllung der Ziele nachgewiesen werden und entsprechend gegengesteuert werden.

In den Specsheets wird der Inhalt der Service Level Requirements (externe Spezifikationen) in eine technische Form gebracht, die für die Realisierung der IT Services erforderlich ist (interne Spezifikationen). Hier geht es um die technischen Maßnahmen auf der Seite des Service-Anbieters, die erforderlich sind, um die Service Levels einzuhalten. Es geht um die Konsequenzen für den Dienstleister, z.B. erforderliche Ressourcen. Das Specsheet ist ein Provider-internes, d.h. ein nicht durch den Kunden einsehbares Dokument. Dem Dienstanbieter bleiben in Bezug auf die Details der technischen Umsetzung Freiheiten, solange er die vereinbarten SLAs erfüllt. In den Specsheets können beispielsweise geeignete Berechnungsmethoden enthalten sein, um Komponenten- und Dienstparameter abbilden zu können.

Der Service-Katalog der IT-Organisation beschreibt das gesamte Portfolio an produktiven IT Services und die damit verbundenen möglichen Service Level. Dabei geht es um die Service-Beschreibung an sich, Funktionen und Leistungen, Reaktionszeiten, Service-Erbringer und andere Details. Der Service-Katalog bietet so eine detaillierte Übersicht aller IT Services plus die Optionen, den IT Service anzupassen. Als Vorbereitung zu den SLA-Verhandlungen kann dieser Katalog als Angebots- und Verhandlungsgrundlage dienen.

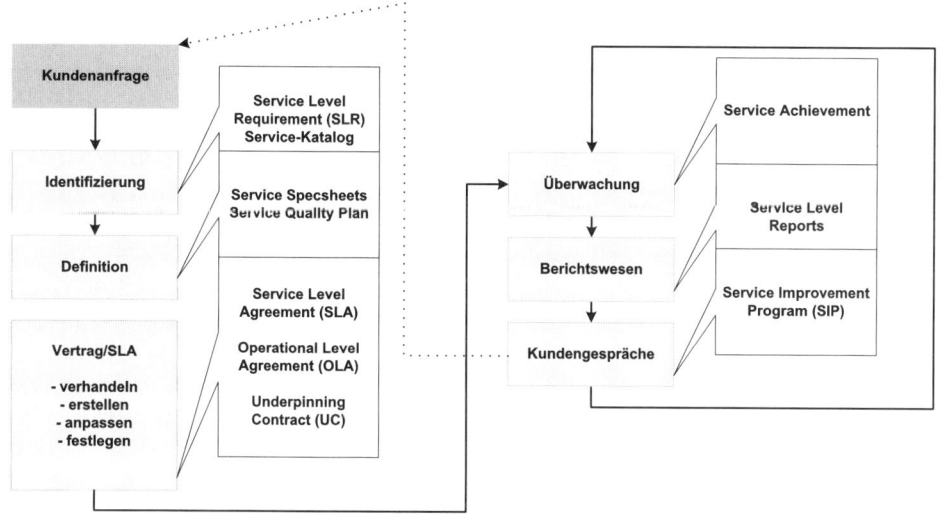

Abbildung 8.10: Der Prozess und die damit zusammenhängenden Dokumente und Begriffe

Das Service Level Management bietet einen guten Ansatz für ein Service-Optimierungs-Programm (Service Improvement Program, SIP), dessen Umsetzung in vielen Fällen in Form eines Projekts und über jährliche Reviews in Zusammenarbeit mit dem Problem Management und dem Availablity Management initiiert wird. Hier werden Aktionen, Phasen und Meilensteine dokumentiert, die zur Verbesserung eines IT Service in einem Bereich oder Prozess beitragen.

Im Service Review Meeting (SRM) wird abgefragt, ob die Service Levels und die damit verbundenen Ziele für die IT-Abteilung(en) erreicht wurden. Die Frage nach dem Erfüllungsgrad steht im Mittelpunkt. Im Bedarfsfall können Anforderungen von Kundenseite entstehen, die Aktionen im Change Management anstoßen, um eine Verbesserung zu initiieren.

Um sicherzugehen, dass der Service-Anbieter die gewünschten Services in vereinbarter Qualität auch leisten kann, sichert sich dieser wiederum ab. Dabei wird zwischen externen und internen Lieferanten unterschieden, die den eigentlichen Service-Anbieter unterstützen (siehe *Abbildung 8.11*).

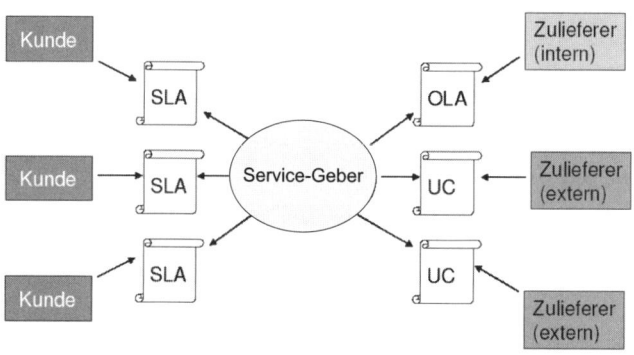

Abbildung 8.11: Vereinbarungen in unterschiedliche Richtungen

Ein Operation Level Agreement (OLA) stellt eine Vereinbarung mit einem internen IT-Bereich als Zulieferer dar (Teil derselben Organisation). OLAs sollten so ausgerichtet sein, dass sie die Ziele der SLAs unterstützen. Das OLA definiert die zu liefernden Waren oder Services und die Verantwortlichkeiten der beiden Parteien. OLAs enthalten Vereinbarungen über einen (Teil-)Service in einem Bereich, z.B. über die Verfügbarkeit des Netzwerks, die für die Erbringung des Gesamtservice in Richtung des Kunden relevant ist. Ein Service-Geber an sich kann somit gleichzeitig als Service-Anbieter und als Service-Nutzer fungieren. Ein OLA dient somit zur Unterstützung der IT-Organisation, die den gesamten IT Service leistet.

Dagegen stellt der Absicherungsvertrag (Contracts, Underpinning Contract, UC oder Underpinning Agreement, UA) einen Vertrag mit einem externen Dienstleister dar, der die Vereinbarungen über die Abwicklung bestimmter Bereiche eines Service enthält. Eine solche Absicherung sollte vor allem hinsichtlich der Services umgesetzt werden, die eine signifikante Bedeutung für die Erbringung und die Entwicklung des Geschäftes haben. Jeder kennt seine Verpflichtungen über die Vertragslaufzeit und häufig auch noch eine gewisse Zeit nach Beendigung. Vergleichbar ist ein solcher Vertrag mit der externen, „verschärften" Ausführung eines OLAs. Die Prüfung aller UCs und Vereinbarungen erfolgt im Supplier Management (siehe *Kapitel 8.7, Supplier Management*), um sicherzustellen, dass diese auf die SLAs abgestimmt sind.

Die Gestaltung und das Ausmaß eines Vertrages zur Absicherung der SLAs in Richtung Kunde hängen von dem Beziehungstyp (zum Lieferanten) und den verbundenen Risiken ab. Im Vorfeld einer Vereinbarung sollte immer eine Risikobewertung im Sinne eines umfassenden Risikomanagements stattfinden. Trotz der gebotenen Verbindlichkeit sind die Vereinbarungen mit einer gewissen Flexibilität auszustatten. Besteht Anpassungsbedarf, sollten OLA oder UC möglichst an die SLAs angepasst werden und nicht umgekehrt. Daher müssen sich Vereinbarungen (Agreements, Contracts) leicht an sich ändernde Bedingungen anpassen lassen. Darüber hinaus sollten sich die Änderungen mit minimalem Aufwand implementieren lassen, ohne aufwändige Nachverhandlungen eingehen zu müssen. Allerdings existieren in großen Unternehmen für die Vertragserstellung oder entsprechende Unterstützung spezielle Abteilungen, so dass sich die IT-Organisation nicht hauptsächlich um solche Themen kümmern muss, die nicht zum eigentlichen Kerngeschäft gehören.

Ebenso wie für die SLAs Reviews durchzuführen sind, gilt dies auch für die externen und internen Vereinbarungen zur Gewährleistung der SLAs.

Juristische Aspekte

SLAs können verbindliche Abreden zwischen den Vertragsparteien, vertragliche oder vertragsergänzende Regelungen und selbstständige vertragliche Regelungen oder Einbindungen in einen bestehenden Vertrag darstellen.

Steht auf beiden Seiten derartiger Vereinbarungen dasselbe Unternehmen, handelt es sich nicht um einen Vertrag im eigentlichen Sinne. Es geht eher um eine Absprache innerhalb des Unternehmens. Mit Hilfe dieser Vereinbarung verpflichten sich beide Seiten einerseits zu Service-Leistungen einer definierten Qualität und andererseits zu entsprechenden Mitwirkungsaktionen.

Der erreichte Service Level (Service Achievement) beschreibt die tatsächlich erbrachten Services über erreichte Service Levels innerhalb der definierten vereinbarten Zeitspanne (Erfüllungsgrad). Kurz: Die Übereinstimmung der vereinbarten
Qualität mit der erzielten Qualität.

8.2.4 Aufgaben und Aktivitäten des Service Level Managements

Ausgehend von den Anforderungen des Service-Nutzers lässt sich das Service Level
Management als ein beständiger Kreislauf des Verhandelns, Überwachens, Berich-
tens und Überprüfens ansehen, der bei Bedarf Aktivitäten auslöst, um unzureichende
Service-Qualität und -Quantität zu verbessern. Für den Kunden bedeutet dies auch,
dass die Leistung der IT-Organisation messbar ist, somit besser überwacht werden
kann und dokumentiert wird.

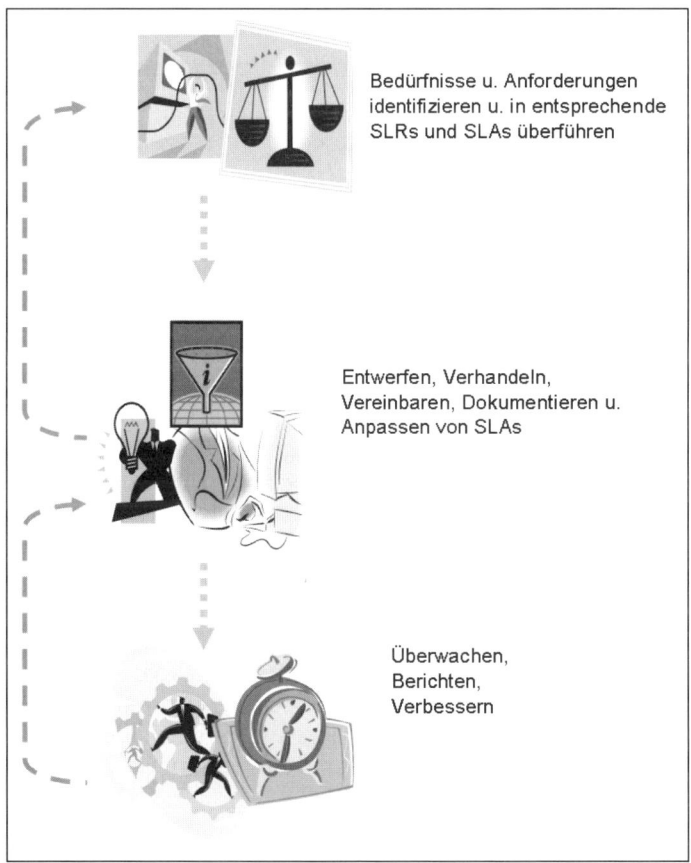

Abbildung 8.12: Prozessaktivitäten

In der *Abbildung 8.12* ist der Prozessverlauf des Service Level Managements grob skiz-
ziert. Die Tätigkeiten beschäftigen sich nicht nur damit, Vereinbarungen zu treffen,
sondern richten auch sich auch auf die Gewährleistung dieser Vereinbarungen.

Zu den Aktivitäten des Service Level Managements zählen insgesamt:

1. **Entwickeln eines SLA Frameworks:** Auf Basis der Service-Kataloges und der SLA-Struktur wird auf der Grundlage der Bedürfnisse und Wünsche der Kundenseite für seine Geschäftsprozesse ein SLR entworfen und abgestimmt. Dabei liefern zahlreiche andere Prozesse Input und Unterstützung.

Das Service Level Management spielt eine Schlüsselrolle innerhalb der IT Service Management-Prozesse und pflegt engen Kontakt zu den sonstigen Prozessen und Funktionen. Alle Prozesse und Funktionen des Service Level Managements zielen letztlich auf die Erbringung qualitativ hochwertiger IT Services für die Kunden ab, deren Beschreibung in den SLAs verankert liegt. Das Business benötigt beispielsweise Unterstützung bei der Definition seiner Anforderungen im Besonderen in den Bereichen Capacity, Continuity und Availability. Schließlich sollen die auszuarbeitenden Anforderungen realistisch sein. Möglicherweise kann eine Empfehlung lauten, einen Pilot-SLA zu entwerfen und zu testen.

Während der Service die einzelnen Phasen des Lifecycles durchläuft, werden die SLRs fortwährend verfeinert. Nach dem Übergang des Service in die Life-Umgebung muss das Augenmerk auf die Planung und Formalisierung der Support-Vereinbarungen gelegt werden.

2. **Identifizierung:** Dabei geht es darum, die Kundenbedürfnisse zu erkennen und festzulegen. Die Business-Anforderungen der Kundenorganisation und die daraus resultierenden Service-Anforderungen (SLR) müssen hier ermittelt werden. Eine entsprechende Pflege der Kundenbeziehung ist unumgänglich. Diese Aktion erfordert sowohl Kenntnisse aus dem Bereich der Geschäftsanforderungen als auch aus der IT, um die entsprechenden Möglichkeiten darlegen zu können.

Dies bezieht sich beispielsweise auf die Bussiness-Prozesse und -Bereiche, die durch den Service unterstützt werden sollen. Der korrespondierende IT Service muss die entsprechenden Business-Funktionen und -Anforderungen abdecken. Ein für die IT wichtiger Aspekt sind die für den Kunden nicht einsehbaren technologischen Komponenten im Hintergrund, die für die Erbringung des Service notwendig sind wie z.B. Infrastruktur, Daten, Umgebung, Applikation. Dazu gehören außerdem die internen Support-Strukturen (Welche OLAs stehen hinter dem Service?) und die externen Support-Strukturen (Welche UCs tragen welchen Service?).

Erfahrungsgemäß kennen die Kunden ihre eigenen Anforderungen und Erwartungen nicht vollständig, weil sie bei bestimmten Aspekten eines Service davon ausgehen, dass sie selbstverständlich sind. Dies unterstreicht nochmals die Notwendigkeit, das Business des Kunden gut zu kennen und in der Lage zu sein, dem Kunden zu helfen, zu klären, welche Services und Service Levels er wirklich benötigt und zu welchen Kosten er diese erhält.

Hierbei handelt es sich jedoch nicht um eine einmalige Aktivität, sondern vielmehr um eine Tätigkeit, die aufgrund von Berichten und Prüfungen, auf Verlangen des Kunden oder auf eigene Initiative der IT-Organisation sowohl hinsichtlich bereits existierender als auch hinsichtlich neu zu erbringender Services immer wieder ausgeführt werden muss.

3. Definition: IT Services und die dazugehörige SLA-Struktur müssen erstellt werden. Die Ziele werden auf die Wünsche und Bedürfnisse des Kunden ausgerichtet und in den Service Level Requirements und Service-Spezifikationen festgelegt. Die Kundenerwartungen werden formal in den Service-Anforderungen (Service Level Requirements, SLRs) hintergelegt (siehe *Abbildung 8.13*).

Für die Festlegung der Service Level Requirements sind unterschiedliche Angaben erforderlich. Dazu gehören beispielsweise eine allgemeine Beschreibung der Funktionen, die der Kunde von dem Service erwartet, Uhrzeiten und Tage, an denen der Service verfügbar sein soll (Service-Zeit), Anforderungen an die Service-Verfügbarkeit und die für die Erbringung des Service notwendigen IT-Funktionen. Damit in Zusammenhang stehen Verweise auf aktuelle Betriebsmethoden oder die Qualitätsstandards, die beim Entwurf des Service berücksichtigt werden, und gegebenenfalls Verweise auf SLAs, die angepasst oder ersetzt werden müssen.

Der Definitionsprozess kann in mehreren Phasen von der Detaillierung der Kundenwünsche bis hin zur Ausarbeitung technischer Voraussetzungen für die Erbringung des Service ablaufen. Dies spiegelt sich dann in den Specsheets (zur Service-Spezifikation) wider, die im Einzelnen die Erwartungen und Anforderungen des Kunden (extern) und die Konsequenzen für die IT-Organisation (intern) dokumentieren. Der Service-Katalog als Verzeichnis aller Dienstleistungen, die die IT erbringt, kann aus den Service-Spezifikationen resultieren. So werden Änderungen an den Service Levels in den Specsheets und im Service-Katalog verarbeitet, um die SLAs aus den geänderten Specsheets neu zu generieren.

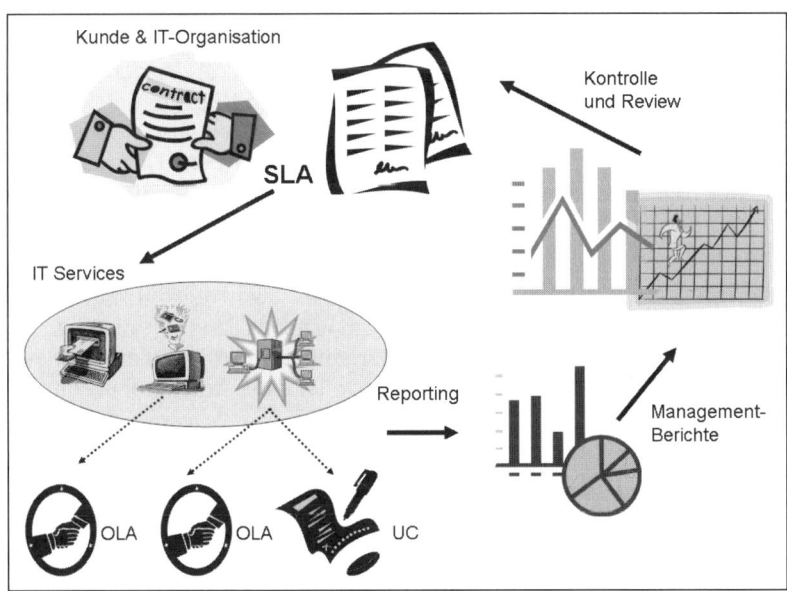

Abbildung 8.13: Aktivitäten im Service Level Management

4. Service Level Agreement Monitoring (SLAM): SLAs müssen natürlich auch eingehalten werden. Direkt nach der SLA-Vereinbarung sollte das Monitoring beginnen. Die Überwachung der Service-Qualität ist eine notwendige Aktivität,

für die Leistungsindikatoren (KPIs) herangezogen und verglichen werden. Die tatsächlich realisierten Service Levels werden in Service Achievements dokumentiert. Sie stellen den aktuell an den Kunden gelieferten Service Level dar. Die Monitoring-Ergebnisse müssen in der Lage sein, ein Bild über den Zustand und die Qualität der erbrachten Services abliefern zu können.

In den SLAs sollte nichts vereinbart werden, was nicht gemessen werden kann. Objektivität, Messbarkeit und die Abwesenheit von Interpretationsspielräumen sind wichtig. Konkrete Anforderungen müssen sich in spezifischen Kennzahlen wiederfinden, die überwacht und gemessen werden können. Wird dieser Grundsatz nicht beachtet, so kann dies zu Konflikten führen. Bei Bedarf sind Toleranzgrenzen zu definieren. Umgekehrt sollte sich das Monitoring auf Anforderungen aus den SLAs beziehen. „Gemonitorte" Werte sollte die Auffassung des Kunden vom Service wiedergeben. Das Service Desk wird beispielsweise zum Monitoren der Reaktions- und Lösungszeit von Incidents (Störungen des IT Service) herangezogen. Anfragen und Beschwerden an das Service Desk werden aufgenommen und über Reportings als Information dem Service Level Management zur Verfügung gestellt. Die entsprechenden Leistungsindikatoren aus den SLAs müssen sich allerdings auch in den verwendeten Tools und Anwendungen des Service Desks wieder finden.

Die Überwachung sollte nicht nur von der technischen Seite geprägt sein, sondern auch Verfahrensweisen beinhalten, wie etwa zur Abwicklung von Incidents (Störungen des IT Service) und Requests hinsichtlich der Kundeninteraktion (Beschwerden, Feedback, Lob).

5. Zuordnung, Messung und Verbesserung der Kundenzufriedenheit: Service Level-Verletzungen sollten dezidiert betrachtet und die exakte Ursache bestimmt werden. Die so erarbeiteten Aktivitäten fließen in das SIP. Neben den objektiven harten und messbaren Indikatoren gibt es aber eine ganze Reihe von weichen Faktoren, die die Kundenzufriedenheit beeinflussen können. Dazu zählen beispielsweise der freundliche Service Desk-Mitarbeiter, der sich ernsthaft um den Anwender bemüht, proaktive Kommunikationskultur oder gute Reportings.

Von Anfang an sollte man allerdings bestrebt sein, die messbaren Ziele der Kundenanforderungen zu erreichen, um Zufriedenheit, Wahrnehmung und Erwartungen des Kunden positiv zu erreichen und zu erfüllen. Werden neue SLAs und Services eingeführt, empfiehlt sich eine Übergangszeit, um sich auf den neuen Service und die neuen Anforderungen einzustellen. Bei Änderungen eines Service muss auch der Kunde wissen, dass, wann und was sich geändert hat, um die neue Erwartungshaltung bei den Anwendern etablieren zu können.

Um die Kundenzufriedenheit zu erfragen und Verbesserungsmöglichkeiten aufzeigen zu können, empfehlen sich Kundenbefragungen. Diese sollten in regelmäßigen Abständen, telefonisch, über Fragebögen oder über das Intranet erfolgen und deren Ergebnisse und die Ergebnisse von Verbesserungsmaßnahmen präsentiert werden. Auch die Auswertung der Post Implementation Reviews (PIR) nach der Umsetzung von Changes, Arbeitskreise oder Analyse von Beschwerden und Feedbacks unterschiedlicher Personenkreise können hinzugezogen werden.

6. Review und Überarbeitung von unterstützenden Vereinbarungen und des Service Scope: OLAs bilden die Basis zwischen Service Level Management und den leistungserbringenden Einheiten des IT Service Providers im gleichen Unternehmen. Diese Bereiche unterstützen zusätzlich die Service-Bereitstellung. OLAs sollten so ausgerichtet sein, dass sie die Ziele der SLAs unterstützen und die betrieblichen Anforderungen fokussieren, die erforderlich sind, um einen Service zu erbringen. Auch die Absicherungsverträge, die mit Dienstleistern außerhalb des eigenen Unternehmens getroffen werden, zielen auf eine Unterstützung der IT Services ab. Ebenso wie die internen Vereinbarungen müssen diese gegen die Service-Ziele überprüft und ebenso dem Verbesserungsprozess unterworfen werden. Dies gilt vor allem dann, wenn es darum geht, neue Verträge abzuschließen. Die Aktivitäten in Bezug auf die UCs/UAs finden in Zusammenarbeit mit dem Supplier Management statt.

7. Berichtswesen/-erstattung: Erstellung von Service Level Reports an Kunden und IT Manager, die gewünschte und definierte Informationen enthalten wie etwa die Service Achievements eines bestimmten Zeitraums. Das Service Level Management muss die Reporting-Anforderungen identifizieren. Dem Kunden und der IT-Organisation werden direkt nach Implementierung des Service in die Produktivumgebung und danach regelmäßig Berichte über die realisierten Service Levels vorgelegt. Auf diese Weise werden die Ist- und Soll-Stände miteinander verglichen, um die vertraglich vereinbarten Service Levels zu kontrollieren und ggf. zu verbessern. Auf Basis dieser Dokumente können eine Überprüfung der Vereinbarungen und gegebenenfalls eine Anpassung stattfinden.

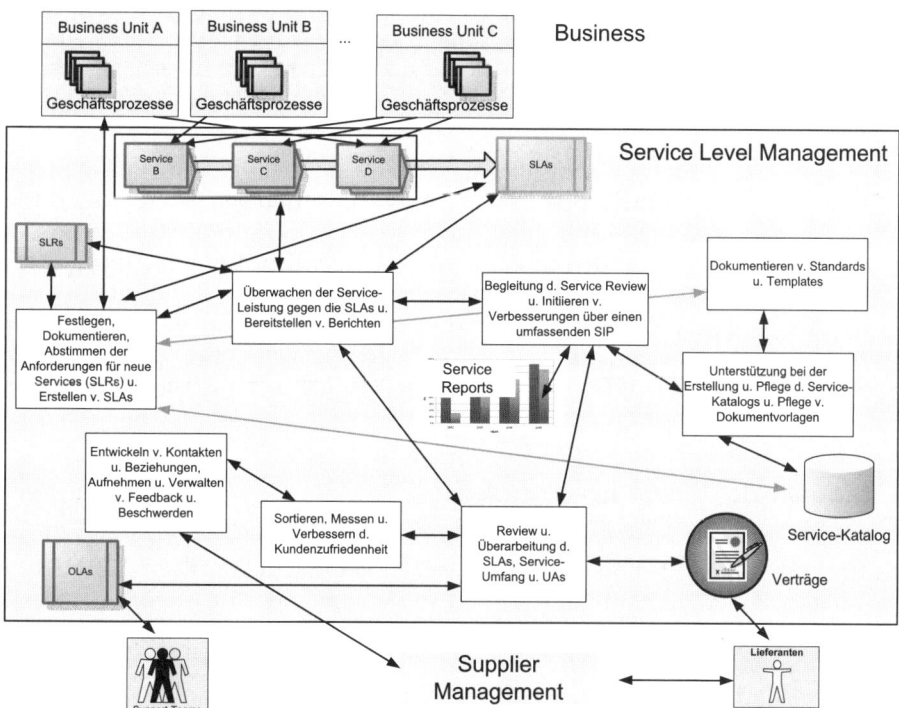

Abbildung 8.14: Aktivitäten im Service Level Management-Prozess

8. Auswertung (mit dem Kunden), Review (mittels Service Improvement Plan, SIP) und Anregen von Verbesserungen: In regelmäßigen Abständen (z.B. monatlich oder quartalsweise) sollten Review-Meetings mit dem Kunden stattfinden, um die erreichten Service Level zu besprechen und offene Punkte anzusprechen, die in naher Zukunft gelöst werden sollten. Hier geht es um mögliche Probleme in Verbindung mit Dienstleistungen, der Identifizierung von Trends und entsprechenden Verbesserungsvorschlägen (SIPs). Der Service wird evaluiert, um herauszufinden, ob er verbessert werden muss. Besteht konkreter Handlungsbedarf, müssen die nötigen Aktionen festgelegt und geplant werden. Dabei besteht ein wichtiger Punkt in der Ursachenanalyse für nicht-umgesetzte Service-Ziele, z.B. eine fehlende oder unzureichende Unterstützung von interner oder externer Seite. Gegebenenfalls wird ein Service-Optimierungsprogramm (Service Improvement Programm, SIP) initiiert. Auch der Fortschritt und die Budgetierung einer solchen Maßnahme können Inhalt dieser Aktivität sein.

9. Review und ggf. Revidierung von SLAs, Service Scope und sonstiger relevanter Vereinbarungen: Darüber hinaus werden regelmäßig Erfahrungen, Anregungen und Veränderungswünsche des Kunden zu den geleisteten IT Services abgefragt, welche unter Umständen in neue oder erweiterte SLAs einfließen können. Dies hätte Change-Anforderungen (RfCs) für die SLAs zur Folge und müsste im Configuration Management abgelegt werden. Im Fall einer Änderung wäre die Anpassung von Verträgen und Kundenbeziehungen (Kundenmanagement) notwendig.

10. Entwicklung und Pflege von Kontakten und Beziehungen: Pflegt der Service Provider gute Verbindungen zu seinen Kunden, ist er in der Lage, Leistungen anzubieten, wenn er hört, dass seinen Kunden irgendwo der Schuh drückt. Anderseits könnte er seinen Kunden aber neue Services anbieten, an deren Entwicklung er gerade arbeitet. Service-Katalog und Service-Portfolio dienen hierbei als Werkzeuge und Basis.

11. Erfassung und Management aller negativen und positiven Rückmeldungen: Es sollten alle Beschwerden und auch das Lob erfasst und gemanagt werden Die Erfassung des Feedbacks kann durch das Service Desk erfolgen. Dabei kann es hilfreich sein, mit dem Kunden zusammen eine einheitliche Definition von positivem und negativem Feedback zu vereinbaren. Alle Beschwerden sollten gelöst bzw. mit der notwendigen Priorität eskaliert werden, so dass die Kundenseite zufriedengestellt wird. Darüber hinaus sind Beschwerden, Anmerkungen und Hinweise als wertvoller Input zu verstehen, die dabei helfen können, die Leistungserbringung des Service Providers zu verbessern.

Die Rolle des Service Level Managers

Der Service Level Manager hat Einsicht in die dynamische Nachfrage des Kunden und des Markts und muss die bestehenden und zukünftigen Anforderungen identifizieren. Er verhandelt mit dem Kunden und trifft Vereinbarungen in Bezug auf die Lieferung der IT Services. Der Erstellung und Pflege eines fehlerfreien Service-Portfolios steht er unterstützend zur Seite. Darüber hinaus stellt der Service Level Manager sicher, dass die in den zugrundegelegten Verträgen vereinbarten Ziele mit den SLAs abgeglichen sind.

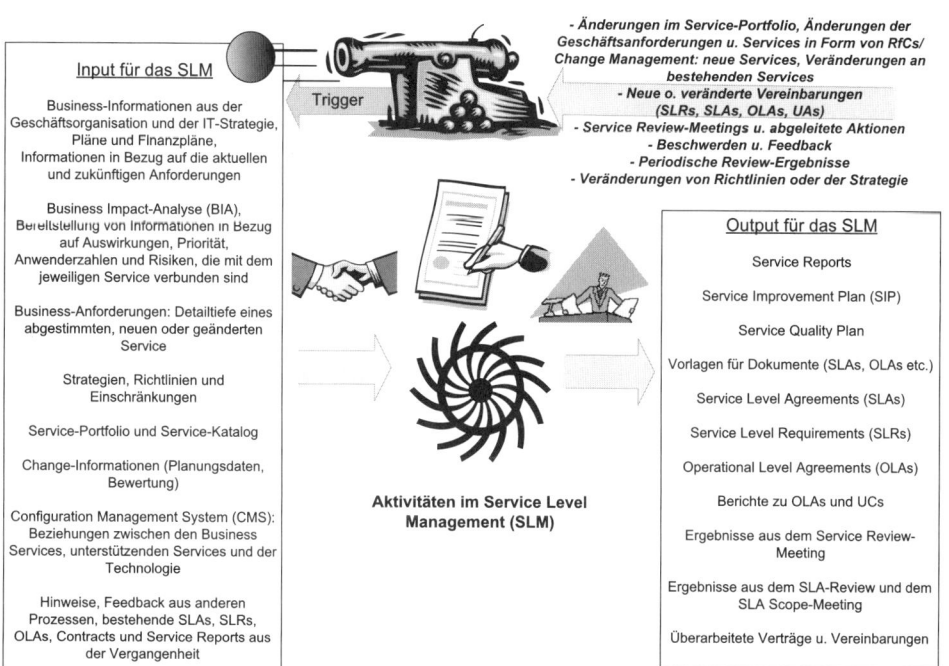

Abbildung 8.15: Trigger, Input und Output des Prozesses

8.2.5 Schnittstellen des Service Level Managements

Dem Service Level Management kommt eine zentrale Rolle im IT-Management zu, da alle Aktivitäten in der IT Auswirkungen auf die Service-Erbringung haben. Service Level Agreements (SLAs) gelten als die transparente Beschreibung einer Kunden-Lieferanten-Beziehung, mittels derer qualitätsoptimierend auf die Erbringung von IT Service-Leistungen und die Sicherstellung von Zielen durch Vereinbarung von Service Level Einfluss genommen werden kann. Vor allem im Bereich IT Outsourcing ist eine Leistungserbringung ohne vereinbarte SLA nicht vorstellbar. Aber auch für interne IT-Abteilungen sind SLAs ein wichtiges Kriterium.

Problem Management umfasst alle Funktionen und Abläufe zur Behebung von Störungen und Fehlern im Betriebsablauf. Incident Management umfasst alle Abläufe zur schnellstmöglichen Wiederherstellung der vereinbarten Services bei Störungen. Hier fallen Abweichungen vom gewohnten bzw. vereinbarten Service Level als Erstes auf, wenn sich die Incident-Menge zu einem bestimmten Service oder einer Komponente der IT deutlich erhöht. Für das Service Level Management sind die Informationen, wann welche Services wie häufig ausgefallen sind, wichtig, um die Qualität des Service zielgerichtet im Rahmen des Service Quality-Plans und SIP zu verbessern.

Im Configuration Management System (CMS) aus dem Configuration Management-Prozess wird die IT-Infrastruktur als Modell abgebildet. Dazu gehören auch Dokumente wie die SLAs oder der Service-Katalog. Durch die Relationen der CIs in der CMDB/dem CMS können die entsprechenden Vereinbarungen und Dokumente zu einem betroffenen CI rasch gefunden und die Informationen daraus abgeleitet werden. Und da das Configuration Management für alle angrenzenden Prozesse ein wichtiges Repository zur Verfügung stellt, das sich auch auf die SLAs bezieht, haben alle anderen Bereiche Zugriff auf die Daten aus dem Service Level Management.

Zielsetzung des Change Managements ist eine effiziente und kostengünstige Implementierung autorisierter Änderungen mit minimalem Risiko für bestehende und neue IT-Anwendungssysteme und -Infrastrukturen. Aufgabe und Herausforderung des Change Managements ist dabei sicherzustellen, dass die notwendigen Änderungen gut vorbereitet und kontrolliert ohne negative Auswirkungen auf das Business ablaufen. In den SLAs kann definiert werden, welche Änderungen die Kundenorganisation unter welchen Bedingungen wie einreichen kann. Schließlich ist ein SLA auch ein CI, dessen Veränderung stets unter der Kontrolle des Change Managements abzulaufen hat. Dies bezieht sich auch auf die Kosten, die ein solcher Change verursacht. Etwaige Änderungen eines Service und der entsprechenden SLAs werden über das Change Management abgewickelt. Die Schnittstellen zwischen Service Level Management und Change Management werden vor allem bei Neuverhandlung von SLAs beansprucht. Gründe für eine Veränderung können in unterschiedlicher Ausprägung Änderungsanforderungen und die Neuverhandlung von Preisen aufgrund von Änderungen des Leistungsumfangs beziehungsweise der Leistungsqualität sein. Auch veränderte Marktbedingungen, Neuverhandlung von Vertragselementen etwa aufgrund von Veränderungen im Leistungsumfang oder Restrukturierungsmaßnahmen bei einem der Vertragspartner sind mögliche Ursachen.

Über das Availability Management soll die in den SLAs geforderte und vereinbarte Verfügbarkeit der Services sichergestellt werden, indem vorhersehbare Ausfälle reduziert bzw. vermieden werden. Dies bezieht sich neben der Gewährleistung eines kosteneffektiven und definierten Verfügbarkeitsniveaus auch auf die Prognose, die Planung und das Management der Service-Verfügbarkeit. Die Verfügbarkeit ist einer der am häufigsten verwendeten Service Levels, wobei die Realisierung und Optimierung der Verfügbarkeit der Services generell im Vordergrund stehen.

Capacity Management umfasst alle Funktionen und Abläufe mit den dahinterliegenden Kosten- und Leistungsaspekten zur Umsetzung und Sicherstellung der zukünftigen und momentanen Kundenanforderungen. Diese spiegeln sich in den SLAs wider. Zu diesem Zweck wird ein Capacity-Plan erstellt, der Informationen über die aktuelle Zusammensetzung der Infrastruktur sowie Planungen für die Zukunft enthält. Das Service Level Management liefert dem Capacity Management Informationen über die aktuellen und künftigen Services. Diese Informationen sind für eine genaue Kapazitätsplanung essenziell.

Das Continuity Management gewährleistet die Fähigkeit einer Organisation, im Anschluss an die Unterbrechung des Geschäftsbetriebs weiterhin das zuvor festgelegte und vereinbarte Niveau von IT Services zur Unterstützung der geschäftlichen Mindestanforderungen zu erbringen. Entsprechende Maßnahmen werden auch in den SLAs inklusive der korrespondierenden Kosten festgeschrieben.

Auch das Information Security Management tauscht Informationen mit dem Service Level Management aus. Vertraulichkeit und Integrität gehören zu einem Service. Diesbezügliche Informationen fließen auch in die SLAs ein. Das Security Management kümmert sich um die Umsetzung der Maßnahmen und überwacht diese Sicherheitsvereinbarungen.

Ein Ziel des Service Level Managements lässt sich v.a. in Bezug auf das Financial Management als ausgewogenes Verhältnis zwischen Kundenanforderungen und Kosten der Services beschreiben. Für den Service-Anbieter geht es darum, die Kosten der Eigenleistung und der eingekauften Fremdleistung pro Service zu kalkulieren. Dabei müssen unterschiedliche Szenarien in puncto Kapazitätsauslastung berücksichtigt werden. Voraussetzung für eine effektive Kalkulation sind Angaben über den Ressourcen-Verbrauch und die Kostenquellen. Kunden können das Preismodell beeinflussen, wie etwa durch die Wahl des Service Level und dessen Ausprägung. Der Kostenfaktor spielt in der heutigen Zeit bei der Verhandlung der SLAs eine entscheidende Rolle.

8.3 Capacity Management

Das Capacity Management erstreckt sich über den gesamten Service-Lebenszyklus und kümmert sich darum, dass in benötigtem Maße Kapazitäten für die IT Services auf Basis der Geschäftsanforderungen zum richtigen Zeitpunkt kosteneffizient zur Verfügung stehen. Dieser Prozess zielt darauf ab, die benötigten IT-Ressourcen optimal zu nutzen und innerhalb des gegebenen Finanzrahmens die Anforderungen aus dem Business zu erreichen. Dabei spielen die Muster der Geschäftsaktivitäten (Pattern of Business Activity), Levels of Service (LOS) und Service Level Package (SLP) aus dem Bereich der Service-Strategie eine wichtige Rolle. Diese liefern Aussagen zur voraussichtlichen und aktuellen Nachfrage.

Aus diesem Grund muss das Capacity Management sicherstellen, dass die für die IT Services vorgehaltenen Kapazitäten den SLAs gerecht werden. Das Capacity Management muss auch in der Lage sein, die Kosten für die IT-Kapazitäten zu rechtfertigen. Es richtet seine besondere Aufmerksamkeit auf heutige und zukünftige IT-Kapazitätsanforderungen und stellt diese plattformübergreifend sicher. Wichtig ist, dass rasch auf Veränderungen reagiert werden kann, um Kapazitätsprobleme im Vorfeld zu vermeiden. Dabei kommt der Zuverlässigkeit der Prognosen in Bezug auf die aktuelle und zukünftige Nutzung der IT Services eine entscheidende Bedeutung zu. Kenntnisse über die Zusammenhänge in der Infrastruktur und deren Kostenentwicklung helfen bei der Einschätzung. Außerdem müssen die Zusammenhänge zwischen Störungen, Problemen und Kapazitätsmerkmalen von Komponenten verstanden werden. Nur dann ist eine adäquate technische Ausrichtung des Unternehmens möglich. Den aktuellen und zukünftigen Anforderungen entsprechend müssen die jeweiligen Betriebsmittel zur Verfügung stehen. Dabei spielen unterschiedliche Faktoren eine Rolle: Die benötigten Ressourcen müssen in ausreichender Menge/Volumen bereitstehen und zudem am richtigen Ort, zum richtigen Zeitpunkt und zum optimalen Preis bezogen werden können. Hier ist neben der Ausrichtung auf die momentane Situation das Erkennen von Trends und Zyklen der Ressourcenauslastung überaus wichtig. Die Systeme müssen immer wieder den aktuellen Entwicklungen angepasst werden. Sicherstellung (Überwachung) der Performanzziele (bzgl. Ressourcen u. Services) ist gefragt.

Service Design

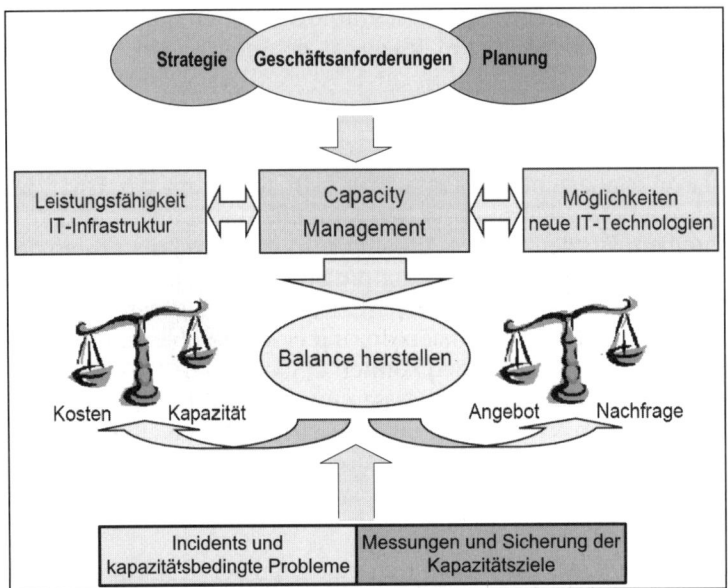

Abbildung 8.16: Basiskonzepte des Capacity Managements

Treibende Kraft sind stets der Kunde und seine Bedürfnisse, wobei der Kunde allerdings keine spezifischen Kapazitätsanforderungen in Bezug auf Hardware oder Software stellt, sondern Services benötigt, um seine geschäftlichen Bedürfnisse umzusetzen und den Erfolg des Unternehmens voranzutreiben.

Kapazitätsprobleme dürfen nicht erst in Angriff genommen werden, wenn Performance-Probleme auftreten. Sollten sich aber Störungen oder Probleme ergeben, bietet das Capacity Management Unterstützung der Incident- und Problemanalyse hinsichtlich Performanz- und Kapazitätsfragen. Neben den technischen Anforderungen ist auch der Blick auf die betriebswirtschaftliche Seite essenziell. Das Kapazitätsmanagement muss in der Lage sein, wirtschaftliche Entscheidungen zu treffen und Anforderungen zu formulieren, die eine Optimierung der benötigten IT-Ressourcen ermöglichen. Dieser Prozess liefert Vorschläge und Anmerkungen für kapazitätskritische Änderungen. Es ist Aufgabe des Capacity Managements, Tipps und Kennwerte zu liefern, um korrekte Zusatzinformationen für die Erweiterung der Infrastruktur bereitzustellen.

Da die Analysen kontinuierlich zu erbringen sind und Entscheidungen im Rahmen von Änderungsprozessen oft schnell getroffen werden, muss sich das Capacity Management eigener Instrumente und Verfahren bedienen, um diesen Anforderungen gerecht zu werden. Dazu wird i.d.R. auch der Aufbau einer Capacity-Datenbank (CDB) gehören, die eng mit dem Configuration Management verknüpft ist. Dies betrifft aber auch Automatismen für Messungen und Trendanalysen. Dies ist besonders für ein proaktives Capacity Management wichtig.

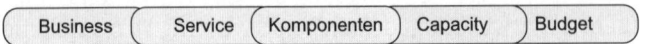

Abbildung 8.17: Zusammenspiel zwischen Business und IT

Das Capacity Management erstellt aus den Geschäftsanforderungen den Kapazitätsplan, pflegt ihn und überwacht dessen Einhaltung. Dazu gehört auch die Bewertung aller Änderungen am Kapazitätsplan bzw. der Performanz und Kapazität bezüglich Ressourcen und Services. Dabei wird in Business, Service und Ressource Capacity Management unterschieden. Weitere Aufgaben sind Application Sizing, Tuning, Service-Modellierung und Bedarfsmanagement (Demand Management), die in unterschiedlicher Ausprägung in den drei Subprozessen zum Einsatz kommen.

8.3.1 Aufgaben des Capacity Managements

Die IT Services, die mit den Kunden in Service Level Agreements (SLAs) festgelegt sind, müssen jederzeit gewährleistet sein. Dazu wird eine Management-Funktion benötigt, die sich direkt mit den heutigen und zukünftigen Anforderungen an die Menge und Leistungsfähigkeit der Ressourcen auseinandersetzt. Sie stellt sicher, dass die Dienstleistungen rechtzeitig und mit minimalen Kosten erstellt und ausgeliefert werden. Die Aktivitäten im Capacity Management ermöglichen dem Unternehmen, die bestehenden Kapazitäten wirtschaftlich und effektiv einzusetzen. Es liefert zudem wertvolle Entscheidungsunterlagen zur Planung der IT-Infrastruktur.

Das Capacity Management stellt (ähnlich wie das Service Level Management) eine Art Vermittlerrolle dar. Durch sie soll eine Balance zwischen Kosten und Kapazität sowie Angebot und Nachfrage in Bezug auf die Unternehmens-IT geschaffen werden (siehe *Abbildung 8.16*). Das Hauptziel des Capacity Managements ist das Erreichen einer anforderungsgerechten Service-Leistung mit minimalen Kosten. Das Optimum heißt in diesem Zusammenhang nicht zu früh, nicht zu spät, nicht zu wenig, nicht zu viel, an den richtigen Stellen. Es dürfen weder zu hohe Kosten entstehen noch Ressourcen ausfallen oder Services beeinträchtigt werden. Daraus ergibt sich ein ständiger Balanceakt. Aus diesem Grund ist es unvermeidbar, in einem gewissen Rahmen Überkapazitäten zur Verfügung zu stellen, um im Bedarfsfall rasch auf das Überschreiten eines Ressourcenverbrauchs reagieren zu können. Die Kosten, die durch Beeinträchtigung oder gar Ausfall eines Services entstehen, sind in der Regel um ein Vielfaches höher als die eingesparten Kosten.

Das Capacity Management versucht deshalb, unüberlegte Käufe und Überraschungen zu verhindern, indem verfügbare Mittel besser genutzt, rechtzeitig erweitert oder an das Nutzungsverhalten angeglichen werden. Zudem kann es dazu beitragen, dass die Kapazitäten der unterschiedlichen Bereiche eines Service gut aufeinander abgestimmt sind, damit teure Investitionen in bestimmte Komponenten auch adäquat genutzt werden. Dabei ist zu berücksichtigen, dass die Kosten nicht alleine von der direkten Investition abhängen, sondern auch stark von dem entsprechend damit zusammenhängenden Verwaltungsaufwand und den Service-Kosten.

Mit der Einrichtung eines Capacity Managements kann die IT-Organisation zu hohen Investitionen, Überkapazitäten sowie Adhoc-Anpassungen der Kapazität vorbeugen, denn insbesondere Letzteres wirkt sich ungünstig auf die Qualität des IT Service aus. So hat zum Beispiel ein Wildwuchs von Speicherkapazität Folgen für die Erstellung von Sicherungskopien und für die Geschwindigkeit der Suche (Browsing) nach Dateien, die im Netzwerk gespeichert sind. Daraus ergibt sich die Notwendigkeit, dass das Capacity Management teils als reaktiv (Unterstützung bei kapazitätsbedingten Incidents und Problemen), teils als proaktiv (Vermeidung zukünftiger Kapazitätsengpässe) anzusehen ist. Dabei gilt: Je erfolgreicher die proaktiven Tätigkeiten im Capacity Management verlaufen, desto weniger Bedarf entsteht überhaupt an reaktiven Aktionen.

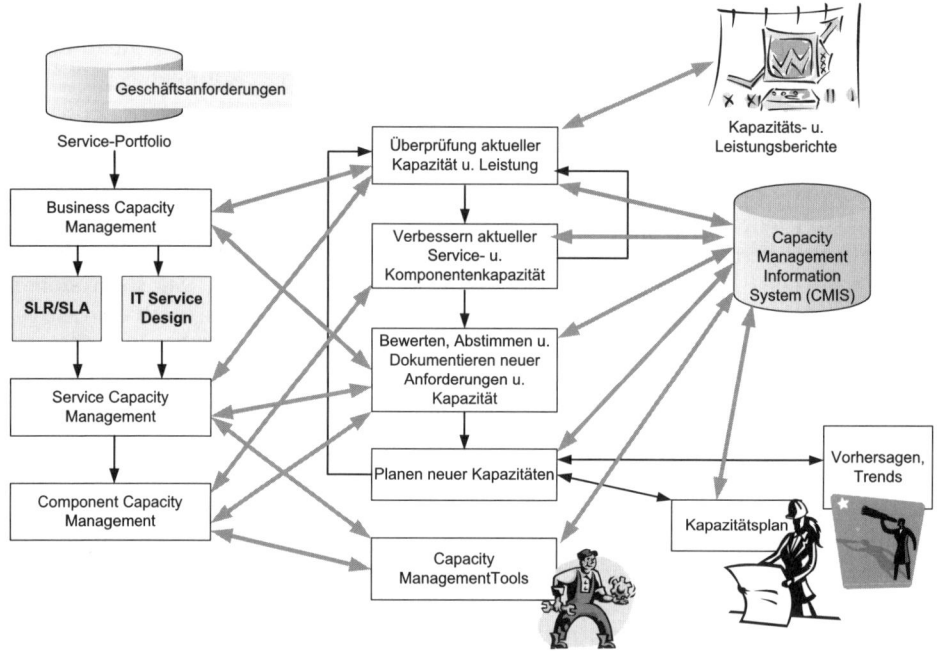

Abbildung 8.18: Subprozesse und Aktivitäten im Capacity Management

8.3.2 Aktivitäten des Capacity Managements

Um die mit den Kunden vereinbarten Service Level dauerhaft zu erfüllen, erscheint eine konsistente und nachhaltige Kapazitätsplanung essenziell. Dabei geht es aber nicht nur um eine rein technische Sicht auf die technischen Bedürfnisse des Unternehmens, sondern auch um die Sicht auf die zugrunde liegenden Geschäftsprozesse, denen die Anforderungen entstammen. Diese bestimmen die Rolle und Effektivität des Capacity Managements. Für das Capacity Management sind Informationen über die Business-Strategie und den damit verbundenen Business-Plan und die IT-Strategie von wesentlicher Bedeutung. Daraus ergibt sich eine Dreiteilung des Capacity Management-Prozesses (siehe *Abbildung 8.19*) in Business Capacity Management, Service Capacity Management und Component Capacity Management.

Einige der Aktivitäten in den drei Subprozessen sind eher als reaktiv, andere als proaktiv anzusehen. Je mehr Zeit für die proaktiven Aktivitäten eingeplant werden kann, desto weniger reaktive Aktivitäten sind in der Regel notwendig. Die proaktiven Tätigkeiten beziehen sich auf das Erstellen von Vorhersagen und Trends in Bezug auf technologische Entwicklungen, Anforderungen von Business-Seite, Modellierung und Vorhersage von Änderungen der IT Services und korrespondierende Änderungen der Infrastruktur und der Anwendungen, um zu gewährleisten, dass die geeigneten Ressourcen bereitstehen. Dementsprechend muss auch sichergestellt werden, dass die Änderungen und Upgrades budgetiert, geplant und implementiert werden, bevor SLAs oder Service-Ziele möglicherweise verletzt werden könnten oder Performance-Einbrüche für die Anwender spürbar werden. Wann immer möglich und kostenmäßig vertretbar, sollten Verbesserungen in der Kapazitätsplanung initiiert und umgesetzt werden. Dazu gehören auch Tuning- und Performance-Vorhaben.

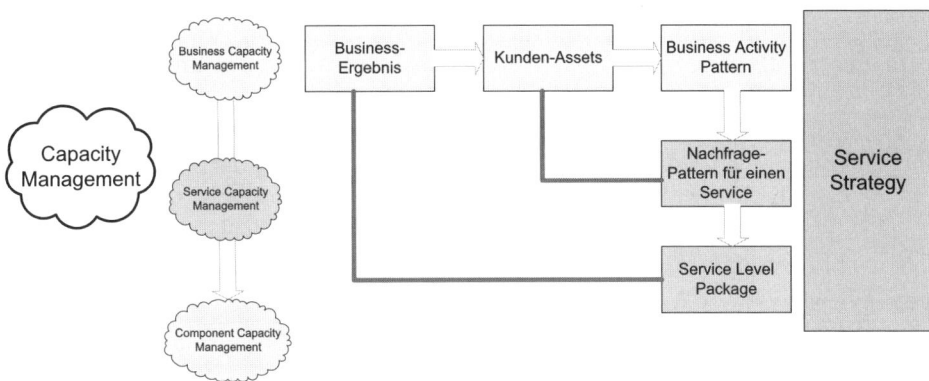

Abbildung 8.19: Die drei Unterprozesse des Capacity Managements

Reaktive Aktivitäten beinhalten zwar ebenfalls das Überwachen, Messen, Berichten und Überprüfen der aktuellen Performance von Services und Komponenten, aber dies geschieht ad-hoc und nicht regelmäßig. Auch das Reagieren auf kapazitäts-bezogene Events und notwendige Reaktionen gehören ebenso dazu wie die Reaktion auf spezifische Performance-Probleme, die beim Service Desk als Incidents (Störungen eines IT Service) einlaufen.

Das Capacity Management ist zentraler Anlaufpunkt für alle Aspekte im Kapazitäts-management.

◆ Business Capacity Management (BCM): Hier liegt die Verantwortung dafür, dass zu-künftige geschäftliche Anforderungen in Anlehnung an die Service-Strategie rechtzei-tig erkannt, durchdacht, geplant und umgesetzt werden. Über diesen proaktiven Subprozess müssen Anforderungen und Trends aus dem Geschäftsbereich identifi-ziert, in die entsprechenden Service-Anforderungen übersetzt und im Kapazitätsplan berücksichtigt werden. Er dokumentiert die aktuelle Situation (falls möglich, mit Hilfe durchgespielter Szenarien) inklusive Spitzenwerten, Engpässen und einer Prognose zum künftigen Gebrauch sowie der Mittel, die benötigt werden, um der voraussicht-lichen Nachfrage nach IT Services entsprechen zu können. Somit dient er auch als Ab-schätzung über die zukünftig notwendigen Mittel (Investitionsplan) und hilft mit Blick auf das Service-Portfolio bei der Einführung (Zeitrahmen der Planung, Methoden) neuer Themen. Capacity Management sollte in allen strategischen, planerischen und Design-Aktivitäten Berücksichtigung finden und so früh wie möglich hinzugezogen werden, z.B. in Bezug auf die Strategieentwicklung oder deren Review.

Basis der Kapazitätsplanung sind Geschäftspläne, Geschäftsbewertungen und -sze-narien, Geschäftsprognosen und eine Ist-Analyse. Durch die ebenfalls enthaltenen Empfehlungen und Aussichten inklusive der Berücksichtigung von aufgetretenen Problemen und Skalierungsoptionen bildet er eine wichtige Entscheidungsgrundlage. Der Kapazitätsplan enthält außerdem Daten über die aktuellen und geplanten Services, eine Ressourcenübersicht und entsprechende Verbesserungsvorschläge und Empfehlungen (erwartete Vorteile, Auswirkungen, Kosten). Ein solcher Plan sollte jährlich erstellt werden, wobei pro Quartal die Aktualität zu überprüfen ist.

Der Fokus des Business Capacity Managements liegt darauf, das Business zu unterstützen, wobei sich die Business Requirements aus den Unternehmungsplanungen ergeben, die die erforderlichen neuen Services und die damit verbundenen Änderungen deutlich machen. Weitere Aktivitäten sind neben der Unterstützung der Service Level Requirements:

- Entwicklung, Erstellung oder Service-Konfiguration als Hilfestellung in Form von Empfehlungen, vor allem bei Hard- oder Software, bei der Performance oder Kapazität ein wichtiger Faktor ist. Spätestens im Change Advisory Board (CAB) als beratende Instanz wird das Capacity Management hinzugezogen.

- Verifizierung der SLAs: Es besteht auch eine enge Verbindung zum Service Level Management. Ein SLA sollte Details zum dazugehörigen Service und die Performance-Anforderungen beinhalten.

- Unterstützung bei den SLA-Verhandlungen: Performance-Anforderungen müssen realistisch und kostenmäßig vertretbar sein.

- Steuerung und Implementierung: Alle Änderungen an den Service- und Ressourcenkapazitäten müssen die IT-Prozesse wie Change, Release, Configuration und Projektmanagement durchlaufen, um sicherzustellen, dass der richtige Grad an Steuerung und Koordination vorhanden ist und dass alle neuen oder geänderten Komponenten aufgenommen und in ihrem Lebenzyklus nachverfolgt werden können.

Zur Anpassung der IT an die Gegebenheiten des Unternehmens werden Techniken wie Application Sizing und Modelling eingesetzt.

◆ Service Capacity Management (SCM): Über diesen Unterprozess soll sichergestellt werden, dass die Service-Kapazitäten in Verbindung mit den dahinter liegenden Ressourcen und IT-Verfahren so definiert sind, dass die in SLAs und SLRs begründeten Service-Anforderungen erfüllt werden. Der Fokus liegt hier auf der Service Performance und der SLA-Einhaltung. Dazu sind Kenntnisse über die IT Services notwendig. Hierzu gehören auch Management, Kontrolle und Vorhersage von aktuellen Service-Leistungen und -Kapazitäten. Um eventuelle Kapazitätsprobleme sichtbar zu machen, muss die Service-Nutzung überwacht (Monitoring) und analysiert werden. Die Messung der SLAs und OLAs sowie das damit zusammenhängende Reporting spiegelt sich in den bereits aus dem Service Level Management bekannten Service Achievements wider. Beim Einsatz von Tools zur Überwachung muss eine klare Abstimmung mit dem Service Operation erfolgen.

◆ Component Capacity Management (CCM): Dieser Unterprozess liefert Details zur vorhandenen und geplanten Ressourcennutzung als Entscheidungsgrundlage für die Ergänzung von Komponenten, z.B. bei der Frage, wann Upgrades oder Zukäufe notwendig sind und was diese Umsetzung kostet. Dazu ist es notwendig, die Komponenten und Ressourcen der IT-Umgebung zu kennen, die Ressourcennutzung zu überwachen und zu analysieren und die gemessene Performance entsprechend zu tunen. Darüber hinaus muss der Bereich stets über neue Entwicklungen und Technologie im Bilde sein. An dieser Stelle findet auch die CFIA (Component Failure Impact Analysis) statt, die zusammen mit dem Availability Management durchzuführen ist.

In diesem Subprozess findet das eigentliche Ressourcen-Management statt, das sich mit der Frage beschäftigt, ob auch zu Peak-Zeiten genügend Kapazitäten vorhanden sind. Dazu wird ein Verständnis der aktuellen Nutzung von Komponenten und Services vorausgesetzt, um Aussagen über die Kapazitätsgrenzen treffen zu können. Aber auch die Beurteilung von neuen Technologien und deren Bedeutung für das Unternehmen werden im Auge behalten, wobei fortlaufende Anpassungen mittels Modelling-Techniken umgesetzt werden. Proaktiv werden Vorschläge unterbreitet, um alle vorhandenen Hardware- und Software-Systeme optimal zu nutzen. Alle Änderungen werden mit ihren möglichen Auswirkungen auf den Kapazitätsplan und die Leistung über das Capacity Management analysiert und beurteilt. Dazu gehört auch ein Performance-Test für neue Services und Systeme. Demgegenüber werden Tuning bzw. Performance Management als Möglichkeiten zur Kapazitätsoptimierung eingesetzt (siehe *Abbildung 8.20*). Bei Bedarf wird die Identifikation von Kapazitätsanforderungen durch den Service Level Manager unterstützt.

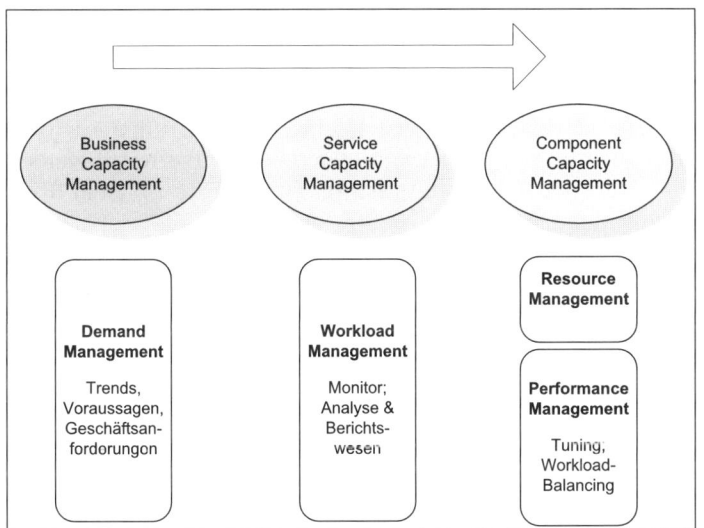

Abbildung 8.20: Stichworte zur Dreiteilung des Capacity Managements

Eine weitere Aufgabe besteht in der Prognose der zu erwartenden Kapazitätsanforderungen, basierend auf dem Business-Plan, den Nutzertrends und dem Aufbau neuer Services für die eingesetzte Technologie und die Komponenten. Betrachtet werden dabei auch die möglichen Leistungsziele, die ein positives Kosten-/Nutzen-Verhältnis aufweisen.

Weitere Aktivitäten beziehen sich auf die fortlaufenden Anpassungen der Services und Systeme, um die geforderten Kapazitätsanforderungen zu erfüllen. Die Prognose der zu erwartenden Kapazitätsanforderungen und Analyse der Nutzungs- und Leistungsdaten, inkl. Reporting gegen die Ziele in den SLAs, gehört ebenso dazu, um sicherzustellen, dass das entsprechende Level an Monitoring auf die Ressourcen und Systeme gegeben ist. Sollte es notwendig sein, müssen ggf. Maßnahmen zur Verbesserung der Ressourcen-Nutzung über das Demand Management umgesetzt werden.

Zusätzliche Aufgaben sind die Hilfestellung bei der Diagnose von Incidents und Problemen, die auf Kapazitätsprobleme zurückzuführen sind, Vertrautmachen mit zukünftigen Anforderungen an die IT Services, die Beurteilung der Auswirkungen auf die Performance Service Levels und die regelmäßige Prüfung sowie Überarbeitung des Kapazitätsplans (in Relation zum Planungszyklus des Business-Plans). Bei Bedarf findet eine Teilnahme am CAB statt. Auch das Thema Reporting ist im Capacity Management verankert, z.B. in Bezug auf Management Reports zur Darstellung der Nutzung von Ressourcen, Trends und Prognosen.

Die Aktivitäten der Subprozesse scheinen sehr ähnlich zu sein, dabei weisen sie allerdings jeweils einen anderen Fokus auf. Das Business Capacity Management konzentriert sich auf die aktuellen und zukünftigen Geschäftsanforderungen, während das Service Capacity Management sich mit der Erbringung der entsprechenden Services zur Unterstützung des Business bezieht. Das Component Capacity Management beschäftigt sich mit der IT-Infrastruktur als Basis für die IT Services.

Unterscheidung und Zusammenspiel der Subprozesse

Das Business Capacity Management stellt sicher, dass zukünftige Geschäftsanforderungen rechtzeitig bekannt und berücksichtigt werden, um diese in der IT-Organisation zu planen und zu implementieren. Dies kann erreicht werden, indem bestehende Daten der Ressourcennutzung zur Ermittlung zukünftiger Anforderungen hochgerechnet werden.

Das Service Capacity Management kontrolliert die Leistung der aktuellen, operativen IT-Dienstleistungen, die bereits in Anspruch genommen werden. Es ist dafür verantwortlich, dass die Leistungsparameter aller IT-Dienstleistungen gemäß der in den SLAs vereinbarten Größen gemessen und überwacht werden. Die Ergebnis-Daten müssen gespeichert, ausgewertet und in Form von Berichten weitergegeben werden. Wenn es notwendig ist, werden Maßnahmen ergriffen, damit die IT Services in ausreichendem Maße den Geschäftsanforderungen entsprechen. Dabei ist oft die Unterstützung durch das RCM nötig.

Das Component Capacity Management (CCM) kontrolliert die einzelnen Komponenten aus der IT-Infrastruktur. Die Messdaten werden ausgewertet und weitergegeben. Bei Bedarf müssen die Ressourcen angepasst werden.

Das Capacity Management Information System (CMIS) nimmt eine zentrale Rolle beim Capacity Management ein (siehe *Abbildung 8.21*). Der Aufbau des Repository umfasst das Sammeln und die Pflege technischer, geschäftlicher und sonstiger Daten, die für das Capacity Management wichtig sind. Hier sind alle wesentlichen Daten und Informationen enthalten, auf denen die Arbeit dieses Prozesses basiert. Dieses Repository enthält Daten zum Thema Business, Service, Technik, Finanzen und Nutzung in Form von Schwellenwerten der einzelnen zu überwachenden Kapazitäten. Dazu gehören auch Hard- und Software-Daten, Finanz- und Kostendaten mit entsprechenden Kapazitäts- und Leistungsangaben, Empfehlungen zur Optimierung, Prognosedaten und einige mehr. Häufig existiert nicht nur eine einzige Datenquelle, sondern es werden eine Reihe unterschiedlicher Repositories für die Ablage der Informationen über die Kapazität verwendet.

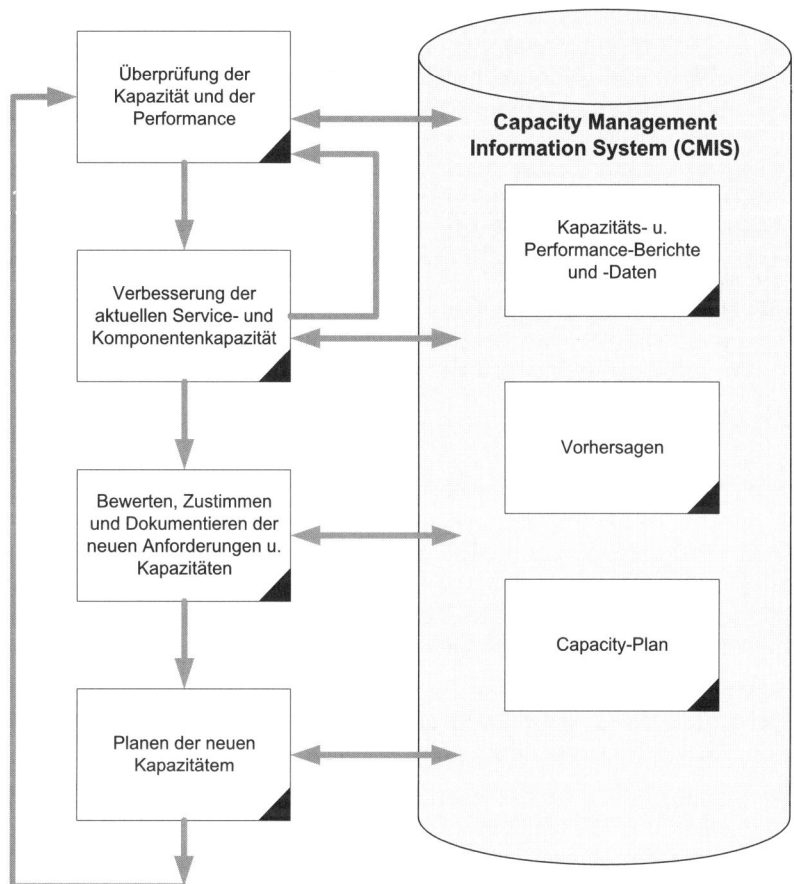

Abbildung 8.21: Aktionen im Capacity Management (nach ITIL®-Material, Wiedergabe lizenziert von OGC.)

8.3.3 Methoden und Techniken im Capacity Management

Das Capacity Management hat die Aufgabe, die benötigten, kostenmäßig vertretbaren Kapazitäten der aktuellen und zukünftigen IT-Ressourcen zu ermitteln, um die Vorgaben aus den SLAs zeitgerecht erfüllen zu können. Dies ist allerdings nur möglich, wenn zum einen die geschäftlichen Anforderungen der Kundenseite verstanden werden und zum anderen der IT-Betrieb und die dazugehörigen IT-Ressourcen bekannt sind. Nur so ist eine Abstimmung der beiden Seiten möglich. Dabei geht es primär darum, Kapazitätsengpässe und Überraschungen zu vermeiden. Wichtig sind in Bezug auf die zukünftige Entwicklung und die möglichen Veränderungen der Kundenanforderungen sowohl Kenntnisse über die strategischen Entwicklungen beim Kunden als auch über technologische Entwicklungen. Die Umsetzung der Aufgaben im Capacity Management erfolgt z.T. reaktiv (Unterstützung bei kapazitätsbedingten Incidents, Messen, Verbessern), z.T. proaktiv (zukünftige Engpässe vermeiden, Analyse, Prognose).

Der große Unterschied zwischen den Subprozessen besteht nicht nur im Hinblick auf den Fokus, den die drei Subprozesse setzen. Eine weitere Differenzierung beruht auf den Daten, die überwacht und gesammelt werden. Zum Beispiel in Bezug auf die Auslastung einzelner Komponenten wie etwa Platten-/SAN-Platz, Netzwerk, Prozessor- und Memory-Auslastung. Vorrangig ist die Belastung und Inanspruchnahme der Ressourcen für das Component Capacity Management von Interesse. Wenn es aber um Durchsatzraten und Antwortzeiten geht, ist dies für das Business Capacity Management von Interesse. Für das Business Capacity Management zählen Transaktionsdurchsatzraten für die Online Services.

Dadurch, dass das Capacity Management in ständigem Dialog mit dem Kunden steht, beispielsweise durch den Datenabgleich zu Anforderungen und Möglichkeiten, ist auch eine höhere Kundenzufriedenheit möglich. Der Kapazitätsplan ist dementsprechend in regelmäßigen Abständen zu aktualisieren (mindestens jährlich im Zusammenhang mit der Budget- und der Finanzplanung mit vierteljährlichen Aktualisierungen). Der Planungshorizont wird durch das Capacity Management erweitert, externe Dienstleister der IT-Organisation werden rechtzeitig über Anforderungen informiert, Panikkäufe und plötzliche Anforderungen, die scheinbar aus dem Nichts auftauchen, vermieden. Es geht allerdings nicht nur darum, dass existierende Anforderungen durch die IT effektiv, effizient und rechtzeitig umgesetzt werden, sondern auch um die Optimierung der Verteilung der IT-Kapazitäten und Services innerhalb der Organisation.

Im Gegensatz zu vielen anderen Prozessen der ITIL®-Bereiche laufen die Aktivitäten nicht so stringent und streng sequenziell ab wie beispielsweise beim Incident Management oder Change Management (siehe *Abbildung 8.22*).

Für das Capacity Management wird zwischen fortlaufenden und Ad-hoc-Aufgaben unterschieden. Fortlaufende Tätigkeiten sind iterative Tätigkeiten (Monitoring, Analyse, Tuning, Implementierung), Bedarfsmanagement und Speicherung der Daten in der CDB. Jeder der drei Teilprozesse BCM, SCM und CCM besitzt diese iterativen Tätigkeiten mit unterschiedlichem Fokus und verschiedenen Anforderungen hinsichtlich Monitoring und Reporting.

Tuning im Hinblick auf das Performance Management bezieht sich auf Messung, Überwachung und Angleichung („Tuning") der Leistungen der Komponenten innerhalb der IT-Infrastruktur. Dabei werden die historischen Informationen und Auslöser für andere Aktivitäten und Prozesse innerhalb des Capacity Managements zur Verfügung gestellt. Eine solche Überwachung sollte für die Komponenten und Services etabliert werden. Die Ergebnisse der nachfolgenden Analyse sollten sich in Berichten wiederfinden, und Empfehlungen sollten ausgesprochen werden. Ziel ist die optimale Einstellung für ein System. Dabei geht es um die Balance der Services, Arbeitslast, Hinzufügen oder Entfernen von Ressourcen. Alle diese zusammengefassten Informationen sollten im Capacity Management Information System (CMIS) auftauchen. Danach kann der Anpassungszyklus von Neuem starten. Dabei wird die Umsetzung der Verbesserungsvorschläge überwacht, um sicherzustellen, dass sich ein positiver Effekt einstellt, und um weitere Daten für zukünftige Aktionen zu sammeln.

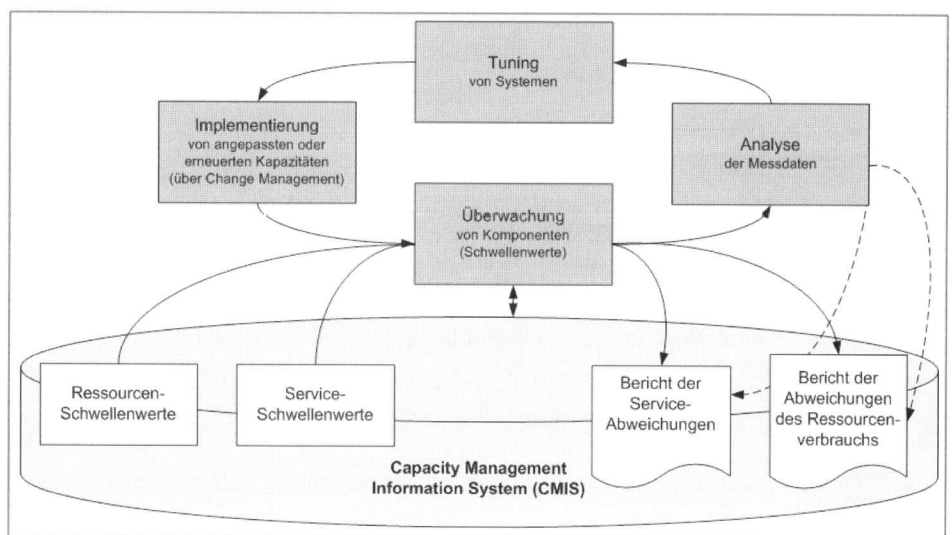

Abbildung 8.22: Aktivitäten im Capacity Management

Das Monitoring im Capacity Management kümmert sich darum, dass die Verwendung jeder Ressource und jedes Service fortlaufend überwacht wird. Dabei ist eine Spezifizierung notwendig. Die Überwachung muss beispielsweise für die jeweilige Plattform oder das entsprechende Betriebssystem umgesetzt werden. Hierfür gibt es unterschiedliche Ansätze aus dem Systems Management. Die Daten sollten in Bezug auf die Themen Kapazität und Performance gesammelt und anschließend sowohl dem Component Capacity Management als auch dem Service Capacity Management zur Verfügung gestellt werden. Dabei sind unterschiedliche Ausprägungen und Abstufungen möglich. Teil der Überwachung sollte auch die Definition von Schwellenwerten und Baselines für Profile für das normale (störungsfreie) operative Geschäft sein. Sollten definierte Schwellenwerte überschritten werden, müssen automatisierte Benachrichtigungen erfolgen und Ausnahmeberichte erstellt werden.

Diese Schwellenwerte (Thresholds) müssen stets unterhalb der abgestimmten und definierten Service-Ziele aus den SLAs liegen, um genügend Reaktionsspielraum zu bieten. Die Definition der Schwellenwerte und die Steuerung der individuellen Services und Komponenten nehmen eine wichtige Stellung im Capacity Management ein. Das Monitoring und das Handling von Events wird auch in den Bereichen Continual Service Improvement (CSI, siehe *Kapitel 17, Grundsätze des Continual Service Improvements*) und Service Operation betrachtet (siehe *Kapitel 14.1, Event Management*). In Bezug auf die Schwellenwerte spielt auch das so genannte Workload Management eine Rolle. Hier geht es beispielsweise darum, durch intelligentes Scheduling und Workload-Management die Bearbeitungszeit von Batch-Jobs zu reduzieren, indem die Rechenlast auf die Rechenumgebung verteilt wird. Die Anwender haben auf diese Weise immer Zugriff auf die Ressourcen, die sie gerade benötigen, und vermeiden unnötige Kosten, weil der Bedarf nach zusätzlicher Hardware sinkt. Auch der Umzug eines Services oder einer Belastung von einer Lokation auf die andere oder von einem System auf das andere hilft, Verkehr oder Belastungen auszubalancieren. Virtualisierungstechniken sind ein sehr aktuelles Thema, das ebenfalls hilft, Systembelastungen auszugleichen oder zu verteilen (z.B. durch VMotion unter VMware ESX).

Leistungsindikatoren

Capacity Management kümmert sich darum, dass Kapazitäten zu gerechtfertigten Kosten definitionsgemäß die aktuellen und zukünftigen Anforderungen der Kundeseite erfüllen können. Beispiele für Key Performance-Indikatoren in diesem Prozess sind:

- ◆ Genauigkeit der Voraussagen in Bezug auf die Geschäftsanforderungen

- ◆ Wissen über aktuelle und zukünftige Technologien, rechtzeitige Ausrichtung und Implementierung neuer Technologien, abgestimmt auf die Geschäftsanforderungen

- ◆ Fähigkeit, Performance und Durchsatz aller Services und Komponenten zu überwachen

- ◆ Demonstration der Kosteneffektivität, z.B. durch Verringerung von Panikkäufen in letzter Minute, Reduzierung der Überkapazitäten

Dies nimmt Bezug auf die Planung und Implementierung der angemessenen IT-Kapazitäten zur Befriedigung der Geschäftsanforderungen, z.B. in Form der prozentualen Verringerung von Incidents (Störungen eines IT Service), die durch schlechtes Leistungsvermögen und Engpässe ausgelöst wurden, oder die prozentuale Verringerung verlorener Transaktionen aufgrund von Kapazitätsproblemen. Um dies messen zu können, muss vorab eine Kennzahl etabliert worden sein, die sich auf die SLA-Verletzungen aufgrund fehlender Kapazitäten bezieht. Dabei wird die Anzahl der Service Level-Verletzungen gezählt, die wegen zu geringer oder falscher Kapazitäten entstanden sind, wobei die SLA-Verletzungen pro SLA auszuweisen sind. Die Messwerte werden meist mit Hilfe von Systems Mangement Tools ermittelt und den definierten Sollwerten gegenübergestellt.

Eine weitere Kennzahl bezieht sich auf die Ermittlung von Lastspitzen und Gesamtauslastungsraten, die über den KPI pro SLA dargestellt werden. Dadurch wird überprüft, ob es Bedarf hinsichtlich Zusatzforderungen oder Verlagerungen gibt.

Dementsprechend kann auch die Kosteneinsparung durch das Capacity Management pro Bereich oder Technologie als eine Kennzahl als Einsparsumme in Euro dargestellt werden. Unterschiedliche technologische Entwicklungen helfen durch Konsolidierungs- oder Virtualisierungsmaßnahmen Kosten zu sparen. Dies kann sich auf Kosten für Hardware-Support, Stellfläche der Server im Rechenzentrum, Infrastrukturanforderungen etc. beziehen.

Das Monitoring ist nicht nur auf Teilausschnitte der IT-Infrastruktur beschränkt, sondern muss in der Lage sein, ein Gesamtbild der Umgebung darzulegen. Ein spezielles Thema ist die Überwachung der Antwortzeiten. Zahlreiche SLAs beinhalten

Antwortzeiten als Ziele, die überwacht werden sollten. Gleichzeitig haben viele Unternehmen aber Schwierigkeiten damit, dies zu unterstützen. Die Antwortzeiten zwischen Anwender und IT bzw. Netzwerk-Services können durch folgende Aktionen überwacht und gemessen werden:

◆ Bereitstellung von Maßnahmen zur Messung der gesamten Strecken, um Aussagen zur Ende-zu-Ende-Antwortzeit zu bekommen

◆ Verwendung von „Robotic Scripted Systems" mit Terminal-Emulation zur Generierung und Messung von Transaktionen und Antworten zur beispielhaften Erzeugung und Messung von Ende-zu-Ende-Antwortzeiten

◆ Verwendung von verteilten Agenten der Monitoring-Software zur periodischen Bestimmung der Antwortzeiten

◆ Verwendung von passiver Monitoring-Software, z.B. der eines Sniffers

In vielen Fällen wird eine Kombination dieser Verfahren verwendet, bzw. die eingesetzten Systems Management Tools greifen auf diese Techniken zurück.

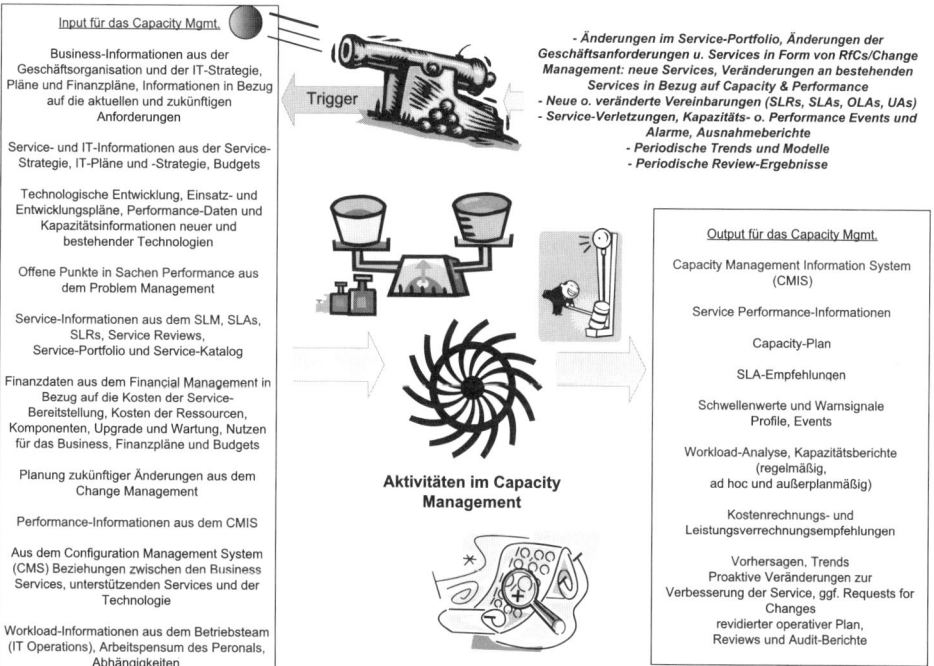

Abbildung 8.23: Trigger, Input und Output für das Capacity Management

Die Analyse bedient sich der Daten aus dem Monitoring. Trends werden identifiziert, Baselines können definiert und verwendet werden. Aufgrund von Vergleichswerten sind Aussagen möglich, die ebenso die SLAs und deren Einhaltung betreffen. Auch Abweichungen von bereits erfolgten Trendaussagen können über das Analysieren aufgedeckt werden und zu einer Revidierung führen.

Das Ziel der Implementierung liegt darin, Kapazitätsveränderungen via Changes in die Produktivumgebung einzubringen, die über die Überwachung, Analyse und das Tuning angestoßen wurden. Diese Aktivität geht Hand in Hand mit dem Change Management. Veränderungen dieser Art können erhebliche Auswirkungen auf das System verursachen. Es ist überaus wichtig, dass diese Veränderungen ebenfalls in das Monitoring einbezogen werden.

Auch das Erstellen und Füllen des Capacity Management Information System (CMIS) ist Teil der Aktivität innerhalb des Capacity Managements. Daten aus dem CMIS werden von allen Subprozessen verwendet. Der Kapazitätsplan stellt neben dem CMIS ein Output des Capacity Managements dar. Primäres Ziel ist ein Plan, der den aktuellen Level der Ressourcennutzung und Service-Leistungen (Performance) widerspiegelt. Aufgrund von weiteren Angaben aus dem Unternehmensbereich werden Vorhersagen über zukünftige Entwicklungen festgeschrieben. Das Capacity Management definiert die Mindestkapazität für die Kontinuitäts- und Recovery-Optionen, die erforderlich sind, damit der Service im Falle von Störungen aufrecht erhalten werden kann. Dieser Kapazitäts- und Performance-Bedarf ist auf den jeweils aktuellen Grundbedarf abzustimmen. Der Kapazitätsplan muss den Anforderungen aus dem Continuity Management für IT Services gerecht werden.

Das Application Sizing dient der Bestimmung von Kapazitäten (z.B. Hardware oder Netzwerk), die erforderlich sind, um neue (oder veränderte) Anwendungen zu unterstützen. Diese Aktivität ist endlich in Bezug auf die jeweilige Anwendung. Sie wird in der Regel über Projektarbeit umgesetzt oder wenn ein größerer Change einer bestehenden Anwendung ansteht. Die Aktivität gilt als abgeschlossen, sobald die Anwendung in die Produktion übernommen wurde. Innerhalb des Application Sizing geht es darum, die benötigten Ressourcen für eine Anwendung abzuschätzen, so dass die geforderten Service Levels umgesetzt werden. Um dies umsetzen zu können, muss das Thema Application Sizing integraler Bestandteil des Lebenszyklus jeder Anwendung im Unternehmen sein (Project Lifecycle). Dieses Thema steht in Interaktion mit weiteren Bereichen und Tätigkeiten wie etwa Fehlertoleranz, Service Level-Spezifizierungen, Qualitätssicherungen oder Support.

Modellierung (Modelling) steht für das Vorgehen, bei dem anhand von Rechenmodellen die Folgen verschiedener Alternativen für den Einsatz von verfügbarer oder gegebenenfalls anzuschaffender Kapazität zu bestimmen sind. Dabei werden zum Beispiel unterschiedliche Szenarien für die Zunahme der Nachfrage nach IT Services berücksichtigt. Ziel ist, das Verhalten eines IT Service in einem bestimmten Umfang und mit einer Auswahl von bestimmten Aufgaben und Tasks vorherzusagen. Dabei bedient sich das Capacity Management unterschiedlicher Techniken und Vorgehensweisen, z.B. Baselining (Was-wäre-wenn-Vorgehen), analytische Modellierung unter Verwendung mathematischer Bezüge oder Simulationen. Dies reicht von Annahmen aufgrund von Erfahrungswerten eines Experten, Hochrechnungen aufgrund der momentanen Situation, Pilotstudien und Prototypen bis hin zu ausgefeilten Benchmark-Tests. Unterschiede liegen bei diesen Modellen vor allem hinsichtlich des Preises vor.

Das Demand Management (Bedarfsmanagement) unterstützt als Werkzeug die Nachfragesteuerung des Kunden. Es dient der Beeinflussung des Anwenderverhaltens im Hinblick auf dessen Ressourcennachfrage und die entsprechende Ressourcennutzung. Das Bedarfsmanagement liefert somit einen wichtigen Beitrag für die Erstellung, die Überwachung und die eventuelle Anpassung sowohl des Kapazitätsplans als auch der SLAs. Demand Management verlangt sowohl nach einem Verständnis für die IT Services als auch nach der Kenntnis des Nutzerverhaltens auf Kundenseite. Dies bezieht sich auf die Frage, ob und welche Peak-Zeiten auftreten oder ob bestimmte zeitabhängige Aktivitäten bei den Benutzern existieren. Eine Beeinflussung des Services kann in physikalischer (z.B. Stoppen bestimmter Services, Zugriffslimitierung auf eine bestimmte Anzahl) oder finanzieller Hinsicht (z.B. Reduzierung von Kosten für den Service zu bestimmten Zeiten, Bepreisung für Speicherplatz ab einem bestimmten Schwellenwert) erfolgen. Der Kostenrechnung aus dem Financial Management kommt so in diesem Zusammenhang eine wichtige Rolle dabei zu, das Anwenderverhalten zu beeinflussen. Das Demand Management wird generell in zwei Arten unterschieden:

◆ Short-term Demand Management (kurzfristig) muss dann eingreifen, wenn kurzfristig ein Kapazitätsmangel entsteht, z.B. wenn sich Probleme ankündigen oder der Service bereits beeinträchtigt ist. In diesem Fall können eventuell nicht alle, aber doch ein Teil der Services weitergeführt werden. Das Capacity Management muss dann unter Berücksichtigung der Geschäftsprioritäten für das Unternehmen die noch möglichen durchführbaren Services zuordnen.

◆ Long-term Demand Management (langfristig) kommt zum Einsatz, wenn es aus Kostengründen nur schwer vertretbar ist, zusätzliche Investitionen vorzunehmen (z.B. in Form von Upgrades). Insbesondere dann, wenn der Kapazitätsmangel nur zu bestimmten Zeiten auftritt, ist die Kostenargumentation oft schwierig. Das Capacity Management muss dann ermitteln, ob eine Kapazitätserweiterung wirklich notwendig ist oder das Problem auch durch eine Verteilung bzw. Verlagerung der Last zu lösen ist. So können eventuelle Spitzen mit erhöhtem Kapazitätsbedarf vermieden werden.

Demand Management verlangt ein tiefes Verständnis für die Bedürfnisse, Anforderungen und Prioritäten des Kunden, um die Nachfrage zu lenken und anzugleichen. Die Services lassen sich dabei meist von physikalischen (z.B. durch die Beschränkung der Anwenderzahlen) oder finanziellen Beschränkungen oder Bedingungen (z.B. durch niedrige Preise zu bestimmten Nutzungszeiten, „Differential Charging") beeinflussen.

Das Berichtswesen dokumentiert Abweichungen der umgesetzten Verwendung der Kapazitäten im Vergleich zur geplanten Kapazitätsbeanspruchung, Trends innerhalb dieser Abweichungen und den diesbezüglichen Einfluss auf die Service-Levels. Andere ITIL®-Prozesse und das Management werden über das Wachstum bzw. die Abnahme der Kapazitätsbeanspruchung auf lange wie auf kurze Sicht informiert, und die Kapazitätsschwellwerte, die bei Erreichen zur Beschaffung weiterer Kapazität führen, werden kommuniziert. Die Berichte liefern so die Steuerungsdaten der Prozesse.

Service Design

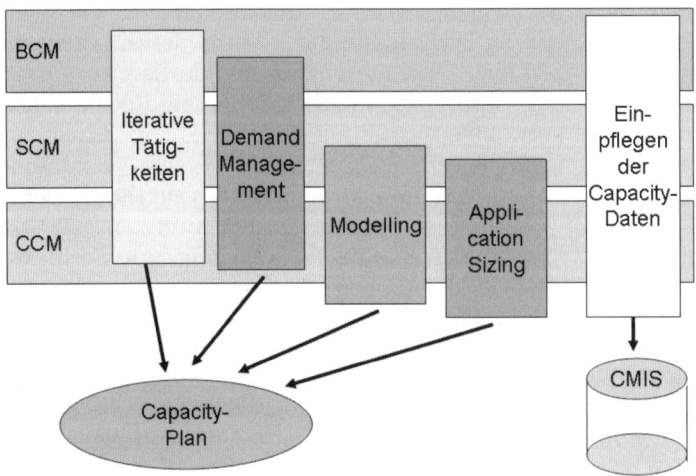

Abbildung 8.24: Tätigkeiten des Capacity Management

Der Einführung des Capacity Management-Prozesses sollte eine entsprechende Planung vorangehen. Einige der notwendigen Aktivitäten wie das Monitoring und das Tuning existieren vielleicht schon innerhalb der IT-Organisation. Dies ist für das Capacity Management aber in der Regel auszuweiten, um alle der betreffenden CIs bzw. Ressourcen zu erfassen. Im Zuge der Einführung geht es auch um das Design des CMIS. Erfolgsfaktoren für das Capacity Management liegen in den genauen Vorhersagen und Prognosen für das Geschäfts- und den Anwendungsbereich, in der Kenntnis der IT-Strategie und -Planung sowie deren Genauigkeit. Notwendig ist neben Kenntnissen der Entwicklungen im Technologiebereich auch die Zusammenarbeit mit anderen Prozessen.

Die Rolle des Capacity Managers

Der Capacity Manager trägt dafür Sorge, dass die Ziele des Capacity Managements erreicht werden. Die adäquate IT-Kapazität muss vorhanden sein, um die benötigten Service Levels einzuhalten. Er identifiziert zusammen mit dem Service Level Manager die Kapazitätsanforderungen in Abstimmung mit dem Kunden. Dazu muss er allerdings die aktuelle Nutzung der Infrastruktur und der IT Services sowie die maximale Kapazität jeder Komponente kennen. Er setzt das Sizing der neuen Services und Systeme, Modellierungstechniken um. Weitere Aufgaben, die auch den Aktivitäten in diesem Prozess entsprechen, sind beispielsweise das Verfassen der Berichte sowie die Erstellung und Revision des Kapazitätsplans.

8.3.4 Schnittstellen des Capacity Managements

Das Capacity Management erhält aus dem Incident Management Informationen zu Störungen, die sich aufgrund von Kapazitätsproblemen ergeben. In vielen Fällen sind Monitoring-Tools in der Lage, automatisiert Informationen über Kapazitätsengpässe an das Incident Management zu übermitteln. Innerhalb der Zusammenarbeit mit dem Incident und Problem Management hält das Capacity Management die beiden Prozesse in Bezug auf potenzielle Kapazitäts- oder Performance-Probleme auf dem Laufenden. Das Capacity Management unterstützt das Problem Management darüber hinaus durch Werkzeuge und Informationen. Des Weiteren können Sachkenntnis und Fähigkeiten aus dem Capacity Management-Prozess der Unterstützung des Problem Managements in den unterschiedlichen Bereichen dienen. Dabei werden Kapazitätsprobleme identifiziert, diagnostiziert und gelöst. Das Problem Management nimmt auch Informationen zu Kapazitätsproblemen in seine Known Error-Datenbank für das Incident Management auf.

Das Capacity Management sollte im Change Advisory Board (CAB) vertreten sein. Veränderungen in Bezug auf die Kapazität können erhebliche Auswirkungen auf die IT-Infrastruktur haben. Die Informationen über Änderungen stellen wiederum einen wichtigen Beitrag für die Kapazitätsplanung dar. Veränderungen, die das Capacity Management anstößt, müssen wie alle anderen RfCs über das Change Management laufen.

Im Hinblick auf das Configuration Management ist die enge Beziehung zwischen CMIS und CMDB/CMS hervorzuheben. Eigentlich bildet das CMIS einen Unterbereich des CMS ab.

Dem Release Management bietet das Capacity Management Unterstützung in Sachen Verteilungsstrategie der Ressourcen der IT-Infrastruktur, beispielsweise bei der Verteilung von Software über das Netzwerk. Das Capacity Management kann die unterschiedlichsten Informationen zu wichtigen Faktoren der Aktivitäten im Release Management beisteuern. Dies bezieht sich sowohl auf Einzelaktionen als auch auf die fortlaufende Strategie des Release Managements. Das Release Management sollte bei geplanten Aktionen stets abklopfen, ob der Kapazitätsaspekt ausreichende Beachtung gefunden hat.

Das Capacity Management unterstützt das Service Level Management bezüglich der Performance- und Kapazitätsziele für neue oder veränderte Anforderungen. Das Capacity Management misst und überwacht die Performances und liefert wertvolle Informationen für die Kontrolle und einen eventuellen Abgleich der vereinbarten Service Levels und die diesbezüglichen Berichte.

Das Capacity Management und das Availability Management arbeiten Hand in Hand. Performance- und Kapazitätsprobleme können Auswirkungen auf die Verfügbarkeit eines Services haben. Sinkt die Verfügbarkeit eines Services unter einen in den SLAs definierten Schwellenwert oder weicht diese von der gewohnten Verfügbarkeit ab, schlägt dies negativ auf der Kundenseite auf und wird durch die Überwachung des Capacity Managements in den entsprechenden Berichten erfasst und kommuniziert. Beide Prozesse bedienen sich vielfach derselben Werkzeuge und wenden dieselben Techniken an, beispielsweise die Component Failure Impact Analysis (CFIA) und die Fault Tree Analysis (FTA), um Schwachstellen aufzudecken.

Das Capacity Management benötigt als Input auch Daten aus dem Financial Management. Andersherum stellt das Capacity Management dem Financial Management seine Unterstützung bei der Erstellung von Investitionsfinanzplänen, für Kosten-Nutzen-Überlegungen und im Rahmen von Entscheidungen über Investitionen zur Verfügung. Über die Zusammenarbeit der beiden ITIL®-Prozesse wird der ökonomischen Seite der IT Services Beachtung geschenkt. Zudem steuert das Capacity Management notwendige Informationen für die Verrechnung von Services, die im Zusammenhang mit der Kapazität stehen (zum Beispiel die Verteilung von Netzwerkkapazität), bei.

8.4   Availability Management

Das Availability Management bezeichnet sich selber als das Fenster der Service-Qualität zum Businesskunden. Es hat zum Ziel, die in den SLAs definierte Verfügbarkeit eines Service sicherzustellen. Das Thema Verfügbarkeit steht im Fokus der geschäftlichen Anforderungen und der Benutzerzufriedenheit. Zur Verbesserung der Verfügbarkeit ist ein Verständnis des Zusammenhangs zwischen Technologie und Geschäft wichtig. Das Messen und Planen der Service- und Komponenten-Verfügbarkeit stehen im Mittelpunkt des Availability Managements. Dazu gehören auch die Prognose, die Planung und das Management der Service-Verfügbarkeit und die Gewährleistung eines kosteneffektiven und festgelegten Verfügbarkeitsniveaus, das durch aktives Betreiben eines Risikomanagements unterstützt wird. Dem Kunden gegenüber wird dies durch entsprechende Berichte, die aus den Messverfahren und Statistiken stammen, nachgewiesen. Der Erfolg dieses Prozesses wird mittels Kennzahlen (KPIs) gemessen, die den SLAs entstammen. Das Erstellen und die Pflege eines geeigneten und aktuellen Verfügbarkeitsplans (Availability Plan), das die aktuellen und zukünftigen Bedürfnisse widerspiegelt, ist ein Ziel in diesem Prozess. Allerdings müssen auch Auswirkungen von Änderungen auf den Availability Plan beurteilt werden.

Das Availability Management stellt sicher, dass die Services den entsprechenden abgestimmten Verfügbarkeitslevel entsprechen. Neue oder veränderte Services sollen dies ebenso gewährleisten, ohne dabei die bestehenden Services zu beeinträchtigen. Wichtig ist hierbei, dass ein Verständnis dafür entwickelt wird, was die geschäftlichen Anforderungen ausmachen und welche Anforderungen die Benutzer stellen, die sich in den SLAs widerspiegeln werden. Natürlich sollte das Bemühen im Vordergrund stehen, das Verfügbarkeitsniveau der IT-Infrastruktur und der Services ständig zu verbessern. Dazu gehört auch die Erkenntnis, dass selbst bei Problemen, die Störungen für die Anwender nach sich ziehen, und bei Service-Ausfall nicht Hopfen und Malz verloren ist und der Kunde auf jeden Fall im Dreieck springt. Adäquate Reaktionsverhalten, proaktive Kommunikation und eine rasche Problembehebung mit Information an die betroffenen Anwender, dass der Service wieder verfügbar ist, helfen, das gute Verhältnis zum Kunden zu bewahren. Hier kommen auch wieder die „Intangibles" aus dem Strategie-Ansatz zum Tragen. Es kommt auf den Umgang mit dem Kunden an.

Um die gewünschte Verfügbarkeit zu erreichen, werden mögliche Service-Ausfälle oder -Beeinträchtigungen auf Basis von Analysen vorausberechnet, das entsprechende Risiko bewertet und dann nach Bedarf Maßnahmen zur Sicherung der geforderten Verfügbarkeit ergriffen. Hier geht es um die Summe der Maßnahmen, die dafür sorgen, dass die IT Services und die damit verbundenen Komponenten der IT-Infrastruktur zur Verfügung gestellt werden. Availability Management hilft, die Leistung der IT Services zu verbessern und so ein effizientes Niveau der Verfügbarkeit zu sichern, das sich an den SLA-Vorgaben orientiert. Je besser die Fehlerprävention, desto höher das Level der Service-Verfügbarkeit. Es ist zudem vorteilhafter, Availability von Beginn an im Service Design zu bedenken, als es nachträglich ein- bzw. anzubauen. Ausfallsicherheit für einen Service nachzurüsten ist kaum möglich (dies gilt es ebenso für das IT Service Management (ITSM) zu berücksichtigen).

Bei der Messung und Planung der Verfügbarkeit in Bezug auf Services und Ressourcen (Availability) spielen weitere Aspekte eine wichtige Rolle, die die Gesamtverfügbarkeit und die entsprechenden Kennzahlen beeinflussen, etwa die Steuerung der Reliability (Zuverlässigkeit). Hier geht es um die Vermeidung von Service-Ausfällen.

Eine weitere Einflussgröße für die Gesamtverfügbarkeit ist die Wartbarkeit von IT Services bzw. den entsprechenden Komponenten (Maintainability). Wie aufwändig gestalten sich Wartungen und welche Kosten sind damit verbunden, v.a. wenn dies in regelmäßigen Intervallen durchgeführt werden soll? Einfluss auf die Gesamtverfügbarkeit nimmt auch die Servicefähigkeit (Serviceability). Sie beschreibt die Fähigkeit eines Drittanbieters, die Bedingungen eines Vertrags einzuhalten. Dieser Vertrag umfasst den vereinbarten Umfang der Zuverlässigkeit, Wartbarkeit oder Verfügbarkeit für ein Configuration Item.

Das Verfügbarkeits-Management spielt eine in starkem Maße präventive Rolle und beeinflusst damit die Service-Qualität und Kundenzufriedenheit. Das Availability Management berät und unterstützt im Bedarfsfall rund um das Thema Verfügbarkeit und liefert als reaktive Tätigkeit Diagnosehilfe bei Verfügbarkeits-Incidents und -problemen. Dazu gehören auf der anderen Seite aber auch die Planung von Tests und Review zur Überprüfung und Verbesserung der Verfügbarkeit.

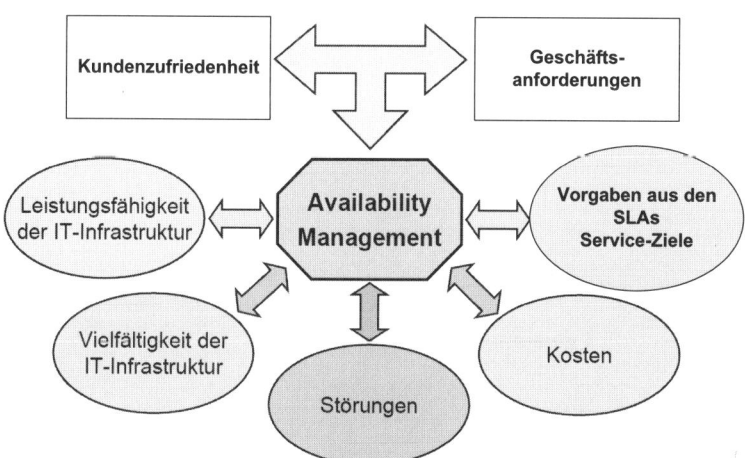

Abbildung 8.25: Aspekte des Availability Managements

Häufig ist eine schlechte Service Performance gleichzusetzen mit der Nicht-Verfügbarkeit von Services. Beides sind Störungen für den Anwender. Führt ein Service zu dauernder Unzufriedenheit auf Kundenseite und gilt er als unzuverlässig, so wird es schwer, diese Wahrnehmung wieder zu revidieren.

Die Verfügbarkeit der IT Services wird auch beeinflusst durch die Komplexität der IT-Infrastruktur, der Definition des Services an sich und der IT-Organisation, die damit in Zusammenhang steht, beispielsweise durch das Wissen und die Erfahrung der Mitarbeiter, die in ausreichender Anzahl zur Verfügung stehen müssen. Selbst wenn irgendetwas schief geht, kann die IT-Organisation durch ihr Verhalten und ihre Reaktion ein dementsprechendes Echo bei Benutzern und Kunden hervorrufen. Es ist zum Beispiel immer besser, wenn die IT-Abteilung vor dem Kunden merkt, dass es ein Problem gibt und dies entsprechend kommuniziert und Lösungsstrategien oder Workarounds anbietet. Die Sicht der Anwender ist äußerst wichtig.

8.4.1 Aufgaben des Availability Managements

Ähnlich wie bei anderen Prozessen und Funktionen stellt sich auch beim Availability Management die Frage nach dem eingesetzten Umfang im Unternehmen. Da sich das Availability Management nicht nur mit dem Messen und Verwalten in Bezug auf das Thema Gesamtverfügbarkeit beschäftigt, sondern auch mit der entsprechenden Planung und Implementierung, muss der Prozess sicherstellen, dass die kundenseitigen Anforderungen konsistent umgesetzt werden. Das Availability Management sollte alle bereits existierenden und alle neuen Services einbeziehen, die für den Kunden relevant sind. Die diesbezüglichen Anforderungen werden in SLAs und SLRs auf Kundenseite definiert. Auf geschäftskritische Komponenten sollte besonderes Augenmerk gelegt werden.

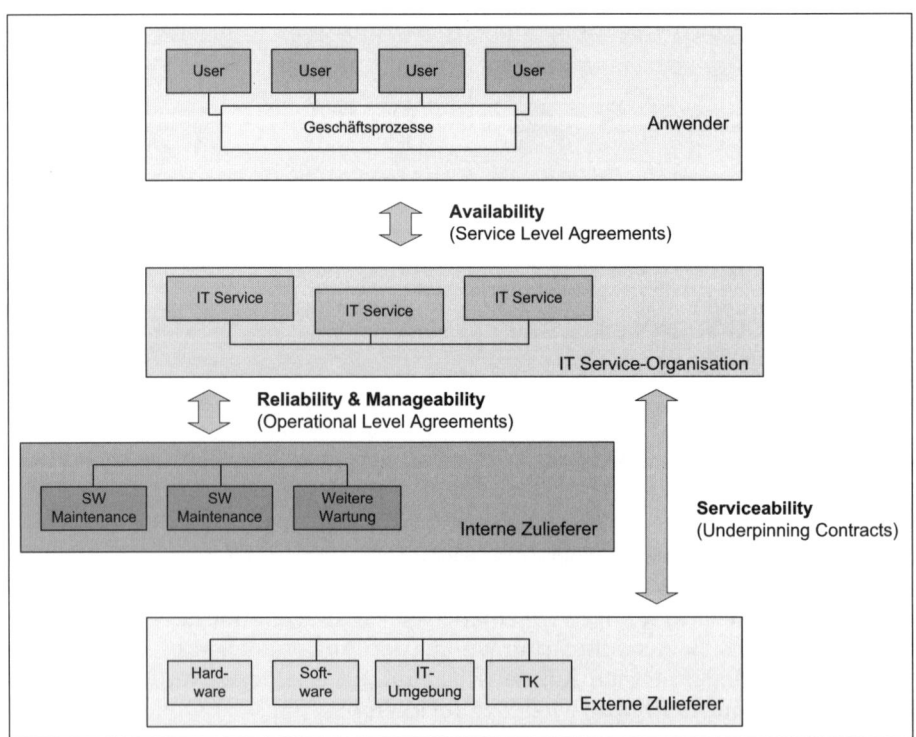

Abbildung 8.26: Verwendung der Begriffe aus dem Availability Management

So bilden die Verfügbarkeitsanforderungen aus den Service Level Agreements Grundlagen für die Verhandlungen mit internen und externen Dienstleistern, die die entsprechende IT-Abteilung gegenüber dem Kunden unterstützen sollen. Mit deren Hilfe werden die internen Anforderungen nach außen gespiegelt, um an jeder Stelle die in den SLAs definierten Vorgaben erfüllen zu können. Geringere Anforderungen an externe Lieferanten im Vergleich zu denen der IT-Abteilungen zum Kunden stellen das schwächste Glied in der Kette dar und führen zu Problemen.

Das schwächste Glied in der Kette beeinflusst im Zweifelsfall die Gesamt-Verfügbarkeit. Daher ist es wichtig, dass das Availability Management das Design von Service und Komponenten entsprechend beeinflusst. In Bezug auf die Gesamtverfügbarkeit wird zwischen der Service-Verfügbarkeit und der Komponentenverfügbarkeit unterschieden.

Es ist jedoch wichtig herauszustellen, dass trotz der engen Zusammenhänge von Availability Management, Security Management und Continuity Management das Availability Management nicht für die Continuity-Planung zuständig ist und keine Aufgaben übernimmt, die mit den Geschäftsanforderungen in Bezug auf Aktionen nach einem Desasterfall in Verbindung stehen.

8.4.2 Begriffe des Availability Managements

Da unter ITIL® Messbarkeit ein wichtiger Faktor ist, stellt sich in Bezug auf das Availability Management die Frage, wofür die Verfügbarkeit steht und wie sie gemessen werden kann.

Verfügbarkeit ist die Fähigkeit einer Komponente oder eines Service, seine geforderte Funktionalität zu einem bestimmten Zeitpunkt oder während einer bestimmten Zeitdauer zu erfüllen. Ein IT Service, der durchgängig verfügbar im Sinne der SLA-Anforderungen ist, besitzt geringe Ausfallzeiten und eine schnelle Wiederherstellungsrate im Falle eines Incidents (Störungen des IT Service). Die Verfügbarkeit an sich ist allerdings nicht statisch, sondern befindet sich in einem Spannungsfeld unterschiedlicher Einflüsse wie der eigenen Komplexität, der Zuverlässigkeit der Komponenten in Bezug auf einen Service, der IT-Organisation, der Ansprüche sowie der Merkmale der externen Zulieferer. Hier ist zu betonen, dass das Availability Management zwei Ansätze im Hinterkopf behalten muss: Zum einen die Verfügbarkeit aus der Sicht des IT Service und zum anderen diejenige aus der Sicht der IT-Komponente.

Verfügbarkeit ist eine Bewertung, die sich aus Messwerten ableiten lässt. Das Maß für diese Anforderung wird in der Regel als Verhältniszahl bzw. in Grad/Prozent bezogen auf die SLAs ausgedrückt. Allerdings ist nicht die Verfügbarkeit der in den SLAs geforderten Verfügbarkeit maßgeblich, sondern die absolute Verfügbarkeit (siehe *Abbildung 8.28*). Für die folgende Formel ist es relevant, dass die Downtime nur in Bezug auf die abgestimmte Servicezeit (Agreed Service Time, AST) relevant ist.

$$\% \text{ Verfügbarkeit} = \frac{\text{Service-Zeit} - \text{Downtime}}{\text{Vereinbarte verfügbare Zeit} = \text{Servicezeit}} \times 100\%$$

Ein hohes Maß an Verfügbarkeit (Availability) bedeutet, dass der Anwender jederzeit bzw. im vereinbarten Rahmen über den IT Service verfügen kann. Ausfälle sind selten, und im Bedarfsfall kann eine schnelle Behebung des Problems gewährleistet werden. Das Maß an Verfügbarkeit, das das Business verlangt, beeinflusst die Kosten für den IT Service, der bereitgestellt wird. Je höher die Verfügbarkeitsanforderungen, desto höher die Kosten für den Service (siehe *Abbildung 8.27*). Dies setzt sich aus rein technischen Inputgrößen der IT-Technologie, aber auch aus den zusätzlichen Kosten (Systems Management-Tools, Hochverfügbarkeitslösungen, zusätzliche Personalkosten) zusammen.

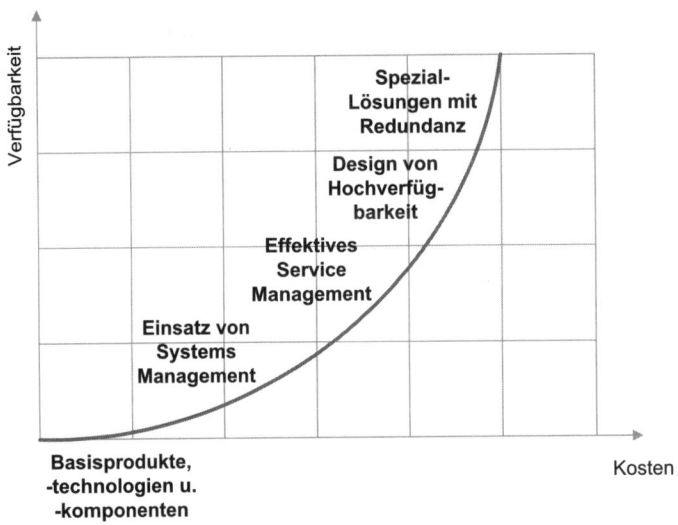

Abbildung 8.27: Die Kosten steigen im Zusammenhang mit der Verfügbarkeit

Die Bestimmung der Verfügbarkeitsanforderungen entstammt den Geschäftsanforderungen. In Abstimmung mit dem Business und ITSCM müssen die vitalen Business-Funktionen bestimmt werden. Vital Business Functions (VBF) stellen geschäftskritische Elemente dar, die die Ausrichtung des Availablity Designs und die damit verbundene Kostenbetrachtung beeinflussen. Dies entspringt auch der Auffassung, dass die Availablity-Anforderungen entweder direkt oder indirekt aus dem Business und niemals aus der IT selber kommen. Es geht dabei vorwiegend um eine Auswirkungsanalyse und die Bestimmung der Auswirkungen auf das Business, wenn ein Service nicht mehr verfügbar ist. Dies geschieht in Verbindung mit dem IT Service Continuity Management. Dabei ist es relevant, auf das Kosten- /Nutzenverhältnis in Hinblick auf die Kosten zu achten.

Wichtig ist die klare Kommunikation der Verfügbarkeitsanforderungen von Kundenseite. Hier ist allerdings nicht von irgendwelchen Wunschvorstellungen die Rede. Es sollten realistische und notwendige Vorgaben der Verfügbarkeiten ermittelt werden, um unnötige Kosten für zu hohe Verfügbarkeiten und Kapazitäten zu vermeiden. Entsprechend müssen realistische Ziele in Bezug auf die Verfügbarkeit, Wartbarkeit und Zuverlässigkeit von IT-Infrastrukturkomponenten, die die entsprechenden Services unterstützen (festgehalten in SLAs), vereinbart werden. Dazu gehört im Sinne der kontinuierlichen Verbesserung korrespondierend die Etablierung von Messmethoden und Messwerten für Verfügbarkeit, Wartbarkeit und Zuverlässigkeit sowie das Monitoring und die Analyse dieser Messungen. All diese Aspekte sollten in die Erstellung und Pflege des Availability-Plans einfließen.

Die Verfügbarkeit bildet sich aus unterschiedlichen Ansätzen wie Wartbarkeit, Service-Fähigkeit, Zuverlässigkeit und wird durch weitere Aspekte wie das Vorhandensein von Schwachstellen (Vulncrability) oder Robustheit (Resilience) beeinflusst.

Zuverlässigkeit (Reliability) bedeutet, dass der Service für die Dauer eines vereinbarten Zeitraums störungsfrei zur Verfügung steht, also keine operativen Fehler auftreten. Sie kann berechnet werden als der Quotient von „verfügbarer Zeit in Stunden/Anzahl der Zwischenfälle".

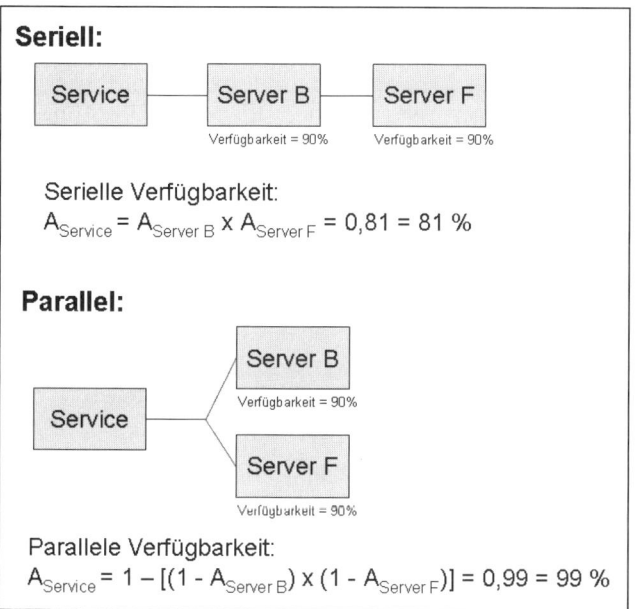

Seriell:

Serielle Verfügbarkeit:
$$A_{Service} = A_{Server\,B} \times A_{Server\,F} = 0{,}81 = 81\ \%$$

Parallel:

Parallele Verfügbarkeit:
$$A_{Service} = 1 - [(1 - A_{Server\,B}) \times (1 - A_{Server\,F})] = 0{,}99 = 99\ \%$$

Abbildung 8.28: Grundsätzlich ist die Verfügbarkeit paralleler Komponenten-systeme höher als bei seriellen Objekten. Die Zuverlässigkeit eines Service nimmt zu, wenn Ausfälle verhindert werden können.

Die Zuverlässigkeit eines IT Service ist zum einen abhängig von jeder Komponente der IT-Umgebung, die mit dem entsprechenden Service zusammenhängt, also beispielsweise die Wahrscheinlichkeit, dass eine Komponente ausfallen wird. Zum anderen spielt die Fehlertoleranz (Resilience) eine Rolle. Dies bezeichnet die Fähigkeit einer Komponente oder eines Services, betriebsfähig zu bleiben, wenn eine oder mehrere andere Komponenten ausgefallen sind. Dieser Aspekt wird entsprechend modelliert und implementiert. Die Zuverlässigkeit kann berechnet werden als der Quotient von „(verfügbarer Zeit in Stunden - Downtime in Stunden)/Anzahl der Zwischenfälle". Die Verfügbarkeit nimmt zu, wenn Ausfälle verhindert werden, z.B. durch Fehlertoleranz (Resilience) von Komponenten. Es wird somit unterschieden zwischen einer Komponenten- und einer Service-Verfügbarkeit.

Service Design

Wartbarkeit (Maintainability) bezieht sich auf die Fähigkeit einer Infrastruktur-Komponente, im Fehlerfall den Betrieb eines Service aufrecht zu erhalten oder diesen Service bei einem Ausfall wiederherzustellen. Die Wartbarkeit einer Komponente kann in folgende sieben Stufen strukturiert werden:

◆ Vorwegnahme eines Fehlers (Anticipation)

◆ Fehlersuche (Detection)

◆ Diagnose (einschließlich der Selbstdiagnose einer Komponente)

◆ Fehlerbehebung (Resolve)

◆ Wiederherstellung nach einem Fehler (Recovery)

◆ Wiederaufnahme des Service und der Daten (Restoration)

◆ proaktive Maßnahmen zur Fehlervorbeugung (Preventive Maintenance)

Es geht also im Fehlerfall um die Frage, wie schnell und effektiv ein Service, eine Komponente oder ein CI wiederhergestellt werden kann. In der Regel wird dies über den so genannten „Mean Time To Restore Service" oder Downtime (in Stunden) angegeben. Dies schließt die Time To Record, Time To Respond, Time To Resolve, Time To Physical Repair or Replace, Time To Recover ein.

Terminologie

◆ Zuverlässigkeit: Service steht für die Dauer eines vereinbarten Zeitraums störungsfrei zur Verfügung

◆ Wartbarkeit: Aufwand, der erforderlich ist, um den Betrieb eines Service aufrechtzuerhalten oder diesen Service bei einem Ausfall wiederherzustellen

◆ Service-Fähigkeit: Vertragliche Pflichten der externen Dienstleister

◆ Resilience: Strapazierfähigkeit, Fehlertoleranz: Fähigkeit einer Komponente oder eines Service, betriebsfähig zu bleiben, wenn eine oder mehrere Komponenten ausgefallen sind

◆ Vulnerability (Empfindlichkeit) bezeichnet die Störanfälligkeit einer Komponente

Daneben spielt auch die Sicherheit eine große Rolle in Sachen Verfügbarkeit. Die beiden entsprechenden Prozesse stehen in engem Bezug zueinander. Beim Information Security Management geht es um die Implementierung von Schutzmaßnahmen zur Sicherstellung kontinuierlicher Services unter Voraussetzung von Vertraulichkeit, Integrität und Verfügbarkeit.

Service-Fähigkeit (Serviceability) beschreibt die vertraglichen Pflichten der externen Dienstleister (Third Parties), die z.B. in Form von Underpinnig Contracts definiert wurden. In den Verträgen ist die Art des Supports für einen externen Service festgelegt. Da es sich hierbei also um die Komponente eines IT Service handelt, bezieht sich die Wartbarkeit nur auf die jeweilige Komponente und nicht auf die gesamte Verfügbarkeit des Service. Ist ein Dienstleister für den gesamten IT Service verantwortlich, kommen Service-Fähigkeit und Verfügbarkeit die gleiche Bedeutung zu. Service-Fähigkeit kann an sich nicht gemessen werden, es ist keine metrische Größe.

Nur die Verfügbarkeit, Zuverlässigkeit und Wartbarkeit eines Service und der Komponenten können unter diesem Aspekt gemessen werden.

8.4.3 Incident Lifecycle

Wie allen ITIL®-Disziplinen kommt dem Thema „Messen und Kontrollieren" eine besondere Bedeutung zu.

Für den Prozess Availability Management gilt dies nicht. Hier geht es primär um das Messen von Verfügbarkeiten. Dies ist neben dem Reporting ein wichtiger Output dieses Prozesses. Schließlich treten immer und überall Fehler auf. Nicht immer steht ein Service in vereinbarter Qualität zur Verfügung.

Incident

Ein Incident bezeichnet eine nicht geplante Unterbrechung eines IT Service oder eine Qualitätsminderung eines IT Service.

Dabei sind die folgenden Begriffe für einen Service relevant:

◆ Durchschnittliche Zeit bis zur Reparatur (Mean Time To Repair, MTTR): die durchschnittliche Zeitdauer zwischen dem Auftreten einer Störung und der Wiederherstellung des Service (ausschließlich). Dies ist die Zeitspanne, die zur Reparatur eines IT Service oder CI benötigt wird (Ausfall bis einschließlich Reparatur), d.h. nicht die Zeit, die zur Wiederherstellung (Recover und Restore) benötigt wird (Abgrenzung zur MTRS).

◆ Durchschnittliche Zeit bis zur Wiederherstellung des Service (Mean Time To Restore Service, MTRS), auch Downtime genannt. Diese Zeitspanne ergibt sich aus der Summe von Erkennungszeit und Bearbeitungszeit bis zur vollkommenen Wiederherstellung des IT Service oder CI. Der auf diese Weise ermittelte Wert bezieht sich auf die Wiederherstellbarkeit und die Service-Fähigkeit eines Service. MTRS (in Stunden) = Downtime in Stunden/Anzahl der Serviceunterbrechungen.

◆ Durchschnittliche produktive Zeit bis zum Auftreten einer Störung (Mean Time Between Failures, MTBF): die durchschnittliche Zeitdauer zwischen der Behebung einer Störung und dem Auftreten der nächsten Störung, auch Uptime genannt. Dieser Wert gibt Auskunft über die Zuverlässigkeit eines Service. MTBF (in Stunden) = [Verfügbare Zeit (in Stunden) - Downtime in Stunden]/Anzahl der Serviceunterbrechungen.

◆ Durchschnittlicher Zeitraum zwischen dem Auftreten von Störungen (Mean Time Between System Incidents, MTBSI): die durchschnittliche Zeit zwischen dem Auftreten zweier nacheinander auftretender Störungen, also die Summe aus MTRS und MTBF. MTBSI (in Stunden) = verfügbare Zeit (in Stunden)/Anzahl der Serviceunterbrechungen.

Aus der Beziehung, die zwischen MTBF und MTBSI besteht, ist ersichtlich, ob es sich um viele kleine Störungen oder einige wenige große Störungen handelt.

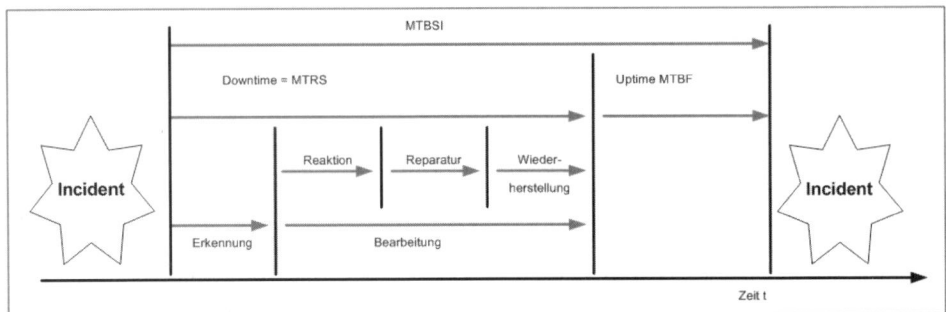

Abbildung 8.29: Kenngrößen aus dem Availability Management/Incident-Lebenszyklus

Diese Begriffe stehen in Verbindung mit dem so genannten Incident-Lebenszyklus (Incident Lifecycle). Mit dem Auftreten einer Störung beginnt dieser Zyklus (siehe *Abbildung 8.29*). Jeder Incident durchläuft dabei unterschiedliche Status, wobei die Dauer variieren kann, abhängig von den Reaktionen der Dienstleister, sei es extern oder intern, die sich um den Incident kümmern müssen:

1. Störung tritt auf: Hier ist der Einstiegspunkt des Zyklus; er bezeichnet den Zeitpunkt, an dem der Incident auftritt. Entweder merkt der Anwender, dass ein Service ausgefallen ist oder nicht in gewohnter Weise verwendet werden kann, oder die Störung wird auf andere Weise (technisch, physisch, logisch) festgestellt.

2. Erkennung: Der Dienstleister wird über den Incident informiert oder merkt selber, dass ein Incident eingetreten ist. System Management-Tools helfen durch das Erzeugen von Events oder Alarmen, diesen Zeitraum automatisiert zu reduzieren. Die Zeit, die zwischen den ersten beiden Schritten verstreicht, wird Erkennungszeit genannt. Im optimalen Fall bemerkt der Service Provider den Incident möglichst früh und kann das Problem lösen, bevor die Anwender davon etwas mitbekommen.

3. Diagnose: Der Dienstleister diagnostiziert die Incident- bzw. Problem-Ursache und stößt die Lösung an, um die Störung zu beheben. Dies korrespondiert mit den Aktionen im Incident Management und Problem Management. Die Tools und Erfahrungen der Mitarbeiter helfen, die aufgewendete Zeit als Reaktionszeit (Response Time) möglichst kurz zu halten.

4. Reparatur: Der Dienstleister schafft das Problem aus der Welt. Dieser Zeitraum sollte gerade im Zusammenhang mit OLAs, Absicherungsverträgen (UCs, UAs) oder anderen Vereinbarungen sorgfältig überwacht werden, vor allem wenn es um die Leistung und das Unterstützungspotenzial der Lieferanten (sei es extern oder intern) geht.

5. Wiederherstellung: In dieser Phase wird der Service wieder zur Verfügung gestellt, beispielsweise durch das Einspielen von Backup-Daten einer Datenbankanwendung. Die Aktivität und das entsprechende Ergebnis sollte dokumentiert und kommuniziert werden. Das Testen von Restore- und Recovery-Plänen schafft für den Ernstfall klare Verhältnisse und gesicherte Erfahrungen.

6. Zurücksetzen, Wiederanlauf und Verwendung des Service: Die Zeit, in der der Service in vereinbarter Weise zur Verfügung gestellt wird.

Da die Ausfallzeit zum Teil von der Reaktionsgeschwindigkeit der IT-Organisation abhängt und beeinflussbare Aspekte darstellt, die deutliche Auswirkungen auf den Service und die Kundenzufriedenheit haben, sollten diesbezügliche Vereinbarungen in die SLAs aufgenommen werden. Es gibt auch immer geplante Zeiten der Nicht-Verfügbarkeit.

Der Verfügbarkeitsplan stellt ein Schlüsseldokument für das Availability Management dar. Er sollte die aktuellen Verfügbarkeitslevel gegenüber den geforderten Levels darstellen und die Aktivitäten benennen, die durchgeführt werden, um das angeforderte Verfügbarkeitsniveau zu erreichen und zu halten. Der Plan kann als eine Art Wachstumsdokument gesehen werden. Außerdem können die Planungen für neue Services und Richtlinien für die Wartungsaktivitäten aufgenommen werden. Auch möglichen technischen Entwicklungen sollte an dieser Stelle Rechnung getragen werden. Wenn es um Entscheidungen geht, sollte ein Kosten-Nutzen-Vergleich für alle Optionen stattfinden und einfließen, in denen Risiken und Benefits aufgezeigt werden. Geht es um Änderungen der Verfügbarkeit bestehender Services, sollten die Details zum Änderungsverfahren im Verfügbarkeitsplan zu finden sein.

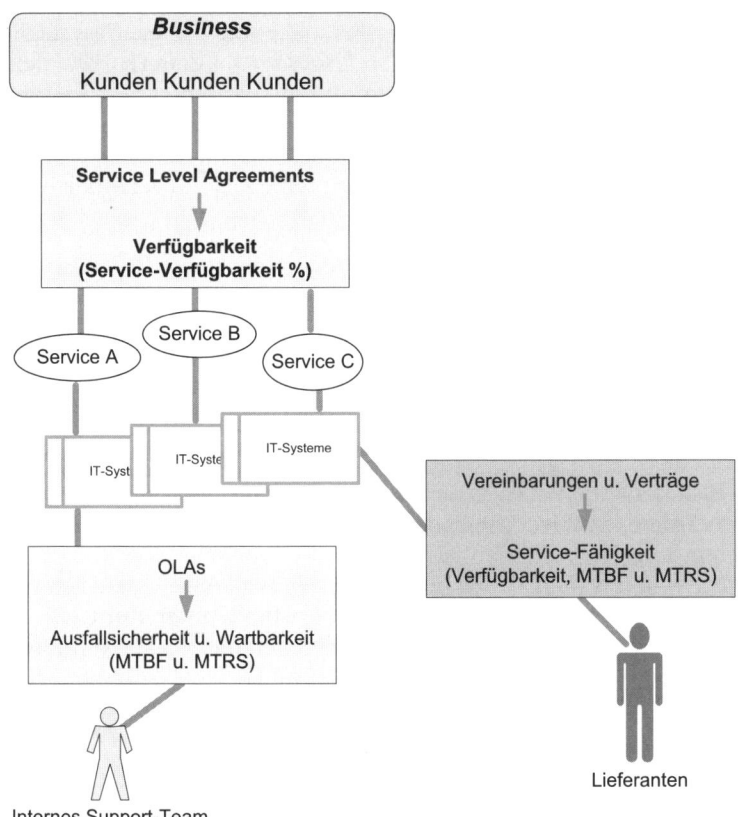

Abbildung 8.30: Mögliche Zusammensetzung der Anforderungen

⌐Beispiel

Ein Service mit einer definierten Servicezeit von 7x24 Stunden läuft seit 6.040 Stunden mit zwei Unterbrechungen. Der erste Zwischenfall nahm 4 Stunden in Anspruch, der zweite Zwischenfall dauerte 12 Stunden. Dabei ergeben sich:

◆ Verfügbarkeit: (6.040-(4 + 12)/6040 = 6.024/6040 x 100 % = 99,75 %

◆ Zuverlässigkeit (MTBSI): 6.040/2 = 3.020 Stunden

◆ Zuverlässigkeit (MTBF): 6.040 – (4 + 12)/2 = 3.012 Stunden

◆ Wartbarkeit (MTRS): (4 + 12)/2 = 8 Stunden
                                                                                            ⌐

8.4.4 Aktivitäten des Availability Managements

Das Availability Management umfasst das Design, die Implementierung, das Messen und die Verwaltung der Verfügbarkeit innerhalb der IT-Infrastruktur, um Sorge dafür zu tragen, dass die aus den Geschäftsanforderungen stammende und in den SLAs festgeschriebene Verfügbarkeit der entsprechenden Services gewährleistet wird.

Das Availability Management setzt ein, sobald die Anforderungen für einen IT Service festgeschrieben sind und stellt sicher, dass neue Services so designt werden, dass sie die Verfügbarkeitsanforderungen erfüllen. Wie bei vielen Prozessen aus dem ITIL®-Umfeld ist dies auch hier ein permanenter Prozess, der im Grunde genommen erst endet, wenn dieser IT Service nicht mehr aktiv verlangt wird. Die Anforderungen spiegeln das entsprechende kosteneffektive und festgelegte Verfügbarkeitsniveau für die IT Services wider, mit dessen Hilfe das Unternehmen in der Lage ist, seine Ziele zu verwirklichen.

Der Prozess zeigt sich verantwortlich für die Überwachung der Einhaltung zwischen SLA und aktueller Verfügbarkeit. Bereits vorab nimmt er Teil am IT-Infrastruktur-Design, z.B. bei der Definition der Verfügbarkeitsanforderungen, und spezifiziert darüber hinaus die Anforderungen an Wartbarkeit, Verlässlichkeit und Service-Fähigkeit für Komponenten, die durch interne oder externe Lieferanten unterstützt werden. Außerdem legt das Availability Management die Anforderungen fest, die ein Management-System erbringen muss, um ein adäquates automatisiertes Monitoring der Verfügbarkeit von IT-Komponenten durchzuführen.

Damit die IT den Geschäftsbetrieb überhaupt unterstützen kann, müssen die Anforderungen des Unternehmens mit den Möglichkeiten, die die IT-Infrastruktur und die IT-Organisation bieten, umgesetzt werden können. Ist dem nicht so und die Anforderungen und Möglichkeiten driften auseinander, setzt das Availability Management an und schlägt seinerseits Lösungen vor. Um diesen Zustand unter Kontrolle zu halten, muss das aktuelle Verfügbarkeitsniveau gemessen und nötigenfalls verbessert werden. Hier helfen die objektiven Leistungsindikatoren weiter.

Leistungsindikatoren

Das Availability Management zeigt sich verantwortlich für Anwesenheit einer definierten Verfügbarkeit. Mögliche Key Performance-Indikatoren dieses Prozesses beziehen sich beispielsweise auf die Verfügbarkeit der Services und seiner Komponenten in einem definierten Zeitraum. Die Verfügbarkeit kann mit Hilfe von Mess- und Systems Management Tools gemessen werden. Ein weiterer Leistungsindikator ist korrespondierend dazu die Anzahl der SLA-Verletzungen aufgrund der Abwesenheit von Verfügbarkeit. Dabei muss eine Auswertung der gemessenen Sollwerte gegenüber dem Sollwert stattfinden. Wurden mit einem Kunden so genannte kritische Geschäftszeiten für einen IT Service vereinbart, so ist der Verfügbarkeit innerhalb dieser Zeit erhöhte Aufmerksamkeit zu schenken.

Wird die definierte Verfügbarkeit, unabhängig davon, ob kritische Geschäftszeiten definiert wurden oder nicht, unterschritten, können Kosten für das Business entstehen. Diese Kosten können als Kosten der Nicht-Verfügbarkeit veranschlagt werden. Die Kosten sind vorab zusammen mit dem Kunden zu definieren.

Um solche Kosten berechnen zu können, muss vorab die mittlere Ausfallzeit pro Service ermittelt werden. Diese Messung bezieht sich auf den Zeitraum zwischen dem Ausfall des Service bis zur Wiederverfügbarkeit. Dieser Zeitraum wird oft auch als MTRS (Mean Time To Restore Service) bezeichnet.

Interessant ist neben der Dauer eines Ausfalls auch die Anzahl der Unterbrechungen, die pro Service auftreten können. Dieser Wert dient als Indikator für die Zuverlässigkeit des Service. Hier sollte man sich allerdings nicht auf die Incident-Meldungen der Anwender verlassen, sondern auf objektive Daten von Messungen oder Angaben aus dem Systems Management.

Der Prozess umfasst sowohl proaktiv als auch reaktiv ausgerichtete Aktivitäten, die zusammen einen effektiven und effizienten Prozess bilden. Dies spiegeln auch die Eingangsdaten und Ergebnisse dieses Prozesses wider. Zu den proaktiven Aktivitäten zählen beispielsweise Erarbeitung von Vorschlägen zur Verbesserung der Verfügbarkeit, Pläne für Design-Richtlinien, Kriterien für die Verfügbarkeit neuer oder veränderter Services, kontinuierliche Verbesserung des Prozesses oder Risikomanagement. Reaktive Tätigkeiten können sich z.B. zusammensetzen aus Überwachen, Analysieren, Messen, Berichten, Überprüfen von Ressourcen und Services. Dies geschieht im Hinblick auf das Thema Verfügbarkeit. Reaktion und Verbesserungen aufgrund von Abweichungen oder Incidents bzw. Problemen in Bezug auf die Verfügbarkeit von Komponenten oder Services sind weitere reaktiv getriebene Aktionen. Meist werden die Reaktionen über die Prozesse und Funktionen des Bereiches Service Operation umgesetzt.

Die Erstellung, Pflege und Review des Availability Management Information System (AMIS) gehören auch zu den Aufgaben des Availability Managements und des Availability-Plans, um sicherzustellen, dass zukünftige Geschäftsanforderungen erfüllt werden können.

Die Aktivitäten drehen sich vor allem um Planen, Messen und das Verbessern der Service- und Komponenten-Leistung hinsichtlich der Verfügbarkeit. Dabei können drei unterschiedliche Sichten identifiziert werden: die Sicht der Kunden, denen es vorwiegend um die Unterstützung der vitalen Business-Funktionen (VBFs) geht, während sich die Sicht der Anwender aus drei Bereichen zusammensetzt: Häufigkeit, Dauer und Umfang (alle User, einige User, bestimmte Business-Funktionen) der Beeinträchtigung. Dabei stehen die Antwortzeiten oft im Mittelpunkt. Der Service Provider betrachtet das Thema Service- und Komponentenverfügbarkeit hinsichtlich der Verfügbarkeit, Zuverlässigkeit und Wartbarkeit.

Reaktive Aktivitäten im Availability Management bestehen aus:

1. Monitoring: Aufstellung der Kriterien für Messung und Berichtswesen der Verfügbarkeit, Zuverlässigkeit und Wartbarkeit, das die Sichtweise von Business, Anwendern und der IT-Organisation widerspiegelt. Die geforderten Informationen bilden die Grundlage für die Kontrolle von SLAs, die Behebung von Problemsituationen und die Formulierung von Verbesserungsvorschlägen. Bei der Frage, was wie häufig gemessen werden soll, leistet das so genannte IT Availability Metrik-Modell (IT-AMM) rudimentäre Unterstützung (siehe *Abbildung 8.31*). Zu bedenken ist allerdings nicht nur die Frage, was gemessen werden soll, sondern auch, wie es in Reportings kommuniziert wird. Je nach Zielprozess sind unterschiedliche Gewichtungen möglich. In Richtung Capacity Management können beispielsweise Verfügbarkeittrends dargestellt werden, die Sachverhalte zur Kapazität oder Antwortzeiten aufzeigen. In Richtung Sevice Level Management geht es um Informationen zu SLA- oder OLA-Aktivitäten. Das Thema sollte auch Bestandteil in den Service Level Review Meetings sein.

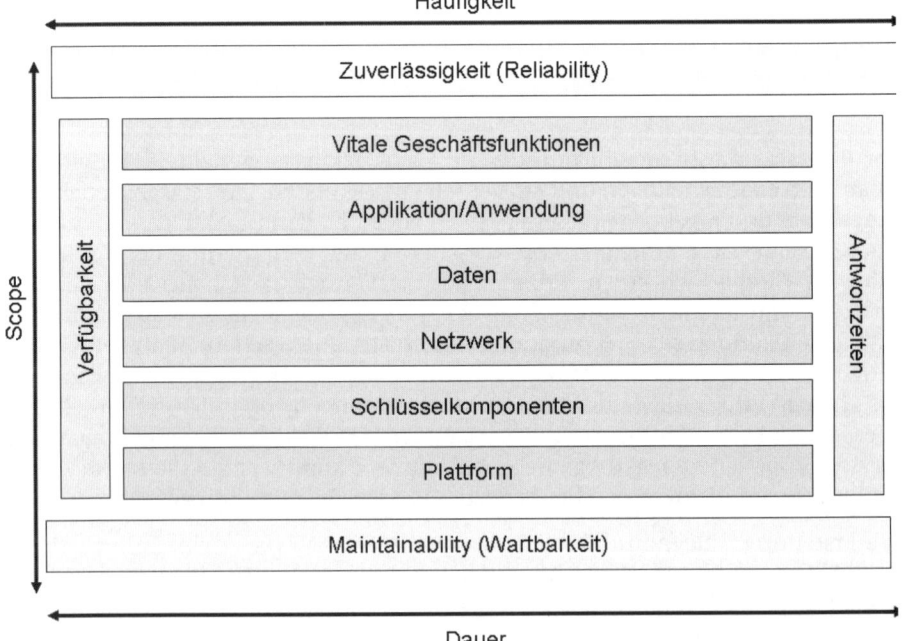

Abbildung 8.31: IT Availability Metrik-Modell

Es existieren unterschiedliche Ansätze für das Monitoring, wobei in den meisten Fällen von Seiten der Service Provider primär die Komponentenverfügbarkeit gemessen wird. Üblicherweise basieren diese Ansätze auf einer Mischung zwischen Prozentangabe der Verfügbarkeit, Zeitverzug und Häufigkeit des Fehlers (% Verfügbarkeit, % Nicht-Verfügbarkeit, Häufigkeit des Fehlers, Impact etc.). Vielfach wird auch noch zwischen der Business- und der Kundensicht differenziert (z.B. entstandene Kosten, Kosten für nicht erfolgte Aktivitäten etc).

2. Fehleranalyse: Alle Fehler und Incidents, die durch die Nicht-Verfügbarkeit eines Service offensichtlich werden, sollten untersucht werden. Nach Vorlage der Daten aus dem Monitoring prüfen die Beteiligten die Ursachen und Abhängigkeiten, die die geforderte Verfügbarkeit beeinträchtigt haben. Der Grund für ein unakzeptables Verfügbarkeitsniveau muss gefunden und beseitigt werden. Die Beseitigung dieser Fehlerquellen kann über den Verfügbarkeitsplan oder das SIP festgeschrieben werden. Vorhersagen und Trendermittlung sollten erfolgen und mit der SFA zusammenarbeiten.

3. Zu den reaktiven Aktivitäten zählen auch die Schritte zur Fehlerbehebung aus dem Incident Lifecycle: Erkennen der Störung (Detection), Diagnose des Incidents (Diagnosis), Reparatur des Incidents (Repair), Wiederherstellung (Recovery), Zurücksetzen (Restoration).

4. Die Service Failure-Analyse (SFA) zeigt meist im Rahmen eines Projektes Verbesserungsmöglichkeiten auf, um die ganzheitliche und nachhaltige Verbesserung der Verfügbarkeit anzustoßen. Bei der Service Failure Analysis geht es um die Fehleridentifizierung bei der Unterbrechung eines Service. SFA versucht herauszufinden, welche Probleme den Service-Ausfall verursacht haben, d.h. es geht um die Frage, wo und warum ein Verfügbarkeitsproblem aufgetaucht ist. Dabei wird ein ganzheitlicher Ansatz verfolgt, wobei es nicht nur um Verbesserungen auf technischer Ebene geht, sondern beispielsweise auch Verbesserungspotenzial im Bereich IT Support, Prozesse oder Tools aufgezeigt wird (in Bezug auf die Größen Effektivität und Effizienz). Die Optimierungsvorschläge können als Implementierungsvorschläge oder als Input für den Availability-Plan eingebracht werden.

Diese Analyse findet meist als Beauftragung oder als Projekt statt. Die Aktionen ähneln z.T. den Aktivitäten im Problem Management, wo es auch um Problemursachenforschung geht, und bilden so eine Schnittmenge zwischen den beiden Prozessen. Jede SFA-Untersuchung sollte in Zusammenarbeit mit einem Sponsor oder Paten durchgeführt, auch überwacht und bewertet werden. Dabei geht es nicht darum, teuere Beratungsleistungen von außen einzubeziehen, sondern es geht viel eher um eine Stärkung der Kompetenzen und Umsetzung des Potenzials von innen. Kosten können kleingehalten werden, indem Inhouse-Fähigkeiten und -Kompetenzen aufgezeigt und verbessert werden. Programme und teamübergreifendes Arbeiten sind zu verstärken oder auch die proaktiven Tätigkeiten wie z.B. regelmäßige Health-Checks der Services und Komponenten vorzunehmen. Insgesamt wird dabei ein strukturierter Ansatz verfolgt, der aus mehreren Einzelschritten besteht (siehe *Abbildung 8.32*).

Service Design

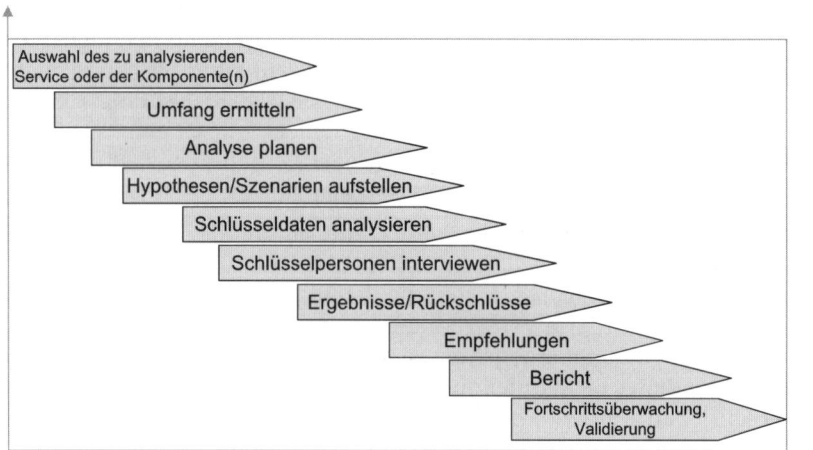

Abbildung 8.32: Strukturierter Ansatz der Service Failure-Analyse

5. Weitergabe von Reports: Diesbezüglich existieren drei Sichtweisen, die sich auf den IT-Support (Fokus auf Komponenten), den Anwender (Fokus auf Services) und/oder den Kunden (Fokus auf das Business) beziehen können.

Proaktive Aktivitäten im Availability Management vermindern den Bedarf nach reaktiven Aktionen, weil ein großer Teil von Fehlern bereits im Vorfeld durch proaktive Tätigkeiten aufgezeigt, beseitigt und damit verhindert wird.

1. Der Ausdruck „vitale Geschäftsfunktionen" wird verwendet, um die für den Geschäftsbetrieb kritischen Prozesse zu kennzeichnen. Die Identifizierung und Dokumentation der vitalen Business-Funktionen (Vital Business Functions, VBF) ermöglichen die geeignete Zuordnung und die Fokussierung für die Verfügbarkeitsanforderungen.

2. Design der Verfügbarkeit: Die Anforderungen in Sachen Verfügbarkeit beeinflussen die Kosten des IT Service. Je höher die Anforderungen, desto höher die Kosten für den Service.

3. Schaffen einer Verfügbarkeitsbasis durch geeignete Produkte, Technologie und Komponenten. Dies bildet die Basis für die weitere Betrachtung und Zuweisung der Verfügbarkeiten. Darauf aufbauend wird das Verfügbarkeitsniveau je nach Anforderung für den Service gesteigert. Dabei kommen nachfolgend System Management-Tools und -Prozesse, Hochverfügbarkeitsdesign und spezielle Lösungen zum Einsatz, um eine umfassende Verfügbarkeit zu gewährleisten (z.B. durch Redundanzen). Ziel ist die fortlaufende Steigerung der Verfügbarkeit.

4. Ermittlung der Verfügbarkeitsanforderungen von der Geschäftsseite für neu zu implementierende oder bereits bestehende Services. Die Anforderungen müssen für die mit diesem Service zusammenhängenden Komponenten formuliert werden. Das Availability Management übernimmt dabei eine Vermittler- und Übersetzerrolle. Das Thema Verfügbarkeit sollte bereits sehr früh in der Design-Phase zur Sprache gebracht werden, um je nach Anforderung rechtzeitig und kosteneffektiv eine Lösung entwickeln und anbieten zu können. Möglicherweise sind spezielle Investitionen notwendig.

Dabei müssen die Anforderungen an die Verfügbarkeit die VBFs, die durch den IT Service unterstützt werden, die definierten Service-Downtimes, Business-Auswirkungen im Fehlerfall, Service-Zeiten, spezielle Security-Anforderungen sowie Backup- und Recovery-Bedingungen beachtet werden. Sieht sich der IT-Dienstleister in der Lage, diese Bedingungen zu erfüllen, werden diese mit dem Kunden intensiv diskutiert und iterativ festgelegt. Dabei geht es auch um die Themen Kosten, z.B. bei einem Ausfall, Absicherungsnotwendigkeiten durch Drittanbieter, Aufschlüsselung der Kosten und Anforderungen an Wartbarkeit, Zuverlässigkeit, Kontinuität und Service-Fähigkeit. Dies geht Hand in Hand mit den Wiederherstellungsoptionen und der Verfügbarkeit, wie etwa Wartungszeiträume, Downtime-Optionen oder mögliche Auswirkungen auf den Geschäftsbetrieb.

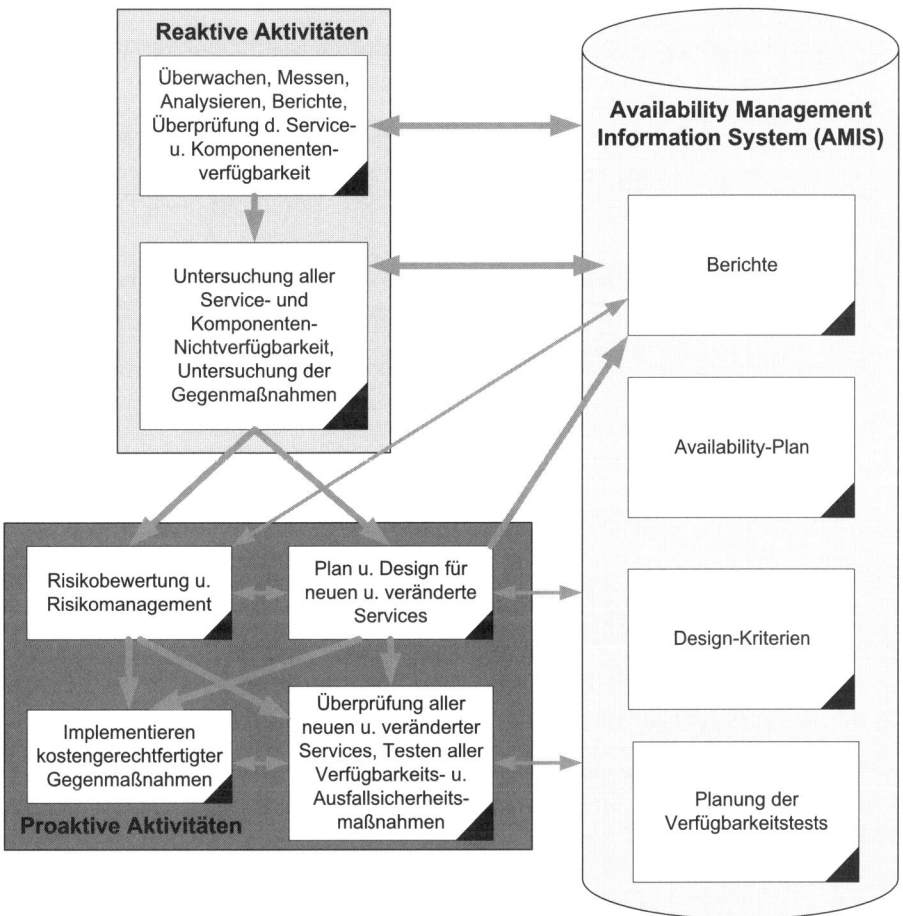

Abbildung 8.33: Der Prozess des Availability Managements

Normalerweise führt das Service Level Management (SLM) die Kommunikation mit dem Kunden durch, klärt, wie die Verfügbarkeitsanforderungen auszusehen haben und überführt diese in die SLRs und SLAs für den IT Service Design-Prozess. Das Availability Management leistet an dieser Stelle wertvolle Unterstützungsarbeit und hilft durch seinen Input die Verfügbarkeit der IT Services zu optimieren und dabei die Kosten im Auge zu behalten. Dabei geht es zum einen um das Design der Verfügbarkeit (technisches Design eines IT Service ggf. mit Unterstützung interner und externer Lieferanten, Infrastruktur, Umgebung, Daten, Applikationen) und das Design für die Wiederherstellung (Recovery) im Fehlerfall, um den definierten Service so rasch wie möglich wieder anbieten zu können. Weitere Aspekte sind z.B. die Etablierung von Messpunkten und Messmethoden, Kontrolle, ob Techniken und Methoden regelmäßig geprüft werden und die Ergebnisse in einen kontinuierlichen Verbesserungsprozess einfließen (geplante und präventive Wartungsfenster).

5. IT-Komponenten ohne Backup-Fähigkeit werden als „Single Point of Failure" (SPoF) bezeichnet und können Impacts verursachen. Diese Schwachstellen im System müssen identifiziert werden. Service-Verfügbarkeit ist nur so gut wie das schwächste Glied in der Kette. Um dieses zu finden, können unterschiedliche Methoden eingesetzt werden. Eine Möglichkeit, die bereits in der ITIL® V2 genannt wird, besteht in der Component Failure Impact Analysis (CFIA), um Single Points of Failure und unzuverlässige Komponenten proaktiv zu erkennen und zu eliminieren.

Diese Methode und weitere Möglichkeiten zur Schwachstellenanalyse stammen in den meisten Fällen aus dem Risikomanagement. Die Component Failure Impact-Untersuchung beruht auf einer Verfügbarkeitsmatrix, in der die für jeden Service strategisch wichtigen Komponenten festgehalten werden.

Komponente	IT Service A	IT Service B
Server 1	- (keine Beeinträchtigung)	M (Manuelle Aktion notwendig)
Server 2	X (Beeinträchtigung/Ausfall)	M (Manuelle Aktion notwendig)
Datenbank 1	X (Beeinträchtigung/Ausfall)	- (keine Beeinträchtigung)
Datenbank 2	M (Manuelle Aktion notwendig)	X (Beeinträchtigung/Ausfall)
Netzwerk A	X (Beeinträchtigung/Ausfall)	A (Alternative vorhanden)
Applikation 1	A (Alternative vorhanden)	- (keine Beeinträchtigung)

Tabelle 8.1: Darstellung der Component Failure Impact Analysis

Daneben existieren weitere mögliche Methoden, um Planungs-, Verbesserungs- und/oder Reporting-Aktivitäten zu unterstützen. Bei der Fault Tree Analysis (FTA) kann die Kette von Ereignissen bestimmt werden, die zu einer Störung führen kann (siehe Abbildung 8.34). Die entsprechende Schemaerstellung beruht auf Boolescher Algebra. Weitere Techniken sind CRAMM (CCTA Risikoanalyse und Management-Methode), SOA (System Outage Analysis) zur Ermittlung der Störungsursachen, Effektivitätsberechnung, Prozessuntersuchung zur Unterbreitung von Verbesserungsvorschlägen sowie TOP (Technical Observation Post), wobei hier die Konzentration auf einen Teilaspekt der Verfügbarkeit durch ein spezielles Team realisiert wird.

Daneben können unterschiedliche Methoden zur Bewertung der Effektivität und kontinuierlichen Verbesserung eingesetzt werden. Deren Ergebnisse werden in Berichten festgehalten und die nachfolgenden Maßnahmen überprüft.

Um hohen Anforderungen der Verfügbarkeit zu genügen, werden viele Komponenten von größter Wichtigkeit ausfallsicher implementiert. Diese werden z.T. redundant zur Verfügung gestellt und mit Fehlererkennungs- und Fehlerkorrekturmechanismen versehen, um möglichst schnell reagieren und das Problem beheben zu können. Häufig sind zusätzlich organisatorische Maßnahmen notwendig.

6. Planung für die Verfügbarkeitstests: Pflege und Vervollständigung des Availability Testings für alle Availability-Mechanismen, das in regelmäßigen Abständen erfolgen sollte, und seine Planung, z.B. bezogen auf die Themen Ausfallsicherheit, Spiegeln von Systemen oder Load Balancing. Dieser Plan ist mit dem Change Management und seiner Planung, dem Release Management und seiner Planung, den Plänen aus der Transition-Phase abzugleichen. Darüber hinaus sollten Projekte und Programme aus der Transition-Phase, Wartungstasks, Plänen für die Kontinuitätsmaßnahmen und dem Business-Plan sowie seiner Zeitplanung abgestimmt werden.

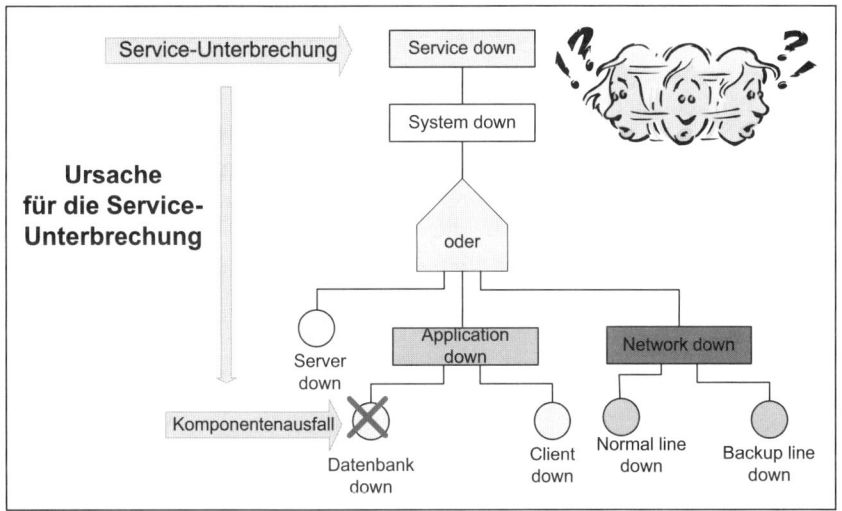

Abbildung 8.34: Suchen in einer Kette von Ereignissen, die einen Fehler verursacht haben können: FTA

7. Risikoanalyse und Planung der Verfügbarkeit findet auch in Zusammenarbeit mit anderen Prozessen statt, beispielsweise mit dem Information Security Management und dem Continuity Management. Hier lehnt sich ITIL® V3 stark an die Inhalte des Frameworks M_o_R (Management of Risk) an. Da das Management von Risiken eine kritische Erfolgskomponente für Organisationen und Unternehmen darstellt, hat sich die OGC auch dieses Problems angenommen. Beim M_o_R handelt es sich um eine pragmatische Methode, die klar strukturiert vorgibt, wie mit dem Management von Risiken konkret umgegangen werden soll.

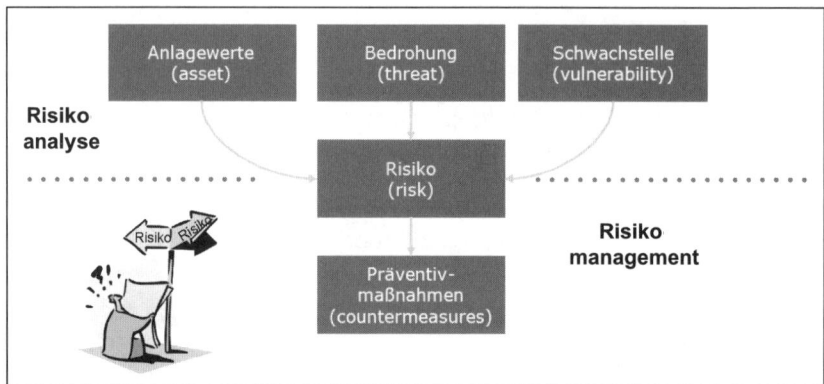

Abbildung 8.35: Risikoanalyse und Risikomanagement als Werkzeug

Die im Availability Management entworfenen Designkriterien hinsichtlich Verfügbarkeit, Zuverlässigkeit und Wartbarkeit werden einem kritischen Review unterworfen, um eventuelle Schwächen möglichst früh zu erkennen und auszugleichen. Dadurch werden u.a. zu hohe Entwicklungskosten, unvorhergesehene Ausgaben, Single Points of Failure (SPoF), zusätzliche Kosten der Dienstleister und Lieferverzögerungen vermieden.

Da eine hundertprozentige Verfügbarkeit kaum sicherzustellen ist, sollten Zeiten der Nicht-Verfügbarkeit berücksichtigt werden (geplante Downtimes). Im Falle einer Störung des IT Service ist es wichtig, dass die Störung schnell erkannt und angemessen behoben wird, um die vereinbarten Verfügbarkeitsnormen zu gewährleisten. Daher müssen die entsprechenden Anforderungen und die geplanten Downtime- und Wartungszeiten in die Vereinbarungen in Form von SLAs, UAs und OLAs einfließen. Auch das Thema Change Management und die Planung des Release und Deployment Managements muss hierbei berücksichtigt werden.

8. Erstellung des Projected Service Outage-Dokumentes (voraussichtliche Service-Unterbrechung, PSO). Dieses Dokument, das die Auswirkungen geplanter Changes, Wartungsaktivitäten und Testpläne auf vereinbarte Service Levels identifiziert, sollte vom Availability Management erstellt und gepflegt werden. Hier sind alle Abweichungen von den in SLAs definierten Verfügbarkeiten zu finden. Dieser Verfügbarkeitsplan ist als ein wichtiges Ergebnis des Availability Management-Prozesses zu sehen, das ständigen Reviews und Änderungen unterliegt. Das Dokument sollte auch dem Service Desk vorliegen, um ihn an die vorgesehen Stellen zu verteilen und bei Bedarf die Inhalte zur Hand zu haben und kommunizieren zu können.

9. Availability-Prognose, Risikobewertung und Modelling: Um bewerten zu können, ob neue Komponenten die gestellten Anforderungen an die Verfügbarkeit erfüllen, muss vorab sichergestellt und ggf. getestet werden, ob neue Elemente die Anforderungen erfüllen. Dabei kommen Modellierungstechniken, Simulationen oder Lasttests zum Einsatz.

Die Trend-Analyse spielt eine wichtige Rolle. Auf proaktiver Ebene sollen typische Ausfälle vorherzusehen und ein diesbezügliches Risiko zu bewerten sein. Das reine Messen der Verfügbarkeit reicht nicht aus. Dabei ist auch die Component Failure Impact-Analyse (CFIA) zum Aufspüren von Schwachstellen und empfindlichen Systempunkten (Vulnerability) von großer Bedeutung.

Die Rolle des Availability Managers

Der Availability Manager stellt sicher, dass die bestehenden Services mit der vereinbarten Verfügbarkeit vom Kunden genutzt werden können, und unterstützt das Design der IT-Infrastruktur. Darüber hinaus ist er behilflich bei der Untersuchung und Diagnose von Incidents und Problemen und regt proaktiv die Verbesserung der Service-Verfügbarkeit an.

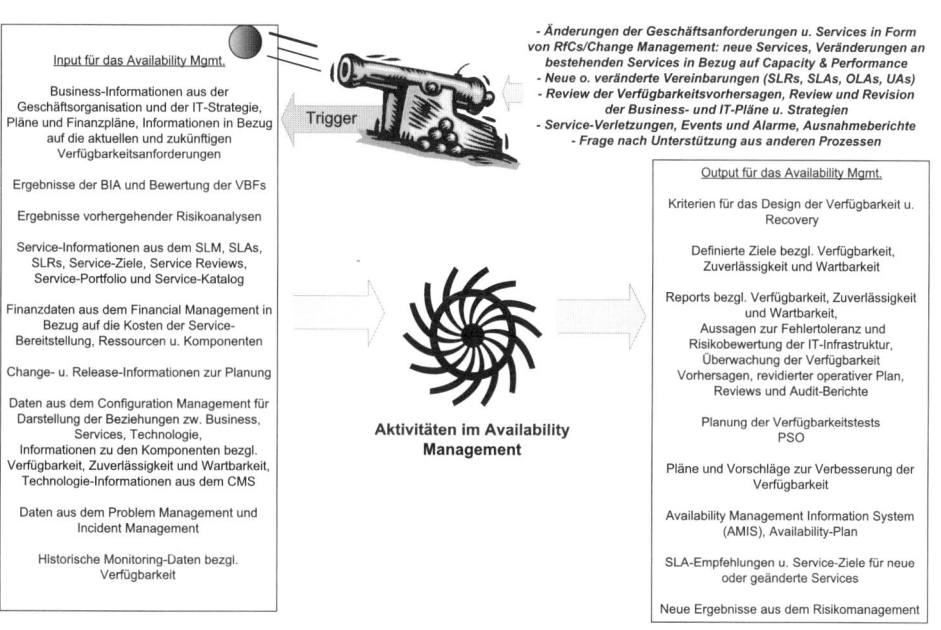

Input für das Availability Mgmt.

Business-Informationen aus der Geschäftsorganisation und der IT-Strategie, Pläne und Finanzpläne, Informationen in Bezug auf die aktuellen und zukünftigen Verfügbarkeitsanforderungen

Ergebnisse der BIA und Bewertung der VBFs

Ergebnisse vorhergehender Risikoanalysen

Service-Informationen aus dem SLM, SLAs, SLRs, Service-Ziele, Service Reviews, Service-Portfolio und Service-Katalog

Finanzdaten aus dem Financial Management in Bezug auf die Kosten der Service-Bereitstellung, Ressourcen u. Komponenten

Change- u. Release-Informationen zur Planung

Daten aus dem Configuration Management für Darstellung der Beziehungen zw. Business, Services, Technologie, Informationen zu den Komponenten bezgl. Verfügbarkeit, Zuverlässigkeit und Wartbarkeit, Technologie-Informationen aus dem CMS

Daten aus dem Problem Management und Incident Management

Historische Monitoring-Daten bezgl. Verfügbarkeit

Trigger

- Änderungen der Geschäftsanforderungen u. Services in Form von RfCs/Change Management: neue Services, Veränderungen an bestehenden Services in Bezug auf Capacity & Performance
- Neue o. veränderte Vereinbarungen (SLRs, SLAs, OLAs, UAs)
- Review der Verfügbarkeitsvorhersagen, Review und Revision der Business- und IT-Pläne u. Strategien
- Service-Verletzungen, Events und Alarme, Ausnahmeberichte
- Frage nach Unterstützung aus anderen Prozessen

Output für das Availability Mgmt.

Kriterien für das Design der Verfügbarkeit u. Recovery

Definierte Ziele bezgl. Verfügbarkeit, Zuverlässigkeit und Wartbarkeit

Reports bezgl. Verfügbarkeit, Zuverlässigkeit und Wartbarkeit, Aussagen zur Fehlertoleranz und Risikobewertung der IT-Infrastruktur, Überwachung der Verfügbarkeit Vorhersagen, revidierter operativer Plan, Reviews und Audit-Berichte

Planung der Verfügbarkeitstests PSO

Pläne und Vorschläge zur Verbesserung der Verfügbarkeit

Availability Management Information System (AMIS), Availability-Plan

SLA-Empfehlungen u. Service-Ziele für neue oder geänderte Services

Neue Ergebnisse aus dem Risikomanagement

Aktivitäten im Availability Management

Abbildung 8.36: Trigger, Input und Output für das Availability Management

8.4.5 Schnittstellen des Availability Managements

Viele Unternehmen können heute ohne ihre IT-Infrastuktur mit den Anwendungen und Systemen zur Unterstützung ihrer internen und externen Geschäftsprozesse (kurz: ohne ihre IT Services) nicht mehr existieren. Sie können es sich nicht einmal mehr leisten, auch nur für wenige Stunden auf die wichtigsten ihrer IT Services zu verzichten. Ausschlaggebend für die Realisierung einer guten Service-Kultur, die den ITIL®-Gedanken unterstützt, sind einerseits Kenntnisse in Bezug auf den Kunden, den geschäftlichen Hintergrund und die IT-Infrastruktur. Andererseits spielen die ständige Optimierung der Verfügbarkeit und der Kundenzufriedenheit im Rahmen der Möglichkeiten eine wichtige Rolle. Fachwissen und Fähigkeiten des Personals, die Management-Prozesse und die ITIL®-Verfahren unterstützen diesen Vorgang. Wirksame Überwachungs-, Analyse- und Bericht-Systeme sollten für die Arbeit des Availability Managements bereitgestellt werden. Dabei werden Berührungspunkte zum Configu-

Service Design

ration Management, Change Management und Problem Management berücksichtigt. Andere ITIL®-Prozesse können die Verfügbarkeit beeinflussen. Dies kann in bi- oder in uni-direktionaler Richtung erfolgen, je nach Möglichkeiten und Anforderungen innerhalb der Organisation.

Das Configuration Management verfügt durch das CMS über Informationen zur IT-Infrastruktur und deren Konfiguration. Sie stellt dem Availability Management so essenzielle Daten zur Verfügung. Hier dienen vor allem Auszüge aus der Datenbank für das Availability Management als Input, die bei der Vorhersage von Verfügbarkeiten, Filtern von Single Points of Failures (SPoF) oder Ausfindigmachen von Ansprechpartnern für bestimmte Komponenten helfen. Daneben stellt das CMS eine wichtige Quelle für Informationen in Hinblick auf Incidents, Probleme und Changes dar, die sich auf die Infrastruktur, einen Service oder einzelne Komponenten beziehen können.

Das Problem Management hängt unmittelbar am Incident-Lebenszyklus, da es für das Auffinden von Problemursachen zuständig ist und eine Behebung des Problems anstoßen muss. Auch die Service failure-Analyse besitzt Schnittstellen mit dem Problem Management. Das Incident Management ist in diese Tätigkeiten ebenfalls involviert, da Störungen zur Verfügbarkeit hier kommuniziert werden. Außerdem liefert der Prozess Berichte, die Daten über die Häufigkeit von bestimmten Fehlerklassen, Wiederherstellungszeiträume und die Reparaturdauer enthalten.

Müssen Änderungen an den Verfügbarkeitsanforderungen zu einer Komponente oder einem Service und den damit zusammenhängenden technischen Maßnahmen umgesetzt werden, kommt das Change Management ins Spiel. Unter der Verantwortung dieses Prozesses werden die Änderungen realisiert, die im Rahmen der Verfügbarkeitsmaßnahmen notwendig sind. Andersherum informiert das Change Management das Availability Management über geplante Änderungen, die im FSC festgeschrieben werden.

Die Capacity Management Information System (CMIS) stellt Informationen zur Kapazitätsverwaltung der IT-Infrastruktur bereit. Diese Daten können das Availability Management unterstützen, indem Informationen zu geplanten Updates von Hard- und Software, Netzwerkkomponenten, Auslastung, Kapazität und Performance bereitgestellt werden. Kapazitätsanpassungen können die Verfügbarkeit eines Service beeinflussen. Umgekehrt wirken sich Verfügbarkeitsanpassungen auf die Kapazität aus. Beispielsweise liefert das Capacity Management in Bezug auf die Component Failure Impact Analysis (CFIA) relevante Daten, so dass das Availability Management weiß, wo gegebenenfalls Aktionen in Richtung Erhöhung der Fehlertoleranz notwendig sind.

Das Service Level Management nutzt die Reporting-Daten aus dem Availability Management, um dies in die Verhandlung bestehender SLAs einfließen zu lassen, und benötigt die Unterstützung aus dem Availability Management während der Verhandlungen mit dem Kunden. Die Verfügbarkeit ist dabei eines der wichtigsten Themen. Andersherum liefert das Service Level Management Informationen zu den Anforderungen hinsichtlich der Verfügbarkeit einer Komponente oder eines Service.

Das Financial Management liefert Informationen zu den Kosten, die mit dem Upgrade eines Services oder einer IT-Komponente in Verbindung stehen, die einen höheren Grad an Verfügbarkeit bieten soll. Informationen für das Financial Management werden in Form von Kostendaten bereitgestellt, zum Beispiel bei der Frage, was die Nicht-Verfügbarkeit einer Komponente oder eines Service für das Unternehmen finanziell bedeutet. Dies dient u.a. der Rechtfertigung bei Budget-Verhandlungen.

Als Input vom Continuity Management für das Availability Management dient die Bewertung der Auswirkungen auf das Business bezüglich der vitalen Geschäftsfunktionen in Abhängigkeit von der Verfügbarkeit (kritische Unternehmensprozesse). Dem Continuity Management werden andersherum Informationen zur Verfügbarkeit bereitgestellt. Beide Prozesse bedienen sich des Risikomanagemnts und anderer Techniken zur Schwachstellenanalyse.

Ein wichtiger Erfolgsfaktor für das Availability Management ist die Integration mit den IT Security-Prozessen. Sie haben umfassende Wechselwirkung in der IT. Sicherheit und Zuverlässigkeit sind eng miteinander verknüpft, und ein schlechtes Konzept für die Informationssicherheit kann sich unmittelbar auf die Verfügbarkeit der Services auswirken. Ohne einen hohen Grad an Informationssicherheit lässt sich keine hohe Verfügbarkeit erreichen.

8.5 IT Service Continuity Management

Unvorhersehbare Ereignisse wie Terrorangriffe, die Strom-Blackouts, mangelnde Vorkehrungen gegen Hackerangriffe und Virenattacken, Naturkatastrophen wie Erdbeben, Blitz, Brand und Überschwemmungen wie beispielsweise die Flutkatastrophen in Deutschland treffen auch Unternehmen. Diese Begebenheiten verursachen (möglicherweise) auch Schäden in der IT eines Unternehmens und sind oft sogar existenzbedrohend. Eine Katastrophe ist viel schwerwiegender als eine Störung. Ein Notfall oder eine Katastrophe stellt ein unvorhersehbares Ereignis dar, gegen das sich die Betroffenen nur unzureichend schützen können. Die Überlegungen und Umsetzungen hinsichtlich einer Kontinuitätsplanung unter Zuhilfenahme des Risikomanagements zur Risikominimierung könnten vielen Unternehmen eine Menge Ärger ersparen. Wichtig ist, dass die IT und mögliche Katastrophen nicht isoliert betrachtet werden. Continuity Management muss auf verschiedenen Ebenen greifen: Business, Services, Ressourcen. Das Availability und das Security Management leisten hier beispielsweise bei Bedarf Unterstützungsarbeit. Die Anwendung bei unvorhergesehenen Zwischenfällen unterscheidet das Continuity Management vom Availability Management. Umgekehrt bietet das IT Service Continuity Management (ITSCM) anderen Prozessen auch seinen Rat und seine Hilfe an.

8.5.1 Aufgaben des Continuity Managements

Continuity Management für IT Services hilft hinsichtlich möglicher oder drohender Katastrophen bzw. weitläufiger und unvorgesehener Störungen dem Geschäftsbetrieb, Risiken abzuschätzen (z.B. auch durch BIAs) und zu benennen, und ist dafür verantwortlich, Vorsorge- und Notfallmaßnahmen zu organisieren. Diese müssen den Zielen in den SLAs entsprechend den Business-Anforderungen getestet und regelmäßig überprüft werden und so das Business Continuity Management unterstützen. Bei Bedarf sind externe Dienstanbieter über das Supplier Management hinzuzuziehen.

Erst wenn bekannt ist, worin das Risiko für das gesamte Unternehmen und nicht nur für die IT selbst besteht, kann in Vorsorgemaßnahmen im Zusammenhang mit einer möglichen Katastrophe investiert werden. Das Continuity Management trägt im Notfall entscheidend zum Überleben eines Unternehmens bei. Leider hat sich diese Ansicht noch nicht in allen Unternehmen durchgesetzt – genau so wenig wie die Investitionsbereitschaft in ähnliche Maßnahmen, die Risikomanagement und Security tangieren. Hier gilt anscheinend der Leitsatz „Is noch immer jut jegangen". Die entsprechende Einsicht kommt leider oft zu spät. Dabei geht es nicht nur um die Gefahr eines möglichen Verlusts der IT-Infrastruktur in Teilen oder als Ganzes, sondern um den Verlust der Reputation. Das ist ein Grund, warum es so wenig Erfahrungswerte zu diesem Thema gibt. Niemand möchte zugeben, dass dem Unternehmen ein so eklatanter Verlust aufgrund von fehlender Planung bzw. aufgrund Management-Verschuldens unterlaufen ist. Mittlerweile scheint sich die Erkenntnis durchzusetzen, dass proaktive Vorsorge ein besseres Mittel ist als hilflose Nachsorge. Continuity Management ist zwingende Notwendigkeit – auch wegen der bestehenden gesetzlichen Anforderungen wie Basel II oder KontraG.

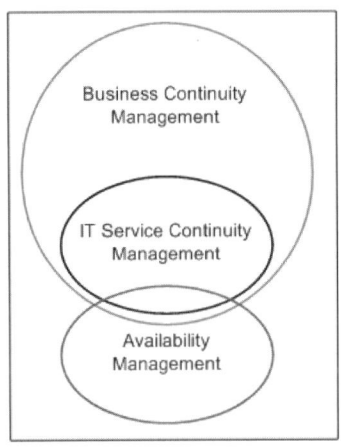

Abbildung 8.37:
Zusammenhang zwischen Business Continuity Management, IT Service Continuity Management und Availability Management

Das primäre Ziel besteht in der Sicherstellung von relevanten Service-Leistungen auch in Ausnahme- und Notfällen. Dabei betrachtet das Continuity Management vorwiegend die IT-Assets und Konfigurationen, die die definierten Business-Prozesse unterstützen. Es geht darum, im Katastrophenfall dem Business die vitalen Services zur Verfügung zu stellen, um den abgestimmten Unterstützungsbedarf leisten zu können. Entsprechend einer Risikoanalyse sind Szenarios zu entwerfen, schützenswerte IT Services zu identifizieren und im Bedarfsfall Maßnahmen zu ergreifen. Das Aufstellen eines IT Service Continuity-Plans soll gewährleisten, dass bei Eintritt eines Notfalls kontrolliert und ohne Zeitverzug gehandelt werden kann, um Folgeschäden minimal zu halten und den Service innerhalb eines vereinbarten Zeitraums wiederherzustellen. Der Plan enthält ebenfalls eine klare Aussage darüber, wie und wann die darin aufgeführten Maßnahmen zum Einsatz gelangen. Dieser Plan unterstützt den umfassenden Business Continuity Plan (BCP).

Da die IT Services und die damit verbundenen Prozesse den Geschäftsbetrieb unterstützen sollen, liegt der Fokus des Continuity Managements auf der Unterstützung des übergeordneten Business Continuity Managements (BCM). Dazu gehört auch die Vervollständigung einer Business Impact Analyse (BIA), um sicherzustellen, dass die IT Service Continuity-Pläne mit den Veränderungen in den Auswirkungen auf das Geschäft und den Anforderungen einhergehen. Nur wenn technische und nicht-technische Seiten betrachtet werden, können die Möglichkeiten des Continuity Managements effektiv umgesetzt werden.

8.5.2 Business Continuity Management und IT Service Continuity Management

Die beiden Bereiche Business Continuity Management (BCM) und Continuity Management für IT Services (ITSCM) arbeiten Hand in Hand, weil sich die Unternehmen der Abhängigkeit zwischen IT und Geschäftsprozessen bewusst sind. Wie bei vielen anderen Prozessen ist der Lifecycle-Ansatz auch in diesem Prozess nicht zu übersehen. Zwischen den beiden Prozessen herrscht eine ständige Abstimmung bezüglich der Business-Aktivitäten und -Vorgaben (siehe *Abbildung 8.38*). Alle Änderungen an den Services bzw. Service Levels müssen hinsichtlich ihrer Auswirkungen auf die IT Service Continuity mit der Frage geprüft werden, ob der gegebene Schutz noch ausreichend ist. Dabei geht es auch darum, einmal aufgestellte Pläne und Maßnahmenkataloge aktuell zu halten und die laufenden Changes zu bewerten und ggf. neue Erkenntnisse wieder in die Dokumente einfließen zu lassen.

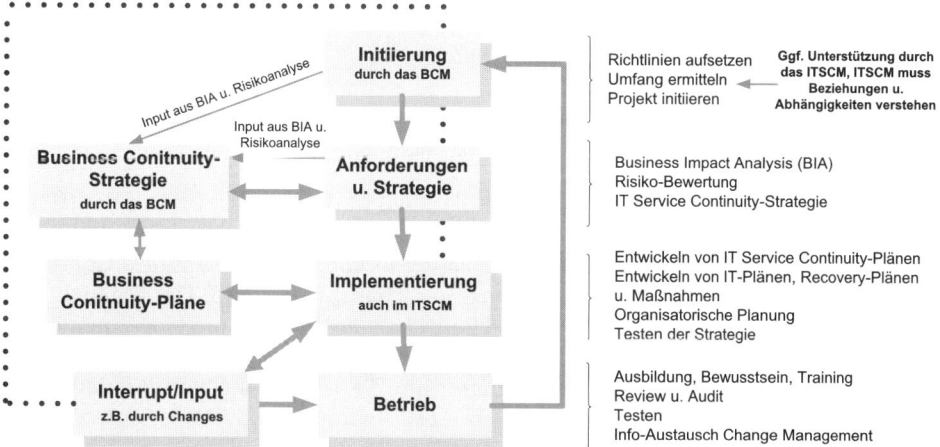

Abbildung 8.38: Lifecycle-Gedanke im Continuity Management

◆ Das Business Continuity Management (BCM) beschäftigt sich mit der Analyse und dem Management der Risiken, damit die Organisation jederzeit die erforderliche Mindestproduktionskapazität und/oder den Mindestservice gewährleisten kann (siehe *Abbildung 8.39*). Über diverse Analysemöglichkeiten (BIA, Risikoanalyse) erstellt das BCM eine Business Continuity-Strategie, aus der das IT Service Continuity Management seine eigene Strategie ableitet. Die Business Continuity-Strategie konzentriert sich auf die Business-Prozesse. Hier geht es auch um Verhandlungen mit Geldgebern wie Banken, Verhandlungen zu Ausweichproduktionsstätten, Evakuierungsplänen, um das Festlegen von Verantwortlichkeiten und Rollen. Dieser Prozess ist bemüht, die Risiken auf ein akzeptables Maß festzulegen. Im Anschluss daran sind Maßnahmen und Pläne für die Wiederherstellung der geschäftlichen Aktivitäten aufzustellen, falls eine Unterbrechung der Geschäftsaktivität infolge einer Katastrophe entsteht. Die IT Service Continuity-Strategie unterstützt diese Ziele.

Das Business Continuity Management steht über dem IT Continuity Management und gibt die geschäftskritischen Anforderungen für die IT vor. Dabei geht es zuerst um die Ermittlung der geschäftskritischen Prozesse und die Schäden bei einer geschäftsrelevanten Service-Unterbrechung, die nicht ad hoc zu beheben ist (Business Impact-Szenario). Eine Frage ist, welche weiteren Faktoren neben den IT Services wie Geschäftsunterlagen, Energieversorgung, Facilities oder Personal existieren. Daneben ist auch zu ermitteln, welche zeitlichen Wiederherstellungsvorgaben für die Kernaktivitäten und eine Komplett-Wiederherstellung vorhanden sind.

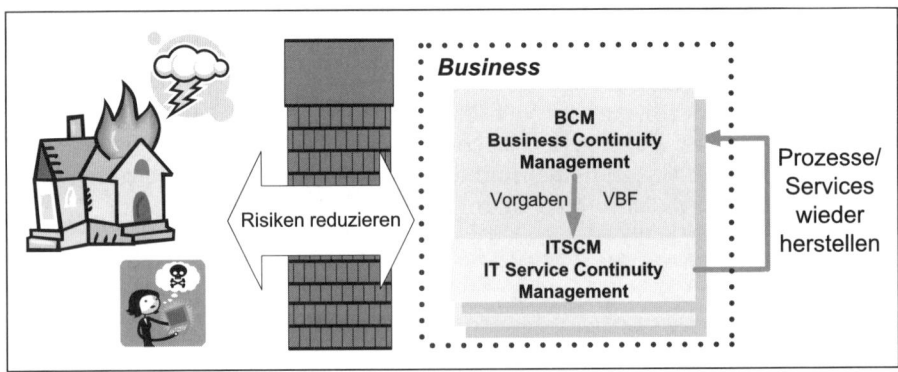

Abbildung 8.39: Business Continuity Management

◆ Das IT Service Continuity Management (ITSCM) ist der Prozess, der auf der IT-Seite Maßnahmen trifft, damit das Unternehmen seinen Betrieb fortsetzen kann. Die Maßnahmen dieses Prozesses leiten sich aus den Vorgaben des Business Continuity Managements für die geschäftskritischen Geschäftsprozesse ab. Der Maßnahmenkatalog lässt sich beispielsweise in zwei Bereiche aufgliedern. Zum einen geht es um die Beschränkung von Risiken, z.B. durch die Installation zuverlässiger Systeme mit einer hohen Fehlertoleranz, zum anderen um die Einrichtung von Wiederherstellungsmöglichkeiten, z.B. Backup-Systeme und redundante Systeme, deren aktiver Einsatz erst nach dem Eintreten eines Notfalls notwendig wird.

Wird Outsourcing betrieben, muss der Service Provider nicht nur die Anforderungen des Kunden erfüllen, sondern darüber hinaus auch seine eigene Kontinuitätsstrategie entwickeln, umsetzen und leben.

8.5.3 Aktivitäten des Continuity Managements

Die Aufgabe des Continuity Managements besteht darin, die Wiederherstellbarkeit von IT Services nach einer Katastrophe (einem unvorhersehbaren Ereignis) bzw. einem überaus großen Systemausfall innerhalb der in den SLAs und den Service-Zielen vereinbarten Zeit kontrolliert gewährleisten zu können. Diese Anforderungen einschließlich der Notfalldefinition und die Ergebnisse einer entsprechenden Analyse und nachfolgenden Planung fließen in die SLAs ein. Dazu gehört auch das Durchführen von vorbeugenden Maßnahmen, um Ausfälle zu vermeiden bzw. Maßnahmen zur Wiederherstellung der Dienstleistungen nach dem Katastrophenfall zu definieren. Dazu werden zunächst die Risiken ermittelt und dann ein Continuity Plan erstellt, der dem Change Management unterstellt und regelmäßig getestet werden muss.

Das Continuity Management für IT Services lässt sich nach folgenden Aspekten unterteilen:

♦ Definition des Umfangs: Grundsätze, Schwerpunkte, Ressourcen, Projektierung

♦ Erfordernisse und Strategie: Business Impact-Analyse, Schwachstellenuntersuchung (siehe *Abbildung 8.40*), Bedrohungs- und Risikoanalyse (CRAMM), Mapping von Geschäftsprozessen auf Services und Komponenten, IT Service Continuity-Strategie („Kontinuitätsoptionen")

♦ Implementierung: Planung (Organisation und Implementierung), Risikominimierung (Maßnahmen, Einrichtungen), Recovery-Pläne, Test (Prozesse und Pläne)

♦ Operatives Management: Training/Bewusstsein, Review und Audit, Test, Change Management, Qualitätskontrolle des Prozesses

Die Aktivitäten des Continuity Managements lassen sich dementsprechend auch in vier Phasen unterteilen: Initiierung, Anforderungen und Strategie, Implementierung und Betrieb.

Phase 1: Initiierung

Bei der Initiierung des ITSCM geht es darum, Rahmen und Umfang des ITSCM zu definieren, Verantwortlichkeiten und Ressourcen zuzuweisen und eine adäquate Projektplanung zur Implementierung des Prozesses festzulegen. Zu Beginn des ITSCM wird die gesamte Organisation einer genauen Prüfung unterzogen.

Es ist erforderlich, möglichst frühzeitig Grundsätze auszuarbeiten und diese in der gesamten Organisation bekannt zu machen, damit alle betroffenen Personen und Instanzen die Notwendigkeit eines ITSCM erkennen und verstehen. Auf der Grundlage der Bedingungen, die eventuell durch eine Versicherung, durch die gültigen Qualitätsnormen (ISO 9000) und die Vorgaben für das Security Management u.ä. vorgegeben werden, wird das Vorgehen für das Continuity Management festgelegt und die anzuwendenden Methoden und Qualitätsanforderungen ausgewählt. Die Einrichtung einer ITSCM-Umgebung erfordert eine erhebliche Investition an Arbeitskräften und Anlagen. Meist findet die Einführung von BCM und ITSCM in Form eines Projektes statt. ITIL® V3 empfiehlt hier eine Methode wie PRINCE2™.

Service Design

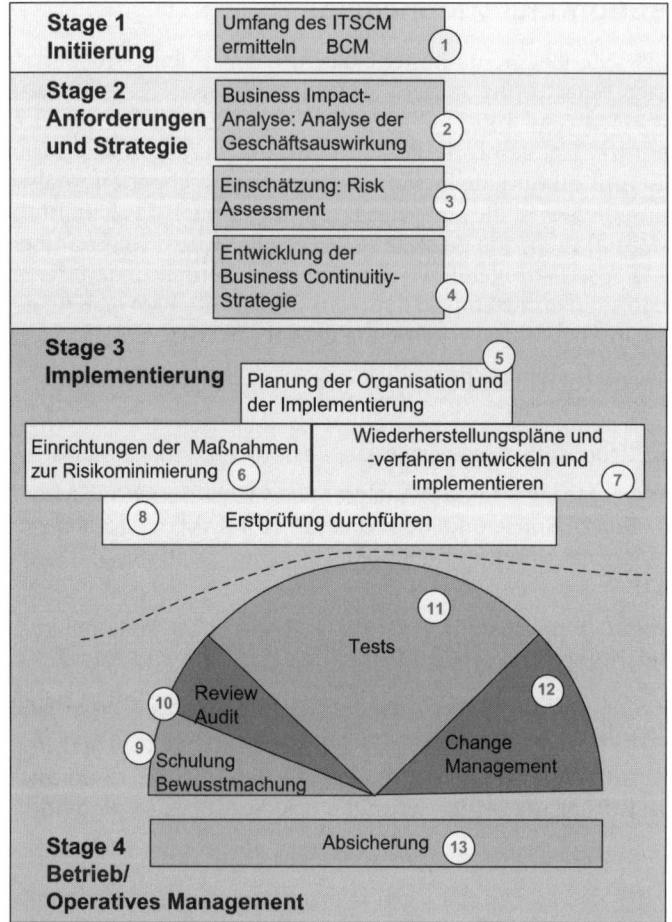

Abbildung 8.40: Aktivitäten im IT Service Continuity Management (ITSCM)

Phase 2: Anforderungen und Strategie

Hier erfolgt die Definition von Anforderungen und Strategien mittels Expertenbeurteilungsverfahren oder empirischen Befragungsmethoden. Diese Phase ist äußerst kritisch und maßgeblich für die späteren Arbeiten der Einführung und Implementierung. Stimmen Anforderungen und Strategie nicht, kann das Unternehmen auch keinen Katastrophenfall überstehen.

Diese Phase lässt sich zum einen in den Bereich Anforderungen, zum anderen in den Bereich der Strategie einteilen. Ersteres bezieht sich auf die BIA und die Risikobewertung. Der zweite Punkt führt die Anforderungsanalyse fort. Die Strategie gibt das akzeptable Risikomaß vor. Dementsprechende Recovery-Optionen sind zu planen.

Die Vorgabe für die Anforderungsdefinition stammt aus den Ergebnissen der Bedrohungsanalyse für die Geschäftsprozesse (Business Impact-Analyse, BIA). Auf diese Weise wird herausgefunden, welche der geschäftskritischen Services einem Risiko unterliegen oder eine Schwachstelle darstellen und welche Services und CIs mit den kritischen Geschäftsprozessen zusammenhängen. Mögliche Auswirkungen werden pro Geschäftsprozess untersucht, um festzustellen, welche den größten Einfluss auf den Geschäftsbetrieb und das Fortbestehen des Unternehmens haben. Darüber hinaus ist es wichtig, vorab zu klären, wie viel und was die Organisation bei einer schwer wiegenden Unterbrechung des Service zu verlieren hat. In der Praxis müssen die Unternehmen oft einen Kompromiss zwischen Kosten und Wünschen eingehen, was die Auswahl kritischer Services betrifft. Auch die Frage nach einer entsprechenden Versicherung wäre zu klären. Die Business Impact-Analyse identifiziert in der Regel nur das Minimum der kritischen Anforderungen zur Unterstützung des Geschäftsbetriebes.

Auch die spezifisch angebotenen Services werden untersucht (Service-Analyse). Eine Anpassung der Service Levels an eine Ausweichsituation kann nur nach Rücksprache mit dem Kunden beschlossen werden. Für kritische Services gilt wiederum die Überlegung, ob Präventivmaßnahmen erforderlich sind oder ob nach Wiederherstellungslösungen gesucht werden soll. Dieselben Überlegungen gelten auch für die IT-Assets. Hier werden die Abhängigkeiten zwischen Services und IT-Komponenten näher untersucht. Zu diesem Zweck wird mit Hilfe der Daten aus dem Availability Management eine Analyse durchgeführt, welchen der IT Services eine kritische Funktion zukommt (siehe *Abbildung 8.41*). Das Capacity Management liefert Informationen zu den benötigten Kapazitäten. Diese Informationen werden später für die Festlegung der Kontinuitätsoptionen pro Service herangezogen.

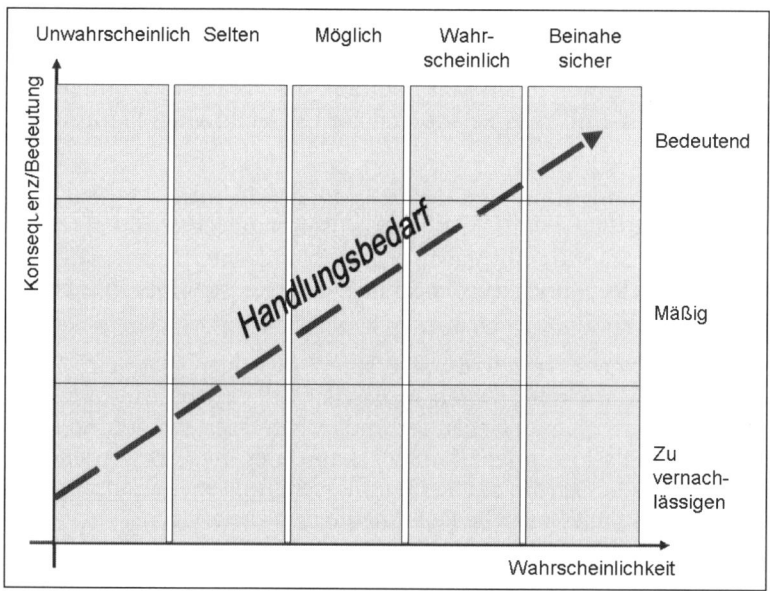

Abbildung 8.41: Schwachstellenanalyse

Um insgesamt zu eruieren, welchen Risiken ein Unternehmen ausgesetzt ist, empfiehlt es sich, eine Risikoanalyse vorzunehmen (z.B. mit Hilfe des M_o_R-Frameworks). Hier geht es darum herauszufinden, mit welcher Wahrscheinlichkeit ein bestimmter Katastrophenfall eintreten kann und wie die Bedrohungen für das

Unternehmen aussehen. Neben der Frage nach den Risiken an sich geht es auch um die Einstufung von Schwachstellen. Das Ziel ist die Aufstellung eines Kontinuitätsplans und daraus resultierend die Definition von Gegenmaßnahmen.

Nach der Identifizierung erfolgt eine Analyse der Bedrohungen und Abhängigkeiten sowie die Berechnung der Wahrscheinlichkeit (hoch, mittel, gering) für das Eintreten einer Katastrophe. Danach werden die Schwachstellen genauer untersucht. Auch ihnen wird ein Wert zugeordnet (hoch, mittel, gering). Schließlich werden die Schwachstellen und Bedrohungen für den IT-Bereich gegeneinander abgewogen. Hieraus ergibt sich die Einschätzung der Risiken.

Die Risikobewertung, die Analyse der IT-Komponenten und deren Stellenwert sowie die Wahl der Kontinuitätsoptionen können z.B. auch mit Hilfe der CCTA Risikoanalyse und Management-Methode (CRAMM) vorgenommen werden, die auch im Availability Management Verwendung findet.

Neben der Risikoanalyse und der BIA ist der zweite Aspekt in dieser Phase relevant: die IT Service Continuity-Strategie. Für die Implementierung muss zwischen Risikobegrenzung, Wiederherstellung geschäftlicher Aktivitäten und IT-Wiederherstellungsoptionen unterschieden werden. Dabei geht es auch um die Abgrenzung von Risikobegrenzung (Prävention) und Wiederherstellungsplanung (Recovery-/ Kontinuitätsoptionen). Auf Grundlage der Ergebnisse aus der BIA und der Risikoübersicht können unter Berücksichtigung der Kosten und Risiken Präventivmaßnahmen ergriffen werden. Ziel dieser Maßnahmen kann es ein, sowohl die Wahrscheinlichkeit als auch die Auswirkungen von Katastrophen zu verringern und damit den Umfang eines Kontinuitätsplans zu begrenzen. Hier fließen als Faktoren die finanzielle Bewertung der möglichen Maßnahmen, die Vor- und Nachteile der Optionen und der Umfang der nötigen Ressourcen zur Umsetzung der Planung ein (siehe *Abbildung 8.42*).

Die allgemeine Planung von Antworten auf die Risikoanalyse in Form von Maßnahmen zur Reduzierung des Risikos (Notfall-, K-Plan, Krisenmanagement), Präventivmaßnahmen (USV, RAID), Standby-Absprachen, Zugriff auf externe Dienstleister, Eliminierung von SPoFs, Backup- und Recover-Strategien lassen sich hier integrieren bzw. laufen parallel.

Für ITIL® V3 nimmt das Thema Off-Site Storage einen wichtigen Platz ein. Diese Methode sorgt dafür, dass alle vitalen Daten in das Backup einlaufen und ausreichend weit außerhalb des eigentlichen Gebäudekomplexes gelagert werden. So kann verhindert werden, dass im Katastrophenfall die Backup-Daten zerstört werden und nicht mehr für notwendige Rückgriffe zur Verfügung stehen. Dazu gehören neben den Backup-Daten auch weitere essenzielle Dokumente und Unterlagen.

Die Möglichkeiten für die ITSCM-Recovery-Optionen reichen von der höchsten Form der Prävention als „Fortress Approach", die sich als Vorgehen darstellt, um nahezu sämtliche Schwachstellen zu beseitigen (unterirdisches Rechenzentrum mit eigener Strom- und Wasserversorgung), bis hin zu lediglich rudimentären Ansätzen.

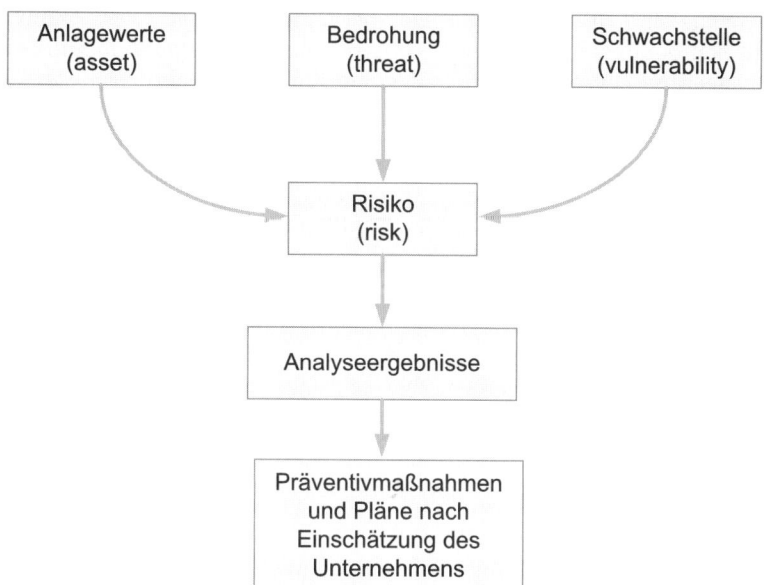

Abbildung 8.42: Risikoanalyse und -bewertung

Da niemals alle Risiken durch Präventivmaßnahmen abgedeckt werden können, sollte eine Kontinuitätsplanung erfolgen. Um das Fortbestehen des Unternehmens im Katastrophenfall gewährleisten zu können, muss für einige Bereiche eine Ausweichmöglichkeit gefunden werden (Menschen, Ausstattung, Facility-Dienste wie Strom, Wasser und Archivmaterial). Für eine rasche Wiederherstellung des IT Service stehen einige Optionen zur Auswahl. Diese werden auch Kontinuitätsoptionen genannt:

◆ Manueller Rückgriff: ... zuruck zu Karteikasten und Rechenschieber: Diese Möglichkeit kann nur eher eine Zwischenlösung für einige kleinere, weniger wichtige Services als ein Ausweichmanöver sein, beispielsweise kann sich ein Service Desk für einen begrenzten Zeitraum mit Papier und Belistift behelfen.

◆ Wechselseitiges Abkommen (Reciprocal Agreement): Diese Option kam früher zum Einsatz für den Fall, dass zwei Organisationen eine ähnliche IT-Landschaft besitzen und über eine Kooperation gemeinsam beschließen, sich im Notfall gegenseitig mit Kapazitäten auszuhelfen (eher für dezentrale Datenlagerung möglich). Heutzutage ist dies nur noch in Einzelfällen möglich.

◆ Allmähliche Wiederherstellung (Gradual Recovery, Cold Standby): Diese Option eignet sich für Unternehmen, die über einen längeren Zeitraum (in ITIL® V2: z.B. 72 Stunden) ohne IT Service funktionsfähig sind und einen langsamen Wiederaufbau planen. Die Option besteht aus einer leeren Computerumgebung (mit Energieversorgung, Anschlüssen, Kabeln, Facility) ohne IT-Equipment. Der Standort muss in ständiger Verfügbarkeit bereitstehen. Diese Kontinuitätsoption existiert als lokale, portable, mobile oder fest installierte Lösung (meist mit Dienstleisterunterstützung).

Service Design

◆ Zügige Wiederherstellung (Intermediate Recovery, Warm Standby): Diese Option bezieht sich auf den Zugang zu einer vergleichbaren operativen Umgebung, in der nach einer Anlaufzeit (über die BIA abzuschätzen und in den SLAs festzulegen) die Services wie vereinbart wieder aufgenommen werden können. Dies kann beispielsweise durch den Schwenk auf eine Referenz- oder Testumgebung realisiert werden, die aber meist nur reduzierte Kapazität und Leistung aufweist. Mutual Fallback bezeichnet das Umschalten auf diese internen Ausweichmöglichkeiten. Daneben sind für diese Option die Varianten intern/extern und mobil möglich. Diese Variante kann über eine feste Lokation oder eine mobile Option (Aufleger) genutzt werden. Mittlerweile üblich ist für diese Option der Rückgriff auf Drittanbieter, die sich auf solche Lösungen spezialisiert haben. Viele Unternehmen scheuen aber aufgrund von Security-Bedenken vor Inanspruchnahme einer solchen Leistung zurück (z.B. die Nutzung eines Drittanbieter-RZs). Der Gedanke, die „eigenen" Daten in ein fremdes Rechenzentrum laufen zu sehen, ist für viele Unternehmen ein zu großer Nachteil.

Wer Bruce Willis' „Stirb Langsam 4.0" gesehen hat, kann sich vielleicht vorstellen, wie eine solche mobile Lösung aussehen kann. ;o)

◆ Schnelle Wiederherstellung (Fast Recovery, Hot Standby) kann als Erweiterung der Intermediate-Recovery-Option angesehen werden, wenn ein Drittanbieter z.B. als Vermieter von Fläche auftritt, um eine Wiederherstellung innerhalb von 24 Stunden zu ermöglichen. Dabei wird diese „Recovery-Site" genutzt, um vorab Server, Anwendungssysteme und die Datenkommunikation aufzubauen und die Daten aus dem produktiven Bereich spiegeln zu können. Für den Fall eines Ausfalls kann der Kunde auf diese Möglichkeit zurückgreifen und hat bei regelmäßigem Datenabgleich nur geringe Datenverluste für seine kritischen Systeme.

◆ Sofortige Wiederherstellung (Immediate Recovery, ebenfalls Hot Standby, auch Spiegeln, Load Balancing, Split Site): Ziel dieser Option ist eine unmittelbare Wiederherstellung des Service ohne Unterbrechung des Service an sich. Für geschäftskritische Systeme und Services wird dies mit Hilfe einer duplizierten Produktionsumgebung sowie der Spiegelung von Daten umgesetzt. Diese Form wird in vielen Firmen über ein Ausfallrechenzentrum bereitgestellt, das sich in einer anderen Lokation befindet als die Produktivumgebung. Diese Recovery-Option mag zwar als sehr teuer erscheinen, ist aber gerechtfertigt, wenn sie die Ausfallkosten aufwiegt.

Phase 3: Implementierung

Dieser Schritt beinhaltet die Umsetzung der Strategie, Planung und die Einrichtung des Continuity Management-Prozesses. Dazu zählen auch organisatorische Maßnahmen wie etwa das Einrichten eines Teams und weiterer Ansprechpartner unter der Führung des Managements (Krisenmanager). Auf der obersten Ebene sollte ein Gesamtplan mit Katastrophenplan, Schadensbeurteilungsplan, Wiederherstellungsplan, Vital Records Plan (für die kritischen Geschäftsprozesse) sowie Krisenmanagement und PR-Plan (Public Relations) genehmigt werden. Zusammen mit dem Availability Management werden Präventivmaßnahmen und Wiederherstellungsoptionen getroffen. Die Einbeziehung und die Unterstützung durch das oberste Management sind wichtig für das allgemeine Problembewusstsein und die Sensibilisierung im Unternehmen.

Die Pläne sollten detailliert ausgearbeitet sein, einen formalen Charakter besitzen und so verteilt werden, dass alle betroffenen Personen seinen Inhalt kennen. Des Weiteren sollte beachtet werden, dass ein Kontinuitätsplan laufender Pflege unterliegen muss. Die Steuerung der Einbringung von Änderungen verläuft über das Change Management und das Configuration Management. Notwendige Änderungen müssen von den betroffenen Personen und Instanzen genehmigt und kommuniziert werden. Hier ist streng darauf zu achten, dass die IT Continuity-Maßnahmen mit den Business Continuity-Maßgaben abgestimmt werden. Dabei existieren eine Vielzahl von Plänen, die Teil des Business Continuity-Plans sein können.

Im Mittelpunkt steht das Ausarbeiten, Prüfen und Pflegen eines Kontinuitätsplans, der genügend Einzelheiten enthält, um eine Katastrophe zu überleben und den normalen Service (termingerecht) wiederherstellen zu können (siehe *Abbildung 8.43*). Dieser Plan beinhaltet Verantwortlichkeiten und die Auflistung des Notfall-Teams, eine Checkliste bzw. Anweisungen zum vereinbarten Verfahren, allgemeine Anweisungen und Dokumente (Fluchtpläne, Sammelpunkte etc.) und die Recovery-Strategie für die Kontinuitätsoption.

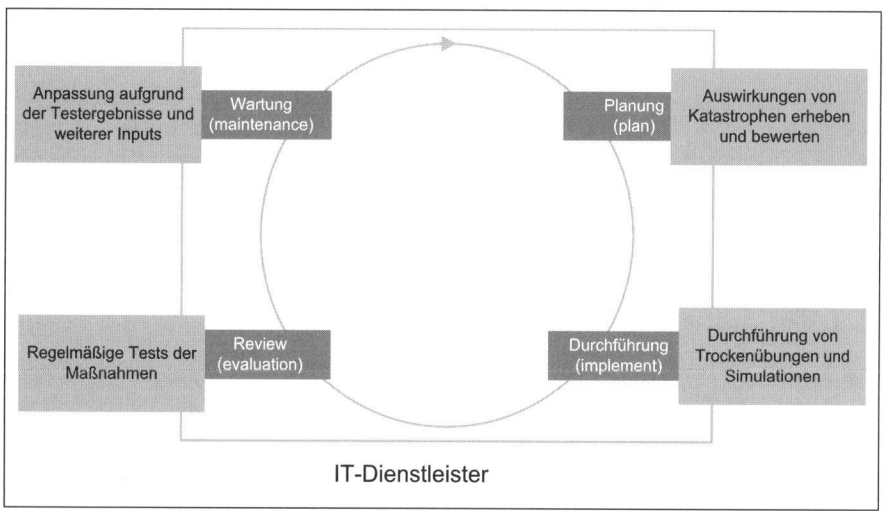

Abbildung 8.43: Aktvitäten-Einteilung im Continuity Management

Die organisatorische Planung im Disaster Recovery-Prozess enthält beispielsweise auf der obersten Ebene den bereits angesprochenen Manager mit der obersten Geschäftsführung und weiteren Autoritätspersonen des Unternehmens. Darunter folgt eine Ebene für die Koordinierung, die im Bedarfsfall die Recovery-Aktivitäten zu koordinieren hat. Die untere Ebene kümmert sich um die Recovery selber und besteht aus unterschiedlichen Teams, die sich vor allem um die kritischen Geschäftsprozesse und die entsprechenden IT Services kümmern.

Continuity- und Recovery-Pläne sind nur so gut wie die Tests, die ihre Umsetzung bewiesen haben. Das Testen ist ein kritischer Teil des Continuity Managements. Der IT Service Provider ist dafür verantwortlich, dass die IT Services in einem definierten Zeitraum wiederhergestellt und die definierte Funktionalität und Performance wieder angeboten werden kann. ITIL® V3 gibt vier Basistypen von Tests an: Walk-through-Test, Volltest, Teiltest, Szenariotest.

Phase 4: Betrieb und Prozesssteuerung

Ein wirksamer Continuity-Plan sollte umfassend entwickelt und getestet sein. Er muss den Bedürfnissen entsprechen sowie die Zustimmung und Akzeptanz der Mitarbeiter aufweisen. Schulungen sollten sicherstellen, dass alle Mitarbeiter über den Prozess informiert werden. Alle Mitarbeiter müssen über ausreichende Kenntnisse verfügen, um an einer Wiederherstellung unterstützend mitwirken zu können, bzw. wissen, wie sie sich in einem Katastrophenfall zu verhalten haben. Darüber hinaus sind Übungen und Schulungen im Hinblick auf eine Kontinuitätssituation ebenfalls anzuraten.

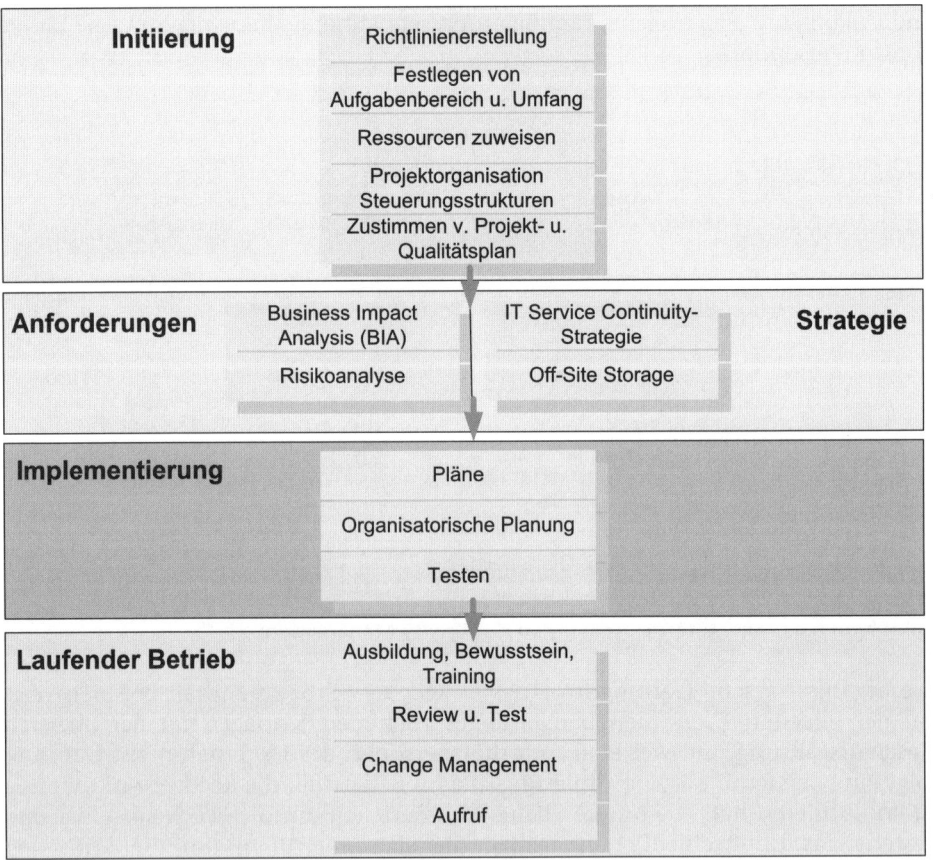

Abbildung 8.44: Prozessaktivitäten und Methoden im ITSCM

Die Pläne sollten regelmäßig auf ihre Aktualität hin überprüft und getestet werden (siehe *Abbildung 8.44*). Tests können auch bereits während der Entwurfsphase stattfinden. Für die IT ist ein solches Audit bei jeder wichtigen Änderung innerhalb der IT-Infrastruktur erforderlich. Nachdem eine Änderung der Strategie der IT oder des Unternehmens beschlossen wurde, sollte ebenfalls ein Audit durchgeführt werden. Wenn die Pläne und die Strategie angeglichen werden, fällt die Durchführung dieser Anpassung wieder unter die Regie des Change Managements. Der Prozess soll klären, ob Changes Auswirkungen auf die ITSCM-Pläne haben können. Sollte dies der Fall sein, muss der Plan angepasst werden, bevor der Change implementiert wird, ggf. muss der betroffene und angepasste Plan im Rahmen des Change getestet werden. Auch das Configuration Management greift in die Steuerung ein. Die Empfehlung lautet, dass bei der Erstellung, danach regelmäßig und nach jedem signifikanten Change eine Überprüfung unter realistischen Bedingungen stattfinden sollte.

Im Rahmen der Kontrolle wird bestimmt, ob die Qualität des Prozesses (Verfahren und Dokumente) den Anforderungen der geschäftlichen Seite des Unternehmens genügt. Hierfür sollten vorher Erfolgskriterien und Kennzahlen festgelegt werden.

Leistungsindikatoren

Das Continuity Management bietet durch den Einsatz von Risikomanagement und die damit verbundene Risikoreduzierung eine akzepable Ebene eines Restrisikos und die Planung der Wiederherstellung von IT Services. Der Prozess stellt sicher, dass der IT Service Provider die definierten Service Level-Ziele bereitstellen kann und so das Business Continuity Management unterstützt. Die unterschiedlichen möglichen Kennzahlen dieses Prozesses helfen dabei.

Eine interessante Kennzahl bezieht sich auf die Anzahl der SLAs, die über Anforderungen an das IT Service Continuity Management verfügen und so umso deutlicher an die Geschäftsanforderungen geknüpft sind.

Die Anzahl der ITSCM-Audits und der Anteil der Audits, die (nicht) erfolgreich verlaufen sind, stellen sicher, dass die ITSCM-Pläne im Notfall auch funktionieren und daher regelmäßig überprüft werden müssen. Gleiches gilt für die Anzahl der (nicht) erfolgreich verlaufenen ITSCM-Tests, die einen eigenen Leistungsindikator im ITSCM darstellen.

Für eine optimale Prozesssteuerung sind Berichte an das Management, kritische Erfolgsfaktoren und Leistungsindikatoren wichtig. Wenn sich eine Katastrophe ereignet hat, wird selbstverständlich ein Bericht über die Ursache und die Folgen sowie über das reaktive Vorgehen bzw. dessen Erfolg erstellt. Dies gilt auch für Simulationen in einer Testsituation. Mängel, die sich in der Vorgehensweise gezeigt haben, führen dann zu Verbesserungsplänen für die übrigen Einrichtungen. Das Management-Berichtswesen dieses Prozesses besteht darüber hinaus u.a. aus Auswertungsberichten über die Tests, die hinsichtlich des Recovery-Plans ausgeführt werden.

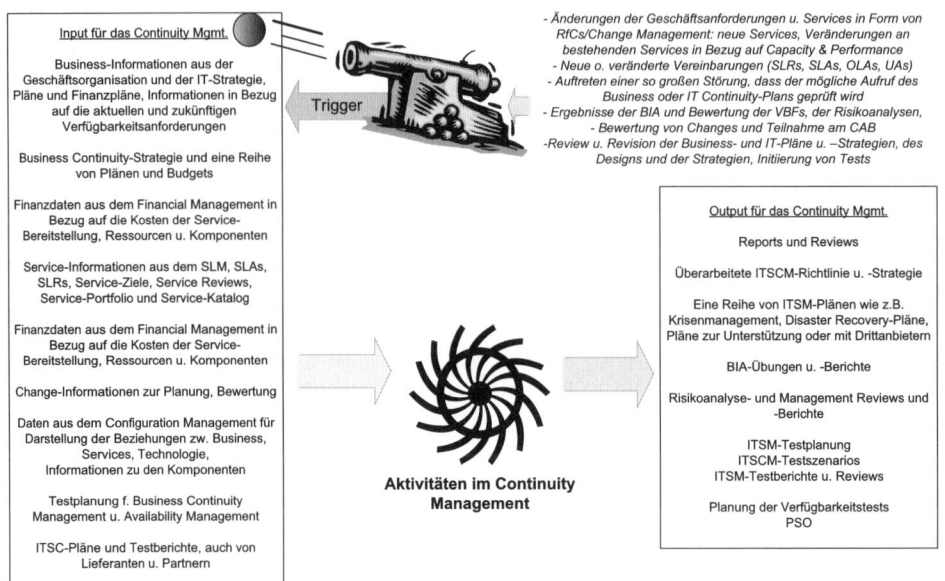

Abbildung 8.45: Trigger, Input und Output für das Continuity Management

Der Auslöser (Invocation) ist der ultimative Test für das Business Continuity und die ITSCM-Pläne. Wenn die Vorarbeiten konsistent und vollständig abgearbeitet wurden, Tests erfolgreich waren und alle Beteiligten vorbereitet sind und wissen, was im Ernstfall zu tun ist, folgt auf den Auslöser der Ablauf und die Abarbeitung der Pläne. Der Aufruf als Trigger für die Pläne ist eine Schlüsselkomponente im Plan und wird selbstverständlich nicht leichtfertig ausgeführt (schon allein wegen der mit den nachfolgend verbundenen Kosten). Die Entscheidung für das Lostreten der Continuity-Pläne erfolgt aufgrund der Betrachtung des Schadensausmaßes und des Umfangs des Auslösers, der ungefähren Dauer der Unterbrechung und Nicht-Verfügbarkeit der Services, des Schadens für das Business.

Die Rolle des (IT Service) Continuity Managers

Der Continuity Manager ist verantwortlich dafür, dass die Aktivitäten und Ziele im Continuity Management für IT Services umgesetzt werden. Darüber hinaus nimmt die Rolle an CAB-Meetings teil, falls seine Anwensenheit notwendig erscheint, bewertet Changes in Bezug auf ihren Einfluss auf die Kontinuitätsplanung, kümmert sich um das Review und die Kommunikation im Sinne des Prozesses.

8.5.4 Schnittstellen des Continuity Managements

Neben der Verbindung zum Management des Unternehmens besitzt das IT Continuity Management Schnittstellen zu den anderen ITIL®-Prozessen. Ohne Einführung und Akzeptanz von Configuration Management und Change Management lassen sich die Anforderungen zur Implementierung, um eine kontrollierte und definierte Wiederherstellung zu realisieren, nicht umsetzen.

Das Service Level Management betont die Verpflichtungen, die bezüglich eines IT Service eingegangen wurden. Dies bezieht sich auch auf das Thema Wiederherstellung von Komponenten. Die Anforderungen bezüglich der Wiederherstellung der IT Services im Katastrophen- oder Notfall werden in den SLAs definiert.

Das Availability Management unterstützt das ITSCM, indem es Präventivmaßnahmen entwickelt und implementiert. Die beiden Prozesse arbeiten eng zusammen und tauschen ihre Informationen zu den jeweiligen Komponenten und IT Services aus.

Das Configuration Management verfügt durch das CMS über ein modellhaftes Abbild der Infrastruktur, seiner Komponenten und Services. Das Continuity Management erhält hier Daten über die CIs und ihre Beziehungen als Soll-Situation nach einer Katastrophe. Die CMS dient so in ihrer Gesamtheit als Baseline der gesamten Infrastruktur, auch wenn sich das Continuity Management nur auf die in den SLAs definierten Anforderungen stützt.

Das Capacity Management sorgt dafür, dass die Business-Anforderungen durch vorhandene IT-Ressourcen umgesetzt werden können. In Bezug auf das Continuity Management gilt dies vor allem für die Beschaffung und den Einsatz von Präventivmaßnahmen.

Das Change Management trägt dafür Sorge, dass die Continuity-Pläne stets auf dem neuesten Stand sind, indem es das Continuity Management hinsichtlich aller Änderungen einbezieht, die sich auf die Präventivmaßnahmen oder die Kontinuitätspläne auswirken können. Nach entsprechenden Changes müssen die Notfallpläne erneut einer Prüfung und einem Test unterzogen werden, um sicherzustellen, dass die Veränderungen entsprechend verarbeitet wurden.

8.6   Information Security Management

Die Informationssicherheit und die Beachtung der entsprechenden Gesetze und Vorschriften berühren zahlreiche Bereiche eines Unternehmens wie z.B. die IT-Infrastruktur, das Personal, die physische Umgebung, das Betriebsmanagement und viele andere mehr. Die Anforderungen an die Unternehmenssicherheit sind vielschichtig und komplex: Neben den klassischen Schutzanforderungen (gegen Diebstahl, Spionage) treten immer mehr Sicherheits-Standards (ISO 27001, BSI-Grundschutz) und die Einhaltung gesetzlicher Vorschriften (Compliance, z.B. Basel II, SOX) in den Vordergrund. Die gesetzlichen Bestimmungen zur Informationssicherheit enthalten neben diversen betriebswirtschaftlichen Vorgaben auch solche über die Verfügbarkeit von Daten, ihre Integrität und Nachhaltigkeit sowie über das IT-Risikomanagement.

Service Design

Auch ITIL® kümmert sich um das Thema Sicherheit. Denn Information Security besteht nicht nur in einer reinen Einhaltung von Gesetzen oder Standards, da beispielsweise auch der Schutz von Informationen einen immer höheren Stellenwert gewinnt. Information Security ist viel mehr. Es stellt einen integralen Bestandteil sämtlicher Geschäftsprozesse dar. Demzufolge sind alle drei Ebenen des Planens und des Handelns – die strategische, die taktische und die operative – gefordert, wenn es gilt, Informationssicherheit zielgerichtet und möglichst wirtschaftlich in ein Unternehmen zu integrieren. Security Management ist Chefsache. Die Umsetzung Security-relevanter Maßnahmen ohne Management-Unterstützung ist nur in seltenen Fällen von Erfolg gekrönt.

Auf der taktischen Ebene wird durch das Service Design beschrieben, was und wie es benötigt wird, beispielsweise unter Zuhilfenahme von Service Level, Availability, Capacity, Finance und Service Continuity Management. Die operative Ebene kümmert sich über das Service Operation, damit Services zusammen mit den Security-Aspekten dem Kunden zur Verfügung gestellt und später betrieben und weiter verbessert werden können.

8.6.1 Aufgaben des Information Security Managements

Die Etablierung eines umfassenden IT-Sicherheitsmanagements ist eine anspruchsvolle Aufgabe, weil Planungsfehler und unpraktikable Regelungen nur schwer wieder zu korrigieren sind und Sicherheitsprobleme unter Umständen nicht wirkungsvoll verhindert werden. Ziel des Information Security Managements ist es, die für das jeweilige Unternehmen definierte Informationssicherheit zu etablieren und aufrecht zu erhalten. Dabei muss sich die IT Security an der Business Security ausrichten (ähnlich wie dies auch im Continuity Management zwischen BCM und ITSCM geschieht), um sicherzustellen, dass die IT Security in allen Service Management-Aktivitäten und in den IT Services effektiv gehandhabt wird. Information Security steht nicht isoliert, sondern ist eine Management-Aufgabe im Corporate Governance-Zusammenhang. Hier wird die strategische Richtung für die Security-Aktivitäten vorgegeben und gewährleistet, dass die damit verbundenen Ziele erreicht werden. So wird beispielsweise sichergestellt, dass Informationssicherheitsrisiken angemessen und Unternehmensinformationsressourcen verantwortungsbewusst gehandhabt werden.

Der Begriff Information wird unter ITIL® V3 generell im Zusammenhang mit Datenablage, Datenbanken und Metadaten verwendet. Die Interessen derjenigen müssen geschützt werden, die sich auf diese Informationen verlassen. Dazu gehören auch die Systeme und die Kommunikationsübertragung, die damit in Zusammenhang stehen und Schaden durch Störungen und Fehler in Bezug auf die drei Aspekte CIA (Confidentiality, Integrity, Availability) nehmen. Umgekehrt heißt dies für die Unternehmen, dass Sicherheit gewährleistet wird, wenn Informationen verfügbar und verwendbar sind, sobald sie angefragt werden. Dies bedeutet, dass die Systeme, die die Informationen zur Verfügung stellen, in der Lage sind, Angriffen standzuhalten und ggf. wiederhergestellt werden können. Vertraulichkeit der Information ist dabei gegeben, wenn nur die Personen, die zu der Zeit das Recht haben, auf die Informationen zuzugreifen, dies auch können (C). Die Integrität der Information bezieht sich darauf, dass die Informationen vollständig, richtig und geschützt vor

der Manipulation durch Dritte sind (I). Geschäftstransaktionen und Informationsaustausch zwischen Unternehmen, Partnern und Kunden sollten sicher sein
(A: Authentifizierung und Nachweisbarkeit). Die Priorisierung der drei Aspekte
(CIA) muss im Gesamtzusammenhang mit dem Unternehmen und den Unternehmensprozessen erfolgen.

Die Vorgabe hinsichtlich der Priorisierung und der Angabe, was auf welcher Ebene
geschützt werden soll, muss aus dem Business kommen. Um diese Vorgaben effektiv umsetzen zu können, muss das Thema Security umfassend und nachhaltig von
Anfang bis Ende alle Business-Prozesse adressieren und auch die physikalischen
und technischen Aspekte berücksichtigen.

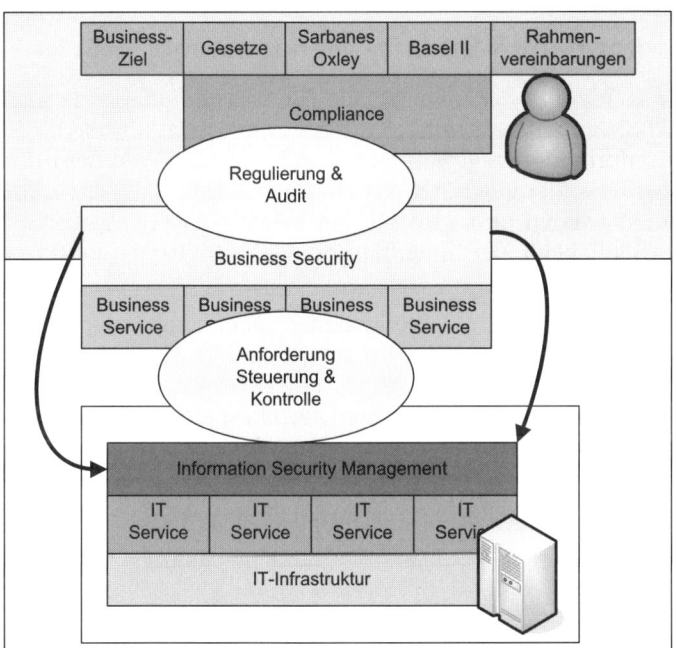

Abbildung 8.46: Security Management im Spannungsfeld

Für die Umsetzung dieser Anforderungen in Bezug auf die Informationen der Unternehmung ist die IT-Organisation verantwortlich. Das Security Management stellt
sicher, dass der IT Service stets auf einer mit dem Kunden vereinbarten Sicherheits-
stufe erbracht wird. Das Security Management sorgt für die strukturelle Integration
der Sicherheit in der IT-Organisation aus der Sicht des Service-Anbieters und stellt
sicher, dass den aktuellen und zukünftigen Geschäftsanforderungen, -plänen und
-prozessen entsprechende Sicherheitsrichtlinien implementiert und gepflegt werden. Dazu gehören auch die rechtlichen Vorgaben, die im gleichen Zusammenhang
umzusetzen sind. Alle diese sicherheitsrelevanten Aspekte müssen zusammen mit
den entsprechenden Pflichten und Verantwortlichkeiten in den SLAs enthalten sein.
Risikomanagement für die Unternehmung und den Service Provider unterstützt dies.

Service Design

Der Information Security-Prozess befasst sich jedoch nicht nur mit der Implementierung bedarfsgerechter IT Security. Hier geht es auch um eine kontinuierliche Überwachung der Sicherheitsmaßnahmen, um die Effektivität und Effizienz fortwährend bewerten zu können. Daraus leitet sich eine Grundlage für neuerliche Anpassungen und weitere Maßnahmen ab. Dazu gehört, dass die definierten Sicherheitsanforderungen und -maßnahmen auch bei geänderten Anforderungen oder einer sich verändernden IT-Umgebung gewährleistet werden. Information Security Management ist niemals statisch. Die Aktivitäten innerhalb des Information Security Managements sollten ständig überprüft und überarbeitet werden, um ihre Effektivität zu erhalten. Das Information Security Management lehnt sich ebenso wie andere Prozesse an den Qualitätskreis von Deming an (Continual Service Improvement, CSI).

8.6.2 Begriffe des Information Security Managements

Information Security Management ist der Fokus für alle Themen und offenen Punkte, die sich mit dem Thema IT-Sicherheit befassen. Schutz (Security) ist das Mittel, das die Sicherheit der Daten und Informationen gewährleisten soll. Es ist der Wert der Informationen für das Unternehmen, der geschützt werden muss. Dieser Wert kann nur vom Unternehmen definiert werden und wird für den Bereich der IT-Organisation von den Aspekten der Vertraulichkeit, der Integrität und der Verfügbarkeit bestimmt (CIA, siehe *Abbildung 8.47*):

◆ Vertraulichkeit (Confidentiality): Schutz von Informationen vor unautorisierter Einsicht und unbefugter Benutzung. Es geht zum einen darum, Daten im Sinne des Datenschutzes zu schützen. Zum anderen muss gewährleistet werden, dass nur Personen, die Zugriff auf bestimmte Daten haben sollen, diesen auch bekommen. Alle anderen dürfen nicht auf diese Daten zugreifen (selektiver Datenzugriff).

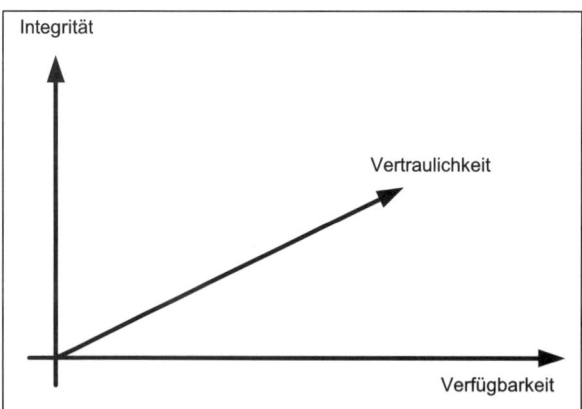

Abbildung 8.47: Kernfaktoren der Sicherheit

◆ Integrität (Integrity): die Richtigkeit, die Vollständigkeit und der tatsächliche Zeitpunkt der Informationsübermittlung. Dies ist ein Grund, warum Verschlüsselungs- und Signierungsmechanismen zum Einsatz kommen.

◆ Verfügbarkeit (Availability): Verfügbarkeit über die Informationen zu jedem gewünschten Zeitpunkt innerhalb des vereinbarten Zeitraums. Voraussetzung hierfür ist die Kontinuität der entsprechenden IT-Mittel, die die Informationen bereitstellen. Daten müssen verfügbar sein.

Daraus abgeleitete Aspekte sind die Privacy (die Vertraulichkeit und Integrität einer auf eine natürliche Person zurückzuführenden Information), Anonymität und Kontrollierbarkeit, d.h. die Möglichkeit, den richtigen Umgang mit der Information verifizieren und die richtigen Auswirkungen der Sicherheitsmaßnahmen nachweisen zu können.

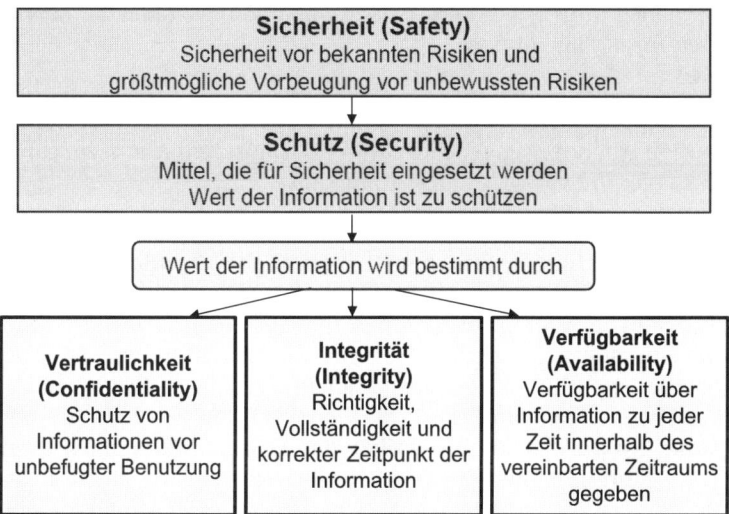

Abbildung 8.48: Aspekte der Informtion Security

Die Informationssicherheit muss auf den Stellenwert der jeweiligen Informationen für das Unternehmen abgestimmt werden. Dieses Abstufungsmodell wird als Kompromiss dargestellt. Dieser bewegt sich zwischen den möglichen Sicherheitsmaßnahmen einerseits und dem Wert der Information sowie der Bedrohungen andererseits. Dies ist unter zwei Gesichtspunkten von Bedeutung. Zum einen kann ein Unternehmen nur dann funktionieren, wenn den Arbeitsabläufen rechtzeitig die richtigen und vollständigen Informationen zur Verfügung gestellt werden. Zum anderen reichen die Geschäftsabläufe eines Unternehmens durch die Verarbeitung von Informationen Produkte und Services nach außen. Über diese Informationsverarbeitung werden vereinbarte Ergebnisse geliefert, die oft ebenfalls als Informationen ausgegeben werden. Ist dem nicht so und können Ergebnisse nicht entsprechend den Zielvorgaben erreicht werden, kann der Geschäftserfolg des Unternehmens gefährdet sein.

8.6.3 Security Framework

Gefährdungen sollen durch den Einsatz der IT Security zumindest reduziert, wenn nicht sogar eliminiert werden. Dazu wird eine unternehmensweite Richtlinie aufgesetzt, die sich auch in den SLAs niederschlägt und Teil eines Security Frameworks ist.

Ein solcher Sicherheitsrahmen umfasst die Information Security Policy (ITP) in Bezug auf Aspekte der Strategie, Steuerung und diverse Regeln sowie das Information Security Management System (ISMS), das die Standards, Management-Verfahren und Richtlinien zur Unterstützung der ITP enthält. Die komplette Security-Strategie ist abgestimmt auf Geschäftsziele, -strategien und -pläne, die der Service Provider kennen und verstanden haben muss. Sie sollte zudem in allen weiteren IT Service Management-Prozessen ihren Platz finden.

Für die Information Security Policy wird die Abkürzung ITP und nicht ISP verwendet, damit die eigentlich passende Abürzung nicht mit dem Akronym für Internet Service Provider ISP verwechselt werden kann.

Eine effektive Security-Organisationsstruktur beschreibt und dokumentiert eine Reihe von Steuerungselementen, um die ITP zu unterstützen und Risiken zu managen, die mit den Themen Zugang zu Services, Informationen und Systemen verbunden sind. Diese Policy muss erst einmal erstellt, gepflegt, verteilt und zusammen mit weiteren unterstützenden Sicherheitsrichtlinien vorwärtsgetrieben werden. In Bezug auf das Management der Sicherheitsrisiken geht es um die Überwachung des Prozesses, um dessen Einhaltung und ein Feedback hinsichtlich der Effizienz zu ermöglichen. Weitere Punkte sind Kommunikationsstrategien und Sicherheitspläne, Schulungen und weitere Maßnahmen, um das entsprechende Bewusstsein zu schaffen bzw. entsprechende Maßnahmen für die Mitarbeiter zu planen. Für das Supplier Management bedeutet dies, dass auch im Umgang mit Lieferanten, Partnern und Verträgen besonderes Augenmerk auf das Thema Sicherheit hinsichtlich des Zugriffs auf Systeme und Services gelegt werden sollte.

Ein besonderes Thema stellen Sicherheitsverstöße dar. Es ist überaus wichtig, dass Security Incidents definiert behandelt werden. Diese Policies und Maßnahmen müssen mit Hilfe von Audits kontinuierlich überprüft, gemessen und bei Bedarf angepasst werden. Die Ergebnisse dieser Überprüfungen bilden die Basis für Reports, die über den Status der Sicherheitsmaßnahmen und deren Umsetzungsgrad berichten. Neben den reaktiven Elementen besitzt das Information Security Management auch eine proaktive Seite. Sie dient der Sicherheitssteuerung, dem Security-Risikomanagement und der Reduzierung von Sicherheitsrisiken.

Das notwendige Maß an IT Security resultiert aus einer Risikoanalyse, die sowohl der Kundensicht (Business Perspective) als auch der technischen Sicht (Technical Perspective) entsprechen muss. Diese Analyse führt zu den Service Level Requirements für die IT-Sicherheit. Das Ergebnis dieser Analyse basiert auch auf dem aktuellen Status und der Qualität der momentan vorhandenen IT Security im Unternehmen. Die so entstandenen Richtlinien in Bezug auf die Security bilden die Grundlage für Sicherheitskonzepte und -maßnahmen. All dies fließt als definierte Vereinbarung in die Service Level Agreements (SLAs) ein. Hieraus resultiert ein „Security Implementation Plan", in dem die notwendigen Sicherheitsmaßnahmen festgeschrieben werden. Die Maßnahmen dieses Plans werden implementiert und ständigen Reviews und Audits mit dem Ziel einer kontinuierlichen Verbesserung unterworfen. Dem Kunden wird darüber regelmäßig Bericht erstattet. So kann der Kunde auf der Grundlage dieser Berichte seine Anforderungen und Wünsche überprüfen und bei Bedarf anpassen. Darüberhinaus kann die IT-Organisation den Plan bzw. dessen Umsetzung modifizieren oder aber die Anpassung der Vereinbarungen in Bezug auf die IT Security im SLA anstreben.

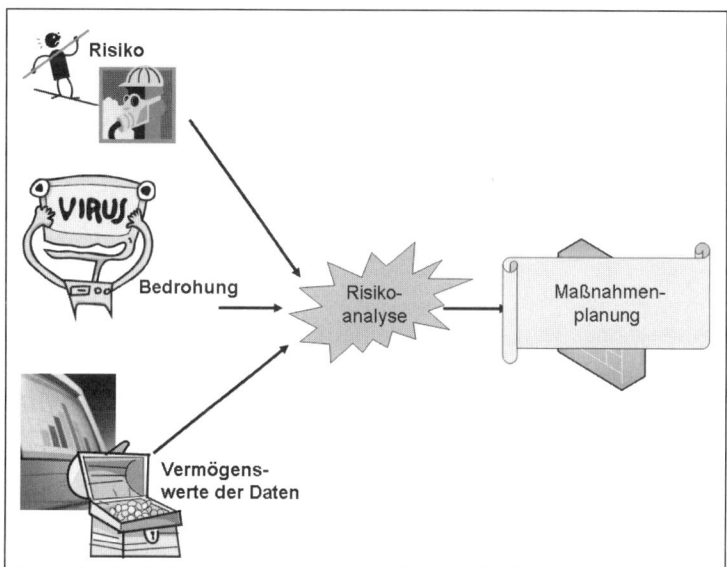

Abbildung 8.49: Risikoanalyse als wichtige Maßnahme

Deswegen ist es auch wichtig, dass bei der Erstellung eines SLAs messbare Key Performance Indicators (KPIs) und Leistungskriterien definiert werden. Dabei stellen die Leistungsindikatoren (KPIs) die messbaren Größen (Metrik) dar. Die Leistungskriterien stehen für die erreichbaren Zahlenwerte der IT-Sicherheit. Die Lieferung der entsprechenden Kennbereiche und Zahlenwerte als Berechnungsgrundlage gestaltet sich oft als schwierig. Die Verfügbarkeit beispielsweise lässt sich anhand dieser Bewertung meist noch in einer Zahl ausdrücken, in Bezug auf die Integrität und die Vertraulichkeit von Daten gestaltet sich diese Aktion als schwieriger. Security Management ist eine Aufgabe, die sich nicht auf die technische Überwachung reduzieren lässt.

Leistungsindikatoren

Der Information Security Management-Prozess stellt die Vertraulichkeit, Integrität und Verfügbarkeit (CIA) der Assets in Form von Informationen und IT Services sicher. Das Information Security Management ist im Grunde genommen dem businessgetriebenen umfassenden Security Management unterstellt, das sich mit übergreifenden und organisatorischen Sicherheitsfragen (Gebäudeschutz, Zutrittsregelungen, bauliche Sicherheitsmaßnahmen, Hochwasserschutz etc.) und nicht nur mit der IT-Sicherheit befasst.

Die Anzahl der Security Incidents stellt eine Kennzahl dar, die erst einmal zeigt, dass Security Incidents als solche erkannt wurden. Aufgabe des Security Managements ist die spätere Analyse zusammen mit dem Problem Management. Der Indikator steht für die Effektivität der Schutzmaßnahmen und zeigt möglicherweise den Bedarf nach Verbesserungsmaßnahmen in dieser Hinsicht. Darüber hinaus kann auch eine Kennzahl für die Auswirkungen der Security Incidents existieren. Dieser wird eine spezifische Kategorie (z.B. Security Incident) und eine bestimmte Auswirkungsklasse zugewiesen, anhand derer eine spätere Auswirkung möglich ist.

Über Protokolle und Regeln können auch Schutzmechnismen und Automatismen eingearbeitet werden, die ausgewertet werden können, z.B. die Anzahl von applikationsbezogenen Sicherheitsverletzungen, Versuche, auf gesperrte Datenbanken oder Laufwerke zuzugreifen, vergebliche Login-Versuche an einem System o.ä.

Information Security Policy

Alle Aktivitäten im Information Security Management sollten durch die Information Security Policy getrieben sein, die vom IT Management und Business Management getragen wird. Letztendlich ist das Management verantwortlich für die Informationen der Organisation und dafür, dass Möglichkeiten geschaffen werden, um einer Gefährdung dieser Informationen zu begegnen. Die Verantwortung für das Dokument liegt beim Information Security Manager. Die Policies sollten einmal jährlich geprüft werden.

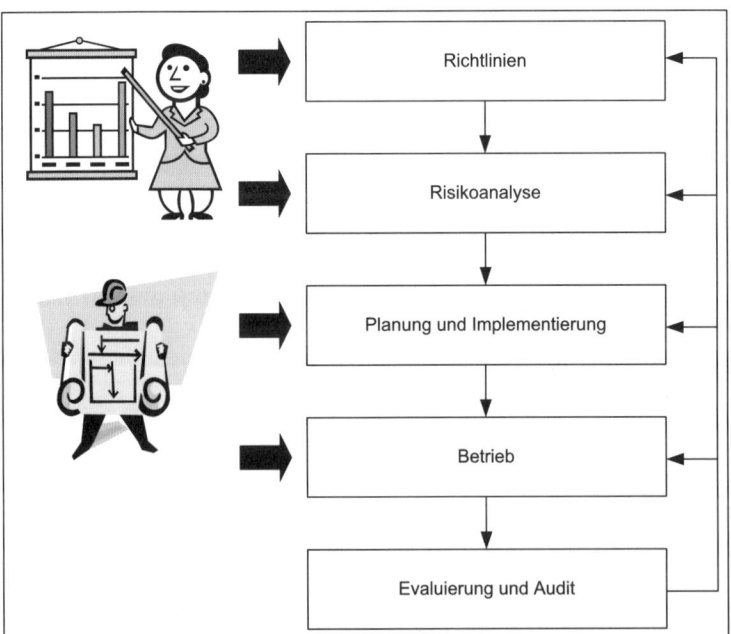

Abbildung 8.50: Security Management ist kein statischer Prozess

Die Bestandteile der Richtlinie beziehen sich auf eine übergreifende ITP:

◆ Anwendung einer IT Asset Policy

◆ Eine Policy für die Zugangskontrolle und für die Passwörter

◆ Eine Internet Policy, eine Anti Virus Policy und eine E-Mail Policy

◆ Eine Policy zur Klassifizierung von Informationen und von Dokumentationen

◆ Elne Policy zum Remote-Zugriff und für die Asset-Entsorgung

◆ Eine Policy für den Zugriff von Dienstleistern auf interne IT Services

Dieses Dokument sollte für das gesamte Unternehmen gelten nicht nur für die IT. Um allgemeine Verbreitung und Akzeptanz zu finden, sollte es allen Kunden und Mitarbeitern zugänglich und somit auch Vertragsbestandteil in allen SLAs, OLAs und Verträgen sein. Die Policies sollten vom Top-Management autorisiert sein und auch von ihm gelebt werden.

Information Security Management System (ISMS)

Das Information Security Management System (ISMS) ist jener Teil des übergreifenden Managementsystems, der die Organisationsstruktur, Regelungen, Abläufe sowie Ressourcen zur Entwicklung, Umsetzung, Bewertung und Aufrechterhaltung der Information Security Policy beinhaltet und dokumentiert. Zielsetzung des Einsatzes eines Information Security Management Systems ist es, innerhalb eines gegebenen Organisationsbereichs eine angemessene Informationssicherheit zu schaffen und aufrechtzuerhalten.

Übergreifende Elemente des Managementsystems bestehen aus Organisationsstruktur und Zuständigkeiten, Regelungen und Anweisungen, Abläufen (Prozessen) sowie Ressourcen. Darüber hinaus ist ein für das ISMS wesentlicher Organisationsprozess der Informationssicherheitsprozess, bestehend aus den Teilprozessen Entwicklung, Umsetzung, Bewertung und Gewährleistung von Informationssicherheit. Ziel eines Information Security Management Systems ist es also, diesen Informationssicherheitsprozess zu initiieren, zu steuern, zu verbessern und dieses zu dokumentieren.

Das System bildet die Grundlage für eine kosteneffektive Entwicklung des Information Security Programms und unterstützt so auch die Erreichung der Geschäftsziele. Es berücksichtigt auch die 4Ps (People, Process, Products und Partner), um einen hohen Level an Sicherheit zu gewährleisten. Das Vertrauen und die Zufriedenheit zwischen Kunden, Lieferanten und Partnern wird ebenso wie die Rentabilität (Ausfallreduzierung, schnellere Wiederanlaufzeiten nach Ausfällen) erhöht.

ISO 27001 ist der formale Standard, gegen den sich Organisationen in Bezug auf ihr ISMS unabhängig zertifizieren lassen können. Dies betrifft die Bestandteile des Frameworks zur Erstellung, Implementierung, Verwaltung, Pflege und Durchsetzung des Information Security-Prozesses und seiner Steuerung.

ISO 27001

Ein Zertifikat kann sowohl gegenüber Kunden als auch gegenüber Geschäftspartnern als Qualitätsmerkmal dienen und somit zu einem Wettbewerbsvorteil führen. IT-Dienstleister können mit Hilfe dieses Zertifikats einen vertrauenswürdigen Nachweis führen, dass sie die Maßnahmen nach IT-Grundschutz realisiert haben. Kooperierende Unternehmen können sich darüber informieren, welchen Grad von IT-Sicherheit ihre Geschäftspartner zusichern können.

Die ISO 27001 ist aus der BS 7799-2 hervorgegangen und dürfte auf der Basis von IT-Grundschutz besonders für eine international tätige Institution von Interesse sein. Voraussetzung für die Vergabe eines ISO 27001-Zertifikats auf der Basis von IT-Grundschutz oder eines Auditor-Testats ist eine Überprüfung durch einen vom BSI lizenzierten ISO 27001-Grundschutz-Auditor. Zu den Aufgaben eines ISO 27001-Grundschutz-Auditors gehören eine Sichtung der von der Institution erstellten Referenzdokumente, die Durchführung einer Vor-Ort-Prüfung und die Erstellung eines Audit-Reports. Kriterienwerke des Verfahrens sind ISO/IEC 27001:2005 „Information technology – Security techniques – Information security management systems – Requirements", der BSI-Standard 100-2 „IT-Grundschutz-Vorgehensweise", BSI-Standard 100-3 „Ergänzende Risikoanalyse auf Basis von IT-Grundschutz" sowie die IT-Grundschutz-Kataloge des BSI. Weitere Informationen finden sich unter *http://www.bsi.de/gshb/ zert/ISO27001/Pruefschema06.pdf.*

Die fünf Elemente innerhalb des Security Frameworks beschreiben in der ITIL® V2 den kompletten Security Management-Prozess und sind jetzt in der ITIL®-Version 3 als Teil des Frameworks aufgegangen.

Diese fünf Elemente beschreiben ein zyklisches System, das sich mit der Steuerung, der Richtlinien-Definition (Policies) und der Organisation der Informationssicherheit auseinandersetzt. Dazu gehören auch die Planung, Implementierung, Evaluierung und Anpassung in Form von Aktualisierungen, falls dies notwendig ist.

1. Steuerung, Grundsätze, Richtlinien und Organisation der Informationssicherheit: Die Steuerung organisiert und kontrolliert das Information Security Management selbst. Es steht als lenkende und kontrollierende Aktivität im Mittelpunkt des Prozesses (siehe *Abbildung 8.51*). Es legt die Sicherheitsgrundsätze und die Organisation der Informationssicherheit im Rahmen des Sicherheitskonzeptes des Unternehmens fest. Dabei werden Fragen beantwortet wie etwa: Wie kommen Sicherheitspläne zustande? Wie werden diese Pläne implementiert? Wie wird die Implementierung überprüft?

   Innerhalb dieser Aktivität geht es konkret um die Aufstellung eines Management-Frameworks, um Information Security in der Organisation zu implementieren und zu etablieren. Entsprechende Organisationsstrukturen helfen bei der Entwicklung und Implementierung der Policies (unter Berücksichtigung der Beziehungen zu anderen Unternehmensgrundsätzen). Diese führen in Interaktion mit den Zielvorgaben und allgemeinen Prinzipien zur Beschreibung der Teilprozesse.

Auch Funktionen und Verantwortliche für die Teilprozesse werden definiert. Hier wird zudem das Zusammenspiel mit anderen ITIL®-Prozessen und deren Organisation definiert wie etwa die allgemeinen Verantwortlichkeiten von Mitarbeitern sowie die Einrichtung und Steuerung von Dokumementationspflichten.

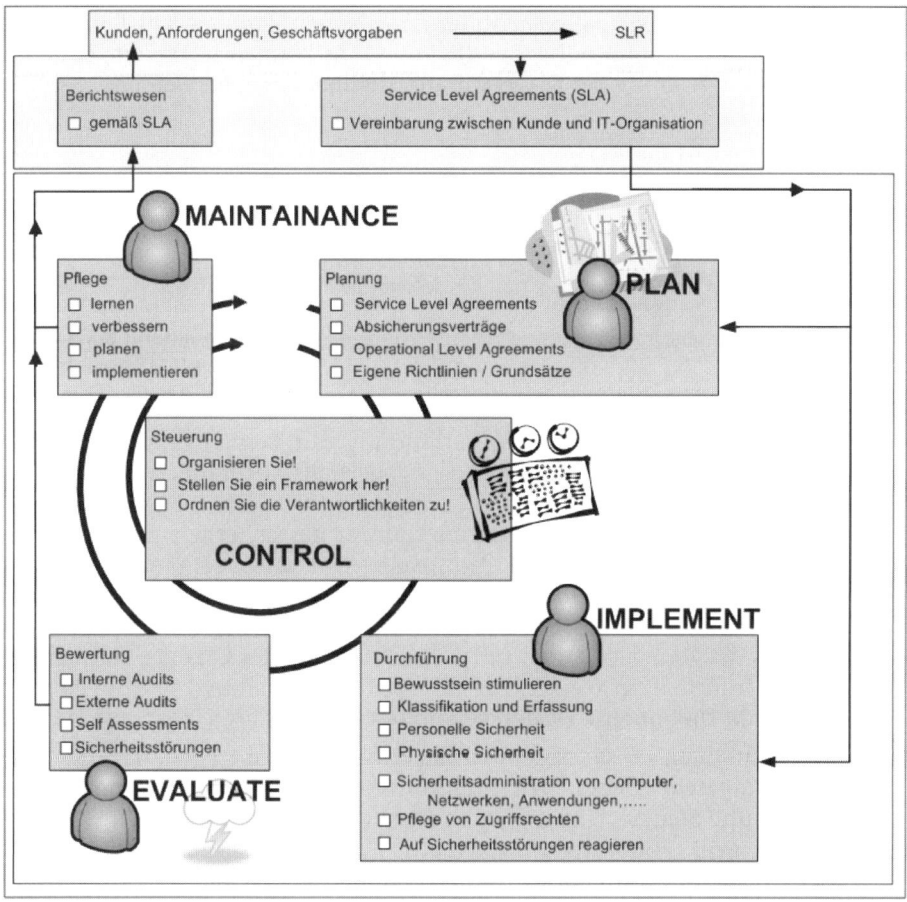

Abbildung 8.51: Framework für das Managen der IT Security

Bei der Organisation in Sachen IT Security geht es um die Erstellung eines Rahmens anhand der Organisationsstruktur mit einer genauen Zuteilung von Verantwortlichkeiten. Dazu gehört die Einrichtung einer Steuerungsgruppe für Informationssicherheit im Zusammenhang mit einer entsprechenden Koordinierung. Wichtig sind auch eine Regelung zur Zusammenarbeit zwischen Organisationseinheiten und Partnern, die diesbezügliche interne und externe Kommunikation, Absprachen zur unabhängigen Beurteilung (IT Security Audit) und zur Informationssicherheit in Verträgen mit Dritten.

2. Planung: Innerhalb dieses Elementes des ISMS werden die geeigneten Security-Maßnahmen formuliert und vorgeschlagen, die beispielsweise dafür sorgen, dass die sicherheitsrelevanten Informationen in die SLAs einfließen. Dies betrifft auch die Absicherungsverträge (Underpinning Contracts), soweit diese spezifisch für die Sicherheit sind. Die allgemein formulierten Zielvorgaben im SLA werden in den Operational Level Agreements (interne Vereinbarungen auf Betriebsebene, OLAs) differenziert und näher spezifiziert. OLAs können in diesem Zusammenhang als Spezifizierung der IT-Organisationseinheit gesehen werden.

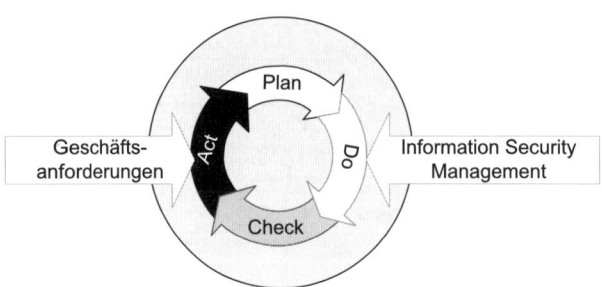

Abbildung 8.52:
Das ISMS bezieht sich
auf den Deming-Zyklus

Die Planung steht somit in enger Verbindung zum Service Level Management. Ausgangspunkt bei der Erstellung des Sicherheitsparagraphen im SLA ist der Sicherheitsbedarf des Kunden (siehe *Abbildung 8.52*). Die Information Security Policy vertritt den Standpunkt und die Haltung der sicherheitsrelevanten Angelegenheiten. Es sollte ein organisationsweites Dokument sein, nicht nur für den IT Service Provider. Die Inhalte müssen gewährleisten, dass sämtlichen Sicherheitsanforderungen und -normen des Kunden nachweisbar entsprochen werden kann. Änderungen laufen unter der Kontrolle des Change Managements, wobei der Information Security Manager dafür sorgen muss, dass die Policy und alle weiteren Dokumente aktuell gehalten werden.

3. Implementierung: Dieser Abschnitt hat dafür Sorge zu tragen, dass die geplanten und festgeschriebenen Sicherheitsanforderungen durch geeignete Prozeduren, Tools und Steuerungsmittel auch wirklich umgesetzt werden, um die Information Security Policy zu untermauern. Dazu zählen Verantwortung für die Assets, wobei das Configuration Management System (CMS) eine wichtige Rolle spielt. Darüber hinaus müssen Informationen in Bezug auf die Sensibilität und die Auswirkungen einer möglichen unberechtigten Einsichtnahme klassifiziert werden. Die erfolgreiche Implementierung der Sicherheitssteuerungsmittel (Security Control) und Vorkehrungen ist von einer ganzen Reihe von Faktoren abhängig. Dazu gehören die Festlegung einer abgestimmten und klaren Richtlinie entsprechend der Businessanforderungen, Sicherheitsprozeduren, die gerechtfertigt, angemessen und durch das Senior Management unterstützt sind, effektives Marketing und Verbesserungsmechanismen. Die Forderungen können aber nur in die Praxis umgesetzt und von allen gelebt werden, wenn ein entsprechendes Bewusstsein und die nötige Motivation entwickelt wurden.

Weitere Stichworte zu dieser Aktivität sind beispielsweise Klassifizierung und Kontrolle von IT-Werkzeugen, personelle Sicherheit (Verpflichtungserklärungen, Schulungen, Richtlinien und Anweisungen), Sicherheit im IT-Betrieb (Trennung von Funktionen, Verhaltensregeln, Trennung von Produktions- und Testumgebung, Virenschutz, Datenträgerthemen, Implementierung spezieller Maßnahmen und Tools) und Zugriffsschutz (Zugriffsrechte und entsprechende Grundsätze, Sammlung und Pflege der sicherheitsrelevanten Einstellungen).

4. Evaluierung: Umgesetzte sicherheitsrelevante Maßnahmen müssen immer wieder auf den Prüfstand gestellt werden. Zum einen, um zu kontrollieren, ob sie auch wirklich das tun, was sie tun sollen, nämlich vor bestimmten Szenarien Schutz und Sicherheit bieten. Zum anderen bieten neue technische Errungenschaften auch im Sicherheitsbereich neue Möglichkeiten für die Implementierung. Kurz: Eine Evaluierung ist von größter Bedeutung. Diese Evaluierung ist nicht nur für die Bewertung des eigenen Unternehmens, sondern auch für den Kunden und andere Dritte erforderlich.

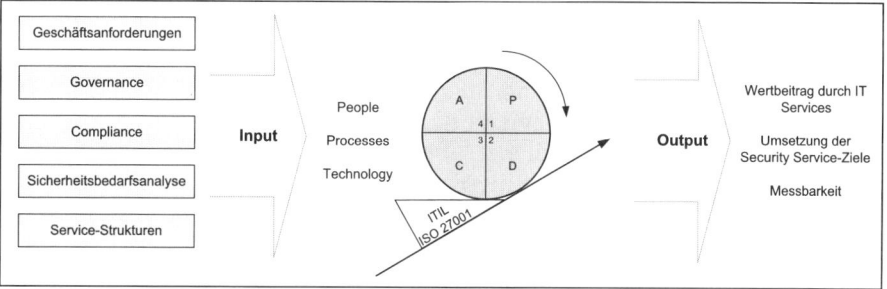

Abbildung 8.53: Die kontinuierliche Verbesserung erfolgt in einem wiederkehrenden Ablauf aus Planung, Implementierung, Überwachung und Anpassung

Dabei geht es neben der Überprüfung der geforderten Sicherheitsgrundsätze und der Implementierung von Sicherheitsplänen auch um eine allgemeine Sicherheitskontrolle für die IT-Komponenten und die Infrastruktur. Die Evaluierung tangiert Standards und Richtlinien, aber auch die sicherheitsbezogenen Inhalte in SLAs oder OLAs wie z.B. Sicherheitsrichtlinien und -anforderungen. Das Ergebnis hat Auswirkungen auf die aktuellen Grundlagen für den Security-Bereich. Sie kann auch Anlass zu Änderungen geben. In diesem Fall wird ein Request for Change (RfC) an das Change Management gestellt. Dabei werden drei Arten der Evaluierung unterschieden :

- Self Assessments (meist von den Prozessbeteiligten selbst durchgeführt)
- Interne Audits (von internen IT-Sicherheits-Auditoren durchgeführt)
- Externe Audits (von externen IT-Sicherheits-Auditoren durchgeführt)

Die Audits sollten wegen der erforderlichen Trennung der Funktionen nicht von denselben Mitarbeitern vorgenommen werden, die bereits andere Prozesse überwacht haben. Darüber hinaus sollte auch eine Evaluierung auf der Grundlage der gemeldeten Sicherheitsstörungen stattfinden, die an das Problem Management zur Zusammenfassung und Trenduntersuchung weitergeleitet werden. Denn das Vorhandensein von Security Incidents ist ein Beleg dafür, dass potenzielle Schwachstellen und offene Punkte existieren. So ist besonders zu betonen, wie wichtig es ist, dass ein Security Incident überhaupt als solcher erkannt wird. Dementsprechend müssen konkrete Vorgaben entwickelt werden, wie das Vorgehen bei Sicherheitsstörungen auszusehen hat. Hier sind ähnliche Aktivitäten wie in Bezug auf den „normalen" Incident notwendig, wie beispielsweise eine Störmustererkennung und ggf. eine Zuordnung zu Störungen, die in der Vergangenheit bereits aufgetreten sind. Auch die Registrierung eines Security Incidents muss entsprechend vorgenommen werden.

5. **Pflege und Wartung:** Im Sinne der Anforderung einer ständigen Prozessverbesserung muss sich auch das Security Management diesem Zyklus von Plan-Do-Check-Act unterziehen, der auch in der ISO 27001 relevant ist. Der beständige Verbesserungsanspruch des ISMS bezieht sich auf die Infrastruktur, die Organisation und die Prozesse im Unternehmen. Dies umfasst auch die Sicherheitspläne, Handbücher, Maßnahmenkataloge und Vereinbarungen wie die Operation Level Agreements (OLAs) – also die Implementierung von Sicherheitsmaßnahmen und deren Steuerung.

   Die Aktualisierung der Sicherheitsmaßnahmen basiert auf den Ergebnissen der regelmäßigen Audits und Reviews der anderen Subprozesse und allgemeinen neuen Erkenntnisse im Sicherheitsbereich. Daraus können sich auch neue Anforderungen ergeben, die in die SLAs einfließen. Die Änderungen selbst erfolgen dann im Rahmen des normalen Change Management-Prozesses.

Das Berichtswesen dient den anderen Aktivitäten als Basis für deren Entscheidungen (z.B. beim Review und bei der Evaluierung). Des Weiteren werden Berichte an den Kunden entsprechend der Maßgabe in den SLAs versendet. Regelmäßige Berichte helfen dem Kunden, nicht nur in Hinblick auf das Security Management sich ein aktuelles Bild zu verschaffen. Die IT-Organisation kann dem Kunden gegenüber Rechenschaft über die gelieferten Sicherheitsservices ablegen. Zudem erhält der Kunde Berichte über die Sicherheitsstörungen. Daneben können Berichte auch Sicherheitsjahrespläne, Aktionspläne und eine Statusübersicht über die Implementierung von Informationssicherheit enthalten. Unter diesen Punkt fällt der Fortschritt der Realisierung in Bezug auf den Sicherheitsjahresplan. Dazu gehören auch eine Übersicht über implementierte oder noch zu treffende Maßnahmen, Schulungen und Ergebnisse zusätzlicher Risikoanalysen. Die Identifikation von Trends und Störungen informiert den Kunden über Vorfälle und Voraussagen. Es ist wichtig, dass Berichte nicht nur Statusinformationen über aktuelle Maßnahmen liefern, sondern auch, dass Informationen über die Auswirkungen der Maßnahmen kommuniziert werden. Über die Berichte können die sicherheitsrelevanten Anforderungen aus den SLAs überprüft werden.

Security Governance

IT-Sicherheitsziele sind ein wesentlicher Teil der Corporate Governance (siehe auch *Kapitel 2.3.3, Adaption anderer Frameworks und Best Practices*), welcher im Rahmen von IT Governance betrachtet werden muss. In den Regelwerken für die IT Governance finden sich vielfach IT Security-Standards – man spricht auch von Security

Governance – der Steuerung der IT-Sicherheit, was ja die eigentliche Aufgabe eines IT Security Managements darstellt. Die Umsetzung von Security Governance kann sich von internationalen Standards und Regulatorien anleiten lassen, wobei aber auch die jeweiligen nationalen Gesetzgebungen und interne Richtlinien oder Maßgaben eine Rolle spielen, da diese ebenso erheblichen Einfluss auf die umzusetzenden Punkte ausüben können.

Für ITIL® V3 steht dabei die Forderung nach den folgenden sechs Resultaten im Fokus:

◆ Strategic Alignment (strategische Ausrichtung): Die umzusetzenden Sicherheitsanforderungen sollten durch Geschäftsanforderungen motiviert sein. Die ausgewählten Richtlinien und Sicherheitslösungen sollten zu den Unternehmensprozessen passen. Die damit zusammenhängenden Investitionen in die Information Security sollten an der Unternehmensstrategie ausgerichtet und mit einem entsprechenden Risikoprofil ausgestattet sein.

◆ Value Delivery (Wertschöpfung): Ein Standardset von Vorgehen im Sicherheitsbereich (Baseline-Sicherheitsanforderungen als Best Practice), verteilte und priorisierte Bemühungen für die Bereiche, die im Schadensfall mit den größten Auswirkungen zu rechnen haben und die den höchsten Geschäftsnutzen transportieren. Dabei ist eine Institutionalisierung von Lösungen und Transparenz voranzutreiben. Lösungen sollten einen ganzheitlichen Ansatz zeigen und umfassen dann Organisation, Prozesse und Technologien. Eine Kultur der kontinuierlichen Verbesserung sollte hier bereits vorzufinden sein.

◆ Risk Management (Risikomanagement) soll die Risiken auf vereinbarte Risikoprofile runterbrechen und ein Verständnis der einzelnen Risikoklassen schaffen. Risikomanagement ist zwingend notwendig, auch um ein Bewusstsein zu schaffen für die Prioritäten im Risikomanagement. Risikominimierung dient nicht dazu, Risiken komplett zu eliminieren, was gar nicht möglich wäre, sondern ein akzeptables Risikomaß zu finden und einen maximal akzeptablen Risikograd zu definieren.

◆ Performance Management: Definieren von vereinbarten und sinnvollen Messmethoden und Metriken. Messprozesse dienen dazu, die Unzulänglichkeiten zu identifizieren, Feedback zu ermöglichen und eine unabhängige Absicherung zu schaffen.

◆ Ressource Management: Hierdurch wird Wissen erfassbar und verfügbar. So sind z.B. Sicherheitsprozesse und -verfahren dokumentiert. Hierzu zählt auch die Entwicklung einer Sicherheitsarchitektur, um Infrastruktur-Ressourcen effektiv zu nutzen.

◆ Business-Prozess-Assurance: Absicherung der Geschäftsprozesse

8.6.4 Aktivitäten des Security Managements

Security Management kümmert sich als Prozess um die Ansprüche an die Security in Bezug auf Informationen und die IT Services im Unternehmen (siehe *Abbildung 8.54*). Dazu gehört auch die Reaktion auf einen sicherheitsrelevanten Zwischenfall. Security Incidents werden als Ereignisse betrachtet, die dem Unternehmen Schaden hinsichtlich Vertraulichkeit, Integrität und Verfügbarkeit von Daten und der entsprechenden Prozesse verursachen können.

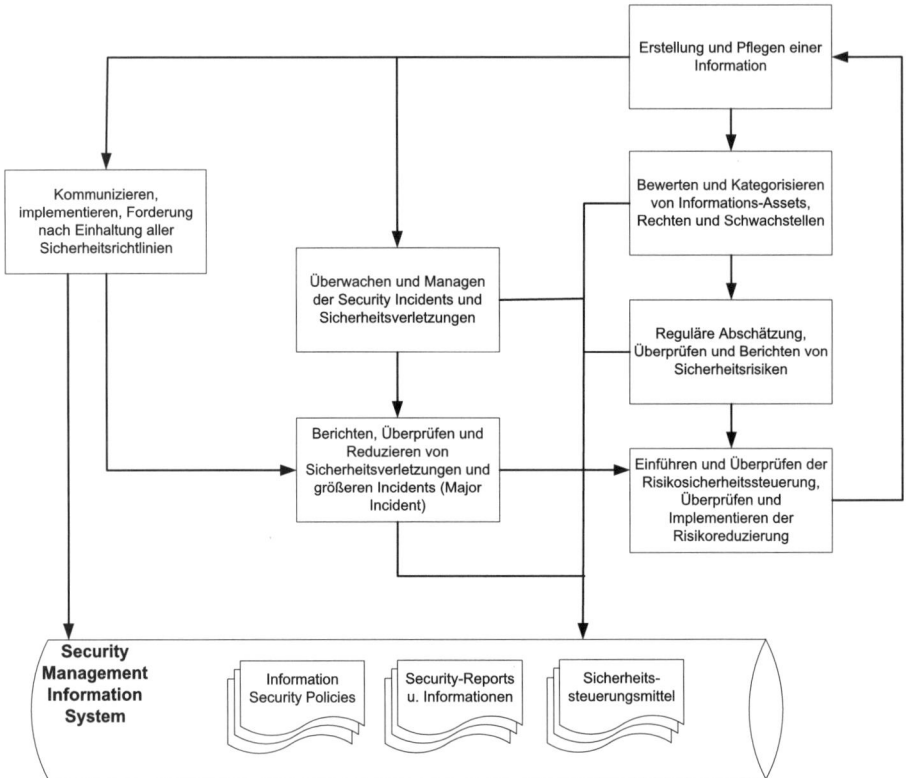

Abbildung 8.54: Der IT Security Management-Prozess (nach ITIL®-Material, Wiedergabe lizenziert von OGC)

Die Schlüsselaktivitäten im Information Security Management beziehen sich auf:

◆ Entwicklung, Review, Revision einer umfassenden Security Policy und aller spezfischen unterstützenden Prozesse sowie die Kommunikation, Implementierung und Umsetzung der Security Policies

◆ Bewertung und Klassifizierung von IT und Informations-Assets

◆ Implementierung, Review, Revision und Verbesserung der Security-Steuerungsmittel, Risikobewertung und Maßnahmen. Das Thema Sicherheit ist kein einzelner und autonomer Abschnitt im Service Lifecycle. Sicherheitsbelange können nicht nur durch Technik gelöst werden. Sicherheit muss ein integraler Bestandteil aller Services und Systeme sein und besteht als fortlaufender Prozess, der kontinuierlich über eine Reihe von Steuerungsmittel verwaltet und gesteuert werden muss. Diese Steuerungsmittel sollen entwickelt werden, um die Security Policy zu unterstützen und zu etablieren. Sind diese in alle Service-Bereiche integriert, helfen sie die bestehenden Services zu schützen und sorgen dafür, dass neue Services diesbezüglich richtig aufgestellt sind.

Messmethoden sind ein Steuerungsmittel, das in einer speziellen Phase zur Prävention und Handhabung von Incidents verwendet werden kann, wobei es wichtig ist zu betonen, dass der menschliche Faktor eine schier unermessliche Fülle von Fehlern und Bedrohungen liefert und Fehler aufgrund von Sicherheitsstörungen nicht nur durch technische Probleme verursacht werden.

Wie in *Abbildung 8.55* zu sehen ist, kann sich ein Risiko in einer Bedrohung niederschlagen. Eine solche Bedrohung kann alles Mögliche darstellen, das die Geschäftsprozesse stört oder negative Auswirkungen mit sich bringt. Wenn diese Bedrohung real wird, kann von einem Security Incident gesprochen werden. Dieser Incident kann Schaden an Informationen oder Assets verursachen, die repariert oder wiederhergestellt werden müssen. Geeignete Maßnahmen müssen an dieser Stelle ihren Platz haben. Die Wahl des Vorgehens hängt hier von der Wichtigkeit ab, die mit den Informationen in Verbindung gebracht werden. Dabei kann zwischen

- präventiven (vorbeugend z.B. durch Zugriffsrechte, Autorisierung, Identifizierung oder Authentifizierung),
- reduzierenden (zur Minimierung, z.B. Backup-Maßnahmen),
- entdeckenden (der Security Incident muss aufgespürt werden, z.B. Monitoring mit Alarmfunktionen, Anti Virus-Software),
- unterdrückenden (entgegenwirken, z.B. das Sperren eines Benutzer-Accounts nach mehrmaliger falscher Passworteingabe oder das Sperren einer Karte nach dreimaliger falscher PIN-Eingabe)
- oder berichtigenden (Schadensbehebung, z.B. durch Restore-Maßnahmen, Fallback-Möglichkeiten)

Vorgehen unterschieden werden.

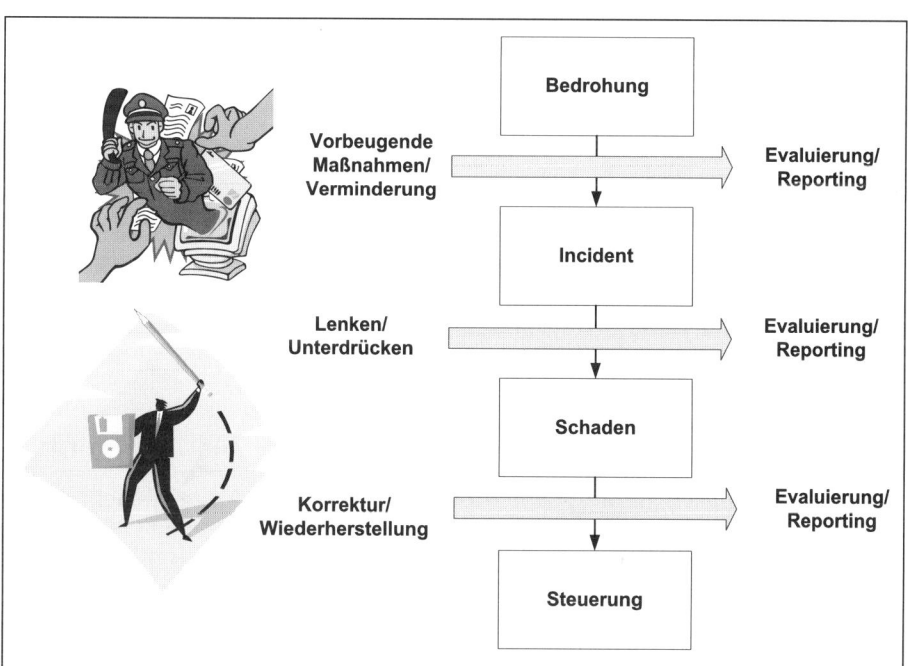

Abbildung 8.55: Steuerungsmittel im Security Management für Störungen und Gefahren

◆ Monitoring und Managen von Sicherheitsverstößen sowie die Handhabung von großen Security Incidents (Major Incidents). Diesbezüglich ist im Nachinein eine Evaluierung notwendig, um herauszufinden, wie es zu dem Fehler kommen konnte. Die Analyseergebnisse zeigen Schwachstellen auf, deren Eliminierung weitere Probleme verhindern soll. Statistiken und weitere Analysen (Log Files, Audit Files, Incident-Tickets aus dem Service Desk etc.) unterstützen den Verbesserungsanspruch.

◆ Analyse, Reporting und Verringern der Häufigkeit und der Auswirkungen von Security Incidents und Sicherheitsverletzungen

◆ Planung und Abschluss von Security Reviews, Audits und Penetrationstests

Steuerungsmittel

Steuerungsmittel stellen Schlüsselinformationen zur Verfügung, dank derer Steuerungs- und Kontrollmechanismen greifen können. So wird auf Probleme aufmerksam gemacht und möglichen Störungen vorgegriffen. Außerdem können Entscheidungen über eine Problemlösung getroffen werden (Entscheidungsfindung). Steuerungsaktivitäten können ad hoc (bei Incidents, Sicherheitsverstößen etc.) oder kontinuierlich bzw. regelmäßig erfolgen (z.B. durch regelmäßige Berichte).

Die etablierten Security Management-Prozesse bilden zusammen mit den Methoden, Tools und Techniken die Security-Strategie. Der Security Manager sollte sicherstellen, dass Technologien, Produkte und Services sich etablieren und dass die umfassende Policy Fuß gefasst und sich weit verbreitet hat, so dass jeder sie kennt. Er ist auch verantwortlich für die Sicherheitsarchitektur, Authentifizierung, Autorisierung, Administration und Wiederherstellung.

Die Rolle des Security Managers

Der Security Manager kümmert sich um das Design und die Pflege der Information Security Policy (ITP), kommuniziert mit den Beteiligten in Bezug auf Themen rund um die ITP, unterstützt die Business Impact-Analyse (BIA) und führt Risikoanalysen und das Risikomanagement zusammen mit dem Availability Management und dem IT Service Continuity Management durch.

8.6.5 Schnittstellen des Information Security Managements

Die effektive und effiziente Etablierung der Information Security-Richtlinie wird ohne die Unterstützung und die Zusammenarbeit mit den anderen ITIL®-Prozessen zum Scheitern verurteilt sein.

Notwendige Änderungen an der IT-Infrastruktur kommen nur über den Change Management-Prozess zu Stande. Das Security Management liefert den nötigen Input. Verantwortlich für den Change Management-Prozess ist jedoch der Change Manager, unter dessen Regie der Change umgesetzt wird. Allerdings entstehen viele sicherheitsrelevante Probleme erst durch unkoordinierte oder unkommunizierte Veränderungen (Changes). Daher sollten Changes, die mögliche Auswirkungen auf die IT-Sicherheit mit sich bringen, im Change Management besondere Berücksichtigung finden. Es ist jedoch nicht beabsichtigt, den Security Manager bei jeder Änderung einzuschalten. Er ist aber ein möglicher Kandidat für das Change Advisory Board (CAB). Das Change Management kann auch die Aspekte der Verfügbarkeit, Vertraulichkeit und Integrität tangieren. Anhand dieser Risikoklassifizierung lässt sich der Change-Prozess entsprechend den Sicherheitsanforderungen durchführen und kommunizieren. Bereits die Service Level-Vereinbarungen (SLAs) und die korrespondierenden Einträge im CMS müssen Sicherheitsparameter enthalten.

Das Configuration Management arbeitet in Bezug auf die IT-Sicherheit Hand in Hand mit dem Security Management, dem Change Management und dem Service Level Management. Auch im Hinblick auf diese Kooperation spielt die Configuration Management Database (CMDB) eine wichtige Rolle. Über eine sicherheitsrelevante Klassifizierung werden CIs mit einem bestimmten Maßnahmenkatalog oder einem Verfahren verknüpft. Diese Verknüpfung bietet Informationen zur gewünschten Vertraulichkeit, Integrität und/oder Verfügbarkeit dieses CI und wird aus den Sicherheitsanforderungen des SLA abgeleitet. Die Klassifizierung in Sicherheitsstufen erfolgt auf der Grundlage einer Analyse, welche die Abhängigkeit der Unternehmensprozesse von den Informationssystemen und den eigentlichen Informationen untersucht.

Das Service Level Management sorgt dafür, dass Anforderungen und Vereinbarungen über die Services, die für die Kunden erbracht werden sollen, festgelegt, kontrolliert und befolgt werden. In diesen SLAs sollten die Vereinbarungen über die Anforderungen in Bezug auf die Sicherheit, die Verantwortlichkeiten und das zu gewährende Sicherheitsniveau über die SLRs und SLAs festgehalten werden. Insofern ist das Service Level Management für die Vorgaben des Security Managements verantwortlich. Auch die Inhalte von internen und externen Vereinbarungen (OLA, UC) spiegeln die Security-Anforderungen wider. Deshalb ist es wichtig, Leistungsindikatoren (KPIs) zu definieren, mit deren Hilfe die Kontrolle erfolgen kann, ob die geforderten Maßnahmen umgesetzt wurden. Das Financial Management stellt die entsprechenden Mittel bereit, um die Sicherheitsanforderungen zu finanzieren.

Im Incident Management erfolgt die Annahme, Erkennung und Registrierung von Security Incidents. Je nach Impact einer sicherheitsrelevanten Störung kann für diesen Prozess ein anderes Verfahren als für die normalen Störungen gelten. Es ist also äußerst wichtig, dass das Incident Management eine Sicherheitsstörung als solche erkennt. Bei Sicherheitsstörungen handelt es sich ohnehin um Störungen, welche die Einhaltung der Sicherheitsanforderungen aus dem SLA verhindern können, also die Einhaltung des SLA gefährden. Es empfiehlt sich, in das SLA eine Übersicht über die Art der Störungen aufzunehmen, die als Sicherheitsstörungen zu betrachten sind. Nur wenn eine Sicherheitsstörung erkannt wird, ist es möglich, das richtige Verfahren zur Behandlung dieses Incident-Typs einzuleiten. Neben dem jeweiligen Verfahren im SLA muss ein Weg für die Kommunikation im Hinblick auf Sicherheitsstörungen vereinbart werden, um eine Ausbreitung der Störung (Virenbefall) zu verhindern oder dafür zu sorgen, dass ein Sicherheitsloch (Firewall, DoS) möglichst schnell gestopft wird. Störungsmeldungen müssen nicht immer von Kundenseite oder einem Anwender herrühren. Auch das Security Management kann aufgrund von bestimmten Vorkommnissen einen Incident anzeigen.

Service Design

Die Ursachenforschung bei sicherheitsrelevanten Problemen liegt in der Hand des Problem Managements. Auch die Initialaktionen zur Behebung von Sicherheitsmängeln werden vom Problem Management angestoßen. Ein Problem kann auch in Form eines Sicherheitsrisikos auftreten. Das Problem Management sollte in diesem Fall das Security Management in die Bearbeitung des Problems miteinbeziehen. Wenn es um die personenbezogene Identifizierung von Sicherheitsverletzungen geht, muss auch der Bereich Personal (HR, Betriebsrat) und ggf. der Bereich Recht (Legal) hinzugezogen werden.

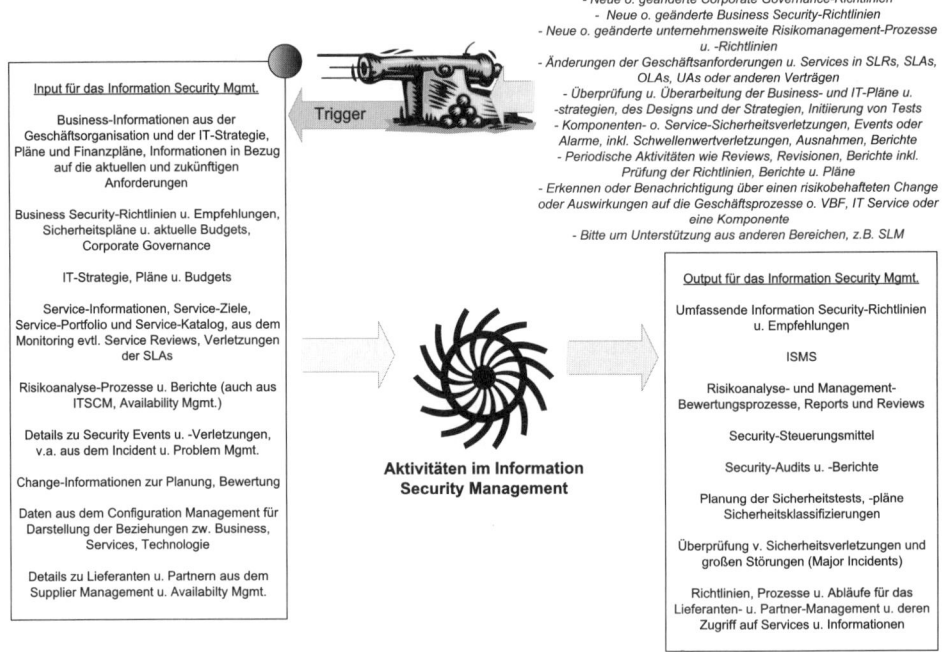

Abbildung 8.56: Trigger, Input und Output des Prozesses

Auch auf das Release Management kommen besondere sicherheitsrelevante Anforderungen zu. Sämtliche Rollouts müssen über das Release Management kontrolliert und in Abstimmung mit dem Change Management ausgerollt werden. Mögliche Auswirkungen auf die Sicherheit sollten stets überprüft werden. Eine besondere Rolle kommt dem Release Management beim Stopfen von Sicherheitslöchern zu. Über das Installieren von Fixes oder Patches werden im Zuge der Software-Verteilung Risiken eliminiert. Rasches Handeln ist bei der Veröffentlichung möglicher Sicherheitsrisiken gefragt. Dabei sollte allerdings nicht vergessen werden, dass auch Patches nicht immer frei von Fehlern sind und diese getestet werden sollten. Hier ist ein Abwägen des Unternehmens zwischen Zeitdruck und Vermeidung von Ausfällen durch fehlerhafte Patches notwendig. Diese Themen sollten in der ITP beschrieben werden.

Availability Management und Security Management arbeiten eng zusammen. Das Thema Verfügbarkeit fließt unmittelbar in den Sicherheitsbegriff ein. Über das Availability Management wird aus den Geschäftsanforderungen ein kosteneffizientes und servicespezifisches Verfügbarkeitsniveau definiert, die Umsetzung geplant und die definierten Qualitätsparameter (Key Performance Indicators) überwacht. Dabei wird neben einer Optimierung der Verfügbarkeit durch Überwachung auch der Vergleich zur Service-Verfügbarkeit mit den SLAs umgesetzt. Da viele Sicherheitsmaßnahmen die Aspekte Verfügbarkeit, Vertraulichkeit und Integrität tangieren, ist eine Abstimmung hinsichtlich der zu ergreifenden Maßnahmen zwischen dem Availability Management, dem Continuity Management für IT Services und dem Security Management notwendig.

Das Continuity Management kümmert sich um die Erstellung von Plänen zur Wiederherstellung von IT Services nach einer Katastrophe und führt u.a. Risikoanalysen durch. Es kümmert sich darum, dass nach einem unvorhersehbaren Zwischenfall die Folgen für den IT Service auf ein definiertes Maß, das in den SLAs festgeschrieben wurde, beschränkt bleiben. Aufgrund der Sicherheitsaspekte dieses Themas bestehen enge Beziehungen zum Security Management. Ein valider ITSCM-Plan wird in der ISO 27001 als zwingend nötig vorgeschrieben.

Das Capacity Management kümmert sich um die Gewährleistung der Kundenanforderungen in Bezug auf eine rechtzeitige und kostengünstige Bereitstellung der erforderlichen und definierten Ressourcen. Die Anforderungen stammen aus den qualitativen und quantitativen Rahmen, die durch das Service Level Management erstellt werden. Fast alle Aktivitäten des Capacity Managements stehen in einer Beziehung zur Verfügbarkeit. Da dieser Begriff nicht nur mit dem Availability Management in Verbindung steht, sondern auch einen Aspekt des Begriffes Sicherheit darstellt, existiert hier auch eine Verbindung zwischen Capacity Management und Security Management. Das Capacity Management muss darüber hinaus bei der Anschaffung und Erweiterung von Komponenten und Ressourcen mögliche Auswirkungen auf die Sicherheit bedenken. Dies gilt ebenso bei der Einführung neuer Software oder Technologien. Gegegebenfalls muss das Information Security Management als Empfehlungs- oder Freigabeinstanz aktiv werden.

Das Supplier Management sollte Unterstützungsarbeit leisten, wenn es darum geht, mit neuen Lieferanten oder Partnern zusammenzuarbeiten und diesen Zugang zu Services, Systemen, Informationen im Rahmen der Zusammenarbeit zu verschaffen. Hier geht es beispielsweise um Pflichten der externen Parteien bezüglich Geheimhaltung und Umgang mit Informationen (Non Disclosure Agreements o.ä.).

8.7 Supplier Management

Das Supplier Management kümmert sich um das Management der Lieferanten und ihrer Services, um dem Kunden die vereinbarten Service Level und -Ziele bieten zu können. Dabei stellt das Supplier Management sicher, dass die Lieferanten ihre Ziele, Bedingungen und Konditionen, die in den Verträgen vereinbart wurden, erfüllen. Bei gleichbleibender Zahlung ist der Prozess bemüht, die Wertschöpfung für die betreuten Services zu erhöhen. Dabei zielen alle Aktivitäten im Supplier Management darauf ab, durch eine Supplier Strategie und durch eine Policy aus dem Bereich Service Strategy getragen zu werden. Ein Ziel ist dabei, das Bewusstsein für die Zusammenarbeit mit Partnern und Lieferanten zu schärfen und wie die Zusammenarbeit so gestaltet werden kann, dass dem Unternehmen darüber ein Nutzen erwächst.

Dabei ist es unerlässlich, dass die Prozesse und Planungsschritte dieses Prozesses sich in den Service Lifecycle einbetten lassen und sich in in allen Phasen (Strategie, Design, Transition, Operation bis hin zum CSI) wiederfinden. Die Gestaltung der Interaktion erscheint hierbei als außerordentlich komplex und vielschichtig, da beispielsweise Lieferanten durch den Input aus ihrem eigenen Value Network einen Mehrwert liefern. Hier spielt das berühmte Vitamin „B" eine Rolle, genau so wie all die kleinen, aber nicht unwichtigen Details und Fähigkeiten, die einen guten Lieferanten und Partner ausmachen. Die wesentlichen Informationen sind dabei oft die Hintergrundinformationen, beispielsweise Produktspezifikationen oder persönliche Informationen über den Lieferanten. Neben dem traditionellen Weg, Lieferanten über Erfahrungen und Empfehlungen zu suchen, können auch Lieferantendatenbanken für die Suche nach den geeigneten Lieferanten genutzt werden. Fest steht: Ohne ein adäquates Handling des Themas Supplier Management gestaltet sich die Bereitstellung hochwertiger IT Services als überaus schwierig.

Die Ziele des Supplier Managements beziehen sich auf einen kostengünstigen Bezug der Leistungen von Lieferanten oder Vertragspartnern, wobei sichergestellt sein muss, dass die UCs und UAs mit den Lieferanten sich an den Geschäftsbedürfnissen ausrichten und dass die Ziele bzw. die entsprechende Verknüpfung auch in den Service Level Requirements (SLR) und den Service Level Agreements über das Service Level Management hinterlegt werden. Dabei kommt es auch auf eine Pflege der Beziehung zu den Lieferanten an, und zwar nicht nur, um die Leistungen des Lieferanten zu verwalten. Bevor die Beziehung oder der Vertragsabschluss zwischen IT Service Provider und den Lieferanten zu Stande kommt, müssen die geeigneten Drittanbieter gesucht, gefunden, bewertet, entsprechende Verträge verhandelt und abgestimmt werden. Um Konsistenz zu gewährleisten, muss es eine Supplier-Richtlinie geben und alle Policies und weitere Daten in der Supplier- und Cotracts-Datenbank (Lieferanten- und Vertragsdatenbank, SCD) abgelegt werden.

Da man schlechte Erfahrungen mit Partnern und Lieferanten vermeiden möchte, sollte der Supplier Management-Prozess die Vertragspartner und Lieferanten kategorisieren und einer Risikobewertung unterziehen. Im Laufe der Zeit wird eine damit korrespondierende Überprüfung, Erneuerung oder eine Beendigung des Verhältnisses eingeleitet werden. Im Sinne des ständigen Verbesserungsprozesses möchte der Service Provider die Leistung des Lieferanten erhöhen und auch entsprechende Pläne und Implementierungen für Optimierungen verhandeln und abstimmen. Zufriedenheitsbefragungen unterstützen diesen Verbesserungsprozess. Objektive Vergleiche und Metriken helfen bei der Auswahl und der Verbesserung der Lieferantenleistungen und deren Management.

Dabei kommt das Supplier Management mit zahlreichen Stellen der Unternehmens- oder Organisationstandards, Richtlinien und Anforderungen in Berührung, besonders was juristische und finanzielle Aspekte von Einkauf oder Beschaffung angeht.

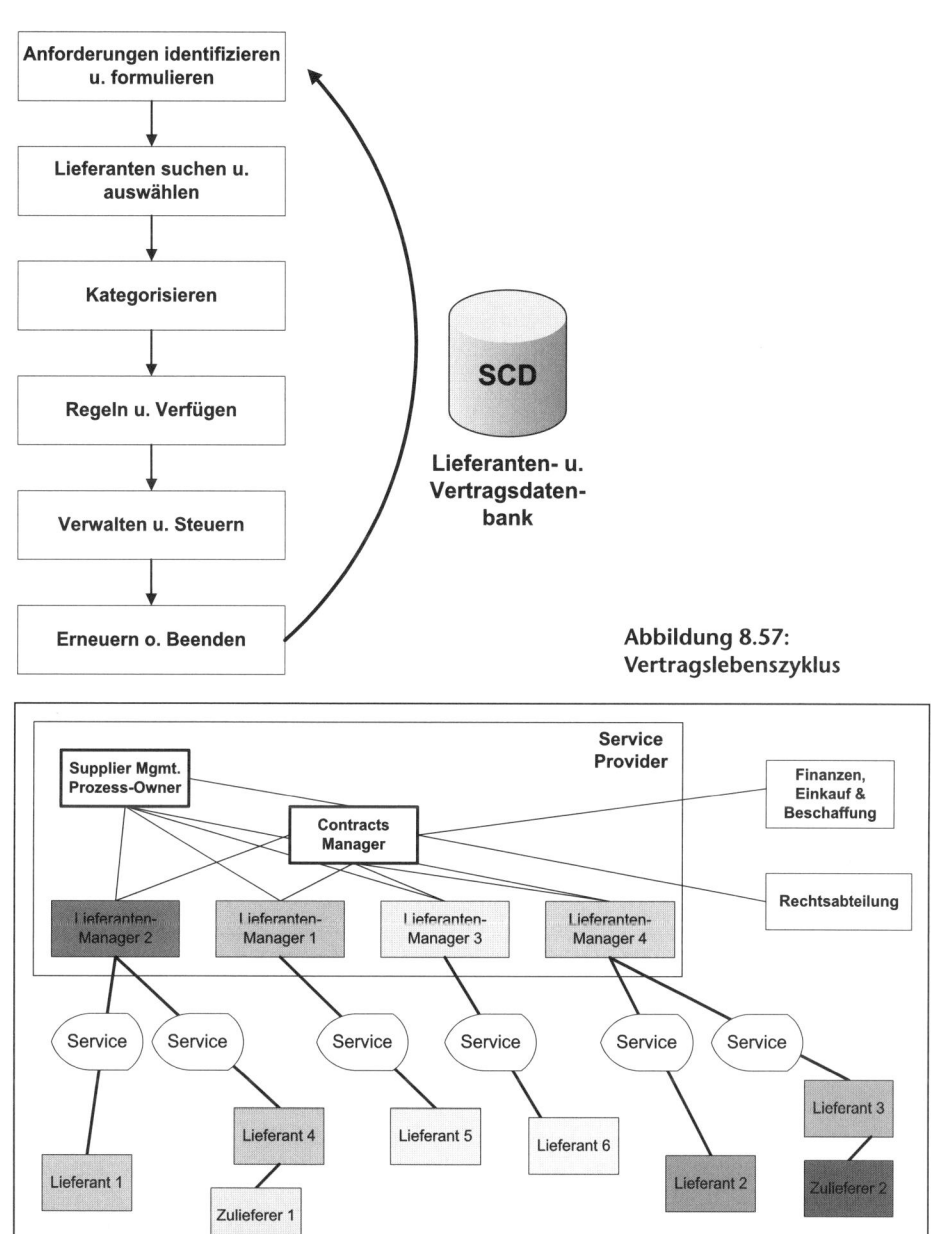

Abbildung 8.57:
Vertragslebenszyklus

Abbildung 8.58: Rollen und Schnittstellen im Supplier Management

Um die Pflege, Verwaltung und Steuerung von Seiten des Service Providers voranzutreiben, gilt es, eine Rolle für diese Aufgabe zu etablieren, die sich um diese Themen
des Supplier Managements kümmert. Dies kann zum einen der Supplier Management
Prozess-Owner und ein Vertragsmanager (Contracts Manager) sein. Diese sorgen für
Konsistenz, Überprüfung der Leistungen der Lieferanten und deren Review.

8.7.1 Begriffe des Supplier Managements

Alle Aktivitäten des Supplier Management-Prozesses sollten von der Supplier Policy und -Strategie motiviert sein. Um Konsistenz und Effektivtät bei der Implementierung einer solchen Richtlinie zu gewährleisten, empfiehlt es sich, die Erstellung der Supplier- und Cotracts-Datenbank (Lieferanten- und Vertragsdatenbank, SCD) zusammen mit den entsprechenden Rollen und Verantwortlichkeiten vorzunehmen.

Sie stellt das zentrale Repository des Supplier Managements dar. Idealerweise sollte die SCD ein Bestandteil der CMS (SKMS) sein, wobei Änderungen über das Change Management laufen. Sie hält alle Lieferanten und alle Verträge, dabei ist der Typ des erbrachten Service für jeden Lieferanten und die unterstützten Produkte bzw. Prozesse beizusteuern. Darüber hinaus sollte das Repository die Beziehungen (zw. Lieferanten, zu relevanten CIs) und die Services beschreiben, die von Service Providern angeboten werden. Sie bilden einen wesentlichen Part im Service-Portfolio (Katalog).

Wesentlich ist es, eine Verbindung zwischen dem Service-Lieferanten und den eigenen IT- oder Geschäftsservices herzustellen. Mit Hilfe der SCD kann dies zur Verfügung gestellt werden. Für das Supplier Management bedeutet dies die Kategorisierung der Lieferanten und die Pflege der notwendigen Daten in der SCD sowie die Evaluierung und das Aufsetzen neuer Lieferanten und Verträge. Die Etablierung neuer Lieferanten geschieht im Gegensatz dazu über die Phase der Service Transition, wohingegen das Lieferanten- und Vertragsmanagement inkl. Leistungsüberwachung sowie die Vertragserneuerung bzw. -beendigung über die Phase Service Operation im Lifecycle umgesetzt wird.

Die Datenbank gehört dem Supplier Management-Prozess, in manchen Fällen auch der Abteilung Beschaffung und Einkauf.

Leistungsindikatoren

Der Supplier Management-Prozess stellt sicher, dass alle Verträge mit Lieferanten und Drittanbietern eingehalten werden, und hilft so, die Geschäftsanforderungen zu unterstützen.

Der Service Provider nutzt dafür eine Kennzahl, um festzustellen, wie viele der abgeschlossenen UCs (nicht) eingehalten wurden. Die Einhaltung der SLAs zwischen Kunde und Service Provider ist von der Einhaltung der damit zusammenhängenden UCs abhängig. Sollte es durch die Nicht-Einhaltung der UCs zu Service Level-Verfehlungen kommen, sind meist auch die Beschwerden der Kunden nicht weit, die ihrem Unmut über langsame Antwortzeit oder zu lange Serverausfälle Luft machen. Als Indiaktor ist z.B. die diesbezügliche Anzahl der Kundenbeschwerden zu verwenden. Die Kennzahlen zum Supplier Management werden aber meist nicht direkt in diesem Prozess ermittelt, sondern stammen meist aus anderen Prozessen und Funktionen (Service Desk, Service Level Management etc.)

Ein weiterer möglicher Leistungsindikator könnte die Anzahl der durchgeführten Reviews mit dem Lieferanten sein. Diese dienen der besseren Abstimmung mit dem Lieferanten und führen meist zu einer Steigerung der Zusammenarbeit und der Leistungserbringung von Seiten des Lieferanten.

8.7.2 Aktivitäten im Supplier Management

Die Aktivitäten im Supplier Management sind zyklisch und stehen für den Lifecycle zwischen Service Provider und Lieferant. Es existieren sechs Phasen bzw. Subprozesse in der Aktivitätenkette.

Bei der Abwicklung und Umsetzung von Lieferantenbeziehungen ist es mehr als empfehlenswert, dass ein formaler Vertrag die Grundlage für die weitere Zusammenarbeit bildet, aus dem zweifelsfrei abzulesen ist, worin die abgestimmten Verantwortlichkeiten und Ziele bestehen und wie diese während ihres Lebenszyklus verwaltet werden. Dies reicht von der Identifizierung der entsprechenden Geschäftsanforderungen über den Betrieb bis hin zur Beendigung des Vertrags.

1. Identifizierung der Bedürfnisse und Anforderungen des Business und die Erstellung des Business Case: Um den geeigneten Lieferanten zu finden, wird eine Ausschreibung (Invitation To Tender, ITT) oder eine Anforderung (Statement of Requirement, SOR) aufgestellt. Dies stellt ein Dokument dar, das alle Anforderungen für einen Produktkauf bzw. für einen neuen oder geänderten IT Service enthält. Die Anforderung bzw. die Inhalte der Ausschreibung müssen mit der Strategie und den Richtlinien übereinstimmen.

   Gleichzeitig geht es darum, einen entsprechenden Business Case als betriebswirtschaftliche Rechtfertigung für die Anforderung zu erstellen. Dort werden die möglichen Optionen für die Umsetzung (extern, intern, von der Stange gekauft, selbst entwickelt etc.), damit verbundene Kosten, voraussichtliche Dauer bis zum Bezug der Leistungen, Ziele, Nutzen und Risikobewertung beschrieben.

2. Bei der Evaluierung und Beschaffung neuer Verträge und Lieferanten geht es erst einmal darum, geeignete Verfahren für die Beschaffung und den Einkauf und die entsprechenden Bewertungskriterien wie z.B. Diensteistungsportfolio, Qualität, Kosten und Fähigkeiten aufzustellen und alternative Optionen aufzuzeigen. Danach muss die Auswahl stattfinden. Anschließend werden die Verträge, Ziele, Verpflichtungen, Abschlusse oder Erneuerungen, Erweiterungen und Transferleistungen verhandelt. Nach der Abstimmung der Inhalte muss der Vertrag unterzeichnet und der Auftrag erteilt werden.

   Die Ergebnisse dieser Aktivitäten haben Folgen für die nachfolgenden Schritte im Prozess und Einfluss auf den Erfolg der IT Service-Erbringung. Daher gilt es hier vorab genau zu schauen und zu prüfen, ob der ausgesuchte Lieferant auch die Erwartungen erfüllen kann, die an ihn gestellt werden.

   Dies unterscheidet sich vielfach nicht von dem Auswahlprozess, dem andere Branchen ihre Lieferanten unterziehen, z.B. in Bezug auf ein Ranking, Kreditwürdigkeit, Größe. Danaben spielen auch die persönlichen und manchmal nur schwer nachvollziehbaren Kriterien eine Rolle. Wie die Vergabe aussehen wird, z.B. im Hinblick auf die Frage, ob Single- oder Multisourcing betrieben werden soll, hängt von der entsprechenden Sourcing-Strategie ab (siehe *Kapitel 5.5.2, Sourcing-Strategien*).

Service Design

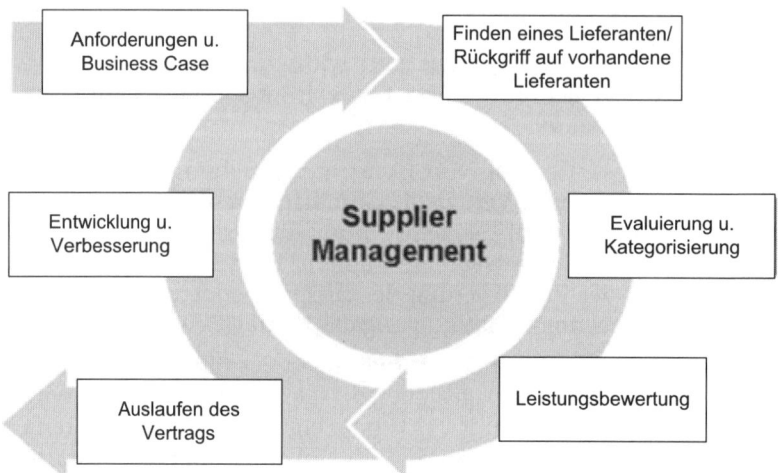

Abbildung 8.59: Schritte im Supplier Lifecycle

Partnerschaftliche Beziehungen werden meist auf höherer Managementebene geknüpft und sind vielfach abhängig von dem Wunsch und dem Willen, strategische Informationen auszutauschen, und der weiteren anvisierten Zusammenarbeit. Die Beziehung lebt von einer ähnlich aufgestellten Integration der Prozesse der beiden Unternehmen (Integration) und einer ähnlichen strategischen Ausrichtung (Strategic Alignment), auch in Bezug auf Kultur, Werte und Ziele. Ein guter Kommunikationsfluss, der von beiden Seiten gepflegt wird (Information Flow), trägt genauso zu einer guten Zusammenarbeit bei wie das beiderseitige Vertrauensverhältnis (Mutual Trust), da auch Dinge zur Sprache kommen, die ansonsten nicht in der breiten Öffentlichkeit ausgesprochen werden, hier aber zum Erfahrungsaustausch beitragen (Openness). Die partnerschaftliche Zusammenarbeit wird von gemeinsamen Verantwortlichkeiten (Collective Responsibility), Risiken (Shared Risk) und Erfolgserlebnissen (Reward) geprägt. Beide Seiten sollten ihren Nutzen aus dem Verhältnis ziehen, wobei allen Beteiligten klar sein muss, mit welchen Kosten so eine Beziehung verbunden ist. Schließlich wird in die Partnerschaft Zeit und Energie gepumpt.

Für die Bewertung der Lieferanten sollte sich der Service Provider vorab bereits Gedanken um die formalen und dokumentierten Prozesse gemacht haben, die als Basis für die Auswahl und Bewertung der Lieferanten herangezogen werden. Dabei geht es zum Beispiel um die Frage, wie wichtig der Service für den Kunden ist und mit welchen Auswirkungen in Bezug auf das Business der Service verbunden ist, der vom Lieferanten bereitgestellt oder unterstützt werden soll. Andere Fragen betreffen das Risiko und die Kosten, die mit der Nutzung des Service verbunden sind. Entsprechende Formulare und Prozesse müssen vom Service Provider bereitgestellt und abhängig vom Typ, der Größe und der Kategorie von Lieferanten und Verträgen angepasst werden.

Kommt es nach der Risiko- und Sicherheitsüberprüfung zum Abschluss eines Vertrags, ist rechtlicher Beistand mehr als anzuraten. Die Inhalte reichen von grundlegenden Begriffen und Bedingungen über Service-Beschreibung und -Umfang, Service-Standards, Arbeitslastreichweite, Managementinformationen, Rechte und Pflichten. Beispielhafte Inhalte sind

- Präambel, Definitionen, Geltungsvorrang
- Allgemeine Leistungs- und Mitwirkungspflichten, Subunternehmer
- Beschreibung des Test- und Abnahmeverfahrens
- Projektorganisation, -verantwortung und Zusammenarbeit
- Nutzungsrechte an Arbeitsergebnissen, Haftung und Gewährleistung, Rechte Dritter
- Vergütung und Mengengerüste
- Change-Verfahren, Benchmarking
- Geheimhaltung, Datenschutz, Datensicherheit
- Beendigungsunterstützung und Migrationsplanung
- Eskalationsmechanismen
- Laufzeit und Kündigung
- Rechtswahlklausel und Gerichtsstandswahl, „Boiler Plate"

3. Beim Aufbau neuer Verträge und Lieferanten müssen erst einmal neue Kontakte und Verbindungen geküpft werden, um einen neuen Lieferanten aufzutun. Die Zusammenarbeit mit einem neuen Partner oder Lieferanten ist für den Auftraggeber stets mit einem gewissen Risiko verbunden. Die Art der Zusammenarbeit hat wesentlichen Einfluss auf die Einordnung des Risikos in Bezug auf den Lieferanten. Eine Zusammenarbeit auf strategischer Ebene oder mit einem Outsourcing-Partner ist relativ hoch und gestaltet sich als recht komplex. Letztendlich ist es die Beziehung zwischen IT Service Provider und Kunde, die belastet wird, wenn zwischen Service Provider und einem Partner oder Lieferanten Probleme auftreten. Ein Mindestmaß an Risikobetrachtung sollte bereits vor den ersten Gesprächen zwischen Service Provider und Lieferant stattgefunden haben. Ist das Verhältnis offen und von gegenseitigem Vertrauen geprägt, kann auch offen mit dem Thema des Risikos (für beide Seiten) umgegangen werden. Bei anschließenden umfangreichen Analysen können unterschiedliche Verfahren und Methoden herangezogen werden (wie z.B. BIA, Operational Risk Assessments (ORA) in Zusammenarbeit mit den anderen ITIL®-Prozessen).

Sollte die Suche erfolgreich verlaufen sein und die Bedingungen stimmen, muss der Service des Lieferanten und der Vertrag aufgesetzt und in der SCD und anderen Unternehmenssystemen abgelegt werden, was über das Change Management gehandhabt wird. Der Service wird dann später in die Produktivumgebung überführt.

4. Die Lieferanten- und Vertragskategorisierung bezieht sich auf die Auswertung bzw. Bewertung oder Wiederbewertung der Lieferanten und Vertragspartner. Darauf beruht auch die Kategorisierung in der SCD. Entsprechend muss die SCD aufgebaut, gepflegt und auf dem neuesten Stand gebracht werden. Dabei muss sichergestellt werden, dass Änderungen über die Service Transition laufen. Die

Informationen in der SCD beziehen sich auf Detailinformationen zu Lieferanten zusammen mit den Beschreibungen für jeden Service, der erbracht wird, Informationen zum Bestellprozess und ggf. Vertragsinformationen. Idealerweise sollte die SCD Bestandteil des umfassenden CMS sein.

Schlüssellieferanten sollte im Tagesgeschäft und bei der Beziehungspflege mehr Zeit und Aufmerksamkeit geschenkt werden als eher unwichtigen Lieferanten. Wichtige Lieferanten sind meist die Drittanbieter, die Services unterstützen oder anbieten, die für das Business von entsprechender Bedeutung sind, da sie die Geschäftsprozesse und damit den Geschäftserfolg tragen. Allein die Beantwortung der Fragestellung, wer als Lieferant einen wichtigen Beitrag leistet, verlangt nach einer Kategorisierung der Lieferanten. Diese Einteilung kann auf unterschiedliche Art und Weise erfolgen. Eine Möglichkeit besteht in der Einordnung nach Risiko und Auswirkungen, die mit der Nutzung des Service verbunden sind. Zeit und Arbeitsaufwand lassen sich beispielsweise in die folgenden Kategorien einteilen: strategisch (z.B. bei strategischen Partnerschaften, die über das obere Management gepflegt werden), taktisch, operativ (z.B. bei Zulieferern von operativ relevanten Produkten oder Services) und Lieferanten für Verbrauchsgüter (z.B. nach niedrigwertigen oder fertigen Gütern wie Tonerkartuschen oder Papier).

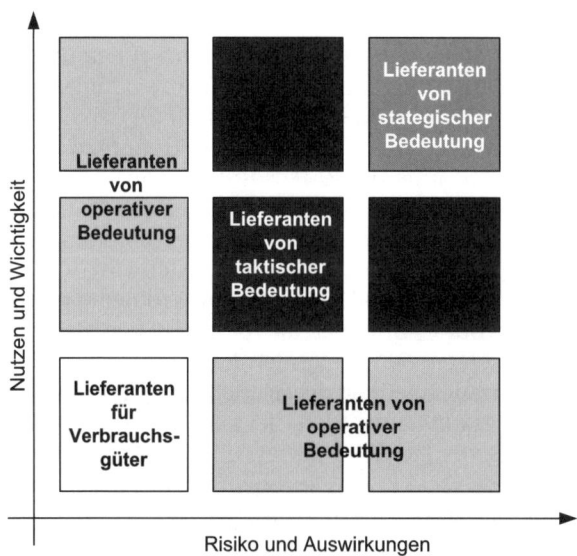

Abbildung 8.60: Beispielhafte Kategorisierung von Lieferanten

Ein Geschäftsprozess kann von mehreren internen und/oder externen Lieferanten abhängig sein, was einer Mischung der Lieferantenkategorien gleichkommt. Hier kommt das Thema Supply Chain Management ins Spiel. Der Service Provider pflegt meist hauptsächlich die Beziehung zu seinem Hauptlieferanten und hat keinen direkten Kontakt zu den Sublieferanten. Es empfiehlt sich aber die Betrachtung der Prozesse der Hauptlieferanten, um sicherzustellen, dass alle Sub-Lieferanten ihren vertraglichen Verpflichtungen nachkommen können.

Supply Chain Management

Supply Chain Management umfasst die inner- und überbetriebliche Planung und Steuerung von Material-, Finanz- und Informationsströmen entlang der gesamten Wertschöpfungskette. Eine durchgängige Planung und Optimierung der Beschaffungs-, Produktions- und Distributionsprozesse zwischen allen Beteiligten (Lieferanten, Herstellern, Logistikdienstleistern, Händlern und Kunden) führt zu Effizienzsteigerungen und Wettbewerbsvorteilen. In der Praxis ist die Supply Chain ein Netzwerk verschiedener Unternehmen, die zusammenarbeiten, um ein Produkt herzustellen und es zum Endkunden zu bringen. Die deutsche Übersetzung dafür lautet meist Lieferkette oder Logistikkette.

Eine optimal aufeinander abgestimmte Wertschöpfungskette ist von strategischer Bedeutung. Denn nur wenn Lieferant, Produzent und Kunde eine Kette bilden, stimmen Zeit, Kosten, Qualität und Service.

Wird die Anzahl der Lieferanten verringert, reduziert sich auch der Aufwand für das Supplier Management. Das mag ein Grund sein, warum zahlreiche große Unternehmen auf einige wenige Hauptlieferanten setzen, über die dann Subkontrakte laufen und die natürlich das Glück haben, mindestens ein kleines Häppchen an Marge abzubekommen. Allerdings birgt die Zusammenarbeit mit nur einem oder einigen wenigen Lieferanten auch eine Anhäufung von Risiken.

5. Leistungsbewertung der Lieferanten und Verträge: Hierunter wird das Management und die Steuerung des Betriebs und die Lieferung der Services oder Produkte verstanden. Dazu gehören Überwachung und Berichtswesen sowie die Überprüfung und die Verbesserung in Bezug auf Service, Qualität und Kosten.

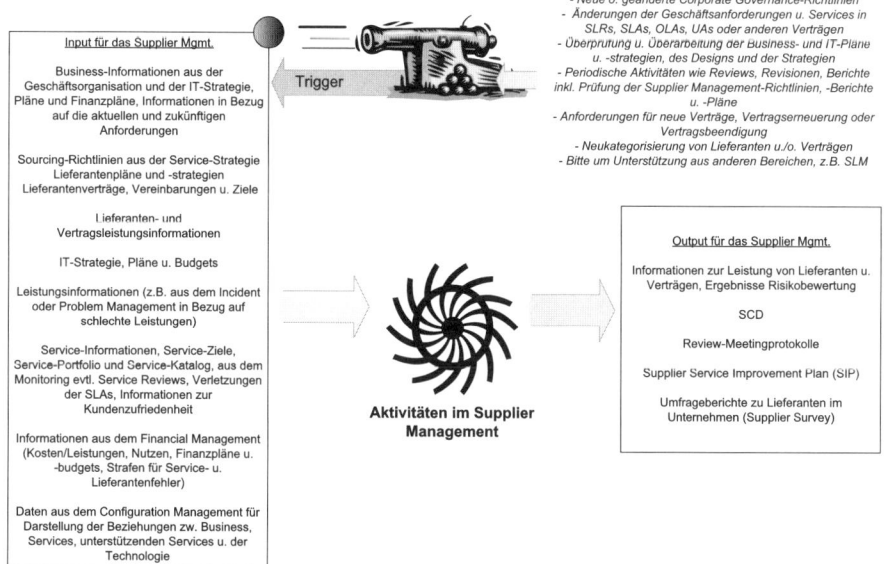

Abbildung 8.61: Trigger, Input und Output des Prozesses

Bereits vorab muss geklärt werden, wie Prozesse umgesetzt werden sollen, z.B. in Bezug auf die Frage, ob die Prozesse des Service Providers oder die des Lieferanten führend sind und verwendet werden sollen. Dazu zählen auch interpretationsfreie Beschreibungen von Verantwortlichkeiten, Kommunikationswegen, Eskalationsmechanismen und Ansprechpartnern. Das Management der Lieferanten und der Beziehungen kümmert sich auch um die Risiken, Veränderungen, Fehler, Verbesserungen, Kontakte und Schnittstellen.

Eine Überprüfung und Bewertung des Lieferanten sollte mindestens jährlich stattfinden, auch um den Umfang der Services gegen die aktuellen Geschäftsanforderungen, Ziele und Vereinbarungen zu überprüfen. Möglicherweise haben sich die Anforderungen geändert oder es haben sich neue Möglichkeiten zur Schaffung und Nutzung von Synergien ergeben, die es zu nutzen gilt. Für das formale Review lassen sich zwei Ansätze unterscheiden. Zum einen eine Leistungsbewertung des Service/Lieferanten und zum anderen die Bewertung von Service, Service-Umfang und Vertrag. Formale Leistungsreview-Meetings sollten regelmäßig stattfinden, um die Leistungen und Ergebnisse des Lieferanten gegen die vereinbarten Service Level und operativen Level zu prüfen. Aber auch eine Überprüfung bezüglich der zu unterstützenden Geschäftsanforderungen kann bei diesen Meetings ein Thema sein. Typische Themen sind in beiden Fällen: Erbrachte Leistungen und Ziele gegenüberzustellen, Incident und Problem Review sowie Eskalationen, Kunden- und Business-Feedback, erwartete große Changes, zukünftige wichtige Ereignisse auf Kundenseite und SIPs. Große Service-Verbesserungsinitiativen werden über SIPs gehandhabt und gesteuert. Auch ein kritischer Blick auf den Lieferanten und seine Ergebnisse in Bezug auf die Corporate Governance sind hier angebracht.

Je nach Ergebnis der Bewertung kann hier auch die Planung zur Beendigung des Verhältnisses, ein Auslaufen des Vertrags, eine Ausweitung des bestehenden Vertrags bzw. dessen Erneuerung anstehen.

6. Bei Ablauf des Vertrags geht es noch einmal um eine Überprüfung, um den Nutzen zu bestimmen, den die Etablierung des Geschäftsverhältnisses mit sich gebracht hat. Danach geht es an die letztendliche Wiederverhandlung, Erneuerung, Beendigung und/oder den Transfer.

Unternehmen, IT sowie die Bereiche Einkauf, Beschaffung müssen zusammenarbeiten, um sicherzustellen, dass alle Phasen des Vertragslebenszyklus effektiv gehandhabt werden.

Die Rolle des Supplier Managers

Der Supplier Manager kümmert sich um alle Aktivitäten im Prozess und darum, dass die Ziele des Prozesses erreicht werden. Darüber hinaus ist er für die Dokumentation der Rollen und Verantwortlichkeiten zwischen Haupt- und Sub-Lieferanten sowie deren Schnittstellen verantwortlich, führt mindestens einmal jährlich Vertrags- und SLA-Reviews durch und nimmt am CAB-Meeting teil, falls seine Anwesenheit erforderlich ist. Er stellt sicher, dass Changes in Bezug auf ihre Auswirkungen auf Lieferanten, unterstützende Services und Verträge geprüft werden.

8.8 Exkurs: Aktivitäten im Service Design

Neben den in diesem Kapitel beschriebenen sieben Prozessen existieren drei Aktivitäten, die für das Service Design eine wichtige Rolle spielen.

8.8.1 Entwicklung der Anforderungen

ITIL® geht davon aus, dass die Analyse der bestehenden und notwendigen Business-Prozesse Anforderungen an die IT Services nach sich ziehen. Dabei existieren drei Arten von Anforderungen:

◆ Funktionale Anforderungen, die beschreiben, was ein Service tun soll und wie seine Unterstützungsleistung als Funktion oder Aufgabe einer Komponente für das Business aussieht. Modelle sind z.b. über Use Cases oder Systemkontextdiagramme möglich.

Use Cases beschreiben Interaktionen zwischen Akteuren und dem betrachteten System, die stattfinden, um ein bestimmtes geschäftsbezogenes Ziel zu erreichen. Ein Anwendungsfall beschreibt genau einen Ablauf oder einen Prozess. Es sind dabei nur die Aktionen bzw. Ereignisse zu spezifizieren, die aus der Sicht der Bedienungseinheit erkennbar sind. Ein Use Case führt immer zu einem erkennbaren Ergebnis, wobei die Details des Systemverhaltens nicht betrachtet werden und die Beschreibung aus Benutzerperspektive geschieht. Die Fragen sind dabei: Wer soll das System benutzen, und was soll das System für sie/ihn tun? Aber es geht nicht um die Frage, wie das System etwas tun soll.

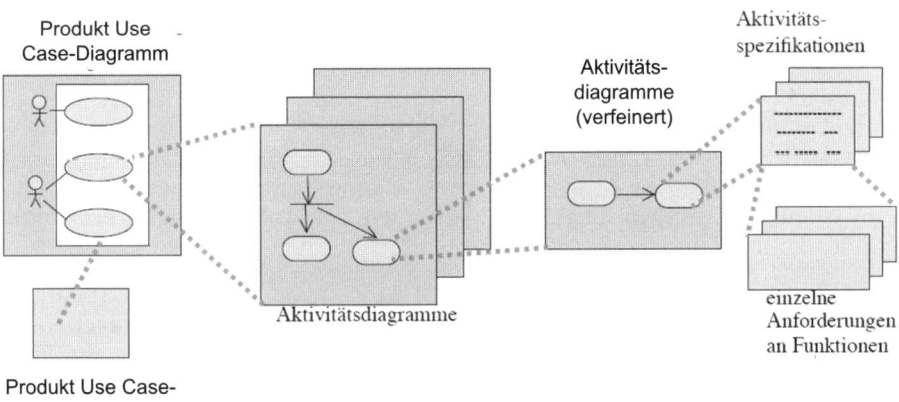

Abbildung 8.62: Von Use Cases mit Use-Case Spezifikationen zu Aktivitäten mit Activity-Spezifikationen zu individuellen Anforderungen

◆ Management- und Betriebsanforderungen liefern die nicht-funktionalen Anforderungen eines IT Service. Diese Anforderungen dienen als erste Basis, z.B. für Kostenschätzungen und den Support, und können eine große Anzahl an unterschiedlichen Qualitätsaspekten aufweisen (z.B. Effizienz, Verfügbarkeit und Zuverlässigkeit, Sicherheit, Wartbarkeit).

◆ Anforderungen an die Benutzerfreundlichkeit stellen sicher, dass der Service die Erwartungen der Anwender in Bezug auf Bedienfreundlichkeit und Verwendbarkeit des Service erfüllt. Performance-Standards für die Evaluation und das Aufstellen von Testszenarios erleichtern die Erfüllung der Anwendererwartungen.

Es existieren unterschiedliche Herangehensweisen und Methoden, um die Anforderungen von Kunden- und Benutzerseite zu erfragen und über vertiefende Analysewerkzeuge klare Anforderungen zu erhalten, wobei sich dies einfacher anhört als es umzusetzen ist.

When you can measure what you are speaking about, and express it in numbers, you know something about it; but when you cannot measure it, when you cannot express it in numbers, your knowledge is of a meager and unsatisfactory kind.
(Lord Kelvin)

Anforderungen müssen so eindeutig gemacht werden, dass man sie prüfen kann. Dazu braucht man nicht unbedingt den Begriff „Abnahmekriterium". Anforderungen können und sollen alle Präzisierungsgrade (von „vage" bis zu „absolut präsize und testbar") zulassen. Es gilt die Anforderungen zu verfeinern, abzuleiten, zu präzisieren, mit Qualitätsmaßen zu versehen, Toleranzen anzugeben etc.

Abnahmekriterium

Ein Abnahmekriterium ist eine Anweisung für den Test bezüglich einer Anforderung (oder eines Anforderungsteils), welche die Prüfung und Bewertung des erstellten Produktes oder durchgeführten Prozesses gegenüber dieser Anforderung (oder des Teils) beschreibt.

In Abnahmekriterien dürfen keine zusätzlichen Leistungen oder Eigenschaften versteckt sein, die in den eigentlichen Anforderungen nicht auftauchen. Es gilt der Leitsatz: Nicht mehr, aber auch nicht weniger.

Drei beteiligte Gruppen sind beim Aufstellen der Anforderungen einzubinden: Kunde, Benutzer und das Entwicklungsteam.

Das Aufnehmen und Festhalten der Anforderungen von Kundenseite ist ein zentraler Bestandteil im Service Design. Die Anforderungen sollten entsprechend dem SMART-Ansatz definiert und dokumentiert werden: präzise, messbar, abgestimmt, realistisch und nachvollziehbar. Darüberhinaus sollten sie klar, vernünftig und unmissverständlich sein sowie mit den Zielen des Kunden übereinstimmen und nicht in Konflikt zu anderen Anforderungen stehen. Allerdings müssen die Anforderungen (beispielsweise entsprechend dem Kano-Modell) priorisiert werden. Das Ergebnis kann in einem Anforderungskatalog festgehalten werden, das Teil des Service-Portfolios sein kann.

Die Anforderungsanalyse ist ein iterativer Prozess, wobei der Benutzer stets miteingebunden werden sollte. Allgemein gilt, dass die Anforderungsaktivität so gestaltet sein sollte, dass Requirements von vagen Formulierungen zu eindeutigen, prüfbaren Aussagen weiterentwickelt werden. So werden diese Aussagen durch nicht-

funktionale Anforderungen auch quantifiziert (und damit messbar, beurteilbar, ...).
Die Tester/Entwickler können sich an diesen Dokumenten orientieren und daraus
die Testfälle ableiten.

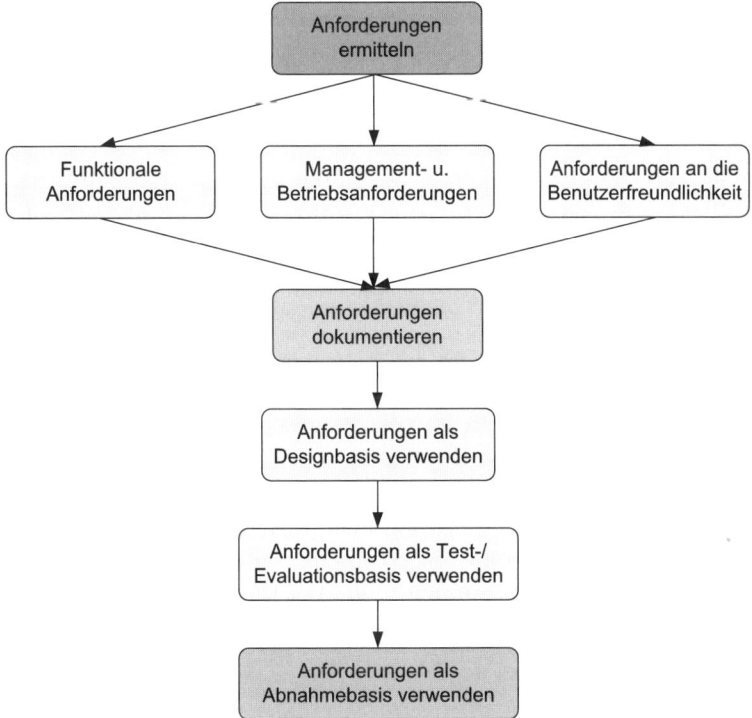

Abbildung 8.63: Entwicklung der Anforderungen

8.8.2 Daten- und Informationsmanagement

Methoden und Software zur Informations- und Datenverwaltung ermöglichen das
Speichern, das Zugreifen und die Analyse von Daten in beliebigen Umgebungen.
Daten sind äußerst kritische Bestandteile, die es bei der Entwicklung, Auslieferung
und dem Support der IT Services zu steuern gilt. Dies beinhaltet eine entsprechende Zugriffsteuerung, so dass nur die dafür vorgesehenen und zugelassenen
Anwender auf die für sie vorgesehenen Daten Zugriff haben (Jeder sieht nur das,
was er sehen soll). Die Qualität der Daten und deren Verteilung ist gesichert, und
den gesetzlichen Anforderungen wird entsprochen. Dabei existieren vier Manage-
ment-Themen in Bezug auf den Bereich Informations- und Datenverwaltung:

◆ Management der Datenquellen (Datenadministration), z.B. in Bezug auf den zu stillen-
den Informationsbedarf

◆ Management der Daten- und Informationstechnologie, z.B. in Bezug auf das Daten-
bank-Design

◆ Management der Informationsprozesse in Bezug auf den Daten-Lifecycle, meist in Zusammenhang mit dem Application Management

◆ Management der Datenstandards und -richtlinien als Teil der IT-Strategie

Eine Bewertung der Daten und ihre Kategorisierung hilft bei der Messung des Bedeutungsumfangs für das Business. Es ist der Wert der Informationen, den ein Unternehmen schützen muss. Daten können in Bezug auf drei Ebenen klassifiziert werden: strategische, taktische und operative Daten, die für den jeweiligen Einsatzweck gedacht sind.

Ein Datenbesitzer (Data Owner) legt fest, wer Daten anlegen, einsehen oder löschen darf, richtet den jeweiligen Sicherheitslevel ein und versieht die Daten mit einer Business-Zuordnung.

8.8.3 Application Management

Umfassendes Application Management hebt das Nebeneinander von Software-Entwicklung und Service Management auf, indem es die Software-Entwicklungsphasen und die sich anschließenden Service Management-Phasen in einen einzigen Lebenszyklus integriert.

Application Management befasst sich mit Applikationen von der initialen Geschäftsidee über den gesamten Lifecycle der Applikation bis hin zum Abschalten. Ein entscheidender Punkt ist, dass das Application Management von der Unternehmensleitung als strategische Aufgabe angesehen werden sollte. Der Horizont des Application Managements geht über reine IT-Belange hinaus, es muss ein ganzheitlicher Ansatz vorhanden sein und gelebt werden. Application Management wird als das Bindeglied zwischen Software-Entwicklung und IT-Betrieb beschrieben und kann so sicherstellen, dass die Betriebsbelange bereits bei der Software-Entwicklung berücksichtigt werden.

⌐ **Application**

Nach ITIL® ist eine Applikation ein Software-Programm mit spezifischen Funktionen, das die direkte Unterstützung für die Ausführung der Businessprozesse und/oder -verfahren unterstützt.

Der Wert einer Applikation beziehungsweise des Applikationsportfolios ist aus Sicht des Application Managements zentrales Qualitätskriterium. Er ergibt sich aus dem Wert des Geschäftsprozesses, der unterstützt wird. Dieser wiederum kann mittels einer Analyse der Wertschöpfungskette bestimmt werden. So kann eine Applikation anhand von Kennzahlen wie Anwenderzufriedenheit, Grad der Abdeckung des Geschäftsprozesses, Standardisierungsgrad und Strategiebezug bewertet werden.

Application Management unterstützt sowohl die strategische als auch die operative Ebene des Business IT Alignments. Die Einführung erfordert ein strukturiertes Vorgehen und gegebenenfalls kulturelle Veränderungen. Richtig eingesetzt, unterstützt Application Management den Ansatz eines wertzentrierten Managements („Value Based Management"), IT Governance und SOX.   ⌐

Applikationen (Anwendungen) bilden zusammen mit den Bestandteilen Daten und Infrastruktur die technischen Komponenten für einen IT Service, die auf die Business-Anforderungen ausgerichtet sein müssen. Dabei müssen alle Aspekte von Anforderungen beachtet werden, d.h. neben den funktionalen Anforderungen haben auch die Management- und Betriebsanforderungen ihren Stellenwert. Im Gegensatz zu IT-Elementen wie Routern, Switches und Telefonen unterstützen Anwendungssysteme in der Regel direkt die geschäftsentscheidenden Kernprozesse von Unternehmen. Anwendungssysteme sind das entscheidende Bindeglied zwischen Business und IT und verdienen daher bei der Ausrichtung der IT auf Unternehmenszwecke besondere Aufmerksamkeit.

Unternehmen wollen eine Applikationslandschaft haben, die exakt den Geschäftsbedürfnissen entspricht, kostenoptimiert ist, von optimalen Administrations- und Entwicklungsprozessen unterstützt wird und jedem Endanwender an jedem Standort zu jedem Zeitpunkt die Applikationen bietet, die er braucht.

Application Portfolio

Das Anwendungsportfolio (Application Portfolio) ist eine Datenbank oder ein strukturiertes Dokument, mit der bzw. dem Anwendungen während ihres gesamten Lebenszyklus verwaltet werden. Das Anwendungsportfolio enthält die wichtigsten Attribute aller Anwendungen. Das Anwendungsportfolio wird manchmal als Teil des Service-Portfolios oder als Teil des Configuration Management Systems implementiert.

Zwei alternative Ansätze bilden die Basis für die Implementierung des Application Managements:

◆ Software Development Lifecycle (SDLC) oder Software Lifecycle (SLC) als ein systematischer Problemlösungsansatz zur Unterstützung der Service-Entwicklung mit den Schritten Machbarkeitsstudie, Analyse, Design, Test, Implementierung, Evaluation und Maintenance. Application Management gewährleistet also eine umfassende End-to-end-Beschreibung von sämtlichen Management-Prozessen, die während des Lebenslaufs einer Applikation anfallen. Application Management beschreibt ganzheitlich, was dabei wann von wem zu erledigen ist und trennt nicht zwischen Service Management und Anwendungsentwicklung.

◆ Applikationspflege (Application Maintenance): Im Gegensatz zur reinen Anwendungsentwicklung und dem Service Management deckt Application Management den gesamten Lebenszyklus einer Applikation ab – von der Idee bis zur Ablösung. Die Anwendungsentwicklung beschäftigt sich mit den Anforderungen an eine Applikation, dem Entwurf und der anschließenden Software-Entwicklung.

Klassischerweise kommt erst nach diesen Phasen das Service Management an die Reihe, in dem es die Software einführt, betreibt und stetig verbessert. Application Management hebt das Nebeneinander von Software-Entwicklung und Service Management auf, indem es die Software-Entwicklungsphasen und die sich anschließenden Service Management-Phasen in einen einzigen Lebenszyklus integriert.

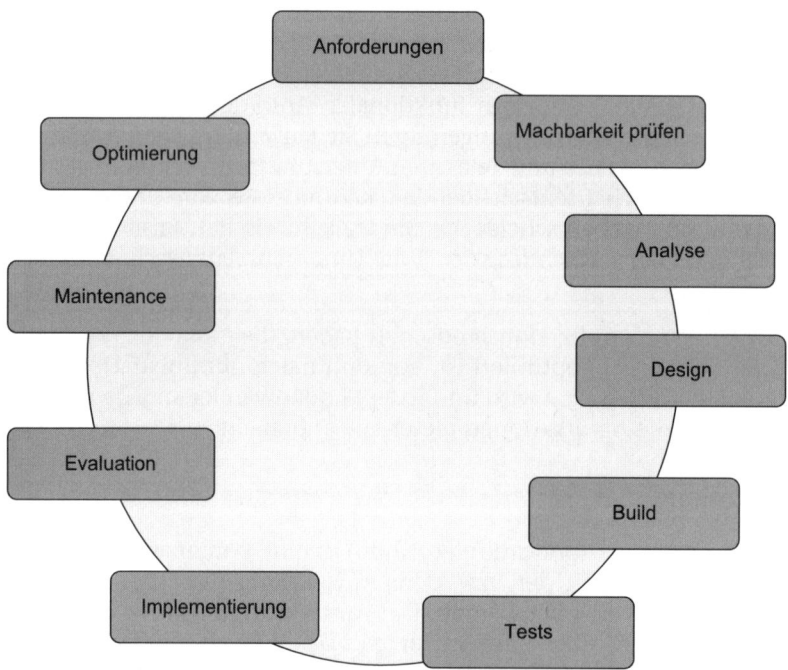

Abbildung 8.64: Beispielhafte Aspekte des Software Development Lifecycle

Application Management und der entsprechende Betrieb (siehe *Kapitel 15.5, Application Management* im Bereich Service Operation) sind Teil desselben Lifecyle und sind über alle Phasen miteinander verküpft.

Ein Anwendungsframework (Application Framework) beinhaltet alle Management- und Betriebsaspekte und stellt entsprechende Lösungen bereit. Architekturbezogene Aktivitäten müssen getrennt von systemspezifischen Belangen geplant und verwaltet werden. Applikationsentwickler konzentrieren sich auf eine Applikation, während der Blick der Anwendungsframework-Entwickler über diesen Fokus hinausgeht. Dabei existieren unterschiedliche Anwendungstypen, die beispielsweise nur in bestimmten Abhängigkeiten lauffähig sind (Hardware, Betriebssystem. Laufzeitumgebung etc.). Jede Anwendung der gleichen Applikationsfamilie nutzt dabei das gleiche Anwendungsframework.

Teil IV

Service Transition

Service
Transition

9 Service Transition

Die Service Transition führt die Abfolge im Service Lifecycle nach dem Abschnitt Service Strategy und Service Design fort. Die Strategie entspricht der Lifecycle-Führung wie eine Radnabe. Ohne die strategische Führung kann der Service Lifecycle auf Dauer nicht die Richtung halten. Die allumspannende Lifecycle-Phase des Continual Service Improvements (CSI) hält den Schwung und die Bewegung aufrecht. Die Service Transition liegt zusammen mit dem Service Design und dem Service Operation zwischen Strategie und Verbesserungsantrieb. Dabei kann nur ein ausgewogenes Neben- und Miteinander eine stabile Entwicklung gewährleisten. Jedes Ungleichgewicht in einer der drei Phasen erzeugt eine Unwucht im gesamten Service Lifecycle.

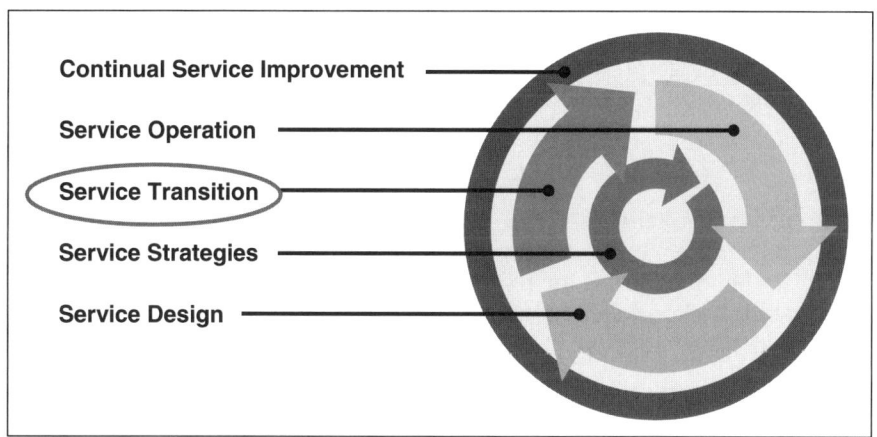

Abbildung 9.1: Der Service Lifecycle

Die Service Transition beinhaltet das Management und die Koordinierung der Prozesse, Systeme, Aufgaben und Aktivitäten, die notwendig sind, um ein Release zusammenzustellen, zu testen, zu deployen und entsprechend der spezifizierten Anforderung von Kunden- und Stakeholderseite einzuführen. Dabei geht es auch darum, die Changeprozesse des Kunden zu unterstützen, Abweichungen der Performance und Fehler eines neuen oder geänderten Service zu reduzieren und sicherzustellen, dass der Service die Anforderungen erfüllt. Dementsprechend müssen über die Transition die notwendigen Mittel zur Realisierung, Planung und Verwaltung eines neuen Service bereitgestellt werden und gleichzeitig sichergestellt werden, dass keine negativen Auswirkungen für die bereits bestehenden Services zu befürchten sind. All dies zielt auf eine steigende Kundenzufriedenheit und eine Förderung der richtigen Servicenutzung und der darunterliegenden Technologie ab.

Eine effektive Service Transition stellt sicher, dass neue oder geänderte Services mit den entsprechenden Geschäftsprozessen verbunden und damit auf das Business des Kunden ausgerichtet sind. Dies beinhaltet u.a. eine bessere Compliance mit den Regeln des Unternehmens und der Governance, eine höhere Produktivität der Anwender, weniger Abweichungen zwischen geplantem Budget und tatsächlichen Kosten, ausreichende Steuerung von Veränderungen und die Möglichkeit des Unternehmens, rasch auf Veränderungen und Anpassungen auf dem Markt reagieren zu können.

Ein zentrales Prinzip für die Service-Validierung und die Testaktivitäten innerhalb der Service Transition-Phase stellt daher die Übernahme und Anpassung des „V-Modells" aus der Anwendungsentwicklung dar. Dieses Modell ordnet definierte Ebenen und spezifische Aktionen zur Testrealisierung zu. Konkret zeigt es auf, wie die Spezifikationen der Business-Anforderungen („Requirements") im Rahmen des Service Designs und in der Service Transition weitergeführt und detailliert aufgearbeitet werden. Entsprechend der Spezifikation der Service-Anforderungen zeigt es die Validierungsmaßnahmen gegen die Spezifikation. Zu jeder Stufe existiert eine entsprechende Aktion. Ziel ist es, die Services abnehmen zu lassen und in den Betrieb überführen zu können. Den Startpunkt jeglicher Aktivitäten bilden immer die Anforderungen des Kunden bezüglich eines Service. Dieses Modell kommt in mehr als einem der Prozesse in der Service Transition zur Anwendung (z.B. Service Asset und Configuration Management, Release und Deployment Management).

V-Modell

Das V-Modell ist als Leitfaden zum Planen und Durchführen von Entwicklungsprojekten unter Berücksichtigung des gesamten Systemlebenszyklus konzipiert. Dabei definiert es die in einem Projekt zu erstellenden Ergebnisse und beschreibt die konkreten Vorgehensweisen, mit denen diese Ergebnisse erarbeitet werden.

Seit der Veröffentlichung der ersten Version im August 1992 wurde das V-Modell im Juni 1997 fortgeschrieben und ist seit Februar 2005 unter der Bezeichnung V-Modell XT als Entwicklungsstandard für IT-Systeme des Bundes für die Planung und Durchführung von IT-Projekten verbindlich vorgeschrieben, z.B. für die Deutsche Bundeswehr.

Das Vorgehensmodell beschreibt die Aktivitäten (Tätigkeiten) und Produkte (Ergebnisse, Dokumente), die während der Entwicklung von Software durchzuführen bzw. zu erstellen sind (konform zu ISO 9001), wobei dies keine zeitliche Abfolge wie im Phasenmodell darstellt. Die Tätigkeiten können aber auf das Wasserfall-Modell oder Spiralmodelle abgebildet werden.

10 Grundsätze der Service Transition

Service Transition bildet gemeinsam mit Service Design und Service Operation den inneren Service Lifecycle. Er dreht sich um den Kern der Service Strategy, und er ist von den Konzepten des Continual Service Improvements (CSI) umgeben beziehungsweise durchdrungen. Ausgehend von einer iterativen Betrachtungsweise steht diese Phase zwischen der Entwicklung bzw. der Projektarbeit, um einen neuen Service zu entwerfen, und dem Betrieb. Sind die Schnittstellen von der Organisation her sowie die Übergabeprozesse nicht sauber definiert, kann es hier zu Problemen, Diskussionen und Reibereien (v.a. menschlicher Natur) kommen.

Abbildung 10.1:
Der Service Lifecycle

10.1 Inhalte der Service Transition

In der Lifecycle-Phase der Service Transition übernimmt dieser Abschnitt die Verantwortung dafür, die im Service Design Package (SDP) angelegte Umsetzung der Service-Strategie von der Theorie in die Praxis zu begleiten, d.h. die IT-Services mit all seinen Bestandteilen geordnet und gesteuert in den Betrieb zu überführen. Dabei nimmt die Service Transition die beiden Bereiche Betrieb (Service Operation) und Entwicklung (Service Design) in die Verantwortung, da für beide Abschnitte Übergangsbereiche mit gemeinsamen Rechten und Pflichten verbunden sind.

Um den Übergang in den Betrieb leichter zu machen und die Beteiligten und den Kunden nicht ins kalte Wasser zu werfen, wird ein „Early-Life"-Support angeboten. Dabei tragen Transition und Operation gemeinsam die Verantwortung für die IT Services, und die Service Level Agreements (SLAs) gelten noch als Pilot. Hat sich das

Service Design in der Praxis bewährt und sich alle mit den Ergebnissen der Akklimatisationsphase einverstanden, werden zum Ende des Early-Life die Services endgültig abgenommen und die SLAs scharf geschaltet. Der Service ist produktiv und seine Service Targets gemessen.

Innerhalb der Service Transition finden die folgenden Prozesse ihren Platz:

- ◆ Change Management stellt die einzige Möglichkeit dar, um adäquat auf Änderungsanforderungen reagieren zu können, und stellt gleichzeitig sicher, dass Änderungen auf kontrollierte Weise registriert, bewertet, autorisiert, priorisiert, geplant, geprüft, vollzogen, dokumentiert und nachgeprüft werden. Die Betonung liegt hier auf der administrativen Kontrolle und Steuerung. Den Vollzug der Change-Entwicklung und der Auslieferung von autorisierten Veränderungen übernimmt dann das Release und Deployment Management.

- ◆ Das Service Asset und Configuration Management stellt ein logisches Modell aller Service Assets und Configuration Items inklusive den Beziehungen und den Zusammenhängen zwischen den Komponenten bereit. Es umfasst die gesamte Infrastruktur und alle Anwendungen, die für die Service-Bereitstellung erforderlich sind, sowie alle wichtigen Dokumente und Dokumentationen. Dieser Prozess setzt auf ein Configuration Management System (CMS). Es besteht aus einer Vielzahl unterschiedlicher Sichten und Präsentationsformen, die auf die vielfältigen physischen Datenbanken und auf weitere Quellen zurückgreifen.

- ◆ Knowledge Management bietet denen, die das Knowledge-Management betreiben, endlich einen Platz im Service Management System. Aufgaben, Ziele und Herausforderungen sind im Prinzip die gleichen, mit denen sich die Manager in Bezug auf häufig unternehmenskritisches Wissen heute auch ohne ITIL® schon herumschlagen. Durch die in diesem Prozess gesammelten und aufbereiteten Daten und Informationen wird eine Entscheidungsgrundlage bereitgestellt.

Sie gelten als Prozesse, die den gesamten Lifecycle unterstützen, da sie auch Service Strategy, Service Design, Service Operation und Continual Service Improvement betreffen, nicht nur die Service Transition. Sie sind ein Beispiel für die Schnittstellen, die die Service Transition zu den unterschiedlichen Seiten bietet. Weitere Prozesse, die sich im dritten Band der ITIL® V3 „Service Transition" wiederfinden, sind:

- ◆ Release und Deployment Management führen die Änderungen der im Change Management freigegebenen Changes aus. Die neuen oder geänderten Services werden dem Kunden nach den notwendigen, positiven Tests zur Verfügung gestellt.

- ◆ Service Testing und Validation übernimmt vom Release und Deployment Management das Testen einer Änderung oder eines neuen Release – quasi als eine interne Dienstleistung. Damit lassen sich die Verantwortlichkeiten für Entwicklung und Test auch in den Prozessen unterscheiden. Der Umfang der Tests erstreckt sich dabei nicht nur auf technische Details. Vielmehr zielt er insbesondere darauf ab zu prüfen, inwieweit der in der Strategie und im Design geplante Nutzen für den Kunden auch erreicht wird.

- ◆ Der Prozess Evaluation (eines Changes oder Service) analysiert und bewertet Performance-Änderungen, die durch eine Veränderung des Service hervorgerufen werden, um Abweichungen besser abfangen zu können.

◆ Transition Planning und Support plant und steuert die gesamte Lifecycle-Phase inklusive der Ressourcen für die Umsetzung der Services, die die Phasen Service-Strategie und Service Design bereits durchlaufen haben. Potenzielle Risiken und Probleme der Aktivitäten für die Überführung in den Betrieb werden identifiziert und gesteuert.

Sie setzen ihren Schwerpunkt auf die Aktivitäten in der Service Transition selber.

Ausnahmen von der Service Transition

Die folgenden Aktivitäten zählen nicht zu den in der Service Transition betrachteten Inhalten:

◆ Kleinere Änderungen an den produktiven Services, Komponenten oder der Umgebung wie z.B. der Austausch eines kaputten PCs oder Druckers, Installation von Standard-Software (z.B. Lotus Notes oder OpenOffice) oder das Anlegen eines neuen Benutzers

◆ Laufende Service-Verbesserungen (Continual Service Improvements), die keine signifikanten Auswirkungen auf den Service oder die Möglichkeiten des Service Providers zur Service-Erbringung haben, z.B. die Aktivitäten, die durch den Service-Betrieb getrieben sind.

10.2 Ziele der Service Transition

Die Good-Practice-Ansätze und Konzepte der „Service Transition" bieten einen umfangreichen Ansatz zur Gestaltung der Schnittstelle zwischen Entwicklung und Betrieb. Ihr Ziel ist es, Änderungen zu den IT Services zu planen, zu steuern und erfolgreich in die Produktion einzuführen. Dazu gehört das Planen und Managen der notwendigen Ressourcen und Kapazitäten, die notwendig sind, um die Releases zu paketieren, zusammenzustellen, zu testen und auszubringen sowie sie entsprechend der Anforderungen von Kunden- und Stakeholderseite produktiv zu setzen. Ein konsistentes Framework für die Evaluierung der Service-Leistungsmöglichkeit und des Risikoprofils wird bereitgestellt, bevor ein neuer oder geänderter Service implementiert wird. Die Integrität aller identifizierten Service Assets und Konfigurationen, die aus der Service Transition entstanden sind, muss bewahrt und gepflegt werden.

Das Wissen und die Informationen, die von einer hohen Qualität sein sollten, dienen dem Change sowie dem Release und Deployment Management als Entscheidungsgrundlage und Hilfestellung, um letztendlich aus der Testumgebung heraus die Releases auszurollen. Die Build- und Installationsmechanismen sollten effizient und wiederholbar gestaltet werden, so dass das Deployment von Releases in die Test- und Produktivumgebung nachvollziehbar und effizient umgesetzt werden kann und bei Bedarf ein Rebuild erfolgen kann, um einen Service wiederherzustellen. Darüber hinaus sollte sichergestellt werden, dass der Service entsprechend den Anforderungen und Randbedingungen verwaltet, betrieben und supportet werden kann, wie es im Service Design spezifiziert wurde. Der maximale Wertbeitrag soll für den Kunden durch die Einführung des Service transportiert werden.

Service Transition

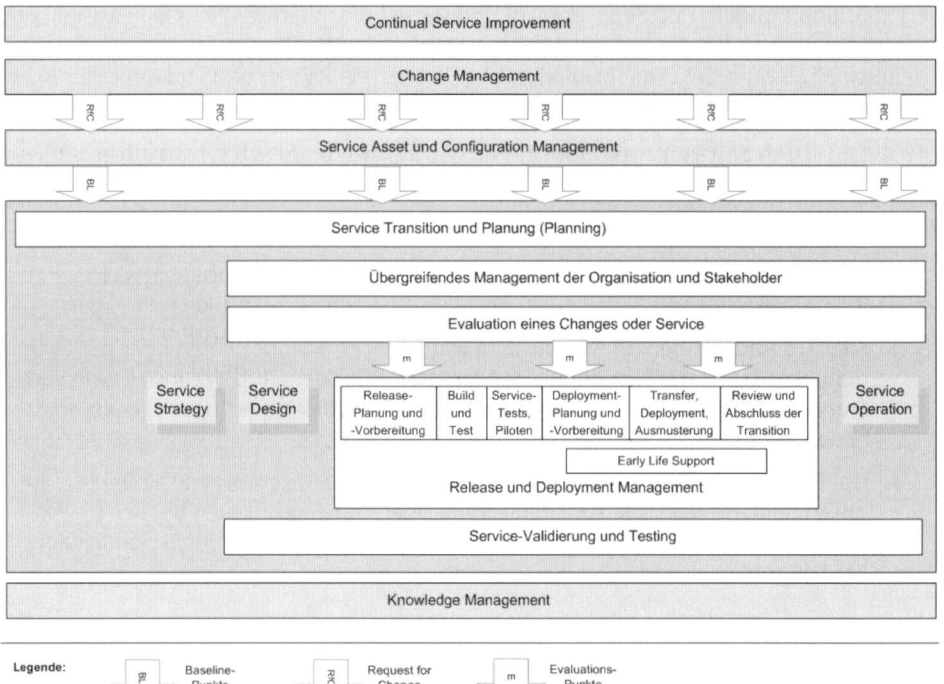

Abbildung 10.2: Service Transition im Überblick (nach ITIL®-Material, Wiedergabe lizenziert von OGC.)

Der Service Provider ist über die Transitionsphase in der Lage sicherzustellen, dass der neue oder geänderte Service mit den Geschäftsanforderungen aus dem Business des Kunden übereinstimmt und an den Geschäftszielen ausgerichtet ist. Die Kunden und Anwender können den neuen oder modifizierten Service in einer Art und Weise verwenden, die die Betriebskosten für den Service minimiert und einen Nutzen für das Business transportiert. Allerdings muss diese Phase sich dabei auch an den Prioritäten orientieren, die vom Kunden kommen, und sich innerhalb der Grenzen bewegen, die beispielsweise das Financial Management und andere Prozesse ziehen.

Die Ziele der Service Transition zeigen sich in einer raschen Adaption neuer Anforderungen und Marktentwicklungen. Der IT Service Provider kann schnell reagieren und Veränderungen schnell umsetzen, wie z.B. in Bezug auf Merger oder die Überführung von IT Services in eine andere Produktivumgebung. Durch die standardisierten Prozessaktivitäten können Changes und Release-Einführungen effizient und effektiv ohne negative Auswirkungen umgesetzt werden. Die dem Kunden versprochenen Service-Ziele können leichter erreicht und nachgewiesen sowie die Compliance-Forderungen erfüllt werden. Dies geht Hand in Hand mit dem Verständnis für die herrschenden Risiko-Level während und nach der Change-Umsetzung. Eine vorausschauende und umsichtige Planung zeigt sich in der IT-Organisation durch eine hohe Produktivität der Mitarbeiter. Auch Wartungs- und Support-Verträge sind an die Planung gekoppelt und können zeitnah gekündigt werden, sobald sie nicht mehr benötigt werden.

Die Einführung eines neuen oder geänderten Service wird aber nicht nur durch neue Anforderungen von Kundenseite als Auftrag für den IT Service Provider verstanden. Weitere Ereignisse, z.B. Fusionen, Firmenzukäufe, Ausgliederung oder Verkauf von Firmenteilen oder -töchtern, sind Ursachen für eine erforderliche Transferleistung. Andere Gründe können sich auf die IT-Organisation selber beziehen. Dazu zählen neue Dienstleisterverträge, beispielsweise für das Outsourcing oder Off-Shoring (siehe *Kapitel 5.5.2, Sourcing-Strategien*), Insourcingumsetzung oder andere Veränderungen in der Service-Struktur des Service Providers.

Um die Leistung und die Potenzialumsetzung der Transitionsphase und ihrer Prozesse bewerten zu können, sind auch hier Key Performance-Indikatoren (Leistungsindikatoren, KPIs) notwendig. Das Messen und Überwachen sollte sich dabei auf die Lieferung des neuen oder veränderten Service entsprechend dem erwarteten Grad an Warranty, Service Level, Ressourcen und Bedingungen im Service Design Package oder Relase Package beziehen. Es empfiehlt sich eine Anlehnung der Messmethoden und Metriken an die im Service Design vorherrschenden Methoden und Metriken. Beispiele dafür wären:

◆ Kosten für Testen und Evaluieren versus Kosten für die Incidents im Life-Betrieb

◆ Reduzierung ungeplanter Arbeiten, z.B. in Form von spät eingestellten oder dringenden Changes und Releases

◆ Reduzierung von Kosten für die Transition von Services, aufgeschlüsselt nach Typ

◆ Steigende Zahl von Service Assets, die wiederverwendet oder von mehreren Services genutzt werden können

10.3 Motivation und Aspekte der Service Transition

Die Transitionsphase befindet sich zwischen Service Design und Service Operation und stellt die bedeutendste Schnittstelle zu diesen Phasen dar.

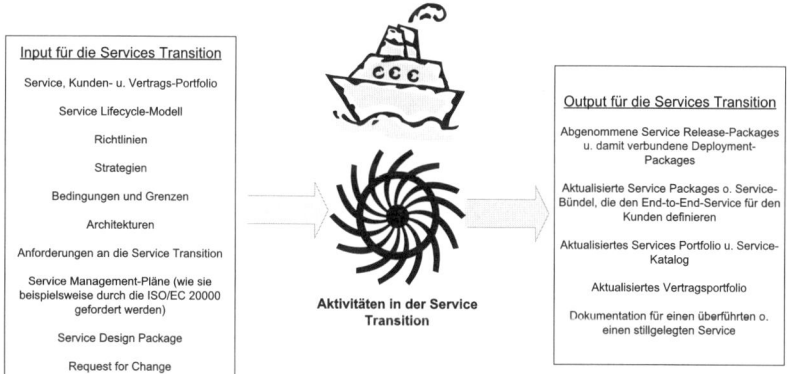

Abbildung 10.3: Input und Output der Transitionsaktivitäten

Das Service Design ist der primäre Trigger und Inputgeber für die Service Transition, das bestimmte Arbeitselemente in der Transition in Gang setzt, z.B. das Service Design Package (siehe *Kapitel 8, Prozesse im Service-Design*). Dieses enthält

- ◆ Service-Definition
- ◆ Service-Struktur (inkl. Core u. unterstützenden Services)
- ◆ Finanzmodelle u. -ansätze
- ◆ Capacity- u. Ressourcen-Modelle
- ◆ Service Management-Integrationsmodell
- ◆ Design- u. Schnittstellenspezifikation
- ◆ Release-Design
- ◆ Deployment-Plan
- ◆ Akzeptanzkritieren
- ◆ Requests for Change

Die initiierenden Aktionen als Haupt-Input durchlaufen normalerweise das Service Design und starten die Aktionen in der Service Transition, z.B. durch einen Request for Change (formaler Antrag zur Durchführung eines Change, der Details zum beantragten Change beinhaltet, RfC). Dieser kann allerdings auch direkt vom Business-Kunden, über einen Strategie-Change, aus einem Audit oder über das Continual Service Improvement (CSI) kommen.

Der direkte Output aus der Service Transition richtet sich an das Service Operation, den Service-Betrieb, Anwender und den Kunden, die den Service beauftragt haben bzw. ihn nutzen werden.

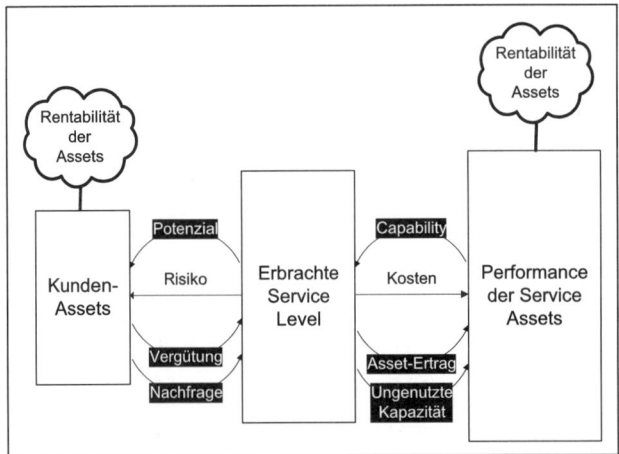

Abbildung 10.4: Wertbeitrag durch Services

Für die Service Transition-Phase wird eine formale Richtlinie aufgestellt. Diese wird über das Management-Team definiert, dokumentiert und bestätigt, das sicherstellt, dass diese innerhalb der Organisation und zu den relevanten Partnern und Lieferanten kommuniziert wird. Die Richtlinie sollte ihre Ziele klar darstellen und sich an die umfassenden Unternehmens-Frameworks, die Organisation und die Service Management-Richtlinien anlehnen. Die beteiligten Entscheidungsträger, Parteien und Stakeholder müssen sich zu dieser Richtlinie bekennen sowie ihre Implementierung und Einhaltung vorantreiben. Ein Teil der Richtlinie bezieht sich darauf, dass Changes stets über Release ausgebracht werden sollen. Ein Release entspricht einer Zusammenstellung von Hardware, Software, Dokumentation, Prozessen oder anderen Komponenten, die für die Implementierung eines oder mehrerer genehmigter Changes an IT Services erforderlich sind. Die Inhalte jedes Release werden als eine Einheit verwaltet, getestet und implementiert. Das Deployment sollte bereits früh während des Release-Entwurfs und der Release-Planungsphase mit ins Boot geholt werden.

Weitere Richtlinien sind:

◆ Implementieren aller Changes an IT Services über die Service Transition: Alle Änderungen am Service-Portfolio oder dem Service-Katalog sollen über das Change Management implementiert werden. So dient das Change Management als Fokus, um Changes an den produktiven Services umzusetzen, wodurch Konflikte und Probleme, die durch Changes hervorgerufen werden, minimiert werden. Jedes Release Package wird durch einen Request for Change beschrieben und über die Steuerung des Change Managements ausgebracht. Standardisierte Methoden und Arbeitsabläufe helfen bei der effizienten Handhabung der Changes, auch um die Change-bedingten Incidents zu reduzieren bzw. zu vermeiden. Alle Aktualisierungen an Changes und Releases werden entsprechend den Service Assets und/oder Komponenten im Configuration Management System (CMS) aufgezeichnet.

   Interne und externe Changes sollten unterschiedlich gehandhabt werden, wobei beide Typen stets durch einen Business Case gerechtfertigt werden müssen. Die Unterstützung des Managements ist essenziell und sollte auch für alle Beteiligten und die Stakeholder ersichtlich sein. Audits in Bezug auf die Konfigurationen legen ungenehmigte Changes offen.

◆ Einsatz eines allgemeinen Frameworks und Standards, so dass Prozesse und Systeme wiederverwendet werden können, um die Themen Integration, Standardisierung und die Steuerung über das Change und Configuration Management voranzutreiben. Reviews und Audits unterstützen dies, auch hinsichtlich der Etablierung des Risikomanagements.

◆ Maximale Wiederverwendung von etablierten Prozessen und Systemen

◆ Anlehnung der Service Transition-Pläne an die Geschäftsbedürfnisse. Dazu gehört auch, dass sichergestellt wird, dass der Service entsprechend der Anforderungen und Randbedingungen aus den Service Requirements verwendet werden kann. Das Wissen rund um den Service wird kommuniziert und weitergegeben, um den Nutzen für den Kunden und das Business zu erhöhen. Programm- und Projekt-Management unterstützen diesen Ansatz.

Service Transition

◆ Aufbauen und Pflegen der Beziehungen zu den Stakeholdern: Dieser Grundsatz ist allgemeiner Natur und findet sich auch in erfolgreichen Projektmanagement-Methoden und -Standards wieder. Zu den Stakeholdern zählen alle Personen, die ein bestimmtes Interesse mit einer Organisation, einem Projekt, einem IT Service etc. verbindet. Stakeholder können an Aktivitäten, Zielen, Ressourcen oder Lieferergebnissen interessiert sein. Zu den Stakeholdern können Kunden, Partner, Mitarbeiter, Anteilseigner, Inhaber etc. gehören. Die Erwartungen der Stakeholder müssen dargelegt und ggf. korrigiert werden. Auch ein rechtzeitiger und proaktiver Informationsfluss, was Wissenstransfer, Pläne und Änderungen angeht, ist sehr wichtig. Stakeholder sollten auch an allen fachlichen Tests beteiligt sein. Unterstützungsarbeit kann bei Bedarf das Business Relationship Management und Service Level Management leisten.

◆ Einführung effektiver Steuerung und Disziplinen über den Service Lifecycle hinweg, um eine reibungslose Transition von Service-Änderungen und Releases veranlassen zu können. Dabei geht es vorwiegend um die Antwort auf die Frage, wer was wann und wo tut, also um Rollen und Verantwortlichkeiten.

◆ Bereitstellung eines Systems für den Wissenstransfer und die Entscheidungsfindung: Anbieten von Daten, Informationen und Wissen zum richtigen Zeitpunkt für die richtigen Leute. Hier spielen auch die Themen Schulung, Wissensaufbau und die Qualität der Dokumentationen eine wichtige Rolle.

◆ Planung von Release und Deployment Packages, um diese zusammenzustellen, zu testen, auszuliefern und in der Produktivumgebung zu deployen.

◆ Kurskorrekturen handhaben: Auf dem Weg vom Ist- in den Sollzustand können Umstände aufkommen, die Kurskorrekturen notwendig machen. Auf diese muss man gefasst sein, und man muss sie als Chance und Risiko begreifen. Die Umsetzung einer solchen Kurskorrektur muss vereinbarungsgemäß kommuniziert und über das Change Management umgesetzt werden.

◆ Proaktives Management von Ressourcen in der Service Transition, um allgemeines und Experten-Wissen an den richtigen Stellen einsetzen zu können und Verzögerungen zu vermeiden. Die aktuellen Wissensstände und die Ressourcen müssen dazu erst einmal bekannt sein, um sie dann gezielt zum Einsatz bringen zu können. Gegebenenfalls wird externe Unterstützung eingekauft.

◆ Frühe Einbindung in den Service Lifecycle: Durch die Einbeziehung in eine frühe Service Lifecycle-Phase kann rechtzeitig überprüft werden, ob der gewünschte Service in neuer oder veränderter Form überhaupt die Anforderungen erfüllen kann. Je später ein Fehler entdeckt wird, desto teurer wird eine Korrektur und desto mehr Ressourcen wurden bereits verbraten.

◆ Sicherstellen der Qualität eines neuen oder veränderten Service: Verifizieren und Validieren des vorgeschlagenen Change in Bezug auf die Frage, ob dieser die Service-Anforderungen und den Nutzen für das Business umsetzt.

◆ Proaktive Verbesserung der Qualität während der Service Transition: Dies kann sich darauf beziehen, dass Fehler und Probleme, die bereits während der Transitionsphase eines Service offensichtlich werden oder auftreten, beseitigt werden, um zu verhindern, dass diese auf gleiche oder ähnliche Weise in der Produktivumgebung zu Beeinträchtigungen führen.

10.4 Exkurs: ITIL® und Projektmanagement

Eine Projektmanagement-Methode hört meist da auf, wo ITIL® anfängt, d.h. den Betrieb des Projektergebnisses übernimmt. ITIL® empfiehlt zur Umsetzung von Projekten, die nach erfolgreichem Projektabschluss in den Betrieb wechseln, auf PRINCE2™ zurückzugreifen. So können PRINCE2™-geführte Projekte nahtlos in eine ITIL®-Organisation eingebettet werden (siehe *Abbildung 10.5*). Diese Empfehlung kommt nicht von ungefähr, verfügen beide doch über ein gemeinsames Grundverständnis hinsichtlich Effektivität, Effizienz und Nutzenorientierung für das Unternehmen.

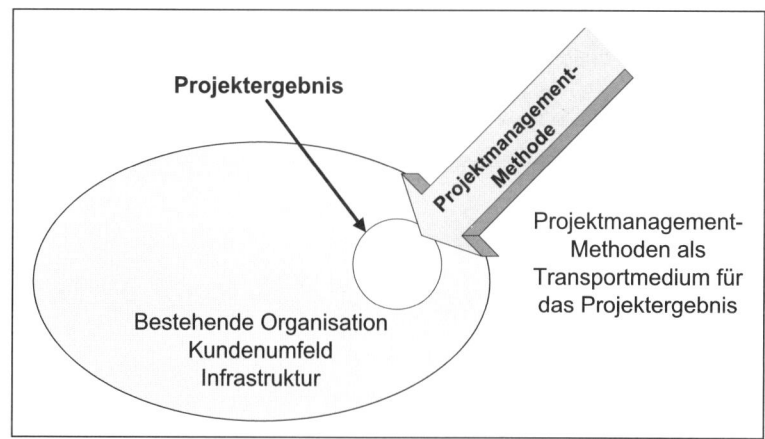

Abbildung 10.5: Eine Projektmanagement-Methode transportiert Veränderungen in die bestehende Organisation

PRINCE2™ (oder eine andere Projektmanagement-Methode wie PMI oder GPMA) wird unter ITIL® subsumiert und agiert dann im Grunde nur als ein Werkzeug, ITIL® stößt die Veränderung an. PRINCE2™ nimmt diese Aufforderung als Mandat an, initiiert diese Anforderung als Projekt und setzt die Ziele um. Dies läuft unter dem wachsamen Auge der ITIL®-Prozesse ab. Anschließend übernimmt die IT-Organisation den Betrieb und setzt den Produktlebenszyklus fort, den sie als Trigger für das Projekt angestoßen hat.

10.4.1 Ein Projekt als Change

ITIL® als Bestandteil des IT Service Managements nimmt sich über den Prozess Change Management diesem Thema an. Im Mittelpunkt des Change Managements steht das Bestreben, die Anzahl der Änderungen und die durch Änderungen (Changes) verursachten Störungen auf ein Minimum zu reduzieren. Ein Request for Change (RfC) stellt den Antrag für bestimmte Veränderungen von CIs dar, der genehmigt werden muss. Durch standardisierte Methoden und Prozeduren sollen Changes schnell und kontrolliert durchgeführt werden. Die Überwachung ist allerdings nicht technischer Natur, sondern bezieht sich auf den Prozessablauf. Der Begriff „Change" steht für das

Hinzufügen, Ändern oder Entfernen eines CIs. Ein Change wird über einen Request for Change (RfC) eingeleitet. Dieser stellt im Grunde genommen einen Antrag auf Durchführung einer Änderung an einem oder mehreren CIs dar. So ist ein Projekt beispielsweise nichts anderes als ein großer Change. Ein Change, der aber (je nach Projektgröße) sehr umfangreich ausfallen kann.

10.4.2 Dokumentierte Veränderungen

Als definierter Input für den Configuration Management-Prozess unter ITIL® dienen Daten über unterschiedliche Configuration Items. Diese Informationen können aus dem Verlauf und dem Abschluss von Änderungen an der IT-Infrastruktur (z.B. über Projekte) oder aus anderen Kanälen stammen. Sie stellen so Ergebnisse des Change Managements dar (siehe *Abbildung 10.6*).

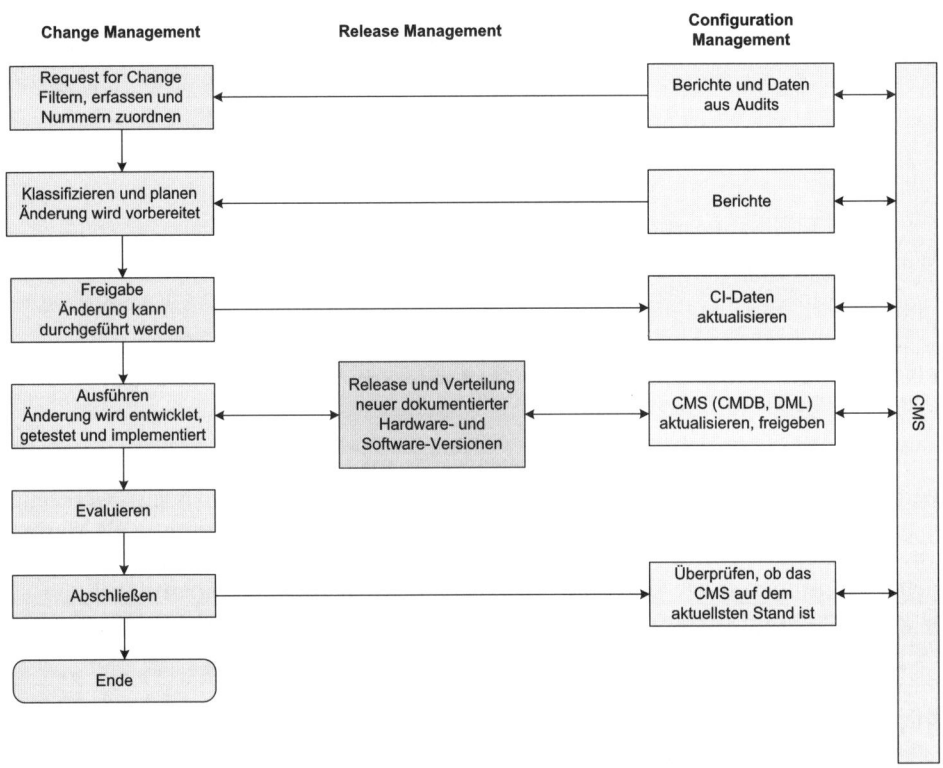

Abbildung 10.6: Change, Release und Configuration Management

Das Change Management bei ITIL® ist für die Autorisierung von Änderungen in der IT-Infrastruktur verantwortlich und das Configuration Management für die Überwachung des Status von Konfigurationselementen (Configuration Items, CIs) in der IT-Organisation. Das Configuration Management zeigt die Beziehungen zwischen den einzelnen CIs auf, so dass die von der Änderung betroffenen Bereiche erkannt werden. Die Erfassung bzw. Dokumentation von Änderungen und der damit verbundenen Informationen in der CMDB/CMS sind Aktivitäten, die einen Abgleich zwischen den beiden Prozessen fordern. Routinemäßige Änderungen, die eindeutig beschrieben sind und standardisiert durchgeführt werden können, müssen nicht der Kontrolle und Freigabe des Change Management-Systems unterliegen. Trotzdem hat jede Änderung in der IT-Infrastruktur Auswirkungen auf das entsprechende CI in der CMDB. Daher stellt die CMDB bzw. das CMS (nicht nur) für das Change Management eine wichtige Ressource dar. Prämisse ist allerdings eine aktuelle und gut gepflegte Datenbank.

10.4.3 Überprüfung des Change- und Projektergebnisses

Nach der Durchführung einer Änderung findet stets eine Überprüfung statt, um sicherzustellen, dass die Change-Umsetzung wie geplant vonstatten gegangen ist und den gewünschten Erfolg bringt (z.B. um zu schauen, ob alles problemlos funktioniert und vorher auftretende Fehler durch eine neue Software-Version eliminiert wurden). In der IT gehören auch aufgrund der steigenden Business-Anforderungen und immer kürzeren Produktentwicklungszyklen Änderungen (Changes) zur Tagesordnung. Die Erfahrungen zeigen jedoch gleichzeitig, dass Störungen in der IT-Infrastruktur häufig auf Änderungen, die zuvor durchgeführt wurden, zurückzuführen sind. Die Ursachen sind mangelnde Sorgfalt, unzureichende Kommunikation und Dokumentation, zu knapp bemessene Ressourcen, unzureichende Vorbereitung oder mangelhafte Analyse der Auswirkungen und Finaltests in der Produktionsumgebung.

Wurde die Änderung erfolgreich durchgeführt, kann der RfC bzw. der Change-Datensatz geschlossen werden. Die Ergebnisse werden in dem so genannten Post Implementation Review (PIR) festgehalten und dienen als Basis für ein entsprechendes Reporting. Der PIR erfolgt prinzipiell direkt nach jedem Change und vor dem Schließen des Change Record, der zu Beginn für die Änderungsanforderung eröffnet wurde. Neben dem PIR gibt es noch ein Change Review. Je nach Art der Änderung kann ein Review bereits nach einigen Tagen stattfinden, aber es kann auch einige Monate dauern. Hier geht es auch um die Frage, ob der Zeit- und Kostenplan eingehalten wurde, der Implementierungsplan korrekt ist und ob der Ressourcenbedarf der Planung entsprochen hat. PIR und Review können auch gekoppelt werden. Egal, welchen Namen eine solche Bezeichnung für den Vorgang unter ITIL® zwischen Change und Problem Management erhält – wichtig ist, dass diese Überprüfung überhaupt stattfindet. Werden ITIL® und PRINCE2™ (oder eine andere Projektmanagement-Methode) gekoppelt, kann ein solcher kontrollierter Abschluss auch als Post Project Review (Projektrevision) erfolgen. Nach Vollendung des Projektes, das beispielsweise über einen Change initiiert wurde, dient der Business Case als Überprüfung, ob der angestrebte Nutzen aus dem Projektergebnis erzielt werden konnte. Dies wird von vielen Unternehmen auch als Wertbestimmung bezeichnet. Diese wird ausgeführt, nachdem das Projektergebnis z.B. eine Weile gelaufen ist, um Daten zu sammeln. Die tatsächlichen Ergebnisse werden mit den gewünschten Ergebnissen verglichen, die zu Beginn des Projekts festgelegt wurden.

Service
Transition

11 Prozesse in der Service Transition

Einige der Prozesse in der Service Transition kommen übergreifend im Service Lifecycle zum Tragen, andere werden vorwiegend in der Service Transition gehandhabt. Alle bilden zusammen das Gerüst, um erfolgreich, effizient, effektiv, gesteuert, ohne negative Auswirkungen für die Anwender und unter der Zielsetzung einen Nutzenbeitrag für den Kunden und seine Geschäftsprozesse zu stiften. Die Vorgaben und Leistungen aus dem Service Design, die für die Service Transition als allgemeine Strategie sowie Service-spezifische Entwürfe und Inhalte vorliegen, werden erfolgreich in die Produktivumgebung ausgebracht und dokumentiert, um dem Kunden so den gewünschten Service liefern zu können.

Neben den Service Transition-Prozessen existieren auch Funktionen, die die Prozessaktivitäten unterstützen.

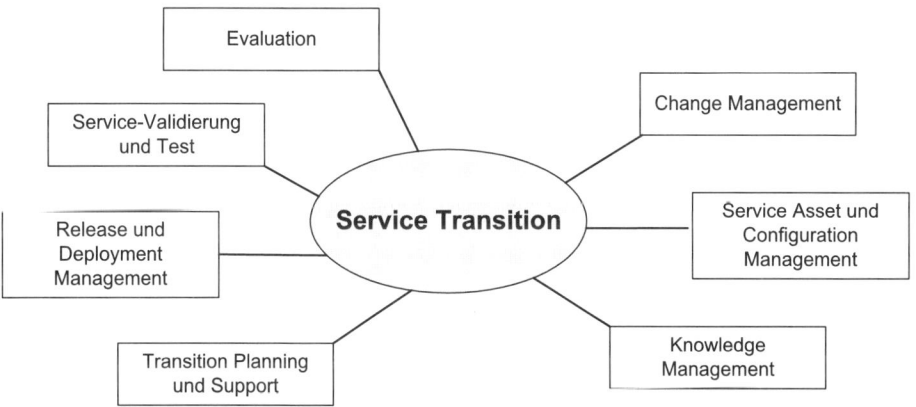

Abbildung 11.1: Prozesse in der Service Transition

11.1 Transition Planning und Support

Der Prozess Transition Planning und Support plant und koordiniert Ressourcen und Kapazität für eine effektive Umsetzung der in der Service Strategy definierten und im Service Design entwickelten Anforderungen. Dazu gehört das Zusammenstellen, Testen und Ausrollen des neuen oder geänderten Service in die Produktivumgebung. Das Thema Ressourcen bezieht sich beispielsweise auch auf das entsprechende Personal, um den Support für die Service Transition-Teams und -Mitarbeiter bereitzustellen.

Dieser Prozess stellt darüber hinaus sicher, dass die in diesem Prozess auftauchenden offenen Punkte, Risiken und Abweichungen an die geeigneten Stellen berichtet werden. Gleichzeitig kann eine Koordination der Aktivitäten über Projekte, Lieferanten und Service-Teams hinweg notwendig werden. Die Koordinierung unterstützt die Ressourcen, die notwendig sind, um einen neuen oder veränderten Service innerhalb der vereinbarten Kosten, Qualität und Zeit in die Produktion zu überführen.

Der Prozess muss sicherstellen, dass alle Beteiligten das allgemeine Framework der wiederverwendbaren Prozesse und Support-Systeme angenommen haben und es verwenden, um die Effektivität und die Effizienz der Planungs- und Koordinierungsaktivitäten weiter zu verbessern. Verständliche und klare Pläne sollten verteilt werden, die sowohl die Kunden- als auch die Business Change-Projekte dazu bringen sollen, ihre Aktivitäten an die des Service Transition-Plans auszurichten.

Der Umfang dieses Prozesses bezieht sich auf das Einbeziehen der Design- und Betriebsanforderungen in die Transitionspläne, Verwalten und Betreiben der Transition Planning- und Support-Aktivitäten, Pflegen und Integrieren der Service Transition-Pläne innerhalb des Kunden, Service-Portfolio und Vertragsportfolio. Der Prozess muss darüber hinaus den Fortschritt, Veränderungen, offene Punkte, Risiken und Abweichungen der Service Transition verwalten sowie eine Qualitätsüberprüfung aller Service Transition-, Release- und Deployment-Pläne durchführen. Da Prozesse, Support-Systeme und Tools das tägliche Handwerkszeug in der Service Transition ausmachen, müssen auch diese über diesen Prozess verwaltet und betrieben werden. Die Kommunikation mit Kunden, Anwendern und Stakeholdern gehört ebenso zu diesem Prozess wie die Überwachung und Verbesserung der Service Transition-Leistung.

Ein effektiver Transition Planning und Support-Prozess kann die Fähigkeit des Service Providers, ein großes Change- und Release-Volumina umzusetzen, signifikant erhöhen.

11.1.1 Prinzipien und Aufgaben von Transition Planning und Support

Das Service Design entwickelt in Zusammenarbeit mit Kunden, externen und internen Lieferanten sowie anderen relevanten Stakeholdern das Design des Service und dokumentiert dieses in einem Service Design Package (SDP). Dies ist absolut notwendig für die Service Transition. Hier sind alle Aspekte des IT Service und die Anforderungen über alle Lebensphasen des Service hinweg beschrieben. Auch die notwendigen Angaben bezüglich der Aktivitäten für das Service Transition-Team werden berücksichtigt.

Ebenso notwendig wie das SDP sind Richtlinien aus dem Change, Configuration und Knowledge Management, die die Service Transition unterstützen.

Neben den Service Transition-Richtlinien (siehe vorhergehendes Unterkapitel) sind die Release-Richtlinien relevant. Diese sollten für einen oder mehrere Services aufgestellt werden und beinhalten alle relevanten Informationen zur Beschreibung und Identifizierung des Release. Die entsprechenden Rollen und Verantwortlichkeiten gehören ebenso dazu wie Automatisierungsmöglichkeiten. Ein Release, das aus unterschiedlichen Service Assets besteht, kann eine ganze Reihe von Personen, möglicherweise aus unterschiedlichen Organisationseinheiten, auf Trab halten. Die typischen Verantwortlichkeiten für die Übergabe und die Annahme eines Releases sollten definiert und bei Bedarf je Release modifiziert werden. Zur einfachen Darstellung empfiehlt sich in vielen Fällen eine Matrix, aus der die Verantwortlichkeiten und Aufgaben abzulesen sind.

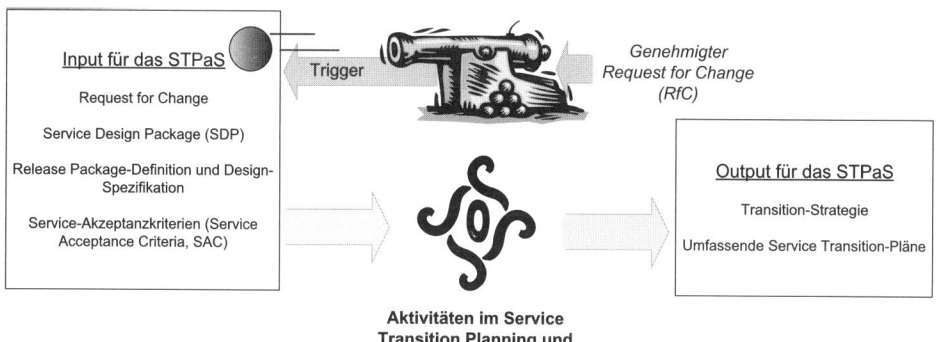

Abbildung 11.2: Trigger, Input und Output für den Prozess

In vielen Unternehmen existiert lediglich eine allgemeine Beschreibung oder eine Checkliste für die Release-Übergabe in die Produktion, die auch die Dokumente enthält, die für den Betrieb zu erbringen sind. Auch hier gilt wieder die Empfehlung, dass eine Abstimmung mit den beteiligten Teams frühzeitig und auf gleicher Augenhöhe stattfinden sollte.

Thema	Entwicklung	Test	Produktions-überführung	Produktion
Beschaffung	Application Development Manager	Test Manager	Change Manager	Manager des Betriebsteams
Prüfung der Software	Application Development Manager	Test Manager	Change Manager	Manager des Betriebsteams
Anpassung	Application Development Manager	Test Manager	Change Manager	Manager des Betriebsteams
Server-Bereitstellung/ Server Build	Server Manager/ Architect	Test Manager Server Manager/ Architect	Change Manager	Server Manager
Client-Bereitstellung/ Client Build	Produkt-verantwortlicher	Test Manager Desktop Support, Anwender-vertreter	Change Manager, Desktop-Support-Manager	Desktop Support Manager
Change-Freigabe	Development Manager	Test Manager	Alle	Service Desk-Vertreter

Tabelle 11.1: Beispiel einer Verantwortlichkeitsmatrix

Service Transition

Alle Releases sollten eindeutig identifizierbar sein, was ebenso für das Configuration Management relevant ist. Darüber hinaus sind Release-Typen zu definieren, um neben der Klassifizierung für den Change- und Rollout-Prozess eine Einordnung für Kunden und Stakeholder zu schaffen. So werden Releases eines bestimmten Typs in bestimmten Abständen und zu bestimmten Zeiten ausgerollt, die sich meist an den etablierten Wartungsfenstern mit abgestimmten Downtimes orientieren. Zu einem Release gehören auch die Akzeptanzkriterien für die unterschiedlichen Transitions-phasen (z.B. Entwicklung, Test, Produktion) und die Kriterien für den Early-Life-Support (ELS).

Folgende Release-Typen werden unterschieden:

◆ Major Release: Wichtiger Rollout von Hardware oder Software, die in den meisten Fällen eine deutliche Erweiterung der Funktionalität bereitstellen. Ein solches Release ersetzt meist auch vorhergehende kleinere oder temporäre Fixes und Updates.

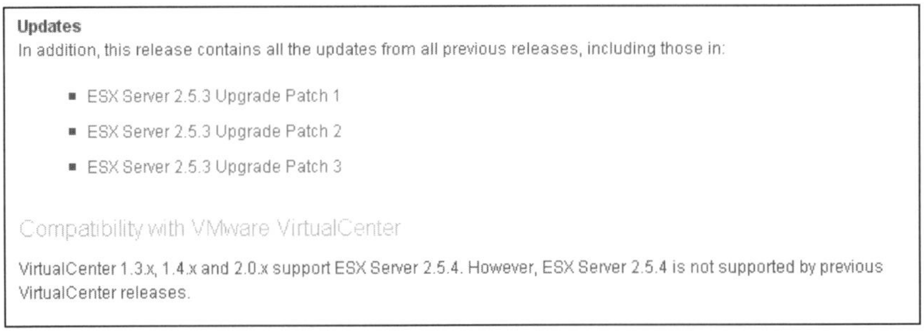

> **Updates**
> In addition, this release contains all the updates from all previous releases, including those in:
>
> - ESX Server 2.5.3 Upgrade Patch 1
> - ESX Server 2.5.3 Upgrade Patch 2
> - ESX Server 2.5.3 Upgrade Patch 3
>
> Compatibility with VMware VirtualCenter
>
> VirtualCenter 1.3.x, 1.4.x and 2.0.x support ESX Server 2.5.4. However, ESX Server 2.5.4 is not supported by previous VirtualCenter releases.

Abbildung 11.3: Beispiel für ein Release und die ersetzten Patches (ESX Server Version 2.5.4 | 10/05/06 | Build 32233)

◆ Ein Minor Release enthält eine Reihe kleinerer Verbesserungen und Fixes, einige dieser Updates wurden bereits eingespielt. Ein solches Release ersetzt meist auch vorhergehende Emergency Fixes

◆ Ein Emergency Release enthält normalerweise Korrekturen zu kleineren bekannten Fehlern oder Erweiterungen für Geschäftsanforderungen mit sehr hoher Priorität.

Eine Release-Richtlinie könnte die Aussage enthalten, dass nur Emergency Fixes außerhalb der zwei Wochen im Voraus geplanten Wartungsfenster ausgerollt werden dürfen.

Release Unit

Die Komponenten eines IT Service, die üblicherweise im selben Release ver-öffentlicht werden, bilden eine Release Unit. Sie umfasst in der Regel genügend Komponenten, um eine nützliche Funktion auszuführen, z.B. ein Server mit all seinen Bestandteilen (RAM, CPU, Motherboard etc.) plus SAN, SAN-Anbin-dung, LAN und LAN-Komponenten.

11.1.2 Aktivitäten im Prozess Transition Planning und Support

Der Prozess Transition Planning und Support gliedert sich in zwei Bereiche. Zuerst werden im Teil, der sich mit der Transition-Planung beschäftigt, die Transition-Strategie, die Vorbereitung für Service Transition sowie die Planung und Koordinierung der Service Transition konzipiert. Im zweiten Bereich geht es um die Unterstützung aller anderen Bereiche und Stakeholder in Bezug auf die Ergebnisse des ersten Teils dieses Prozesses (Transition-Strategie, die Vorbereitung für Service Transition sowie die Planung und Koordinierung der Service Transition).

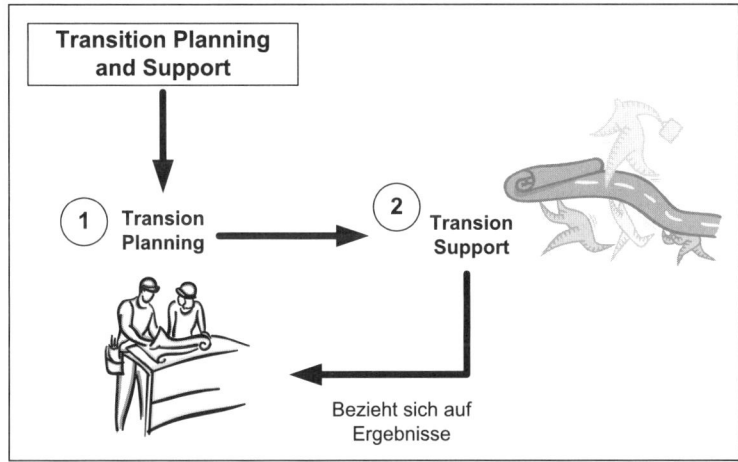

Abbildung 11.4: Bestandteile des Transition Planning und Support-Prozesses

Transition Planning und Support in der Praxis

Im Grunde genommen stellt der gesamte Prozess so etwas wie die Qualitätsmanagement-Stelle für das Projektmanagement und den Betrieb in Sachen Rollout dar. Dieser Vergleich trifft vielleicht nicht hundertprozentig zu, erleichtert aber das Verständnis für den Prozess und die Einordnung in den Gesamtzusammenhang.

In vielen größeren Unternehmen existiert eine Einheit, die sich um das Projektmanagement im Unternehmen und das Qualitätsmanagement in Bezug auf die Projektarbeit kümmert. Diese Abteilung hat die Hauptarbeit für die Erstellung und Etablierung der Projektmanagement-Methode im Unternehmen umgesetzt, Checklisten für externe Projektleiter und -mitarbeiter erstellt und die Anforderungen des Unternehmens an die Projektarbeit in organisatorischer Hinsicht gestaltet. Dies ist der planerische und konzeptionelle Ansatz, der über Transition Planning umgesetzt wird.

Die Unterstützungsleistung (Transition Support) kann die beschriebene Abteilung über unterschiedliche Aktivitäten anbieten. Zuerst einmal ist sie als Ansprechpartner da, sie liefert Unterstützung zu Projektbeginn und macht auf die organisatorischen Anforderungen aufmerksam, die sich meist auch in einem Projektmanagement-Handbuch und anderen Dokumenten wiederfinden, die zentral vorgehalten werden. Wichtig ist dabei vor allem, dass die Personen, für die diese Informationen relevant sind, rechtzeitig von diesen Anforderungen und Dokumenten in Kenntnis gesetzt werden und nicht erst, wenn sich ein Projekt bereits dem Ende nähert. Eine Art „Welcome-Package" (möglicherweise in digitaler Form mit Links und Erklärungen) für alle Projektmitarbeiter wäre für jeden Projektstart wünschenswert. Dabei ist es egal, ob es sich um interne oder externe Mitarbeiter handelt, da selbst die internen Mitarbeiter manchmal nicht wissen, welche Anforderungen existieren und wo welche Informationen stehen. Zudem unterliegen diese Anforderungen einem stetigen Wandel.

Die Mitarbeiter, die im Prozess „Transition Support" arbeiten, führen meist auch Reviews und Audits in bestimmten Projektphasen (Projektstart, Anforderungsanalysenabschluss, Testende, Übergabe etc.) durch. Dabei geht es vorwiegend um die Überprüfungen von Vorgehensweisen und Methodeninhalten hinsichtlich ihrer korrekten Dokumentation und Umsetzung im Unternehmen. Ein Audit soll vor allem Ansatzpunkte für Verbesserungen aufzeigen und diese mit Maßnahmen und Verantwortlichen versehen.

Transition Planning

1. Transition-Strategie: Die Organisation muss sich in Bezug auf die Transition eines Service abhängig von der Größe und der Art der Core- und der unterstützenden Services, Anzahl und Häufigkeit der auszurollenden Releases und möglichen speziellen Anforderungen für eine Strategie entscheiden. Die Service Transition-Strategie liefert einen umfassenden Ansatz, um die Service Transition zu organisieren und Ressourcen zuzuordnen. Zu beachten sind beim Entwurf der Service-Strategie Zweck und Ziel der Service Transition, Kontext, Umfang und die anzuwendenden Standards, Vereinbarungen, Gesetze und Vertragsanforderungen. Beachtung finden müssen bei der Erstellung der Strategie auch Stakeholder und Organisationen, die an der Transition direkt oder indirekt beteiligt sind. Dazu zählen Drittanbieter, strategische Partner, Lieferanten und Service Provider, aber auch Kunden und Anwender, das Service Management und Transition-Organisation.

Ein weiterer Aspekt der Transition-Strategie bezieht sich auf das Rahmenwerk für die Service Transition. Dieses Framework kann beispielsweise gebildet werden durch Richtlinien, Prozesse und Verfahren mit den entsprechenden Service Provider-Schnittstellen (Service Provider Interface, SPI). Dazu kommen Rechte, Rollen und Verantwortlichkeiten, Ressourcenplanung, Vorbereitung für die Transition und notwendige Schulungen sowie die Wiederverwendung von Erfahrungen, Wissen und historischen Daten.

Die Kriterien für die Transition-Strategie nehmen auch Bezug auf unterschiedliche Kriterien wie beispielsweise die Eingangs- und Ausgangskriterien für jede Release-Phase, die Kriterien für das Stoppen oder Wiederaufnehmen von Transitionsaktivitäten, Erfolgs- oder Misserfolgskriterien.

Die Identifikation der Anforderungen und der Inhalt des neuen oder geänderten Service geben ebenfalls einen Aspekt der Strategie für diesen Prozess wieder. Dieser Ansatz wird durch die zu überführenden Services mit den Ziel-Lokationen, Kunden und Geschäftsbereichen und den Realease-Definitionen erreicht. Service Design Package und die Anforderungen für die Umgebungen, die verwendet werden sollen, gehören ebenfalls dazu.

Einen weiteren Gesichtspunkt für die Transition-Strategie bildet der Denkansatz und das mögliche Vorgehen für die Transition. Das Transitionsmodell inklusive der Service Transition Lifecycle-Phasen, der Pläne für die Verwaltung der Changes, Assets, Konfigurationen und Wissen, Schätzungen für die Ressourcen und Kosten, Vorbereitungen für die Service Transition, Evaluierung, Release-Packaging, -Build, -Deployment und „Early-Life-Support", Handhabung von Fehlern, Korrekturen und Steuerungen, Management, Service Performance und Messsysteme, Leistungsindikatoren und Verbesserungsziele stützen einen Aspekt der Transition-Strategie.

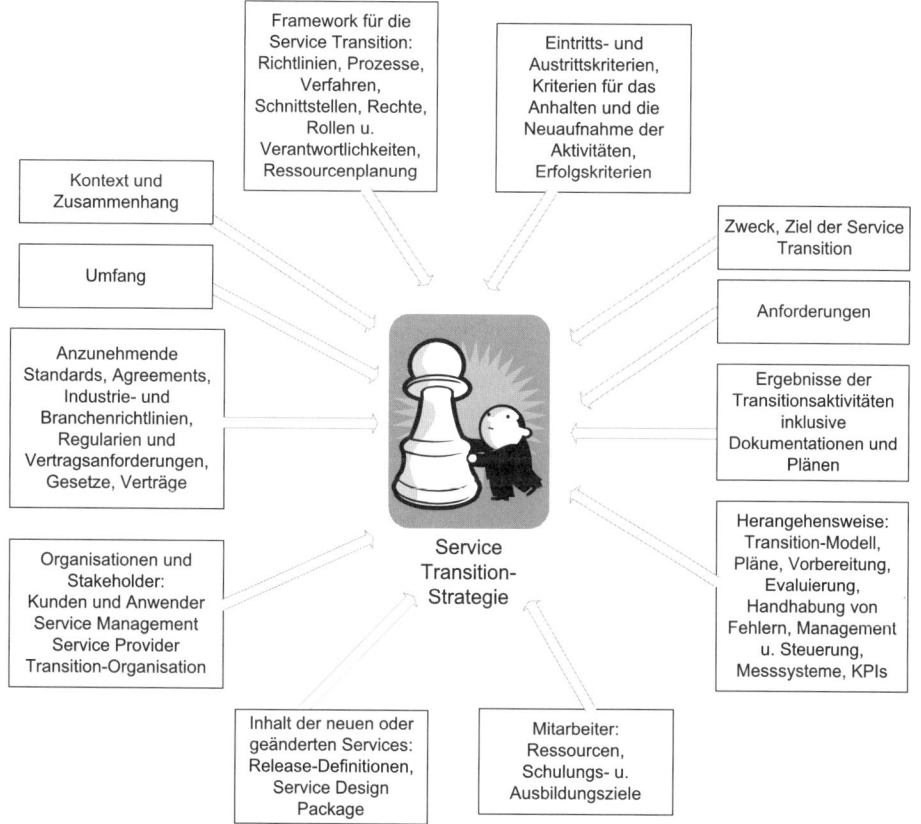

Abbildung 11.5: Input für die Service Transition-Strategie

Ergebnisse der Transitionsaktivitäten inklusive der Dokumentationen für jede Phase beinhalten Transitionspläne, Change und Configuration Management-Plan, Release-Richtlinien, -Pläne und -Dokumentationen, Testpläne und -berichte, Build-Pläne und -Dokumentationen, Evaluierungspläne und -berichte, Deployment-Pläne und -berichte, Transitionsabschlussplan, Planung der Meilensteine und die Anforderungen aus dem Financial-Bereich in Form von Finanzierung und Budget. Alle diese Dokumente bilden Teile der Transition-Strategie.

Service Transition Lifecycle-Phasen

Das Service Design Package (SDP) sollte die Lifecycle-Phasen für eine Service Transition definieren wie beispielsweise:

◆ Ermitteln und Testen der Input-Komponenten (Configuration Items, CI)

◆ Build und Test

◆ Service Release-Test

◆ Test für die Betriebsbereitschaft des Service

◆ Deployment

◆ Early-Life-Support

◆ Review und Abschluss der Service Transition

Für jede Phase existieren Eintritts- und Austrittskriterien sowie eine Liste von notwendigen Ergebnissen in Form von Dokumenten oder Plänen.

2. Die Vorbereitung für die Service Transition beinhaltet das Review und die Annahme der Inputs aus den anderen Service Lifecycle-Phasen, Review und Überprüfung der Ergebnisse, die als Input ankommen (z.B. SDP, Service-Akzeptanzkriterien, Evaluierungsberichte). Weitere Aktivitäten sind die Identifizierung, Erhebung und Planung der RfCs, die Sicherstellung, dass zu den betreffenden Komponenten eine Baseline im Configuration Management hinterlegt wurde, bevor die Service Transition startet sowie die Überprüfung der Transitionsbereitschaft.

   Die Baselines stellen abgelegte CI-Daten im Wiederherstellungsfall als definierte und bekannte Basis dar, auf die als Referenzpunkt zu Vergleichszwecken oder für ein Rollback zurückgegriffen werden kann. Über eine solche Baseline kann eine bekannte Configuration einer IT-Infrastruktur wiederhergestellt werden, wenn ein Change oder ein Release fehlschlägt.

3. Planen und Koordinieren der Service Transition: Primär wird in dieser Aktivität zwischen der Planung einer individuellen Transition und einer ganzheitlichen Planung unterschieden. Eine weitere Differenzierungsmöglichkeit besteht durch die Übernahme von Programm- und Projekt-Management-Best Practices.

   ● Planung einer individuellen Service Transition: Die Release- und Deployment-Aktivitäten sollten als Phasen geplant werden. So lassen sich die einzelnen Schritte besser unterteilen, und meist sind zu Beginn noch nicht alle Details bekannt. Jedem Service Transition-Plan sollte ein Service Transition-Modell zugrunde liegen.

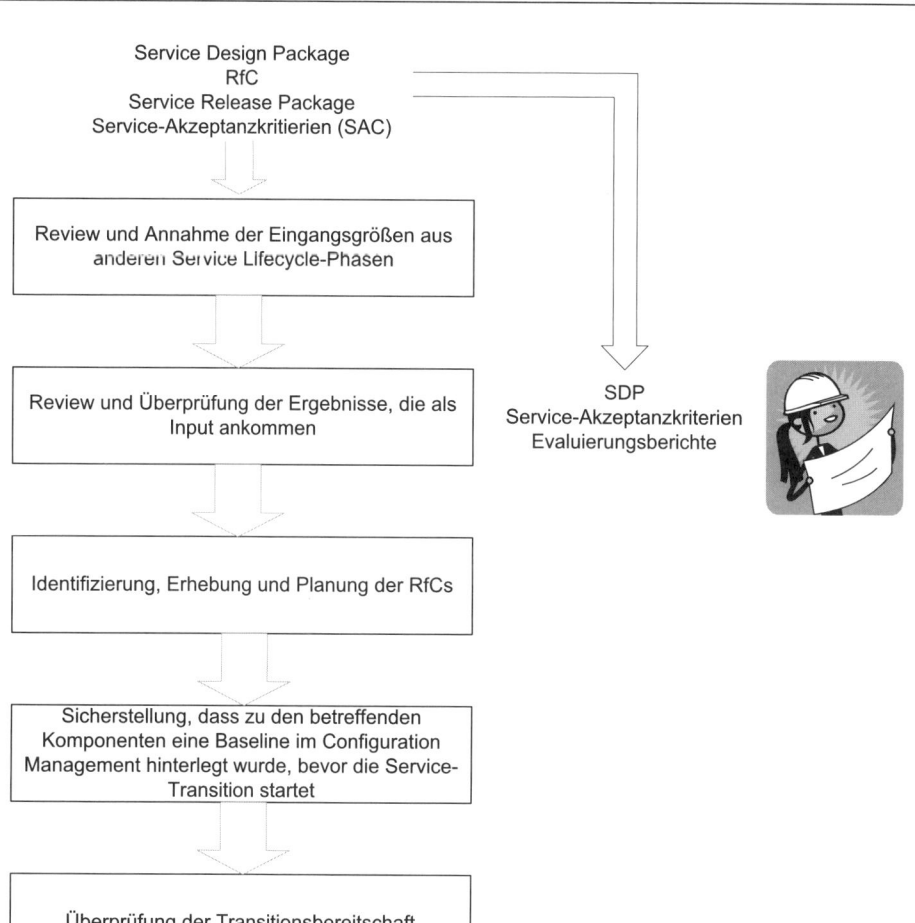

Abbildung 11.6: Vorbereitung für die Service Transition

Ein Service Transition-Plan beschreibt die Aufgaben und Aktivitäten, die notwendig sind, um ein Release in der Test- und Produktivumgebung auszurollen. Dazu gehören auch die Arbeitsumgebung und die Infrastruktur für die Service Transition, Planung der Meilensteine, Übergabe- und Lieferdaten, Personalbesetzung und Ressourcenanforderungen, Budget und Zeitskalen, offene Punkte und Risiken.

- Ganzheitliche Planung: Gute Planung und ein steuerndes Management sind essenziell, um ein Release in einer verteilten Umgebung in Produktion zu überführen. Ein ganzheitlicher Satz an Transitionsplänen verbindet Release-, Build- und Testpläne, die zudem eine Verbindung zur Change-Planung herstellen sollen.

- Übernahme von Programm- und Projekt-Management-Best Practices: Es entspricht Best Practices, einzelne Releases und Deployments als ein Programm zu handhaben, wobei jedes einzelne Deployment als ein Projekt behandelt wird.

Programm-Management

Ein Programm bezeichnet – wie auch beim Projekt – eine temporäre Management-Struktur, die aber im Gegensatz zum Projekt über die Summe der Projekte andauert. Die Laufzeit ist entsprechend länger als bei einem einzelnen Projekt. Programme definieren, verwalten und steuern zusammenhängende Projekte und Aufgaben mit dem Zweck, Unternehmensziele von strategischer Bedeutung umzusetzen, die über das Programm-Management gesteuert werden.

Das Management von Programmen stellt dabei sicher, dass alle Projekte an einem strategischen Nutzen ausgerichtet sind. Das Programm-Management entwickelt üblicherweise den übergeordneten Masterplan für die Projekte unter Berücksichtigung der Abhängigkeiten. Es leistet im Programmverlauf das Zusammenfügen der laufenden Ergebnisse der Einzelprojekte, Kontrolle in Hinblick auf Erreichen des Gesamtziels und das Veranlassen von angemessenen Maßnahmen, wenn Meilensteine in Gefahr sind.

Die planende Rolle soll die Qualität aller Transitions-, Release- und Deployment-Pläne absichern. Bevor das Release ausgebracht wird und das Deployment startet, sollte das Review ausgeführt und Antworten auf Fragen gefunden werden wie z.B. nach der Aktualität der vorliegenden Pläne, ob diese mit allen Beteiligten wie Kunden, Anwendern und dem Betrieb abgestimmt sind, ob Changes mit allen notwendigen Inhalten erstellt wurden oder ob die möglichen Auswirkungen analysiert und dokumentiert wurden.

Unterstützungsleistungen für die Transition

Die Unterstützung der Service Transition aus dem Prozess Transition Planning und Support heraus bezieht sich für neue Projekte auf die Möglichkeit, Unterstützungsleistungen in Form von Beratung und Ratschlägen anzubieten, beispielsweise in Bezug auf die Service Transition-Standards, Richtlinien und Arbeitsabläufe, die es in den Projekten zu etablieren gilt, bevor diese eigene Frameworks anwenden.

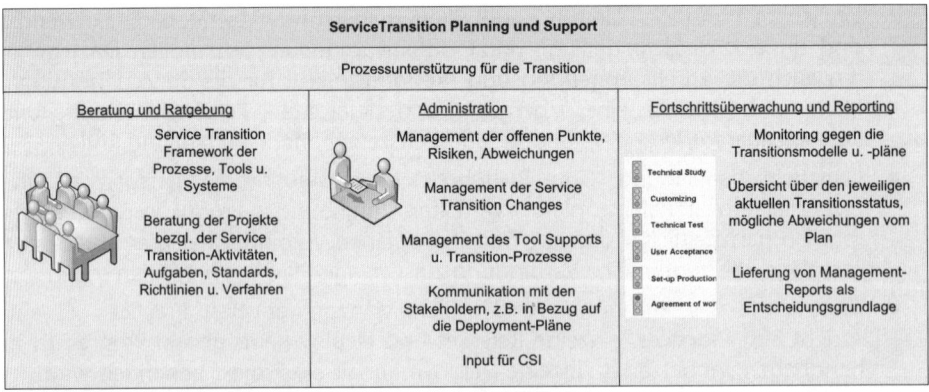

Abbildung 11.7: Bereitstellung von Unterstützungsleistungen des Transitionsprozesses

Die Transition Planning und Support-Rolle sollte Ressourcen bereitstellen für das Management der Service Transition Changes und Arbeitsaufträge, Managen der offenen Punkte, Risiken und Abweichungen, Managen der Tools und Service Transition-Prozesse, Kommunikation in Bezug auf die Stakeholder sowie die Überwachung der Service Transition-Leistung, um Input für den Continual Service Improvement-Abschnitt (CSI) bereitzustellen. Changes, die abgestimmte Baselines verändern, werden über das Change Management gesteuert. Pläne und Fortschritte sollten an die Stakeholder kommuniziert werden. Die Stakeholder-Liste wird im Service Package definiert, die aus dem Service Design stammen und über die Service Transition weiter gepflegt und – falls notwendig – auf dem aktuellen Stand gehalten werden sollen.

Zur Unterstützung des Transitionsprozesses zählen auch die Fortschrittsüberwachung und das Berichtswesen. Das Monitoring verwendet als Sollzustand die Transitionsmodelle und die Pläne der Projekte sowie die allgemeinen Standards in der Service Transition. Dagegen werden die Release- und Deployment-Fortschritte und -Vorhaben aktueller Projekte geprüft.

Außerdem erstellt die Prozessunterstützung eine Übersicht über die anstehenden Transitionen im umfassenden Transitionsplan mit der Darstellung der Changes und Release-Ausbringungen. Der Fortschritt jeder Transition wird regelmäßig geprüft und dargestellt. Auch an das Management werden die entsprechenden Berichte verschickt, auch um darlegen zu können, wo es signifikante Abweichungen gibt. In manchen Fällen ist das Eingreifen des Managements notwendig, um die Dinge wieder auf den richtigen Kurs zu bringen. Dies kann am Projekt-Management liegen, an veränderten Umständen, einem nicht funktionierenden Änderungssteuerungsmanagement oder an anderen Einflüssen.

Leistungsindikatoren

Beispiel für die Key Performance-Indikatoren in diesem Prozess sind

◆ Anteil der eingehaltenen Release-Anforderungen und -Vereinbarungen, d.h. in Bezug auf die Inhalte der Kriterien Umfang, Kosten, Qualität und Termintreue

◆ Gestiegene Kunden- und Benutzerzufriedenheit in Bezug auf Planung und Kommunikation

11.2   Service Asset und Configuration Management

Jede IT-Organisation besitzt Informationen über ihre IT-Infrastruktur. Dies gilt insbesondere nach dem Abschluss großer Projekte, in deren Rahmen meist Konzepte und Anwendungssteckbriefe geschrieben, Betriebs- und Systemhandbücher erstellt, abschließende Audits und eine Analyse über die Auswirkungen durchgeführt wurden. Die Kunst liegt jedoch nach dem initialen Sammeln der Informationen darin, diese Informationen stets auf einem aktuellen und konsistenten Stand zu halten. Liegen Informationen über die Infrastruktur vor, sind diese aber nicht korrekt und aktuell, erscheinen sie mehr oder weniger wertlos bzw. führen gar zu falschen Annahmen. Innerhalb des Configuration Managements werden die Daten der Infrastruktur und ihrer Komponenten laufend erfasst und überprüft, um sie aktuell zu halten. Dadurch wird die Integrität der Informationen zu Assets und Komponenten (Configuration Items, CIs) gewährleistet.

Neben den isolierten technischen Aspekten gibt es hier auch wichtige Informationen über Relationen aller Art wie beispielsweise die jeweiligen Beziehungen zu den angebotenen IT Services und den Komponenten. Hindergrund ist die folgende Prämisse: Es muss möglich sein, bei einer Veränderung bestimmter Komponenten auch die Auswirkungen auf die entsprechenden Prozesse beziehungsweise auf die verknüpften Dienstleistungen zu erhalten. Macht beispielsweise eine Netzwerkkomponente Probleme, möchte das Unternehmen bzw. die IT-Abteilung vor einem Austausch wissen, wie viele andere Objekte wie Server, Client-Rechner oder andere Komponenten als Bestandteile bestimmter Services von dieser Komponente abhängig sind. Stehen die Informationen bereit, ist eine Abschätzung der Priorität möglich, d.h. eine Antwort auf die Frage, welche Auswirkungen schlimmstenfalls zu erwarten wären, wenn die Netzwerkkomponente als Teil eines oder mehrer Services ausfiele.

⌐Configuration Items

Grundsätzlich sind mit Configuration Items (CIs) alle Komponenten gemeint, die man für die Bereitstellung der IT-Dienstleistungen benötigt. Informationen zu den einzelnen CIs werden in einem Configuration Record innerhalb des Configuration Management Systems erfasst und über den gesamten Lebenszyklus hinweg vom Configuration Management verwaltet. Jeder Datenbankeintrag erhält einen identifizierenden Suchschlüssel (Item Key) und Kategorisierungsangaben. Ansonsten sollten dort alle notwendigen Datenfelder vorhanden sein. Wichtig sind vor allem jene Informationen, die die Relationen zu den Diensten ermöglichen. „Welcher IT Service setzt welche Komponenten (CIs) voraus?" – diese Frage muss das Configuration Management stets aktuell beantworten können. Bei der Datenmodellierung ist äußerste Umsicht geboten, um alle relevanten und später benötigten Informationen aufzunehmen und vorzuhalten.

CIs unterstehen der Steuerung und Kontrolle des Change Managements. CIs umfassen vor allem IT Services, Hardware, Software, Gebäude, Personen und formale Dokumentationen, beispielsweise zum Prozess und SLAs. ⌐

11.2.1 Aufgaben des Service Asset und Configuration Managements

Ziel des Service Asset und Configuration Managements (SACM) ist es, jederzeit gesicherte und genaue Informationen über die IT-Infrastruktur, Komponenten und Bestandteile der IT Services zur Verfügung zu stellen. Die Qualität der Informationen über die IT-Infrastruktur muss permanent kontrolliert und die Daten bei Bedarf angepasst werden, um die Geschäftsprozesse durch qualitativ hochwertige und wirtschaftliche IT Services zu unterstützen. Keine Organisation ist in der Lage, Services effizient und effektiv bereitzustellen, ohne auf verlässliche Daten zu ihrer

Umgebung und der Assets zurückgreifen zu können. Dies gilt besonders für Assets, die essenziell sind für die vitalen Geschäftsprozesse. Zu diesem Zweck beinhaltet das Service Asset und Configuration Management einen straffen Prozess zur Identifikation und Spezifikation, Kontrolle und Steuerung, Statusnachweis und Verifikation der Komponenten in der IT-Infrastruktur.

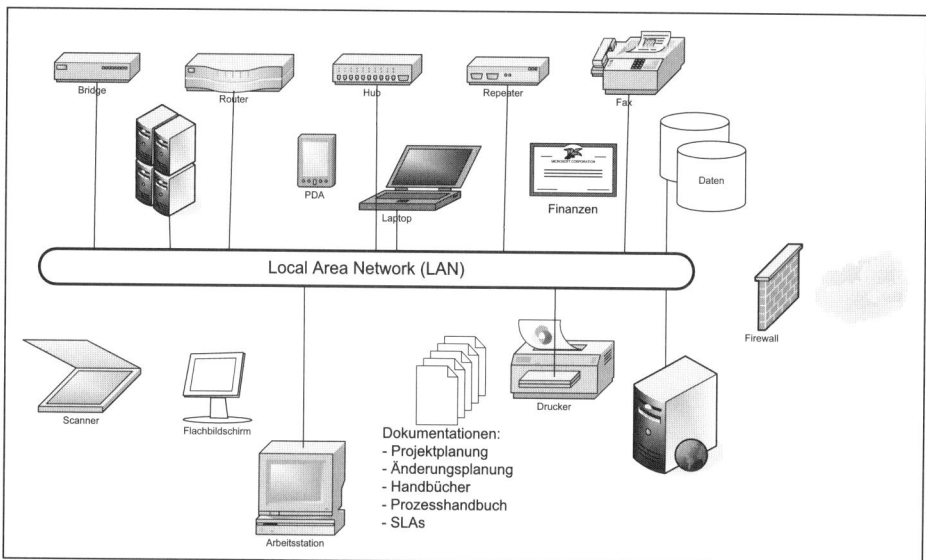

Abbildung 11.8: Unterschiedliche Configuration Items (CIs)

Unter der Voraussetzung, dass Systeme und Komponenten sauber installiert und konfiguriert sowie Funktionen und Features korrekt implementiert wurden, sollte das Configuration Management benachbarten ITIL®-Gruppen und entsprechend involvierten und verantwortlichen Personen wie dem Management Auskunft geben.

Das Service Asset und Configuration Management liefert für andere Prozesse auf diese Weise ein logisches Modell der IT-Infrastruktur. Diese können so beispielsweise besser Entscheidungen über Changes, Releases, Incident-Behandlung ermöglichen, gesetzliche Anforderungen (z.B. Lizenzen) durch akkurate Abbildung der Infrastruktur und des Bestands erfüllen, die Qualität der Datenbasis durch methodisches Vorgehen erhöhen und mögliche Diskrepanzen zwischen den Daten des Modells und dem Ist-Zustand zur Verfügung stellen und beheben. Die Anzahl der Fragen oder Probleme in Bezug auf Qualität und Compliance, die durch eine unsaubere Informationsbasis begründet sind, sollen minimiert werden. So wird ein effizientes und effektives Service Management in allen beteiligten Prozessen erhöht. Die doppelte Dokumentation, Ist-Erfassung und Datenpflege soll durch systematische Datenerhebung und das Management einer einheitlichen Datenbasis in einem einzigen Prozess vermieden werden. Die Zentralisierung der Datenerfassung über das Service Asset und Configuration Management wird so betont. Allerdings sind nicht nur die aktuellen Daten von Interesse, sondern auch die historischen Informationen und Daten zur Planung von Assets und CIs.

Der Zweck als Beweggrund für die unterschiedlichen Ziele besteht dementsprechend aus:

◆ Identifizieren, Steuern, Aufzeichnen, Berichten, Prüfen (Auditieren) und Abgleichen (Verifizieren) der Service Assets und Configuration Items zusammen mit den entsprechenden Versionsangaben, Baselines, einzelnen Komponenten, Attributen und Beziehungen

◆ Verantwortung übernehmen für Management und Schutz der Integrität der Service Assets und Configuration Items über den gesamten Service-Lifecycle, um sicherzustellen, dass nur freigegebene Komponenten verwendet und nur berechtigte Changes umgesetzt werden

◆ Erstellung und Pflege eines fehlerfreien und vollständigen Configuration Management Systems (CMS), um die Integrität der Assets und Konfigurationen sicherzustellen, die notwendig ist, um die Service und die IT-Infrastruktur steuern zu können.

Konfiguration

Eine Konfiguration ist eine Menge logisch verwandter Objekte, die gemeinsam verwaltet werden müssen.

Das Asset Management kümmert sich um die Service Assets über den gesamten Service Lifecycle. Es stellt eine komplette Inventarliste der Assets sowie die Angabe, wer für ihre Steuerung zuständig ist, bereit. Dies beinhaltet auch das komplette Lifecycle Management der IT und Service Assets seit der Anschaffung und die Pflege der Asset-Bestände.

Das Configuration Management stellt sicher, dass die ausgewählten Komponenten eines kompletten Service, Systems oder Produktes, d.h. die Konfiguration, identifiziert, eine Baseline definiert und aktuell gehalten wird. Changes dürfen an diesen Konfigurationen nur über das Change Management und gesteuert umgesetzt werden. Das logische Modell der Services, Assets und der Infrastruktur kommt durch die Aufzeichnung der Beziehungen zwischen den Elementen zu Stande. Das Service Asset und Configuration Management kann auch Assets, Arbeitsergebnisse aufnehmen, die nicht direkt zur IT gehören, aber für die Lieferung der IT Service notwendig sind. Relevant sind bei dieser Betrachtung auch die Schnittstellen zu den internen und externen Service Providern, da es beispielsweise auch gemeinsame Assets („Shared Assets") gibt, die gesteuert werden müssen.

Der erste Schritt in diesem Prozess besteht in der Erstellung der Service Asset und Configuration Management-Richtlinien. Diese definieren Ziele, Umfang, Grundprinzipien und kritische Erfolgsfaktoren (Critical Success Factors, CSFs) des Prozesses. Sie stehen in enger Beziehung zu den Richtlinien der anderen Prozesse im Service Transition-Abschnitt des Lifecycle-Modells wie z.B. den Change Management-Richtlinien. Möglicherweise kommen auch spezifische Asset-Richtlinien für bestimmte Asset-Typen oder Services zum Einsatz.

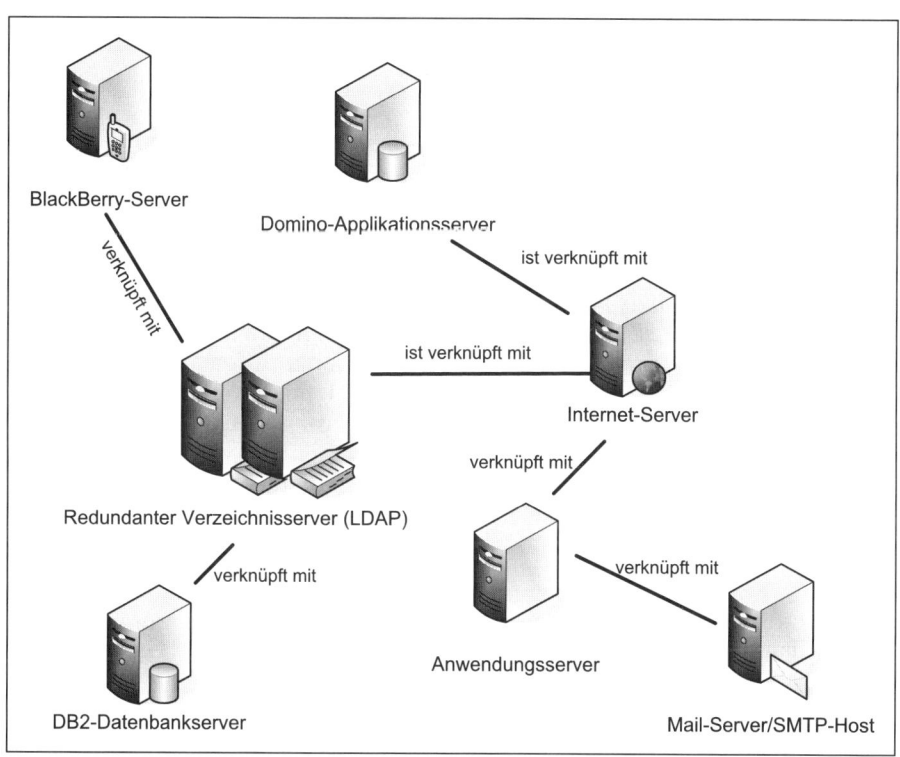

Abbildung 11.9: Beispielhafte Darstellung logischer Beziehungen

Die Kosten für die Implementierung eines umfassenden Service Asset und Configuration Management-Prozesses können in immense Höhen klettern. Daher sind vorab strategische Entscheidungen in Bezug auf die Frage zu klären, welche Assets und Konfigurationen mit welcher Priorität in den Prozess aufgenommen werden. Viele Unternehmen konzentrieren sich auf die grundlegenden Assets wie Hardware und Software, die Services und Assets, die mit den vitalen Geschäftsprozessen verbunden sind, oder die Assets, die mit den Themen Compliance und gesetzliche Bestimmungen (Lizenzen, Sarbanes-Oxley etc.) verknüpft sind.

Die Haupt-Richtlinie des Prozesses definiert das Framework und die Schlüsselprinzipien, an denen sich die Ausgestaltung der Assets und Konfigurationen anlehnt. Typische Prinzipien orientieren sich beispielsweise an den Forderungen des Bereiches Corporate Governance. Weitere Anforderungen in Bezug auf den Wunsch, Einblick zu geben in die Capabilities, Ressourcen und Service Warranties, wie sie in den SLAs und Verträgen definiert wurden, sind:

◆ Anforderung nach ökonomischen Handlungsweisen

◆ effizienten und effektiven Serviceleistungen

◆ Forderung der Integration des Asset und Configuration Managements mit anderen Prozessen

◆ Automatisierung, um Fehler und Kosten zu minimieren.

11.2.2 Begriffe des Service Asset und Configuration Managements

Das Konfigurationsmodell als Basis des Service Asset und Configuration Managements liefert das logische Modell über Services, Assets und die IT-Infrastruktur inklusive der Beziehungen zwischen den Elementen. Diese Darstellung unterstützt andere Prozesse. Die Beziehungen, in denen CIs zueinander stehen, sind unter anderem für die Störungsdiagnose und für die Vorhersage der Verfügbarkeit der Services nützlich. Mit ihrer Hilfe können Auswirkungen von Changes, Incidents (Störungen) und Problemen bewertet, die Ausbringung neuer oder die Veränderung bestehender Services geplant und entworfen werden. Auch Release- und Deployment-Packages können mit Hilfe der vorhandenen Informationen geplant oder migriert werden. Das besondere an diesem Konfigurationsmodell liegt darin, dass es das eine Abbild der Services und der Infrastruktur darstellt, auf das sich alle anderen Prozesse und Teile des IT Service Managements beziehen. Die Detaillierungstiefe der CI-Beschreibungen und ihrer Konfiguration kann variieren und abhängig von den Anforderungen in Sachen Steuerung und Verwaltung sein.

In der Terminologie des Configuration Managements werden die „Betriebsmittel" für Services und die daraus resultierenden IT Services als Konfigurationselemente (Configuration Items, CIs) bezeichnet. Sie stehen für Assets, Service-Komponenten oder andere Elemente, die sich (aktuell oder zukünftig) unter der Steuerung des Configuration Management bewegen. CIs können gruppiert und zu Releases zusammengefügt werden.

Die Auswahl der CIs, ihre Gruppierung, Klassifizierung und Identifizierung sollten sich auf definierte Kriterien beziehen und dafür sorgen, dass sie über den gesamten Service Lifecycle verfolgt werden können.

CIs besitzen Relationen und Attribute, sind eindeutig identifizierbar und müssen verwaltet werden, z.B. bei Changes. Es können vielerlei Beziehungen unterhalten werden, die in logische und physische Beziehungen aufgegliedert werden:

◆ Physische Beziehungen wie etwa „sind Bestandteil von"/Parent-Child-Beziehung des CI, z.B. ein Diskettenlaufwerk ist Bestandteil eines PC und ein Software-Modul ist Bestandteil eines Programms oder „ist verbunden mit" wie ein PC, der an ein LAN-Segment angeschlossen ist

◆ Logische Beziehungen wie etwa „ist eine Kopie von", wenn ein Item die Kopie eines Standardmodells, einer Baseline oder eines Programms darstellt

CI-Baseline

Dieser Begriff steht für CIs, deren Eigenschaften als Konfiguration eines Service, Produktes oder der Infrastruktur zu einem bestimmten Zeitpunkt formell geprüft und genehmigt bzw. vereinbart und dokumentiert wurde.

Dieser Status darf außer über einen genehmigten Change nicht verändert werden. So kann sichergestellt werden, dass Informationen in korrekter Form vorliegen.

Die daraus hervorgegangene Erhebung dient als Ausgangspunkt für den weiteren Ausbau und die Prüfung neuer Konfigurationen, als Standard für die Auslieferung von Konfigurationen an den Anwender, z.B. Standardarbeitsplatz, als Ausgangspunkt für die Auslieferung neuer Software, als Basis für Vergleichszwecke (z.B. als Startpunkt für einen Vergleich nach Änderung einer spezifischen Version, Configuration-Audits), Roll- und Fallback-Szenarien vor einem Change oder Release-Wechsel und als Standard-CI zur Erfassung von Kosteninformationen. Wichtig ist hier eine Dokumentation des Status (Historie) zur Rückverfolgung. Über dieses Verfahren wird ein definierter Status eines Service (Service Design Baseline) gesetzt. Ein nachfolgender Aufbau einer Service-Komponente ist auf dieser Basis über einen definierten Input möglich.

Eine Configuration Baseline stellt beispielsweise einen Service oder ein Produkt dar, dessen Konfiguration zu einem bestimmten Zeitpunkt formal abgenommen und dokumentiert wird. Eine solche Baseline dient als Basis, um später von diesem Konfigurationszustand aus konsistente Releases erzeugen zu können.

Es gibt eine Vielzahl von CIs, die nach folgenden Kategorien eingeteilt werden können:

◆ Service Lifecycle-CIs wie etwa der Business Case, Pläne (Release- und Change-Pläne, Testpläne etc.) oder ein Service Design Package. Sie verfolgen eine ganzheitliche Sicht in Bezug auf den Service Lifecycle.

◆ Service-CIs: Hierzu zählen Service Capability Assets (Management, Organisation, Prozess, Wissen, Mitarbeiter) und Service Resource Assets (Finanzierungskapital, Systeme, Applikationen, Infrastruktur, Facilities), Service Modell, Service Design, Release Package, Service-Akzeptanzkriterien (SAC).

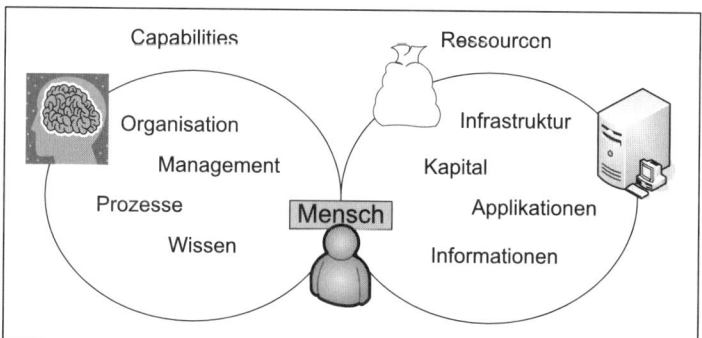

Abbildung 11.10: Capabilities und Ressourcen sind Asset-Typen

◆ Organisations-CIs: Dokumentation, die entweder einen CI beschreiben oder selber ein CI darstellen.

◆ Externe CIs im Gegensatz zu internen CIs. Externe CIs wie z.B. externe Kundenanforderungen oder Vereinbarungen, Releases von Lieferanten und externe Services.

◆ Schnittstellen-CIs, die notwendig sind, um den Ende-zu-Ende-Service über ein Service Provider Interface (SPI) zu liefern.

Das Management der CIs erfolgt über ein Configuration Management System (CMS). Sie ist das Herzstück der ITIL®-Prozesse im Unternehmen.

CI-Snapshot

CI-Snapshot ist die Momentaufnahme des aktuellen Zustands eines CIs, vergleichbar mit dem Ergebnis eines Diagnose-Tools zu einem definierten Zeitpunkt, um den Ist-Zustand zu erfassen. Dieser Schnappschuss ermöglicht einen Vergleich mit der vereinbarten Baseline (definierter Zustand) und dient so der Problem-Analyse.

Unter ITIL® V2 wurden die beiden Begriffe Snapshot und Baseline synonym verwendet.

Configuration Management System (CMS)

Das Configuration Management System dient als Unterstützung für das Management der Infrastruktur, der Services und der Configuration Management-Prozesse. Dieses beinhaltet als großes Repository-System alle notwendigen Informationen zu Configuration Items (CI) in definiertem Umfang.

CIs im CMS enthalten auch nicht-technische Daten, welche z.B. die Standorte von Komponenten definieren. Bei Umzügen innerhalb des Unternehmens müssen diese Angaben geändert werden. Weitere Informationen geben nicht nur Auskunft über den Anschaffungswert, sondern auch den jeweiligen Zeitwert im Rahmen von Abschreibungen. Diese Informationen können dann beispielsweise vom Financial Management oder dem IT Controlling genutzt werden. Weitere Informationen können sich auf Lieferanten, Lieferdatum, Maintenance-Vertragsdetails, Erneuerungsdaten für Support-Verträge, Garantien und Lizenzen sowie SLAs und Absicherungsverträge beziehen.

Über das CMS werden auch die Beziehungen zwischen allen CIs, den relevanten Incidents (Störungen), Probleme, bekannte Fehler (Known Errors), Changes und Release-Dokumentationen dargestellt. Es kann auch Unternehmensdaten zu Mitarbeitern, Lieferanten, Lokationen, Abteilungen, Kunden und Anwendern enthalten.

Je größer und komplexer ein solches CMS aufgebaut ist, desto spezifischer werden Zugriffs-/Berechtigungssystem, Aufbau und Bestandteile sein. Das CMS sollte robuste und flexible Funktionalitäten bieten für die Präsentation (via z.B. Web Interfaces) der Daten und Inhalte, die Abfrage der Daten, Erstellen von Berichten aus den vorhandenen Daten sowie den Aufbau /die Unterstützung von Schnittstellen zu anderen Systemen.

Das CMS als große Basis weist diverse Datenquellen auf und kann aus mehreren Datensystemen bestehen, wobei eine weitestgehende Integration anzustreben ist, um die Verwendung nicht unnötig zu erschweren. Eine dieser Datenquellen ist die (bereits aus ITIL®-Version 2 bekannte) Configuration Management Database (CMDB), die das CMS maßgeblich unterstützt. Diese Datenbank wird verwendet, um Configuration Records während ihres gesamten Lebenszyklus zu speichern. Das Configuration Management System verwaltet eine oder mehrere CMDBs, und jede CMDB speichert Attribute von CIs sowie Beziehungen zu anderen CIs. Oft ist es so, dass mehrere CMDBs in einem Unternehmen existieren, die über Schnittstellen zum Abgleich der Daten kommunizieren und koordiniert werden müssen.

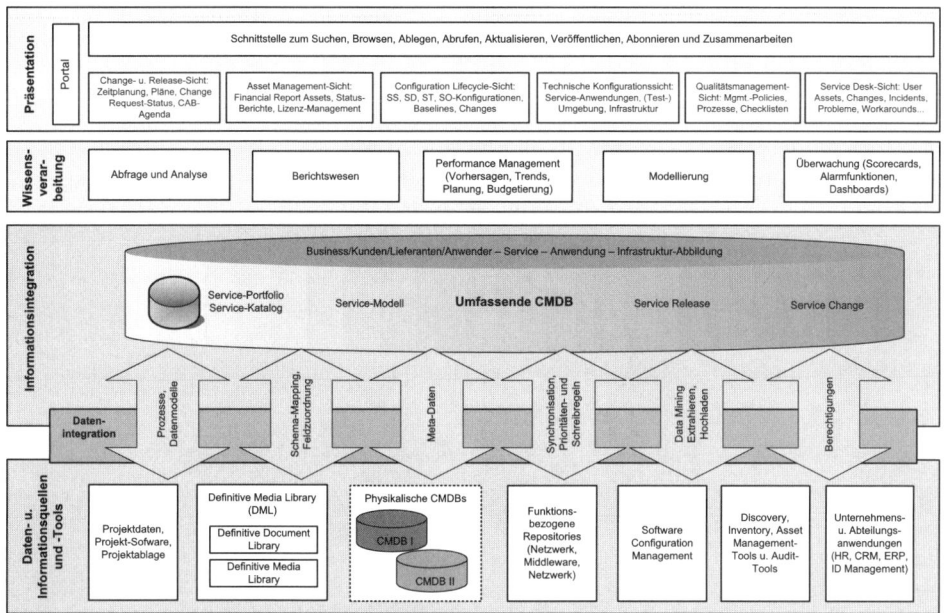

Abbildung 11.11: Beispiel für ein Configuration Management System (CMS) (nach ITIL®-Material, Wiedergabe lizenziert von OGC)

Automatisierung

Die Nutzung von automatisierten Prozessen für die Befüllung, Aktualisierung und Verifikation der Daten sollte laut ITIL® angewandt werden, wo immer es möglich ist, um Fehler zu vermeiden und Kosten zu reduzieren.

Neben der CMDB existieren weitere Datenquellen wie sichere Libraries und Speicher (geprüfter und sicherer Status von Informationen und Daten) oder die Definitive Media Library (DML, definierte Medienbibliothek). Sie beinhaltet Master-Kopien aller gekaufter und selbst entwickelter Software (und zugehörigen Dokumentation und Lizenzen) und dient als Fundament für das Release und Deployment Management. In diesem Repository darf lediglich autorisierte Software getrennt von allen Entwicklungs-, Test- und Produktionssystemen abgelegt werden. Die hier eingelagerten Master-Kopien sind Originale bzw. Finalversionen, die als Master-Kopien nicht modifiziert werden dürfen.

Ähnlich wie für CMS und CMB ist auch für die DML während der Planungsphase eine genaue Definition des Datenmodells der DML (Attribute, Detailtiefe etc.) notwendig. Weitere Eigenschaften beziehen sich auf das Medium, auf dem die Master-Kopien liegen (Tape, DVDs, CDs, Ablage auf einem File-Server), Namenskonventionen, Angabe der unterstützten Umgebungen, Security- und Kapazitätsanforderungen. Weitere Aspekte beziehen sich auf das Thema Versionierung sowie die Eintritts- und Ausgabekriterien für die DML.

Aufgrund der Datenbasis in der DML können neue oder auf der Grundlage von Master-Kopien angepasste Releases in der gewünschten Umgebung ausgerollt werden (siehe *Abbildung 11.12*).

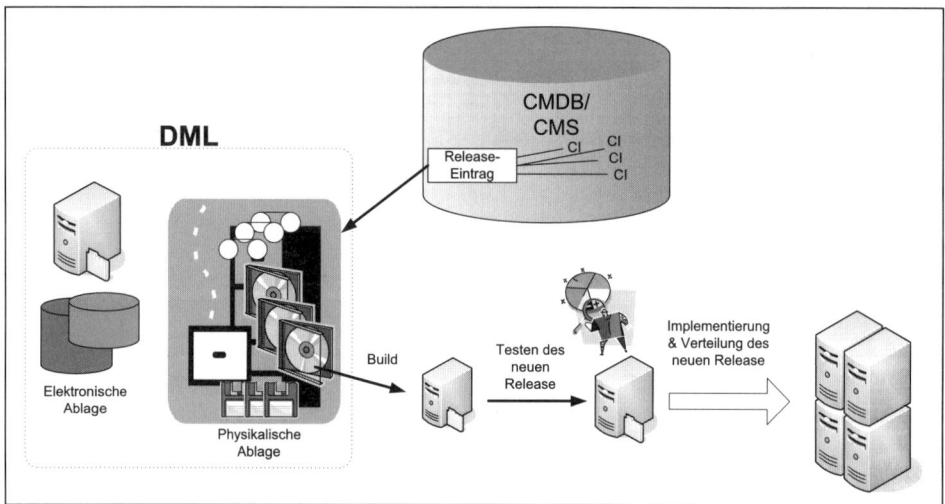

Abbildung 11.12: DML und CMDB

Die Medienbibliotheken müssen eindeutig identifizierbar sein und im CMS mit den folgenden Informationen aufgenommen werden:

◆ Inhalte, Ablageort, Medium

◆ Eintrittskriterien, Kompatibilitätsanforderungen, Schutzmöglichkeiten

◆ Beschreibung der Rechtestruktur und Zugriffsrechte für die unterschiedlichen Aktionen

Die Definitive Media Library (DML) in der ITIL®-Version 3 ersetzt die aus der Version 2 bekannte Definitive Software Library (DSL). Die DML liegt in der Version 3 in der Verantwortung von Service Asset und Configuration Management und nicht wie die DSL in der Version 2 unter der Verantwortlichkeit des Release Managements.

Auch für die Hardware existiert ein Bereich, in dem Exemplare vorgehalten werden. Diese ist die so genannte definierte oder maßgebliche Reserve (Definitive Spare). Hier werden analog zur Test- oder Produktivumgebung Komponenten und Bauteile auf dem neuesten Stand gehalten. Detaillierte Beschreibungen zu diesen Komponenten, ihre Ablage, Build und Inhalte sollten über einen Eintrag in der

CMDB/im CMS festgehalten werden. Werden zusätzliche Komponenten oder Ersatz benötigt, kann auf die Reserve zurückgegriffen werden. Sollte der temporäre Einsatz der Komponenten beendet sein, kehren sie in die Reserve zurück, oder es muss für Ersatz gesorgt werden, falls ein dauerhafter Einsatz ansteht.

> Die Reserve unter ITIL® V3 existierte in der Version 2 unter dem Namen Definitive Hardware Store/Library (DHS/DHL).

11.2.3 Aufbau des Repositorys der Configuration Items (CIs)

Wie bei vielen anderen Repository-Systemen muss für das Configuration Management System (CMS), die Configuration Management Database (CMDB) und die anderen Repositories, die die Informationen über die IT Services und ihre Komponenten aufnehmen, ein Datenmodell entworfen werden. Auch eine Strukturierung für die CIs in Form eines Konfigurationsmodells entsteht. Mit Hilfe der Service-Konfigurationsstruktur können die Komponenten eines bestimmten Service identifiziert werden.

Konfigurationsstrukturen und Auswahl der CIs

Während des Aufbaus des Systems im Service Asset und Configuration Management-Prozess werden Entscheidungen hinsichtlich des Umfangs und der Detaillierung der zu erfassenden Informationen getroffen (siehe *Abbildung 11.13*). Für jede Eigenschaft, die erfasst werden soll, müssen zudem ein Verantwortlicher (für die Pflege) und ein Interessent (für die Dokumentation dieser Eigenschaft) identifiziert werden. Je mehr Eigenschaften dokumentiert werden müssen, desto mehr Arbeitsaufwand ist für die ständige Aktualisierung der Informationen erforderlich. Je weniger Ebenen definiert werden, desto geringer sind die Steuerungs- und Kontrollmöglichkeiten und desto weniger Informationen über die IT-Infrastruktur stehen zur Verfügung. Hier ist ein Kompromiss zwischen Anforderungen, Aufwand und Nutzen zu erwägen. Denn all das sollte erfasst werden, was auch zukünftig benötigt wird. Allerdings sollte man im Hinterkopf behalten, dass die Daten auch gepflegt werden müssen, auch wenn hier Automatismen Unterstützung bieten. Allerdings ist bei totaler Automatisierung eine Forderung, dass ein Mechanismus existiert, um nicht genehmigte Changes zu finden und Abweichungen zwischen Soll- und Istzustand zu dokumentieren. Tiefe und Komplexität der aufgenommenen CIs sind entscheidend für den Erfolg des Configuration Managements und seines Repositorys, aber auch für die Kosten.

Diese Betrachtungsweise kann in verschiedene Richtungen ausgedehnt werden. Dies gilt sowohl hinsichtlich des Umfangs (Scope) als auch des Detaillierungsgrads der aufzunehmenden Informationen. Der CI-Scope beschäftigt sich mit der Frage, wie viele und welche CI-Klassen/-Typen erfasst werden, also in welcher Breite der Prozess greift.

Service Transition

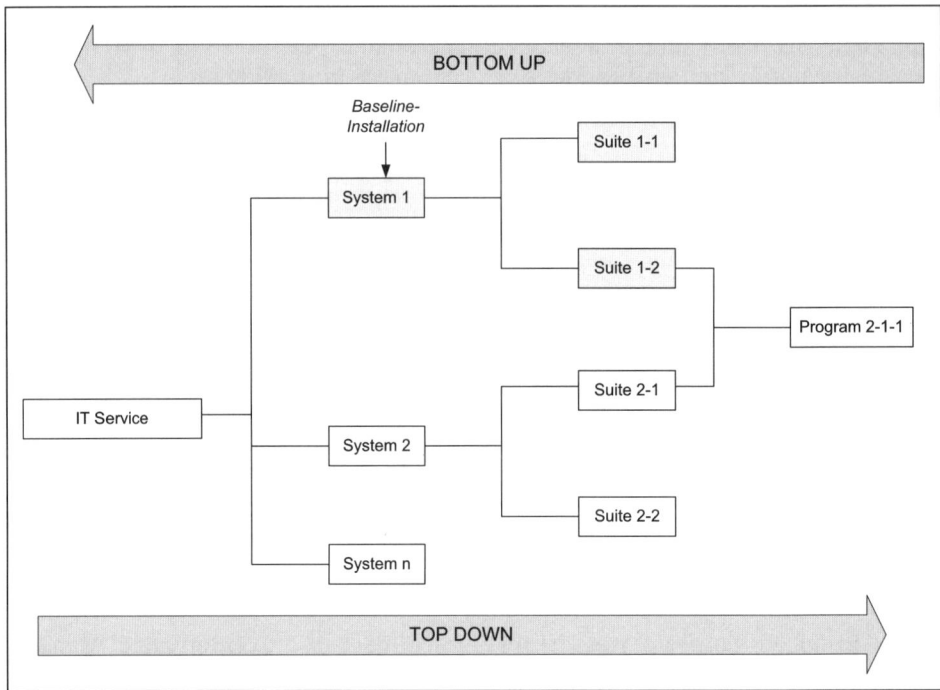

Abbildung 11.13: Detaillierungstiefe

Der Detaillierungsgrad kann wiederum in die Anzahl der Ebenen, die zu unterhalten-den Beziehungen, die Namensgebung und die Eigenschaften untergliedert werden (siehe *Abbildung 11.14*). Hier geht es beispielsweise um die Frage: „Wie viele Ebenen werden für die einzelnen Kategorien aufgenommen? Ist jede Maus relevant?" Die Auswahl der Ebenen, die über den Detaillierungsgrad abgedeckt werden, und der CIs sollte über einen Top Down-Ansatz eruiert werden, so dass ein Service bzw. ein CI immer weiter in seine Bestandteile aufgelöst wird. Ein CI, wie beispielsweise ein Service oder auch ein Datenbanksystem, kann aus einer Reihe von CIs oder CI-Grup-pen bestehen. Eine Datenbank kann beispielsweise nicht nur von einer Datenbank-anwendung, sondern von mehreren Applikationen als Backend benutzt werden.

Wichtig ist dabei, dass eine schnelle und umfassende Suche nach bestimmten (ver-knüpften) Informationen möglich ist. Dabei müssen beispielsweise alle mit einem CI verknüpften Incident Records, alle mit einem Service verknüpften CIs oder eine CI-Historie gefunden werden können. Auch das Lizenz-Management lässt sich auf dieser Basis abbilden.

Namenskonventionen

Im Rahmen einer adäquaten, systematischen und eindeutigen Namensgebung sollte für ein CI eine eindeutige bzw. einmalige Bezeichnung vergeben werden. Am einfachsten ist eine schlichte Nummerierung, für die eventuell pro Schwerpunkt bestimmte Nummernbereiche reserviert werden. Auf diese Weise können automa-tisch Nummern generiert werden, wenn ein neues CI angelegt wird. Mit Hilfe der

Namensgebung können auch physische CIs mit Bezeichnungen versehen werden, damit diese CIs bei Audits, Wartungsarbeiten und Störungserfassungen eindeutig identifizierbar sind.

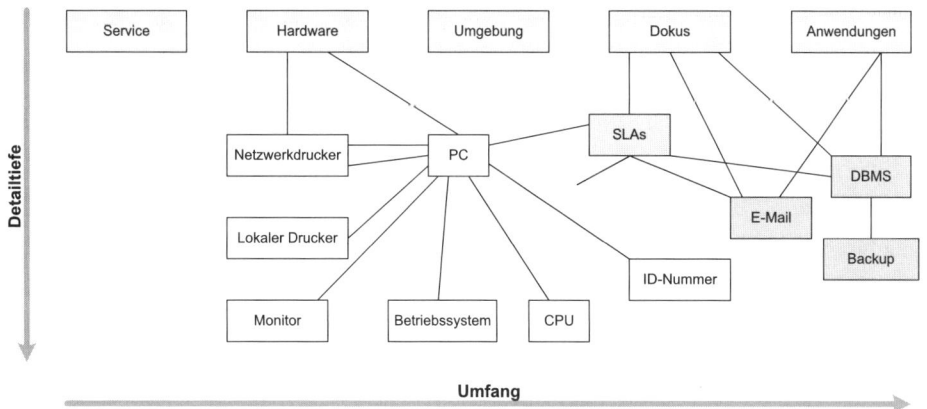

Abbildung 11.14: Mögliche Größen der CI-Erfassung

Die Namensgebung sollte so erfolgen, dass beim ersten Blick auf den CI-Identifizierungsnamen die relevanten Informationen offensichtlich werden. Dazu zählen beispielsweise die hierarchische Beziehung zwischen CIs einer Konfigurationsstruktur, Beziehung zwischen CIs und den dazugehörigen Dokumentationen, Beziehungen zwischen CIs und den zugeordneten Changes oder den Beziehungen zwischen CIs und den entsprechenden Incidents, Problemen und bekannten Fehlern (Known Errors) mit Workaround. Dabei sollte der zukünftige Größenzuwachs beachtet werden.

Alle physikalischen Geräte sollten gelabelt, d.h. mit einem Etikett mit eindeutiger Kennzeichnung (z.B. Barcode) versehen werden. Eine Richtlinie, in der z.B. festgelegt ist, an welcher Stelle bei welchen Geräten das Label angebracht wird, unterstützt den Vorgang und hilft bei der Akzeptanz.

Eigenschaften und Attribute

Abgesehen von der Einteilung in CI-Ebenen, den Beziehungen und der Namensgebung spielen auch die Eigenschaften für die Inhalte der CI-Records eine Rolle. Mit Hilfe der Eigenschaften werden Informationen gespeichert, die für das betreffende CI und die Services relevant sind.

Mögliche Attribute sind:

◆ CI-Name oder -Nummer als eindeutige Identifizierungsmöglichkeit

◆ Kategorie und Typ

◆ Hersteller, Modell- und Typ-Nummer (Hardware)

◆ Seriennummer (Hardware), Maintainance-Vertrag und Ablauf der Garantie

◆ Quelle / Lieferant und Lieferdatum

◆ Versionsnummer und Lizenznummer

◆ Standort

◆ Besitzer des CIs als Ansprechpartner und Hauptverantwortlicher und Datum der Übernahme

◆ Datum der Testabnahme

◆ Aktueller Status (z.B. Test, in Änderung, installiert, betriebsbereit, in Betrieb, Archiv) und geplanter Status (nächster Status und Datum / Ereignis, an dem sich Status ändert)

◆ Über- und untergeordnete CIs, Beziehungen zu gleichgestellten CIs

◆ Dazugehörige Dokumente

◆ ID-Nummern aller Incidents, Probleme, bekannten Fehler (Known Errors), RfCs (z.B. Change-ID), historischen Daten

◆ Geschäftseinheiten und Verfahren

◆ SLAs

◆ Notfallpläne

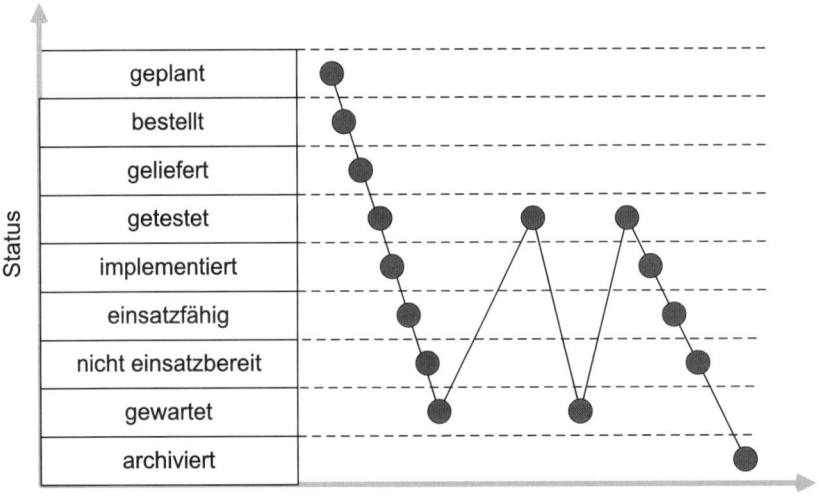

Abbildung 11.15: Beispielhafte Status eines CIs

Die Lebensdauer einer Komponente lässt sich in verschiedene Zustände untergliedern, und jedem Zustand kann ein Statuscode zugewiesen werden (siehe *Abbildung 11.15*). Diese Informationen werden von den Interessen bestimmt, die eine Organisation im Hinblick auf die zu erfassenden Eigenschaften der IT-Infrastruktur geäußert hat. Wenn die Kalenderdaten einer jeden Statusänderung registriert werden, kann sich ein klares Bild über die Lebensdauer eines Produkts ergeben: die Bestelldaten, die Installationsdaten und der Aufwand an Wartung und Support.

Der Status einer Komponente kann auch dafür ausschlaggebend sein, was mit dem jeweiligen CI geschehen darf. Wird zum Beispiel ein Status für Reserven gepflegt (nicht operativ), so dürfen diese Geräte nicht ohne Rücksprache eingesetzt werden (z.B. weil sie Bestandteil eines Continuity-Plans sind). Statusänderungen eines CI können mit einer genehmigten wie auch nicht genehmigten Änderung (Change) oder mit einer Störung in Zusammenhang stehen (siehe *Abbildung 11.16*).

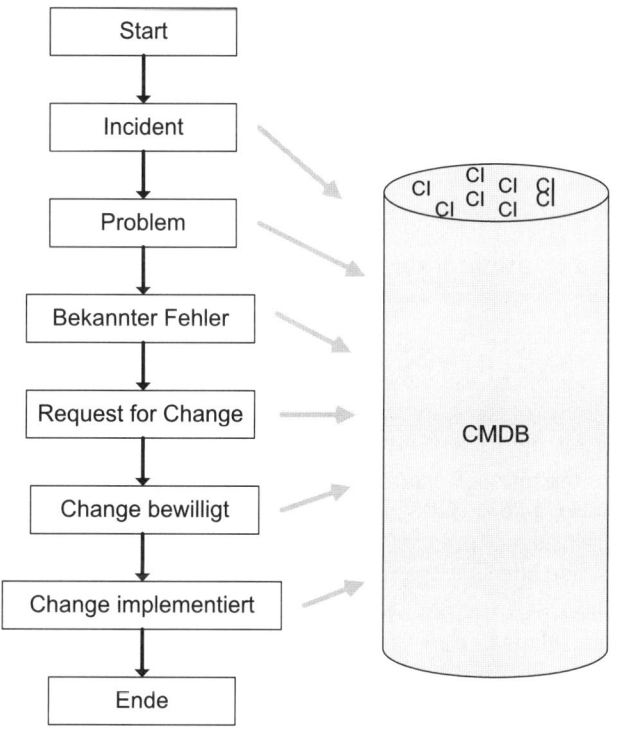

Abbildung 11.16:
Mögliche Auslöser für Statusänderungen

Konfigurationsdokumentation

Zahlreiche Eigenschaften eines CI werden über unterschiedliche Dokumentationen beschrieben, die auf Templates basieren und wiederverwendbar sind, wie z.B. Service-Definitonen, Anforderungen etc. Ähnlich wie bei der Darstellung von Verantwortlichkeiten beim Informations- und Kommunikationsfluss, beispielsweise über ein RACI-Modell, kann in diesem Fall die Verantwortlichkeit für die Dokumente über eine solche Matrix dargestellt werden.

Aufgaben im Rahmen der Kontrolle und Verifizierung der CI-Daten bestehen darin, die Dokumentation der einzelnen CIs sicherzustellen und sie auf ihre Zulassung zu überprüfen. Das Configuration Management unterhält zu diesem Zweck enge Kontakte zu den Dienstleistern, dem Incident Management, dem Problem Management und dem Change Management.

Wenn innerhalb der IT-Infrastruktur vom Change Management koordinierte Änderungen durchgeführt werden, ist es Aufgabe des Configuration Managements, die diesbezüglichen Informationen zu verarbeiten. Auch wenn andere Prozesse Veränderungen an den CIs anstoßen, behält das Configuration Management die „Herrschaft" über die CMDB/das CMS (häufige Prüfungsfrage!). In der Regel gehört in der Praxis die Erfassung von RfCs in den Zuständigkeitsbereich des Change Managements. Changes stellen die wichtigste Informationsquelle im Hinblick auf Veränderungen innerhalb der Infrastruktur und somit für die Pflege der CMDB dar. Das Configuration Management stellt also Anforderungen an den Reifegrad anderer Prozesse in der Organisation; in diesem Zusammenhang sind insbesondere das Change Management, der Betrieb sowie der Einkauf zu nennen.

Im Rahmen von Audits lässt sich überprüfen, ob die Daten noch mit der aktuellen Situation übereinstimmen. Audit-Tools können zum Beispiel automatisch die Arbeitsplatz-PCs durchforsten und die aktuelle Situation und den Status dieser IT-Infrastruktur melden. Diese Daten können dann für die Kontrolle und die Aktualisierung des Repositorys verwendet werden.

Rollen im Service Asset und Configuration Management und Change Management

Typische Rollen, die in diesen beiden Prozessen anzufinden sind:

◆ Service Asset Manager ist beispielsweise verantwortlich für die Umfangsdefinition des Asset Management-Prozesses, Personalbeschaffung für den Prozess, Verwaltung des Asset Management-Plans und Unterstützung der Audits

◆ Configuration Manager unterstützt z.B. die Ziele des Prozesses, kümmert sich um die Personalbeschaffung, bildet die Schnittstelle zum Change Management, stellt eine Bewusstseinskampagne zur Unterstützung des Configuration Managements auf und initiiert die Finanzierung für den Prozess

◆ Configuration Analyst unterstützt beispielsweise die Erstellung der Asset und Configuration Management-Pläne und deren Implementierung, kümmert sich um die Identifizierungsstandards für die CIs, führt Audits durch, nimmt Baselines an, pflegt Projektstatusinformationen und stellt die Umsetzung der Changes im CMS sicher

◆ Configuration Administrator/Librarian ist der Hüter aller Master-Kopien an Software, Hardware, Assets und Dokumentationen. Er steuert Erhalt, Identifizierung, Ablage aller unterstützten CIs und stellt Statusinformationen bereit.

◆ CMS/Tool Administrator evaluiert Asset und Configuration Management-Tools, spricht Empfehlungen aus und passt direkt oder indirekt die verwendeten Tools an, überwacht die Performance und stellt die Integrität des CMS sicher.

◆ Configuration Control Board ist notwendig, um die allumfassende Intention und die Richtlinien des Configuration Managements über den Service-Lifecycle hinweg sicherzustellen.

◆ Change Manager erhält, protokolliert und vergibt Prioritäten aller einlaufenden Request for Change (RfC) und weist auch die RfCs zurück, die nicht akzeptabel sind. Er legt die RfCs dem Change Advisory Board (CAB) vor, bereitet die Agenda für die CAB-Meetings vor, lädt dazu ein und hält den Vorsitz. Er ruft auch die Emergency-CABs ein und kommuniziert zum Thema Changes und Change-Planung mit allen relevanten Parteien, so z.B. auch mit dem Service Desk, um die Zeitplanung zu kommunizieren.

◆ Change Advisory Board (CAB): beratende Instanz, die den Change Manager bei der Bewertung, Festlegung von Prioritäten und zeitlichen Planung in Bezug auf Changes unterstützt. Dieses Gremium setzt sich in der Regel aus Vertretern aller Bereiche des IT Service Providers, dem Business und den Drittparteien wie z.B. Suppliern zusammen.

11.2.4 Aktivitäten des Service Asset und Configuration Managements

Ziel des Configuration Managements ist es, ein logisches Modell der IT-Infrastruktur und IT Services zu planen, zu erstellen und zu pflegen. Andere Betriebsprozesse erhalten Informationen über dieses Modell, deren übergeordnete Basis das Configuration Management System (CMS) darstellt. Um ein solches Modell liefern zu können, identifiziert, überwacht und kontrolliert das Configuration Management die vorhandenen CIs und ihre Daten und pflegt diese Informationen. Dies zählt als Pflege und Sicherung eines geprüften Datenbestands über Betriebsmittel und IT Services der Organisation sowie als Beschaffung und Bereitstellung genauer Informationen und Dokumentationen über diese Betriebsmittel und IT Services zur Unterstützung aller anderen Service Management-Prozesse.

Genau auf diesen Zustand zielen die Aktivitäten im Service Asset und Configuration Management ab. Unterschieden werden muss dabei zwischen den Aktivitäten, die notwendig sind, um den Prozess inklusive der Datenbasis, Richtlinien und Rollen erst einmal zu planen und aufzubauen, und den Aktivitäten, die dann auf den bestehenden Prozess aufsetzen. Wichtig ist die Organisation des Prozesses vor allem bei der Einführung sowie der Verarbeitung und der Implementierung von neuen Informationserfordernissen.

1. Management und Planung: Bei der Planung geht es um die Festlegung von Strategie, Grundsätzen (Policies) und Zielsetzungen für den Prozess, Analyse der bereits vorhandenen Informationen, Auswahl der Werkzeuge und Ressourcen, Einrichtung von Schnittstellen mit anderen Prozessen, Projekten, Dienstleistern usw.

   Es gibt kein Patentrezept und keine pauschalisierte Empfehlung für den Ansatz des Service Asset und Configuration Managements. Das Management und das Service Asset und Configuration Management müssen entscheiden, welchen Bedürfnis-Level sie durch den Prozess abdecken müssen. Diese Entscheidung wird im Configuration Management-Plan festgehalten. Er definiert die spezifischen Aktivitäten im Configuration Management.

2. Konfiguration-Identifikation: Während der Identifizierung geht es vor allem darum, eine Entscheidung bezüglich der Konfigurationsstrukturen und die Auswahl der CIs zu treffen. Daneben müssen die CI-Klassen und -Typen inklusive der passenden Attribute festgelegt werden. Die Aktivitäten umfassen die Erstellung eines Datenmodells zur Erfassung der IT Services und Komponenten innerhalb der IT-Infrastruktur, deren Beziehungen untereinander, Informationen über Rollen und Verantwortlichkeiten sowie die verfügbaren Dokumentationen. Ein Ansatz für die Identifikation, Namenskonventionen und das Labelling der CIs muss ebenfalls definiert werden. Zu den jeweiligen CIs gehört auch die Dokumentation mit den entsprechenden Verantwortlichkeiten.

Bei der Einteilung in Ebenen wird eine Hierarchie von Komponenten und Bestandteilen erstellt. Die Beziehungen zwischen den CIs bilden sich heraus. Das Configuration Management geht mit der Darstellung der CI-Beziehungen über das hinaus, was ein Asset-Verzeichnis aufnimmt. Es werden die Parent CIs sowie die Zahl der Ebenen für die CIs festgelegt (siehe *Abbildung 11.17*). Auch die unterste Ebene muss kontrollierbar und pflegbar sein. Jedes CI muss unabhängig implementiert, ausgetauscht oder verändert werden können. Die Beziehung zwischen den CIs kann eine 1:1-Relation, eine 1:N-Relation oder eine M:N-Relation („Many to Many") abbilden.

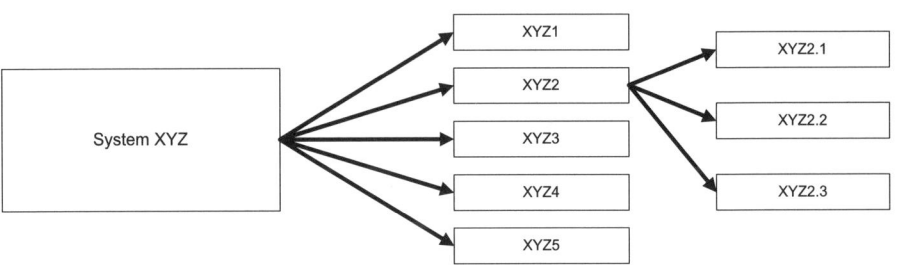

Abbildung 11.17: Parent-Child-Beziehungen

Werden Portfolios unter die Steuerung des CMS gestellt, entsteht durch die Kombination von Service-Portfolios und Kunden-Portfolios das Vertragsportfolio (Contract Portfolio). Jeder Eintrag im Vertragsportfolio ist mit mindestens einem Eintrag im Service-Portfolio und im Kunden-Portfolio verknüpft.

Nachdem die unterschiedlichen Arten von Klassen, Beziehungen und Typen der CIs definiert wurden, geht es bei dieser Aktivität auch um die Frage, wie die Baselines der Configuration Items, beispielsweise die Service Lifecycle Baselines, realisiert werden und gegebenenfalls verändert werden. Diese Realisierung von Verfahren für die Integration neuer CIs und für Veränderungen an den CIs stellen letztendlich die jeweils aktuelle abgenommene Konfiguration dar.

Unterschiedliche Baselines der unterschiedlichen Phasen im Leben eines abgenommenen Elements können zu entsprechender Zeit existieren, beispielsweise eine Baseline des Applikations-Release als finale Version nach Abschluss der Entwicklungsarbeiten, eine andere Baseline bezieht sich auf das Applikations-Release nach Abschluss der Tests kurz vor dem Rollout in die Produktivumgebung und die heute aktuelle Version des Release in der Version 7.0.2. Durch die Konsolidierung der unterschiedlichen Baselines in den jeweiligen abgenommenen Entwicklungsstatus entsteht ein umfassendes Bild der Applikation oder des Service. Diese Darstellung stellt eine Referenz für zahlreiche Ansatzpunkte dar, die die effiziente und effektive Service-Erbringung unterstützen. Baselines werden nach ihrer Abnahme und Freigabe in das CMS überstellt und ihre Anpassungen über Changes gesteuert.

Eine Release-Einheit beschreibt den Bestandteil eines Service oder der IT-Infrastruktur, der normalerweise zusammen und entsprechend der Release-Richtlinie ausgebracht wird. Die Art des Release kann variieren, je nach Typ(en) oder Objekt(en) der Software oder Hardware. Release-Informationen werden im CMS gehalten und unterstützen den Release- und Deploymentprozess. Die Release-

Identifikation beinhaltet als Platzhalter einen Verweis auf das CI und eine Versionsnummer, die aus mehreren Teilen bestehen kann.

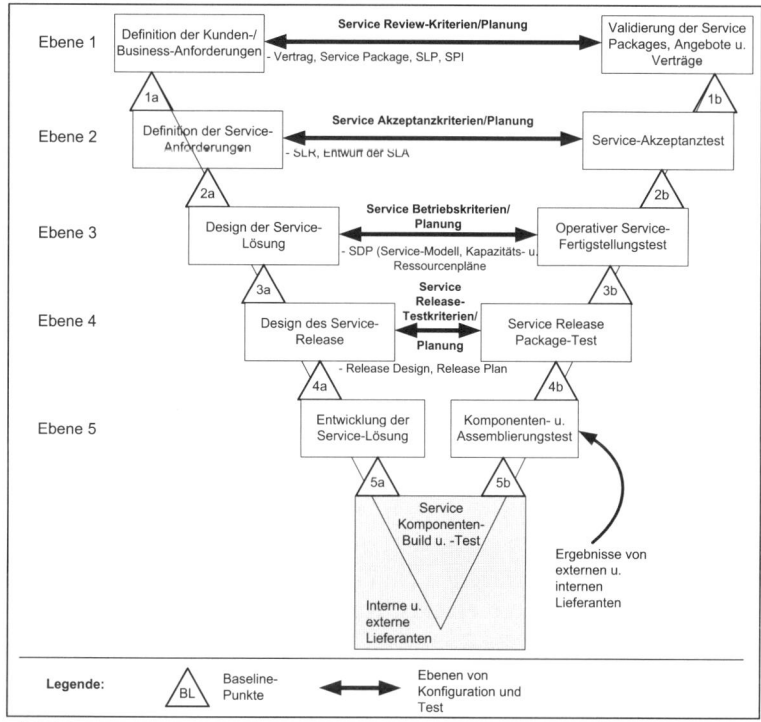

Abbildung 11.18: Verwendung eines V-Modells (nach ITIL®-Material, Wiedergabe lizenziert von OGC)

3. Die Steuerung (Control) stellt sicher, dass adäquate Störungsmechanismen in Bezug auf die CIs existieren, auch in Bezug auf Änderungen, Versionen, Ablage und dem Besitztum. Sie sorgen dafür, dass die CIs stets auf dem neuesten Stand sind, indem lediglich zugelassene (autorisierte) und identifizierte CIs akzeptiert und registriert werden. Die Konfigurationssteuerung kümmert sich außerdem darum, dass kein CI hinzugefügt, angepasst, ersetzt oder entfernt wird, ohne dass diesbezüglich die entsprechende Dokumentation, zum Beispiel in Form eines genehmigten Request for Change (RfC) oder einer angepassten Spezifikation, vorliegt. Alle Veränderungen dürfen nur über das Change Mangement laufen. Voraussetzung ist hier allerdings eine saubere Prozessdefinition und eine entsprechende Rollenverteilung.

4. Statusüberwachung und Reporting: Die Statusüberwachung beschäftigt sich mit der Speicherung aktueller und historischer Daten über den Status eines CI im Laufe seines Lebenszyklus. Jedes Asset und jedes CI kann einen oder mehrere diskrete Status im Laufe seines Lebens einnehmen. Der Status wird in einem entsprechenden Statuseintrag (Record) festgehalten. Die Aussagekraft jedes Status sollte beschrieben werden und auch die Möglichkeiten, wie und von welchem Status aus in welchen anderen Status ein Wechsel vollzogen werden kann. Eine einfache Abfolge ist in *Abbildung 11.19* dargestellt.

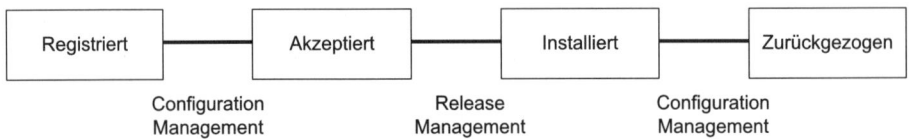

Abbildung 11.19: Asset- und Konfigurationsstation

Die Statusüberwachung ermöglicht die Verfolgung von Statusänderungen, z.B. von der „Entwicklung" über „Test", „Lager", „im Einsatz" und „ausgemustert". Über den gesamten Lebenszyklus eines Service hinweg sollten die Statusüberwachung und -berichte angewandt werden, um ein effizientes Configuration Management zu unterstützen.

Status-Reporting stellt die historischen und aktuellen Daten der CIs und Assets bereit und kann sich auf ein einzelnes CI, einen kompletten Service oder das gesamte Service-Portfolio beziehen. Berichte beinhalten beispielsweise eine Liste der Configuration Items und ihre Konfigurations-Baseline, Details zur Change-Historie, Revisionsstand, aufgespürte unautorisierte CIs oder Abweichungen des CMS zum Audit.

5. Verifizierung und Audit: Die Verifizierung der Daten im CMS erfolgt mit Hilfe von Audits der IT-Infrastruktur und IT Services. Dabei wird geprüft, ob die erfassten CIs (noch) existieren, ob die eingetragenen Daten korrekt sind und ob die Release- und Konfigurationsdokumentationen existieren, bevor ein Release zusammengestellt wird.

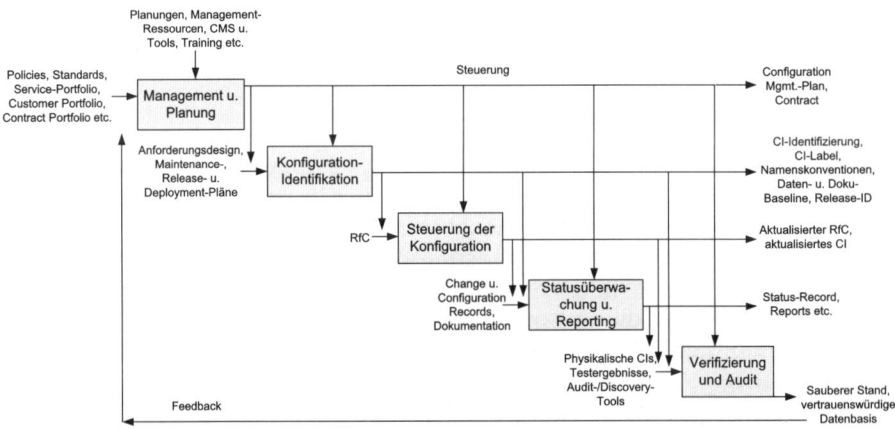

Abbildung 11.20: Aktivitäten im Service Asset u. Configuration Management (nach ITIL®-Material, Wiedergabe lizenziert von OGC)

Bevor ein Major Release, ein Audit einer spezifischen Konfiguration oder ein Change umgesetzt wird, sollte geprüft werden, ob die Umgebung des Kunden überhaupt mit den Daten im CMS übereinstimmt. Bevor neue Releases in die Produktivumgebung überführt werden, empfiehlt es sich, neue Releases, Builds, Ausstattung und Standards gegen die vereinbarte oder spezifizierte Anforderung zu prüfen. Diese Überprüfung sollte nicht nur vor größeren Changes oder

Release-Wechseln, nach der Implementierung der CMDB, des CMS oder deren Wiederherstellung oder bei Verdacht auf unautorisierte CIs, sondern stichprobenhaft und regelmäßig erfolgen. Entsprechende Planungsaktivitäten unterstützen ein solches Vorhaben.

Konfigurations-Audits prüfen darüber hinaus, ob Change und Release-Einträge korrekt durch das Change Management freigegeben wurden und dass die implementierten Changes entsprechend der Freigabeinformationen umgesetzt wurden. Diese Audits sollten kurz nach Veränderungen der CMS, vor und nach Changes von IT Services oder der Infrastruktur durchgeführt werden. Dies sollte umgesetzt werden, bevor ein Release ausgerollt wird, um sicherzustellen, dass die Umgebung so aussieht wie erwartet, nach einer Wiederherstellung, geplant und ungeplant oder als Reaktion auf das Auffinden nicht genehmigter Changes. Werden zu viele unautorisierte CIs gefunden, muss die Prüfhäufigkeit erhöht werden.

Leistungsindikatoren

Da sich der Prozess in die Subprozesse Asset Management (Dokumentation und Steuerung der Anlagewerte des Unternehmens und Berichtswesen) und Configuration Management (Bereitstellung eines logischen Abbilds des IT Service und der IT-Infrastruktur inklusive der entsprechenden Beziehungen) gliedert, sind auch die Key Performance-Indikatoren auf die jeweiligen Subprozesse verteilt, beispielsweise:

◆ Anzahl der Service Assets und der Configuration Items (CI), die im CMS abgelegt sind

◆ Abweichungen zwischen den Daten im CMS und den Informationen aus einer Ist-Erfassung (tatsächliche Bestandsinformationen). Diese zeigen die fehlerhaften Informationen.

◆ Anzahl der erworbenen, aber nicht genutzten Software-Lizenzen

◆ Anzahl der Software-Installationen, ohne durch Software-Lizenzen abgedeckt zu sein

◆ Anzahl der fehlerhaften Changes, die auf fehlerhafte CI- und Service-Angaben zurückzuführen sind

Service Transition

11.2.5 Schnittstellen des Service Asset und Configuration Managements

Das CMS aus dem Configuration Management wird als eine der Hauptinformationsquellen angesehen. Hieraus entnehmen andere Prozesse ihre Daten und Angaben zur IT-Infrastruktur und den IT Services, so dass das Service Asset und Configuration Management eigentlich mit jedem anderen Prozess in Beziehung steht.

Das Incident Management nutzt die CMS, um Informationen zu IT-Komponenten aus der Infrastruktur zu gewinnen und als Arbeitsgrundlage mit den Incidents zu nutzen. Im Rahmen der Störungserfassung und -klassifizierung nutzt das Incident Management die dokumentierten Zusammenhänge der CIs vor allem zur Störungsdiagnose. Mithilfe dieser Daten kann das Incident Management erfahren, wo sich das CI befindet, wer es administriert, ob ein Problem oder ein bekannter Fehler mit einem Workaround dafür bekannt ist und für welchen Kunden es mit welchem IT Service und welchem SLA verbunden ist. Im CMS finden sich die entsprechenden Verknüpfungen zu Incident und Problem Records.

Das Problem Management ist darüber hinaus an weiter gehenden technischen Details aus dem CMS bzw. einer CMDB interessiert. Es muss in der Lage sein, die Infrastruktur zu überblicken, um die CIs im Bedarfsfall in Zusammenhang bringen zu können. Nur so ist es in der Lage, Probleme und bekannte Fehler mit den CIs zu verknüpfen.

Das Change Management muss die Auswirkungen von durchzuführenden Änderungen einschätzen können, um sie folgerichtig autorisieren zu können. Eine Änderung muss für die Impact-Analyse in Beziehung zu den betroffenen CIs gesetzt werden. Alle über das Change Management durchgeführten Änderungen müssen dokumentiert werden. So werden Informationen zu den Komponenten konsistent gehalten. Wird der Bestandteil eines Service verändert, so muss der Zustand des entsprechenden CIs dokumentiert werden, beispielsweise über den Status „nicht produktiv" oder „in Wartung", bevor dieser nach Abschluss der Arbeiten auf „aktiv" oder „in Produktion" gesetzt werden darf. Das Change Management kann als einer der Haupt-Inputgeber für Änderungen am CMS bezeichnet werden.

Das Release Management stellt Informationen zur Planung von Releases und Versionen zur Verfügung. Dies bezieht sich beispielsweise auf die Termine für geplante Release-Umsetzungen, wie etwa Major Releases und Minor Releases. Im Vorfeld fragt das Release Management Informationen über Software-CIs ab, um Daten zu Status, Standort, Quellcode und anderen Details zu erhalten, die in die eigenen Aktivitäten einfließen. Nach der Durchführung einer Änderung gibt das Release Management eine Rückmeldung über die abgeschlossene Aktion.

Das Service Level Management benötigt Informationen über die Eigenschaften der IT Services sowie über den Zusammenhang zwischen IT Services und der zu Grunde liegenden Infrastruktur (siehe *Abbildung 11.21*). Daten aus dem Service Level Management wie beispielsweise der Service-Katalog werden als CI im CMS abgelegt. So nutzt das Service Level Management das CMS als Informationsquelle und Informationsablage.

Das Financial Management verwendet ebenfalls Informationen aus dem CMS, um diese als Input für den eigenen Prozess zu nutzen. Dies bezieht sich auf die Nutzung von IT Services, z.B. auf die Angabe, wer eine bestimmte Anwendung benutzt, wer welche Datenbanken bestellt hat, welche Mitarbeiter bestimmte Ressourcenkontingente überschreiten. Die Kosten können so pro Service bzw. Kunde ermittelt werden. Service-Leistungen werden auf Kunden auf Basis von SLAs und Service-Nutzung umgelegt. Zudem werden im Rahmen dieses Prozesses die Betriebsmittel und die Investitionen überwacht.

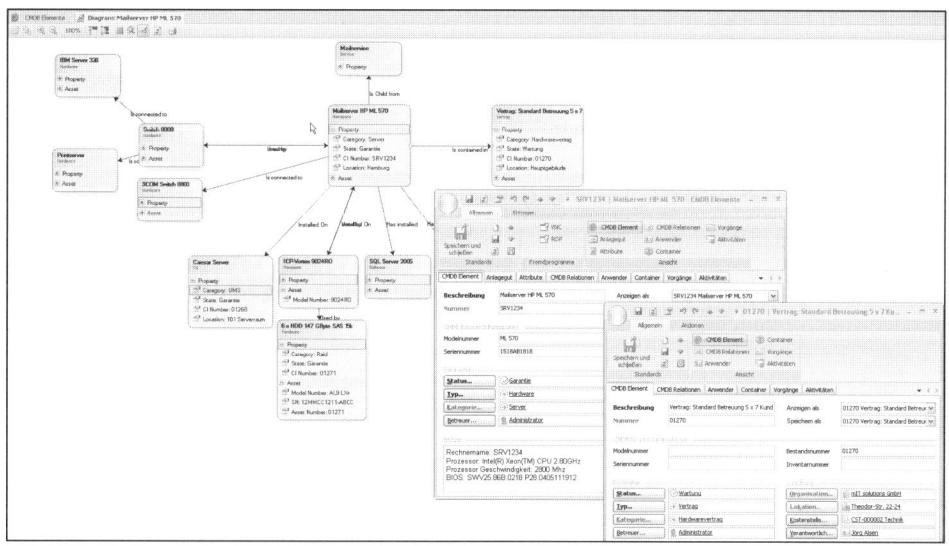

Abbildung 11.21: Beispielhafter CMDB-Inhalt (Produkt: EcholoN CMDB)

Das Availability Management soll die in den SLAs geforderte und vereinbarte Verfügbarkeit der Services sicherstellen, indem vorhersehbare Ausfälle reduziert bzw. vermieden werden. Dies bezieht sich auf die in der Infrastruktur verteilten Assets, CIs und ihre Beziehungen zueinander. So nutzt das Availability Management das CMS als Basis für die Analyse und Messung der Verfügbarkeit zu definierender CIs. Dabei geht es auch um die Frage, welche CIs einen Beitrag zu bestimmten IT Services liefern. Anschließend werden Schwachstellen ermittelt, die als Analyseergebnisse in Verbesserungspläne einfließen (Component Failure Impact Analysis, CFIA).

Das Continuity Management für IT Services dient der Unterstützung des Business Continuity Managements (BCM), indem sichergestellt wird, dass die definierte IT-Infrastruktur und vereinbarten IT Services nach einer Katastrophe/Systemausfall innerhalb der vereinbarten Zeit kontrolliert wiederhergestellt werden können. Die Daten aus dem CMS dienen auch diesem Prozess als Informationsquelle. Darüber hinaus fungieren die als Baselines abgelegten CI-Daten im Wiederherstellungsfall als definierte und bekannte Basis, auf die zurückgegriffen werden kann. So stehen ausreichend Quellen zur Verfügung, die aber vom Continuity Management laufend überwacht werden müssen. Ändern sich wichtige CIs oder deren Baselines, müssen auch die Pläne des Continuity Managements angepasst und erneut getestet werden.

Das Capacity Management beschäftigt sich mit der Ermittlung der benötigten und kostenmäßig vertretbaren Kapazitäten der aktuellen und zukünftigen IT-Ressourcen, um SLAs zeitgerecht zu erfüllen. Dazu ist es zum einen notwendig, die geschäftlichen Anforderungen zu verstehen, um überhaupt zu wissen, welche Bedürfnisse bestehen und über die IT Services abgedeckt werden müssen. Zum anderen sind Kenntnisse über den angebotenen IT Service, seinen Wertbeitrag für den Kunden, den IT-Betrieb und die Ressourcen notwendig, um zu wissen, welche Komponenten bereits vorhanden sind, in welchem Zustand sie sind und ob diese den Anforderungen genügen. Genau diese Informationen sind über die CIs abrufbar.

11.3   Change Management

Betriebsunterbrechungen und Service-Ausfälle können Auswirkungen unterschiedlicher Reichweite mit sich bringen. Sie betreffen einzelne Anwender, Abteilungsteams oder die gesamte Belegschaft des Unternehmens. Wenn die Workstation eines Anwenders defekt ist und ausgetauscht werden muss, so ist zunächst einmal nur genau dieser eine Mitarbeiter für absehbare Zeit von der Unterbrechung betroffen. Fällt ein Switch aus, so sind all jene Anwender und Services betroffen, die über diese Netzwerk-Komponente angeschlossen sind. Finden Wartungs- und Service-Arbeiten dann statt, wenn Mitarbeiter den Service normalerweise nutzen, ist dies einem Service-Ausfall gleichzusetzen. Damit kommt dem Zeitpunkt bzw. Zeitraum der Wartungsarbeit eine wichtige Rolle zu.

Sollen die Anwender möglichst wenig von den angesetzten Wartungsarbeiten spüren, wird der zuständige IT-Manager anordnen, dass die Aktualisierung beispielsweise am Wochenende oder abends nach 21.00 Uhr stattfinden soll, um die Beeinträchtigungen für die Anwender zu minimieren (Wartungsfenster). Dagegen sollte der Tausch eines fehlerhaften PCs relativ schnell erfolgen können. Doch Wartungsarbeiten und andere Eingriffe in die bestehende IT-Infrastruktur finden nicht nur mit dem Ziel einer Problembeseitigung aus dem Incident Management, Problem Management oder aufgrund von Hardware-Erweiterungen statt. Auch als Folge von Veränderungen der Geschäftsprozesse oder neuen IT Services können Änderungen erforderlich werden. Dies sind dann Reaktionen auf neue Kundenanforderungen und Geschäftsabläufe.

Weitere mögliche Gründe für Änderungen sind Reaktionen auf Kundenbeschwerden, Änderungen in den Geschäftsvorfällen der Kunden, eine veränderte oder neue Gesetzgebung oder die Einführung neuer Produkte bzw. Dienstleistungen. Veränderungen können proaktiver (z.B. Verbesserung von Services) oder reaktiver Natur (z.B. Fehlerbehebung) sein.

> **Die Erfahrung zeigt: Changes führen häufig zu Fehlern**
>
> In der IT gehören auch aufgrund der steigenden Business-Anforderungen und immer kürzeren Produktentwicklungszyklen Änderungen (Changes) zur Tagesordnung. Die Erfahrungen zeigen jedoch gleichzeitig, dass Störungen in der IT-Infrastruktur häufig auf Änderungen, die zuvor umgesetzt wurden, zurückzuführen sind. Die Ursachen sind mangelnde Sorgfalt, unzureichende Kommunikation und Dokumentation, zu knapp bemessene Ressourcen, unzureichende Vorbereitung oder mangelhafte Analyse der Auswirkungen und Finaltests in der Produktionsumgebung.

11.3.1   Ziele und Umfang des Change Managements

Die Vielzahl an Changes, die auftreten, fordert ein effektives und konsistentes Management mit standardisierten Methoden und Vorgehensweisen. Dadurch werden Risiken sowie die Schwere der Change-Auswirkungen und Unterbrechungen minimiert. Gleichzeitig wird durch Planungs- und Testaktivitäten die Chance erhöht, dass direkt beim ersten Versuch eine Änderung erfolgreich umgesetzt werden kann. Dies schafft nicht nur eine höhere Akzeptanz und Zufriedenheit auf Kundenseite, sondern spart auch Zeit und Geld.

Der Ansatz des Change Managements bezieht sich auf die Bewertung der Risiken und der Business-Kontinuität, Change-Auswirkungen, Ressourcenanforderungen, Change-Freigabe und den zu realisierenden maximalen Wertbeitrag für den Kunden. Dieser Ausgangspunkt des Prozesses schafft eine Balance zwischen der Nachfrage des Change und den Auswirkungen.

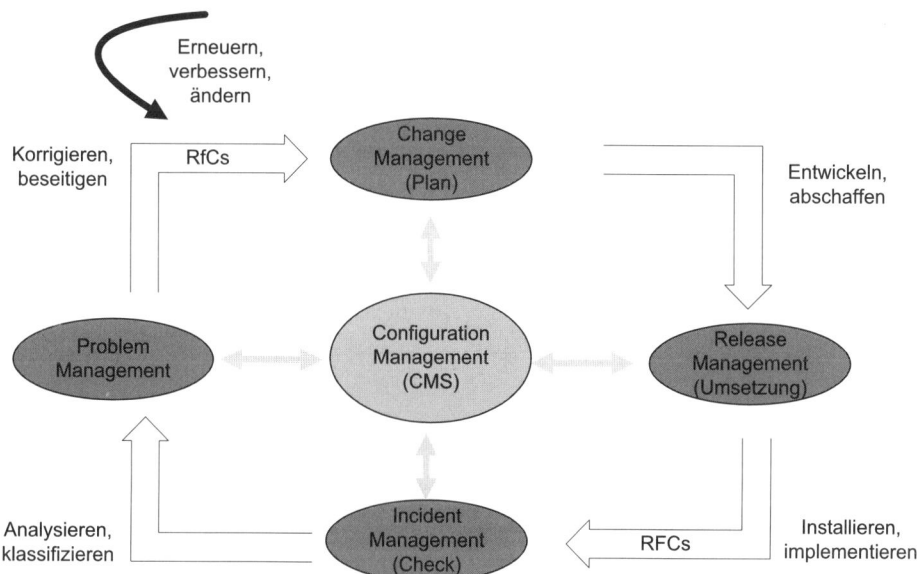

Abbildung 11.22: Dynamisches Change Management

Im Mittelpunkt des Change Managements steht das Bestreben, die Anzahl der Änderungen und die durch Änderungen (Changes) verursachten Störungen auf ein Minimum zu reduzieren. Durch standardisierte Methoden und Prozeduren sollen Changes schnell und kontrolliert durchgeführt werden. Die Überwachung ist allerdings nicht technischer Natur, sondern bezieht sich auf den Prozessablauf.

Die große Zahl von Änderungen und die relativ weit reichenden Folgen, welche selbst einfache Eingriffe in die operationelle Infrastruktur haben können, rechtfertigt ihre systematische und kontrollierte Planung und Steuerung. Daher hat sich das Change Management zum Ziel gesetzt, eine effiziente und kostengünstige Implementierung autorisierter Changes mit minimalem Risiko für bestehende und neue IT-Infrastrukturen zu gewährleisten. Der Nutzen ergibt sich aus geringeren Auswirkungen auf die Qualität der Dienstleistungen und die abgeschlossenen SLAs, bessere Kostenschätzungen von geplanten Änderungen, weniger Backout-Fällen (Rollback) und – wenn nötig – einfacheren und sichereren Backout-Verfahren. Dies schafft bessere Entscheidungsgrundlagen für das Management und eine höhere Produktivität der Benutzer durch größere Verfügbarkeit sowie einen größeren Durchsatz in Bezug auf die Anzahl der Änderungen. Gleichzeitig werden durch das Zusammenspiel von Service Asset und Configuration Management (SACM) und Change Management alle Changes an den Service Assets und den Konfigurationsobjekten im Configuration Management System (CMS) aufgezeichnet. Darüber hinaus soll sichergestellt werden, dass Änderungen der Geschäftsanforderungen durch Änderungen der IT Services und damit auch der IT-Infrastruktur umgesetzt werden.

Diese Reaktion auf die sich ändernden Geschäftsanforderungen bei gleichzeitiger Maximierung von Nutzen und Reduzierung von Incidents, Unterbrechung und Überarbeitung ist ein Ziel des Change Managements. Es ist die Antwort auf Geschäfts- und IT-Anfragen nach Changes, die Services an die Geschäftsanforderungen anlehnen. So soll sichergestellt werden, dass Changes aufgenommen, bewertet, freigegeben, priorisiert, geplant, getestet, implementiert, dokumentiert und überprüft werden.

Darüber hinaus ergibt sich ein Nutzen für das Business, indem das Change Management dazu beisteuert, die Governance, rechtlichen Belange und Regularien einzuhalten. Dabei werden fehlgeschlagene Changes reduziert und eine bessere Abschätzung der Qualität, Zeit und Kosten von Changes ermöglicht. Weiterer Benefit ergibt sich aus der Reduzierung der MTRS (Mean Time To Restore Service) durch einen schnelleren Einsatz von Korrekturen bei Fehlern und die Verbindung mit Business Changes, um Gelegenheiten für Business-Verbesserungen umzusetzen.

Die Beziehung von IT Services und der darunter liegenden IT-Infrastruktur ist so komplex, dass die folgenden Aktivitäten einen beträchtlichen Teil der Zeit in Anspruch nehmen können:

◆ Bewertung der Businessänderungen auf die IT

◆ Analyse der Service- oder IT-Change-Auswirkungen auf das Business

◆ Benachrichtigung der betroffenen Parteien

◆ Aufnahme und Pflege der Change-, Konfigurations-, Release- und Deployment-Einträge

◆ Verwaltung und Lösung der Incidents, die durch einen Change verursacht wurden

◆ Identifizierung der Probleme, die immer wieder zu Changes führen

Durch das Change Management besteht die Chance, den Großteil der potenziellen Risiken zu minimieren, die mit der Umsetzung von Changes einhergehen. Nicht genehmigte Changes, ungeplante Unterbrechungen, eine niedrige Change-Erfolgsrate, eine hohe Anzahl an Emergeny Changes und störungsbedingte Verschiebungen von Projektimplementierungen sind Zeichen für ein schlechtes Change Management.

11.3.2　Begriffe des Change Managements

Der Begriff „Change" steht für das Hinzufügen, Ändern oder Entfernen eines CI. Ein Incident ist kein Change, und nicht jedes Problem führt zu einem Change. Ein Change wird über einen Request for Change (RfC) eingeleitet. Dieser stellt im Grunde genommen einen Antrag auf Durchführung einer Änderung an einem oder mehreren CIs dar. Er ist zentrales Instrument im Change Management. Er ist nicht gleichbedeutend mit einem Service Request aus dem Service Operation-Bereich, was eher dem Bedarf nach einer Passwort-Zurücksetzung oder dem Wunsch nach einer Änderung von Service-Zeiten gleichkommt.

Ein Service Change bezeichnet das Hinzufügen, Ändern oder Entfernen eines geplanten oder unterstützten Service oder einer Service-Komponente und der dazugehörigen Dokumentation.

Das Change Management berücksichtigt im Prozess alle Änderungen zu abgenommenen Service Assets und Configuration Items (Baselines) über den gesamten Service-Lebenszyklus hinweg. Ausgenommen sind Änderungen mit sehr großer Auswirkung (z.B. in Bezug auf die Organisationsstruktur, Richtlinien und dem Geschäftsbetrieb) und kleinere Routine-Änderungen (wie z.B. die Reparatur eines Druckers).

Request for Change (RfC)

Ein RfC stellt den Antrag für bestimmte Veränderungen von CIs dar, der genehmigt werden muss. RfCs werden vornehmlich durch das Problem Management (und durch Projekte) erstellt, in bestimmten Fällen auch durch das Incident Management oder den Kunden. Der RfC kann über ein formales Dokument, einen Anruf (inklusive Dokumentation) beim Service Desk bzw. den Request Fulfillment-Prozess oder über ein Tool erfolgen. Die nachfolgenden Genehmigungsverfahren sind je nach Fall unterschiedlich. Es gibt verschiedene Gründe, weshalb ein RfC beantragt werden kann. Unterschiedliche Konfigurations-Einheiten (CIs) können von solchen Änderungen betroffen sein wie etwa Hardware, Software, Telekommunikation, Technik oder Training/Ausbildung, Verfahren/Planung, SLA, Dokumentation.

Ein RfC sollte die folgenden Informationen enthalten:

◆ Objekt/betroffenes CI, Nummer und ggf. Verweis auf andere Records, Auswirkung, falls Change nicht durchgeführt wird (Benefit)

◆ Daten zum Antragsteller des Change (Name, Organisationseinheit)

◆ Vorgeschlagenes Datum

◆ Priorität, Impact- und Ressourcenbewertung, Risikobewertung

◆ CAB-Empfehlung, Autorisierungsdaten (Person, die den Change bewilligt hat, Datum)

◆ Implementierungs- und Fallback-Plan

◆ Review-Infos

Alle RfCs müssen registriert und mit einer eindeutigen Change-Nummer versehen werden. Die Berechtigung für Erfassung, Genehmigung, Bearbeitung und Abschluss muss festgelegt werden. Die Verbindung zum Problem Management muss ohne großen Aufwand hergestellt werden können.

Wichtig ist ein möglichst gering zu haltender Aufwand an Bürokratie, auch wenn dies in manchen Umgebungen nur schwer umzusetzen scheint (z.B. durch SOX). Es sollten Strukturen für Standard Changes etabliert werden und durch die Freigabe von kleineren Changes durch die Mitarbeiter im Change Management-Prozess.

Das Change Management interagiert mit dem Business und den Lieferanten auf strategischer, taktischer und operativer Ebene. Es bietet ebenfalls eine Schnittstelle mit externen und internen Service Providern, wo gemeinsame Assets (Shared Assets) und Konfigurationsobjekte ansässig sind, die unter die Steuerung des Change Managements gestellt werden müssen.

Das Service Change Management muss neben dem Change Management der Lieferanten mit dem Business Change Management zusammenarbeiten. Das Service-Portfolio stellt alle aktuellen, geplanten und alle nicht mehr aktiven (retired) Services dar. CMS und Service-Portfolio helfen, die potenziellen Auswirkungen eines neuen oder geänderten Service auf andere neue oder veränderte Services abzuschätzen.

Strategische Veränderungen werden über den Bereich Service-Strategie und den Business Relationship Management-Prozess eingebracht. Changes an einem Service fließen über das Service Design, das Continual Service Improvement (CSI) und den Service Level Management-Prozess ein. Korrigierende Changes oder Fehlerlösungen, die bei Services entdeckt werden, werden aus dem Bereich Service Operation initiiert und erreichen das Change Management über den Support oder externen Lieferanten über einen formalen RfC.

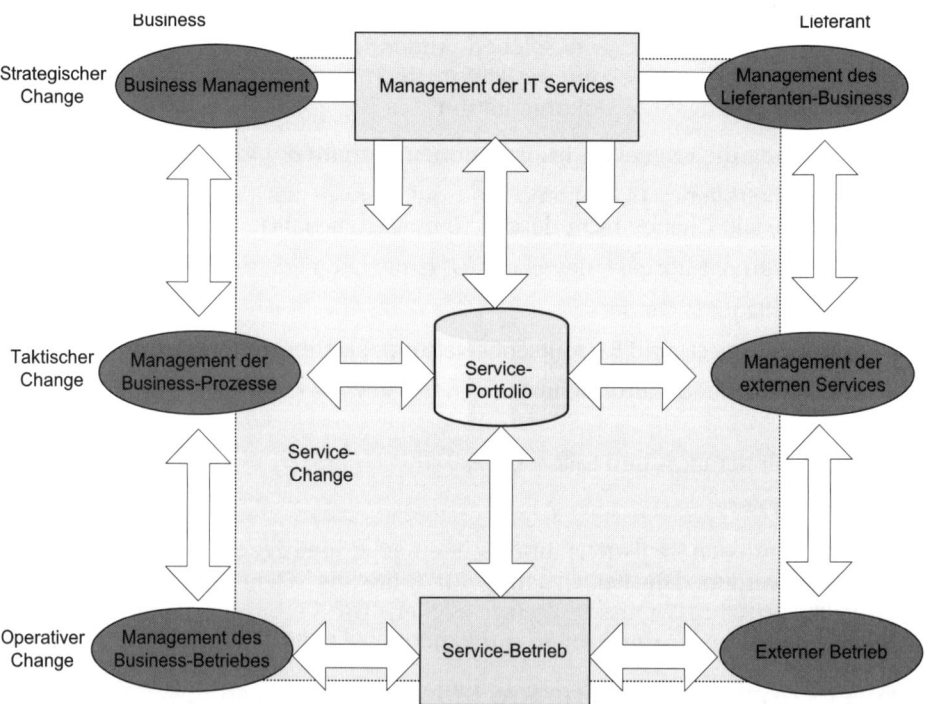

Abbildung 11.23: Umfang des Change Managements

Ähnlich wie in anderen Prozessen auch, müssen Richtlinien für das Change Management erstellt werden, aus denen abzuleiten ist, was zur sauberen Umsetzung der Changes von Stakeholdern, Kunden und der IT selber verlangt wird. Auch vom Management wird Unterstützungsleistung erwartet, um eine entsprechende Kultur zu etablieren, die keine ungenehmigten Changes toleriert (auch nicht für das Management).

Diese Richtlinien unterstützen das Change Management durch

◆ Zusammenführung des (Service) Change Managements mit dem Business, Projekt- und Stakeholder Change Management-Prozessen

◆ Priorisierung von Changes

◆ Aufbau von Verantwortlichkeiten (Responsibility/Accountability) für die Changes im Service Lifecycle

◆ Trennung Aufgabensteuerung

◆ Umsetzung von Berechtigungsmodellen, so dass nur Mitarbeiter Changes umsetzen können, die dazu auch die organisatorische und technische Berechtigung besitzen

◆ Integration mit anderen Service Management-Prozessen

◆ Wartungsfenster

◆ Leistungsindikatoren, Performance- und Risiko-Evaluierung

Change-Arten

◆ Ein normaler Change bezieht sich auf eine Änderung an einem oder mehreren Configuration Items oder einem Service, der formell beantragt und genehmigt werden muss. Dabei wird je nach Größe oder Komplexität das CAB einberufen.

◆ Standard-Changes sind Änderungen mit standardisiertem Arbeitsablauf, dessen Genehmigungsverfahren vorab bereits durchlaufen wurde und vorhanden ist (z.B. da der betreffende Change-Prozess mehrfach durchlaufen wurde).

◆ Ein Emergency Change (Notfall-Change) muss formell genehmigt werden, wobei das Genehmigungsverfahren nach definierten Prozeduren und Autoritätsgraden durchlaufen wird. Dazu kann ein Emergency CAB einberufen werden (je nach Größe, Komplexität und Dringlichkeit). Trotz der Dringlichkeit und Wichtigkeit sollte ein Mindestmaß an Tests erfolgen, was aber nicht immer möglich ist. Die Anzahl der Emergency Changes sollte auf ein Minimum reduziert werden. Die Dokumentation und die zwingend notwendige Überprüfung erfolgt (meistens) erst nach Abschluss des Changes. Zahlreiche Unternehmen verwenden mehrstufige Emergency Changes und damit verbundene Eskalationsabstufungen, die je nach Dringlichkeit und Auswirkung unterschiedliche Kommunikationswege und Reaktionsgeschwindigkeit vorsehen.

11.3.3 Prinzipien des Change Managements

Das Change Management sollte in Zusammenarbeit mit dem Release und Configuration Management geplant werden, um Auswirkungen der Changes auf die aktuellen und geplanten Services abschätzen zu können. Zwischen diesen drei Prozessen sind die Abhängigkeiten und Wechselwirkungen so groß, dass sie zusammen in einer Organisation eingefügt werden sollten.

Die Anforderungen des Change Management-Prozesses sind vielfältig. Sie beziehen sich auf konkrete Anforderungen (z.B. rechtliche Bestimmungen und Standards), Möglichkeiten, ungenehmigte Changes zu verhindern, Identifikation und Klassifizierung (Change-Dokumente, Change-Dokumenttypen, Vorlagen, Angaben zu Auswirkungen, Dringlichkeit und Prioritäten). Die Organisation selber muss einen Teil der Anforderungen durch Rollen und Verantwortlichkeiten stellen. Dazu gehören auch Möglichkeiten für Evaluierung und Test, Berechtigungsstrukturen (Autorisierung, Regeln zur Entscheidungsfindung, Eskalation), das Change Advisory Board (CAB) und das Emergency CAB (ECAB) als Instanz.

Die Verantwortlichkeit für die Durchführung von Änderungen liegt beim Change Manager, der sämtliche Requests for Change (RfCs) oder Änderungsvorschläge filtert, akzeptiert und klassifiziert sowie undurchführbare Changes zurückweist. Die Freigabe der Changes erfolgt je nach Unternehmensgröße, Kategorie und Definition der Changes über die Change Authority. Der Change Manager wählt die Zusammensetzung des CAB und führt den Vorsitz im Change Advisory Board, erstellt die Zeitplanung und führt Change Reviews durch. Die Change Authority wird als eine Person, Rolle oder Gruppe verstanden, die mit der Befugnis ausgestattet ist, Changes freizugeben. In manchen Unternehmen existieren beispielsweise gestaffelte Approvals. So muss während der Hochsaison (höchste Umsätze im Geschäftsjahr) ein zusätzlicher Country Manager zustimmen. Diese Maßnahme soll beispielsweise das Risiko minimieren, dass in kritischen Zeiten unnötige Changes durchgeführt werden. In anderen Unternehmen bedürfen Changes an Produktivsystemen beispielsweise durch so genannte „Frozen Zones" einer expliziten Genehmigung.

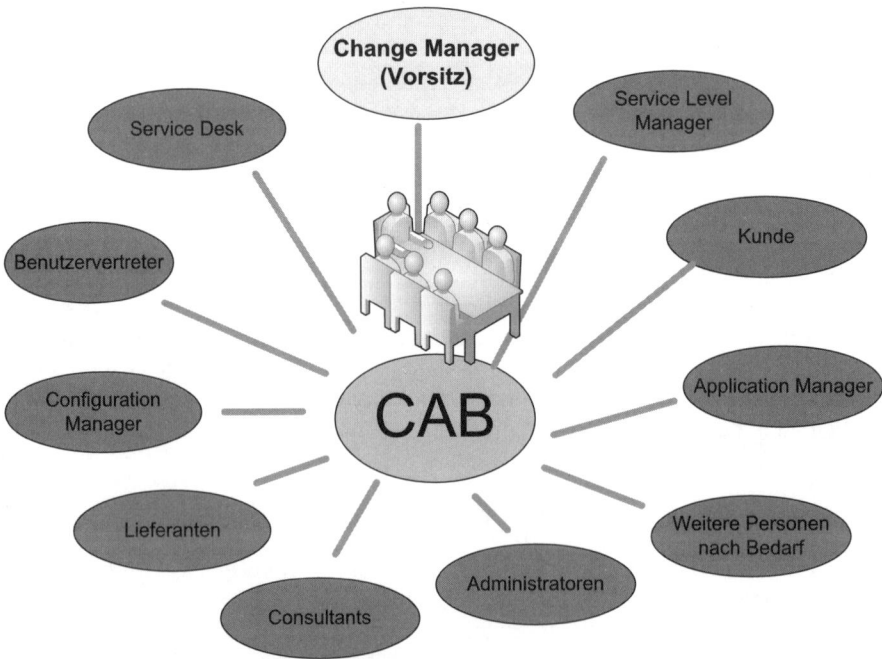

Abbildung 11.24: Change Advisory Board (CAB)

Das Change Advisory Board (CAB, Änderungsbeirat/-gremium) wird zu bestimmten Zeiten einberufen, um Änderungen in Bezug auf technische und geschäftliche Auswirkungen zu beurteilen und zu autorisieren. In der Regel werden dem CAB nur Änderungen vorgelegt, die signifikante Auswirkungen auf die Organisation haben können. Das CAB kann je nach Anforderung unterschiedlich besetzt sein, wobei jedoch stets sichergestellt sein muss, dass die Mitglieder in der Lage sind, die dargestellte Situation aus Sicht der Stakeholder bewerten zu können. Eine beispielhafte Besetzung ist in *Abbildung 11.24* dargestellt.

Neben dem CAB gibt es für dringende Änderungen ein Emergency CAB (Notfall-Committee), um notwendige Entscheidungen zeitnah treffen zu können. Die Teilnehmeranzahl dieser Runde ist kleiner gehalten als im CAB, um schnell zusammengerufen werden und rasche Entscheidungen umsetzen zu können. Das Change Management sollte mit einer Kriterienliste arbeiten, um zum einen zu entscheiden, wer bei welchen Change-Themen im CAB bzw. ECAB vertreten sein sollte. Egal, ob ECAB oder CAB zusammenkommt – Check-, Kriterienlisten und Vorlagen unterstützen die Bewertung der Teilnehmer.

Emergency CAB

Der Kunde sollte über die Implementierung eines Emergency Change und die damit verbundenen Risiken explizit informiert werden. Entschließt sich der Kunde aufgrund dieser Informationen, die Change-Implementierung abzulehnen oder anzunehmen, ist er auch in die Verantwortlichkeit eingebunden.

Jedes Unternehmen muss selber entscheiden, ob CAB-Meetings face-to-face erfolgen oder über elektronische Möglichkeiten wie Web-Conferencing oder Telefonkonferenzen abgewickelt werden.

Ein CAB sollte sich mit den folgenden Themen auseinandersetzen:

- Fehlgeschlagene Changes, nicht genehmigte Changes
- RfCs, die bewertet werden müssen
- Change-Planung (Change Schedule, CS), die voraussichtliche Service-Unterbrechung (Projected Service Outage, PSO) und Aktualisierungen dieser beiden Themen
- Change Management-Prozess
- Ausstehende Changes und aktuelle Changes
- Ankündigung der Changes, die beim nächsten Meeting einem Review unterzogen werden
- Review nicht genehmigter Changes durch das Configuration Management
- Durchgeführte Emergency Changes

Die Mitglieder des CAB sollten vorbereitet im CAB erscheinen, um den Zeitrahmen für das CAB gering zu halten und die veranschlagte Zeit effektiv zu nutzen.

Service Transition

Das CAB tritt lediglich als Ratgeber für das Change Management auf. Letztendlich besitzt der Change Manager eine delegierte Autorität und handelt im Namen des IT-Managements (z.B. IT-Direktor oder der Service-Direktor). Bei schwer wiegenden Änderungen kann es erforderlich sein, vor der Besprechung dieser Änderungen im CAB die Übertragung dieser Autorität durch das IT-Management explizit einzuholen.

Rollen im Change Management

Die auch in *Kapitel 11.2, Service Asset und Configuration Management* erwähnten Rollen des Change Managers und des Change Advisory Boards (CAB)/ ECAB sind im Change Management die beiden wichtigsten organisatorischen Instanzen.

Eine weitere Rolle, Person oder Gruppe im Change Management ist die der **Change Authority**. Diese Gruppe dient der Delegierung von Verantwortlichkeiten in Bezug auf die formale Freigabe von Änderungswünschen (Requests for Change) als Ziel. Hier wird z.B. entschieden, welche Änderungswünsche in Bezug auf die Bewertung von Business-Risiken, finanziellen Auswirkungen oder beispielsweise Umfang eines Change formal umgesetzt werden sollen und welche nicht.

Neben den Teilnehmern im CAB kann es noch eine Reihe weiterer Stakeholder geben, die entsprechend der Kommunikationspläne über die Umsetzung von Changes, die Zeitplanung und die Release-Pläne informiert werden, um ihre eigene davon abhängige Planung vorantreiben zu können. Changes werden üblicherweise in Releases, Builds oder Baselines zusammengefasst, wobei gleichzeitig eine Reihe von RfCs einem Master-RfC zugeordnet werden kann, z.B. wenn eine ganze Reihe von Changes unter dem Thema Stromabschaltung verläuft.

Auch für das Change-Verfahren selber gibt es zahlreiche Anforderungen. Dies bezieht sich auf Richtlinien, Regeln, die Art und Weise, wie ein RfC vom Change-Ersteller vorbereitet wird, wer das Change Tracking übernimmt und wie es ablaufen soll, wie die Bewertung vorgenommen wird (Abhängigkeiten, Auswirkungen, Inkompatibilitäten), die Verifizierung eines Change und das allgemeine Review der Changes, um Trends ausfindig zu machen.

Zwischen dem Change Management und den anderen Service Management-Prozessen muss es Schnittstellen geben, um Auswirkungsanalaysen und Bewertungen (Service Level Management, Capacity Management, Configuration Management) umsetzen zu können und Change-bedingte Incidents zu reduzieren (Incident Management, Problem Management, Release Management).

Change-Prozessmodelle erleichtern die Aufgaben in diesem Prozess. Über ein Prozessmodell werden die nacheinander durchzuführenden Schritte vordefiniert, um den Prozess zu bewältigen. Im Change Management beschreibt das Modell die Schritte, die notwendig sind, um die unterschiedlichen Change-Typen zu handhaben. So werden Emergency Changes beispielsweise anders behandelt als Standard-Changes. Neben den definierten Abläufen finden sich im Change-Prozessmodell auch Beschreibungen zu Rollen und Verantwortlichkeiten, Zeitangabe und Schwellenwerte für die Umsetzung der anstehenden Aufgaben und Eskalationswege (Wer wird kontaktiert und wann?).

Standard-Changes

Ein Standard-Change stellt einen Change an einem Service oder einer Infrastruktur-Komponente dar, der bereits im Vorfeld durch das Change Management freigegeben wurde und zu dem ein freigegebenes und bewährtes Verfahren existiert (Umzug eines PCs, Installation von Standard-Software, neue Anwender im Unternehmen etc. oder kleinere Veränderungen an Applikationen mit geringen Auswirkungen, die in ähnlicher Weise bereits umgesetzt wurden, wie z.B. Virentabellen-Updates). Die Bestätigung für einen solchen Standard-Change erfolgt über die Instanz, die die Befugnis dafür zugewiesen bekommen hat (Delegated Authority). Wichtig für einen solchen Standard-Change sind definierte Trigger zur Initiierung, bekannte, dokumentierte und bewährte Aufgaben, die entsprechende Freigabe(-Instanz), Budgetfreigabe und ein geringes Risiko.

Die Überführung in das Change-Prozessmodell und die Kommunikation unterstützen die Etablierung von Standard-Changes. Alle Changes, auch Standard-Changes, müssen dokumentiert werden, auch wenn die Change Records differenzieren können.

Kein Change darf ohne Betrachtung der Fallback-/Rollback-Pläne freigegeben werden. Treten bei der Implementierung eines RfCs Probleme auf, sollte ein Backout- bzw. Rollback-Plan vorhanden sein, um für den Fall gewappnet zu sein, dass Change nicht den gewünschten Erfolg bringt. Er beschreibt, was im Fall des Misslingens passieren soll, um beispielsweise möglichst schnell wieder zum Ausgangspunkt zurückzugelangen. Ein solcher Plan sollte bereits beim Einstellen eines RfCs vorhanden und erfolgreich geprüft worden sein.

11.3.4 Aufgaben und Aktivitäten des Change Managements

Das Change Management ist verantwortlich für unterschiedliche Aktivitäten in Bezug auf Veränderungen, Anpassungen und Verbesserungen der IT Services und der IT-Infrastruktur (siehe *Abbildung 11.25*). Die Mitarbeiter in diesem Bereich verwalten Changes an allen Assets und CIs der Produktivumgebung und den Change-Prozess an sich. Dies betrifft auch die täglichen Änderungen im IT-Geschäft.

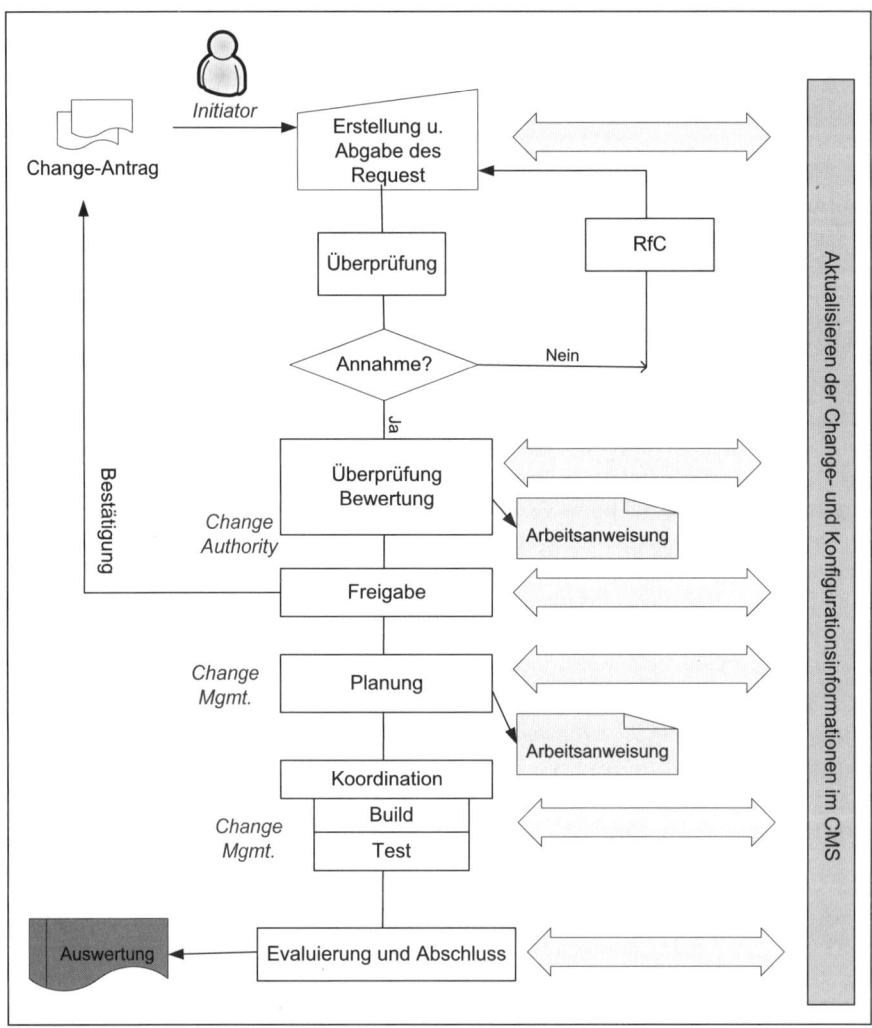

Abbildung 11.25: Möglicher Change-Ablauf

Changes müssen initiiert, erstellt und dokumentiert werden. Dabei geht es auch darum, Auswirkungen, Kosten, Vorteile und Risiken von Changes einzuschätzen und zu bewerten, um sie für die Umsetzung planen und freigeben zu können (siehe *Abbildung 11.26*). Dies geht mit der geschäftsbezogenen Begründung und der Genehmigung von Changes einher. Change-Implementierungen müssen überwacht und abschließende Berichte verfasst werden. Die Change-bezogenen Informationen werden darüber hinaus für das CMS zusammengetragen und aufgezeichnet.

Requests for Change können über den Service Lifecycle oder dessen Schnittstellen an das Change Management herangetragen werden. Dabei kann zwischen strategischen Änderungen (Gesetze, Richtlinien, Anweisungen etc.), Änderungen an einem oder mehreren Services (Changes an geplanten Services im Service-Portfolio oder an aktuellen Services über den Service-Katalog), operativen Changes (initiiert durch Benutzer) und Changes im Sinne einer kontinuierlichen Verbesserung (CSI) unterschieden werden.

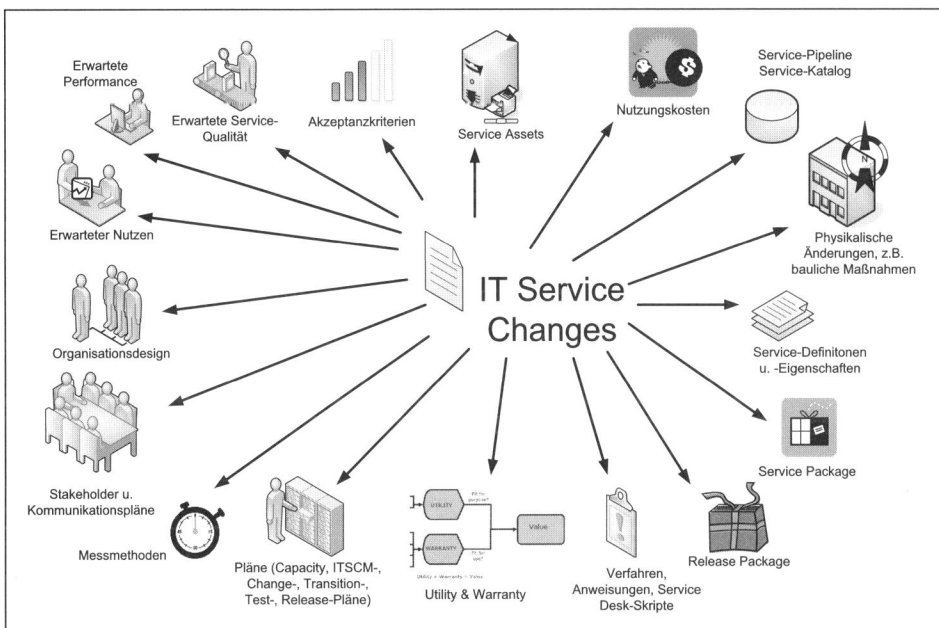

Abbildung 11.26: Changes in Bezug auf einen oder mehrere Services zeigen Wirkung

Service Transition

Folgende Aktivitäten werden bei der Bearbeitung von Änderungen (Normal Change) im Change Management-Prozess ausgeführt:

1. Einreichen und Erfassen/Registrieren: Ein Initiator erstellt einen Request for Change (RfC). Für einen größeren Change mit signifikanten finanziellen oder organisatorischen Auswirkungen wird ein Change-Antrag (Change Proposal) benötigt, der neben einer Beschreibung des Change auch die betriebswirtschaftliche Rechtfertigung für den Change aufnimmt. Anschließend muss das Dokument entweder unterschrieben oder auf elektronischem Wege von einem Verantwortlichen (Business Management, Projekt-Auftraggeber etc.) freigegeben werden.

   Im Verlauf des Change werden weitere Informationen dem Change Record direkt oder indirekt über Verweise auf andere Dokumente hinzugefügt, so dass die gesamte Change-Historie aus dem Eintrag abzulesen ist. Die Art der Informationen ist abhängig vom Change-Typ und der Klassifizierung (Infrastruktur-Change, Software, Update, neue Anwendungen, Architekturveränderungen etc.).

   Alle RfCs müssen erfasst und dokumentiert werden (Logging, Reporting). Wenn eine Änderung für die Lösung eines Problems beantragt wurde, sollte gleichzeitig eine Referenz zum bekannten Fehler hergestellt werden (Problem Record, PR). Die Erfassung von RfC macht gleichzeitig eine Organisation der Informationen notwendig. Diese dokumentierten Daten können aus Elementen bestehen wie etwa Identifikationsnummer, Auslöser/Problem mit eventuellem Verweis, Identifizierung der entsprechenden CIs und deren Beschreibung, Begründung für den Change und die benötigten Ressourcen, Datumsangaben, Auswirkungen auf das IT-System und betroffene IT-Abteilungen. Während jeder der autorisierten Personen einen Change einstellen darf, sind jedoch nur Mitarbeiter aus dem Change Management berechtigt, einen Change zu schließen.

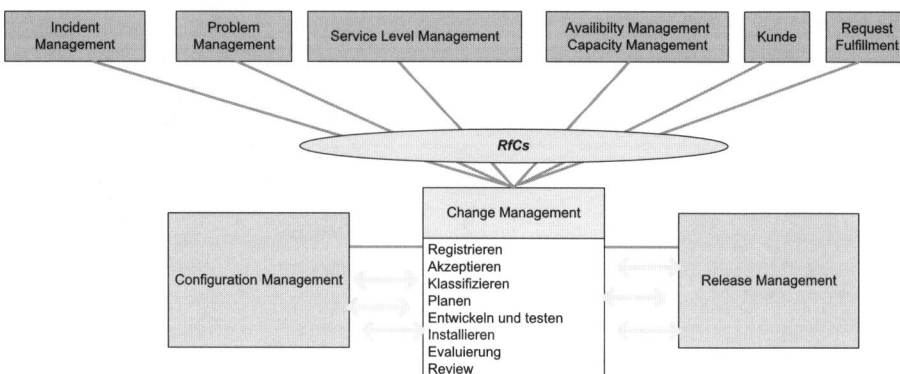

Abbildung 11.27: Requests for Change (RfC) können von jedem Prozess und dem Kunden angestoßen werden, hauptsächlich aber über das Problem Management

2. Review (Filtern und formale Akzeptanz): Nach der Erfassung erfolgt eine Prüfung durch das Change Management, die einer Filterung gleichkommt. Requests können im vereinbarten Dialog auch abgelehnt werden. Hier geht es um die generelle Frage, ob ein Change unlogisch, unnötig oder undurchführbar ist. Es geht auch um die Vollständigkeit der eingereichten Daten: Ist ein Rollback-Plan vorgesehen, sind alle Ansprechpartner und aktiven Mitarbeiter mit Kontaktdaten angegeben, sind alle notwendigen Informationen vorhanden? Zusammen mit der Ablehnung erhält der Change-Initiator eine kurze Begründung für die Ablehnung, was ebenfalls im Change Record dokumentiert wird. Wenn der RfC akzeptiert wurde, werden die Informationen für die Durchführung der Änderung in einen Change-Datensatz aufgenommen.

3. Klassifizieren und Bewerten: Die Einteilung der RfCs erfolgt nach Kategorie und Priorität. Dies beinhaltet das Zuweisen einer Priorität und das Einordnen in eine Kategorie. Die Priorität beschreibt die Wichtigkeit der Änderung und leitet sich von der Dringlichkeit und den Auswirkungen ab. Wenn es sich um die Korrektur eines bekannten Fehlers handelt, wurde die Priorität unter Umständen bereits vom Problem Management übergeben. Der endgültige Code wird jedoch innerhalb des Change Managements unter Berücksichtigung der anderen in Bearbeitung befindlichen RfCs festgelegt.

Die Kategorie wird vom Change Management auf der Grundlage von Auswirkungen und benötigten Ressourcen in Bezug auf die gesamte IT-Umgebung und IT Services bestimmt. Diese aus Priorität und Kategorie zusammengesetzte Klassifizierung legt die weitere Bearbeitung des RfC fest und beschreibt somit die Bedeutung der geplanten Änderung.

Prioritätsabstufungen

Die Priorität gibt den Impact des Problems und die Dringlichkeit einer Abhilfe schaffenden Aktion wieder. Dies sollte auch im RfC festgehalten werden. Je nach Organisation und Selbstverständnis der Thematik können folgende Prioritätabstufungen existieren:

◆ Höchste Priorität (dringend): Ein RfC mit dieser Priorität bezieht sich z.B. auf ein Problem, das für den Kunden im Rahmen der Nutzung wichtiger IT Services erhebliche Schwierigkeiten verursacht. Auch dringend benötigte Anpassungen der IT (z.B. eine Notlösung) werden mit dieser Priorität („Emergency Changes") umgesetzt. An diesem Punkt werden unmittelbare Reaktionen gefordert, da ansonsten erhebliche Auswirkungen auf das Geschäft drohen. Dringliche Änderungsprozesse weichen von der normalen Vorgehensweise ab, weil in diesem Fall die benötigten Ressourcen sofort zur Verfügung gestellt werden müssen. Eine Dringlichkeitssitzung des ECAB oder des IT-Managements kann ebenfalls erforderlich sein. Alle früheren Planungen können Verzögerungen erfahren oder vorerst eingestellt werden.

◆ Hohe Priorität: Diese Priorität beschreibt z.B. eine Änderung aufgrund einer schwer wiegenden Störung oder hängt mit anderen dringenden Aktivitäten zusammen. Dieser Änderung wird heute noch oder bei der nächsten Sitzung des CAB oberste Priorität eingeräumt. Potenzieller Schaden ist möglich.

◆ Normale/mittlere Priorität: Die Änderung hat keine besondere Dringlichkeit oder größere Auswirkung, darf aber nicht auf einen späteren Zeitpunkt verschoben werden. Im CAB erhält diese Änderung bei der Zuteilung von Ressourcen mittlere Priorität. Ein Change mit dieser Priorität behebt lästige Fehler oder fehlende Funktionalität.

◆ Niedrige Priorität: Eine Änderung ist erwünscht, hat jedoch Zeit, bis sich eine geeignete Gelegenheit ergibt (z.B. eine Folgeversion oder eine geplante Wartung). In diesem Fall existiert keine vertragliche oder technische Notwendigkeit für einen Change.

Der Change Request erhält seinen initialen Prioritätsstatus bereits vom Initiator des RfC, den es durch die Mitglieder der Change Authority und der anderen Beteiligten (auch unter Zuhilfenahme einer Risikobewertung) einzuschätzen gilt. Es ist möglich und wird in vielen Service Management-Tools praktiziert, die einzelnen Prioritätsstufen mit Nummern zu beschreiben, z.B. 1-2-3-4 oder 4-3-2-1.

Für die initiale Bewertung des Changes ist vielfach bereits eine Anwendung der Fragemethode entsprechend der sieben Rs ausreichend. Diese Methode basiert auf sieben Fragen, die als eine einfache Checkliste fungieren. Diese Fragen sollten als ein Mindestmaß für jeden Change ausgefüllt/beantwortet werden, da sie die Vollständigkeit der Informationslager sicherstellen (siehe *Abbildung 11.28*). Manche Unternehmen entwickeln darüber hinaus spezifische Assessment-Methoden, die auch die Verantwortlichkeiten definieren.

Service Transition

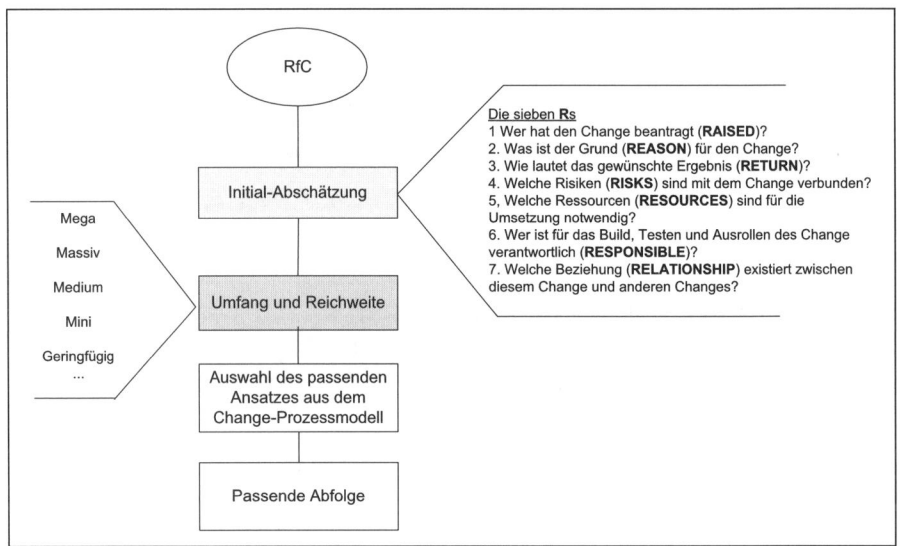

Abbildung 11.28: Change-Einordnung

Die einzelnen Kategorien und die Bewertung der Auswirkungen werden vom
Change Management zugewiesen; falls nötig, in Absprache mit dem CAB,
ECAB, CAB-Mitgliedernoder deren Vertretern, die eine Einschätzung der Aus-
wirkungen der Änderung sowie der Belastung für die Organisation selbst liefern.
Bei der Bewertung der Auswirkungen und des Ressourcenbedarfs für die
Change-Umsetzung beschäftigen sich die entsprechenden Rollen und Personen
mit Fragen in Bezug auf Auswirkungen für die Kunden-Organisation, Nutzen
durch den Change, Einfluss auf die Infrastruktur und die Services, Baselines,
SLA, Kapazität und Performance, Kontinuität und Sicherheit. Aber auch die
Frage, was passiert, wenn der Change gar nicht oder erst später umgesetzt wird,
ist relevant. Die aktuelle allgemeine Change-Planung (Change Schedule, CS)
und die voraussichtliche Service-Unterbrechung (Projected Service Outage,
PSO) haben Einfluss auf die Bewertung und anschließende Planung. Weitere
Aspekte sind Ressourcen für die Durchführung, aber auch für den späteren
Betrieb, falls erforderlich, sowie die Auswirkungen auf Continuity-, Capacity-,
Security-Pläne, Testskripte, Test-/Referenzumgebung und den Service-Betrieb.

Bestandteile aus dem Risiko-Management tragen zu folgender Betrachtung bei:

- Standard-Change: Routine-Changes sind bereits vollständig beschriebene Änderungen, die zwar jedes Mal erfasst und dokumentiert, aber nicht jedes Mal vom
  Change Management beurteilt werden müssen. Diese Changes werden nicht
  dem CAB vorgestellt.

- Geringfügige Folgen: Eine Änderung, die wenig Aufwand erfordert. Der Change
  Manager kann diese Art von Änderungen genehmigen, ohne dass er sie dem CAB
  vorlegen muss.

- Erhebliche Folgen: Änderungen, die einen erheblichen Aufwand erfordern und
  weit reichende Auswirkungen auf die IT Services zur Folge haben. Solche Änderungen werden im CAB besprochen, um den erforderlichen Aufwand zu definie-

ren und das Risiko zu minimieren. Im Vorfeld und zur Vorbereitung der Sitzung wird zunächst die notwendige Dokumentation an die Mitglieder des CAB sowie gegebenenfalls auch an einige IT-Spezialisten und Entwickler verschickt.

- Weit reichende Folgen: Eine Änderung, für die ein großer Aufwand erforderlich ist. Für eine solche Änderung benötigt der Change Manager zunächst die Autorisierung durch das IT Management. Anschließend muss die Änderung dem CAB noch zur Beurteilung und weiteren Planung vorgelegt werden. Es geht um signifikante Auswirkungen auf die IT Services, IT-Infrastruktur und/oder das Business des Kunden.

Auch wenn das Change Management sicherstellen muss, dass Changes bewertet und nach der Freigabe und Klassifizierung entwickelt, getestet, implementiert und überprüft werden – letztendlich verantwortlich für den IT Service und seine Veränderungen bleiben der Service Manager und Service Owner. Sie steuern die verfügbare Finanzierung und sind direkt oder indirekt in den Change-Prozess involviert.

4. Planen: Bevor die letztendliche Freigabe für den Change ansteht, muss noch geklärt werden, ob alle Unklarheiten für die anstehenden Aufgaben und den Zeitpunkt bzw. Zeitraum der Change-Umsetzung ausgeräumt sind und keine Kollisionen mit anderen Prozessen oder anstehenden Arbeiten von anderen Stellen zu erwarten sind. Zahlreiche Changes lassen sich zu einem Release zusammenfassen, um dann zusammengestellt, gemeinsam getestet und ausgerollt zu werden. Auch diesbezüglich sind Wechselwirkungen zu beachten. Die Change Management-Planung sollte sich erst an den Geschäftsanforderungen und dann an den Bedürfnissen der IT orientieren.

Vorab definierte oder in regelmäßigen Abständen geplante Wartungsfenster helfen bei der Planung und erhöhen den Durchsatz der Change- und Release-Umsetzung. Größere Changes müssen mit den fachlichen Ansprechpartnern aus dem Business abgestimmt werden. Das Change Management koordiniert die Verteilung der Changes über einen Änderungskalender, dem so genannten Change Schedule (CS, auch Forward Schedule of Change, FSC). Der SC ist ein Zeitplan für Installationen und Implementierungen. Er enthält Einzelheiten über alle genehmigten Änderungen, deren Planung und die voraussichtliche Service-Unterbrechung (Projected Service Outage, PSO), die mit dem Kunden, Service Level Management, Service Desk und Availability Management abgestimmt werden muss. Bei Bedarf kann der Service Desk die entsprechenden Benutzer informieren und steht als Ansprechpartner bei Rückfragen zur Verfügung.

Fallback-/Rollback-Pläne müssen vorhanden sein, damit der Change überhaupt freigegeben werden kann. Ist dem nicht so, wird der Request for Change (RfC) nicht freigegeben.

5. Genehmigung: Die formale Freigabe für jeden Change erfolgt über die Change Authority in Form einer Rolle, Person oder Gruppe von Personen. Die Abstufungen der Freigabe können von Change zu Change, je nach Typ, Umfang, Kosten und Risiko variieren. Bei großen Änderungen mit schwerwiegenden Auswirkungen und hoher Priorität wird ggf. das höhere Management oder ein globales CAB einberufen. Die Entscheidungsbefugnis ist in der Organisation insgesamt abhängig von der Hierarchie der Change-Autorität.

Service Transition

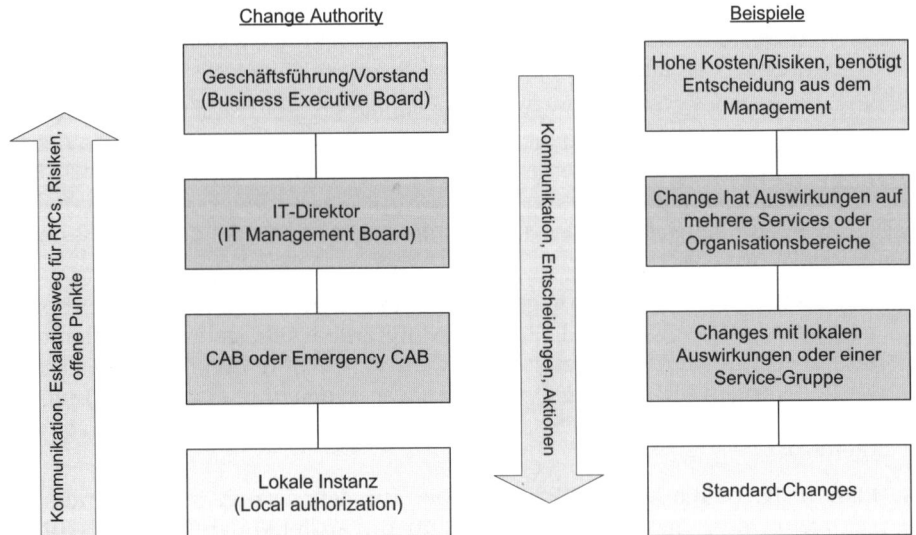

Abbildung 11.29: Beispiel für ein Change Authority-Modell

Die Genehmigung eines Change, das so genannte Change Approval, kann sich auf drei Aspekte beziehen. Die finanzielle Genehmigung beruft sich auf eine Kosten-Nutzen-Analyse und Finanzplanung, während die technische Genehmigung Auswirkungen, Erforderlichkeit und Realisierbarkeit einander gegenüberstellt. Bei der geschäftlichen Genehmigung erfolgt die Freigabe seitens des Kunden bezüglich Nutzen, Funktionalitätsbedarf und Auswirkungen

6. Koordinieren: Freigegebene RfCs werden an die entsprechenden technischen Gruppen für die Zusammenstellung (Build) des Changes weitergeleitet (Release und Deployment Management). Die Erstellung der Tests, Fallback-Pläne und die Implementierung der Änderung werden vom Change Management gesteuert. Das Change Management überwacht, dass die Änderungen wie geplant durchgeführt werden, führt die nachfolgenden Aktivitäten aber nicht selber aus, sondern trägt die Verantwortung.

• Nach der Detailklärung und den Vorbereitungen folgt der Test: Bevor die Änderungen realisiert werden können, müssen sie zunächst getestet werden. Im Rahmen der Erstellung, des Tests und der Implementierung spielt das Release Management eine wichtige Rolle. Tests können in manchen Fällen parallel zur frühen Verwendung des Services (Early Life Usage) durchgeführt werden. Durch frühe Tests (auch fachliche, z.B. durch Piloten oder eine frühe Einbindung der Benutzer) können frühzeitige Korrekturmaßnahmen eingeleitet werden.

• Implementieren/Durchführen: Der Change wird auf Basis der Change-Dokumentationen durchgeführt. Diese Aktivität kann als Kernstück im Change Management neben der Genehmigung durch das CAB angesehen werden. Die Implementierung sollte so geplant sein, dass sie den geringsten Einfluss auf die Anwender und die bereits aktiven Changes hat.

7. Review: Das Change Management überprüft, ob die Änderung erfolgreich durchgeführt wurde (Post Implementation Review, PIR), berichtet darüber (Reporting) und zieht Schlussfolgerungen für künftige Projekte (Lessons Learned, Lerneffekt).

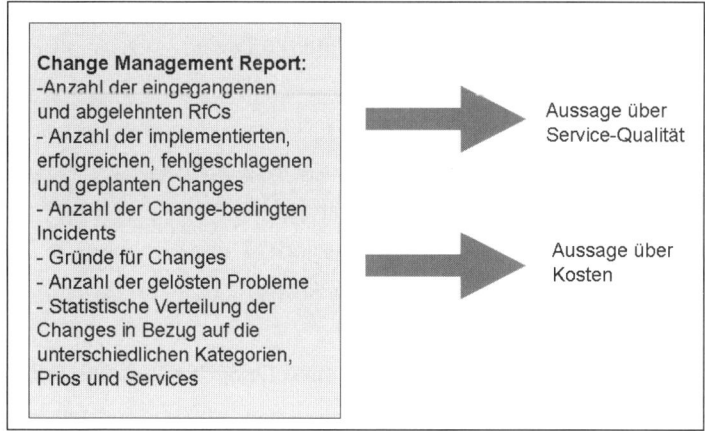

Abbildung 11.30: Change Management-Reports

Durchgeführte Änderungen werden (eventuell mit Ausnahme von Standardänderungen) nach einer gewissen Zeit evaluiert. Danach wird gegebenenfalls in einer Sitzung des CAB oder in Absprache mit den Stakeholdern das Ergebnis besprochen und entschieden, ob ein weiterer Review erforderlich ist. Ein solches Review sollte auch die Incidents betreffen, die möglicherweise durch die Change-Implementierung auftraten.

Nach jedem (größeren) Change ist ein PIR (Post Implementation Review) durchzuführen. Hier sind die Ergebnisse der RfC-Implementierung enthalten. Die Frage ist dabei, ob die Ziele des RfC erreicht wurden und ob es ggf. Seiteneffekte oder gar größere Probleme gegeben hat. Primär geht es darum, ob der Change erfolgreich war und ob er zur Problemlösung oder der gewünschten Veränderung geführt hat. Allerdings wird grundsätzlich zwischen dem Review eines Service Change, dessen Folgen sofort für den Kunden sichtbar sind und beim nächsten Service Level Review-Meeting besprochen werden können, und einem Infrastruktur-Change, der in den meisten Fällen vom Kunden unbemerkt bleibt, unterschieden. Je nach Art der Änderung kann ein Review bereits nach einigen Tagen stattfinden, allerdings kann es auch einige Monate dauern. Hier geht es auch um die Frage, ob der Zeit- und Kostenplan eingehalten wurde, der Implementierungsplan korrekt ist und ob der Ressourcenbedarf der Planung entsprochen hat.

8. Abschließen: Wurde die Änderung erfolgreich durchgeführt, und konnte das Review positiv abgeschlossen werden, kann der RfC bzw. der Change-Datensatz geschlossen werden.

Service Transition

Leistungsindikatoren

Folgende Kennzahlen legen die Effektivität und Effizienz des Change Managements dar:

- ◆ Anzahl der Changes, die die Kundenanforderungen erfüllen
- ◆ Häufigkeit von Changes
- ◆ RoI des Change (= Nutzen / Kosten)
- ◆ Reduktion der Anzahl von Störungen, Fehlern oder Doppelarbeit
- ◆ Reduktion der Anzahl von ungenehmigten Changes
- ◆ Reduktion der Anzahl von ungeplanten Changes oder Notfall-Changes
- ◆ Quote der erfolgreichen Changes (laut Change Review)
- ◆ Reduktion der Anzahl von fehlerhaften Changes
- ◆ Durchschnittliche Zeit, um Changes durchzuführen (je nach Kategorie, Priorität etc.)
- ◆ Anzahl der Incidents, die direkt Changes zuzuschreiben sind
- ◆ Genauigkeit in Kosteneinschätzungen von Changes

11.3.5 Schnittstellen des Change Managements

Kein ITIL®-Prozess steht isoliert, und der Gesamtkontext des IT Service Managements ist stets zu berücksichtigen. So existieren in Bezug auf das Change Management unterschiedliche Schnittstellen zu anderen ITIL®-Prozessen und -Funktionen, aus denen Informationen zum Change Management gelangen oder an die Informationen aus dem Change Management geleitet werden. Dies bezieht sich vor allem auf das Problem Management, Configuration Management und Release Management.

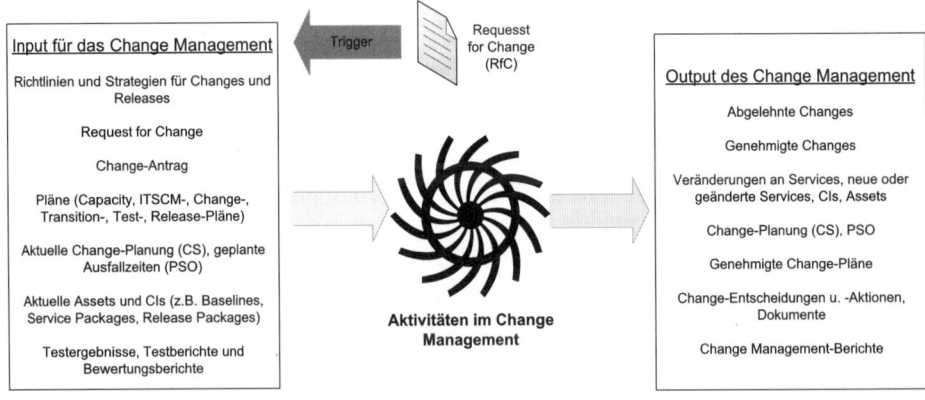

Abbildung 11.31: Trigger, Input und Output für den Prozess

Aus dem Incident Management setzen Incidents und aus dem Request Fulfillment Service Requests das Change Management in Gang. Beschwerden über langsame Netzwerkverbindungen können zu Veränderungen führen, wenn Nachforschungen ergeben, dass Antwortzeiten nicht den vereinbarten SLAs entsprechen. Ein Service Request in Bezug auf PC-Peripherie, wie der Austausch einer Hardware-Komponente (Maus, Tastatur, o.ä.), kann einem Standard-Request for Change gleichkommen, der direkt nach einem Genehmigungsverfahren den nachgelagerten Bestellvorgang auslöst, ohne dass das CAB bemüht wird. Es handelt sich um einen Standard-Change.

Bei der Durchführung von Änderungen können neue Störungen auftreten, die auf eine mangelhafte oder fehlerhafte Implementierung zurückzuführen sind und beim Incident Management aufschlagen. Auch ein unzureichender Informationsfluss im Vorfeld und während der Vorbereitung trägt nicht zur Kundenzufriedenheit bei. Es ist wichtig, dass die zuständigen Personen im Incident Management vom Implementierungszeitpunkt einer Änderung in Kenntnis gesetzt werden, um damit verbundene Störungen rasch aufspüren und beheben oder als Informationsvermittler bei Nachfragen von Anwenderseite fungieren zu können.

Das Problem Management leitet als Ergebnis der Problem-Ursachenforschung die Lösungsimplementierung in Form eines RfCs an das Change Management weiter. Das Problem Management macht Vorschläge zur Problemlösung und gibt diese zur Annahme und Registrierung weiter.

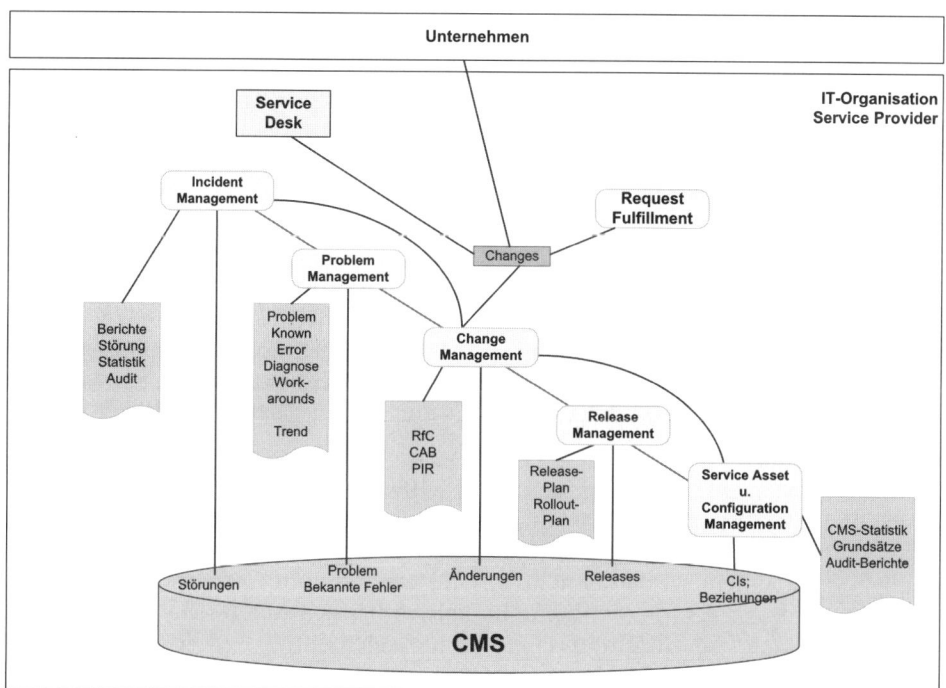

Abbildung 11.32: Change Management und das Zusammenspiel mit dem CMS

Das Change Management ist für die Autorisierung von Änderungen in der IT-Infrastruktur und an den IT Services verantwortlich und das Configuration Management für die Überwachung von Konfigurationselementen (Configuration Items, CIs) und Assets im CMS und die Lieferung eines logischen Modells über die Infrastruktur und die Services. Das Configuration Management ist über die Beziehungsdarstellung zwischen den einzelnen CIs und Assets in der Lage, dem Change Management essenzielle Informationen zur Beurteilung und Bewertung von Changes an die Hand zu geben. Gleichzeitig hat jede Änderung an den Services und in der IT-Infrastruktur Auswirkungen auf die Informationen im CMS, die nach der Change-Implementierung eingepflegt werden müssen.

Die vorbeugenden Maßnahmen und Lösungspläne, welche die Kontinuität der IT Services gewährleisten sollen, müssen ständig überwacht werden. Änderungen an den Services und der IT-Infrastruktur können den Continuity-Plan unausführbar machen. Aus diesem Grund arbeitet das Change Management eng mit dem Continuity Management für die IT Services zusammen. So werden größere Änderungen mit dem Continuity Management abgestimmt. In Bezug auf den ITIL®-Gesamtzusammenhang hat das Change Management Einfluss auf die Stabilität bzw. Wiederherstellbarkeit der IT-Komponenten und den damit zusammenhängenden IT Services.

In einem Service Level Agreement (SLA) werden alle Dienstleistungen, die als IT Service die Geschäftsbedürfnisse unterstützen sollen, festgeschrieben und mit den entsprechenden KPIs versehen. Bei Änderungen mit weit reichenden Auswirkungen oder hohem Risiko muss in jedem Fall die Umsetzung mit dem Kunden besprochen werden. Dementsprechend wird dem Service Level Management ein PSA- (Projected Service Availability-)Bericht zur Verfügung gestellt, der eine Übersicht über die Anpassungen für bereits vereinbarte SLAs enthält. Auch die Folgen der zeitlichen Planung für die Verfügbarkeit der IT Services, beschrieben im Change Schedule (CS), sind im PSA-Bericht enthalten.

Zwischen Availability Management und Change Management werden Anforderungen und Informationen in beide Richtungen ausgetauscht. Zum einen stößt das Availability Management Änderungen an, welche die Verfügbarkeit bestimmter IT Services bzw. die damit verbundenen Komponenten (CIs) und Assets verbessern sollen. Zum anderen gibt das Availability Management Informationen weiter, die bei der Einschätzung möglicher Auswirkungen von Änderungen helfen. Negative Auswirkungen auf die Verfügbarkeit sollen während der Change-Implementierung vermieden werden.

Das Change Management ist auch für Kapazitäts- und Ressourcenveränderungen verantwortlich. Das Capacity Management ist in der Lage, die Auswirkungen von Änderungen bei der Kapazitätsplanung an sich und bei Empfehlungen in Richtung Change Management zu berücksichtigen. So werden vom Capacity Management Änderungen beantragt, die die Verfügbarkeit verbessern sollen. Die Koordination dieser Änderungen übernimmt das Change Management.

11.3.6 Exkurs zum Thema Veränderungen

Die Einführung von ITIL® löst komplexe Veränderungsprozesse aus, die nicht nur Auswirkungen auf die fachliche und organisatorische Wirklichkeit der Organisation haben, sondern auch das soziale System betreffen. Werte, Einstellungen und das Verhalten von Führungskräften und Mitarbeitern ändern sich aber nicht automatisch mit der Einführung neuer Prozesse in Richtung Kunden- und Service-Orientierung. Es nützt nichts, eine Anordnung zu geben, sich ab sofort anders zu verhalten. Aber wie kann der Wandel so gesteuert werden, dass die Betroffenen mitziehen?

Wesentliche Voraussetzung für die erfolgreiche Einführung von ITIL® und die Optimierung der Services und Prozesse ist die Bereitschaft der Führungskräfte und Mitarbeiter zu Veränderung. Die Unterstützung des Top-Managements, die sorgfältige Vorbereitung und die Begleitung der Betroffenen sind essenziell. Ohne diese Basis laufen die Initiatoren Gefahr, dass der neue Rahmen nicht akzeptiert und der Ausgangszustand nicht wirklich verlassen wird bzw. die ITIL®-Einführung nicht nachhaltig zu Verbesserungen führt.

Widerstand ist ein Phänomen. Eine Veränderung der Arbeitssituation geht meist damit einher, dass bisher „richtige" Denk- und Verhaltensweisen als „falsch" abgelegt werden müssen und die Bedingungen der neuen Situation von den Betroffenen noch nicht eingeschätzt werden können. In der Regel entstehen daher zunächst Bedenken, Befürchtungen und (unbewusste) Angst vor dem Unbekannten. Eine typische Reaktion ist Widerstand. Es gibt verschiedene passive und aktive Formen des Widerstands. Einerseits das Ignorieren des Neuen, andererseits der Kampf für das, was bisher galt, der für Unruhe, offenen Streit oder Cliquenbildung sorgen kann. Oder aber die Flucht, die sich in innerer Kündigung, krankheitsbedingter Abwesenheit oder Fluktuation äußern kann. Dieser, auf den ersten Blick nicht „logisch" erscheinende Umgang mit denen vom Top-Management als sinnvoll erachteten Veränderungen gilt für Führungskräfte ebenso wie für Mitarbeiter.

„Widerstand ist im Arbeitsbereich ein ganz alltägliches Phänomen und eine normale Begleiterscheinung jedes Entwicklungsprozesses. Es gibt in der Praxis kein Lernen und keine Veränderung ohne Widerstand" (Klaus Doppler und Christoph Lauterburg, Change Management, Campus-Verlag 2005).

Je größer die wahrgenommene Veränderung, desto größer ist bei den meisten Menschen der Sog des Alten und der Widerstand gegen das Neue. Widerstand entsteht, wenn Ziele, Hintergründe oder Motive nicht verstanden oder nicht geglaubt werden, die Mitarbeiter nicht über die geforderten Fähigkeiten verfügen oder den neuen Ideen nicht folgen wollen, weil sie sich keine positiven Konsequenzen versprechen. Die mit der geplanten Veränderung einhergehenden Gefühle erschweren dann häufig die Verständigung untereinander.

Die Leistungsfähigkeit der Betroffenen basiert auf ihrer Motivation für die Veränderung. Sorge und Hilflosigkeit können in zielführende Energie umgewandelt werden, wenn die Betroffenen ein aus ihrer Sicht lohnendes Ziel vor Augen haben, Neugier verspüren und an den Veränderungen beteiligt werden.

Service Transition

Wird Widerstand als Signal erkannt und als Chance begriffen, verliert das Phänomen seinen Schrecken, und es ergeben sich Gestaltungsmöglichkeiten für eine gelungene Zusammenarbeit. Insbesondere der Dialog mit den Betroffenen hilft, die Sachlage und die damit verbundenen Emotionen miteinander zu klären und gemeinsam geeignete Vorgehensweisen zur Zielerreichung auszuhandeln. Mit dem „Durchblick" der Betroffenen steigt ihr Gefühl von Zugehörigkeit und Verhaltenssicherheit.

Betroffene brauchen Zeit zur Orientierung sowie eine angemessene Führung durch den Veränderungsprozess, die eine für sie verständliche Ziel- und Auftragsklärung sowie Rollenklärung bietet. Das erfolgreiche Steuern des Prozesses erfordert neben der Vermittlung der Sachlogik, die mit den Neuerungen verbunden ist, auch das Eingehen auf die Gefühle und das Verhalten der Betroffenen. Der Weg von der Wahrnehmung einer Veränderung bis hin zur Akzeptanz dieser Veränderung verläuft in mehreren Abschnitten (siehe *Abbildung 11.33*). Dabei schwanken die Einschätzung der eigenen Kompetenz und das Gefühl, die Situation kontrollieren zu können. In jeder Phase können Schwierigkeiten auftreten, und der Einzelne oder die Gruppe braucht eine der Situation angemessene Unterstützung. Diese kann vom Top-Management gegeben werden sowie von internen oder externen Change Agents oder Coaches. Die Hilfestellung zur richtigen Zeit am richtigen Ort ist ebenso wichtig wie die Akzeptanz der Tatsache, dass nachhaltige Veränderung Zeit braucht.

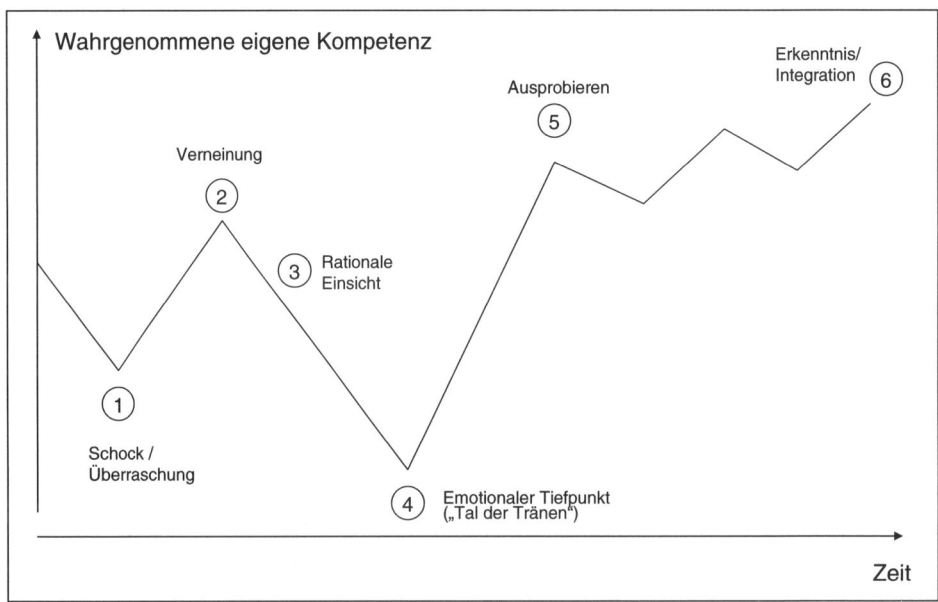

Abbildung 11.33: Phasenmodell der Veränderung (Quelle: Martina Schmidt-Tanger, Veränderungscoaching)

Der einzige Weg, mit Widerstand konstruktiv umzugehen, ist das Anerkennen der Emotionen und das Berücksichtigen der menschlichen Bedürfnisse als Triebfedern der Leistungskraft der Betroffenen. Die mangelnde Akzeptanz kann zum Verschleppen oder Stillstand des Prozesses führen. Vermeintliche Abkürzungen führen meist nur wieder an den Ausgangspunkt zurück.

„Kommunikation wird zum wesentlichen Führungsinstrument in Change-Situationen, wenn Kollegen und Mitführungskräfte dazu gebracht werden sollen, ihre bisherigen Überzeugungen über das richtige Management in Frage zu stellen."
(Patrice Haldemann/Kurt Stettler/Hans Peter Fischer (Hrsg.), Neben die Spur treten – Neues wagen)

In Einzel- und Gruppengesprächen kann in Ruhe und ohne Ergebnisdruck die Situation der Betroffenen geklärt werden. Das heißt für den Gesprächsführer vor allen Dingen, dass er aufrichtiges Interesse für die Belange des Betroffenen mitbringt, Fragen stellt und zuhört. In der Regel haben die Betroffenen selbst einen Lösungsvorschlag, wie die Situation zufrieden stellend gestaltet werden kann, und über diesen kann man sich im gegenseitigen Einvernehmen verständigen. Mit dem „neuen Geist" können sich die Betroffenen auf diese Weise am besten auseinandersetzten, und Betroffene werden zu Beteiligten. Folgende Fragen können in Gesprächen mit den Betroffenen geklärt werden:

- Wozu dient die Veränderung?
- Wer ist (noch) betroffen? Inwieweit verändert sich meine Zugehörigkeit?
- Ändert sich meine Identität dadurch?
- Will ich die Veränderung? Entspricht sie meinen Absichten/Bedürfnissen?
- Kann ich die Veränderung leisten?
- Wie sieht meine Arbeitsituation nach der Veränderung aus?
- Wie und wann soll sich mein Verhalten wem gegenüber verändern?

Die Zustände sollen in solchen Gesprächen nicht beschönigt werden. Das Ziel der Einführung steht fest. Offene Dialoge und Auseinandersetzungen führen manchmal auch zu Verlusten, und eine gewisse Unsicherheit über die eigene Situation bleibt häufig. Diese kann aber auch in Neugier umgewandelt werden und dient damit als Antrieb dafür, Neues auszuprobieren.

Veränderungen rufen neben positiven häufig auch negative Reaktionen hervor, bis hin zu heftigen Auseinandersetzungen oder Stillstand der Einführung. Das Berücksichtigen „weicher", personaler Faktoren neben organisatorischen und fachlichen Faktoren im Einführungsprozess im Sinne eines „sowohl … als auch …" kann in der Wertschätzung alter Denk- und Verhaltensweisen und dem Einplanen der Eigendynamik von Personen und Gruppen im Laufe des Veränderungsprozesses Ausdruck finden. Mit Führungskräften und Mitarbeitern das Alte zu verabschieden und sie von den Neuerungen zu begeistern, ist eine wichtige Grundlage für die erfolgreiche und nachhaltige Einführung der Prozesse und Services im ITIL®-Umfeld. Ein Review des Einführungsprozesses, d.h. ein Abgleich der formulierten Veränderungsziele mit den erreichten Ergebnissen nach jedem größeren Meilenstein bzw. nach jeder Projektphase und zum Abschluss der Einführung der jeweiligen Prozesse und Services, dient der Reflexion über die Entwicklung. Die Interventionen zur Unterstützung des Verstehens und Lernens im Einführungsprozess können dadurch effizienter gesteuert werden.

Service Transition

11.4   Release und Deployment Management

Der Begriff Release wird im Allgemeinen für neue Versionen von Software-Paketen benutzt. Betriebssysteme und Applikationssysteme sind bekannte Beispiele hierfür. Im Sinne von ITIL® wird unter einer Release-Einheit der Teil eines Service oder der IT-Infrastruktur verstanden, der entsprechend der Release-Richtlinie ausgerollt wird. Mehrere Changes werden zu einem Release zusammengefasst. Releases verändern die IT Services und die produktive IT-Infrastruktur. Die Produktionsumgebung ist derjenige Bereich der IT, in dem sich die Benutzer bewegen und IT Services zur Unterstützung der Geschäftsanforderungen nutzen. Sie stellt einen isolierten Bereich dar, welcher nicht ohne Weiteres verändert werden darf.

Das Release und Deployment Management besitzt einen ganzheitlichen Blick auf Änderungen der IT Services und stellt sicher, dass alle Aspekte eines Release (technische und nicht-technische) gemeinsam betrachtet werden. Es hat den Schutz der Produktionsumgebung und die Gewährleistung der Service-Qualität durch formelle Verfahren und Kontrollen bei der Implementierung neuer Versionen als Ziel. Im Gegensatz zum Change Management, das auf Steuerung ausgerichtet ist, konzentriert sich das Release Management auf die Durchführung (siehe *Abbildung 11.34*).

Das Release und Deployment Management implementiert nicht nur Releases in die Produktivumgebung, sondern plant, testet und stellt diese auch zusammen. Darüber hinaus etabliert der Prozess auch die effektive Nutzung des Service, um dem Kunden, wie im Service Design entworfen, einen Wertbeitrag zur Verfügung zu stellen und eine saubere und gesteuerte Übergabe an den Betrieb für den Service zu ermöglichen.

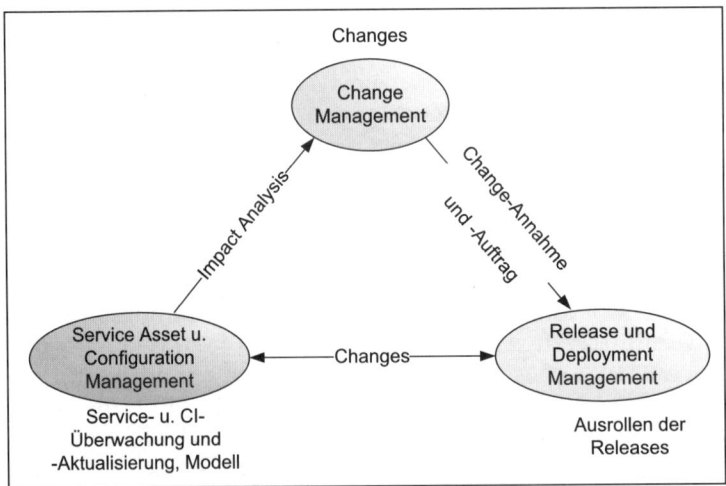

Abbildung 11.34: Release und Deployment Management

Das Release und Deployment Management arbeitet eng mit dem Service Asset und Configuration Management sowie dem Change Management zusammen, um das CMS mit den aktuellen Daten zu versorgen. Der Schwerpunkt beim Release Management liegt auf der Durchführung der geplanten Änderung.

Darüber hinaus sorgt das Release und Deployment Management dafür, dass der Inhalt der Releases in einem Repository, der so genannten DML (Definitive Media Library, maßgebliche Medien-Bibliothek), festgehalten wird. Im DHS bzw. der so genannten Reserve (Definitive Hardware Store, maßgebliches Hardware-Lager) werden Hardware-Ersatzteile, insbesondere von standardisierten Grundkonfigurationen, aufbewahrt und auf dem neuesten Stand gehalten. Beim Release Management kommen so unterschiedliche Datenspeicher zur Ablage von Informationen, Release-Versionen in Form von Master-Kopien oder Hardware-Komponenten zur Anwendung. Es sollen keine unzulässigen Releases in die Produktiv-Umgebung gelangen. So wird durch eine stabilere Umgebung die Service-Qualität und die Kundenzufriedenheit erhöht. DML und die anderen Repositorys liegen unter der Verantwortung des Service Asset und Configuration Managements (nicht Release und Deployment Management).

11.4.1 Ziele und Aufgaben des Release und Deployment Managements

Das Release und Deployment Management ist nicht nur ein Prozess, der Releases implementiert. Er definiert und stimmt Release- und Deployment-Pläne mit allen Beteiligten (Kunden, Stakeholdern) ab und stellt so sicher, dass jedes Release Package aus den gewünschten Assets und Service-Komponenten besteht, die zueinander kompatibel sind. Die Integrität des Release Package und ihrer Komponenten wird gewährleistet und entsprechend im CMS dokumentiert. Das Thema Risikomanagement besitzt auch im Release und Deployment Management einen Platz. Die möglichen Risiken, offenen Punkte und Abweichungen in Bezug auf den neuen oder veränderten Service müssen aufgenommen und dokumentiert werden, um die Gegenmaßnahmen ableiten zu können. Zwischen Release Management und den Kunden bzw. Benutzern muss Wissenstransfer erfolgen, um mit steigendem Wissen und der wachsenden Erfahrung den Service optimal und zur Unterstützung der Geschäftsprozesse nutzen zu können. Das Betriebspersonal, das sich später im Betrieb um den neuen oder geänderten Service kümmern wird, muss mit Trainings, Qualifikation und Wissen ausgestattet werden.

Der Aufgabenbereich des Release und Deployment Managements bezieht sich auf Paketieren (Bilden von Release Packages), Build, Testen und Ausrollen eines Release in die Produktivumgebung. Ein effektives Release und Deployment Management ist in der Lage, schnell und zu optimalen Kosten die Aufgaben umzusetzen und gleichzeitig sicherzustellen, dass Kunden und Anwender den Service entsprechend der Anforderungen nutzen können. Eine konsistente und gut geplante Implementierung kann erhebliche Auswirkungen auf die Service-Kosten haben. Zudem wird hier die nachvollziehbare Umsetzung der Changes realisiert und sichergestellt, dass nur korrekte, autorisierte und getestete Hard- und Software-Versionen installiert werden. Darüber hinaus wird der Early-Life-Support während einer Release-Ausbringung und kurz danach sichergestellt.

Service Transition

11.4.2 Begriffe des Release und Deployment Managements

Das Release Management stellt quasi den operativen Teil des Change Managements dar. Die Gesamtkontrolle liegt jedoch beim Change Management. Ein Release beschreibt eine oder mehrere autorisierte Änderungen an einem IT Service oder an Teilen der IT-Infrastruktur. Dieser Begriff bezeichnet darüber hinaus eine Sammlung von neuen/geänderten CIs oder Services, die getestet und zusammengeführt in die Produktivumgebung eingeführt werden. Ein Release ist definiert durch die RfCs, die es implementiert. Häufig werden Releases unterteilt in:

◆ Major Releases: Sie haben Rollout-Charakter. Sie bezeichnen wichtige Rollouts mit einer zumeist erheblichen Erweiterung der Funktionalität oder beheben eine Reihe von bekannten Fehlern.

◆ Minor Releases: Sie stellen für die Infrastruktur nur geringfügige Veränderungen dar. Sie enthalten meistens Verbesserungen wie z.B. FixPacks für bekannte Fehler. In manchen Fällen sind sie eher als Notreparaturmaßnahmen anzusehen, die jedoch integral innerhalb eines Release behandelt werden.

◆ Emergency Fixes: in der Regel als vorübergehende Sofortbehebung für ein Problem oder einen bekannten Fehler gedacht. Der Zeitdruck ist hier ein entscheidender Faktor.

Neben der Klassifizierung der Releases nach Auswirkungen existiert der Begriff der Release-Einheiten (Release Units). Eine Release-Einheit beschreibt den Anteil an der IT-Infrastruktur, der normalerweise zusammenhängend getestet, freigegeben und ausgerollt wird. Release-Einheiten werden über die Release-Richtlinien definiert.

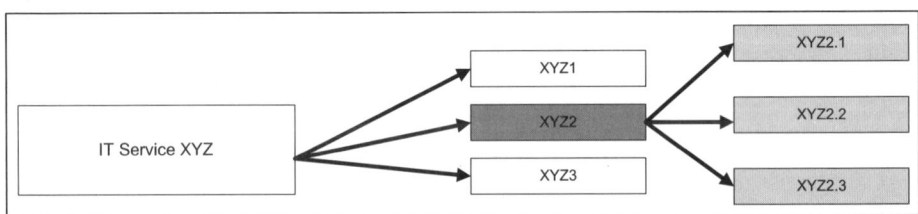

Abbildung 11.35: Beispiel für eine Release-Einheit

Ein allgemeines Ziel im Release Management bezieht sich auf die Release-Zusammenstellung und die Frage, welche und wie viele Ebenen ein Release aufweisen soll. So könnte ein Release-Wechsel für eine Webseite sich Page für Page, Navigationsebene für Navigationsebene bewegen, oder die Seite könnte komplett auf einen Schlag ausgetauscht werden. Eine Reihe von Aspekten, die bei der Entscheidung für den passenden Release-Umfang helfen können, bezieht sich auf den Umfang der benötigten Changes, der Zeit und Ressourcen, der Komplexität der Schnittstellen und dem Platz für Build, Test, Verteilung und die Produktivumgebung. Die einzelnen Releases sollten eindeutig gekennzeichnet werden, um sie eindeutig identifizieren zu können.

Das Service Design setzt sich mit der Frage auseinander, mit welchem Ansatz sich aus dem aktuellen Service ein neuer oder angepasster Service ableiten lässt. Das Service Design Package (SDP) beinhaltet das Ergebnis dieser Überlegung und den neuen Service. Um das gewünschte Ergebnis zu erhalten, kommen unterschiedliche Überlegungen bei der Frage ins Spiel, wie das Release ausgerollt werden soll (Release Design).

◆ „Big Bang" oder phasenweise: Bei einem Big Bang wird ein neuer Service gleichzeitig für alle Anwender zur Verfügung gestellt. Dies stellt sicher, dass alle Anwender gleichzeitig und direkt die gleichen Applikationen benutzen. Bei einem phasenweisen Rollout wird ein neuer Service zuerst nur für einen Teil der Anwender ausgerollt. Der restliche Teil der Benutzer erhält den Service nach und nach. Die Auswirkung eines Rollouts, der phasenweise erfolgt, kann i.d.R. besser unter Kontrolle gehalten werden. Faktoren, die dabei eine Rolle spielen, sind beispielsweise Notwendigkeit eines kompletten Tests, Aufwände und Ressourcen, Komplexität der Schnittstellen zu anderen Systemen oder Teilen des Service. Phasen-Rollouts können beispielsweise auch stufenweise Funktionalitäten freigeben.

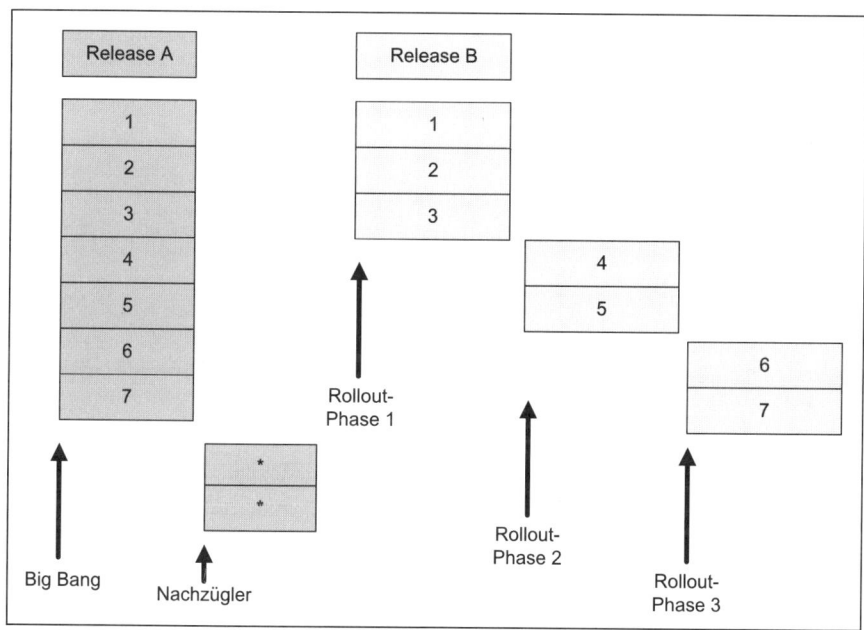

Abbildung 11.36: Big Bang und phasenweiser Rollout

◆ Push- vs. Pull-Lösung: Bei einer Push-Lösung wird das Release von einer zentralen Stelle zum Endanwender befördert und installiert und zwar zu einem Zeitpunkt, den der Benutzer nicht frei wählen kann (automatische Verteilung). Bei einer Pull-Lösung wird das Release zur Verfügung gestellt, und der Anwender erhält darüber eine Benachrichtigung, so dass der Benutzer selber aktiv entscheiden muss, wann er das Release installieren möchte (z.B. über Intranet-Downloads).

◆ Automatische vs. manuelle Verteilung: Eine automatische Verteilung stellt Wiederholbarkeit, Integrität und Qualität sicher. Sie ist aber, meist aus strategischen oder organisatorischen Gründen, nicht immer umsetzbar. Bei der manuellen Verteilung muss die Qualität sorgfältig überwacht werden. Manuelle Installationsvorgänge sind zudem zeitaufwändiger.

Die Optionen können je nach Komplexität der Module, Applikationen oder geographische Verteilung etc. kombiniert werden. Automatismen kommen an zahlreichen Stellen zum Einsatz: Discovery-Tools helfen bei der Planung, Discovery- und Installations-Tools können prüfen, ob das gewünschte Release bereits auf dem Rechner des Anwenders vorhanden ist und ihm dies gegebenenfalls über einen Push-Mechanismus installieren, automatische Vergleiche der installierten Software-Versionen mit den im CMS hinterlegten Informationen finden statt.

Über das Release Management kann der Wechsel von einer Baseline zur nächsten Baseline über ein Release erfolgen. Ein entsprechendes Verständnis der Architekturbestandteile ist für das Planen, Paketieren, Build und Testen notwendig. Oft bestehen Abhängigkeiten und Wechselwirkungen oder Inkompatibilitäten, die beachtet und bedacht werden müssen, da sich daraus spezifische technische Anforderungen ergeben können.

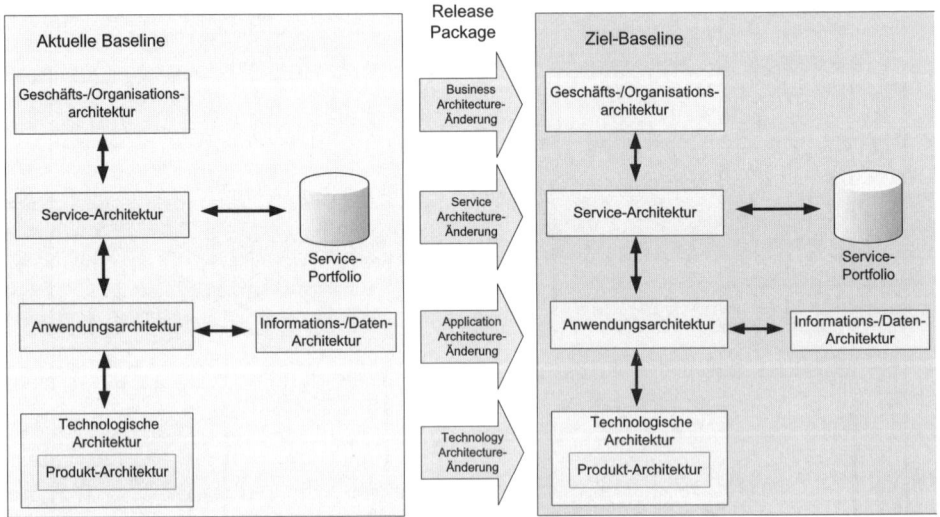

Abbildung 11.37: Änderungen durch Release Packages

Ein Release Package kann aus einer einzigen Release-Einheit bestehen oder einer ganzen Reihe strukturierter Release-Einheiten. Zu allen Release-Einheiten gehören Dokumentationen über den Service, Utility und Warranty sowie über das Release selber.

Je nach Menge der Bestandteile eines Service kann beim Deployment über ein Release Package die Notwendigkeit bestehen, Unteraufgaben zu definieren, um das komplexe Unterfangen handhaben zu können. Um einen guten Ansatz für das Deployment zu finden, empfiehlt es sich beispielsweise, alle dazugehörigen Komponenten zu identifizieren und das große, komplexe Gesamtkonstrukt in kleine

Teile zu zerlegen. Eine andere Möglichkeit stellt das „Baseline Assessment" als Schnappschuss der notwendigen Umgebung, Services und Infrastruktur dar, um den Service eingebettet in seine Umgebung betrachten zu können.

Release- und Deployment-Modelle unterstützen die Release-Vorhaben in die unterschiedlichen Umgebungen, da sich beispielsweise das Deployment in die Testumgebung vom Deployment in die Produktivumgebung unterscheidet. Die Modelle definieren Release-Struktur, Eintritts- und Austrittskriterien inklusive der Ergebnisse und Dokumentationen für jede Phase, gesteuerte und kontrollierte Umgebungen für jede Release-Ebene, Rollen und Verantwortlichkeiten, Configuration Baseline-Modell, Vorlagen für die Release- und Deployment-Zeitplanung, Systeme, Tools und Verfahren für die Dokumentation und das Tracking und die Übergabemodalitäten an den Betrieb.

Die Rollen im Release Management und während der Service Transition

♦ Release und Deployment Manager unterstützt die Aktivitäten des Prozesses. Er ist verantwortlich für die Planung, das Design, Build, Konfiguration und Testen aller Hardware und Software, um ein Release Package für die Ausbringung oder einen Change eines Service zu erstellen.

♦ Release Packaging und Build Manager: Er kümmert sich um das Aufstellen der finalen Release-Konfiguration, Zusammenstellung und Testen des finalen Release-Pakets etc. Er steht dabei in Kontakt mit anderen Bereichen wie beispielsweise Test Management, Change Management, Service Asset und Configuration Management.

♦ Deployment-Team und Early-Life-Support-Team

♦ Team für das Management der Build- und Test-Umgebung, das sich für die Infrastruktur und die Applikationen in der relevanten Spezifikation verantwortlich zeigen, diese sicherstellen, dokumentieren und aufbauen.

Service Transition

11.4.3 Aktivitäten des Release und Deployment Managements

Die IT-Organisation sollte die Planung und den Rollout neuer Release-Versionen gesteuert und kontrolliert durchführen. Andernfalls wird die Organisation häufiger mit Problemen konfrontiert, die auf mangelnde Sorgfalt bei der Durchführung von Releases zurückzuführen sind. Die Kunden sollten die Geduld für eine planmäßige Vorgehensweise aufbringen: Werden Releases unter Zeitdruck durchgeführt, sind unerwünschte Auswirkungen auf das Geschäft die Folge. Das Release Management ist dementsprechend zuständig für die Kontrolle und die Verteilung von produktiv zu nutzender Software und Hardware. Alle Aktivitäten stehen in Bezug zum CMS und zur DML bzw. zur Reserve (siehe *Abbildung 11.38*).

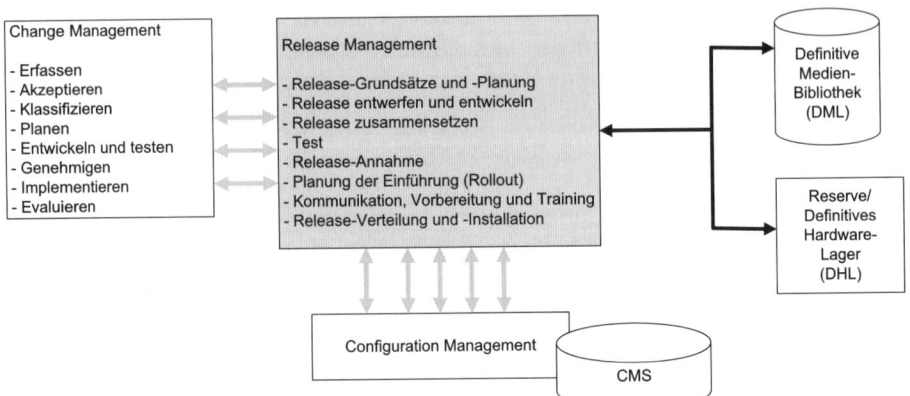

Abbildung 11.38: Schnittstellen zum Release Management

1. Release-Planung: Release- und Deployment-Pläne werden mit dem umfassenden Transition-Plan verknüpft und lehnen sich an das Release- und Deployment-Modell an. Ziel ist es, eine Reihe von Richtlinien und Grundsätzen für die Produktionssetzung der Releases zu entwickeln. Release- und Deployment-Pläne sollten über das Change Management freigegeben werden und definieren Umfang und Inhalt des Release, Risikobetrachtung und zugewiesenes Risikoprofil, Kunden und andere Stakeholder, die von dem Rollout betroffen sind, das für das Rollout verantwortliche Team und weitere Ressourcen.

Service Transition ist verantwortlich für die Definition der Erfolgskriterien, z.B. für jede Freigabe im Rollout-Verlauf, die auch an die entsprechenden Stakeholder zu kommunizieren sind. Ein Erfolgskriterium könnte so aussehen, dass alle Tests erfolgreich abgeschlossen, dokumentiert und kommuniziert wurden sowie der entsprechende RfC genehmigt wurde. Weitere Aktivitäten sind:

Build- und Testplanung kümmert sich um die Entwicklung von Build-Plänen aus dem SDP, Konfigurationsanforderungen für die Umgebungen, Testen und Planen der Testverfahren, Zuweisen von Ressourcen, Rollen und Verantwortlichkeiten für Security-Verfahren, Build- und Testumgebungen, Management der Testdatenbanken und -daten, Software Asset- und Lizenz-Management sowie das Configuration Management. Ein mögliches Modell, das als Basis verwendet werden kann, ist das V-Modell, das auch in Bezug auf das Configuration Management und seine Baselines verwendet wird. Auf der linken Seite werden die Service-Anforderungen bis hin zum Service Design spezifiziert, während auf der rechten Seite die Test- und Validierungsaktivitäten entsprechend der Spezifikation auf der linken Seite dargestellt sind. In jeder Phase sind Testaktivitäten vorgesehen, z.B. der Service-Validierung und Akzeptanztestplanung bereits bei der Definition der Service-Anforderungen beginnen sollte.

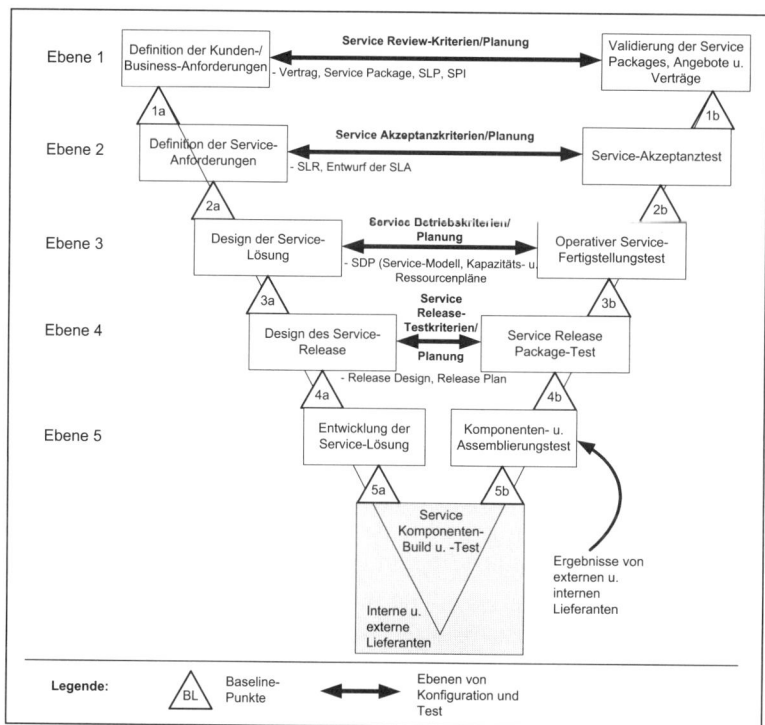

Abbildung 11.39: Stufen der Konfigurationsebenen und Testvorhaben (nach ITIL®-Material, Wiedergabe lizenziert von OGC)

Eine umfassende Teststrategie beinhaltet die Beschreibung der Validierungs- und Testaktivitäten und ihrer Ressourcen. Dabei kommen unterschiedliche gesteuerte logische und physikalische Umgebungen zum Einsatz, die mit spezifischen Berechtigungsstrukturen versehen werden sollten, wie zum Beispiel:

- Build-/Entwicklungsumgebung zur Zusammenstellung von Release Packages oder Service Assets

- Testumgebung zur Verifizierung der Funktionalität, Performance, Recovery und Benutzerfreundlichkeit. Hierbei wird oftmals zwischen technischen Tests (durch die Entwickler) für einzelne Elemente von Servicekomponenten oder ganzer Zusammenstellungen, funktionalen Tests (durch die Anwender) für Systemtests, für Service Releases, für Implementierungstests durch die Release-„Architekten" und eventuell einem abschließenden Abnahme-Test durch die Anwender und die Dienstleister-Organisation unterschieden.

- Integrationsumgebung, Umgebungen zur Simulation, Schulungsumgebungen, Pilotumgebungen etc.

Piloten stellen ein nützliches Werkzeug dar, um einen Service mit einer ausgewählten Anzahl von Benutzern zu testen, bevor dieser der Zielgruppe zur Verfügung gestellt wird. Bei der Planung eines Piloten müssen Umfang und Anzahl sorgfältig eruiert werden, damit genug Personen zur Verfügung stehen, um ausreichend Aussagen zum Verhalten des Service und der Anwenderzufriedenheit zu erhalten, aber nicht zu viele, so dass Flexibilität und Übersichtlichkeit leiden. Feedback-Möglichkeiten und ein Rollback-Plan sollten vorgesehen werden.

Weitere Aufgaben beschäftigen sich mit der Planung der Release-Paketierung und dem Release-Build, der Deployment-Planung (Was soll wo deployt werden? Wer sind die Anwender? Wer muss mit Informationen versorgt werden? Wann muss das Deployment abgeschlossen sein? Warum wird das Deployment durchgeführt? Wie lauten die kritischen Erfolgsfaktoren?) sowie der Finanz- und Vertragsplanung (Sind alle Lizenzen vorhanden, IP-Adressen zur Verfügung gestellt? etc.)

2. Vorbereitung für Build, Test und Deployment: Bevor die Build- und Testphase freigegeben werden kann, muss das Service- und das Release-Design gegen die Anforderungen des neuen oder geänderten Service geprüft werden. Ein konstruktives Feedback sollte daraus an das Service Design zurückgehen. Risiken und offene Punkte sollten aufgezeichnet, verfolgt, gemessen und priorisiert werden. Abschließend sollte ein Validierungsbericht verfasst werden. Dieser wird verwendet, um zu prüfen, ob der Service das gewünschte Ergebnis für den Kunden transportieren wird. Ein diesbezüglicher Bericht listet Abweichungen und Empfehlungen auf. Bei Bedarf müssen Anpassungen über das Change Management am Service Package oder den Service-Akzeptanzkriterien (SAC) vorgenommen werden.

Falls ein vollkommen neuer Service eingeführt wird, sind gegebenenfalls Schulungsmaßnahmen für die Release- und Test-Teams notwendig.

3. Release-Zusammenstellung (Build) und Test: Ein Release kann aus einer Reihe von Komponenten (CIs) bestehen, die intern entwickelt und/oder zugekauft worden sind. Installationsverfahren oder Konfigurationsanweisungen sollten ebenfalls als Teil des Release behandelt und als CI vom Change und vom Configuration Management kontrolliert werden. Vor der Verteilung und Produktivschaltung sollte die gesamte Hard- und Software in einer Labor- oder Testumgebung zusammengestellt und getestet werden. Alle Hard- und Software-Komponenten des Release (Configuration Baselines) sollten so zusammengestellt und im CMS dokumentiert sein, dass eine Wiederherstellung möglich ist. Die maßgeblichen Versionen sollten in der DML abgelegt werden. Die Dokumentation aller Verfahren ist überaus wichtig (Release- und Build-Dokumentation).

Da Configuration Items und Komponenten aus unterschiedlichen Quellen wie z.B. Projekten, Lieferanten, Partnern und Entwicklungsgruppen kommen, muss sichergestellt sein, dass diese gewissen Qualitätsstufen oder definierten Standardkomponenten entsprechen. An dieser Stelle kann es sein, dass eine Zusammenarbeit mit den Bereichen Einkauf und Beschaffung bzw. dem Service Asset und Configuration Management notwendig ist, um die Release-Bestandteile gesteuert in die Umgebung und die Infrastruktur zu überführen. Dazu gehören auch Verifizierungsaktivitäten.

Anschließend erfolgt die Release-Paketierung mit entsprechender Dokumentation auf Basis der vorbereiteten Verfahren, Methoden, Tools und Checklisten. Ist der anschließende Test erfolgreich, werden das Release und seine Inhalte unter die Steuerung des Configuration Managements gestellt, als Baseline definiert und gegen das Release Design und die Release Package-Definition verifiziert. Von diesem Punkt an können Änderungen an diesem Release Package nur noch über das Change Management erfolgen.

Eine weitere Aufgabe in dieser Aktivität kümmert sich um die Steuerung der Build- und Testumgebung.

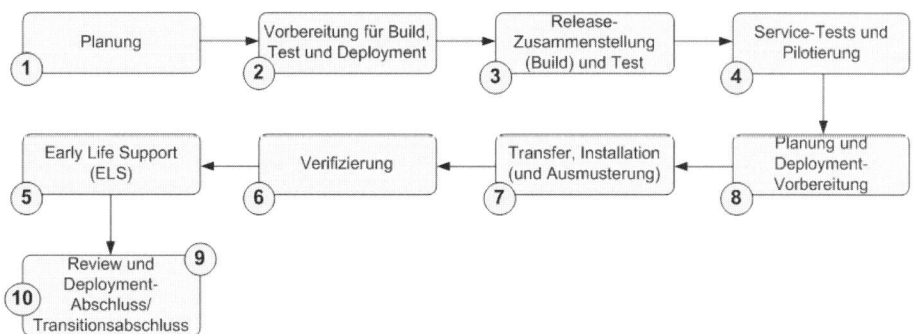

Abbildung 11.40: Aktivitäten im Release und Deployment Management

4. Service-Tests und Pilotierung: Testaktivitäten werden durch das Test-Management koordiniert, die die Tests entsprechend dem Prozess „Service Validation und Testing" planen und steuern (siehe *Kapitel 11.5, Service Validation und Testing*). Dies basiert auf der Teststrategie und dem Service-Modell. Die häufigste Ursache für nicht zufrieden stellende oder nicht erfolgreiche Änderungen sind unzureichende Tests. Um dem entgegenzuwirken, sollte ein Release sowohl funktionale Tests durch Anwender als auch operationale Tests durch Betriebspersonal durchlaufen. Dabei sollten Funktionalitäten, technische und Betriebsaspekte, Leistungsverhalten sowie die Integration in die restliche Infrastruktur berücksichtigt werden. Die Testkriterien spiegeln die Anforderungen an den Service wider, wobei zwischen unterschiedlichen Tests unterschieden wird.

Eine Weiterführung des Testgedanken mündet in eine Art „Service-Generalprobe" (Service Rehearsal) und den Piloten, um mögliche Probleme oder Abweichungen in der Produktivumgebung möglichst vorab zu entdecken und abzufangen, bevor der Rollout umgesetzt wird. ITIL® V3 vergleicht diese beiden Testszenarien mit den Proben eines Theaterbetriebs. In Generalproben soll ein Stück so ablaufen, als handele es sich um eine richtige Vorstellung. Eine Generalprobe findet häufig schon vor Publikum statt, um dessen Reaktionen abschätzen zu können.

5. Planung und Deployment-Vorbereitung: Diese Aktivität basiert auf der vorhergehenden Release-Planung. Hier folgen nun die detaillierte Ausarbeitung des Plans und die Zuordnung der anstehenden Aktivitäten zu den entsprechenden Mitarbeitern.

Alle betroffenen Mitarbeiter und Prozesse müssen über Pläne und ihre Auswirkungen auf den täglichen Arbeitsablauf informiert werden. Dies kann durch gemeinsame Schulungsmaßnahmen, enge Kooperation oder gemeinsame Release-Abnahmen geschehen. Verantwortlichkeiten sollten kommuniziert und deren Kenntnis in anderen Abteilungen überprüft werden. Falls das Release in Phasen ausgerollt wird, sollten die Anwender über die verschiedenen Phasen und die jeweiligen Inhalte in Kenntnis gesetzt werden. Änderungen an SLAs, internen Vereinbarungen und Absicherungsverträgen sollten im Voraus allen Beteiligten mitgeteilt werden.

Service Transition

Eine weitere Bewertung, Überprüfung und Risikobetrachtung des anstehenden Deployments findet statt.

6. Transfer, Installation (und Ausmusterung): Diese Aktivität kümmert sich um Deployment und Transfer in Bezug auf Assets, organisatorische Aspekte, Transfer von Prozessen, Ressourcen und Material, um sicherzustellen, dass in der Zielumgebung alles so vorhanden ist, dass der Service betrieben werden kann, inklusive der Mitarbeiter und ihrem Wissensstand, um den Service betreiben zu können. Anschließend wird der Service in die Produktivumgebung transferiert. Auch dem Stilllegen eines Service (Retirement) wird in dieser Aktivität Beachtung geschenkt, da hier überflüssige Assets und Services aus der Produktivumgebung entfernt werden müssen.

7. Verifizierung: Nach dem Deployment sollten die Aktionen verifiziert werden, dass Anwender, Betrieb und Stakeholder in der Lage sind, den Service zu verwenden, alles funktioniert, sich alles an Ort und Stelle befindet und dokumentiert ist. An dieser Stelle kann auch ein Feedback von den betroffenen Stellen eingeholt werden. Bei Bedarf müssen Korrekturmaßnahmen umgesetzt und Incidents gelöst werden.

8. Early-Life-Support (ELS): Über diese Art von Support kann die Transition eines neuen oder geänderten Service gesteuert an den Betrieb übergeben werden. Durch die Unterstützung durch das Deployment-Team vom ersten Tag an wird der Wissensaufbau, das Sammeln von Erfahrungen im Betrieb unterstützt und der Betrieb nicht alleine gelassen (Training-on-the-Job, Coaching-Ansätze). Während dieser Phase setzt das Deployment-Team Verbesserungen um und löst Probleme, um den Service zu stabilisieren. Gleichzeitig werden die vorhandenen Dokumentationen angepasst oder ergänzt, die Knowledge-Base erweitert und der Know-how-Transfer vorangetrieben.

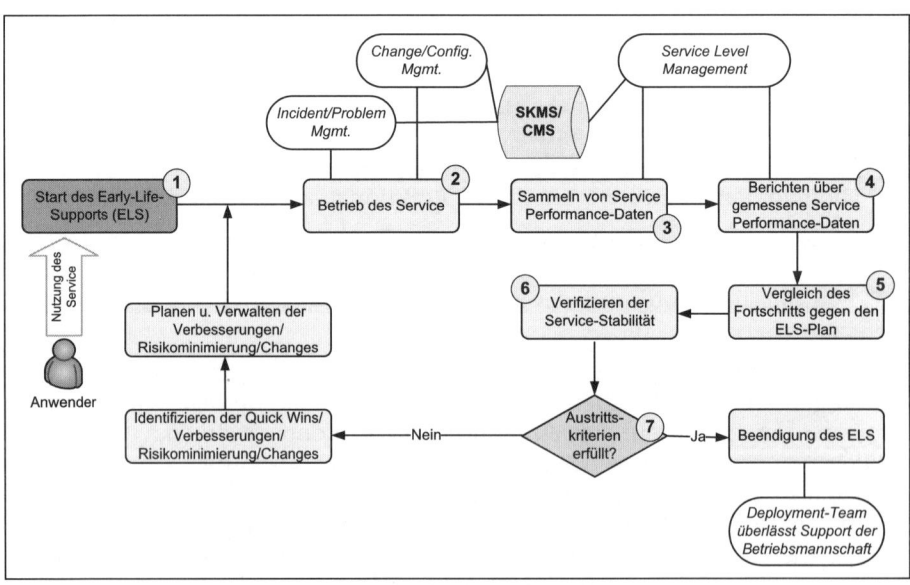

Abbildung 11.41: Beispielhafter Ablauf eines Early-Life-Supports (ELS)

9. Review und Deployment-Abschluss: Hier wird Feedback zu den vorhergehenden Aktivitäten eingeholt und kritisch beleuchtet, Qualitätskriterien, die nicht eingehalten wurden, werden festgehalten und die offenen Punkte überprüft. Performance-Ziele werden analysiert und alle Anforderungen noch einmal geprüft. Bei Bedarf müssen Modelle, Richtlinien, allgemeine Pläne und Strategien überarbeitet werden. Um den ELS zu beenden, müssen vorab definierte Kriterien erreicht worden sein.

Das Deployment wird mit der Übergabe an den Betrieb beendet. Ein Post Implementation Review des Deployments wird über das Change Management durchgeführt.

10. Review und Transition-Abschluss: Um die Service-Transition zu beenden, muss ein formales Review durchgeführt werden. Dabei wird überprüft, ob alle Transitionsaktivitäten abgeschlossen, dokumentiert, Dokumentationen gesichert und abgelegt sind. Die richtigen Metriken müssen erreicht sein. Die Performance und die Ergebnisse des neuen oder veränderten Service werden überprüft und ein entsprechender Bericht verfasst. Ein solcher Bericht enthält neben den möglichen Abweichungen Risikoprofil und Empfehlungen für das Change Management. Eine erfolgreiche Überprüfung steht für die Übergabe an den Betrieb und das CSI. Auch eine kritische Lessons Learned-Betrachtung gehört zu dieser Aktivität.

Leistungsindikatoren

Allgemeine Key Performance-Indikatoren für den Prozess:

◆ Anzahl der transferierten Releases (pro IT Service)

◆ Vollständigkeit der Definitive Media Library (DML), z.B. durch Anzahl von fehlenden oder fehlerhaften Daten in der DML

Kundenbezogene Metriken beinhalten beispielsweise

◆ Verbesserung der Service Performance

◆ Reduzierung des Incident-Aufkommens

◆ Verbesserung der Kunden- und Anwenderzufriedenheit

Lieferantenbezogene Metriken beinhalten beispielsweise

◆ Niedrigere Kosten für die Diagnose von Incidents und Problemen

◆ Reduzierung der Abweichungen zwischen der dokumentierten Konfiguration und dem Istzustand

Service Transition

11.4.4 Schnittstellen des Release und Deployment Managements

Das Release Management steht vor allem mit zwei weiteren ITIL®-Prozessen in Interaktion: Change Management und Service Asset und Configuration Management. Hierbei ist zu betonen, dass das Release Management ebenso wie das Problem Management als operativer Prozesstyp einzuordnen ist. Das Change Management hat im Vergleich zum Release Management eher Kontroll-Charakter. Das Configuration Management befasst sich in Bezug auf das Release Management vorwiegend mit Kontrolle und Administration.

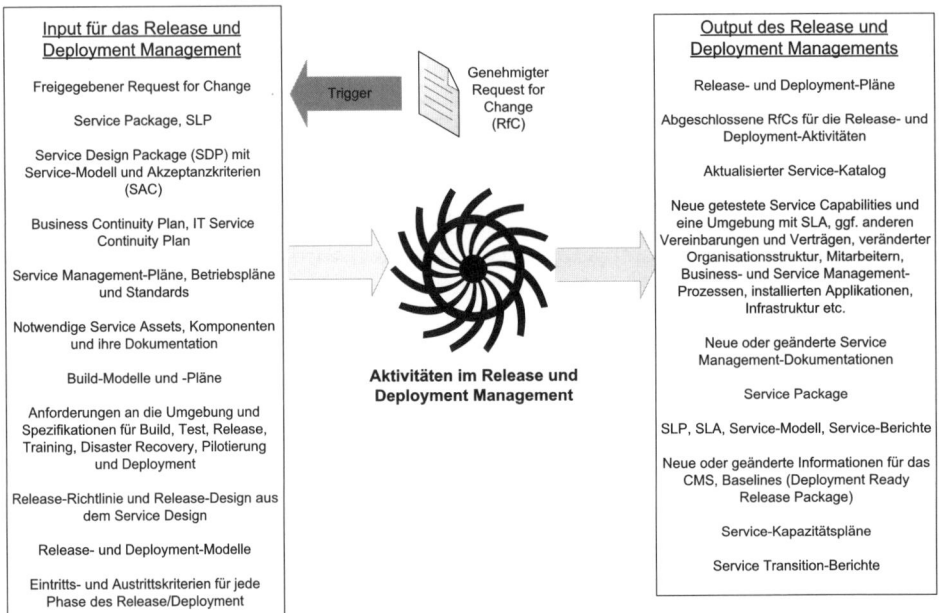

Abbildung 11.42: Trigger, Input und Output für den Prozess

Das Change Management behält stets die Kontrolle über einen durchzuführenden Change. Es übergibt dem Release und Deployment Management innerhalb seines Prozesses den Auftrag zur Release-Erstellung, um den Change umzusetzen. Auch der Release-Test und die -Abnahme gehören dazu. Das Change Management fragt auch ab, ob das Release ausreichend getestet wurde. Es findet ständige Interaktion zwischen diesen beiden Prozessen statt. Das Release und Deployment Management überblickt die Details der Change-Implementierung. Das Change Management beschreibt die Verfahren, die sicherstellen sollen, dass die Änderungen autorisiert sind. In Bezug auf den Inhalt und die Zusammensetzung des Release geht es allerdings nicht um technische Feinheiten, sondern um die mögliche Auswirkung. Die Zeitplanung eines Release wird im CS (Change Schedule) des Change Managements eingetragen.

Das Service Asset und Configuration Management kümmert sich um die Bereitstellung von Informationen über die IT Services und die IT-Infrastruktur für andere Prozesse, in diesem Fall in Interaktion mit dem Release und Deployment Management. Es geht dabei um die Kontrolle der IT-Infrastruktur durch Überwachung und die Pflege von Informationen. Neben dem CMS sind auch DML und DHS/Reserve daran beteiligt. Alle relevanten Informationen sollten in der notwendigen Detaillierung durch das Configuration Management in der CMS aktualisiert und die Baselines aus den jeweiligen Tests festgehalten werden. Das CMS spiegelt zu jedem Zeitpunkt den aktuellen Status der Baselines wider. So kann sichergestellt werden, dass ein Release nur korrekte Komponenten beinhaltet.

Auch das Problem Management und das Service Desk sollten mit dem Release Management in Kontakt stehen. Dies ist zum einen dann wichtig, wenn die Verteilung erfolgreich abgeschlossen wurde, um eventuelle weitere Kommunikationsschritte aufzunehmen. Zum anderen ist das Service Desk als Kontaktstelle bei auftretenden Problemen in der Produktivumgebung informiert. So kann im Bedarfsfall ein erneuter Kontakt zum Release Management hergestellt werden. Zudem können mit dem erfolgreichen Rollout verbundene Incidents oder Probleme als gelöst betrachtet und entsprechend nachbearbeitet werden.

11.5 Service-Validierung und Testing

Effektives Build- und Test-Management ist die essenzielle Basis, um sicherzustellen, dass Release-Zusammenstellung (Build) und Tests in wiederholbarer und nachvollziehbarer Manier ablaufen. Spezielle Build- und Testumgebung stützen den Anspruch an ein effektives und effizientes Test- und Build-Management. Im Sinne einer Qualitätssicherung kümmert sich der Service-Validierung und Release-Test-Prozess darum, dass bei Lieferung eines neuen oder geänderten Service dieser den Ansprüchen in Bezug auf Utility (Fit for Purpose) und Warranty (Fit for Use) genügt. Testen ist somit ein notwendiges Mosaiksteinchen in Richtung Kundenunterstützung durch IT Services. Werden Services vorab nicht ausreichend getestet, kann dies Incidents nach sich ziehen, da Fehler in den Service-Bestandteilen unentdeckt geblieben sind oder weil eine Diskrepanz besteht zwischen dem, was von Business-Seite angefordert wurde, und dem, was geliefert wurde. Ein steigende Anzahl von eingehenden Anrufen beim Service Desk wäre eine weitere negative Auswirkung von nicht ausreichenden Tests, falls Services entweder nicht so funktionieren wie vorgesehen oder nicht so zu handhaben sind wie gewünscht. Möglicherweise sind aber auch die Anwender nicht ausreichend geschult worden. Probleme und Fehler sind schwer in der Produktivumgebung zu finden, falls keine Test-Historie besteht, auf die für Rückfragen zugegriffen werden kann. Services, die nicht effektiv genutzt werden können, sind nicht in der Lage, einen Nutzen oder einen Wertbeitrag für den Kunden zu transportieren.

11.5.1 Ziele der Service-Validierung und der Release-Tests

Über den Prozess Service Validation und Testing soll sichergestellt werden, dass die Lieferung eines neuen oder veränderten Service entsprechend mit dem gewünschten Wertbeitrag abgestimmt ist, erwartet wird und das, was der Kunde erhält, mit dem übereinstimmt, was er auch später erhält. Durch die Planung und Implementierung eines strukturierten Test- und Validierungsprozesses wird die Möglichkeit geschaffen, objektive Beweise darlegen zu können, dass der neue oder geänderte Service das Business des Kunden und die Anforderungen der Stakeholder mit den entsprechenden Service Level unterstützt. Gleichzeitig wird eine Qualitätssicherung des Release, der damit zusammenhängenden Service-Komponenten, des Service und der Service-Fähigkeiten eines Release umgesetzt. Der Begriff „Qualität" wird laut ISO 402 als Gesamtheit der Eigenschaften und Kennzeichen eines Produkts bzw. eines Service verstanden, die zur Erfüllung der festgelegten oder selbstverständlichen Bedürfnisse wichtig ist. Eine andere Definition nach ISO 9001:2000 beschreibt Qualität als den „Grad, in dem ein Satz inhärenter Merkmale Anforderungen erfüllt."

Anforderungen, Akzeptanzkriterien und Qualitätserwartungen

Es gibt einen Unterschied zwischen Erwartungen und Kriterien, die von der Kunden- und Benutzerseite stammen. Die Qualitätserwartungen spiegeln das wider, womit die Kunden als Ergebnis rechnen. Die Erwartungen sind nicht objektiv, eher schwammig und undifferenziert: sicher, benutzerfreundlich, wartbar, schnell oder stabil. Akzeptanzkriterien sind konkrete und objektiv messbare Eigenschaften: muss bestimmten Normen entsprechen, Schrift: Arial 10 Punkt, mit den Maßen 10 cm x 15 cm oder in englischer Sprache. Hier kann definitiv die Aussage getroffen werden, ob die Kriterien zutreffen. Abstufungen, was die Priorität angeht (notwendig, hilfreich etc.), sind möglich.

Der Prozess Service Validation und Testing behält das Thema Qualität im Auge. Er identifiziert, bewertet und adressiert offene Punkte, Fehler und Risiken in der Service Transition. Sein Ziel ist es, dass der Service den versprochenen Nutzen für den Kunden und sein Business generiert. Dabei muss aber auch bedacht werden, dass die Anforderungen von Kunden und Stakeholdern für den neuen oder veränderten Service korrekt definiert sowie Fehler und Abweichungen bereits frühzeitig im Service Lifecycle korrigiert werden. Fehler später in der Produktivumgebung zu beseitigen ist ungleich teurer und mit Nebenwirkungen für alle Beteiligten verbunden.

Der Service Provider trägt die Verantwortung für die Auslieferung, den Betrieb und/oder die Pflege der Kunden- oder Service Assets mit den entsprechenden Warranty-Ausstattungen unter einer Service-Vereinbarung. Service-Validierung und Tests können im gesamten Lifecycle Verwendung finden, wenn es um das Thema Qualitätssicherung und -überwachung geht, um die entsprechenden Ausprägungen des Service und die Fähigkeiten, Ressourcen und Kapazitäten des Service Providers zu prüfen.

Um die Services zu validieren und zu testen, spielen die Schnittstellen zu Lieferanten, Kunden und Partnern eine wichtige Rolle, da an ihren Schnittstellen der Services Tests und Validierungsaktivitäten durchgeführt werden können. Tests können an intern und extern entwickelten Services, Hardware, Software oder wissensbasierten Services angewendet werden. Dieser Vorgang beinhaltet das Testen neuer oder geänderter Services oder Service-Komponenten und prüft ihr Verhalten in der Zielumgebung. Tests unterstützen direkt den Release und Deployment-Prozess. Eine Aktivität in diesem Prozess beschäftigt sich mit dem Testen und der Validierung. So wird sichergestellt, dass während der Release-, Build- und Deploymentphase ausreichend und gesteuert getestet wird. Tests sind so wichtig, dass ihnen über ITIL® V3 ein eigener Prozess gewidmet wird. Der Prozess Service Validation und Testing prüft die Service-Modelle, um sicher zu gehen, dass sie mit der entsprechenden Utility und Warranty ausgestattet sind, bevor sie an den Betrieb (Service Operations) übergeben werden.

Im Falle nicht ausreichender Tests und nachfolgender Service-Fehler können sowohl das Kundengeschäft als auch das Geschäft des Service Providers Schaden davontragen (Reputationsverlust, Konventionalstrafen, direkter Zeit- und Geldverlust, entgangene Geschäftstätigkeiten etc.).

Tests versuchen, solche negativen Auswirkungen weitestgehend zu vermeiden. Aber es gilt: Testing can prove the presence of bugs, but not their absence. (Dykstra). Durch eine ausreichende Testabdeckung soll der Hauptwert des Testens zum Tragen kommen. Dies bezieht sich auf das Vertrauen darauf, dass der neue oder veränderte Service auch wirklich den Nutzen und die Funktionalität transportiert, wie angefordert.

11.5.2 Prinzipien der Service-Validierung und Testings

Der Prozess Service-Validierung und Testing erhält seinen Input aus dem Service Design. Hieraus stammen Angaben wie die wieder- oder mehrfach verwendbaren Komponenten eines Service, oft ebenfalls in Form von Services und das Service Level Package (SLP). Dies beschreibt den festgelegten Grad an Utility und Warranty für ein bestimmtes Service Package. Jedes SLP ist darauf ausgerichtet, den Anforderungen eines bestimmten Business-Aktivitätsmusters (BPA) gerecht zu werden. Es ist eine der Schlüsselkomponenten für die Testaktivitäten. Die Attribute eines Service charakterisieren die Form und die Funktion eines Service aus Sicht der Personenkreise, die ihn später nutzen werden. Der Kontext, in dem der Service zum Einsatz kommen wird, hat Einfluss auf das Design des Service und definiert gleichzeitig die Kategorisierung der Service Assets, also die Service-Struktur (siehe *Abbildung 11.43*).

Das Service Design Package beschreibt die abgestimmten Anforderungen an den Service, ausgedrückt in einem Service-Modell und den Service Operation-Plan, was den wichtigsten Input für die Testpläne und das Testdesign darstellt.

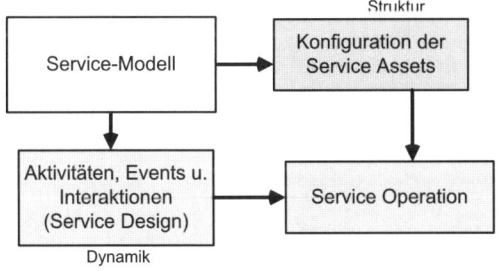

Abbildung 11.43:
Service-Modelle definieren Struktur
und Dynamik eines Service

Das Service-Modell steht für die Struktur und die Dynamik des Service, die über die Service Transition in den Service-Betrieb überführt wird. Die Phase der Service Transition kümmert sich dabei auch darum, dass nur das, was den Anforderungen des Kunden entspricht, im Service-Betrieb ankommt.

Die Struktur setzt sich aus den Service-Bestandteilen zusammen, d.h. es geht um die Frage nach den Core- und den unterstützenden Services. Entsprechend Design, Entwicklung und Zusammenbau wird dann der neue oder geänderte Service in Bezug auf die Service Assets getestet und gegen die Anforderungen geprüft. Service-

Modelle geben aber nicht nur die Struktur vor, sondern auch die dazugehörige Dynamik des Service, um den Wertbeitrag liefern zu können. Dies beinhaltet auch die Kooperation und Kommunikation zwischen den Nutzern des Service und den Service-Agenten, d.h. Mitarbeitern des Service Providers, Prozessen oder Systemen, mit denen es der Anwender zu tun hat, um den Service nutzen zu können (z.B. ein Self Service-Menü oder die Eingabemaske eines elektronischen Bestellsystems). Die Service-Dynamik beinhalten auch Muster der Business-Aktivitäten, Nachfrage-muster, Ausnahmen und Abweichungen. Service Design verwenden Prozesskarten, Workflow-Diagramme und andere Tools, um das Service-Modell zu definieren.

Eine Zusicherung an die Service-Qualität wird durch Verifizierung und Validierung erreicht. Tests sind Aktivitäten, mit deren Hilfe geprüft wird, ob ein Configuration Item, IT Service, Prozess usw. den Spezifikationen oder vereinbarten Anforderungen entspricht. Die Validierung der Service-Anforderungen und der korrespondierenden Service-Akzeptanzkriterien (Service Ascceptance Criteria, SAC) beginnt, sobald die Service-Anforderungen definiert sind. Über den gesamten Service Lifecycle hinweg wird es unterschiedliche Teststufen geben. Die Validierung stellt eine dokumentierte Beweisführung dar, dass ein System die Anforderungen in der Praxis erfüllt (Plausibi-lität). Die Verifizierung dient dem Nachweis, dass ein vermuteter oder behaupteter Sachverhalt wahr ist.

In einem frühen Abschnitt des Service Lifecycle wird über die Validierung die Bestä-tigung eingeholt, dass die Kundenanforderungen, Verträge und Service-Attribute, spezifiziert über das Service Package, mit den korrespondieren Service Level-Anforde-rungen und -Beschränkungen korrekt in das Service Design überführt wurden. Später werden Tests durchgeführt, um zu bewerten, ob der aktuell angebotene Service den angeforderten Service Level erfüllt (Utility und Warranty).

„Good testing works best on good code and good design. And no testing technique can ever change garbage into gold." (Beizer)

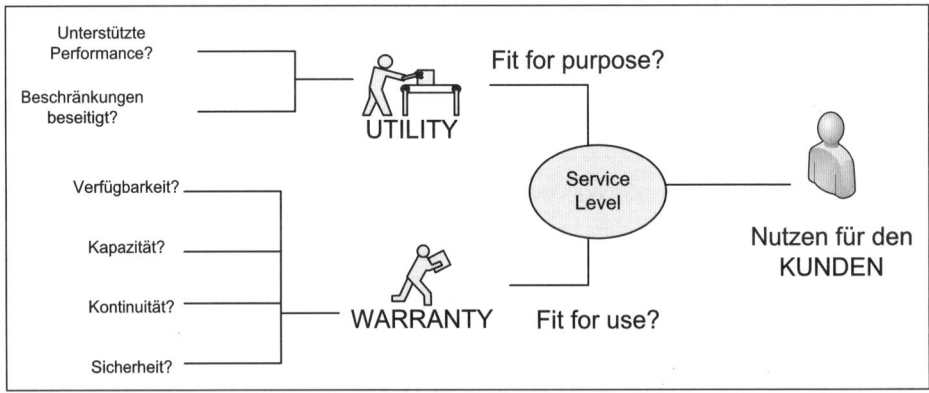

Abbildung 11.44: Service Utility und Warranty bilden den Wertbeitrag für den Kunden

Richtlinien unterstützen die Service-Validierung und das Testen mit den entspre-chenden Service-Qualitätsrichtlinien, Risiko-Policy, Service Transition Policy, Release Policy und einer Change Management-Richtlinie. Diese Richtlinien schreiben nicht nur die Form, sondern auch gewisse Inhalte vor. Nur Ergebnisse, die eine Mindest-konformität zur Richtlinie haben, werden abgenommen.

◆ Eine Service-Qualitätsrichtlinie wird über das Senior Management zusammen mit dem Bereich Service Strategy definiert, indem die Bedeutung der Service-Qualität festgeschrieben wird. Dazu gehören auch Service Level-Metriken. Für die Qualitäts-perspektive kommen vier Aspekte in Frage: Level of Excellence, Preis-Leistungsver-hältnis, Spezifikationskonformität, Erfüllen oder Übertreffen von Erwartungen.

◆ Risiko-Policy: Verschiedene Unternehmensbereiche, Organisationen oder Kunden-segmente empfinden ein Risiko ganz unterschiedlich (risikoscheu, risikofreudig) und legen darum mal mehr, mal weniger Wert auf das Thema Test und Validierung. Das Risikoprofil beeinflusst die Steuerung, die über die Service Transition notwendig ist, in Bezug auf die Validierungstiefe, Testen der Service Level-Anforderungen, Utility und Warranty (Verfügbarkeitsrisiko, Sicherheitsrisiko etc.).

◆ Das Thema Service Transition Policy wurde bereits in *Kapitel 10.3, Motivation und Aspekte der Service Transition* behandelt.

◆ Release-Richtlinie: Art und Häufigkeit der Releases beeinflussen den Testansatz. Häufige Release-Ausbringungen und -zusammenstellungen verlangen nach wiederverwend-baren Testmodellen und Automatismen.

◆ Change Management Policy: Diese Richtlinie kümmert sich um die Handhabung und die Zusammenhänge zwischen Change, Release und Rollout, beispielsweise das Thema Wartungsfenster, wie weit Changes im Voraus angekündigt werden müssen, um umgesetzt werden zu können, und weitere Anforderungen aus dem Bereich der Service-Strategie.

Eine Teststrategie definiert einen umfassenden Ansatz für die Testorganisation und die entsprechenden Ressourcen. Eine solche Strategie kann sich auf die gesamte Organisation, einen Geschäftsbereich oder einen einzigen Service beziehen. Die jeweilige Teststrategie muss in Zusammenarbeit mit den jeweiligen Stakeholdern entstehen, um sicherzustellen, dass der gewählte Ansatz ausreichend ist. Bereits zu Beginn des Lifecycle müssen die Ansätze zur Service-Validierung und die Verteilung der Testrollen zusammen mit dem Service Design und der Service-Evaluierung aus-gearbeitet werden. Das Ergebnis sind Pläne und die Entwicklung eines Testansatzes unter Verwendung der Daten und Informationen aus Service Design Package (SDP), Service Level Package (SLP) und einem vorläufigen Evaluierungsbericht. Die Aktivitäten beinhalten die Übersetzung aus dem Service Design in die Testanforde-rungen und -Modelle (Kombination von Service Assets und Beschränkungen), Finden des besten Ansatzes, um die Testabdeckung hinsichtlich Risikoprofilen, Change-Auswirkungen und Ressourcenüberprüfung zu optimieren, Übersetzen der Service-Akzeptanzkriterien (SAC) in Eintritts- und Austrittskriterien zu jeder Test-ebene und die Übersetzung der Risiken und offenen Punkte bezüglich Impact, Ressourcen und Risikobewertung über ein RfC des SDP/Service Releases in die Test-umgebung. Da hier wieder eine Verknüpfung zum Thema Projekt-Management besteht, sollte eine konstruktive Zusammenarbeit entstehen und das Projekt seine Aufgaben in Sachen Qualitätsprüfung und Test wahrnehmen, z.B. durch Abstellen von Ressourcen zum Testen, Erkennen von Testnotwendigkeiten, Steuerung und Management der Testaktivitäten.

Service Transition

Die Rollen im Prozess Service-Validierung und Testing und während der Service Transition

◆ Test Support-Team: Bereitstellung unabhängiger Testunterstützung aller Komponenten aus Service Transition-Projekten oder -Programmen. Es unterstützt dabei direkt oder indirekt den Change Manager, Testanalysten, Entwickler/ Lieferanten, Service Design, Kunden und Anwender.

◆ Service Test Manager: Test Support-Team und Service Test Manager sind Teil des Service Test Managements in der Service Transition. Der Service Test Manager berichtet an den Service Transition Manager und an den Release und Deployment Manager, Positionen, die stets von unterschiedlichen Personen eingenommen werden sollten, um unabhängige Tests sicherzustellen. Der Service Test Manager definiert beispielsweise die Test-Strategie, entwirft und plant die Test-Bedingungen, Test-Skripte und Test-Datenreihen, um eine geeignete Abdeckung zu gewährleisten, verfasst Berichte, kümmert sich um Test-Ressourcen und die Einhaltung der Test-Richtlinien.

◆ Performance und Risk Evaluation-Manager: Er entwickelt den Evaluationsplan auf Basis der Service Design Packages und der Release Packages, prüft die Risiken und offenen Punkte und erstellt einen entsprechenden Bericht.

Bei den Rollenbeschreibungen kann es zu Überschneidungen zwischen dem Release und Deployment Management und dem Prozess Service-Validierung und Testing kommen.

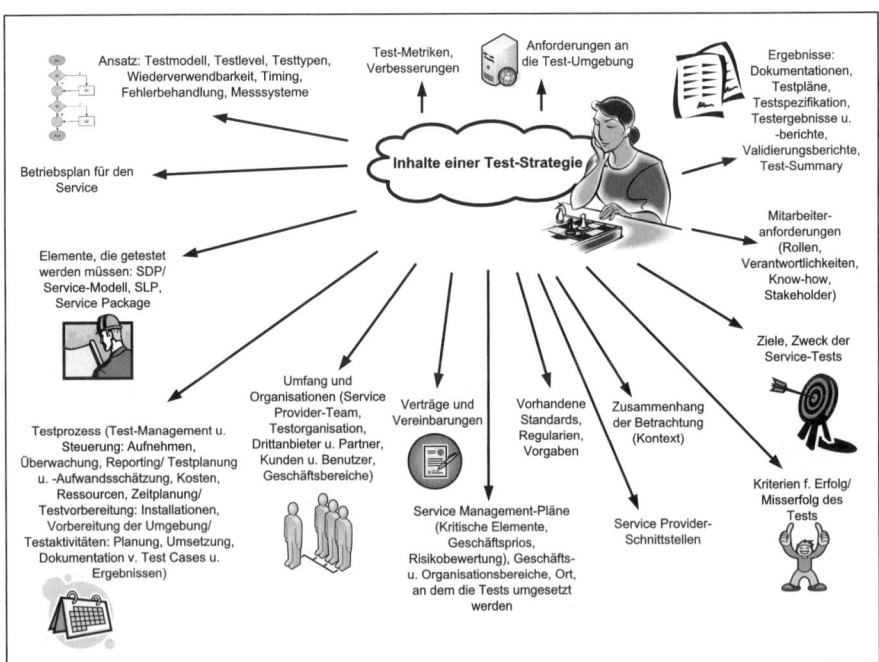

Abbildung 11.45: Beispielhafte Inhalte einer Test-Strategie

Ein Testmodell beinhaltet einen Testplan, eine Angabe darüber, was getestet werden soll und die Test-Skripte, die definieren, wie jedes Objekt getestet werden soll. Ein solches Modell soll sicherstellen, dass die Tests konsistent, nachvollziehbar und reproduzierbar ablaufen und so eine effektive und effiziente Arbeitsweise sicherstellen. Die Test-Skripte definieren die Release-Testbedingungen, die erwarteten Ergebnisse und die Beschreibung der Test-Zyklen.

Service Test Design zielt auf die Entwicklung von Testmodellen und Testfällen ab, die die entsprechenden und korrekten Dinge messen und prüfen sollen, um abschätzen zu können, ob der Service dem ihm zugedachten Nutzen nachgehen wird. Der Fokus sollte nicht allzu leicht auf die technischen Komponenten und Aspekte geleitet werden, die u.U. einfacher zu testen sind. Ein strukturierter Ansatz hilft, die Priorität und den Fokus auf die richtigen Dinge zu lenken. Möglicherweise bringen Tests und Validierungsaktionen auch Fehler ans Tageslicht, die es möglichst früh über Changes zu beseitigen gilt.

Aspekt des Testmodells	Beschreibung
Service-Vertrag	Prüfen, ob der Kunde über den Service einen entsprechenden Nutzen erhält
Service-Anforderungen	Prüfen, ob der Service Provider den Service in gewünschter und vereinbarter Form liefert
Service Level	Sicherstellen, dass der Service Provider den Service entsprechend den Service Level-Anforderungen (SLR) in der Produktionsumgebung mit der entsprechenden Warranty zur Verfügung stellt (Testen der Antwortzeiten, Maintainability, Support-Leistungen etc.)
Betrieb	Prüfen, ob das Betriebsteam den Service betreiben kann.

Tabelle 11.2: Beispiele für Service-Testmodelle

Service Transition

Effektive Validierungs- und Testansätze konzentrieren sich auf die Frage, ob der Service wie angefordert bereitgestellt wird. Dabei wird die Position der Personen eingenommen, die später mit dem Service arbeiten oder ihn verwalten, betreiben, deployen oder supporten werden. Die Testeintritts- und -austrittskriterien werden entwickeln, sobald das Service Design Package (SDP) designt wird. Diese werden die unterschiedlichen Perspektiven und Profile vertreten, z.B. Service Design (Funktion, Management, Betrieb), Technologie-Design, Prozess-Design etc.

Service-Akzeptanztests beginnen mit der Verifizierung der Service-Anforderungen. Dabei werden auch die unterschiedlichen Stakeholder (Kundenvertreter, Benutzer des Service, Lieferanten, Service Provider) in diese Tätigkeiten miteinbezogen, sind sie doch diejenigen, die (je nach Rolle) die Service-Akzeptanzkriterien und Service-Akzeptanztestpläne abnehmen. Auch die emotionale Akzeptanz der Benutzerseite spielt eine wichtige Rolle. Sind Schlüsselfiguren nicht mit der Einführung eines neuen Service einverstanden (aus welchen Gründen auch immer), kann dies zu erheblichen Verzögerungen bei der Einführung oder gar zum Scheitern führen.

Anwender-Tests werden aus Tests gebildet, die prüfen sollen, ob der Service den funktionalen und qualitativen Anforderungen der Benutzer genügt. Dies geschieht meist dadurch, dass der Service an die Geschäftsprozesse gekoppelt wird, die er unterstützen soll, um dies in einer Umgebung umzusetzen, die möglichst nahe an der späteren Produktivumgebung bzw. der entsprechenden Arbeitssituation liegt. Dies kann ggf. mit Changes am System oder dem Geschäftsprozess verbunden sein. Der volle Umfang dieser Betrachtungen und des Ergebnisses der Überlegungen zur Testsituation findet sich im Anwendertest- und Anwenderakzeptanztestplan (User Test and User Acceptance Test Plans, UAT) wieder. Dabei können auch Tests der Service Management-Aktivitäten eingeschlossen werden, z.B. das Ausprobieren des Service Desks als Kontaktstelle, Request Fulfillment o.ä. Das Einbeziehen der Anwender in die Definition der Akzeptanzkriterien und Testaktivitäten ist sehr wichtig, auch wenn es mit gewissen Risiken verbunden ist.

Ebenfalls sehr wichtig ist das Einbeziehen der Kundensicht und der Business-User, die v.a. Wert auf organisatorische Fragen legen (Wie werden Fehler kommuniziert und an wen? Wie wird der Fortschritt überwacht und der Abschluss von Change-Anfragen oder Incidents?). Der Service Provider hält Kontakt zum Kunden, hält ihn auf dem Laufenden und versucht, Überraschungen zu vermeiden, die beim Testen auftreten könnten. Gleichzeitig hat er ein wachsames Auge auf die Qualität des Service und stellt sicher, dass der Service bereits mit einer entsprechend hohen und vorab geprüften Robustheit und Qualität an den Teststart vorrückt.

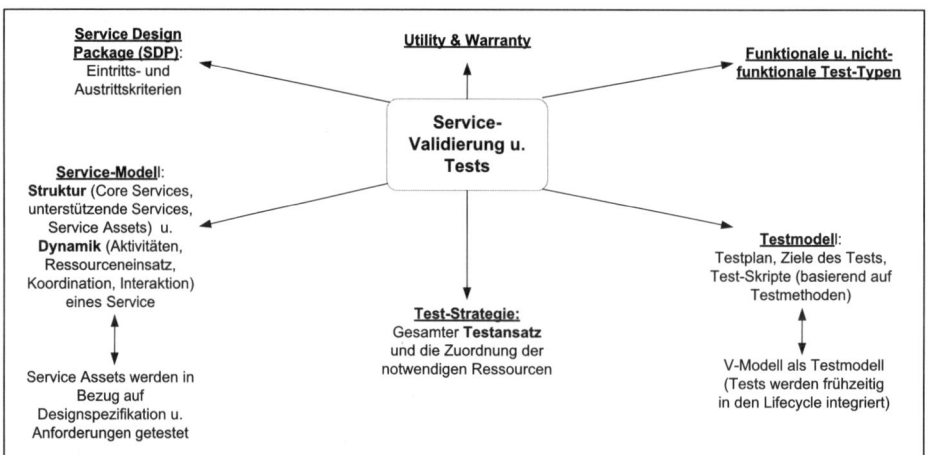

Abbildung 11.46: Basiskonzepte im Prozess Service-Validierung und Testing

Auch die Bedürfnisse des IT-Personals müssen berücksichtigt werden – und zwar, bevor der Service ausgerollt wird. Das Betriebsteam nutzt die Tests, um sicherzustellen, dass das entsprechende technische Equipment, Tools, Zugriffsmöglichkeiten und -rechte existieren, die für die spätere Arbeit notwendig sind. Unterstützende Prozesse und Ressourcen müssen vorhanden sein, das Service Desk und weitere Support-Einheiten müssen informiert sein. Dies gilt auch für das Wissen und die Erfahrung, die im Team vorhanden sein muss, um den Service unterstützen zu können. Dokumentationen, Handbücher, Checklisten und Zugang zum Knowledge Management sind zu übergeben. Auch das Continual Service Improvement wird ein wachsames Auge auf den neuen oder veränderten Service haben, um sicherzustellen, dass dieser unter ihre Fittiche kommt und sie ein ausreichendes Verständnis über den Service aufgebaut haben.

Testen ist eng mit der Zusammenstellung (Build) der Service Assets und Produkte verbunden, so dass jeder über einen entsprechenden Akzeptanztest mit den jeweiligen Testaktivitäten verfügt. Dabei kommen die passenden und wiederverwendbaren Testmodelle zum Einsatz, die dabei helfen, den Qualitätsgedanken früh in den Service Lifecycle einzubinden. Die unterschiedlichen Testlevel werden im Modell bestimmt. Ein Beispiel dafür ist das V-Modell (siehe *Abbildung 11.39*). Modelle bieten dabei ein Framework, das hilft, die unterschiedlichen Ebenen der Configuration Items zu organisieren und den vorgesehenen Validierungs- und Testaktivitäten zuzuführen. Die jeweiligen Testebenen hängen vom Design und vom Aufbau eines Systems ab.

Ein weiterer Aspekt des Testens widmet sich den unterschiedlichen Testansätzen und Techniken, die neben ihrer reinen Form auch je nach Beschränkungen und Seiteneffekten kombiniert werden können. Das hängt von den Anforderungen der jeweiligen Service-Typen, dem Service-Modell, Risikoprofil, Testzielen oder den Testebenen ab. Beispiele für Testansätze:

- Dokumenten- und Konzeptprüfung
- Modellieren und Messen (Service-Modell, Betriebsplan)
- Spezielle Ansätze für besonders kritische Systeme
- Standard Compliance-Ansätze, Industrie-spezifische Empfehlungen
- Hinzuziehen von Experten
- Ansätze basieren auf den Erfahrungen des Unternehmens (Wasserfallmodell, RUP o.ä.)
- Simulation
- Protoyping
- Walkthrough
- Workshops
- Pilotierungen unterschiedlicher Art

Um einen optimalen Einsatz der Testressourcen anzustreben, sollte mit der entsprechenden Priorisierung vorgegangen werden, je nach Wichtigkeit des Service, Business-Auswirkungen und -Risiken und Zeitplanung.

Unterschiedliche Testarten/Testtypen

- **System-Integrationstest:** Hier besteht die Herausforderung darin, ein korrektes Zusammenspiel von vielen komplexen Systemkomponenten zu verifizieren. Dazu ist eine effektive Zusammenarbeit vieler Systemverantwortlicher unverzichtbar.

- **Abnahmetest:** Die Abnahme bzw. Validierung von Software erfolgt idealerweise durch den Auftraggeber/Anwender.

- **Usability Test:** Bedienbarkeit und Verständlichkeit stellen unverzichtbare Qualitätsmerkmale dar.

- **Security Test:** Die Akzeptanz von Service ist von Kundenseite auch abhängig vom Vertrauen des Anwenders in die korrekte und sichere Verarbeitung der Daten.

◆ Last- und Performance-Test: Steigende Datenmengen und Benutzerzahlen sowie komplexer werdende Informationsverarbeitung stellen hohe Anforderungen an das Antwortzeitverhalten bzw. an das Systemverhalten generell. Mit Hilfe leistungsfähiger Werkzeuge und Verfahren werden Systeme bzw. Systemkomponenten unter hoher Last analysiert und Schwachstellen identifiziert.

◆ Service-Spezifikationstest (fit for purpose): Um herauszufinden, ob der Service die Spezifikation erfüllt, testen Lieferanten, Anwender und Kunden.

◆ Service Level-Test, um zu prüfen, ob der neue Service die festgelegten Service Level erreicht.

◆ Service Guarantee-Test (fit for use): Dabei wird meist von Kundenseite verifiziert, inwiefern Verfügbarkeit, Kapazität, Kontinuität und Sicherheit gewährleistet werden.

◆ Service Management-Test, z.B. auf Basis der ISO/IEC 20000, in der die minimalen Anforderungen, die Prozesse erfüllen müssen, beschrieben werden.

Weitere Testtypen sind beispielsweise Kompatibilitätstests, Compliance-Tests, Betriebstests (z.B. als Last- und Stress-Tests) oder Regressionstests, um neue Testergebnisse mit alten Testergebnissen vergleichen zu können.

Das Service-Test-Design beschäftigt sich mit der Entwicklung von Testmodellen und Testfällen, um festzustellen, dass der Service die definierten Anforderungen erfüllt. Ein strukturierter Ansatz unterstützt das Bemühen, einen Service auf allen notwendigen Testebenen auf Herz und Nieren zu prüfen. Dazu gehören auch die entsprechenden Test-Skripte.

Neben den Betrachtungen in Bezug auf die geschäftlichen Aspekte (z.B. Business-Abhängigkeiten, Anzahl der Anwender, Geschäftsszenarien als Testvorlage), die Service-Architektur und -Performance (SLAs, Servicestruktur etc.), das Service Management (Service Support-Modelle, Service Operations-Modell etc.), die Applikationsinformationen und -daten (Zusammenarbeit mit der Datenbasis, Funktionalität, Versionsseiteneffekte etc.) oder die technische Infrastruktur (z.B. physikalische Assets, Ressource-Kapazitäten) gibt es weitere Gesichtspunkte, die nicht außer Acht gelassen werden wollen. Dazu zählen z.B.:

◆ Budget und Finanzen, z.B. ob das vorhandene Budget ausreichend ist

◆ Dokumentationen, z.B. ob alle notwendigen Dokumentationen vorhanden sind

◆ Lieferanten eines Services, z.B. in Bezug auf die Schnittstellen

◆ Build, z.B. ob der Service oder seine Bestandteile in ein Release Package passt/passen

◆ Zeitplanung, z.B. wann und wo die Tests stattfinden können

◆ Rollback, z.B. ob ein Fallback-Plan entwickelt wurde

Im Hinterkopf behalten werden muss auch die Notwendigkeit von Management und Pflege der Testdaten. Dazu gehört die Trennung von Test- und Produktivdaten, Zugriffsschutz und Regeln, um zu vermeiden, dass Daten aus Versehen in der falschen Umgebung landen. Weitere wichtige Aktionen beziehen sich auf das Backup der Testdaten oder eine abgenommene Baseline für die Testumgebung.

Leistungsindikatoren

Key Performance-Indikatoren lassen sich in Bezug auf diesen Prozess in zwei unterschiedliche Sichten aufteilen. Die Effektivität des Testens lässt sich aus der externen Perspektive (Kundensicht) folgendermaßen messen:

◆ Frühe Validierung, dass der Service den vorhergesagten Nutzen für das Business transportieren wird

◆ Reduzierte Test-Verzögerungen, die das Business beeinflussen können

◆ Gesunkene Auswirkungen von Fehlern und Incidents in der Produktion nach dem Deployment

◆ Effektivere Verwendung von Ressourcen

◆ Besseres Verständnis der Stakeholder für die Rollen und Verantwortlichkeiten, die zu einem neuen oder geänderten Service gehören

Daneben existiert die interne Sicht (als Lieferant eines Service) mit den folgenden Beispiel-Metriken:

◆ Gesunkene Kosten für den Aufbau und den Betrieb der Testumgebungen

◆ Wiederverwendung von Testdaten

◆ Anzahl der gefundenen Incidents, dokumentierten Known Errors (bekannten Fehler), die aus der Testphase stammen (prozentualer Anteil im Vergleich zur Produktivumgebung)

11.5.3 Aktivitäten der Service-Validerung und des Testings

Die unterschiedlichen Validierungs- und Testaktivitäten sind nicht als eine fixe sequenzielle Reihenfolge anzusehen, sondern erfolgen z.T. gleichzeitig bzw. in Abhängigkeit und Wechselspiel von- und miteinander.

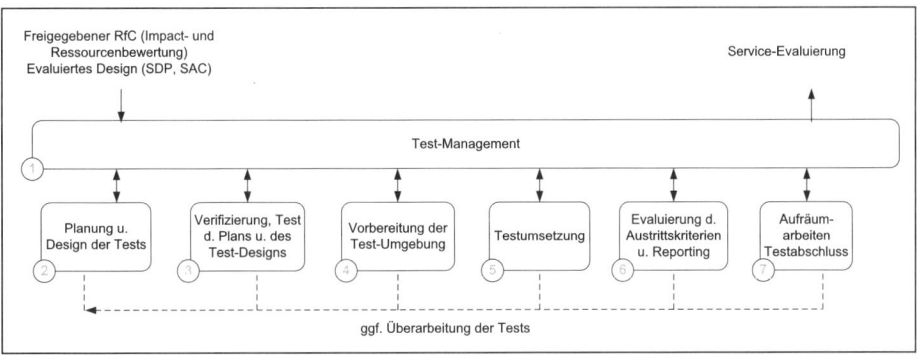

Abbildung 11.47: Aktivitäten von Validierung und Test

1. Validierung und Test-Management: Das Testmanagement besteht aus der Planung und dem Management im Sinne von Steuerung sowie dem Berichtswesen, das alle Aktivitäten während der Testphase in der Service Transition betrifft. Dies beinhaltet das Planen der Ressourcen und die Bestimmung, was wann getestet werden soll. Darüber hinaus müssen z.B. Incidents, Probleme und Fehler, Abweichungen, offene Punkte und Risiken verwaltet werden. Auch das Sammeln der Testmetriken, deren Analyse, Reporting und Management gehören dazu. Der Testfortschritt muss im Auge behalten und die Configuration Baselines aufgestellt werden. Möglicherweise müssen Changes implementiert werden.

2. Planen und Designen: Testplanung und Design-Aktivitäten finden bereits früh im Lifecycle statt und beziehen sich auf Ressourcen (Hardware, Netzwerk, Mitarbeitereinsatz, Kapazität, Fähigkeiten und Finanzen), die Ressourcen auf Kundenseite, die unterstützenden Services sowie die Planungsmeilensteine, Lieferung und Akzeptanz.

3. Verifizierung der Testpläne und des Designs, um sicherzustellen, dass alles (inklusive der Skripte als Handlungsanweisungen) komplett ist. Die Testmodelle müssen den Risikoprofilen der Services gerecht werden und diese ebenso wie die Schnittstellen prüfen können.

4. Vorbereitung der Testumgebung, um eine definierte Ausgangsbasis (Baseline) für die Testumgebung zu schaffen, die bei Bedarf wiederhergestellt werden kann. Dazu gehören die Services der Build- und Testumgebungsressourcen und die Verwendung der Release- und Deployment-Prozesse.

5. Durchführen der Tests auf Basis von manuellen oder automatisierten Testtechniken und -verfahren. Dabei werden alle Ergebnisse registriert. Schlägt ein Test fehl, wird dies und die Fehlerursache dokumentiert. Soweit möglich, müssen sich die Tests an die Testpläne halten.

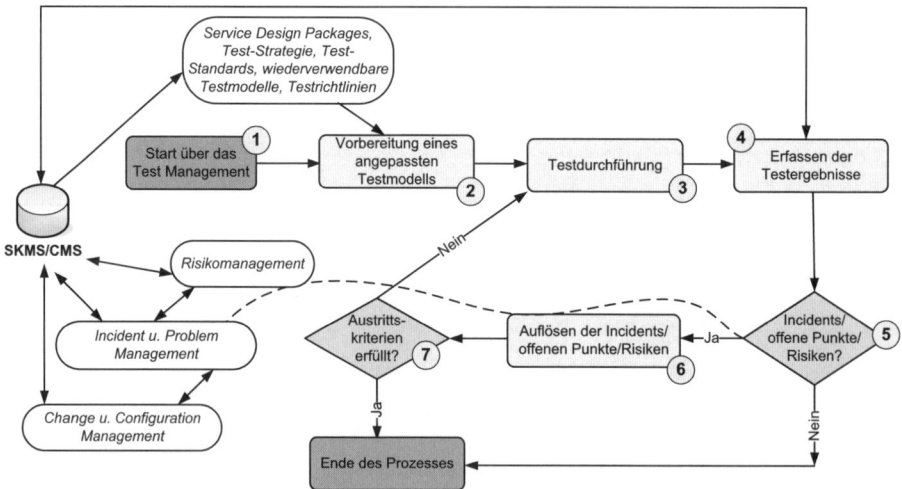

Abbildung 11.48: Beispielhafte Umsetzung der Testaktivitäten

6. Evaluieren der Austrittskriterien und Reporting: Die tatsächlichen Ergebnisse werden mit den erwarteten Ergebnissen (exit criteria) verglichen. Testergebnisse können als bestanden/ungenügend oder als mögliche Risiken der getesteten Objekte für Kunde oder Lieferant interpretiert werden. Für das Berichtswesen werden die Testmetriken gesammelt und zusammengefasst.

   Austrittskriterien für das Ende des Tests ist beispielsweise ein erfolgreicher Test darüber, dass der Service die Qualitätskriterien erfüllt und die Configuration Baselines im Configuration Management System (CMS) abgelegt wurden.

7. Aufräumen und Abschluss: Durch diese Aktivität soll sichergestellt werden, dass die Testumgebung nach Abschluss der Testarbeiten bereinigt wird. Dabei sollte dem Thema „Lessons Learned" durchaus Zeit eingeräumt werden, um offene Punkte zu adressieren und den vorhandenen Testansatz ggf. zu verbessern.

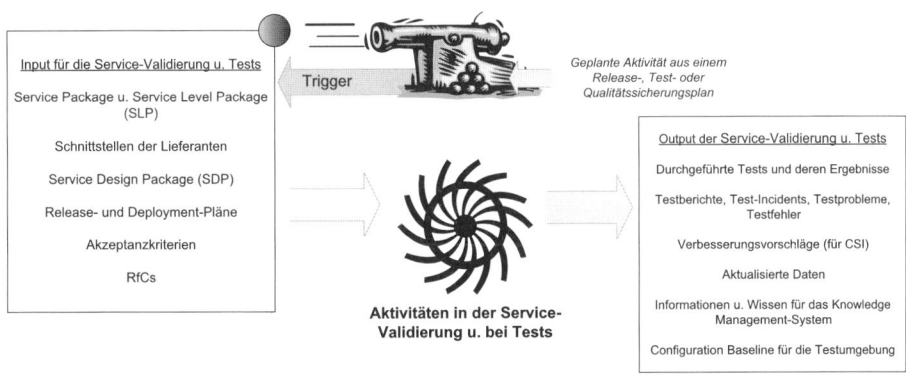

Abbildung 11.49: Trigger, Input und Output für den Prozess

11.6 Evaluation

Hinter der Evaluation steht ein generischer Prozess, der verifiziert, ob die Leistung von „irgendetwas" akzeptabel ist, z.B. in Bezug auf den passenden Preis oder die Qualität. Hinsichtlich der Service Transition besteht das Ziel der Evaluation (zu Deutsch: Untersuchung oder Bewertung) darin, die Performance eines Service Change im Zusammenhang mit den bestehenden oder für die Produktion anstehenden Services zu definieren. Die tatsächliche Leistung eines Change wird gegen die erwartete Performance geprüft und die Abweichungen gemanagt. Die Evaluation liefert einen wichtigen Input für den Lifecycle-Abschnitt Continual Service Improvement (CSI) und die zukünftige Verbesserung der Service-Entwicklung und des Change Managements.

Das Ziel der Evaluation besteht in der Steuerung der Stakeholder-Erwartungen in eine realistische Richtung. Effektive und korrekte Informationen aus der Evaluation dienen dabei auch dem Change Management. So wird sichergestellt, dass Changes, die Service-Fähigkeiten nachteilig beeinflussen können und Risiken mit sich bringen, nicht ungeprüft überführt werden. Die Aussagen aus der Evaluation sind die Basis, die den Genehmigungsprozess im Change Management beschleunigen können. Betrachtet werden dabei neue oder veränderte Services, die im Service Design entworfen wurden, während des Deployments und vor der letztendlichen Transition in die Produktivumgebung.

Die Evaluation lehnt sich als Bewertungsbaustein stark an den PDCA-Zyklus (Demingzyklus) an und kommt dabei dem „Check" (Überprüfung) gleich. Die Maßnahmen werden hinsichtlich ihrer Zielwirksamkeit kontrolliert und bewertet.

11.6.1 Richtlinien und Prinzipien der Evaluation

Service Design- oder Service-Änderungen sollten evaluiert werden, bevor diese überführt werden. Jegliche Abweichungen zwischen tatsächlichen und erwarteten Leistungen müssen über den Kunden oder den Kundenvertreter gehandhabt werden, indem beispielsweise der Change freigegeben oder abgelehnt wird, obwohl oder weil die tatsächliche Leistung von der erwarteten Leistung abweicht. Eine weitere mögliche Reaktion ist die Forderung nach einem neuen Change, der später mit einer angepassten Vorhersage verglichen wird. Eine Evaluation sollte daher stets unter Einbindung der Kundenseite vonstatten gehen.

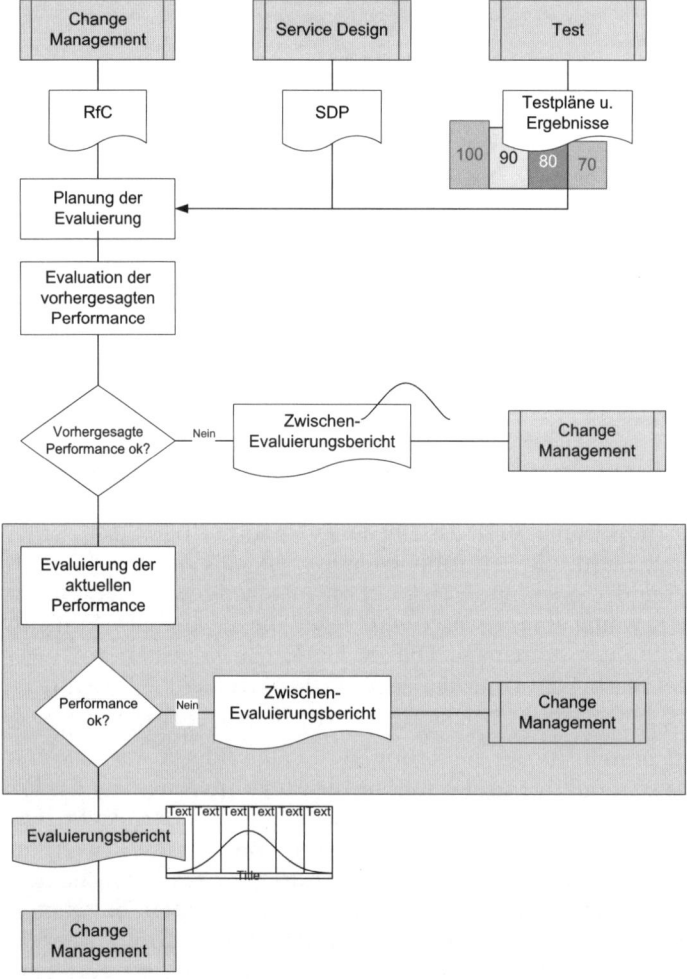

Abbildung 11.50: Evaluationsprozess

┌

Leistungsindikatoren

Die Evaluation beurteilt neue oder veränderte Services in Bezug auf die Frage, ob die entsprechende Einführung oder Veränderung des IT Service mit so hohen Risiken und negativen Auswirkungen verbunden ist, dass ein entsprechender Change nicht umgesetzt werden darf. Darüber hinaus geht es auch um die Frage, ob die tatsächlichen Ergebnisse eines Change den beabsichtigten Leistungen entsprechen. An diesen Aufgaben richten sich auch die Key Performance-Indikatoren aus:

◆ Anzahl der Abweichungen in Bezug auf die Service-Performance

◆ Durchlaufzeit für die Testabwicklung und -auswertung, da geringe Durchlaufzeiten verbunden mit aussagekräftigen Ergebnissen ein Zeichen für Effizienz sind

◆ Anzahl der fehlgeschlagenen Service Designs, die nicht ausgebracht werden

                                                                              ┘

11.6.2 Aktivitäten in der Evaluation

Die Aktivitäten im Evaluationsprozess lassen sich folgendermaßen darstellen (siehe *Abbildung 11.50*):

1. Planung der Evaluation: Bei der Planung der Evaluation werden die beabsichtigten und unbeabsichtigten Auswirkungen eines Change analysiert und bewertet. Die beabsichtigten Auswirkungen müssen sich mit den Akzeptanzkriterien überschneiden, um die Erwartungen an den Change erfüllen zu können. Dabei müssen unterschiedliche Gesichtspunkte und Perspektiven berücksichtigt werden. Die unbeabsichtigten Auswirkungen zeigen sich oft nicht unmittelbar und sind schwer vorauszusagen. Oft zeigen sich erst im Pilotbetrieb oder schlimmstenfalls in der Produktion.

2. Verstehen der beabsichtigten und unbeabsichtigten Performance: Die Einzelheiten des Service Change, der Kundenanforderungen und das Service Design Package sollten sorgfältig analysiert werden, um zu verstehen, was als Zweck hinter dem Change und dem erwarteten Nutzen aus der Implementierung steht. Die entsprechende Dokumentation sollte dem Rechnung tragen.

3. Evaluation der vorhergesagten Leistung: Es folgt die Durchführung einer Risikobewertung auf Basis der Kundenspezifikation und Akzeptanzkriterien, der vorhergesagten Leistung und des Performancemodells. Sollte sich dabei herausstellen, dass die vorhergesagte Leistung ein unakzeptables Risiko für den Change birgt oder Abweichungen von den Akzeptanzkriterien des Kunden, sollte es einen Zwischenbewertungsbericht an das Change Management geben. Die Evaluation sollte so lange ausgesetzt werden, bis als Antwort eine Entscheidung aus dem Change Management zurückkommt.

4. Evaluation der tatsächlichen Leistung: Nach der Implementierung eines Service Change erhält der Betrieb einen Bericht der aktuellen Leistung. Kundenspezifikation inklusive Akzeptanzkriterien, tatsächliche Leistung und das Performance-Modell werden zugrunde gelegt, um eine erneute Risikobewertung durchzuführen. Auch hier soll bei Abweichung ein entsprechender Bericht an das Change

(Randnotiz:) **Service Transition**

Management versendet werden. Ein solcher Zwischenbericht beinhaltet die Ergebnisse der Risikobetrachtung und/oder die Ergebnisse der tatsächlichen Performance im Vergleich zu den Akzeptanzkriterien. Auch hier muss das Feedback aus dem Change Management abgewartet werden.

Ist die Bewertung erfolgreich, wird ein Evaluationsbericht für das Change Management aufgesetzt. Dieser beinhaltet ein Risikoprofil, einen Abweichungsbericht, eine Qualifizierungs- und eine Validierungsaussage sowie eine Empfehlung.

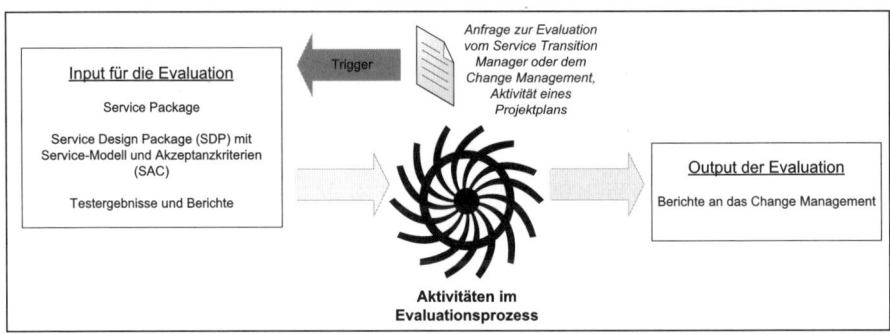

Abbildung 11.51: Trigger, Input und Output für den Prozess

11.7 Knowledge Management

Seit der Terminus Knowledge Management etwas unglücklich mit Wissensmanagement ins Deutsche übersetzt wurde, ist auch das Wissen selbst zum Inhalt umfangreicher Marketingschlachten geworden. Dabei ist das Wissen an sich Gegenstand etlicher wissenschaftlicher Diskussionen, die in Deutschland leider sehr selten interdisziplinär geführt werden.

Wissensmanagement beschäftigt sich mit den Möglichkeiten, auf die Ressource Wissen im Unternehmen Einfluss zu nehmen. Neben den traditionellen Produktionsfaktoren Arbeit, Kapital und Boden gewinnt der vierte Produktionsfaktor „Wissen" mehr und mehr an Bedeutung. Die Nutzung verfügbaren Wissens ist in der Zukunft entscheidend für den Unternehmenserfolg. Damit wird Wissen zu einem existenziellen Unternehmenswert. Um aus dem Unternehmenswissen Mehrwert zu erzielen, ist neben der Organisation das Teilen und Multiplizieren des Wissens maßgeblich. Erfolgreiche Unternehmen werden sich in der Zukunft vor allem dadurch auszeichnen, dass sie Wissen optimal organisieren und nutzen.

Entscheidend ist die Erkenntnis über die Notwendigkeit, Informationen und Wissen auszutauschen. Wissensmanagement benötigt zwar zum einen Hilfsmittel in Form von fortschrittlichen Technologien und intelligenten Werkzeugen, die Wissen organisier- und managebar machen, zum anderen aber steht internes Wissensmanagement in unmittelbarem Zusammenhang mit der Unternehmenskultur einer Organisation. Wissen ist ein persönliches Gut und eng mit den Menschen verbunden, die es besitzen. Ausschlaggebend ist, dass Unternehmen das Wissen ihrer Mitarbeiter als wertvolles intellektuelles Kapital verstehen, die daraus entstehende Wertschöpfung erkennen und aktiv ins Zentrum ihrer Bemühungen stellen. Wissensmanagement zu betreiben, ist keinesfalls allein ein Thema für große Konzerne. Insbesondere für kleine und mittelständische Unternehmen ist die systematische Wiederverwendung von im Unternehmen bestehendem Wissen überlebenswichtig geworden.

> „Knowing that" und das „knowing how" sind nur zwei unterschiedliche Aspekte rund um das Thema Wissen.

Die Informationsgesellschaft bringt eine Informationsflut mit sich, die ohne technische Hilfsmittel nicht mehr überschaubar ist. Um die richtigen Entscheidungen im richtigen Moment treffen zu können, bedarf es jedoch einer schnellen, gezielten und verständlichen Bereitstellung der gesuchten Information – des Wissens – zur richtigen Zeit, am richtigen Ort und in der richtigen Qualität. Diese Bereitstellung ist ein Erfolgsfaktor, auf dessen Basis Entscheidungen getroffen werden können.

ITIL® V3 setzt sich zum Ziel, durch das Knowledge Management die Qualität der Entscheidungsfindung zu verbessern, indem es sicherstellt, dass zuverlässige und sichere Informationen im Service Lifecycle bereitstehen.

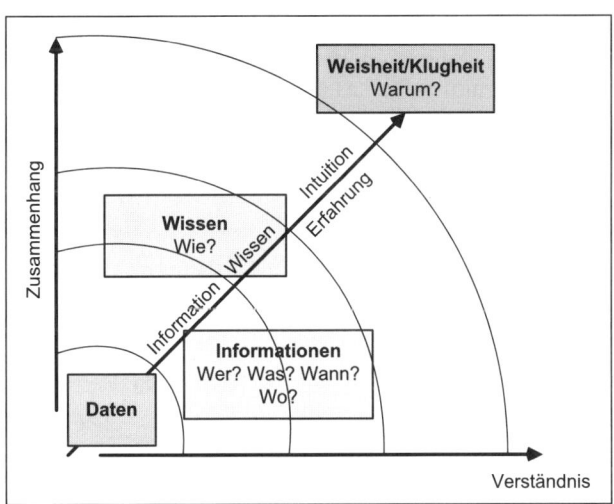

Abbildung 11.52: Data-Information-Knowledge-Wisdom (DIKW)

Knowledge Management wird unter ITIL® V3 in einem Data-Information-Knowledge-Wisdom-Modell (DIKW) dargestellt (siehe *Abbildung 11.52*).

◆ Daten stellen sich als eine Reihe von diskreten (endlichen, abzählbaren) Fakten in Bezug auf Ereignisse dar. Die meisten Unternehmen sammeln Daten in strukturierten und organisierten Repositorys wie im Knowledge Management oder dem Configuration Management. Im Knowledge Management werden Daten gesammelt, analysiert, verbunden und zusammengesetzt und in das System überführt. Dabei werden aus den Daten die später wiederverwendbaren Informationen.

◆ Informationen entstehen durch die Bereitstellung von Daten in einem spezifischen Kontext. Informationen werden oft in halbstrukturiertem Zusammenhang abgelegt wie in Dokumenten, E-Mails, Bildern oder Filmen. Eine der Hauptaktivitäten im Knowledge Management besteht in Bezug auf Informationen darin, diese so zu verwalten, dass sie abgefragt, gefunden, wieder verwendet und verwertet werden können.

◆ Wissen kann aus implizitem Wissen, Ideen, Erkenntnissen, Werten und individuellen Ansichten zusammengesetzt sein. Menschen erlangen Wissen aufgrund der eigenen und fremden Fachkenntnisse genauso wie aus der Analyse von Informationen (und Daten). Wissen ist dynamisch und kontextabhängig und fügt so Informationen in eine Art Bedienungskomfort, was die Entscheidungsfindung ermöglicht.

◆ Weisheit steht für die ultimative Einsicht und Urteilsfähigkeit.

Implizites Wissen (tacit knowledge)

Implizites Wissen geht als Begriff auf den Wissenschaftler Michael Polanyi zurück. Seine Ausgangslage bildet die Einsicht: „Wir wissen mehr, als wir zu sagen wissen." Eine Vielzahl an Alltagsbeispielen (z.B. Gesichtererkennung, Fahrradfahren) zeigt, dass Menschen etwas können, sie aber nicht der Lage sind zu beschreiben, wie sie dies umsetzen. Aus diesen Erkenntnissen folgt, dass das gesamte implizite Wissen nicht vollkommen in expliziter Form dargestellt werden kann und somit auch Formen des Datenmanagements eine zwar notwendige, jedoch keine hinreichende Bedingung für das Management von Wissen darstellen. Auch die Erkenntnis, dass das theoretische und praktische Wissen ihren Platz innerhalb eines Wissensprozesses beanspruchen, ist für die Praxis von Bedeutung.

Implizites Wissen ist eine Art stillschweigendes Wissen, dass nicht explizit verbalisiert wird. Oft wird dieses implizite Wissen im Deutschen auch (ein bisschen unglücklich klingend) als „Könnerschaft" bezeichnet.

11.7.1 Ziele und Prinzipien des Knowledge Managements

Die Ziele des Knowledge Managements beinhalten die Unterstützung des Service Providers, um die Effizienz und die Qualität der Services zu verbessern. Dies gelingt nur, wenn nicht nur das Management, sondern auch die Mitarbeiter Zugriff auf benötigte und relevante Informationen erhalten. Das Wissen, das über diesen Prozessen für alle beteiligten Personen freigesetzt wird, wird im gesamten Lifecycle benutzt, hat aber in der Transitionsphase eine besondere Bedeutung. Eine erfolgreiche Transition hängt stark von den verfügbaren Informationen und dem Wissen der Anwender, dem Service Desk, dem Support und den Lieferanten ab.

Eine effektive Bereitstellung der relevanten Informationen erfolgt durch das Service Knowledge Management System (SKMS), das entworfen, entwickelt, bereitgestellt und gepflegt werden muss. Ein SKMS versteht sich als die Ansammlung von Tools und Datenbanken, welche gebraucht werden, um Wissen und Informationen eines Service zu managen. Die SKMS beinhaltet das Configuration Management System wie auch andere Tools und Datenbanken. Das SKMS speichert, aktualisiert, steuert und zeigt alle Informationen, welche ein IT-Service Provider braucht, um erfolgreich den gesamten Lebenszyklus eines IT-Services zu managen. Hierbei entsteht aus reinen IT-Daten wertvolles Wissen und Know-How, auf deren Basis geeignete Stakeholder Entscheidungen treffen. Daher sollte das SKMS allen relevanten Stakeholdern zur Verfügung gestellt werden.

Da das SKMS weitere Informations- und Daten-Repositorys umfasst, stehen somit auch Informationen aus weiteren Prozessen und Funktionen zur Verfügung. Die Mitarbeiter erhalten beispielsweise Zugriff auf Informationen zu den Benutzern eines Service, seinem Status, Abhängigkeiten und Beschränkungen. Aber auch bisherige Incidents und Probleme inklusive der dazugehörigen Lösungen eines Service, verbundene Rollen, SLAs und Metriken sind wichtige Informationen.

Effektives Knowledge Management ist selbst ein wichtiges Asset für alle Personen, die Informationen über das SKMS in den Phasen eines Service Lifecycle beziehen und verwenden. Teams und Mitarbeiter stellen anderen Teams, Kollegen und Mitarbeitern die Daten, Informationen und das Wissen (siehe *Abbildung 11.53*) zu den definierten Facetten eines Service zur Verfügung.

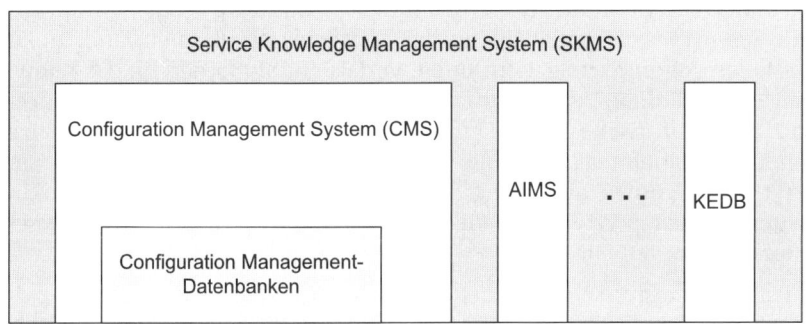

Abbildung 11.53: Bestandteile des SKMS

Das Thema Knowledge Management spannt darüber hinaus einen weiteren Rahmen und vereinigt die Themen Knowledge Management-Strategie, Wissenstransfer, Daten- und Informationsmanagement und die Verwendung des SKMS. Weitere Bereiche betreffen die Themen Schulung und Ausbildung, Copyright, Dokumentation von Fehlern, Ausfällen, Incidents, Workarounds (v.a. in der Transitionsphase) und das Thema Compliance (SOX, ISO 9000, ISO/IEC 20000).

Kommunikation spielt rund um das Thema Knowledge Management und gerade beim Wissenstransfer eine wichtige Rolle. Je größer beispielsweise die anstehende Änderung über einen Request for Change (RfC) beschrieben wird, desto wichtiger ist der Informationsaustausch und die damit zusammenhängende Kommunikation über die Beweggründe, Notwendigkeit und Hintergründe für die Veränderung, Vorteile, mögliche Risiken, die Planungen, Auswirkungen und Folgen für IT und Business.

⌐ Leistungsindikatoren

Das Knowledge Management zielt u.a. darauf ab, notwendiges Wissen bereitzustellen und so die Effizienz zu verbessern. Dementsprechend werden die
Key Performance-Indikatoren implementiert:

◆ Anzahl der Incidents, die auf fehlendes Anwenderwissen zurückzuführen ist

◆ Anzahl der Incidents und die Diagnosezeit, die auf Rückgriffen auf die Known
   Error-Datenbank (KEDB) beruhen (Anzahl der Zugriffe auf SKMS, Diagnose- und
   Behebungszeit, Verknüpfung der Incident Records mit Einträgen in der KEDB)

◆ Nutzungsgrad der SKMS

◆ Qualität der Daten und Informationen in der SKMS   ⌋

11.7.2 Aktivitäten im Knowledge Management

1. Knowledge Management-Strategie: Eine Organisation benötigt eine umfassende
Knowledge Management-Strategie. Wenn eine solche Strategie bereits vorhanden
ist, kann die Service Management Knowledge-Strategie sich darin einklinken. Zu
den Bestandteilen gehören dabei Richtlinien, Verfahren, Methoden für das Know-
ledge Management, Rollen, Verantwortlichkeiten, Finanzierung, ein Governance-
Modell und organisatorische Veränderungen, um Knowledge Management im
Unternehmen zu etablieren und seine Verbreitung weiter voranzutreiben. Ein
Schwerpunkt in der Knowledge Management-Strategie richtet sich auf die Dokumentation des relevanten Wissens, sowie die Daten und Informationen, die dieses
Wissen unterstützen.

2. Wissenstransfer: Ein erster Schritt besteht darin festzustellen, wie die Lücke zwischen dem notwendigen Wissen eines Teams oder eines Mitarbeiters und dem Wissen (einer Person oder eines Teams) aussieht, das vorhanden ist. Dementsprechend
wird ein Plan aufgesetzt, um den notwendigen Wissenstransfer umzusetzen. Dabei
können unterschiedliche Techniken und Methoden zum Einsatz kommen, z.B.:

● Lerntypen: Jeder Mensch lernt anders. Manche Menschen lesen Inhalte und können
   sie direkt aufnehmen und verstehen. Andere Menschen benötigen Erklärungen,
   wieder andere müssen das aufschreiben (von der Hand in den Kopf), um Inhalte zu
   erfassen.

● Wissensvisualisierung: Das kann an der entsprechenden kognitiven Ausrichtung
   der Personen liegen (haptisch, visuell etc.).

● Seminare, Webinare, Ankündigungen, um beispielsweise ein spezielles Event für
   den Launch eines neuen Service umzusetzen.

● Newsletter, Zeitungen: Regelmäßige Informationsmöglichkeiten über unterschiedliche Kommunikationskanäle schaffen einen Wissenstransfer in kleinen Schritten.

3. Informationsmanagement (siehe *Abbildung 11.54*): Daten- und Informations-management besteht aus den folgenden Aktivitäten:

- Aufstellen der Daten- und Informationsanforderungen: Daten und Informationen werden oft willkürlich und ungeordnet zusammengestellt, weil oft nicht klar ist, wie die Informationen verwendet werden sollen. Nicht nur aufgrund der zu verwaltenden Datenmenge kann dieses Vorgehen sehr teuer werden. Daher ist es wichtig, zuerst festzulegen, was denn an Informationen benötigt wird und warum.

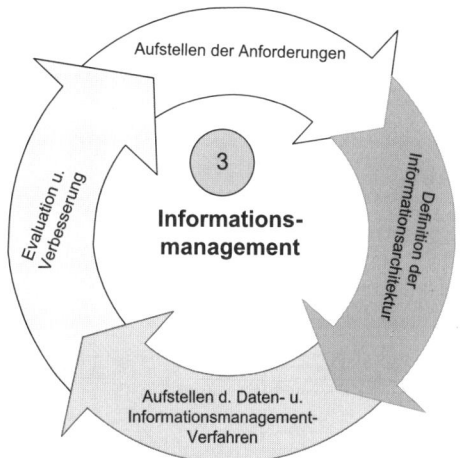

Abbildung 11.54: Informationsmanagement und seine Bestandteile

- Definition der Informationsarchitektur: Um die Daten effektiv verwenden zu können, muss eine Architektur aufgestellt werden, die den Anforderungen und der Organisation entspricht.

- Aufstellen von Daten- und Informationsmanagement-Verfahren: Sobald die Anforderungen und die Architektur feststehen, können die Verfahren für die Steuerung und die Unterstützung für das Knowledge Management formuliert werden.

- Evaluation und Verbesserung: Im Sinne der kontinuierlichen Service-Verbesserung ist auch in diesem Prozess die Betrachtung und Bewertung des Prozesses Voraussetzung für die mögliche nachfolgende Verbesserung.

4. Verwendung des SKMS: Bereitstellung von Services für den Kunden in unterschiedlichen Zeitzonen und Regionen und verschiedenen Betriebszeiten erfordert besondere Mühen und Aufwand, um Informationen zu teilen und bereitzustellen. Aus diesem Grund muss ein SKMS entwickelt und angeboten werden, das für alle Stakeholder zur Verfügung steht und allen Informationsanforderungen genügt.

Darüber hinaus hat es sich als überaus nützlich erwiesen,

- eine allgemeingültige Terminologie für Business und IT zu verwenden und zu hinterlegen,

- die betrieblichen Prozesse zu dokumentieren, genauso wie deren Schnittstellen zur IT,

- SLAs und andere Verträge, die sich ändern können, als Ergebnis der Service Transition zu hinterlegen,

- Known Errors (bekannte Fehler), Workarounds und Prozessdiagramme abzulegen.

Durch all diese Bestandteile des Knowledge Managements werden Zeit und Geld gespart, Produktivität und Effizienz steigen (z.B. beim Auffinden und Fehlerursachen und dem Anbieten von Workarounds für den Anwender oder durch Self Service-Angebote auf einer Support-Webseite im Intranet oder Internet).

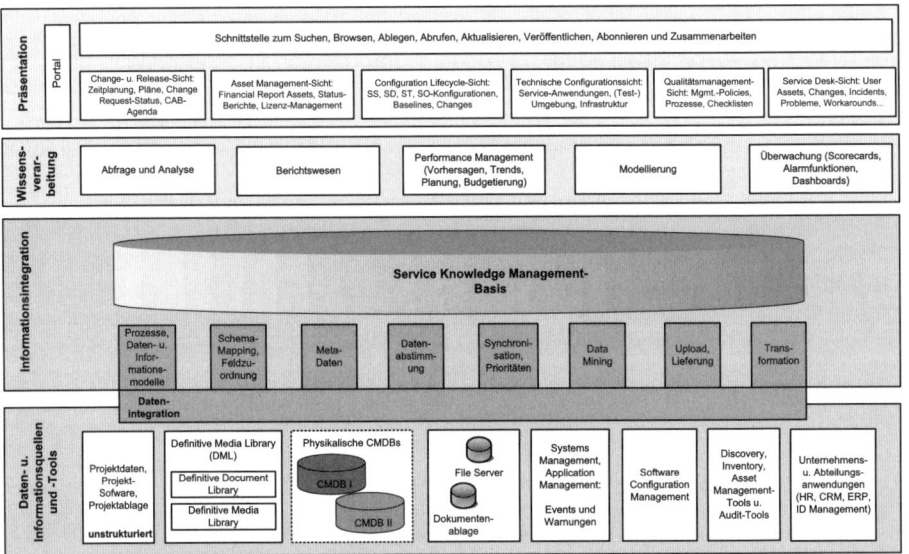

Abbildung 11.55: Service Knowledge Management System (nach ITIL®-Material, Wiedergabe lizenziert von OGC)

Die Rolle des Knowledge Management-Prozess-Owners

Der Knowledge Management-Prozess-Owner entwirft, liefert und pflegt die Knowledge Management-Strategie, den -Prozess und das -Verfahren. Er ist der Architekt der Wissensidentifikation, -sammlung und -pflege und stellt darüber hinaus beispielsweise die Aktualität sicher. Er kümmert sich darum, dass die relevanten Personen auf die richtigen Informationen Zugriff haben, und fungiert als Ratgeber für das Business- und IT-Personal in Bezug auf das Thema Knowledge Management. Weiterhin trägt er dafür Sorge, dass das SKMS das zentrale Wissens-Repository bleibt und die Daten nicht unerlaubt vervielfältigt werden.

11.7.3 Schnittstellen des Knowledge Managements

Das Knowledge Management fungiert über das Service Knowledge Management System (SKMS) als Repository für eine Vielzahl weiterer Prozesse, die zum einen Input (=Wissen) dort für andere Prozesse ablegen oder zum anderen die Inhalte (=notwendiges Wissen und Informationen) des SKMS abrufen. Die Qualität der Informationen hängt dabei im bedeutendem Maße von der Qualität der als Input an das Knowledge Management gerichteten Informationen ab.

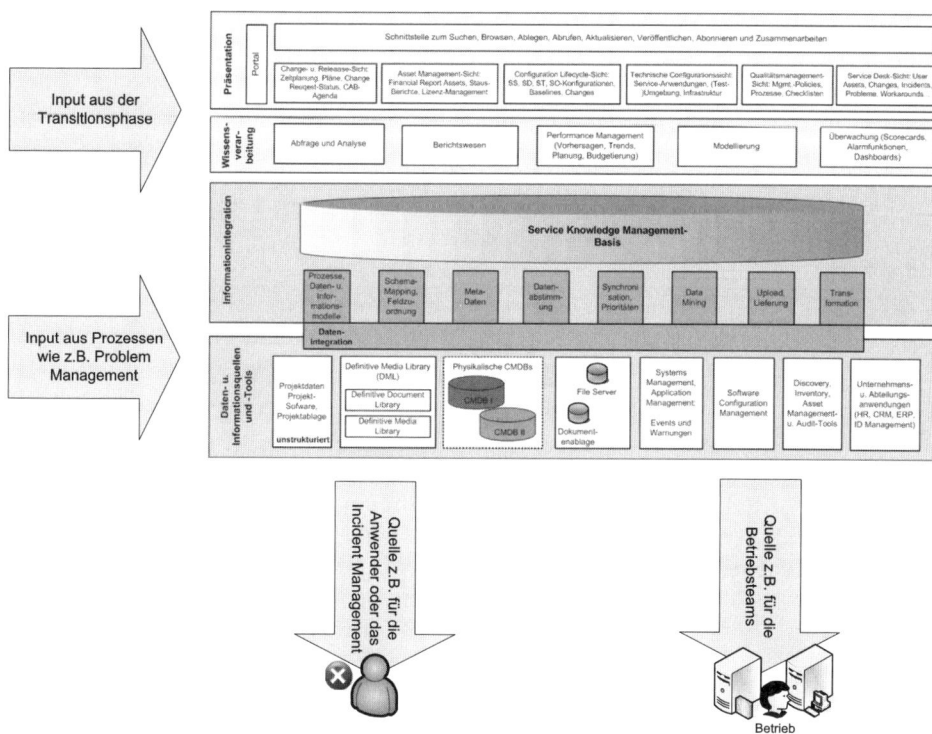

Abbildung 11.56: Schnittstellen des Knowledge Managements

Fehler, die beispielsweise während der Transitionsphase entdeckt werden, werden direkt über die Transitionsteams analysiert und dokumentiert, um sie dem Knowledge Management zuzuführen. Dazu gehören auch Workarounds, Beschreibung von Abhängigkeiten und Abfolgen von Arbeitsschritten. Diese Informationen stellen dann über das SKMS eine Arbeitsgrundlage und einen Wissensspeicher für die Personenkreise dar, die sich um den Betrieb der Services und Infrastrukturbestandteile kümmern.

Das Incident Management, das zur Aufgabe hat, einen beeinträchtigten Service wieder so schnell wie möglich in der definierten Qualität zur Verfügung zu stellen, stellt für das Knowledge Management einen wichtigen Input-Geber dar. Die Dokumentation der gelösten Incidents ist eine Wissensquelle für alle die Personen, die zukünftig die gleichen Incidents lösen müssen. Viele Mitarbeiter aus diesem Bereich wehren sich allerdings heftig dagegen, ihre Arbeits- und Lösungsschritte, also ihr Wissen, preiszugeben. Sie haben Angst, sich dadurch ersetzbar zu machen. Diese Blockade gilt es aufzulösen und die Mitarbeiter in den Wissenstransfer einzubinden, da dieses geteilte Wissen ein Schlüsselfaktor für ein erfolgreiches Knowledge Management darstellt. Darüber hinaus sammeln Service Transition-Mitarbeiter Informationen und Daten, die über die CSI-Phase im Service Lifecycle zurück an das Service Design wandern.

11.8   Exkurs: Stakeholder Management und Kommunikation

Das Stakeholder Management stellt einen entscheidenden Erfolgsfaktor für die Transition eines Service dar. Eine entsprechende Strategie sollte bereits im Service Design Beachtung finden.

⌐ **Stakeholder**

Als Stakeholder werden im allgemeinen Zusammenhang alle jene Gruppen bezeichnet, die durch die Unternehmenstätigkeiten beeinflusst werden. Oft ist die Beziehung auch reziprok, und die Anspruchsgruppen können ihrerseits auf das Unternehmen Einfluss nehmen.

Unter ITIL® V3 werden alle Personen, die ein bestimmtes Interesse mit einer Organisation, einem Projekt, einem IT Service etc. verbindet, als Stakeholder verstanden. Stakeholder können an Aktivitäten, Zielen, Ressourcen oder Lieferergebnissen interessiert sein. Zu den Stakeholdern können Kunden, Partner, Mitarbeiter, Anteilseigner, Inhaber etc. gehören.   ⌟

Alle Beteiligten der Service Transition-Prozesse müssen die Ergebnisse, Erwartungen und vielfältigen Kommunikationsbeziehungen beachten und steuern, um ihre Aktionen nicht isoliert zu planen und umzusetzen, sondern die Stakeholder miteinzubeziehen.

Der erste Schritt eines erfolgreichen Stakeholder Managements besteht darin, wesentliche Stakeholder und deren Interessen zu erfassen. Wer sind die relevanten Stakeholder? Eine entsprechende Stakeholder-Analyse untersucht die Anforderungen und Interessen der Stakeholder, prüft ihren Einfluss und ihre Möglichkeiten während der Transitionsphase. Allerdings muss dabei auch beachtet werden, dass Stakeholderzuordnungen nicht statisch sind, sondern wechseln können. Quick-Wins helfen dabei, eine positive Einstellung (Goodwill) aller Beteiligten zu schaffen. Schon bei der Einführung und während des gesamten Lebenszyklus (Lifecycle) der Services ist auf die Akzeptanz aller Beteiligten zu achten.

Das heißt, dass besondere Sorgfalt für die Einordnung und Klassifizierung der Stakeholder in ein Stakeholder Mapping notwendig ist, da es die Grundlage für alle weiteren Maßnahmen darstellt. Um die relevanten sekundären Stakeholder in Beziehung zur eigenen Organisation einzuordnen und zu bewerten, wird ein so genanntes „Stakeholder Map", eine „Anspruchsgruppen-Matrix", erstellt. Diese Matrix kann unterschiedliche Formen und Gestalten annehmen. Wichtig ist jedoch neben der Identifizierung der relevanten Stakeholder die Hierarchisierung. Die im Stakeholder Map beispielhaft dargestellten Anspruchsgruppen geben selbstverständlich nur einen kleinen Teil der Möglichkeiten wieder und variieren von Organisation zu Organisation. Wichtig ist die genaue Einordnung, da Angehörige gleicher Ebenen unterschiedliche Unterstützungspotenziale darstellen können.

Bedrohungspotenzial		
	niedrig	hoch
hoch	Unterstützende Stakeholder → **Einbindung**	Gemischte Stakeholder → **Zusammenarbeit**
niedrig	Marginale Stakeholder → **Beobachtung**	Nicht-unterstützende Stakeholder → **Verteidigung, Umstimmung**

(vertikale Achse: Unterstützungspotenzial)

Abbildung 11.57:
Klassifizierungsmodell von Stakeholdern
(Vierer-Matrix nach Savage)

Nicht nur beim Thema Stakeholder Management spielt das Thema Kommunikation eine wichtige Rolle. Die Kommunikation stellt ein Bindeglied zwischen den unterschiedlichen Bereichen des IT Service Managements dar: Mitarbeiter, Prozesse, Partner und Technologien müssen Hand in Hand arbeiten, um für ihre Kunden gute Leistungen zeigen zu können und einen Nutzen durch die IT Services als Wertbeitrag zu liefern.

Je größer anstehende Changes sind, desto wichtiger ist das Thema Kommunikation. Eine Vielzahl von Personen ist durch Änderungen betroffen, die von der umzusetzenden Änderung einen Wertbeitrag erwarten und damit ggf. auch Änderungen ihrer täglichen Arbeitsweise umsetzen müssen. Gleichzeitig sind der Service Provider und seine Mitarbeiter von einer Vielzahl von Personen abhängig. In jedem Fall benötigt die Service Transition aktive oder passive Unterstützung. Ist diese Unterstützung noch nicht in dem notwendigen Maße vorhanden, ist Überzeugungsarbeit gefragt, die oftmals weder einfach noch angenehm sein kann, aber absolut notwendig ist. Je nachdem, wie groß die anstehenden Änderungen sind, berührt dies auch den Themenbereich Unternehmenskultur. In jedem Fall ist der erforderliche Arbeitseinsatz nicht zu unterschätzen.

Nach dem Aufstellen einer Strategie, wie die notwendige Unterstützung der Stakeholder gewonnen werden kann, ist das Aufstellen eines Kommunikationsplans für den jeweiligen Service Change notwendig. Der Kommunikationsplan beschreibt, wie die Stakeholder und Interessierte aber auch die direkt Transitionsbeteiligten mit Informationen versorgt werden sollen (z.B. bei der Verteilung des Statusberichte durch den für den Change verantwortlichen Projekt-Manager, etwa bei der Einführung einer globalen Mailverschlüsselungslösung). Hier wird im Detail beschrieben, welche Organisationseinheiten und Personen in welcher Form und in welchen zeitlichen Abständen Informationen erhalten bzw. Informationen untereinander austauschen. Es existieren unterschiedliche Modelle, um einen Kommunikationsplan aufzusetzen oder die richtige Form zu finden, wie beispielsweise das RACI-Modell (verantwortlich/responsible, rechenschaftspflichtig/accountable, beratend/consulting, zu informieren/to be informed), wobei in einer Matrix für spezifische Bereiche

Service Transition

der Informationsbedarf bzw. die entsprechende Notwendigkeit einer Informationsverbreitung besteht (siehe *Abbildung 11.58*).

	Sponsor	Business Owner	Service-Owner	Business Program Manager	Process Manager	Anwenderbereich
Identifizierung der fehlenden Richtlinien		R		A	I	C
Erstellung der relevanten Richtlinien	A	R	R	R		I
Sicherstellen, das Richtlinien den Standards entsprechen			I	R	A	I
Bestätigung der Richtlinien	A	C		I	R	
Kommunikation der Richtlinien	R	I	I	I	I	A

Legende

- (R)esponsible: Bearbeiter der Aktivität
- (A)ccountable: Rolle mit Entscheidungsbefugnis
- (C)onsult: Rolle, die hinzugezogen wird (bidirektionale Kommunikation)
- (I)nformant Rolle, die von der Aktivität informiert wird (unidirektionale Kommunikation)

Abbildung 11.58: Beispielhafte RACI-Matrix (unvollständig)

Gehen Sie bei der Erstellung der Kommunikationsmatrix folgendermaßen vor:

1. Identifizieren Sie alle einbezogenen Prozesse/Tätigkeiten und listen Sie sie an der linken Seite des Diagramms auf.

2. Identifizieren Sie alle Rollen und listen Sie sie entlang der Oberseite des Diagramms auf.

3. Füllen Sie die Zellen des Diagramms aus: identifizieren Sie, wer das R, A, C, I für jeden Prozess hat.

4. Jeder Prozess sollte als allgemeine Grundregel vorzugsweise nur ein „R" haben. Eine Lücke entsteht, wenn ein Prozess existiert, der kein „R" hat. Eine Überlappung tritt auf, wenn mehrfache Rollen bestehen, die ein „R" für einen bestimmten Prozess haben.

5. Lösen Sie Überlappungen. Jeder Prozess in einem Rollen-Verantwortlichkeits-Diagramm sollte nur ein „R" enthalten, um einen einzigartigen Prozessinhaber zu zeigen. Im Falle von mehreren Rs gibt es ein Bedürfnis, die Unterprozesse genauer zu detaillieren, um die einzelnen Verantwortlichkeiten zu trennen.

6. Lösen Sie Lücken. Wo keine Rolle identifiziert worden ist, die das „R" für einen Prozess hat, muss die Person mit der Berechtigung für Rollendefinition feststellen, welche vorhandene oder neue Rolle verantwortlich ist. Aktualisieren Sie das RACI-Diagramm und erklären Sie der Person die Rolle, die sie einnimmt.

Neben dem RACI-Modell gibt es noch weitere Modelle. Es existiert ein RASCI-Modell. Hier existiert eine zusätzliche Rolle, die mit dem Buchstaben S gekennzeichnet wird. Der Buchstabe steht für „Supportive" (unterstützend). Die entsprechende Rolle kann Ressourcen zur Verfügung stellen oder eine unterstützende

Rolle in der Implementierung spielen. Bei den Modellen RACI-VS oder VARISC steht das V steht für „Verify", also eine Rolle, die das Ergebnis einer Aktivität gegen bestimmte Akzeptanzkriterien prüft. Das S steht bei diesen beiden Modellen für Sign-Off, also eine Rolle, die das Ergebnis der Verifiy-Aktivität bestätigt und die Auslieferung genehmigt.

Um die festgelegten Kommunikationswege zu beschreiten, können unterschiedliche Methoden zum Einsatz kommen. Dazu gehören beispielsweise große Workshops, Organisationsnewsletter, Training-Sessions, Team-Meetings, Einzelgespräche, Intranetartikel, Roadmap-Darstellungen sowie Frage-und-Antwort-Listen. Wichtig ist, dass die relevanten Personen (wie angekündigt) auf dem Laufenden gehalten werden und proaktiv mit guten und schlechten Neuigkeiten im Rahmen der Kommunikationsstrategie versorgt werden.

Service Transition

Teil V

Service Operation

Service
Operation

12 Service Operation

Das vierte Buch von ITIL®-Version 3 und die Phase nach der Service Transition widmet sich dem Thema Service Operation, d.h. dem Betrieb der IT Services. Über die dort angesiedelten Prozesse und Funktionen wird dem Bereich der IT-Organisation Beachtung geschenkt, der zum Ziel hat, die Effektivität und Effizienz hinsichtlich Bereitstellung und Support der Services zu erzielen. Die Stabilität der IT Services soll gewährleistet werden.

Zusammen mit Service Design und Service Transition bildet Service Operation den inneren Ring des Service Lifecycle. Service Operation beschreibt den Abschnitt des Lebenszyklus, der von den Kunden primär wahrgenommen wird. Mehrwert und der messbare Wertbeitrag für den Kunden entsteht über den gesamten Lebenszyklus hinweg. Beispielsweise wird der Service-Nutzen über die Service-Strategie modelliert, während die Kosten des Service im Service Design und in der Service Transition entworfen, kalkuliert und bewertet werden. Die Maßnahmen für die Optimierung erfolgen im Continual Service Improvement (CSI). Der Betrieb eines Service ist der Ort, wo diese Pläne, Entwürfe und Optimierungen umgesetzt und gemessen werden. Aus der Sicht des Kunden wird hier der tatsächliche Wert des Service sichtbar. Allerdings bringen die implementierten Prozesse nur dann einen Mehrwert, wenn diese nachhaltig gesteuert und kontrolliert werden.

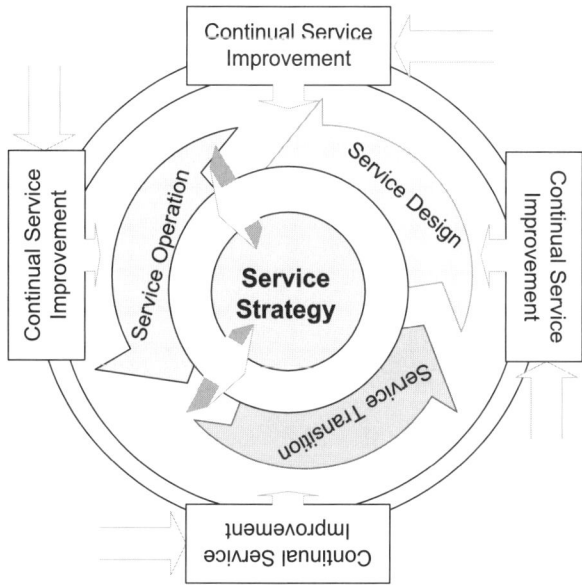

Abbildung 12.1: Der Service Lifecycle

Service
Operation

Service Operation legt Wert auf die Schnittstellen zu allen anderen Bereichen des Lifecycle. Hier werden die Aktivitäten koordiniert und umgesetzt, die notwendig sind, um die Services mit den abgestimmten Service-Ausprägungen zu liefern und zu verwalten. Dazu gehört auch das Management der Technologien, die nötig sind, um die Services anzubieten und zu betreiben. Dies bedeutet, dass Service Operation nicht nur die Services selber umfasst, sondern auch die Service Management-Prozesse, die Technologien und die entsprechenden Personen, die mit den Services, Prozessen und Technologien zu tun haben. Das Lifecycle-Konzept eröffnet auch für den Betrieb viele neue Möglichkeiten, um den sich ständig wandelnden Herausforderungen durch geänderte Technik und angepasste Prozesse zu begegnen.

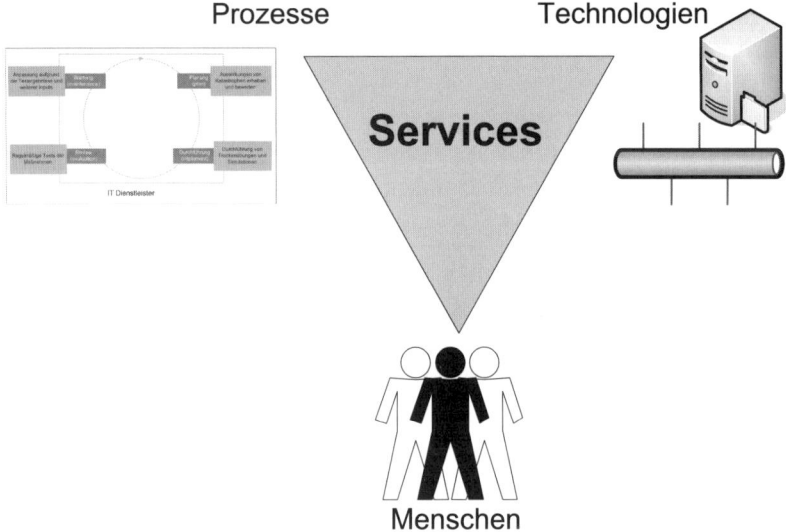

Abbildung 12.2: Umfang des Service Operation

Zudem führt Service Operation einen weiteren Kernbestandteil des Service Managements ein: den Monitor Control Loop. Hier geht es darum, Kennzahlen zu erheben, sie mit Sollgrößen zu vergleichen und für Steuerungszwecke zu verwenden. Das bezieht sich nicht nur auf technische Messgrößen wie Netzwerkbandbreite und Datendurchsatz, sondern beleuchtet auch komplexere Zusammenhänge. So dienen die erhobenen Kennzahlen auch zur Verbesserung von Prozessen, zum Beispiel des Problem Management-Prozesses, zur Überwachung von Schnittstellen und schlussendlich auch zur Optimierung des gesamten Service Lifecycle. Damit bilden die im Service Operation täglich dokumentierten und gesammelten Daten die Basis für die nachfolgende kontinuierliche Verbesserung.

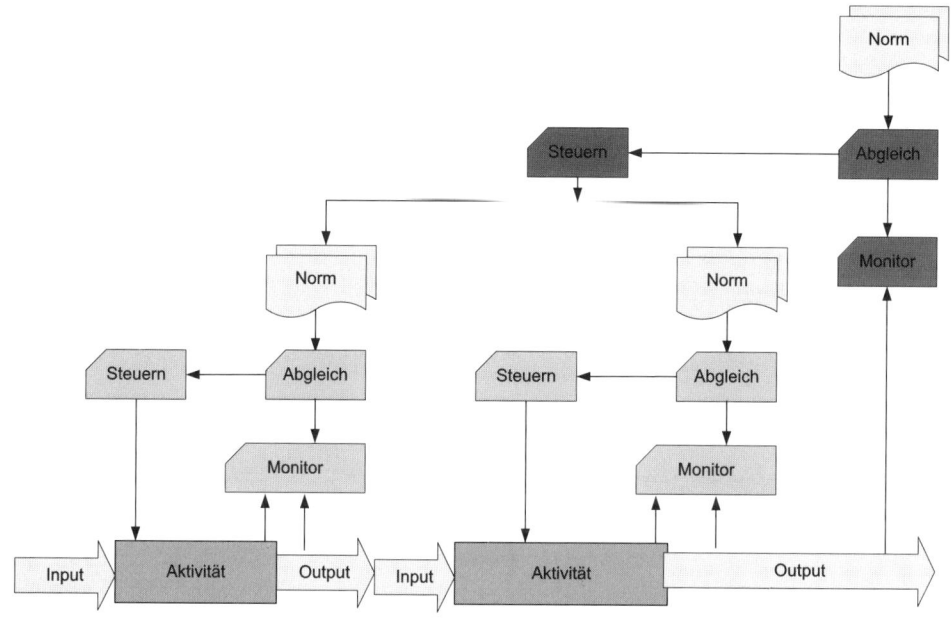

Abbildung 12.3: Monitor Control Loop

13 Grundsätze des Service Operation

Der Betrieb ist die Phase im Service-Lifecycle, bei der Kunden und Anwender die Qualität der Services und der Strategie bemerken. Es sind die Business-as-usual-Aktivitäten, die diese Phase auszeichnen und sie quasi zur Fabrik der IT machen. Dies impliziert den Fokus auf die tagtäglichen Arbeiten des IT-Betriebs.

Service Operation ist für die Ausführung der Prozesse und Funktionen verantwortlich, die, wie in den vorangehenden Service Lifecycle-Phasen geplant, entworfen und zusammengestellt, die Service-Kosten im Service Lifecycle optimieren. Als Teil des Service Management hat das Service Operation sicherzustellen, dass die Geschäftsziele des Kunden über seine Geschäftsprozesse erreicht werden. Ohne ein reibungsloses Funktionieren und effektive Unterstützung der darunterliegenden Komponenten als Basis für die IT Services würde dies nicht von Erfolg gekrönt sein. Daher müssen auch die Komponenten als Teil der IT Services wirken.

13.1 Ziele des Service Operation

Das vorrangige Ziel des Service Operation ist die Lieferung und der Support der IT Services. Das Management der Infrastruktur und der betrieblichen Aktivitäten muss diesem Ziel folgen. Auch hier zeigt sich wieder: IT ist kein Selbstzweck. Neben der Koordinierung und der Lieferung der entsprechenden Funktionen, Aktivitäten und Prozesse ist das Service Operation ebenfalls verantwortlich für das laufende Management der Technologie, die zur Lieferung und Unterstützung der Services benötigt wird.

Der IT-Betrieb ist am günstigsten organisiert, wenn definierte, bewährte und vorhandene Elemente immer wieder als die gleichen Konzepte, Techniken und Prozesse verwendet werden können, also Standardisierung und Stabilität herrschen. Allerdings dürfen bestehende Strukturen nicht starr und unflexibel sein. Veränderungsprozesse und Flexibilität müssen ein integraler Bestandteil des Betriebs und der Mentalität seiner Mitarbeiter sein. Die Standardisierung zeigt neben der Effektivität und Effizienz der Inhalte von Prozessen und Funktionen auch die Möglichkeit auf, Prozesse und Aktionen messbar zu machen und sie dem Verbesserungsprozess des Continual Service Improvements (CSI) zuzuführen.

Dabei kann die Leistung der Service Operation-Phase über zwei Gesichtspunkte verbessert werden. Die langfristige schrittweise Optimierung basiert auf der Bewertung der Performance und des Outputs aller Service Operation-Prozesse, -Funktionen und -Ergebnisse über einen gewissen Zeitraum hinweg. Diese Langzeitberichte werden analysiert, und eine entsprechende Entscheidung wird gefällt, ob Verbesserungsbedarf besteht, und wenn ja, wie dieser am besten über das Service Design und die Transition veranlasst werden kann, z.B. neue Tools, Änderungen an den Prozessen. Der langfristige Verbesserungsansatz gehört in die CSI-Lifecycle-Phase. Der eher kurzfristige Optimierungsansatz in der Service Operation-Phase beschäftigt sich mit den Arbeitsweisen innerhalb der Service Operation-Prozesse, -Funktionen und -Technologien. Dies sind im Allgemeinen kleinere Verbesserungen, die ohne Changes an der grundsätzlichen Prozessnatur oder Technologie implementiert werden können, wie z.B. Tuning oder Schulungen.

13.2 Inhalte des Service Operation

Praktisch alle Service-Prozesse wirken sich auf den Betrieb aus. Häufig ist sogar das Mitwirken des Betriebs ein wesentlicher Erfolgsfaktor für den jeweiligen Prozess. Service Operation selbst beschränkt sich auf fünf Prozesse.

◆ Event Management: Dieser Prozess überwacht alle Ereignisse, die in der IT-Infrstrastruktur geschehen. Durch die Kenntnis des normalen Betriebs ohne Einschränkungen und Fehler und die Etablierung von Schwellenwerten und Toleranzgrenzen ist es möglich, Ausnahmen zu entdecken und zu eskalieren. In einem solchen Fall sind die Schnittstellen zum Incident, Problem und Change Management wichtig und essenziell für die Auflösung der möglichen Problemsituation. Die explizite Beschreibung eines solchen Prozesses erlaubt es dem Service-Management, flexibler auf Ereignisse („Events") aus der Systemüberwachung zu reagieren.

Events sind nicht nur Störungen, sondern umfassen alle Meldungen, die durch Überwachungsmonitore automatisch erfasst werden. Darunter fallen die Temperaturen der Klimaanlage und der verfügbare Festplattenplatz, aber auch die Rückmeldungen von Druckaufträgen oder die Verfügbarkeit von Servern. Nicht jeder Event ist eine Fehlermeldung.

Über diesen Prozess wird das Filtern, die Korrelation und die Auswertung von Meldungen sowie die Integration in andere Service-Management-Prozesse betrieben. Ein Event wird allgemein als eine Statusänderung verstanden, die für die Verwaltung eines Configuration Item oder IT Service von Bedeutung ist. Der Begriff „Event" bezeichnet darüber hinaus einen Alarm oder eine Benachrichtigung durch einen IT Service, ein Configuration Item oder ein Monitoring Tool. Bei Events müssen in der Regel die Mitarbeiter des IT-Betriebs aktiv werden, und häufig führen Events zur Erfassung von Incidents.

Eskalation

Eine Aktivität, bei der zusätzliche Ressourcen eingeholt werden, wenn diese erforderlich sind, um den Service Level-Zielen oder Kundenerwartungen gerecht zu werden. Eskalationen können innerhalb aller IT Service Management-Prozesse erforderlich sein, werden jedoch meistens mit dem Incident Management, dem Problem Management und dem Kundenbeschwerde-Management in Verbindung gebracht. Es sind zwei Eskalationstypen definiert: funktionale Eskalation und hierarchische Eskalation. Die funktionale Eskalation beinhaltet die Weiterleitung eines Incidents, Problems, Requests oder Change an ein weiteres technisches Team mit einem erweiterten Erfahrungsschatz, das Unterstützung bei einer Eskalation bieten soll. Die hierarchische Eskalation beschreibt das Informieren oder Einbeziehen höherer Management-Ebenen zur Unterstützung bei einer Eskalation.

◆ Das Incident Management dient der schnellstmöglichen Wiederherstellung des definierten Service-Betriebs. Es gilt, den vereinbarten Service so schnell wie möglich wieder herzustellen und negative Folgen für den Anwender und damit für das Business zu minimieren. Dabei ist es unerheblich, ob die definierte Service-Leistung beeinträchtigt ist oder der Service gänzlich nicht mehr zur Verfügung steht. Die Priorität bei der Behebung einer Störung ergibt sich aus der Dringlichkeit bzw. einer Klassifizierung, mit der eine Störung behoben werden muss, und den Auswirkungen, die eine Störung für den Geschäftsablauf mit sich bringt. Ein Incident bezeichnet somit eine nicht geplante Unterbrechung eines IT Service oder eine Qualitätsminderung eines IT Service. Auch ein Ausfall eines Configuration Item ohne bisherige Auswirkungen auf einen Service, z.B. bei einem Datenbank-Cluster, ist ein Incident.

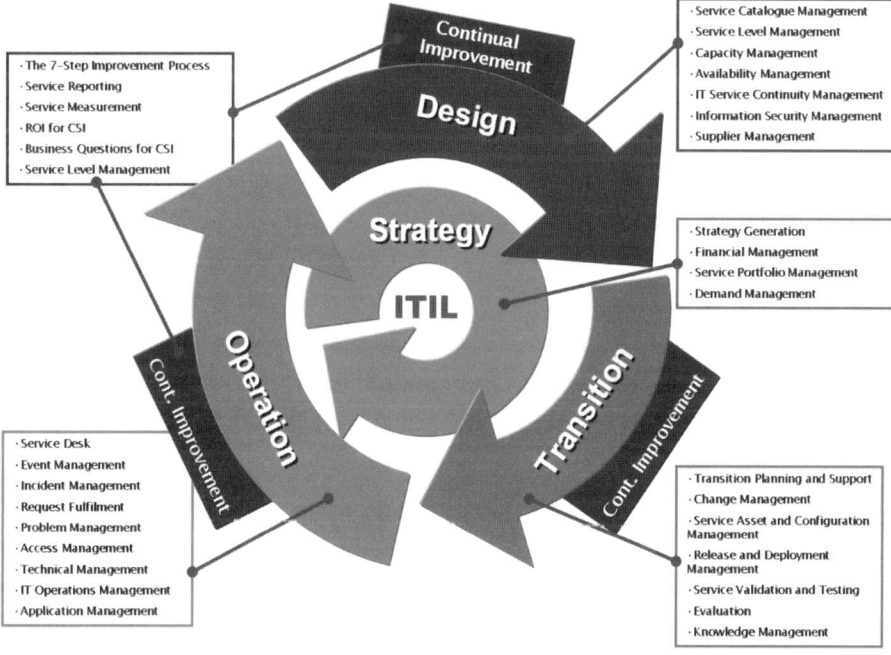

Abbildung 13.1: Prozesse und Funktionen im Service Lifecycle

◆ Problem Management: Störungen, deren Ursache nicht bekannt sind, werden im Rahmen des Problem Managements analysiert und aufgelöst, um die Grundursache zu finden und zu eliminieren. Es geht hier um die Ursachenforschung hinsichtlich eines Problems. Das Ergebnis kann kurzfristig eine vorübergehende Umgehungsstrategie (Workaround) sein, bis mittelfristig Wege zur Behebung (oft über einen Request for Change, RfC) und Vorbeugung gefunden sind. Wichtig dabei ist, dass Probleme identifiziert, lokalisiert, diagnostiziert, dokumentiert und überwacht werden. IT-Organisationen sollte es gelingen, durch proaktives Problem Management gezielt Störungen ihrer Services im Vorfeld zu erkennen und zu minimieren.

◆ Request Fulfillment (Service Request Management): In der Praxis hat sich gezeigt, dass die Wiederherstellung von Services ganz andere Abläufe benötigt als die Bereitstellung eines neuen Service oder die Anfrage nach Status oder anderen Informationen. Dieser Prozess im Service Operation trägt dem Rechnung und dient dazu, dem Anwender eine Anlaufstelle in Form der Service Desk-Funktion zur Verfügung zu stellen, um Standard-Changes anzufordern und umsetzen zu lassen. Größere Changes müssen allerdings, wie in der Transitionsphase des Lifecycle beschrieben, über das Change Management laufen.

◆ Access Management (Zugriffsrechte-/Identity Management) beschäftigt sich mit den Aktivitäten, die notwendig sind, um Anwendern Zugriff auf die Services zu geben, auf die sie zugreifen sollen. Anwender, die nicht für einen Service autorisiert wurden, dürfen auf diesen nicht zugreifen. Das Access Management ist ein ausführender Prozess. Er definiert keine Zugriffsrechte, sondern basiert auf den Policies aus dem Security und Availability Management oder aus dem Personalbereich.

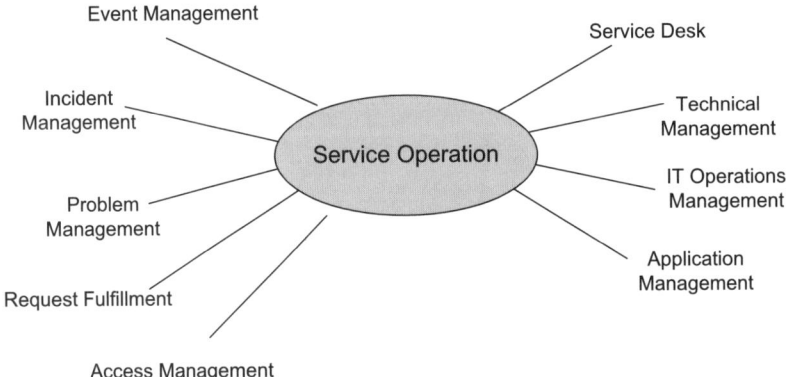

Abbildung 13.2: Prozesse (links) und Funktionen (rechts) im Service Operation

Neben den Prozessen umfasst Service Operation bewusst auch die Tätigkeiten des Systems Managements sowie die Ausführung des Applikations- und Betriebsmanagements. Alleine über die Prozesse kann kein effektives Service Management gewährleistet werden. Die entsprechenden Mitarbeiter mit den jeweils notwendigen Kenntnissen und Fähigkeiten gehören mit dazu. Aus diesem Grund bezieht sich eine erfolgreiche Service Operation-Phase auch auf die entsprechend ausgebildeten Personen, die die Prozesse verwenden, um den Anwendern den definierten Nutzen bieten zu können. Den Betriebsfunktionen wird somit Platz eingeräumt, um die Sichtbarkeit dieses Themas zu erhöhen und auch das Systems Management als integralen Bestandteil zu beschreiben. In der ITIL®-Version 3 umfassen die Funktionen in der Service Operation-Phase neben dem Service Desk allein über das IT Operations Management mit Facilities Management für die Rechenzentren, dem Applikations-Management und dem Technical Management vier verschiedene Funktionen (siehe *Abbildung 13.3*).

◆ Service Desk als die zentrale Anlaufstelle, der Single Point of Contact (SPoC) zwischen Anwender und der IT-Organisation. Dies bezieht sich auf die Meldung von Service-Unterbrechungen (Incidents), auf Service Requests oder die Bitte um Requests for Change (RfCs), die bestimmten Kategorien angehören. Dabei fungiert das Service Desk nicht nur als Kommunikationsschnittstelle für die Anwender, sondern auch als Koordinierungs- und Auskunftsstelle für eine Vielzahl von IT-Gruppen und Prozessen.

◆ Technical Management stellt die tiefen technischen Fähigkeiten und das technische Expertenwissen zur Verfügung, um die IT-Infrastruktur betreiben und pflegen zu können. Es spielt auch bei Design, Tests, Release und Verbesserung eines IT Service eine wichtige Rolle.

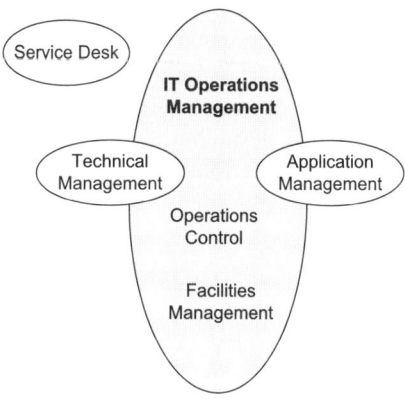

Abbildung 13.3: Funktionen im Service Operation (Quelle: OGC)

◆ IT Operations Management stellt den Tagesbetrieb innerhalb der IT-Organisation sicher. Dabei werden unterschiedliche Aufgaben wahrgenommen, z.B. in Bezug auf die Themen Backup und Restore, Job Scheduling, Wartungsarbeiten. Die Aufgaben lehnen sich an die Leistungsstandards an, die aus dem Service Design stammen. Zum IT Operations Management gehören zudem zwei weitere einzelne Funktionen:

- IT Operations Control (Steuerung des IT-Betriebs): Die Funktion, die für das Monitoring und die Steuerung der IT Services und IT-Infrastruktur verantwortlich ist. Dies sind meist Operatoren im Schichtbetrieb, die sich darum kümmern, dass Routineaufgaben im Betrieb kontrolliert und umgesetzt werden, z.B. Druckjobs überwachen, Datenbänder tauschen, Job-Management, Kontrolle der Systemanzeigen etc. Je nach Unternehmen findet dies in der Operations Bridge als ein physischer Standort, an dem IT Services und die IT-Infrastruktur überwacht und verwaltet werden, statt oder in einem Network Operations Centre.

- Facilities Management: Grundstücke, Gebäude, Anlagen, Einrichtungen, Maschinen, Installationen und Infrastrukturen, im Englischen als Facilities bezeichnet, sind strategische Ressourcen von Unternehmen und Organisationen. Ihre Steuerung und Bewirtschaftung ist als umfassender Ansatz über die gesamte Lebensdauer zu verstehen. Facilities Management ist ein transdisziplinärer Ansatz, der sich mit der Erbringung und Entwicklung von vereinbarten Leistungen beschäftigt und so die Hauptaktivitäten einer Organisation unterstützt und verbessert.

In Bezug auf ITIL® V3 beschäftigt sich das Facilities Management für die Rechenzentren und Serverräume mit dem Management der pyhsikalischen IT-Umgebung und der Infrastruktur.

◆ Application Management ist verantwortlich für die Verwaltung der Applikationen über ihren gesamten Lifecycle hinweg. Diese Funktion unterstützt und wartet die Anwendungen, die sich im Betrieb befinden, und ist auch in Bezug auf Design, Tests und Verbesserung eines IT Service involviert. Das Application Management ist normalerweise auf die jeweiligen Abteilungen verteilt, die sich abhängig vom Anwendungsportfolio (Application Portfolio) mit den entsprechenden IT Services oder Anwendungen beschäftigen, was einer entsprechenden Spezialisierung gleichkommt (z.B. eine Abteilung oder ein Team für DB2, Lotus Notes, Cognos-Anpassungen etc.).

Die Funktionen im Bereich Service Operation sind darüber hinaus in das Aufnehmen und Erstellen von Dokumentationen involviert. Dies bezieht sich auf Verfahrensanweisungen für die beteiligten Prozesse für die Funktionen, technische Handbücher (Systemhandbücher, Betriebshandbücher etc.), Planungsdokumente, z.B. für das Capacity und Availability Management, Unterstützung in Sachen Service-Portfolio-Inhaltsbeschreibungen und Arbeitsanweisungen für Service Management-Tools, z.B. für das Berichtswesen.

Die Menschen, die Teil der Prozesse und Funktionen sind, lassen sich über unterschiedliche Beschreibungen erfassen:

◆ Eine Funktion als eine logische Gruppierung von Personen und automatisierten Aktionen, die eingesetzt werden, um einen oder mehrere Prozesse oder Aktivitäten durchzuführen

◆ Eine Gruppe als eine Anzahl von Personen, die sich in gewisser Art und Weise ähneln, z.B. da sie ähnliche Aktivitäten durchführen

◆ Ein Team als eine formal zugeordnete Anzahl von Personen, die zusammenarbeiten, um ein gemeinsames Ziel zu erreichen, z.B. Projekt- oder Entwicklungsteams

◆ Eine Abteilung (Department) ist eine formal organisierte Struktur, die eine spezifische Reihe abgegrenzter Aktivitäten umsetzt

◆ Ein Unternehmensbereich (Division) beschreibt eine Reihe von Abteilungen, die gebündelt wurden, oft aufgrund von geografischen Zugehörigkeiten oder Produktlinien

◆ Rolle: Ein Satz von Verhaltensweisen oder Aktivitäten, die in einem spezifischen Zusammenhang durch eine Person, eine Gruppe oder ein Team umgesetzt werden

Die IT-Infrastruktur weist vitale Lebenssignale, aber auch Schwachstellen auf, die überwacht und beobachtet werden müssen. Dies bedeutet nicht, dass jede Komponente eines jeden Service kontinuierlich überwacht werden muss, sondern nur ausgewählte Elemente. Diese vitalen Charakteristiken eines Systems oder Services sind essenziell für die vorgesehene Business-Funktion. Solange diese Elemente in definierten Spannweiten und Toleranzgrenzen funktionieren, sind keine Aktionen notwendig.

Von Zeit zu Zeit ist es allerdings vonnöten, dass ein gesamtes System proaktiv auf Herz und Nieren geprüft wird. Möglicherweise gibt es Probleme, oder es sind Indizien vorhanden, die darauf hindeuten, dass es bald zu Schwierigkeiten kommen könnte (potenzielle Fehlerfälle). Dem wird über einen regelmäßigen Health-Check proaktiv auf den Grund gegangen. Der operative einwandfreie Zustand hängt neben den proaktiven Tätigkeiten auch von der Fähigkeit ab, Incidents und Probleme konsequent und konsistent aufzulösen. Je früher Fehler und Macken im System gefunden und beseitigt werden, desto weniger Auswirkungen können sie auf die Services nehmen.

Reengineering der durch die Analysen gefundenen Schwachstellen von Systemen und Software reduziert die Wartungs- und Weiterentwicklungskosten auf einen Bruchteil und eröffnet neue Möglichkeiten.

13.3 Aspekte des Service Operation

Service Operation handelt nicht nur vom Management der Services oder der Infrastruktur. Wie innerhalb des Lifecycle zwischen den einzelnen Phasen, so muss auch innerhalb des Betriebs ein Gleichgewicht zwischen verschiedenen dynamischen Faktoren gefunden werden. Dabei existieren vier grundsätzliche Aspekte, die ausbalanciert werden müssen. Das Ausbalancieren ist als eine Leistung anzusehen, die jede Organisation selbst erbringen muss, um eine stabile Umgebung zu schaffen, die trotzdem offen für Änderungen ist. Die kontinuierliche Veränderung ist die einzige Konstante der IT-Organisation, die als höchstes Ziel vor Augen hat, die mit dem Kunden vereinbarten Service Level kosteneffektiv und in der definierten Qualität zu erfüllen. Deshalb gilt es, folgende vier Balance-Akte zu verstehen, zu nutzen und zu vollziehen, ohne dass ein Ungleichgewicht Auswirkungen auf die Ziele des Service Providers und seine IT-Organisation hat:

◆ Interne Sicht versus externe Sicht: Die externe Geschäftssicht ist die Art und Weise, wie die Services durch die Anwender und Kunden wahrgenommen werden. Sie möchten die Services wie abgestimmt und vereinbart nutzen können. Die interne IT-Sicht richtet sich auf die Art und Weise, wie Komponenten und Systeme betrieben und kontrolliert werden, d.h. sehr deutlich auf die technologischen Komponenten konzentriert.

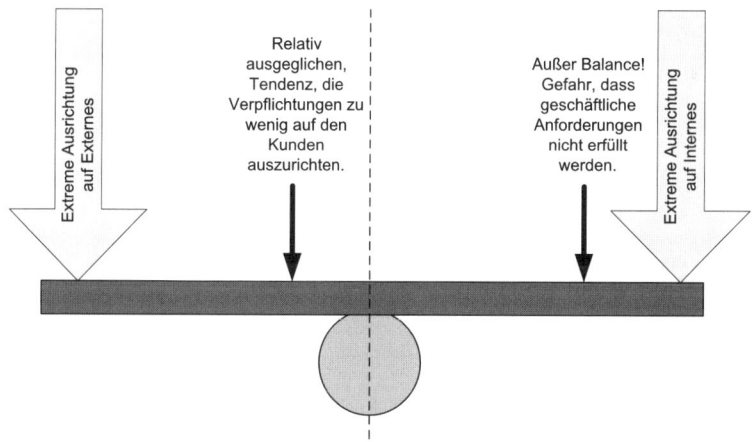

Abbildung 13.4: Intern oder extern?

Beide Sichten sind notwendig bei der Lieferung von IT Services, aber beide Seiten müssen ausgeglichen sein. Der Konflikt zwischen einer eher internen bzw. externen Sichtweise auf die eigene IT-Organisation resultiert aus mehreren Faktoren wie z.B. dem Reifegrad der Organisation, Unternehmensgeschichte, Unternehmens- und Führungskultur. Kernaufgabe ist es, die Ausgewogenheit zu finden, die sowohl Kontinuität und Verlässlichkeit, als auch Kundenorientierung ermöglicht.

◆ Stabilität versus Empfänglichkeit für Änderungen (Responsiveness, Flexibilität bzw. die Fähigkeit, auf die Wünsche der Kunden einzugehen): Die Wichtigkeit innerhalb der Service-Erbringung liegt bei der gleich bleibenden Verfügbarkeit von Services zu den vereinbarten Qualitäten, d.h. die Gewährleistung der Service-Stabilität. Gleichzeitig besteht die Notwendigkeit, dass die IT flexibel auf die Veränderungen des Geschäfts reagiert und sich dadurch die IT-Anforderungen verändern. Einige Changes finden schrittweise statt und können von langer Hand geplant werden. Sie gefährden nicht die Stabilität, da sich Funktionalität, Performance und Architekturen nur allmählich verändern. Andere Einflüsse und Maßnahmen verlangen dagegen schnelle Änderungen, oft unter hohem Druck, um beispielsweise einen neuen Kundenauftrag zu gewinnen. Dadurch, dass sich eine IT-Organisation z.B. neuen Technologien, Philosophien und Ansätzen öffnet, z.B. Virtualisierung und Server-based Computing, eine starke Integration zwischem dem Service Level Management und anderen Prozessen fördert, Änderungen früh genug auf den Weg bringt oder eine gute Kommunikationskultur pflegt, kann die Balance zwischen Stabilität und Flexibilität erreicht werden.

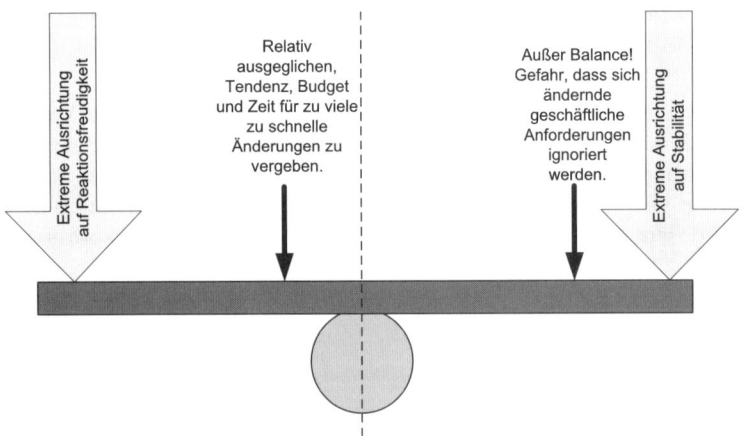

Abbildung 13.5: Stabilität oder Empfänglichkeit für Änderungen?

◆ Qualität der Services versus Kosten: Die Priorität innerhalb der Service-Erbringung liegt in den mit dem Geschäft vereinbarten Service Level. Dabei müssen Ressourcen optimal genutzt werden, damit der Service kosteneffektiv und effizient erbracht werden kann. Ein Ziel im Bereich Service Operation besteht darin, konsistent den vereinbarten Service Level für Kunden und Anwender anzubieten. Ein Ansteigen der Service-Qualität ist vielfach mit einem Kostenanstieg verbunden und umgekehrt, wobei das Verhältnis allerdings nicht direkt proportional zueinander ist.

Die optimale Balance zwischen Kosten und Qualität ist eine der Schlüsselaufgaben im Service Management. Dabei gilt, dass Service Strategy, Service Design und Service Operation eng zusammenarbeiten müssen, da hierdurch sowohl die entsprechenden Kompetenzen als auch die notwendigen Autoritäten gebündelt werden, um Ansätze durchzusetzen. Ein sauberes Aufsetzen der Service Level-Anforderungen und ein Verständnis für die zu erbringenden Services unterstützen das Bestreben nach Ausgeglichenheit zwischen Kosten und Service-Qualität.

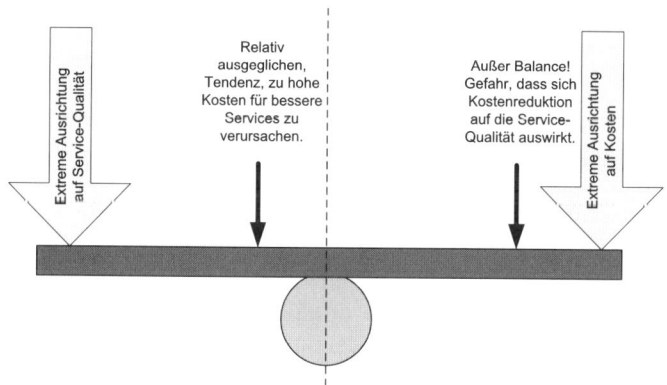

Abbildung 13.6: Qualität oder Kosten?

◆ Reaktives versus proaktives Service Management: Eine reaktive IT Service-Organisation agiert bzw. reagiert erst dann, wenn es einen externen Auslöser gibt wie z.B. veränderte Geschäftsanforderungen, Störungen etc.

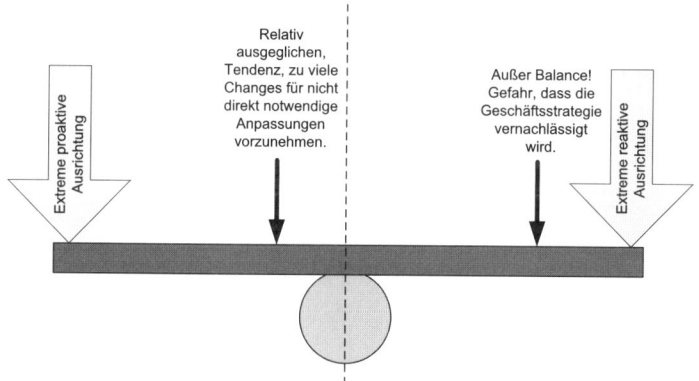

Abbildung 13.7: Reaktiv oder proaktiv?

Eine proaktive IT Service-Organisation ist immer auf der Suche nach Verbesserungsmöglichkeiten. Sie evaluiert kontinuierlich Wege, um die aktuelle Situation zu verbessern und Probleme bereits im Vorfeld abzufangen. Dabei werden sowohl die interne als auch die externe Umwelt betrachtet, und es wird herausgearbeitet, welche Einflussfaktoren es auf die Services gibt.

Das Gleichgewicht zwischen den beiden Aspekten zeigt eine Organisation, die zwar in der Lage ist, proaktiv Verbesserungen umzusetzen und so reaktive Maßnahmen vorwegzunehmen, sie ist aber immer noch im Stande, Störungen und Fehlern reaktiv im Sinn der Geschäftsstrategie zu begegnen. Dazu gehört beispielsweise, dass ein formales Incident und Problem Management zwischen dem Betrieb und dem Continual Service Improvement (CSI) platziert wird. Auch die Priorisierung von technischen Fehlern oder Ausfällen im Vergleich zu den Bedürfnissen aus dem Business spielt dabei genau wie das Hinzuziehen des Service Level Managements im Service Operation eine wichtige Rolle.

Service Operation

Wieder einmal: Kommunikation als Schlüsselfaktor

Die Kommunikation ist nicht nur innerhalb des Service-Betriebs ist ein Schlüsselfaktor (siehe *Kapitel 11.3.6, Exkurs zum Thema Veränderungen* oder *Kapitel 11.8, Exkurs: Stakeholder Management und Kommunikation*). Es gilt hierbei sicherzustellen, dass IT-Teams und IT-Abteilungen mit Anwendern, internen Kunden, Lieferanten und untereinander adäquat kommunizieren, um einen effektiven Service zu gewährleisten.

Dabei kommen unterschiedliche Kommunikationstypen zum Einsatz wie z.B. Betriebskommunikation (z.B. tägliche morgendliche kurze Status-Meetings), Kommunikation zwischen den Hierarchieebenen, Kommunikation in den Projekten (Eskalationsmeetings, Jour Fixe etc.), Kommunikation hinsichtlich Änderungen, Ausnahmen, Notfällen, Trainings in Bezug auf neue oder veränderte Prozesse und Services (z.B. für das Service Desk), Weitergabe der Strategien und Entwicklungsergebnisse an die Betriebsteams.

Die Liste der möglichen Kommunikationsarten ist durch die technologischen Entwicklungen der letzten Jahre immer länger geworden. Sie umfasst beispielsweise E-Mail, SMS, Pager, Instant Messaging, Webticker, Web- und Telefonkonferenzen, Dokumenten-Sharing (Collaboration), persönliche Treffen und Meetings.

Wie bei der Beschreibung der unterschiedlichen Funktionen bereits deutlich wurde, ist es außerordentlich wichtig, dass die Mitarbeiter aus dem Betrieb bereits in das Service Design und die Service Transition einbezogen wurden. Das gilt nicht nur für die frühe Kommunikation, sondern auch für Beratungs- und Abstimmungsaktivitäten. Dafür müssen die entsprechenden Ressourcen abgestimmt und freigestellt sowie die jeweiligen Rollenbeschreibungen im Service Design und in der Service Transition berücksichtigt werden.

Jeder kann sich vorstellen, falls er es selber noch nicht erlebt hat, wie es ist, wenn das Engineering-Team eine neue Anwendung plant und entwickelt, für die im Bereich Betrieb weder Betriebsressourcen frei sind noch das entsprechende Know-how vorhanden ist, keine Administrationswerkzeuge eingeplant wurden oder ganz einfach Widerstand vorhanden ist, weil einem irgendetwas Neues vor die Nase gesetzt wird. Deswegen auch an dieser Stelle der wiederholte Hinweis darauf, dass die beteiligten Parteien rechtzeitig auf Augenhöhe miteinander sprechen!

Ein Schlüsselfaktor, um Ausgeglichenheit in Bezug auf die unterschiedlichen Aspekte im Service Operation zu erreichen, liegt in der Effektivität der Service Design-Prozesse. Diese stellen dem IT Operations Management klar definierte IT Service-Ziele und Performance-Kriterien bereit, erstellen das Mapping von Technologie und Service, modellieren Auswirkungen von Changes und stellen ein (kunden- oder servicebasiertes) Kostenmodell zur Verfügung. Die Begleitung der Transitionsphase durch die Betriebsmitarbeiter sichert nicht nur Kontinuität zwischen den Business-Anforderungen und dem Technologie-Design, sondern wird auch gewährleisten, dass das, was in die Produktion überführt und den Anwendern angeboten wird, auch wirklich betrieben werden kann und wird.

14 Prozesse im Service Operation

Diese Prozesse in der Lifecycle-Phase Service Operation unterstützen das Management des Service-Betriebs. Sie enthalten Anleitungen für eine effektive und effiziente Erbringung der IT Services, ihren Support und ihre Pflege, um den definierten Wertbeitrag für den Kunden liefern zu können. Das Ziel ist ein stabiler, möglichst fehlerfreier Service-Betrieb, der von einer Einhaltung der Service Level Agreements (SLA) und der Service Level der Services geprägt sein sollte. Die Aktivitäten der Prozesse und der Funktionen (siehe *Kapitel 15, Funktionen im Service Operation*) sind an diesen Zielen ausgerichtet.

14.1   Event Management

Eine perfekte IT zeichnet sich aus Anwendersicht dadurch aus, dass sie funktioniert. Störungen der Services und in der Technik bedeuten immer Störungen in den Geschäftsabläufen und Unbequemlichkeiten bei den Benutzern. Der ideale Service Provider lässt es gar nicht erst so weit kommen bzw. reagiert prompt, um Service-Beeinträchtigungen zu beheben. Drei der fünf Prozesse in Service Operation sind diesbezüglich eng miteinander verzahnt: Event Management, Incident Management und Problem Management. Alle drei Prozesse beschäftigen sich mit dem Verarbeiten von vorwiegend ungeplant eingetretenen Vorfällen oder deren Ursachenforschung.

Das Event Management ist der Prozess, der die Steuerung von Events während ihres gesamten Lifecycle regelt. Events sind alle feststellbaren und sichtbaren Vorkommnisse und Ereignisse, die für das Management der IT-Instrastruktur oder die Lieferung der IT Services von Bedeutung sind. Events laufen typischerweise über Benachrichtigungen, die von einem IT Service, einer Komponente (CI) oder einem Monitoring-Tool erzeugt werden.

Wer im Zuge eines effektiven Service Managements für ein System verantwortlich ist, sollte wissen, ob darauf wirklich das und nur das läuft, was erwünscht ist. Vertrauen ist gut – Kontrolle ist besser. Monitoring wird dementsprechend als allgemeiner Begriff für das Überwachen von Vorgängen und Systemparametern verwendet. Probleme erkennen, bevor sie fatale Folgen haben, ist eines der wichtigsten Ziele der Netzwerk- und Systemüberwachung. Daneben legt das Monitoring auch das unverzichtbare Faktenfundament für die Kapazitätsplanung und ermöglicht die professionelle Abrechnung von IT-Dienstleistungen auf der Grundlage von Service Level Agreements (SLA). Es spielt eine wichtige Rolle im Ressourcenmanagement und ist nicht wegzudenken beim Performance Tuning, es sorgt für Überblick in großen und verteilten Installationen. Monitoring ist ein Eckpfeiler des Service Managements, des Service Operation und die Basis für die Funktion Operational Monitoring und Control.

Neben kommerziellen Schwergewichten wie HP Openview, IBM Tivoli oder BMC Patrol, die auch unter Linux arbeiten, existiert eine breite Palette an Open-Source-Lösungen: Vom Klassiker Nagios mit zahlreichen Erweiterungen über Zabbix, Open-Smart, OpenNMS und vielen mehr bis zu Cacti und RRDTool.

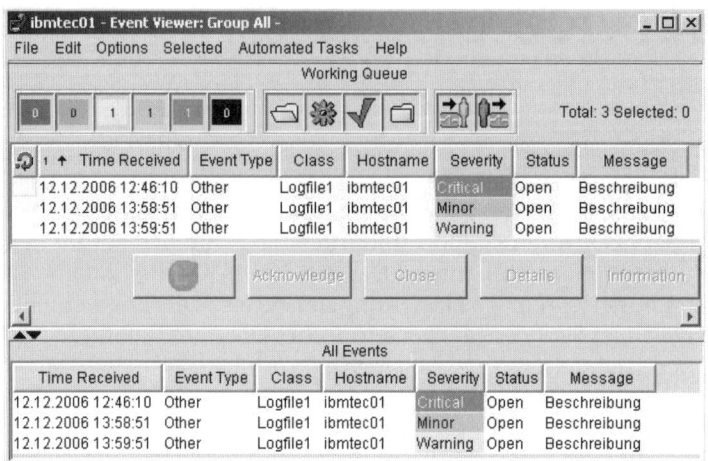

Abbildung 14.1: Beispielhafte Event-Darstellung

Diese Monitoring- und Steuerungssysteme lassen sich in zwei Gruppen trennen:

◆ Aktive Monitoring-Tools fragen Komponenten (CIs) ab, um Informationen zu deren Status und Verfügbarkeit zu erhalten. Werden als Antwort nicht die erwarteten Informationen zurückgegeben, generiert dies einen Alarm (Alert), der an das entsprechende Tool oder die zuständige Person weitergeleitet wird, um eine Aktion nach sich zu ziehen. Ein Alert ist eine Warnung, dass ein Grenzwert erreicht oder eine Änderung vorgenommen wurde bzw. dass ein Ausfall aufgetreten ist.

◆ Passive Monitoring-Tools entdecken und ordnen operative Alerts oder Meldungen zu, die von den Komponenten (CIs) erzeugt werden. Es existieren spezielle Event Management Systeme, die die unzähligen Logfiles von Systemen und z.B. deren Firewalls korrelieren und analysieren. Zu diesem Zweck können Event Management Systeme die Logdaten der verschiedenen Einheiten in Echtzeit verknüpfen, gewichten die Ereignisse, registrieren deren Abweichung und reduzieren die anfallende Datenmenge.

Laufen über die entsprechenden Systeme die Informationen, Warnungen und Status zusammen, so können diese auch als Basis für die Automation von zahlreichen Betriebsaktivitäten genutzt werden, z.B. über die Ausführung von Skripten, das Anstoßen von Jobs oder das Verteilen über unterschiedliche Einheiten zur Lastverteilung hinweg.

Event Management kann in Bezug auf Steuerung und Automatisierung für unterschiedliche Aspekte des Service Managements herangezogen werden. Dies gilt beispielsweise für einige Komponenten (CIs), die aufgrund der Kritikalität (z.B. Switche) oder anderer Kriterien überwacht werden müssen, für Umgebungsbedingungen (Feuer- und Brandschutzkomponenten), Software Lizenz-Überwachung, Security oder normale Aktivitäten von Teilen der Infrastruktur (z.B. Performance eines Servers).

14.1.1 Prinzipien und Ziele des Event Managements

Der Wertbeitrag des Event Managements ist im Allgemeinen nicht direkt ersichtlich. Dadurch, dass über das Event Management die Möglichkeit besteht, Incidents frühzeitig zu entdecken, können sie der entsprechenden Gruppe zugewiesen und gelöst werden, bevor der verbundene Service beeinträchtigt wird. Event Management bietet Ansatzpunkte für Automatismen und schafft dadurch eine Verringerung der Downtimes, Kostenersparnisse und Zeit für das Betriebspersonal in Bezug auf andere Tatigkeiten. Eine Einbettung des Event Managements in die anderen Prozesse im Service Operation-Bereich und benachbarte Prozesse wie Availability oder Capacity Management aus der Service Design-Phase ist zu empfehlen, um die Status-Informationen und sich abzeichnende Probleme frühzeitig abzufangen. Dies kann sich beispielsweise darauf beziehen, wenn die Speicherverwendung eines Servers (RAM) 7% über dem akzeptablen Leistungslevel liegt oder eine Transaktion 12% länger benötigt als normalerweise.

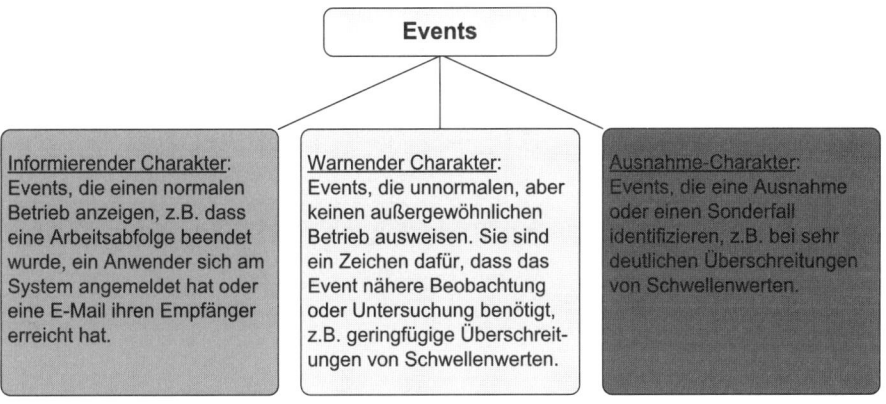

Abbildung 14.2: Event-Typen

Events können allerdings nicht nur Fehler und Ausnahmen anzeigen, sondern auch belegen, dass Aktionen wie geplant und vorgesehen abgelaufen sind. Dementsprechend können sie auch ein Indiz dafür sein, dass eine Anwendung ganz normal läuft und verwendet wird, z.B. durch Einträge im Protokoll der Anwendung, An- und Abmeldungen von Anwendern am System etc. Events können aber auch zeigen, dass Fehler am System auftreten, z.B. wenn ein Anwender wiederholt versucht, sich mit einem falschen Passwort anzumelden, oder ein Scan-Lauf zeigt, dass auf einem Arbeitsplatzrechner nicht autorisierte Software installiert wurde.

Das, was als normal, unnormal oder als eine Ausnahme anzusehen ist, muss individuell pro Service, Komponente und Unternehmen festgelegt werden. Für die entsprechenden Metriken gibt es keine pauschale Empfehlung. Generell wird aber zwischen drei Eventtypen unterschieden: Information, Warnung und Ausnahme (siehe *Abbildung 14.2*).

Rollen im Event Management

◆ Der IT Operations Manager trägt die gesamtheitliche Verantwortung für alle Aktivitäten im IT Operations Management. Er stellt sicher, dass alle operativen Routine-Aufgaben zeitgerecht und zuverlässig ausgeführt werden.

◆ IT-Operatoren sind Mitarbeiter, die die Betriebstätigkeiten des Tagesgeschäfts ausführen. Ihre typischen Aufgaben umfassen beispielsweise das Erstellen von Backups, die Planung von Batch-Jobs und das Installieren von Standard-Komponenten.

14.1.2 Aktivitäten im Event Management

Das Event Management, wie unter ITIL® V3 beschrieben und auch hier dargestellt (siehe *Abbildungen 14.3* und *14.5*), kann nur eine Basis für die möglichen Aktivitäten sein, nicht aber eine fixe Vorschrift für die Prozessinhalte. Das Event Management umfasst alle Aspekte des Service Managements, die kontrolliert werden müssen und die automatisiertes Monitoring zulassen.

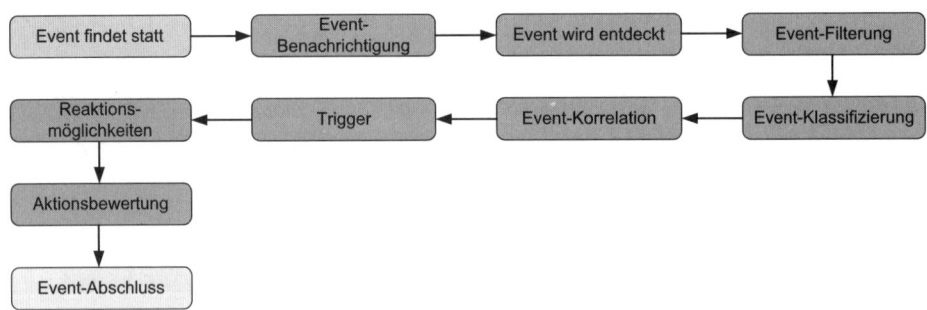

Abbildung 14.3: Aktivitäten im Prozess

1. Jeder Vorfall auf einem System ist ein Ereignis. Ereignisse signalisieren sowohl, dass das System ordnungsgemäß arbeitet, also Daten verarbeitet und Tasks ausführt, als auch, dass das System nicht ordnungsgemäß arbeitet, da es möglicherweise keine Daten verarbeitet oder erforderliche Tasks nicht ausführt. Ein Service generiert ebenso fortlaufend Ereignisse. Allerdings werden nicht alle dieser Ereignisse erfasst. Für eine effiziente Überwachung von Systemen und Services müssen IT-Organisationen daher entscheiden, welche Ereignisse für sie relevant sind.

2. Event-Meldung: Die meisten CIs kommunizieren bestimmte Informationen entweder über ein Management-Tool, das bestimmte Zieldaten abfragt, oder das CI generiert bei bestimmten Ereignissen (Schwellenwertüberschreitungen, Erreichen eines Warnungsschwellenwertes etc.) selber eine Benachrichtigung.

   Diese Meldungen können proprietärer Natur sein, d.h. abhängig von den eingesetzten Systems Management-Tools und -Agenten, oder über SNMP (Simple Network Management Protocol) laufen. Durch seine Einfachheit, Modularität und Vielseitigkeit hat sich SNMP zu einem Standard entwickelt, der von den meisten Management-Programmen und Endgeräten unterstützt wird. Zur Überwachung werden so genannte Agenten eingesetzt. Dabei handelt es sich um Programme, die direkt auf den überwachten Geräten laufen. Diese Programme sind in der Lage, den Zustand des Gerätes zu erfassen und auch selbst Einstellungen vorzunehmen oder Aktionen auszulösen. Mit Hilfe von SNMP ist es möglich, dass die zentrale Management-Station mit den Agenten über ein Netzwerk kommunizieren kann. Welche Formen und Typen der Event-Meldungen eingesetzt werden, ist meist abhängig von der eingesetzten Systems Management-Lösung.

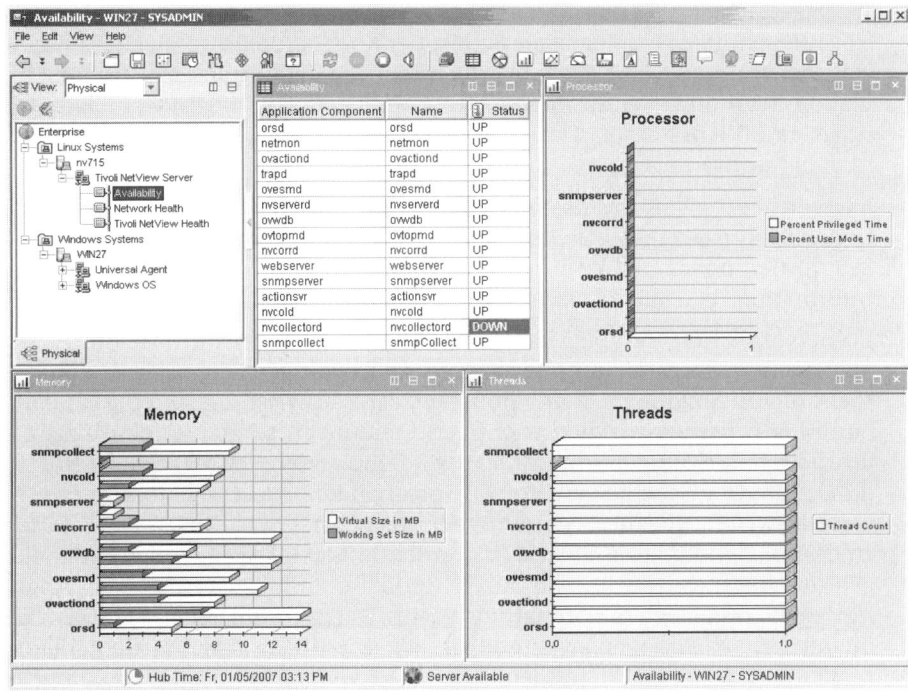

Abbildung 14.4: Beispielhafte Event-Darstellung in Bezug auf die Verfügbarkeit

Idealerweise sollte das Service Design definieren, welche Events erzeugt werden sollen und wie dies für den jeweiligen CI-Typ auszusehen hat. In der Praxis wird meist von einem Standard-Set des jeweiligen Systems Management-Tool ausgegangen, das im Laufe der Zeit immer weiter angepasst wird, um z.B. neue Event-Typen hinzuzufügen oder andere Events auszuklammern. Im Allgemeinen sind in Bezug auf die Event-Meldungen vor allem die Inhalte und Daten relevant. Kodierte Meldungen verlangen (außer bei erfahrenen Spezialisten) meist nach Rechercheaufwänden. Sprechende Meldungen und definierte Zuständigkeiten und Rollen sollten während des Service Designs und der Service Transition formuliert und dokumentiert werden. Andernfalls kann es passieren, dass Arbeiten doppelt oder gar nicht umgesetzt werden.

Diese Aktivität kann auch als Wartung der Event Monitoring-Mechanismen und -Regeln zum Aufsetzen und Warten der Mechanismen zur Generierung aussagekräftiger Events beschrieben werden. Dazu gehören dann auch effektive Regeln, um diese Events zu filtern und untereinander zu korrelieren.

3. Event-Feststellung (Detection): Sobald eine Event-Meldung generiert wurde, wird dies entweder über den Agenten auf dem gleichen System oder direkt über ein Management-Tool übermittelt, das speziell für das Lesen und Interpretieren der Events entworfen wurde.

4. Filtern und Kategorisieren von Events, um die Events herauszufiltern, die nicht berücksichtigt werden müssen. Werden Events nicht berücksichtigt, werden sie normalerweise in einem Logfile protokolliert, ohne weitere Aktionen durchzuführen.

   Über dieses Filtern wird der erste Schritt der Korrelation umgesetzt, d.h. hier wird klassifiziert und die Frage beantwortet, ob diese Meldung als Beleg für eine Information, Warnung oder Ausnahme zu interpretieren ist. Dies findet meist automatisiert statt. Nicht immer ist daher explizit eine solche Filterung in einer speziellen Aktivität notwendig.

5. Kategorisierung von Events, um deren Signifikanz zu definieren: Jede Organisation wird ihre eigene Sortierung der Events nach ihrer Signifikanz und Wichtigkeit vornehmen. ITIL® V3 verweist auf die drei bereits erwähnten Eventtypen: Information, Warnung und Ausnahme (siehe *Abbildung 14.2*).

6. Event-Korrelation: Da die Menge der täglich zu erwartenden Meldungen vom Management-Team nicht ohne Weiteres zu bewältigen ist und da ohnehin eine Vielzahl von Meldungen keine hohe Relevanz aufweist, müssen die für den reibungslosen Betrieb wirklich wichtigen Meldungen sorgfältig identifiziert und unwichtige Meldungen unterdrückt werden. Letzteres erfolgt bereits frühzeitig durch Filterung. Ist ein Event von entsprechender Bedeutung, muss entschieden werden, welche genaue Bedeutung dem beizumessen ist und welche Aktionen zu dessen Handhabung umgesetzt werden müssen. Dann werden die Meldungen durch ein Korrelationsverfahren verdichtet, und zwar durch den Abgleich mit exakt festgelegten Korrelationsregeln. Dadurch entstehen teilweise neue, qualifizierte Meldungen, während die als überflüssig bzw. wertlos erkannten Meldungen unterdrückt werden. Eingesetzt werden hierfür so genannte ECS-Rechner (Event Correlation Systems) bzw. Correlation Engines. Diese Korrelationsregeln werden oft als „Business Rules" bezeichnet, obwohl sie rein technischer Natur sind. Die Correlation Engine wird entsprechend aus den Vorgaben des Service Designs programmiert und den Richtlinien für den operativen Einsatz angepasst.

7. Trigger (Auslöser): Wird über die Korrelationsaktivität ein Event erkannt und identifiziert, sind entsprechende Aktionen als Antwortverhalten für das jeweilige Event notwendig. Der entsprechende Mechanismus, der eine Reaktion auslöst, wird als Trigger bezeichnet. Es existieren viele verschiedene Arten von Triggern. Ein Incident Trigger erstellt beispielsweise automatisch einen Incident Record, der den Incident Management-Prozess auslöst, wohingegen ein Change Trigger einen Request for Change (RfC) erstellt.

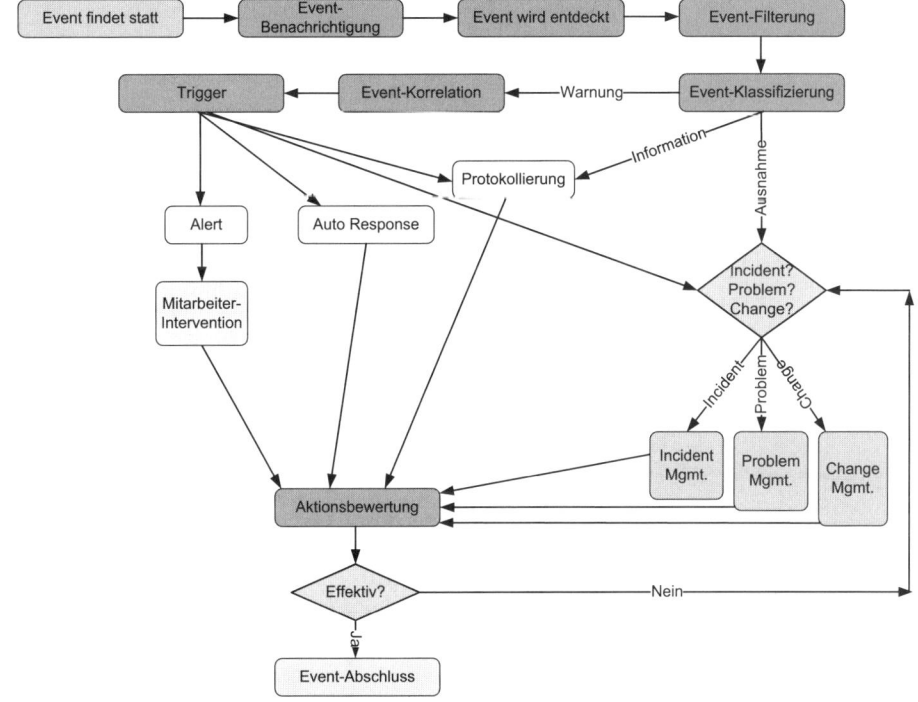

Abbildung 14.5: Detaillierte Darstellung des Event Management-Prozesses

8. Auswahl der Reaktionsmöglichkeiten: Je nach Trigger stehen unterschiedliche Reaktionen auf ein Event zur Verfügung, die auch je nach Unternehmen und Entscheidungen im Service Design unterschiedlich ausfallen können.

Unabhängig davon, welche Reaktion umzusetzen ist, ist das **Protokollieren des Events** und der nachfolgenden Aktionen keine schlechte Entscheidung, egal, ob dies als Eintrag im Systems Management-Tool oder im Log der Anwendung bzw. des Systems (bei Beobachtung durch sowie Anleitungen und Standards für die Betriebsmannschaft) bestehen bleibt. Das Protokollieren der Events kann auch durch gesetzliche Anforderungen begründet sein.

Eine automatische Reaktion (**Auto Response**) ist dann möglich, wenn die Voraussetzung für die definierte Aktion eindeutig und unmissverständlich zu definieren ist. Der Trigger löst die Reaktion aus und prüft, ob die Umsetzung erfolgreich vonstatten gegangen ist. Wenn nicht, wird ein Incident oder Problem Record eröffnet. Beispiele für Auto Responses sind das Booten eines Systems, Restart eines Betriebssystem-Service, Überführen eines Jobs in den Batch-Betrieb oder das Sperren einer Komponente.

Falls das Event über einen Alarm nach einem **Eingriff eines Mitarbeiters** verlangt, muss dies eskaliert werden, um sicherzustellen, dass sich die richtige Person des Events annimmt. Der Alarm enthält die notwendigen Informationen.

Je nach Event kann es notwendig sein, dass das **Incident, Problem oder Change** Management ins Boot geholt wird. Ein RfC wird dann eröffnet, wenn das Event eine Ausnahmesituation darstellt oder die Korrelation ausweist, dass ein Change notwendig ist. In der Regel wird bei Bedarf nicht direkt ein Problem Record erstellt, sondern dieser über einen Incident Record, der so viele aussagekräftige Informationen wie möglich enthalten sollte, angelegt.

9. Event Review: Überprüfen, ob Events angemessen bearbeitet worden sind und geschlossen werden können. Da pro Tag tausende von Events erzeugt und bearbeitet werden, kann nicht jedes Event einem formalen Review unterzogen werden. Signifikante Events und Ausnahmen sollten trotzdem einer Überprüfung unterzogen werden, um festzustellen, ob die Event-Ursache beseitigt werden konnte, sich allgemein ähnliche Trends abzeichnen oder ob Nachbearbeitung notwendig erscheint. Sollte das Event als RfC, Record im Incident oder Problem Management vorhanden sein, muss sichergestellt werden, dass zum einen keine doppelten Reviews stattfinden und dass zum anderen die Schnittstellen zwischen den Prozessen und die Übergaben sauber funktionieren.

   Die Ergebnisse des Reviews werden auch als Input für das Continual Service Improvement (CSI), als Basis für die Evaluation und das Audit des Event Managements verwendet.

10. Abschluss: Hier werden die Event Logs nach Trends und Mustern analysiert und gegebenenfalls korrigierende Maßnahmen zur Verbesserung der Event-Filterung und -korrelierung abgeleitet. Viele Events bleiben offen, bis die entsprechenden Aktionen für den Abschluss des Events stattgefunden haben.

    Events mit Informationscharakter können als Input für andere Prozesse dienen, z.B. für das Backup und Storage Management. Auto Response Events werden durch die Nachricht automatisch geschlossen, dass das System wie definiert arbeitet.

Leistungsindikatoren

Die Metriken für die Effektivität und Effizienz des Prozesses sind beispielsweise:

- ◆ Anzahl der Events nach Kategorie
- ◆ Anzahl der Events nach Signifikanz
- ◆ Anzahl und Prozentsatz der Events, die nach Unterstützung durch einen Mitarbeiter verlangen
- ◆ Anzahl und Prozentsatz der Events, die einen Incident oder Problem Record nach sich ziehen
- ◆ Anzahl und Prozentsatz an doppelten oder sich wiederholenden Events

14.1.3 Schnittstellen des Event Managements

Das Event Management kann Schnittstellen zu jedem anderen Prozess aufweisen, der nach Input aus dem Bereich Monitoring und Steuerung (Monitoring & Control) verlangt, ohne auf Echtzeit-Monitoring angewiesen zu sein. Dazu gehören Schnittstellen zu den Geschäftsanwendungen und/oder Geschäftsprozessen, um mögliche signifikante Geschäftsereignisse ausfindig zu machen und zu reagieren, z.B. bei möglichen Sicherheitsverstößen.

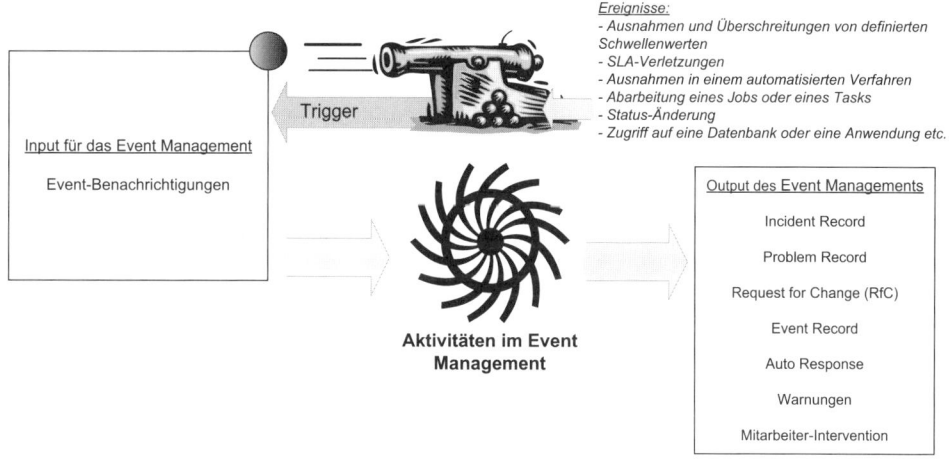

Abbildung 14.6: Trigger, Input und Output für den Prozess

Die primären Beziehungen zum Thema IT Service Management beziehen sich entsprechend der Aktivitätenbeschreibung auf das Incident, Problem und Change Management. Das Availability und das Capacity Management leisten wertvolle Unterstützungsleistung bei der Frage, welche Events signifikant sind, welche Schwellenwerte zu definieren sind und wie auf Überschreitungen zu reagieren ist. Umgekehrt kann das Event Management die Verfügbarkeit und Leistung eines Service durch rasche und richtige Reaktionen verbessern. Durch das entsprechende Berichtswesen in Richtung Service Level Management in Bezug auf aktuelle Events und Event-Muster (im Vergleich zu SLA-Zielen und KPIs) könnten Aspekte des Infrastruktur-Designs oder des Betriebs aufgezeigt werden, die es zu verbessern gilt.

Das Configuration Management ist in der Lage, aufgrund der Event-Informationen den Status der CIs in der Infrastruktur zu bestimmen. Beim Vergleich der Events zu den CI-Baselines kann es auch möglich sein, unautorisierte Change-Aktivitäten aufzudecken. Das Asset Management kann das Event Management nutzen, um Status-Informationen als Events, z.B. nach Implementierung oder Umzug eines Assets, zu erhalten.

Events können auch dem Knowledge Management als Input dienen, z.B. für zukünftige Design- und Strategie-Entscheidungen.

14.2 Incident Management

Das Incident Management ist für die schnellstmögliche Wiederherstellung des definierten Betriebszustands eines Service mit minimalen Auswirkungen für den Benutzer zuständig. Dabei werden erste Hilfestellungen geleistet und gegebenenfalls die weitere Bearbeitung in den nachgelagerten Support-Einheiten koordiniert.

Incident

Ein Incident ist eine ungeplante Unterbrechung oder eine Qualitätsminderung eines IT Service. Auch ein Ausfall eines Configuration Item ohne bisherige Auswirkungen auf einen IT Service stellt einen Incident dar.

Der Prozess umfasst weitgehend reaktive Aufgaben, mit denen sichergestellt wird, dass ungeplante Service-Beeinträchtigungen so schnell wie möglich behoben werden und der Anwender weiterarbeiten kann. Incident Management ist aber auch für verschiedene andere Prozesse von Bedeutung. Dieser Prozess stellt Informationen zu Störungen in der Infrastruktur zur Verfügung bzw. integriert diese Bereiche zur Lösungsfindung, falls das Incident Management nicht in der Lage ist, eine Störung selber zu beheben. Dann wird der Incident an einen anderen Prozess, das Problem Management, weitergegeben. Aus dem Incident Record (auch Ticket genannt), der die Informationen zum Incident enthält, wird ein Problem Record, der vom Problem Management bearbeitet wird. Dabei darf aber nicht vergessen werden, dass ein Incident stets ein Incident bleibt, auch wenn sich beispielsweise seine Priorität verändert. Ein Incident wird nicht zu einem Problem. Ein Problem ist „lediglich" die darunter liegende Ursache für einen oder mehrere Incidents und bleibt ein eigenes Element (Entity).

Ein Incident Record ist ein Eintrag, der die Details zu einem Incident enthält. Jeder Incident Record dokumentiert den Lebenszyklus eines einzelnen Incidents. Dabei besteht die Notwendigkeit, dass jede einlaufende Incident-Meldung aufgenommen und entsprechend der Prozessaktivitäten bearbeitet wird. Diese Einträge müssen zusammen mit den Informationen zu Workarounds und Lösungen verfügbar gemacht werden und mit dem Configuration Management System (CMS) verknüpft werden.

Obwohl das Incident Management einen wesentlichen Teil der Aufgaben des Service Desk darstellt, wird dieser Prozess nicht allein im Service Desk abgebildet. Incident Management liegt als Prozess horizontal in der Organisation und sorgt dafür, dass den Anwendern geholfen und die Registrierung und Steuerung von Störungen sorgfältig vorgenommen wird. Dabei werden Eskalationsfristen definiert und Incidents nach einer hierarchischen Symptomkategorisierung priorisiert, klassifiziert und gewichtet. Incidents können und müssen mit anderen Vorgängen verknüpft werden.

Der Unterschied zwischen Service Desk und Incident Management

Das Service Desk ist der Single Point of Contact (SPoC) für die Kommunikation zwischen Service Provider und Anwendern. Er bearbeitet in der Regel Incidents und Service Requests und ist für die Kommunikation mit den Anwendern zuständig.

Das Service Desk ist eine Funktion („Wie ist etwas zu tun?"), Incident Management ein Prozess („Was ist zu tun?"). Im Grunde genommen kann das Service Desk dem Incident Management zugeordnet werden. In der Literatur und in Online-Quellen werden zu beiden Themen fast identische Beschreibungen angeboten, so dass eine Abgrenzung vielfach unmöglich erscheint.

In der Prüfung wird oft explizit gefragt, welche *Funktion* bestimmte Aufgaben in Bezug auf die Kontaktstelle zum Kunden hinsichtlich Requests, Incidents und Events übernehmen. Hier ist aus der Fragestellung abzulesen, dass die Antwort „Service Desk" richtig sein muss. Etwas kniffeliger wird es, wenn in der Aufgabenstellung gefragt wird, welcher *Prozess oder welche Funktion* eine bestimmte Aufgabe umsetzt oder für eine bestimmte Rolle zuständig ist. Hier müssen Sie prüfen, ob sich die beschriebene Tätigkeit wirklich den Prozessschritten aus dem Incident Management zuordnen lässt. Wenn beispielsweise danach gefragt wird, welche Funktion oder welcher Prozess dafür zuständig ist, einen Incident zu klassifizieren, dann ist es das Incident Management.

Dieser Prozessschritt ist aus der Definition der Prozessabfolge abzulesen. Wenn gefragt wird, welcher *Prozess oder welche Funktion* einen Telefonanruf des Anwenders entgegennimmt, dann ist es das Service Desk, da es sich um eine personalisierte Funktionsbeschreibung handelt, die nicht exakt auf die Prozessaktivitäten des Incident Managements abzubilden ist.

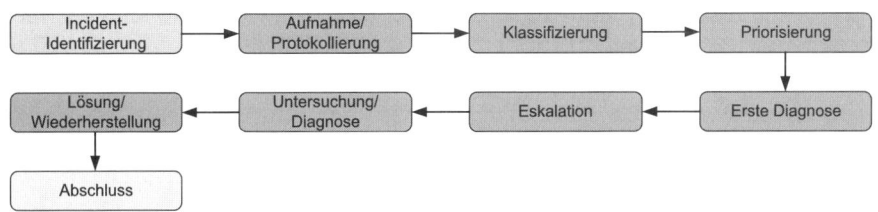

Abbildung 14.7: Prozessabfolge im Incident Management

14.2.1 Begriffe des Incident Managements

Incidents stellen Störungen dar. Es handelt sich dabei um Ereignisse, die nicht zum Standard-Betrieb gehören und tatsächlich oder potenziell eine Beeinträchtigung oder eine Minderung der Service-Qualität darstellen. Das Incident Management muss die normale bzw. vereinbarte Dienstleistung (gemäß SLAs) in definierter Qualität so schnell wie möglich wiederherstellen, um negative Auswirkungen auf das Kundengeschäft zu minimieren. Ziel ist es, die Service-Qualität und -Verfügbarkeit auf dem höchstmöglichen Level zu halten.

Das Incident Management zeigt sich verantwortlich für alle Zwischenfälle, die einen Service entweder stören oder potenziell stören könnten. Die Incidents werden entweder von den Anwendern direkt, über das Service Desk oder von einer Schnittstelle des Event Managements direkt und automatisiert ins Incident Management übertragen.

Einige Begriffe tauchen in diesem Zusammenhang immer wieder auf:

◆ Problem: Die (meist anfangs unbekannte) Ursache für einen oder mehrere Incidents wird Problem genannt. Die Analyse von Incidents (reaktiv) sowie die Beurteilung von Trends (proaktiv) lassen Probleme (Fehlerursachen) erkennen und sorgen im weiteren Verlauf für eine grundsätzliche Behebung bzw. Vermeidung von Störungen.

◆ Known Error/bekannter Fehler: Ist die Ursache einer Störung bekannt und dokumentiert, diese aber noch nicht behoben, spricht man von einem bekannten Fehler. Dadurch kann dem Problem eine Umgehungslösung (Workaround) angeboten werden. Dies löst zwar nicht das eigentliche Problem, hilft dem Kunden aber, (mehr oder weniger eingeschränkt) auf gewohnte Art und Weise weiterarbeiten zu können.

Abbildung 14.8: Zusammenhänge zwischen Incidents, Problemen, bekannten Fehlern und RfCs

◆ Workaround: Oftmals lassen sich Probleme (Störungsursache) nicht sofort lösen. Daher werden für bekannte Fehler Übergangslösungen erarbeitet, die dem Incident Management zur Verfügung gestellt werden. Zum Beispiel kann die Benutzung eines anderen Printservers empfohlen werden, falls der primäre Server ausgefallen ist. Ein Workaround mindert oder eliminiert die Auswirkungen eines Incidents oder eines Problems, für die bisher keine Lösung existiert. Workarounds für Probleme werden in Known Error Records geführt. Workaounds für Incidents, die nicht mit Problem Records verknüpft sind, werden in Incident Records dokumentiert.

◆ Impact ist das Maß, welches die Auswirkung der Störung auf den Service zum normalen (vereinbarten) Service Level ins Verhältnis setzt. Dabei geht es auch um die Folgen, die eine Störung auf das Tagesgeschäft des Anwenders hat. Oft wird die Anzahl der betroffenen Anwender als Maß für die Auswirkungen herangezogen, was nicht immer korrekt ist. In manchen Fällen kann die Auswirkung auf eine kleine Abteilung von vier Leuten oder gar einer einzelnen Person größere Auswirkungen haben, als wenn eine sehr viel größere Anzahl von Personen betroffen ist. Andere Faktoren beziehen sich auf die Anzahl der betroffenen Services, Auswirkungen auf die Reputation, rechtliche Aspekte etc.

◆ Die Dringlichkeit bezeichnet das Maß, in dem der Anwender bei der Ausübung seiner Tätigkeiten behindert wird. Incident Management legt diese Dringlichkeit in Absprache mit dem Kunden fest. Für ihn stellt die Dringlichkeit den maximal tolerierbaren Verzug der Störungsbeseitigung dar. Oder anders: Die Dringlichkeit gibt an, wie schnell das Business eine Lösung benötigt, beispielsweise weil gerade Monatsende ist und die Rechnungen versandt werden müssen, während der Drucker streikt. Zu einem anderen Zeitpunkt würde dieser Incident vom Business mit einer anderen Dringlichkeit bedacht werden.

Die Priorität definiert sich aus Dringlichkeit und Impact (Auswirkung). Falls gleichzeitig mehrere Störungen bearbeitet werden müssen, die nicht unmittelbar beseitigt werden können, muss die Arbeit priorisiert werden können. Die Zuordnung von Prioritäten bestimmt wie der Incident von den Mitarbeitern und den eingesetzten Tools gehandhabt werden (siehe *Abbildung 14.9*). Die Priorität gibt vor, in welcher Reihenfolge Störungen vorrangig zu bearbeiten und zu lösen sind.

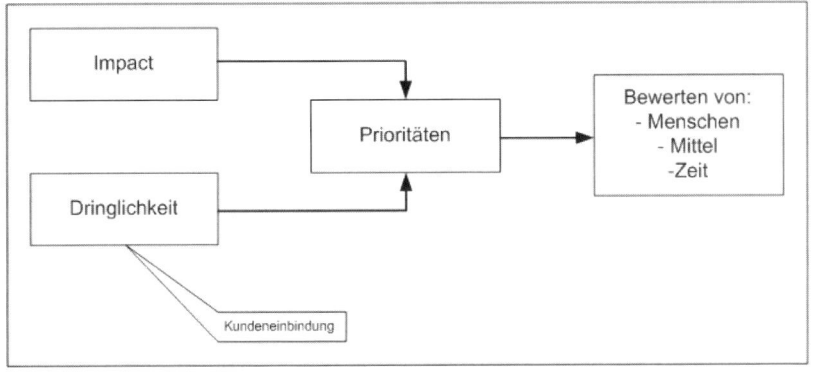

Abbildung 14.9: Größen zur Definition der Priorität

Eine Störung, von der ein einzelner Anwender in hohem Maß betroffen ist, kann somit eine höhere Priorität erhalten als eine Störung, die die Arbeit von mehreren Anwendern in einer geringeren Auswirkung beeinträchtigt. In manchen Fällen kommt darüber hinaus noch der VIP-Status zum Tragen, wenn Mitglieder aus der Geschäftsführung ein „dringendes" Problem haben und dies keinerlei Aufschub duldet.

Beispiel: Priorität 1 beschreibt den Gesamtausfall im Sinne eines Komplettausfalls des Systems für einen überaus wichtigen Service für das Business. Kein Anwender kann im System arbeiten. Priorität 2 steht für einen Teilausfall, der den Ausfall einer wesentlichen Komponente des Systems darstellt. Ein großer Teil der Anwender kann nicht im System arbeiten oder ist in der Arbeit eingeschränkt. Priorität 4 wird für einen Einzelausfall verwendet, wenn ein Ausfall einer nicht wesentlichen Komponente des Systems die Ursache ist. Eine begrenzte Anzahl von Anwendern ist in ihrer Arbeit mit dem System beeinträchtigt.

		Auswirkungen		
		Niedrig	Mittel	Hoch
	Hoch	3	2	1
Dringlichkeit	Mittel	4	3	2
	Niedrig	5	4	3

Tabelle 14.1: Prioritätenfindung

Auch der Zeitpunkt kann eine Größe zur Prioritätenbestimmung darstellen. Werden am Monatsende Rechnungen rausgeschickt, sind die Services, die damit im Zusammenhang stehen, am Monatsende kritischer als am Montasanfang oder zur Monatsmitte.

Die Richtlinien für Impact-, Dringlichkeits- und Prioritätsbestimmung sollten in den SLAs (OLAs, UCs) stehen, ebenso die korrespondierenden definierten Wiederherstellungs- und Lösungszeiten. Die definierten Lösungs- und Reaktionszeiten müssen allen Beteiligten bekannt sein und eingehalten werden. Service Management-Tools unterstützen je nach Priorität und Kategorie das Zuweisen der definierten Zeitskalen.

Service Operation

Priorität	Eskalationsstufe	Information intern	Information Eskalationsstufe
1	A	Sofort	Sofort
2	B	XX Minuten	XX Minuten
3	C	X Stunden	X Stunden

Prioritätsstufen

◆ Schwerwiegender Incident (Major Incident): Die höchste Kategorie eines Incidents in Bezug auf die Auswirkung. Major Incidents führen zu einer erheblichen Unterbrechung für das Business. Für sie ist ein separates Verfahren mit kürzerer Zeitskala für die Lösung und eine höhere Dringlichkeit notwendig. Die Definition für einen Major Incident wird von Unternehmen zu Unternehmen unterschiedlich sein. Möglicherweise existiert ein eigenes Team, um diesen Incident-Typ zu handhaben.

Kategorisierung/Klassifizierung (siehe *Abbildung 14.7*): Innerhalb einer Klassifizierung oder Kategorisierung wird der Incident einer bestimmten, unternehmensspezifischen Kategorie zugeordnet. Die Kategorisierung erfolgt nach den ersten Anzeichen (Indizien) der Störung, damit die mögliche Ursache schneller ermittelt werden kann. Netzwerk, Workstation, zentrale Verarbeitung oder die spezifischen Anwendungen können Beispiele einer möglichen Einteilung sein.

Wenn sich herausstellt, dass eine Störung nicht innerhalb der im Service Level Agreement vereinbarten Zeit beseitigt werden kann (auf der Grundlage der Prioritätenregelung), müssen Maßnahmen ergriffen werden, um die Bearbeitung zu beschleunigen. Diese werden als Eskalation bezeichnet. Das kann bedeuten, dass mehrere Mitarbeiter mit entsprechenden Spezialkenntnissen darauf angesetzt werden. Jede Überschreitung der SLA-Parameter muss zudem dem verantwortlichen Management zur Kenntnis gebracht werden. Auf diese Art und Weise wird eine schnelle Behebung der Störung unterstützt. Dies wird als Eskalation bezeichnet. Bei der Eskalation wird unterschieden zwischen funktionaler und hierarchischer Eskalation:

◆ Funktionale Eskalation (horizontal): Hier handelt es sich nicht um eine Eskalation im eigentlichen Sinne, sondern vielmehr um ein Weiterleiten von Störungen an Spezialisten. Sie kommt also einer Anforderung an weiteren, dem Incident Management nicht zugeordneten Personen gleich, um z.B. mehr Know-how, größere Erfahrung oder erweiterte Zugangsrechte innerhalb des Lösungsversuches bereitzustellen. Die funktionale Eskalation ist z.B. das Weiterleiten einer aufgenommenen Störung. Bei der funktionalen Eskalation wird auf detailliertere Kenntnisse oder Expertenwissen zugegriffen. Da dabei häufig hierarchische Grenzen überschritten werden müssen, kann es manchmal notwendig sein, erst hierarchisch zu eskalieren, um dann eine funktionale Eskalation folgen zu lassen.

◆ Hierarchische Eskalation (vertikal): Um die notwendige Unterstützung für die Sicherstellung eines oder mehrerer Prozesse zu erhalten, ist es unter Umständen erforderlich, hierarchisch zu eskalieren. Eine solche Eskalation ist auch denkbar, wenn Absprachen aufgrund bestehender Service Level Agreements in Gefahr geraten können. Sie wird auch dann notwendig, wenn die funktionale Eskalation nicht zum Erfolg führt, weil z.B. Befugnisse und Ressourcen nicht in ausreichendem Maße zur Verfügung stehen.

Viele Incidents sind nicht vollkommen neu, sondern sind in der einen oder anderen Form bereits an das Incident Management über die Anwender herangetragen worden. Beispiele dafür sind Zugriffsprobleme beim Öffnen von Datenbanken oder Verzeichnissen auf einem File-Server, Probleme beim Drucken, Fehler bei der Fußnotenverwendung in Microsoft Word, Zustellungsprobleme von E-Mails oder die Wiederherstellung von Mail-Datenbanken. Viele Unternehmen haben daher gute Erfahrungen mit der Definition von Incident-Modellen gemacht, die vordefinierte Standard-Incidents beschreiben. Dabei werden die abzuwickelnden Schritte geschildert, die notwendig sind, um diesen speziellen Incidenttyp zu handhaben. Support-Tools und entsprechende Dokumentationen unterstützen diesen Ansatz. Dementsprechend enthält ein solches Modell (oder Template) die notwendigen Schritte in chronologischer Reihenfolge, Verantwortlichkeiten, Zeitskalen (z.B. definierte Lösungszeiten), Eskalationsverfahren und ggf. Nachweise (z.B. Fehlermeldungen in Form von Screenshots).

Auch Incidents, die eine spezielle Bearbeitung verlangen, können über diesen Modellansatz bearbeitet werden. Beispielsweise bei sicherheitsrelevanten Zwischenfällen können diese an das Information Security Management, bei Performance- oder kapazitätsrelevanten an das Capacity Management geroutet werden.

14.2.2 Rollen im Incident Management

Mitarbeiter verschiedener Funktionen werden Support-Teams zugeteilt, für die sie zuständig sind (**Third Level-, n Level-Support**). Diese Teams werden aufgrund ihrer Kenntnisse gebildet und eingestuft. Die Mitarbeiter der Support-Teams werden durch die funktionale Eskalation hinzugezogen. Das Service Desk stellt in der Regel die **First Level**-Abstufung dar, wobei der **Second Level-Support** die nachgelagerte Einheit darstellt. Sie besitzen ein tieferes Expertenwissen als das Service Desk, sind aber immer noch relativ weit vom Wissensstand her aufgestellt. Sie können die weniger komplizierten Incidents lösen, sofern sie über die entsprechenden Rechte und das Wissen verfügen. Ein Second Line-Manager steht einer solchen Gruppe meist vor, die sich aus Kommunikationsgründen häufig in der Nähe des Service Desks befindet.

Zum **Third Line-/Level-Support**- zählen die Mitarbeiter mit Expertenwissen, die oft auch als „Production Services", Produktionseinheiten oder als Administratoren bezeichnet werden, oft aus dem Application-, Datenbank-, Netzwerk- und Server Management sowie der zentralen Datenhaltung. Entwickler, System-Ingenieure oder -Architekten, vielfach auch als „Engineering" betitelt, stellen den Third Level Support, gefolgt u.U. von extern hinzuzuziehenden Produkt- oder Hersteller-Spezialisten als Fourth Level.

Der **Incident Manager** ist verantwortlich für die effektive und effiziente Durchführung des Prozesses, kümmert sich darum, dass die Ziele des Prozesses erreicht werden und um das entsprechende Berichtswesen. Er verwaltet die Arbeit des Incident Support-Teams (First Line, Second Line) und der Major Incidents. In manchen Organisationen wird die Rolle des Incident Managers mit der des Service Desk Supervisors gleichgesetzt.

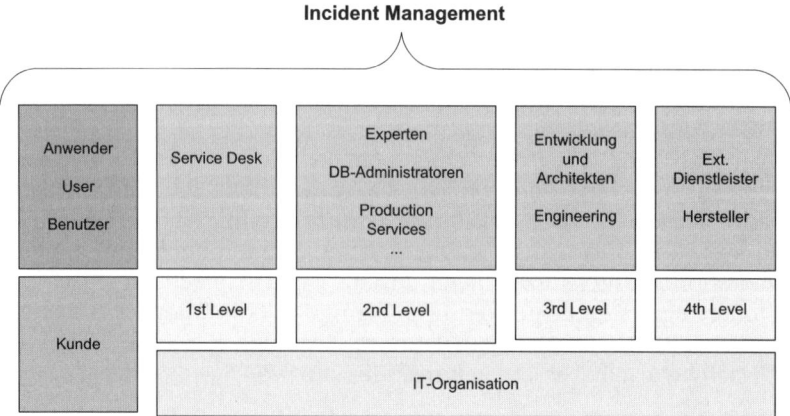

Abbildung 14.10: Beteiligte am Prozess

14.2.3 Ziele und Leistungsindikatoren des Incident Managements

Das Incident Management ist stärker für das Business sichtbar als viele andere Prozesse, und so ist es hier besonders „einfach", den Nutzen zu demonstrieren. Aus diesem Grund ist das Incident Management oft einer der ersten Prozesse, die beim Kunden implementiert werden.

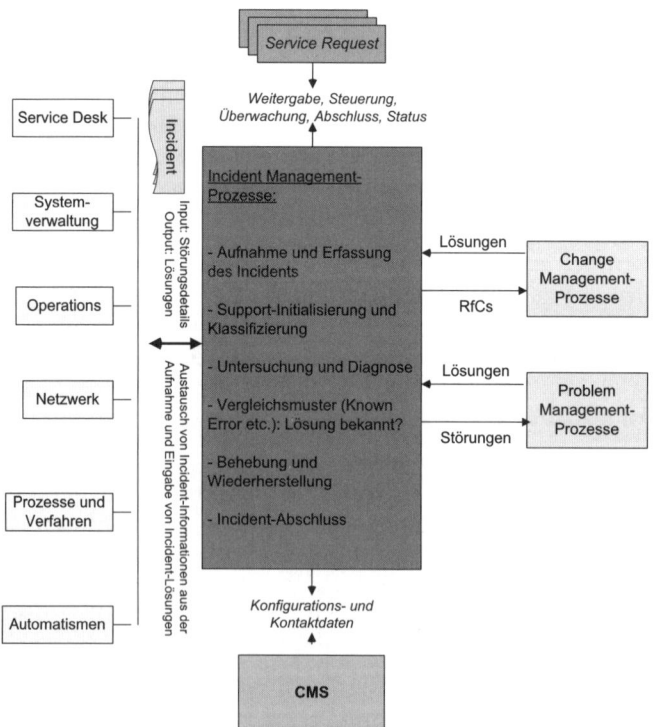

Abbildung 14.11: Incident Management-Prozess im Gesamtzusammenhang

Störungen von IT Services schnellstmöglich zu beheben, um dadurch negative Auswirkungen auf die Geschäftsprozesse des Kunden so gering wie möglich zu halten, ist ein vorrangiges Ziel des Incident Managements. Im Interesse des Kunden bzw. aufgrund der geschäftlichen Erfordernisse zielt das Incident Management darauf ab, die Verfügbarkeit der IT Services für das Business zu verbessern.

Die Fähigkeit, Incidents zu erkennen und sie zu lösen, führt zu niedrigeren Service-Downtimes und zu einer höheren Verfügbarkeit der Services. Die Befähigung, IT-Aktivitäten mit den Business-Aktivitäten zu verknüpfen und daraus Prioritäten abzuleiten, ist essenziell für das Incident Management. Das Identifizieren von potenziellen Verbesserungen der Services unterstützt den Verbesserungsgedanken im Service Management.

Gleichzeitig unterstützt das Incident Management die IT-Organisation durch die verbesserte Überwachung der Leistungsfähigkeit gemäß SLA, durch sinnvolles Berichtswesen für das IT-Management und weitere ITIL®-Prozesse. Hier gilt: Nur das, was gemessen wird, kann verbessert werden. Gerade im Incident Management bieten sich zahlreiche Reporting-Ansätze anhand der zu definierenden Leistungsindikatoren (KPIs) an.

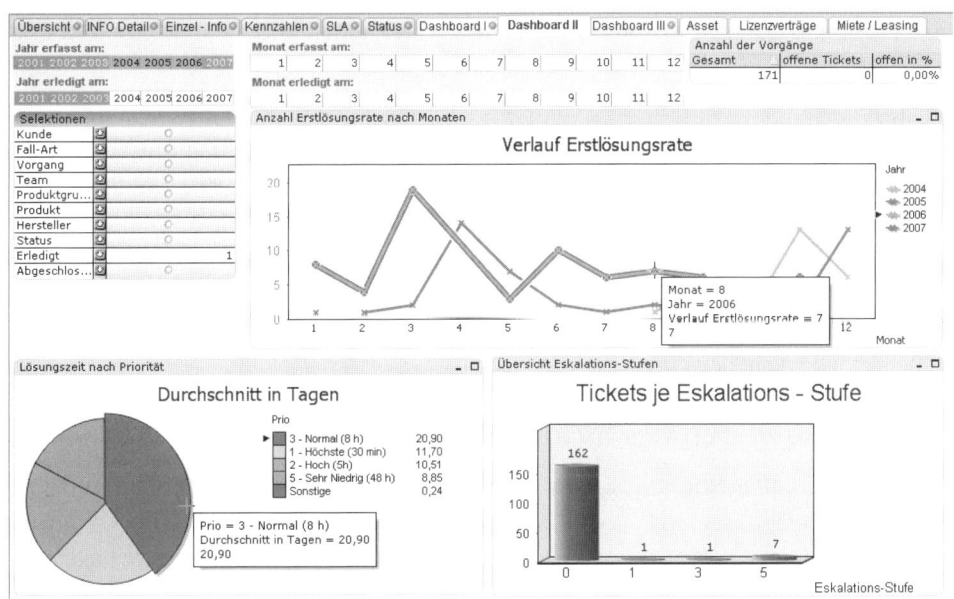

Abbildung 14.12: KPI-Auswertung als Dashboard-Ansicht (Produkt: EcholoNAnalyzer)

Der Nachweis der vereinbarten Leistungen erfolgt zum Beispiel anhand eines regelmäßig (monatlich/wöchentlich) erstellten und kommunizierten Qualitäts- und Service-Berichts. Die Reports werden mit Hilfe von bestimmten Filterkriterien und Auswertungsroutinen aus dem bestehenden und dem historischen Pool an gelösten und offenen Incidents erstellt. In den meisten Fällen werden spezifische Anwendungen oder Datenbanksysteme eingesetzt, aus denen relativ leicht die gewünschten Informationen abgeleitet werden können. Diese Reports können Daten zu folgenden Punkten enthalten:

◆ Anzahl der eingegangenen Calls nach Medienform (Telefon, E-Mail, Fax etc.)

◆ Anzahl der eingegangenen Calls nach Kategorie (Lotus Notes, Hardware, Netzwerk etc.)

◆ Symptomauswertung (Häufigkeit von Symptomen nach Themengebieten)

◆ Anzahl der eingegangenen Calls nach Service-Einstufung (Platin, Gold, Silber, Bronze etc.)

◆ Erreichbarkeitsdiagramm (pro Tag), Erreichbarkeitsquote, Call-Volumen, Service Level-Erfüllung, wie etwa Anzahl der angenommenen/nicht angenommenen Telefonanrufe, Wartezeiten (in Stufen) bis zur Annahme der Calls

◆ Direktlösungsrate/ Weiterleitungsrate nach Kategorien

◆ Anzahl der reklamierten und zurückgerouteten Tickets (falsche, unvollständige Informationen)

◆ Verweildauer (in Stufen) offener Tickets nach Status/Kategorien/Anwendungen

◆ Anzahl und Dauer von Tickets mit Zeitüberschreitungen und deren Kategorisierung

◆ Nennung von Problemtickets, die eskaliert wurden oder werden

Wichtig ist dabei natürlich, dass die IT-Mitarbeiter innerhalb dieses Prozesses ihren Einsatz ständig kontrollieren und durch entsprechende Maßnahmen und Regelungen verbessern können. Gerade hier sind der Dienstleistungsgedanke und die Ausrichtung zum Kunden wichtig. So wird unter anderem verhindert, dass Störungen und Service-Requests verloren gehen bzw. falsch registriert werden. Gleichzeitig wird eine kontinuierliche Aktualisierung der CMDB vorangetrieben. So ist es beispielsweise möglich, bei der Aufnahme der Störung in Interaktion mit dem Anwender die in der CMDB vorliegenden Daten abzugleichen. Damit einher geht die kontinuierliche Verbesserung der Kundenzufriedenheit.

14.2.4 Aktivitäten des Incident Managements

Im Incident Management werden unterschiedliche Aktivitäten durchlaufen (siehe *Abbildung 14.13*):

1. Incident-Identifizierung: Bevor die Aktionen im Incident Management beginnen können, ist erst einmal notwendig, dass ein Incident überhaupt erst einmal als solcher identifiziert wird. Aus Sicht des Kunden sollte nicht erst durch einen Anruf des Benutzers beim Service Desk das Augenmerk auf einen Fehler gelenkt werden, sondern durch Monitoring-Maßnahmen sollten die Schlüsselkomponenten überwacht werden, so dass (potenzielle) Ausfälle so früh wie möglich entdeckt werden und der Incident Management-Prozess startet. Es gilt, Incidents zu lösen, bevor die Anwender einen Fehler bemerken.

2. Protokollierung (Annahme und Registrierung): Entgegennahme der Störungsmeldung, Erfassung der Daten mit Zeitstempel, unabhängig davon, wie die Incident-Meldung in den Prozess gelangt (Service Desk, Automatismen etc.), ggf. Abfrage des Configuration Management Systems (CMS). Für jeden Incident muss ein eigener Eintrag in das Incident Management System erfolgen (Incident Record). Die Informationen, die in Bezug auf den Incident relevant sind, müssen protokolliert werden. Ziel ist es, falls der Record an eine andere Support-Einheit weitergeleitet wird, dass alle notwendigen Informationen vorliegen (und der Anwender für Rückfragen nicht kontaktiert werden muss) und die gemeldeten Störungen sofort beseitigt werden können. Beispielhafte Informationen eines Incident Records sind:

- Eindeutige Referenznummer
- Eingangskanal (Mail, Telefon etc.), User-Daten (Person!) und Kontaktinformationen
- Datum und Zeit
- Beschreibung („Symptome"), Klassifizierung
- Impact, Dringlichkeit, Priorität
- Betroffene CIs, verwandte Incidents, Probleme, Known Errors
- Aktueller Stand der Bearbeitung („Workflow-Position"), z.B. registriert, zugewiesen, in Bearbeitung, in Warteschleife, gelöst, geschlossen (Status)
- Bisherige Aktivitäten (Historie)
- Lösung, Abschluss-Klassifizierung, Datum
- Beteiligte Support-Gruppen, -Mitarbeiter, jeweilige Tätigkeit

Fragenkatalogsentwurf für den Mitarbeiter:
- Wer, wann, seit wann?
- Ergebnisse?
- Zusammenhänge?
- Dumps, Fehlermeldungen, Screenshots?
- Umgehungsmöglichkeiten
- Diagnose- und Lösungsansätze
- Schlüsselworte

Alle an der Lösung und dem Abschluss des Incidents beteiligten Personen müssen ihre Tätigkeiten im Incident Record erfassen.

Service Operation

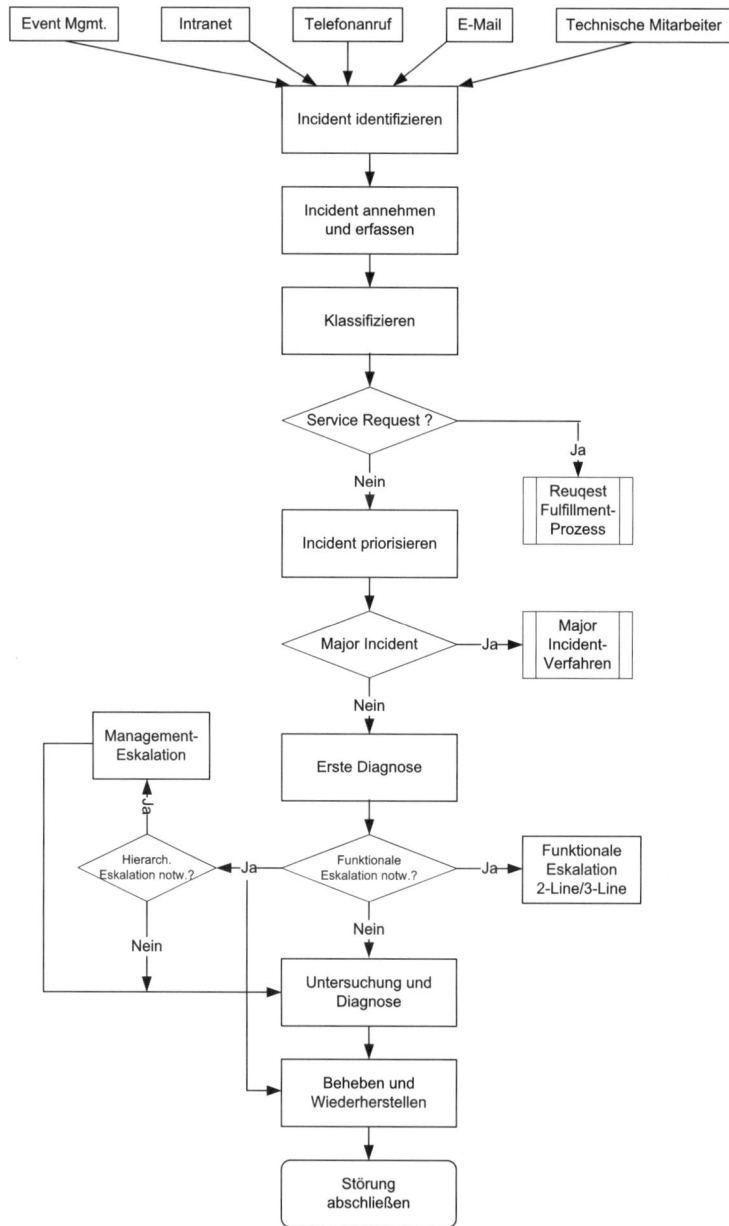

Abbildung 14.13: Aktivitäten im Incident Management

3. Kategorisierung: Die erste bzw. korrekte Kategorisierung von Incidents, einerseits zu Beginn und andererseits nach Abschluss der Störung, ist von entscheidender Bedeutung für eine aussagekräftige Management-Information. Die Definition der einzelnen Kategorien ist von Unternehmen zu Unternehmen verschieden und könnte sich z.B. an dem vermeintlichen Ursprung der Störung orientieren (Netz-

werk usw.). Die zugewiesene Kategorie muss im Laufe des Incident-Lebenszyklus überprüft und ggf. angepasst werden.

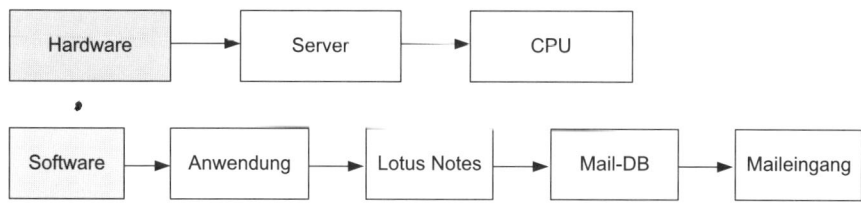

Abbildung 14.14: Beispiele zur Kategorisierung

4. Priorisierung: Denn Ziel des Incident Managements ist es unter anderem, den vereinbarten Service schnellstmöglich wiederherzustellen. Entsprechend der zugewiesenen Priorität des Incidents wird die Handhabung festgelegt, z.B. Lösungszeiten. Die Formel lautet: Priorität = Impact + Dringlichkeit (unter Berücksichtigung der vorhandenen Ressourcen). Gelegentlich ist es allerdings so, dass die Priorität über den so genannten VIP-Status erhöht wird. Dafür müssen aber auch Regeln und Verfahrensanweisungen definiert und dokumentiert werden (Und nicht: „Wer bei uns die größte Glocke am lautesten läutet, da rennen wir zuerst hin").

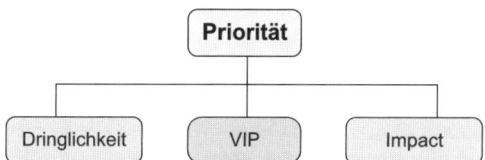

Abbildung 14.15: Einflussgrößen der Priorität

Die Priorität eines Incidents kann sich im Laufe der Zeit verändern, v.a. wenn die Gefahr besteht, dass SLAs verletzt werden.

5. Erstdiagnose: Wenn der Incident über das Service Desk in das Incident Management gelangt, muss der Service Desk-Mitarbeiter (Service Desk Analyst), da er meist den Anwender noch am Telefon hat, verifizieren, was passiert ist und eine erste Diagnose stellen, um so viele Informationen wie möglich abzufragen, die meist von der ersten Diagnose und entsprechenden Kategorisierung abhängig sind. Diagnose-Skripte, Fragen- und Checklisten sowie der Zugriff auf Informationen zu bekannten Fehlern (Known Errors) leisten wichtige Unterstützung. Gegebenenfalls ist der Mitarbeiter bereits an dieser Stelle in der Lage, den Incident zu schließen. Beispielsweise wenn der Incident mit einem bereits vorhandenen Incident über einen Vergleich (Prüfung Störungsmuster) gemappt werden kann. In diesem Zusammenhang wird überprüft, ob eine dokumentierte Lösung vorhanden ist.

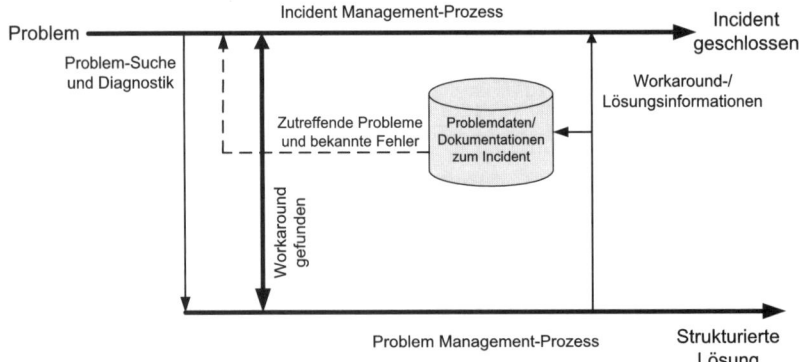

Abbildung 14.16: Incident Management in Bezug auf Workarounds und Schnittstellen

6. Eskalation: Entscheidung, ob eine funktionale oder hierarchische Eskalation notwendig ist. Eine funktionale Eskalation ist dann vonnöten, wenn das Service Desk nicht in der Lage ist, den Incident selber zu lösen oder die Zielzeit für eine erste Lösung abläuft. Ist die Störung an dieser Stelle nicht zu beheben, so ist der Incident entsprechend weiterzuleiten. Dies kann und wird in der Regel iterativ erfolgen, d.h. mehrere Arbeitsgruppen/Fachbereiche werden durchlaufen.

   Der Mitarbeiter muss darauf vorbereitet sein, scheinbar unlösbare Probleme zu eskalieren, um eine Weiterführung der Aktivitäten und eine zufriedenstellende Lösung zu erzielen. Diese Eskalation muss gemäß definierten und kommunizierten Verfahren ablaufen. Das Service Desk behält aber den Ownership und die Kontrolle über den Incident (Anwenderkontakt, Incident-Abschluss etc.). Die hierarchische Eskalation wird bei definierten Prioritäten notwendig oder wenn die Untersuchungs- und Lösungsschritte zu lange brauchen.

7. Untersuchung und Diagnose: Sobald eine mögliche Lösung identifiziert wird, sollte dies angewandt und getestet werden. Dies kann über den Anwender selber unter Anleitung, über eine Implementierung des Service Desks, ein Spezialistenteam oder einen Drittanbieter geschehen. Es kann auch sein, dass Aktionen von mehreren Teams durchgeführt werden, wobei aber stets ausreichende Tests vorangehen müssen.

   Dementsprechend muss der Incident Record aktualisiert werden und zurück an das Service Desk laufen, um den Incident zu schließen.

8. Lösung und Wiederherstellung: Viele Störungen werden direkt aus der Erfassung in die Behebung und Wiederherstellung der geordneten Service-Leistung übergehen. Andere Störungen werden bei der Analyse und Diagnose zusätzliche nachgelagerte Aktivitäten auslösen. Es wird sichergestellt, dass eine Umgehungs- oder Direktlösung einen annehmbaren Service anbietet oder den gestörten/ausgefallenen Service wiederherstellt. Auch hier wird großer Wert auf die Dokumentation des Ablaufes gelegt.

9. Abschluss: Diese Phase darf nur vom Service Desk ausgeführt und überwacht werden. Nachdem eine endgültige Überprüfung vorgenommen und die Vollständigkeit der Daten überprüft wurde, kann eine Störungsmeldung abgeschlossen wer-

den. Dieser Abschluss sollte nur nach Rückfrage an den Anwender erfolgen, der mit der umgesetzten Lösung zufrieden sein muss und sein Einverständnis für den Incident-Abschluss gibt.

Alle Störungen müssen einer Kategorie zugeordnet sein, damit sichergestellt ist, dass mittels Schlüsselbegriffen und Kennzeichen aussagekräftige Management-Berichte erstellt werden können. Dies ist auch essenziell, um bei erneuten, ähnlichen Störungen die Fehlerlokalisierung zu vereinfachen. Es müssen alle Störungen, sowohl einfache und banale als auch komplexe und schwer wiegende Incidents, sorgfältig dokumentiert werden (siehe *Abbildung 14.13*).

Es kann sein, dass das Team, das die Incident-Lösung beigesteuert hat, der Meinung ist, dass der soeben geschlossene Incident wieder auftreten kann. In einem solchen Fall müssen vorbeugende Maßnahmen ergriffen werden, die dies verhindern sollen. Je nach Anwendungsfall kann bereits im Problem Management ein Problem Record eröffnet werden, um eine grundsätzliche und endgültige Lösung zu finden. Müssen Incicent Records aufgrund des Wiederauftretens eines Incidents wieder geöffnet werden, sollte es hierfür definierte Regeln geben (z.B. innerhalb von 24 Stunden kann derselbe Record wieder geöffnet werden, danach gibt es einen neuen Incident Record, der auf den ursprünglichen Incident Record verlinkt wird).

Das Service Desk behält stets die administrative Kontrolle über den Incident-Lebenszyklus. Dies gilt auch für Aktivitäten in nachgelagerten Prozessen wie dem Problem Management (Problem-Lebenszyklus). Der Status eines Incidents spiegelt seine aktuelle Position im Lebenszyklus wider (*neu, angenommen, scheduled, assigned, in Bearbeitung, wartend, beschlossen, geschlossen*). Um einen Incident möglichst reibungslos von einem Zustand in einen anderen zu bewegen, bis er geschlossen wird, ist der Incident Record mit allen notwendigen Details zu pflegen. Dies scheint bei vielen Kolleginnen und Kollegen ein ähnliches Problem darzustellen wie die Erstellung und Pflege von Systemdokumentationen oder das Einbringen von Kommentaren im Source Code. Aber auch hierbei gilt: Es ist absolut notwendig! Es sollte definiert werden, wer den Record pflegen soll bzw. darf und wann gepflegt wird.

14.2.5 Schnittstellen des Incident Management

Da Probleme, Störungen, Ausfälle oder andere Beeinträchtigungen im System als Incident in unterschiedlichen Bereichen und Ausprägungen auftreten können, stellt das Incident Management zahlreiche Schnittstellen bereit, die auch im Falle einer Eskalation verwendet werden können. Über das Event Management laufen beispielsweise in vielen Fällen relevante Exents automatisiert in das Incident Management ein. Daher kann das Incident Management wie alle Prozesse und Kapitel nicht als in sich geschlossenes und abgeschottetes System verstanden werden. So liegt das Incident Management horizontal in der IT-Organisation des Unternehmens und kann durch seine Aktivitäten zahlreiche Prozesse und Funktionen berühren.

Die Hoheit über den aufgenommenen Incident verbleibt beim Service Desk, um jederzeit adäquat auf Rückfragen reagieren, weitere Informationen aufnehmen oder Eskalationsschritte aufgrund von definierten Vorgaben anstoßen zu können. Hier bewährt sich das Vorhandensein des Single Point of Contact – nicht nur für den

Anwender, der seinen defekten Drucker melden möchte. Auch andere Mitarbeiter, die mit einem Incident oder einem Change zu tun haben, wenden sich an das Service Desk, um Informationen zu liefern oder abzugreifen. Dies können ein Eskalationsmanager oder ein Mitarbeiter des Problem Managements sein, die weitere Fragen zu einem Incident haben.

Störungen, für die es noch keine Lösung gibt oder die den Kenntnisstand des aktuellen Bearbeiters übersteigen, werden vom Service Desk oder vom jeweiligen Support-Team einem anderen Team mit höherem Kenntnisstand oder den notwendigen technischen Befugnissen zugewiesen. Dieses Support-Team ist für die Behebung der Störung oder für eine nochmalige Weiterleitung zu einem weiteren Support-Team zuständig. Es ist besonders wichtig, dass während des Lösungsvorgangs die verschiedenen Bearbeiter den Status im Incident-Datensatz anpassen („Ticketpflege") und zudem die Beschreibung der ergriffenen Maßnahmen und die Anpassungen in der Klassifizierung vornehmen (Dokumentation der Historie).

Es zeigt sich, dass insbesondere das so genannte Configuration Management System (CMS) aus dem Service Asset und Configuration Management für das Incident Management eine wichtige Rolle spielt. Ziel dieses Datenspeichers ist es, Bezüge zwischen den Konfigurationselementen (Configuration Items, CIs), IT Services, Anwendern und Kundenanforderungen zu ermöglichen. Aber auch Ansprechpartner oder Experten zu spezifischen Problemen, wie etwa Produktverantwortliche, potenzielle Ansprechpartner und Eskalationsbeteiligte, können über das CMS abgerufen werden. Während der Erfassung einer Störung können Konfigurationsdaten übernommen werden. Dementsprechend wird der Status der betroffenen Komponenten im CMS angeglichen. Auch die Daten des Anwenders können abgefragt und bei Bedarf angepasst werden.

Neben den Tools und Mechanismen zur Arbeit mit Incidents ist ein ausreichend gefülltes CMS unerlässlich! Daneben gehört auch eine Wissensdatenbank in beliebiger Form als Quelle für bekannte Fehler und für die damit zusammenhängenden Informationen, Lösungen, Details und Ansprechpartner zu den essenziellen Arbeitskomponenten der Mitarbeiter des Incident Managements. Das Problem Management unterstützt die Mitarbeiter des Incident Managements, indem es Informationen über Probleme, bekannte Fehler und Workarounds zur Verfügung stellt. Diese Informationen fließen dann in die vorhandene Wissensdatenbank für das Incident Management ein.

Das nachgelagerte Problem Management, das sich um die Ursachenforschung kümmert (siehe *Abbildung 14.17*), stellt hohe Anforderungen an die Qualität der Störungserfassung, um mögliche Fehler besser aufspüren zu können. Fehlen hier Angaben in der Historie, muss in vielen Fällen der Anwender nochmals kontaktiert werden, es müssen Fragen gestellt und das Problem erneut aufgerollt werden, obwohl der Anwender dies in der Regel bereits bei der Aufnahme des Records getan hat. Dies trägt nicht unbedingt zur Kundenzufriedenheit bei.

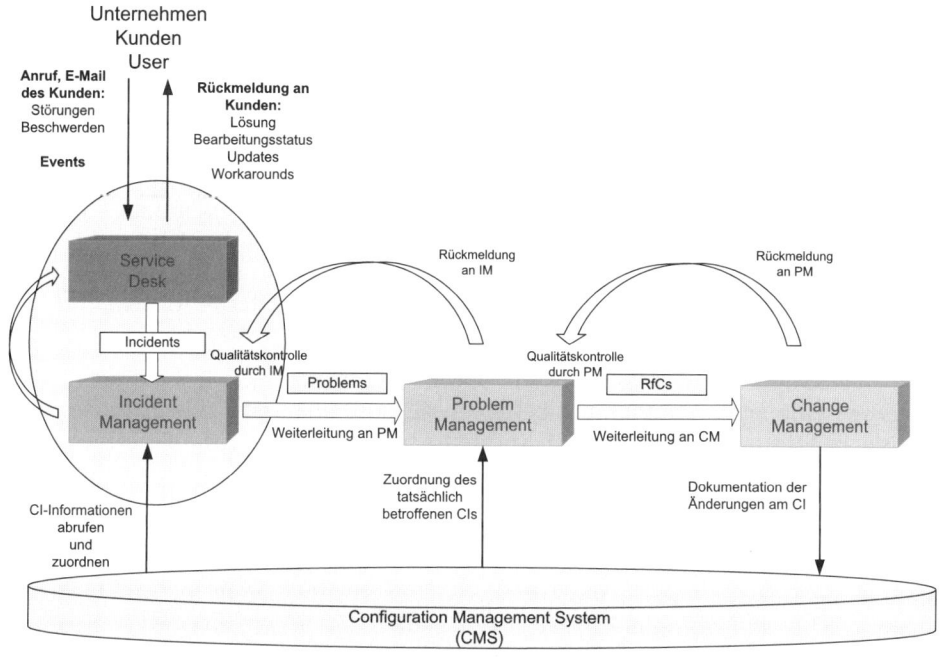

Abbildung 14.17: Der Weg eines Incidents („Incident Lifecycle")

Dementsprechend werden auch Störungen (oft über einen RfC aus dem Problem Management) unter der Kontrolle des Change Managements behoben, z.B. durch den Austausch oder die Erweiterung von Software-Komponenten, deren Problemverhalten durch ein FixPack oder einen Patch behoben werden. Darüber hinaus liefert das Change Management dem Incident Management Informationen über geplante und den Status von aktuellen Changes. Achtung: 80 % aller Incidents treten aufgrund von nicht-gemeldeten oder nicht-autorisierten Changes auf. Sollte offensichtlich sein, dass ein Change der Verursacher von Störungen ist, so werden die Informationen über einen fehlerhaften Change an das Change Management zurückgemeldet.

Das Incident Management liefert an das Service Level Management Informationen, anhand derer sich die Qualität des Services beurteilen lässt. Die zwischen den Vertragsparteien vereinbarten Messkriterien der definierten Services bilden die Grundlage für die Bewertung durch den Kunden. Dies wird anhand der Reportings transparent, die das Incident Management zur Verfügung stellt. Das Reporting muss von beiden Vertragspartnern bezüglich der Inhalte, der Berichtszeiträume und der Berichtshäufigkeit abgestimmt sein. Wertvolle Zusatzinformationen, zum Beispiel über eine Änderung der Anzahl oder Art der in der jeweiligen Service-Vereinbarung befindlichen Hard- und Software, laufende Hersteller- und Wartungsverträge oder den Umfang der Lizenzverhältnisse, sind die Basis dafür, dass vertragsrechtliche Verpflichtungen nicht auf falschen Grundlagen getroffen werden und die hieraus resultierenden Risiken für die Vertragsparteien minimiert werden.

Sollten z.B. häufig Störungen bei einem geschäftskritischen Service auftreten und das zugehörige Service Level Agreement damit verletzt sein, müssen über das Service

Level Management geeignete Maßnahmen zur Service-Verbesserung in Absprache mit dem Kunden eingeleitet werden (Service Improvement Program, SIP). Das Incident Management muss hierzu über die mit dem Kunden vereinbarten Service Level informiert sein.

Das Availability Management kümmert sich primär um das Messen von Verfügbarkeiten. Um die Verfügbarkeit von Services messen zu können, bedient sich das Availability Management der Daten, die vom Incident Management zur Störungserfassung angelegt werden. Um exakte Werte als Basis für das Availability Management liefern zu können, ist bei Störungen eine präzise Zeiterfassung vom Auftreten bis zur Behebung überaus wichtig. Aus einer unpräzisen Datenbasis können keine realen Auswertungsergebnisse geliefert werden.

Das Capacity Management ist an einem optimalen Einsatz der IT-Ressourcen interessiert. Um eine adäquate Planung betreiben zu können, wertet dieser Prozess beispielsweise Störungen aus, um zu überprüfen, ob diese auf einen Mangel an Speicherplatz oder auf zu lange Reaktionszeiten zurückzuführen sind. Vielfach bereitet das Incident Management bereits entsprechende Reports als Trigger für das Capacity Management vor, da verwendete Tools häufig entsprechende Sortierungs- oder Stichwortsuchen anbieten. Das Capacity Management stößt daraufhin die erforderlichen Maßnahmen an, um das erneute Auftreten dieser Störung bereits im Vorfeld zu vermeiden. Bei Bedarf kann das Capacity Management auch Workarounds anbieten.

Leistungsindikatoren

KPIs werden über Berichte für unterschiedliche Zielgruppen erstellt. Das Berichtswesen liegt für diesen Prozess in der Verantwortung des Incident Managers, der auch die Verteilerliste sowie einen Berichtskalender erstellt. Der Service Desk ist der wichtigste Datenlieferant für die Messung des Service-Grads. Aus den historischen Daten werden Trends abgelesen. Beispiele für derartige Messwerte: Gesamtzahl der Störungen, durchschnittliche Lösungszeit, durchschnittliche Lösungszeiten pro Priorität/Durchschnittswerte, die innerhalb des vereinbarten Service Level liegen. Weiterhin können der Prozentsatz der vom First Level-Support behobenen Störungen (Lösung in erster Instanz, ohne Weiterleitung), durchschnittliche Support-Kosten pro Störung, behobene Störungen pro Workstation oder pro Service Desk-Mitarbeiter, Anzahl der Störungen, die anfänglich falsch klassifiziert wurden oder Anzahl der Störungen, die falsch weitergeleitet wurden, erfasst werden. Dies dient als Basis für eine kontinuierliche Verbesserung sowohl der angrenzenden Service-Bereiche als auch des Service Desk an sich.

Das Incident Management wäre ohne die angrenzenden Prozesse nicht in der Lage, erfolgreich zu arbeiten. Grundvoraussetzungen für ein erfolgreiches Incident Management sind neben einer aktuellen und sorgfältig gepflegten CMDB eine enge Beziehung zum Service Level Management und den angrenzenden Bereichen für die richtige Zuweisung von Prioritäten und Lösungszeiträumen.

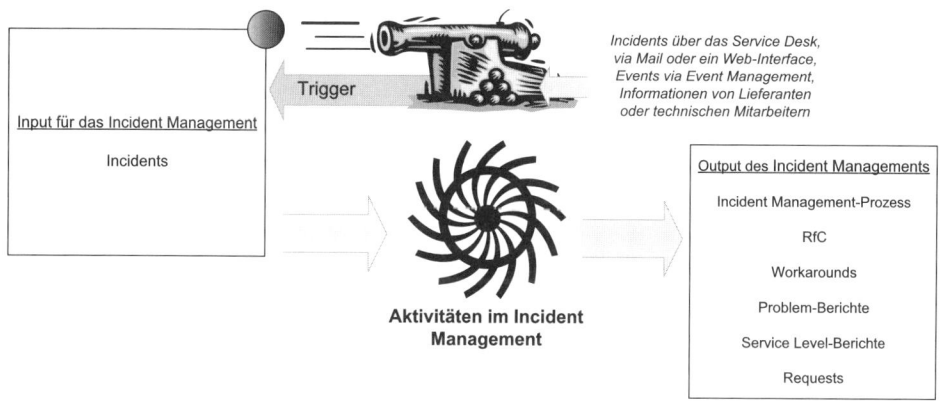

Abbildung 14.18: Trigger, Input und Output für den Prozess

14.3 Request Fulfillment

Ein Service Request tritt in unterschiedlichen Ausprägungen auf und betrifft beispielsweise Fragen von Benutzern, Erweiterung der IT-Dienstleistungen, Installation von PCs, Software und Druckern (Request for Service, RfS). In den meisten Fällen liegt als Grund für den Kontakt des Incident Managements keine Störung vor, sondern ein anders geartetes Anliegen. Wie an den Beispielen abzulesen ist, beziehen sich die Requests häufig auf kleinere Changes, die oft vorkommen und nur mit einem geringen Risiko verbunden sind. Was als ein solcher Standard Change gilt, ist von der Definition des jeweiligen Unternehmens abhängig (Passwortrücksetzungen sind beispielsweise aufgrund von SOX nicht immer ohne Weiteres einfach als Standard Change umsetzbar). Ein Standard Change wird oft mit der Abkürzung IMAC bezeichnet. Im Rahmen der IMAC-Aktivitäten werden IT-Systeme installiert (Installation), Umzüge abgewickelt (Move), Hoch- und Umrüstungen (Add/Change) übernommen, IT-Systeme deinstalliert und einer gesetzlichen Wiederverwertung zugeführt bzw verschrottet.

Durch ihre typischen Eigenschaften, die alle diese Anfragen verbindet, wird ihnen ein eigener Prozess zur Verfügung gestellt, anstatt sie explizit über das Incident Management oder das Change Management abzuwickeln. Der Prozess erfüllt die Anforderungen, wobei es sein kann, dass die dazu notwendigen Aktionen in einzelne Schritte heruntergebrochen werden und von unterschiedlichen Aktivitäten abzuwickeln sind. Daher ist es möglich, dass einige Unternehmen Service Requests über das Incident Management laufen lassen und über die Kategorisierung der Incidents als Service Request definieren und gesondert abarbeiten. Es gibt unterschiedliche Möglichkeiten, mit Service Requests umzugehen.

Dabei muss stets zwischen den beiden Begriffen Incident und Service Request differenziert werden, da ein Incident stets die ungeplante Unterberechung oder Beeinträchtigung eines Service darstellt, wohingegen die Umsetzung eines Service Requests sehr wohl planbar ist.

⌐ **Service Request**

Ein Service Request kann als Anfrage bezüglich Informationen, Ratschlägen oder Dokumentationen oder als Nachfrage nach einem vergessenen Passwort, Bereitstellung standardmäßiger IT Services für einen neuen Anwender oder Nutzung eines IT Service verstanden werden. ⌐

14.3.1 Ziele des Request Fulfillments

Der Request Fulfillment-Prozess handhabt die Service Requests, die von Anwenderseite an ihn herangetragen werden. Auf diese Weise wird für die Benutzer eine Möglichkeit bereitgestellt, über die er seine Anforderungen adressieren kann und neue Standard-IT Services erhält, für die es dann allerdings vordefinierte Bestätigungs- und Freigabeszenarien geben muss. Darüber hinaus werden dem Anwender und Kunden Informationen zur Verfügbarkeit von Services, Komponenten von Standard-Services (Medien etc.) zur Verfügung gestellt. Außerdem kümmert man sich in diesem Prozess um die allgemeinen Informationen, Anfragen, Kommentare und Beschwerden (sofern sie nicht als Incident aufzufassen sind).

Der Nutzenbeitrag des Request Fulfillments besteht darin, den Anwendern und dem Kunden schnell und effektiv Zugang zu Standard Services zu ermöglichen, um deren Produktivität oder die Qualität ihrer Geschäftsaktivitäten und Produkte zu verbessern.

Request Fulfillment reduziert effektiv die Bürokratie in Bezug auf das Anfragen und Erhalten von Zugriffen auf Standard Services, was auch dazu führt, dass die Kosten für die Bereitstellung reduziert werden. Ein zentralisierter Prozess erleichtert darüber hinaus die Steuerung und Kontrolle der Zugriffsverwaltung für die Services, was wiederum Kosten für Recherchen, Nachforschungen, Audits oder Support verringert.

14.3.2 Prinzipien des Request Fulfillments

Ähnlich wie im Incident Management bestimmte Incident-Meldungen und Störungsarten immer wieder auftreten, so werden sich auch im Request Fulfillment-Prozess bestimmte Anfragen wiederholen. Diese sich wiederholenden Anfragen können in ein Modell überführt werden, das einen vordefinierten Prozessablauf unterstützt. Dabei werden die Phasen und Arbeitsschritte, um einen definierten Anfragetyp zu erfüllen, die beteiligten Supportgruppen, Eskalationspfade und die angestrebten Zeitskalen (Umsetzungs-/Erfüllungszeiten) beschrieben. Service Requests werden normalerweise befriedigt, indem Standard Changes implementiert werden (siehe *Kapitel 11.3.2, Begriffe des Change Managements*).

Die Verantwortung und die Eigentümerschaft über die Service Requests verbleiben beim Service Desk, das sich um die Überwachung, Eskalation, Übertragung und in vielen Fällen auch um die Erledigung der Service Requests kümmert.

Ein solcher Service Request enthält Informationen darüber, welcher Service angefordert wird, wer den Service angefordert hat und den Service autorisiert, welcher Prozess verwendet wird, um den Request umzusetzen, wer die Anfrage umsetzt und welche Aktionen dafür notwendig sind. Weitere Inhalte sind Informationen zum Abschluss des Requests und die Zeitangaben der Request-Abgabe und für die jeweiligen Aktivitäten, die erledigt wurden, um den Request zu erfüllen. Im Service-Portfolio ist der abgestimmte Service Request-Umfang enthalten.

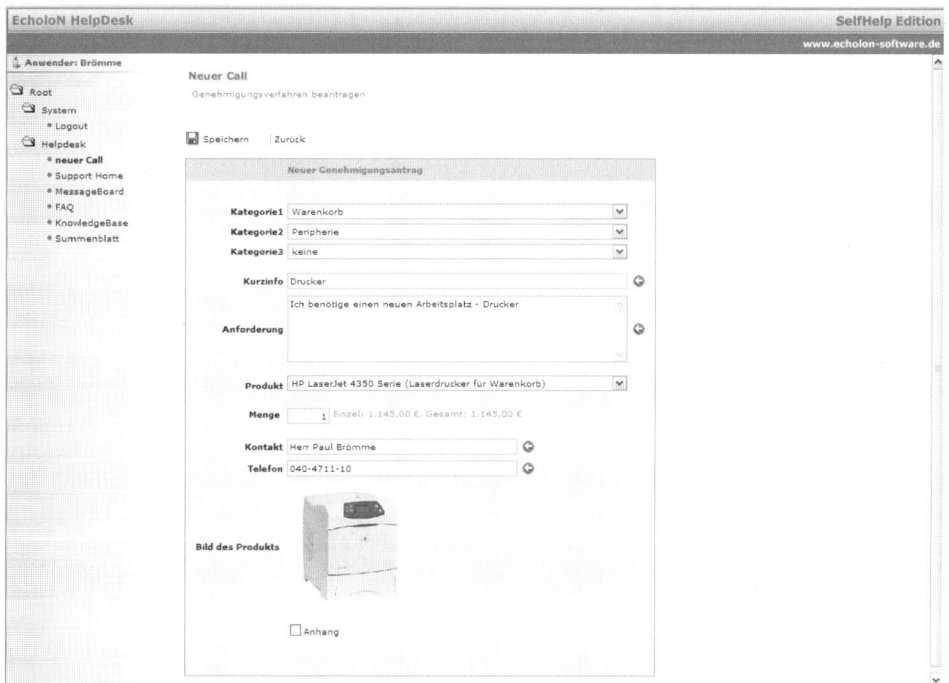

Abbildung 14.19: Beispielhafte Self-Help-Beschaffungsanfrage (Produkt: EcholoN Selfhelp)

Beispiel: Self-Help

Ist eine Standard-Umgebung für die Erbringung der Services etabliert, können die Support-Calls effektiver überwacht und auf wiederkehrende Probleme analysiert werden. Die Lösungen werden permanent aktualisiert, die Information über eine Known Error-Datenbank zur Verfügung gestellt und schließlich dem Endanwender über ein Self-Help-System an die Hand gegeben. Geht man noch einen Schritt weiter, können über ein Remote Delivery Tool organisationsweit Fehler bei allen Usern gleichzeitig behoben werden. Im letzten Schritt können die Anwender im Umgang mit einem Self-Heal-Tool geschult werden, um Probleme online und ohne Eingriff durch das Service Desk zu lösen.

In Bezug auf die Frage, wie die Requests an die verantwortlichen Teams herangetragen werden, hat sich als eine mögliche Antwort das Thema Self-Help bzw. Self-Service etabliert. Self-Help, das durch neue Technologien, bessere und intuitive Bedienbarkeit und eine gestiegene Medienakzeptanz erst möglich geworden ist, befähigt die Anwender, sich ein Stück weit selbst zu helfen. Dabei wird die Schnittstelle für den Benutzer meist über ein Web-Interface zur Verfügung gestellt, über das die Anwender Unterstützung suchen und erhalten können. Idealerweise steht diese Möglichkeit den Benutzern 24x7 Stunden zur Verfügbarkeit, was die Anwender-Produktivität erhöht.

Ist die Oberfläche, die meist über Intranetseiten im Portal zur Verfügung gestellt wird, an das Corporate Design des Unternehmens angepasst und der Einsatz eines Webclients von den Anwendern akzeptiert, können entsprechende Tools und Angebote (Schwarze Bretter, Diskussionsforen, FAQ-Listen, Dokumentationen, Anleitungen, Patch-Downloads, Software-Löschanfragen, Download von Software Packages etc.) als Self-Service zum Einsatz kommen.

Vorteile entwickeln sich dabei aus der Kostenreduzierung durch Automation, Vermeidung von Calls und Reduzierung von Vor-Ort-Einsätzen, einer Erhöhung der IT-Sicherheit durch strikte Einhaltung der implementierten Sicherheitsrichtlinien sowie eine Produktivitäts- und Effizienzsteigerung der Endanwender durch Verkürzung von Ausfallzeiten. Dabei werden gezielte Hilfen und Dienste bereitgestellt, um den Komfort für die Anwender zu erhöhen. Gleichzeitig reduzieren sie den Aufwand für das Eingreifen eines IT-Mitarbeiters auf ein Minimum. Wird der Self-Help-/Self-Service-Gedanke fortgeführt, ist es auch möglich, Self-Heal (Selbstheilung) im Unternehmen zu etablieren, was nicht nur für den Prozess des Request Fulfillments von Interesse ist, sondern weit darüber hinausgeht. Dabei kommen automatisierte Tools zum Einsatz, die eine minimale Intervention durch die Mitarbeiter erfordern und viele Probleme präventiv und selbständig lösen.

Für welche Standardaufgaben User-Self-Help praktikabel ist und in welchem Umfang Service Portale sinnvoll sind, ist nicht pauschal zu beantworten, sondern von Unternehmen zu Unternehmen unterschiedlich. Dabei spielen Unternehmenskultur, Medienakzeptanz und der etablierte Einsatz neuer elektronischer Tools und Hilfsmittel eine wichtige Rolle, aber auch die Benutzerfreundlichkeit und die intuitive Bedienbarkeit der Self-Help-Technologien stellen relevante Aspekte dar.

Rollen im Request Fulfillment-Prozess

Die initiale Handhabung der Service Requests wird über die Mitarbeiter im Incident Management und Service Desk abgewickelt. Die Umsetzung der Requests findet dann meist in den/dem entsprechenden Service Operation-Team(s) oder durch externe Lieferanten statt. Oft sind auch Facilities Management und Beschaffung (Procurement) involviert.

Je nach Größe des Unternehmens und der Anzahl der Service Requests kann es einzelne Teams oder eine Gruppe von Mitarbeitern aus dem Incident Management oder Service Desk geben, die sich nur um die Abarbeitung der Service Requests kümmern.

14.3.3 Aktivitäten und Techniken im Request Fulfillment

Das Request Fulfillment besteht aus den folgenden Aktivitäten, Methoden und Techniken:

1. Auswahl der Befehlsübersicht (Menu Selection): Das Request Fulfillment bietet etliche Ansatz- und Einsatzmöglichkeiten für das Thema Self-Help, worüber die Anwender Service Requests abschicken können. Die darunter liegende Technologie ist mit den entsprechenden Service Management-Tools verknüpft. Idealerweise sollten den Anwendern Menü-Strukturen über eine Web-Schnittstelle angeboten werden, so dass sie die für sie passenden Service Requests aus einer (für sie passenden und freigegebenen) Liste auswählen können. Um beispielsweise Fragen nach dem Umsetzungszeitpunkt vorzugreifen, werden die entsprechenden Lieferzeiten aufgeführt oder in einer Bestätigungsmail kommuniziert. Diese Zielzeiträume stammen aus den SLAs.

   Einige Unternehmen bieten für die Anwender eine Art Warenkorb an, aus dem sie die für sie freigegebenen Services und Produkte auswählen können. Ein dahinter liegender Workflow kümmert sich um die Weitergabe des Requests und um die ggf. notwendige Freigabe durch einen Vorgesetzten oder einen anderen Verantwortlichen.

2. Finanzfreigabe (Financial Approval): Die Kosten für die Umsetzung des Service Requests müssen einwandfrei festgestellt sein. Es ist möglich, feste Preise für Standard-Produkte und Services aufzusetzen. Eine vorgeschobene Freigabe für diese Kosten wird damit vorab im Rahmen der jährlichen Kostenplanung definiert. In anderen Fällen muss eine Abschätzung der Kosten und eine Übermittlung, um die entsprechende Freigabe zu erhalten, vorgenommen werden. Dies richtet sich nach der Management- und Finanzlinie im Unternehmen. Darüber hinaus muss auch die Frage der Leistungsverrechnung und Abrechnung geklärt sein.

3. Weitere Freigaben: In manchen Fällen sind weitere Freigaben notwendig, z.B., wenn es um das Thema Compliance geht.

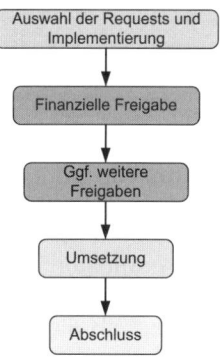

Abbildung 14.20:
Aktivitäten im Request Fulfillment

4. Request-Umsetzung: Die tatsächliche Umsetzung des Service Request hängt von der Art der Anforderungen ab. Einfache Requests können über das Service Desk im Sinne eines First Line-Supports abgearbeitet werden, während andere Anfragen an Spezialisten weitergegeben wurden, um diese dort abarbeiten zu lassen. Einige Organisationen besitzen ein eigenes Team oder nutzen Drittanbieter für

die Umsetzung dieser Aufgaben. Der Service Desk sollte die Requests und deren Fortschritt überwachen und den Benutzer, der den Request abgesetzt hat, auf dem Laufenden halten.

5. Abschluss: Wenn der Service Request umgesetzt und abgeschlossen wurde, geht er zurück an das Service Desk, falls die Umsetzung in einem anderen Bereich stattgefunden hat. Ähnlich wie beim Abschluss eines Incidents muss auch in diesem Prozess dafür Sorge getragen werden, dass der Anwender zufrieden ist und mit dem Ergebnis seiner Anforderung arbeiten kann.

Leistungsindikatoren

◆ Anzahl der Service Requests

◆ Bearbeitungszeit der Service Requests nach Request-Typen

◆ Einhaltung der definierten Service Request-Zielzeiten

◆ Kosten der Service Requests

◆ Anwenderzufriedenheit mit der Durchführung der Service Requests

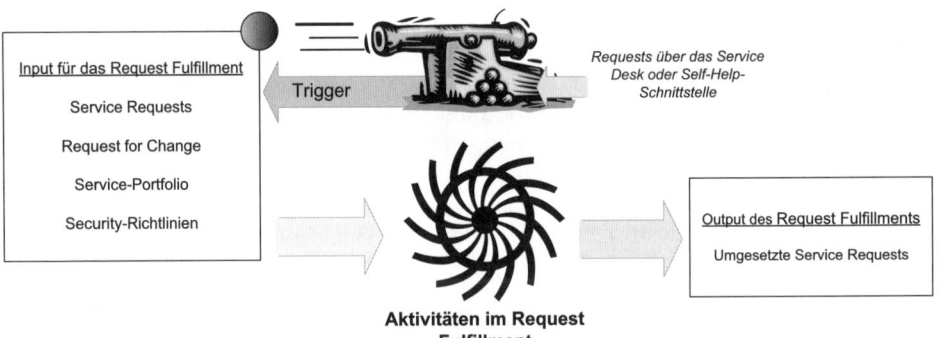

Abbildung 14.21: Trigger, Input und Output für den Prozess

14.4   Problem Management

Die IT ist nicht vor Problemen gefeit; sogar die besten Verbesserungen sind nicht im Stande, eine absolut fehlerfreie Produktion zu garantieren. Die Probleme selber können gelöst, und ihnen kann sogar vorgebeugt werden. Das Hauptanliegen des Problem Managements liegt in der Vermeidung von Problemen und daraus resultierenden Incidents, aufgetretene Incidents aufzulösen und die Auswirkungen der Incidents zu minimieren, die sich nicht vermeiden lassen. ITIL® definiert ein Problem als die Ursache eines oder mehrerer Incidents. Dies sind Fälle, die in gleicher oder ähnlicher Form schon einmal aufgetaucht sind. Störungen und Unterbrechungen können wiederholt auftreten. Wenn das System in einer bestimmten Situation immer mit derselben Meldung reagiert oder die Anrufe der Anwender beim Service Desk gleiche oder ähnliche Störungen beschreiben, kann man klar darauf schließen, dass es noch nicht beseitigte Problemquellen geben muss. Das Problem ist damit aber zumeist eindeutig vorhanden, da reproduzierbar. Die Prozessdisziplinen Incident Management und Problem Management arbeiten daher in der Regel sehr eng zusammen und halten eine permanente Kommunikation aufrecht. Darüber hinaus verwenden sie die gleichen Tools, ähnliche Kategorien, Auswirkungs- und Prioritätsberechnungen, was eine effektive Kommunikation begünstigt. Das Problem Management ist der Prozess, der für das Lifecycle Management aller Probleme zuständig ist.

Das Ziel des Problem Managements besteht in der Vermeidung von Störungen. Um dieses Ziel zu erreichen, führt das Problem Management sowohl proaktive als auch reaktive Aktivitäten aus.

◆ Im Rahmen des reaktiven Problem Managements als Teil der Service Operation-Phase wird nach der Ursache für bereits eingetretene Störungen gesucht und Vorschläge zur Umsetzung bzw. Korrektur der Situation initiiert.

◆ Proaktives Problem Management versucht, Störungen zu verhindern, bevor sie zum ersten Mal auftreten, indem Schwachstellen in der Infrastruktur identifiziert und Vorschläge zu deren Beseitigung unterbreitet und geprüft werden. Dies umfasst beispielsweise die Überwachung und Auswertung von Protokolldateien, um Indizien und Fehler zu lokalisieren, zu dokumentieren und zu verfolgen. Das proaktive Problem Management wird über die Service Operation-Phase initialisiert, ist aber im Allgemeinen als Teil des Continual Service Improvements getrieben.

Für die reaktive Ausprägung des Problem Managements gilt es, die Ursache des Problems zu untersuchen. Wurde die Ursache gefunden, erhält das Problem den Status „Known Error" (bekannter Fehler), aus dem sich eventuell ein Request for Change für die Behebung der Ursache ergibt. Das Problem Management beschäftigt sich auch danach mit der Verfolgung und der Überwachung von bekannten Fehlern in der Infrastruktur. Zu diesem Zweck werden Daten über alle identifizierten bekannten Fehler, ihre Symptome sowie die verfügbaren Lösungen in der Known Error-Datenbank als Known Error-Record gepflegt. Dementsprechend besitzt das Problem Management die notwendigen Schnittstellen in Richtung Knowledge Management.

Das Problem Management schließt alle Aktivitäten ein, die notwendig sind, um die Ursache der Incidents zu diagnostizieren und die Lösung zu finden. Es muss über entsprechende Steuerungsmaßnahmen auch sicherstellen, dass die Lösung beispielsweise über das Change und Release Management implementiert wird.

Das Problem Management unterstützt das Incident Management, indem es Workarounds und Lösungen liefert, es ist jedoch nicht selbst für die Behebung der Störung verantwortlich. Während das Incident Management bestrebt ist, die Störung so schnell wie möglich, z.B. über Workarounds, zu beheben, kümmert sich das Problem Management darum, die Ursache zu ergründen und zu beseitigen.

14.4.1　Ziele des Problem Managements

Das Problem Management arbeitet mit dem Incident und dem Change Management zusammen, um die Qualität und die Service-Verfügbarkeit zu erhöhen. Werden Incidents gelöst, werden die Informationen zur Lösung festgehalten. Eine Lösung (Resolution) ist eine Aktion, die vorgenommen wird, um die zugrunde liegende Ursache eines Incidents oder eines Problems zu lösen oder einen Workaround zu implementieren.

Service Operation

Mit der Zeit werden die dokumentierten Lösungen helfen, Lösungs- und Diagnosezeiten zu beschleunigen, was zu niedrigeren Downtimes und weniger Unterbrechungen unternehmenskritischer Systeme führt. Das Problem Management kann aufgrund einer Senkung der Anzahl von Störungen und einer Erleichterung des Arbeitsdrucks der IT-Organisation zu einer Qualitätssteigerung der IT Services beitragen.

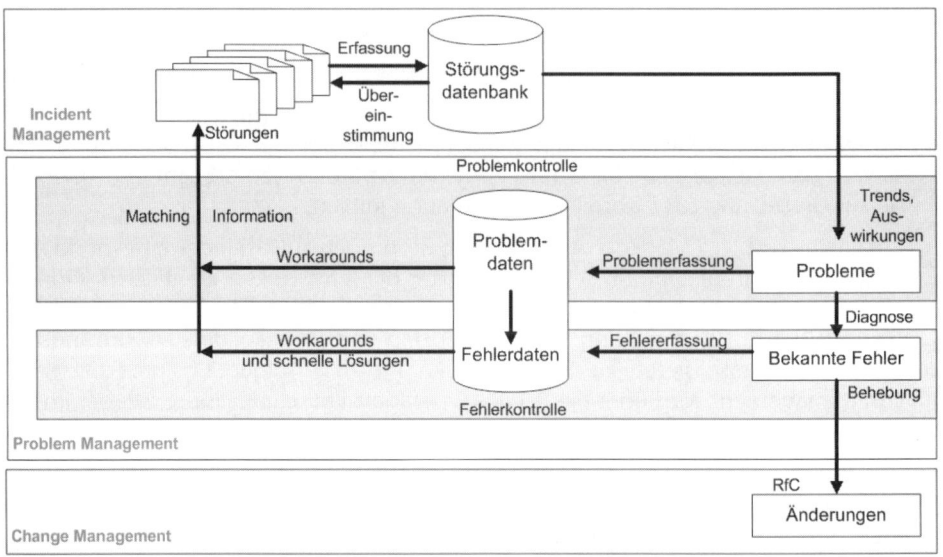

Abbildung 14.22: Prozessabläufe und Tools (nach OGC)

Die wichtigsten Zielsetzungen stellen sich folgendermaßen dar:

◆ optimale und schnelle Ursachenforschung bei allen Störungen, Unterbrechungen oder sonstigen Problemen

◆ die Elimination der Ursachen

◆ die Aufrechterhaltung der IT-Dienstleistungen

◆ die Vermeidung von längerfristigen Service- und IT-Systemunterbrechungen

◆ die Reduzierung der Auswirkungen und Schadensbegrenzung

◆ das Vermeiden von Problemen durch vorausschauendes Handeln

◆ das Einleiten von notwendigen Changes in der IT-Infrastruktur

◆ Kostenreduktion durch weniger Feuerwehr-Aktionen oder Beseitigung sich ständig wiederholender Incidents

Das laufende Pflegen einer Know-how-Datenbank bzw. Known Error-Datenbank als Expertensystem hilft, diese Ziele zu erreichen (siehe *Abbildung 14.24*). Andere Prozesse und Fachbereiche sollten hieraus Wissen beziehen und Zugriff darauf erhalten. Die Prozesse des Problem Managements sind erst dann abgeschlossen, wenn die Changes bei einem Problem installiert, konfiguriert und getestet worden sind. Dann erfolgt eine entsprechende Rückmeldung der dort beteiligten weiteren Prozesse. Der spezifische Fehler muss aber eindeutig identifiziert worden sein, damit er nach den Veränderungen nicht mehr auftritt.

14.4.2 Begriffe und Prinzipien des Problem Managements

Ein Problem beschreibt eine unerwünschte und ungewollte Situation, die als unbekannte Ursache einer oder mehrerer (aktiver und potenzieller) Störungen auftritt. Ein Problem verursacht mindestens eine Störung. Ist die Ursache des Problems bekannt, wird von einem bekannten Fehler (Known Error) gesprochen (siehe *Abbildung 14.23*). Dann existiert möglicherweise in einem solchen Fall ein Workaround als Umgehungslösung, um die Beeinträchtigung des Tagesgeschäfts für den Anwender so gering wie möglich zu halten. Zudem wird ein Request for Change (RfC) erstellt und vorgeschlagen, eine Änderung vorzunehmen, die den bekannten Fehler beseitigt.

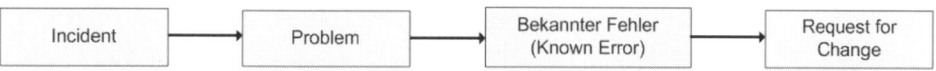

Abbildung 14.23: Zusammenhänge der Begrifflichkeiten

Die Daten, die zur Erfassung eines Problems dienen, ähneln den Daten, die zur Erfassung einer Störung herhalten. Es geht beim Problem Management aber verstärkt um die Kenndaten zum Problem. Der Fokus auf den Anwender und seine Daten entfällt. Das Problem Management verwendet und pflegt die Known Error-Datenbank (KEDB). Sie enthält sämtliche Records bekannter Fehler. Diese Datenbank wird vom Problem Management erstellt und vom Incident und Problem Management eingesetzt. Die Known Error Database ist Teil des Service Knowledge Management Systems.

Ein Known Error Record beinhaltet die Details zu einem Known Error. Jeder Record eines Known Error dokumentiert den Lebenszyklus eines Known Error, einschließlich des Status, der zugrunde liegenden Ursache und des Workaround. In einigen Implementierungen wird ein Known Error unter Verwendung zusätzlicher Felder in einem Problem Record dokumentiert.

Begriffe im Incident Management und im Problem Management

Die meisten der Begriffe, die für das Problem Management und weitere Prozesse relevant sind, wurden bereits in *Kapitel 14.2.1, Begriffe des Incident Managements*, vorgestellt.

Ähnlich wie in den Prozessen des Incident Managements und des Request Fulfillments können auch im Problem Management Modellansätze implementiert werden, auch wenn zahlreiche Probleme einmalig sind und ein individueller Umgang mit ihnen notwendig ist. In vielen Fällen ist es aber durchaus denkbar, dass Incidents geschehen, weil es unbekannte oder noch nicht offensichtlich gewordene Probleme gibt, auf die sie zurückzuführen sind.

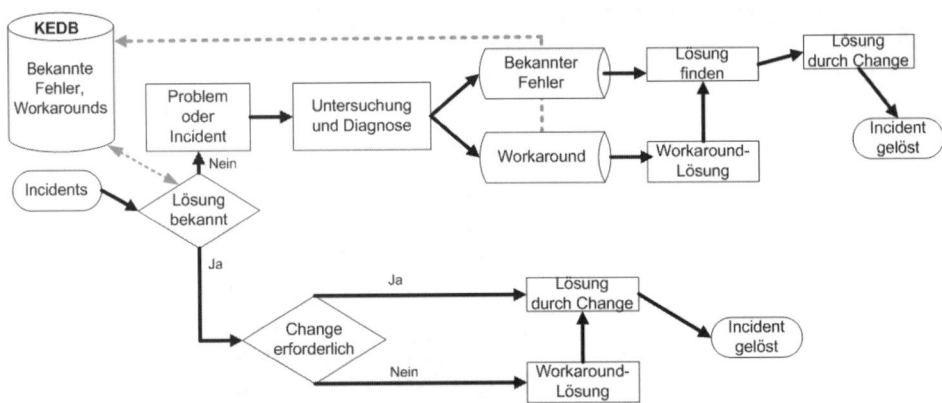

Abbildung 14.24: Probleme erkennen und beheben

Rollen im Problem Management

Der Problem Manager sorgt dafür, dass die Ziele des Prozesses erreicht werden und hält die Verbindung zu allen Problemlösegruppen, um schnelle Lösungen innerhalb der SLA-Ziele zu garantieren. Er ist der Inhaber und kümmert sich um den Schutz der KEDB, sorgt für Einbeziehung der Known Errors und Etablierung von Such-Algorithmen. Er hält darüber hinaus die Verbindung zu Vertragsteilnehmern, um Vertragseinhaltung zu garantieren und kümmert sich um das Managen und Dokumentieren aller Aktivitäten, die sich auf Major Problem Reviews beziehen. Außerdem ist er für den formalen Abschluss der Problem Records verantwortlich. Der Problem Manager ist auch verantwortlich für die Beurteilung der Effizienz und der Effektivität des Prozesses. Er kümmert sich um das Erstellen und Weitergeben von Manager-Informationen an die richtigen Personen, die Beschaffung der für die Aktivitäten erforderlichen Ressourcen sowie die Entwicklung und Verbesserung von Problem- und Fehlerbehandlungssystemen.

Die Probemlösungsgruppen bestehen aus einem oder mehreren technischen Support-Teams und/oder Lieferanten und arbeiten unter der Koordination des Problem Managers.

14.4.3 Aufgaben und Aktivitäten des Problem Managements

Im Grunde genommen müsste jede Störung, deren Ursache unbekannt ist, mit einem Problem verknüpft werden. Die Analyse und Ursachenforschung wenden sich den IT Services, den technischen Komponenten (Configuration Items) und den Zusammenhängen, in denen sie zueinander stehen, zu. Dies ist v.a. dann relevant, wenn die Analyse der Infrastruktur bzw. deren Komponenten deutlich macht, dass es Schwachpunkte gibt, die zu dieser und weiteren Störungen führen bzw. führen können. Manche Störungen sind so schwer wiegend, dass ein weiteres Auftreten auf jeden Fall vermieden werden muss. Dies gilt auch für Gefährdungen der vereinbarten Services auf der Basis von SLAs. Ebenso werden neue oder bereits registrierte Störungen, die keinem bereits bekannten Fehler (Known Error) zugeordnet werden können, als Problem behandelt.

1. In Bezug auf ein Problem existieren unterschiedliche Möglichkeiten, auf ein solches zu stoßen. Eine Möglichkeit besteht darin, dass einer oder mehrere Incidents, die im Incident Management eingelaufen sind, auf einem Problem beruhen, und daher wird ein Problem Record erstellt. Eine zweite Möglichkeit ist, dass bei einem zwar geschlossenen Incident die Chance besteht, dass die Störung wieder auftritt und daher, um eine tiefer gehende Problemanalyse anzustoßen, ein Problem Record eröffnet wird, während der Anwender mit Hilfe eines Workarounds weiterarbeiten kann. Die Analyse eines Incidents weist auf ein schweres Problem hin. Auch Hersteller oder Lieferanten können ihre Kunden auf ein Problem oder einen Known Error hinweisen, den es zu lösen gilt (z.B. über einen entsprechenden veröffentlichten Patch des Herstellers). Darüber hinaus können Probleme durch Automatismen eines Event Management-Tools entdeckt werden, die ein Problem über einen Alert melden. Ebenso kann bei der proaktiven Analyse bereits geschlossener Tickets oder Systemdaten bzw. Protokollen der Bedarf entstehen, ein Problem Record zu eröffnen, um eine Untersuchung anzustoßen.

   Regelmäßige Analyse von Incident- und Problemdaten oder Daten, die von anderen IT Service Management-Prozessen gesammelt wurden, im Rahmen des proaktiven Teils des Problem Managements helfen bei der vorzeitigen Erkennung von Trends, die zu Problemen werden können. Proaktives Problem Management ist insbesondere auf die Trendanalyse und Identifizierung potenzieller Störungen ausgerichtet, bevor diese überhaupt auftreten. Reviews größerer Probleme, Recherche, Protokollanalysen, Ressourcenüberprüfungen und Pflegeaufgaben helfen, mögliche Probleme und Schwachstellen zu identifizieren und proaktiv zu beheben.

   Überprüfungen sind allerdings nicht nur für die rein technische Seite des Problem Managements anzuraten, sondern auch für die Organisation und deren Verfahren und Werkzeuge (Berichte, Diagnose- und Beseitigungsqualität, Daten und Dokumentation). Je weiter das Problem Management entwickelt ist, desto mehr Zeit kann für proaktive Tätigkeiten verwendet werden.

2. Protokollierung: Unabhängig von der Erkennungsmethode müssen alle notwendigen Informationen des Problems im Problem Record eingetragen werden, der die Details zu einem Problem enthält, um die gesamte Historie vor Augen zu haben. Jeder Problem Record dokumentiert den Lebenszyklus eines einzelnen Problems. Die Einträge müssen mit dem entsprechenden Zeitstempel versehen sein, um eine geeignete Steuerung und Eskalation zu erlauben. Darüber hinaus sollte eine Verknüpfung zu dem/den Incident(s) erstellt werden, der/die von diesem Problem stammt/stammen. Dazu gehört, dass alle relevanten Angaben aus dem Incident Record in den Problem Record kopiert werden oder direkt aus dem Problem Record einsehbar sind. Die notwendigen Details sind beispielsweise:

   - Angaben zum Anwender, Details zum Service
   - Datum und Zeit des Ersteintrags
   - Priorisierungs- und Kategorisierungsdetails
   - Incident-Beschreibung
   - Angaben und Informationen bezüglich aller bisherigen Analyse- und Diagnosetätigkeiten oder der bisherigen fehlgeschlagenen Wiederherstellungsversuche

Service Operation

3. Kategorisierung: Die Problem-Kategorisierung lehnt sich an der Kategorisierung des Incidents an.

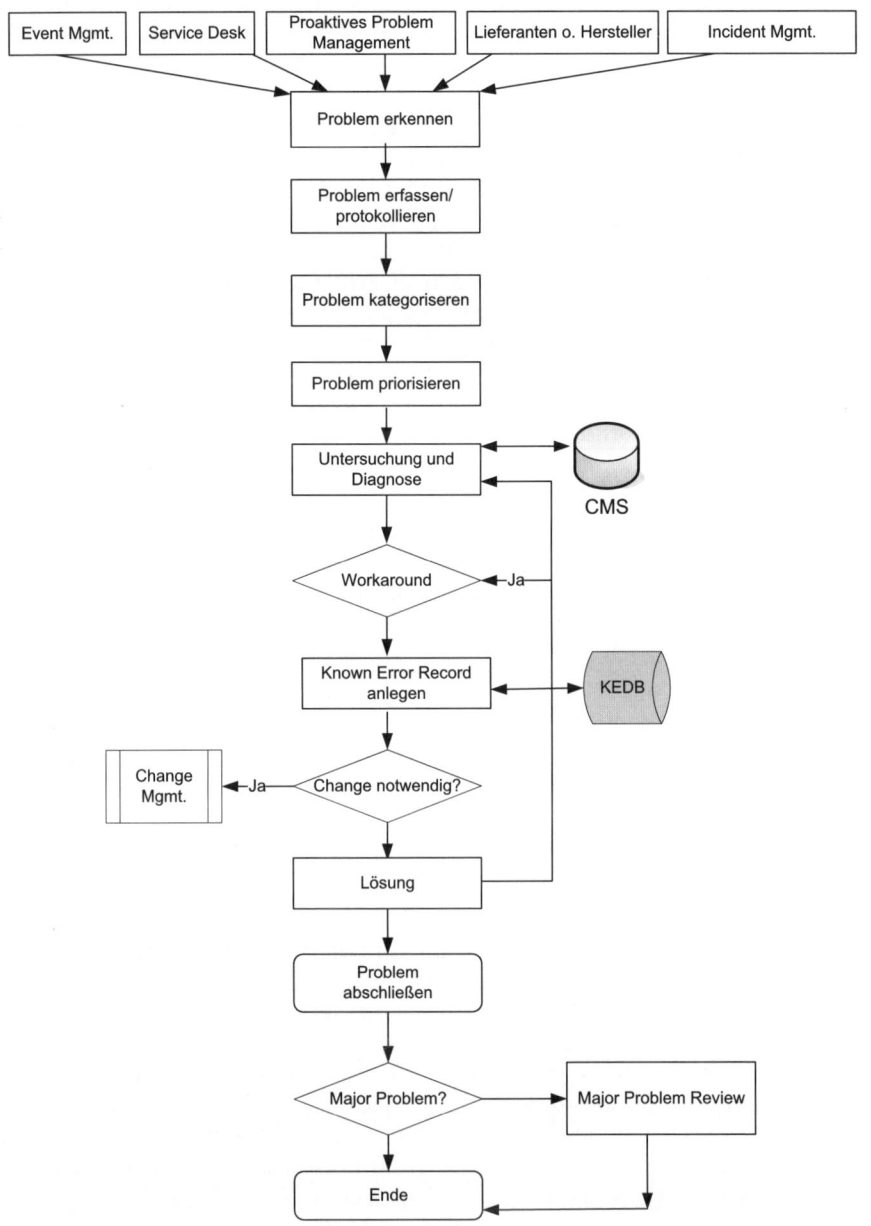

Abbildung 14.25: Prozessdarstellung

4. Priorisierung: Gleichzeitig mit der Kategorisierung erfolgt eine Analyse der Auswirkungen unter Einbeziehung der Angaben des Incidents, wie z.B. Auswirkung und Dringlichkeit. Dazu gehört die Frage, wie viele der zugeordneten Incidents mit welchen Auswirkungen aufgenommen wurden. Dementsprechend wird die Priorität zugewiesen. Die Klassifizierung ist nicht statisch, sondern kann im Laufe des Lebenszyklus eines Problems geändert werden. Wenn zum Beispiel ein Workaround oder eine schnelle Lösung vorhanden sind, kann die Dringlichkeit eines Problems herabgesetzt werden, wohingegen das Auftreten weiterer gleichartiger Störungen die Auswirkungen eines Problems verschlimmern kann.

In diesem Zusammenhang muss auch die Schwere (Severity) des Problems betrachtet werden. Fragen hierzu sind etwa: Als wie ernst oder wie schlimm ist die Lage aus Sicht der Infrastruktur zu beurteilen? Kann das System z.B. erneuert werden, oder muss es ersetzt werden? Mit welchen Kosten ist dies verbunden, oder wie lange wird es dauern?

5. Die Untersuchung und die Diagnose zielen darauf ab, die Ursache eines Problems herauszufinden. Die Art und Weise, wie dies erfolgt und auch wie schnell dies vonstatten geht, ist von unterschiedlichen Faktoren abhängig, wie z.B. den Auswirkungen, der Schwere und der Dringlichkeit des Problems. Dementsprechend müssen die Ressourcen zur Verfügung stehen.

Das CMS wird herangezogen, um die Auswirkungen des Problems zu bestimmen und zu analysieren, welches CI (Component Item) oder welche Kombination von CIs dem Problem zu Grunde liegen könnte, um so einen logischen Zusammenhang zwischen CI und Störung(en) herstellen zu können und den exakten Fehlerpunkt zu finden. Die KEDB sollte ebenfalls herangezogen werden, um möglicherweise mit Hilfe des Störungs- oder Problemmusters auf die Lösung zu stoßen.

Oft läuft es darauf hinaus, dass man innerhalb einer Referenz- oder Testumgebung unter unterschiedlichen Bedingungen (Labor) versucht, die Störung zu reproduzieren. Bei diesen Versuchen können wiederholt mehrere oder andere Fachgebiete einbezogen werden, so dass dann eine andere Lösungsgruppe einen Beitrag zur Analyse und Diagnose des Problems liefert.

Es existiert eine Reihe von nützlichen Techniken, um das Einkreisen und Finden der Problemursache(n) zu unterstützen. Dazu gehören beispielsweise eine chronologische Analyse, um herauszufinden, was wirklich wann und in welcher Reihenfolge passiert ist und welche vorhergehenden Aktionen möglicherweise vorab in Bezug auf den entsprechenden Service oder die Bestandteile des Service umgesetzt wurden. Alle dies wird in eine chronologische Ereigniskette gepackt, um so zum einen eine Zeitschiene der Ereignisse und des Auftreten des Incidents zu erhalten und zum anderen zu sehen, welche Abhängigkeiten bestehen bzw. was als Auslöser für den Incident in Frage kommt.

Die Schadenswertanalyse (Pain Value Analysis) ist eine Technik, mit der die Auswirkungen auf das Business durch ein oder mehrere Probleme identifiziert werden. Der Schadenswert wird anhand einer Formel berechnet, die auf der Anzahl der betroffenen Anwender, der Dauer der Ausfallzeit, den Auswirkungen auf die jeweiligen Anwender und den Kosten für das Business (sofern bekannt) basiert.

Bei der Kepner-Tregoe-Analyse wird ein strukturierter Ansatz zur Lösung von Problemen verwendet. Das Problem wird hinsichtlich der Aspekte „Was", „Wo", „Wann" und „Ausmaß" analysiert. Dabei werden mögliche Ursachen identifiziert. Die wahrscheinlichste Ursache wird getestet, um die tatsächliche Ursache zu ermitteln.

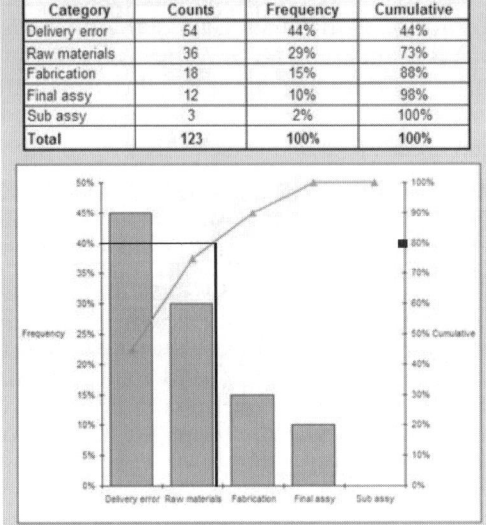

Category	Counts	Frequency	Cumulative
Delivery error	54	44%	44%
Raw materials	36	29%	73%
Fabrication	18	15%	88%
Final assy	12	10%	98%
Sub assy	3	2%	100%
Total	123	100%	100%

Abbildung 14.26: Beispiel für eine Pareto-Analyse (aus der Fertigungsindustrie)

Ein anderer beliebter Ansatz ist das Brainstorming. Dies ist eine Kreativitätstechnik zur Generierung von Ideen durch Gruppenarbeit (synergistischer Effekt) und freier Assoziation (laterales Denken), erfunden von Alex Osborn und weiterentwickelt von Charles Hutchison Clark. Ziel des Brainstormings ist es, zu einem vorgegebenen Thema Ideen, neue Ansätze oder Lösungsmöglichkeiten zu finden. So ist das Brainstorming eine Gruppenaktivität, die die üblichen gruppendynamischen Zwänge ausschalten soll. Eine Überprüfung der Ideen auf ihre Verwendbarkeit findet erst zu einem späteren Zeitpunkt statt. Brainstorming wird auch im Problem Management verwendet, um mögliche Ursachen für ein Problem zu identifizieren.

Der japanische Professor Kaoru Ishikawa entwickelte ein Diagramm zur Visualisierung eines Problemlösungsprozesses (Ishikawa-Diagramm), um gezielter nach den primären Ursachen eines Problems suchen zu können. Dieses Diagramm sieht aus wie eine Fischgräte, was zu den weiteren Namen dieses Diagrammtyps wie Fishbone-, Fischgräten- oder Tannenbaum-Diagramm geführt hat.

Die Pareto-Analyse wird für eine Priorisierung möglicher Ursachen für Probleme eingesetzt, um diese genauer untersuchen zu können (siehe *Abbildung 14.26*).

Seiteneffekte

Probleme werden nicht nur durch Hard- oder Software verursacht. Es kommt regelmäßig vor, dass das Problem offenbar durch einen Dokumentationsfehler, menschliches Versagen oder einen Verfahrensfehler entstanden ist, z.B. bei der Freigabe einer falschen Software-Version. Aus diesem Grund sollten auch Verfahrensanweisungen im CMS registriert werden, um sie im Rahmen der Versionsüberwachung zu beobachten und bei Bedarf auf sie zurückgreifen zu können.

6. Workarounds: In einigen Fällen ist es möglich, einen Workaround für einen Incident zu finden. Dies ist dann nur eine temporäre Umgehungslösung, die nicht die eigentliche Problemursache für den Incident beseitigt. Daher ist es wichtig, dass trotz Vorhandenseins eines Workaround weiter nach der Problemursache gesucht wird. Dementsprechend muss bei Vorliegen eines Workaround der Problem Record offen bleiben und die Details des Workaround dort eingetragen werden.

7. Known Error Record erstellen: Wenn die Diagnose abgeschlossen ist, und besonders wenn bereits ein Workaround vorliegt, muss ein Eintrag (Known Error Record) in der Known Error-Datenbank (KEDB) vorgenommen werden. Bei ähnlich gelagerten Problemen und Incidents können die hier vorliegenden Informationen verwertet werden.

In manchen Fällen kann es von Vorteil sein, einen Known Error Record weit früher zu erstellen, auch wenn keine Diagnose oder ein Workaround vorliegen, beispielsweise zu Informationszwecken. Der Zeitpunkt ist abhängig vom Zweck der Einträge und der allgemeinen Definition des Prozesses in der Organisation.

8. Lösung des Problems: Wenn die Ursache für ein Problem benannt werden kann, wenn bekannt ist, welches CI (Component Item) oder welche Kombination von CIs dem Problem zu Grunde liegt und wenn ein logischer Zusammenhang zwischen CI und Störung(en) hergestellt werden kann, sollte die vorliegende Lösung angewandt werden, um das Problem zu lösen. Dabei muss allerdings vorab sichergestellt werden, dass keine weiteren Schwierigkeiten zu befürchten sind.

Mitarbeiter im Problem Management geben eine Einschätzung über die zur Behebung eines bekannten Fehlers erforderlichen Maßnahmen ab. Unter Berücksichtigung vorhandener Vereinbarungen hinsichtlich der Service Levels sowie von Kosten und Nutzen wägen sie die verschiedenen Lösungsmöglichkeiten gegeneinander ab.

Für den anstehenden RfC bestimmen sie die Auswirkungen und die Dringlichkeit. Wenn die Beschaffenheit des Fehlers keinen Aufschub duldet (bei sehr schwer wiegenden Störungen und großen Auswirkungen auf das Business), kann gegebenenfalls der Vorgang für eine dringliche Änderung (Emergency Change) Anwendung finden. Dieser wird dann dem Change Advisory Board Emergency Comittee (CAB/EC) vorgelegt, um darüber zu entscheiden. Andernfalls wird der Change an das Change Management geleitet, um die Aktivitäten im Prozess anzustoßen. Die Lösung wird also nur dann implementiert, wenn das Change Management den RfC akzeptiert und einplant.

Ungeachtet der Art der Entscheidung, die hinsichtlich eines bekannten Fehlers und seiner Lösung getroffen wird, muss diese in jedem Fall dokumentiert werden, damit eine spätere Verwendung der Informationen gewährleistet ist.

9. Abschluss: Sobald der Change abgeschlossen, die Lösung implementiert (und erfolgreich geprüft) wurde, kann der Problem Record formal geschlossen werden. Der Incident Record bleibt offen, wobei geprüft werden muss, ob die Daten auf dem neuesten Stand sind.

10. Major Problem Review: Nach jedem Major Problem (was in eine solche Klassifizierung fällt, ist abhängig von der Definition des Unternehmens, d.h. seiner Prioritätenskala), um aus den Vorkommnissen für die Zukunft zu lernen („Lessons

learned"). Während die positiven Erkenntnisse als Leistungen und Ergebnisse stolz verkündet werden, wird über die negativen meist der Mantel des Schweigens gehüllt. Ergebnis davon ist, dass bestimmte Fehler immer wieder gemacht werden. Das Gegenmittel hierfür liefert das Dokumentieren und strukturierte Sammeln von Erfahrungsberichten, den so genannten „Lessons learned". Diese können auch als Arbeitsanweisungen, Diagnose-Skripte, Checklisten oder Known Error Records dienen und gleichzeitig Teil der Ausbildung der Mitarbeiter sein. Der Problem Manager unterstützt dies.

Das erlangte Wissen kann mit in ein Service Review Meeting mit dem Kunden genommen werden, um den Kunden zu informieren und ggf. Vorsorgemaßnahmen für die Zukunft zu treffen, was die Kundenzufriedenheit erhöht.

11. Fehler in der Entwicklungsumgebung: Über die Tests und die Evaluation werden bei neuen Anwendungen, Systemen oder Software die meisten großen Fehler gefunden und ausgemerzt. Aufgrund von immer schnelleren und kürzeren Produktzyklen werden in der Entwicklung und den anschließenden Tests nicht immer alle kleineren Fehler beseitigt. Sind sie bekannt, werden sie zusammen mit den entsprechenden Workarounds oder Lösungsaktivitäten in die Known Error-Datenbank aufgenommen.

Leistungsindikatoren

Der Erfolg des Problem Managements leitet sich ab aus:

◆ dem Rückgang der Störungshäufigkeit durch die Lösung von Problemen

◆ dem Zeitaufwand, der für die Behebung eines Problems nötig ist

◆ den sonstigen Kosten, die zur Lieferung der Lösung aufgewendet werden müssen

Diese Indikatoren lassen sich messen. Dementsprechende KPIs werden definiert. Die Anzahl der gefundenen und beseitigten Fehlerursachen oder die der eingeleiteten RfCs können Kernparameter darstellen. Im Fokus stehen die Steigerung der Anwenderproduktivität durch eine Reduzierung der Incidents und daraus resultierend eine höhere Kundenzufriedenheit.

14.4.4 Schnittstellen des Problem Managements

Das Problem Management fungiert als Kommunikationspartner gegenüber anderen Prozessgruppen oder ITIL®-Funktionen. Besonders eng ist die Zusammenarbeit mit dem Incident Management, bei dem Störungen klassifiziert und an das Problem Management weitergeleitet werden. Das Problem Management stellt hier die nachgelagerte Einheit.

Eine qualitativ gute Störungserfassung ist die Voraussetzung für ein einwandfreies Funktionieren des Problem Managements, weil die Informationen aus der Störungserfassung die Basis bei der Suche nach strukturellen Fehlern bilden. Aufgrund einer guten und ausführlichen Störungsbeschreibung mit allen relevanten Eckdaten ist es in vielen Fällen dem Problem Management bereits mit diesen Informationen möglich, die Problemursache einzugrenzen.

Das Problem Management unterstützt das Incident Management umgekehrt ebenso, indem Informationen zu einer Störung aus dem Problem Management in Richtung Incident Management bzw. Service Desk über die KEDB fließen. Solange die Lösung für ein Problem noch nicht bekannt ist, kann vom Problem Management ein Workaround zur Behebung der Störung angeboten werden.

Immer dann, wenn ein Problem durch eine Änderung an Bestandteilen der IT Services bzw. Komponenten der IT-Infrastruktur behoben werden soll, kommt das Change Management ins Spiel. Das Change Management ist für die kontrollierte Durchführung von Änderungen, einschließlich der Änderungsanträge, die das Problem Management vorlegt, zuständig, um strukturelle Fehler zu beseitigen. Das Change Management sorgt für die Beurteilung der Auswirkungen und die benötigten Ressourcen sowie für die Planung, die Koordination und die Auswertung der beantragten Änderungen. Es informiert das Problem Management über den Verlauf und den Abschluss von korrigierenden Changes. In Zusammenarbeit mit dem Problem Management werden korrigierende Änderungen evaluiert.

Das Configuration Management liefert für alle ITIL®-Bereiche wichtige Informationen zu den IT-Komponenten jedweder Form und ihre Zusammenhänge über das CMS. Ohne diese Daten wäre das Aufspüren von Fehlerursachen zusammenhängender Komponenten, deren Fehlerverhalten sich gegenseitig beeinflusst, überaus schwierig. Auch Beziehungen zwischen den jeweiligen CIs spielen für die Untersuchungen im Problem Management eine große Rolle.

Das Problem Management liefert dem Availability Management Informationen zu Fehlern bzw. Problemen, so dass es die Ursache für die Nichtverfügbarkeit ermitteln und beheben kann und ebenfalls proaktiv tätig werden kann.

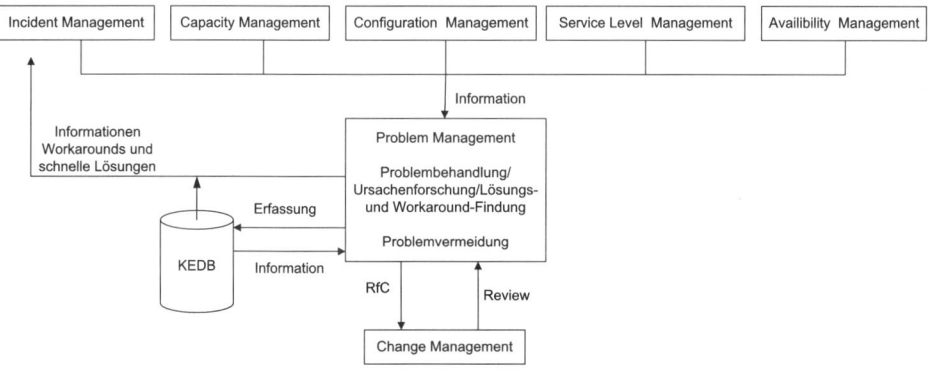

Abbildung 14.27: Schnittstellen zum Problem Management

Das Capacity Management sorgt für den optimalen Einsatz von IT-Mitteln. Dabei spielen das Management und die Optimierung von Leistungen und Ressourcen eine wichtige Rolle, wobei der Schwerpunkt in der Planung liegt. Hier liefert das Problem Management dem Capacity Management wichtige Management-Informationen in Bezug auf die Qualität der Entscheidungen in der Kapazitätsplanung.

Service Operation

Finden sich verdächtig oft Ursachen für Probleme in diesem Fokus, ist ein Abgleich zwischen Problem Management und Capacity Management notwendig. Das Problem Management unterstützt das Capacity Management, indem es die Ursache von Problemen hinsichtlich der Kapazität suchen und beheben lässt, um dies dann über das Change Management umsetzen zu lassen. Achtung:

Das Service Level Management liefert dem Problem Management wichtige Informationen, auf deren Grundlage Probleme definiert werden können, weil beispielsweise Antwortzeiten außerhalb der in den SLAs vereinbarten Bereiche liegen. Die Verfahren des Problem Managements müssen die vereinbarten Qualitätsanforderungen unterstützen. Es leistet Unterstützung für die Verbesserung der Service Level und stellt Management-Informationen bereit, die als Basis für SLA-Reviews dienen können.

Auch für das Financial Management und das Continuity Management der IT Services spielt das Problem Management eine wichtige Rolle.

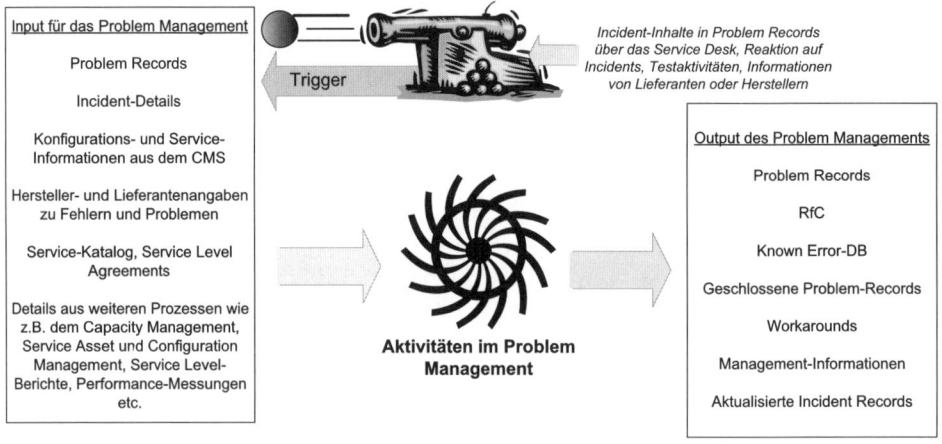

Abbildung 14.28: Trigger, Input und Output für den Prozess

14.5 Access Management

Wie Unternehmen unterliegen auch die IT-Landschaften ständigen Veränderungsprozessen. Gleich, ob es um die Anbindung mobiler Arbeitsplätze, den Zugriff neuer Geschäftspartner, die Abbildung neuer Geschäftsprozesse oder um die Umsetzung gesetzlicher Vorgaben geht. So unterschiedlich die Gründe für die Veränderungen sein mögen, sie haben eines gemeinsam: Sie bringen neben organisatorischen Herausforderungen auch Sicherheitsfragen mit sich. Genau hier setzen Lösungen für das Identity und Access Management an. Sie ermöglichen Unternehmen eine unternehmensweite und flexible Sicherheitsarchitektur und eine Optimierung von Prozessen. Denn Unternehmen müssen sich der Herausforderung stellen, ihre IT-Infrastruktur vor böswilligem Eindringen von innen und außen zu schützen und gleichzeitig für Mitarbeiter und Geschäftspartner hinreichenden Zugriff gewährleisten.

Beispiele, die die Existenz von Access Management rechtfertigen, sind zahlreich:

◆ Die Anzahl der Anwendungen im Unternehmen erhöht sich ständig. Neben den klassischen Host-Anwendungen ist beispielsweise eine Vielzahl von Web-Anwendungen dazugekommen. Jedoch bringt jede Anwendung ihre eigene Benutzerverwaltung mit sich, mit eigenen Formaten und Schnittstellen. Benutzer benötigen daher verschiedene Log-ins, um auf ihre jeweiligen Anwendungen zuzugreifen. Die Folgen sind bekannt: Vergessene Passwörter schrauben die Kosten in die Höhe und verringern die Produktivität, während notierte Passwörter auf gelben Zettelchen der Sicherheit wenig zuträglich sind.

◆ Den Mitarbeitern im Unternehmen werden immer mehr Kommunikationsmittel zur Verfügung gestellt, die ihnen Mobilität und Flexibilität ermöglichen. Die manuelle Verwaltung der mobilen Endgeräte ist in den meisten Fällen unmöglich und nicht effizient. Eine klassische Herausforderung ist der Zugriff auf Unternehmensanwendungen von außen und zwar auf alle Anwendungen, nicht nur die Web-basierten. Der Zugriff soll schnell, mit hoher Performanz und einfach funktionieren. Gleichzeitig muss die Sicherheit der Daten gerade beim Zugriff von außen gewährleistet bleiben, so dass keine unberechtigten Benutzer die Systeme ausspionieren können.

◆ Im Zuge der Flexibilisierung der Geschäftsabläufe sind nicht mehr nur fest angestellte Mitarbeiter im Unternehmen tätig, sondern immer mehr temporäre Mitarbeiter, die projektbezogen eingesetzt werden. Für diese Personengruppe dürfen natürlich vom ersten Tag an nur die Systeme freigeschaltet werden, die sie tatsächlich benutzen dürfen. Mittels Selbst-Registrierung und Rollen-basierten Genehmigungsprozessen für die Freischaltung von Systemen können diese Vorgänge vereinfacht und beschleunigt werden. Systemgestützt kann dann der Zugriff auch wieder entzogen und vor allem dokumentiert werden. Gleichzeitig lassen sich so die Lizenzkosten optimieren, da einsehbar ist, wer auf welche Systeme zugegriffen hat und welche Benutzerkonten gelöscht werden können. Ein angenehmer Nebeneffekt ist, dass auch sichtbar wird, welche Systeme überhaupt genutzt werden und welche nur Kosten verursachen, ohne Nutzen zu bringen.

◆ Lieferanten und Kunden werden immer enger mit einem Unternehmen verzahnt und greifen auf interne Systeme zu – ohne dass das Unternehmen diese Zugriffe wirklich zu kontrollieren, geschweige denn zu dokumentieren vermag.

◆ Unternehmenszusammenschlüsse sind keine Seltenheit mehr. Um Synergien sichtbar zu machen, muss die IT-Abteilung die Systeme so schnell wie möglich integrieren und optimieren. Unterschiedliche Abteilungen mit unterschiedlichen Standards und Sicherheitskonzepten müssen einheitlich und am besten identitätsbasiert auf Anwendungen und Informationen zugreifen können. Die Bedeutung von Datensicherheit steigt, da weitere Standorte und zusätzliche mobile Mitarbeiter angebunden werden. Zudem müssen die Beziehungen zu Kunden, Lieferanten und Absatzkanälen konsolidiert werden.

Weitere Spielarten der genannten Aufgaben lassen sich mit den Aspekten Zugangskontrolle, Provisioning, Synchronisierung, Berechtigungs- und Passwort-Management, Föderation (Federation), Auditing sowie Compliance beschrieben. Daneben wächst die Komplexität der unterschiedlichen Aufgabenstellungen mit der Zahl der davon betroffenen Anwender, vor allem aber der anzubindenden Anwendungen und Systeme.

Service Operation

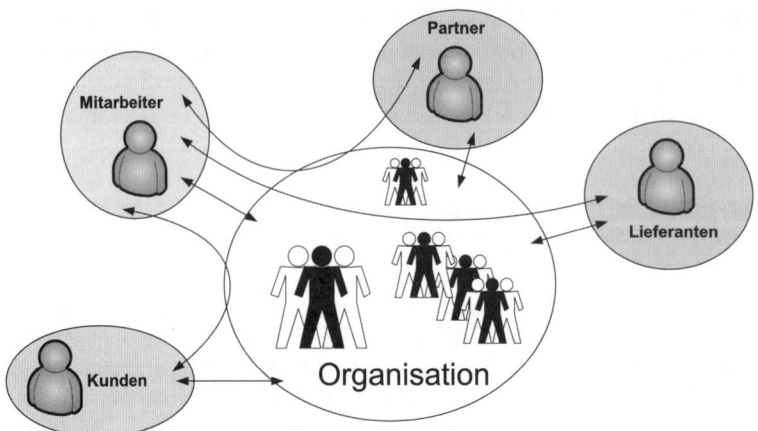

Abbildung 14.29: Datenfluss und Datenzugriff

Den hier genannten unterschiedlichen Facetten der Rechte- und Benutzerverwaltung, User Management und Identity Management nimmt sich in weiten Teilen der ITIL®-Prozess Access Management an. Access Management ist der Prozess, der an autorisierte Anwender Rechte vergibt, damit diese einen Service nutzen können, während nicht autorisierten Anwendern der Zugriff verwehrt wird. Access Management vereinigt so Availability und Information Security Management, indem es Vertraulichkeit, Verfügbarkeit und Integrität der Organisationsdaten und der intellektuellen Werte wahrt. Dabei wird zwar sichergestellt, dass Anwender den richtigen Zugriff auf einen Service bekommen, aber das Availability Management kümmert sich darum, dass der Zugriff zu den definierten Zeiten möglich ist.

Access Management wird von allen Technical Management- und Application Management-Funktionen umgesetzt und ist üblicherweise nicht isoliert zu betrachten. Als Steuerungspunkt für die Koordination ist das IT Operations Management oder das Service Desk vorgesehen. Über einen Service Request aus dem Service Desk wird das Access Management in der Regel initiiert.

14.5.1 Ziele des Access Managements

Das Access Management kümmert sich darum, Zugriffe auf Anwendungen und Informationen effizient, sicher und für alle Seiten zufriedenstellend zu gestalten. Unterstützung bieten Access Management-Lösungen, die die Identität des Benutzers durch Authentifizierung validieren, den Zugriff auf Systeme basierend auf der validierten Identität des Benutzers gewähren, eine konsistente „User Experience" durch Web Single Sign-On ermöglichen, für eine sichere Übertragung der Informationen und Daten sorgen und die Informationen über eine Identität einer Anwendung so zur Verfügung stellen, dass personalisierte Services möglich sind.

Eine möglichst einfache Handhabung einer solchen Lösung setzt dem Ganzen dann noch die Krone auf. Organisation, Prozesse und nicht zuletzt die Kommunikation spielen eine wesentliche Rolle beim Gelingen. Solche Veränderungen sind natürlich nicht umsonst und fordern finanzielle sowie personelle Mittel. Da Sicherheit schwer messbar ist – zumindest so lange noch nichts passiert ist –, fallen die Argumentation und die Budget-Freigabe für Vorhaben im Access Management nicht immer leicht.

Aber gerade beim Thema Access Management geht es nicht nur um drei Minuten Zeitsparnis beim Einloggen in die Systeme. Es geht um Wettbewerbsfähigkeit, neue Geschäftspotenziale und einen schnelleren Marktzugang.

Über das Access Management wird der gesteuerte Zugriff auf Services sichergestellt, um zu gewährleisten, dass die Organisation in der Lage ist, die Vertraulichkeit der Daten zu garantieren. Darüber hinaus besitzen die Mitarbeiter die richtigen Rechteebenen, um ihre Arbeit effektiv umzusetzen. So ist die Wahrscheinlichkeit relativ gering, dass Fehler entstehen, wenn ein Anwender falsche Daten in ein System eingibt, falsche Daten abruft oder Fehler bei der Benutzung eines kritischen Systems macht. Über das Access Management ist ein Audit in Bezug auf die Service-Nutzung und die Verfolgung in Bezug auf einen Missbrauch möglich. Zugriffsrechte können im Bedarfsfall schnell wieder entzogen werden, und im Hinblick auf das Thema Compliance (SOX, HIPAA, COBIT) werden die Voraussetzungen erfüllt.

14.5.2 Begriffe und Prinzipien des Access Managements

Access Management stellt autorisierten Anwendern den Zugriff auf Services aus dem Service-Katalog zur Verfügung. Dabei spielen die folgenden Begriffe eine Rolle:

◆ Zugriff (Access) bezieht sich auf die Ebene und das Ausmaß einer Service-Funktionalität oder der Daten, auf die ein Anwender zugreifen darf.

◆ Rechte (Rights, Privilegien) beziehen sich auf die tatsächlichen Einstellungen, durch die ein Anwender der Zugriff bereitgestellt wird. Typische Rechte oder Zugriffsebenen sind beispielsweise Lesen, Schreiben, Löschen, Ausführen oder Ändern.

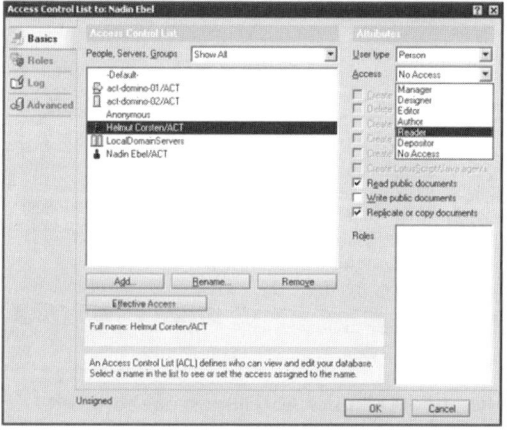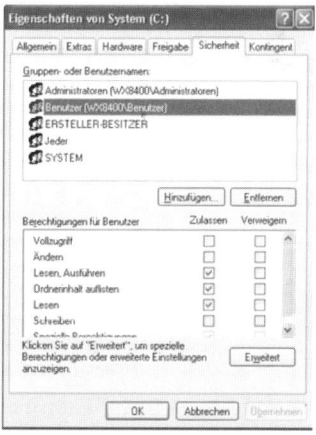

Abbildung 14.30: Beispiele für Rechtevergaben in unterschiedlichen Systemen

◆ Die Identität (Identity) ist ein eindeutiger Name, um einen Anwender, eine Person oder eine Rolle zu identifizieren und einer anderen Personen gegenüber zu verifizieren. Die Identität wird eingesetzt, um diesem Anwender, dieser Person oder dieser Rolle bestimmte Rechte zu gewähren und seinen Status innerhalb der Organisation sicherzustellen. Obwohl beispielsweise zwei Anwender über den gleichen Vor- und Nachnamen verfügen, z.B. Lisa Meyer, muss gewährleistet sein, dass eine eindeutige Zuordnung zur entsprechenden Person möglich ist, z.B. über die eindeutige Personalnummer oder über biometrische Informationen. In vielen Unternehmen haben sich mittlerweile Sicherheitsüberprüfungen über die Personal- oder die Sicherheitsabteilung etabliert, die überprüfen, ob der (interne oder externe) Mitarbeiter wirklich der ist, der er zu sein scheint. Diese Maßnahmen sind z.T. sogar gesetzlich vorgeschrieben (z.B. via SOX).

◆ Service oder Service-Gruppen: Viele Anwender nutzen nicht bloß einen Service, wobei Anwender mit ähnlichen Aufgaben meist eine gemeinsame Menge von Services verwenden (z.B. im Personalbereich, in der Buchhaltung oder in der IT als Oracle-Administratoren). Anstatt jedem einzelnen Anwender Zugriff auf den jeweiligen einzelnen Service zu geben, ist es effizienter, dem einzelnen Anwender oder einer definierten Gruppe Zugriff auf eine Gruppe von Services zu gewähren.

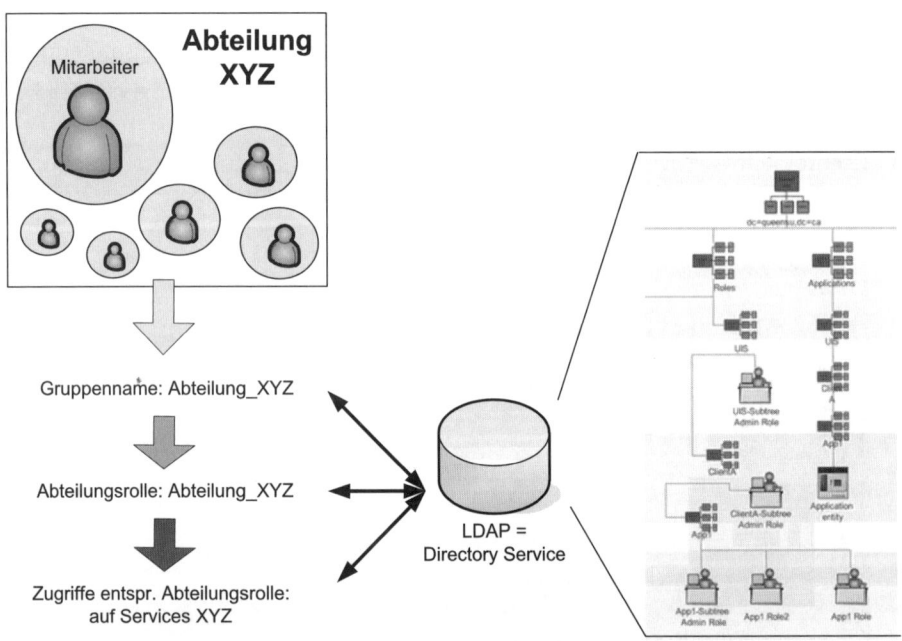

Abbildung 14.31: Zugriff auf Service-Gruppe XYZ über Abteilungszugehörigkeit

Dazu ist meist ein entsprechendes Rollenkonzept und Rollen-Management Bedingung. Rollen stellen Assoziationen her zwischen dem, was getan werden darf, und Personen, die etwas tun dürfen. Rollen sind also zunächst nur eine Abstraktionsschicht, die die Zugriffsverwaltung vereinfacht. Statt für jeden Benutzer einzeln festzulegen, welche Rechte er hat, werden Identitäten mit Hilfe von Rollen zusammengefasst. Der Rolle können wiederum Tasks oder Berechtigungen zugeordnet werden. Dabei sind unterschiedliche Ansätze denkbar, um ein Rollenkonzept für das Unternehmen auf die Beine zu stellen. Beispielsweise kann man bei einer kleinen Zahl von Rollen beginnen, die relativ grob sein können, um diese nach und nach zu verfeinern und an die Bedürfnisse des Unternehmens anzupassen. Andere Konzepte versuchen, Rollen sehr detailliert zu beschreiben. Solche theoretischen Ansätze sind in einigen Bereichen, die stark durch definierte Prozesse geprägt sind, sinnvoll. Meist lässt sich nur ein kleiner Teil der Rollen auf diese Weise effizient abbilden. Eine weitere Option bilden Business-orientierte Rollen, die sich an Job-Funktionen, Projektzugehörigkeiten, organisatorischen Zuordnungen und Geschäftsprozessen ausrichten, und die technischen Rollen, die von den Tasks, Transaktionen und erforderlichen Zugriffsrechten geprägt sind. Egal, welcher der Ansätze verwendet wird – es empfiehlt sich, Top-down zu definieren und Bottom-up zu verifizieren.

◆ Directory Service ist eine Anwendung, die verwendet wird, um Zugriffe und Rechte der Anwender zu verwalten. Auch die definierten Gruppen- und Rollenkonzepte werden hier implementiert und verwendet.

Rollen im Access Management

Häufig existiert kein expliziter Access Manager in der IT-Organisation. Durch die enge Zusammenarbeit mit dem Availability und dem Security Management erfolgt die Definition der Rollen im Access Management meist von deren Seite. Unterschiedliche Funktionen im Bereich Service Operation kommen dabei zum Einsatz.

Das Service Desk nimmt Service Requests für Berechtigungen entgegen und prüft deren Berechtigung im Hinblick auf die zugeordneten Rechte. Es folgt der Transfer der Anfrage zum entsprechenden Team, um Zugriffsberechtigungen zu gewähren und einzurichten. Anschließend wird der Anwender darüber informiert. In der Verantwortlichkeit des Service Desk liegt darüber hinaus das Ermitteln und Berichten von Incidents, die von Zugriffsfehlern und -verletzungen herrühren.

Das Technical und Application Management übernimmt einige wichtige Rollen. Im Service Design erfolgt die Entwicklung der Mechanismen für ein einfach durchführbares und kontrollierbares Access Management, während in der Service Transition der Test des Service erfolgt, um zu überprüfen, ob der Zugriff wie geplant gewährleistet, gesteuert oder verhindert werden kann. In der Service Operation-Phase wird das Access Management für die von ihnen gesteuerten Systeme und die Behandlung von Incidents und Problems bezogen auf Berechtigungen umgesetzt. Übernimmt das Service Desk oder das IT Operations Management als eine delegierte Aufgabe das Access Management, muss vorab ein adäquates Training der Mitarbeiter durchgeführt werden.

Service Operation

14.5.3 Aktivitäten im Access Management

Für das Access Management wird die folgende Lifecycle-Abfolge empfohlen:

1. Zugriffsanfrage: Die Anfrage bezüglich einer Zugriffsgewährung (oder einer Zugriffsbeschränkung) kann über folgende Mechanismen laufen:

   ● Standardanfrage aus dem Personalbereich, z.B. bei Einstellung oder Entlassung eines (internen oder externen) Mitarbeiters

   ● Request for Change (RfC)

   ● Service Request über das Request Fulfillment System

   ● Durch Ausführen eines genehmigten Skriptes, das das Anlegen eines neuen Benutzers fordert

Die Regeln für das Anfordern von Zugriffsrechten werden normalerweise als Teil des Service-Katalogs dokumentiert.

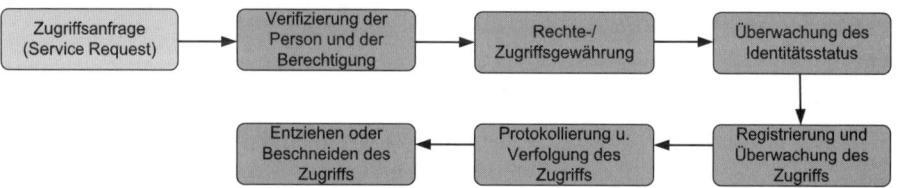

Abbildung 14.32: Aktivitäten des Prozesses

2. Verifizierung: Das Access Management muss jede Anfrage in Bezug auf die Nutzung eines IT Service auf zweierlei Arten prüfen. Zum einen geht es um die Frage, ob die Person, die den Zugriff benötigt, auch die Person ist, die sie zu sein vorgibt, und zum anderen, ob die Anforderung dieser Person auch wirklich legitim ist, d.h. ob sie den Zugriff mit den entsprechenden Privilegien wirklich benötigt.

   Die Sicherstellung der ersten Frage ist abhängig von den Maßnahmen in der Organisation. Dies kann über eine Eingabe von Username und Passwort geschehen oder über andere Identifizierungsmaßnahmen (Biometrie, RSA-Schlüssel, Zertifikat o.ä.).

   Die Beantwortung der zweiten Frage kann unabhängig davon vonstatten gehen, z.B. über den Personalbereich bei einer Neueinstellung (über Workflow-Mechanismen), über eine definierte Manager-Rolle, Vorlage des Service Request oder des RfC oder eine Richtlinie, die aussagt, dass der Anwender aufgrund seiner Business-Rolle Zugriff auf einen Service oder eine Service-Gruppe zu erhalten hat.

   Für einen neu implementierten Service sollte im Change Record angegeben werden, welche Anwender oder Gruppen Zugriff auf den Service erhalten sollen. Das Access Management wird dies prüfen, um sicherzustellen, dass die User- und Gruppenangaben gültig sind. Die Zugriffsberechtigungen werden dann wie im RfC angegeben umgesetzt.

3. Bereitstellung der Berechtigung: Das Access Management entscheidet nicht, wer welche Rechte in Bezug auf einen Service erhält. Es setzt lediglich die Richtlinien und Regularien aus der Service Strategy und dem Service Design um. Sobald der

Anwender und seine Anfrage verifiziert wurden, werden die angeforderten Berechtigungsstrukturen umgesetzt. Wenn möglich, sollte diese Aufgabe automatisiert ablaufen.

Je mehr Gruppen und Rollen existieren, desto eher kann es zu Rollenkonflikten kommen, um die sich das Access Management kümmern muss. Ein Rollenkonflikt liegt in diesem Zusammenhang dann vor, wenn zwei spezifische Rollen oder Gruppen, bezogen auf einen Anwender, zu Diskrepanzen und Uneindeutigkeiten in Bezug auf Pflichten und Verantwortlichkeiten führen können. Dies ist z.B. dann der Fall, wenn die eine Rolle mit mehr Zugriffsrechten verbunden ist (Ändern und Löschen) als die andere (Nur Lesen). Daher gilt es, Rollenkonflikte durch Richtlinien und umsichtige Rollenstrukturen bereits im Vorhinein zu vermeiden, z.b. bereits in der Service Design-Phase. Ein Ansatz ist dabei möglicherweise, vordefinierte Standard-Rollen zu verwenden, die bei Bedarf abgewandelt werden können (ähnlich wie im Configuration Management in Bezug auf Baselines).

Das Access Management sollte in regelmäßigen Abständen ein Review der Rollen und Gruppen, die in ihrer Verantwortung liegen, durchführen, um sicherzustellen, dass sie noch immer zu den entsprechenden Services passen. Nicht mehr benötigte Rollen und Gruppen sollten gelöscht werden!

4. Beobachtung des Identitätsstatus: Der Status von Anwendern, Gruppen und Rollen in einem Unternehmen ist nicht statisch. Aufgabengebiete von Mitarbeitern verändern sich (Jobänderung), die Kollegin wird Bereichsleiterin (Promotion/Demotion), der Kollege wechselt in eine andere Abteilung (Transfer), der Ansprechpartner aus dem Personalbereich geht in Rente und der Chef verlässt das Unternehmen (Kündigung). Darüber hinaus kann als eine disziplinarische Maßnahme der Zugriff entzogen oder beschränkt werden sowie bei der Abkündigung von Lieferanten im Zuge juristischer Schritte der sofortige Zugriff und auch die Zutrittsmöglichkeiten entzogen werden.

    Access Management sollte den typischen Anwender-Lifecycle für die Benutzertypen verstehen und dokumentieren, um daraus Automatismen abzuleiten. Sie können von entsprechenden Tools verwendet werden, um Statusänderungen herbeizuführen, User zu löschen, zu sperren und Anwender von einer Gruppe in die andere zu transferieren.

5. Protokollierung und Verfolgung des Zugriffs: Access Management ist nicht darauf beschränkt, Zugriffsrechte als Antwort auf Anfragen umzusetzen. Der Prozess muss ebenso sicherstellen, dass die gewährten Zugriffsrechte korrekt und sorgfältig genutzt werden. Demzufolge wird das Acccss Management durch die Funktionen Application und Technical Management unterstützt, die sich im Zuge der Monitoring-Aktivitäten um das Überwachen und Steuern der Zugriffe kümmern.

    Service Operation-Prozesse werden ebenfalls in diese Aufgabe eingebunden. Zugriffsfehler und -verletzungen werden über das Incident Management über die Verwendung entsprechender Incident-Modelle abgewickelt, wobei die Informationen und Daten nicht allen Mitarbeitern aus dem Incident Management zugänglich gemacht werden sollten, um weitere Zugriffsverletzungen zu vermeiden. Das Information Security Management spielt eine wichtige Rolle beim Auffinden von unautorisierten Zugriffen im Vergleich zu den gewährten Zugriffsrechten im

Service Operation

Access Management. Daher wird auch umgekehrt das Access Management in die Arbeit des Security Managements einbezogen, z.B. bei der Parameterdefinition von Tools.

Darüber hinaus wird das Access Management ggf. auch bei Untersuchungen hinzugezogen, wenn es z.B. um Sicherheitsverletzungen oder Datenspionage von Mitarbeitern geht. Detaillierte Auskunft werden zwar die Administratoren des jeweiligen Systems auf die Frage geben können, wer wann auf welche Systeme zugegriffen hat, findet dann aber als Teil des Access Management statt.

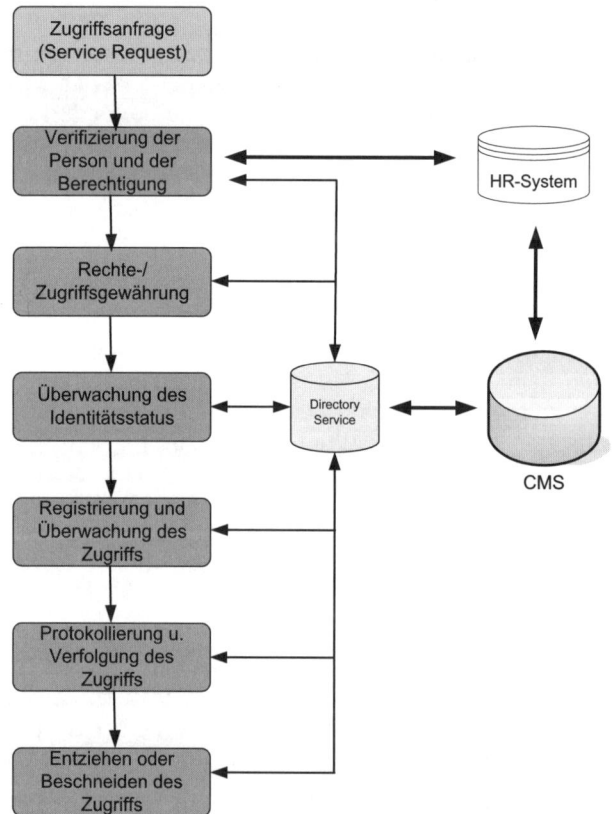

Abbildung 14.33: Aktivitäten im Access Management

6. Entfernen oder Beschränken von Zugriffsrechten: Genau wie das Access Management gewährt und umsetzt, entzieht oder beschränkt der Prozess die vorher implementierten Berechtigungen wieder. Die Gründe sind die gleichen wie bei der Beobachtung des Identitätstaus (siehe Aktivität 4).

   In dieser Aktivität können weitere Richtlinien zum Einsatz kommen, beispielsweise, dass ein Anwender, nachdem er das Unternehmen bereits vor 3 Monaten verlassen hat, entfernt und seine Mail-Datenbank gelöscht wird. Auch Maßnahmen für die Zeit des Mutterschutzes oder der Elternzeit in Bezug auf das Deaktivieren von Benutzerkonten und Zugängen kommen hier zum Einsatz.

Leistungsindikatoren

◆ Anzahl der Berechtigungsanforderungen in einem definierten Zeitraum

◆ Incidents aufgrund von Zugriffsfehlern

◆ Arbeitsstunden für das Einrichten von Zugriffsberechtigungen (Effizienz)

14.5.4 Schnittstellen des Access Managements

Das Access Management besitzt eine enge Verbindung zum Personalbereich des Unternehmens und der IT-Organisation. Das Information Security Management ist eine treibende Kraft hinter dem Access Management, da es die Sicherheits- und Datenschutzrichtlinien für die Ausführung des Access Management bereitstellt.

Jede Anfrage in Bezug auf einen Service-Zugriff wird als Change verstanden und untersteht somit der Steuerung des Change Managements, auch wenn dies normalerweise über einen Service Request (möglicherweise über ein Modell) oder einen Standard-Change gehandhabt wird. Dies kann aber von Unternehmen zu Unternehmen unterschiedlich sein.

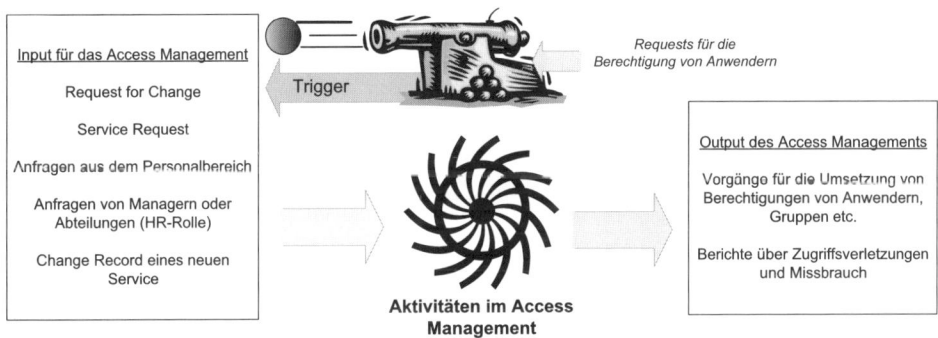

Abbildung 14.34: Trigger, Input und Output für den Prozess

Das CMS aus dem Configuration Management dient als Informations- bzw. Datenablage und als Basis für die Abfrage der aktuellen Zugriffsdetails.

Das Service Level Management hält die jeweiligen Vereinbarungen in Bezug auf einen Service-Zugriff. Dies beinhaltet auch Angaben darüber, wer überhaupt zugreifen, welche Kosten mit der Nutzung verbunden sind und welche Zugriffsebenen welchen Aktivitäten dienen.

15 Funktionen im Service Operation

Eine Funktion ist ein logisches Konzept, das sich auf die Personen und automatischen Maßnahmen bezieht, um einen definierten Prozess, eine Aktivität oder eine Kombination aus Prozess und Aktivität umzusetzen. In großen Organisationen wird eine Funktion möglicherweise in kleinere Teilfunktionen aufgeteilt und von mehreren Abteilungen, Teams und Gruppen umgesetzt oder wird gar Teil einer einzigen Organisationseinheit.

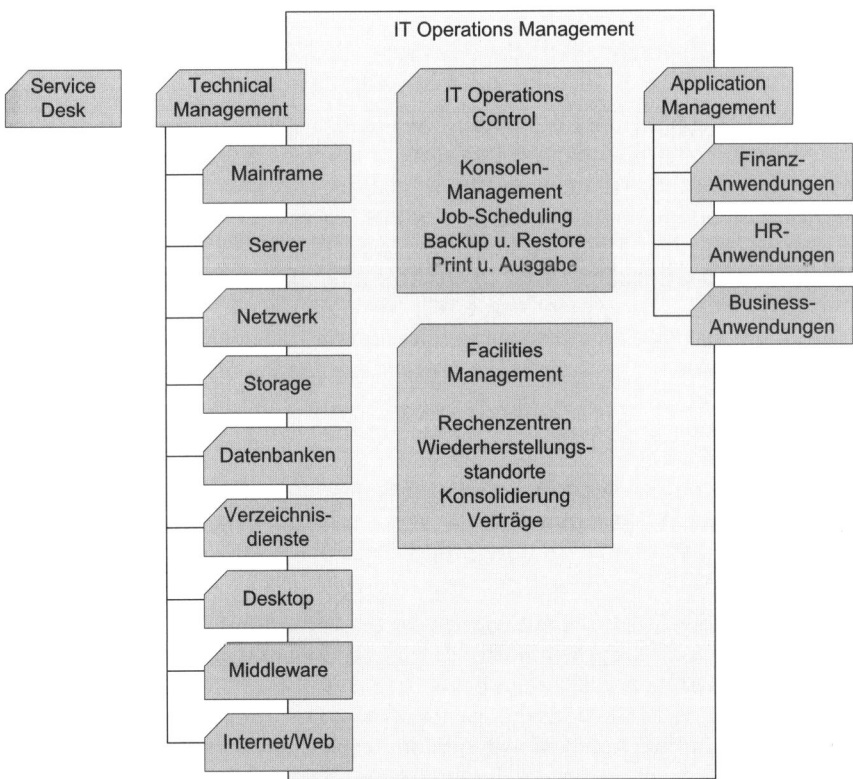

Abbildung 15.1: Service Operation-Funktionen (nach ITIL®-Material, Wiedergabe lizenziert von OGC)

Die unterschiedlichen Funktionen im Bereich Service Operation (siehe *Abbildung 15.1*) dienen dazu, einen stabilen Zustand der Betriebs-IT aufrechtzuerhalten, wobei die dargestellte Organisationsstruktur nicht bindend ist. Dies bedeutet, dass beispielsweise Technical und Application Management in beliebiger Kombination und von unterschiedlicher Abteilungsanzahl umgesetzt werden. Die dargestellten technischen Aktivitäten aus dem Technical Management sind dem Second-Level zuzuordnen.

Es existieren die folgenden Service Operation-Funktionen:

◆ Service Desk als Single Point of Contact (SPoC) für die Meldung einer Service-Unterbrechung von Anwenderseite, Service Requests oder einige Arten von Requests for Change (RfCs). Es dient der Kommunikation mit den Anwender und als Koordinationsstelle für diverse IT-Gruppen und Prozesse.

◆ Technical Management stellt das technische Expertenwissen und Ressourcen zur Verfügung, das benötigt wird, um die IT-Infrastruktur zu betreiben. Es spielt eine wichtige Rolle beim Design, Test, Release und der Verbesserng der IT Services. In kleineren Unternehmen stellt das Technical Management eine Abteilung. In größeren Unternehmen werden die einzelnen Aufgaben meist auf einzelne Abteilungen verteilt. In vielen Unternehmen ist diese Funktion auch verantwortlich für den täglichen IT-Betrieb eines Teils oder der gesamten IT-Infrastruktur.

◆ IT Operations Management ist als Funktion verantwortlich für die täglichen Betriebsaktivitäten, die zur Verwaltung der IT Infrastruktur notwendig sind. In einigen Unternehmen stellt diese Funktion eine eigene zentrale Abteilung dar, während in anderen Unternehmen einige Aktivitäten und die Mitarbeiter zentralisiert sind und einige andere Aktivitäten durch verteilte oder spezialisierte Abteilungen umgesetzt werden. Dies wird dann durch eine Überschneidung von IT Operations Management und Technical Management dargestellt (siehe *Abbildung 15.1*). Das IT Operations Management besitzt darüber hinaus zwei einmalige Funktionen. Dies ist zum einen die IT Operations Control, die die Ausführung von Routine-Betriebsaufgaben und das Monitoring der betrieblichen Aktivitäten und Ereignisse der IT-Infrastruktur betreut (Job Scheduling, Backup & Restore, Print-Management etc.). Das Facilities Management zum anderen als Funktion, die für die physische Umgebung verantwortlich ist, in der sich die IT-Infrastruktur befindet. Das Facilities Management umfasst alle Aspekte in Verbindung mit der Verwaltung der physischen Umgebung, wie beispielsweise das Stromversorgungs- und Kühlungssystem, das Access Management für Zutrittsrechte und die Umgebungs-Überwachung.

◆ Application Management ist verantwortlich für die Verwaltung von Anwendungen über ihren gesamten Lifecycle hinweg. Die Funktion unterstützt und pflegt die Betriebsapplikationen und spielt auch beim Design, Test und Verbesserung der Anwendung als Teil eines IT Service eine wichtige Rolle. Das Application Management ist normalerweise auf die Applikationstypen des Application Portfolio aufgeteilt, die von der Funktion betreut werden (siehe *Abbildung 15.1*). Das Anwendungsportfolio (Application Portfolio) ist eine Datenbank oder ein strukturiertes Dokument, mit der bzw. dem Anwendungen während ihres gesamten Lebenszyklus verwaltet werden.

15.1 Exkurs: Funktionen und Aktivitäten

Es existiert eine ganze Reihe von allgemeinen Service Operation-Aktivitäten. Entsprechend des technischen Typs und der Spezialisierung dieser Aktivitäten werden die Teams, Gruppen oder Abteilungen zusammengestellt und benannt. Die Aufteilung der entsprechenden Teams und Aktivitäten in den Unternehmen und Organisationen ist von unterschiedlichen Einflussgrößen abhängig: Größe und Lokation, strategische Aufstellung der IT, Outsourcing-Ansätze, Verfügbarkeit von Skills und Know-how, Unternehmenskultur oder die finanzielle Situation. Kleinere Organisation tendieren dazu, diese Aktivitäten in einer Rolle, Abteilung oder gar in einer Person zu kombinieren, sofern sie denn überhaupt erforderlich sein sollte.

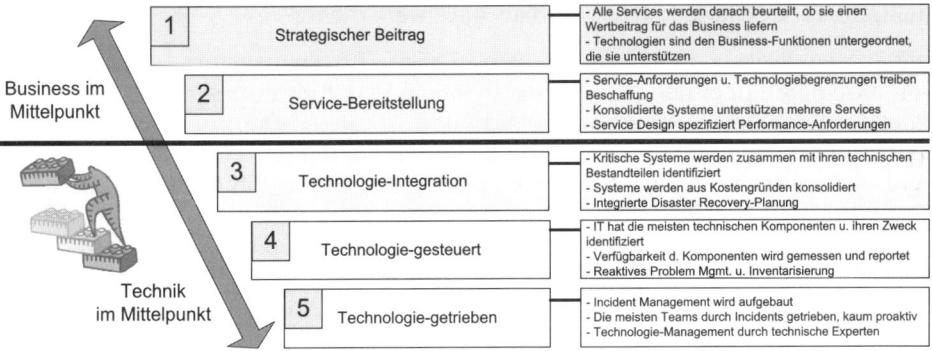

Abbildung 15.2: Reifegrade im Technologie-Management

Dabei ist zu betonen, dass das Konzept des Service Managements verbunden ist mit dem Management der Infrastruktur, die verwendet wird, um die entsprechenden Services aus dem Service Management bereitzustellen. Die Aktivitäten im Service Operation dienen aber nicht dazu, eine Technologielandschaft um ihrer selbst willen zu betreiben und zu hoher Performance zu bringen. Sie ist einzig und allein dazu da, die technischen Komponenten mit den Menschen (People) und Prozesskomponenten unter einen Hut zu bringen, um Service- und Geschäftsziele umzusetzen.

15.1.1 Monitoring und Control

Das Messen und Steuern der Services basiert auf einem kontinuierlichen Kreislauf aus Überwachen, Berichten und nachfolgender (Anpassungs-)Aktionen. Auch wenn dieser Zyklus in der Service Operation-Phase angesiedelt ist, so stellt er doch eine Basis für die Strategie, Design und Tests der Services und deren Verbesserung. Somit dient das Monitoring nicht nur dem Service Operation-Abschnitt des Service Lifecyle.

In einem einzelnen Monitoring-Regelkreis (Überwachungskreislauf) wird ein tatsächliches Ergebnis (Ist-Zustand) gegen eine Norm oder einen Standard (Soll-Zustand) gemessen, um zu prüfen, ob sich der aktuelle Zustand in einem akzeptablen Rahmen von Qualität oder Performance bewegt (Single Monitor Control Loop). Falls dem nicht so ist, müssen Aktionen vorgenommen werden, um dem abzuhelfen. Dabei werden zwei Arten von Monitoring-Regelkreisen unterschieden:

◆ Eine offene Steuerkette (open-loop systems) wurde entworfen, um eine spezifische Aktivität unabhängig von äußeren Einflussgrößen umzusetzen.

◆ Ein geschlossener Regelkreislauf (closed-loop systems) überwacht eine Umgebung und reagiert auf Änderungen. Ein Beispiel ist die Arbeit eines Loadbalancers, der auf Änderungen des Netzwerks reagiert.

Ein sehr viel komplexerer Regelkreis (Complex Monitor Control Loop) kommt beispielsweise in Bezug auf das Operations Management im gesamten IT Service Management-Kontext zur Anwendung (siehe *Abbildung 15.3*). In einem komplexen Steuerungskreislauf wird jede Aktivität durch ihren eignen kleinen Regelkreislauf unter Verwendung einer Reihe von Normen gesteuert. Das Gesamtbild besitzt ebenfalls einen Regelkreislauf, der sich über alle Aktivitäten erstreckt und sicherstellt, dass alle Normen passen und als Regelwerk dienen.

Dieser Steuerungskreislauf kommt beispielsweise für Performance-Verbesserungen von Aktivitäten in einem Prozess oder in einem Verfahren zum Einsatz. Dabei kann jedes Ergebnis der entsprechenden Aktivität geprüft werden, um sicherzustellen, dass Probleme im Prozess offenkundig werden, bevor der Prozess als Ganzes beendet wird. Beispielsweise kann der Service Desk bereits prüfen, ob der Incident Record vom zuständigen technischen Team nach einer gewissen Zeit überhaupt angenommen wurde, anstatt zu warten, bis der Incident über die vereinbarten Lösungszeiten unbearbeitet liegen bleibt und die SLAs verletzt werden. Ähnliches gilt für die Effektivität eines gesamten Prozesses oder die Performance einer Applikation.

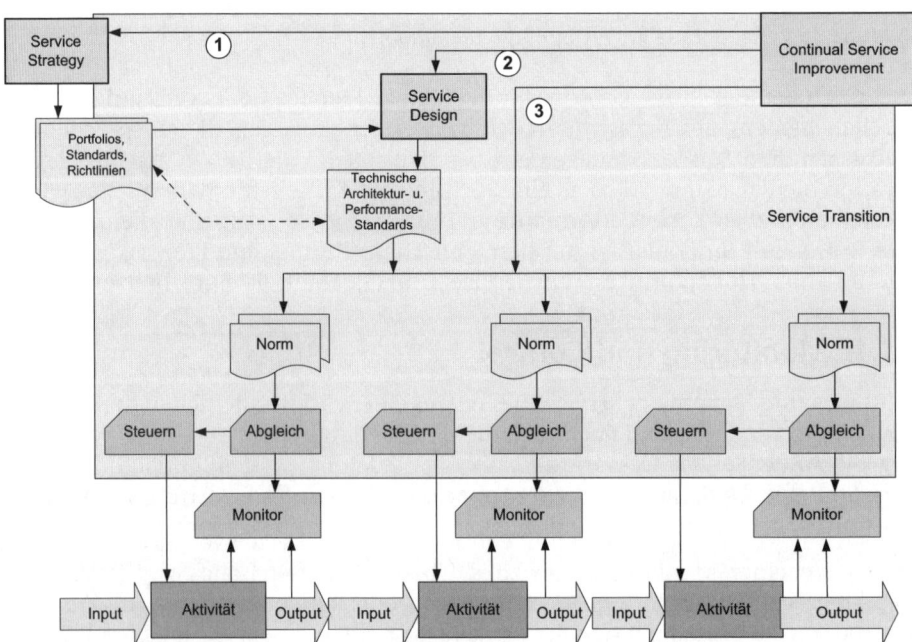

Abbildung 15.3: ITSM-Steuerungskreislauf (nach ITIL®-Material, Wiedergabe lizenziert von OGC.)

Jede Aktivität in einem der Service Management-Prozesse wird als Teil der Service Operations-Prozesse überwacht, da – wie in jedem Prozess definiert – die Steuerungskreisläufe (Monitor Control Loops) implementiert werden. Übergeordnetes Ziel ist es, die Aktivitäten im Betrieb zu beobachten und sie durch das übergeordnete Continual Service Improvement (CSI) zu korrigieren bzw. zu optimieren. Über die Steuerung greifen die CSI-Prozesse ein, die zu Verbesserungen auf Operation-, Design- oder Strategie-Ebene führen können. Die Transition-Phase führt die notwendigen Änderungen und Korrekturmaßnahmen ein. Die Umsetzung der Strategie erfolgt folgendermaßen:

Die Strategie etabliert die Basis: Strategie mit Portfolios, Standards und Policies. Im Service Design werden diese in Architekturen und Performance-Standards umgesetzt, d.h. die Normen sowie die Monitoring- und Steuerungsmechanismen werden definiert. Sollte sich die Service-Strategie der Organisation, Architektur, Service-Portfolios oder Service Level-Anforderungen ändern, wird dies auch Änderungen für die Ziele des Monitoring und seiner Steuerung nach sich ziehen. Diese Standards bilden so die Basis für Normen, die den täglichen Betrieb steuern. Service Design agiert als eine Brücke zwischen Service Strategy und Service Operation.

Generell muss also auch definiert werden, was gemonitort werden soll. Dies ist zumeist abhängig von dem erwarteten Ergebnis eines Prozesses, Systems oder eines Device. Die Frage dabei ist stets, was über das Monitoring erreicht werden soll.

Neben dem Bestreben, über das Monitoring Daten und Informationen für Verbesserungsansätze zu erhalten, wird zwischen internem und externem Monitoring unterschieden. Beim internen Monitoring überwacht das Team und/oder der Prozess-Manager die Effektivität und Effizienz des Prozesses, der Aktivitäten oder der Objekte. Beim externen Monitoring wird auch ein Monitoring durch ein anderes Team oder eine andere Abteilung umgesetzt, z.B. wenn das Server Management-Team die CPU-Kennzahlen eines Servers misst, auf dem eine kritische Anwendung läuft, damit bereits auf technischer Ebene sichergestellt werden kann, dass diese innerhalb der Performance-Schwellenwerte bleibt, die das Application Management gesetzt hat.

In Bezug auf die unterschiedlichen Monitoring-Typen existieren folgende Unterscheidungen:

◆ Passives Monitoring ist die Überwachung eines Configuration Item, eines IT Service oder eines Prozesses, das sich auf einen Alarm oder eine Benachrichtigung stützt, um den aktuellen Status zu ermitteln.

◆ Aktives Monitoring ist dagegen die Überwachung eines Configuration Item oder eines IT Service, bei dem eine automatisierte und regelmäßige Prüfung zur Feststellung des aktuellen Status vorgenommen wird.

◆ Proaktives Monitoring ist eine Form der Überwachung, bei der versucht wird, Event-Muster zu ermitteln, um mögliche zukünftige Ausfälle zu prognostizieren.

◆ Reaktives Monitoring ist eine Form der Überwachung, bei der als Reaktion auf ein bestimmtes Event entsprechende Maßnahmen eingeleitet werden. Beispielsweise die Auslösung eines Batchjobs, sobald ein vorheriger Batchjob abgeschlossen wurde, oder die Erfassung eines Incidents, wenn ein Fehler auftritt.

Service Operation

◆ Kontinuierliche Überwachung oder Fehlerfall-basierte Messungen für weniger kritische Systeme oder dort, wo Monitoring und Messen sehr aufwändig oder kostenintensiv ist, z.B. beim Drucken.

Hier ist die Frage, welche Ziele Monitoring und Steuerung verfolgen.

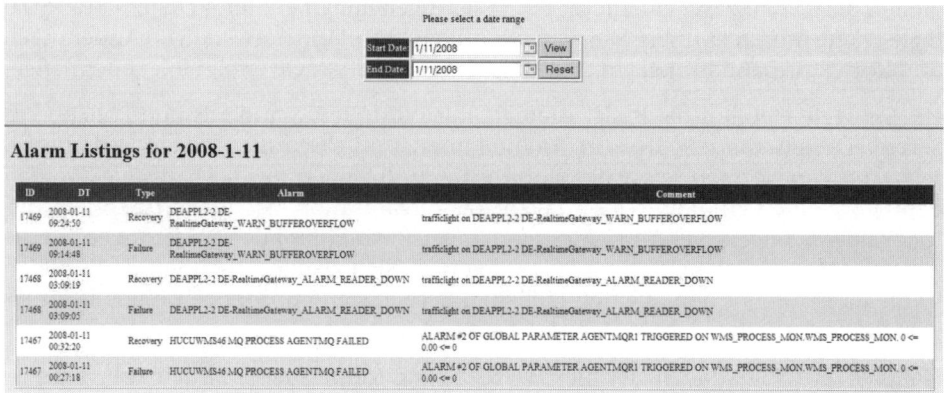

Abbildung 15.4: Status-Ansicht (Alarme)

Weitere Maßnahmen der Aktivität beziehen sich auf die Überwachung in Testumgebung (Überwachen der Testumgebung selber oder Überwachung der Objekte, die getestet werden), Berichtswesen und Audits.

15.1.2 Weitere Aktivitäten

Im Bereich IT Operations können die folgenden Aktivitäten anfallen:

◆ Konsolen-Management/Operations Bridge/Monitoring Center/War Room

◆ Job Scheduling

◆ Backup und Restore

◆ Print und Ausgabe-Management

Im Bereich Server Management und Support sind die folgenden Aktivitäten häufig vertreten:

◆ Support der entsprechenden Betriebssysteme

◆ Lizenz-Management

◆ Third Level-Support

◆ Systemsicherheit

◆ Virtual Server Management

◆ Beratung des Einkaufs/Beschaffung

◆ Laufender Betrieb und Pflege

◆ Weitere Routine-Aktivitäten

◆ Unterstützung des Capacity Managements

Weitere Aktivitäten können sein:

◆ Mainframe Management

◆ Storage und Archiv

◆ Datenbank-Administration

◆ Verzeichnisdienste

◆ Desktop Support

◆ Middleware

◆ Internet/Web

◆ Facilities und Rechenzentrumsmanagement

15.2 Service Desk

Das Service Desk stellt die primäre Kontaktstelle für die Anwender bereit. Hier laufen Incident-Meldungen, Service Requests oder die Anfrage nach Standard Changes, aber auch Events ein. Das Service Desk repräsentiert keinen Prozess, sondern eine Funktion innerhalb der Service-Organisation.

War es früher durchaus noch möglich, wegen eines Problems beim Supporter der persönlichen Wahl anzurufen, ist heutzutage die Belastung des operationellen Personals derart groß, dass solche Störungen nicht mehr erwünscht sind. Zudem sind die auftretenden Probleme oft schwierig nachzuvollziehen und komplex. Dies bedeutet, dass nicht nur die Anzahl der telefonischen Anfragen gestiegen ist, sondern auch, dass deren Inhalte höhere Ansprüche an die IT-Mitarbeiter stellen als früher.

Damit ist der Bereich, der für die Entgegennahme dieser Fragen verantwortlich ist, ein bedeutender Bestandteil des IT-Betriebes geworden. Seine Bedeutung wird auch in Zukunft steigen, da die erwähnte Entwicklung andauert. Service Desk-Mitarbeiter sind keine IT-DAUs (dümmste anzunehmende User) ohne EDV-Know-how, auch wenn viele Mitarbeiter aus anderen Bereichen das gerne so sehen. Wer zwei Tage eine solche Tätigkeit hinter sich gebracht hat, wird das Ganze bestimmt in einem anderen Licht sehen. Nervenstärke und Service-Orientierung, schnelle Kategorisierungsfähigkeiten und ein breit gefächertes EDV-Allgemeinwissen sind hier unabdingbare Voraussetzungen. Und im Übrigen gibt es auch durchaus Experten-Service Desks, die sich nicht nur der Call-Annahme, sondern komplexen Problemlösungen widmen. Dies ist nicht die Regel, aber durchaus möglich.

Service Operation

Der Mensch im Service Desk

Wie überall sind im Service Desk motivierte und entsprechend den Anforderungen qualifizierte Mitarbeiter gefragt. Manchmal ist einem Kunden Verfügbarkeit wichtiger als Fachwissen. Oft liegt es eher am Kunden als an den Personen an sich, wenn es Probleme gibt, da Anforderungen bezüglich Know-how und Entwicklungsstand nicht klar definiert wurden. Im Vordergrund steht aber in jedem Fall die Forderung nach Freundlichkeit und Höflichkeit, was ganz wichtig in Hinblick auf die Akzeptanz durch die Anwender ist. Nicht nur die technische Kompetenz garantiert die Zufriedenheit des Kunden.

Der Balance-Akt zwischen einer hohen Erreichbarkeit und der optimalen Unterstützung des Geschäftsprozesses durch eine Direktlösung erfordert ein ausgewogenes Staffing.

◆ Staffing Levels: Gewährleistung, dass auch in Peak-Zeiten ausreichend Personal verfügbar ist, um die vereinbarte Service-Qualität zur Zufriedenheit der Anwender zu liefern.

◆ Skill Level: Die IT Service-Organisation entscheidet anhand der Anforderungen der Kunden und des Budgets, welcher Skill im Service Desk eingesetzt werden soll. Nur reine Annahme und direkte Weiterleitung bis hin zu hohem Skill mit weit reichenden administrativen Rechten innerhalb der IT-Infrastruktur.

◆ Training: Da das Service Desk eine große Anfragenbreite bedienen muss, sind Trainings überaus wichtig: IT-Grundlagen-Trainings, Schulung und Awareness vor großen Rollouts, inter-kulturelle Schulungen und Telefon-Trainings.

15.2.1 Ziele und Begriffe des Service Desk

Das Service Desk stellt den „Single Point of Contact (SPoC)" in einer Service-Organisation. Mit Hilfe des Service Desk werden die Interessen der Kunden innerhalb der Service-Organisation repräsentiert. Eine Aufgabe des Service Desk ist die Koordination und das Fungieren als zentrale Informationsstelle zwischen Kunden und IT-Organisationen. Die Hauptaufgabe besteht allerdings darin, unterbrochene oder beeinträchtige Services so schnell wie möglich für den Anwender wiederherzustellen. Dies muss nicht unbedingt mit einer technischen Komponente in Verbindung stehen, sondern kann auch die Beantwortung einer Frage oder eine Informationsweitergabe sein, all das, was den Anwender zufrieden stellt und ihn an seine Arbeit zurückkehren lässt.

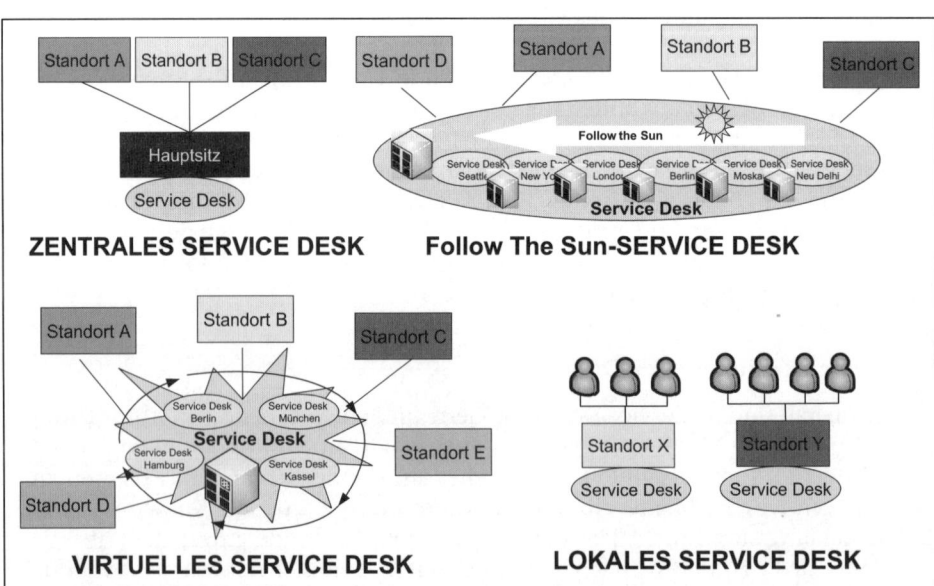

Abbildung 15.5: Unterscheidung der Service Desk-Strukturen

Die Festlegung der Service Desk-Struktur sowie dessen personelle Besetzung hängen von einer Reihe von wichtigen Faktoren ab, welche z.B. die Form und Art des Unternehmens betreffen. Grundsätzlich können folgende vier Service Desk-Strukturen unterschieden werden (siehe *Abbildung 15.5*):

- Zentrales Service Desk: Es gibt ein einziges Service Desk, welches für alle Organisationseinheiten, Niederlassungen und dezentralen Mitarbeiter zuständig ist. Der Vorteil liegt hier in der einfachen Handhabung und der Vereinheitlichung der Prozesse.

- Lokales Service Desk: Jeder Standort oder jedes Departement in einem Unternehmen hat sein eigenes lokales Service Desk, d.h. beim jeweiligen Anwender vor Ort. Nachteilig ist die Redundanz, die z.T. vorliegt, Schwierigkeiten bei Stanadardisierung, Eskalation oder Know-how-Austausch.

- Virtuelles Service Desk: Die Service Desks sind auf unterschiedliche Orte verteilt, aber über eine Nummer durch den Einsatz von Kommunikationstechnik zentral für den Anwender erreichbar, der auch nicht weiß, wo sein Ansprechpartner am anderen Ende der Leitung sitzt.

- Follow the Sun-Service Desk: Dies ist eine spezielle Art des virtuellen Service Desks, das abhängig von der Tageszeit sequenziell durch die Telefontechnik angewählt wird (Erreichbarkeit: 7x24 Stunden). Die Übergabe zwischen den Schichten muss geregelt werden.

Darüber hinaus gibt es noch Service Desks, die stark spezialisiert sind (hoher Skill Level), und Service Desks mit einem Skill Level, der als eher niedrig zu bezeichnen ist (Basis-Level).

Es sollte stets nur ein einziger Ansprechpartner für den Erstkontakt der Anwender mit dem Service Desk aktiv sein. Zu beachten ist dabei, dass das Telefon nicht mehr das einzige Kommunikationsmittel darstellt. Es können Wünsche auch via Fax, E-Mail, Internet-/Intranetportale oder per Video-Request eintreffen und abgearbeitet werden. Letzteres ist heute noch eher die Ausnahme.

> Die Bedeutung des Service Desk liegt in seiner besonderen Rolle als Schnittstelle zwischen der IT und dem Endanwender. Damit repräsentiert der Service Desk die IT-Organisation gegenüber dem Kunden. Er stellt einen maßgeblichen Faktor für die Kunden- bzw. Anwenderzufriedenheit dar und ist somit auch von strategischer Bedeutung. Für den Anwender ist dies oftmals die vielleicht wichtigste Funktion. Hier sitzen die Ansprechpartner für seine Fragen und häufig auch die Personen, die ihm helfen und seine Probleme lösen.

Egal, für welche der Service Desk-Organisationsformen sich die IT-Organisation sich entscheidet, die Anwender sollten immer wissen, an wen sie sich bei Anfragen oder Störungen zu wenden haben. Eine zentrale Telefonnummer (möglichst simpel wie 4x4 oder 5x5), eine Intranetseite und E-Mailadresse (*servicedesk@unternehmen.de*) unterstützen diesen Ansatz. Diese Kontaktinformationen sollten im Intranet, auf Postern, Mousepads, als Aufkleber auf Telefonen, Mailfootern des Service Desks und Hardware-Komponenten publiziert werden. So wissen die Anwender, dass sie bei EDV-Problemen immer die gleiche Nummer wählen müssen und

Service Operation

sollen. Positive Erfahrungen des Anwenders verstärken diesen Lerneffekt („Hier wird mir schnell geholfen!"). Dies führt dazu, dass sich die Bearbeitung von Aufgaben und der diesbezügliche Informationsfluss zentral steuern. Außerdem werden zentrale Ressourcen und Services adäquat genutzt.

Überwachung, Reporting und Leistungsindikatoren (KPI)

Mögliche Messpunkte sind die Anzahl eingegangener Incidents, die Anzahl abgeschlossener Incidents beim Service Desk und die Anzahl der nach Zeitraum XY noch nicht abgeschlossener Incidents. Letztlich stellt die Zufriedenheit des Kunden den wichtigsten Indikator dar. Weitere Messfaktoren:

◆ Prozentsatz der im Service Desk behobenen Störungen (Direktlösungsquote)

◆ Zahl der Anfragen und Verteilung

◆ Durchschnittlicher Zeitaufwand für die Lösung (Mittlere Lösungszeit)

◆ Zeitdauer, bis Anruf entgegengenommen wird (Erreichbarkeit)

◆ Kosten pro Call

Neben der Überwachung der harten Fakten und der Performance im Service Desk ist die Anwender- und Kundenzufriedenheit eine wichtige Größe für das Service Desk: Fühlen sich die Kunden gut aufgehoben, werden sie professionell, freundlich und höflich behandelt? Diesen Fragestellungen sollte nachgegangen werden. Es existieren unterschiedliche Formen, die Antworten liefern wie etwa telefonische Rückfragen, Gruppen-Interviews, Online- und Mailumfragen oder persönliche Befragungen. Die Fragen sollten auf ein Minimum beschränkt werden. Da das Thema Umfragen durchaus komplex ist, sollte jemand damit beauftragt werden, der sich mit den unterschiedlichen Umfragtechniken und dem Thema Statistik auskennt.

15.2.2 Aufgaben und Funktion des Service Desk

Der Anforderungsbereich des Service Desk reicht von einer Störungsannahme, einer (eventuellen) Bearbeitung oder einem Weiterrouting über Statusberichte bis hin zur Lösung des Problems, Verarbeitung von Requests und Event-Handling. In welchem Umfang ein Service Desk die Anwender unterstützt, ist abhängig vom jeweiligen Unternehmen und den vorhandenen Aufgabendefinitionen.

Status und Info: Feedback für den Kunden

Statusmeldungen an den Anwender zu geben, ist keine zu vernachlässigende Aufgabe im Bereich des Service Desk. Dies ist nicht nur eine Bestätigung für den Kunden, dass sein Anliegen akzeptiert und aufgenommen wurde, sondern erspart auch unnötige Anforderungen an das Service Desk. Diese Statusmeldungen können aufgrund von diversen Aktivitäten und Zuständen der Anfrage in unterschiedlichen Ausprägungen ausgegeben werden.

Die Aufgaben für das Service Desk können sein (siehe *Abbildung 15.6*):

◆ einheitliche Kontaktstelle für die Kunden

◆ Registrieren und Nachverfolgen von Requests, Störungsmeldungen sowie Reklamationen

◆ laufende Information der Kunden betreffend Status und Fortschritt der Anfragen

◆ Durchführung einer ersten Prüfung der Kundenanfrage und Einleiten der Bearbeitung, basierend auf den vereinbarten Service Levels

◆ Überwachung der Einhaltung der Service Level Agreements und ggf. Einleitung einer horizontalen (fachbezogenen) und/oder vertikalen (Management-bezogenen) Eskalierung bei Gefahr der Nicht-Einhaltung der definierten Service-Qualität für Incidents und Service Requests

◆ formaler Abschluss der Anfragen inklusive Überprüfung der Zufriedenheit des Kunden, um sicher zu gehen, dass Probleme gelöst, Workarounds weitergegeben oder Anfragen beantwortet wurden

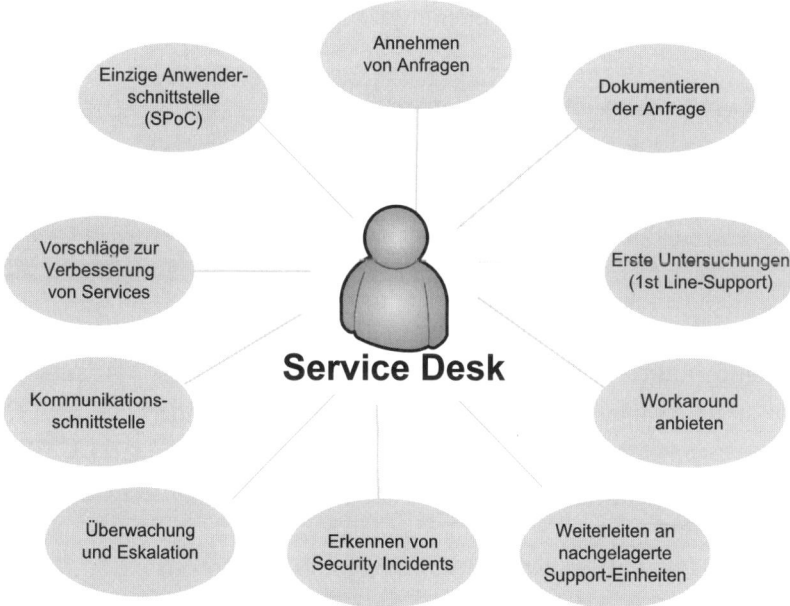

Abbildung 15.6: Vielfältige Aufgaben im Service Desk

◆ Koordination der nachgelagerten Second Level-Support- sowie Third Party-Support-Einheiten

◆ Bereitstellen von Management-Informationen zur Verbesserung der Service-Qualität

Mancherorts ist das Service Desk auch für die Überwachung der Service Level Agreements (SLAs) oder Service Level Objectives (SLO) zuständig. Hier geht es um die Überwachung der Nachhaltigkeit und eine Art Problemlösungs-Controlling auf Basis von vorab vereinbarten Richtwerten. In diesem Fall koordiniert der Service Desk die angrenzenden Support-Einheiten wie den Second Level-Support und weitere Eskalations- und Lösungswege wie etwa Rufbereitschaften. Vielfach ist auch eine Einbindung des Bereiches Einkauf vorhanden.

Kurz und knapp: Mögliche Aktivitäten im Service Desk

- ◆ Jeder Anruf = Anfrage
  - ● Störungsmeldungen: Beeinträchtigung/Nicht-Verfügbarkeit
  - ● Service Request: Anfragen, Statusnachfrage
- ◆ Änderungen: Anstoßen von RfCs in Bezug auf Standardinstallationen/-bestellungen, Betreuung von Umzügen (Standard-Changes)
- ◆ Bereitstellen von Informationen, z.B. aktiv bei Massenstörungen, Katastrophen, großflächigen Wartungs- oder Installationsarbeiten

Der Nutzen ergibt sich aus folgenden Punkten:

- ◆ aktive Information der Anwender im Verlauf der Störungsbehebung
- ◆ Entlastung der Spezialisten durch Annahme und Beantwortung von Service Requests
- ◆ Schaffung eines „Single Point of Contact" und somit verbesserter Zugriff auf Informationen für die Anwender
- ◆ erweiterter Kundenfokus und pro-aktiver Ansatz bei der Service-Erbringung
- ◆ verbesserter Kundenservice und dadurch erhöhte Kundenzufriedenheit bzw. zufriedene Anwender durch professionelle und kompetente Hilfe
- ◆ schnellere und qualitativ bessere Abwicklung von Kundenanfragen
- ◆ verbessertes Teamwork und Kommunikation innerhalb der Service-Organisationen
- ◆ Reduzierung von negativen Auswirkungen auf das Unternehmen bei Störungs- und Problembearbeitung
- ◆ besser kontrollierte und verwaltete IT Infrastruktur-Komponenten
- ◆ verbesserte Nutzung der IT Support-Ressourcen und dadurch erhöhte Produktivität
- ◆ verbesserte und aussagefähigere Management-Informationen für die Entscheidungsfindung
- ◆ Identifikation von Trainingsbedürfnissen des Kunden zur verbesserten Service-Nutzung

Die verantwortlichen Mitarbeiter und Abteilungsvorgesetzten erhalten in ad hoc gesetzten oder definierten Zeitabständen Informationen, Reportings und Übersichten, um die Service-Qualität zu überwachen und weiter zu verbessern. Auch wiederkehrende Störungen werden erfasst, um gegebenenfalls Problemlösungen zu finden bzw. die betroffenen Einheiten schnell informieren zu können. Vielfach fallen nämlich an dieser Stelle schon Unregelmäßigkeiten der bereitgestellten Services auf, bevor sich diese massiv beim Kunden bemerkbar machen. Gehäufte Anrufe zu einem bestimmten Server oder einem Service weisen in der Regel auf ein Problem hin – sei es das entsprechende Objekt an sich (Printserver, Web-Anwendung) oder ein verwandter Service (Netzwerk).

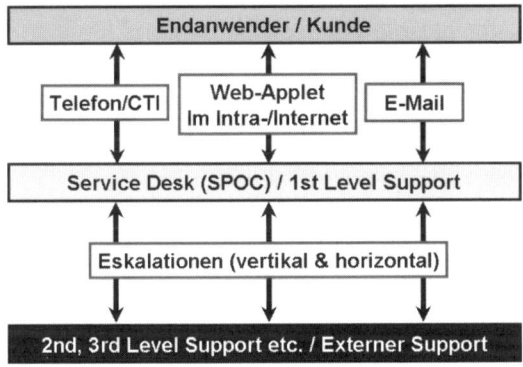

Abbildung 15.7: Service Desk als Schnittstelle

Durch entsprechende automatisierte (Monitoring-)Tools kann die Arbeitsweise von einer rein reaktiven ausgeweitet werden auf eine proaktive Handlungsweise des Service Desk. Dabei ist es wichtig, dem Service Desk nur eingeschränkte Rechte einzuräumen.

In Hinblick auf auftretende Incidents ist ein entsprechender Eskalations- bzw. Lösungsweg zu definieren und einzuschlagen, so dass die adäquaten Personen oder Service-Einheiten verständigt werden können und ein Eskalationsmanagement-Prozess angestoßen werden kann. Wichtig ist hierbei ein entsprechender Klassifizierungsrahmen.

Ohne korrekte Klassifizierung kann auf eine Anfrage nicht zufriedenstellend reagiert oder ein Problem nicht gelöst werden. Wenn diese Anforderungen nicht adressiert werden, gibt es auch niemanden, der sich darum kümmern kann. Also müssen Themen, die im Service Desk aufschlagen, spezifiziert werden – und das im Hinblick auf

- den Service oder das Equipment, zu dem der Incident gehört,
- damit verbundene SLAs oder SLOs,
- die nötige Auswahl der Person oder Gruppe, die den Incident bearbeiten soll,
- eine Abschätzung der Auswirkungen und der Priorität für den Geschäftsbetrieb,

♦ die Definition der Fragen, die dem Kunden gestellt werden müssen, um ein Problem einzugrenzen und die zur Weiterverarbeitung notwendigen Informationen zu erhalten,

♦ Kriterien, die zur Zuordnung bereits bekannter Fehler oder Workarounds beitragen,

♦ eine Zusammenfassung und Definition der Aktionen, die zur Lösung beitragen (Lösungssammlung) bzw. Aufstellung entsprechender Schlüsselworte (*Problem existiert nicht mehr, Informationsgespräch, Kundentraining vonnöten, Kein Fehler gefunden, Change Request erforderlich, Reboot erforderlich*),

♦ die Definition einer ersten Reporting-Matrix zur Management-Information,

♦ Empfehlungen für Service-Verbesserungen,

♦ Schulungsbedarf bei Mitarbeitern oder den Anwendern.

Neben der Kommunikation zwischen dem Service Desk und dem Kunden ist aber auch Feedback und Kritik der angrenzenden Service-Einheiten in Bezug auf das Service Desk vonnöten. Dies dient einer Verbesserung der Problemannahme und Koordinierung. Diesbezüglich ist aus der Erfahrung zu betonen, dass es hier einen ständigen Optimierungsbedarf gibt. Aufgrund der zu betreuenden Items können vielfach Irritationen und Fehler auftauchen, die teilweise als schlicht menschlich zu werten sind, teilweise aber auch einem fehlenden Qualitätsbewusstsein von Mitarbeitern entspringen. Messkriterien sind:

♦ Erhöhte Kundenzufriedenheit

♦ Reduzierung der Störungs- und Beschwerde-Meldungen

♦ Reduzierung der Service-Kosten

♦ Bessere Koordination der IT Service-Aufgaben mit den involvierten internen und externen Stellen

♦ Höhere Motivation der Service-Mitarbeiter

Outsourcing des Service Desk

Das Service Desk ist in vielen Unternehmen als Schnittstelle zwischen Kunde und IT-Organisation der erste Ansatz und der erste Versuch, Funktionen oder Prozesse auszulagern. Unabhängig von den Gründen der Service-Auslagerung sollte das Unternehmen darauf achten, die Verantwortlichkeit für die Aktivitäten und Services, die durch das Service Desk bereitgestellt werden, zu behalten. Die Organisation bleibt letztendlich verantwortlich für das Ergebnis des Service Desk.

Bei der Auswahl der Tools sollte darauf geachtet werden, dass die unterschiedlichen Support-Einheiten und das Service Desk entweder dasselbe Tool bzw. die dieselbe Tool-Reihe verwenden oder über die Tool-Schnittstellen hinweg Daten und Informationen (ohne großen Anpassungsbedarf) ausgetauscht werden können. Zusätzlich sollte das Service Desk Zugriff haben auf alle Incident Records, Problem Records und deren Informationen, Known Error-Daten, Change-Planung/Wartungsfenster, technische interne Wissensdatenbank (Knowledge Base), SKMS, CMS und Warnungen der Monitoring-Tools.

Ein wichtiger Faktor für den Erfolg des Service Desk, unabhängig davon, ob das Service Desk outgesourct wurde oder nicht, ist das Thema Kommunikation. Über regelmäßige Meetings zum gegenseitigen Austausch, Schulungen, Kommunikationspläne und Partnerschaften/Patenschaften wird eine effektive Kommunikation der Support-Einheiten gefördert.

Die Eigentümerschaft der Daten aus dem Service Desk in Bezug auf Anwender, Kunden, betroffene CIs, Services, Incidents, Requests etc. verbleibt bei der Organisation. Das Berichtswesen muss im entsprechenden Vertragswerk geregelt werden.

15.2.3 Rollen im Service Desk

Die folgenden Rollen finden im Service Desk Verwendung:

◆ Service Desk Manager: In großen Organisationen mit einem entsprechend großen Service Desk berichten die Service Desk-Supervisoren an den Service Desk Manager. Er ist dafür verantwortlich, dass die Ziele und Aktivitäten im Service Desk umgesetzt werden. Darüber hinaus agiert er als Eskalationspunkt für die Service Desk-Supervisoren, berichtet an das Senior Management, nimmt an CAB-Meetings teil und übernimmt die umfassende Verantwortung für Incidents und Service Requests, die über das Service Desk abgewickelt werden.

◆ Der Service Desk-Supervisor kann in kleineren Organisationen durch einen erfahrenen Service Desk-Analysten gestellt werden. In größeren Umgebungen ist allerdings eine explizite Service Desk-Supervisor-Rolle notwendig, die z.B. bei Umsetzung eines Schichtbetriebs von mehreren Personen eingenommen werden kann. Sie stellt sicher, dass die notwendigen Skill- und Statt-Level zu allen Betriebszeiten und Schichten vorhanden sind, kümmert sich um Personalangelegenheiten des Teams und Trainings, fungiert als Ansprechpartner oder Eskalationspunkt, erstellt Statistiken und Management-Berichte, repräsentiert das Service Desk bei Meetings, nimmt Verbindung zum Change und Senior Management auf und brieft das Team bei Veränderungen und anstehenden Aktionen.

◆ Service Desk-Analyst ist die Rolle, die die Aktivitäten des Service Desks umsetzt und als First Line-Support fungiert. Sie nimmt Calls und E-Mails entgegen, kümmert sich um Events und Service Requests unter Verwendung der jeweiligen Prozesse.

◆ Super User sind Mitarbeiter aus den Fachabteilungen, die spezielles IT-Infrastruktur- oder Applikations-Know-how besitzen und den Kollegen bei Fragen und kleineren Störungen weiterhelfen (Nachteil: Keine Incident Records und kein Reporting).

15.2.4 Tools im Service Desk

Nicht mehr wegzudenken aus dem Bereich Service Desk ist die Software, die zur Abwicklung von Aufgaben, Anforderungen und Funktionen zur Verfügung steht. Über dieses Instrument laufen die entsprechenden Prozesse und Workflow-Mechanismen. Dabei sind umfangreiche Reporting-Funktionen unerlässlich. Im Vordergrund steht aber stets die Frage, ob die eingesetzten Technologien die Anforderun-

Service Operation

gen und Bedürfnisse des Kunden und der beteiligten Prozesse und Funktionen erfüllen. Nicht die neueste, sondern eine zuverlässige und anwenderfreundliche Technologie ohne böse Überraschungen ist gefragt.

Der Person im Bereich Service Desk steht neben technischen Möglichkeiten, über die der Anwender Kontakt aufnimmt (Telefon, E-Mail, Webtechnologien, Self-Help), eine Vielzahl von Werkzeugen zur Seite. Das Thema Telefontechnik nimmt allerdings eine Sonderstellung ein, da die meisten eingehenden Incident-Meldungen und Service Requests über das Telefon an das Service desk herangetragen werden. Eingesetzte Telefontechnologien sind:

◆ Computer Telephony Integration (CTI): CTI ist ein allgemeiner Begriff, der alle Arten der Integration von Computer- und Telefonsystemen umfasst. Häufig bezieht sich dieser Begriff auf Systeme, in denen eine Anwendung detaillierte Ansichten zu eingehenden oder ausgehenden Telefonanrufen anzeigt.

◆ Interaktive Spracherkennung (Interactive Voice Response, IVR): Eine Form der Automatic Call Distribution, die Eingaben vom Anwender wie einen Tastendruck oder gesprochene Befehle akzeptiert, um das korrekte Ziel für eingehende Anrufe zu identifizieren.

◆ Automatic Call Distribution (Automatische Anrufverteilung, ACD): Weiterleiten eines eingehenden Telefonanrufs an die geeignetste Person innerhalb der kürzest möglichen Zeit. Beispielsweise wird ein Anrufer aus Bonn an einen Mitarbeiter eines deutschsprachigen Service Desk im Unternehmen weitergeleitet.

◆ VoIP (Voice over IP): Telefonieren über Computernetzwerke mittels des IP-Internet Protokolls. Im Unterschied zum klassischen Festnetz werden bei Voice over IP aber keine „Leitungen" geschaltet, sondern die Sprache in Pakete umgewandelt und jedes einzelne Paket für sich als IP-Paket übertragen. Diese IP-Pakete werden dann im Netzwerk (gleich, ob LAN, WAN oder Internet) zu ihrem Ziel gesendet. Hierdurch lassen sich Kosten sparen, da die IP-Telefonie auf eine bereits im Unternehmen vorhandene Infrastruktur aufsetzt.

Weitere Tools und Technologien, die im Service Desk genutzt werden, sind Wissens-, Such- und Diagnose-Tools auf Basis der Known Error-Datenbank (KEDB) sowie automatische Operations- und Netzwerk-Management-Tools. Weitere wichtige Werkzeuge sind Diagnose-Skripte, Self-Help-Intranetseiten für die Anwender (siehe *Kapitel 14.3.2, Prinzipien des Request Fulfillments*) und Remote Control-Applikationen. Fernwartungsprogramme holen sich den Desktop eines entfernten Rechners auf den lokalen PC. Mit der Fernwartungs-Software kann man aus der Ferne notwendige Änderungen vornehmen oder schnell herausfinden, ob der Anwender lediglich falsch geklickt hat.

Hier stellt sich die Frage, ob Drittanbieter-Entwicklungen oder eigene Lösungen eingesetzt werden. Dies kann aber nur individuell und nicht pauschal beantwortet werden.

15.2.5 Schnittstellen des Service Desk

Grundvoraussetzung für das Funktionieren des Service Desk ist die Einbindung in die gesamte IT-Struktur und -Organisation.

Abbildung 15.8: Service Desk im ITIL®-Verbund

Bei ITIL® nimmt das Service Desk eine wichtige und zentrale Stellung ein (siehe *Abbildung 15.8*). In erster Linie ist das Service Desk als Ansprechpartner für verschiedene Belange, Probleme und Anfragen seitens der Anwender zu sehen. Die Anfragen bzw. die Meldungen von Störungen aller Art bei der IT-orientierten täglichen Arbeit müssen entgegengenommen, klassifiziert und dokumentiert sowie an die entsprechenden Stellen und Experten weitergeleitet werden. Auch die IT-Mitarbeiter nutzen die Möglichkeiten und das Wissen der Gruppe. Zumeist werden verschiedene Bearbeitungsstufen oder auch Eskalationsebenen unterschieden (First Level, Second Level etc.). Auf die Integration der Prozesse und Lösungen kommt es an. Das Service Desk ist das Sprachrohr und ein wesentlicher Sensor gegenüber dem Anwender. Hier werden vielfältige Informationen für andere Prozesse generiert, zum Beispiel für das Anforderungsmanagement von Services und Produkten, für die Leistungsprozesse im IT-Betrieb oder für das Service Level Management.

Die wichtigsten Schnittstellen des Service Desk liegen im Bereich Incident Management, Request Fulfillment, Event Management, nachgelagertes Problem Management und Change Management sowie den Bereichen, die sich dem Configuration Management und Service Level Management verantwortlich zeigen.

Die Verbindungen zu den Einheiten aus dem Bereich Service Operation und Service Transition erleichtern das Erkennen von Störungsursachen, da durch diese ein Überblick der betroffenen IT-Items zustande kommt. Hierbei nimmt das Configuration Management System (CMS) eine zentrale Rolle ein. Das Service Desk fragt die hier abgelegten Informationen ab und verwendet sie. Diese Datenbank ist die Basis der Tätigkeiten im Service Desk. Hier sind Informationen zum Anwender wie Stamm- und Kontaktdaten und Daten zu seinem Rechner (MAC-Adresse, IP, weitere Informationen zur Hardware) oder der entsprechenden Anwendungssoftware hinterlegt (siehe *Abbildung 15.9*).

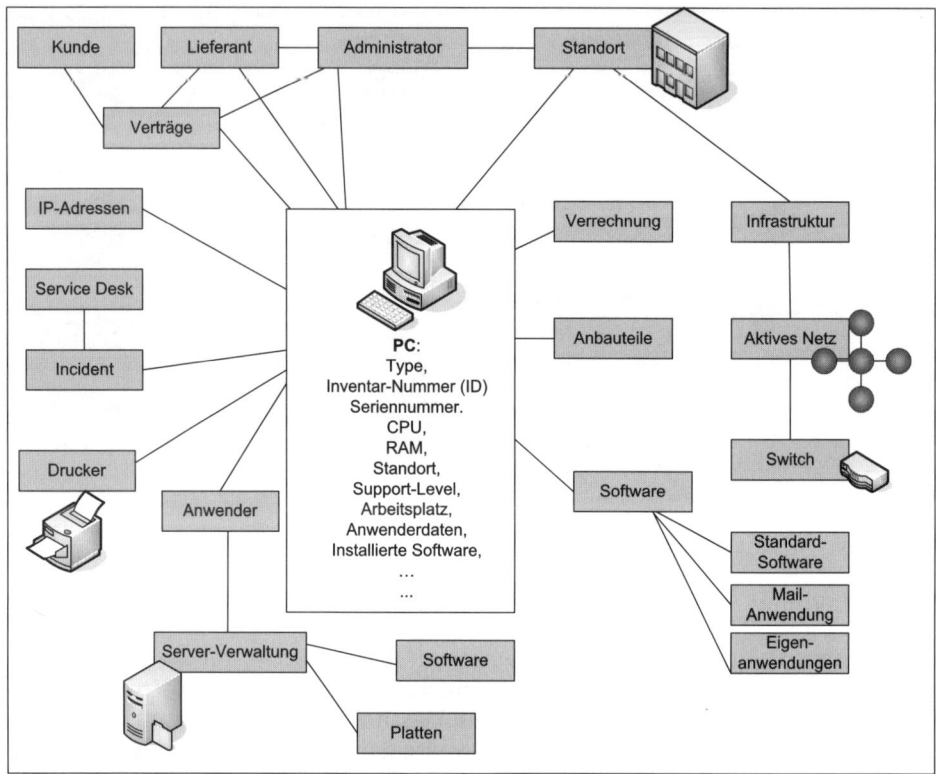

Abbildung 15.9: Die CMDB als Teil des CMS und die für das Service Desk relevanten Informationen

15.3 Technical Management

Das Technical Management verweist auf die Gruppen, Abteilungen oder Teams, die technisches Expertenwissen bereitstellen und ein umfassendes Management der IT Infrastruktur übernehmen. Dabei hat das Technical Management eine Doppelrolle inne.

Zum einen wird hier das technische Expertenwissen und Fachwissen über das Management der Infrastruktur vorgehalten. Diesbezüglich stellt die Funktion sicher, dass das notwendige Know-how für das Design, Testen, Verwalten und Verbessern der IT Services identifiziert, entwickelt und verfeinert wird. Zum anderen stellt die Funktion die Ressourcen für den Support des IT Service Management Lifecycle bereit. Die Funktion kümmert sich darum, dass die Mitarbeiter effektiv geschult sind und für das Design, Build, die Transition, den Betrieb und die Verbesserung der Technologien eingesetzt werden können, um das Erbringen und die Unterstützung der IT Services zu gewährleisten.

Somit stellt das Technial Management sicher, dass der Organisation die passenden Arten und das richtige Wissenslevel von Mitarbeitern zur Verfügung steht, um die eingesetzte Technik zu unterstützen und damit die Geschäftsziele zu erreichen. Die Definition der Mitarbeiter-Anforderungen beginnt bereits während der Service-Strategie und wird im Service Design fortgesetzt. In der Service Transition wird sie validiert und im Continual Service Improvement (CSI) verfeinert.

15.3.1 Aufgaben und Ziele des Technical Managements

Die allgemeinen technischen Management-Aktivitäten beziehen sich beispielsweise auf:

◆ Vorgabe von Ausbildungs- und Schulungsmaßnahmen

◆ Entwickeln und Durchführen von Schulungen und Trainings für Anwender, das Service Desk und andere Teams

◆ Rekrutierung von internen und externen Mitarbeitern mit benötigtem Wissen

◆ Projektbeteiligungen (Service Design, Service Transition, CSI)

◆ Unterstützung bei der Risikobewertung, Identifizierung kritischer Services und System-abhängigkeiten, Entwickeln von Gegenmaßnahmen

◆ Entwickeln und Durchführen von Tests in Bezug auf Funktionalität, Performance und Verwaltbarkeit der IT Services

◆ Definition und Management der Event Management-Standards und -Tools

◆ Verteilung von Releases

◆ Informationsbereitstellung für andere Prozesse (Finanzen, CMS, KEDB etc.)

◆ Recherche und Lösungsentwicklung von Ansätzen und Vorschlägen, die das Service-Portfolio erweitern könnten oder die die Automatisierung des IT-Betriebs weiter vorantreiben.

Das Technical Management besteht aus einer Vielzahl von Aufgaben aus diversen technischen Bereichen. Jeder verlangt nach speziellem Wissen und Fachkenntnissen. In kleineren Unternehmen stellt das Technical Management eine Abteilung. In größeren Unternehmen werden die einzelnen Aufgaben meist auf einzelne Abteilungen verteilt. In vielen Unternehmen ist diese Funktion auch verantwortlich für den täglichen IT-Betrieb eines Teils der IT-Infrastruktur. Wie die Organisation in Bezug auf das Technical Management aufzustellen ist, hängt darüber hinaus von der Frage ab, wie die Mitarbeiter entsprechend ihrem Wissen und ihrer Spezialisierung in Abteilungen platziert werden (siehe *Abbildung 15.10*).

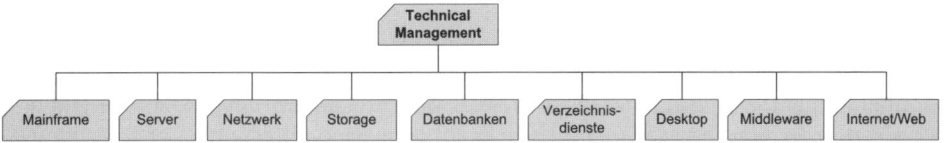

Abbildung 15.10: Aktivitäten im Technical Management

Ein wichtiges Thema in dieser Funktion ist die Technical Management-Dokumentation. Diese besteht u.a. aus der technischen Dokumentation (Manuals, System- und Betriebshandbücher, User Manuals etc.), Wartungsplänen und einer Aufnahme der notwendigen Skills (Rollenbeschreibungen).

Die Ziele des Technical Managements liegen in der Unterstützung zur Planung, Implementierung und Pflege einer stabilen technischen Infrastruktur, um die Geschäftsziele der Organisation zu erreichen. Dies wird unterstützt durch eine wohl geplante und kosteneffektive technische Topologie, Verwendung der geeigneten technischen Skills, um die IT-Infrastruktur optimal betreiben zu können und die richtige Anwendung der technischen Fähigkeiten, um technische Fehler zu diagnostizieren und zu beseitigen.

Leistungsindiaktoren

Die spezifischen Metriken dieser Funktion hängen vorwiegend von der eingesetzten Technologie ab. Einige allgemeine Metriken sind beispielsweise:

◆ Messungen in Bezug auf das erwartete Ergebnis (Transaktionsraten etc.)

◆ Prozesswerte (Antwortzeiten, Incident-Lösungszeiten, Eskalationsanzahl etc.)

◆ Technologie-Performance (Utilisation Rates, Verfügbarkeit, Performance)

◆ Mean Time Between Failures (MTBF) der entsprechenden technischen Komponente

◆ Maintenance-Aktivitäten/-Aufwände (Anzahl der Wartungsfenster etc.)

◆ Wissensaufbau und Training

Zwischen dem Technical Management und den beiden Funktionen IT Operations Management und Application Management kann es zu Überschneidungen kommen. In Bezug auf das IT Operations Management liegt dies darin begründet, dass beide Funktionen eine Rolle bei der Verwaltung und Pflege der IT-Infrastruktur spielen. In Bezug auf das Application Management kommen Überlappungen zustande, da beide Funktionen am Design, Testen und an der Verbesserung der CIs als Teil des IT Service beteiligt sind oder sein können.

15.3.2 Rollen im Technical Management

Die folgenden Rollen werden im Technical Management benötigt:

◆ Ein Technical Manager oder Teamleiter (abhängig von der Größe und der Struktur des Unternehmens) wird für jedes der technischen Teams oder Abteilungen benötigt. Diese Rolle übernimmt die allgemeine Führung, Steuerung und Entscheidungsfindung für das technische Team oder die Abteilung. Er stellt sicher, dass die notwendigen Trainings und Erfahrungen vorhanden sind, berichtet an das Senior Management und agiert in der Linie als Manager für sein Team oder seine Abteilung.

◆ Der technische Analytiker/ Architekt setzt die für die Funktion aufgelisteten Aktivitäten außer denen des täglichen Betriebs um. Er ist verantwortlich für das Design von Infrastruktur-Komponenten und -Systemen, die erforderlich sind, um einen Service bereitzustellen. Dies umfasst die Spezifikation von Technologien und Produkten als Grundlage für deren Beschaffung und Anpassung. Weitere Aktivitäten sind die Zusammenarbeit mit dem Application Management und anderen Bereichen im Technical Management, um die Systemanforderungen innerhalb des Budgets und der Technologiebedingungen festzulegen, Entwickeln von Betriebsmodellen, Definieren aller Aufgaben, die notwendig sind, um die Infrastruktur zu verwalten.

◆ Ein technischer Operator kümmert sich im Rahmen des Technical Managements um die Betriebstätigkeiten des Tagesgeschäfts. Normalerweise werden diese Tätigkeiten an den IT Operator aus dem IT Operations Management delegiert.

15.4   IT Operations Management

Der Begriff IT Operations Management bezeichnet die Abteilung, Gruppe oder das Team, die/das die täglichen Aktivitäten durchführt, die zur Verwaltung von IT Services und Unterstützung der IT-Infrastruktur erforderlich sind.

Das Operations Management ist verantwortlich für die Implementierung der Aktivitäten und Performance-Standards, die im Service Design entworfen und in der Service Transition getestet wurden. In diesem Zusammenhang besteht eine Aufgabe dieser Funktion darin, den aktuellen Stand zu pflegen, wobei Aufrechterhaltung der Stabilität der IT-Infrastruktur und die Konsistenz der IT Services die wichtigste Aufgabe darstellt. Gleichzeitig ist der IT-Betrieb Bestandteil des Prozesses, der einen Wertbeitrag für das Business erzeugt und die Wertschöpfung (Value Network) unterstützt. Weitere Aufgaben und Eigenschaften sind aus der *Abbildung 15.11* abzulesen.

Abbildung 15.11: Charakteristiken des IT Operations Management

Das IT Operations Management ist die für das laufende Management und die Pflege der IT-Infrastruktur in der Organisation verantwortliche Funktion, um die Lieferung der vereinbarten Service Level an das Business sicherzustellen.

15.4.1 Aufgaben und Ziele des IT Operations Managements

Das IT Service Management wird als eine in sich geschlossene Funktion beschrieben, die allerdings in vielen Fällen Schnittstellen zum Technical Management und zum Application Management aufweist. Die Zuweisungen und Aufteilung der einzelnen Aktivitäten hängen vom Reifegrad der Organisation ab.

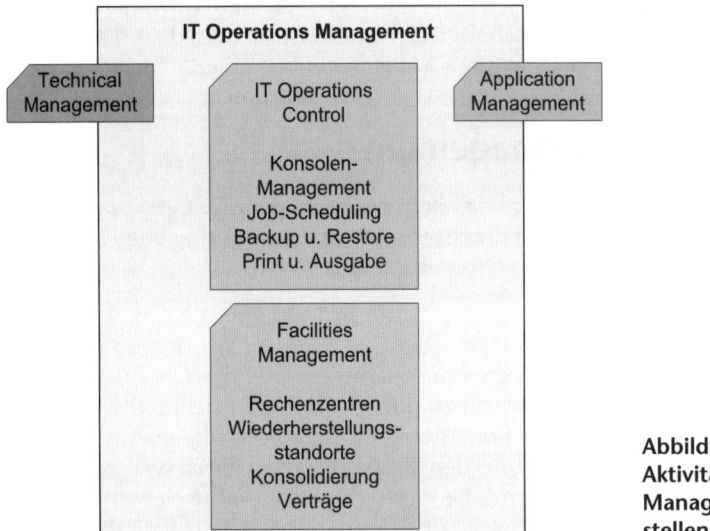

**Abbildung 15.12:
Aktivitäten im IT Operations Management und Schnittstellen**

Die Aufgabe des IT Operations Management besteht in der Ausführung der laufenden Aktivitäten und Verfahren für das Management und die Pflege der IT-Infrastruktur als Basis für die Lieferung der IT Services:

◆ IT Operations Control: Ausführung von Routine-Betriebsaufgaben und das Monitoring der betrieblichen Aktivitäten und Ereignisse der IT-Infrastruktur. Dazu gehören

  ● Konsolen-Management als zentrale Überwachung für Monitoring- und Steuerungsaktivitäten

  ● Job-Scheduling in Bezug auf Batch-Abarbeitung oder Skript-Verarbeitung

  ● Backup & Restore im Auftrag der Teams aus dem Technical Management, Application Management und anderen Teams, Funktionen und Prozessen

  ● Print-Management und Maintenance-Aktivitäten.

◆ Facilities Management als Funktion, die für die physische Umgebung verantwortlich ist, in der sich die IT-Infrastruktur befindet. Das Facilities Management umfasst alle Aspekte in Verbindung mit der Verwaltung der physischen Umgebung, wie beispielsweise das Stromversorgungs- und Kühlungssystem, das Access Management für Zutrittsrechte und die Umgebungsüberwachung. In einigen Unternehmen ist diese Aufgabe outgesourct worden.

Die Ziele des IT Operations Managements liegen in der Aufrechterhaltung der bestehenden Situation, um stabile Prozesse und Aktivitäten in der Organisation beizubehalten. Dazu gehören kontinuierliche Recherchen und Verbesserungsansätze, um bessere Services zu niedrigeren Kosten bei bestehender Stabilität anbieten zu können. Wissensaufbau und Weiterentwicklung der fachlichen und technischen Fähigkeiten, um Fehler im Betrieb zu analysieren und zu beseitigen.

Leistungsindikatoren

Das IT Operations Management misst sowohl die effektive Implementierung der definierten Aktivitäten als auch die Verfahren und die Ausführung der Prozessaktivitäten. Beispiele dafür sind:

◆ Erfolgreicher Abschluss der Jobs (Job-Scheduling), entsprechend der Anzahl der Ausnahmen und Fehler

◆ Anzahl der Restores

◆ Prozessmetriken (Antwortzeiten, Incident-Lösungszeiten etc.)

◆ Metriken der Pflege-Aktivitäten

◆ Metriken bezogen auf das Facilities Management (Kosten im Vergleich zum Budget, Incidents, Sicherheitsverletzungen, Statistiken bezüglich Strom, Klima, Stellfläche etc.)

Das IT Operations Management erstellt und verwendet eine ganze Reihe von Dokumenten. Dazu gehören beispielsweise:

◆ Betriebsanweisungen (Standard Operating Procedures, SOP) mit Anwendungen und geplanten Aktivitäten des IT Operations Management-Teams oder der Abteilung

◆ Betriebsprotokolle: Jede Aktivität im IT Operations Management muss protokolliert werden, um die erfolgreiche Umsetzung von spezifischen Aufgaben und Aktivitäten zu bestätigen, um eine Basis für das Problem Management bei der Suche von Problemursachen bereitzustellen, um die vereinbarte Bereitstellung der Services zu bestätigen und um eine Basis für das Berichtswesen des IT-Betriebs zu liefern

◆ Schichtplan und Berichte für die Aufgaben der jeweiligen Schicht, Aktivitätenabfolge mit Abhängigkeiten

15.4.2 Rollen im IT Operations Management

Zu den Rollen im IT Operations Management gehören:

◆ Schichtleiter, der im Zwei- oder Drei-Schichten-Betrieb für jede Schicht notwendig ist. Er übernimmt dabei die allgemeine Verantwortung, Steuerung und Entscheidungsfindung für die jeweilige Schicht. Er stellt sicher, dass alle Betriebsaktivitäten zufrieden stellend im geplanten Zeitrahmen umgesetzt wurden. Er ist die Verbindung zu den Schichtleitern der vorhergehenden und nachfolgenden Schicht, um eine saubere Übergabe abzuwickeln und um die Kontinuität und Konsistenz der Aufgaben zwischen den Schichten sicherzustellen. Er agiert als Ansprechpartner für die IT Operations-Analysten in der Linienorganisation für die jeweilige Schicht.

Service Operation

- ◆ IT Operations-Analysten gelten als erfahrenes Betriebspersonal, das in der Lage ist, ihre Aufgaben im Betrieb effizient und effektiv umzusetzen. Diese Rolle wird normalerweise vom Technical Management eingenommen, aber in großen Organisationen kann es aufgrund der Vielzahl und Vielschichtigkeit der Aufgaben notwendig sein, eine stärkere Aufspaltung des Personals vorzunehmen.

- ◆ IT Operatoren setzen Betriebstätigkeiten des Tagesgeschäfts aus dem Technical oder Application Management um. Ihre typischen Aufgaben umfassen beispielsweise das Erstellen von Backups, Monitoring-Aktivitäten, die Planung von Batch-Jobs, und das Installieren von Standard-Komponenten im Rechenzentrum.

15.5   Application Management

Bereits in *Kapitel 8.8.3, Application Management* (Service Design) wurden die Aufgaben und Ziele des Application Managements dargestellt. Die Funktion des Application Managements ist in all die Bereiche involviert, in denen es um die Verwaltung und Unterstützung der Betriebsanwendungen geht.

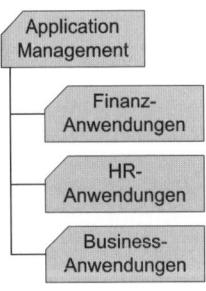

Abbildung 15.13:
Beispiele für das Application Management

Das Application Management spielt aber auch eine Rolle beim Design, Testen und Verbessern von Anwendungen als Teil der IT Services, was auch der Grund dafür ist, dass man dieser Funktion an mehr als einer Stelle im Service Lifecycle begegnet. In Bezug auf die Service Operation-Phase ist das Application Management für die Anwendungen das, was das Technical Management für die IT-Infrastruktur leistet.

15.5.1 Ziele und Aufgaben des Application Managements

Eine wichtige und vorrangige Entscheidung in Bezug auf die Anschaffung und Implementierung einer Anwendung ist die Frage, ob sie gekauft oder selber entwickelt werden soll. Der Chief Technical Officer (CTO) oder der Lenkungsausschuss (Steering Group) treffen die letztendliche Entscheidung in Bezug auf diese Frage.

Ist diese Entscheidung getroffen, nimmt das Application Management zwei Aufgaben wahr. Zum einen ist diese Funktion der Hüter des technischen Know-hows und des Expertenwissens in Bezug auf diese Applikation. Dabei arbeitet das Application Management mit dem Technical Management zusammen, um sicherzustellen, dass das notwendige Wissen identifiziert, entwickelt und weiter angepasst wird. Zum anderen stellt das Application Management die Ressourcen für die Unterstützung des IT Service Management Lifecycle bereit. Hier stellt die Funktion sicher, dass die

Mitarbeiter effektiv geschult wurden und in der Lage sind, die mit der Applikation in Verbindung stehenden IT Services zu liefern und zu unterstützen. Somit stellt das Application Management sicher, dass der Organisation die passenden Arten und das richtige Wissenslevel von Mitarbeitern zur Verfügung steht, um die eingesetzte Applikation zu unterstützen und damit die Geschäftsziele zu erreichen. Die Definition der Mitarbeiter-Anforderungen beginnt bereits während der Service-Strategie und wird im Service Design fortgesetzt. In der Service Transition wird sie validiert und im Continual Service Improvement (CSI) verfeinert. Dabei geht es auch darum, ein Gleichgewicht zwischen dem notwendigen Wissenslevel und den dafür notwendigen Kosten zu finden. Weitere Aufgaben sind:

◆ Empfehlungen für den IT-Betrieb bereitzustellen, wie der laufende Betrieb für die Applikationen am besten sicherzustellen ist. Dies wird bereits zum größten Teil während der Service Design-Phase umgesetzt, ist aber trotzdem Teil der täglichen Kommunikation mit dem IT Operations Management als Beispiel für deren Anliegen, Stabilität und optimale Performance zu fördern.

◆ Integration des Application Management Lifecyle in den ITSM-Lifecycle. Der Application Management Lifecyle ist keine Alternative zum IT Service Management Lifecycle. Applikationen sind Teil der Services und müssen als solche verwaltet und betrieben werden. Jede Phase im Application Management Lifecyle besitzt spezifische Ziele, Aktivitäten, Produkte und Teams. Dazu gehört auch, dass das jeweilige Ergebnis mit den Zielen und Anforderungen aus dem Service Management Lifecyle übereinstimmt.

   ● Anforderungen: Während der ersten Phase im Lifecyle werden die Anforderungen einer neuen Anwendung, basierend auf den Geschäftsanforderungen einer Organisation, gesammelt (funktionale Anforderungen, Betriebs-/Management-Anforderungen, Usability-Anforderungen, Architekturanforderungen, Schnittstellenanforderungen und Service Level-Anforderungen).

   ● Design: In der Design-Phase werden die Anforderungen in die Spezifikationen überführt. Der Entwurf der Applikation, der Umgebung oder des Betriebsmodells, in dem die Anwendung laufen wird, findet auch in diesem Abschnitt statt.

   ● Development: In der Entwicklungsphase werden die Applikation und das Betriebsmodell für die Implementierung vorbereitet. Die Bestandteile der Applikation werden kodiert oder eingekauft, integriert und getestet.

   ● Implementierung: In dieser Phase werden das Betriebsmodell und die Applikation über das Release und Deployment Management implementiert.

   ● Ausführung: In dieser Phase wird die Applikation als Teil des bereitgestellten Service genutzt. Die Performance der Applikation wird in Relation zum Service gegen die vereinbarten Service Level gemessen.

   ● Optimierung: In dieser Phase werden die Metriken und Messergebnisse geprüft. Mögliche Verbesserungen werden diskutiert und ggf. initiiert.

Service Operation

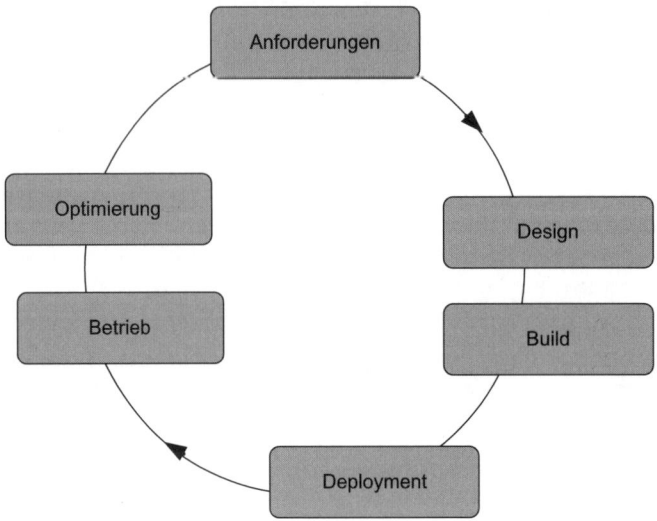

Abbildung 15.14: Application Management Lifecycle

Die Ziele des Application Managements liegen in der Unterstützung der Geschäftsprozesse der Organisation. Dies dreht sich um die Identifizierung der Funktions-
und Management-Anforderungen für die Anwendungen, um dann beim Design,
dem Deployment der Software, dem laufenden Betrieb und der Verbesserung
Unterstützungsarbeit zu leisten. Die Anwendungen müssen kosteneffektiv, stabil
und zuverlässig sein sowie ein gutes Design aufweisen. Die angeforderte Funktionalität muss in der Lage sein, die Geschäftsanforderungen zu erfüllen. Ein weiteres
Ziel des Application Managements besteht darin, geeignetes technisches Fachwissen zu organisieren, um den Betrieb bereitzustellen, aber auch um Diagnose
und Fehlerlösung betreiben zu können.

Während die meisten Teams oder Abteilungen des Application Managements
spezielle Anwendungen betreuen, existieren darüber hinaus auch noch allgemeine
Aufgaben des Application Managements wie beispielsweise:

◆ Identifizierung des notwendigen Fach- und Expertenwissens

◆ Aufsetzen von Schulungsprogrammen zur Entwicklung und Verfeinerung des bereits
   vorhandenen Wissens

◆ Entwickeln und Durchführen von Schulungen und Trainings für Anwender, das
   Service Desk und andere Teams

◆ Rekrutierung von internen und externen Mitarbeitern mit benötigtem Wissen

◆ Projektbeteiligungen (Service Design, Service Transition, CSI)

◆ Unterstützung bei der Risikobewertung, Identifizierung kritischer Services und System-
   abhängigkeiten, Entwickeln von Gegenmaßnahmen

◆ Entwickeln und Durchführen von Tests in Bezug auf Funktionalität, Performance und
   Verwaltbarkeit der IT Services

◆ Definition und Management der Event Management-Standards und -Tools

◆ Bereitstellung von Ressourcen für das Problem Management mit dem entsprechenden technischen Wissen

◆ Informationsbereitstellung für andere Prozesse (Finanzen, CMS, KEDB etc.)

◆ Recherche und Lösungsentwicklung von Ansätzen und Vorschlägen, die das Service-Portfolio erweitern könnten oder die die Automatisierung des IT-Betriebs weiter vorantreiben

◆ Beteiligung am Design und der Zusammenstellung neuer Services

◆ Unterstützung des Availability und Capacity Managements

◆ Management von Lieferanten in Zusammenarbeit mit dem Supplier und dem Service Level Management

◆ Sicherstellen, dass die vorhandenen Dokumenten korrekt und aktuell sind

Obwohl Application Management-Teams oder -Abteilungen zum Teil ähnliche Funktionen erfüllen, besitzt jede Anwendung eine eigene Reihe von Management- und Betriebsanforderungen. Unterschiede beziehen sich dabei auf den Zweck der jeweiligen Applikation, ihre Funktionalität, die Plattform, auf der sie läuft, und die darunter liegende Technologie.

Leistungsindikatoren

Die Metriken im Application Management sind zum größten Teil davon abhängig, wie die Anwendungen betrieben werden. Die allgemeinen Messungen beziehen sich auf:

◆ Messen des vereinbarten Outputs (Transaktionsraten, User-Input zur Qualität)

◆ Prozesswerte (Antwortzeiten, Inicdent-Lösungszeiten etc.)

◆ Performance der Applikation (Antwortzeiten, Verfügbarkeit etc.)

◆ Pflegeaktivitäten

15.5.2 Dokumentationen im Application Management

Das Application Portfolio wird vorwiegend in der Service Strategy-Phase verwendet. Über dieses Repository werden Anwendungen während ihres Lifecycle verwaltet. Hier sind alle Anwendungen beschrieben, die in der Organisation verwendet werden. Zu den Schlüsselattributen zählen Kunden und Benutzer der Anwendung, Business-Zweck, Kritikalität, Architektur und Abhängigkeiten zur IT-Infrastruktur, Entwickler, Support-Gruppen, Lieferanten und die getätigten Investitionen.

Der Zweck des Portfolios besteht in der Analyse der Bedürfnisse und die Verwendung der Anwendungen. Dabei sind Verknüpfungen auf die Funktionalitäten und die getätigten Investitionen möglich, die Teil der laufenden IT-Planung und -Steuerung sind. Ein positiver Nebeneffekt ist, dass Duplikationen und Mehrfach-Entwicklungen sowie überhöhte Anwendungslizenzierung vermieden werden.

Service Operation

Weitere Dokumente und Dokumentationen nehmen die Anforderungen der Applikationen auf (Geschäftsanforderungen und Anwendungsanforderungen mit funktionalen Anforderungen, Betriebsanforderungen, Usability-Anforderungen und Testanforderungen). Use Cases und Change Cases sind Teil des Service Designs und des Continual Service Improvements (CIS), werden aber über das Application Management gepflegt. Darüber hinaus gibt es Handbücher und Design-Dokumentationen. Letztere sind meist nicht in einem spezifischen Dokument enthalten, sondern entstammen unterschiedlichen Quellen wie z.B. den Entwicklungsteams der Applikation (Sizing-Spezifikation, Workload-Profile, Datenmodelle, Performance-Standards und Definition der Umgebung oder Release Notes).

15.5.3 Rollen im Application Management

Zu den Rollen im Application Management gehören:

◆ Die Application Analysts/Architects sind verantwortlich dafür, dass die Anforderungen in der Spezifikation der Anwendung umgesetzt werden. Sie kommunizieren mit Benutzern, Sponsoren und anderen Stakeholdern, um die Bedürfnisse und Anforderungen von deren Seite zu identifizieren. Sie arbeiten auch mit dem Technical Management zusammen, um die Systemanforderungen zu bestimmen und um die Anforderungen innerhalb des Budgets und der technischen Rahmenbedingungen umsetzen zu können. Dabei werden auch Kosten-Nutzen-Betrachtungen durchgeführt und ein Betriebsmodell entworfen, das den optimalen Ressourceneinsatz für den Betrieb sicherstellen soll.

Weitere Aktivitäten beinhalten das Design und die Pflege von Standards des Application-Sizings und der Performance-Modellierung. Dazu gehört auch das Erstellen von Anforderungen für den Abnahmetest zusammen mit den Designern, Test-Engineers und dem Anwender.

◆ Ein Application Manager/Teamleiter sollte für jedes Anwendungsteam oder -Abteilung aufgestellt werden. Diese Rolle übernimmt die allgemeine Führung, Steuerung und Entscheidungsfindung für das Anwendungsteam oder die -Abteilung. Er stellt sicher, dass das notwendige technische Wissen zur Verfügung steht und/oder dass die notwendigen Trainings geplant werden, er berichtet an das Senior Management und agiert in der Linie als Manager für sein Team oder seine Abteilung. Darüber hinaus ist er an der Kommunikation mit Kunden und Anwendern in Bezug auf die Performance der Anwendungen oder die Entwicklung von Anforderungen beteiligt.

Teil VI

Continual Service Improvement

Continual Service Improvement

16 Continual Service Improvement

Continual Service Improvement (CSI) ist für die kontinuierliche Neuorientierung und Anpassung der IT Services an die sich ändernden Business-Anforderungen durch das Erkennen und Umsetzen von Verbesserungen an den IT Services verantwortlich. Durch die Identifikation und anschließende Umsetzung von Verbesserungen in Bezug auf die IT Services sollen Prozesseffektivität, Prozesseffizienz und Kosteneffektivität im Auge behalten und berichtigt werden. Es geht um die Aufrechterhaltung und die Steigerung des Business Value für den Kunden. Dafür sind Review, Analyse und Erarbeitung von Empfehlungen zur Verbesserung in jeder Phase des Lifecycle (Service Strategy, Service Design, Service Transition und Service Operation) sowie Review und Analyse der erreichten Service Level notwendig. Das Continual Service Improvement (CSI) ist verantwortlich für eine immer wiederkehrende Verbesserung der etablierten IT-Services und der Prozesse.

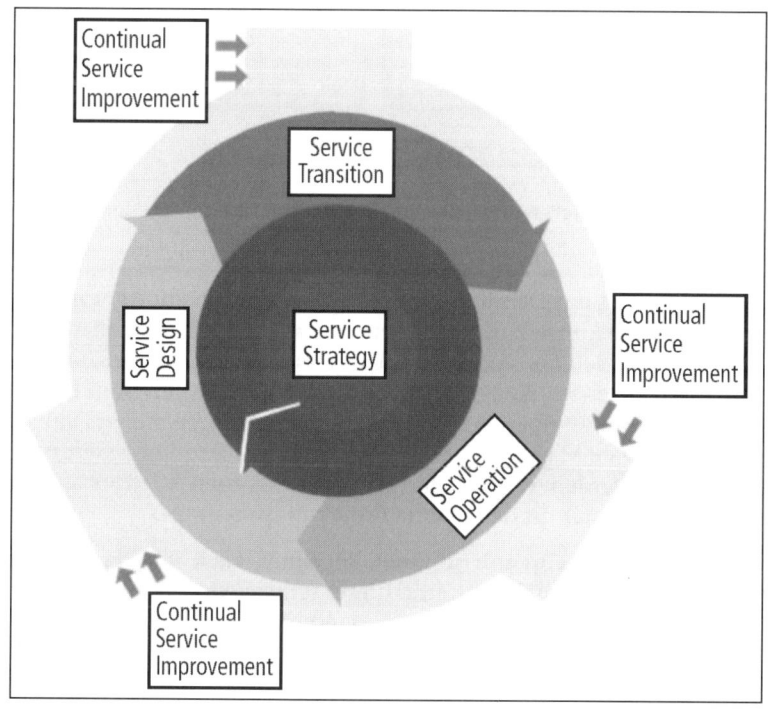

Abbildung 16.1: Service Lifecycle (Quelle: itSMF)

Service Transition, Service Design und Service Operation bilden gemeinsam den inneren Kreis, der sich um die Service Strategy als Kern dreht. Die Konzepte des Continual Service Improvements umgeben und prägen den gesamten Service Lifecycle. CSI verleiht ihm Schwung und hält ihn in Bewegung, um den Lifecyle nicht stillstehen zu lassen in dem Bemühen, die Strategie weiter voranzutreiben. CSI ist an allen anderen Modulen der Bibliothek beteiligt und arbeitet simultan bei allen Phasen des Lifecycle mit.

Die unter dem Kürzel CSI zusammengefassten Konzepte sind in vielen Organisationen seit Jahren ein Thema und keine vollkommene Neuerung. Im Fokus steht dabei das PDCA-Modell (Plan, Do, Check, Act) von Edward Deming, das unter ITIL® als ein geschlossenes Feedback-System der Services und Prozesse verwendet wird. Weitere Standards und Modelle haben den Verbesserungsansatz im Service Lifecyle deutlich beeinflusst. Dazu gehören beispielsweise COBIT (Control Objectives for Information and related Technology), Six Sigma, CMMI oder Total Quality Management (TQM). Aber auch Ansätze aus dem Bereich Controlling und Balanced Scorecard finden sich im Continual Service Improvement wieder.

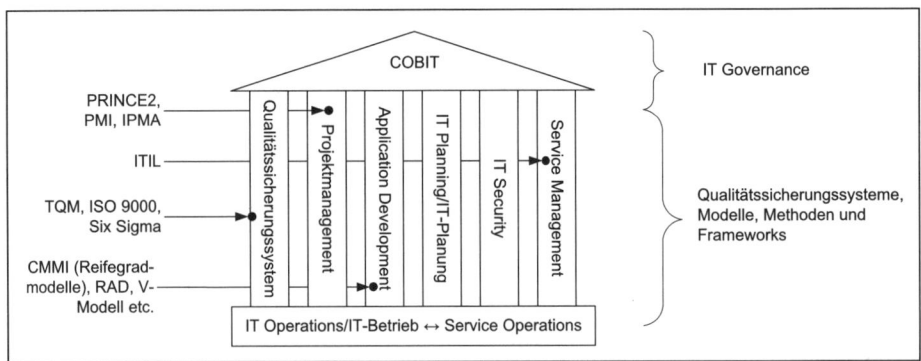

Abbildung 16.2: Unterschiedliche Referenzmodelle für die IT-Organisation, -Steuerung und -Kontrolle

Auch aus der ITIL®-Version 2 ist der Deming-Zyklus als Grundlage für die geforderte Qualitätsverbesserung und die Umsetzung von verbessernden Maßnahmen schon ein alter Bekannter. Dabei wurden bereits als Teil der Prozesse Leistungsindikatoren implementiert, die den angestrebten Zielzustand beschreiben. In den meisten Fällen ist es wohl leider in der Praxis nicht über diese Maßnahmen hinausgegangen. Dies ist aber nicht nur für das IT Service Management der Fall. Auch andere Verbesserungsansätze und -umsetzungen werden vielfach in den Unternehmen stiefmütterlich behandelt. Dies gilt vielerorts auch für das Thema Projektmanagement.

Continual Service Improvement wird mit schöner Regelmäßigkeit erst dann zum Leben erweckt, wenn irgendetwas falsch läuft und dieses schwer wiegende Folgen für das Kerngeschäft, die Statistiken, das Budget oder die Geschäftszahlen hat. Dann gilt es Erfahrungsberichte zu Management-Reports zu schreiben, Druck zu machen oder vielleicht doch Richtlinien und Vorgehen aus dem Controlling-Umfeld oder dem Qualitätsmanagement einzusetzen. Sobald das Problem beseitigt wurde oder ein wenig Gras über die Sache gewachsen ist, werden Vorsätze, Verbesserungsansätze,

Veränderungen oder diskutierte Maßnahmen schnell wieder vergessen – bis es das nächste Mal zu Eskalationen kommt. Verbesserungsansätze und die damit verbundenen Maßnahmen werden in vielen Fällen aus Widerstand und Angst gegen zu viel Bürokratie, Dokumentations- und Planungsaufwand, Auseinandersetzung mit Mitarbeitern und von Kollegen vermieden. Reaktive Schnellschüsse sind immer noch weiter verbreitet als proaktive und langfristige Optimierungsziele.

ITIL® nimmt sich dieses Themas an, schließt den Lifecycle und integriert den Verbesserungsansatz. Man wird in der Continual Service Improvemet-Phase nicht müde zu betonen, wie wichtig eine Integration der Verbesserungskonzepte in allen Phasen, Prozessen und Funktionen des Lifecycle-Modells ist. Gleichzeitig wird eine Vielzahl von Methoden, Konzepten und Ansätzen vorgestellt, die dies unterstützen. Sie sollen dahin führen, dass kontinuierliche Verbesserung nicht bloß eine Maßnahme zur Behebung massiver Probleme bleibt, sondern dass sie ein vollwertiger Teil des normalen und täglichen Service-Betriebs wird. Dabei gilt es, die Leistungen und deren Qualität ständig mit den Service Requirements und dem Service-Portfolio abzugleichen. Dazu gehört auch das Reporting, das die tatsächlichen Kennzahlen und die Ist-Beschreibung transportiert und so zu einem maßgeblichen Initiator von Veränderungen zur Anpassung der IT-Leistungen und der Service-Akzeptanzkriterien (Service Acceptance Criteria, SAC) wird.

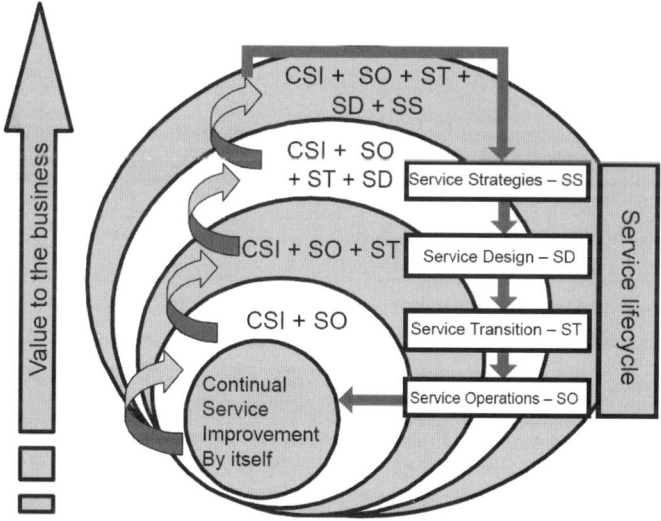

Abbildung 16.3: Mehrwert durch Verbesserungen (nach ITIL®-Material, Wiedergabe lizenziert von OGC)

Vor diesem Hintergrund ist die Aufgabe, den Nutzen der kontinuierlichen Verbesserung darzustellen, enorm wichtig. Wie zu erwarten, haben die nicht-monetären oder zumindest schwer in Euro und Cent quantifizierbaren Aspekte hier großes Gewicht. Sie so darzustellen, dass sie auf der Management-Ebene verstanden werden, ist eine

Aufgabe für den CIO oder Service Manager. Argumentationshilfe ist der Wertbeitrag, den das Continual Service Improvement beispielsweise durch folgende Aspekte erzeugt:

◆ Verbesserungen in der Service-Leistung, d.h. höhere Kundenzufriedenheit

◆ Nutzen für den Kunden aus den Verbesserungen (oft monetär darstellbar)

◆ Return on Investment für die Services und Veränderungen, Value on Investment (RoI ist Teil des VoI)

◆ Sicherstellung von Compliance, Reduktion von Risiken

◆ Fähigkeit der Organisation, sich schell zu ändern (kürzerer Time-To-Market)

◆ Weitere Nutzen, die sich nicht unmittelbar und direkt monetär darstellen lassen, z.B. Erweiterung von Fähigkeiten oder Wissen, Integration der Prozesse und Personen, Minimierung von verlorenen Chancen

17 Grundsätze des Continual Service Improvements

CSI ist für die kontinuierliche Anpassung und Neuorientierung der IT Services an die sich ändernden Business-Anforderungen durch das Erkennen und Umsetzen von Verbesserungen an den IT Services verantwortlich. Continual Service Improvement liefert dabei praktische Empfehlungen für die Bewertung und Optimierung der Service-Qualität sowie des Reifegrads, den der gesamte Lifecycle erreicht hat. Dabei werden drei Ebenen innerhalb der IT-Organisation betrachtet. Dies ist der Gesamtzustand des umfassenden IT Service Managements („Health of Service Management as a discipline"), die kontinuierliche Ausrichtung des IT Service-Portfolios an den aktuellen und künftigen Anforderungen der Kunden („Continual Alignment") sowie der Reifegrad der IT-Prozesse („Maturity"), die für die Unterstützung jedes IT Service und Geschäftsabläufe in einem kontinuierlichen Service Lifecycle-Modell notwendig sind.

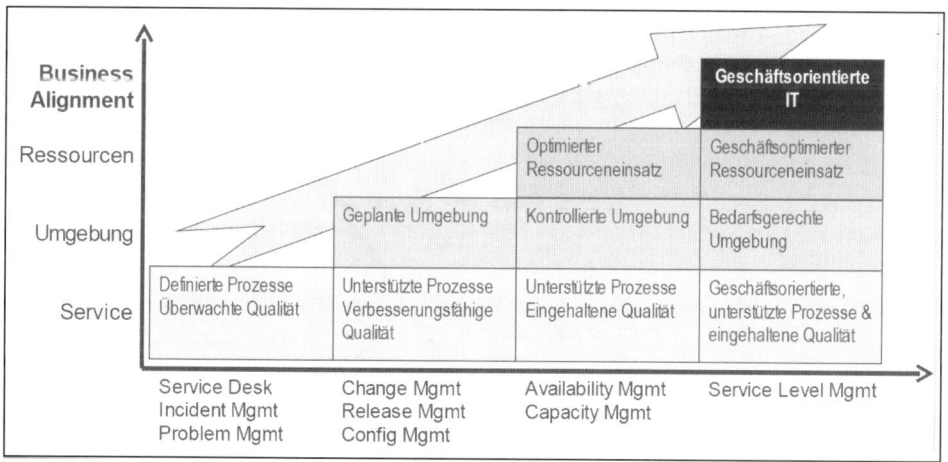

Abbildung 17.1: Beispiel für eine Reifegradbewertung

⌐**Continual und Continuity**

Im englischen Sprachgebrauch besteht zwischen den beiden Wörtern Continual (regelmäßig) und Continuity (ständig), wie die Übersetzung bereits deutlich macht, ein Unterschied. Ständige Aktivitäten finden am laufenden Band statt, ohne Unterbrechung. Bemühungen und Einsatz laufen stets auf dem gleichen Level. Regelmäßige Aktivitäten finden zu geplanten, definierten und immer wiederkehrenden Zeitpunkten statt. Und dementsprechend erfolgen Verbesserungsleistungen im Service Lifecycle auch nicht ständig, sondern regelmäßig.   ⌐

17.1 Aspekte des Continual Service Improvements

Um den Bewertungs- und Verbesserungsgedanken einführen und umsetzen zu können, gilt es, alle relevanten Aspekte zu messen. Nur dadurch können zudem Argumentationsgrundlagen für die Etablierung von Verbesserungsmaßnahmen und eine umfassende Unterstützung für die umzusetzenden Schritte geliefert werden.

17.1.1 Messen und Verbessern

Um eine Verbesserung objektiv nachweisen zu können, müssen unbedingt die relevanten Key-Performance-Indikatoren (KPI) der Prozesse und Services mit den relevanten Messgrößen definiert und tatsächlich gemessen werden. Denn: Verbesserungen der Leistung sind nur durch Messungen möglich. Kennzahlen betreffen verschiedene Nutzensebenen, die sich aufeinander aufbauen. Das Berichten der Kennzahlen richtet sich nach seiner Anwendung und seiner Zielgruppe, wobei die Zahlen aus den unteren Ebenen für die höheren Ebenen zusammengefasst werden.

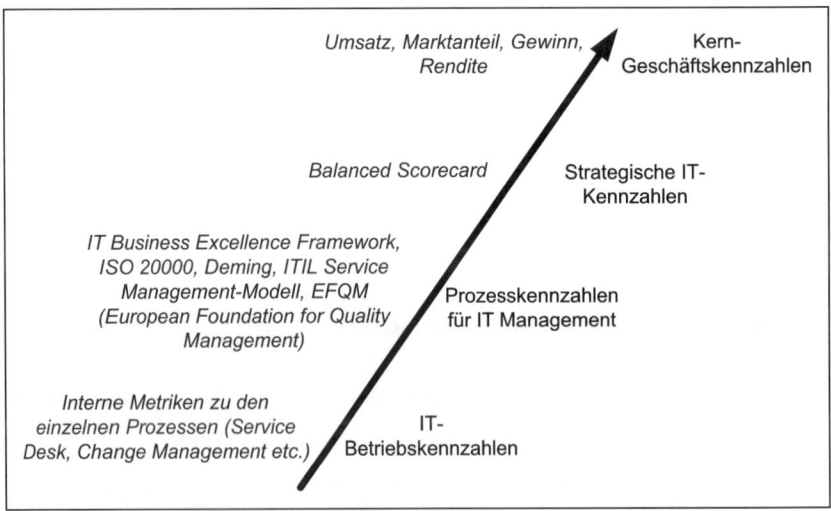

Abbildung 17.2: Kennzahlen und Business Value

Dies bringt eine Transparenz mit sich, die für die Bewertung und spätere Optimierung des Prozesses notwendig ist. Transparenz ist Voraussetzung und Nutzen in gleicher Weise. Da diese Transparenz zu Verbesserungen und damit zu Veränderungen führt, ist sie nicht immer eine willkommene Begleiterscheinung. Ähnlich wie in Bezug auf Veränderungen der Organisation (siehe *Kapitel 11.3.6, Exkurs zum Thema Veränderungen*) müssen auch hier oft Widerstände und Vorurteile überwunden werden. Hier fehlt allerdings auch oft der Mut, Missstände offen darzulegen.

CSI und organisatorische Veränderungen

ITIL® V3 beruft sich in Bezug auf organisatorische Veränderungen auf J. P. Kotter, der sich mit der Frage beschäftigt hat, wie man einen Veränderungsprozess optimal bis zur erfolgreichen Verwirklichung steuert.

John P. Kotter hat in Boston während mehrerer Jahre empirisch den Prozess des gelenkten Wandels in Organisationen erforscht und folgende acht Faktoren als die wichtigsten für das Gelingen des Prozesses gewichtet. Er präsentiert sie als die häufigsten acht Fehler, die bei Veränderungen begangen werden:

1. Unklarheiten bezüglich der Notwendigkeit der Veränderung
2. Zu wenig Powerleute, so genannte „Veränderungschampions", eingesetzt
3. Die Kraft des „Leitsterns" unterschätzt („Leadership")
4. Die Vision wurde nicht permanent und konsistent kommuniziert
5. Beseitigung von Hindernissen missachtet
6. Kurzfristige Erfolge nicht präsentiert
7. Den Gesamterfolg zu früh ausgerufen
8. Den Wandel nicht stark genug in die Unternehmenskultur verankert

75% der Betroffenen einer Organisation müssen (nach Kotter) der Überzeugung sein, dass die Situation wie bisher unerwünscht und inakzeptabel ist! Erst wenn diese kritische Masse von 75% erreicht ist, wird das Veränderungsziel erreicht sein.

Messungen erfolgen im Allgemeinen,

◆ um etwas als gültig und richtig zu erklären (validate), z.B. durch das Monitoren und Überwachen können Entscheidungen validiert werden.

◆ um zu lenken (direct), z.B. durch das Monitoren und Überwachen kann eine Richtung von Aktivitäten festgelegt werden, um bestimmte Ziele zu erreichen.

◆ um zu rechtfertigen (justify), z.B. durch das Monitoren und Überwachen kann mit Hilfe von Fakten und Beweisen belegt werden, dass ein bestimmtes Vorgehen notwendig ist.

◆ um eingreifen zu dürfen (intervene), z.B. durch das Monitoren und Überwachen kann ein Interventionspunkt, inklusive der nachfolgenden Änderungen und korrigierenden Aktionen, identifiziert werden.

Continual Service Improvement

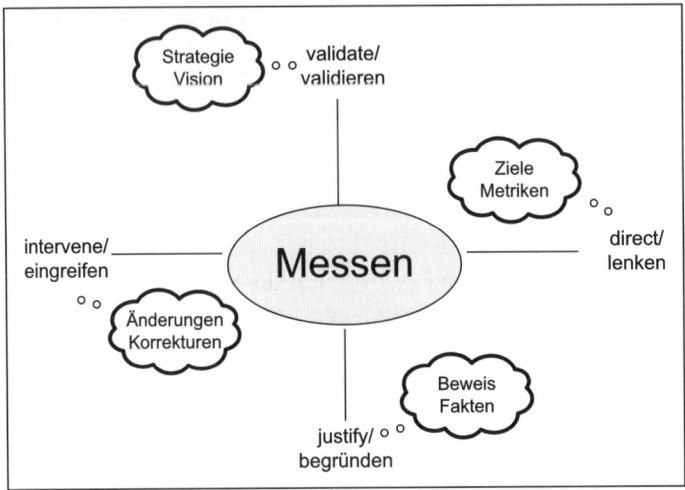

Abbildung 17.3: Warum Messen?

Diese vier grundsätzlichen Begründungen für das Messen von Services und Prozessen führen zu drei entscheidenden Fragen:

1. Warum Messen und Überwachen wir etwas?
2. Wann hören wir damit auf?
3. Verwendet jemand die Messdaten?

Zu oft dauern Messungen und Monitoring zu lange an. Möglicherweise erfolgen Messungen, ohne dass irgendjemand überhaupt auf diese Daten schaut oder die Informationen gar verwendet. Dabei werden nicht selten Ressourcen und Performance vergeudet. Jedes Mal, wenn ein Bericht verfasst wird, sollte man sich die Frage stellen, ob dies eigentlich benötigt wird.

Um überhaupt verlässliche Mess- und Vergleichswerte zu erzielen, müssen Markierungen oder Startpunkte (Baselines) für spätere Gegenüberstellungen gesetzt werden. Diese Baselines werden auch verwendet, um Initialdatenpunkte festzulegen, die bei der Frage helfen, ob ein Prozess oder Service verbessert werden muss. Wenn kein expliziter Initialdatenpunkt gesetzt wurde, dienen der Zeitpunkt der ersten Messung und seine Ergebnisse als Baseline. Daher ist es wichtig, zu einem bestimmten Zeitpunkt mit der Messung zu starten, auch wenn die Integrität des Ergebnisses nicht hundertprozentig ist. Es ist wichtig, dass überhaupt Daten vorliegen und die Messaktivitäten begonnen haben.

Diese Daten werden dann auch innerhalb des Verbesserungsmodells (CSI-Modell) eingesetzt. Dieses Modell besteht aus den folgenden sechs Schritten und ist an den Deming-Zyklus angelehnt (siehe auch *Kapitel 1.3.1, Qualität und Qualitätsverbesserung*):

1. Aufstellen einer Vision, die von einem Verständnis der Business-Ziele auf hohem Niveau zeugt.
2. Bewertung der aktuellen Situation, um eine genaue und objektive Momentaufnahme zu erhalten.

3. Verstehen und Vereinbaren der Verbesserungsprioritäten, die aus den Prinzipien der Vision stammen. Die große Vision des Unternehmens ist möglicherweise Jahre entfernt, während dieser Abschnitt konkrete Ziele und einen überschaubaren Zeitrahmen liefert.

4. Detaillierung des CSI-Plans, um qualitativ bessere Services anzubieten, indem IT Service Management-Prozesse entwickelt und implementiert werden.

5. Verifizieren, dass sich die Messmethoden und Metriken an Ort und Stelle befinden, um sicherzustellen, dass die gesetzten Ziele erreicht wurden, Prozess-Compliance hoch ist und Geschäftsziele und Prioritäten durch die Service Level erreicht werden.

6. Letztendlich muss sichergestellt werden, dass der Schwung für die Qualitätsverbesserungen aufrechterhalten und das bisher Geleistete etabliert wird, indem Veränderungen in der Organisation eingebettet werden.

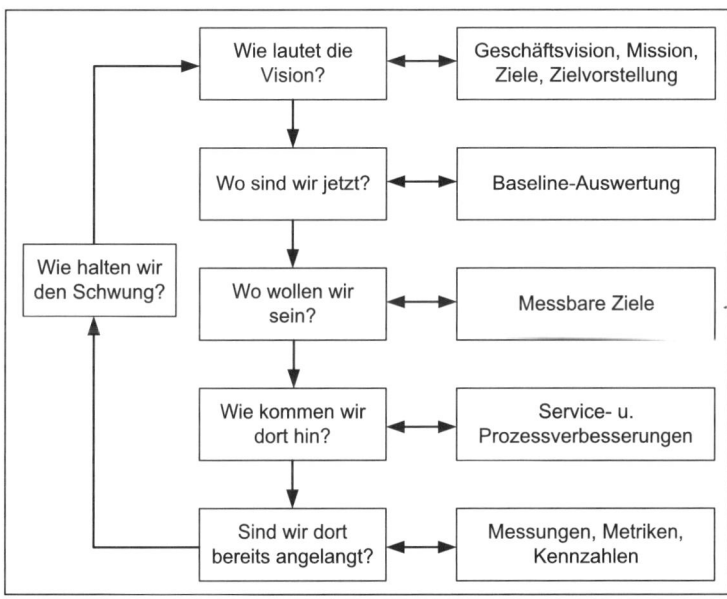

Abbildung 17.4: Continual Service Improvement-Modell

17.1.2 Metriken

Essenzielle Basis für die Messaktivitäten sind die Metriken einer Organisation. Metriken sind Systeme von Kennzahlen oder ein Verfahren zur Messung einer quantifizierbaren Größe. Über Metriken lassen sich die Ergebnisse eines Prozesses oder einer Aktivität messen, indem eine Aussage darüber getroffen werden kann, ob ein Wert erreicht wird oder nicht. Bei der Entwicklung der Metriken muss darauf geachtet werden, dass diese an den entsprechenden Prozess-Zielen ausgerichtet werden.

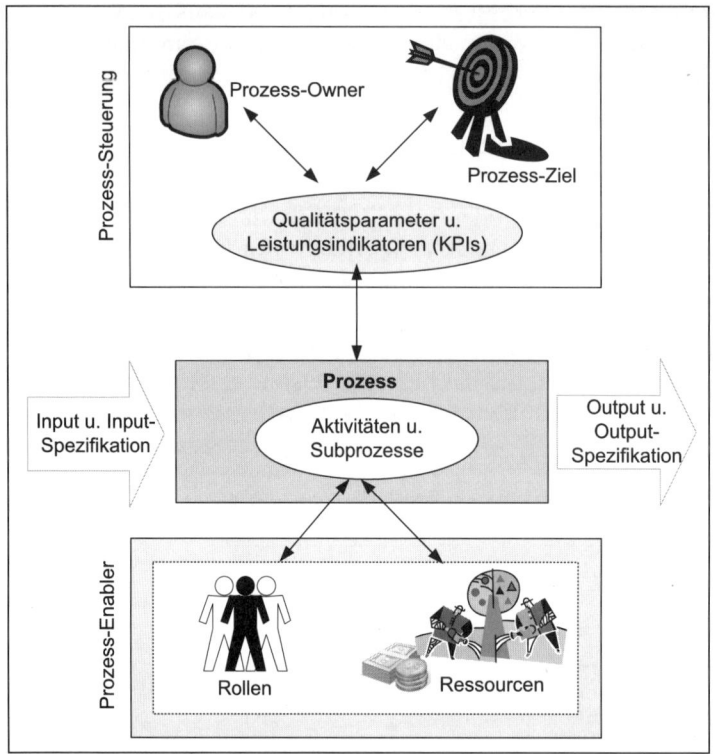

Abbildung 17.5: KPI sind Teil jedes Prozesses

Externe Metriken sind Metriken (üblicherweise aus den SLAs), die zur Messung der Erbringung der IT Services und als Basis für das diesbezügliche Reporting gegenüber einem Kunden verwendet wird. Interne Metriken werden beim IT Service Provider verwendet, um die Effizient, Effektivität und Kosteneffektivität der internen Prozesse zu überwachen. Diese Ergebnisse dienen lediglich der internen Verarbeitung und werden nicht an den Kunden weitergegeben.

Metriken können der strategischen, taktischen oder operativen Ebene angehören. Sie müssen in der Lage sein, alle Prozesse einer Organisation zu beschreiben. Mit ihrer Hilfe werden auch die Daten gesammelt, die die Grundlage bilden für die CSI-Aktivitäten. Dabei werden drei Arten von Metriken verwendet:

◆ Technologiemetriken: Diese Art von Metriken wird häufig mit komponenten- oder anwendungsbezogenen Metriken gleichgesetzt, die sich auf die technischen Bestandteile der Services beziehen wie beispielsweise Datendurchsatz, Performance oder Verfügbarkeit.

◆ Prozessmetriken werden in Form von kritischen Erfolgsfaktoren (critical success factors, CSFs), KPIs und Aktivitätsmetriken der Service Management-Prozesse gesammelt. Diese Metriken helfen den Gesamtzustand eines Prozesses zu bewerten. Vier beispielhafte Aspekte sind dabei Qualität, Performance, Nutzen und Compliance. CSI verwendet diese Metriken als Input für die Identifizierung von Verbesserungsansätzen in jedem Prozess.

◆ Service-Metriken sind Ergebnis eines Ende-zu-Ende-Service. Komponentenmetriken werden für die Berechnung der Service-Metriken verwendet.

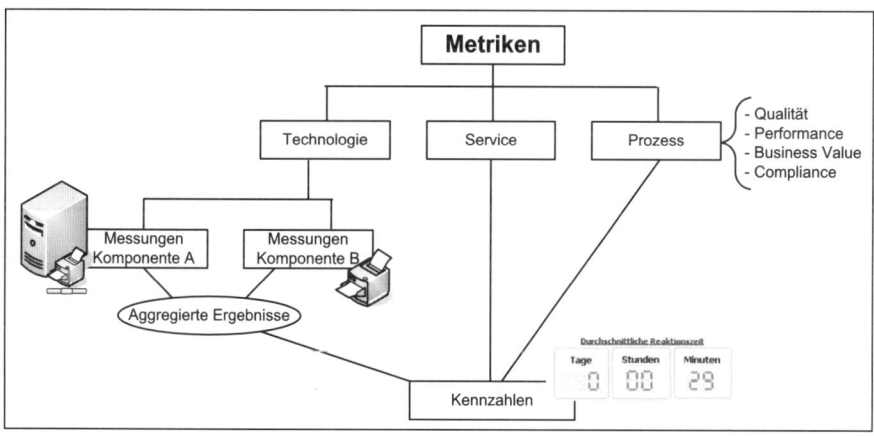

Abbildung 17.6: Metrik-Typen

Kritische Erfolgsfaktoren (Critical Success Factor, CSF) und KPIs

Der Erfolg eines Projektes, Prozesses, Plans oder IT Service ist von unterschiedlichen Faktoren abhängig. Ein kritischer Erfolgsfaktor definiert eine Einflussgröße, die als Bestandteil für einen erfolgreichen Prozess, (ein erfolgreiches) Projekt, Plan oder IT Service unbedingt erforderlich ist. Um das Erreichen oder Vorhandensein eines CSF zu messen, werden KPIs eingesetzt. Ein CSF in Bezug auf den „Schutz von IT Services bei der Durchführung von Changes" könnte von KPIs wie „Anzahl nicht erfolgreicher Changes" und „Verringerung der Changes, die Incidents verursachen, in Prozent" etc. gemessen werden. Für jeden CSF muss es mindestens ein KPI geben. CSF bestimmen die KPIs. Beim Start des Improvement-Ansatzes reichen zwei bis drei KPIs aus. Die Anzahl der KPIs kann dann bei Bedarf reduziert oder erweitert werden.

Ob die passenden KPIs eingesetzt werden, zeigen beispielsweise die folgenden Fragen:

◆ Erreichen wir unsere Ziele, wenn wir die KPIs erfüllen?

◆ Können die KPIs korrekt interpretiert werden?

◆ Wer benötigt die Informationen? Wann und wie oft?

◆ Wer sammelt und analysiert die Messungen? Wer ist verantwortlich für die Verbesserungen, die aus diesen Informationen resultieren?

Ein IT Service besteht aus einer Reihe von Komponenten und Aktivitäten. Die Qualität dieser Aktivitäten und der mit dem Service in Verbindung stehenden Prozesse bilden die Qualität des Service.

17.1.3 Deming-Zyklus (PDCA)

Ein Aspekt der CSI-Phase konzentriert sich auf die Aktivitäten und Prozesse, um die Qualität der Services zu verbessern. Dabei wird der Deming-Zyklus (Plan, Do, Check, Act, siehe auch *Kapitel 1.3.1, Qualität und Qualitätsverbesserung*) verwendet, um den Verbesserungsansatz voranzutreiben und umzusetzen. Wichtig ist, dass jeder erfolgreiche Schritt in Sachen Qualitätsverbesserung in Richtung Business IT Alignment (Ausrichtung der IT am Business) gefestigt wird, d.h. dass kein Rückschritt mehr möglich ist. Durch kontinuierliche Verbesserung werden Prozesse effektiver und effizienter. Die durch den ständigen Wandel vorhandene Flexibilität ermöglicht eine optimale Ausrichtung der Prozesse an den Business-Zielen. Dabei geht es vor allem auch darum, Kundenanforderungen in die IT einzubringen, um die Geschäftsprozesse optimal zu unterstützen.

Der Deming-Kreislauf (PDCA-Zyklus) ist ein iterativer Zyklus. Bei der Einführung des CSI über den Deming-Zyklus spielen alle Phasen im Zyklus eine wichtige Rolle. In Bezug auf die beständige Verbesserung der Services und Prozesse, die nachfolgend beschrieben wird, liegt der Fokus auf der Check- und Act-Phase, also auf dem Monitoring, Überwachen und Evaluieren der Services und Prozesse sowie der Implementierung der Verbesserungen.

Der Einstieg erfolgt über einen Plan (meist einen Projektplan, wobei die Ziele durch Initiierungsprozesse vorgegeben sind) als Verbesserungsanstoß. In diesem Abschnitt werden die Ziele und Maßnahmen aufgestellt und eine Lückenanalyse (Gap Analysis) durchgeführt, bei der zwei Datengruppen miteinander verglichen und die Unterschiede identifiziert werden. Die Gap-Analyse wird verbreitet genutzt, um einen Satz an Anforderungen mit dem Ist-Ergebnis zu vergleichen. Entsprechende Aktionen werden beschrieben, um die definierte Lücke (zwischen Ist- und Sollzustand) zu schließen. Dazu gehört auch das Entwerfen und Implementieren von Maßnahmen und Metriken, die sicherstellen können, dass die Diskrepanz wirklich beseitigt ist.

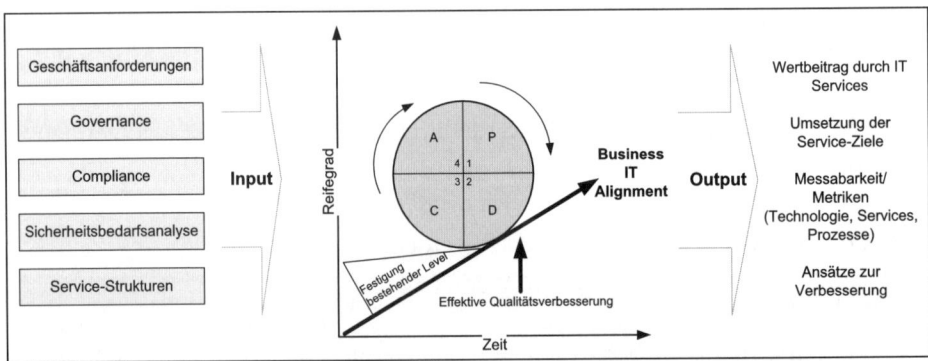

Abbildung 17.7: Der Deming-Zyklus im IT Service Management

Lückenanalyse (Gap Analysis)

Die Gap-Analyse bezeichnet ein Management-Instrument aus der Betriebswirtschaftslehre zur Identifizierung strategischer und operativer Lücken. Bei der Gap-Analyse (Gap = Lücke) wird die gewünschte Entwicklung einer Zielgröße (z.B. Umsatz oder Gewinn) dem Verlauf dieser Größe gegenübergestellt, der bei der derzeit verfolgten Strategie erwartet wird. Die Abweichung zwischen beiden Entwicklungen offenbart eine strategische Lücke und deutet auf die Notwendigkeit einer Strategieänderung/-anpassung hin (z.B. Entwicklung und Einführung neuer Produkte).

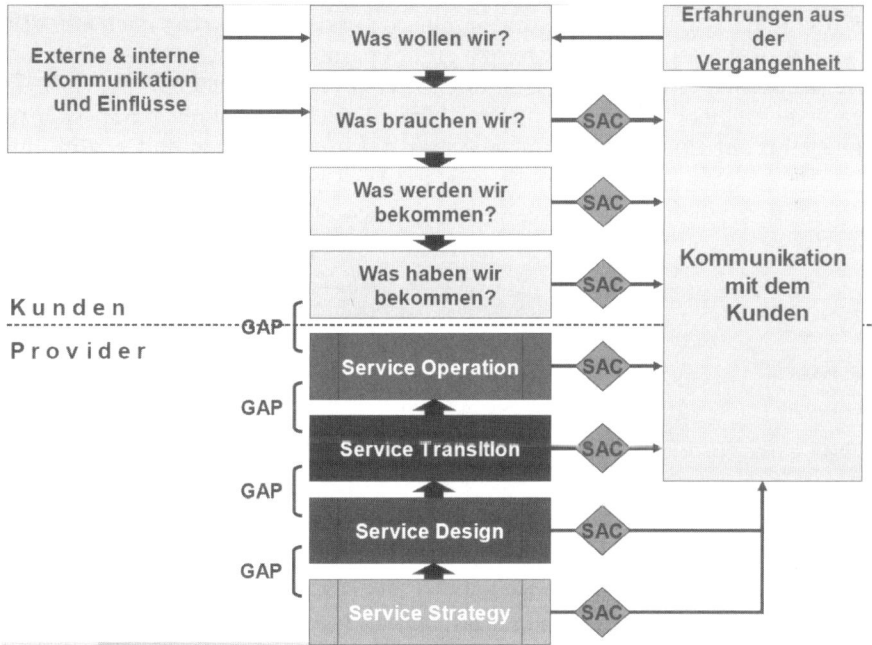

Abbildung 17.8: Beispiel für eine Gap-Analyse

ITIL® hat diese Methode abgewandelt, um ein Vorgehen für die Analyse der notwendigen Maßnahmen zu erhalten, die zu ergreifen sind, um die identifizierte tatsächliche Situation entsprechend dem definierten Sollzustand zu optimieren. Ein klassisches Beispiel ist der Vergleich eines vorhandenen Ist-Zustandes zu einem erwünschten Soll-Zustand. Die Lücke dazwischen (das Gap) ist dann die Basis für die Folgeaktionen. Ziel ist es, die identifizierte Lücke zu schließen.

Die Do-Phase beschreibt die Implementierung der Maßnahmen. Dies schließt die Entwicklung und Implementierung des Projektes, das zur Beseitigung der Diskrepanz zwischen Ist- und Sollzustand aufgesetzt wurde, ein sowie die Implementierung der Verbesserungen der Service Management-Prozesse und die Einrichtung des reibungslosen Betriebs für den Prozess. Der Check-Abschnitt als dient der Überprüfung in Bezug auf die Frage, ob die gewünschten Ergebnisse erreicht wurden. Hier geht es um das Überwachen, Messen und das Review der Services und Service Management-Prozesse. Während dieser Phase werden die implementierten Verbesserungen mit den Messungen und Vorgaben aus der Planungsphase verglichen.

Die Continual Service- und Service Management-Prozessverbesserungen (Act) verlangen nach der Implementierung der gegenwärtigen Service Management Prozessverbesserungen. Die Entscheidung, den gegenwärtigen Status beizubehalten, die Diskrepanz zu schließen oder neue Ressourcen hinzuzufügen, ist notwendig, um festzulegen, ob weitere Arbeiten notwendig sind, um die verbleibende Lücke zu schließen, und ob weitere Ressourcen bereitgestellt werden müssen, um weitere Verbesserungen zu unterstützen. Projektentscheidungen an dieser Stelle dienen als Input für die nächste Plan-Phase und markieren so den Beginn des nächsten PDCA-Zyklus. Damit schließt sich der Kreis zu einem permanenten Optimierungsprozess. Durch das permanente Durchlaufen dieses Kreises ist es möglich, einen Prozess in seiner Reife zu heben und auf hohem Niveau zu halten, wobei man sich nach jedem Zyklus auf einer Konsolidierungsstufe befindet, die es zu halten gilt.

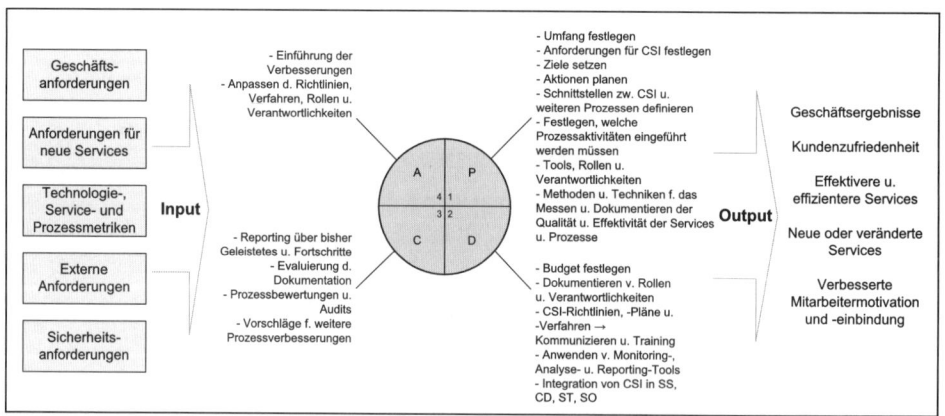

Abbildung 17.9: Beispielhafte Implementierung des CSI über den PDCA-Zyklus

Fazit: Die Continual Service Improvement-Phase nutzt den PDCA-Kreislauf, um zum einen die Implementierung des CSI und zum anderen die beständige Verbesserung von Services und Prozesses umzusetzen.

17.1.4 Richtlinien im Continual Service Improvement

Richtlinien im CSI erfassen die Vereinbarungen in Bezug auf Messungen, Berichtswesen, Service Level, kritische Erfolgsfaktoren (CSFs), Leistungsindikatoren (Key Performance-Indikatoren, KPI) und Evaluation. Diese müssen in der gesamten Organisation bekannt gemacht werden. Dabei geht es auch um die Frage, wie oft Bewertungen und Messungen der Prozesse und Services umzusetzen sind. Dabei gilt die Regel, dass neue Services öfter zu evaluieren sind als bereits etablierte Services mit einem hohen Qualitätsstand. Eine IT-Organisation sollte die folgenden CSI-Policies implementieren:

◆ Alle Verbesserungsumsetzungen und -implementierungen müssen über den Change Management-Prozess laufen

◆ Alle Funktionsgruppen sind verantwortlich für CSI-Aktivitäten

◆ CSI-Rollen und -Verantwortlichkeiten werden aufgenommen und bekannt gegeben

17.1.5 Governance

Im allgemeinen Sinn wird unter Governance die Steuerung oder Regelung einer jeglichen Institution (etwa einer Gesellschaft oder eines Unternehmens) verwendet. Governance treibt das Unternehmen an und steuert es. Corporate Governance stellt ein gutes, ehrliches, transparentes und verantwortungsvolles Management einer Organisation. Business Governance ergibt gute Unternehmensleistungen. Corporate und Business Governance bilden zusammen die Enterprise Governance. Diese bettet Kontrollen und Messverfahren auf Unternehmensebene ein mit dem Ziel, kontrolliert strategische Ziele zu erreichen, und ist fokussiert auf Kontrolle, Performance und gutes Management. Zudem fördert es Fairness, Transparenz und Verantwortlichkeit im Sinne von Haftung (Beispiel: SOX).

IT Governance steht für die Führung, die organisatorischen Strukturen und die Prozesse, welche sicherstellen, dass die IT die Strategie und die Ziele des Unternehmens unterstützt. IT Governance legt die Richtlinien, Kriterien und Standards zur Entscheidungsfindung, Überwachung, Messung, Weiterentwicklung und Verbesserung der Leistung der IT fest. IT Governance ist eine Aufgabe der strategischen Unternehmensführung. IT Governance zielt auf den effizienten und effektiven Einsatz von IT im Unternehmen und hilft, Fehlinvestitionen zu vermeiden. Hilfestellung dabei gibt auch der COBIT-Standard, der ursprünglich zur Auditierung der IT-Sicherheit entwickelt wurde. Er ermöglicht, die Abhängigkeit der Geschäftsprozesse von Informationen und IT-Ressourcen zu berücksichtigen und diese aufeinander abzustimmen. IT Governance erfolgt durch die ständige Beobachtung (Monitoring), das Messen und das Ableiten von Maßnahmen, die darauf abzielen, den Auftrag des Kunden optimal zu erfüllen, und stellt eine Verantwortung der Geschäftsführung, da sie Teil der Enterprise Governance ist. COBIT ist nur ein Beispiel von Regelwerken, die spezifisch IT Governance betreffen.

In Bezug auf den CSI-Ansatz ist in diesem Zusammenhang zu betonen, dass IT-Organisationen als Dienstleister (Lieferanten, Service Provider) ihre Services aus strategischen und nicht aus taktischen Gesichtspunkten anbieten müssen. IT-Organisationen, die ihren Schwerpunkt auf die Technologie richten, laufen Gefahr, an Marktattraktivität und Chancen einzubüßen und an Flexibilität zu verlieren.

17.1.6 Benchmarking

Der erfasste Zustand eines Elements zu einem bestimmten Zeitpunkt kann als Benchmark oder als Baseline verstanden werden. Eine Benchmark kann für eine Configuration, einen Prozess oder einen beliebigen anderen Satz von Daten erstellt werden. Eine Benchmark kann im Continual Service Improvement verwendet werden, um den Istzustand beim Erzielen von Verbesserungen zu definieren, und gilt als ein Bezugspunkt eines Objektes zu einem bestimmten Zeitpunkt.

Continual Service Improvement

Der Begriff stammt ursprünglich aus der Landvermessung und bedeutet Vermessungs-
punkt. Benchmarking gilt als „Lernen von Spitzenleistungen" und steht somit für
einen kreativen Prozess im Sinne des „Lernen von den Besten". Benchmarking unterstützt die Suche nach Lösungen, die auf den Best Practices und Baselines basieren und
ein Unternehmen zu Spitzenleistungen führen sollen, wobei es um die Suche nach
und Ausnutzung von Erfolgspotenzialen geht. Benchmarks dienen dabei als unternehmensweite Vergleichswerte, anhand derer sich Unternehmen vergleichen können
bzw. schauen können, wo ihre Werte im Vergleich zu den globalen Benchmarking-
Werten stehen. Bespielsweise werden auch einige KPIs als Benchmarks verteilt. Wurden die KPIs nicht zu unternehmensspezifisch gewählt, ergibt sich nun die Chance
zum Benchmarking, also dem Vergleich mit externen Werten aus demselben Indus-
triesektor. Hier bietet sich an, auf öffentlich verfügbare Umfragen zuzugreifen, eigene
Untersuchungen anzustellen oder gegebenenfalls Drittanbieter mit einzubeziehen.

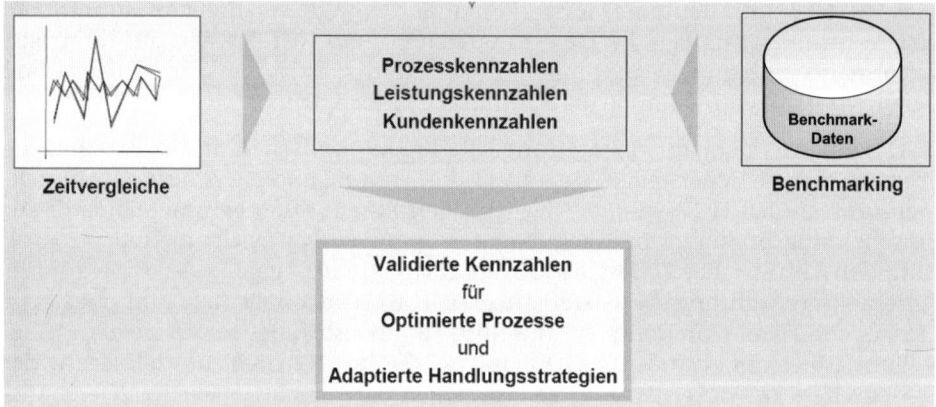

Abbildung 17.10: Benchmarking-Ansätze

Es gilt, gezielt Best Practices zu identifizieren, mit denen nachhaltig überdurchschnittliche Wettbewerbsvorteile geschaffen werden können. Eines der wichtigsten
Prinzipien ist es, Benchmarking zu einem ständigen Prozess im Unternehmen zu
etablieren, um damit langfristig und in allen Bereichen Verbesserungen zu erzielen
und sich im Wettbewerb behaupten zu können. Ohne Blick auf die Konkurrenz
fehlt oft die notwendige Standortbestimmung.

Data-to-Wisdom-Modell

Das „Data-to-Wisdom-Modell" (DIKW-Modell, siehe *Kapitel 11.7, Knowledge
Management*) ist für die CSI-Phase von Bedeutung, da die Service-Analyse und
die Messungen quantitative Ergebnisse wie Daten hervorbringen, die das CSI in
qualitative Informationen transferiert. Durch die Kombination der Informationen mit vorhandener Erfahrung entsteht Wissen (Knowledge). In Bezug auf das
Thema CSI geht es vorwiegend um das Thema Weisheit (Wisdom), z.B. im
Hinblick auf die Fähigkeit, korrekte Annahmen zu treffen und die richtigen
Entscheidungen unter Zuhilfenahme von Daten, Informationen und Wissen in
bestmöglicher Weise zu fällen.

17.2 Ziele des Continual Service Improvements

Das Ziel der CSI-Phase im Service Lifecycle bezieht sich auf die beständige Verbesserung der Effektivität und Effizienz der IT Services hinsichtlich der Erreichung der Business-Ziele. Dies beinhaltet zum einen, dass die Ziele überhaupt erreicht und umgesetzt werden (Effektivität), und zum anderen, dass dies in Verbindung mit möglichst niedrigen Kosten geschieht. Um die Effektivität zu steigern, gilt es, die Fehleranzahl in einem Prozess zu reduzieren, wohingegen die Effizienz verstärkt werden kann, indem beispielsweise unnötige Aktivitäten oder Ressourcen entfernt und Automatismen eingeführt werden.

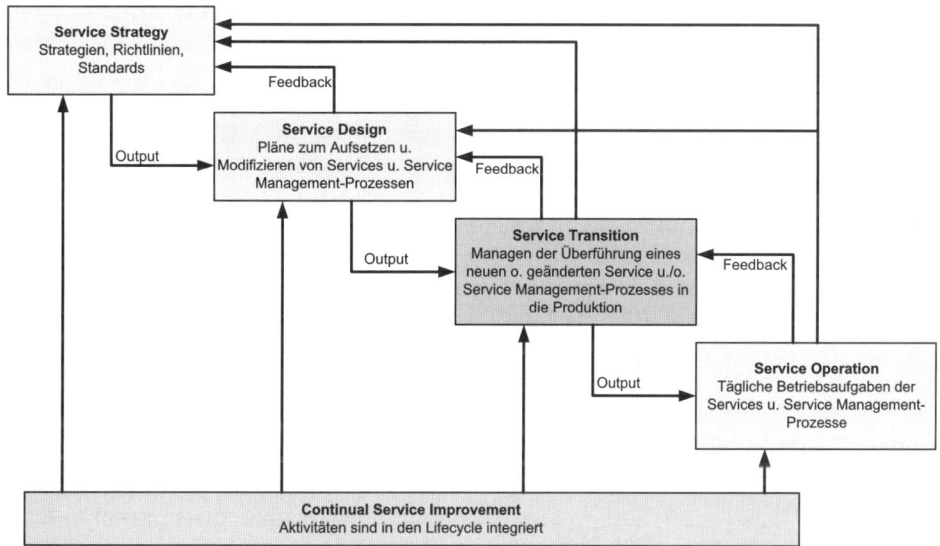

Abbildung 17.11: CSI und der Service Lifecycle (nach ITIL®-Material, Wiedergabe lizenziert von OGC)

Die hauptsächlichen Ziele im Continual Service Improvement lauten:

◆ Messen und Analysieren der erreichten Service Level (Service Level Achievements), indem diese gegen die Anforderungen aus den Service Level Agreements (SLA) gemessen werden. Aus diesem Grund besteht eine enge Verbindung zum Service Level Management. Beispielsweise gilt das Aufstellen eines Service-Verbesserungsplans (Service Improvement Plan, SIP) als eine Aktivität im Service Level Management (SLM), die aber zum Umfang des CSI gehört.

◆ Empfehlungen in Bezug auf Verbesserungen in allen Lifecycle-Phasen

◆ Kundenanforderungen. technische Anforderungen und Betriebsanforderungen hinsichtlich der Identifikation von Verbesserungen überwachen

◆ Sensibilität für die Kosten der Services bewahren

◆ In Bezug auf den Betrieb der IT Services Kosten zu sparen, ohne dass die Kundenzufriedenheit oder gar die Service Level beeinträchtigt werden

Continual Service Improvement

◆ CSI-Prüfungsprozesse und -Aktivitäten in alle Phasen des Lifecycle etablieren und deren Anwendung sicherstellen

◆ Qualitätsmanagement-Methoden passend für die CSI-Aktivitäten sicherstellen

◆ Unterstützung der Verbesserungsansätze in den Prozessen der anderen Lifecycle-Phasen (z.B. Service Level Management oder proaktives Problem Management)

◆ Vorstellen von Aktivitäten, die die Effektivität, Effizienz, Qualität und die Kundenzufriedenheit der Services und Service Management-Prozesse steigern werden

17.3   Methoden und Prinzipien

Das Continual Service Improvement verwendet eine ganze Reihe von Methoden und Techniken, die nützlich sein können und bereits in anderen Management-Disziplinen ihren Einsatz sowie ihren Nutzen unter Beweis gestellt haben. Dazu zählen Assessments, Benchmarking, Scorecards und selbstverständlich der Qualitätskreislauf nach William Edwards Deming (Plan-Do-Check-Act), denn er ist auch Teil diverser Qualitäts-Management-Normen; ISO 900x, ISO 2700x und ISO 20000 fordern ihn bereits. Durch die konsequente Einführung von Scorecards werden die IT Services und Prozesse nun deutlich besser steuerbar. Eine Verbindung zur vorhandenen oder geplanten Balanced Scorecard wird einfacher und die Qualität der Adaption an die Geschäftsbedürfnisse messbar. Der Einsatz der Balanced Scorecards findet sich im gesamten Lifecycle wieder und ist neben der Funktion als Messsystem auch ein Management- und Steuerungssystem. Die Balanced Scorecard gilt als Integrationsinstrument, das in der Lage ist, Kennzahlen aus unterschiedlichen Bereichen zusammenzuführen und darzustellen. Beispielsweise ist sie in der Lage, die vier Perspektiven Finanzen, Kunden, Prozesse und Potenziale darzustellen.

Des Weiteren haben auch andere Methoden und Best Practices ihre Empfehlungen einfließen lassen. Dazu zählen COBIT (Control Objectives for Information and related Technology), Six Sigma, CMMI oder Total Quality Management (siehe auch *Kapitel 2.3.3, Adaption anderer Frameworks und Best Practices*).

17.4   Inhalte des Continual Service Improvements

Neben der Betrachtung des Umfangs des Continual Service Improvements spielen die vier Begriffe

◆ Verbesserung (positive Steigerung der Werte im Vorher-Nachher-Vergleich),

◆ Nutzen (Vorteil und Steigerung durch die Realisierung von Verbesserungsmaßnahmen, nicht immer monetär messbar),

◆ Return on Investment (RoI, Messgröße für den erwarteten Nutzen einer Investition, Nettoerlös dividiert durch den Nettowert der investierten Assets)

◆ Value on Investment (VoI, Messgröße für den erwarteten Nutzen einer Investition, wobei sowohl der finanzielle als auch der immaterielle Nutzen berücksichtigt wird).

eine wichtige Rolle.

CSI definiert die drei Schlüsselprozesse für die effektive Implementierung des Verbesserungsansatzes. Dazu gehört der Seven-Step-Improvement Prozess, Service Measurement und Service Reporting.

Beim „7-Step Improvement-Prozess" geht es um die Sammlung, Analyse und Aufbereitung von Daten mit dem Ziel, Optimierungspotenziale zu identifizieren. Die Informationen werden dem Management zur Priorisierung und Zustimmung vorgelegt. Die entsprechenden Verbesserungen werden dann implementiert. Der Verbesserungsprozess betrachtet nicht nur die Management-Organisation, sondern den gesamten Service Lifecycle.

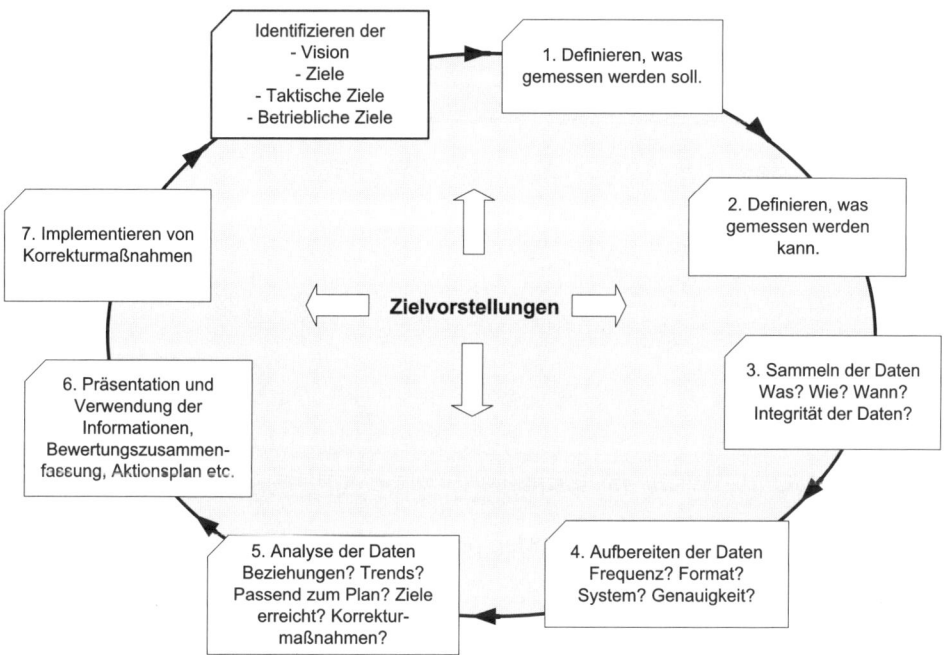

Abbildung 17.12: 7-Step Improvement-Prozess

Während die sieben Schritte in diesem Verbesserungsprozess durchlaufen werden, erscheint es so, als ob dies einen immer währenden Kreislauf darstellt. Tatsächlich handelt es sich aber vielmehr um eine Wissensspirale, während der immer mehr Wissen und Erfahrung angesammelt werden. Hier wird die Verbindung zwischen CSI und Knowledge Management (DIKW-Modell) wieder deutlich. Durch die Ansammlung von quantitativen Daten entstehen qualitativen Informationen, die durch Erfahrung zu Wissen (Knowledge) wird. Erlangte „Weisheit" zeichnet sich dadurch aus, dass man in der Lage ist, treffende Beurteilungen abzugeben und korrekte Entscheidungen zu treffen.

Continual Service Improvement

Service Measurement (Messen der Services) greift die bereits in *Kapitel 17.1.1, Messen und Verbessern* aufgeführten Aspekte auf (Begründung für die Messungen: validate, direct, justify, intervene). Zahlreiche Organisationen und Unternehmen setzen das Monitoring und damit die Messmaßnahmen auf Komponentenebene um. Obwohl dies notwendig und richtig ist, muss das Messen der Services eine Ebene höher erfolgen, um eine Sicht auf das zu bekommen, was für den Kunden bereitgestellt wird. Dementsprechend existieren die bereits erwähnten drei Metrik-Typen: Technologie, Prozess und Service.

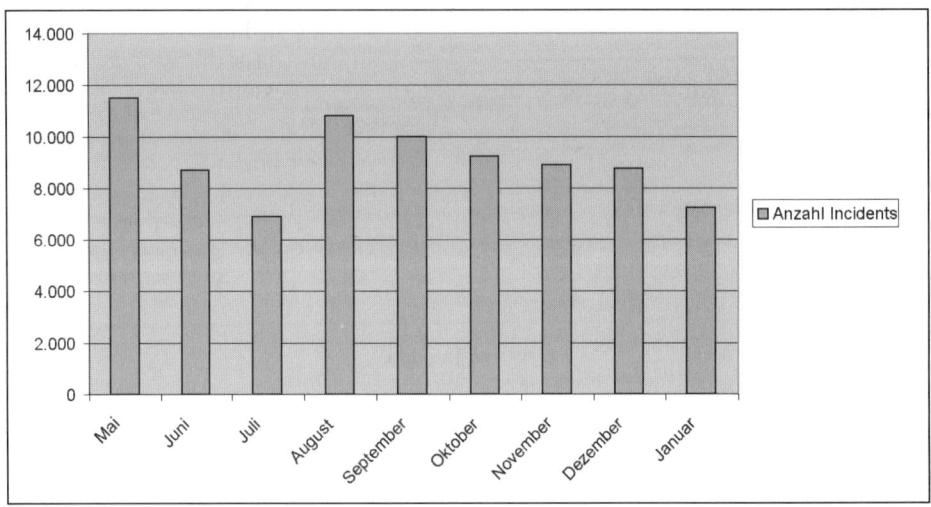

Abbildung 17.13: Darstellung von Metriken

Obwohl im Laufe der Messmaßnahmen und des Monitoring ein ganzer Haufen an Daten und Informationen anfällt, wird nur ein vergleichsweise kleiner Teil tatsächlich verwendet, da nur diese Menge für das Business interessant und wichtig ist.

Es ist dabei nicht ausreichend, Reports zu verfassen, die lediglich die Einhaltung von SLAs darstellen, sondern es muss einen nachvollziehbaren Ansatz geben in Bezug auf Fragestellungen wie z.B. was passiert ist, was die IT gemacht hat, wie die IT sicherstellt, dass dies nicht noch einmal passiert und was die IT allgemein unternimmt, um die Lieferung der Services zu verbessern. Dementsprechend sollte das Thema Reporting den Blick sowohl auf die Vergangenheit als auch auf die Zukunft richten.

Ein weiteres Thema behandelt den Return on Investment for Continual Service Improvement.

Rollen im Continual Service Improvement

Während ein CSI Manager verantwortlich ist für die CSI-Gesamtaktivitäten innerhalb einer Organisation, wird der größte Teil der Arbeiten in Bezug auf die detaillierten Verbesserungsarbeiten innerhalb der jeweiligen Lifecycle-Phase, den Prozessen und Aktivitäten umgesetzt.

Der CSI Manager ist verantwortlich für die Kommunikation der CSI-Vision in der Organisation. Er arbeitet mit dem jeweiligen Service Owner zusammen, um Verbesserungsansätze zu finden und zu priorisieren. Er kooperiert auch mit dem Service Level Manager, um sicherzustellen, dass die Monitoring-Anforderungen definiert wurden, und um Service-Verbesserungspläne aufzustellen. Weitere Aufgaben sind beispielsweise:

◆ Sicherstellen, dass die Monitoring-Tools implementiert sind und funktionieren

◆ Sicherstellen, dass Baseline-Daten gesammelt werden, um die gesammelten Daten damit zu vergleichen

◆ Definieren und Berichten der CSI-CSFs, CSI-KPIs und CSI-Aktivitätenmetriken

◆ Präsentieren von CSI-Empfehlungen an das Senior Management

◆ Sicherstellen, dass das Knowledge Management integraler Bestandteil des Betriebs ist

Continual Service Improvement

18 Prozesse im Continual Service Improvement

Die Prozesse im Continual Service Improvement setzen den Verbesserungsgedanken um. Dabei kommen die in *Kapitel 17.1, Aspekte des Continual Service Improvements* genannten Ansätze und Aspekte zur Anwendung. Dabei geht es zum einen darum, den allgemeinen Verbesserungsgesamtansatz im Service Lifecycle zu implementieren und voranzutreiben, zum anderen ist es das Ziel, die Services und Service Management-Prozesse zu verbessern.

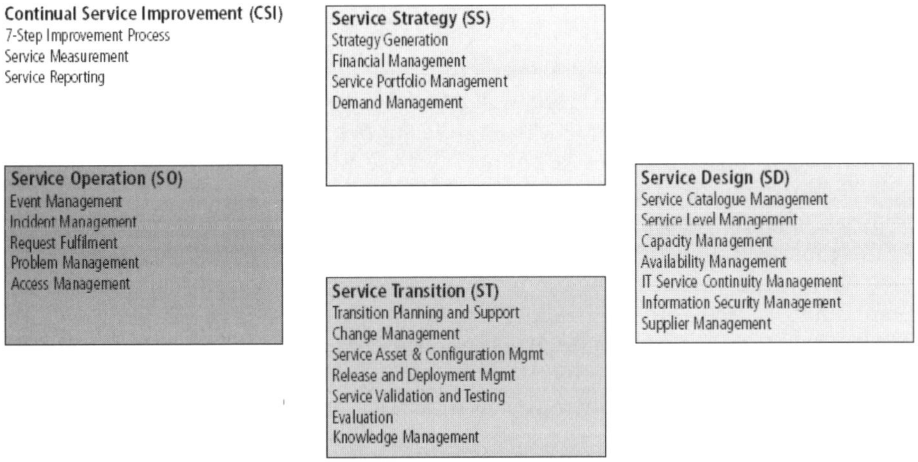

Continual Service Improvement (CSI)
7-Step Improvement Process
Service Measurement
Service Reporting

Service Strategy (SS)
Strategy Generation
Financial Management
Service Portfolio Management
Demand Management

Service Operation (SO)
Event Management
Incident Management
Request Fulfilment
Problem Management
Access Management

Service Design (SD)
Service Catalogue Management
Service Level Management
Capacity Management
Availability Management
IT Service Continuity Management
Information Security Management
Supplier Management

Service Transition (ST)
Transition Planning and Support
Change Management
Service Asset & Configuration Mgmt
Release and Deployment Mgmt
Service Validation and Testing
Evaluation
Knowledge Management

Abbildung 18.1: Prozesse in den unterschiedlichen Lifecycle-Phasen

Rollen in den CSI-Prozessen

Zu den Rollen in den CSI-Prozessen gehören:

◆ Service Manager, der verantwortlich ist für das Management der Services über den gesamten Lifecycle hinweg. Dies beinhaltet die Verantwortung für die Entwicklung des Business Case und die Produktlinien-Strategie und Architektur, Entwicklung neuer Services. Er führt Servicekosten-Management-Aktivitäten in enger Partnerschaft mit anderen Organisationen wie dem Betrieb, Engineering und Finanzen aus. Er versucht, die Organisation den Marktfokus anzuziehen.

◆ CSI Manager ist verantwortlich für den Erfolg der Verbesserungsaktivitäten. Er überwacht kontinuierlich die Performance des IT-Providers und entwirft Verbesserungen an den Prozessen, den IT-Services und der Infrastruktur und sorgt so für zunehmende Effizienz, Effektivität und Wirtschaftlichkeit.

◆ Weitere beteiligte Rollen sind: Service Owner, Service Level Manager, Prozess-Owner, Prozess-Manager, Kunden, Senior IT Manager, interne und externe Provider, Mitarbeiter, die am täglichen Betrieb in der Service Transition und im Service Operation beteiligt sind.

18.1   7-Step Improvement-Prozess

Der Prozess basiert auf dem Mess- und Verbesserungsgedanken. Es ist offensichtlich, dass alle Aktivitäten und Aufgaben hinsichtlich eines Verbesserungsansatzes die CSI-Ziele in irgendeiner Art und Weise unterstützen. Die Schwierigkeiten liegen aber darin, genau zu verstehen und festzulegen, wie diese Ansätze funktionieren und wie sie umgesetzt werden.

18.1.1   Ziele und Prinzipien des 7-Step Improvement-Prozesses

Über den 7-Step Improvement-Prozess identifiziert die IT-Organisation Zielvorstellungen und Ziele in Bezug auf die Frage, was gemessen werden soll. Zudem werden Maßnahmen und Messmethoden identifiziert, die auf den bestehenden Werkzeugen und Anwendungen aufsetzen. Dies können IT Service Management-Tools, Monitoring-Tools, Reporting-Tools, Recherche-Tools oder bereits existierende Berichte sein. Die Möglichkeiten in diesem Bereich sind allerdings auch abhängig vom Reifegrad der Organisation und der Unternehmenskultur. Weiterhin zielt der Prozess darauf ab, die durch Monitoring- und Messmethoden vorliegenden Daten zu prüfen und zu analysieren, um sie dann in ein Format zu überführen, das abhängig ist von der Zielgruppe und dem Präsentationszweck („Manager und Kinder brauchen immer bunte Bilder"). Dabei werden die unstrukturierten Daten in aussagekräftige und miteinander in Verbindung stehende Informationen umgewandelt.

Ein weiteres und sehr offensichtliches Ziel für den Improvement-Prozess besteht in der Identifizierung und Implementierung individueller Aktivitäten, die die Service-Qualität, die Effizienz und die Effektivität der Service Management-Prozesse beeinflusst wird.

Der Prozess bezieht unterschiedliche Modelle und Prinzipien ein. Dazu gehören z.B.

◆ Das DIKW-Modell aus dem Knowledge Management (siehe *Kapitel 11.7, Knowledge Management*)

◆ Die Begriffe aus dem CSI-Modell: Vision, Mission Statement (Kurzes Leitbild oder Leitspruch einer Organisation in Bezug auf Sinn und Intention dieser Organisation in Bezug auf die zu erreichenden Ziele, ohne eine Aussage darüber zu treffen, wie die angestrebten Ziele erreicht werden), Goal (Zielsetzung), Objective (Ziel), kritische Erfolgsfaktoren (CSF), Leistungsindikatoren als Metrik (KPI), Metriken (Maßsystem, Beurteilungsparameter) und Messungen (Measurement).

18.1.2 Aktivitäten des 7-Step Improvement-Prozesses

Der Prozess besteht aus den folgenden Aktivitäten:

1. Definieren, was gemessen werden soll: Bereits zu Beginn des Service Lifecyle sollten Service-Strategie und Service Design dies identifiziert haben. Diese Informationen dienen auch der Frage „Wo befinden wir uns gerade?" im CSI-Modell.

   Der Service-Katalog und die Service Level-Anforderungen sollten an dieser Stelle hinzugezogen werden. Weiterer Input sind Vision und Mission, weitere Ziele (z.B. der Abteilung), rechtliche und Governance-Anforderungen, Budget und Balanced Scorecard.

2. Definieren, was gemessen werden kann: Diese Aktivität steht in Relation zu der Frage „Wo wollen wir hin?" im CSI-Modell. Durch die Identifizierung der neuen Service Level-Anforderungen aus dem Business, die IT-Capabilities (identifiziert durch das Service Design und implementiert via Service Transition) und die verfügbaren Budgets kann das CSI eine Gap-Analyse durchführen, um die Verbesserungsmöglichkeiten zu identifizieren. Letztendlich soll die Frage „Wie kommen wir dort hin?" aus dem CSI-Modell beantwortet werden.

   In jeder Organisation kann es Objekte und Aktivitäten geben, die nicht gemessen werden können. Hier gilt: Was nicht gemessen werden kann, gehört nicht in die SLAs. Zwei wichtige Fragen sind in diesem Zusammenhang auch, was momentan gemessen wird und wo die notwendigen Informationen herstammen. Eine Aufstellung darüber, was welches Tool ohne Anpassungen und Konfigurationsänderungen misst, kann eine wichtige Hilfe sein.

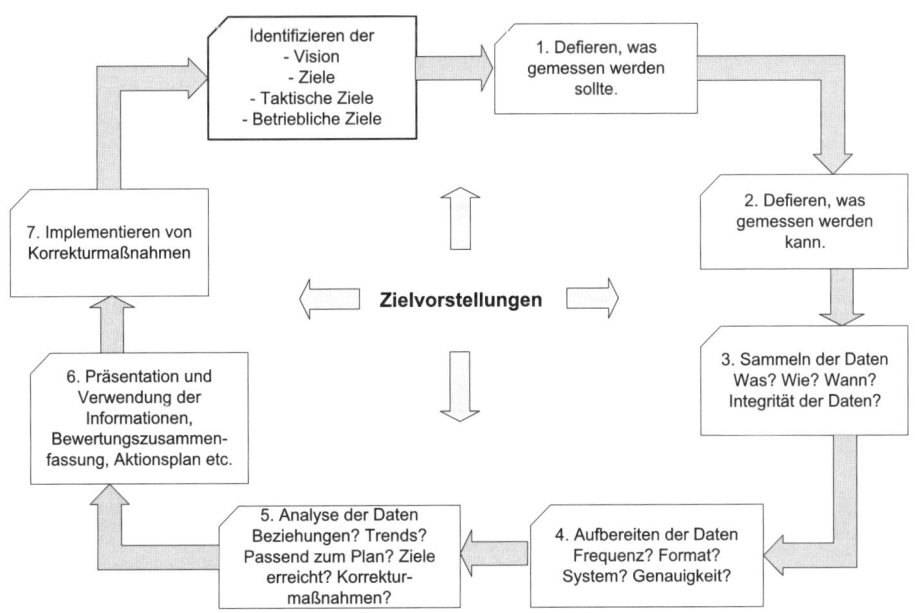

Abbildung 18.2: 7-Step Improvement-Prozess

Continual Service Improvement

3. Sammeln der Daten: Um die Frage „Sind wir bereits dort angekommen, wo wir hinwollten?" aus dem CSI-Modell beantworten zu können, müssen als erstes Daten (über das Service Operation) gesammelt werden. Die Daten werden entsprechend der Ziele und Zielvorstellungen identifiziert. An diesem Punkt handelt es sich um unstrukturierte Rohdaten, aus denen noch keine Schlussfolgerungen gezogen werden können.

CSI ist nicht nur an Problemen und Fehlern interessiert. Wenn ein SLA über längere Zeit erfüllt werden kann, kommt die Frage auf, ob diese Leistung nicht auch mit niedrigerem Ressourceneinsatz und so mit niedrigeren Kosten erbracht werden könnte.

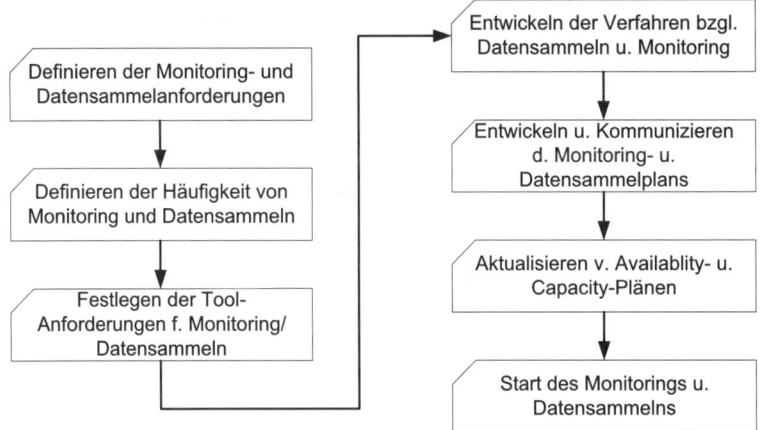

Abbildung 18.3: Monitoring- und Datensammel-Verfahren

Darüber hinaus sollte man im Hinterkopf behalten, dass sich das Monitoren und Messen im Laufe der Zeit ändern kann. Möglicherweise möchte der Kunde in einem Monat den E-Mail-Service überwachen lassen, während im nächsten Monat das HR-System gemessen und geprüft werden soll. Nicht alle Messdaten werden über Automatismen eingelesen. Es kann sein, dass Daten manuell eingegeben werden müssen. Gerade hier ist es wichtig, dass Richtlinien und Arbeitsanweisungen existieren, die genau und ohne Interpretationsspielraum beschreiben, welche Daten benötigt werden. Eine Standardisierung der Datenstruktur ist ratsam. Beispielsweise gibt es eine Vielzahl von Möglichkeiten, einen Namen darzustellen, wie z.B. Markus Buss/M Buss/Buss, Markus/Buss. Eine standardisierte Namenserfassung muss festgelegt werden.

Die Aktivität muss definieren, wer für das Monitoring und das Erfassen der Daten verantwortlich ist, wie die Daten gesammelt werden, wann und wie oft dies geschieht und welche Kriterien es gibt, um die Integrität der Daten zu prüfen.

Service Management Monitoring hilft bei der Bewertung des Gesamtzustands der Service Management-Prozesse in Bezug auf die Prozess-Compliance, Qualität, Performance und den Wertbeitrag.

4. Daten aufbereiten: An dieser Stelle werden die Daten in eine brauchbare Form überführt. Dies geschieht, nachdem die Daten gesammelt wurden, mit der Ausrichtung der vorgegebenen Leistungsindikatoren (KPIs) und der kritischen Erfolgsfaktoren (CSFs). Der entsprechende Zeitrahmen wird eingegrenzt, passende Daten aggregiert, nicht benötigte Daten verworfen und die Konsistenz überprüft. Daten werden aus unterschiedlichen Quellen zusammengefasst und in der richtigen Relation einander zugeordnet.

Reports können über Automatismen und Tools (z.B. Crystal Reports) oder per Hand generiert werden. Die vorliegende Datenmenge wird zusammengefasst und konzentriert, um die so erstellten Informationen für die Analyseaktivitäten bereitstellen zu können. Dabei ist es hilfreich, die Daten nach logischen Gesichtspunkten so zu sortieren, dass ein Einblick in die Performance der Services und/oder Prozesse möglich wird.

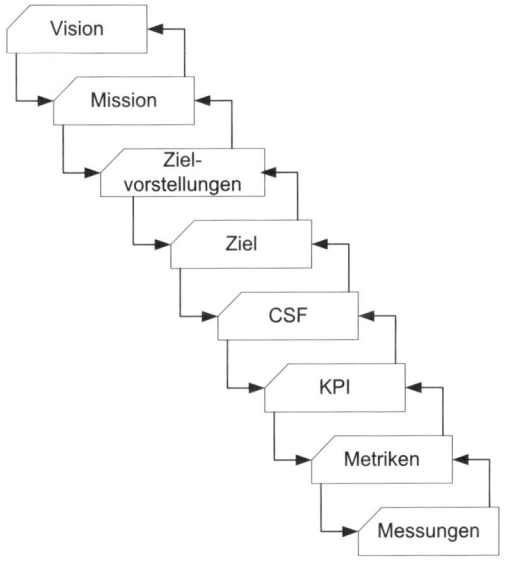

Abbildung 18.4: Von der Vision zu den Messungen

Die Schlüsselfragen in diesem Schritt beziehen sich auf die Fragen, wie oft die Daten erhoben werden (stündlich, täglich, wöchentlich oder monatlich?). Neuere Service oder Service Management-Prozesse sollten öfter überprüft werden als bereits etablierte Services oder Prozesse. Weitere Gesichtspunkte betreffen das Format der Daten, wie die Analyse durchgeführt wird und wie die Daten verwendet werden bzw. welche Tools und Systeme für die Verarbeitung der Daten zum Einsatz kommen.

Continual Service Improvement

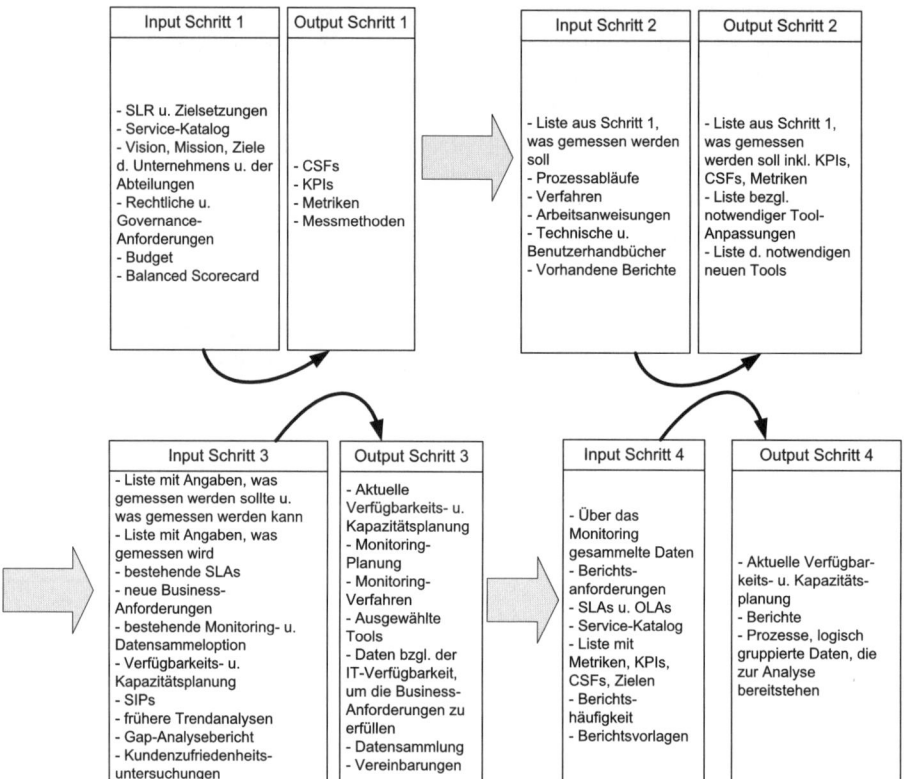

Abbildung 18.5: Input und Output der Schritte 1 bis 4

5. Analyse der Daten: Hier werden die Daten in Informationen umgewandelt, wenn es um die Identifizierung von Service Gaps, Trends und Auswirkungen auf das Business geht. Sobald die Daten in Informationen überführt wurden, können die Ergebnisse analysiert werden. Dabei geht es um die Beantwortung von Fragen wie etwa

- Sind Trends zu erkennen?
- Sind es negative oder positive Entwicklungen?
- Sind Changes notwendig?
- Arbeiten wir innerhalb des Plans?
- Erreichen wir unsere Ziele?
- Sind Korrekturmaßnahmen notwendig?
- Wie hoch sind die Kosten, um die Service-Lücken zu füllen?

Ein Beispiel in Bezug auf ein reduziertes Incident-Aufkommen ist die Frage, ob die Anzahl der gemeldeten Incidents zurückgegangen ist, weil weniger Infrastrukturfehler aufgetreten und damit stabilere Services verbunden sind oder weil die Benutzer das Service Desk einfach nicht mehr anrufen wollen, weil sie das Gefühl haben, dass ihnen dort sowieso nicht geholfen wird. Diskrepanzen, Trends und mögliche Erklärungen werden für die Präsentation vorbereitet. Der Frage, ob die Service-Leistungen beispielsweise wie erwartet erbracht werden, wird an dieser Stelle nachgegangen. Dieser Schritt sollte bei der Vorbereitung der Informationen für die Präsentation beim Management nicht vergessen werden.

Was auch nicht vergessen werden darf: Die meisten Daten- und Informationsanalyse-Tools arbeiten automatisiert, so dass die vermeintlichen Analysten in der Organisation wenig mehr tun als auf die Zahlenreihen und Diagramme zu zeigen und zu betonen, dass die Zahlen sich verändert haben. Die vorliegenden Informationen müssen hinterfragt werden, gerade wenn unterschiedliche Datenreihen miteinander kombiniert wurden. Die Bedeutung hinter den Darstellungen muss erklärbar sein. Dabei gilt es, die Angaben aus Prozessschritt 3 gegen die Anforderungen aus Schritt 1 und das, was gemessen werden kann, aus Schritt 2 gegenüberzustellen.

ITIL® empfiehlt, nachdem die Analyseergebnisse vorliegen, dass ein internes Meeting der IT stattfindet, um die Ergebnisse zu prüfen und das Verbesserungspotenzial aufzuzeigen. Entsprechend kann die IT einen Plan entwerfen, wie Ergebnisse und die möglichen Aktionen dem Business und dem Senior IT Management präsentiert werden können. Hier ist darauf zu achten, dass man sich weg von einer zu starken System-basierten Sicht hin zu einer Service-basierten Sicht bewegt und die Ansätze dementsprechend formt. Dazu gehört die Betrachtung der strategischen, taktischen und operativen Ebenen in Bezug auf die Frage, ob Verbesserungsbedarf besteht.

Die Analyse und das Aufdecken von Trends ist ein wichtiger Bestandteil dieses Schritts. Dabei geht es nicht nur darum, eine Momentaufnahme zu betrachten, sondern die Entwicklung regelmäßig zu überprüfen, um sich ein umfassendes und korrektes Bild machen zu können.

6. Präsentation und Verwendung der Informationen: Die Antwort auf die Frage „Sind wir dort angekommen, wo wir hinwollten?" aus dem CSI-Modell wird hier beantwortet. Die Stakeholder (Business, Senior IT Management o.a.) werden darüber informiert, ob die Ziele erreicht wurden. Je nach Zielgruppe erfolgt eine etwas andere Darstellungsart und Detailtiefe. Dabei wird ihnen ein genaues Abbild der Ergebnisse aufgrund der Verbesserungsleistungen präsentiert. Es erfolgt dabei die Weitergabe des Wissens aus den bisherigen Aktivitäten und Bemühungen. Dazu gehören Angaben zu Ausnahmen und Nutzen, um die Zielgruppen in bestmöglicher Weise an dem gesammelten Wissen Anteil zu nehmen. Dabei ist eine Zielgruppenbetrachtung essenziell:

   - Business: Diese Gruppe ist an der Aussage interessiert, ob der Service wie vereinbart geliefert wurde und wenn nicht, welche Korrekturmaßnahmen eingeleitet werden (oder besser: bereits eingeleitet wurden). Es ist hier eher die Ende-zu-Ende-Perspektive gefragt.

   - Senior (IT) Management: Diese Gruppe ist meist an Aussagen rund um die CSFs und KPIs interessiert, z.B. in Bezug auf die Frage, wie es um die Kundenzufriedenheit steht, wie der Istzustand im Vergleich zum Plan aussieht oder das Kosten-Ertrags-Verhältnis. Informationen, die in diesem Kreis verteilt werden, führen zu strategischen und taktischen Verbesserungen in größerem Umfang. Als Mittel der Informationsübermittlung ist die Balanced Scorecard ein beliebtes Mittel.

- Interne IT: Diese Gruppe ist oft an KPIs und Aktivitätsmetriken interessiert, die ihr helfen, Verbesserungsansätze zu konzipieren, zu koordinieren, zu planen und zu identifizieren.

Berichte und Präsentation gehören in vielen Unternehmen mittlerweile zu den täglichen Aufgaben, wobei allerdings in vielen Fällen Rohdaten, die aus Tools und Systemen stammen, ohne Analyse und Aufbereitung in die Präsentationen kopiert werden. Es ist wichtig, die unterschiedlichen Ansprüche und Sichtweisen der Zielgruppen zu beachten und gleichzeitig auf beiden Seiten die Augen für IT und Business zu öffnen. Die Etablierung eines Reporting-Frameworks als eine Art Richtlinie aus den Angaben von Service Design und Business ist ratsam.

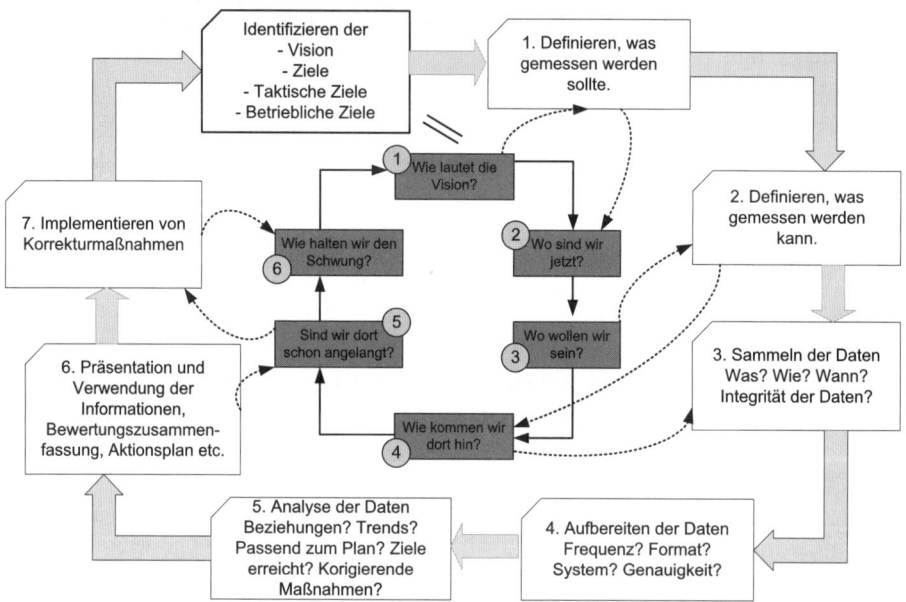

Abbildung 18.6: Verbindungen zwischen 7-Step Improvement-Prozess und CSI-Modell

7. Implementierung von Korrekturmaßnahmen: Das erzielte Wissen wird genutzt, um Services zu optimieren, zu verbessern und zu korrigieren. Manager identifizieren offene Punkte und entwickeln Lösungen für sie. Die Korrekturmaßnahmen, die zur Verbesserung eines oder mehrerer Services notwendig sind, werden der Organisation kommuniziert und erklärt. Die Umsetzung dieses Schrittes schafft eine neue Baseline, und der Kreislauf kann wieder von vorn beginnen.

Jedoch können nicht alle Ansätze auf einmal verwirklicht und implementiert werden. Die notwendige Priorisierung richtet sich nach den Zielsetzungen, Zielen und bisherigen Service Level-Verletzungen. Verbesserungsinitiativen können allerdings auch auf behördliche Neuerungen, rechtliche Änderungen, Änderungen am Markt, politische Entscheidungen oder andere extern getriebene Faktoren zurückzuführen sein.

Nach der Entscheidung, dass ein Service und/oder ein Service Management-Prozess verbessert werden muss, läuft der Service Lifecycle weiter. Möglicherweise wird eine neue Service-Strategie definiert, das Service Design stellt den Change zusammen, Service Transition bringt den Change in die Produktion und Service Operation übernimmt den täglichen Betrieb des Service und/oder des Service Management-Prozesses. Continual Service Improvement durchläuft dabei jede Phase des Service Lifecycle. CSI ist keine reaktive Tätigkeit, die losgelassen wird, sobald sich die Fehler und Service-Einbrüche als groß genug erweisen. Der Verbesserungsgedanke verlangt nach ständiger Aufmerksamkeit, einem gut durchdachten Plan in Bezug auf Monitoring, Analyse und Berichtswesen mit einem Blick auf die möglichen Verbesserungen.

Die ersten beiden Schritte in diesem Prozess weisen eine direkte Verbindung zu den strategischen, taktischen und operativen Ziele auf, die sowohl für das Messen der Services als auch der Service Management-Prozesse definiert wurden, genau wie die bestehende Technologie und die Capabilities, die das Messen und die CSI-Aktivitäten unterstützen.

Die Fragestellungen der beiden Schritte sind auf keinen Fall zu vernachlässigen. Oft werden einfach irgendwelche Datenfluten gesammelt, ohne überhaupt zu prüfen, was denn gesammelt werden soll und was hinterher mit den Daten geschieht. Daher sollte mit dem Kunden zusammen definiert werden, welcher Zweck mit den Messdaten eigentlich verfolgt wird. Ein weiteres Problem ist, dass die für das Monitoring und Messen eingesetzten Tools in vielen Fällen überdimensioniert sind.

Die immer genauer ausgearbeiteten und abgestimmten Richtlinien (Policies) und Prozesse haben zur Folge, dass die IT-Dienstleister (intern oder extern) ihr eigentliches Ziel aus den Augen verlieren: einen Service verzugs-, naht- und reibungslos in der vereinbarten Qualität und wie definiert und abgestimmt zu erbringen. Doch in den meisten Fällen wird der Kunde beim Messen und Erfassen der Service-Verfügbarkeit gar nicht berücksichtigt, obwohl er in jedem einzelnen Service Dreh- und Angelpunkt sowie der entscheidende erfolgskritische Produktionsfaktor ist.

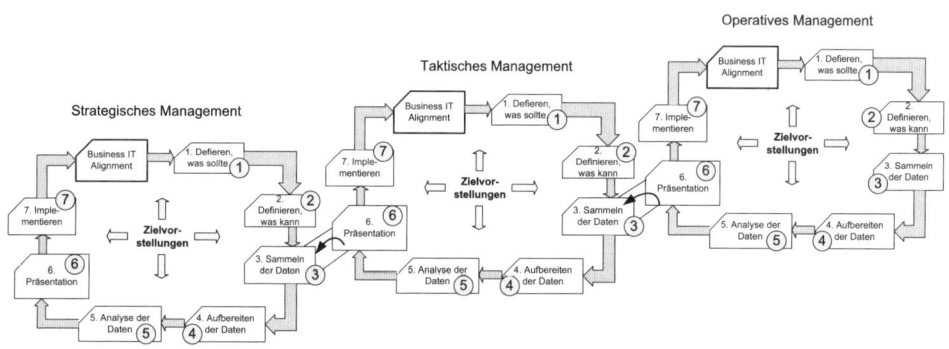

Abbildung 18.7: Wissensspirale

Die ersten beiden Schritte des Prozesses erzwingen, dass nur solche Daten erhoben werden, die einer übergeordneten Zielsetzung dienen. Dieses Konzept wird auf der strategischen, der taktischen und der operativen Ebene betrieben. Dabei liefern die in Schritt 6 auf der operativen Ebene gewonnenen Ergebnisse zugleich den Input für Schritt 3 auf der taktischen Ebene. Die auf der taktischen Ebene gewonnenen

Erkenntnisse aus Schritt 6 fließen wiederum in Schritt 3 der strategischen Ebene ein. Somit ist sichergestellt, dass Daten und Erkenntnisse durchgängig erhoben und genutzt werden.

18.1.3 Schnittstellen des Verbesserungsprozesses

Zur Unterstützung des Verbesserungsgedankens sollte CSI in jeder Lifecycle-Phase integriert sein und auch die in den Phasen befindlichen Prozesse betreffen. Eine Reihe von Unterstützungsleistungen für die CSI-Leistungen wird sowohl von den Lifecycle-Phasen als auch von den unterschiedlichen Prozessen erbracht. Dazu gehören unter anderem:

◆ Monitoring und Sammeln von Daten im Service Lifecycle: Service Strategy ist verantwortlich für die Fortschrittsüberwachung der Strategien, Standards, Richtlinien und Architekturentscheidungen, die umgesetzt und implementiert wurden. Service Design monitort und sammelt Daten, die mit dem Ändern und Erstellen von Services und Service Management-Prozessen in Verbindung stehen. Dieser Teil des Service Lifecycle misst seine Aktivitäten und deren Ergebnisse in Bezug auf Effektivität und die Fähigkeit, CSFs und KPIs zu messen, die aus den Business-Anforderungen stammen. Die Service Design-Phase gibt an, was gemessen werden soll. Dies schließt die Projektplanung, Fortschritt der Projektmeilensteine und der Vergleich der Projektergebnisse gegen die Zielvorstellungen und Ziele ein. Aufgaben im Service Design werden meist über Projekte abgewickelt.

Service Transition entwickelt die Monitoring-Verfahren und -Kriterien, die während und nach der Implementierung verwendet werden. In dieser Lifecycle-Phase wird das aktuelle Release des Service oder des Service Management-Prozesses überwacht und die entsprechenden Daten gesammelt. Es liegt in der Verantwortlichkeit der Service Transition sicherzustellen, dass die Services und Service Management-Prozesse so entsprechend der Strategien und Design-Vorleistungen eingebunden werden, dass sie verwaltet und gepflegt werden können.

CSI erhält die gesammelten Daten als Input der restlichen CSI-Aktivitäten.

◆ Das Service Level Management (SLM) spielt eine Schlüsselrolle in Bezug auf das Monitoring und das Sammeln von Daten, da der Prozess nicht nur für die Definition der Business-Anforderungen sondern auch für die Definition der Capabilities verantwortlich ist, um diese umzusetzen. Dabei geht es vorab darum festzustellen, welche Monitoring- und Datensammelaktivitäten bereits stattfinden, um dann zu prüfen, was mit diesen Daten geschieht, z.B. ob sie sich nur auf Komponenten-Ebene beziehen. Dazu gehört auch die Frage, wer die Daten bekommt, ob eine Analyse und eine Trend-Evaluation vor einer eventuellen Datenpräsentation stattfinden. SLM definiert über den Verhandlungs- und Abstimmungsprozess mit dem Business, was gemessen werden soll und welche Aspekte das Berichtswesen zu berücksichtigen hat. Das SLM ist auch verantwortlich für die Entwicklung und Abstimmung der OLAs und UCs, die internes oder externes Monitoring benötigen.

In Bezug auf das Messen der Daten spielt das SLM für das CSI eine unterstützende Rolle: Definieren der Anforderungen um die Service Level aus dem Service-Katalog zu unterstützen, Verhandeln und Dokumentieren der OLAs und UCs, die die notwendigen Messungen beinhalten, Review der überarbeiteten Daten und Hilfe bei der Definition der Bearbeitung und der Formate im Berichtswesen. Auch bei den weiteren Schritten im Verbesserungsprozess spielt das SLM eine wichtige Rolle. Beispielsweise präsentiert das SLM dem Business die Informationen und diskutiert die Service Achievements der aktuellen Periode genauso wie sich abzeichnende Trends. Auch das SIP ist mit dem CSI verbunden, das als Korrekturmaßnahme verstanden werden kann.

◆ Availablity und Capacity Management, Financial Management, Security Management, Incident Management und Service Desk liefern neben dem SLM Input in Bezug auf das Monitoring und das Sammeln von Daten.

◆ In Hinblick auf das Analysieren der Daten unterstützen Availability und Capacity Management und das Security Management die CSI-Ansätze. Das Problem Management spielt eine Schlüsselrolle, da es alle anderen Prozesse hinsichtlich der Ursachenforschung und bei der Trendidentifikation unterstützt. Das Problem Management kann dabei nicht nur mit der Reduzierung von Incidents bezüglich der Services in Verbindung gebracht werden, sondern ein gutes Problem Management kümmert sich auch um prozessbezogene Probleme.

◆ Bei der Implementierung der Korrekturmaßnahmen ist neben dem SLM auch das Change Management beteiligt, da die Korrekturmaßnahmen über RfCs zur Implementierung vorbereitet werden und über das Change Management laufen müssen. Vertreter des CSI sollten Teil des CAB bzw. CAB/EC sein. Changes beeinflussen die Service-Erbringung und können auch CSI-Initiativen beeinflussen.

Das Release Management setzt die Korrekturmaßnahmen als Change um. Sobald der Change implementiert wurde, ist das CSI am Post Implementation Review (PIR) beteiligt, um sicherzustellen, dass der Change korrekt und fehlerfrei umgesetzt wurde.

18.2 Service Reporting

Obwohl im tagtäglichen IT-Betrieb von den unterschiedlichen Prozessen und Aufgabenbereichen eine Vielzahl von Daten gesammelt und überwacht wird, ist nur ein geringer Teil davon für das Business von Interesse. Der Großteil der Daten ist eher für das interne Management der IT relevant.

Das Business ist sehr an der historischen Entwicklung interessiert, an Bedrohungen und Ausfällen und an den Möglichkeiten von Gegenmaßnahmen. Es ist nicht ausreichend zu zeigen, dass SLAs erfüllt oder nicht erfüllt wurden. Es muss ein umfassender und an der Zielgruppe ausgerichteter Ansatz für das Berichtswesen vorhanden sein, der darstellt, was passiert ist, was dagegen oder dafür unternommen wurde, wie sichergestellt wird, dass etwas nicht wieder auftritt, und was allgemein getan wird, um die angebotenen IT Services weiter zu verbessern.

Der Service Reporting-Prozess ist verantwortlich für die Erstellung und Lieferung der Berichte bezüglich der erreichten Ergebnisse und der Service Level-Entwicklung. Mit dem Business als Zielgruppe sollten Layout, Inhalte und Erscheinungszyklen geklärt werden.

Continual Service Improvement

18.2.1 Prinzipien des Service Reporting

Ein idealer Ansatz für das Berichtswesen wird durch auf das Business ausgerichtetes Berichts-Framework unterstützt. Die Definition und die Abstimmung der Richtlinien und Regeln mit dem Service Design und dem Business sollte in Bezug auf die Frage, wie das Berichtswesen implementiert und verwaltet werden soll, die folgenden Fragen behandeln:

◆ Wer ist/sind die Zielgruppe(n), welche Sicht auf die Services ist damit verbunden und wie sehen deren Anforderungen aus?

◆ Was soll gemessen und was berichtet werden?

◆ Welche Begriffe werden dabei verwendet und wie werden diese Begriffe definiert?

◆ Basis der Berechnungen?

◆ Berichtsplanung? Häufigkeit?

◆ Wie erfolgt der Zugriff auf die Berichte und welches Medium wird verwendet? Berichte als PDF oder Grafiken? Als HTML-Datei im Intranet (mit expliziter Zugriffsberechtigung)? Ablage auf einem File-Server? In einem Lotus Notes-Teamroom? Versand per Mail?

◆ Wie sieht die damit verbundene Meeting-Planung für das Review und die Diskussion der Berichte aus?

Alle Policies und Regeln definieren zusammen das Framework für das Berichtswesen. Anhand dieses Rahmenwerks werden dann die wenig aussagekräftigen Daten in aussagekräftige Berichte transferiert, was auch automatisch geschehen kann. Das Endresultat sollte so gestaltet sein, dass die Zielgruppe eindeutige und relevante Informationen in der Form erhält, die sie versteht und mag, auf die sie ohne Schwierigkeiten zugreifen kann. Die Daten betreffen Details für den abgegrenzten Bereich der Zielgruppe in Bezug auf die Lieferung der entsprechenden Services.

18.2.2 Aktivitäten des Service Reporting

Über die Aktivitäten des Prozesses wird (ähnlich wie beim 7-Step Improvement-Prozess) Wissen in „Weisheit" (Wisdom) überführt, was als Basis für die notwendigen strategischen, taktischen und operativen Entscheidungen dient. Der Prozess sollte über die entsprechenden Richtlinien gestützt werden.

Der Input für den Reporting-Prozess stammt aus dem dritten Schritt des CSI 7-Step Improvement-Prozesses („Daten sammeln"). Dementsprechend muss vorher definiert werden, welcher Output für den Reporting-Prozess notwendig ist.

1. Daten sammeln: Zuerst sollten Ziel und Zielgruppe für den Bericht definiert werden sowie der Verwendungszweck, d.h. wie der Bericht verwendet wird.

2. Umwandeln und Zuordnen: Anlegen eines hierarchischen Überblicks der Performance im letzten Betrachtungszeitraum mit Schwerpunkt auf den Events, die die Business-Performance beeinträchtigen, wobei auch erwähnt werden sollte, was der IT-Bereich unternimmt, um dieser Art von Bedrohung/Beeinträchtigung entgegenzuwirken. Es sollte auch dargestellt werden, was gut gelaufen ist und welchen Wertbeitrag die IT für das Business bereitstellt.

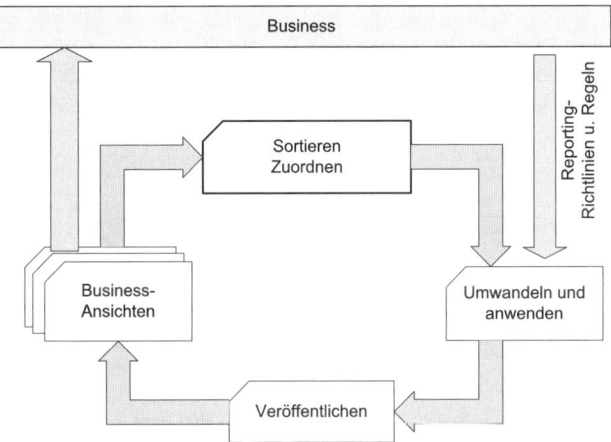

Abbildung 18.8: Service Reporting-Prozess

3. Veröffentlichen der Information: Entsprechend der Zielgruppen bzw. Stakeholder in der Organisation und ihrer Bedürfnisse werden die Informationen veröffentlicht. Dabei muss bewusst auch in Sachen Präsentation und Kommunikation auf die jeweilige Zielgruppe eingegangen werden. Als grobe Einteilung der Zielgruppen können drei Ebenen definiert werden (gleichbedeutend wie in Schritt 6 des Improvement-Prozesses):

- Business: Diese Gruppe ist an der Aussage interessiert, ob der Service wie vereinbart geliefert wurde und wenn nicht, welche Korrekturmaßnahmen eingeleitet werden (oder besser: bereits eingeleitet wurden).

- Senior (IT) Management: Diese Gruppe ist meist an Aussagen rund um die CSFs und KPIs interessiert. Hier wird die Frage aufgeworfen, welche strategischen und taktischen Verbesserungen notwendig sind. Als Mittel der Informationsübermittlung ist die Balanced Scorecard ein beliebtes Mittel.

- Interne IT: Diese Gruppe ist oft an KPIs und Metriken interessiert, die ihr helfen, Verbesserungsansätze zu konzipieren, zu koordinieren, zu planen und zu identifizieren.

4. Abstimmen der Reportings auf das Business: Bei der Betrachtung der Daten und Informationen sollte stets geprüft werden, ob sie für die Zielgruppe von Interesse sind bzw. den Anforderungen entsprechen (Ende-zu-Ende-Perspektive). Beispielsweise interessiert es den Kunden meist viel eher, wie lange der Service nicht verfügbar war, als eine abstrakte Prozentangabe. Ihn interessiert, ob der Service genutzt werden konnte und nicht, dass der Host oder ein Netzwerk-Switch nicht verfügbar war.

In Bezug auf das Business existieren vier unterschiedliche organisatorische Ebenen: strategische Denker (kurze Reports, Risikodarstellung, Profitabilität und Kostenersparnis), Direktoren (detailliertere Berichte mit Zusammenfassung der Entwicklung im Laufe der Zeit, Darstellung, wie die Prozesse die Unternehmensziele stützen), Manager und Supervisoren (Ziele, Team- und Prozess-Performance, Verteilung der Ressourcen und Verbesserungsansätze), Teamleiter und Mitarbeiter (persönliche Beteiligung am Ergebnis, Fokus auf individuelle Metriken).

Continual Service Improvement

Es sollte dabei immer wieder mal überprüft werden, ob die bestehende Reporting-Form und die Zielgruppenbeschreibung noch den Anforderungen entsprechen und die Aussagekraft der Informationen hinsichtlich Performance der IT-Abteilungen noch zutreffend ist. Ansonsten muss das Berichtswesen angepasst werden.

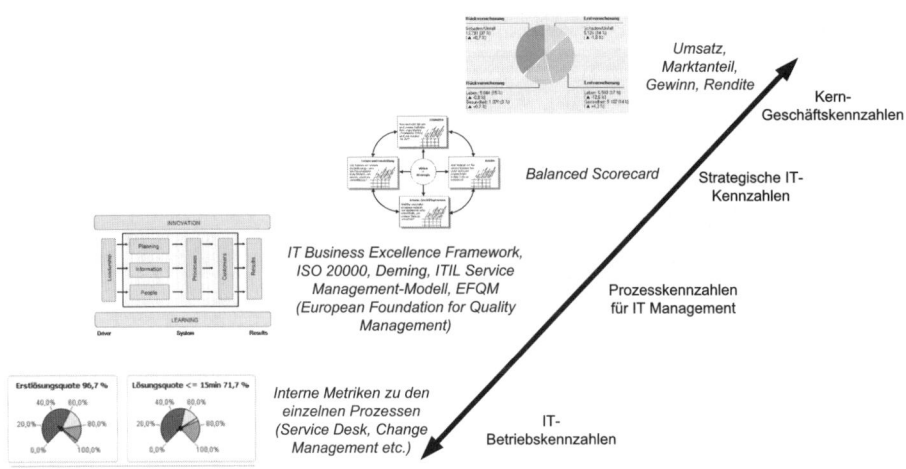

Abbildung 18.9: Ansprüche der unterschiedlichen Zielgruppen

18.3   Service-Messungen (Service Measurement)

IT Services sind für Unternehmen zu einem essenziellen Bestandteil geworden. Durch sie werden ihre Geschäftsprozesse ermöglicht und der Geschäftsbetrieb am Laufenden gehalten. Ohne IT wären die meisten Unternehmen nicht überlebensfähig. Aufgrund dieser Abhängigkeit setzt ein Unternehmen hohe Erwartungen an die Zuverlässigkeit, Verfügbarkeit und Stabilität der IT Services. Daher kommt der Integration von IT und Business eine entsprechend hohe Bedeutung zu. Dies lässt sich auch auf das Thema der Messungen und Messverfahren übertragen. Es ist heutzutage nicht mehr ausreichend, einzelne Komponenten (Server oder Applikationen beispielsweise) bezüglich ihrer Verfügbarkeit zu messen und dies zu berichten, sondern der Ansatz zielt auf das Messen und Berichten des Ende-zu-Ende-Service.

In Bezug auf das Thema Messungen werden drei Arten der Messung betrachtet: Verfügbarkeit, Zuverlässigkeit und Performance eines Service. Dies zielt aber nicht darauf ab, sich selbst zu schützen und Fingerpointing auf andere zu betreiben, weil man nachweisen kann, dass die zu betreuende Applikation doch zu 100% verfügbar war. Es geht viel mehr darum, den Service und die Anforderungen aus Kundensicht bewerten zu können. Für den Kunden ist erst einmal nicht relevant, dass die Applikation lief, obwohl das Netzwerk nicht verfügbar war. Für ihn ist nur von Interesse, dass er den Service aufgrund von (irgendwelchen) Störungen nicht vereinbarungsgemäß nutzen konnte. Das Messen der Service-Verfügbarkeit ist direkt verbunden mit dem Messen der Verfügbarkeit der Service-Bestandteile.

18.3.1 Aufgaben in Bezug auf das Messen der Services

Messen auf Komponentenebene ist notwendig, das Messen der Services geht aber darüber hinaus. Da sich ein Service aus unterschiedlichen Systemen, Komponenten und Applikationen zusammensetzen kann, müssen die individuellen Messergebnisse kombiniert und in einen gemeinsamen Kontext gestellt werden, um die Sicht des Kunden einzunehmen. Das gilt auch für das Thema Reporting. Ein Kunde kennt meist noch nicht einmal die Bestandteile eines IT Services, was ihn auch (meist) gar nicht zu interessieren hat. Daher richtet er seinen Blick beispielsweise auch eher auf die Verfügbarkeit des Service (in Stunden, Minuten oder als Prozentzahl, je nach Anforderung an das Berichtswesen) als auf die Verfügbarkeit seiner Bestandteile.

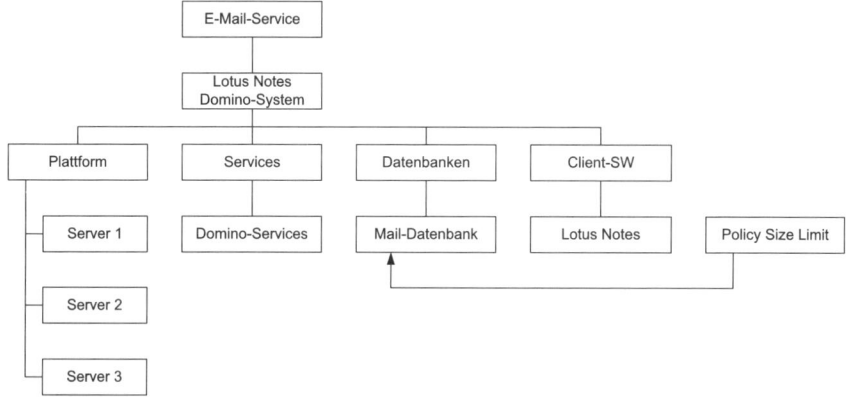

Abbildung 18.10: Beispielhafte Bestandteile eines Service

Die Aufgaben in diesem Prozess bestehen aus:

◆ Entwicklung eines Service Measurement-Frameworks als Grundlage für ein nutzenstiftendes Berichtswesen. Es ist ein iterativer Prozess, der sich immer weiter dem gewünschten Ergebnis annähert. Einer der ersten Schritte besteht im Verstehenlernen der Geschäftsprozesse und dem Identifizieren der kritischen Geschäftsprozesse. Die Ziele der IT müssen die Geschäftsziele unterstützen.

Service-Messungen richten sich diesbezüglich nicht nur in die Vergangenheit, sondern auch in die Zukunft, um Verbesserungspotenzial zu identifizieren. Der Aufbau eines Frameworks für die Service-Messungen verlangt nach einer Entscheidung in Bezug auf die Frage, was gemessen und überwacht werden soll: Services, Komponenten, Service Management-Prozesse, Aktivitäten der Prozesse und/oder Ergebnisse? Eine entsprechende Auswahl und Kombination liefert eine genaue und ausgeglichene Perspektive. Anschließend wird das Framework aufgebaut und das, was gemessen werden soll, ausgewählt sowie die Verfahren und Richtlinien definiert.

◆ Unterschiedliche Level bezüglich Messen und Berichten: Diese liefern aufgrund der verschiedenen Metriken von der komponentenbasierten Sicht bis hin zum End-to-End-Service ein umfassendes Bild des IT Service, um beispielsweise eine Service Scorecard oder Dashboard erstellen zu können. Durch diese Darstellungsform können große Mengen von meist verteilten Informationen in verdichteter Form dargestellt werden, z.B. als Ampel, Thermometer oder Smiley.

Continual Service Improvement

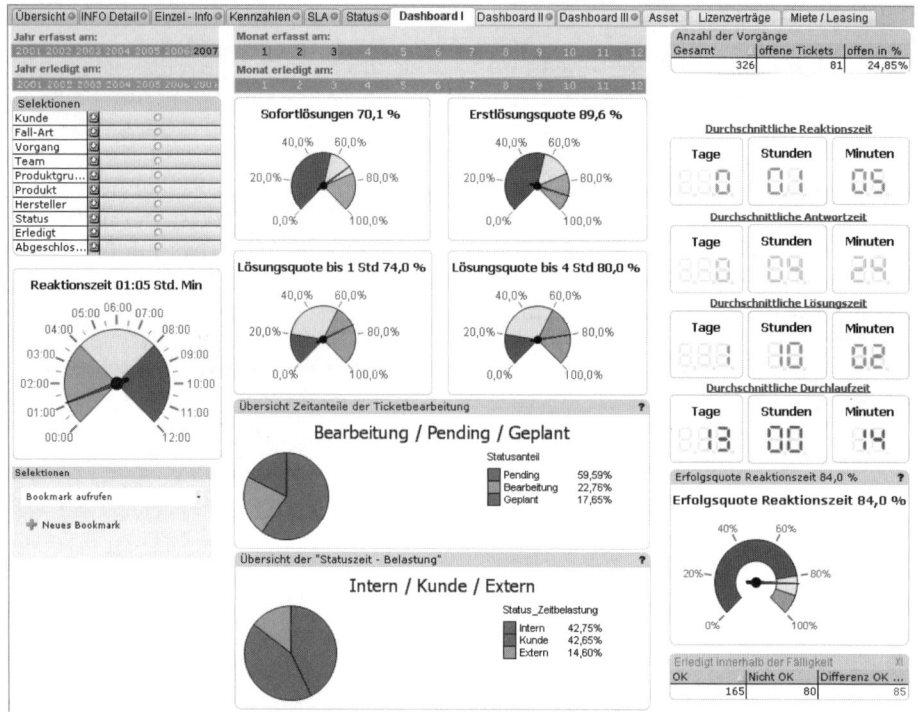

Abbildung 18.11: Beispielhafte Dashboard-Darstellung (Produkt: EcholoNAnalyzer)

◆ Definition, was gemessen werden soll: Konzentration auf einige wenige vitale Werte, die sich auf die gewünschten Ergebnisse beziehen, z.B. im Hinblick auf die Service-Level und Bestandteile (Service, System, Komponentenverfügbarkeit, Transaktions- und Antwortzeiten, MTTR, MTRS, MTBSI etc). Kundenzufriedenheit (Umfragen, z.B. regelmäßig über das Service Desk oder Incident Management), Business-Impact und/oder Lieferantenleistungen.

◆ Setzen von Zielen: Ziele, die über das Management gesetzt werden, sind quantitative Ziele, die erreicht werden sollen. Sie stehen für die Ziele des Service oder des Prozesses. Service Management-Ziele sind oft als Antworten auf Business-Anforderungen, durch neue Services oder Richtlinien zu verstehen. Wichtig ist, eine Baseline als Initialpunkt zu setzen, um vergleichen zu können.

◆ Messen der Service Management-Prozesse: Hier geht es um das Messen der Effektivität und Effizienz der Service Management-Prozesse. Voraussetzung ist, dass definiert wird, was auf Ebene der Prozessaktivitäten gemessen werden soll. Diese Aktivitätsmessungen sollten unterstützt werden durch Prozess-Leistungsindikatoren (KPIs). Es gibt vier Ebenen, auf denen berichtet werden kann (unterste zuerst):

● Aktivitätsmetriken für einen Prozess

● KPIs eines Prozesses

● Übergeordnete Ziele (z.B. bessere Service-Qualität, niedrigere Kosten)

● Balanced Scorecard der Organisation oder IT Scorecard

◆ Measurement Framework-Muster: Framework-Muster definieren die Ziele und KPIs, die diese Ziele unterstützen. Die Kategorien für KPIs lassen sich klassifizieren nach Compliance, Qualität, Performance und Wertbeitrag.

◆ Interpretieren und Verwenden von Metriken: Ergebnisse müssen kontextbezogen in Bezug auf Ziele, Umgebung und externe Faktoren geprüft und interpretiert werden. Die relevanten Resultate müssen ausgewählt werden, bevor die Interpretation ansteht.

◆ Interpretieren von Metriken: Hier ist vorab Untersuchungsarbeit notwendig, um zu schauen, welche Auslöser für Trends oder Entwicklungen hinter den Zahlen stehen. Gab es Veränderungen? Gab es Ausfälle? Welche weiteren Interpretationsmöglichkeiten gibt es?

◆ Verwendung von Messungen und Metriken: Metriken können für unterschiedliche Zwecke Verwendung finden wie Validierung (validate), Rechtfertigung (justify), Lenken (direct) und Intervenieren (intervene). Service-Messungen und Metriken sollten zur Entscheidungsfindung dienen. Ein anderer Zweck ist der Vergleich auf Basis einer Baseline. Der Vergleich und die Analyse von Trends gegen Service Level-Ziele oder SLAs helfen beispielsweise bei der früheren Identifikation von Schwankungen der Qualität.

◆ Anlegen von Scorecards und Berichten: Service-Messinformationen werden hauptsächlich zu drei Zwecken verwendet: Berichte zum Service an die involvierten Parteien, zum Vergleich gegenüber definierten Zielen und zum Identifizieren von Verbesserungsansätzen. Reports müssen der Zielgruppe entsprechend aufbereitet werden. Die gleiche Berichtsform sollte nicht für unterschiedliche Zielgruppen verwendet werden wie etwa Business, IT Manager und die Mitarbeiter aus der Netzwerkabteilung.

Berichte und Scorecards sollten mit der Gesamtstrategie und den Zielen verbunden sein.

Indikatoren	Maßeinheit	Soll	Ist	Ziel erreicht (j/n)
Finanzen				
Anzahl Wartungs- und Serviceverträge	Anzahl			
Umsatz durch Service und Wartung	EUR			
Anteil am Firmenumsatz	%			
Umsatz pro Wartungsvertrag	EUR			
Umsatzveränderung	%			
Verwaltungskosten	EUR			
Kunde				
Anzahl Servicekunden	Anzahl			
Loyalität (unsere Einschätzung)	Note			
Kundenzufriedenheitsindex (Befragung)	Note			
Dienstleistung				
Anzahl Fälle (Anrufe mit Problemstellung)	Anzahl			
Erreichbarkeit als Service Level	% in X Min			
Durchschnittliche Bearbeitungszeit	Min			
Soforterledigungsquote	%			
Nicht gelöste Fälle (Lösung nicht im Service möglich, Weiterleitung an Fachabteilung)	Anzahl			
Personal				
Anwesenheitsquote	%			
Mitarbeiterzufriedenheit (Fragebogen)	%			

Abbildung 18.12: Beispiel einer Balanced Scorecard (Bereich Service)

Continual Service Improvement

18.4   Exkurs: Return on Investment für das Continual Service Improvement

Nur wenige Unternehmen sind willens, Budget für die Kosten und Leistungen von Prozessverbesserungen ohne die Quantifizierung der Kosten und einen Beweis für Nutzen Ergebnisse freizugeben.

Das Thema RoI und Schaffung eines RoI (siehe auch *Kapitel 5.2.5, Exkurs: Rentabilitätsberechnung*) muss in Bezug auf unterschiedliche Faktoren betrachtet werden. Zum einen gibt es die Investitionskosten plus Aufwände, d.h. das Geld, das das Unternehmen in die Hand nimmt, um Services und Service Management-Prozesse zu verbessern (Kosten für interne Ressourcen, Beratungskosten, Tool-Kosten etc.). Dem gegenüber steht das, was die Organisation durch die Investition erzielt. Dieses Ergebnis ist oft schwer zu definieren. Um den entsprechenden Gegenwert zu berechnen, wäre es wichtig zu wissen, welche Kosten beispielsweise durch die mit der Investition verbundenen Downtime entstehen (Produktionsausfall, Einnahmewegfall), welche Kosten mit einem eventuellen Rollback, durch verspätete Lieferung einer Anwendung entstehen oder mit der Eskalation der Incidents verbunden sind oder wie teuer die Personalkosten sind.

Auch die Verfügbarkeit bzw. die Kosten für eine Downtime müssen berechnet werden, z.B. pro Minute, pro Geschäftstransaktion oder die Gesamtausfallzeit. Oft empfiehlt es sich, die Kosten für einen gewissen Zeitraum zu berechnen und dann hochzurechnen.

Der Business Case stellt die betriebswirtschaftliche Rechtfertigung für eine Investition oder ein Projekt dar. Dabei sollte der Fokus allerdings nicht auf den Begriff des RoI beschränkt sein. Auch der Nutzen für das Business und seine Kunden, der durch die Verbesserung eines Service erbracht wird (VoI) spielt eine Rolle. Die finanziellen Aspekte allein vermitteln nicht immer das ganze Bild. Um eine abgesicherte Entscheidung treffen zu können, müssen die qualitativen Faktoren und der spätere Nutzen untersucht werden.

Natürlich erwarten alle Beteiligten einen RoI durch CSI-Aktivitäten und Investitionen in diesem Bereich. Die Investitionen und der erwartete Nutzen können allerdings abhängig von der Unternehmensgröße, der Größe der IT, Kunde und Branche und vom Reifegrad der IT-Organisation und ihrer Prozesse sein.

Daher muss der Fokus darauf liegen, zusammen mit den Stakeholdern Business- und IT-spezifische Indikatoren, die den Nutzen für das Business in Verbindung mit der IT-Mitwirkung darstellen, aufzuzeigen. Oder: Wie kann die ITIL®-Prozessverbesserung der Organisation einen Nutzen bringen? Die IT sollte damit beginnen, die Arten des Business-Nutzens zu definieren, die mit Verbesserungen der IT einhergehen. Eine andere Betrachtungsweise beruht auf der Frage, was passiert, wenn eine Investition nicht umgesetzt wird.

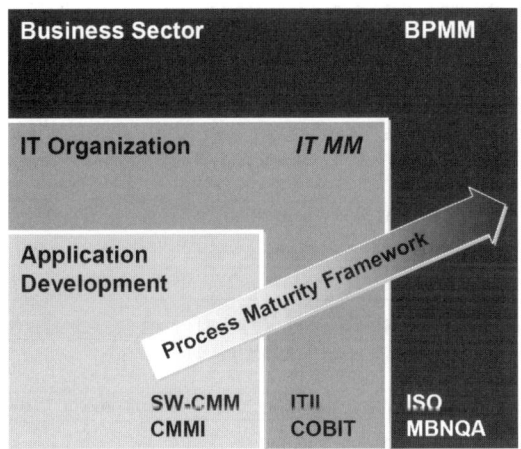

Abbildung 18.13: Reifegradbetrachtung

Nach der Implementierung von Verbesserungsaktivitäten ist es äußerst wichtig, den tatsächlich eingetretenen Nutzen zu messen. So kann beurteilt werden, ob die Verbesserungsaktivitäten auch wirklich den erwarteten Nutzen gebracht haben:

◆ Wurden die ins Auge gefassten Verbesserungen realisiert?

◆ Wurde der durch die Verbesserung erhoffte Nutzen erzielt? Wurden der RoI und der VoI erreicht?

◆ Ist genug Zeit nach der Implementierung vergangen, um die Messungen durchzuführen? Nicht jedes Ziel und jeder Nutzen ist direkt nach der Implementierung der Verbesserungsmaßnahmen greifbar.

18.5 Exkurs: Fragen des Business zum Continual Service Improvement

Das Business muss in die Verbesserungsthemen involviert sein, um gemeinsam mit der IT zu entscheiden, welche CSI-Ansätze Sinn machen und dem Business den größten Nutzen bringen.

Einige Schlüsselfragen (siehe *Abbildung 18.14*) unterstützen die Entscheidungsfindung in Bezug auf die Frage, welche Ansätze in Betracht kommen und in welche Richtung man sich bewegen möchte:

◆ Wo sind wir jetzt?/Wo stehen wir heute? Diese Frage sollte von jedem Unternehmen aufgeworfen werden, wenn es um die Betrachtung der aktuellen Situation geht. Sie ist als Ausgangsfrage einer Baseline-Erstellung zu verstehen. Die Antwort auf diese Frage dient als Startpunkt und als Baseline für spätere Vergleichszwecke. Es ist notwendig, über den gesamten Messverlauf die gleichen Methoden und Messverfahren anzuwenden, um korrekte und konsistente Ergebnisse zu erzielen.

◆ Was wollen wir? Die Antwort auf diese Frage wird oft in Form von Geschäftsanforderungen ausgedrückt. IT und Business sollten hier zusammenarbeiten, um herauszubekommen, was das Business von der IT erwartet. Die daraus erstellte Liste kann als

eine Art Wunschliste verstanden werden im Sinne einer hundertprozentigen Verfügbarkeit, höflicher und zuvorkommender Techniker oder beispielsweise einer stabilen
und fehlerfreien Infrastruktur. Es ist ebenso wichtig, die Gründe hinter den Wünschen des Business zu verstehen. Nach einigen Durchläufen können auch die lang-
und kurzfristigen Zielvorstellungen und Ziele identifiziert werden.

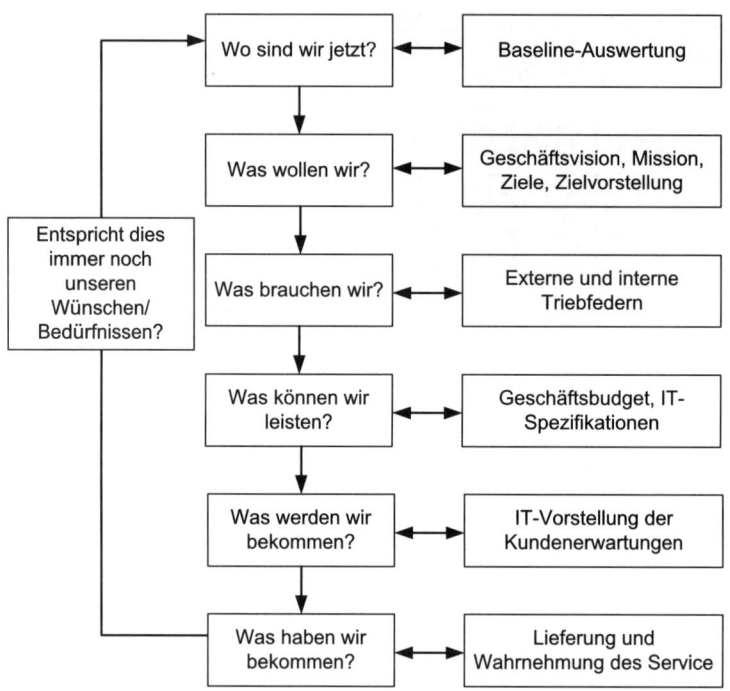

Abbildung 18.14: Verbesserungsmodell aus Business-Sicht

◆ Was brauchen wir? Diese Frage ähnelt der vorhergehenden Frage und baut auf die Ergebnisse der vorhergehenden Antworten auf. Zuerst einmal müssen die Wünsche priorisiert werden. Die Prioritätenvergabe sollte auf rationalen und wohldefinierten
Kriterien beruhen. Nachdem die Ziele und Prioritäten der Geschäftsführer und Direktoren (CFO, CTO, CIO, CEO, COO etc.) für die lange und kurze Frist festgelegt wurden, folgen die darunter liegenden Abteilungen und Bereiche.

Als Basis sollte eine Analyse der bereitgestellten Services dienen und eine Liste der
geschäftskritischen IT Services vorliegen, um diese nicht aus dem Fokus zu verlieren.

◆ Was können wir leisten? Die meisten Geschäfts- und IT-Organisationen besitzen ein
Budget, in dessen Rahmen sie sich bewegen können. Aus Service Management-
Sicht ist es unbedingt erforderlich, dass Service Level Management und Financial
Management zusammenarbeiten.

◆ Was werden wir bekommen? CSI stellt sicher, dass die IT mit dem Business zusammenarbeitet, um klar und widerspruchsfrei zu definieren, wie die Anforderungen
und Ergebnisse eines jeden Verbesserungsprojektes aussehen.

◆ Was haben wir bekommen? Service Operations wird das Monitoring und das Berichtswesen der erreichten Service Level übernehmen. Auf diese Ergebnisse und eventuellen Abweichungen aufbauend, wird das CSI zusammen mit dem Business Verbesserungsansätze identifizieren.

18.6   Exkurs: Continual Service Improvement und Service Level Management

Das Service Level Management (SLM) steht in enger Verbindung mit den Prozessen und Aufgaben des Continual Service Improvement im Service Lifecycle. Die SLM-Aktivitäten unterstützen den 7-Step Improvement-Prozess (siehe *Kapitel 18.1.3, Schnittstellen des Verbesserungsprozesses*), da das SLM vorgibt, was gemessen wird. Es definiert die Monitoring-Anforderungen, berichtet über die erreichten Service Level und arbeitet mit dem Business zusammen, um neue Anforderungen oder Veränderungen an bestehenden Services anzunehmen. Dies stellt Input für die CSI-Aktivitäten bereit und hilft bei der Prioritätenvergabe von Verbesserungsprojekten.

Das Service Level Management erfüllt eine überaus wichtige Funktion: Verbindungen aufbauen; und zwar mit IT-Kunden, zwischen funktionalen Gruppen innerhalb der IT (Stichwort OLAs), zwischen Lieferanten und der IT-Organisation (Stichwort UCs). Auch für den Fall, dass es keine formalen und/oder unterschriebenen SLAs gibt, kann eine IT-Organisation daran arbeiten, ihre IT Services zu verbessern. Denn es existieren in den Organisationen (wissentlich oder unwissentlich) drei unterschiedliche Arten von SLAs:

◆ Explizite SLAs: als formale Dokumente, die klar und deutlich die unterschiedlichen bereitgestellten Services, die Service- bzw. Qualitätslevel und deren Kosten beschreiben. Alle Seiten kennen darüber ihre Rechte und Pflichten.

◆ Implizite SLAs: Implizite Services sind schwer zu handhaben. Dies basiert auf den bisher geleisteten Services in der Vergangenheit. Wenn bisher gute Services geleistet wurden, erwartet der Kunde auch weiterhin gute oder gar bessere Services. Wenn die IT-Organisation wirklich in der Lage ist, die Services ein wenig zu verbessern, wird dies die ständige Erwartung des Kunden in Bezug auf den neuen Level sein. Umgekehrt gilt das gleiche: Mangelhafte Services in der Vergangenheit führen zur Erwartung mieser Services beim Kunden.

◆ Psychologische SLAs: Sie stehen oft in Verbindung mit dem Service Desk, das alle Anwender bei Störungen und Fragen kontaktieren sollen. Hier würden sie im Zweifelsfall Hilfe erhalten. Dementsprechend denken die Anwender, dass alles, was sie tun müssen, darin besteht, das Service Desk anzurufen, damit ihnen geholfen wird.

CSI spielt eine Rolle bei allen drei SLA-Arten. Explizite SLAs verlangen nach einem formaleren Verbesserungsansatz als bei den anderen beiden SLA-Arten.

18.6.1   Ziele für das Service Level Management

Service Level Management (SLM) stellt einen Grundpfeiler für den Verbesserungsgedanken dar. Verbesserungsgedanken werden nicht verfolgt, wenn Kunden und Business zufrieden sind. Verbesserungen werden angestoßen, weil die Kunden und das Business danach verlangen. Sie wollen diese Veränderungen im positiven Sinne.

Das Ziel für das SLM besteht in der Pflege und Verbesserung der IT Service-Qualität durch einen konstanten Kreislauf aus Vereinbaren, Überwachen und Berichten über die IT Service-Leistungen und das Bestreben, im Einklang mit dem Business und den Kosten mangelhafte und schlechte Services zu beseitigen oder auszuräumen.

Die Aspekte in Bezug auf den Begriff der IT Service-Qualität zielen auf die bereits bekannten Begriffe Utility und Warranty ab. Die Service Utility bezeichnet die Funktionalität eines IT Service aus der Perspektive des Kunden. Die Warranty ist als eine Zusage oder Garantie zu verstehen, dass ein Produkt oder Service den vereinbarten Anforderungen entspricht. Der Business-Wert eines IT Service setzt sich aus der Service Utility („was" der Service tut) und der Service Warranty („wie gut" der Service das ausführt) zusammen. Je höher die Service-Qualität, desto höher ist die Zweckmäßigkeit („Fit for Purpose") und oft die damit verbundenen Kosten. Die Zweckmäßigkeit ist ein eher informeller Begriff, der einen Prozess, ein Configuration Item, einen IT Service etc. beschreibt, mit dem die zugehörigen Ziele oder Service Levels erreicht werden können, und der mit der Service Warranty in Verbindung steht.

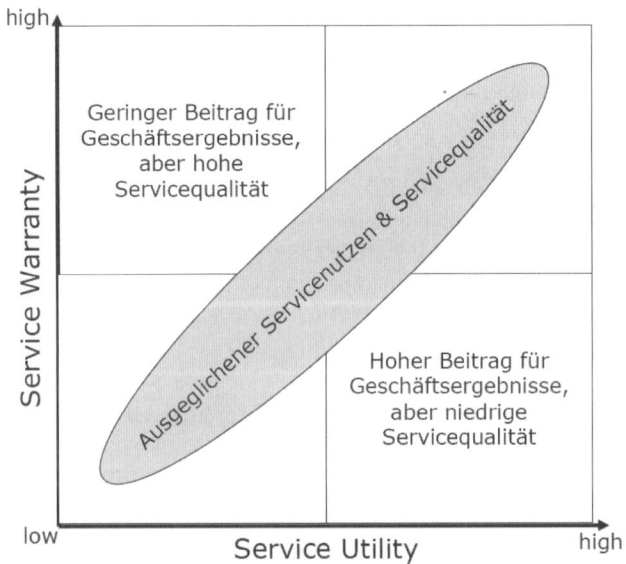

Abbildung 18.15: Qualität eines IT Service

Das Service Level Management (SLM) wird in der Design-Phase des Service Lifecycle erstellt. Das CSI sollte in das Design des SLM involviert sein, um sicherzustellen, dass messbare Ziele implementiert wurden, anhand derer potenzielle Service-Verbesserungen identifiziert werden können.

18.6.2 Service Improvement Plan (SIP)

Das Service Level Management (SLM) ist durch seine Inhalte und Ergebnisse einer der Trigger für das CSI. Dazu gehört auch der Service Improvement Plan (SIP) als ein formeller Plan zur Implementierung von Verbesserungen für einen Prozess oder

IT Service, der als Ergebnis aus einer Service Review-Aktivität hervorgehen kann. Er wird als Teil des CSI-Prozesses gehandhabt.

Verschiedene Ursachen können die Service-Qualität negativ beeinflussen. Das Service Level Management muss in Zusammenarbeit mit dem CSI (und eventuell in Verbindung mit dem Problem Management als Ursachenforscher) und dem Availability Management einen Service Improvement Plan initiieren. Dieser dient der Identifizierung und Implementierung der notwendigen Aktionen, um die herrschenden Probleme auszuräumen und die definierte Service-Qualität wiederherzustellen. Dazu gehören auch die Schulung von Anwendern, Systemstests und Dokumentationen.

Einige Organisationen halten im Bereich Service Level Management ein jährliches Budget vor, um die Anstöße für Service Improvement-Pläne finanzieren zu können. So müssen nicht erst (lange) Finanzierungsverhandlungen und Budget-Freigaben abgewartet werden, um notwendige Aktionen aufzusetzen und umzusetzen.

Falls eine Organisation Bereiche outgesourct hat, sollte das Thema Service Improvement-Planung und die damit verbundene Budgetierung im Vertrag berücksichtigt werden. Ansonsten wird der Vertragspartner keine Veranlassung sehen, Verbesserungen umzusetzen, wenn er seine Verpflichtungen erfüllt sieht oder zusätzliche Kosten anfallen.

Continual Service Improvement

Teil VII

ITIL®-Basis-Zertifizierung

ITIL-
Zertifizierung

19 Die ITIL®-Zertifizierungen

Über 50.000 Experten in mehr als 30 Ländern weltweit haben sich bis zum Jahr 2005 bereits im IT Service Management nach ITIL® zertifizieren lassen. Mitarbeiter mit einer ITIL®-Basis-Zertifizierung verfügen mindestens über das Grundlagenwissen hinsichtlich ITIL®, was die Motivation, Inhalte in Form von Funktionen, Prozessen, Begriffen und den Hintergrund dieses De-facto-Standards angeht.

Das Know-how der Mitarbeiter ist der erste und wichtigste Schritt zu einer erfolgreichen Einführung und die Unterstützung von IT Service Management. Steht nicht nur der kurzfristige Erfolg an erster Stelle, so ist eine einheitliche Sprache im Unternehmen unverzichtbar, auch als Ausgangsbasis für besser aufeinander abgestimmte und effizientere Kommunikation und die Prozesse im Hinblick auf die Zusammenarbeit mit Kunden und Zulieferern. In einer Organisation, in der sich ITIL® bereits etabliert hat, besteht die Aufgabe der Abteilungen und der Mitarbeiter in der Überwachung, Qualitätssicherung und Verbesserung der Prozesse. Dies bezieht sich nicht nur auf die vorhandenen Mitarbeiter einer Organisation. Auch in Stellenausschreibungen spielt ITIL® eine Rolle; Kandidaten werden Kenntnisse und Erfahrung als Pluspunkt zugeschrieben.

Das klassische ITIL®-Curriculum für die Mitarbeiterqualifikation umfasst dabei die Grundlagenschulung in Form der ITIL® Foundations sowie weiterführende Ausbildungsmöglichkeiten.

Qualifizierungsmaßnahmen und Zertifizierungen sind Teil von ITIL®, um bestimmte Standards zu erreichen und nachweisen zu können. Dies bezieht sich auf die unterschiedlichen Personenzertifizierung und die Unternehmenszertifizierung nach ISO/IEC 20000.

19.1 Unternehmenszertifizierungen für das IT Service Management

Die Best Practices-Sammlung an und für sich ist kein Standard im Sinne einer Norm. Die im ITIL®-Umfeld federführende Organisation itSMF (IT Service Management Forum) sah hier Handlungsbedarf und ließ eine international gültige Norm entwickeln: Sie basiert auf dem britischen Standard BS 15000, trägt die Bezeichnung ISO 20000 und ist seit Dezember 2005 gültig. Folglich können nun auch IT-Organisationen ihre Service-Prozesse durch unabhängige Auditoren zertifizieren lassen.

Mit einer ISO 20000-Zertifizierung können Unternehmen nun Kunden und Partnern optimale Service-Prozesse nachweisen und ihre Wettbewerbsfähigkeit damit sicherstellen. Bei der Zertifizierung werden Umsetzungskontrollen, Nachhaltigkeit und die Qualität der Ergebnisse überprüft. Alle Prozesse des IT Service Managements werden betrachtet.

Eine etwas andere Zertifizierungsmöglichkeit: ISO 9000

ISO 9000 bildet eine ganzheitliche Sicht auf das Unternehmen. Sie beschreibt eine Verfahrensweise zur Optimierung der Qualität von Produktionsprozessen aller Art. Dies geht von der Planung über Mitarbeitereinsatz und -qualifikation bis zur Dokumentation aller Prozesse. Es finden jedoch keine Sinnhaftigkeits- und Qualitätsprüfungen der Ergebnisse statt. Die ISO 9000 ist gleichermaßen gut geeignet zur Anwendung für Hersteller, für Dienstleister sowie für Lieferanten. Die ISO 20000 ist dagegen auf IT-Unternehmen und -Abteilungen ausgerichtet.

ISO 20000 zeigt anhand eines Kriterienkatalogs die ITIL®-Kernprozesse auf, die ein Unternehmen nachprüfbar erfüllen muss. Darüber hinaus erweitert die neue Norm die ITIL®-Anforderungen, beispielsweise in Richtung auf stringent ausgerichtete Geschäfts- und IT-Prozesse. Organisationen, die sich zertifizieren lassen wollen, müssen Prozesse zu den Themen „Management-System", „Planung und Implementierung" sowie „Planung neuer Services" einführen. Darüber hinaus haben sie Strukturen und Kennzahlen für die kontinuierliche Verbesserung ihrer Prozessqualität vorzuweisen.

Der Standard ISO 20000 gewinnt immer weiter an Bedeutung. 16 Prozent der Unternehmen zeigten sich geneigt, ihre Prozesse in den kommenden zwei Jahren nach dessen Vorgaben zertifizieren zu lassen – obwohl das nach Expertenansicht vor allem für externe Dienstleister interessant ist.

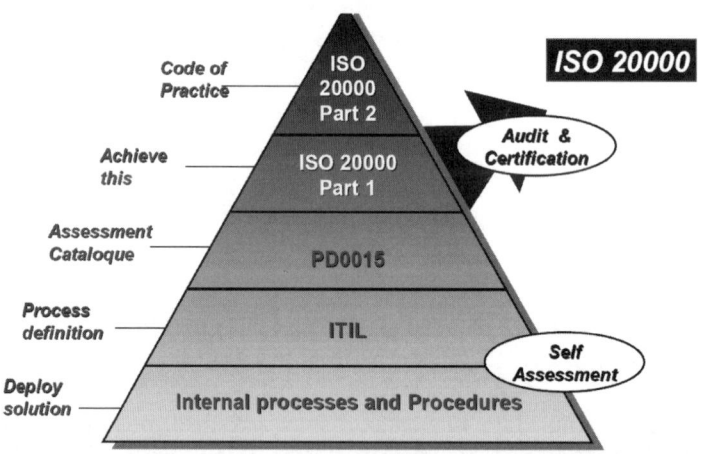

Abbildung 19.1: Adaption unterschiedlicher Frameworks und Standards

Entscheidend für die Zertifizierung sind Definition und Nachprüfbarkeit aller Prozesse. Der Auditor schaut sich anhand der Dokumentationen an, auf welche Weise Störungen erfasst, qualifiziert und weitergegeben werden. Außerdem will er wissen, wann die Kriterien für eine „schwer wiegende" Störung erfüllt sind und wo sie festgelegt wurden. In den Stichproben werden meist Extremfälle untersucht.

In Form von Interviews überprüfen die Lizenzprüfer, ob die definierten Prozesse auch tatsächlich gelebt werden. Systemtechniker und Entwickler werden beispielsweise gefragt, ob sie wissen, wie sie etwa einen Request for Change stellen müssen. Know-how-Datenbanken und nachweisbare Informationen im Intranet helfen den Mitarbeitern. Hier können alle Prozesse dokumentiert und beschrieben werden. Damit jeder Mitarbeiter weiß, wie er wann vorgehen soll, können die Abläufe auch über Tools organisiert werden.

Explizit fordert die ISO 20000-Norm einen strategischen Planungsprozess für das IT Service Management. Er soll unter anderem kurz- und langfristige Planungen miteinander vereinen. Hier helfen Quartals-Reviews, die regelmäßig alle strategischen Ziele des Unternehmens mit den operativen Zielen für die IT vergleicht. Ebenfalls alle drei Monate überprüfen in vielen Unternehmen die Verantwortlichen die Ergebnisse der Kennzahlen, mit denen die Qualität der IT Service-Prozesse wie Durchlaufzeiten, Erstelldauer und Anzahl erfolgreicher Angebote sowie termintreue Auftragserfüllung gemessen wird.

Eine ISO 20000-Zertifizierung sollte nie das alleinige Ziel der Unternehmen sein. Die Triebfeder des Handelns sollte vielmehr darin bestehen, Prozesse und Qualität, Effektivität und Effizienz permanent verbessern zu wollen.

Unterschiede in der Zertifizierung

ISO 9000: Unternehmen oder Funktionseinheiten des Unternehmens. In ISO 9000 vorgegebene Prozesse mit vorgegebenen Dokumentationsrichtlinien (ganzheitliche Sicht auf das Unternehmen)

ISO 20000: Alle Prozesse des IT Service Managements werden betrachtet wie z.B. Organisationseinheiten, IT Services, Bereiche des Unternehmens. Denn es ist zwar möglich, die Mitarbeiter eines Unternehmens nach ITIL® zu zertifizieren, aber nicht ein Unternehmen als Gesamtkomplex als „ITIL®-compliant" darzustellen. Allerdings können Unternehmen, welche die ITIL®-Richtlinien im IT Service Management einsetzen, die hier erwähnte ISO/IEC 20000-Zertifizierung ablegen.

19.2 Personen-Zertifizierungen

Zur Qualifizierung der IT-Verantwortlichen werden die international anerkannten ITIL®-Zertifikate (Service Management) vergeben. Wie in vielen anderen Bereichen gibt es auch in Bezug auf ITIL® eine Reihe von Zertifizierungen, die nach Schwierigkeits- und Erfahrungsgrad gestaffelt sind (siehe *Abbildung 19.2*). Die Hoheit dieser Zertifizierungsprüfungen liegt nicht wie bei vielen anderen (technischen) Zertifizierungen bei Thompson Prometric oder der OGC selbst.

Das Office of Government Commerce (OGC) tritt lediglich als Träger von ITIL® auf. Sie vergibt die Rechte an den Examen. Die APM Group ist der Besitzer der ITIL® V3 Examensrechte. Sämtliche ITIL® V3-Examen werden vom Akkreditor APM Group entwickelt und übersetzt. Die APM Group verwaltet die Akkreditierung, das Qualifizierungs- und Zertifizierungsschema inklusive Syllabus der ITIL®-Version 3. Wich-

ITIL-
Zertifizierung

tig ist allerdings, zwischen der APM Group und APMG bzw. APMG-UK zu unterscheiden. Während die APM Group als Akkreditor die Examination Institutes (EIs) akkreditiert, ist APMG bzw. APMG-UK selbst ein solches EI, akkreditiert ihre eigenen Trainingsprovider und stellt diesen Examen zur Verfügung, die diese ihrerseits ihren Kunden anbieten. Die APM Group lizenziert also die Examination Instituts (EI), wie z.B. EXIN, ISEB, British Computer Society (BCS), Loyalist College, APMG-UK. Die ITIL V3-Examen werden vom Akkreditor APM Group den EIs (APMG-UK, Exin, ISEB, BCS, DANSK-IT, Loyalist, DF Certifiering) zur Verfügung gestellt. Die EIs akkreditieren die ATOs (akkreditierte Trainingsorganisationen). Den Status ATO erhalten Schulungsunternehmen, die bei der APM Group als „Accredited Training Organisation" (ATO) gelistet sind. Die ATOs schulen die Teilnehmer, wobei offiziell bereits für die Foundation Trainings eine Akkreditierung nötig ist, ähnlich wie bei PRINCE2™, was auch über die APM Group als Lizenznehmer der OGC verwaltet wird. Die akkreditierten ATOs sind auf der APMG-Webseite *http://www.apmgroup.co.uk/ITIL/ ITILATOS/ITILATOs.asp* aufgeführt.

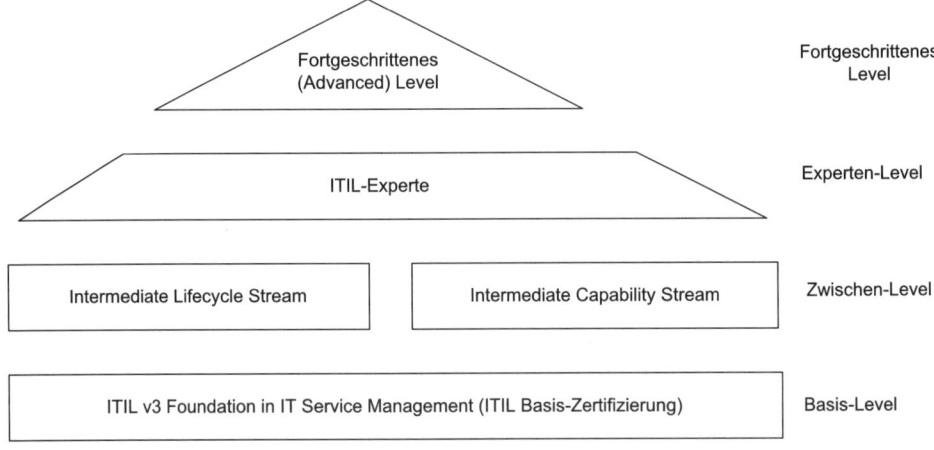

Abbildung 19.2: Level der ITIL® V3-Zertifizierungen

Sämtliche ITIL® V3 Foundation-Prüfungen haben ihren Ursprung beim „Qualification Panel" in England unter der Teilnahme der APMG und der EXIN. Neuigkeiten und Informationen zu diesem Thema finden Sie unter *http://www.itil-officialsite.com/ Qualifications/QualificationScheme.asp*.

Änderungen bei der Ausbildung nach ITIL® V3

◆ Die bisher abgenommenen Zertifizierungen der ITIL® V2 behalten ihre Gültigkeit, da sich die wesentlichen Grundprinzipien in ITIL® V3 nicht verändern werden, sondern lediglich eine Überarbeitung und Erweiterung der Version 2 darstellen. Alle Zertifizierungen, ob nun ITIL® Foundation oder ITIL® Service Manager, bleiben gültig.

„Since the core principles of ITIL® are not changing, existing qualifications and certificates will remain valid and intact." (OGC, Quelle: *http://www.best-management-practice.com/Knowledge-Centre/ITIL-News/*)

◆ Bis in das Jahr 2008 können auch weiterhin ITIL®-Zertifikate für ITIL® V2 über EXIN / TÜV offiziell abgenommen werden (der TÜV handelt hier als Auftragnehmer der EXIN). ITIL® V2-Zertifikate werden bei sinkender Nachfrage eingestellt. Alle ATOs (Accredited Training Organisations) erhalten von der APMG 4-6 Monate Zeit, um ihre Kunden zu informieren und um gegebenenfalls letzte V2-Schulungen durchzuführen.

Die ITIL®-Zertifizierungsprüfungen der Version 2 für den angelsächsischen Raum werden von dem Information System Examination Board (ISEB) in englischer Sprache für Großbritannien, Irland und den British Commonwealth abgenommen. EXIN führt alle nicht-englischsprachigen Zertifizierungsprüfungen durch und ist somit auch für die ITIL® V2-Prüfungen im deutschsprachigen Raum zuständig. EXIN ist eine von der holländischen Wirtschaft geförderte Stiftung.

◆ Ab dem 01.07.2007 gibt es ein neues Lizenz- und Akkreditierungsmodell. Es müssen alle Zertifizierungen nach ITIL® V3 über die APM Group laufen. Somit werden alle Prüfungen der ITIL® V3 ab dem 01.07.2007 von der APM Group zentral verwaltet, d.h. alle Zertifizierungsinstitute und/oder ATOs werden die Prüfungen bei der APM Group anfordern.

◆ Alle Prüfungsfragen der ITIL® V3 werden in einer zentralen Datenbank gespeichert und individuell für eine Prüfung zusammengestellt.

◆ Es ist geplant, die Prüfungen für die IT Service Manager Zertifikate als Multiple Choice-Prüfungen durchzuführen.

19.2.1 ITIL® V3-Zertifizierungsschema

Mit der Einführung der dritten ITIL®-Version hat sich neben den Inhalten und dem neuen Lizenznehmer für die Examensrechte auch das Qualifizierungsschema gegenüber der Version 2 geändert. Alle Zertifizierungen der Version 2 behalten aber ihre Gültigkeit. Wer sich zusätzlich nach ITIL® V3 zertifizieren lassen möchte, kann verschiedene Aufbaukurse besuchen, um ausreichend Kenntnisse in ITIL® V3 zu erlangen und nachzuweisen.

Die Ausbildung ist in drei Stufen aufgeteilt. In der ersten Stufe geht es darum, Kenntnisse und Verständnis zu erwerben, in der zweiten Stufe um vertieftes Verständnis und Anwendung des Erlernten und in der dritten Stufe um Anwendung, bezogen auf eine bisher unbekannte Problemstellung, und um Analyse der Thematik. Als höchste Ausbildungsstufe gilt nicht mehr das Manager's Certificate in IT Service Management (Service Manager), sondern der neu geschaffene ITIL® Expert

ITIL-Zertifizierung

bzw. ITIL® Advanced Expert. Über das neue Zertifizierungsschema können Sie sich über die APMG-Seite bzw. die offizielle ITIL®-Seite (*http://www.itil-officialsite.com*) informieren.

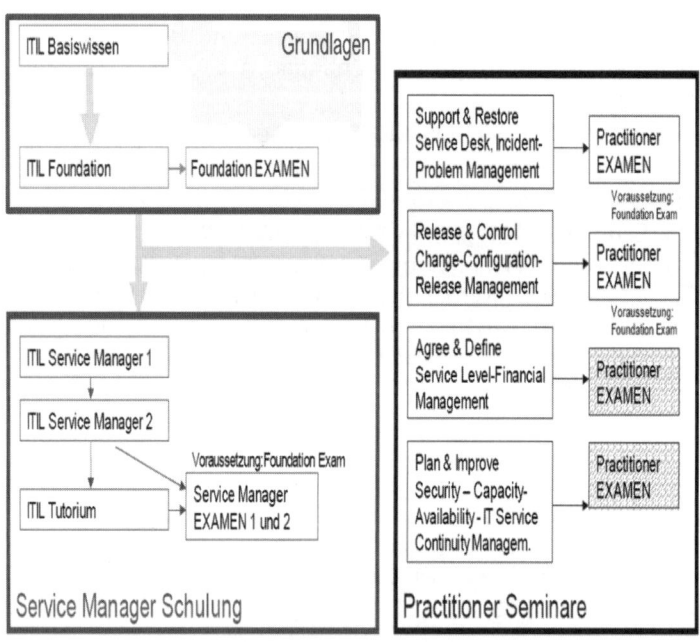

Abbildung 19.3: Das ITIL®-Zertifizierungsschema (Version 3) inklusive Credits

19.2.2 Punktesystem

Die wichtigste Änderung des neuen Schemas ist die Einführung eines Credit-Point-Systems: Pro Zertifizierung erhalten die Teilnehmer Punkte, welche bei Erreichung einer Punktzahl von mindestens 22 zum Erwerb des ITIL® Diploma führen. Dabei werden auch die bisherigen ITIL® V2-Zertifizierungen berücksichtigt, und es existieren unterschiedliche Möglichkeiten auf den Zertifizierungspfad der Version 3 zu gelangen.

ITIL® V3 Foundation-Zertifizierung

Ein ITIL® V3 Foundation-Examen ist auch ohne Teilnahme an einer Schulung möglich. Teilnehmer, die nur die Prüfung schreiben möchten, müssen mit einer Prüfungsgebühr von circa 185,00 Euro zzgl. MwSt. rechnen (hängt von der ATO ab). Für alle anderen Zertifikate müssen vorab die entsprechenden Kurse besucht werden, siehe auch *http://www.apmgroup.co.uk/ITIL/ITILOpen-CentreExams.asp*.

> *It is possible for somebody to take a V3 Foundation Exam without attending an Accredited Training Course. Exams will be available through public centres organised by the Examination Institutes. Some Examination Institutes may use online testing providers. (OGC, Stand Oktober 2007)*

Als Inhaber eines ITIL® V2-Zertifikats haben Sie die Möglichkeit, verschiedene Aufbaukurse, so genannte „Bridge-Kurse", zu besuchen, um Ihren Wissensstand auf ITIL® V3-Level zu bringen und sich zertifizieren zu lassen.

Als Inhaber eines …

◆ ITIL® Foundation-Zertifikats nach ITIL® V2 erhalten Sie über die ITIL® V3 Foundation Bridge das Zertifikat „Foundation Bridging Certificate in IT Service Management". Nachfolgend können Sie Module aus den beiden Streams Service Lifecycle und Service Capability besuchen bzw. die entsprechenden Zertifizierungen ablegen.

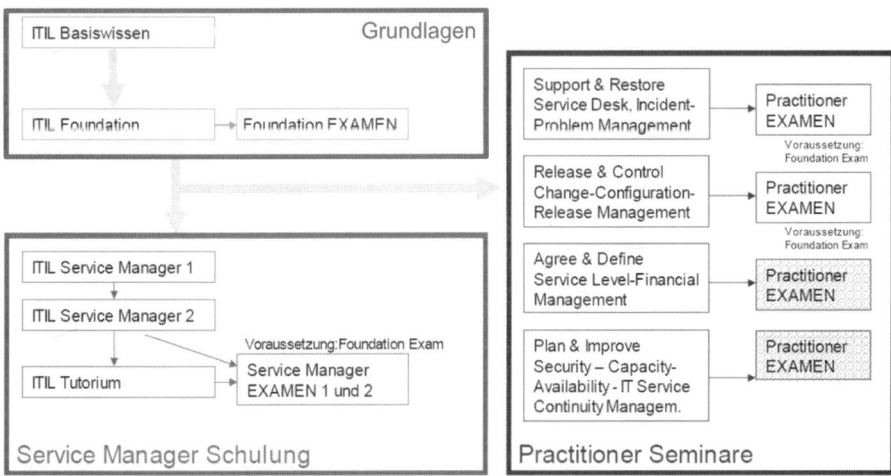

Abbildung 19.4: Schulungs- und Zertifizierungsschema der Version 2

Die Bridge-Prüfung besteht aus 20 Multiple Choice-Fragen und gilt als erfolgreich bestanden, wenn 65% richtig beantwortet sind. Die Prüfungszeit beträgt 30 Minuten. Teilnehmer, die nicht in ihrer Muttersprache schreiben, dürfen mit Hilfe eines Dictionarys innerhalb von 40 Minuten die Prüfung ablegen. Die Ergebnisse werden nach ca. 6-8 Wochen postalisch mitgeteilt. Ein ITIL® V3 Foundation Bridge-Examen ist nicht ohne Teilnahme an einer Schulung möglich. Teilnehmer, die eine Prüfung nachschreiben möchten, müssen mit einer erhöhten Prüfungsgebühr rechnen (Stand Dezember 2007/Januar 2008).

◆ oder mehrerer ITIL® Practitioner-Zertifikate nach ITIL® V2 erhalten Sie für jedes ITIL® Practitioner-Zertifikat nach V2 eine gewisse Anzahl an Credits, welche ebenfalls für das ITIL® Diploma zählen. Sie können also die Practitioner Ausbildung nach V2 zunächst beenden, um dann mit dem Kurs „Managing through the Lifecycle" die letzten fehlenden Credits zu erhalten, oder aber Sie haben die Möglichkeit, direkt in die Module der Lifecycle und Capability Streams einzusteigen und auf diese Weise die fehlenden Credits zu erlangen.

◆ Manager's Certificate in IT Service Management (Service Manager): Mit dem 5-tägigen ITIL® V3 Manager Bridge-Seminar erwerben Sie die fehlenden Credits zum Erhalt des ITIL® Diploma. Nach erfolgreichem Bestehen der Zertifizierungsprüfung dieses Kurses erhalten Sie das Manager's Bridging Certificate in IT Service Management. Die Mana-

ger's Bridge-Prüfung setzt sich aus 20 Multiple Choice-Fragen, bestehend aus 10 einzelnen Szenarien, zusammen und gilt als erfolgreich bestanden, wenn 80% richtig
beantwortet sind. Die Prüfungszeit beträgt 90 Minuten. Teilnehmer, die nicht in ihrer
Muttersprache schreiben, dürfen mit Hilfe eines Dictionarys innerhalb von 105 Minuten
die Prüfung ablegen. Die Prüfung wird vorerst nur in englischer Sprache abgenommen.

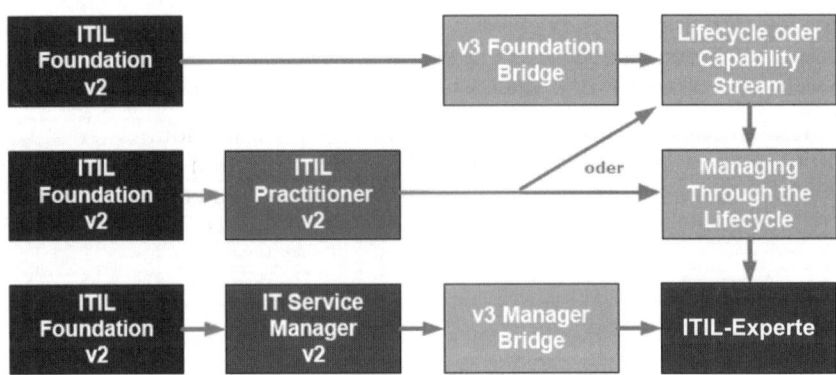

Abbildung 19.5: Mit ITIL® V2 zum ITIL®-Diplom

Die neue Struktur gliedert sich in 4 Teilbereiche: Foundation Level, zwei Intermediate Level und Experten- plus Advanced Level, für welches die Rahmenbedingungen
momentan allerdings noch nicht zur Verfügung stehen (Stand Dezember 2007/
Januar 2008).

19.2.3 Dreistufiges Ausbildungsschema

Die Ausbildungen werden in drei Stufen aufgeteilt. Die dreistufige Systematik folgt
dem Ansatz von Bloom: In der ersten Stufe geht es darum, Kenntnisse und Verständnis zu erwerben, in der zweiten Stufe um vertieftes Verständnis und Anwendung des
Erlernten und in der dritten Stufe um Anwendung, bezogen auf eine bisher unbekannte Problemstellung, und um Analyse der Thematik. Es ergibt sich folgendes
Schema:

◆ ITIL® Foundation: Der Foundation Level bildet wie auch in ITIL® V2 den Grundlagen-
   kurs. Hier geht es darum, die wesentlichen Grundsätze, Prozesse und Modelle von
   ITIL® V3 zu verstehen. Die Foundation-Prüfung besteht wie in ITIL® V2 aus 40 Multiple Choice-Fragen und dauert 1 Stunde. Für eine bestandene V3 Foundation-Prüfung werden 2 Punkte vergeben. Möchte man die weiteren ITIL® V3 Streams
   besuchen, ist das Foundation-Zertifikat die Voraussetzung dafür.

◆ ITIL® Service Lifecycle and Capability Streams: Im Rahmen dieser Ausbildungsstufe
   – dem Intermediate Level – gibt es zwei parallele Ausbildungswege. Diese entsprechen in etwa dem heutigen Service Manager (Lifecycle Stream, bestehend aus max.
   5 Kursen) bzw. dem Practitioner (Capability Stream, bestehend aus max. 4 Kursen).

◆ ITIL®-Experte: Wer als ITIL®-Experte gelten will, benötigt 22 Punkte. Diese Punkte erhält der Absolvent durch den erfolgreichen Abschluss der Kurse aus dem Lifecycle Stream und/oder aus dem Capability Stream sowie dem abschließenden Pflichtkurs Managing Through the Lifecycle. Basis für die Streams ist der Besuch der ITIL® Foundation V3 oder der ITIL® Foundation V2 plus V3 Bridging-Kurs. Wer das ITIL® Service Manager-Zertifikat (wird inkl. Foundation V2 mit 17 Punkten anerkannt) erreicht hat, kann durch den erfolgreichen Besuch eines dreitägigen ITIL® V3 Manager Bridge-Kurses (5 Punkte) ebenfalls den Expertenstatus erreichen. Über den Advanced Level gibt es zum heutigen Zeitpunkt noch keine Aussagen der APMG (Stand Dezember 2007/Januar 2008).

Der Foundation Level bildet die Grundlage der neuen Ausbildungsstruktur. Hier werden die Terminologie, das Konzept sowie die wichtigsten Prozesse der ITIL®-Version 3 vermittelt. Aufbauend darauf können die Teilnehmer zwischen verschiedenen Modulen des ITIL® Service Lifecycle und/oder des ITIL® Service Capability Streams wählen.

Schwerpunkte des Service Lifecycle Streams sind die fünf neuen ITIL® V3-Bücher: Service Strategy, Service Design, Service Transition, Service Operation und Continual Service Improvement. Der eher prozessorientierte Service Capability Stream setzt sich aus den 4 Modulen „Operational Support & Analysis", „Planning, Protection and Organisation", „Release, Control & Validation" und „Service Offerings & Agreements" zusammen. Teilnehmer haben die Möglichkeit, Module aus beiden Streams zu wählen und dementsprechend Credits zu sammeln.

Nach dem Erwerb von 22 Credits wird den Teilnehmern das Original-Zertifikat „ITIL® Expert in IT Service Management" ohne weitere Prüfung verliehen. Da die APMG UK das Examen bisher noch nicht auf den Markt gebracht hat, existieren noch keine Kursangebote und keine damit auch keine Zertifizierungsmöglichkeit.

19.2.4 ITIL® Foundation-Zertifizierung

Das ITIL® Foundation-Zertifikat (Foundation Certificate in IT Service Management) ist die Basis der ITIL®-Zertifizierungen und führt in das prozessorientierte IT Service Management ein. Darauf baut die weitere Ausbildung in Richtung des ITIL®-Expertenstatus bzw. des Advanced Level auf.

Es bestehen keine besonderen Voraussetzungen für die Foundation-Zertifizierungsprüfung. Für das Ablegen der Prüfung zum Erwerb dieses Zertifikates ist eine Schulung nicht zwingend erforderlich, allerdings ist der Besuch einer ITIL®-Foundation-Schulung oder vergleichbarer Trainings anzuraten, wenn **keinerlei** praktisches oder theoretisches Vorwissen besteht.

Der Test zur Basis-Zertifizierung besteht aus 40 Fragen in Multiple Choice-Form, die innerhalb von 60 Minuten zu beantworten sind. Teilnehmer, die nicht in ihrer Muttersprache schreiben, dürfen mit Hilfe eines Dictionarys innerhalb von meist 75 Minuten die Prüfung ablegen. Seit Januar 2008 können Sie das ITIL® V3-Examen auch in deutscher Sprache absolvieren.

ITIL-Zertifizierung

In der Regel ist von den drei, vier oder fünf vorgegebenen Antwortmöglichkeiten nur eine Antwort richtig („one choice"). Der Teilnehmer erhält den Prüfungsbogen mit den Fragen und Antworten und einen Lösungsbogen. Auf diesem Vordruck sind die personenbezogenen Daten des Teilnehmers und die Lösung zu jeder Aufgabe einzutragen. Der ausgefüllte und abgegebene Vordruck wird dann anhand einer Lösungsschablone überprüft. Bestanden hat der Teilnehmer, wenn er von den insgesamt 40 Multiple Choice-Fragen 65 % (26 Fragen) richtig beantworten konnte. Der Prüfer kann das Ergebnis der Zertifizierungsprüfung bereits vor Ort mitteilen. Die schriftlichen Ergebnisse werden nach ca. 4-6 Wochen postalisch mitgeteilt.

Die ITIL® Foundation-Zertifizierung nach der neuen Version ITIL® 3 behandelt Schlüsselkonzepte, Terminologie und ITIL® V3-Prozesse, um ein erstes umfassendes Verständnis von ITIL® aufzubauen. Es wird auf die Prozesse und die Terminologien des ITIL® V3-Frameworks in den Bereichen Service Management als Methode (Service Management as a practice), Service Strategie, Service Design, Service Transition, Service Operation und den kontinuierlichen Verbesserungsprozess (Continual Service Improvement) eingegangen. Im Rahmen dieser Betrachtung wird ebenso das Zusammenspiel der Prozesse, Rollen und Verfahren sowie der Service Lifecycle erläutert.

Inhalte der Zertifizierungsprüfung beziehen sich auf:

◆ Service Management in der Praxis

◆ Das ITIL® V3-Konzept

◆ Philosophie des Service-Lifecycle

◆ Grundlagen, Prozesse und Aktivitäten aus den Bereichen:

● Service Strategy (SS)

● Service Design (SD)

● Service Transition (ST)

● Service Operation (SO)

● Continual Service Improvement (CSI)

Bevor Sie sich in die Zertifizierungsprüfung begeben, sollten Sie sicher sein, dass Sie in der Lage sind, die ITIL®-Terminologie und Grundbegriffe problemlos zu verwenden und die grundlegende Service Lifecycle-Struktur der ITIL®-Methodik zu kennen. Einen jeweils aktuellen Syllabus finden Sie auf der Webseite der APMG unter *http:// www.itil-officialsite.com/Qualifications/ITILV3QualificationScheme.asp*.

Eine bestandene ITIL® V3 Foundation-Prüfung ist 2 Punkte wert. Um den ITIL®-Expertenstatus zu erreichen, benötigt man insgesamt 22 Punkte. Entweder es werden die Kurse des „Lifecycle Stream" (15 Punkte) oder die Kurse des „Capability Sream" (16 Punkte) belegt, wobei bestimmte Kombinationen möglich sind. Darauf aufbauend gibt es eine „Managing through the Lifecycle"-Schulung mit anschließender Prüfung, welche 5 Punkte wert ist. Sind dann 22 Punkte auf dem Konto, wird der ITIL®-Expertenstatus verliehen, welcher vorerst die höchste ITIL®-Ausbildungsstufe darstellt. In Zukunft ist darüber hinaus der „Advanced Level" geplant.

Wichtig: Da die Überarbeitung des Qualifizierungsschemas noch nicht abgeschlossen und offiziell veröffentlicht ist (Stand Januar 2008), sollten Sie sich über die
APMG und die Webseiten der ATOs über die neuesten Entwicklungen der Zertifizie-
rungsangebote und -schulungen informieren.

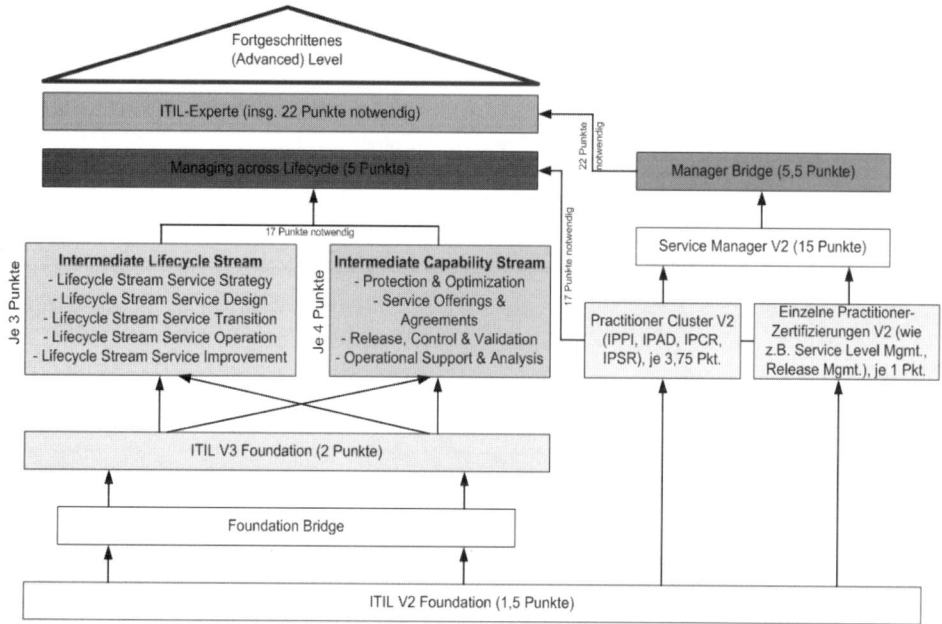

Abbildung 19.6: Beispielhaftes ITIL®-Qualifizierungsschema der Version 3

20 Kontroll- und Prüffragen zur ITIL® Foundation-Zertifizierungsprüfung

In diesem Kapitel lernen Sie typische Fragen aus dem Foundation-Bereich kennen. Für das Ablegen der Prüfung zum Erwerb dieses Zertifikates ist keine Schulung – als zwingende Voraussetzung – erforderlich, allerdings ist der Besuch einer ITIL® Foundation-Schulung oder vergleichbarer Trainings anzuraten. Bestanden hat der Teilnehmer, wenn er von den insgesamt 40 Multiple Choice-Fragen 65 % innerhalb von 60 Minuten richtig beantworten konnte.

Jede Frage ist eine Multiple Choice-Frage, die nur eine richtige Antwort zulässt. Während des Examens ist es nicht erlaubt, Literatur, Notizen oder andere Hilfsmittel zu verwenden.

Die Höchstzahl der zu erreichenden Punkte beträgt 40. Für jede richtige Antwort bekommt der Prüfling einen Punkt. Bei 26 Punkten oder mehr hat der Teilnehmer die Zertifizierungsprüfung bestanden. Danach erhält er das offizielle ITIL® Foundation-Zertifikat („Foundation Certificate in IT Service Management").

Bei der Vorbereitung auf die Zertifizierung empfiehlt sich das Durcharbeiten von Literatur zum Thema ITIL®. Die Originalliteratur des OGC ist vielfach schon zu detailliert und deckt mehr ab als in der Foundation-Zertifizierungsprüfung abgefragt wird. Alternativ arbeiten Sie die Ihnen hier vorliegenden Fragen und Kommentare durch, um ein Gefühl für diese Art von Fragen in Bezug auf ITIL® zu bekommen. Einige Fragen können Ihnen entweder genau so oder ähnlich in Ihrer Zertifizierungsprüfung begegnen. Überflüssig zu erwähnen, dass sich ein Zertifikatsanwärter durchaus intensiv mit dem Thema ITIL® und IT Service Management auseinandergesetzt haben sollte, bevor die hier vorliegenden Fragen bearbeitet werden.

Außerdem möchte ich betonen, dass das vorliegende Kapitel Ihnen zwar weitere Unterstützung für den positiven Ausgang Ihrer Zertifizierungsprüfung angedeihen lassen soll, es mir aber inhaltlich bei diesem Buch um eine positive Auseinandersetzung mit dem Thema IT Service Mangement geht.

20.1 Fragen zu den Service Lifecycle-Abschnitten

Die folgenden Fragestellungen haben die fünf ITIL®-Kernpublikationen zum Thema. Sie dienen als Kontrolle und Abfrage zu den bisher behandelten Aspekten.

20.1.1 Fragen zum Thema Service Management, Service Lifecycle und den Lifecycle-Phasen

Wie lautet die richtige Reihenfolge der nachstehenden ITIL®-Konzepte?

1. Good Practice

2. Best Practice

3. Entwicklung in Richtung Selbstverständlichkeit, allgemein akzeptierte Prinzipien, erlangte Weisheit oder Notwendigkeit

a) 2, 1, 3

b) 1, 3, 2

c) 2, 3, 1

d) 1, 2, 3

a) 2, 1, 3. Das Aufgreifen, Anwenden und Weiterentwickeln von Best Practices geschieht zuerst. Mit der Zeit werden die Best Practices so zu Good Practices, was letzendlich dazu führt, dass der Einsatz als selbstverständlich und normal angesehen wird, als allgemein akzeptiert gilt und eine notwendige Basisbedingung (Commodity) darstellt.

Welche der folgenden Aussagen ist in Bezug auf das ITIL®-Konzept der „Good Practice" korrekt?

1. Good Practices stellen Best Practices dar, die allgemein akzeptiert sind und in der gesamten Industrie Verwendung finden.

2. Good Practices werden oft als „am geeignetesten" beschrieben und als vollständig angesehen.

3. Good Practices zeigen einen Ansatz für ein Vorhaben, das sich noch nicht als erfolgreich bewiesen hat.

a) 1

b) 1 und 2

c) 3

d) Alle Aussagen sind korrekt

b) 1 und 2. Good Practices haben sich bereits aus den Best Practices entwickelt und werden als erprobt und erfolgreich betrachtet.

Welche der folgenden Aussagen beschreibt den Wert, den Kunden durch die Nutzung eines Service geboten wird?

1. Die Leistung der mit dem Service zusammenhängenden Aufgaben wird erhöht.

2. Die Wahrscheinlichkeit, dass das gewünschte Ergebnis geliefert wird, wird erhöht.

3. Das Risiko für den Kunden steigt, allerdings zusammen mit einer größeren Gegenleistung.

4. Der Effekt von Randbedingungen und Beschränkungen wird reduziert.

a) 1, 2, 4

b) 2, 3, 4

c) Keine

d) Alle

a) 1, 2, 4. Risiken sollen nicht erhöht, sondern auf ein akzeptables bzw. handhabbares Maß reduziert werden.

Welche der folgenden Aussagen in Bezug auf den Rollen-Begriff unter ITIL® ist korrekt?

a) Eine Reihe von spezialisierten organisatorischen Fähigkeiten, die zur Generierung eines Mehrwerts für Kunden in Form von Services verfügbar sind.

b) Eine Person oder eine Gruppe von Personen, die eingesetzt werden, um Aktivitäten eines Prozesses umzusetzen.

c) Ein logisches Konzept, das sich auf Personen und automatisierte Maßnahmen bezieht, die einen definierten Prozess, eine Aktivität oder eine Kombination daraus ausführen.

d) Möglichkeit, einen Mehrwert für Kunden zu erbringen, indem das Erreichen der von den Kunden angestrebten Ergebnisse erleichtert oder gefördert wird. Dabei müssen die Kunden selbst keine Verantwortung für bestimmte Kosten und Risiken tragen.

b) Eine Person oder eine Gruppe von Personen, die eingesetzt werden, um Aktivitäten eines Prozesses umzusetzen. Eine Rolle beschreibt einen Satz von Verantwortlichkeiten, Aktivitäten und Kompetenzen, die einer Person oder einem Team zugewiesen sind. Eine Rolle wird in einem Prozess definiert.

Von der technischen Support-Gruppe einer Organisation wird erwartet, dass sie den unternehmensweiten Software-Rollout jedes Vierteljahr durch spezifische Release Management-Aktivitäten unterstützt und sicherstellt, dass das Netzwerk ständig für die Availability Management-Aktivitäten zur Verfügung steht. Welche der folgenden Aussagen ist diesbezüglich korrekt?

a) Da es sich um eine einzige Abteilung handelt, stellt die technische Support-Gruppe eine Rolle dar, unabhängig von den Aktivitäten, die sie umsetzen.

b) Die technische Support-Gruppe existiert als funktionales Silo.

c) Die technische Support-Gruppe setzt Funktionen außerhalb ihrer Befugnisse um.

d) Die technische Support-Gruppe stellt unterschiedliche Rollen bei der Umsetzung der Aktivitäten um.

d) Die technische Support-Gruppe stellt unterschiedliche Rollen bei der Umsetzung der Aktivitäten um. Eine Gruppe oder ein Team kann unterschiedliche Rollen besetzen. Einer Person oder einem Team können generell mehrere Rollen zugewiesen sein. Für dieses Beispiel hier ist nicht bekannt, ob ein Funktionssilo existiert oder ob Befugnisse verletzt werden könnten.

Welche der folgenden Aussagen beschreibt am besten die Beziehungen zwischen Verfahren (Procedure) und Arbeitsanweisungen (Work Instructions)?

a) Ein Verfahren beschreibt, wer folgerichtig Aktivitäten ausführt, während Arbeitsanweisungen darstellen, wie Aktivitäten eines Verfahrens ausgeführt werden sollen.

b) Eine Arbeitsanweisung beschreibt, wer folgerichtig Aktivitäten ausführt, während Verfahren darstellen, wie Aktivitäten einer Arbeitsanweisung ausgeführt werden sollen.

c) Eine Arbeitsanweisung kann Aktivitäten und Phasen aus verschiedenen Prozessen enthalten, während ein Verfahren sich auf eine Aktivität einer Arbeitsanweisung konzentriert.

d) Eine Arbeitsanweisung konzentriert sich lediglich darauf, wer einen Arbeitsanteil erledigt, während ein Verfahren sich darauf konzentriert, wie die Arbeit umgesetzt wird.

a) Ein Verfahren beschreibt im Sinne einer Dienstanweisung, wer Aktivitäten ausführt, während Arbeitsanweisungen darstellen, wie Aktivitäten eines Verfahrens ausgeführt werden sollen. Ein Verfahren stellt ein Dokument dar, in dem schrittweise die Durchführung einer Aktivität beschrieben ist.

Welcher der folgenden Begriffe fällt in den Bereich der treibenden Kraft für einen Prozess (Process Enablers) im Prozess-Modell?

1. Process Owner

2. Prozess-Ressourcen

3. Prozess-Capabilities

4. Prozess-Richtlinie (Process Policy)

a) 1 und 4

b) 2 und 3

c) 1, 2 und 4

d) 2, 3 und 4

b) 2 und 3. Prozess-Ressourcen und Prozess-Capabilities fallen in den Kontext einer treibenden Kraft im Prozess-Modell. Die anderen beiden Begriffe fallen in den Bereich der Prozess-Steuerung.

Ein effektiver Ansatz für ein Vorhaben, das bereits bewiesen hat, dass es erfolgreich ist, aber noch keine branchenweite Verwendung gefunden hat, wird bezeichnet als ...

a) Good Practice

b) Allgemein akzeptierte Grundsätze

c) Best Practice

d) Perceived Wisdom

c) Best Practice. Dies sind Verfahren, Modelle, Aktivitäten oder Prozesse, deren Einsatz in mehreren Organisationen nachweislich zum gewünschten Erfolg geführt hat. Sobald Best Practices industrieweite Verwendung und Akzeptanz finden, werden sie zu Good Practices, die ständig verbessert werden.

Die Beschreibung der folgerichtigen Aktivitäten innerhalb eines Prozesses zusammen mit der Darstellung, wer diese Aktivitäten umzusetzen hat (Wer macht was?), wird durch welchen Begriff ausgedrückt?

a) Arbeitsanweisung (Work Instruction)

b) Best Practice

c) Funktion

d) Verfahren (Procedure)

d) Verfahren. Einem Verfahren liegt ein Dokument zugrunde, in dem schrittweise die Durchführung einer Aktivität beschrieben ist.

Um welche ITIL®-Kernveröffentlichung dreht sich der Service Lifecycle, die gleichzeitig die Richtlinien und Ziele der Services einer Organisation darstellt?

a) Service Strategy

b) Service Design

c) Service Transition

d) Continual Service Improvement

a) Service Strategy. Im Bild der ITIL® V3-Service Lifecycle-Darstellung steht die Strategie im Zentrum, um den sich Service Design, Service Transition und Service Operation drehen. Ohne die Führung durch eine Service-Strategie kann auch der Service-Lifecycle auf Dauer nicht die Richtung halten.

Welche der folgenden Aussagen ist in Bezug auf den IT Service Lifecycle nicht korrekt?

a) Die IT-Strategie unterstutzt das Business durch das Design der Service-Lösungen.

b) Services werden unterstützt, um die vereinbarten Services zu betreiben und zu pflegen.

c) Ein kontinuierlicher Verbesserungszyklus sollte verwendet werden, um die Wettbewerbsfähigkeit zu sichern.

d) IT Strategy sollte die Geschäftsstrategie bestimmen.

d) IT Strategy sollte die Geschäftsstrategie bestimmen. Es sollte genau anders herum sein.

Welches der folgenden ITIL®-Kernbücher stellen Anleitungen zur Effizienzerreichung bei der Lieferung und der Unterstützung der Services für die Kunden auf tagtäglicher Basis dar?

a) Service Design

b) Continual Service Improvement

c) Service Operation

d) Service Transition

c) Service Operation. Wie der Name schon sagt, wird über den Bereich Service Operation der tägliche Betrieb der Service-Lieferung und der Service Support erbracht.

ITIL-Zertifizierung

Bei Betrachtung der Service Lifecycle-Darstellung wird der Output des Service Designs von welchem anderen Abschnitt verwendet, um neue oder veränderte Changes in die Produktion zu überführen?

a) Service Transition

b) Service Design

c) Service Operation

d) Continual Service Improvement

a) Service Transition. Dies ist der Prozess, der dem Service Design nachfolgt. Service Strategy → Service Design → Service Transition → Service Operation.

Welches der folgenden ITIL®-Kernbücher liefert Unterstützung bei der Implementierung neuer oder geänderter Services in die Produktion?

a) Service Transition

b) Service Design

c) Service Operation

d) Service Strategy

a) Service Transition. Hier werden die Prozesse beschrieben, die für die Überführung von IT Services in die Produktivumgebung verantwortlich sind, wie beispielsweise das Change Management.

Welches der folgenden ITIL®-Kernbücher ist am hilfreichsten bei der Entwicklung von Richtlinien, Leitsätzen und Prozessen über den gesamten Service Lifecycle hinweg?

a) Continual Service Improvement

b) Service Strategy

c) Service Design

d) Service Transition

b) Service Strategy. Strategien, Richtlinien, Leitsätze, aber auch Marktpositionierung, Angebotsentwicklung oder Potenzial sind typische Begriffe aus der Service-Strategie.

Welches der folgenden ITIL®-Kernbücher ist am ehesten beeinflusst durch das PDCA-Modell?

a) Service Design

b) Service Transition

c) Continual Service Improvement

d) Service Strategy

c) Continual Service Improvement. Das PDCA-Modell oder Deming-Zyklus steht für Prozessverbesserung und den ständigen Verbesserungsanspruch, der durch das ständige Durchlaufen des Zyklus umgesetzt werden soll.

Bei Betrachtung der Service Lifecycle-Darstellung wird der Output der Service-Strategie von welchem anderen Bereich verwendet, um die Erstellung und Veränderung der Services zu planen?

a) Service Transition

b) Service Operation

c) Continual Service Improvement

d) Service Design

d) Service Design. Service Strategy → Service Design → Service Transition → Service Operation.

Bei Betrachtung der Service Lifecycle-Darstellung wird der Output der Service Transition von welchem anderen Bereich verwendet, um den tagtäglichen Betrieb eines Service zu verwalten?

a) Service Transition

b) Service Operation

c) Continual Service Improvement

d) Service Design

b) Service Operation. Service Strategy → Service Design → Service Transition → Service Operation.

Wie heißt die Organisation oder die Person, die für die Erbringung eines Service für den Kunden verantwortlich ist?

a) Lieferant (Supplier)

b) Interner Markt (Internal Market)

c) Verkäufer (Vendor)

d) Service Provider

d) Service Provider. Lieferant und Verkäufer stehen als Zulieferer für den IT Service Provider. Ein Service Provider ist eine Organisation, die einem oder mehreren internen Kunden oder externen Kunden Services zur Verfügung stellt.

20.1.2 Fragen zum Thema Service Strategy

Welcher Service Strategy-Prozess quantifiziert den finanziellen Wert der IT Services, Assets, die der Bereitstellung von Services dienen, und die Qualifizierung der operativen Prognose?

a) Demand Management

b) Financial Management

c) Strategy Generation

d) Service Portfolio Management

b) Das Financial Management als Prozess aus dem Bereich Service Strategy übernimmt diese Aufgaben.

Welches der folgenden ITIL®-Kernbücher beschäftigt sich mit den Themen, die die Entwicklung von internen und externen Märkten, Service Assets und dem Service Portfolio beinhalten?

a) Service Transition

b) Service Design

c) Continual Service Improvement

d) Service Strategy

d) Service Strategy. Strategien, Richtlinien, Leitsätze, aber auch Marktpositionierung, Angebotsentwicklung oder Potenzial sind typische Begriffe aus der Service-Strategie. Das Service Portfolio Management ist darüber hinaus ein Prozess aus der Service Strategy.

Welche Hauptaktivität der Service Strategy konzentriert sich darauf, den Kunden zu verstehen, die Chancen zu begreifen, Einblick in das Business zu bekommen, die Services zu klassifizieren und zu visualisieren?

a) Definition des Marktes

b) Service Portfolio Management

c) Change Management

d) Mess-Design

a) Definition des Marktes. Die anderen Aktivitäten sind nicht Inhalt der Service-Strategie.

20.1.3 Fragen zum Thema Service Design

Welcher Service Design-Prozess stellt sicher, dass die abgestimmten Verfügbarkeitslevel erfüllt werden, und pflegt einen Availability-Plan, der die aktuellen und zukünftigen Bedürfnisse der Organisation widerspiegelt?

a) Service Level Management

b) Capacity Management

c) Availability Management

d) Service Catalogue Management

c) Availability Management. Allein das Stichwort „Availiablity-Plan" deutet auf das Availability Management hin.

Welcher Prozess im Service Design wird verwendet, um die Underpinning Contracts (UCs) mit den Anbietern über den Lifecycle hinweg zu verwalten, genau so wie die Absicherung, dass die UCs sich an den Zielen orientieren, die in den Kunden-SLAs spezifiziert wurden?

a) Supplier Management

b) Capacity Management

c) Service Level Management

d) Information Security Management

a) Supplier Management. Das Stichwort UCs deutet bereits auf das Supplier Management hin.

Welcher Asepkt des Service Designs beschäftigt sich mit dem Management und der Steuerung der Services über den gesamten Lebenszyklus über Service Management-Systeme und entsprechende Tools?

a) Technologisches Architektur-Design

b) Prozess-Design

c) Messmethoden-Design

d) Service Portfolio Management

d) Service Portfolio Management. Das Service-Portfolio beinhaltet Service-Katalog, Service-Pipeline und die zurückgezogenen bzw. ausgemusterten Services (Retired Services), also eine Darstellung aller Stationen des Service Lifecycle.

20.1.4 Fragen zum Thema Service Transition

Welche Aktivität im Service Asset & Configuration Management würde helfen herauszufinden, welche Configuration Items (CI) in einem definierten Zeitraum gewartet werden?

a) Identifizierung (identification)

b) Status Accounting

c) Steuerung (control)

d) Verifizierung und Audit (verification and audit)

b) Status Accounting, zu Deutsch: Statusnachweis. Dies bezeichnet die Aktivität, die verantwortlich ist für die Pflege und das Berichtswesen in Bezug auf den Lebenszyklus jedes Configuration Items. Option a) bezeichnet die Auswahl bezüglich der aufzunehmenden CIs in das Repository. Die Steuerung (control) aus Option c) stellt sicher, dass adäquate Störungsmechanismen in Bezug auf die CIs existieren. Über Verifizierung und Audit aus Option d) wird geprüft, ob die erfassten CIs (noch) existieren, ob die eingetragenen Daten korrekt sind und ob die Release- und Konfigurationsdokumentationen existieren, bevor ein Release zusammengestellt wird.

Wie lässt sich die Rolle des Emergency Change Advisory Board (ECAB) beschreiben?

a) Unterstützung des Change Managers durch Beschleunigung des Emergency Change-Prozesses, so dass keine inakzeptablen Verzögerungen eintreten.

b) Unterstützung des Change Managers, indem sichergestellt wird, dass keine dringenden Changes in der Zeit besonders kritischer Geschäftsperioden umgesetzt werden.

c) Unterstützung des Change Managers bei der Implementierung von Emergency Changes.

d) Unterstützung des Change Managers bei der Bewertung von Emergency Changes und bei der Entscheidung, ob die Changes genehmigt werden sollen.

d) Unterstützung des Change Managers bei der Bewertung von Emergency Changes und bei der Entscheidung, ob die Changes genehmigt werden sollen. Zu Option a): Falsche Entscheidungen sind manchmal schwer wiegender als Verzögerungen, zu Option b):

Dringende Changes können im Einzelfall auch zu Zeiten besonders kritischer Geschäfts-perioden umgesetzt werden (z.B. während der so genannten Frozen-Zone). Dies ist eine Frage der Berührungspunkte und des Risikomanagements. Zu Option c): Implementierungen setzt das Change Management nicht um. Lediglich die Steuerung der Implementierung läuft über das Change Management.

Welche der folgenden Optionen entspricht keinem Change-Typ im Abschnitt Service Transition?

a) Normal

b) Standard (vorab freigegeben)

c) Notfall (Emergency)

d) Geplant (Planned)

d) Geplant (Planned). Die drei bekannten Change-Typen entsprechen den drei anderen Optionen.

20.1.5 Fragen zum Thema Service Operation

Welche der folgenden Informationen würde das Service Desk dem IT Management einer Organisation zur Verfügung stellen?

a) Anzahl der über das gesamte Service Desk abgewickelten Anrufe

b) Anzahl der gelösten Probleme und die Reduzierung der damit in Verbindung stehenden Incidents

c) Die Anzahl der erfolgreich implementierten Changes

d) Die Kosten der implementierten Changes

a) Anzahl der über das gesamte Service Desk abgewickelten Anrufe. Optionen c) und d) gehören zum Change Management, Option b) zum Problem Management.

Was ist KEIN Ziel des Bereiches Service Operation?

a) Durch ausreichendes Testen sicherstellen, dass die designten Services die Business-Anforderungen erfüllen

b) Liefern und Supporten der IT Services

c) Verwaltung der darunter liegenden Technologie, um die Services liefern zu können

d) Monitoring der Leistung von Technologie und Prozessen

a) Durch ausreichendes Testen sicherstellen, dass die designten Services die Business-Anforderungen erfüllen. Das sollte bereits vor dem Service-Betrieb geschehen, z.B. in der Service Transition-Phase durch den Prozess Service Validating und Testing (siehe Kapitel 11.5, Service-Validierung und Testing).

Welcher Service Operation-Prozess konzentriert sich auf die Abgrenzung und den Typ der Daten, auf die ein Anwender Zugriff hat, die Identifikation des Anwenders und seine Rechte?

a) Access Management

b) Incident Management

c) Event Management

d) Availability Management

a) Access Management beschäftigt sich mit den Aktivitäten, die notwendig sind, um Anwendern Zugriff auf die Services zu geben, auf die sie zugreifen sollen. Anwender, die nicht für einen Service autorisiert wurden, dürfen auf diesen nicht zugreifen. Der Prozess definiert keine Zugriffsrechte, sondern basiert auf den Policies aus dem Security und Availability Management oder aus dem Personalbereich.

20.1.6 Fragen zum Thema Continual Service Improvement

Welche der folgenden Listenelemente stellen die drei Haupttypen der Metriken dar, die im Continual Service Improvement (CSI) definiert werden?

1. Prozessmetriken (Process Metrics)

2. Lieferantenmetrik (Supplier Metrics)

3. Service-Metriken (Service Metrics)

4. Technologiemetriken (Technology Metrics)

5. Geschäftsmetriken (Business Metrics)

a) 2, 4 und 5

b) 1, 3 und 4

c) 1, 2 und 3

d) 1, 2 and 4

b) 1, 3 und 4. Service-, Prozess- und Technologiemetriken sind die Metriken, die als relevant im CSI-Abschnitt genannt werden. Technologiemetriken messen die Performance und Verfügbarkeit der Komponenten und Applikationen, Prozessmetriken messen die Performance eines Service Management-Prozesses, wobei hier die Leistungsindikatoren (KPIs) aus den kritischen Erfolgsfaktoren (CSFs) abgeleitet werden (siehe Schritt 4 im CSI-Verbesserungsprozess „Verarbeitung der Daten"), und die Service-Metriken messen die Ergebnisse des Endservice, wobei hier auch die Komponentenmetriken herangezogen werden.

Welches Modell, das im Continual Service Improvement (CSI) verwendet wird, besteht aus sechs Schritten, die das Aufstellen der Vision, die Bewertung der aktuellen Situation, Vereinbaren der Prioritäten, Planungen zur Erreichung der Qualität, das Verifizieren der Metriken und das Sicherstellen des Schwungs beinhalten?

a) Deming-Zyklus

b) CSI-Modell

c) PDCA-Modell

d) Service Lifecycle

b) CSI-Modell. Deming- und PDCA-Zyklus beschreiben den gleichen Kreislauf mit vier Phasen, und der Service Lifecyle besteht aus fünf Phasen.

ITIL-
Zertifizierung

Wie lauten im Continual Service Improvement die vier Phasen des Deming-Zyklus, der auf einen stetigen Verbesserungsgedanken beruht?

a) Plan, Design, Build, Deploy

b) Design, Build, Deploy, Support

c) Design, Check, Act, Fix

d) Plan, Do, Check, Act

d) Plan, Do, Check, Act. Entsprechend lautet das Synonym für den Deming-Zyklus PDCA-Zyklus.

20.2 Test- und Beispielfragen zur ITIL® Foundation-Prüfung

Die Ihnen hier vorliegenden Beispielfragen gliedern sich in die Frage, mögliche Antworten und eine Lösung mit Kommentar.

Welches der folgenden Modelle nennt bestimmte Rollen, die prüfen, ob die Akzeptanzkriterien erfüllt wurden, und zeichnen die Übergabe ab?

a) RACI

b) RACI-VS

c) RASCI

d) PDCA

b) RACI-VS. Bei den Modellen RACI-VS oder VARISC steht das V steht für „Verify", also eine Rolle, die das Ergebnis einer Aktivität gegen bestimmte Akzeptanzkriterien prüft. Das S steht bei diesen beiden Modellen für Sign-Off, also eine Rolle, die das Ergebnis der Verify-Aktivität bestätigt und die Auslieferung genehmigt.

Funktionen lassen sich beschreiben als

a) Fokussieren einer Zielumsetzung

b) Geschlossenes Kreislaufsystem (Closed loop systems)

c) Eigenständige Organisationseinheiten (units of organizations)

d) Zusammenhängende Aktivitäten

c) Eigenständige Organisationseinheiten (units of organizations). In diesem Fall wird als Funktion ein Team oder eine Gruppe von Personen und die Hilfsmittel verstanden, die eingesetzt werden, um einen oder mehrere Prozesse oder Aktivitäten durchzuführen.

Welche der folgenden Aussagen beschreibt am besten eine virtuelle Service Desk-Struktur?

a) Ein Service Desk, das sich in der gleichen Lokation (Niederlassung, Ort etc.) befindet wie die Anwender, die darüber betreut werden.

b) Ein Service Desk, das auch Vor-Ort-Support für die Anwender übernimmt.

c) Ein Service Desk, das sich an irgendeinem physikalischen Ort (Lokation, Niederlassung) befinden kann, wobei durch die Verwendung von Telekommunikationseinrichtungen es so erscheint, als ob sich das Service Desk in der gleichen Lokation (Niederlassung, Ort etc.) befindet wie die Anwender.

d) Ein Service Desk, dessen Mitarbeiter nur eine Sprache sprechen.

c) Ein Service Desk, das sich an irgendeinem physikalischen Ort (Lokation, Niederlassung) befinden kann, wobei durch die Verwendung von Telekommunikationseinrichtungen es so erscheint, als ob sich das Service Desk in der gleichen Lokation (Niederlassung, Ort etc.) befindet wie die Anwender. Option a) beschreibt ein lokales Service Desk.

Welche Rolle steht gewissermaßen zwischen Security Management und Availability Management und nutzt den Service Desk als den initialen Filter, um zu prüfen, ob ein Anwender die Freigabe für eine Anfrage zum Zugriff auf eine spezifische Information besitzt?

a) Incident Manager

b) Alert Manager

c) Security Manager

d) Access Manager

d) Access Manager. Meist existiert kein expliziter Access Manager in der IT-Organisation. Sollte innerhalb eines Unternehmens doch ein Access Manager benannt werden (ITIL® ist schließlich nur eine Best Practice-Anleitung und kein starres, bindendes Normwerk, das blind auf das jeweilige Unternehmen umzusetzen ist), ist dieser ebenso wie jeder Manager eines Prozesses verantwortlich für die erfolgreiche Umsetzung der Aktivitäten „seines" Prozesses und die Erreichung der Ziele im Prozess (siehe Kapitel 14.5, Access Management).

ITIL® lässt sich am besten beschreiben als

a) Wiederholbare und anpassungsfähige ITSM-Prozesse.

b) Internationaler Standard für ITSM.

c) Die beste Art für eine Organisation, die Erbringung und den Support ihrer IT Services zu verbessern.

d) Ein ganzheitlicher, am Service Lifecycle ausgerichteter Ansatz für die Umsetzung des IT Service Management, der auf internationalen Best Practices basiert.

d) Ein ganzheitlicher, am Service Lifecycle ausgerichteter Ansatz für die Umsetzung des IT Service Management, der auf internationalen Best Practices basiert. ITIL® ist ein Satz an Best Practice-Leitlinien für das IT Service Management und umfasst eine Reihe von Publikationen, die Leitlinien zur Bereitstellung von qualitätsbasierten IT Services sowie zu den Prozessen und Einrichtungen bieten, die zur Unterstützung dieser Services erforderlich sind. Inhaber von ITIL® ist das OGC.

In der Verantwortung des Prozess-Owners liegt

a) Sicherstellen, dass die Ziele, die in den SLAs vereinbart wurden, erreicht werden.

b) Überwachen und Verbessern des Prozesses.

c) Beschaffung von Tools, um den Prozess zu unterstützen.

d) Ausführen von Aktivitäten, die im Prozess definiert wurden.

b) Überwachen und Verbessern des Prozesses. Der Prozessinhaber (Process Owner) ist für die Prozessumsetzung und das Ergebnis des Prozesses verantwortlich. Er hat u.a. Sorge dafür zu tragen, dass der Service vereinbarungsgemäß implementiert und das gesteckte Ziel erreicht wird.

Was ist der Unterschied zwischen einem bekannten Fehler (Known Error) und einem Problem?

a) Ein Known Error entsteht immer aus einem Incident. Dies trifft nicht immer auf ein Problem zu.

b) Ein Known Error führt zu einem Fehler in der IT-Infrastruktur. Ein Problem führt nicht zu einem solchen Fehler.

c) Die zugrundeliegende Ursache für einen Known Error ist bekannt. Die zugrundeliegende Ursache für ein Problem ist nicht bekannt.

d) Über ein Problem werden die relevanten Configuration Items identifiziert. Dies ist nicht so in Bezug auf einen Known Error.

c) Die zugrundeliegende Ursache für einen Known Error ist bekannt. Die zugrundeliegende Ursache für ein Problem ist nicht bekannt. Dies sind die beiden Definitionen der Begriffe Problem und bekannter Fehler (Known Error).

Die vier Phasen des Deming-Zyklus lauten?

a) Plan, Measure, Monitor, Report

b) Plan, Do, Act, Audit

c) Plan, Do, Check, Act

d) Plan, Check, Re-Act, Implement

c) Plan, Do, Check, Act. Daher lautet ein anderer Name für den Deming-Zyklus auch PDCA-Zyklus (nach den Anfangsbuchstaben der Aktionen im Modell).

Das Ziel des Service Asset und Configuration Managements lautet?

a) Das Bereitstellen eines logischen Modells der Infrastruktur inklusive der zueinander in Beziehung stehenden IT Services und unterschiedlichen IT-Komponenten, die benötigt werden, um einen Service zu liefern

b) Beschreibung aller finanziellen Anlagegüter (financial assets) der Organisation

c) Implementierung von ITIL® über die gsamte Organisation

d) Aufstellen von Service-Modellen, um die ITIL®-Implementierungen zu rechtfertigen

a) Das Bereitstellen eines logischen Modells der Infrastruktur inklusive der zueinander in Beziehung stehenden IT Services und unterschiedlichen IT-Komponenten, die benötigt werden, um einen Service zu liefern. Andere Prozesse können so beispielsweise besser Entscheidungen über Changes, Releases, Incident-Behandlung ermöglichen, gesetzliche Anforderungen (z.B. Lizenzen) durch akkurate Abbildung der Infrastruktur und des Be-

stands erfüllen, die Qualität der Datenbasis durch methodisches Vorgehen erhöhen und mögliche Diskrepanzen zwischen den Daten des Modells und dem Istzustand zur Verfügung stellen und beheben.

Die beste Beschreibung für den Begriff „Event" lautet:

a) Ein geplantes Meeting von Kunden und IT-Mitarbeitern, um einen neuen Service oder Programmverbesserung anzukündigen.

b) Ein bekannter Systemdefekt, der zahlreiche Incident-Berichte erzeugt.

c) Ein Vorkommnis, das signifikant ist für das Management der IT-Infrastruktur oder die Erbringung des Sevices.

d) Ein Vorkommnis, bei dem eine Leistungsgrenze überschritten wird und ein vereinbarter Service Level bereits beeinträchtigt ist.

c) Ein Vorkommnis, das signifikant ist für das Management der IT-Infrastruktur oder die Erbringung des Sevices. Ein Event kann beispielsweise eine Statusänderung sein, die für die Verwaltung eines Configuration Items oder IT Service von Bedeutung ist. Der Begriff „Event" bezeichnet darüber hinaus einen Alarm oder eine Benachrichtigung durch einen IT Service, ein Configuration Item oder ein Monitoring Tool. Option b) bezeichnet ein Problem oder einen Known Error, Option a) ein Event im organisatorischen oder gesellschaftlichen Sinne. Option d) kann auch ein Event darstellen, Option c) ist aber die allgemeinere und damit die bessere Beschreibung für ein Event.

Service Portfolio Management, Financial Management for IT Services und ...

a) Demand Management

b) Information Security Management

c) Supplier Management

d) Service Validation and Testing

a) Demand Management. Sie stellen die drei Prozesse der Service-Strategie dar. Option b) und Option c) gehören zum Service Design, Option d) zur Service Transition.

Prozesse lassen sich beschreiben als

a) Personen und Werkzeuge, die verwendet werden, um Aktivitäten umzusetzen.

b) Fähigkeiten bzw. Ressourcen (Capabilities), die verwendet werden, um die IT-Kosten zu reduzieren.

c) Zusammenhängende Aktivitäten, die ausgeführt werden, um Nutzen bzw. Werte für Kunden und Stakeholder zu erzeugen.

d) Aktivitäten, die entworfen wurden, um die Lieferung von IT Services effizienter und effektiver zu gestalten.

c) Zusammenhängende Aktivitäten, die ausgeführt werden, um Nutzen bzw. Werte für Kunden und Stakeholder zu erzeugen. Ein Prozess wird u.a. als ein strukturierter Satz an Aktivitäten definiert, mit deren Hilfe ein bestimmtes Ziel erreicht werden soll.

Technical Management ist NICHT verantwortlich für

a) Definition der Operational Level Agreements für die technischen Teams.

b) Diagnose und Wiederherstellung

c) Pflege (Maintenance) der technischen Infrastruktur.

d) Dokumentation und Pflege (Maintaining) der technischen Kenntnisse (Skills), die notwendig sind, um die IT-Infrastruktur zu verwalten und zu supporten.

a) Definition der Operational Level Agreements für die technischen Teams. Das Service Level Management definiert die OLAs für die verschiedenen internen IT-Gruppen und -Abteilungen, um die Service Level Agreements zu unterstützen.

Welcher ITIL®-Prozess ist verantwortlich für die Ausarbeitung und Aufstellung eines Verrechnungssystems?

a) Capacity Management

b) Service Level Management

c) Financial Management for IT Services

d) Service Desk

c) Financial Management for IT Services. Hier liegen die Aufgabenbereiche für die Funktionen und die Prozesse mit der Verantwortung für den Umgang mit den Anforderungen eines IT Service Providers an die Budgetierung, die Kostenrechnung und die Leistungsverrechnung.

Wie lauten die vier Rollen im RACI-Modell?

a) Revenue, Accounting, Control, Investments

b) Plan, Do, Check, Act

c) Review, Audit, Confirm, Implement

d) Responsible, Accountable, Consulted, Informed

d) Responsible, Accountable, Consulted, Informed sind die richtigen Verantwortlichkeiten im RACI-Modell. Option b) bezieht sich auf den Deming-Zyklus. Die anderen beiden Optionen dienen der Verwirrung.

Wie lautet der Name der Aktivität innerhalb des Capacity Managements, die dafür zuständig ist, die zukünftigen Kapazitätsanforderungen neuer und geänderter Services zu ermitteln?

a) Tuning

b) Demand Management

c) Application Sizing

d) Modeling

c) Application Sizing steht für die Kapazitätsermittlung für neue oder geänderte Anwendungen. Dabei werden Informationen zu den Anforderungen an die Ressourcen ermittelt, die für die Unterstützung einer neuen Anwendung oder für die Durchführung umfassender Changes in vorhandenen Anwendungen erforderlich sind. Option a) steht für die Aktivität, mit der Changes so geplant werden sollen, dass die zur Verfügung stehenden Ressourcen so effizient wie möglich genutzt werden. Option b) ist ein eigener Prozess aus der Service Stragegy. Option d) beschreibt eine Technik, die zur Prognostizierung von zukünftigem Verhalten eines Systems, Prozesses, IT Service, Configuration Items etc. verwendet wird.

Was ist die beste Definition für ein Incident Modell?

a) Eine Reihe von vordefinierten Schritten, die befolgt werden sollen, wenn es darum geht, einen bekannten Incident-Typ zu handhaben.

b) Incident-Typ, der sich auf einen Standardtyp oder ein Standardmodell eines Configuration Items (CI) bezieht.

c) Ein Incident, der einfach zu lösen ist.

d) Eine Vorlage (Template), die die Form der Incident-Protokollierung für das Berichtswesen in Bezug auf die Incidents festlegt.

a) Eine Reihe von vordefinierten Schritten, die befolgt werden sollen, wenn es darum geht, einen bekannten Incident-Typ zu handhaben. Über das Incident-Modell werden vordefinierte Standard-Incidents beschrieben. Dabei werden die abzuwickelnden Schritte geschildert, die notwendig sind, um diesen speziellen Incident-Typ zu handhaben.

Wofür wird das RACI-Modell verwendet?

a) Definieren neuer Services oder Prozesse

b) Analysieren der Auswirkungen für das Business durch einen Incident

c) Dokumentieren der Rollen und Beziehungen der Stakeholder in einem Prozess oder einer Aktivität

d) Anlegen einer Balanced Scorecard, die einen umfassenden Status des Service Managements darstellt

c) Dokumentieren der Rollen und Beziehungen der Stakeholder in einem Prozess oder einer Aktivität. Auf der Grundlage des RACI-Modells werden Rollen und Verantwortlichkeiten definiert. RACI steht für „Responsible" (zuständig für die Durchführung), „Accountable" (letztlich verantwortlich für die Aktivität), „Consulted" (muss/soll beteiligt werden, liefert Input) und „Informed" (muss über den Fortschritt informiert werden).

Welche Informationen liefert der Prozess „Financial Management for IT Services" an das Service Level Management?

a) Wieviel für die IT Services pro Client ausgegeben wurde

b) Die Kosten, um neue Leute für die IT einzustellen

c) Die Gesamtkosten für das Application Management

d) Die Kosten für das Financial Management-System

a) Wieviel für die IT Services pro Client ausgegeben wurde. Dies ist als Teil der Kostenrechnung bzw. Leistungsverrechnung aus dem Financial Management anzusehen.

Auf einem Server ist eine Reihe von Incidents aufgetreten. Es scheint so, als ob der Server aufgrund der Vielzahl der Verbindungen überlastet wäre. Welche Aktionen sollte der Availability Manager durchführen?

a) Er sollte den Problem Manager fragen, ob dieser sich des Problems annehmen könnte.

b) Er sollte den Service Level Manager kontaktieren, um die Service Level Agreements (SLA) überarbeiten zu lassen.

c) Er sollte den Security Manager überprüfen lassen, ob zu viele Berechtigungen vergeben wurden.

d) Er sollte einen Change über den Change Manager veranlassen.

a) Sie sollten den Problem Manager fragen, ob dieser sich des Problems annehmen könnte. Er ist letztendlich verantwortlich für das Thema Ursachenforschung. Option b) wäre reichlich verfrüht, in Bezug auf Option d) würde der Change eigentlich sowieso aus dem Problem Management kommen, und die Überprüfung der Berechtigungen aus Option c) würde in Zusammenarbeit mit dem Access Management (und dem Security Manager bzw. Information Security Management) stattfinden.

In Bezug auf die Erfassung von Baseline-Daten im Continual Service Improvement (CSI) ist welche der folgenden Aussagen korrekt?

1. Wenn die Integrität der Messungen fragwürdig ist, ist es besser, gar keine Daten zu haben.

2. Wenn bisher keine Baseline existiert, wird die erste Messung als Baseline definiert.

a) 1 und 2

b) 1

c) 2

d) Keine

c) 2. Etwas anderes wäre es gewesen, wenn von der fragwürdigen Integrität der Daten die Rede gewesen wäre.

Bei der Ergebnisanalyse in Bezug auf den Nutzen für den Kunden sollten welche Attribute des Service betrachtet werden?

a) Ziele, Metriken, gewünschtes Ergebnis (Objective, Metrics, Desired outcome)

b) Menschen, Produkte, Technologie (People, Products, Technology)

c) Geschäftsziele, IT-Ziele, Prozessmetriken (Business objectives, IT objectives, Process metrics)

d) Gewünschtes Ergebnis, Lieferantenmetriken, IT-Ziele (Desired outcome, Supplier metrics, IT objectives)

a) Ziele, Metriken, gewünschtes Ergebnis (Objective, Metrics, Desired outcome). Damit sind die Bestandteile eines Service identifiziert, über die Messungen und Vergleiche ablaufen können: Ist- und Sollzustand sowie die Metriken, die die Ergebnisse eines Prozesses oder einer Aktivität messen, indem festgelegt wird, ob bestimmte Variablen ihre Ziele erreicht haben.

Welcher ITIL®-Prozess stellt sicher, dass im Falle einer Fehlfunktion der IT Service so schnell wie möglich wiederhergestellt wird?

a) Change Management

b) Problem Management

c) Service Level Management

d) Incident Management

d) Incident Management. Dies ist das primäre Ziel dieses Prozesses. Option a) kümmert sich um die Steuerung der umzusetzenden Changes, um Change-abhängige Incidents zu reduzieren, Option b) kümmert sich um die Ursachenforschung von Problemen, die einem oder mehreren Incidents zugrunde liegen und Option c) kümmert sich um die Verhandlung der SLAs.

Welches der folgenden Beispiele steht nicht für einen Service Request?

a) Ein Manager stellt einen Antrag, damit ein neuer Mitarbeiter Zugang zu einer Applikation bekommt.

b) Ein Anwender meldet sich an einer internen Webseite an, um eine lizenzierte Kopie einer Software aus einer angebotenen und freigegebenen Liste für ihn auszuwählen und herunterzuladen.

c) Ein Anwender ruft beim Service Desk an, um dort neuen Toner zu bestellen.

d) Ein Anwender ruft beim Service Desk an, um die Funktionalität einer Anwendung ändern zu lassen.

d) Ein Anwender ruft beim Service Desk an, um die Funktionalität einer Anwendung ändern zu lassen. Alle anderen Optionen sind typische Beispiele für einen Service Request.

Was ist ein guter Grund, um eine Baseline zu verwenden?

a) Aktuell verwendete Schreibtischmodelle

b) Marker oder Startpunkt für einen späteren Vergleich

c) Der gewünschte Endstatus eines Projektes

d) Testarten, die für die Releases umgesetzt werden

b) Marker oder Startpunkt für einen späteren Vergleich. Hier geht es um abgestimmte, getestete und freigegebene CI- oder Service-Status, die auch relevant sein können für andere Prozesse. Mit einer ITSM-Baseline als Ausgangspunkt können die Folgen eines Service-Verbesserungsplans gemessen werden. Mit einer Performance Baseline können Änderungen in der Performance während der Lebensdauer eines IT Service gemessen werden.

Welche der folgenden Optionen beschreibt den Begriff Workaround am ehesten?

a) Ein Techniker verwendet eine vordefinierte Technik, um einen Service wiederherzustellen, bei dem bereits im Vorfeld ein Incident bemerkt wurde.

b) Ein Techniker versucht mehrere Male auf unterschiedliche Arten, einen Incident zu lösen. Einer seiner Versuche ist erfolgreich, er weiß allerdings nicht, warum.

c) Ein Gerät arbeitet nur mit Unterbrechungen. Daher wird dem Anwender erlaubt, mit dem eingeschränkt funktionierenden Gerät weiterzuarbeiten, während ein Techniker versucht, das Problem zu lösen.

d) Nachdem dem Service Desk ein Incident gemeldet wurde, arbeitet der Anwender an altenativen Aufgaben, während das Problem identifiziert und gelöst wird.

a) Ein Techniker verwendet eine vordefinierte Technik, um einen Service wiederherzustellen, bei dem bereits im Vorfeld ein Incident bemerkt wurde. Ein Workaround bezeichnet die Reduzierung oder Beseitigung der Auswirkungen von Incidents oder Problemen, für die noch keine vollständige Lösung verfügbar ist, z.B. durch den Neustart eines ausgefallenen Configuration Item. Option b) beschreibt einen undokumentierten Try&Error-Vorgang, Option d) ist eine Möglichkeit, damit der Anwender nicht nach Hause gehen muss. Er benutzt möglicherweise einen anderen Service für eine andere Tätigkeit. Option c) wird angewandt, weil es keine andere Möglichkeit gibt. Die Auswirkung des Incidents bleibt aber bestehen.

Incident Management trägt durch einen der folgenden Aspekte zum Nutzen des Kunden bei:

a) Unterstützung bei der Kontrolle der Infrastrukturkosten beim Hinzufügen neuer Technologie

b) Unterstützung der Anwender bei der Problemlösung

c) Beitrag zur Reduzierung der Auswirkung

d) Hilft Menschen und Prozesse in Bezug auf die Lieferung von Services zusammenzubringen

c) Beitrag zur Reduzierung der Auswirkung. Wichtigstes Ziel des Incident Managements ist eine schnellstmögliche Wiederherstellung des IT Service mit möglichst geringen Auswirkungen für die Anwender.

Welche der folgenden Aussagen ist korrekt?

1. CSI gibt Anleitung bei der Verbesserung von Effizienz und Effektivität.

2. CSI gibt Anleitung bei der Verbesserung des Services.

3. CSI gibt Anleitung bei der Messung der Prozesse.

a) Alle

b) 1,2 und 3

c) 1 und 2

d) Nur 2

a) Alle. Continual Service Improvement liefert Empfehlungen für die Bewertung und Optimierung der Service-Qualität sowie des Reifegrads, den der gesamte Lifecycle erreicht hat. Dabei werden drei Ebenen innerhalb der IT-Organisation betrachtet. Dies ist der Gesamtzustand des umfassenden IT Service Management („Health of Service Management as a discipline"), die kontinuierliche Ausrichtung des IT Service-Portfolios an den aktuellen und künftigen Anforderungen der Kunden („continual alignment") sowie der Reifegrad der IT-Prozesse („maturity"), die für die Unterstützung jedes IT Service und der Geschäftsabläufe in einem kontinuierlichen Service Lifecycle-Modell notwendig sind.

Operations Control bezieht sich auf ...

a) Betreuen/Im Auge behalten der Ausführung und Überwachung der IT-Betriebsereignisse und -aktivitäten.

b) Situation, in der das Service Desk notwendig ist, um den Status der Infrastruktur zu überwachen, wenn die Operatoren nicht verfügbar sind.

c) Tools, die verwendet werden, um den Status der IT Infrastruktur und Applikationen zu überwachen und anzuzeigen.

d) Manager der Funktionen des Technical Managements und Application Managements.

a) Betreuen der Ausführung und Überwachung der IT-Betriebsereignisse und -aktivitäten. IT Operations Control ist Teil des IT Operations Management. IT Operations Control betreut die Ausführung von Routine-Betriebsaufgaben und das Monitoring der betrieblichen Aktivitäten und Ereignisse der IT-Infrastruktur (Job Scheduling, Backup & Restore, Print Management etc.).

Ein Service Owner ist verantwortlich für

a) Ausführen der Service-Betriebsaktivitäten, die zur Unterstützung eines Service notwendig sind.

b) Anlegen einer Balanced Scorecard, die den umfassenden Status aller Services darstellt.

c) Aussprechen von Empfehlungen und Verbesserungsvorschlägen.

d) Ausführen der im Prozess definierten Aktivitäten.

c) Aussprechen von Empfehlungen und Verbesserungsvorschlägen. Der Service Owner ist die Rolle, die letztendlich verantwortlich ist für einen Service. Sie ist die zentrale Anlaufstelle, wenn es um einen spezifischen Service geht. Er ist der Besitzer eines Service und repräsentiert ihn nach außen, wobei er dabei auch wissen muss, welche Komponenten zu seinem Service gehören. Er misst Verfügbarkeit und Performance seines Prozesses, nimmt am CAB teil, wenn es dabei um seinen Service geht, pflegt die Service-Beschreibung im Service-Kalaog und nimmt an den Verhandlungen bezüglich Service Level Agreements (SLAs) und interner Vereinbarungen (OLA) teil.

Welche ist die korrekte Reihenfolge der Aktivitäten für die Auswahl eines technologiebasierten Tools (technology tool)?

a) Anforderungen, Auswahlkriterien, Evaluieren des Produkts, Produktwahl

b) Wahl des Produkts, Anforderungen, Auswahlkriterien, Evaluierung des Produkts

c) Auswahlkriterien, Anforderungen, Evaluieren des Produkts, Produktwahl

d) Anforderungen, Auswahlkriterien, Produktwahl, Evaluierung des Produkts

a) Anforderungen, Auswahlkriterien, Evaluieren des Produkts, Produktwahl. Zuerst einmal müssen definierte Anforderungen vorhanden sein. Option b) und c) scheiden somit aus. Vor der letztendlichen Auswahl des Produktes sollte eine Evaluation erfolgen, um sicherzustellen, dass man das richtige Tool im Auge hat. Hinterher ist es meist zu spät, und ein Tool soll implementiert werden, das doch nicht zu den Anforderungen, der Architektur oder dem Know-how im Betrieb passt.

Welche beiden Prozesse aus dem Bereich Service Operation fehlen in der Liste neben Incident Management, Problem Management und Access Management?

a) Facilities Management und Event Management

b) Change Management und Service Level Management

c) Event Management und Request Fulfillment

d) Event Management und Service Desk

c) Event Management und Request Fulfillment. Insgesamt sind es fünf Prozesse im Bereich Service Operation. Zu Option a): Facilities Management gehört zur Service Operation-Funktion des IT Operations Management neben der IT Operations Control. Zu Option b): Change Management gehört zur Service Transition, während Service Level Management zum Service Design zählt. Zu Option d) Das Service Desk ist eine Service Operation-Funktion.

Ein Service Level Package lässt sich am besten beschreiben als

a) Beschreibung der Kundenanforderungen als Basis für die Verhandlung der Service Level Agreements.

b) Ein definiertes Level an Warranty und Utility in Bezug auf einen Kern-Service.

c) Ein Bündel an Service Level Agreements für einen definierten Kunden.

d) Bündel an Service Level Agreements, das zusammen diskutiert und anschließend festgelegt wird.

b) Ein definiertes Level an Warranty und Utility in Bezug auf einen Kern-Service. Jedes SLP ist darauf ausgerichtet, den Anforderungen eines bestimmten Business-Aktivitätsmusters gerecht zu werden.

Welche ITIL®-Funktion spielt eine Doppelrolle als der Hüter des technischen Wissens bzw. der Fachkompetenz und indem Ressourcen zum Support des Service Management Lifecycle bereitgestellt werden?

a) Service Desk

b) Technical Management

c) Application Management

d) IT Operation Management

b) Technical Management. Option c) spielt eine ähnliche Rolle in Bezug auf die Applikationen. Zu d): IT Operations Management stellt den Tagesbetrieb innerhalb der IT-Organisation sicher. Dabei werden unterschiedliche Aufgaben wahrgenommen, wie z.B. Backup und Restore, Job Scheduling. Die Aufgaben lehnen sich an die Leistungsstandards an, die aus dem Service Design stammen. Zwei Unterbereiche bilden das Facilities Management und das IT Operations Control.

Welche der folgenden Aktivitäten gehört in die Verantwortlichkeit des Service Level Managements?

a) Design des Systems für das Configuration Management aus der Kundenperspektive

b) Anlegen der Technologiemetriken, um diese mit den Kundenbedürfnissen abzugleichen (Create technology metrics to align with customer needs)

c) Unterstützung beim Anlegen des Business Service Catalogue

d) Schulung des Service Desk in Bezug auf die Handhabung von Kundenbeschwerden

c) Unterstützung beim Anlegen des Business Service Catalogue. Option a) gehört zum Configuration Management. Option d) gehört zu einer der Funktionen im Bereich Service Operation. Option b) wird über eine der Funktionen im Service Operation-Bereich realisiert, die das Service Design dahingehend aufgrund ihres technischen Expertenwissens unterstützen.

Welche der folgenden Aussagen ist in Bezug auf die Optionen für die Umsetzung von Outsourcing (Outsourcing delivery model options) korrekt?

a) Insourcing beruht auf dem Wissen um Prozess-Outsourcing, Outsourcing beruht auf der Bereitstellung von Applikationsservices (application service provisioning).

b) Insourcing beruht auf Co-Sourcing, Outsorcing beruht auf Partnerschaften.

c) Insourcing bezieht sich auf die Ressourcen externer Organisationen, Outsourcing bezieht sich auf interne Ressourcen.

d) Outsourcing bezieht sich auf die Ressourcen externer Organisationen, Insourcing bezieht sich auf interne Ressourcen.

d) Outsourcing bezieht sich auf die Ressourcen externer Organisationen, Insourcing bezieht sich auf interne Ressourcen. Insourcing (interne Vergabe) ist als Einsatz eines internen Service Providers für die Verwaltung von IT Services zu verstehen, wohingegen Outsourcing sich auf den Einsatz eines externen Service Providers für die Verwaltung von IT Services bezieht.

Ein Service Catalogue sollte folgendes enthalten:

a) Informationen zu Versionen aller Software

b) Organisationsstruktur der Unternehmung

c) Asset-Informationen

d) Details zu allen Betriebs-Services (operational services)

d) Details zu allen Betriebsservices (operational services). Der Service-Katalog enthält Informationen zu allen Live IT Services, einschließlich der Services, die für das Deployment verfügbar sind. Option a) bezieht sich auf die DML bzw. das CMS (Verknüpfung), Option b) kann im CMS abgelegt werden, und Option c) bezieht sich auf das Asset Register, eine Liste mit Assets, in der deren Besitzverhältnisse und Werte aufgeführt sind bzw. das CMS, falls es das Asset Register enthält.

ITIL-
Zertifizierung

Welche der folgenden ist eine Aktivität des IT Service Continuity Managements?

a) Garantieren, dass die Configuration Items ständig aktuell gehalten werden.

b) Reporting in Bezug auf die Verfügbarkeit

c) Beratung und Unterstützung der Endanwender bei einem Systemausfall

d) Dokumentation der Fallback-Regelung

d) Dokumentation der Fallback-Regelung. Dies ist der Continuity-Plan. Option a) ist Aufgabe des Configuration Managements, Option b) des Availability Managements bzw. des CSI-Ansatzes, und Option c) wird über das Service Desk bzw. das Incident Management realisiert.

Welche der folgenden Aussagen ist in Bezug auf Funktionen korrekt?

1. Sie verleihen einer Organisation Struktur und Stabilität.

2. Sie sind in sich geschlossene Einheiten mit eigenen Fähigkeiten und Ressourcen.

3. Sie beruhen auf Prozessen mit funktionsübergreifender Koordination und Steuerung.

4. Sie sind aufwändiger zu implementieren als Prozesse.

Wählen Sie eine der folgenden Möglichkeiten:

a) 1 und 2

b) 1, 2 und 3

c) Alle

d) Keine

b) 1, 2 und 3. Option 4 ist eine pauschale Aussage, die so nicht korrekt ist.

Wie lautet ein anderer Ausdruck für die Uptime?

a) Mean Time to Restore Service (MTRS)

b) Mean Time Between Failures (MTBF)

c) Verhältnis zwischen MTBF und MTBSI

d) Mean Time Between System Incidents (MTBSI)

b) Mean Time Between Failures (MTBF). Dies ist die Zeit, die zwischen dem möglichen Nutzungsbeginn des Services nach der Wiederherstellung und einem späteren Incident liegt. Zu Option a): MTRS ist die durchschnittliche Zeit, die für die Wiederherstellung eines Configuration Item oder IT Service nach einem Ausfall benötigt wird. Die MTRS wird ab dem Zeitpunkt des Ausfalls des CI oder IT Service bis zur vollständigen Wiederherstellung der normalen Funktionalität gemessen. Zu Option d): MTBSI entspricht MTBF + MTRS.

Welche der folgenden Fragen gehört nicht zum Thema Continual Service Improvement (CSI)?

a) Wie heißt die Vision?

b) Existiert ein entsprechendes Budget?

c) Haben wir bereits unsere Ziele erreicht?

d) Wo stehen wir heute?

b) Existiert ein entsprechendes Budget? Diese Option ist weder im CSI-Modell noch im Improvement-Prozess zu finden. Das Thema Finanzierung von (CSI-)Maßnahmen wird mit dem Financial Management abgestimmt.

Welche ITIL®-Funktion verwaltet die Applikationen einer Organisation über ihren gesamten Lifecyle hinweg?

a) Service Desk

b) Technical Management

c) Application Management

d) IT Operations Management

c) Application Management. Applikationen sind Teil der Services und müssen als solche verwaltet und betrieben werden. Jede Phase im Application Management Lifecycle besitzt spezifische Ziele, Aktivitäten, Produkte und Teams. Die Phasen im Application Lifecycle lauten beispielsweise Anforderungsdefinition, Design, Development, Implementierung, Ausführung und Optimierung.

Welche der folgenden Elemente sind Elemente des Service-Portfolios innerhalb des Service Lifecycle?

a) Service-Pipeline und Service Catalogue

b) Service Knowledge Management System und Service Catalogue

c) Service Knowledge Management System und Service-Pipeline

d) Service-Pipeline und Configuration Management System

a) Service-Pipeline und Service Catalogue. Das CMS ist nicht Teil des Service-Portfolios. Das Service Knowledge Management System beinhaltet das CMS.

Nachdem ein Change implementiert wurde, wird eine Evaluierung durchgeführt. Wie wird diese Überprüfung genannt?

a) Forward Schedule of Changes (FSC)

b) Post Implementation Review (PIR)

c) Service Level Requirement (SLR)

d) Service Improvement Programm (SIP)

b) Post Implementation Review (PIR). Dies gehört zum Change Management. Ein PIR stellt fest, ob der Change erfolgreich verlaufen ist, und identifiziert bei Bedarf Verbesserungsmöglichkeiten. Option a) ist der Wartungskalender, der auch zum Change Management gehört. Option c) und d) gehören zum Service Level Management (SLM).

Das Definieren von Richtlinien (policies) und Zielen (objectives) ist das Hauptanliegen welcher Elemente im Service Lifecycle?

a) Service Strategy und Continual Service Improvement

b) Service Strategy

c) Service Strategy, Service Design, Service Transition, Service Operation und Continual Service Improvement

d) Service Strategy, Service Transition und Service Operation

b) Service Strategy. Strategien, Richtlinien, Leitsätze, Zielsetzungen, Zielentwicklung aber auch Marktpositionierung, Angebotsentwicklung oder Potenzial sind typische Begriffe aus der Service-Strategie.

Welche der folgenden Aussagen in Bezug auf das Supplier Management ist NICHT korrekt?

a) Supplier Management sollte in allen Phasen eines Service-Lebenszyklus beachtet werden, von der Strategie über das Design und die Transition und den Verbesserungsansatz.

b) Supplier Management kümmert sich um die Informationen in der Supplier and Contract Database.

c) Supplier Management verhandelt die internen und externen Vereinbarungen zur Unterstützung der Service-Lieferung.

d) Supplier Management stellt sicher, dass die Lieferanten und Drittanbieter die Geschäftsanforderungen bzw. die Erwartungen aus dem Business erfüllen.

c) Supplier Management verhandelt die internen und externen Vereinbarungen zur Unterstützung der Service-Lieferung. Dies setzt das Service Level Management um.

Welches ist die erste Aktivität im Continual Service Improvement (CSI)-Modell?

a) Die Vision und die Strategie des Business verstehen

b) Einigkeit erzielen über die Prioritäten für die Verbesserung

c) Erzeugen und Verifizieren eines Plans

d) Bewerten der aktuellen Situation für die Unternehmung

a) Die Vision und die Strategie des Business verstehen. Dies bezeichnet die Frage „Wie lautet die Version?".

Wie reduziert das Service Desk die Arbeitslast auf andere IT-Abteilungen einer Organisation?

a) Indem es als der initiale Kontaktpunkt agiert

b) Indem es die Anwenderfragen abfängt, die einfach zu beantworten sind, bevor sie an die Spezialisten weitergeleitet werden

c) Indem es Support-Anfragen an den Second und Third Line-Support eskaliert, falls dies notnwendig sein sollte

d) Alle der genannten Optionen.

d) Alle der genannten Optionen. Der Service Desk ist Single Point of Contact (SPoC), hat eine Filterfunktion in Bezug auf die nachstehenden Einheiten und eskaliert bei Bedarf.

Wie lautet der hauptsächliche Grund für das Herstellen einer Baseline?

a) Standardisieren des Betriebs

b) Um Kenntnis über die Kosten eines bereitgestellten Service zu erlangen

c) Für spätere Vergleichszwecke

d) Um die Rollen und Verantwortlichkeiten deutlich zu machen

c) Für spätere Vergleichszwecke. Hier geht es um abgestimmte, getestete und freigegebene CI- oder Service-Status, die auch relevant sein können für andere Prozesse. Mit einer Configuration Management Baseline kann beispielsweise eine bekannte Configuration einer IT-Infrastruktur wiederhergestellt werden, wenn ein Change oder ein Release fehlschlägt.

Wofür steht das Service V-Modell?

a) Strategie für die erfolgreiche Abwicklung alle Service Management-Projekte

b) Business-Sicht, wie sie vom Kunden und den Anwendern des Service wahrgenommen wird

c) Konfigurations- und Testlevel, die notwendig sind, um die Leistungsfähigkeit des Service zu gewährleisten

d) Der Pfad für die Themen Service Delivery und Service Support für eine effiziente und effektive Verwendung der Ressourcen

c) Konfigurations- und Testlevel, die notwendig sind, um die Leistungsfähigkeit des Service zu gewährleisten. Das Modell ist in der Service Transition angesiedelt. Zu jeder Anforderungsebene existiert ein spezifisches Test- und Abnahmependant.

Welcher Aspekt des Service Designs fehlt in der Liste?

1. Design der Services

2. Design der Service Management Systeme und Tools

3. Design der Technologiearchitetur und der Managementsysteme

4. Design der benötigten Prozesse

a) Design der Messsysteme, Methoden und Metriken

b) Design der Applikationen

c) Design der Service Level Agreements

d) Design der Funktionen

a) Design der Messsysteme, Methoden und Metriken. Die richtige Reihenfolge lautet: Design von Lösungen in Form von IT Services (Service-Lösungen), Design von Service Management-Systemen und -Tools für das Management und die Steuerung der Services in ihrem Lifecycle, Design der technologischen Architektur, Management-Architektur und Tools zur Service-Bereitstellung, Design der benötigten Prozesse, um den Service zu entwerfen, zu überführen, zu betreiben und zu verbessern und Design von Messsystemen, Messmethoden und Messgrößen der Services, Architekturen und deren Komponenten.

Welcher ITIL®-Prozess analysiert Bedrohungen und Abhängigkeiten der IT Services als Bestandteil der Entscheidung bezüglich der zu implementierenden „Gegenmaßnahmen" („countermeasures")?

a) IT Service Continuity Management

b) Problem Management

c) Availability Management

d) Service Asset & Configuration Management

a) IT Service Continuity Management. Der Prozess ist für die Verwaltung von Risiken (Risikomanagement) verantwortlich, die zu schwer wiegenden Auswirkungen auf IT Services führen können. Gegenmaßnahmen reduzieren das Risiko.

Was ist das Hauptziel des Availability Managements?

a) Garantieren der Verfügbarkeitslevel für Services und Komponenten

b) Sicherstellen, dass alle Vorgaben und Ziele der Service Level Agreements (SLAs) erreicht werden

c) Sicherstellen, dass die Service-Verfügbarkeit die vereinbarten Anforderungen der Unternehmung erfüllt oder überschreitet

d) Überwachen und entsprechendes Berichtswesen der Verfügbarkeit der Services und Komponenten

c) Sicherstellen, dass die Service-Verfügbarkeit die vereinbarten Anforderungen der Unternehmung erfüllt oder überschreitet. Das Availability Management bezeichnet sich selber als das Fenster der Service-Qualität zum Business-Kunden. Es hat zum Ziel, die in den SLAs definierte Verfügbarkeit eines Service sicherzustellen. Option d) beschreibt eine Aufgabe, aber nicht das primäre Ziel des Availability Managements.

Wie lautet die korrekte Reihenfolge für die ersten vier Aktivitäten im Verbesserungsprozess (7-Step Improvement-Prozess)?

a) Sammeln von Daten, Aufbereiten der Daten, Analysieren der Daten und Präsentieren der Daten.

b) Wie lautet die Vision? Wo sind wir heute? Was möchten wir werden? Wie gelangen wir dorthin?

c) Definieren, was gemessen werden soll, Definieren, was gemessen werden kann, Sammeln der Daten, Aufbereitung der Daten

d) Sammeln der Daten, Aufbereiten der Daten, Definieren, was gemessen werden soll, Definieren, was gemessen werden kann

c) Definieren, was gemessen werden soll, Definieren, was gemessen werden kann, Sammeln der Daten, Aufbereitung der Daten. Die restlichen Aktivitäten lauten Analyse der Daten, Präsentation und Verwendung der Informationen und Implementierung von Korrekturmaßnahmen.

Was beschreibt am besten den Zweck des Event Managements?

a) Die Fähigkeit, die Aktivitäten der technischen Mitarbeiter zu überwachen und zu steuern

b) Die Fähigkeit, Events zu erfassen, zuzuordnen und die passende Steuerungsaktion festzulegen

c) Die Möglichkeit, Monitoring-Tools zu implementieren

d) Die Möglichkeit über die erfolgreiche Erbringung der Services zu berichten, indem die Uptime der Infrastrukturanschlüsse überprüft wird

b) Die Fähigkeit, Events zu erfassen, zuzuordnen und die passende Steuerungsaktion festzulegen. Bei Option a) käme man eventuell mit dem Betriebsrat in Konflikt. Option c) und d) sind zwar auch Maßnahmen, die über das Event Management ablaufen können, beschreiben aber nicht den Hauptzweck.

Welche der folgenden Optionen sind Ziele des Prozesses Release und Deployment Management?

1. Sicherstellen, dass klare Release- und Deployment-Pläne existeren

2. Sicherstellen, dass Fähigkeiten und Wissen an das Betriebs- und Support-Team weitergegeben werden

3. Sicherstellen, dass die unvorhersehbaren Auswirkungen auf die produktiven Services, den Betrieb und den Support minimal sind

4. Bereitstellen von gerechtfertigten Kosten für die IT-Kapazität, die zu den Anforderungen der Unternehmung passt

a) Alle

b) 1 und 3

c) 1, 3 und 4

d) 1, 2 und 3

d) 1, 2 und 3. Option 4 gehört zum Financial Management.

Die folgenden Begriffe gehören zu welchem Prozess?

1. Big Bang vs Phasen

2. Push und Pull

3. Automatisiert vs manuell

a) Release and Deployment Management

b) Service Catalogue Management

c) Incident Management

d) Service Asset and Configuration Management

a) Release and Deployment Management. Bei den genannten Ansätzen geht es um die Frage, wie ein Release ausgebracht werden kann.

Welche der folgenden Antworten ist korrekt in Bezug auf Anforderungsschemata, die aus der Kunden-Unternehmung stammen?

a) Es ist unmöglich zu beurteilen, woher ihre Motivation stammt.

b) Sie sind motiviert durch die entsprechenden Schemata und Strukturen der Geschäftsaktivitäten.

c) Es ist unmöglich, die entsprechenden Schemata und Muster des Kundenverhaltens und der Anforderungen zu beeinflussen.

d) Die Anforderungsschemata sind durch die Planung der Lieferzeiten des Capacity Managements motiviert.

b) Sie sind motiviert durch die entsprechenden Schemata und Strukturen der Geschäftsaktivitäten. IT Services sollen die Geschäftsprozesse und damit auch die Geschäftsaktivitäten als Bestandteil der Geschäftsprozesse unterstützen. Nicht die IT treibt das Business, sondern umgekehrt.

Betrachten Sie die folgenden Aussagen:

1. Service Transition kümmert sich um die Überführung neuer und geänderter Services in die Produktion(sumgebung).

2. Service Transition kümmert sich um das Thema Testen.

3. Service Transition kümmert sich um den Transfer eines Service zu oder von einem externen Service Provider.

Welche der Aussagen ist korrekt?

a) 1

b) 1 und 3

c) Alle

d) 1 und 2

c) Alle (siehe Kapitel 10, Grundsätze der Service Transition).

Welche der folgenden Aussagen beschreibt am besten eine lokale Service Desk-Struktur?

a) Ein Service Desk, das sich in der gleichen Lokation (Niederlassung, Ort etc.) befindet wie die Anwender, die darüber betreut werden.

b) Ein Service Desk, das auch Vor-Ort-Support für die Anwender übernimmt.

c) Ein Service Desk, das sich an irgendeinem physikalischen Ort (Lokation, Niederlassung) befinden kann, wobei durch die Verwendung von Telekommunikationseinrichtungen es so erscheint, als ob sich das Service Desk in der gleichen Lokation (Niederlassung, Ort etc.) befindet wie die Anwender.

d) Ein Service Desk, dessen Mitarbeiter nur eine Sprache sprechen.

a) Ein Service Desk, das sich in der gleichen Lokation (Niederlassung, Ort etc.) befindet wie die Anwender, die darüber betreut werden. Dies entspricht der Definition des lokalen Service Desks.

Worin liegt der Hauptnutzen bei der Verwendung eines Service Design Tools?

a) Hilfe bei der Implementierung von Architekturen, die die Geschäftsstrategie unterstützen

b) Hilfe bei der Zusammenarbeit unterschiedlicher Applikationen

c) Unterstützung bei der Sicherstellung, dass auftretende Events so schnell wie möglich erfasst werden

d) Unterstützung bei der Sicherstellung, dass Design-Standards und Konventionen eingehalten werden.

d) Unterstützung bei der Sicherstellung, dass Design-Standards und Konventionen eingehalten werden. Definierte Standards und Konventionen können so leichter angewandt werden. Tools und Techniken im Service Design dienen dem Entwurf der Services und der damit zusammenhängenden Komponenten. Sie ermöglichen und unterstützen Prozess-, Daten-, Hardware- und Software-Design sowie das Design der Umgebung. Sie können proprietär oder nicht-proprietär sein und leisten nützliche Dienste bei der Beschleunigung des Design-Prozesses, stellen sicher, dass Standards und Konventionen eingehalten werden, bieten Prototyping-, Modellierungs- und Simulationsmöglichkeiten, lassen Schnittstellen- und Abhängigkeitstests und -korrelationen zu. Sie erlauben Was-Wäre-Wenn-Szenarios und eine Validierung des Designs, bevor es an die Entwicklung und Implementierung geht.

Welche der folgenden Optionen ist nicht Teil der ITIL®-Kernpublikation?

a) Service Strategy

b) Service Design

c) Service Optimisation

d) Service Transition

c) Service Optimisation. Service Strategy → Service Design → Service Transition → Service Operation und Continual Service Improvement.

In welchem ITIL®-Prozess werden die Verhandlungen mit dem Kunden bezüglich der Verfügbarkeits- und Kapazitätsausstattung geführt, die angeboten werden sollen?

a) Availability Management

b) Financial Management for IT Services

c) Capacity Management

d) Service Level Management

d) Im Service Level Management werden die Kundenanforderungen in Dienstleistungsprodukte der IT-Organisation übersetzt und verhandelt und die entsprechenden SLAs vertraglich vereinbart. Option a) hat zum Ziel, die in den SLAs definierte Verfügbarkeit der Services sicherzustellen. Option b) qualifiziert den Wert der IT Services für das Business in Geldeinheiten. Services sind für den Kunden Mehrwert-schaffende Investitionen, durch die die Assets eine Leistungssteigerung erzielen, die ohne diese Services nicht möglich wären. Option c) kümmert sich darum, dass in benötigtem Maße Kapazitäten bezüglich der IT Services auf Basis der Geschäftsanforderungen zum richtigen Zeitpunkt kostenoptimal zur Verfügung stehen.

ITIL-Zertifizierung

Welche der folgenden Aussagen ist korrekt?

1. Nur eine Person ist verantwortlich für die Durchführung einer Aktivität (responsible).

2. Nur eine Person ist verantwortlich für eine Aktivität (accountable).

a) Nur 1

b) Nur 2

c) Beide Aussagen sind korrekt.

d) Keine der Aussagen ist korrekt.

b) Nur 2. Verantwortlich ist hier im Sinne einer haftenden, ultimativen Verantwortung gemeint.

Welche der Antworten stellt kein Ziel des Themenbereiches Service Operation dar?

a) Überwachen der Leistungen von Technologien und Prozessen

b) Liefern und Supporten von IT Services

c) Management der Technologien, die zur Lieferung der IT Services genutzt werden

d) Durch Testen sicherstellen, dass die definierten Services die Kundenbedürfnisse erfüllen.

d) Durch Testen sicherstellen, dass die definierten Services die Kundenbedürfnisse erfüllen. Das sollte bereits vor dem Service-Betrieb geschehen, z.B. in der Service Transition-Phase durch den Prozess Service Validating und Testing (siehe Kapitel 11.5, Service-Validierung und Testing).

Welche der folgenden Objekte würden NICHT in der Definitive Media Library (DML) abgelegt werden?

a) Backup von Applikationsdaten

b) Master-Kopien abgenommener Dokumentationen

c) Software-Lizenzen

d) Master-Kopien eingesetzter Software

a) Backup von Applikationsdaten. Die DML beinhaltet Master-Kopien der gekauften und selbst entwickelten Software (und zugehörigen Dokumentation und Lizenzen). Die hier eingelagerten Master-Kopien sind Originale bzw. Finalversionen, die als Master-Kopien nicht modifiziert werden dürfen.

Demand Management wird primär dazu verwendet, um

a) Ein Übermaß an Kapazitätsbedürfnissen zu eliminieren.

b) Den Wert der IT zu steigern.

c) Nutzen für den Kunden zu steigern.

d) das Abgleichen von Unternehmens- mit IT-Kosten zu ermöglichen.

a) Ein Übermaß an Kapazitätsbedürfnissen zu eliminieren. Sowohl Überkapazitäten als auch nicht abgefederte Nachfragespitzen der Kundenseite erzeugen für Kunde und Service Provider eine unerwünschte Situation. Ausreichende Planung, Trendanalyse und die Steuerung zusammen mit dem Kunden sollten Unwägbarkeiten und Schwankungen des Nachfrageverhaltens mindestens reduzieren.

Zwischen dem Problem Management und dem Change Management wird üblicherweise welche Art von Information ausgetauscht?

a) RfCs, die von den Anwendern stammen und über das Problem Management an das Change Management weitergegeben werden

b) RfCs, die aus bekannten Fehlern (Known Errors) stammen

c) RfCs aus dem Service Desk, die das Problem Management an das Change Management weitergibt

d) Known Errors aus dem Problem Management, auf deren Basis das Change Management Requests for Change (RFCs) generieren kann.

b) RfCs, die aus bekannten Fehlern (Known Errors) stammen. Über den Request for Change (RfC) werden die Informationen, die aus der Umwandlung des Problems (mit unbekannter Fehlerursache) in einen Known Error (mit bekannter Fehlerursache) stammen, an das Change Management übermittelt, damit die Fehlerursache beseitigt werden kann. RfCs werden nicht im Change Management erstellt. Das Problem Management ist der „Hauptlieferant" von RfCs.

Lernen und Verbessern ist das primäre Anliegen welcher der folgenden Bereiche?

a) Service Strategy, Service Transition und Service Operation

b) Continual Service Improvement

c) Service Operation und Continual Service Improvement

d) Service Strategy, Service Design, Service Transition, Service

b) Continual Service Improvement. So wird im Sinne des Deming-Zyklus die Service-Qualität immer weiter gesteigert.

Die Ziele des Service Asset und Configuration Managements lassen sich am besten beschreiben als

a) Definieren und Steuern der Komponenten für die Services und die Infrastruktur und die Pflege der korrekten Configuration Records.

b) Managen der Service Assets und CIs aus Betriebssicht (operational perspective).

c) Sicherstellen, dass Assets und CIs den definierten Nutzen für das Business liefern.

d) Verstehen der Leistungscharakteristika der Assets und Configuration Items (CIs), um durch deren Beitrag die Perfomance zu maximieren.

a) Definieren und Steuern der Komponenten für die Services und die Infrastruktur und die Pflege der korrekten Configuration Records (siehe Kapitel 11.2, Service Asset und Configuration Management).

Das Ziel des Change Management-Prozesses lässt sich am ehesten beschreiben durch

a) Schutz der IT Services durch eine Ablehnung aller geplanten Changes an den Komponenten.

b) Sicherstellen, dass Changes an der IT Infrastruktur effizient und effektiv verwaltet werden.

c) Sicherstellen, dass alle Changes über einen geeigneten Fallback-Plan verfügen.

d) Sicherstellen, dass alle Changes gesteuert aufgenommen, verwaltet, getestet und implementiert werden.

d) Sicherstellen, dass alle Changes gesteuert aufgenommen, verwaltet, getestet und implementiert werden. Die Informationen zu Option a) liefert das Configuration Management. Option b) und c) fallen zwar auch in den Aufgabenbereich des Change Managements, Option d) stellt aber eine umfassendere und damit die am ehesten passende Lösung dar.

Business-Motivation und Anforderungen für einen neuen Service sollten wann betrachtet werden?

a) Stilllegung von Altsystemen

b) Prüfung und Klärung (Review) der aktuellen Möglichkeiten zur Lieferung des IT Service

c) Prüfung und Klärung (Review) der Patchlevel des Betriebssystems

d) Post Implementation Review (PIR) eines Change

b) Prüfung und Klärung (Review) der aktuellen Möglichkeiten zur Lieferung des IT Service. Business-Motivation und Anforderungen für einen neuen Service, d.h. der Input der Kundenseite, sollten möglichst früh betrachtet werden. Option a) und d) kämen erst viel zu spät diesbezüglich zum Einsatz. Option c) ist ein technischer Aspekt, der keine Berührung mit dem Business besitzt.

Die Information Security Policy sollte welchen Personengruppen zur Verfügung gestellt werden?

a) Senior Business Managern und dem IT-Personal

b) Allen Kunden, Anwendern und dem IT-Personal

c) Personal aus dem Bereich Information Security Management

d) Senior Business Managern, oberem Management der IT Organisation und dem Security Manager

b) Allen Kunden, Anwendern und dem IT-Personal. Die Richtlinien sind für alle Mitarbeiter bindend und berühren alle Ebenen. Nur so kann eine konsistente Umsetzung der Richtlinien gewährleistet werden.

Die Priorität eines Incidents lässt sich am besten beschreiben als

a) Die relative Wichtigkeit eines Incidents auf der Basis von Aussagen zu Auswirkungen (impact) und Dringlichkeit (urgency).

b) Die Geschwindigkeit, mit der der Incident zu lösen ist.

c) Anzahl der Mitarbeiter, die an diesem Incident arbeiten werden, um ihn rechtzeitig zu lösen.

d) Eskalationspfad, der einzuhalten ist, um sicherzugehen, dass der Incident gelöst wird.

a) Die relative Wichtigkeit eines Incidents auf der Basis von Aussagen zu Auswirkungen (impact) und Dringlichkeit (urgency). Option b) leitet sich aus der Priorität ab. Option c) ist auch von der Priorität abhängig. Option d) beschreibt einen allgemeinen Aspekt aus dem Incident Management bzw. Service Desk. Über die Eskalation wird die Einhaltung der SLAs bezüglich der Incident-Lösung(szeit) sichergestellt. Auch dies leitet sich aus der Priorität ab. Ein niedrig priorisierter Incident muss nicht so schnell gelöst werden wie ein höher priorisierter Incident.

Was ist unter einem normalen Service-Betrieb zu verstehen?

a) Der Service arbeitet so, wie er es normalerweise tut, wenn kein Incident auftritt.

b) Der Service stellt die Funktionalität und Leistung bereit, die das Business wünscht.

c) Der Service arbeitet innerhalb der Grenzen, die im Service Level Agreement vereinbart und definiert wurden.

d) Alle Anwender sind in der Lage, sich am Service anzumelden und damit zu arbeiten.

c) Der Service arbeitet innerhalb der Grenzen, die im Service Level Agreement vereinbart und definiert wurden. Dies ist für Service Provider und Kunde die bindende Vereinbarung. Option a) ist zu schwammig. Option b) beschreibt die Wünsche und Option d) muss nicht den definierten SLAs entsprechen, wenn die Anwortzeiten nicht denen in den SLAs entsprechen.

Das Definieren der Funktionalitäten für einen neuen Service ist Teil von

a) Service Operation: Application Management

b) Service Strategy: Service Portfolio Management

c) Service Design: Design der Technologiearchitektur

d) Service Design: Design der Service-Lösungen

d) Service Design: Design der Service-Lösungen. Option a) beschreibt den Betrieb bzw. die Betreuung einer Applikation über den gesamten Application Lifecycle (siehe Kapitel 15.5, Application Management und Kapitel 8.8.3, Application Management). Option b) entstammt der Service Strategie-Phase. Option c) beschreibt nur einen Teilaspekt des Service Designs.

Was sind Charakeristika eines jeden Prozesses?

1. Er ist messbar.

2. Er ist zeitlich begrenzt.

3. Er liefert ein bestimmtes Ergebnis.

4. Er reagiert auf ein bestimmtes Ereignis.

5. Er liefert Kunden oder Stakeholdern ein Ergebnis.

a) 1, 2, 3 und 4

b) 1, 2, 4 und 5

c) 1, 3, 4 und 5

d) Alle

c) 1, 3, 4 und 5. Option 2 trifft auf ein Projekt zu. Ein Prozess wird immer wieder verwendet und durchlaufen.

Es gibt viele Sourcing-Strategien, die eine Unternehmung verwenden kann. Welche davon beschreibt die neueste Form des Outsourcings?

a) Knowledge Process Outsourcing

b) Partnership oder Multisourcing

c) Business Process Outsourcing (BPO)

d) Application Service Provision

a) Knowledge Process Outsourcing. Im Vergleich zum BPO werden komplexere und arbeitsintensivere Aufgaben ausgelagert. KPO-Dienstleister beschäftigen Mitarbeiter mit speziellen Kenntnissen und genauem Wissen zu einer bestimmten Domäne, Technologie oder Branche. Das Expertenwissen und die hochwertige Ausbildung der Mitarbeiter stellen dabei den wesentlichen Unterschied zum Business Process Outsourcing dar.

Welches der folgenden Objekte ist kein Change-Typ?

a) Standard Change

b) Normal Change

c) Urgent Change

d) Emergency Change

c) Urgent Change. Es existieren drei Change-Typen: Standard Change (meist vorab freigegeben, kleinere Änderungen, muss nicht den gesamten Change-Prozess laufen, kann meist über Service Requests gehandhabt werden), Normal Change (durchläuft den Change-Prozess) und der Emergency Change, der über das ECAB läuft.

Quellen für „Good Practices" enthalten welche Elemente?

1. Öffenlich verfügbare Frameworks

2. Standards

3. Proprietäres Wissen der Mitarbeiter und der Organisation

a) 1 und 2

b) 2 und 3

c) Alle

d) 1 und 3

c) Alle. Best Practices stellen Wissen, Methoden und Standards um Praktiken dar, die sich bei einer Vielzahl von Organisationen und Unternehmen in der Vergangenheit als wertvoll erwiesen haben. Daneben steht der Begriff der Good Practices. Good Practices orientieren sich an Standards, lassen sich aber nicht ohne Weiteres in der Organisation implementieren und müssen erst einmal angepasst werden (z.B. aufgrund von Branchen- oder Unternehmensspezifika). Die Realisierungen von Good Practices beziehen sich auf punktuelle Maßnahmen, die den Unternehmenserfolg wenigstens in Teilgebieten deutlich verbessern. Auf die angestrebte, mögliche Spitzenleistung wird dabei verzichtet.

Welcher Begriff steht für die Beschreibung „Fit for purpose" und steht für die Eigenschaften eines Service, die einem Kunden bereitgestellt werden, um ein gewünschtes Ergebnis umzusetzen?

a) Warranty

b) Utility

c) Resources

d) Service Management

b) Utility. Die Beschreibung entspricht der Definition. Warranty aus Antwort a) steht für den Ausdruck „Fit for Use".

Welches der folgenden ITIL®-Kernbücher behandelt die Verbesserungspläne entsprechend der strategischen Ziele?

a) Service Strategy

b) Continual Service Improvement

c) Service Transition

d) Service Operation

b) Continual Service Improvement (CSI) trägt dem Lern und Verbesserungsgedanken Rechnung und priorisiert die Verbesserungsprogramme und -pläne in Abstimmung mit den strategischen Zielen der Organisation und den Kundenanforderungen (aus den SLAs).

Welche der folgenden Aussagen ist in Bezug auf das Thema Service Assets korrekt?

1. Die Notwendigkeit, Service Assets zu pflegen und durch Upgrades auf dem neuesten Stand zu halten, steigt mit der erhöhten Nachfrage nach diesen Service Assets.

2. Die durch die Befriedigung der Service-Nachfrage angefallenen Kosten gleichen sich aufgrund der abgestimmten Konditionen und Vertragsbedingungen aus.

a) A und B

b) A

c) B

d) Beide sind falsch

a) A und B. Beide Aussagen sind richtig. Je mehr Nachfrage in Bezug auf einen Service generiert wird, desto mehr Gründe bestehen, diese Services zu pflegen. Die Kosten in Bezug auf das Anbieten eines Service für einen Kunden werden über den Kunden ausgeglichen.

ITIL-
Zertifizierung

Welche der folgenden sind valide Ziele der Service Desk-Funktion?

1. Schnelle Wiederherstellung der normalen Services nach einer Unterbrchung
2. Bereitstellung First Line-Support für die Anwender
3. Management der Incident-Lösungen
4. Eskalation von Requests, die nicht über den First Line-Support gelöst werden können

a) 1, 2
b) 1, 2, 4
c) 2, 3, 4
d) Alle

d) Alle vier Beschreibungen entsprechen der Zielsetzung des Service Desks.

Welche Rolle agiert als primärer Anspechpartner für die Kunden für alle Service-bezogenen Fragen und offenen Punkte, um sicherzustellen, dass Kunden-, Liefer- und Support-Anforderungen erfüllt werden, und Möglichkeiten für Service-Verbesserungen aufzuzeigen, die ggf. in der Eröffnung von RfCs münden?

a) Service Owner
b) Process Owner
c) Change Manager
d) Service Level Manager

a) Der Service Owner ist verantwortlich für diese Aktivitäten. Darüber hinaus spricht der Service Owner mit dem Prozess-Owner über den Kurs des Service Management Lifecycle.

Wie lauten unter ITIL® die 4 „P"s , die ein effektives Service Management erleichtern?

a) People, Processes, Products, Partners
b) Profit, Procedure, Products, Potential
c) People, Procedure, Profit, Planning
d) People, Products, Profit, Performance

a) People, Processes, Products, Partners. Diese werden in Kapitel 7.2, Ziele des Service Designs beschrieben.

Welche(s) generische(n) Service Management-Konzept(e) erlaubt/erlauben, definierte Prozesse wie den Incident-Lifecycle der Organisation und das Change-Modell vorab zu definieren und zu steuern, die dann in ein automatisches Management der Objekte (wie Eskalationspfade und Alarmfunktionen) münden?

a) Service Assets
b) Workflows oder Prozess-Engine
c) Incident Workarounds
d) Deming-Zyklus

b) Workflows oder Prozess-Engine. Diese bilden Automatismen ab.

Welche der folgenden Aussagen zum Thema Service-Strategie sind korrekt?

1. Sowohl Ressourcen als auch Capabilities sind Asset-Typen.

2. Capabilities sind für die Organisation leichter zu beschaffen als Ressourcen.

a) 1 und 2

b) 1

c) 2

d) Beide Aussagen sind falsch.

b) 1, da Ressourcen leichter zu beschaffen sind als Capabilities. Capabilities beziehen sich auf Management, Prozesse und Wissen (Knowledge) innerhalb der Organisation.

Welcher Ausdruck beschreibt am besten das Konzept für das Ergebnis, das vom Kunden gewünscht wird, in Kombination mit den verfügbaren Services, die dieses Ergebnis ermöglichen sollen?

a) Service-Portfolio

b) Service Catalogue

c) Markt (Market Space)

d) Marktwert (Market Value)

c) Market Space: Market Space wird im Bereich Service-Strategie beschrieben als das gewünschte Ergebnis der Kunden, zusammen mit den verfügbaren Services, die das gwünschte Ergebnis liefern sollen.

Welche Art des Service Desk agiert verteilt, stellt einen 24 Stunden-Support zu relativ geringen Kosten bereit und sollte bei Bedarf interkulturell bewandelt sein?

a) Local Service Desk

b) Centralized Service Desk

c) Virtual Service Desk

d) Follow the Sun

d) Follow the Sun. Das Follow the Sun-Service Desk ist eine spezielle Art des virtuellen Service Desks, das abhängig von der Tageszeit sequenziell durch die Telefontechnik angewählt wird (Erreichbarkeit: 7x24 Stunden). Die Übergabe zwischen den Schichten muss geregelt werden (siehe Kapitel 15.2.1, Ziele und Begriffe des Service Desk).

Welche der folgenden Modelle identifiziert eine spezifische Rolle, die zusätzliche Ressourcen bereitstellt, um Arbeiten durchzuführen oder bei der Implementierung Unterstützungsleistung zu bieten?

a) RACI

b) RACI-VS

c) RASCI

d) PDCA

c) Das RASCI-Modell fügt dem RACI-Modell die Rolle „Supportive" hinzu. Sie kann Ressourcen zur Verfügung stellen oder eine unterstützende Rolle in der Implementierung spielen.

ITIL-Zertifizierung

Welche Aussage beschreibt am besten das Konzept „Service Management" in ITIL®?

a) Ein Bündel von spezialisierten und organisatorischen Kernkompetenzen, die in Form von Services einen Wertbeitrag für den Kunden erbringen.

b) Ein logisches Konzept, das sich auf Mitarbeiter und automatisierte Maßnahmen bezieht, die einen definierten Prozess, eine Aktivität oder eine Kombination dessen ausführen.

c) Ergebnisse, die der Kunde erzielen möchte, ohne die Verantwortung und die dazugehörigen, unmittelbaren operativen Kosten und Risiken zu tragen.

d) Team, Einheit oder eine Person, die Aufgaben umsetzt, die zu einem spezifischen Prozess gehören.

a) Ein Bündel von spezialisierten und organisatorischen Kernkompetenzen, die in Form von Services einen Wertbeitrag für den Kunden erbringen. Dies entspricht der Definition u.a. aus dem Buch „Service Strategy" (siehe Kapitel 1.1, IT Services).

Welcher Typ von kontext-sensitiven Tools führt automatische Skripte aus, die bei der Diagnose von Incidents kurzzeitige Unterstützung anbieten?

a) Remote Control Tools

b) Discovery, Deployment u. Lizenzierungstechnologien

c) Integriertes Configuration Management System (CMS)

d) Diagnose-Utilities

d) Diagnose-Utilities. Option a) dient meist der Fernwartung und -Steuerung. Das CMS aus Option c) führt keine automatischen Skripte aus. Die Elemente aus Option b) verfolgen einen anderen Zweck.

Sie sind verantwortlich für das Dokumentieren der notwendigen Service Level und Performance-Ziele innerhalb der internen Application Support-Gruppe in der Organisation, damit der erwartete Service-Level vom Kunden genutzt werden kann. Wie lautet das entsprechende interne Absicherungsdokument, auf das sich dies bezieht?

a) Operational Level Agreement (OLA)

b) Availability Management Plan

c) Service Level Agreement (SLA)

d) Service-Katalog

a) Ein Operational Level Agreement (OLA) stellt eine Vereinbarung zwischen einem IT Service Provider und einem anderen Teil derselben Organisation dar. Ein OLA unterstützt die Bereitstellung von IT Services durch den IT Service Provider für den Kunden. Das OLA definiert die zu liefernden Waren oder Services und die Verantwortlichkeiten der beiden Parteien.

Welche der folgenden Aussagen ist in Bezug auf das Service-Portfolio korrekt?

1. Das Service-Portfolio sollte einen Teil des Service Knowledge Management Systems (SKMS) darstellen.

2. Das Service Portfolio sollte als ein Dokument innerhalb des Configuration Management Systems (CMS) der Organisation stehen.

a) 1 und 2

b) 1

c) 2

d) Beide sind falsch

a) 1 und 2. Das SKMS subsumiert beide Teile und so auch weitere Management Systeme und Repositorys. Es speichert, aktualisiert, steuert und zeigt alle Informationen, welche ein IT-Service Provider braucht, um erfolgreich den gesamten Lebenszyklus eines IT-Services zu managen (siehe Kapitel 11.7.1, Ziele und Prinzipien des Knowledge Managements).

Welche der folgenden ist keine Hauptmetrik, die mit dem Service Level Management in Verbindung steht?

a) Nicht erfüllte SLA-Ziele

b) SLA-Verletzungen in Underpinning Contracts (UCs)

c) Anzahl der Services, die über ein SLA abgedeckt werden

d) Kundenzufriedenheit aufgrund von SLA-Erfüllungen

c) Anzahl der Services, die über ein SLA abgedeckt werden. Es ist zwar auch eine Metrik aus dem Service Level Management, aber keine vorrangige.

Ein Objekt wie zum Beispiel eine Service-Komponente oder ein Asset der Organisation, das sich unter der Steuerung des Configuration Managements befindet, wird auch wie genannt?

a) Configuration Item (CI)

b) Configuration Management System (CMS)

c) Variante

d) Ressource

a) Configuration Item (CI). CIs sind alle Komponenten, die verwaltet werden müssen, um einen IT Service bereitstellen zu können.

Welche Rolle ist verantwortlich für das Identifizieren und Dokumentieren des Wertes eines Service innerhalb der Organisation und stellt die Kosteninformationen für das Service Portfolio Management bereit?

a) IT Financial Manager

b) Service Level Manager

c) Demand Manager

d) Product Manager

a) IT Financial Manager. Er ist verantwortlich für die Aktivitäten im Prozess Financial Management. Diese Rolle ist für die Budgetierung, Kosten- und Leistungsverrechnung eines IT Service Providers zuständig. Er schneidert das Investitionsportfolio auf das Risikoprofil des Kunden zu.

ITIL-
Zertifizierung

Welche der Aussagen ist, bezogen auf eine Funktion, korrekt?

a) Eine Funktion muss über mehrere Personen, die einen Geschäftsbereich repräsentieren, ausgeführt werden.

b) Eine einzige Person muss sich auf eine einzige Funktion konzentrieren.

c) Funktionale Hierarchien senken die übergreifende Koordinierung innerhalb einer Organisation.

d) Eine Funktion optimiert die Arbeitsmethoden durch die Konzentration auf ein spezifisches Ergebnis.

d) Eine Funktion optimiert die Arbeitsmethoden durch die Konzentration auf ein spezifisches Ergebnis. Zu Option c): Funktionale Hierarchien steigern die übergreifende Koordinierung innerhalb einer Organisation. Option a) und Option b) sind falsch.

Welches der folgenden Objekte entspricht nicht einem gültigen Begriff für das Service Desk?

a) Zentralisiertes Service Desk

b) Produktions-Service Desk

c) Lokales Service Desk

d) Virtuelles Service Desk

b) Produktions-Service Desk. Neben dem lokalen, virtuellen, zentralen und Follow the Sun-Service Desk gibt es noch Service Desks, die stark spezialisiert sind, und Service Desks mit einem Skill Level, der als eher niedrig zu bezeichnen ist (Basis-Level).

Welcher der folgenden ITIL®-Kernbände beruht auf den Methoden und Verfahren des Qualitätsmanagements, Change Managements und der Erweiterung der Capabilities?

a) Service Design

b) Continual Service Improvement

c) Service Operation

d) Service Transition

b) Continual Service Improvement. Ständiges Lernen und Verbessern (durch Changes) ist im CSI anzufinden.

Welches Objekt ist lediglich verantwortlich für die Aufnahme der Services, die zur Zeit aktiv sind und von der IT-Organisation angeboten werden?

a) Service-Katalog

b) Service-Pipeline

c) Service Specification

d) Service-Portfolio

a) Der Service-Katalog bezieht sich auf alle Anforderungen an den Service, alle Details der aktuellen und der kurz vor der Einführung stehenden Services und die Aufnahme der Services in Form einer Service-Hierarchie. Option b) beinhaltet alle IT Services, die zur Diskussion stehen oder sich in der Entwicklung befinden und noch nicht für den Kunden verfügbar sind. Die Service-Pipeline bietet einen Überblick über mögliche zukünftige IT Services und ist Teil des Service-Portfolios. Option d) beinhaltet Service-Katalog, Service-pipeline und die zurückgezogenen bzw. ausgemusterten Services (Retired Services). Option c) dient der Definition technischer oder operativer Anforderungen.

Welche Rolle stellt sicher, dass die IT-Kapazität ausreichend ist für die Lieferung der Services, Erstellung Pflege des Kapazitätsplans, und gleicht die Kapazität über die Nachfrage aus?

a) Capacity Manager

b) Availability Manager

c) Service Level Manager

d) Demand Manager

a) Capacity Manager. Hier deutet das Stichwort Kapazitätsplan auf das Capacity Management hin.

In welchen Bereichen kann das Service Management positiv durch Automation beeinflusst werden?

1. Design und Modellierung

2. Service Catalogue

3. Klassifizierung und Routing

4. Optimimierung

a) 1 und 2

b) 2 und 3

c) 1, 3 und 4

d) Alle

d) Alle. Automatisierungsansätze werden in vielen Bereichen und zur Unterstützung zahlreicher Aktivitäten empfohlen, z.B. durch Detection-Tools, Inventarisierung, Befüllen einer CMDB, durch Design-Tools oder durch den Einsatz von Service Operation-Tools, die beispielsweise im Service Desk zum Einsatz kommen und die Klassifizierung aufgrund bereits hinterlegter Kriterien unterstützen.

Eine Service Desk-Struktur mit einer Reihe von Einsatzorten, in differenzierten Zeitzonen, mit einer Bereitstellung von einem 24 Stunden-Support, nennt sich ...

a) Vollabdeckungssupport

b) Voll-Service-Support

c) Follow the Sun-Support

d) Follow the Moon-Support

c) Follow the Sun-Support. Alle anderen Begriffe existieren unter ITIL® nicht.

ITIL-
Zertifizierung

Welches Konzept erlaubt dem Management ein besseres Verständnis für die Qualitätsanforderungen des Service und präsentiert sowohl die entsprechenden Kosten und den erwarteten Nutzen?

a) Business Case

b) Technischer Service-Katalog

c) Risikoanalyse

d) Service-Portfolio

a) Der Business Case dient als betriebswirtschaftliche Rechtfertigung für einen umfassenden Ausgabenposten und beinhaltet Informationen zu Kosten, Nutzen, Optionen, offenen Punkten, Risiken und möglichen Problemen. Zu den anderen Optionen: Der Kunde sieht weder den technischen Service-Katalog (höchstens einen Teil des Service-Katalogs, aber nicht den technischen Teil) noch das gesamte Service-Portfolio. Eine Risikoanalyse bewertet die aktuelle Risikosituation, identifiziert nicht tragbare Risiken und ermittelt zu ergreifende Gegenmaßnahmen.

Welche der folgenden ist keine Kernveröffentlichung der ITIL® V3-Bibliothek?

a) Service Strategy

b) Service Transition

c) Continual Service Improvement

d) Service Catalogue Management

d) Service Catalogue Management. Dies ist ein Prozess aus dem Bereich Service Design.

Die Planungs- und Lenkungsaktivitäten eines Prozesses, die darauf abzielen, dass der Prozess in effektiver, effizienter und konsistenter Art und Weise verläuft, werden bezeichnet als ...

a) Prozess-Modell

b) Prozess-Change

c) Prozess-Steuerung (Process Control)

d) Prozess-Richtlinie (Process Policy)

c) Prozess-Steuerung (Process Control). Dies ermöglicht die Steuerung und Planung von Prozessen. Dabei sollte vorab bereits die Tiefe der Prozesskontrolle festgelegt werden. Diese Vorgaben sollten zur Process Policy passen, die das Unternehmen ebenfalls aufstellen muss. Eine Maßgabe dabei ist, dass die Prozesse an die Erreichung von Zielen geknüpft werden und somit einen spezifischen Nutzen verfolgen. Service Design wird genutzt, um eine einheitliche Prozesslandschaft zu schaffen.

Welche Rolle ist für die formale Freigabe von Changes verantwortlich und kann diese Verantwortlichkeit an eine andere Rolle auf Basis der vordefinierten Parameter wie Risiko und Kosten delegieren?

a) Product Manager

b) Change Authority

c) Change Manager

d) Change Advisory Board

b) Change Authority (als Rolle, Person oder ein Team) ist für die beschriebenen Aktivitäten verantwortlich (Service Transition).

Welche der folgenden Optionen würde am wenigsten (least) als Service Request kategorisiert werden können?

a) Anfrage für das Zurücksetzen des Passworts eines Anwenders für die Zeiterfassung

b) Bitte um ein Anwenderhandbuch für das Extranet des Unternehmens

c) Anforderung, die Netzwerkverbindungsprobleme eines Anwenders zu beheben, die nach dem Absturz einer Anwendung aufgetreten sind

d) Antrage bezüglich eines benotigten Datenbankauszugs eines Verfahrens

c) Anforderung, die Netzwerkverbindungsprobleme eines Anwenders zu beheben, die nach dem Absturz einer Anwendung aufgetreten sind. Service Requests beziehen sich nicht auf eine bestehende Störung oder einen Fehler. Ein Service Request stellt eine Anfrage eines Anwenders nach Informationen, Beratung, einem Standard-Change oder nach Zugriff auf einen IT Service dar.

Welche Rolle ist verantwortlich für den Besitz, die Pflege und den Schutz der Known Error Database (KED)?

a) Incident Manager

b) Problem Manager

c) Alert Manager

d) Event Manager

b) Problem Manager. Die Known Error Database enthält sämtliche Records bekannter Fehler. Diese Datenbank wird vom Problem Management erstellt und vom Incident und Problem Management eingesetzt. Die Known Error Database ist Teil des Service Knowledge Management Systems.

Im Continual Service Improvement (CSI) wird welche Art von Metriken aus den Komponenten-Metriken berechnet?

a) Technologie-Metriken (Technology Metrics)

b) Prozess-Metriken (Process Metrics)

c) Baseline-Metriken

d) Service-Metriken (Service Metrics)

d) Service-Metriken (Service Metrics) werden aus den darunterliegenden Komponenten-Metriken berechnet und sind das Ergebnis eines Ende-zu-Ende-Service. Eine Metrik stellt ein Merkmal dar, das gemessen und über das berichtet wird, um die Verwaltung eines Prozesses, eines IT Service oder einer Aktivität zu unterstützen.

ITIL-
Zertifizierung

Die Fähigkeit einer Organisation, Ressourcen in Services umzuwandeln, die einen Nutzen für den Kunden transportieren, ist ein entscheidender Aspekt für ...

a) Prozess-Modell

b) Service Management

c) Rolle

d) Good Practice

b) Das Service Management ist die Gesamtheit der spezialisierten organisatorischen Fähigkeiten, die zur Generierung eines Mehrwerts für Kunden in Form von Services verfügbar sind. Die Option c) beschreibt einen Satz von Verantwortlichkeiten, Aktivitäten und Kompetenzen, die einer Person oder einem Team zugewiesen sind.

Während der Diskussion mit einem Kunden werden Sie gefragt, wie Sie den Begriff des Incidents kurz erläutern würden. Welche der folgenden Optionen käme einer Erklärung am nächsten?

a) Die unbekannte Fehlerursache einer oder mehrerer Unterbrechungen eines Service

b) Ein Ereignis, das zu einer Unterbrechung oder einer Beeinträchtigung der Service-Qualität führt

c) Eine Unterbrechung, dessen Fehlerursache bekannt ist

d) Eine Support-Anfrage, die nichts mit einem Fehler in der IT-Infrastruktur zu tun hat

b) Ein Ereignis, das zu einer Unterbrechung oder einer Beeinträchtigung der Service-Qualität führt. Beide Situationen beschreiben eine Störung, da nicht nur der Totalausfall eines Service einen Incident darstellt, sondern auch bereits eine Beeinträchtigung, die zu einer Abweichung der definierten Service-Qualität führt. Option a) beschreibt ein Problem, c) einen bekannten Fehler (Known Error), und d) betrifft einen Service Request.

Welcher der folgenden Begriffe beschreibt aus Kundensicht den Service, den der Kunde zur Verfügung gestellt bekommt, zusammen mit dem erwarteten Service Level, Rollen und Verantwortlichkeiten?

a) Operational Level Agreeement (OLA)

b) Service Level Agreement (SLA)

c) Service-Spezifikation

d) Service-Anforderungen (Requirements)

b) Service Level Agreement (SLA). Ein SLA beschreibt den jeweiligen IT Service, dokumentiert Service Level-Ziele und legt die Verantwortlichkeiten des IT Service Providers und des Kunden fest.

Wie lautet das Ergebnis des Entwurfs eines neuen Service, der Planung eines großen Change an einem bestehenden Service, und was ist auf die Service Transition bezüglich der Anforderungen angewiesen?

a) Service-Portfolio

b) Service Level Agreement (SLA)

c) Service Design Package (SDP)

d) Quality Management Plan

c) Ein Service Design Package (SDP) beschreibt alle Aspekte eines IT Service einschließlich dessen Anforderungen für jede Phase des Lebenszyklus des IT Service. Ein Service Design Package wird für neue IT Services, umfassende Changes und die Außerkraftsetzung von IT Services erstellt.

Im Configuration Management unter ITIL® V3 werden alle Informationen bezüglich der Configuration Items (CIs) einer Organisation wo vorgehalten?

a) Configuration Item (CI)

b) Configuration Management System (CMS)

c) Service Knowledge Management System (SKMS)

d) Service-Katalog

b) Ein CMS definiert eine Reihe von Hilfsmitteln und Datenbanken, die für die Verwaltung der Configuration-Daten verwendet wird. Das CMS enthält darüber hinaus Informationen zu Incidents, Problemen, Known Errors, Changes und Releases (oft in Form von Verweisen) und kann auch Daten zu Mitarbeitern, Lieferanten, Standorten, Geschäftsbereichen, Kunden und Anwendern beinhalten. Es untersteht der Zuständigkeit des Configuration Managements und wird von allen IT Service Management-Prozessen als logisches Modell der IT-Infrastruktur und IT Services eingesetzt.

Welcher Ausdruck dient am besten für die Beschreibung der Unsicherheit eines Ergebnisses, egal, ob in Form von negativen Beeinträchtigungen oder als positive Gelegenheiten?

a) Business Case

b) Risk

c) Procedure

d) Threat

b) Der Begriff Risiko ist vielfach eher negativ belegt und steht dabei für ein mögliches Ereignis, das zu einem Schaden oder Verlust führen oder das Erreichen von Zielen beeinträchtigen könnte. Ein Risiko wird anhand der Wahrscheinlichkeit einer Bedrohung, der Verwundbarkeit des Assets gegenüber dieser Bedrohung und der potenziellen Auswirkungen der Bedrohung gemessen.

Ein qualitätsgesicherter Ablageort in Form eines Repository, bei dem die freigegebenen Versionen aller Medien-CIs sicher aufbewahrt werden, lautet ...

a) Definitive Media Library (DML)

b) Configuration Management Database (CMDB)

c) Definitive Hardware Store (DHS)

d) Configuration Management System (CMS)

a) Ein Definitive Media Library (DML) bezeichnet einen oder mehrere Standorte, an dem die endgültigen und genehmigten Versionen aller Software Configuration Items sicher gespeichert sind. Die DML enthält darüber hinaus zugehörige CIs wie Lizenzen und Dokumentationen.

Welcher Ausdruck unter ITIL® passt am besten für die Beschreibung einer unerwarteten Unterbrechung oder einer Qualitätsbeeinträchtigung eines IT Service?

a) Problem

b) Service Request

c) Incident

d) Alarm

c) Ein Incident beschreibt eine nicht geplante Unterbrechung eines IT Service oder eine Qualitätsminderung eines IT Service. Auch ein Ausfall eines Configuration Item ohne bisherige Auswirkungen auf einen Service ist ein Incident, z.B. ein Ausfall einer oder mehrerer Festplatten in einer gespiegelten Partition.

Unter ITIL® wird der Wert eines Service wie definiert?

a) Durch Einnahmen und Profit

b) Geschäftsergebnisse und die Wahrnehmung der Kunden

c) Konsistenz und Qualität

d) Service-Kosten und Nachfrage

b) Geschäftsergebnisse und die Wahrnehmung der Kunden. Der Nutzenbeitrag für den Kunden steht im Vordergrund.

Welcher allgemeine Begriff aus dem Service Management wird verwendet, um die Technologie zu beschreiben, die es den Anwendern erlaubt, Lösungen zu Support-Anfragen zu finden, ohne auf die direkte Unterstützung des Service Desk-Personals zurückzugreifen, oft auf der Basis eines webbasierten Zugangs?

a) Self-Help-Technologie

b) Incident Management-System

c) Known Error Database

d) Virtuelles Service Desk

a) Self-Help-Technologie. Self-Help befähigt die Anwender, sich ein Stück weit selbst zu helfen. Dabei wird die Schnittstelle für den Benutzer meist über ein Web-Interface zur Verfügung gestellt, über das die Anwender Unterstützung suchen und erhalten können.

Welche Rolle ist verantwortlich für die Verwaltung der Arbeiten der First- und Second Line-Support-Mitarbeiter und verwaltet die Major Incidents, falls sie geschehen?

a) Incident Manager

b) Problem Manager

c) Alert Manager

d) Event Manager

a) Incident Manager. Stichwort „Major Incident" als Hinweis für das Incident Management. Der Incident Manager ist verantwortlich für die effektive und effiziente Durchführung des Prozesses, kümmert sich darum, dass die Ziele des Prozesses erreicht werden, und um das Berichtswesen. Er verwaltet die Arbeit des Incident Support-Teams (First Line, Second Line) und der Major Incidents.

Welche sind aus Kundensicht die beiden wichtigsten Komponenten, die den Wert eines Service ausmachen?

a) Utility und Warranty

b) Ressourcen und Capabilities

c) Utility und Ressourcen

d) Design und Kapazität

a) Utility und Warranty. Utility bezeichnet die Funktionalität, die von einem Produkt oder Service angeboten wird, um einem bestimmten Bedürfnis gerecht zu werden. „Utility" wird häufig auch bezeichnet als „das, was ein Produkt oder Service tut". Die Warranty steht für die Zusage oder Garantie, dass ein Produkt oder Service den vereinbarten Anforderungen entspricht (z.B. in Bezug auf Availability, Capacity, Continuity).

Wie lautet die Reihenfolge der Ereignisse, die in einem Prozess-Modell stattfinden?

1. Daten kommen rein.

2. Daten werden verarbeitet.

3. Daten werden gemessen und überprüft.

4. Daten werden ausgegeben.

a) 1, 4, 2, 3

b) 1, 2, 4, 3

c) 1, 2, 3, 4

d) 1, 3, 2, 4

c) 1, 3, 2, 4. Dies entspringt dem Input/Verarbeitung/Output-Gedanken eines Prozesses, wobei die Daten vor der Verarbeitung geprüft werden.

ITIL-
Zertifizierung

Welcher Typ des Service Desk reduziert die Anzahl des Service Desk-Personals, indem alle Mitarbeiter in einer einzigen Lokation zusammengefasst werden, ist im allgemeinen effizienter und kosteneffektiver und besitzt typischerweise einen relativ hohen Skill-Level?

a) Lokales Service Desk

b) Zentralisiertes Service Desk

c) Virtuelles Service Desk

d) Follow the Sun

b) Zentralisiertes (oder zentrales) Service Desk. Es gibt ein einziges Service Desk im Unternehmen bzw. der Organisation, welches für alle Organisationseinheiten, Niederlassungen und dezentralen Mitarbeiter zuständig ist. Der Vorteil liegt hier in der einfachen Handhabung und der Vereinheitlichung der Prozesse.

Welches der folgenden ITIL®-Kernbücher dient am ehesten als Hilfestellung für die Entwicklung von Richtlinien, Leitsätzen und Prozessen über den gesamten Lebenszyklus hinweg und setzt seinen Fokus auf das Financial Management und das Service Portfolio Management?

a) Service Strategy

b) Service Design

c) Service Transition

d) Continual Service Improvement

a) Service Strategy. Strategien, Richtlinien, Leitsätze, aber auch Marktpositionierung, Angebotsentwicklung oder Potenzial sind typische Begriffe aus der Service-Strategie. Zudem gehören die beiden genannten Prozesse zur Service Strategy-Phase.

Wie heißt unter ITIL® ein externer Drittanbieter, der notwendig ist, um die an der Bereitstellung eines Service beteiligten Komponenten zu supporten?

a) Lieferant (Supplier)

b) Interner Markt (Internal Market)

c) Service Provider

d) Kunde (Customer)

a) Ein Lieferant (Supplier) stellt eine Drittpartei dar, die für die Bereitstellung von Waren oder Services verantwortlich ist, die für die Erbringung von IT Services benötigt werden. Zu den Suppliern zählen u.a. Hardware- und Software-Anbieter, Netzwerk- und Telekommunikationsanbieter oder Outsourcing-Organisationen.

Welche Art von Technologie erlaubt den autorisierten Support-Gruppen, die Steuerung über den Desktop eines Anwenders zu übernehmen?

a) Event Management-Tools

b) Remote Control-Tools

c) Inventarisierungstools

d) Diagnose-Tools

b) Remote Control-Tools. Fernwartungs- und -steuerungsprogramme (Remote Control-Tools) holen sich den Desktop eines entfernten Rechners auf den lokalen PC. Mit der Fernwartungs-Software kann man aus der Ferne notwendige Änderungen vornehmen oder schnell herausfinden, ob der Anwender lediglich falsch geklickt hat.

SLAs, OLAs und Underpinning Contracts werden im Service Design durch welchen ITIL®-Prozess erstellt?

a) Service Level Management

b) Change Management

c) Service Strategy

d) Continual Service Improvement

a) Service Level Management liefert diese Dokumente als Output des Prozesses. Optionen c) und d) beschreiben keine Prozesse, sondern Phasen im Service-Lifecycle.

Welcher Ausdruck beschreibt die Fähigkeit eines Service Management-Produkts, eine adäquate Leistung zu erbringen?

a) Kapazität

b) Skalierbarkeit

c) Kontinuität

d) Sicherheit

a) Die Kapazität beschreibt den maximalen Durchsatz, den ein Configuration Item oder IT Service unter Einhaltung der vereinbarten Service Level-Ziele liefern kann. Bei einigen Typen von CIs kann sich die Kapazität auf die Größe oder das Volumen beziehen, beispielsweise bei einer Festplatte.

Im RACI-Modell steht welche Rolle für die Personen, die in Bezug auf den Fortschritt einer Aktivität auf dem neusten Stand gehalten werden müssen?

a) Responsible

b) Accountable

c) Consulted

d) Informed

d) Informed. Das RACI-Modell enthält die vier Rollen verantwortlich/responsible, rechenschaftspflichtig/accountable, beratend/consulting, zu informieren/to be informed.

Welche der folgenden Aussagen ist in Bezug auf das Thema Service Assets korrekt?

1. Das Leistungspotenzial der Kunden-Assets steigt mit steigendem Service-Potenzial.
2. Gestiegene Kundenleistungspotenzialergebnisse der Kunden-Assets steigen mit steigendem Service-Potenzial.

a) 1 und 2

b) 1

c) 2

d) Keine der Aussagen ist korrekt

b) 1

Welche der folgenden ITIL® V3-Kernveröffentlichungen steht mit dem Service Desk in Verbindung?

a) Service Strategy

b) Service Design

c) Service Operation

d) Service Transition

c) Service Operation. Hier wird die Service Desk-Funktion dargestellt.

Welcher Service Design-Prozess stellt sicher, dass Informationen über Services, die in der Produktivumgebung laufen, aktuell und korrekt sind?

a) Service Catalogue Management

b) Service Level Management

c) Availability Management

d) Service Improvement

a) Service Catalogue Management. Im Service-Katalog finden sich die Informationen zu den aktuellen Services und den Services, die sich kurz vor der Produktivsetzung befinden. Das Ziel für das Service Catalogue Management besteht in der Verwaltung der Informationen, die im Service Katalog enthalten sind, um sicherzustellen, dass die Informationen richtig und aktuell sind (bzgl. Status, Schnittstellen und Abhängigkeiten – für alle eingesetzten und in der Vorbereitung befindlichen Services).

Um Konsistenz, Professionalität und Effizienz beim Kontakt mit dem Kunden zu gewährleisten, kann das Service Desk mit einem Standard-Fragenkatalog ausgestattet werden. Diese standardisierten Verfahren, Fragen und Antworten, die vom Service Desk verwendet werden können, nennen sich:

a) Drehbücher (Screenplays)

b) Skript (Scripts)

c) Entwurf (Drafts)

d) Rede (Speeches)

b) Skript (Scripts). Diagnoseskripte enthalten beispielsweise einen strukturierten Satz an Fragen, der von Service Desk-Mitarbeitern eingesetzt wird, um sicherzustellen, dass die korrekten Fragen gestellt werden. Darüber hinaus bietet er eine Hilfestellung bei der Klassifizierung, Lösung und Zuteilung von Incidents an andere Mitarbeiter.

Welcher Ausdruck steht am ehesten für den Ort, an dem eine Organisation alle Services vorhält inklusive der entwickelten, der aktuell angebotenen und der aus dem Verkehr gezogenen Services?

a) Service Catalogue

b) Service-Pipeline

c) Service-Spezifikation

d) Service-Portfolio

d) Service-Portfolio. Das Service-Portfolio beinhaltet Service-Katalog, Service-Pipeline und die zurückgezogenen bzw. ausgemusterten Services (Retired Services), also eine Darstellung aller Stationen des Service Lifecycle.

Welche Rolle ist verantwortlich für die Verhandlung der Service Level mit dem Kunden über SLAs und SLRs und stellt zudem sicher, dass die Absicherungsverträge (Underpinning Contracts) in Abstimmung mit den SLAs und SLRs bestehen?

a) IT Financial Manager

b) Service Level Manager

c) Demand Manager

d) Service Catalogue Manager

b) Service Level Manager. Das Service Level Management ist verantwortlich für die Verhandlung der SLAs mit dem Kunden. Der Service Level Manager ist die für den Prozess verantwortliche Rolle.

Die Zeitspanne, die angibt, wie schnell ein Service nach einem Fehler oder einer Unterbrechung wiederhergestellt werden und für den normalen Betrieb zur Verfügung gestellt werden kann, wird bezeichnet als ...

a) Verfügbarkeit (Availability)

b) Zuverlässigkeit (Reliability)

c) Wartbarkeit (Maintainability)

d) Service-Fähigkeit (Serviceability)

c) Die Wartbarkeit (Maintainability) ist ein Maß dafür, wie schnell und effektiv der normale Betrieb für ein Configuration Item oder einen IT Service nach einem Ausfall wiederhergestellt werden kann. Die Wartbarkeit wird häufig als MTRS gemessen. Option b) Zuverlässigkeit ist ein Richtwert, der wiedergibt, wie lange ein CI oder IT Service seine vereinbarte Funktion ohne Unterbrechung ausführen kann (MTBF oder MTBSI).

Welche der folgenden Aussagen in Bezug auf den Prozess-Begriff unter ITIL® ist korrekt?

a) Eine Reihe von spezialisierten organisatorischen Fähigkeiten, die zur Generierung eines Mehrwerts für Kunden in Form von Services verfügbar sind

b) Eine Person oder eine Gruppe von Personen, die eingesetzt werden, um Aktivitäten eines Prozesses umzusetzen

c) Ein logisches Konzept, das sich auf Personen und automatisierte Maßnahmen bezieht, die einen definierten Prozess, eine Aktivität oder eine Kombination daraus ausführen

d) Mittel, um einen Mehrwert für Kunden zu erbringen, indem das Erreichen der von den Kunden angestrebten Ergebnisse erleichtert oder gefördert wird. Dabei müssen die Kunden selbst keine Verantwortung für bestimmte Kosten und Risiken tragen.

d) Möglichkeit, einen Mehrwert für Kunden zu erbringen, indem das Erreichen der von den Kunden angestrebten Ergebnisse erleichtert oder gefördert wird. Dabei müssen die Kunden selbst keine Verantwortung für bestimmte Kosten und Risiken tragen. Dies entspricht der ITIL®-Definition des Begriffes Prozess.

Im Service Lifecycle lautet das übliche Ablauf-Muster?

1. Service Design
2. Service Transition
3. Service Operation
4. Service Strategy

a) 1, 4, 2, 3
b) 4, 1, 3, 2
c) 4, 1, 2, 3
d) 1, 2, 4, 3

c) 4, 1, 2, 3: Service Strategy → Service Design → Service Transition → Service Operation

In Bezug auf das Service Desk wäre eine Messung mit der Fragestellung „Welcher prozentuale Anteil der Anrufe wurde innerhalb von 45 Sekunden entgegengenommen?" ein Beispiel für

a) Kritischen Erfolgsfaktor (Critical Success Factor)
b) Leistungsindiaktor (Key Performance Indicator)
c) Best Practice
d) Hohe Priorität (High Priority)

b) Ein Leistungsindiaktor (Key Performance Indicator, KPI) ist eine Messgröße, die einen Prozess, einen IT Service oder eine Aktivität unterstützen soll. Es können Messungen anhand von zahlreichen Messgrößen erfolgen, es werden jedoch nur die wichtigsten dieser Größen als KPIs definiert. Bei der Auswahl der KPIs sollte die Sicherstellung von Effizienz, Effektivität und Wirtschaftlichkeit berücksichtigt werden.

Welcher Service Transition-Prozess muss die Komponenten, die die Services einer Organisaton und deren Infrastruktur auswählen, und darüber hinaus die Informationen in den Konfigurationseinträgen (Configuration Records) auf dem neuesten Stand halten?

a) Availability Management
b) Service Asset und Configuration Management
c) Change Management
d) Service Measurement

b) Service Asset und Configuration Management. Komponenten, die die Services einer Organisaton und deren Infrastruktur ausmachen, sind die Configuration Items (CIs). Ziel des Service Asset und Configuration Managements (SACM) ist es, jederzeit gesicherte und genaue Informationen über die IT-Infrastruktur, Komponenten und Bestandteile der IT Services zur Verfügung zu stellen. Der Begriff Configuration Records deutet bereits auf das Configuration Management hin.

Welche Rolle unterstützt die Business Impact-Analyse, indem sie die unterschiedlichen Ebenen von Steuerung und Schutz definiert und führt die Tests durch, um die Informationsschwachstellen aufzudecken?

a) Availability Manager

b) Capacity Manager

c) Security Manager

d) Service Continuity Manager

c) Der Security Manager kümmert sich um das Design und die Pflege der Information Security Policy (ISP), kommuniziert mit den Beteiligten in Bezug auf Themen rund um die ISP, unterstützt die Business Impact-Analyse (BIA) und führt Risikoanalysen und das Risikomanagement zusammen mit dem Availability Management und dem IT Service Continuity Management durch.

Welche der folgenden Optionen dient als Entwurf für die Service Management-Funktionen und -Prozesse und gibt an, wie Service Assets mit den Kunden-Assets interagieren, um einen Wertbeitrag zu generieren?

a) Service-Portfolio

b) Verfahren (Procedure)

c) Service-Modell

d) Service Catalogue

c) Service-Modell. Der mögliche Zusammenhang und die Mehrwertentwicklung aus der Kombination von Service-Assets und Kunden-Assets werden als Service-Modell bezeichnet. Das Service-Modell steht für die Struktur und die Dynamik des Service, die über die Service Transition in den Service-Betrieb überführt wird.

Das Hinzufügen, Ändern oder Entfernen einer unterstützten Service-Komponente, um einen Fehler zu korrigieren, der im Service gefunden wurde, wird bezeichnet als ...

a) Configuration Item (CI)

b) Service Change

c) Change Request

d) Work Instruction

b) Service Change. Ein Service Change bezeichnet das Hinzufügen, Ändern oder Entfernen eines geplanten oder unterstützen Service oder einer Service-Komponente und der dazugehörigen Dokumentation.

Welche der folgenden Aussagen ist in Bezug auf den Lifecycle korrekt?

1. Der Service Lifecycle sollte den Service Management Capabilities die geeignete Struktur und Stabilität über fundierte Prinzipien und Tools bereitstellen.

2. Der Service Lifecycle sollte die Basis für Messen, Lernen und Verbesserungen bereitstellen.

a) 1 und 2

b) 1

c) 2

d) Keine der Optionen ist wahr.

a) 1 und 2

Unter ITIL® verwendet ein Prozess ein oder mehr _____ und überführt diese in definierte _____.

a) Stakeholders, Kunden

b) Funktionen, Rollen

c) Inputs, Outputs

d) Service Assets, Customer Assets

c) Inputs, Outputs. Ein Prozess verwendet Inputs und gibt Ergebnisse (Output) aus.

Welche Rolle muss die Koordination zwischen Build-, Test- und Release-Teams sicherstellen, plant die Service Rollouts und verwaltet die Installation neuer oder aktualisierter Hardware?

a) Configuration Manager

b) Service Asset Manager

c) Change Manager

d) Release and Deployment Manager

d) Release and Deployment Manager. Dieser kümmert sich um die genannten Aktivitäten und alle Aktivitäten des Release-Prozesses in der Organisation.

Welche der folgenden ITIL®-Kernveröffentlichungen stehen für die progressiven Phasen des Service Lifecycle beispielsweise in Bezug auf die Implementierung der Strategie und der Changes?

1. Service Design

2. Continual Service Improvement

3. Service Transition

4. Service Operation

a) 1, 2, 3

b) 1, 3, 4

c) 2, 3, 4

d) 2, 3

b) 1, 3, 4. ITIL®-Kernveröffentlichungen, die sich mit den Themen Change und Transformation beschäftigen, sind Service Design, Service Transition und Service Operation. Continual Service Improvement nimmt sich der Themen Lernen und Verbesserung, Priorisierung der Verbesserungsprogramme und -projekte an.

Im Continual Service Improvement (CSI) werden welche Metriktypen typischerweise in Form von Key Performance Indicators (KPIs), Critical Success Factors (CSFs) und in Bezug auf die Prozesse im Service Management verwendet?

- a) Technologie-Metriken
- b) Prozess-Metriken
- c) Baseline-Metriken
- d) Service-Metriken

b) Prozess-Metriken. Sie werden in Bezug auf die Prozesse angewandt. Die anderen Metriken (bis auf Baseline-Metriken) werden auf die jeweils anderen Elemente angewandt.

Welche der folgenden Aussagen ist korrekt bzw. wahr?

1. Ein Fehlerbericht (Error Report) ist ein Incident, der Fehler oder Beschwerden über einen Service enthält.
2. Ein Service Request ist ein Incident, der mit einem Fehler in der IT-Infrastruktur einhergeht.

- a) 1
- b) 2
- c) Beide
- d) Keine

a) 1. Ein Service Request steht nicht mit einem Incident in Verbindung, sondern stellt eine Anfrage eines Anwenders nach Informationen, Beratung, einem Standard-Change oder nach Zugriff auf einen IT Service dar.

Welcher der folgenden Prozesse gehört nicht zum Continual Service Improvement (CSI)?

- a) Service Measurement
- b) Service Reporting
- c) Service Improvement
- d) Service Level Management

d) Service Level Management. Dieser Prozess gehört zum Service Design.

Welcher der folgenden Begriffe steht am ehesten für die zugrundeliegende Ursache eines oder mehrerer Incidents?

- a) Service Request
- b) Event
- c) Alert
- d) Problem

d) Ein Problem steht für die (meist anfangs unbekannte) Ursache für einen oder mehrere Incidents. Ist die Ursache des Problems bekannt, wird von einem bekannten Fehler (Known Error) gesprochen.

Welche Rolle ist verantwortlich für das Sizing und die Performance-Tests eines neuen Services oder Systems?

a) Capacity Manager

b) Configuration Manager

c) Availability Manager

d) Service Continuity Manager

a) Capacity Manager. Der Begriff Sizing lässt auf den Themenbereich Kapazität schließen.

Die Abkürzung DML, die die geschützten Versionen aller Medien-CIs beinhaltet, steht für

a) Definitive Media Library

b) Definitive Microcomputer Lab

c) Detailed Media Lab

d) Detailed Meta Library

a) Definitive Media Library (DML). Sie beinhaltet Master-Kopien aller gekaufter und selbst entwickelter Software (und zugehörigen Dokumentation und Lizenzen). Dort darf lediglich autorisierte Software getrennt von allen Entwicklungs-, Test- und Produktionssystemen abgelegt werden. Es sind Originale bzw. Finalversionen, die als Master-Kopien nicht modifiziert werden dürfen.

Service Portfolio Management, Identifizierung der Geschäftsanforderungen, technische Architekturen, Architektur- und Prozessdesign und Messdesign sind fünf kritische Aspekte welcher Phase im ITIL® Service Lifecycle?

a) Service Strategy

b) Service Design

c) Service Operation

d) Service Transition

b) Service Design. Das Service Portfolio Management gehört zwar zur Service Strategy, bildet aber für das Service-Katalog Management im Service Design die Basis. Alle anderen genannten Punkte zählen eindeutig zum Service Design (Metriken, Geschäftsanforderungen im Service Level Management).

Innerhalb des Service-Portfolios einer Organisation würde welcher Status eines Service anzeigen, dass dieser aktiv in der Produktivumgebung ist und vom Kunden verwendet wird?

a) Definiert (Defined)

b) Gebucht (Chartered)

c) Operational (in Betrieb)

d) Zurückgezogen (Retired)

c) Operational (in Betrieb). Der Zyklus lautet: Definieren, Analysieren, Freigabe und Buchen (Charter). Nähere Informationen finden Sie dazu in Kapitel 5.2.2, Methoden und Aktivitäten des Service-Portfolio Managements.

Welches Delivery-Modell würde eine Organisation anwenden, um die Ressourcen einer externen Organisation zu nutzen, um einen Service über ein formales Abkommen zu unterstützen?

a) Insourcing

b) Outsourcing

c) On-shore Sourcing

d) Werkvertrag

b) Outsourcing.

Im Continual Service Improvement werden alle vier Phasen des Deming-Zyklus in der „Implementierung" angewandt. Welche beiden Phasen kommen in Bezug auf den ständigen Verbesserungsansatz zum Tragen?

1. Plan

2. Do

3. Check

4. Act

a) 1 und 2

b) 3 und 4

c) 1 und 3

d) Alle

b) 3 und 4. Bei der Einführung des CSI über den Deming-Zyklus spielen alle Phasen im Zyklus eine wichtige Rolle. In Bezug auf die beständige Verbesserung der Services und Prozesse liegt der Fokus auf der Check- und Act-Phase, d.h. in Bezug auf das Monitoring, Überwachen und Evaluieren der Services und Prozesse sowie der Implementierung der Verbesserungen (siehe Kapitel 17.1.3, Deming-Zyklus (PDCA)).

Welche der folgenden ist keine Hauptaktivität im Bereich Service Strategy?

a) Definition des Marktes

b) Entwicklung des eigenen Angebotes

c) Entwicklung strategischer Assets

d) Identifizierung der Geschäftsanforderungen

d) Identifizierung der Geschäftsanforderungen. Dies ist Teil des Service Designs. Die vierte Hauptaktivität in der Service Strategy wäre Vorbereitung der Ausführung (Prepare for Execution).

Welche ITIL® V3-Kernpublikation enthält die vier Hauptaktivitäten Definition des Marktes, Entwicklung des eigenen Angebotes, Entwicklung strategischer Assets und Vorbereitung zur Ausführung?

a) Service Lifecycle

b) Service Strategy

    c) Service Operation

    d) Continual Service Improvement

b) Service Strategy. Strategien, Richtlinien, Leitsätze, aber auch Marktpositionierung, Angebotsentwicklung oder Potenzial sind typische Begriffe aus der Service-Strategie.

Welcher Service Design-Prozess verwaltet die Performance und Kapazität der Services und Ressourcen, pflegt einen Kapazitätsplan, der die aktuellen und zukünftigen Bedürfnisse der Organisation darstellt?

    a) Service Level Management

    b) Capacity Management

    c) Availability Management

    d) Service Katalog Management

b) Capacity Management. In der Frage werden einige der typischen Aktivitäten des Prozesses beschrieben, wobei der Begriff Kapazitätsplan bereits eindeutig in Bezug auf die Lösung ist.

Big-Bang und phasenweise Ansätze, Push-und-Pull-Ansätze, automatisch gegenüber manuell sind Konzepte, die zu welchem Service Transition-Prozess gehören?

    a) Service Asset and Configuration Management

    b) Change Management

    c) Release and Deployment Management

    d) Availability Management

c) Release and Deployment Management. Die Stichworte spiegeln die unterschiedlichen Überlegungen bei der Frage wider, wie ein Release ausgerollt werden soll.

Welcher der folgenden Prozesse ist nicht Teil der ITIL® V3-Kernpublikation „Service Operation"?

    a) Incident Management

    b) Problem Management

    c) Change Management

    d) Event Management

c) Der Change Management-Prozess ist Teil der Transition-Publikation.

Welcher Service Operation-Prozess konzentriert sich auf die Aufgabe, den normalen Betrieb eines Service so schnell wie möglich bei Minimierung möglicher Auswirkungen auf den Geschäftsbetrieb wiederherzustellen?

    a) Incident Management

    b) Problem Management

    c) Change Management

    d) Event Management

a) Das Incident Management dient der schnellstmöglichen Wiederherstellung des definierten Service-Betriebs. Option b) betreibt Ursachenforschung hinsichtlich eines Problems. Das Ergebnis kann kurzfristig eine vorübergehende Umgehungsstrategie (Workaround) sein, bis mittelfristig Wege zur Behebung (oft über einen RfC) und Vorbeugung gefunden sind. Zu Option c): Das Change Management gehört zur Transitionsphase. Option d) überwacht alle Ereignisse, die in der IT-Infrstrastruktur geschehen.

Welche vier hauptsätzlichen Gründe für (Service-)Messungen werden im Continual Service Improvement (CSI) aufgeführt?

a) Validieren (Validate), Lenken (Direct), Rechtfertigen (Justify), Intervenieren (Intervene)

b) Validieren (Validate), Messen (Measure), Analysieren (Analyse), Ausrollen (Deploy)

c) Menschen (People), Prozesse (Process), Produkte (Products), Partner (Partners)

d) Planen (Planung), Umsetzung (Do), Prüfung (Check), Aktion (Act)

a) Validieren (Validate), Lenken (Direct), Rechtfertigen (Justify), Intervenieren (Intervene). Eine detaillierte Beschreibung finden Sie dazu in Kapitel 17.1.1, Messen und Verbessern. Option c) beschreibt die 4 Ps im Service Design. Option d) beschreibt den Deming-Zyklus, der zwar auch in der CSI-Phase verwendet wird, aber nicht als Begründung für Service-Messungen dient.

Welcher Service Design-Prozess führt regelmäßig Business Impact-Analysen (BIAs) durch und stellt sicher, dass Service im Desasterfall verfügbar bleiben?

a) Capacity Management

b) Availability Management

c) Service Continuity Management

d) Service Level Management

c) Service Continuity Management. Die BIA ist die Aktivität im Business Continuity Management, die die vitalen Business-Funktionen und deren Abhängigkeiten identifiziert. Diese Abhängigkeiten können zwischen Suppliern, Mitarbeitern, anderen Business-Prozessen, IT Services etc. bestehen. Die BIA definiert die Wiederherstellungsanforderungen für IT Services. Allerdings kann auch der Security Manager die Business Impact-Analyse (BIA) unterstützen.

Im Availability Management beschreibt welcher Ausdruck am besten die Messung, wie lange ein Service, eine Komponente oder ein CI seine vorgesehene Funktion ohne Unterbrechung erfüllt?

a) Verfügbarkeit (Availability)

b) Wartbarkeit (Maintainability)

c) Service-Fähigkeit (Serviceability)

d) Zuverlässigkeit (Reliability)

d) Die Zuverlässigkeit (Reliability) ist ein Richtwert, der wiedergibt, wie lange ein Configuration Item oder IT Service seine vereinbarte Funktion ohne Unterbrechung ausführen kann (MTBF oder MTBSI). Option a) ist die Fähigkeit eines Configuration Item oder IT

Service, bei Bedarf die dafür vereinbarte Funktion auszuführen. Option c) bezeichnet die Fähigkeit eines Drittanbieters, die Bedingungen eines Vertrags einzuhalten. Option b) ist ein Maß dafür, wie schnell und effektiv der normale Betrieb nach einem Ausfall wieder-hergestellt werden kann (häufig als MTRS).

Welcher Typ des Service Desk ist auf unterschiedliche Lokationen verteilt, durch Kommunikationstechniken integriert, ist stark davon abhängig und benötigt ggf. Sicherungsmaßnahmen, um eine konsistente Service-Qualität bereitzustellen?

a) Lokales Service Desk

b) Zentrales Service Desk

c) Virtuelles Service Desk

d) Follow the Sun

c) Ein virtuelles Service Desk besteht aus verschiedenen Service Desks, die auf unterschiedliche Orte verteilt sind, aber über eine Nummer durch den Einsatz von Kommunikationstechnik zentral für den Anwender erreichbar, der auch nicht weiß, wo sein Ansprechpartner am anderen Ende der Leitung sitzt.

Welche der folgenden Bezeichnungen beschreiben Service Desk-Personal mit einem hohen Incident-Umschlag und einer niedrigen Lösungsrate?

a) Follow the Sun

b) Technischer Skill Level

c) Virtual Service Desk

d) Basis-Skill Level

d) Basis-Skill Level. Neben dem lokalen, virtuellen, zentralen und Follow-the-Sun-Service Desk gibt es noch Service Desks, die stark spezialisiert sind, und Service Desks mit einem Skill Level, der als eher niedrig zu bezeichnen ist (Basis-Level).

Welche der folgenden Optionen eignet sich am wenigsten für einen beispielhaften Key Performance-Indikator für das Service Desk?

a) Erstlösungsrate des First Line-Supports

b) Anzahl der Incidents, die aus einem Change resultieren

c) Durchschnittliche Zeit, die zur Lösung eines Incidents benötigt wurde

d) Prozentualer Anteil der Support-Anfragen, die innerhalb von sechs Minuten funktional eskaliert wurden, da sie nicht gelöst wurden

b) Anzahl der Incidents, die aus einem Change resultieren. Dies ist ein KPI für das Change Management. Dadurch kann die Güte der umgesetzten Changes gemessen werden. Durch die Steuerung über das Change Management soll verhindert werden, dass Change-bedingte Incidents passieren.

Welche der folgenden Aussagen gilt als wahr/korrekt?

1. Das Service Desk sollte als Hauptinformationsquelle für die Anwender gelten und sollte die Anwender mit Informationen zu aktuellen und möglichen Fehlern versorgen.

2. Das Service Desk sollte imstande sein, Anwendern Informationen bezüglich SLA-Erbringung neue und bestehende Services und andere Verfahren bereitzustellen.

a) 1

b) 2

c) Keine

d) Alle

d) Alle. Denn zum einen fungiert der Service Desk hier als SPoC und zum anderen als Auskunftsstelle des Kunden.

Welche Rolle ist verantwortlich für das Dokumentieren und Veröffentlichen eines Prozesses, das Definieren und Prüfen der KPIs für einen vorhandenen Prozess und das Liefern von Input für den laufenden Service Improvement Plan?

a) Service Owner

b) Process Owner

c) Change Manager

d) Service Level Manager

b) Process Owner. In der Fragestellung geht es um die Tätigkeiten rund um einen Prozess.

Wofür steht die zusätzliche Rolle im RASCI-Modell?

a) Sales

b) Supportive

c) Responsible

d) Accountable

b) Supportive. Die beiden Optionen c) und d) entfallen bereits wegen der unpassenden Anfangsbuchstaben.

Welche Rolle ist verantwortlich für die Koordination und den Besitz des Service-Katalogs und die Verwalung der Services als Produkte über ihren gesamten Lifecycle hinweg?

a) IT Financial Manager

b) Process Owner

c) Product Manager

d) Service Level Manager

c) Der Product Manager ist verantwortlich für die Entwicklung und Verwaltung der Services über ihren gesamten Lifecycle hinweg. Er trägt ebenfalls die Verantwortung für die Kapazität in der Produktion, die Service-Pipeline sowie die Services, Lösungen und Pakkages, die über den Service-Katalog verwaltet werden. Option a) und Option d) scheiden aus, weil es um den Service-Katalog und die Verwaltung der Services im Allgemeinen geht. „Services als Produkte" ist der Hinweis auf den Produkt-Manager.

ITIL-
Zertifizierung

Wählen Sie die richtige Antwort. Wie nutzen Organisationen Ressourcen und Fähigkeiten?

a) Sie werden verwendet, um Nutzen für die IT-Organisation in Bezug auf die Service Delivery zu liefern.

b) Sie werden verwendet, um Nutzen in Form von Output für die Produktionsverwaltung (production management) zu liefern.

c) Sie werden verwendet, um Nutzen für die IT-Organisation in Bezug auf den Service Support zu liefern.

d) Sie werden verwendet, um Nutzen für die IT-Organisation in Form von Gütern und Services zu erbringen.

d) Sie werden verwendet, um Nutzen für die IT-Organisation in Form von Gütern und Services zu erbringen. Services transportieren einen Wertbeitrag (Nutzen) in Form von Warranty und Utility.

Welcher Begriff spiegelt am besten die Fähigkeit eines Service Management-Produktes wider, substanziell vergrößert zu werden, entweder in Bezug auf die vorgehaltenen Daten oder in Bezug auf die Anzahl der Anwender, die unterstützt werden?

a) Kapazität

b) Skalierbarkeit

c) Kontinuität

d) Sicherheit

b) Skalierbarkeit bezeichnet die Fähigkeit eines IT Service, Prozesses, Configuration Item usw., die vereinbarte Funktion (weiter) auszuführen, wenn sich die Auslastung oder der Umfang ändern.

Wie lauten die vier Aspekte (Attribute), die in Bezug auf das IT Service Management gelten?

a) Technologie, Prozess, Management, Menschen (People)

b) Prozess, Partner, Produkt, Menschen (People)

c) Prozess, Produkt, Preis, Menschen (People)

d) Hardware, Software, Management, Prozess

b) Prozess, Partner, Produkt, Menschen (People). Die vier Ps im IT Service Management.

IT Service Management lässt sich am besten beschreiben als

a) Die für die Erbringung und Unterstützung der Services (deliver and support services) notwendigen Prozesse.

b) Eine Reihe von spezialisierten organisatorischen Fähigkeiten, um Nutzen für den Kunden in Form von Services zur Verfügung zu stellen.

c) Prozesse, die eine effiziente und effektive Lieferung und Unterstützung der IT Services ermöglichen.

d) Eine technisch orientierte Management-Tätigkeit für die Erbringung von IT Services.

b) Eine Reihe von spezialisierten organisatorischen Fähigkeiten, um Nutzen für den Kunden in Form von Services zur Verfügung zu stellen. Dies ist die Definition des Begriffes „IT Service Management".

Welche Rolle ist verantwortlich für das Anlegen und das Management des Nachfrageanreizes, Überwachung der Gesamtnachfrage und -kapazität und Teilnahme an der Erstellung der SLAs?

- a) IT Financial Manager
- b) Service Level Manager
- c) Demand Manager
- d) Product Manager

c) Der Demand Manager ist wie jeder Manager eines Prozesses verantwortlich für die erfolgreiche Umsetzung der Aktivitäten „seines" Prozesses und die Erreichung der Ziele im Prozess. Zum Demand Management zählen Aktivitäten, die sich mit dem Bedarf des Kunden an Services befassen und auf diesen Bedarf sowie auf die Bereitstellung der Kapazität Einfluss nehmen, um diesem Bedarf gerecht zu werden. Auf taktischer Ebene kann es eine differenzierte Leistungsverrechnung einsetzen, um die Nutzung von IT Services bei den Kunden zu Zeiten mit einer geringeren Auslastung zu fördern („Nachfrageanreiz").

Welche der folgenden Aussagen ist immer richtig in Bezug auf Good Practice?

- a) Hinter dem Begriff verbirgt sich eine Reihe von genauen Regeln und Verfahren, die miteinander in Einklang zu bringen sind.
- b) Es ist etwas, was branchenübergreifend bzw. weit verbreitet ist.
- c) Es basiert immer auf ITIL®.
- d) Es ist stets über internationale Standards definiert.

b) Es ist etwas, was branchenübergreifend bzw. weit verbreitet ist.

„Warranty" eines Service bedeutet ...

- a) Es wird keine Fehler in Bezug auf Applikationen und der Infrastruktur geben, die mit diesem Service verbunden sind.
- b) Der Service ist zweckgeeignet (fit for purpose).
- c) Dem Kunden wird ein gewisses Level an Verfügbarkeit, Kapazität, Kontinuität und Sicherheit zugesichert.
- d) Alle Service-bezogenen Probleme werden für einen festgelegten Zeitraum kostenlos gelöst.

c) Kunden wird ein gewisses Level an Verfügbarkeit, Kapazität, Kontinuität und Sicherheit zugesichert. Warranty wird auch mit dem Begriff „Gewährleistung" oder „Garantie" verbunden. Der Business-Wert eines IT Service setzt sich aus der Service Utility („was" der Service tut) und der Service Warranty („wie gut" der Service das ausführt) zusammen. Es existieren konkrete Anforderungen in Bezug auf die erforderliche Qualität und notwendige Zuverlässigkeit („Warranty", Garantie, Gewährleistung) des Service („fit for use"). Hier geht es um die entsprechende Ausprägung, die Frage nach dem „Wie" in Bezug auf Qualitätsaspekte eines Service: Verfügbarkeit, Skalierbarkeit, Kontinuität, Zuverlässigkeit, Sicherheit etc. Die Option b) bezieht sich auf die Utility.

Wer ist autorisiert, mit der IT-Organisation eine Vereinbarung für den Bezug von IT Services aufzusetzen?

a) ITIL® Prozess-Owner

b) Kunde

c) Anwender

d) Service Level Manager

b) Der Kunde ist der Vertreter einer Unternehmung, Organisation oder einer Organisationseinheit, der befugt ist, im Namen der Organisation(seinheit) Vereinbarungen über die Inanspruchnahme von Services zu treffen. Es handelt sich also in der Regel nicht um den (End-)Anwender dieser IT Services.

Warum wird Monitoring und Messen eingesetzt, wenn es um die Versuche geht, einen Service zu verbessern?

a) validieren, planen, umsetzen, verbessern (validate, plan, act and improve)

b) validieren, messen, überwachen, ändern (validate, measure, monitor and change)

c) validieren, Ressourcen zuweisen, Technologie anschaffen, Personen schulen (validate, assign resources, purchase technology and train people)

d) validieren, führen, ausrichten, einschreiten (validate, direct, justify and intervene).

d) validieren, führen, ausrichten, einschreiten (validate, direct, justify and intervene). Es geht dabei um das Validieren (für gültig erklären) der Strategie und der Vision, Ausrichten von Aktionen, Führen und Lenken von Ressourcen und Arbeitsaufwand, Intervenieren mit Korrekturmaßnahmen, falls notwendig.

Welcher Prozess prüft in regelmäßigen Abständen die Operational Level Agreements (OLAs)?

a) Contract Management

b) Supplier Management

c) Service Portfolio Management

d) Service Level Management

d) Service Level Management. Trotz der gebotenen Verbindlichkeit sind die Vereinbarungen mit einer gewissen Flexibilität auszustatten. Sollte Anpassungsbedarf bestehen, sollten möglichst OLA oder UC an die SLAs angepasst werden und nicht umgekehrt. Review und Überarbeitung von unterstützenden Vereinbarungen und des Service Scope sind Teil der Aktivitäten im Service Level Management.

Der Kern von ITIL® V3 lässt sich am besten beschreiben als

a) IT Management Lifecycle.

b) Infrastructure Lifecycle.

c) Betriebs-Lifecycle (Operations).

d) Service Lifecycle.

d) Service Lifecycle. Kennzeichnend für die neue Version ist die deutliche Ausrichtung an den Geschäftsanforderungen (Business IT Alignment) und die Fokussierung auf einen Service Lifecycle.

Welche Arten von Incidents sollten über den Service Desk protokolliert werden?

a) Nur Incidents, die nicht direct über das Service Desk gelöst werden können

b) Nur Incidents, die funktionaler Eskalation bedürfen

c) Alle Incidents außer Service Requests

d) Alle Incidents sollten über das Service Desk protokolliert werden.

d) Alle Incidents sollten über das Service Desk protokolliert werden. Nur so ist eine konsistente Messung und Auswertung möglich. Werden beispielsweise Super User als Mitarbeiter aus den Fachabteilungen eingesetzt, die spezielles IT-Infrastruktur- oder Applikations-Know-how besitzen und den Kollegen bei Fragen und kleineren Störungen weiterhelfen, werden keine Incident Records erstellt, und es findet kein Reporting statt.

Welche Rolle ist verantwortlich für die Sicherstellung, dass die Absicherungsverträge (UCs) mit dem gesamten Business im Einklang stehen, Durchführung von Risikobewertung der Lieferantenvereinbarungen, um sicherzustellen, dass die Verpflichtungen eingehalten werden, und Pflege eines Prozesses für den Fall von Steitigkeiten mit Lieferanten?

a) Supplier Manager

b) IT Financial Manager

c) Service Level Manager

d) Service Continuity Manager

a) Supplier Manager. Stichwort UCs für die Absicherungsverträge zwischen IT-Organisation bzw. Service Provider und externen Lieferanten (im Gegensatz zu den OLAs) als Hinweis für das Supplier Management.

Wofür steht die Abkürzung CAB in ITIL®?

a) Change Advisory Board

b) Configuation Access Board

c) Continuity Access Breach

d) Change About Business

a) Change Advisory Board. Das CAB ist eine beratende Instanz (Advisory bedeutet im Deutschen Beratungs-..., beratend).

Welcher der folgenden ITIL®-Kernbände deckt die Design-Prinzipien und die Methoden ab, um strategische Ziele in ein Service Portfolio und Service Assets zu konvertieren?

a) Continual Service Improvement

b) Service Transition

c) Service Design

d) Service Strategy

c) Service Design. Hier findet die Übersetzungsarbeit aus der Service Strategy-Phase statt. Service Strategy → Service Design → Service Transition → Service Operation.

Worauf sollte ein Service Management-Tool, das von einer Organisation implementiert wurde, stets referenzieren?

a) Service-Katalog

b) Service-Pipeline

c) Service-Portofolio

d) Configuration Managament System (CMS)

c) Service-Portofolio

Welche Art von Technologie wird verwendet, um das Lizenz-Management zu unter-stützen, das typischerweise ein Audit-Tool verlangt, das automatisch funktioniert, und das auch fähig ist, Informationen aller CIs in der IT-Infrastruktur abzufragen und zu erhalten?

a) Alarm-Tools (Alerting Tools)

b) Remote Control-Tools

c) Ermittlungs-, Verteilungs- und Lizenzierungstechnologien (Discovery, Deploy-ment, and Licensing Technologies)

d) Integriertes CMS (Integrated Configuration Management System, ICMS)

c) Ermittlungs-, Verteilungs- und Lizenzierungstechnologien. Zu Option d): Ein integrier-tes und ganzheitliches CMS hält alle relevanten CIs zusammen mit ihren Attributen an zentraler Stelle und ist fähig, auf Incident, Problem und Change Records zu verweisen. Option a) und b) verfolgen andere Zwecke.

Welcher Berichtstyp erlaubt eine zusammenfassende Sicht der gesamten IT-Perfor-mance und Verfügbarkeit, kann Echtzeitinformationen bereitstellen und steht oft in Verbindung zu den Managementberichten für Kunden und Anwender?

a) Service-Katalog

b) Dashboards

c) Ermittlungs-, Verteilungs- und Lizenzierungstechnologien (Discovery, Deploy-ment and Licensing Technologies)

d) Alarm (Alerts)

b) Dashboards. Durch diese Darstellungsform können große Mengen von meist verteil-ten Informationen in verdichteter Form dargestellt werden, z.B. als Ampel, Thermome-ter oder Smiley.

Welche Rolle ist verantwortlich für das Management und die Pflege des Business- und des technischen Service-Katalogs, während gleichzeitig sichergestellt wird, dass alle Informationen konsistent im Vergleich zum Service-Portfolio vorliegen?

a) Product Manager

b) Service Level Manager

c) Demand Manager

d) Service Catalogue Manager

d) Service Catalogue Manager. Der Hinweis auf die Pflege des Business- und des technischen Service-Katalogs sollte den entscheidenden Hinweis geben. Der Service Catalogue Manager ist verantwortlich für die Erstellung und Pflege des Service-Katalogs. Darüber hinaus muss er sicherstellen, dass alle Services im Service-Katalog aufgeführt werden und dass alle dort bereits abgelegten Informationen aktuell und korrekt vorliegen. Sie mussen konsistent mit den Informationen im Service-Portfolio sein.

Welcher Begriff stellt am besten die Fähigkeit eines Service Management-Produktes dar, nach einem Fehler wiederhergestellt zu werden?

a) Kapazität

b) Skalierbarkeit

c) Konitinuität

d) Sicherheit

c) Konitinuität. Hier reicht bei Bedarf schon der Blick in den Duden: Kontinuität wird mit Stetigkeit gleichgesetzt. Die Kontinuität der definierten Services wird beispielsweise über die Aktivitäten im IT Service Continuity Management sichergestellt.

Welche der folgenden Service Assets werden in Bezug auf die Performance durch die Service-Automatisierung beeinflusst?

1. Management

2. Menschen (People)

3. Prozesse

4. Wissen (Knowledge)

a) 1 und 2

b) 1 und 4

c) 2, 3 und 4

d) Alle

d) Alle Aspekte sind von einer Service-Automatisierung betroffen. Wissen ändert sich, ebenso die Arbeitsweise der Menschen und das Management. Die mit den Services in Verbindung stehenden Prozesse werden ebenfalls Auswirkungen spüren.

Wenn sie richtig angewendet werden, werden welche der folgenden Elemente durch eine Service-Automatisierung reduziert?

1. Kosten
2. Qualität
3. Zusicherung (Warranty)
4. Risiken

a) 1 und 2
b) 2 und 3
c) 3 und 4
d) 1 und 4

d) 1 und 4, d.h. Kosten und Risiken werden minimiert. Würden Qualität und Warranty (als Bestandteil der Qualität) reduziert, käme das einer (Service-)Einbuße gleich.

Welcher Begriff wird zur Koordinierung der geschäftsbezogenen IT mit den Prozessen und Ansätzen des IT Service Managements verwendet?

a) IT Continuity Service Management
b) Service-Automatisierung
c) Business Service Management
d) Availability Management

c) Business Service Management. Business Service Management (BSM) ist ein strategischer Ansatz zur Ausrichtung der IT-Services an den Geschäftsprozessen und an den Zielen eines Unternehmens (siehe auch Kapitel 17.4, Business Service Management).

Wofür stehen die zusätzlichen Rollen im RACI-VS-Modell?

a) Verifizieren (Verify), Freigeben (Sign-Off)
b) Nutzen (Value), Sicherheit (Security)
c) Verantwortlich (Responsible), Rechenschaftspflichtig (Accountable)
d) Abweichung (Varianz), Unterschrift (Signature)

a) Verifizieren (Verify), Freigeben (Sign-Off). Option c) entfällt bereits wegen der nicht passenden Anfangsbuchstaben.

Welche der folgenden Optionen ist eine Aktivität des Service Desk?

1. Funktion als erster Kontaktpunkt für den Kunden zu erfüllen
2. Untersuchung der eigentlichen Ursache für eine Service-Unterbrechung für einen Kunden vorzunehmen
3. Ursachenforschung der Incidents zu betreiben, sobald diese auftreten

a) Option 1
b) Option 2 und 3
c) Option 1 und 3
d) Alle

a) Option 1 (Single Point of Contact). Die anderen beiden Option gehören zum Problem Management.

Welcher der folgenden ITIL®-Kernbände gibt Anleitung in Bezug auf das Management der Komplexität der Veränderungen an einem Service (Service Change) und ist sehr stark auf die Ausführung des Release Managements, Programm-Managements und Risikomanagements angewiesen?

a) Service Design

b) Service Transition

c) Service Operation

d) Continual Service Improvement

b) Service Transition. Hier ist das Release Management angesiedelt.

Welche der Aussagen in Bezug auf Service Management-Tools ist korrekt?

1. Service Management-Tools müssen auf das Service-Portfolio referenzieren.

2. Prozesse sollten angepasst werden, damit sie zu den Tools passen.

a) 1 und 2

b) 1

c) 2

d) Keine

b) 1. Option 2 ist logisch falsch. Tools sind nur Mittel zum Zweck.

Welche der folgenden Optionen stellt keine ITIL®-Kernpublikation dar?

a) Service Strategy

b) Service Transition

c) Service Management

d) Service Operation

c) Service Management.

Welche der folgenden Aussagen ist in Bezug auf die Service-Automation korrekt?

1. Service-Automation ist auf die normalen Service-Zeiten und Geschäftszeiten eines Unternehmens begrenzt.

2. Service-Automation ermöglicht das Sammeln von Wissen beipielsweise in Bezug auf einen Service-Prozess, für den Fall, dass Mitarbeiter das Unternehmen verlassen.

a) 1

b) 2

c) 1 und 2

d) Beide sind falsch

b) Nur 2 ist korrekt (Beispiel: Aufbau einer Wissensdatenbank mit Hilfe von Automatismen und auf Basis gelöster Incidents und Probleme). Service-Automation ist nicht auf Geschäftszeiten eines Unternehmens begrenzt.

ITIL-Zertifizierung

Im Service Lifecycle würde die Reihenfolge der folgenden Ereignisse wie am besten angeordnet werden?

1. Service Design beginnt mit der Architektur des Service Designs.

2. Der Service wird Teil des Service-Katalogs.

3. Eine Organisation trifft die strategische Entscheidung, einen Service zu chartern.

a) 1, 2, 3

b) 3, 1, 2

c) 2, 3, 1

d) 3, 2, 1

b) 3, 1, 2. Service Strategy → Service Design → Service Transition → Service Operation.

In Bezug auf welche beiden Optionen werden aufgrund von Service-Automatisierung Verbesserungen erwartet?

1. Utility

2. Warranty

3. Sicherheit

4. Kapazität

a) 1 und 2

b) 2 und 3

c) 3 und 4

d) 1 und 4

a) 1 und 2. Option 3 und 4 stellen Warranty-Ausprägungen dar.

Welche Rolle ist verantwortlich für die Verwaltung des CMS, die Verwaltung der CIs und die Festlegung der Namenskonventionen?

a) Service Asset Manager

b) Configuration Manager

c) Change Manager

d) Configuration Control Board

b) Configuration Manager.

Der Ausfall eines Configuration Item (CI), der bisher noch keine Auswirkung auf einen Service hatte, gilt als

a) Incident

b) Event

c) Alert

d) Problem

a) Incident. Auch wenn noch keine Auswirkungen des Ausfalls offensichtlich wurden, gilt dieser als Incident.

A ITIL®-Glossar

Abgestimmte Service-Zeiten/Agreed Service Time (SD)

Ein Synonym für Service-Zeiten, üblicherweise verwendet für die formale Berechnungen der Verfügbarkeit.

Abhängigkeit/Dependency

Die direkte oder indirekte wechselseitige Beziehung, auf die sich Prozesse oder Aktivitäten stützen.

Abnahme/Acceptance

Formale Vereinbarung, dass ein IT Service, ein Prozess, ein Plan oder ein anderes Lieferergebnis vollständig, genau und zuverlässig ist und den dafür angegebenen Anforderungen gerecht wird. Vor der Abnahme erfolgen in der Regel Evaluations oder Tests. Häufig ist eine Abnahme für den Übergang zur nächsten Phase eines Projekts oder Prozesses erforderlich. Siehe Serviceabnahmekriterien.

Abschluss/Closure (SO)

Ändern des Status eines Incident, Problems, Change etc. in „Geschlossen".

Abschreibung/Depreciation (SS)

Abschreibungen sind nach handels- und steuerrechtlichen Gesichtspunkten möglich. Dabei wird der Betrag ermittelt, der bei einzelnen Gegenständen des Anlagevermögens die im Laufe der Nutzungsdauer eingetretenen Wertminderungen beschreibt. Abgeschrieben werden nur „aktivierte" Anlagen und Güter, die in mehreren Perioden genutzt werden.

Abweichung/Variance

Differenz zwischen geplantem und aktuell gemessenem Wert, vorwiegend im Financial Management, CapacityManagement und Service Level Management eingesetzt, kann aber überall dort zum Einsatz kommen, wo Pläne genutzt werden.

Access Management (SO)

Dieser Prozess zeigt sich dafür verantwortlich, Anwendern den Zugriff auf IT Services, Daten oder andere Assets (Aktivposten) zu ermöglichen. Access Management unterstützt Vertraulichkeit, Integrität und Verfügbarkeit (Kernfaktoren für die Sicherheit) von Assets, indem sichergestellt wird, dass nur autorisierte Anwender in der Lage sind, auf die entsprechenden Assets zuzugreifen oder diese gar zu verändern. Access Management wird auch als Rights Management (Rechtevergabe, (Zugriffs-)Rechte-Management) oder Identity Management bezeichnet.

Account Manager *(SS)*

Eine Rolle, die der des Business Relationship Managers (Kundenbetreuer) gleicht, allerdings stärkere kaufmännische Aspekte beinhaltet. Diese Bezeichnung wird hauptsächlich in Bezug auf den Kontakt mit externen Kunden verwendet.

Accounting *(SS)*

Dieser Prozess kümmert sich um die Identifizierung gegenwärtiger Kosten, um IT Services bereitzustellen, den Vergleich dieser mit den budgetierten (vorab geplanten) Kosten und um die Handhabung der Abweichungen vom Budget.

Akkreditiert/Accredited

Offiziell zur Übernahme einer Rolle autorisiert. Eine akkreditierte Organisation kann beispielsweise dazu berechtigt sein, Schulungen anzubieten oder Audits durchzuführen.

Aktives Monitoring/Active Monitoring *(SO)*

Monitoring eines Configuration Item (CI, Komponente) oder eines IT Service, das automatisierte Regularien verwendet, um den aktuellen Status abzufragen (Gegenteil: Passives Monitoring).

Aktivität/Activity

Eine Reihe von Aktionen oder Tätigkeiten, um ein bestimmtes Ergebnis zu erzielen. Aktivitäten sind Bestandteil eines Prozesses oder eines Plans und werden als Vorgänge beschrieben.

Akzeptanz/Acceptance

Formale Zustimmung, dass ein IT Service, Prozess, Plan oder ein anderes Ergebnis (Produkt) vollendet, vollständig, fehlerfrei und zuverlässig ist sowie den spezifizierten Anforderungen genügt. Akzeptanz wird normalerweise durch Evaluierung oder Testen erzielt und wird oft vorausgesetzt, um in die nächste Phase eines Projektes oder eines Prozesses eintreten zu dürfen („Schleusenprinzip", „Quality Gates").

Alarm/Alert *(SO)*

Eine Warnung, dass ein Schwellenwert erreicht wurde, eine Veränderung stattgefunden hat oder sich ein Fehler oder Ausfall ereignet hat. Alerts werden häufig durch System Management-Tools angelegt und über den Event Management-Prozess verwaltet.

Allmähliche Wiederherstellung *(SD)*

Siehe Gradual Recovery.

Analyse der zugrunde liegenden Ursache *(SO)*

Siehe Root Cause-Analyse (RCA)

Analytische Modellierung/Analytical Modelling (SS) (SD) (CSI)

Eine Technik, die mathematische Modelle benutzt, um das Verhalten eines Configuration Item (CI) oder eines IT Service vorherzusagen. Analyse-Modelle werden im Allgemeinen im Capacity Management und Availability Management eingesetzt.

Anforderung/Requirement (SD)

Eine formale Aussage darüber, dass etwas und was benötigt wird, z.B. ein Service Level Requirement.

Anlagenaktivierung/Capitalization (SS)

Verwendung der Finanzmittel zur Verteilung der Kosten über mehrere Buchungsperioden (z.B. Software-Entwicklung oder Lizenzen).

Anruf (SO)

Siehe Call

Anruftyp (SO)

Siehe Call Type

Antwortzeit/Response Time

Zeit, die für den Abschluss einer Operation oder Transaktion verwendet wird. Im Capacity Management wird die Antwortzeit als Messmöglichkeit für die Leitungsfähigkeit der IT Infrastruktur verwendet, im Incident Management wird dies beispielsweise gebraucht, wenn es darum geht, wie schnell bei Anrufen jemand ans Telefon geht oder die Diagnose angestoßen wird.

Anwender/User

Person, die einen IT Service tagtäglich nutzt. Dieser Begriff ist von dem des Kunden abzugrenzen.

Anwenderprofil/User Profile (UP) (SS)

Profil und Verhaltensmuster eines Anwenders, der einen IT Service anfragt. Solche Profile beinhalten ein oder mehrere Patterns of Business Activity.

Anwendung/Application

Software, die eine Funktion bereitstellt, die von einem IT Service benötigt wird. Jede Anwendung ist Teil eines oder mehrerer IT Services. Anwendungen können auf mehreren Servern oder Clients laufen.

Anwendungsportfolio/Application Portfolio (SD)

Eine Datenbank oder ein strukturiertes Dokument, das verwendet wird, um eine Anwendung während ihres gesamten Lebenszyklus zu handhaben. Das Application Portfolio beinhaltet Schlüsselattribute aller Anwendungen. In manchen Fällen wird ein solches Application Portfolio als Teil des Service-Portfolios oder als Teil des Configuration Management Systems implementiert.

Application Management *(SD) (SO)*

Die Funktion, die während des gesamten Lebenszyklus für die Verwaltung von Anwendungen verantwortlich ist.

Application Service Provider (ASP) *(SD)*

Ein externer Service Provider, der IT Services im eigenen Hause bereitstellt (z.B. Hosting von Webseiten). Anwender greifen auf diese Anwendungen über das Netzwerk beim Service Provider zu.

Application Sizing *(SD)*

Diese Aktivität basiert auf dem Verständnis der Ressourcenanforderungen, die notwendig sind, um eine neue Anwendung zu supporten oder einen größeren Change einer bestehenden Anwendung umzusetzen. Application Sizing ist wichtig, um vorab zu überprüfen und sicherzustellen, dass ein IT Service den abgestimmten Service Level-Zielen in Bezug auf Kapazität und Performance genügt (Kapazitätsermittlung für neue oder geänderte Anwendungen).

Arbeitsanweisung/Work Instruction

Dokument mit Anweisungen, die exakt und eindeutig beschreiben, welche Schritte umgesetzt werden sollen. Eine Arbeitsanweisung ist viel detaillierter als ein Verfahren.

Architektur/Architecture *(SD)*

Die Struktur eines Systems oder eines IT Service, zusammen mit den wechselseitigen Beziehungen der Komponenten untereinander und der Umgebung, in der sie sich befinden. Die Architektur beinhaltet auch Standards und Richtlinien, die das Design und die Entwicklung des Systems bestimmen.

Asset *(SS)*

Jegliche Ressource oder Capability/Befähigung, unabhängig davon, ob es sich dabei beispielsweise um Hard- oder Software handelt. Die Assets eines Service Providers umfassen alle Elemente, die die Erbringung eines Service unterstützen, wie etwa Management, Organisation, Prozess, Wissen, Mitarbeiter, Informationen, Anwendungen, Infrastruktur und finanzielles Kapital.

Asset Management *(ST)*

Dieser Prozess ist verantwortlich für die Verfolgung und das Berichtswesen in Bezug auf den Wert und den Besitz finanzieller bzw. kaufmännischer Assets während ihres gesamten Lebenszyklus. Asset Management ist Teil eines umfassenden Service Asset und Configuration Managements.

Asset-Register *(ST)*

Eine Liste von Assets, die die Besitzverhältnisse und Werte darstellt. Sie wird durch das Asset Management gepflegt.

Attribute *(ST)*

Ein Teil der Information über ein Configuration Item, wie beispielsweise Name, Lokation, Versionsnummer und Kosten. Attribute eines CI werden in der Configuration Management Database (CMDB) dokumentiert.

Audit

Formale Inspektion and Verifikation, um zu überprüfen, ob ein Standard oder eine Richtlinie umgesetzt, ob Records/Einträge fehlerfrei oder ob Ziele bezüglich Effektivität und Effizienz erreicht wurden. Ein Audit kann von internen oder externen Teams durchgeführt werden.

Aufgabenstellung/Terms of Reference (TOR) *(SD)*

Dokument, das die Anforderungen, den Umfang, die Ergebnisse, die Ressourcen und die Zeitplanung für eine Aktivität oder ein Projekt spezifiziert.

Auflösung/Resolution *(SO)*

Aktion, um die Hauptursache eines Incidents oder Problems zu beseitigen oder um einen Workaround zu implementieren. Im ISO/IEC 20000-Resolution-Prozess ist dies die Prozessgruppe, die Incident und Problem Management enthält.

Ausfall/Failure *(SO)*

Verlust der Fähigkeiten, den Betrieb gemäß der Spezifikationen aufrechtzuerhalten oder den erforderlichen Output zu liefern. Der Begriff „Ausfall" kann in Bezug auf IT Services, Prozesse, Aktivitäten, Configuration Items etc. verwendet werden. Ein Ausfall führt häufig zu einem Incident.

Ausfallsicherheit/Resilience *(SD)*

Strapazierfähigkeit von Komponenten oder IT Services. Fähigkeit einer Komponente oder eines Service, trotz eines Ausfalls betriebsfähig zu bleiben, z.B. durch ein unmittelbares Recovery, wenn eine oder mehrere andere Komponenten ausgefallen sind.

Ausfallzeit/Downtime *(SD) (SO)*

Der Zeitraum, in dem ein Configuration Item oder IT Service während der vereinbarten Servicezeit nicht verfügbar ist. Die Verfügbarkeit eines IT Service wird häufig mithilfe der vereinbarten Servicezeit und der Ausfallzeit berechnet.

Auslastung/Workload

Die Ressourcen, die zur Bereitstellung eines identifizierbaren Teils eines IT Services erforderlich sind. Ressourcen transportieren einen messbaren Teil eines IT Service, die sich nach Anwender, Gruppen oder Funktion aufschlüsseln lassen. So können Kapazität, Leistung und Auslastung eines CI oder IT Service analysiert und verwaltet werden (allgemeiner Begriff für Arbeitslast, Nutzlast auf bestimmte Services oder Komponenten).

Auslastungsgrad/Percentage utilisation *(SD)*

Zeitraum, in den eine Komponente über eine Periode hin ausgelastet ist, z.B. die CPU eines Servers ist für die Dauer von 2400 Sekunden innerhalb einer Stunde zu 60% ausgelastet.

Auslösen/Invocation *(SD)*

Einleitung der Schritte, wie sie in einem Plan definiert wurden, z.B. bei Eintritt eines Notfalls oder einer Katastrophe wird der IT Service Continuity Plan für eine definierte Anzahl von Services eingeleitet und die definierten Schritte abgearbeitet.

Ausnahmebericht

Ein Dokument, das Details in Bezug auf Leistungsindikatoren oder andere Zielgrößen aufweist, deren Schwellenwerte überschritten wurden bzw. die Verletzung vereinbarter Grenzen vorhersehbar ist, z.B. hinsichtlich SLAs oder Performance-Indikatoren in Bezug auf das Capacity Management (Exception Report).

Auswirkung

Siehe Impact

Außerkraftsetzung/Retirement *(ST)*

Permanente Entfernung eines IT Service oder eines CI aus der Produktivumgebung. Es ist ein Status, den zahlreiche CIs während ihres Lebenszyklus einnehmen.

Automatic/Automated Call Distribution (ACD) *(SO)*

TK-/IT-Komponente, um die Weiterleitung eines Anrufs an die am ehesten geeignete Person in schnellst möglicher Zeit zu ermöglichen.

Availability Management *(SD)*

Dieser Prozess ist verantwortlich für die Definition, Analyse, Planung, Messung und Verbesserung aller Aspekte der Verfügbarkeit eines IT Service. Er muss sicherstellen, dass die geeigneten Größen der IT-Infrastruktur, Prozesse, Tools, Rollen etc. bereitgestellt werden, um die vereinbarten Service Level-Ziele in Bezug auf die Verfügbarkeit zu erreichen.

Availability Management Information System (AMIS) *(SD)*

Ein virtuelles Repository aller Daten aus dem Availability Management, die üblicherweise an unterschiedlichen physikalischen Lokationen abgelegt sind (siehe auch Service Knowledge Management System).

Availability Plan *(SD)*

Ein Plan, der sicherstellt, dass die existierenden und die zukünftigen Verfügbarkeitsanforderungen eines IT Service kosteneffektiv umgesetzt werden können (Verfügbarkeitsplan).

Backout/Back-out

Synonym für Fehlerkorrektur.

Backup *(SD) (SO)*

Kopieren von Daten, um die entsprechenden Originaldaten gegen den Verlust der Integrität oder Verfügbarkeit zu schützen.

Balanced Scorecard (BSC) *(CSI)*

BSC ist ein von Drs. Robert Kaplan (Harvard Business School) und David Norton entwickeltes Konzept zur Umsetzung von Unternehmensstrategien. So werden die wesentlichen Dimensionen eines Unternehmens abgebildet und die für die Steuerung des Unternehmens benötigten Informationen dargelegt. Dabei geht es nicht mehr nur um die Leistungsfähigkeit eines Unternehmens hinsichtlich finanzieller Größen. Über die Kennziffern in der BSC („ausgewogenes Kennzahlensystem") wird es möglich, die Entwicklung der Geschäftsvision und der Strategie zu verfolgen und zu überprüfen. Kaplan und Norton haben daher vier verschiedene Perspektiven eingeführt, aus deren Blickwinkel die Aktivitäten eines Unternehmens bewertet werden können. Dazu gehören die Finanzperspektive (Shareholder/Stakeholer), Kundenperspektive (Sicht des Kunden), Prozessperspektive (erfolgsrelevante Kernprozesse) und eine Lern- und Innovationsperspektive (Wachstums-, Veränderungs- und Verbesserungspotenzial des Unternehmens). Zu jeder Dimension gehören Angaben zur Strategie, Leistungsindikatoren (KPI) zur Messung des Zielerreichungsgrades, Zielgrößen als Vorgabe und Initiativen, um die strategischen Ziele zu erreichen.

Barwertmethode/Net Present Value (NPV) *(SS)*

Technik zur Entscheidungsfindung in Bezug auf den Kapitaleinsatz bei Investitionen, auch als ein Discounted Cash-Flow-Verfahren der dynamischen Investitionsrechnung bezeichnet. Im Mittelpunkt steht dabei der Kapitalwert einer Investition als die Summe der Barwerte aller durch diese Investition verursachten Zahlungen (Ein- und Auszahlungen). Durch Abzinsung auf den Beginn der Investition werden Zahlungen, die zu beliebigen Zeitpunkten anfallen, vergleichbar gemacht. Kurz: Es wird anhand von Einnahmen und Ausgaben rechnerisch verglichen, ob sich eine Investition lohnt oder nicht.

Baseline *(CSI)*

Eine Benchmark oder ein Bezugspunkt, der als Referenzpunkt verwendet wird, wie beispielsweise eine ITSM Baseline, die als Startpunkt verwendet werden kann, um den Effekt eines Service Improvement Plans messen zu können, oder eine Performance Baseline, die als Basis dient, um Performance-Veränderungen über den gesamten Lebenszyklus eines IT Service vergleichen zu können, oder eine Configuration Management Baseline, die verwendet wird, um die IT-Infrastruktur mit Hilfe einer bekannten Configuration nach einem missglückten Change oder einem neuen Release wiederherstellen zu können.

Bedrohung/Threat

All das, was eine Schwachstelle ausnutzen könnte. Eine potenzielle Incident-Ursache kann ebenfalls als Gefährdung ausgelegt werden. Der Begriff wird vorwiegend im Information Security Management und IT

Service Continuity Management verwendet, kommt aber auch im Zusammenhang mit dem Problem und Availability Management vor.

Benchmark (CSI)

Ein Bezugspunkt eines Objektes zu einem bestimmten Zeitpunkt. Eine Benchmark kann angelegt werden für eine Konfiguration, einen Prozess oder eine andere Art der Datenzusammenstellung. Beispiele für die Verwendung ist das Continual Service Improvement, um einen Status für anstehende Verbesserungen bereitzustellen, oder das Capacity Management, um charakteristische Leistungen während der normalen Betriebszeiten zu dokumentieren.

Benchmarking (CSI)

Suche nach Lösungen, die auf den Best Practices und Baselines basieren und ein Unternehmen zu Spitzenleistungen führen sollen, wobei es um die Suche nach und Ausnutzung von Erfolgspotenzialen geht. Es gilt, gezielt Best Practices zu identifizieren, mit denen nachhaltig überdurchschnittliche Wettbewerbsvorteile geschaffen werden können. Eines der wichtigsten Prinzipien ist es, Benchmarking zu einem ständigen Prozess im Unternehmen zu etablieren, um damit langfristig und in allen Bereichen Verbesserungen zu erzielen und sich im Wettbewerb behaupten zu können.

Best Practice

Aktivitäten oder Prozesse, deren Einsatz in mehreren Organisationen nachweislich zum gewünschten Erfolg geführt hat. ITIL ist ein Beispiel für Best Practice.

Betreiben/Operate

Ausführen der erwarteten Leistung. Ein Prozess oder Configuration Item ist in Betrieb, wenn er bzw. es die angeforderten Ergebnisse liefert. Mit „Betreiben" wird auch die Ausführung einer oder mehrerer Betriebsabläufe bezeichnet, wie der tägliche Betrieb eines Computers für die erwartungsgemäße Ausführung des Geräts.

Betrieb/Betriebsablauf/Operation (SO)

Tägliche Verwaltung eines IT Service, eines Systems oder eines anderen Configuration Item. Mit „Betriebsablauf" werden darüber hinaus alle vordefinierten Aktivitäten oder Transaktionen bezeichnet. Beispielsweise das Einlegen eines Magnetbands, die Kontrolle von Backupläufen oder Logs.

Betriebskosten/Operational Cost

Kosten für den Betrieb eines IT Service, wie z.B. Personal, Hardware-Wartung, auch laufende Kosten (running costs) genannt.

Betriebssteuerung/Operations Control

Synonym für IT Operations Control.

Bewegliche Anlage (SD)

Siehe Portable Facility

Bewertung/Assessment

Inspektion und Analyse, die der Überprüfung dienen, ob ein Standard oder definierte Richtlinien eingehalten werden, ob Records/Einträge fehlerfrei sind oder ob Ziele bezüglich Effektivität und Effizienz erreicht wurden.

Beziehung/Relationship

Verbindung oder Interaktion zwischen zwei Personen oder Dingen. Im Business Relationship Management ist es die Interaktion zwischen dem IT Service Provider und dem Business (Unternehmen). Im Configuration Management existiert eine Beziehung zwischen zwei CIs, die die Abhängigkeit oder Verbindung zwischen ihnen identifiziert. Zum Beispiel basieren Applikationen auf dem Server, auf dem sie laufen.

Beziehungsprozesse

Siehe Relationship Processes

Brainstorming (SD)

Kreativitätstechnik zur Generierung von Ideen durch Gruppenarbeit (synergistischer Effekt) und freie Assoziation (laterales Denken), erfunden von Alex Osborn und weiterentwickelt von Charles Hutchison Clark. Ziel des Brainstormings ist es, zu einem vorgegebenen Thema Ideen, neue Ansätze oder Lösungsmöglichkeiten zu finden. So ist das Brainstorming eine Gruppenaktivität, die die üblichen gruppendynamischen Zwänge ausschalten soll. Eine Überprüfung der Ideen auf ihre Verwendbarkeit findet erst zu einem späteren Zeitpunkt statt. Brainstorming wird oft im Problem Management verwendet, um mögliche Ursachen für ein Problem zu identifizieren.

British Standards Institution (BSI)

Die nationale Standardisierungsbehörde von Großbritannien, die für die Erstellung und Pflege der britischen Standards verantwortlich ist. Weitere Informationen dazu finden Sie unter *http://www.bsi-global.com*.

Budget

Eine Liste der monetären Mittel, die eine Organisation oder eine Business Unit/Geschäftseinheit erhält, um diese Mittel für Ausgaben in einem spezifischen Zeitraum einzuplanen.

Budgeting

Voraussage und -planung sowie Controlling der Ausgaben der finanziellen Mittel. Die Aktivitäten bestehen aus sich wiederholenden Verhandlungen, um zukünftige

Budgets zu erhalten (üblicherweise jährlich) und der Beobachtung und Angleichung aktueller Budgets im Tagesgeschäft.

Build *(ST)*

Zusammenstellung aus einer Anzahl von Configuration Items, um einen Teil eines
IT Service bereitzustellen. Der Begriff Build wird ebenfalls verwendet, um auf ein
Release zu verweisen, das für die Verteilung freigegeben wurde (z.B. ein bestimmtes
Server Build).

Build Environment *(ST)*

Eine Umgebung, in der Anwendungen, IT Services und andere Builds zusammengestellt werden, bevor sie in eine Produktions- oder Testumgebung überführt bzw.
verteilt werden.

Business *(SS)*

Eine umfassende Einheit oder Organisation, die eine Reihe von Geschäftseinheiten
darstellt. Dies bezieht sich für das IT Service Management (ITSM) sowohl auf öffentliche Institutionen und Non-Profit-Organisationen als auch auf Unternehmen.

Ein IT Service Provider stellt einem Kunden IT Services innerhalb eines betriebswirtschaftlichen Kontexts zur Verfügung. Der IT Service Provider kann dabei Teil der gleichen Unternehmung sein wie der Kunde (interner Service Provider) als auch Teil
einer anderen Unternehmung (externer Service Provider).

Business-Aktivitätsmuster

Siehe Pattern of Business Activity (PBA)

Business Capacity Management (BCM) *(SD)*

Im Kontext von ITSM stellt das Business Capacity Management eine Aktivität dar,
die ein Verständnis für zukünftige Geschäftsanforderungen besitzen muss, um diese
auch in den Capacity Plan einzuarbeiten und so bei der Kapazitätsplanung im Capacity Management zu berücksichtigen (siehe auch Service Capacity Management).

Business Case *(SS)*

Betriebswirtschaftliche Rechtfertigung für Ausgaben, die Informationen zu Kosten,
Nutzen, Optionen, offenen Punkten, Risiken und möglichen Problemen beinhaltet.

Business Continuity Management (BCM) *(SD)*

Dieser Business-Prozess ist verantwortlich für die Handhabung von Risiken, die Auswirkungen auf das Business (Geschäftsprozesse, Geschäftserfolg, Unternehmensziele
etc.) haben könnten. Er schützt die Interessen von Stakeholdern, die Reputation, die
Marke und die Wertschöpfung des Unternehmens. Der Prozess reduziert die Risiken
auf ein akzeptables Maß und plant die Wiederherstellung der Geschäftsprozesse, falls
es zu einer größeren Geschäftsstörung kommen sollte (wie z.B. Katastrophen oder
unvorhersehbare Zwischenfälle). Das Business Continuity Management gibt die Ziele,
den Umfang und die Anforderungen für das IT Service Continuity Management vor.

Business Continuity Plan (BCP) *(SD)*

Ein Plan, der die Schritte zur Wiederherstellung der Geschäftsprozesse vorgibt, falls es zu einer größeren unvorhersehbaren Störung kommen sollte (z.B. durch Notfälle). Er identifiziert Kennzeichen für einen Notfall („Trigger" für nachfolgende Aktivitäten), die einzubindenden Personen und Kommunikationsabläufe etc. Der IT Service Continuity Plan bildet einen Teil des Business Continuity Plans.

Business Impact-Analyse (BIA) *(SS)*

Aktivität aus dem Business Continuity Management, die die unternehmenskritischen (vitalen) Geschäftsprozesse und ihre Abhängigkeiten identifiziert (Business-Auswirkungsanalyse). Dies kann Lieferanten, Mitarbeiter, andere Geschäftsprozesse, unterstützende IT Services etc. beinhalten.

Die Prozesse, die Systeme sowie die maximal vertretbaren Ausfallzeiten, die für das Unternehmen kritisch sind, werden dabei analysiert. Ein Fokus wird auf die Wiederherstellungsanforderungen der IT Services gelegt, was Wiederherstellungszielzeiten, Wiederherstellungspunkte und minimale Service Level-Ziele für jeden IT Service beinhaltet.

Business-Kunde/Business Customer *(SS)*

Empfänger eines Produkts oder eines Service vom Business. Wenn es sich beim Business beispielsweise um einen Kfz-Hersteller handelt, ist der Business-Kunde eine Person, die ein Auto kauft.

Business Operations/Business Operations *(SS)*

Die Ausführung, das Monitoring und die Verwaltung von Business-Prozessen im Rahmen des täglichen Ablaufs.

Business Perspective *(CSI)*

Verständnis von Service Provider und IT Services aus der Unternehmenssicht und das Verständnis des Business aus der Sicht des Service Providers.

Business Process/Geschäftsprozess

Eine Reihe von geschäftlichen/unternehmerischen Tätigkeiten der Unternehmung, ausgerichtet auf ein bestimmtes Ziel, z.B. Verkauf von Produkten, Dienstleistungen usw. Zahlreiche Geschäftsprozesse basieren auf IT Services.

Business Relationship Management *(SS)*

Prozess oder Funktion, verantwortlich für die Beziehungspflege mit der Unternehmung. BRM beinhaltet dabei sowohl die persönliche Beziehungspflege mit dem Management, die Inputlieferung für das Service Portfolio Management als auch die Sicherstellung, dass der IT Service Provider die Nöte und Anforderungen des Kunden kennt. Dieser Prozess ist eng verbunden mit dem Service Level Management.

Business Relationship Manager (BRM) *(SS)*

Ein Rolle, die verantwortlich ist für die Beziehungspflege zu einem oder mehrerer Kunden, häufig kombiniert mit der Service Level Manager-Rolle.

Business Service

Ein IT Service, der direkt einen Business-Prozess unterstützt, im Gegensatz zu einem Infrastruktur-Service, der intern durch den IT Service Provider genutzt wird und so unsichtbar für die Unternehmung bleibt. Der Begriff wird auch für einen Service verwendet, der einem Geschäftskunden durch die Geschäftseinheit zur Verfügung gestellt wird, wie etwa Finanzdienstleistungen durch die Abteilung einer Bank an einen Geschäftskunden.

Business Service Management (BSM) *(SS) (SD)*

Ansatz für das Management von IT Services, um Geschäftsprozesse zu unterstützen, Unternehmenswerte zu schützen und so eine bessere Abstimmung zwischen Business und IT zu erzielen. Dabei wird die Abhängigkeit des Business von der IT dargestellt. Dies erfolgt durch das Verknüpfen von Geschäftsprozessen mit darunter liegenden IT Services. Ein dementsprechender IT Service kann wiederum ein IT Service oder Teil eines Geschäftsprozesses sein, der eine signifikante Geschäftsanforderung unterstützt.

Der Begriff wird so vielfach auch als Management von Business Services in Richtung Geschäftskunden verstanden.

Business Unit *(SS)*

Ein Bereich einer Unternehmung, die eine eigene Planung, Metriken, Einkünfte und Kostenrechnung besitzt. Jede dieser Unternehmenseinheiten besitzt Assets und verwendet diese, um ihren Kunden Güter oder Dienstleistungen anzubieten (intern oder extern).

Business-Ziel/Business Objective *(SS)*

Das Ziel eines Business-Prozesses oder des Business insgesamt. Business-Ziele unterstützen die Vision des Business, bieten Leitlinien für die IT Strategie und werden häufig von IT Services unterstützt.

Call *(SO)*

Ein Telefonanruf von einem Anwender am Service Desk. Ein Anruf kann zu einer Erfassung eines Incidents oder eines Service Request führen.

Der „First Call" wird als Erstkontakt verstanden.

Call Center/Call Centre *(SO)*

Eine Organisation oder ein Geschäftsbereich, die bzw. der große Zahl von eingehenden oder ausgehenden Telefonanrufen bearbeitet.

Call Type *(SO)*

Kategorie zur Kennzeichnung unterschiedlicher einkommender Anrufe wie Service Request, Incident oder Feedback.

Capability *(SS)*

Fähigkeit einer Organisation, einer Person, eines Prozesses, einer Anwendung, eines Configuration Item oder eines IT Service, eine Aktivität umzusetzen. Dies stellt immaterielle Assets einer Organisation dar.

Capability Maturity-Modell (CMM) *(CSI)*

Das Capability Maturity Model for Software (auch CMM and SW-CMM) beschreibt den „Reifegrad der Fertigkeit" (Capability Maturity) in fünf Stufen, angefangen vom einfachen, unstrukturierten Programmieren bis hin zum standardisierten und beständig optimierten Software-Entwicklungsprozess. Im Jahre 2000 erfolgt eine Aktualisierung hin zum CMMI (Capability Maturity Model Integration).

Capability Maturity Model Integration (CMMI) *(CSI)*

Prozessmodell des Software Engineering Institute SEI zur Bewertung und Verbesserung der Abläufe bei der Software- und Systementwicklung. Durch die Integration des Vorgängermodells CMM mit verschiedenen anderen Modellen zu CMMI wurde der Anwendungsbereich von der reinen Software-Entwicklung erweitert auf die Entwicklung kompletter Systeme. In diesem globaleren Kontext dient es so als Grundlage zur Beurteilung von Prozess- und Projektkompetenz eines Unternehmens.

Capacity *(SD)*/Kapazität

Der maximale Durchsatz, den ein CI oder ein IT Service unter Berücksichtigung der vereinbarten Service Level-Ziele erreichen kann (z.B. Größe oder Volumen).

Capacity Management *(SD)*

Sicherstellung, dass die Kapazität der aktuellen und zukünftigen IT-Ressourcen und IT Services entsprechend der definierten Service Level-Ziele kosteneffektiv und rechtzeitig bereitgestellt werden. Das Capacity Management betrachtet alle Ressourcen, die zur Leistungserbringung notwendig sind, und fügt die entsprechenden Überlegungen in kurz-, mittel- und langfristige Planung mit ein. Es geht um die optimale und wirtschaftliche Umsetzung des Ressourcenbedarfs. So können die SLAs sach- und zeitgerecht erfüllt werden, die geschäftlichen Anforderungen abgedeckt und Kapazitätsengpässe vermieden werden.

Capacity Management Information System (CMIS) *(SD)*

Virtuelle Datenablage aller Capacity Management-Daten, die üblicherweise in unterschiedlichen physikalischen Ablagen gehalten werden.

Capacity Plan *(SD)*

Ein Capacity Plan wird verwendet, um die Ressourcen zu verwalten, die für die Erbringung von IT Services notwendig sind. Er enthält unterschiedliche Szenarios in Bezug auf die Voraussagen der Geschäftsanforderungen und Kostenoptionen für die entsprechenden Service Level-Ziele.

Capacity-Planung/Capacity Planning *(SD)*

Die Aktivität innerhalb des Capacity Management, die für die Erstellung eines Capacity-Plans verantwortlich ist.

Capital Expenditure (CAPEX) *(SS)*

Kosten in Form von Investitionsausgaben eines Unternehmens für längerfristige Anlagegüter (wie Immobilien, Geräte und Maschinen). Die Aufwendungen werden entsprechend der gesetzlichen Grundlagen über einen bestimmten Zeitraum abgeschrieben (Gegensatz: Operational Expenditure/Aufwendungen für den operativen Geschäftsbetrieb, genannt OPEX).

Change *(ST)*

Hinzufügen, Ändern oder Herausnehmen jeglicher Objekte, die Auswirkungen auf einen IT Service haben können. Dies umfasst alle IT Services, Configuration Items, Prozesse, Dokumentationen etc.

Change Advisory Board (CAB) *(ST)*

Beratende Funktion bei Bewertung und Autorisierung von Changes als Personen, die Changes bzgl. Kosten, Ressourcen, Priorisierung, Zeitplanung usw. bewerten und so den Change Manager unterstützen. Es sollten Vertreter aller Bereiche um den IT Service Provider, Unternehmung und Drittanbieter (z.B. Lieferanten) vertreten sein.

Change Case *(SO)*

Technik, um die Auswirkungen eines Change voraussagen zu können. Dabei werden spezifische Szenarios verwendet, um den Umfang eines vorgeschlagenen Change klären zu können und die Kosten-Nutzen-Analyse zu unterstützen.

Change History *(ST)*

Informationen in Bezug auf alle Änderungen, die bisher an einem CI durchgeführt wurden. Sie besteht aus allen Change Records dieses CI.

Change Management *(ST)*

Der Prozess, der für die Steuerung des Lebenszyklus aller Changes verantwortlich ist. Das vorrangige Ziel des Change Managements besteht darin, die notwendigen und nutzbringenden Changes mit minimalen negativen Auswirkungen umzusetzen.

Change-Modell *(ST)*

Möglichkeit, ähnliche Schritte bei Changes einer bestimmten Kategorie nachzubilden. Die Modellierung spezifischer vorab festzulegender Schritte kann dann immer wieder verwendet werden. Dabei kann es sich um einfache Arbeitsanweisungen handeln oder um komplexere Schritte, die ggf. die Freigabe und Involvierung weiterer Bereiche (z.B. Major Software Release) beinhalten.

Change Record *(ST)*

Ein Change Record beinhaltet die Details eines Change. Jeder Change Record dokumentiert den Lebenszyklus eines Change. Er wird bei jedem Request for Change (RfC) für das jeweilige CI angelegt, selbst wenn dieser abgelehnt wird. Change Records werden im Configuration Management System abgelegt.

Change Request

Synonym für Request for Change (Change-Antrag).

Change Schedule *(ST)*

Ein Dokument, das alle angenommenen Changes mit den geplanten Umsetzungsdaten auflistet. Dieser Zeitplan wird auch als Forward Schedule of Change bezeichnet, ungeachtet der Tatsache, dass hier auch Informationen zu Changes zu finden sind, die bereits umgesetzt wurden.

Change-Zeitfenster/Change Window *(ST)*

Eine reguläre vereinbarte Zeitdauer, während derer Changes oder Releases mit minimalen Auswirkungen auf die Services implementiert werden können. Change-Zeitfenster werden in der Regel in SLAs dokumentiert.

Charging *(SS)*

Leistungsverrechnung für IT Services. Es ist optional, und viele Organisationen entscheiden sich dafür, ihren IT Service Provider als Cost Center anzusehen.

Chronologische Analyse *(SO)*

Technik, die zur Unterstützung bei der Suche nach möglichen Problemursachen angewandt wird. Alle verfügbaren Daten zu einem Problem werden gesammelt und in eine chronologische Abfolge gesetzt. Auf diese Weise ist es möglich, die Abfolge und somit Abhängigkeiten und Auswirkungen von Ereignissen zu identifizieren.

CI-Typ *(ST)*

Kategorien zur Klassifizierung von CIs. Die Typen identifizieren die notwendigen Attribute und Beziehungen für einen Configuration Record (allgemeine Typen umfassen Hardware, Dokument, User etc.).

Client

Allgemeiner Begriff für Kunde, Unternehmen oder einen Geschäftskunden. Er kann aber auch im Zusammenhang mit einem physikalischen Server Client-System beispielsweise in Form eines PCs oder Handheld, aber auch im Sinne einer Anwendung (Mail Client) verwendet werden, mit der der Anwender direkt interagiert.

Closed *(SO)*

Der finale Status eines Incidents, Problems oder eines Change innerhalb seines Lebenszyklus. Sobald der Status auf Closed/geschlossen steht, sind keine weiteren Aktionen notwendig.

COBIT *(CSI)*

Control Objectives for Information and related Technology (COBIT) bietet Anleitungen und Best Practices für die Verwaltung von IT-Prozessen. COBIT wird vom IT Governance Institute herausgegeben. Weitere Informationen dazu finden Sie unter *http://www.isaca.org/*.

Code of Practice

Eine Richtlinie bzw. Leitfaden, der durch eine öffentliche Körperschaft oder eine Standardisierungsorganisation (wie z.B. ISO oder BSI) herausgegeben wird. Zahlreiche Standards bestehen aus einer Richtlinie und einer Spezifikation. Der Code of Practice beschreibt Best Practice als Empfehlung.

Cold Standby

Synonym für Gradual Recovery (allmähliche Wiederherstellung).

Commercial off the Shelf (COTS) *(SD)*

Anwendungssoftware oder Middleware, die von einer Drittpartei erworben werden kann.

Compliance

Sicherstellung und Überwachung, dass ein Standard oder eine Richtlinie eingehalten oder dass entsprechende konsistente Verfahren ausgerollt und umgesetzt werden. Dies bezieht sich auf das regelkonforme Verhalten eines Unternehmens, seiner Organisationsmitglieder und seiner Mitarbeiter im Hinblick auf alle gesetzlichen Ge- und Verbote. Unternehmen stehen vor einer Vielfalt an branchenübergreifenden und branchenspezifischen rechtlichen Regelungen, müssen aber auch rechtlich nicht bindende Standards, Referenzmodelle und Richtlinien (z.B. Wertvorstellungen, Moral, Ethik) berücksichtigen.

Component Capacity Management (CCM) *(SD)* *(CSI)*

Der Prozess ist verantwortlich für das Verständnis und die Umsetzung der Kapazität, Nutzung und Auslastung sowie die Leistung eines CIs. Die entsprechenden Daten werden gesammelt, aufgenommen und für die Verwendung im Capacity Plan analysiert (siehe auch Service Capacity Management).

Component Failure Impact-Analyse (CFIA) *(SD)*

Eine Technik, die Antworten auf die Frage sucht, welche Komponente (CI) welche Störung mit welchem Impact auslösen kann. So wird zum einen grafisch oder schematisch dargestellt, welche Auswirkungen Service-Ausfälle haben können. Zum anderen erleichtert die Analyse die Suche nach kritischen CIs und IT Services mit hoher Fehleranfälligkeit, beispielsweise weil hier mehrere Single Points of Failure angesiedelt sind.

Computer Telephony Integration (CTI) *(SO)*

CTI ist ein allgemeiner Begriff für computerunterstütztes Telefonieren. Darunter ist die Kopplung/Konvergenz zwischen der klassischen Telekommunikation und der Datenverarbeitung an einem Arbeitsplatz zu verstehen.

Concurrency

Angabe der Anwenderanzahl, die gleichzeitig an einer Anwendung oder an einem Vorgang (Operation) angemeldet sind.

Confidentiality *(SD)*

Ein Sicherheitsprinzip, das fordert, dass Daten nur von autorisierten Anwendern eingesehen werden dürfen.

Configuration *(ST)*

Bezeichnung für eine Gruppe von Configuration Items, die zusammen für die Erbringung eines IT Service oder eines umfangreicheren Teils eines IT Service eingesetzt werden. Als „Konfiguration" werden darüber hinaus die Parametereinstellungen für ein oder mehrere CIs bezeichnet.

Configuration Baseline *(ST)*

Basis einer Configuration, die formal abgenommen und durch den Change Management-Prozess verwaltet wird. Sie beschreibt die Konfiguration eines bestehenden Produktes/Services zu einem bestimmten Zeitpunkt, der, falls nötig, später wieder hergestellt werden kann, aber auch für zukünftige Builds, Releases oder Changes verwendet werden kann.

Configuration Control *(ST)*

Aktivität, die sicherstellt, dass das Hinzufügen, Ändern oder Entfernen eines CI sauber abläuft, beispielsweise indem ein Change oder ein Service Request gestellt wird (Configuration-Steuerung).

Configuration Identification *(ST)*

Diese Aktivität sammelt Informationen zu CIs und deren Beziehungen untereinander und stellt diese Informationen in die CMDB. Auch das Anbringen von Labeln an den CIs selber zur Identifikation gehört zu diesen Aufgaben, so dass die zu einem CI gehörenden Einträge in der CMDB gefunden werden können.

Configuration Item (CI) *(ST)*

Komponente der IT-Infrastruktur, die für die Lieferung der Services benötigt wird und über das Configuration Management System verwaltet werden muss. Ein CI wird während seines gesamten Lebenszyklus über das Configuration Management gepflegt, die die Verwaltung der CIs steuern. Ein CI beinhaltet beispielsweise IT Services, Hardware, Software, Gebäude, Personen und formale Dokumentationen wie SLAs oder Prozessbeschreibungen. Er ist eindeutig identifizierbar, kann sich ändern (Changes), muss verwaltet werden (Status). CIs besitzen zudem meist eine Kategorie, Relationen, Attribute oder einen Status.

Configuration Management *(ST)*

Der Prozess ist verantwortlich für die Informationspflege der CIs, die – inklusive ihrer Beziehungen zueinander – die Basis für die IT Services darstellen. Die notwendigen Informationen werden während des gesamten Lebenszyklus eines CI auf dem aktuellen Stand gehalten. Configuration Management ist Bestandteil eines übergreifenden Service Asset und Configuration Management-Prozesses.

Configuration Management Database (CMDB) *(ST)*

Configuration Management Database enthält alle Konfigurationseinträge (Configuration Records) während ihres gesamten Lebensyzyklus. Ein Configuration Management System kann eine oder mehrere CMDBs umfassen. Jede CMDB hält relevante Daten über die verwalteten CIs und alle Relationen/Beziehungen zwischen den dokumentierten CIs.

Beim Entwurf der CMDB muss man den Umfang/Scope (welche CI-Kategorien) und den Detaillierungsgrad (CI-Level) festlegen, bis zu dem man die CIs verwalten will.

Configuration Management System (CMS) *(ST)*

Eine Reihe von Tools und Datenbanken, die verwendet werden, um die Konfigurationsdaten des IT Service Providers zu verwalten. Das System beinhaltet auch Informationen über Incidents, Probleme, Known Errors, Changes und Releases und kann auch Daten zu Mitarbeitern, Lieferanten, Niederlassungen, Business Units, Kunden und Anwendern enthalten. Entsprechende Tools haben die Aufgabe, Daten der CIs und ihrer Beziehungen zu sammeln, zu halten, zu verwalten, zu aktualisieren, aufzubereiten und bereitzustellen. Das Configuration Management pflegt das CMS. Allen anderen IT Service Management-Prozessen werden so die Informationen aus dem CMS bereitgestellt.

Configuration Record *(ST)*

Ein Eintrag beinhaltet die Details eines Configuration Item (CI). Jeder Configuration Record beinhaltet den gesamten Lebenszyklus eines einzelnen CI. Configuration Records sind Bestandteil der CMDB.

Configuration-Struktur *(ST)*

Hierarchie und andere Beziehungen zwischen allen CIs, die eine Konfiguration bilden. Eine Konfiguration ist eine Menge logisch verwandter Produkte, die gemeinsam verwaltet werden müssen.

Continual Service Improvement (CSI) *(CSI)*

Eine Phase im Lebenszyklus eines IT Service und gleichzeitig der Titel eines der fünf ITIL®-Kernbücher. Kontinuierliche Service-Verbesserung gestaltet die Verbesserungen und Korrekturen der IT Service Management-Prozesse und IT Services. Die Leistung eines IT Service Providers wird laufend gemessen, ebenso wie die Verbesserungen in Bezug auf Prozesse, IT Services und die IT Infrastruktur, um Effizienz, Effektivität und Kosteneffektivität zu verbessern (siehe auch Plan-Do-Check-Act).

Continuous Availability *(SD)*

Planung bzw. Ziel, um eine hundertprozentige Verfügbarkeit bereitzustellen. Ein dementsprechender IT Service besitzt weder geplante noch ungeplante Downtimes.

Continuous Operation *(SD)*

Planung bzw. Ziel, um die geplanten Downtimes eines IT Service zu eliminieren. Dabei können einzelne CIs eines IT Service durchaus nicht verfügbar sein, selbst wenn der IT Service an sich verfügbar ist.

Contract Portfolio *(SS)*

Eine Datenbank oder ein strukturiertes Dokument, das verwendet wird, um die Service-Verträge oder Vereinbarungen zwischen IT Service Provider und ihren Kunden zu verwalten. Unter Vertrag wird eine juristisch bindende Vereinbarung zwischen zwei oder mehreren Parteien verstanden. Jeder IT Service, der einem Kunden angeboten und von ihm genutzt wird, sollte einen Vertrag oder eine Vereinbarung besitzen, die im Vertragsportfolio eingetragen ist.

Control Objectives for Information and related Technology (COBIT) *(CSI)*

Anleitung und Best Practice für das Management von IT-Prozessen. Mit Hilfe von 34 Prozessen, aufgeteilt in 4 sog. Domänen, sowie detaillierten Steuerungs-/Kontrollzielen wird der Aufbau und die Steuerung eines Internen Kontrollsystems (IKS) für die IT sichergestellt. COBIT wird durch das IT Governance Institute (siehe auch *http://www.isaca.org*) veröffentlicht.

Control-Prozesse

ISO/IEC 20000 Prozess-Gruppe, in Bezug auf Change Management und Configuration Management.

Core Service *(SS)*

Ein IT Service, der Basisergebnisse für einen oder mehrere Kunden liefert.

Core Service Package (CSP) *(SS)*

Detaillierte Beschreibung eines Kern-Service, der Bestandteil von zwei oder mehreren Service Level Packages sein kann.

Cost Center *(SS)*

Eine Unternehmenseinheit oder ein Projekt, dem Kosten zugewiesen werden (Kostenstelle). Eine Kostenstelle berechnet keine Services, die sie bereitstellt. In der Regel ist sie eine eigenständige Unternehmenseinheit (Business Unit), die normalerweise ein Budget zur Verfügung hat, um die vorgegebenen Ziele zu erreichen. Ein IT Service Provider kann als Kostenstelle oder als Profit Center betrieben werden.

CRAMM (computer risk analysis and management method)

Ein bereits 1987 vorgestelltes Software-Paket für das wissensbasierte Risikomanagement, das dem britischen Sicherheitsstandard BS 7799 entspricht und nach ISO 17799 zertifiziert ist. Vormals auch durch die britische Regierung entwickelt (siehe auch *http://www.cramm.com*). CRAMM basiert auf einer Tool-gestützten Struktur, mit der Geschäftprozesse modelliert und Schwachstellen in IT- und Kommunikationssystemen bewertet werden können. Darüber hinaus kann CRAMM Sicherheitsvorschläge unterbreiten, Notversorgungsmaßnahmen planen und zu schützende Objekte identifizieren. Über ein entsprechendes Reporting können Schwachstellen und Risiken in den IT-gestützten Geschäftsprozessen, in Software und Hardware, Netzwerken, Personal, Gebäude u.a. erfasst, analysiert, bewertet und ggf. beseitigt werden.

Dashboard *(SO)*

Graphische Darstellung der IT Service-Leistungen und -Verfügbarkeiten (z.B. in Ampel- oder Thermometer-Form). Diese Anzeigen können in Echtzeit aktualisiert und dargestellt werden oder als historische Sicht aufbereitet und in Managementberichten und in Webseiten dargestellt werden. Sie dienen der Unterstützung des Service Level Managements, Event Managements oder der Incident-Diagnose.

Data-to-Information-to-Knowledge-to-Wisdom (DIKW)

Verständnis der Relation zwischen Daten, Informationen, Wissen und Weisheit als aufeinander aufbauender Prozess.

Defekt/Fault

Synonym für Fehler.

Definitive Media Library (DML) *(ST)*

Eine oder mehrere Ablagen, in denen die maßgeblichen und abgestimmten Versionen aller Software-CIs sicher verwahrt werden. Die DML kann darüber hinaus auch zugehörige CIs wie Lizenzen und Dokumentationen enthalten. Die DML versteht sich als eine logische Einheit, unter der ggf. andere Ablagen subsummiert werden. Jegliche Software in der DML steht unter der Steuerung des Change und Release Managements und wird im Configuration Management System verzeichnet. Nur Software aus der DML darf in einem Release verwendet werden.

Demand Management

Aktivitäten zur Beeinflussung des Anwenderverhaltens im Hinblick auf dessen Ressourcennachfrage und die entsprechende Ressourcennutzung. Das Bedarfsmanagement liefert somit einen wichtigen Beitrag für die Erstellung, die Überwachung und die eventuelle Anpassung sowohl des Kapazitätsplans als auch der SLAs. Demand Management verlangt nach einem Verständnis für die IT Services ebenso wie nach der Kenntnis des Nutzerverhaltens auf Kundenseite (Business-Aktivitäten, Benutzerprofile). Eine Beeinflussung des Service kann in physikalischer (z.B. Stoppen bestimmter Services, Zugriffslimitierung auf eine bestimmte Anzahl) oder finanzieller bzw. taktischer Hinsicht (z.B. Reduzierung von Kosten für den Service zu bestimmten Zeiten, Bepreisung für Speicherplatz ab einem bestimmten Schwellenwert) erfolgen.

Deming-Zyklus

Synonym für Plan-Do-Check-Act.

Deployment *(ST)*

Siehe Verteilung

Design *(SD)*

Eine Aktivität oder ein Prozess, der Anforderungen identifiziert und eine Lösung entwickelt, die diese Anforderungen erfüllt.

Detection *(SO)*

Phase im Lebenszyklus eines Incidents, während der Incident offensichtlich wird für den Service Provider (Erkennung) und die Suche nach den Fehlerursachen beginnt. Die Feststellung eines Incidents kann automatisch erfolgen (z.B. über Systems Management-Tools) oder über den Anruf oder die Beschwerde eines Anwenders.

Development *(SD)*

Erzeugen, Erstellen oder Ändern eines IT Service oder einer Anwendung, auch in Bezug auf die Rolle oder Gruppe, die Entwicklungsarbeiten (Development) umsetzt.

Development-Umgebung *(SD)*

Umgebung, in der IT Services oder Anwendungen erstellt, erzeugt oder entwickelt werden. Entwicklungsumgebungen werden in der Regel nicht im gleichen Maß gesteuert wie Test- oder gar Produktivumgebungen.

Diagnose *(SO)*

Phase im Lebenszyklus eines Incidents, während der ein Workaround für einen Incident oder das eigentliche Problem als Ursache eines Incidents identifiziert wird.

Diagnoseskript *(SO)*

Strukturierte Fragenliste für den Service Desk-Mitarbeiter, um ihm Unterstützung bei der Kommunikation mit dem Anwender zukommen zu lassen. Auf Basis der Fragen und entsprechenden Antworten sind die Mitarbeiter besser in der Lage, einen Incident zuzuordnen und zu beseitigen. Möglicherweise können auch die Anwender Anleitung erhalten, wie sie dem Service Desk auf möglichst konstruktive Weise die Service-Beeinträchtigung oder -Unterbrechung schildern.

Differenzierte Leistungsverrechnung/Differential Charging

Eine Technik, die das Demand Management unterstützt, indem für eine IT Service Funktion zu unterschiedlichen Zeiten unterschiedliche Beträge verrechnet werden.

Directory-Service/Directory Service *(SO)*

Eine Anwendung, die die Informationen zu der in einem Netzwerk verfügbaren IT-Infrastruktur und zu den zugehörigen Zugriffsrechten der Anwender verwaltet.

Direkte Kosten *(SS)*

Kosten (Einzelkosten), die einem Objekt oder einer Kostenstelle (Kunde, Projekt) verursachungsgerecht (direkt) zugerechnet werden können (Gegenteil indirekte Kosten, Gemeinkosten).

Dokument/Document

Informationen in lesbarer Form. Ein Dokument kann in einem papierbasierten oder elektronischen Format vorliegen. Zu den Beispielen gehören Richtlinien, Service Level Agreements, Incident Records etc.

Do Nothing *(SD)*

Wiederherstellungsoption, wobei zwischen Service Provider und dem Kunden eine Übereinkunft existiert, dass der entsprechende Service nicht wiederhergestellt wird.

Downtime *(SD) (SO)*

Mean Time To Repair: mittlere Service-Ausfallzeit bzw. zur Wiederherstellung benötigte Zeit einer Komponente oder eines IT Service während der vereinbarten Service-Zeit, in der das entsprechende Objekt eigentlich laut SLA verfügbar sein sollte; Maß für die Wartbarkeit einer Komponente oder eines IT Service.

Dringlichkeit/Urgency *(ST) (SD)*

Maß für die Angabe, wie lange es dauert, bis ein Incident, Problem oder Change signifikante Auswirkungen auf das Business nimmt. Impakt und Dringlichkeit bilden die Priorität.

Drittpartei

Siehe Third Party

Driver

Einflussgrößen in Bezug auf Strategien, Ziele oder Anforderungen (Motiv, Antrieb). Die Kostentreiber sind z.B. im englischen als „cost driver" bekannt, stellen die maßgebliche Kosteneinflussgröße eines Prozesses dar und entsprechen somit den Eigenschaften von Kostenbestimmungsfaktoren. Beispiel: Ein Gutachten wird teurer, wenn die Bearbeitungszeit länger ist, also die Bearbeitungszeit als Menge der Kostentreiber.

Durchsatz/Throughput (SD)

Anzahl der Transaktionen oder anderer Operationen, die innerhalb einer bestimmten Zeitdauer abgearbeitet wurden.

Early-Life-Support (ST)

Unterstützung, die für einen neuen oder angepassten IT Service in der Phase kurz nach seiner Einführung bzw. Bereitstellung in der Live-Umgebung bereitgestellt wird. Während dieses Zeitraums werden KPIs, Service Level und Monitoring-Schwellenwerte einer Überprüfung unterzogen und ggf. zusätzliche Ressourcen in Bezug auf das Incident und Problem Management bereitgestellt.

Economies of scale (SS)

Durch die Ausweitung der Menge ergeben sich verminderte Durchschnittskosten für die Nutzung eines Assets oder eines IT Service. Wichtigste Ursache ist die so genannte Fixkostendegression. Bei höherer Auslastung (oder Verteilung auf mehrere Kostenträger) werden die Fixkosten auf eine größere Menge aufgeteilt und somit für den Einzelnen reduziert.

Economies of scope (SS)

Vorteil von Synergieeffekten, den sich Unternehmungen im Rahmen von Gemeinkosten durch ein ausgewogenes Nutzungsspektrum zunutze machen können (Skaleneffekt). Dies bezieht sich beispielsweise auf ein Asset, das nicht nur durch einen Service, sondern durch mehrere Services genutzt wird, z.B. ein Bandroboter, der unterschiedliche Server und damit auch unterschiedliche IT Services bedient. Kosten für die gemeinsame Benutzung und Betreuung zweier zusammengeführter Segmente sind niedriger als die von zwei voneinander isolierten. Dies trifft besonders auf Segmente zu, die sich ähneln oder überschneiden.

Effektivität (CSI)

Verhältnis zwischen geplanter Wirkung und tatsächlich erzielter Wirkung einer Leistung. Als Synonym wird oft der Zielerreichungsgrad verwendet. Effektivität ist ein Maß für die Zielerreichung (Wirksamkeit, Output) eines Prozesses, Service oder einer Aktivität, und Effizienz ist ein Maß für die Wirtschaftlichkeit (Kosten-Nutzen-Relation).

Effizienz *(CSI)*

Verhältnis zwischen Nutzen und Kosten. Auf diese Weise wird die Wirtschaftlichkeit der Leistungserstellung dargestellt. Das in Geld ausgedrückte Verhältnis zwischen Input und Output sind beispielsweise die Stückkosten oder, reziprok in Mengen ausgedrückt, die Produktivität. Sinken die Stückkosten, steigt die Effizienz und umgekehrt. In Sachen IT Service Management wird durch die Berechnung der Effizienz geklärt, ob die passenden Ressourcen (qualitativ oder quantitativ) verwendet werden, um einen Prozess, Service oder eine Aktivität anzubieten. Ein effizienter Prozess erreicht sein Ziel unter minimalem Mitteleinsatz (Zeit, Kosten, Personal oder andere Ressourcen (Minimumvariante des ökonomischen Prinzips, rationales Wirtschaften). Umgekehrt kann ebenfalls effizient gearbeitet werden: mit den gegebenen Mitteln ein Ziel zu erreichen (Maximumvariante). Aber Achtung: Das Mini-Max-Prinzip (mit minimalen Mitteln das maximale Ziel zu erreichen) funktioniert weder auf Dauer noch schafft es Motivation im mittleren Management oder bei den Mitarbeitern – und widerspricht zudem auch noch dem Wirtschaftlichkeitsprinzip!

Emergency Change *(ST)*

Ein Change, der so schnell wie möglich umgesetzt werden muss, beispielsweise um einen Incident mit großen Auswirkungen und einer hohen Dringlichkeit zu beheben. Der Change Management-Prozess beinhaltet eine spezifische Prozedur für die Handhabung von Emergency Changes, wie z.B. die Einberufung des Emergency Change Advisory Boards (ECAB).

Emergency Change Advisory Board (ECAB) *(ST)*

Eine Untereinheit des Change Advisory Boards, die Entscheidungen in Bezug auf Emergency Changes fällt. Die Zusammensetzung der Mitglieder des ECAB ist abhängig vom jeweiligen Emergency Change (betroffene Komponenten, Geschäftsbereiche, Geschäftsperiode, Zeiten etc.).

Entwicklung *(SD)*

Siehe Development

Entwicklungsumgebung *(SD)*

Siehe Development-Umgebung

Ergebnis/Outcome

Das Resultat der Ausführung einer Aktivität infolge eines Prozesses, der Bereitstellung eines IT Service etc. Der Begriff „Ergebnis" wird in Bezug auf die beabsichtigten Resultate sowie für die tatsächlichen Resultate verwendet.

Erkennung *(SO)*

Siehe Detection

Error *(SO)*

Eine Schwachstelle, ein Defekt oder eine Fehlfunktion kann einen Ausfall oder eine Beeinträchtigung eines oder mehrerer CIs oder eines IT Services auslösen. Auch menschliches Fehlverhalten oder ein fehlerhafter Prozess können einen Fehler in Bezug auf ein CI oder einen IT Service hervorrufen.

Erweiterter Incident-Lebenszyklus

Siehe Expanded Incident Lifecycle

Eskalation *(SO)*

Bei der Eskalation werden zusätzliche Mittel und Ressourcen hinzugezogen, um vereinbarte Service Level-Ziele zu erreichen bzw. die Kundenanforderungen zu erfüllen. ITIL® unterscheidet funktionale Eskalation im Sinne von Weiterleitung eines Incidents, Problems oder eines Change bis hin zur Lösung und hierarchische Eskalation, d.h. Einbeziehung einer höheren Entscheidungsinstanz bei auftretenden Fragen bezüglich eines Incidents (d.h. Abweichung vom üblichen Prozessverlauf). Beispielsweise kann dies der Fall sein, wenn absehbar ist, dass eine Lösung nicht zeitgerecht gefunden werden kann oder die Störung einen besonders großen Impact nach sich zieht. Eskalationen können in jedem der IT Service Management-Prozesse auftreten. Der Begriff wird aber besonders häufig mit dem Incident Management, Problem Management oder Kundenbeschwerden in Verbindung gebracht.

eSourcing Capability Model for Client Organizations (eSCM-CL) *(SS)*

Ein Modell der Carnegie Mellon Universität, das Organisationen bei der Suche und Auswahl eines IT Service Providers im Rahemen von Outsourcing unterstützt.

Provider wenden die Methoden dieses Modells an, um ihre Prozesse und Ressourcen zu identifizieren, zu verbessern und zu messen. Kunden, die einen Provider für ein geplantes Outsourcing suchen, können dank des eSCM objektive Vergleichskriterien und Messstände zu Rate ziehen.

eSourcing Capability Model for Service Providers (eSCMSP) *(SS)*

Die Carnegie Mellon Universität, welche auch schon das Capability Maturity Model (CMM) entwickelte, hat zusammen mit einigen Outsourcing Providern ein Best Practice-Framework für Service Providers (eSCM-SP) entwickelt. Das eSCM-SP umfasst 84 Methoden, die zehn definierte Bereiche (Capability Areas) des Outsourcings beschreiben. Bei jedem Provider werden diese Methoden identifiziert und mit einem Level (Capability Level) von 1 bis 5 beurteilt, je nachdem, wie ausgereift die Methode ist.

Estimation/Aufwandsschätzung

Prognose des erforderlichen Aufwands für ein vorgegebenes Ergebnis in Bezug auf Aufwände oder Kosten, die auch im Capacity und Availability Management als Modellierungsmethode verwendet wird (Abschätzung).

Evaluation *(ST)*

Im engeren Sinne: Bewertung eines neuen oder angepassten IT Service, um sicherzustellen, dass die entsprechenden Risiken in die Betrachtung aufgenommen wurden, und um zu entscheiden, ob der Change in Bezug auf diesen IT Service umgesetzt werden soll.

Eine Evaulierung findet im weiteren Sinne beispielsweise auch statt, wenn das aktuelle Ergebnis mit dem geplanten Ergebnis oder zwei Alternativen miteinander verglichen werden.

Event *(SO)*

Status- oder Zustandsänderung, die Signifikanz für die Verwaltung eines Configuration Item oder IT Service aufweist. Unter diesem Begriff werden auch Alarme oder Benachrichtigungen verstanden, die in Bezug auf einen IT Service, ein Configuration Item oder ein Monitoring-Tool auftreten. Events verlangen üblicherweise nach Aktionen von Seiten der relevanten Personen im IT-Betrieb und führen meist dazu, dass diese Events als Incidents aufgenommen werden.

Event Management *(SO)*

Handhabung und Verwaltung von Events über ihren Lebenszyklus hinweg, die als eine der Hauptaktivitäten im (reaktiven) IT-Betrieb angesehen werden.

Expanded Incident Lifecycle *(SD)*

Erweiterter Incident-Lebensyzklus, der die Abschnitte Fehlererkennung (Detection), Diagnose (einschließlich der Selbstdiagnose einer Komponente), Fehlerbehebung (Resolve), Wiederherstellung nach einem Fehler (Recovery), Wiederaufnahme des Service und der Daten (Restoration) beschreibt. Vorwegnahme eines Fehlers (Anticipation) und proaktive Maßnahmen zur Fehlervorbeugung (Preventive Maintenance) verlaufen außerhalb der aktiven Incident-Behebung. Jede dieser Phasen kann Verbesserungspotenzial und wichtige Informationen für die Fehlerbehebung insgesamt beinhalten.

Externer Kunde

Kunde, der in einem anderen Unternehmen arbeitet als der IT Service Provider.

Externe Metrik

Metrik (üblicherweise aus den SLAs), die zur Messung der Erbringung der IT Services und als Basis für das diesbezügliche Reporting gegenüber einem Kunden verwendet wird.

Externer Service Provider *(SS)*

Ein IT Service Provider, der einer anderen Organisation oder Unternehmung angehört als der Kunde.

External Sourcing

Synonym für Outsourcing.

Facilities Management *(SO)*

Verwaltung und Bewirtschaftung von Grundstücken, Gebäuden, Anlagen, Einrichtungen, Maschinen, Installationen und Infrastrukturen als technische, infrastrukturelle und kaufmännische Funktion, die nicht in das Kerngeschäft einer Organisation fallen, sondern dieses unterstützen (transdisziplinärer Ansatz). Beispiele sind z.B. Klima und Strom, Kontrolle und Umsetzung der Zugangsvorschriften.

Die Steuerung und Bewirtschaftung ist als umfassender Prozess über die gesamte Lebensdauer zu verstehen.

Failure *(SO)*

Ausfall, bei dem die Fähigkeit zum Betrieb eines IT Service, eines Prozesses, einer Aktivität oder eines CI entsprechend der Spezifikation nicht mehr gegeben ist oder ein definierter Output nicht mehr erzeugt wird. Ein Ausfall führt meist zu einem Incident.

Fast Recovery (Hot Standby, Immediate Recovery) *(SD)*

Sofortige Wiederherstellung binnen weniger Stunden nach einem Notfall (weniger als 24 Stunden). Diese Wiederherstellungsoption greift auf bestehende Räumlichkeiten mit IT-Systemen und Software zurück, die so konfiguriert sind, dass lediglich aktuelle Backup-Daten zurückgespielt werden müssen, um einen definierten Bereitstellungsstatus zur Verfügung zu stellen.

Fault

Defekt, Synonym für Error.

Fault Tree-Analyse (FTA) *(SD) (CSI)*

Diese Analysemethode wurde im Laufe der sechziger Jahre im Bereich der amerikanischen Telekommunikations- und Flugzeugindustrie entwickelt, ist mittlerweile in DIN 25424 beschrieben und bestimmt mögliche Kombinationen von Ursachen, die zu unerwünschten Ereignissen (Problemen) führen können. Einzelfehler werden als Teilelemente eines Ganzen anhand der Booleschen Algebra logisch miteinander kombiniert. Ziel ist es, qualitative und quantitative Aussagen zur Eintrittswahrscheinlichkeit unerwünschter Ereignisse zu bekommen, oder bei der Verwendung als ein deduktives Verfahren, um die Wahrscheinlichkeit eines Ausfalls zu bestimmen.

Failure Modes and Effects Analysis (FMEA)

Dieser Ansatz wurde ursprünglich von der NASA entwickelt und ist heute Teil der DIN EN 60812. Er hilft, durch präventive Überlegungen und Planung, bereits im Vorfeld Fehler zu vermeiden anstelle einer nachsorgenden Fehlererkennung und -korrektur (Fehlerbewältigung). FMEA wird als eine der analytischen Methoden der Zuverlässigkeitstechnik angesehen, um potenzielle Schwachstellen und mögliche Fehlerursachen zu finden (Ursache-Wirkung). Dabei werden die potenziell kritischen Elemente einer Analyse bezüglich Funktionsfähigkeit und möglichen Ausfallverhaltens unterzogen. Für alle Attribute und Merkmale werden als Worst-Case-Szenario mögliche Fehler angenommen, deren mögliche Ursachen und die entsprechenden Auswirkungen angegeben und dementsprechend korrektive Maßnahmen eingeleitet.

Ziel unter ITIL® V3 ist dabei beispielsweise die Fehlervermeidung auf Basis einzelner CIs als Teil des Ganzen und die Erhöhung der Zuverlässigkeit, um negative Auswirkungen auf das Business zu vermeiden. FMEA wird vor allem im Information Security Management und in der IT Service Continuity-Planung verwendet.

Fähigkeit/Capability *(SS)*

Siehe Capability.

Fehler/Error *(SO)*

Siehe Error

Fehlerkorrektur/Remediation *(ST)*

Sanierung und Rollback hin zu einem bekannten und definierten Status nach einem fehlgeschlagenen Change oder Release.

Fehlertoleranz *(SD)*

Hard- und Software-Systeme, die trotz des Auftretens von bestimmten Klassen von Fehlern und Ausfällen zuverlässig funktionieren. Neben sicherheitskritischen Bereichen begründet sich die zunehmende Bedeutung der Fehlertoleranz in Systemen, deren Ausfall enorme wirtschaftliche Folgen hat.

Feste Anlage/Fixed Facility *(SD)*

Siehe Fixed Facility

Fiktive Leistungsverrechnung/Notional Charging *(SS)*

Leistungen werden zwar kalkuliert und fiktiv in Rechnung gestellt, müssen jedoch noch nicht bezahlt werden. Diese Methode informiert über die Kosten, stellt sicher, dass der Kunde seine Kosten kennt und gibt der IT-Organisation die Möglichkeit, Erfahrungen zu sammeln und eventuelle Fehler zu korrigieren. Diese Art der Verrechnung wird oft als Vorstufe für die eigentliche Verrechnung der Kosten eingesetzt.

Financial Management *(SS)*

Funktionen und Prozesse für die Verwaltung von Budgetierungs-, Kostenrechnung und die Leistungsverrechnung-Anforderungen für den IT Service Provider.

First Line-Support *(SO)*

Die erste Ebene in der Hierarchie der Support-Gruppen, die mit der Auflösung eines Incidents beschäftigt sind. Je höher die Ebene liegt, desto tiefer ist das Fachwissen, desto mehr Zeit oder andere Ressourcen stehen zur Verfügung.

Fit for Purpose

Aussage, dass ein Prozess, ein CI oder ein IT Service die definierten Anforderungen oder Service Level erfüllt. Dies bezieht sich auf das Design, die Implemetierung, Steuerung, Betrieb und Wartung.

Fixed Facility *(SD)*

Permanent zur Verfügung stehendes Gebäude oder Räumlichkeiten, die z.B. bei Bedarf durch den Rückgriff im IT Service Continuity Plan verwendet werden.

Fixkosten *(SS)*

Kosten, die kurz- bis mittelfristig nicht bzw. schwer beeinflussbar sind und nicht auf Änderungen spezifischer Größen reagieren. Sie werden daher auch als nutzungsunabhängig (z.B. in Bezug auf IT Services) bezeichnet.

Follow the Sun-Service Desk *(SO)*

Es handelt sich um eine Methode, mehrere Service Desks und Support-Gruppen in verschiedenen Zeitzonen zu betreiben, um einen kontinuierlichen Service rund um die Uhr gewährleisten zu können. Meist bauen international vertretende Firmen in unterschiedlichen Zeitzonen Service Desks, die ihren Hauptbetrieb zumeist immer tagsüber haben. Da sie trotzdem einen 24-Stunden-Service anbieten, machen sich Kundenmeldungen, die mit der entsprechenden Priorität aufgegeben werden, je nach Uhrzeit, auf den Weg zum zuständigen Service Desk. So werden Calls, Incidents, Probleme und Service Requests zwischen den Gruppen in unterschiedlichen Zeitzonen weitergereicht.

Fulfillment

Ausführung von Aktivitäten, um einem Bedürfnis oder einer Anforderung gerecht zu werden. Kann beispielsweise durch die Bereitstellung eines neuen IT Service oder dem Nachkommen eines Service Request erfolgen.

Funktion

Ein Team oder eine Personengruppe und ihre Werkzeuge, die ein oder mehrere Prozesse oder Aufgaben ausführen. Unter Funktionalität wird dazu abgegrenzt die Bereitstellung der erfolgreich realisierten Fähigkeit eines Produktes oder einer Komponente verstanden, eine bestimmte Aufgabe zu lösen. Funktionen ermöglichen eine Funktionalität.

Funktionale Eskalation *(SO)*

ITIL® unterscheidet die funktionale Eskalation im Sinne von Weiterleitung eines Incidents, Problems oder eines Change an eine andere technische Spezialisteneinheit (z.B. das Netzwerk-Team) oder eine Gruppe mit einem größeren Erfahrungs- und Wissensumfang bis hin zur Lösung und die hierarchische Eskalation, d.h. Einbeziehung einer höheren Entscheidungsinstanz bei auftretenden Fragen bzgl. eines Incidents.

Gegenmaßnahmen/Countermeasure

Steuerungsmittel. Der Ausdruck wird vor allem verwendet, wenn es um Maßnahmen zur Erhöhung der Strapazierfähigkeit, Fehlertoleranz oder der Zuverlässigkeit eines IT Service geht.

Gegenseitige Vereinbarung/Reciprocal Arrangement *(SD)*

Siehe Reciprocal Arrangement

Geplante Nicht-Verfügbarkeit/Planned Downtime *(SD)*

Abgestimmte Zeiten, zu denen ein IT Service nicht zur Verfügung steht, z.B. für Wartung und Upgrades.

Geschäftsbereich/Business Unit *(SS)*

Siehe Business Unit

Geschlossen/Closed *(SO)*

Der endgültige Status im Lebenszyklus eines Incident, Problems, Change etc. Im Status „Geschlossen" werden keine weiteren Schritte mehr vorgenommen.

Gleichzeitigkeit/Concurrency

Ein Maß für die Anzahl der Anwender, die zur selben Zeit mit demselben Betriebsablauf beschäftigt sind.

Governance

Im allgemeinen Sinne wird unter Governance die Steuerung oder Regelung einer jeglichen Institution (etwa einer Gesellschaft oder eines Betriebes) verstanden. IT Governance steht für die Führung, die organisatorischen Strukturen und die Prozesse, welche sicherstellen, dass die IT die Strategie und die Ziele des Unternehmens unterstützt. IT Governance legt die Richtlinien, Kriterien und Standards zur Entscheidungsfindung, Überwachung, Messung, Weiterentwicklung und Verbesserung der Leistung der IT fest. IT-Governance ist eine Aufgabe der strategischen Unternehmensführung.

IT Governance zielt auf den effizienten und effektiven Einsatz von IT im Unternehmen und hilft, Fehlinvestitionen zu vermeiden. Hilfestellung dabei gibt auch der COBIT-Standard, der ursprünglich zur Auditierung der IT-Sicherheit entwickelt wurde. Er ermöglicht, die Abhängigkeit der Geschäftsprozesse von Informationen und IT-Ressourcen zu berücksichtigen und diese aufeinander abzustimmen.

Gradual Recovery, Cold Standby *(SD)*

Allmähliche Wiederherstellung (mind. 72 Stunden) eines definierten IT Service nach einem Notfall. Bei der allmählichen Wiederherstellung werden in der Regel bewegliche oder feste Anlagen eingesetzt, die über eine Umgebungsunterstützung und Netzwerkkonnektivität, allerdings über keine Computersysteme verfügen. Die Installation der Hardware und Software erfolgt im Rahmen des IT Service Continuity Plans.

Grenzkosten/Marginal Cost *(SS)*

Grenzkosten entstammen der Begriffswelt der Mikroökonomik und beschreiben hier auf Seiten der Unternehmung die Kosten, die für die Produktion eines weiteren Stückes anfallen! Gleichzeitig stellen die Grenzkosten von der mathematischen Sichtweise die erste Ableitung der Gesamtkostenfunktion und demnach die Steigung der Gesamtkosten dar. Für ITIL® V3 sollte lediglich relevant sein, dass darunter die Kosten zu verstehen sind, die für die weitere Bereitstellung eines bestimmten IT Service anfallen („Fortführung des Angebots").

Grenzwert/Threshold

Wert einer Metrik, die einen Alarm oder eine Aktivität auslösen soll, wie z.B. wenn der Schwellenwert für die Lösung eines Incidents überschritten wurde.

Help Desk (SO)

Eine Anlaufstelle für Anwender, um Incidents zu erfassen. Ein Help Desk ist in der Regel eher technisch orientiert als ein Service Desk und stellt keinen Single Point of Contact für die gesamte Interaktion bereit. Der Begriff „Help Desk" wird häufig auch als Synonym für Service Desk verwendet.

Hierarchische Eskalation (SO)

ITIL® unterscheidet die funktionale Eskalation und hierarchische Eskalation, d.h. Einbeziehung einer höheren Entscheidungsinstanz bei auftretenden Fragen bezüglich eines Incidents, Problems oder Change (d.h. Abweichung vom üblichen Prozessverlauf). Beispielsweise kann dies der Fall sein, wenn absehbar ist, dass eine Lösung nicht zeitgerecht gefunden werden kann oder die Störung einen besonders großen Impakt nach sich zieht.

Hochverfügbarkeit/High Availability (SD)

Was der einzelne Anwender als Hochverfügbarkeit definiert, hängt komplett von seinen Anwendungen ab. Letztlich geht es um die Frage, wie viel Ausfallzeit der IT ein Betrieb verkraften kann, ohne dass das Geschäft leidet. Daher geht es geht beim Thema Hochverfügbarkeit unter ITIL® V3 um das Ziel oder das Design, die Auswirkungen und Effekte von Komponenten-Ausfällen eines IT Services auf das Business zu minimieren oder unbemerkt zu lassen. Die Hochverfügbarkeit wird in Unternehmen häufig im Rahmen von Service Level Agreements (SLA) definiert und stellt ein wesentliches Bewertungskriterium für IT-Services dar. Dabei können unterschiedliche Verfügbarkeitsmöglichkeiten und dementsprechende technische Szenarien entworfen werden, um das vereinbarte Verfügbarkeitslevel sicherzustellen. Dazu gehören fehlertolerante oder strapazierfähige Komponenten mit schnellen Wiederherstellungszeiten, um die Anzahl der entsprechenden Incidents und deren Auswirkungen zu reduzieren. Im Idealfall wird unter Hochverfügbarkeit die Fähigkeit eines Systems verstanden, bei Ausfall einer seiner Komponenten einen uneingeschränkten Betrieb zu gewährleisten.

Hot Standby

Synonym für Immediate Recovery (Fast Recovery).

Identität (SO)

Ein eindeutiger Name, der dazu dient, einen Anwender, eine Person oder eine Rolle zu identifizieren. Diese Identität ist mit speziellen Zugriffsrechten und Gruppenzugehörigkeiten verbunden.

Immediate Recovery (SD)

Recovery-Option zur sofortigen Wiederherstellung (bis 24 Stunden) nach einem Notfall, auch als Hot Standby bekannt. Hier geht es um die Bereitstellung ohne einen signifikanten Service-Ausfall, wobei z.B. Methoden wie Load Balancing (Lastausgleich), Spiegelung (z.B. bei RAID-Systemen) oder Clustering zum Einsatz kommen. Auch der Einsatz von Ausweichrechenzentren oder Online-Backup-Systemen mit redundanter Datenhaltung und Sysnchronisation wird hierzu gerechnet.

Impact (SO) (ST)

Grad der Beeinträchtigung der Geschäftsaktivitäten des Kunden und Grad der Gefährdung der Service Level und die damit zusammenhängenden Auswirkungen auf das Kunden-Geschäft, oft gemessen anhand der Zahl der betroffenen Anwender oder Systeme (ausgelöst durch einen Incident, ein Problem oder einen Change). Bestimmung des Impacts im Incident Management/Service Desk, Change Management und Problem Management. Auswirkung und Dringlichkeit bilden dabei die Basis für die Bestimmung der Priorität.

In Arbeit/Work in Progress (WIP)

Status, der zeigt, dass Aktivitäten gestartet wurden, bisher aber noch nicht zu einem Ende gekommen sind. Dieser wird beispielsweise für Incidents, Problems oder Changes verwendet.

Incident (SO)

Jedes Ereignis, das nicht zum normalen (gemäß SLA) Service-Betrieb gehört und das eine Service-Unterbrechung oder eine Qualitätsverschlechterung des IT Service verursacht oder verursachen kann. Dies bedeutet, dass auch ein Ausfall eines CI als Incident anzusehen ist, selbst wenn dieser noch keine Auswirkungen auf den IT Service an sich hat.

Incident Management (SO)

Dieser Prozess ist verantwortlich für die Verwaltung und Steuerung der Incidents innerhalb ihrer Lebensdauer. Ziel dieses Prozesses ist es, den IT Service so schnell wie möglich wieder für den Anwender im Incident-Fall zur Verfügung zu stellen.

Incident Record (SO)

Ein Eintrag, der alle Details zu einem Incident enthält. Ein solcher Eintrag dokumentiert den Lebensweg eines Incidents, da hier alle relevanten Daten, auch Historie, beteiligte Personen und die Lösung beschrieben bzw. abgebildet werden.

Indirekte Kosten (SS)

Indirekte Kosten (auch Gemeinkosten, Overhead, zur Bereitstellung eines IT Service) sind Kosten, die einem Bezugsobjekt (meist Leistungseinheit, aber auch einer Kostenstelle) nsicht verursachungsgerecht zugerechnet werden können. Das Gegenteil der indirekten Kosten sind die Einzelkosten bzw. direkten Kosten.

Information Security Management (ISM) *(SD)*

Dieser Prozess kümmert sich um das Thema Zuverlässigkeit, Integrität und Verfügbarkeit in Bezug auf unterschiedliche Elemente der Organisation (z.B. Assets, IT Services, Daten und Informationen). Das ISM ist normalerweise Teil des organisatorischen Ansatzes für das Security Management, wobei dies einen größeren Bereich abdeckt als der Aufgabenkreis des IT Service Provider.

Information Security Management System (ISMS) *(SD)*

Das Framework von Richtlinien, Prozessen, Standards, Leitlinien und Hilfsmitteln, das sicherstellt, dass eine Organisation ihre Ziele in Bezug auf das Information Security Management erreichen kann.

Information Security Policy (Richtlinie zur Informationssicherheit) *(SD)*

Die Richtlinie, die den Ansatz der Organisation für das Information Security Management steuert.

Informationstechnologie (IT)

Der Einsatz der Technologie zum Speichern, zur Kommunikation und zur Verarbeitung von Informationen. Die Technologie schließt in der Regel Computer, Telekommunikationseinrichtungen, Anwendungen und andere Software ein. Die Informationen können allgemeine Business-Daten, Sprachdaten, Abbildungen, Videos etc. umfassen. Die Informationstechnologie wird häufig eingesetzt, um Business-Prozesse durch IT Services zu unterstützen.

Infrastructure Service

Ein IT Service, der nicht unmittelbar und direkt durch den Kunden bzw. Anwender, sondern als Input für den IT Service Provider genutzt wird, z.B. für einen IT Service, der dann unmittelbar durch den Anwender genutzt wird.

Instandsetzung/Recovery *(SD) (SO)*

Siehe Recovery

Integrität *(SD)*

Ein Sicherheitsprinzip, das sicherstellt, dass Daten über einen bestimmten Zeitraum vollständig und unverändert sind. Es geht hierbei um die Vollständigkeit in Bezug auf die Datei an sich. Bei der sicheren Mail-Kommunikation über das Internet ist die Integrität gewahrt, wenn die Daten vollständig sowie unverändert an den Empfänger übertragen worden sind.

Interactive Voice Response (IVR) *(SO)*

TK-Systeme, die Dialoge zur automatisierten Bearbeitung von Kundenanrufen anbieten. Der Anrufer navigiert über Sprachangaben und Tastatureingaben durch ein strukturiertes Menü.

Intermediate Recovery, Warm Standby *(SD)*

Recovery-Option zur zügigen Wiederherstellung (24-72 Stunden) nach einem Notfall. Sie basiert auf einer vergleichbaren operativen Umgebung mit System- und Netzwerkkomponenten, die dann im Bedarfsfall allerdings noch angepasst werden müssen, z.B. beim Umschwenk ausgehend von der vorhandenen Testumgebung, bei Nutzung einer fest-installierenden Facility oder einer mobilen Lösung (z.B. einem Auflieger oder einem Container bei Zugriff auf kommerzielle Dienstleistunsangebote) entsprechend dem IT Service Continuity Plan.

Internal Rate of Return (IRR) *(SS)*

Verfahren der dynamischen Investitionsrechnung auf Basis eines angenommenen internen Zinsfusses. Dies ist der Zinssatz, bei dem Auszahlungsbarwert und Einzahlungsbarwert einer Investition oder Finanzierung übereinstimmen oder anders: Rate, mit der sich das in ein Projekt eingebrachte Kapital verzinst. Ziel ist die Entscheidung in Bezug auf eine zu tätigende Investition.

Internal Sourcing *(SS)*

Ein interner Service Provider, z.B. die eigene IT-Abteilung kümmert sich dann um die Verwaltung und Steuerung der IT Services. Dieser Begriff wird aber v.a. dann verwendet, wenn es um die Wiedereingliederung von (zuvor outgesourcten, ausgelagerten) Prozessen und Funktionen in das Unternehmen geht.

International Organization for Standardization (ISO)

Die International Organization for Standardization (ISO) ist der weltweit größte Entwickler von Standards. Die ISO ist eine regierungsunabhängige Organisation, die aus einem Netzwerk nationaler Standardisierungsinstitute aus 156 Ländern besteht. Weitere Informationen zu ISO finden Sie unter *http://www.iso.org/*.

Interne Metrik

Metrik, die beim IT Service Provider verwendet wird, um die Effizienz, Effektivität und Kosteneffektivität der internen Prozesse zu überwachen. Diese Ergebnisse dienen lediglich der internen Verarbeitung und werden nicht an den Kunden weitergegeben. Dieser bekommt die Zahlen der externen Metrik berichtet.

Interne Zinsfuß-Methode (Internal Rate of Return, IRR) *(SS)*

Eine Technik zur Unterstützung von Entscheidungen zu Investitionsausgaben. Der IRR errechnet eine Zahl, mit der zwei oder mehr alternative Investitionen verglichen werden können. Ein größerer IRR steht für eine bessere Investition.

Interner Kunde

Kunde, der für das gleiche Unternehmen arbeitet wie der IT Service Provider.

Interner Service Provider *(SS)*

Ein IT Service Provider, der dem gleichen Umternehmen angehört wie der Kunde. Ein IT Service Provider kann interne und externe Kunden aufweisen.

Internes Sourcing (Interne Vergabe)/Internal Sourcing *(SS)*

Siehe Internal Sourcing

Internet Service Provider (ISP)

Ein externer Service Provider, der sich um das Hosting und den Betrieb der Webseiten seiner Kunden kümmert.

Investitionsausgaben/Capital Expenditure (CAPEX) *(SS)*

Siehe Capital Expenditure

Investitionsgut/Capital Item *(SS)*

Ein Asset, mit dem sich das Financial Management beschäftigt, da dessen Wert einen vereinbarten finanziellen Wert übersteigt.

Ishikawa-Diagramm *(SO) (CSI)*

Der japanische Professor Kaoru Ishikawa entwickelte ein Diagramm zur Visualisierung eines Problemlösungsprozesses, um gezielter nach den primären Ursachen eines Problemes suchen zu können. Dieses Diagramm sieht aus wie eine Fischgräte, was zu den weiteren Namen dieses Diagrammtyps wie Fishbone-, Fischgräten- oder Tannenbaum-Diagramm geführt hat.

ISO 9000

Die DIN EN ISO 9000 ff., umgangssprachlich ISO 9000 genannt, ist ein umfangreiches Werk, bestehend aus Leitfäden, Normen, Begriffen und Qualitätsmanagement-Modellen (siehe auch *http://www.iso.org/*). Ursprünglich wurden sie für die Industrie entworfen. Zunehmend finden sie aber auch in zahlreichen Dienstleistungsbranchen Anwendung. Den Leitgedanken der ISO 9000-Serie bilden acht Prinzipen des Qualitätsmanagements.

ISO 9001

Die ISO 9001 beinhaltet die Forderungen an ein Qualitätsmanagement. Nicht die Qualität an sich wird „genormt", sondern der Weg zur Qualität.

ISO/IEC 17799 *(CSI)*

Leitfaden zum Management der Informationssicherheit. Er beinhaltet 134 Best Practice-Maßnahmen zur Informationssicherheit, die in 11 Gebiete gruppiert sind, und wurde vom Britischen Standard BS 7799-1 übernommen.

ISO/IEC 20000

Die Norm ISO/IEC 20000 ist aus dem British Standard (BS) 15000 entstanden. Sie ist Referenz für alle IT Service Provider mit internen oder externen Kunden. ISO/IEC 20000 fördert den Einsatz eines integrierten Prozess-Ansatzes, da sie als Norm einen integrierten Satz an Service Management-Prozessen beschreibt, der auf den in ITIL® definierten Prozessansatz ausgerichtet ist und diesen ergänzt. Die ISO/IEC 20000-Norm soll so helfen, die Qualität der bereitgestellten Services zu verbessen.

ISO/IEC 27001 *(SD) (CSI)*

Diese Norm basiert auf BS 7799-2:2002 und beschreibt die Anforderungen an ein ISMS (Information Security Management System). Sie definiert dabei die Forderungen an Implementierung, Überwachung und Pflege eines dokumentierten ISMS, das nach diesem Standard zertifiziert werden kann. Wesentliches Element ist das umfassende Risikomanagement. ISO 27001 ist analog zu ISO 9001 und ISO 14001 (Aufbau, Einführung, Überwachung und Weiterentwicklung von Umweltmanagementsystemen) aufgebaut.

IT-Betrieb/IT Operations *(SO)*

Siehe IT Operations.

IT Directorate (IT-Leitung) *(CSI)*

Oberes Management bei einem Service Provider, das für die Entwicklung und Bereitstellung von IT Services verantwortlich ist. Der Begriff wird meist in Behörden der britischen Regierung benutzt.

ITIL

Ein Satz an Best Practice-Leitlinien für das IT Service Management. Inhaber von ITIL ist das OGC. ITIL umfasst eine Reihe von Publikationen, die Leitlinien zur Bereitstellung von qualitätsbasierten IT Services sowie zu den Prozessen und Einrichtungen bieten, die zur Unterstützung dieser Services erforderlich sind. Weitere Informationen dazu finden Sie unter *http://www.itil.co.uk/*.

IT-Infrastruktur

Facilities, Netzwerk, Hardware, Software und andere physische Komponenten, die dazu dienen, IT Services zu entwickeln, zu testen, zu liefern, zu überwachen, zu steuern, zu betreiben und zu warten. Der Begriff umfasst so die gesamte IT, allerdings ohne das entsprechende Personal, Prozesse oder Dokumentationen.

IT-Infrastruktur/IT Infrastructure

Die Gesamtheit der Hardware, Software, Netzwerke, Anlagen etc. die für die Entwicklung, Tests, die Bereitstellung, das Monitoring, die Steuerung oder den Support von IT Services erforderlich sind. Der Begriff „IT-Infrastruktur" umfasst die gesamte Informationstechnologie, nicht jedoch die zugehörigen Mitarbeiter, Prozesse und Dokumentationen.

IT Operations *(SO)*

Aktivitäten aus den Bereichen IT Betriebssteuerung mit Konsolenmanagement, Jobsteuerung, Backup & Restore, Print- und Outputmanagement, oft auch als IT-Betrieb oder IT-Produktion bezeichnet.

IT Operations Control (Steuerung des IT-Betriebs) *(SO)*

Die Funktion, die für das Monitoring und die Steuerung der IT Services und IT-Infrastruktur verantwortlich ist.

IT Operations Management (SO)

Funktion eines IT Service Providers, bei dem es um das Tagesgeschäft rund um die Verwaltung, Bereitstellung und den Betrieb der IT Services und der entsprechenden Infrastruktur(komponenten) geht. IT Operations Management beinhaltet IT Operations Control und Facilities Management.

IT Services

Services, die an einen oder mehrere Kunden von einem IT Service Provider bereitgestellt werden. Sie basieren auf der IT und unterstützen die Geschäftsanforderungen des Kunden und stellen so die von den IT-Systemen zur Verfügung gestellte Palette von Funktionen dar, um einen oder mehrere Geschäftsbereiche/-prozesse zu unterstützen. Ein IT Servsice geht vom einfachen Zugriff auf ein Programm bis hin zur Bereitstellung einer gesamten Umgebung inkl. Funktionen, Applikationen, Produkte. Dies auch plattformübergreifend und über verschiedene Kommunikationstechnologien. Auch der Support der eigentlichen Funktionalität gehört dazu.

Kurz: Die Summe aller technischen und nicht-technischen Interaktionen zwischen Kunden- und Dienstleisterseite. Ein IT Service wird durch eine bestimmte Kombination von Menschen, Prozessen und Technologien spezifiziert und sollte in einem Service Level Agreement festgeschriesben werden.

IT Service Continuity Management (ITSCM) (SD)

Dieser Prozess ist verantwortlich für das Risikomanagement in Bezug auf unvorhersehbare Zwischenfälle oder Katastrophen, die ernsthafte Auswirkungen auf die IT Services haben können. Er stellt sicher, dass der IT Service Provider ein definiertes Minimum der vereinbarten Service Level bereitstellen kann, indem die Risiken auf ein akzeptables Maß reduziert und Maßnahmen für die Wiederherstellung von IT Services entwickelt werden. IT Service Continuity Management unterstützt die Anforderungen aus dem IT Business Continuity Management.

IT Service Continuity Plan (SD)

Dieser Plan beschreibt die notwendigen Arbeitsschritte, um einen oder mehrere IT Services vereinbarungsgemäß wiederherzustellen. Dieser Plan legt auch die signifikanten Spezifizierungen, Ansprechpartner, Kommunikationswege und Trigger-Punkte fest, durch die ein solcher Plan eingeleitet wird. Der IT Service Continuity Plan sollte Teil des übergeordneten Business Continuity Plans sein.

IT Service Management

Beschreibt den Wandel der Informationstechnik in Richtung Kunden- und Service-Orientierung. Zentrale Bedeutung hat die Einrichtung, Verwaltung, Gewährleistung und Überwachung von IT Services, um die Geschäftsanforderungen der Unternehmung zu unterstützen. Auf diese Weise kann kontinuierlich die Effizienz, die Qualität und die Effektivität der jeweiligen Organisation verbessert werden. Das IT Service Management wird durch einen IT Service Provider durch die jeweilige Kombination aus Menschen, Prozessen und IT betrieben.

IT Service Management Forum (itSMF)

Beim IT Service Management Forum handelt es sich um eine unabhängige Organisation, die sich der Förderung und Verbreitung eines professionellen Ansatzes für das IT Service Management widmet. Das itSMF ist eine nicht gewinnorientierte Mitgliederorganisation mit Vertretern aus zahlreichen Ländern weltweit (itSMF-Verbände). Das itSMF und seine Mitglieder unterstützen die Entwicklung von ITIL sowie der zugehörigen IT Service Management-Standards. Weitere Informationen dazu finden Sie unter *http://www.itsmf.de/*.

IT Service Provider *(SS)*

Ein Service Provider, der internen und externen Kunden IT Services bereitstellt.

IT Steering Group (ISG)

Ein Lenkungsausschuss für die Sicherstellung, dass Business und IT Service Provider in Bezug auf ihre Strategien und Pläne auf einer Linie liegen. Zum Ausschuss gehören Seniorvertreter aus dem Unternehmen und von der Seite des IT Service Providers.

Job Description und Scheduling *(SO)*

Planung und Verwaltung für die Ausführung von Software-Tasks, die Teil eines IT Service sind. Job Scheduling wird durch das IT Operations Management umgesetzt, meist automatisiert, z.B. als Batch-Jobs oder Cron-Tasks.

Kano-Modell *(SS)*

Der nach dem Japaner Noritaki Kano benannte Qualitätstechnik liegt das Bestreben zugrunde, die Anforderungen der Kundenseite zu erfassen. Die Forderungen der Kunden an die Leistung werden nach Grund-, Leistungs- und Begeisterungsforderungen unterschieden. Es dient dem Verständnis und der Steigerung der Kundenzufriedenheit. Kurzes Fazit: Wer sich in die Spitze der Lieferanten bewegen möchte, muss nach den Faktoren suchen, die Kunden auch in Zukunft begeistern werden, und dies als Schlüsselaufgabe betrachten, wenn er sich sicher ist, die anderen Anforderungen bereits zu erfüllen.

Kategorie/Category

Eine benannte Gruppe von Elementen mit bestimmten Gemeinsamkeiten. Kategorien werden bei einer Gruppierung ähnlicher Elemente eingesetzt. Ähnliche Kosten werden beispielsweise in Kostenarten zusammengefasst. Ähnliche Typen von Incidents werden in Incident-Kategorien gruppiert; ähnliche Typen von Configuration Items werden als CI-Typen gruppiert.

Kennzeichen/Tag *(SS)*

Ein kurzer Code, der zur Identifizierung einer Kategorie verwendet wird wie etwa EC1, EC2, EC3.

Kennzeichnung/Tag *(SS)*

Ein kurzer Code, der eine Kategorie identifiziert. Beispielsweise könnten die Tags EC1, EC2, EC3 etc. zur Identifizierung unterschiedlicher Kundenergebnisse bei der Analyse und beim Vergleich von Strategien verwendet werden. Der Begriff „Tag" bezeichnet zudem die Aktivität, bei der Tags bestimmten Elementen zugewiesen werden.

Kepner & Tregoe-Analyse *(SO) (CSI)*

Die Kepner-Tregoe-Analyse liefert Hilfe zur unvoreingenommenen Entscheidungsfindung. Es ist eine strukturierte Methodik für das Identifizieren und das Ordnen aller Faktoren, die für eine Entscheidung relevant sind. Als Werkzeug wird dieser Prozess hauptsächlich verwendet, da er bewusste und unbewusste Vorurteile begrenzt, die dazu neigen, eine Entscheidung von ihren primären Zielen wegzuführen.

Key Performance Indicator (Leistungsindikatoren (KPI)) *(CSI)*

Um die Prozessqualität beurteilen zu können, sind klar definierte Parameter und messbare Ziele nötig. Die vorgesehene Metrik als Beurteilungsparameter hilft bei der Messung als Ist-Analyse und damit der Verbesserung eines Prozesses, eines IT Service, einer Aktivität oder einer anderen Größe (wie z.B. der Erfüllungsgrad eines SLA). Messwerte und Kriterien gibt es viele. Als KPIs sollten nur die wichtigsten von ihnen zu Hilfe genommen werden, um eine aktive Handhabung der Elemente und das damit verbundene Berichtswesen be- und vorantreiben zu können. KPIs sollten in der Lage sein, Aussagen zur Effizienz, Effektivität und Kosteneffektivität wiederzugeben.

Klassifizierung/Classification

Zuordnung einer Kategorie zu einem Element. Die Klassifizierung soll eine konsistente Verwaltung und Berichterstellung sicherstellen. CIs, Incidents, Probleme, Changes etc. werden in der Regel klassifiziert.

Knowledge Base *(ST)*

Wissensdatenbank zur Verwendung durch das Service Knowledge Management System.

Knowledge Management *(ST)*

Managementpraktiken, die darauf abzielen, in Organisationen vorhandenes Wissen als Wissensbasis zu verankern, wieder einzusetzen und weiterzuentwickeln, aber auch neues, notwendiges Wissen aufzubauen, das nicht im Unternehmen vorhanden ist. Wissen wird von der Organisation oder Unternehmung zur Lösung ihrer vielfältigen Aufgaben benötigt und um ihre Unternehmensziele zu erreichen. Dabei sollen Wissen und Fähigkeiten als Produktionsfaktor „Knowledge" systematisch auf unterschiedlichen Ebenen der Organisationsstruktur verankert werden; so wird auf effiziente Weise gewährleistet, dass eigentlich bereits vorhandenes Wissen neu aufgebaut werden muss.

Known Error (SO)

Ein Problem, dessen Ursache (Root Cause) und ein entsprechender Workaround bekannt sind. Das Problem Management betreibt Ursachenforschung und findet so die Ursache eines Problems und behält die Steuerung über den gesamten Zeitraum des Problems hinweg. Auch Entwickler oder Lieferanten können Angaben zu Workarounds machen oder die Ursache eines Fehlers finden.

Known Error Database (KEDB) (SO)

Datenbank, die alle bekannten Fehler (Known Error Records) enthält und vom Problem Management gepflegt wird. Sie wird sowohl vom Incident Management als auch vom Problem Management als Wissensspeicher genutzt, um beispielsweise die Suche nach möglichen ähnlichen Störmustern betreiben zu können. Die Known Error-Datenbank ist Teil des Service Knowledge Management Systems.

Ein Known Error Record (SO) dokumentiert die Details und den Lebensweg eines bekannten Fehlers inklusive Status, Ursache und Workaround. Möglicherweise gibt es hier auch eine Verknüpfung zum entsprechenden Problem-Eintrag (Problem Record) bzw. der Known Error Record ist Bestandteil des Problem Record (je nach Detaillierungsgrad der Datenbankstrukturen).

Known Error Record (SO)

Ein Record, der die Details zu einem Known Error enthält. Jeder Record eines Known Error dokumentiert den Lebenszyklus eines Known Error, einschließlich des Status, der zugrunde liegenden Ursache und des Workaround. In einigen Implementierungen wird ein Known Error unter Verwendung zusätzlicher Felder in einem Problem Record dokumentiert.

Kompetenzmatrix/Authority Matrix

Synonym für RACI.

Komponente

Ein allgemeiner Ausdruck, um einen Teil eines größeren Ganzen zu bezeichnen. Ein Rechnersystem kann beispielsweise Komponente eines IT Service sein, eine Anwendung Teil einer Release-Einheit. Komponenten, die verwaltet werden müssen, sollten als Configuration Items (CI) Teil der CMDB sein.

Komponenten-CI (ST)

Ein Configuration Item, das Teil eines Gefüges oder einer Baugruppe ist, z.B. ein CPU CI als Teil eines Server CI.

Komponentengruppe/Assembly (ST)

Ein Configuration Item, das sich aus einer Reihe von anderen CIs zusammensetzt. Ein Server-CI kann beispielsweise die CIs Prozessor, Festplatte, Arbeitsspeicher etc. enthalten. Ein IT Service CI kann mehrere Hardware-, und Softwarekomponenten und andere CIs umfassen. Siehe auch Komponenten-CI, Build.

Konformität/Compliance

Siehe Compliance

Kontinuierliche Verfügbarkeit/Continuous Availability *(SD)*

Ein Ansatz oder Entwurf, um eine Verfügbarkeit von 100 % zu erreichen. Für einen kontinuierlich verfügbaren IT Service besteht keine geplante oder nicht geplante Nicht-Verfügbarkeit.

Kontinuierlicher Betrieb/Continuous Operation *(SD)*

Ein Ansatz oder Entwurf, um eine geplante Nicht-Verfügbarkeit eines IT Service zu vermeiden. Dabei ist zu beachten, dass es zu einer Nicht-Verfügbarkeit einzelner Configuration Items kommen kann, auch wenn der IT Service verfügbar ist.

Korrelierende Messgrößen/Tension Metrics *(CSI)*

Eine Reihe von zusammenhängenden Metriken, in der Anpassungen einer Metrik Auswirkungen auf die anderen Metriken haben können, z.B. im Spannungsdreieck zum Thema Projektmanagement, in dem die Aspekte Zeit, Qualität und Geld im Zusammenhang stehen. Solche Spannungsmetriken helfen, eine ausgewogene Balance zu halten.

Kosten/Cost

Der Betrag an Geldmitteln, der für eine bestimmte Aktivität, einen bestimmten IT Service oder einen bestimmten Geschäftsbereich ausgegeben wurde. Zu Kosten gehören Realkosten (Geld), fiktive Kosten, wie die Zeit von Personen, und Abschreibungen.

Kostenart/Cost Type *(SS)*

Die höchste Kategorie-Ebene, auf der eine Zuweisung von Kosten bei der Budgetierung und der Kostenrechnung erfolgt. Zu den Beispielen dafür zählen Hardware, Software, Mitarbeiter, Unterbringung, externe Kosten und Transport.

Kosteneffektivität/Cost Effectiveness

Kosteneffektivität oder Kostenwirksamkeit stellt das Verhältnis zwischen dem Ressourceneinsatz (hier: eines Service, eines Prozesses oder einer Aktivität) und den erzielten Wirkungen dar.

Ein kosteneffektiver Prozess kann nach ITIL® V3 ein Prozess sein, der seine Ziele unter einem minimalen Kosteneinsatz erreicht.

Kosteneinheit/Cost Unit *(SS)*

Die unterste Ebene bei der Kostenkategorisierung: Kostentyp → Kostenart → Kosteneinheit. Kosteneinheiten sind Elemente, die abzählbar sind und einfach gezählt oder gemessen werden können.

Kostenelement/Cost Element *(SS)*

Mittlere Ebene bei der Kategorisierung der Kosten bei der Budgetierung/Finanzplanung und beim Accounting/Kostenrechnung. Die übergeordnete Ebene bezeichnet den Kostentyp, Kostenarten können weiter unterteilt werden in Kosteneinheiten. Kostentyp → Kostenart → Kosteneinheit.

Kostenmanagement/Cost Management *(SS)*

Unter Kostenmanagement versteht man die Kostenrechnung als Führungsinstrument. Die zunächst vorrangig als Abrechnungs- und Kalkulationsinstrument entwickelte Kostenrechnung wurde in den vergangenen Jahren konsequent zu einem Führungsinstrument weiterentwickelt. Die zentrale Aufgabenstellung der Kostenrechnung besteht heute in der Bereitstellung entscheidungsrelevanter Informationen, wie sie für die vorausschauende und Effizienzkriterien erfüllende Führung von Unternehmen benötigt werden. Moderne Konzepte der Kostenrechnung ermöglichen sowohl den primär am Rechenzweck der kostenstellenbezogenen Wirtschaftlichkeitskontrolle orientierten Vergleich von Plan-, Soll- und Istkosten als auch die auf die Erfolgssteuerung und -kontrolle zielende Bereitstellung von Kosteninformationen für differenzierte Kostenträgerberechnungen.

Unter ITIL® V3 wird Kostenmanagement als allgemeiner Begriff für Budgeting und Accounting verstanden, z.T. auch als Synonym für Financial Management.

Kosten-Nutzen-Verhältnis/Value for Money

Informelles Maß für die Kosteneffektivität als Verhältnis Kosten zu Nutzen, wobei „Nutzen" hier Wirkung/Outcome ist und oft auf einem Vergleich der Kosten von Alternativen beruht.

Kostentyp/Cost Type *(SS)*

Oberste Ebene bei der Kategorisierung von Kosten bei der Budgetierung/Finanzplanung und beim Accounting/Kostenrechnung. Kostentyp → Kostenelement → Kosteneinheit. Beispiele für die Kostentypen sind Hardware, Software, Personal, Unterbringung, externe Kosten und Transfer (übertragbare Kosten).

Krisenmanagement/Crisis Management

Dieser Prozess kümmert sich um das Management der Folgen der Business Continuity. Das Team ist verantwortlich für die strategischen Themen wie Medienkontakte oder Shareholder-Betrachtung und entscheidet auch, ab wann Business Continuity-Pläne gelten.

Kritische Business-Funktion/Vital Business Function (VBF) *(SD)*

Vitale Funktion eines Geschäftsprozesses, der für den Unternehmenserfolg kritisch, d.h. von entscheidender Bedeutung ist. Diese werden vor allem für das Business Continuity Management, IT Service Continuity Management und Availability Management als wichtig erachtet, z.B. als Vorgabe oder Einflussgrößen.

Kritischer Erfolgsfaktor/Critical Success Factor (CSF)

Merkmale oder Eigenschaften, die vorhanden sein müssen, um einen erfolgreichen Prozess, ein Projekt, einen Plan oder einen IT Service umsetzen zu können. Die entscheidenden Erfolgsfaktoren sind diejenigen Komponenten einer Strategie, in welchen das Unternehmen besonders herausragen muss. Bei ausreichend guten Werten dieser Faktoren tragen sie ausschlaggebend zum Erreichen der entsprechenden Absichten bei. KPIs leisten bei der Messung der kritischen Erfolgsfaktoren wichtige Unterstützung.

Kultur/Culture

Ein Satz gemeinsamer Werte von einer Gruppe von Personen, einschließlich der Erwartungen an das Verhalten dieser Personen sowie Vorstellungen, Überzeugungen und Gepflogenheiten und Bräuche.

Kunde/Customer

Jemand, der für ein Gut oder eine Dienstleistung bezahlt. Der Kunde eines IT Service Providers ist die Person oder Gruppe, die die Service Level-Ziele abstimmt und definiert. Der Begriff „Kunde" wird informell manchmal auch mit dem User/Nutzer gleichgesetzt.

Kunden-Portfolio/Customer Portfolio *(SS)*

Eine Datenbank oder ein strukturiertes Dokument, in dem alle Kunden eines IT Service Providers gelistet sind. Es stellt die Sicht des Business Relationship Managers auf den Kunden dar, der IT Services bezieht.

Kurskorrekturen/Course Corrections

Änderungen an einem Plan oder einer Aktivität der bzw. die bereits gestartet wurde, um sicherzustellen, dass die zugehörigen Ziele erreicht werden können. Kurskorrekturen werden als Ergebnis eines laufenden Monitoring durchgeführt.

Laufende Kosten/Running Costs

Synonym für Betriebskosten.

Lebenszyklus/Lifecycle

Die unterschiedlichen Phasen im Lebenszyklus eines IT Service, Configuration Item, Incidents, Problems, Change etc. Der Lebenszyklus definiert die möglichen Statuszuordnungen, die Statusübergänge und -zuordnungen, die möglich und erlaubt sind. Dies bezieht sich beispielsweise auf den Lebenszyklus eines Incidents (wie Detect, Respond, Diagnose, Repair, Recover, Restore), eines CI (geplant, bestellt, erhalten, im Test, in Wartung, aktiv etc.) oder im Hinblick Anwendungen des Application Lifecycle die Betreuung von Anwendungssystemen über deren gesamten Lebenszyklus (Anforderungen, Entwurf, Implementierung, Auslieferung, Betrieb und Optimierung).

Leistungsverrechnung/Charging (SS)

Bezahlung für IT Services einfordern. Für IT Services ist eine Leistungsverrechnung optional, und viele Organisationen führen ihren IT Service Provider als Cost Center.

Leitlinie/Guideline

Ein Dokument, das die Best Practice beschreibt, die Empfehlungen für auszuführende Aktionen ausgibt. In der Regel besteht keine zwingende Konformität mit einer Leitlinie.

Lieferergebnis/Deliverable

Element, das bereitgestellt werden muss, um eine vereinbarte Bedingung aus einem Service Level Agreement oder Vertrag einzuhalten. Der Begriff „Lieferergebnis" bezeichnet in einem informelleren Kontext auch einen geplanten Output eines Prozesses.

Lieferkette/Supply Chain (SS)

Aktivitäten in einer Wertschöpfungskette, die durch die Lieferanten erfolgt. Eine Lieferanten- oder Lieferkette bezieht mehrere Lieferanten mit ein, wobei jeder einzelne dem Produkt oder Service einen Mehrwert oder Nutzen hinzufügt.

Lieferung/Deliverable

Ein Produkt oder ein Objekt, das bereitgestellt wird, um den Anforderungen in einem Service Level Agreement oder einem Vertrag zu genügen. Auch Prozessergebnisse als Output werden mit diesem Begriff bezeichnet.

Line of Service (LOS) (SS)

Ein Kern-Service oder ein Unterstützungsservice, der mehrere Service Level Packages aufweist.

Eine Line of Service wird durch einen Product Manager verwaltet, und das jeweilige Service Level Package wird entwickelt, um ein spezielles Marktsegment zu befriedigen.

Live (ST)

Bezieht sich auf einen IT Service oder ein Configuration Item, der bzw. das eingesetzt ist, um einen Service für einen Kunden bereitzustellen.

Live Environment (ST)

Gesteuerte Umgebung mit Live-Configuration Items zur Erbringung von IT Services in Richtung Kunde.

Lösung/Resolution (SO)

Maßnahme zur Behebung der zugrunde liegenden Ursache eines Incident oder Problems oder zur Implementierung eines Workaround. Beim Standard ISO/IEC 20000 handelt es sich bei den Lösungsprozessen um die Prozessgruppe, die das Incident Management und Problem Management beinhaltet.

Lösungsprozesse/Resolution Processes

Die Prozessgruppe des Standards ISO/IEC 20000, die das Incident Management und Problem Management beinhaltet.

Lückenanalyse/Gap Analysis (CSI)

Ein Instrument, das ursprünglich aus der Betriebswirtschaftslehre stammt, um strategische und operative Lücken zu identifizieren. Im weiteren Sinne werden zwei Datensätze bzw. Objekte miteinander verglichen, um deren Unterschiede zu identifizieren. Hierzu werden beispielsweise Analysen für Soll- und Istwert angefertigt.

Major Incident (SO)

Die höchste Impact-Kategorie für einen Incident. Das Business wird in überaus großem Umfang gestört (schwer wiegender Incident).

Managed Services (SS)

Leistungen als IT Services werden für einen fest definierten Zeitraum von einem spezialisierten Anbieter bereitgestellt. Die im Vorfeld definierten Leistungen können dann vom Kunden zu jeder Zeit nach Bedarf abgerufen oder abbestellt werden.

Management-Information

Aufbereitete Informationen für die Managementebene („Executive") als Basis zur Entscheidungsfindung. Die Daten können auf automatisiertem Wege erzeugt werden und enthalten zumeist auch Aussagen zu Leistungsindikatoren.

Management of Risk (M_o_R)

Da das Management von Risiken eine kritische Erfolgskomponente für Organisationen und Unternehmen darstellt, hat sich die OGC auch dieses Problems angenommen. Beim M_o_R (Management of Risk) handelt es sich um eine pragmatische Methode, die klar strukturiert vorgibt, wie mit dem Management von Risiken konkret umgegangen werden soll (siehe auch *http://www.m-o-r.org*).

Management-System

Framework aus Richtlinien, Prozessen und Funktionen, die von der organisatorischen Seite her sicherstellen, dass eine Organisation ihre Ziele erreicht.

Manueller Workaround

Ein Workaround, der manuelle Eingriffe oder Rückgriffe (z.B. als Wiederherstellungsoption) fordert.

Marktraum/Market Space (SS)

Alle Möglichkeiten für den IT Service Provider, sein Angebot entsprechend der Kundenanforderungen anzubieten.

Maximale Wiederherstellungszeit nach einem Ausfall/ Recovery Time Objective (RTO) *(SO)*

Bei der Beurteilung einer Disaster Recovery-Lösung muss darauf geachtet werden, wie lange ein System ausfallen darf und wie lange der Wiederanlauf (Recovery Time Objective) dauert. Bei der Recovery Time Objective handelt es sich um die Zeit, die vom Zeitpunkt des Schadens bis zur vollständigen Wiederherstellung der Systeme vergehen darf. Der Zeitraum kann hier von 0 Minuten (Systeme müssen sofort verfügbar sein) bis mehrere Tage (in Einzelfällen Wochen) betragen. Ziele des Wiederherstellungspunktes sollen verhandelt, abgestimmt und dokumentiert werden.

Mean Time Between Failures (MTBF) *(SD)*

Mittlere Dauer der (Service-)Verfügbarkeit (Availability), wodurch die Zuverlässigkeit eines CI oder eines IT Service gemessen wird, auch Uptime genannt. Dies entspricht dem Zeitraum, in dem das CI oder IT Service läuft, bis zum (nächsten) Zeitpunkt eines Fehlers oder Incidents.

Mean Time Between Service Incidents (MTBSI) *(SD)*

Mittlere Zeit zwischen dem (erneuten) Auftreten von Störungen, Maß für die Zuverlässigkeit (Reliability). Sie entspricht der Gesamtzeit zwischen dem Auftreten von Incidents oder Fehlern, also der Summe aus Uptime und Downtime.

Mean Time To Repair (MTTR)

Durchschnittliche Zeit bis zur Reparatur (Mean Time To Repair, MTTR): Maß für die durchschnittliche Zeitdauer vom Auftreten einer Störung bezüglich eines IT Service oder eines CI bis zum Abschluss der Reparatur eines IT Service oder CI. Dies beinhaltet nicht die Zeit, die zur Wiederherstellung (Recover und Restore) benötigt wird (Abgrenzung zur MTRS).

Mean Time to Restore Service (MTRS)

Mittlere Zeit zur Wiederherstellung eines CI oder eines IT Service nach einem Ausfall oder einem Fehler. Die MTRS wird gemessen vom Ausfall des CI oder des Service bis zur vollen Wiederherstellung und Anbieten der definierten und „gewohnten" Funktionalität.

Metrik *(CSI)*

System von Kennzahlen oder ein Verfahren zur Messung einer quantifizierbaren Größe.

Middleware *(SD)*

Software, die zwei oder mehr Komponenten aus Software-Elementen oder Anwendungen verbindet. Middleware wird häufiger von einem Supplier erworben als vom IT Service Provider entwickelt (z.B. Datenbank-Server oder Anwendungsserver).

Mission Statement

Kurzes Leitbild oder Leitspruch einer Organisation hinsichtlich Sinn und Intention dieser Organisation in Bezug auf die zu erreichenden Ziele, ohne eine Aussage darüber zu treffen, wie die angestrebten Ziele erreicht werden, ähnlich einer Vision oder einer strategischen Zielorientierung.

Modell/Model

Eine Darstellung eines Systems, Prozesses, IT Service, Configuration Item etc., die ein einfacheres Verständnis oder Prognosen zu zukünftigem Verhalten unterstützen soll.

Modellierung/Modelling

Technik zur Vorhersage des Verhaltens von Systemen, Prozessen, IT Services oder CIs. Sie wird vorwiegend im Financial Management, Capacity Management und Availability Management angewandt.

Momentaufnahme/Snapshot *(ST)*

Der aktuelle Status einer Konfiguration, als er erfasst wurde.

Monitor Control Loop *(SO)*

Monitoring des Ergebnisses eines Task, eines Prozesses, eines IT Service oder Configuration Item, um dieses mit einer vorab definierten Regel zu vergleichen und entsprechende Aktionen vorzunehmen (Steuerungskreislauf).

Monitoring *(SO)*

Wiederholte Überwachung eines CI, eines IT Service oder Prozesses, um Ereignisse zu erfassen und den aktuellen Status aufzugreifen.

Near-Shore *(SS)*

Sonderform des Outsourcings in Bezug auf die relativ große räumliche Nähe des Kunden zum Anbieter. Aus westeuropäischer Sicht bezeichnet dieser Begriff beispielsweise das Offshoring in osteuropäische Länder mit dem Ziel niedrigerer Ressourcen-Kosten. Durch die vorgebliche kulturelle und räumliche Nähe und nahezu gleiche Zeitzone sollen Nachteile des Offshorings (Verlagerung unternehmerischer Funktionen und Prozesse ins Ausland) reduziert werden. Dies kann sich auf die Bereitstellung eines IT Service oder einer Funktion (z.B. Service Desk) beziehen.

Nichts tun/Do Nothing *(SD)*

Siehe Do Nothing

Notfall-Change

Siehe Emergency Change

Nutzbarkeit/Usability (SD)

Eignung eines Produktes bei der Nutzung durch bestimmte Benutzer in einem bestimmten Benutzungskontext die vorgegebenen Ziele effektiv, effizient und zufrieden stellend zu erreichen (Gebrauchstauglichkeit). Sie beruht unter anderem auf Gebrauchseigenschaften und den Bedürfnissen des Nutzers; daher existiert neben einer objektiven Beurteilung auch eine subjektive Beurteilung, die von Individuum zu Individuum sehr unterschiedlich ausfallen kann.

ITIL® V3 versteht unter diesem Begriff eher die Benutzerfreundlichkeit, d.h. die Leichtigkeit und Bequemlichkeit, mit der eine Anwendung, ein Produkt oder ein IT Service benutzt werden können.

Off-shore (SS)

Verlagerung unternehmerischer Services, Funktionen oder Prozesse ins Ausland.

On-shore (SS)

Im Gegensatz zum Offshoring bezeichnet die Inlandsverlagerung die Auslagerung von Teilen der Produktion oder der Service-Bereitstellung innerhalb des gleichen Herkunftslandes wie der Auftraggeber, meist nahe beim Auftraggeber (siehe Near-shore).

Off the Shelf

Serienfertigung, Synonym für Commercial Off the Shelf.

Office of Government Commerce (OGC)

Das OGC ist Inhaber der Marke ITIL (Copyright und Handelsmarke). Beim OGC handelt es sich um eine Behörde der britischen Regierung, die die Bereitstellung der Beschaffungsplanung für die britische Regierung unterstützt, indem ein gemeinschaftlicher Ansatz für Beschaffungsmöglichkeiten und die Steigerung der Fähigkeiten für die Beschaffung von Behörden und Abteilungen gefördert wird. Es bietet darüber hinaus Unterstützung für komplexe Projekte aus dem öffentlichen Bereich.

Office of Public Sector Information (OPSI)

Das OPSI lizenziert das Material, das dem Crown Copyright untersteht und in den ITIL-Veröffentlichungen verwendet wird. Es ist eine britische Regierungsbehörde, die den Online-Zugriff auf die britische Gesetzgebung bereitstellt, die Verwendung von Crown Copyright-Material lizenziert, das Information Fair Trader Scheme verwaltet, das Information Asset Register der britischen Regierung pflegt und Ratschläge und Leitlinien zur offiziellen Publizierung und zum Crown Copyright gibt.

Operation (SO)

Tagesgeschäft und täglicher Betrieb eines IT Service, eines Systems oder eines CI (meist in der Live-/Produktionsumgebung). Hierunter werden auch vordefinierte Aktionen oder Transaktionen verstanden. Dieser Begriff wird der operativen Ebene zugeordnet. Dies beinhaltet beispielsweise kurzzeitige Planungsaktivitäten, Bereitstellungen für Geschäftsanforderungen oder einen IT Service Management-Prozess.

Operational Expenditure (OPEX)

Synonym für Betriebskosten (Operational Cost), siehe auch Capital Expenditure.

Operational Level Agreement (OLA) *(SD) (CSI)*

Service-Vertrag mit internem Lieferanten/Dienstleister. Verträge mit externen (UC) und internen (OLAs) Lieferanten sollen die Einhaltung und Erfüllung der SLAs sicherstellen. Bei Anpassungsbedarf sollten nach Möglichkeit OLA oder UC an das SLA angepasst werden, nicht umgekehrt (Kundensicht).

Ein OLA beschreibt die Komponenten oder Services, die bereitgestellt werden sollen, und die Rechte und Pflichten beider Seiten.

Operations Bridge *(SO)*

Lokation, in der IT Services und IT Infrastructure gemonitort und überwacht werden (Leitstand).

Operations Management

Synonym für IT Operations Management.

Operativ/Operational

Die niedrigste der drei Planungs- und Bereitstellungsebenen (strategisch, taktisch, operativ). Operative Aktivitäten umfassen die tägliche oder kurzfristige Planung oder die Bereitstellung eines Business-Prozesses oder IT Service Management Prozesses. Der Begriff operativ ist auch ein Synonym für Live.

Opportunitätskosten/Opportunity Cost *(SS)*

Opportunitätskosten stehen für entgangene Erlöse, die dadurch entstehen, dass vorhandene Möglichkeiten (Opportunitäten) zur Nutzung von Ressourcen nicht wahrgenommen werden. Sie stellen allerdings keine Kosten im Sinne der Kosten- und Leistungsrechnung dar, sondern liefern ein ökonomisches Konzept zur Quantifizierung entgangener Alternativen. Diese entstehen dann, wenn bei mehreren Alternativen die Entscheidung für die eine und gegen die anderen Möglichkeiten entsteht, z.B. dann, wenn dem Eigentümer-Unternehmer Einkommen entgeht, weil er seine Arbeitskraft dem eigenen Betrieb zur Verfügung stellt.

Optimieren/Optimise

Review, Planung und Anforderung von Changes, um die maximale Effizienz und Effektivität in einem Prozess, einem Configuration Item, einer Anwendung etc. zu erzielen.

Optimierung der Servicebereitstellung/Service Provisioning Optimization (SPO) *(SS)*

Siehe Service Provisioning Optimization (SPO)

Organisation

Der Begriff Organisation wird vielfältig verwendet, wobei unterschiedliche Aspekte existieren. Unter ITIL® V3 wird der Begriff vorwiegend synonym zum Begriff eines Unternehmens oder einer Institution verwendet, allgemeiner wird darunter dementsprechend eine Gruppe von Personen und Einrichtungen mit einem Gefüge von Verantwortungen, Befugnissen und Beziehungen verstanden. Dies können beispielsweise Gesellschaft, Körperschaft, Firma, Unternehmen, Institution, gemeinnützige Organisation, Einzelunternehmer, Verband oder Teile bzw. Mischformen solcher Einrichtungen sein. Projekte oder Business Units sind Teil einer Organisation.

Outsourcing *(SS)*

Abgabe von Unternehmensaufgaben und -strukturen an Drittunternehmen. Es ist eine spezielle Form des Fremdbezugs von bisher intern erbrachter Leistung, wobei Verträge die Dauer und den Gegenstand der Leistung fixieren. Unter ITIL® V3 wird darunter der Bestand einer Beziehung zu einem Drittanbieter verstanden, um IT Services zu verwalten.

Pain Value Analysis *(SO)*

Technik zur Identifizierung der Auswirkungen auf das Business bei einem oder mehreren Problemen. Die Formel basiert auf der Anzahl der betroffenen Anwender, die Dauer der Downtime, die Auswirkung für jeden einzelnen Anwender und die Kosten für das Business (sofern bekannt).

Partnerschaft/Partnership

Eine Beziehung zwischen zwei Organisationen mit dem Zweck einer engen Zusammenarbeit zum Erreichen gemeinsamer Ziele oder zum gegenseitigen Nutzen. Der IT Service Provider sollte mit dem Business Partnerschaften eingehen, sowie mit Drittparteien, die für die Bereitstellung von IT Services entscheidend sind (Wertenetzwerk).

Passives Monitoring *(SO)*

Monitoring eines Configuration Item, eines IT Service oder eines Prozesses, das auf einem Alarm oder einer Benachrichtigung beruht, um den aktuellen Status zu untersuchen.

Pattern of Business Activity (PBA) *(SS)*

Ein Auslastungsprofil einer oder mehrerer Business-Aktivitäten (Business-Aktivitätsmuster). Mit dem Business-Aktivitätsmuster werden für den IT Service Provider unterschiedliche Ausprägungen von Business-Aktivitäten veranschaulicht, um dafür zu planen.

Performance

Messung in Bezug auf das, was ein System, eine Person, ein Team, ein Prozess oder ein IT Service erbracht oder geleistet hat.

Performance-Anatomie *(SS)*

Ansatz in Bezug auf die Organisationskultur, der unter sich die folgenden Begriffe vereint und aktiv betreut: Führung und Strategie, Personalentwicklung, IT-Ausstattung, Performance Management und Innovation (auch Accenture mag diesen Begriff).

Performance Management *(CSI)*

Dieser Prozess kümmert sich um die Aktivitäten im Tagesgeschäft des Capacity Managements. Dies beinhaltet Monitoring, Entdeckung von Schwellwertüberschreitungen, Performanceanalyse, Tuning und die Implementierung von Changes in Bezug auf Performance und Kapazitäten.

Pilot *(ST)*

Die eingeschränkte Bereitstellung eines IT Service, eines Release oder eines Prozesses in der Produktivumgebung, um Risiken zu reduzieren und den entsprechenden Anwendern die Möglichkeit zum Feedback zu geben. Durch die frühzeitige Einbindung der Nutzerseite wird die Akzeptanz erhöht.

Plan

Ein Plan stellt ein Dokument dar, das auf Basis eines vordefinierten Schemas oder einer Methode beschreibt, wie, wann und durch wen ein spezielles Ziel oder eine Reihe von Zielen erreicht wird. Kurz: Ein detaillierter Ansatz, der Aktivitäten und Ressourcen beschreibt, die notwendig sind, um ein Ziel zu erreichen. ISO/IEC 20000 verlangt nach einem Plan für das Management eines jeden IT Service Management-Prozesses.

Plan-Do-Check-Act *(CSI)*

Für die Qualitätssicherung im Sinne einer ständigen Prüfung der Qualität und der daraus abgeleiteten Intention, die Qualität mindestens konstant zu erbringen, bietet der Qualitätskreis von Deming ein hilfreiches und simples Modell (Deming-Kreislauf oder -Zyklus). Dieser stellt die Qualität in den Vordergrund und beschreibt eine kontinuierliche Qualitätsverbesserung durch einen Zyklus, der als „Plan-Do-Check-Act" (PDCA-Modell) bezeichnet wird.

Dabei wird unter ITIL® V3 als „Plan" das Design oder Aufbau von Prozessen verstanden, die IT Services unterstützen sollen. Das „Do" umfasst die Implementierung des „Plan" und die Verwaltung der Prozesse. Über das „Check" werden die Prozesse und IT Services überwacht, gemessen und mit den vorab definierten Zielen verglichen sowie die entsprechenden Berichte erzeugt. In Bezug auf die vorher definierten Ziele wird kontrolliert, ob Seiteneffekte aufgetreten und wie diese zu bewerten sind. Im letzten Teil werden Maßnahmen zur Korrektur der festgestellten Abweichungen, Planänderungen oder Verbesserungen durchgeführt, um das vorher definierte Ziel zu erreichen. Wird das „Qualitätsrad" stetig weitergedreht, so ergibt sich mit der Zeit automatisch eine Verbesserung der vorgefundenen bzw. neuen Prozesse.

Planung/Planning

Eine Aktivität, die für die Erstellung eines oder mehrerer Pläne verantwortlich ist. Beispielsweise Capacity-Planung.

PMBOK

Eine Projektmanagement-Methode, der vom Project Management Institute verwaltet wird. PMBOK steht für Project Management Body of Knowledge. Weitere Informationen dazu finden Sie unter http://www.pmi.org/.

Portable Facility *(SD)*

Vorgefertigtes Gebäudeteil wie z.B. ein Container oder ein Auflieger (wie etwa in „Stirb langsam 4.0"), der durch einen Drittanbieter zur Verfügung gestellt und bei Bedarf vor Ort, wie im IT Service Continuity Plan beschrieben, bereitgestellt wird (bewegliche Anlage).

Post Implementation Review (PIR)

Überprüfung, ob die ordnungsgemäße und vollständige Behebung eines Fehlers durch einen durchgeführten Change (auch Projekt) erfolgt ist, und Kontrolle, ob der Change erfolgreich war, ob Folge-Incidents aufgetreten und ob Ziele des Changes erreicht worden sind. Ein PIR muss nach jedem Change erfolgen und prüft auch, ob es Bedarf für Verbesserungen gibt.

Practice (Praxis)

Arbeitsweise oder Methode, wie die Arbeit auszuführen ist. Practices können Aktivitäten, Prozesse, Funktionen, Standards und Leitlinien sein (Good Practices, Best Practices).

Preisgestaltung/Pricing *(SS)*

Preisfestlegung, Aufgabe des Charging (Subprozess des Financial Management for IT Services) als Aktivität, um festzulegen, auf wie viele Kunden ein Preis umgelagert wird.

PRINCE2™

Die Standardmethodik der britischen Regierung für Projektmanagement. Weitere Informationen dazu finden Sie unter *http://www.ogc.gov.uk/prince2/*.

Priorität *(ST) (SO)*

Kategorie zur Identifizierung der Vorrangigkeit, mit der ein Incident, ein Problem oder ein RfC zu behandeln ist. Sie wird auf Basis von Impact und Dringlichkeit vergeben. Die erste Priorisierung erfolgt am Service Desk, gemeinsam mit Anwender. Basis ist hier eine vordefinierte Checkliste. Durch die Priorisierung kann man leichter eine Bearbeitungsreihenfolge festlegen und Ressourcen zuweisen.

Die Priorität wird so verwendet, um festzulegen, wie schnell Aktionen abgeschlossen werden müssen. Beispielsweise müssen Server einer definierten Prioritätsklasse (z.B. Platin, Gold, Silber, Bronze) innerhalb eines definierten Zeitraums wieder fehlerfrei zur Verfügung stehen.

Proaktives Monitoring *(SO)*

Monitoring, das nach Ereignismustern und möglichen Ursachen für Probleme oder Incidents sucht, um bereits vorab vorhersagen zu können, wo und wie Ausfälle in der Zukunft auftreten könnten.

Proaktives Problem Management *(SO)*

Aktivität im Problem Management. Es bemüht sich um die Identifizierung von Problemen, die möglicherweise anderweitig nicht frühzeitig gefunden werden, und steht so für die langfristige Reduzierung von Incidents durch frühzeitige Fehlererkennung und -behebung.

Problem *(SO)*

Ursache für einen oder mehrere Incidents. Wenn der Problem Record angelegt wird, steht die Ursache meist noch nicht fest. Der Problem Management-Prozess ist verantwortlich für die Untersuchung der Fehlerursache.

Problem Management *(SO)*

Prozess, der für die Verwaltung der Lebenszyklen aller Probleme verantwortlich ist. Das primäre Ziel des Problem Managements liegt in der Fehlervermeidung (Incidents treten erst gar nicht auf) und in der Auswirkungsminimierung von Incidents, die sich nicht verhindern lassen.

Problem Record *(SO)*

Datensatz, der die Details eines Problems enthält. Jeder Problem Record dokumentiert den gesamten Lebenszyklus eines Problems.

Process Control

Aktivitäten zur Planung und Lenkung eines Prozesses, mit dem Ziel, den Prozess effektiv, effizient und konsistent umzusetzen.

Process Owner (Prozessverantwortlicher)

Siehe Prozess-Owner

Produktionsumgebung/Production Environment

Synonym für Live-Umgebung.

Profit Center *(SS)*

Organisationseinheit – meistens im Rahmen einer Spartenorganisation –, die selbstständig und selbstverantwortlich nach Gewinn strebt. Ein IT Service Provider kann als Cost oder Profit Center betrieben werden. Normalerweise handelt es sich bei der Entscheidung, ob eine Unternehmenseinheit als Cost oder Profit Center agieren wird, um eine Grundsatzentscheidung. Im ersten Fall geht es darum, durch die Bündelung von Aufgaben und die Nutzung von Skaleneffekten Eigenleistungen für das Unternehmen günstiger zu erbringen. Ein Profit Center hingegen spricht zusätzlich den Drittmarkt an. Im ersten Fall werden die Produkte zu ihren reinen

Kosten weitergegeben, im zweiten Fall mit Gewinn. Laut ITIL® V3 kann sich ein IT Service Provider relativ leicht entscheiden, ob er zum Ziel hat, mit Profit, kostendeckend oder mit Verlust zu arbeiten.

pro-forma

Eine Vorlage oder ein Beispiel für ein Dokument, das Beispieldaten enthält, die mit den echten Werten ersetzt werden, sobald diese verfügbar sind.

Programme

Die Gesamtheit der Projekte und Aktivitäten innerhalb einer temporären Organisation, die dazu gebildet wurde, ein oder mehrere zuvor definierte Unternehmensziele zu realisieren.

Projected Service Outage (PSO) *(ST)*

Dokument zur Identifizierung des Effektes geplanter Changes, Wartungsaktivitäten und Testpläne auf Basis der abgestimmten Service Level.

Projekt

Eine Managementumgebung bzw. temporäre Organisation, die mit dem Ziel ins Leben gerufen wurde, ein oder mehrere Produkte entsprechend eines spezifischen Business Case herzustellen. Dabei soll durch das Zusammenwirken von Personen und anderen Assets ein bestimmtes Ziel oder ein bestimmtes Ergebnis erreicht werden. Jedes Projekt verfügt über einen eigenen Lebenszyklus, der in der Regel Projektstart, Planung, Ausführung, Abschluss etc. umfasst. Projekte werden häufig mit Hilfe einer formalen Methodik wie PRINCE2™ gesteuert.

Prozess

Ein strukturierter Satz an Aktivitäten, mit deren Hilfe ein bestimmtes Ziel erreicht werden soll. Ein Prozess wandelt einen oder mehrere definierte Inputs in definierte Outputs um. Ein Prozess kann beliebige Rollen, Verantwortlichkeiten, Hilfsmittel und Steuerungen für das Management enthalten, die für eine zuverlässige Bereitstellung der Outputs erforderlich sind. Ein Prozess kann den Anforderungen entsprechend Richtlinien, Standards, Leitlinien, Aktivitäten und Arbeitsanweisungen definieren.

Prozess-Manager

Rolle, die für das operative Management eines Prozesses verantwortlich ist. Die Aufgaben des Prozess-Managers beinhalten die Planung und Koordination aller Aktivitäten, um den Prozess umzusetzen, zu monitoren und entsprechend zu berichten. Es kann mehrere Manager zu einem Prozess geben, z.B. je nach Lokation oder Land. Die Process Manager-Rolle wird vielfach dem Prozess-Owner zugeordnet, wird aber in grossen Organisationen meist getrennt.

Prozess-Owner

Rolle, die dafür verantwortlich ist, dass der Prozess die Anforderungen erfüllt. Die Pflichten des Prozess-Owners umfassen Unterstützung und Förderung, Design, Change Management und die kontinuierliche Verbesserung des Prozesses und seiner Metriken. Die Process Owner-Rolle wird vielfach auch dem Prozess-Manager zugeordnet, wird aber in großen Organisationen meist getrennt.

Prozesssteuerung/Process Control

Siehe Process Control

Qualifizierung/Qualification *(ST)*

Eine Aktivität, die sicherstellt, dass die IT-Infrastruktur für die Unterstützung einer Anwendung oder eines IT Service geeignet und richtig konfiguriert ist.

Qualität

Gesamtheit der Eigenschaften und Kennzeichen eines Produkts bzw. eines Service, die zur Erfüllung der festgelegten oder selbstverständlichen Bedürfnisse wichtig ist (ISO 402). Es sind somit alle Eigenschaften und Kennzeichen eines Produkts oder einer Dienstleistung, die dafür sorgen, dass das Produkt oder die Dienstleistung den expliziten und impliziten Bedürfnissen entspricht.

Qualitätssicherung/Quality Assurance (QA) *(ST)*

Prozess zur Sicherstellung, dass die Qualität eines Produktes, eines Service oder eines Prozesses den beabsichtigten Nutzen bereitstellt.

Qualitätszyklus nach Deming/Deming Cycle

Synonym für Plan-Do-Check-Act.

Quality Management System (QMS) *(CSI)*

Reihe von Prozessen, um sicherzustellen, dass alle durch eine Organisation umgesetzten Arbeiten einer angemessenen Qualität entsprechen, um zuverlässig die Business-Ziele oder Service Level zu erfüllen.

Quick Win *(CSI)*

Aktivität zur Verbesserung, um einen rasch sichtbaren Erfolg (z.B. als RoI) in einer relativ kurzen Zeitperiode mit relativ geringen Kosten und Leistungen zu erzielen.

RACI (SD) *(CSI)*

Modell, um z.B. Rollen und Verantwortlichkeiten zu definieren (responsible, accountable, consulting, to be informed), wobei in einer Matrix für spezifische Bereiche der Informationsbedarf bzw. die entsprechende Notwendigkeit einer Informationsverbreitung dargelegt wird.

Reaktionsfähigkeit/Responsiveness

Beschreibt die Geschwindigkeit, mit der auf bestimmte Ereignisse reagiert wird. Dies könnte die Antwortzeit bei einer Transaktion sein oder die Geschwindigkeit, mit der ein IT Service Provider auf einen Incident oder Request for Change usw. reagiert.

Reaktives Monitoring *(SO)*

Monitoring, das als Antwort auf ein Ereignis hin in Aktion tritt (im Gegensatz zum proaktiven Monitoring).

Rechte/Rights *(SO)*

Berechtigungen und Rechte, bezogen auf einen Anwender oder eine Rolle, z.B. beim Datenzugriff.

Reciprocal Arrangement *(SD)*

Wiederherstellungsoption als wechselseitiges Abkommen zwischen Firmen bei ähnlicher IT in Bezug auf einen Kapazitätsaustausch oder das Teilen von Ressourcen, z.B. Räume für Anwender, meist nur möglich bei Töchtern des gleichen Konzerns ohne jegliche Konkurrenzsituation oder Sicherheitsbedenken.

Record

Dokument oder Datensatz, das/der die Ergebnisse oder andere Outputs eines Prozesses oder einer Aktivität enthält. Records enthalten den Nachweis, dass eine Aktivität erfolgt ist, wie z.B. ein Incident Record oder auch ein Meeting-Protokoll.

Recovery *(SD) (SO)*

Zurückversetzen eines CI oder eines IT Service in einen arbeitenden Zustand bzw. aktiven Status, kurz: Wiederherstellung. In vielen Fällen beinhaltet die Wiederherstellung eines Service auch das Zurückspielen von Daten, um einen lückenlosen und widerspruchsfreien Zustand zu erreichen. Manchmal sind nach der Wiederherstellung noch weitere Aktionen notwendig, bevor der IT Service dem Anwender wieder zur Verfügung steht (Restoration).

Recovery-Option *(SD)*

Strategie, um auf Service-Unterbrechungen zu reagieren. Als Kontinuitätsoptionen existieren im Allgemeinen keine Maßnahmen (nichts tun, sich auf sein Glück verlassen, keine Notwendigkeit für Maßnahmen), manueller Rückgriff, wechselseitiges Abkommen (Reciprocal Agreements), allmähliche Wiederherstellung (Gradual Recovery, Cold Standby), zügige Wiederherstellung (Intermediate Recovery, Warm Standby), sofortige Wiederherstellung (Immediate Recovery, Hot Standby). Diese Wiederherstellungsoptionen können auf eigenen Lösungen oder auf Drittanbieter-Angeboten basieren.

Recovery Point Objective (RPO) *(SO)*

Der maximale Datenumfang, der bei der Wiederherstellung eines Service nach einer entsprechenden Unterbrechung verloren gehen kann (Tolerierter Datenverlust aufgrund von Ausfällen). Der RPO wird durch einen spezifischen Zeitraum vor dem Ausfall ausgedrückt. Zum Beispiel wird der RPO eines spezifischen Tages durch das tägliche Backup abgedeckt, und die Daten von 24 Stunden können verloren gehen. Ziele des Wiederherstellungspunktes sollen verhandelt, abgestimmt und dokumentiert werden. Sie sollten als Anforderungen für das Service Design und IT Service-Kontinuitätspläne dienen.

Es geht hierbei um die Frage, wie konsistent der Datenbestand ist, wie viel Datenverlust in Kauf genommen werden kann. Beim Recovery Point Objective handelt es sich um den Zeitpunkt, wann (wie oft) die Datensicherung erfolgen soll, d.h. wie viel Daten/Transaktionen zwischen den einzelnen Sicherungen verloren gehen können. Ein optimaler RPO wird als „transaktionsgenau" bezeichnet.

Redundanz

Synonym für Fault Tolerance. Der Begriff steht allgemein auch für überflüssig oder nicht länger benötigt.

Reife/Maturity *(CSI)*

Ein Maß für die Zuverlässigkeit, Effizienz und Effektivität eines Prozesses, einer Funktion, einer Organisation etc. Die ausgereiftesten Prozesse und Funktionen sind förmlich mit den Business-Zielen und Strategien abgestimmt und von einem Framework für kontinuierliche Verbesserungen unterstützt.

Reifegrad/Maturity Level

Eine bestimmte Ebene im Reife-Modell, wie die Capability Maturity Model Integration (CMMI) von der Carnegie Mellon University in den USA.

Relationship-Prozesse

Unter ISO/IEC 20000 beinhaltet dies das Business Relationship Management und Supplier Management.

Release *(ST)*

Ansammlung von Hardware, Software, Dokumentation, Prozessen oder anderen Komponenten, die notwendig sind, um einen oder mehrere genehmigte Changes in Bezug auf einen IT Service zu implementieren. Die Inhalte eines jeden Release werden als eine Einheit verwaltet, getestet und ausgerollt.

Release und Deployment Management *(ST)*

Dieser Prozess ist sowohl für das Release Management als auch für das Deployment verantwortlich.

Release Identification *(ST)*

Eine Namenskonvention, um ein Release eindeutig identifizieren zu können. Sie beinhaltet häufig auch den Verweis auf das entsprechende CI und eine Versionsnummer.

Release Management *(ST)*

Dieser Prozess ist verantwortlich für die Planung, Zeitplanung und Steuerung hinsichtlich des Weges eines Release von der Test- in die Produktivumgebung. Das primäre Ziel des Release Managements ist es sicherzustellen, dass die Integrität der Produktivumgebung geschützt wird und die korrekten Komponenten ausgerollt werden. Das Release Management ist Teil des Release und Deployment Management-Prozesses.

Release-Prozesse

Dieser Name wird von der ISO/IEC 20000 für die Prozessgruppe verwendet, die das Release Management beinhaltet.

Release Record *(ST)*

Ein Eintrag in der CMDB, der den Inhalt eines Release beschreibt. Ein solcher Eintrag besitzt Beziehungen zu allen CIs, die von dem Release betroffen sind.

Release Unit *(ST)*

Komponenten eines IT Service, die zusammen ein Release und eine definierte Funktion bilden.

Release-Zeitfenster/Release Window

Synonym für Change-Zeitfenster.

Reparatur/Repair *(SO)*

Ersatz oder Korrektur eines fehlerhaften Configuration Item.

Request for Change (RfC) *(ST)*

Formaler Antrag auf Änderung (Change) an einem oder mehreren CIs. Ein solcher Antrag enthält Details zu der gewünschten Änderung (Was? Wann? Von wann bis wann? Wie? Durch wen? Warum? Wie erreichbar? Wie rückgängig machbar? Wer muss informiert werden?). Ein solcher Antrag ist nicht mit dem Change an sich oder dem Change Record gleichbedeutend.

Request Fulfillment *(SO)*

Prozess, der für die Verwaltung der Lebenszyklen aller Service Requests verantwortlich ist.

Ressource (SS)

Als Ressource werden im Allgemeinen Mittel bezeichnet, die benötigt werden, um eine bestimmte Aufgabe zu erfüllen. In der IT werden darunter die IT-Infrastruktur, Personen, Finanzmittel oder andere Mittel bzw. Anlagegüter der Orgsanisation verstanden, mit deren Hilfe ein IT Service angeboten werden kann.

Return on Investment (RoI) (SS) (CSI)

Kennzahl, um die Rendite des eingesetzten Kapitals zu messen. Finanztechnisch steckt dahinter das Verhältnis von erzieltem Gewinn einer Investition zum investierten Kapital. Dieses Verhältnis kann sowohl auf eine definierte Zeitspanne als auch akkumuliert auf den gesamten Lebensweg der Investition bezogen sein. Umgangssprachlich wird „Return on Invest" oft auch im Sinne der Amortisationszeit verwendet, d.h. als Zeitdauer zwischen getätigter Investition und dem Zeitpunkt, an dem sich die dadurch erzielten Einnahmen auf die Höhe der Investitionssumme kumuliert haben. Dies ist jedoch Gegenstand der Break-even-Analyse.

Return to Normal (SD)

Die Phase im IT Service Continuity Plan, während der normale Betrieb wiederaufgenommen wird, z.B. der Rückswitch vom Ausfallrechenzentrum zurück auf das eigentliche RZ, um dann auch sicherzustellen, dass ein erneuter Rückgriff auf das sekundäre RZ im Bedarfsfall funktionieren würde.

Review

Überprüfung eines Change (Post Implementation Review), Problems, Prozesses oder Projektes. Reviews werden üblicherweise zu definierten Zeitpunkten im Lebenszyklus des entsprechenden Objektes durchgeführt, v.a. nach dessen eigentlichem Abschluss. Dadurch wird sichergestellt, dass alle Produkte und Ergebnisse bereitgestellt wurden. So werden möglicherweise ebenfalls Verbesserungsansätze gefunden, so dass beim nächsten Mal das entsprechende Optimierungspotenzial umgesetzt werden kann.

Richtlinie/Policy

Formal dokumentierte Managementerwartungen und -intentionen. Diese Vorgaben dienen der Lenkung von Entscheidungen, sichern eine konsistente und angemessene Entwicklung und Implementierung von Prozessen, Standards, Rollen, Aktivitäten und der IT-Infrastruktur.

Risiko/Risk

Ein möglicherweise eintretendes Ereignis, das einen Nachteil, Verlust oder Schaden verursachen kann. Der Begriff Risiko wird auch bei Unsicherheit eines Ergebnisses verwendet.

Die Risikobewertung (Risk Assessment) beschäftigt sich mit der Wahrscheinlichkeit, der Empfindlichkeit (Vulnerability) eines entsprechenden Objektes und der Auswirkung individueller Risiken, um das Risiko mit einer Maßzahl (quantitativ) versehen oder eine qualitative Aussage treffen zu können.

Risikobewertung/Risk Assessment

Die ersten Schritte im Risikomanagement. Dabei wird der Wert von Assets analysiert und die Bedrohungen für diese Assets identifiziert. Gleichzeitig wird bewertet, wie verwundbar die einzelnen Assets gegenüber diesen Bedrohungen sind. Eine Risikobewertung kann quantitativ (auf der Grundlage numerischer Daten) oder qualitativ erfolgen.

Risikomanagement

Das Risikomanagement teilt sich auf in die Risikoanalyse und das eigentliche Risikomanagement. Die Risikoanalyse bewertet die Risikosituation und identifiziert nicht tragbare Risiken und ermittelt zu ergreifende Gegenmaßnahmen. Im Risikomanagement selbst werden die akzeptablen und finanziell tragbaren Gegenmaßnahmen ergriffen und ihre Wirkung überwacht.

Rolle

Eine Reihe von Verantwortlichkeiten, Aktivitäten und Befugnissen einer Person oder eines Teams. Eine Rolle wird entsprechend einem Prozess definiert. Eine Person kann mehrere Rollen haben.

Rollout *(ST)*

Synonym für Deployment, oft verwendet bei komplexen oder in Phasen aufgeteilte Deployments unterschiedlicher Lokationen.

Root Cause-Analyse (RCA) *(SO)*

Aktivität, um die Hauptursache (Root Cause) eines Incidents oder Problems zu finden, meist in Bezug auf Ausfälle der IT-Infrastruktur (Analyse der zugrunde liegenden Ursache).

Rückkehr zum Regelbetrieb

Siehe Return to Normal

Schadenswertanalyse

Siehe Pain Value Analysis

Schätzung/Estimation

Der Einsatz von Erfahrungswerten, um einen ungefähren Wert für eine Messgröße oder Kosten zu erhalten. Schätzungen werden auch im Capacity und Availability Management als kostengünstigste und am wenigsten exakte Modelling-Methode eingesetzt.

Schicht/Shift *(SO)*

Eine Gruppe oder ein Team, die/das eine bestimmte Rolle über einen definierten Zeitraum hinweg abdeckt, z.B. zur Unterstützung der Betriebssteuerung in einer 7x24-Abfolge.

Schnelle Wiederherstellung

Siehe Fast Recovery

Schwachstelle/Vulnerability

Eine anfällige Stelle, die von einer Bedrohung ausgenutzt werden könnte (Verwund-barkeit). Zum Beispiel ein offener Firewall-Port, ein Passwort, das nie geändert wird, ein leicht entzündlicher Bodenbelag oder auch eine fehlende Steuerung.

Scope

Umfang, z.B. eines Prozesses, einer Prozedur, eines Vertrages, Umfang des Change und Configuration Mangements. Beispielsweise umfasst das Change Management alle produktiven IT Services und die dazugehörigen Configuration Items. Der Umfang eines ISO/IEC 20000-Zertifikates kann alle IT Services eines definierten Rechenzen-trums beinhalten.

Second Line-Support *(SO)*

Die zweite Ebene in der Hierarchie der Support-Gruppen, die in die Lösung eines Incidents und die Problemursachenforschung involviert sind. Je höher die Ebene, desto tiefer ist das Spezialistenwissen, es stehen mehr Zeit, mehr Personal oder andere Ressourcen zur Verfügung.

Security

Security Management ist zwar ein eigener Prozess, wird aber soweit wie möglich in andere ITIL®-Prozesse integriert, indem bestimmte Security-Aspekte von diesen über-nommen werden. Dies wird beispielsweise durch die Implementierung von Schutz-maßnahmen im Rahmen des Availability Managements zur Sicherstellung von Ver-traulichkeit, Integrität und Verfügbarkeit von Daten und somit zur Gewährleistung kontinuierlicher Services realisiert.

Security Management

Synonym für Information Security Management.

Security Policy

Synonym für Information Security Policy

Separation of Concerns (SoC) *(SS)*

Phase, in der Anforderungen (Concerns) unabhängig voneinander zu definieren sind. Der Begriff stammt aus der aspektorientierten Programmierung. Jeder Entwick-lungsprozess mit Aspektorientierung besteht aus den drei grundlegenden Phasen Identifikation, Separation und Integration. Das Stichwort Separation of Concerns wird auf Edsger Wybe Dijkstra (1976) zurückgeführt.

Unter ITIL® V3 wird darunter der Designansatz einer Lösung oder eines IT Service verstanden, der ein Problem auseinanderdividiert und zerlegt, so dass die einzel-nen Teile unabhängig voneinander gelöst werden können. Dieser Ansatz separiert das „Was" vom „Wie" der Umsetzung.

Server (SO)

Ein Rechner, der über ein Netzwerk mit anderen Rechnern (Server oder Clients) verbunden ist und diesen Dienste zur Verfügung stellt.

Service

Eine Möglichkeit oder ein Weg, um Nutzen für Kunden zu liefern, der es dem Kunden erleichtert, seine Ergebnisse zu erreichen, ohne dass er Eigentümer der Kosten und verbundenen Risiken wird.

Serviceability (SD) (CSI)

Die Fähigkeit eines Drittanbieters, die Anforderungen der Verträge zu erfüllen. Der Vertrag beinhaltet auch abgestimmte Level in Bezug auf Zuverlässigkeit, Wartbarkeit und Verfügbarkeit eines CI.

Serviceabnahmekriterien/Service Acceptance Criteria (SAC) (ST)

Siehe Service-Akzeptanzkriterien

Service-Akzeptanzkriterien/Service Acceptance Criteria (SAC) (ST)

Kriterien, die verwendet werden, um sicherzustellen, dass ein IT Service seine Funktionalität und die Qualitätsanforderungen erfüllt. Außerdem wird so gewährleistet, dass der Provider den neuen IT Service im Produktivumfeld nach dem Deployment betreiben kann.

Serviceanalytik/Service Analytics (SS)

Eine Technik zur Bewertung der Auswirkungen eines Incident auf das Business. Bei der Serviceanalytik werden die Abhängigkeiten zwischen Configuration Items sowie zwischen IT Services und Configuration Items dargestellt.

Service Asset

Ressource oder Fähigkeit (Capability) eines Service Providers.

Service Asset und Configuration Management (SACM) (ST)

Prozess, der sowohl für das Configuration als auch das Asset Management verantwortlich ist.

Servicebewertung/Service Valuation (SS)

Die Messung der Gesamtkosten für die Erbringung eines IT Service sowie des gesamten Werts dieses IT Service für das Business. Mithilfe der Servicebewertung können sich das Business und der IT Service Provider auf den Wert eines IT Service verständigen.

Service Capacity Management (SCM) *(SD) (CSI)*

Aktivitäten, die dem Verständnis über die Performance und Kapazität eines IT Service dienen. Die Ressourcen, die durch jeden IT Service verwendet werden, und die Verbrauchsprofile werden für die Verwendung im Capacity Plan über die Zeit gesammelt, aufgezeichnet und analysiert.

Service Design *(SD)*

Phase im Lebenszyklus eines IT Service. Service Design beinhaltet eine Reihe von Prozessen und Funktionen und stellt gleichzeitig einen der Kerntitel der ITIL® V3-Publikationen dar.

Service Design Package *(SD)*

Dokumentationen, die alle Aspekte eines IT Service und seiner Anforderungen innerhalb jeder Phase seines Lebenszyklus beschreiben. Ein solches Package wird für jeden neuen IT Service, größeren Change oder eine IT Service-Anforderung verfasst.

Service Desk *(SO)*

Der Single Point of Contact zwischen Service Provider und seinen Anwendern, der sich um Incidents, Service Requests und um die Kommunikation mit dem Anwender kümmert.

Service Failure-Analyse (SFA) *(SD)*

Projektähnliche Aktivität, die die zugrundeliegenden Ursachen für einen oder mehrere IT Service-Ausfälle identifiziert. SFA bietet Möglichkeiten, die Prozesse des IT Service Provider zu verbessern, und Tools, nicht nur die IT Infrastruktur.

Servicefähigkeit/Serviceability (SD) *(CSI)*

Die Fähigkeit eines Drittanbieters, die Bedingungen eines Vertrags einzuhalten. Dieser Vertrag umfasst den vereinbarten Umfang der Zuverlässigkeit, Wartbarkeit oder Verfügbarkeit für ein Configuration Item.

Service Improvement Plan (SIP) *(CSI)*

Ein formaler Plan, um Verbesserungen an einem Prozess oder IT Service zu implementieren.

Service-Katalog/Service Catalogue *(SD)*

Datenbank oder strukturiertes Dokument, das Informationen über alle produktiven IT Services enthält, inklusive derjenigen, die kurz vor dem Deployment stehen. Der Katalog ist das einzige Element aus dem Service-Portfolio, das gegenüber dem Kunden veröffentlicht wird, und dient auch als Marketinginstrument für den Vertrieb und die Lieferung der IT Services. Er enthält die entsprechenden Produkte, Service-Beschreibungen, Funktionalitäten, Preise, Kontaktpersonen, Bestell- und Anforderungsmöglichkieten.

Service Knowledge Management System (SKMS)*(ST)*

Eine Reihe von Tools und Datenbanken, die verwendet werden, um Wissen und Informationen zu verwalten. Das Configuration Management System ist genauso Teil dessen wie andere Datenbanken und Tools auch. Das SKMS hält, verwaltet, aktualisiert und stellt alle Informationen dar, die ein IT Service Provider benötigt, um den gesamten Lebenszyklus der IT Services verwalten zu können.

Servicekultur/Service Culture

Eine kundenorientierte Geschäftskultur. Die wichtigsten Ziele der Servicekultur sind Kundenzufriedenheit und die Unterstützung der Kunden beim Erreichen ihrer Business-Ziele.

Service Level

Gemessenes und berichtetes Ergebnis gegen eines oder mehrere Service Level-Ziele. In manchen Fällen werden Service Level und Service Level-Ziele synonym verwendet.

Service Level Anforderung

Siehe Service Level Requirement (SLR)

Service Level Agreement (SLA) *(SD) (CSI)*

Vereinbarung zwischen einem IT Service Provider und einem Kunden, der einen zu erbringenden Service und dessen Service Level inklusive Service Level-Zielen, Verantwortlichkeiten von IT Service Provider und Kunde genau definiert. Ein SLA kann mehere IT Services oder mehrere Kunden abdecken.

Service Level Management (SLM) *(SD) (CSI)*

Dieser Prozess ist verantwortlich für die Aushandlung der Service Level Agreements und stellt sicher, dass diese erfüllt werden. Er muss sicherstellen, dass alle IT Service Management-Prozesse, Operational Level Agreements und Underpinning Contracts die definierten Service Level-Ziele erfüllen. SLM überwacht und berichtet in Bezug auf die Service Level und hält Reviews für den Kunden.

Service Level Package (SLP) *(SS)*

Ein definierter Level von Gewährleistung und Nutzen für ein spezifisches Service Package. Jedes Service Level Package wird aufgesetzt, um den Anforderungen eines spezifischen Geschäftsaktivitätenmusters zu entsprechen.

Service Level Requirement (SLR) *(SD) (CSI)*

Vom Kunden definierte Anforderung an einen Aspekt eines IT Service. Basis für eine solche Anforderung sind die Geschäftsanforderungen des Kunden. Ein SLA wiederum ist Basis für die Verhandlung und Erstellung der Service Level-Ziele.

Service Level-Ziele/Service Level Targets *(SD) (CSI)*

Verpflichtung, die in einem Service Level Agreement dokumentiert wird. Service Level Targets basieren auf Service Level Requirements. Service Level-Ziele sollten SMART sein und auf KPIs basieren, d.h. mess- und überprüfbar sein.

Servicelinie

Siehe Line of Service (LOS)

Service Management

Service Management stellt dem Kunden eine Reihe von spezifischen Organisations-ressourcen zur Verfügung, um für ihn einen Nutzen in Form von Dienstleistungen zu erbringen.

Service Management Lifecycle

Koordination und Steuerung über die unterschiedlichen Funktionen, Prozesse und Systeme hinweg, die notwendig sind, um den gesamten Lebenszyklus eines IT Service zu verwalten. Dieser Lebenszyklus umfasst Strategie, Design, Überführung (Transition), Betrieb (Operation) und kontinuierliche Verbesserung (CSI) eines IT Service.

Service Manager

Manager, der verantwortlich ist für die Verwaltung des Ende-zu-Ende-Lebenszyklus eines oder mehrerer IT Services. Auch Manager innerhalb der Organisation des IT Service Providers werden als Service Manager betitelt. Diese Bezeichnung wird vorwiegend für Business Relationship Manager, Prozess-Manager, Account Manager oder Senior Manager mit einer umfassenden IT Service-Verantwortung verwendet.

Service Operation *(SO)*

Phase im Lebenszyklus eines IT Service. Service Operation beinhaltet eine Reihe von Prozessen und Funktionen und stellt gleichzeitig einen der Kerntitel der ITIL® V3-Publikationen dar.

Service Owner *(CSI)*

Rolle, die verantwortlich (haftbar) ist für Lieferung eines spezfischen IT Service.

Service Package *(SS)*

Eine detaillierte Beschreibung eines IT Service, der an den Kunden ausgeliefert werden kann. Es beinhaltet ein Service Level Package und einen oder mehrere Kern-Services und Hilfs-Services.

Service-Pipeline *(SS)*

Eine Datenbank oder ein strukturiertes Dokument, das alle IT Services auflistet, die in der Entwicklung oder zur Diskussion stehen, aber bisher keinem Kunden zur Verfügung gestellt wurden. Es entspricht einer Unternehmenssicht auf die möglichen zukünftigen IT Services und ist Teil des Service-Portfolios, das normalerweise nicht gegenüber dem Kunden veröffentlicht wird.

Service-Portfolio *(SS)*

Komplette Liste aller Services, die über einen Service Provider verwaltet werden. Sie wird verwendet, um den gesamten Lebenszyklus aller Services abzubilden und beinhaltet drei Bereiche: Service-Pipeline (vorgeschlagen oder in der Entwicklung), Service Catalogue (produktiv oder bereit zum Deployment) und ausgemusterte Services.

Service Portfolio Management (SPM) *(SS)*

Dieser Prozess ist verantwortlich für die Verwaltung des Service-Portfolios. Dabei werden die Services in Bezug auf den Geschäftsnutzen betrachtet, den sie transportieren.

Service-Potential *(SS)*

Der gesamte mögliche Nutzen aller Möglichkeiten und Ressourcen eines IT Service Providers.

Service Provider *(SS)*

Eine Organisation, die Services an einen oder mehrere interne oder externe Kunden liefert.

Service Provider Interface (SPI) *(SS)*

Schnittstelle zwischen einem IT Service Provider und einem Anwender, Kunden, Geschäftsprozess oder einem Lieferanten.

Service Provisioning Optimization (SPO) *(SS)*

Analyse der Finanzen und Beschränkungen eines IT Service, um zu entscheiden, ob alternative Ansätze der Service-Lieferung möglicherweise die Kosten reduzieren oder die Qualität verbessern würden (Optimierung der Service-Bereitstellung).

Service Reporting *(CSI)*

Prozess, der verantwortlich ist für die Erstellung und Verteilung der Berichte in Bezug auf die Erfolge und Trends gegen die Service Level. Format, Inhalte und Häufigkeit der Berichte sollten mit dem Kunden abgestimmt sein.

Service Request *(SO)*

Anfrage eines Anwenders nach Informationen, einem Rat, einem Standard-Change oder Zugang zu einem IT Service, z.B. um sein Passwort zurückzusetzen, Standard-IT Services für einen neuen Anwender. Sie werden üblicherweise durch das Service Desk abgedeckt und verlangen nicht nach einem RfC.

Service Sourcing *(SS)*

Strategie und Ansätze, um zu entscheiden, ob Service intern oder extern durch Outsourcing bereitgestellt werden soll. Service Sourcing bezieht sich auf die Umsetzung einer solchen Strategie. Dies beinhaltet Internal Sourcing (interne oder geteilte Sourcen verwenden Typ I- oder Typ II-Service Provider), traditionelles Sourcing (Full Service-Outsourcing verwendet einen Typ III-Service Provider) oder Multivendor

Sourcing (Prime, Consortium oder Selective Outsourcing verwenden Typ III-Service Provider).

Service Strategy *(SS)*

Ein Kerntitel der ITIL® V3-Publikationen. Eine Service-Strategie bildet eine umfassende Strategie für IT Services und das IT Service Management.

Service-Stunden (SD) *(CSI)*

Abgestimmter Zeitraum, in dem ein definierter IT Service zur Verfügung steht und der in den SLAs zu finden sein sollte.

Service Transition *(ST)*

Phase im Lebenszyklus eines IT Service. Service Transition beinhaltet eine Reihe von Prozessen und Funktionen und stellt gleichzeitig einen der Kerntitel der ITIL® V3-Publikationen dar.

Service Utility *(SS)*

Funktionalität eines IT Service aus Sicht des Kunden. Der Geschäftsnutzen des IT Service wird aus der Service Utility (das, was der Service macht) und aus der Service Warranty (wie gut er dies macht) gebildet.

Service Validation und Testing *(ST)*

Dieser Prozess ist verantwortlich für die Validierung und den Test eines neuen oder geänderten IT Service. So wird sichergestellt, dass der IT Service der Designspezifikation genügt und die Geschäftsanforderungen unterstützt.

Service-Vertrag/Service Contract *(SS)*

Vertrag, um einen oder mehrere IT Sevices zu liefern, bzw. auch eine Vereinbarung, einen IT Service zu liefern, entweder als juritischer Vertrag oder als SLA.

Service Warranty *(SS)*

Die Zusicherung, dass ein IT Service den vereinbarten Anforderungen gerecht wird. Dabei kann es sich sowohl um eine formale Vereinbarung wie ein Service Level Agreement oder einen Vertrag als auch um eine Marketingbotschaft oder ein bestimmtes Markenimage handeln. Der Business-Wert eines IT Service setzt sich aus dem Service Utility („was" der Service tut) und der Service Warranty („wie gut" der Service das ausführt) zusammen.

Service-Wartungsvorgabe/Service Maintenance Objective *(SO)*

Die erwartete Zeit, die ein CI innerhalb einer geplanten Wartungsaktivität nicht zur Verfügung stehen wird.

Sicherheit/Security

Siehe Information Security Management

Sicherheitsrichtlinie/Security Policy

Synonym für Information Security Policy

Simulations-Modelling *(SD) (CSI)*

Technik, die ein detailliertes Modell erzeugt, mit dessen Hilfe das Verhalten eines Configuration Item oder IT Service vorhergesagt werden soll. Solche Modelle können sehr exakt, aber auch sehr teuer und aufwändig in der Erstellung sein, da sie meist die gleichen oder ähnliche CIs mit Workloads oder Transaktionen verwenden. Sie werden im Capacity Management verwendet und dabei manchmal auch als Performance Benchmark bezeichnet.

Single Point of Contact *(SO)*

Bereitstellung einer einzigen konsistenten Kommunikationsmöglichkeit mit einer Organisation oder einem Geschäftsbereich. Das Service Desk wird in der Regel als SPoC bezeichnet, da dies die primäre Kontaktstelle für Kunden und Anwender darstellt.

Single Point of Failure (SPoF) *(SD)*

CI ohne Backup-/Cluster-Fähigkeit, das bei Ausfall einen Incident verursachen kann und das unbedingt identifiziert werden muss, z.B. mittels CFIA. Ein SPoF kann eine Person, ein Schritt in einem Prozess oder eine IT-Komponente sein.

Skaleneffekt

Siehe Economies of scale

Skalierbarkeit/Scalability

Die Fähigkeit eines CI, eines Prozesses oder eines IT Service, die definierte Funktionalität weiterauszuführen, auch wenn sich Workload und Umfang ändern (Performance und die Komplexität). Skalierung steht auch für die Anpassungsfähigkeit bei Änderung der Anforderungen.

SLAM-Diagramm *(CSI)*

Eine Service Level Agreement Monitoring-Übersicht (Chart) hilft bei der Überwachung und beim Berichtswesen hinsichtlich der Erfolge gegenüber den Service Level-Zielen. Die Grafik kann je nach Vereinbarung aufgebaut sein und bietet aufgrund der spezifischen Farbgebung eine schnelle Übersicht, ob die vorgegebenen Ziele erreicht wurden, beinahe erreicht wurden oder nicht erreicht wurden (z.B. rot/gelb/grün).

SMART *(SD) (CSI)*

Formel zur Beschreibung von Zieldefinitionen aus dem Projektmanagement. Ziele sollten präzise definiert, realistisch und akzeptanzfähig definiert werden: Specific (spezifisch für den jeweiligen Sachbereich, unmissverständlich und eindeutig), Measureable (messbar (= operational), beobachtbar), Achievable (oder Attainable), Relevant (z.T.: Realistic, grundsätzlich realisierbar durch den Adressaten, aber auch vereinbar mit anderen Zielen), Time phased (oder Timely, terminiert, zumindest durch einen Endtermin).

Snapshot *(ST)*

Siehe Momentaufnahme

Sofortige Wiederherstellung

Siehe Immediate Recovery

Spezifikation

Formale Definition einer Anforderung. Eine Spezifikation kann verwendet werden, um technische oder operative Anforderungen zu definieren, wobei sie intern oder extern und als Basis für ein Audit in der Organisation verwendet werden kann. Viele öffentliche Standards bestehen aus einem Code of Practice und einer Spezifikation.

Stakeholder

Alle Personen, die an einer Organisation, einem Projekt, einem IT Service etc. und den entsprechenden Aktivitäten, Zielen, Ressourcen oder Ergebnissen interessiert sind. Dazu können beispielsweise Kunden, Partner, Angestellte, Shareholder oder Eigentümer zählen.

Standard

Eine obligatorische Anforderung. Standards können internationale Standards (z. B. ISO/IEC 20000), interne Standards (z. B. ein Sicherheitsstandard für die Unix-Konfiguration) oder vom Gesetzgeber verordnete Standards (z. B. zur Aufbewahrung von Buchhaltungsunterlagen) sein. Der Begriff „Standard" bezeichnet außerdem bestimmte Codes of Practice oder Spezifikationen, die von Standardisierungsorganisationen wie der ISO oder BSI veröffentlicht werden.

Standardbetriebsabläufe/Standard Operating Procedures (SOP) *(SO)*

Verfahren, die vom IT Operations Management verwendet werden.

Standard Change *(ST)*

Ein bereits vorab abgenommener Change, der ein geringes Risiko beinhaltet, relativ allgemein ist und einer Prozedur oder einer Arbeitsanweisung folgt, wie z.B. das Zurücksetzen eines Passworts oder die Bereitstellung eines Arbeitsplatzes für einen neuen Mitarbeiter. RfCs sind hierbei nicht notwendig, und sie werden meist als Service Requests gehandhabt.

Standby *(SD)*

Zustand von Ressourcen, die aktuell nicht für die Erbringung von IT Services in der Produktivumgebung eingesetzt werden, jedoch weiterhin zur Verfügung der IT Service-Kontinuitätspläne bereitstehen, wie z.B. ein Ausweichrechenzentrum oder einzelne CIs, die sich in Reserve- oder Bereitschaftsstellung befinden.

Statement of Requirements (SOR) *(SD)*

Dokument, das alle Anforderungen für eine Produktbeschaffung oder einen neuen oder angepassten IT Service enthält (Anforderungserklärung).

Status

Feld- bzw. Attributname in zahlreichen Einträgen, der den aktuellen Zustand eines CI, eines Incidents oder Problems beschreibt.

Statusnachweis/Status Accounting *(ST)*

Aktivität, die verantwortlich ist für die Pflege und das Berichtswesen in Bezug auf den Lebenszyklus jedes Configuration Item.

Steuerung/Control

Eine Methode zur Verwaltung von Risiken, um sicherzustellen, dass ein Business-Ziel erreicht oder ein Prozess eingehalten wird. Beispiele für Steuerungen umfassen Richtlinien, Verfahren, Rollen, RAID-Systeme, Türschlösser etc. Eine Steuerung wird manchmal auch als Gegenmaßnahme oder Sicherheitsmaßnahme bezeichnet. Der Begriff „Steuerung" bezeichnet darüber hinaus das Management der Auslastung oder des Verhaltens eines Configuration Item, Systems oder IT Service.

Steuerungsmittel/Control

Mittel und Möglichkeiten, um Risiken zu handhaben, um sicherzustellen, dass ein Geschäftsziel erreicht oder Prozesse befolgt werden. Steuerungsmittel können Richtlinien, Prozeduren, Rollen, RAID, Türschlösser etc. beinhalten. Steuerungsmittel werden in manchen Fällen auch als Gegenmaßnahmen tituliert (v.a. im Sicherheitsbereich). Steuerung oder Steuerungsmittel stehen auch für die Verwendung oder das Verhalten in Bezug auf ein CI, System oder einen IT Service.

Steuerungsperspektive/Control perspective *(SS)*

Ein Ansatz zur Verwaltung von IT Services, Prozessen, Funktionen, Assets etc. Es können mehrere unterschiedliche Steuerungsperspektiven für denselben IT Service, Prozess etc. vorhanden sein, so dass sich unterschiedliche Einzelpersonen oder Teams jeweils auf die für sie wesentlichen und relevanten Aspekte ihrer jeweiligen Rolle konzentrieren können. Beispiele für Steuerungsperspektiven umfassen ein reaktives und proaktives Management innerhalb des IT-Betriebs oder eine Betrachtung des Lebenszyklus aus dem Blickwinkel eines Anwendungsprojekt-Teams.

Storage Management *(SO)*

Prozess, der verantwortlich ist für die Verwaltung des Storage und die Verwaltung der Daten während ihres gesamten Lebenszyklus.

Stärken-Schwächen-Analyse/SWOT Analysis *(CSI)*

Die SWOT-Analyse ist ein Instrument zur Situationsanalyse, das z.B. in der strategischen Unternehmensplanung eingesetzt wird. Sie dient der systematischen Betrachtung von Produkten, Prozessen, Teams, Unternehmen und anderen zu analysierenden Objekten, um bestehende Probleme lösen und bestehende Chancen nutzen zu können. Sie stellt ein Konkurrenzmodell zur kennzahlenbasierten Balanced Scorecard dar, mit der es sich z.T. überschneidet. Die Abkürzung bezieht sich auf die Begriffe S=Satisfaction (Zufriedenheit) oder Strengths (Stärken), O=Opportunities (Möglichkeiten), W=Weaknesses (Schwächen) und T=Threats (Gefahren, Bedrohung, Risiken).

Strategie *(SS)*

Strategie ist der „große Plan über Allem" oder das „grundsätzliche Muster der Handlungen". Dieser Plan kann dabei eine Vision oder Mission oder auch ein großes Ziel definieren. Strategie ist mittel- bis langfristig angelegt.

Strategisch/Strategic *(SS)*

Die höchste der drei Planungs- und Bereitstellungsebenen (strategisch, taktisch, operativ). Zu den strategischen Aktivitäten zählen die Festlegung von Zielen und die langfristige Planung zum Erreichen der angestrebten Vision.

Stückkosten/Unit Cost *(SS)*

Kosten eines IT Service Providers für die Bereitstellung einer einzigen Komponente oder eines IT Service, z.B. eines PC oder einer Transaktion.

Super User *(SO)*

Ein Anwender, der anderen Anwendern hilft und sie bei der Kommunikation mit dem Service Desk oder anderen Bereichen des IT Service Providers unterstützt. Super-User bieten in der Regel Unterstützung bei kleineren Incidents oder bei Schulungen an.

Supplier *(SS) (SD)*

Ein Drittanbieter, der verantwortlich ist für die Lieferung von Gütern oder Services, die notwendige Mittel für einen IT Service darstellen, z.B. Hard- oder Software-Lieferanten oder Telekom-Provider.

Supplier and Contract Database (SCD) *(SD)*

Datenbank oder strukturiertes Dokument, das verwendet wird, um die Lieferantenverträge über ihren gesamten Lebenszyklus hinweg verwalten zu können. Die Datenbank enthält Schlüsselattribute aller Verträge und sollte Teil des Service Knowledge Management Systems sein.

Supplier Management *(SD)*

Dieser Prozess stellt sicher, dass alle Lieferantenverträge die Bedürfnisse des Unternehmens unterstützen und alle Vertragsparteien ihren Verpflichtungen nachkommen.

Supply Chain (Lieferkette) *(SS)*

Siehe Lieferkette

Support-Gruppe *(SO)*

Personengruppe mit technischem Expertenwissen, die technische Unterstützung bereitstellt.

Supporting Service *(SS)*

Service, der einen Kern-Service (Core Service) aktiviert oder unterstützt, z.B. ein Verzeichnis- oder Backup-Dienst (unterstützender Service).

Support-Zeiten *(SD) (SO)*

Zeitraum, in dem der Support dem Anwender zur Verfügung steht. Support- und Service-Zeiten müssen nicht identisch sein, z.B. wenn das Service Desk eine 7x24-Stunden-Erreichbarkeit anbietet, kann der Support-Zeitraum von 07:00 bis 18:00 Uhr wahrgenommen werden. Support-Zeiten sollten in den SLAs festgeschrieben sein.

SWOT-Analyse/SWOT Analysis

Siehe Stärken-Schwächen-Analyse

Synergie *(SS)*

Der Synergieeffekt steht für die Hoffnung, dass ein Ganzes durch sein Zusammenwirken mehr wert ist als die Summe seiner getrennt bleibenden Teile (Synergie, griech. = Zusammenwirken).

System

Eine Reihe zusammenhängender Objekte, die zusammenarbeiten, um ein bestimmtes übergreifendes Ziel zu erreichen, z.B. ein Rechner- oder Datenbanksystem.

Systems Management

Teil des IT Service Managements, das sich stärker auf das Management der IT-Infrastruktur als auf die Prozesse konzentriert.

Taktisch/Tactical

Die taktische Ebene ist die mittlere der Ebenen hinsichtlich Planung und Lieferung. Strategie und Taktik hängen eng zusammen: Beide zielen auf den richtigen Einsatz bestimmter Mittel in Zeit und Raum, wobei sich Strategie im Allgemeinen auf ein übergeordnetes Ziel bezieht, während Taktik den Weg und die Maßnahmen bestimmt, kurzfristigere Zwischenziele zu erreichen.

Tätigkeitsbeschreibung

Dokument zur Beschreibung von Rollen, Verantwortlichkeiten, Fähigkeiten, Anforderungen und Wissen in Bezug auf eine Person. Eine Jobbeschreibung kann mehrere Rollen beinhalten.

Technical Management (SO)

Diese Funktion stellt technisches Wissen in Bezug auf den Support von IT Services und dem Management der IT-Infrastruktur bereit.

Technical Observation (TO) (CSI)

Technik, die bei der Verbesserung und Optimierung der Services, bei der Problemursachensuche und beim Availability Management verwendet wird. Die technischen Support-Mitarbeiter treffen sich beispielsweise, um das Verhalten und die Leistung eines IT Service zu kontrollieren und Empfehlungen hinsichtlich seiner Verbesserung zu machen.

Technical Service

Synonym für Infrastruktur Service.

Technical Support

Synonym für Technical Management.

Terms of Reference (TOR)

Siehe Aufgabenstellung

Test (ST)

Sicherstellung, dass ein Configuration Item, IT Service oder ein Prozess seiner Spezifikation oder den abgestimmten Anforderungen genügt.

Testumgebung (ST)

Eine gesteuerte Umgebung, in der CIs, IT Services, Prozesse oder Release-Zusammenstellungen getestet werden.

Third Line-Support (SO)

Die dritte Ebene in der Hierarchie der Support-Gruppen, die in die Lösung eines Incidents und die Problemursachenforschung involviert sind. Je höher die Ebene, desto tiefer ist das Spezialistenwissen, es stehen mehr Zeit, mehr Personal oder andere Ressourcen zur Verfügung.

Third Party

Dritte Partei im Sinne einer Person, Gruppe oder Unternehmung, die nicht Teil des Service Level Agreements in Bezug auf einen IT Service ist, aber dennoch notwendig, um die erfolgreiche Lieferung eines IT Service sicherstellen zu können, z.B. durch einen Soft- oder Hardware-Drittanbieter. Entsprechende Vereinbarungen werden in Form von Underpinning Contracts oder Operational Level Agreements abgeschlossen.

Tolerierter Datenverlust aufgrund von Ausfällen

Siehe Recovery Point Objective (RPO)

Total Cost of Ownership (TCO) *(SS)*

Technik, die bei der Entscheidungsfindung und Frage verwendet werden kann, ob alle assoziierten Kosten im Zeitablauf betrachtet werden, wenn Vermögenswerte erworben werden, z.B. ein Gebäude oder Software. TCO kann als alle Kosten des Besitzens und der Zeit als Aktivposten beschrieben werden. Sie reflektiert so nicht nur die Kosten des Erwerbes, sondern schließt auch alle anderen Aspekte im weiteren Gebrauch und in der Wartung des Vermögenswertes mit ein. Es existiert keine allseits akzeptierte Formel für die Berechnung der TCO. Getragen werden die Analyse und die Berechnung von dem Gedanken, dass nicht nur Anschaffungskosten, sondern alle relevanten Kosten betrachtet werden müssen, die mit einem Vermögenswert zusammenhängen. Typische Kostenfaktoren sind beispielsweise Kaufpreis, Implementierungs- und Inbetriebnahmekosten, Finanzierungskosten, Energiekosten, Reparaturkosten, Aufrüstungskosten, Umwandlungskosten, Schulungskosten, Wartungs- und Service-Kosten, Unterhaltungskosten, Stillstandszeitkosten, Sicherheitskosten oder Stilllegungskosten. TCO wurde ursprünglich Ende der achtziger Jahre vom Forschungsunternehmen Gartner entwickelt, um die Kosten des Erwerbs, der Nutzung und Wartung von PCs zu analysieren.

Total Cost of Utilization (TCU) *(SS)*

Methode, die bei der Entscheidungsfindung bezüglich Investitionen und Service Sourcing helfen soll. TCU betrachtet die vollen Lebenszyklus-Kosten bezüglich einer IT Service-Nutzung für den Kunden. Es ist ein Unterschied, ob ein Kunde den Zugang zur Nutzung eines Service erhält oder alle Komponenten, die für einen Service notwendig sind, selber anschafft.

Total Quality Management (TQM) *(CSI)*

Durchgängige und alle Bereiche einer Organisation umfassende Methode, die dazu dient, Qualität als Systemziel einzuführen und dauerhaft zu garantieren. Sie gilt als eine auf die Mitwirkung aller ihrer Mitglieder gestützte Methode, die Qualität in den Mittelpunkt stellt und durch das Zufriedenstellen der Kunden auf langfristigen Geschäftserfolg sowie auf Nutzen für die Mitglieder der Organisation abzielt. Unter ITIL® V3 geht es vorwiegend darum, dass durch den Einsatz des TQM ein Qualitätsmanagementsystem für die kontinuierliche Verbesserung verwendet wird.

Transaktion

Diskrete Funktion, die durch einen IT Service geleistet wird und durch mehrere andere Aktionen wie Hinzufügen, Löschen oder Änderungen gebildet werden kann. Eine Transaktion wird entweder ganz oder gar nicht ausgeführt.

Transition *(ST)*

Änderung eines Zustands, entsprechend dem Übergang eines IT Service oder Configuration Item vom aktuellen Lebenszyklus-Status in den nächsten (Überführung).

Transition Planning und Support *(ST)*

Dieser Prozess ist verantwortlich für die Planung aller Service-Transaktionsprozesse und die Koordinierung der notwendigen Planungsressourcen. Diese Service-Transaktionsprozesse bestehen aus Change Management, Service Asset und Configuration Management, Release und Deployment Management, Service Validation und Testing, Evaluation und Knowledge Management.

Trend-Analyse *(CSI)*

Datenanalyse, um zeitrelevante Schemata und Strukturen zu finden. Sie wird im Problem Management eingesetzt, um allgemeine Fehler oder fehleranfällige Configuration Items zu identifizieren, oder im Capacity Management als Modellierungswerkzeug, um zukünftiges Verhalten abschätzen zu können. Als allgemeines Management-Tool der IT Service Management-Prozesse hilft es bei der Suche nach Mängeln.

Tuning

Diese Aktivität plant Changes, um eine möglichst effiziente Nutzung der Ressourcen zu gewährleisten und ggf. Komponentenleistung anzugleichen. Tuning gehört zum Performance Management, was ebenfalls das Performance Monitoring und die Implementierung der entsprechend notwendigen Changes beinhaltet.

Type I Service Provider *(SS)*

Ein interner Service Provider, der Teil eines Geschäftsbereiches ist. Eine Organisation kann mehere Service Provider dieser Art aufweisen.

Type II Service Provider *(SS)*

Ein interner Service Provider, der gemeinsam nutzbare IT Services für mehrere Geschäftsbereiche anbietet.

Type III Service Provider *(SS)*

Ein Service Provider, der externen Kunden IT Services bereitstellt.

Umfang

Siehe Scope

Umgebung/Environment *(ST)*

Teil einer IT-Infrastruktur, die einem speziellen Zweck dient, wie z.B. Test-, Entwicklungs- oder Produktivumgebung. Unterschiedliche Umgebungen können teilweise die gleichen CIs verwenden, wobei Wechselwirkungen und Seiteneffekte, v.a. auf die Produktivumgebung, vermieden werden müssen.

Underpinning Contract (UC) *(SD)*

Vertrag zwischen IT Service Provider und externem Lieferanten/Dienstleister. Dieser soll als dritte Partei Güter oder Services liefern, die notwendig sind, um die erfolgreiche Lieferung eines IT Service sicherstellen zu können. Verträge mit externen (UC) und internen (OLAs) Lieferanten sollen die Erfüllung der SLAs sicherstellen.

Unternehmenskultur/Culture

Jede Organisation erschafft aus sich selbst heraus eine spezifische Kultur, die das organisatorische Verhalten maßgeblich bestimmt. Sie ergibt sich aus dem Zusammenspiel von Werten, Normen, Denkhaltungen und Paradigmen, die die Mitarbeiter teilen. Gleichzeitig prägt dies das Zusammenleben in der Organisation sowie das Auftreten nach außen. Unternehmenskultur hat nicht nur atmosphärische, sondern auch betriebswirtschaftliche Folgen.

Nach Ed Schein ist „Kultur (…) die Summe aller gemeinsamen und selbstverständlichen Annahmen, die eine Gruppe im Laufe ihrer Geschichte erlernt hat. Sie ist der Niederschlag des Erfolgs." Der deutsche Kulturberater Michael Löhner, ein langjähriger Schüler des Philosophen Rupert Lay S.J., definiert Kultur schlicht und einfach so: „Kultur ist die Summe der Gewohnheiten einer Organisation."

Unterstützender Service

Siehe Supporting Service

Use Case (Anwendungsfall) *(SD)*

Interaktionen zwischen Akteuren und dem betrachteten System, die stattfinden, um ein bestimmtes fachliches Ziel zu erreichen. Anwendungsfälle beschreiben immer nur genau einen Ablauf oder einen Prozess. Use Cases beschäftigen sich mit der Frage, was die Umwelt vom System erwartet, (Geschäfts-)Prozesse zeigen im Gegensatz dazu, wie das System intern operiert, um die Anforderungen zu erfüllen. In Bezug auf ITIL® V3 geht es um die Definition der Funktionalitäten und Ziele sowie um das Testdesign für realistische Szenarios, die die Interaktion zwischen Anwender und IT Service oder einem anderen System beschreiben.

Utility *(SS)*

Funktionsweise, die durch ein Produkt oder einen Service angeboten wird, um einen spezifischen Nutzen zu erlangen („Was tut es?").

Validierung/Validation *(ST)*

Aktivität, die sicherstellt, dass ein neuer oder veränderter IT Service die Geschäftsanforderungen für einen IT Service, einen Prozess, Plan oder andere Ergebnisse erfüllt.

Value on Investment (VoI) *(CSI)*

Maß für den erwarteten Nutzen einer Investition (materiell und immateriell).

Variable Kosten *(SS)*

Nutzungsabhängige Kosten eines IT Service, die z.B. davon abhängen, wie stark der IT Service genutzt wurde.

Variable Kostendynamik/Variable Cost Dynamics *(SS)*

Technik, die zeigt, wie die Gesamtkosten durch zahlreiche komplexe variable Elemente, die ihren Teil zur Bereitstellung eines IT Services beisteuern, beeinflusst werden können.

Vereinbarte Servicezeit/Agreed Service Time (SD)

Ein Synonym für Servicestunden, das häufig in formalen Berechnungen der Verfügbarkeit verwendet wird.

Vereinbarung/Agreement

Ein Dokument, das eine formale Vereinbarung zwischen zwei oder mehreren Parteien beschreibt. Eine Vereinbarung ist nicht juristisch bindend, solange sie nicht Teil eines Vertrages ist (siehe Service Level Agreement, Operational Level Agreement).

Verfahren/Procedure

Dokumentation einer Verfahrensbeschreibung mit einzelnen Schritten, die abzuarbeiten sind. Verfahren sind Bestandteile von Prozessen.

Verfügbarkeit/Availability (SD)

Verfügbarkeit eines Configuration Item oder eines IT Service, um die ihm zugewiesene Funktion bereitzustellen, wenn dies verlangt wird. Verfügbarkeit wird durch Reliability, Maintainability, Serviceability, Performance und Security realisiert. Verfügbarkeit wird üblicherweise in Prozentzahlen ausgedrückt. Die Berechnung basiert häufig auf den abgestimmten Service-Zeiten und der Downtime. Entsprechend dem Best Practice-Gedanken sollte die Berechnung der Verfügbarkeit auf Messwerten des Business Output eines IT Service beruhen.

Verifizierung (ST)

Aktivität, die sicherstellt, dass ein neuer oder veränderter IT Service, Prozess, Plan oder ein anderes Ergebnis abgeschlossen, zuverlässig, exakt, fehlerfrei ist und seiner Design-Spezifikation entspricht.

Verifizierung und Audit/Verification and Audit (ST)

Aktivität, die sicherstellt, dass die Informationen in der CMDB richtig sind und dass alle CIs identifiziert und in der CMDB festgehalten wurden. Dies beinhaltet Routineüberprüfungen (z.B. Abfrage der Seriennumer des PCs beim Anruf eines Anwenders) oder einen periodischen Check über ein Audit.

Version (ST)

Sie dient der Identifizierung einer spezifischen CI-Baseline. Dabei kommen Namenskonventionen zum Einsatz, die es ermöglichen, bestimmte Eigenschaften abzulesen, z.B. Datum oder Sequenz.

Verteilung/Deployment (ST)

Aktivität für das Ausbringen neuer oder geänderter Hardware, Software, Dokumentationen, Prozesse und anderer Elemente in die produktive Umgebung. Deployment ist Teil des Release und Deployment Management-Prozesses.

Vertrag/Contract

Juristisch bindende Vereinbarung zwischen zwei oder mehreren Parteien.

Vertragsportfolio

Siehe Contract Portfolio

Vertraulichkeit/Confidentiality *(SD)*

Ein Sicherheitsprinzip, das fordert, dass ausschließlich autorisierte Personen auf Daten zugreifen können.

Vision

Eine Beschreibung, was aus der Organisation in der Zukunft werden soll. Diese wird durch das höhere Management entwickelt und unterstützt die Unternehmenskultur. Zudem werden aus der Vision Strategien (Unternehmensstrategien) und Ziele (Unternehmensziele) abgeleitet, welche zum Unternehmenserfolg führen sollen.

Vital Business Function (VBF)

Siehe Kritische Business-Funktion

Voraussetzung für den Erfolg/Prerequisite for Success (PFS)

Eine Aktivität, die erfolgreich abgeschlossen sein, oder eine Bedingung, die erfüllt sein muss, um die erfolgreiche Implementierung eines Plans oder eines Prozesses umsetzen zu können. Ein PFS stellt sich vielfach als Ergebnis eines Prozesses dar, der wiederum als Input eines anderen Prozesses verwendet wird.

Warranty *(SS)*

Eine Zusage oder Garantie, dass ein Produkt oder Service den vereinbarten Anforderungen entspricht.

Warm Standby

Synonym für Intermediate Recovery.

Wartbarkeit/Maintainability *(SD)*

Aufwand, der erforderlich ist, um den Betrieb eines Service (abhängig vom IT Service selber oder den zugrunde liegenden Configuration Items) aufrechtzuerhalten oder diesen Service nach einem Ausfall wiederherzustellen. Bei letzterem ist vor allem die Angabe relevant, wie schnell bzw. wie effektiv der definierte und vereinbarte IT Service wiederhergestellt werden kann.

Wartungsfenster/Change Window *(ST)*

Regelmäßige, vereinbarte Zeiten, an denen Changes und Releases mit minimalen Auswirkungen auf IT Services implementiert werden können. Sie werden in den SLAs dokumentiert.

Wertschöpfungskette/Value Chain *(SS)*

Eine Abfolge von Prozessen, die ein Produkt oder einen Service erstellt, der für den Kunden von gewissem Wert ist. Jeder Schritt der Sequenz baut auf den vorhergehenden Schritt auf und führt so zu dem Gesamtprodukt oder -Service.

Wertschöpfungsnetzwerk/Value Network *(SS)*

Ein komplexes Netzwerk an Verbindungen zwischen zwei oder mehreren Gruppen oder Organisationen, die durch den Austausch von Wissen, Informationen, Gütern oder Services einen gewissen Wert generieren.

Erfahrene Service Manager wissen, dass das SLA nicht alles einer guten Geschäftsbeziehung festhalten kann. Ein guter SLA hält fest, wie ein Service geleistet werden muss. Vieles, was einen guten Service ausmacht, kann ein SLA nicht festhalten, wie das „gute Gefühl" für einen Geschäftspartner. Die Sicht des Value Network auf das Service Management ermöglicht es, die Beziehung zwischen Kunden, Service Provider und Usern darzustellen und zu betrachten. Die Analyse eines solchen Netzwerks zeigt die Potenziale zur Verbesserung eindeutig auf.

Wiederherstellen/Restore *(SO)* (auch Restoration of Service)

Aktion, um den IT Service dem Benutzer nach der Wiederherstellung oder Problemlösung im Incident-Fall wieder zur Verfügung zu stellen. Den Service dem Anwender so schnell wie möglich wieder zur Verfügung stellen zu können, ist primäres Ziel des Incident Managements.

Wiederherstellungsoption

Siehe Recovery Option

Wirtschaftlichkeit

Siehe Kosteneffektivität

Workaround *(SO)*

Reduzierung oder Beseitigung eines Incidents oder Problems durch schnelle bzw. zeitlich begrenzte Umgehungslösung. Dadurch kann der User den Service wieder nutzen, ggfs. mit Einschränkungen, z.B. dass er bei Druckerausfall auf einen anderen Drucker ausweichen kann, obwohl es noch keine eigentliche Lösung für das Problem oder den Incident gibt. Workarounds für Problems werden in den Known Error Records, Workarounds für Incidents, die keinen Bezug auf einen Problemeintrag besitzen, werden im Incident Record dokumentiert.

Zertifizierung/Certification

Ausgabe eines Zertifikats, um die Konformität mit einem Standard zu bestätigen. Die Zertifizierung umfasst einen formalen Audit durch eine unabhängige akkreditierte Organisation. Der Begriff „Zertifizierung" bezeichnet darüber hinaus die Erlangung eines Zertifikats als Beleg dafür, dass eine Person eine bestimmte Qualifikation erreicht hat.

Ziel/Objective

Der definierte Zweck oder die Zielsetzung eines Prozesses, einer Aktivität oder einer ganzen Organisation. Ziele werden in der Regel als messbare Elemente ausgedrückt. Der Begriff „Ziel" bezeichnet informell auch eine Anforderung.

Zugrunde liegende Ursache/Root Cause (SO)

Die grundsätzliche oder ursprüngliche Ursache für einen Incident oder ein Problem. Siehe auch Root Cause-Analyse.

Zusammenstellung/Assembly (ST)

Ein Configuration Item, das aus einer Gruppe anderer CIs besteht, wie z.B. ein Server-CI aus CIs in Form von CPUs, Festplatten, Arbeitsspeicher oder Netzwerkkarten etc. oder ein IT Service-CI, das aus Hardware, Software und anderen CIs bestehen kann.

Zuverlässigkeit/Reliability (SD) (CSI)

Fähigkeit einer Komponente oder eines IT Service, die benötigte Funktionalität für eine definierte Dauer und unter definierten Umständen ohne Unterbrechungen zu liefern. In den meisten Fällen wird dies als MTBF oder MTBSI angegeben.

Zügige Wiederherstellung

Siehe Intermediate Recovery

Zweckmäßig

Siehe Fit for Purpose

Stichwortverzeichnis

THE SIGN OF EXCELLENCE

Dieses Buch bietet, was viele Lotus Notes-Entwickler suchen: Workarounds, Best Practices und Problemlösungen für den täglichen Einsatz in der Anwendungsprogrammierung. Autor Klatt setzt dort an, wo Notes-Dokumentation und Grundlagen-Bücher aufhören. Er zeigt nach einem Überblick über die Sprache, wie sich mit LotusScript objektorientiert programmieren lässt, wie sich die Beschränkungen von LotusScript durch die Einbindung von C- und Java-Code überwinden lassen und wie man professionelle Fehlerbehandlung betreibt.

Boerries Klatt
ISBN 978-3-8273-2416-0
99.95 EUR [D]

www.addison-wesley.de

THE SIGN OF EXCELLENCE

Dieses Buch setzt dort an, wo Sven Ahnerts Bestseller „Virtuelle Maschinen mit VMware und Microsoft"
aufhört: bei der Beschreibung und Umsetzung von Virtualisierung mittlerer bis großer IT-Umgebungen
von Small Business bis Enterprise. Die Autoren beschreiben methodisch Entwurf und Betrieb, wobei
neben der Anwendung der Produkte ESX 3.5 und Virtual Center 2.5 und dem Einsatz von Netzwerk und
Speichermedien das Thema „Datensicherung und Wiederherstellung" am Beispiel eines IBM Tivoli Storage
Managers besonders ausführlich beschrieben wird.

Christian Sturm; Nadin Ebel; Stefan Wißkirchen; Roland Runge ; Joachim Groh; Oliver Höller
ISBN 978-3-8273-2698-0
89.95 EUR [D]

www.addison-wesley.de

THE SIGN OF EXCELLENCE

Dieses Buch macht Sie mit den Begrifflichkeiten, dem Prozessmodell und der PRINCE2-Philosophie sowie einem allgemeinen Verständnis für den Themenkomplex des Projektmanagements vertraut.
Wenn Sie sich als Projektleiter oder -mitarbeiter in PRINCE2 einarbeiten, hilft Ihnen das Buch, sich in einem (PRINCE2-)Projektumfeld zurechtzufinden und die Ihnen zugedachten Aufgaben wahrzunehmen.
Bei der Vorbereitung auf die Foundation-Prüfung unterstützt es Sie mit über 300 Beispielfragen samt kommentierten Lösungen bei der Überprüfung Ihres Wissenstandes.

Nadin Ebel
ISBN 978-3-8273-2542-6
49.95 EUR [D]

www.addison-wesley.de

[The Sign of Excellence]
ADDISON-WESLEY